T0185563

Martin Aupperle

Die Kunst der Programmierung mit C++

Aus dem Bereich IT erfolgreich gestalten

Grundkurs JAVA
von Dietmar Abts

Verteilte Systeme
von Günther Bengel

Ohne C zu C++
von Peter P. Bothner
und Wolf-Michael Kähler

Software Engineering
von Reiner Dumke

Kompaktkurs Mikrocontroller
von Silvia Limbach

**Team Excellence effizient
und verständlich**
von Franz J. Linnenbaum

Der CMS-Guide
von Jürgen Lohr und Andreas Deppe

**Effizient Programmieren mit
C# und .NET**
von Andreas Solymosi und Peter Solymosi

**Projektkompass
Softwareentwicklung**
von Carl Steinweg und Stephen Fedtke

Datenbankentwurf
von Helmut Jarosch

**Das neue PL/I für PC, Workstation
und Mainframe**
von Eberhard Sturm

Prozedurale Programmierung
von Roland Schneider

**Grundkurs Algorithmen
und Datenstrukturen in JAVA**
von Andreas Solymosi und Ulrich Grude

**Die Kunst der Programmierung
mit C++**
von Martin Aupperle

www.vieweg-it.de

Martin Aupperle

Die Kunst der Programmierung mit C++

Exakte Grundlagen für die professionelle Softwareentwicklung

2., überarbeitete Auflage

vieweg

Die Deutsche Bibliothek – CIP-Einheitsaufnahme
Ein Titeldatensatz für diese Publikation ist bei
Der Deutschen Bibliothek erhältlich.

1. Auflage Januar 1997
Die erste Auflage ist unter dem Titel „Die Kunst der objektorientierten Programmierung mit C++"
erschienen.
2., überarbeitete August 2002

Alle Rechte vorbehalten
© Springer Fachmedien Wiesbaden 2002

Ursprünglich erschienen bei Friedr. Vieweg & Sohn Verlagsgesellschaft mbH, Braunschweig/Wiesbaden 2002

www.vieweg.de

Das Werk einschließlich aller seiner Teile ist urheberrechtlich geschützt. Jede
Verwertung außerhalb der engen Grenzen des Urheberrechtsgesetzes ist ohne
Zustimmung des Verlags unzulässig und strafbar. Das gilt insbesondere für
Vervielfältigungen, Übersetzungen, Mikroverfilmungen und die Einspeicherung
und Verarbeitung in elektronischen Systemen.

Die Wiedergabe von Gebrauchsnamen, Handelsnamen, Warenbezeichnungen usw. in diesem Werk
berechtigt auch ohne besondere Kennzeichnung nicht zu der Annahme, dass solche Namen im Sinne
der Warenzeichen- und Markenschutz-Gesetzgebung als frei zu betrachten wären und daher von
jedermann benutzt werden dürften.

Höchste inhaltliche und technische Qualität unserer Produkte ist unser Ziel. Bei der Produktion und
Auslieferung unserer Bücher wollen wir die Umwelt schonen: Dieses Buch ist auf säurefreiem und
chlorfrei gebleichtem Papier gedruckt. Die Einschweißfolie besteht aus Polyäthylen und damit aus
organischen Grundstoffen, die weder bei der Herstellung noch bei der Verbrennung Schadstoffe
freisetzen.

Konzeption und Layout des Umschlags: Ulrike Weigel, www.CorporateDesignGroup.de
Umschlagbild: Nina Faber de.sign, Wiesbaden

ISBN 978-3-528-15481-3   ISBN 978-3-663-07766-4 (eBook)
DOI 10.1007/978-3-663-07766-4

Vorwort

Noch ein C++ - Buch? Ist das notwendig? Heute geht es doch um Java, Net-Services, C#, Mobile Devices oder wie die *Buzzwords* des Jahres 2002 noch alle heißen mögen. Ist C++ nicht überkommen? Hört man nicht Grausames über Projekte, die mit C++ realisiert wurden?

Ja, alles richtig. Trotzdem gibt es einige gewichtige Gründe, die mich dazu veranlasst haben, dieses Buch zu schreiben. Da wäre zunächst die große Nachfrage aus der Leserschaft des Vorgängers *Die Kunst der Objektorientierten Programmierung mit C++*, die sich ein Nachfolgewerk wünschten. Dies wurde mir in zahllosen emails sowohl von Lesern, neuen Interessenten als auch vom Verlag mitgeteilt.

Zum zweiten ist der Trend zum Einsatz von C++ in der Praxis ungebrochen. Noch immer ist C++ die am meisten eingesetzte und damit wohl wichtigste Programmiersprache zur Erstellung neuer Software. Die Stellenanzeigen (z.B. in EDV-Fachzeitschriften) sprechen eine deutliche Sprache: mehr als Java-Kenntnisse werden fundierte C++ Kenntnisse nachgefragt (Spezialprojekte einmal ausgenommen). Dies kann ich auch aus verschiedenen Consulting-Projekten bestätigen: in nahezu allen größeren Vorhaben waren die zentralen Geschäftsprozesse in C++ realisiert. Java oder andere Sprachen wurden meist für Spezialbereiche wie z.B. die Präsentationslogik verwendet.

Befindet man sich in einem solchen Projekt, hat man es schnell mit einer halben Million Codezeilen zu tun, in denen sich die unterschiedlichsten Stile finden lassen – man findet Perlen, aber auch wilde Konstruktionen, die eher aus langen Versuch- und Irrtum-Sitzungen zu entstammen scheinen als aus ingenieurmäßigem Vorgehen. Und genau hier sehe ich den Bedarf für ein gutes Buch: Zur professionellen Programmierung mit C++ benötigt man professionelles Handwerkszeug. Dies umfasst einmal die Kenntnis der Sprachmittel, die C++ für den Programmierer bereithält. Dies allein ist jedoch nicht ausreichend, wie die große Anzahl teurer, schlecht wartbarer oder fehleranfälliger Programme zeigt. Was oft vernachlässigt wird, ist die Kenntnis über die korrekte Anwendung eines Sprachmittels zur Lösung einer gegebenen Aufgabe. Die ungeeignete Herangehensweise ist oft der Grund für mangelnde Softwarequalität.

Der Einsteiger ist nach der Lektüre eines Lehrbuches oder nach dem Besuch eines Kurses überwältigt von der Fülle der Ausdrucksmöglichkeiten, die die Sprache bietet. Die Erfahrung zeigt, dass dann Konstruktionen wie Überladen von Funktionen, selbstdefinierte Operatoren etc. viel zu häufig und undifferenziert eingesetzt werden – eben weil man das neu Gelernte auch anwenden will.

Ich habe versucht, mit diesem Buch der Gefahr zu begegnen. Das Buch beschreibt daher nicht nur die Sprachelemente der Sprache C++ sorgfältig und vollständig, sondern gibt zu jedem Konstrukt auch Hinweise für den Einsatz. Fallstudien und ein durchgängiges Projekt unterstützen die Anwendung. Dadurch wird dem ernsthaften Programmierer das Handwerkszeug vermittelt, qualitativ hochwertige Programme mit professioneller Technik zu entwickeln.

Meiner Beurteilung nach wird die Bedeutung der Sprache C++ zur industriellen Softwareentwicklung tendenziell weiter zunehmen. Gründe dafür sind u.a. das Abflauen des Java-Hypes, aber vor allem die überaus erfolgreiche Standardisierung der Sprache, die nach nur 8 Jahren im Jahre 1998 abgeschlossen werden konnte. Die Standardisierung verhindert einen Wildwuchs an Erweiterungen, Dialekten etc., die z.B. wesentlich zum Misserfolg der Sprache PL/1 beigetragen haben. Compilerbauer wissen nun, was sie zu tun haben. Projektmanager können den Compilerhersteller wechseln, ohne gleich das ganze Projekt zu gefährden. Die Erstellung allgemeinverwendbarer Bibliotheken wird einfacher. Die Ausbildung wird einfacher, und nicht zuletzt bilden sich Standard-Vorgehensweisen zur Lösung von Standard-Aufgabenstellungen heraus (sog. *patterns*, deutsch etwa: *Muster*).

Ursprünglich war dieses Buch als Nachfolger der *Kunst der Objektorientierten Programmierung mit C++* geplant. Als Ziel hatte ich mir vorgenommen, auch die nicht-objektorientieren Aspekte der Sprache zu berücksichtigen – schließlich ist C++ eine hybride Programmiersprache, in der man auch prozedural programmieren kann. Als Resultat sind im vorliegenden Buch 16 Kapitel hinzugekommen, die vor allem die klassischen „Brot&Butter"-Elemente der Sprache behandeln. Auf Grund der Fülle des Materials ist nun aber eine Zweiteilung erforderlich geworden. In diesem Buch werden die Sprachmittel der Sprache vorgestellt und mit Beispielen und Fallstudien unterlegt. In einem weiteren Band geht es dann um die Standardbibliothek sowie um den gesamten Themenkreis der Programmiertechniken. Insofern sind beide Bände unabhängig voneinander verwendbar, bilden aber trotzdem ein Ganzes.

Ich möchte mich an dieser Stelle bei den Personen, die mich in den letzten Jahren in irgendeiner Weise bei der Erstellung des Buches unterstützt haben, bedanken. Zunächst einmal wäre hier meine Familie zu nennen, die auf mich länger verzichten musste als es ihr und mir lieb war, und die mir den Rückhalt und den freien Kopf für ein Unterfangen dieser Größenordnung gegeben hat. Als nächstes möchte ich mich bei meinen Reviewern bedanken, die zahllose kleinere und größere Fehler und Unstimmigkeiten aufgedeckt haben. Weiterer Dank gebührt den vielen aktiven Mitgliedern der Newsgroups *comp.lang.c++.moderated* und *comp.std.c++.moderated*, die sich die Zeit genommen haben, meine teils sehr speziellen Fragen zu beantworten. Insbesondere die Diskussionen in diesen Newsgroups haben meine Kenntnisse der Materie wesentlich erweitert. Schließlich verdienen auch die zahlreichen Softwerker Erwähnung, die mir mit ihrer Sichtweise bis dahin unbekannte Einblicke in Vorgänge bei der Entwicklung von Software ermöglicht haben. Erwähnen möchte ich auch den Support der Fa. *Comeau Computing*, die einige knifflige Fragen zur Standardkonformität bestimmter Programmkonstruktionen beantworten konnte. Zu guter letzt geht mein Dank an den Verlag Vieweg, der mir die Möglichkeit gab, mehrere zugesagte Abgabetermine zu überziehen um so das bestmögliche Ergebnis erzielen zu können.

Inhaltsverzeichnis

Einführung

Nach insgesamt 8 Jahren intensiver Bemühung ist die Sprache C++ nun endlich standardisiert. Das entsprechende Dokument (kurz „der Standard" genannt) ist immerhin 748 Seiten stark und beschreibt die Syntax und Semantik der Sprache so präzise, dass nahezu kein Spielraum mehr für Streitfragen existiert.

Allerdings ist der Standard auch für einen erfahrenen Programmierer über weite Strecken schlichtweg unlesbar. Zu kompliziert sind die Formulierungen, zu schwierig die Details, zu ausgefallen manche Beispiele. Dies ist der Preis, der für eine genaue *Definition* der Syntax und Semantik der Sprache zu bezahlen ist. Während der „normale" Sprachgebrauch noch relativ einfach zu beschreiben ist, muss das Standarddokument mehr leisten: Zu jedem denkbaren Programm muss anhand des Standards entschieden werden können, ob es syntaktisch zulässig ist, oder nicht. Ist es syntaktisch korrekt, muss der Standard auch eindeutige Aussagen über das *Verhalten* (die sog. *Semantik*) des Programms definieren[1]. Für eine so mächtige Sprache wie C++ keine einfache Aufgabe.

Das Standarddokument ist daher für die Praxis der Programmierung denkbar ungeeignet. Was nützt es, wenn eine Konstruktion vielleicht zwar syntaktisch korrekt ist, von den gängigen Compilern jedoch (noch) nicht unterstützt wird?[2] Für die Praxis benötigt man andere Referenzen, die unter anderem auch den heutigen Stand der Compilertechnik berücksichtigen.

---

[1] Diese Definition kann auch bedeuten, dass das Verhalten undefiniert ist. In solchen Fällen macht der Standard keine Aussagen über die Semantik des betreffenden Programms.

[2] In der Tat gibt es einige solche Sprachkonstruktionen, die zwar im Standard ausdrücklich erlaubt, jedoch noch von keinem der heutigen Compiler akzeptiert werden.

📖📖 Inhalt

Dieses Buch beschreibt die Aspekte, die für die erfolgreiche Entwicklung von Programmen mit Hilfe von C++ wichtig sind, und zwar sowohl für das Design als auch für die Implementierung. Besonderes Augenmerk wird dabei auf die Objektorientierung gelegt, für die C++ ganz ausgezeichnete Sprachmittel bereitstellt.

C++ ist jedoch keine rein objektorientierte Sprache, sondern lässt ganz explizit auch andere Programmierstile zu. Neben der *objektorientierten Programmierung* streifen wir die *prozedurale Programmierung*, wie sie in traditionellen Sprachen wie z.B. C üblich ist, und werfen einen Blick auf die *funktionale Programmierung*, die durch das mächtige Sprachmittel der *Schablonen (Templates)* in C++ möglich geworden ist.

Das insgesamt verfügbare Material über die Softwareentwicklung mit C++ ist für ein einziges Buch zu umfangreich. Es war daher sinnvoll, eine Zweiteilung vorzunehmen:

❑ In dem hier vorliegenden Buch mit dem Titel *Die Kunst der Programmierung mit C++* konzentrieren wir uns auf die Syntax und Semantik der Sprache. Hier werden die Sprachmittel vorgestellt, die C++ für den Programmierer bereithält. Dabei wechseln sich theoretische Kapitel mit praktischen Fallstudien ab: In den theoretischen Kapiteln werden jeweils neue Sprachkonstruktionen vorgestellt, die dann im nachfolgenden Praxiskapitel sofort an konkreten Problemstellungen angewendet werden. Parallel dazu gibt es ein Projekt (d.h. eine vollständig ausgearbeitete Aufgabe), das in den einzelnen Kapiteln ständig weiter entwickelt wird und am Ende des Buches in einer professionellen Lösung vorliegt. Zu jedem Thema gibt es darüber hinaus Übungen. Die Musterlösungen des Autors finden sich auf der Internet-Seite des Buches.

❑ In einem weiteren Buch mit dem Titel *Die fortgeschrittene Kunst der Programmierung mit C++* betrachten wir Themen, die vor allem beim Einsatz von C++ bei der professionellen Programmierung in großen Projekten zum Tragen kommen. Einsatz der C++-Standardbibliothek, Entwurfsmuster, Beherrschung von Komplexität, Kontraktorientiertes Programmieren, Zusammenarbeit mit anderen Programmiersprachen, Techniken zum Fehlermanagement und nicht zuletzt Stil und Formfragen bei der Programmierung sind nur einige Themen, die dort behandelt werden. Die Beherrschung der Sprache an sich wird dabei vorausgesetzt.

Das vorliegende Buch besteht aus zwei Teilen:

☐ *Teil I: Die Grundlagen.* Im ersten Teil werden die Sprachmittel der Sprache C++ vorgestellt, die wohl in jeder der bekannten Programmiersprachen irgendwie vorhanden sind: Zahlen, Zeichen, Zeichenketten, Arithmetik, Deklarationen und Definitionen, Aggregationen, Verweise, Funktionen. Da diese C++ - Sprachmittel nahezu identisch von der Sprache C übernommen wurden, bietet dieser Teil dem erfahrenen Programmierer wahrscheinlich viel Bekanntes. Der Teil I zeigt, dass C++ nicht nur eine objektorientierte Programmiersprache ist, sondern auch eine Sprache, in der man klassisch funktional und bei Bedarf auch maschinennah (hier im Gegensatz zu plattformunabhängig gesehen) programmieren kann.

☐ *Teil II: Das Richtige C++.* Dies ist der Hauptteil des Buches. Hier werden zuallererst einmal die Sprachmittel beschrieben, die zur Definition und Implementierung von *objektorientierten Abstraktionen* bereitstehen. Dazu gehören vor allem Klassen, Objekte, Vererbung sowie Sprachmittel zur Realisierung des *Polymorphismus*, der in allen objektorientierten Sprachen eine zentrale Rolle einnimmt.

C++ ist eine der wenigen Sprachen, die einen Mechanismus wie *Schablonen (templates)* unterstützt. Dadurch können Abläufe unabhängig vom Typ der betroffenen Werte formuliert werden. Eine der Hauptanwendungen für Schablonen sind sicherlich Container, die mit ihrer Hilfe typsicher formuliert werden können. Darüber hinaus ermöglichen Schablonen Techniken, die bis dahin undenkbar waren, und die auch heute noch Gegenstand heißer Diskussionen sogar unter Fachleuten sind. Schablonen sind im Standard erst relativ spät exakt definiert worden, die heutigen Compiler haben auch hier noch die meisten Defizite.

Zu den fortgeschritteneren Sprachmitteln gehört auch das Thema Fehlerbehandlung mit *Ausnahmen (exceptions)*. Dinge wie Überladen von Operatoren, Referenztypen sowie einige andere, weniger spektakuläre Sprachmittel, die das Abstraktionskonzept abrunden, werden ebenfalls hier behandelt.

▢▢ **Schwerpunkt**

Der Schwerpunkt dieses Buches liegt auf der angemessenen Vorgehensweise bei der Softwareentwicklung. Die zentrale Frage lautet:

Wie setze ich eine gegebene Problemstellung in ein C++ Programm um?

Dabei ist hier nicht nur die Funktionalität alleine gemeint, wie es leider von so vielen Entwicklern in der Praxis verstanden wird: selbstverständlich muss das Programm korrekt arbeiten, es muss genau das Problem lösen, für das es geschrieben wurde.

Korrektheit ist jedoch nur eine Eigenschaft eines Programms. Unter kommerziellen Gesichtspunkten ebenfalls wichtig sind aber auch Eigenschaften wie z.B. Erweiterbarkeit, Wartbarkeit, Fehlertoleranz, Robustheit, Verständlichkeit oder auch Kosteneffizienz bei der Erstellung, um nur einige wichtige zu nennen. Gerade diese Eigenschaften werden neben der eigentlichen Funktionalität von Software immer wichtiger. Sie sind es, die *gute* von normaler oder sogar schlechter Software unterscheiden.

Zu einer gegebenen Problemstellung sind viele Lösungen möglich, die unterschiedliche Ausprägungen der gerade genannten Merkmale besitzen. Die Frage, die die Spreu von Weizen trennt, ist letztendlich

---

Wie erreiche ich zu einer gegebenen Problemstellung ein qualitativ hochwertiges Programm?

Zur Beantwortung dieser Frage muss man einerseits die zur Verfügung stehenden Sprachmittel der Sprache C++ genau kennen, zum andern aber auch die Vorgehensweisen beherrschen, die bei der Umsetzung eines Problems in ein „gutes" Programm Anwendung finden. Vor allem der zweite Punkt wird oft vergessen. Gerade C++ Einsteiger verwenden die komplexen und mächtigen Sprachmittel der Sprache viel zu ausgiebig und darüber hinaus (im Sinne professioneller Programmierung) oftmals falsch. Die unüberlegte Verwendung von mächtigen C++ Konstruktionen führt dann schnell zu unwartbaren oder sogar fehlerhaften Programmen. Es ist genau dieser Punkt, der bei vielen (auch erfahrenen) Umsteigern, die sich mit C++ versucht haben, im Endeffekt zu Ablehnung führt. Die Komplexität der Programme, die mit C++ möglich sind, ist auch einer der Gründe, warum die Sprache Java von einigen Entwicklern als „das bessere C++" bezeichnet wird.

▭▭ C++ und C

Die Wurzeln der Sprache C++ liegen in der Programmiersprache C. C++ ist syntaktisch und semantisch (bis auf wenige Ausnahmen) eine Obermenge von C. Das bedeutet z.B., dass ein „ordentliches" C Programm auch mit einem C++ Compiler übersetzt werden kann. Von daher sind die in C vorhandenen Sprachmittel auch in C++ nahezu vollständig vorhanden. Das bedeutet jedoch auch, dass C++ einige der Unschönheiten und Probleme der Sprache C besitzt. Hätte man sie Sprache ohne Rücksicht auf C neu entworfen, wären sicherlich einige Dinge anders gelöst.

Die Kompatibilität zu C war eines der wesentlichen Entwurfskriterien der Sprache C++, konnte doch dadurch sichergestellt werden, dass die neue Sprache sofort in der industriellen Softwareentwicklung Anwendung finden und das dort gebräuchliche C nach und nach verdrängen konnte. Die in C bewanderten Programmierer konnten sofort die C++ - Vorteile verwenden, ohne eine komplett neue Sprache lernen zu müssen. Nach und nach konnten dann die leistungsfähigeren neuen Sprachmittel dazugenommen werden – ein Bruch mit erzwungenem Neuanfang wie bei der Umstellung auf eine komplett andere Programmiersprache konnte somit vermieden werden. Auch heute ist C++ noch kompatibel mit C, d.h. in korrektem C geschriebene Programmteile können (mit einigen kleinen Ausnahmen) problemlos in einem C++ Programm verwendet werden. Dadurch können Investitionen in C-Bibliotheken (z.B. Datenbankanbindung, Numerik) auch nach einem Umstieg auf C++ weiter verwendet werden. Diese Eigenschaften der Sprache C++ haben sicherlich wesentlich dazu beigetragen, dass C++ eine so weitgehende Verbreitung in der industriellen Datenverarbeitung gefunden hat.

C++ bietet zusätzlich neue und wesentlich andere Sprachmittel als C. Deshalb sind mit C++ andere Programmiertechniken möglich. Dinge wie Kapselung, Ableitungen oder Polymorphismus sind in C nicht vorhanden, sondern können höchstens mühsam simuliert werden. Eine Bibliothek mit Containern und vorgefertigten Algorithmen gehört nicht zu C, sondern muss bei Bedarf hinzugekauft oder selbst entwickelt werden.

In diesen Zusammenhang wird folgende Frage häufig gestellt: Soll man C lernen, bevor man sich mit C++ befasst? Die Antwort ist ein klares NEIN! C++ ist zwar *syntaktisch* eine Obermenge von C, damit sind die Gemeinsamkeiten jedoch schon erschöpft. C++ ermöglicht ganz andere und bessere Programmiertechniken als C, wie wir in diesem Buch sehen werden.

◫◫ C++ und Java

Es wird oft behauptet, dass Java das bessere C++ sei. Java ist „vollständig objektorientiert"[3], einfacher als C++ und trotzdem genauso mächtig – und vor allem: plattformunabhängig[4]. Java besitzt automatische Speicherbereinigung (*garbage collection*), Introspection und die Programme können in Browsern laufen. Darüber hinaus gibt es mehr Bibliotheken als für C++. Die Verfechter der Sprache begründen mit diesen Argumenten, dass Java *grundsätzlich* besser als C++ sei.

Was sie jedoch nicht erwähnen ist, dass Java im Vergleich mit C++ wesentliche Schwächen im Sprachdesign und in der Laufzeitbibliothek hat. Die Einfachheit der Sprache wird mit eingeschränkten Ausdrucksmöglichkeiten erkauft.

Man kann deshalb nicht sagen, dass Java oder C++ *generell* die bessere Sprache sei, sondern nur, dass für eine *gegebene Aufgabenstellung* wahrscheinlich Java oder C++ die besseren Implementierungsmöglichkeiten bieten wird. Benötigt man unbedingt die Ablauffähigkeit in einem Browser, führt derzeit wohl oft kein Weg an Java (oder in Zukunft verstärkt an der .NET-Architektur) vorbei[5]. Doch bereits beim Thema garbage collection kann Java höchstens noch als plus verbuchen, dass diese Technik dort bereits standardmäßig vorhanden ist, während ein collector für C++ zusätzlich hinzugenommen werden

---

3   So wird es zumindest gerne dargestellt. Natürlich gibt es auch in Java prozedurale Elemente, die allerdings dort über den Umweg von Klassen formuliert werden müssen. Nicht für jede Aufgabe ist Objektorientierung geeignet: schon die Wandlung eines String in eine Zahl hat nichts mit OOP zu tun.

4   Die Firma SUN bezeichnet Java mittlerweile nicht mehr als plattformunabhängig, sondern als *eigene Plattform*.

5   Allerdings gibt es auch Bestrebungen, C++ zu Bytecode zu compilieren, der dann von jeder JVM (*Java Virtual Machine*) ausgeführt werden könnte.

muss[6]. Das Fehlen einer automatischen Speicherverwaltung in C++ wird von vielen sogar als Vorteil gesehen: Sie kostet Ressourcen, die man z.B. in einem zeitkritischen System nicht investieren will. Durch den Einsatz bestimmter Sprachmittel, die Java nicht, sehr wohl aber C++ besitzt, kann außerdem die Notwendigkeit einer automatischen Speicherbereinigung sogar vollständig wegfallen. Ein Java-Anwender hat hier keine Wahl, ein C++ Anwender schon.

Das Thema „C++ vs. Java" wird auf jedem Seminar, in den Pausen jeder Schulungsveranstaltung und natürlich auch im Internet kontrovers diskutiert. Meist handelt es sich um persönliche Meinungen, teilweise werden auch Erfahrungen bei einem konkreten Projekt veröffentlicht, selten jedoch findet man eine Analyse, warum dieses oder jenes Sprachmittel prinzipiell gut oder schlecht ist. Dieser Unterschied zwischen gemachter *Erfahrung in einem konkreten Projekt* und *prinzipieller Eignung* einer Sprache zur industriellen Softwareentwicklung ist wichtig, wird aber allzu oft nicht beachtet.

Wir gehen in diesem Buch auf den Sprachenstreit nicht weiter ein. An Stellen, an denen sich die Java-Philosophie von der C++-Philosophie unterscheidet, betrachten wir allerdings beide Seiten. Damit hat der Leser die Möglichkeit, für seine konkrete Aufgabenstellung die geeignete Sprache zu wählen[7].

---

[6] Es gibt sowohl freie als auch kommerzielle Produkte (z.B. der Firma Great Circle), die eine automatische Speicherverwaltung für C++ bieten. Näheres auf der Internetseite zum Buch.

[7] Auf der Internetseite zum Buch gibt es einige weitere Gedanken sowie einen (zugegebenermaßen persönlich gefärbten) Vergleich zwischen C++ und Java.

▢▢ C++ und C#

Der neue Stern am Sprachenhimmel ist sicherlich C#. Der Name „C-Sharp" soll dabei ausdrücken, dass die Sprache einen „Halbton" über C liegt. C# ist vom Design her eine Java-ähnliche Sprache, mit automatischer Speicherbereinigung etc. C# ist jedoch auf die Microsoft-Welt zugeschnitten und ist Teil der .NET Entwicklungsplattform. Die Sprache enthält spezielle Konstruktionen zur Bedienung von Microsoft-Schnittstellen (wie z.B. *delegates*). C# vermeidet einige der schlimmsten Nachteile von Java (z.B. fehlende Destruktoren[8]) und kann sich so zu einer interessanten Alternative zu Java entwickeln.

Wahrscheinlicher jedoch wird die Zukunft von C++, Java und C# mehr durch politische als durch sachliche oder technische Argumente bestimmt. Ein wichtiges Argument ist in diesem Zusammenhang, dass .NET offengelegt ist und es somit anderen Firmen als Microsoft möglich ist, eigene Implementierungen auf den Markt zu bringen. So wird .NET derzeit für UNIX implementiert, eine Open-Source Implementierung ist angedacht. Demgegenüber ist Java eine proprietäre Sprache, für die es nur einen Anbieter gibt (Fa. SUN), der keine weiteren Anbieter neben sich zulässt. Allerdings sind die wesentlichen Spezifikationen der Sprache sowie der Java Virtual Machine auch hier öffentlich zugänglich. Die Sprache ist nicht standardisiert, sondern sozusagen „Eigentum" von SUN. An eine Standardisierung (d.h. an die Übergabe der Sprache an ein Standardisierungsgremium (wie z.B. ANSI oder ISO) ist nicht gedacht. Es ist zu erwarten, dass diese proprietäre Politik von der Industrie nicht auf Dauer akzeptiert werden wird.

---

[8]   Java besitzt *finalizer*, diese sind jedoch mit den C++-Destruktoren nur bedingt vergleichbar.

⬚⬚ Sprache und Bibliothek

Wie jede moderne Sprache besitzt auch C++ eine Bibliothek zur Laufzeitunterstützung. Syntax und Semantik dieser *C++ Standardbibliothek* sind im C++-Standard genauestens festgelegt. Dabei ist wichtig, dass zwar das Verhalten einer Funktion, Klasse etc. (*Semantik*) definiert ist, nicht jedoch die Implementierung. Compilerhersteller sind daher frei, ihre Implementierung beliebig zu wählen, solange die vom Standard gesetzten Anforderungen erfüllt werden. Diese sind jedoch oft so detailliert, dass in der Praxis nur Implementierungen mit marginalen Unterschieden zu finden sind.

⬚⬚ Compilerversionen

In diesem Buch behandeln wir hauptsächlich *Standard-C++*, d.h. die Sprache in der Form, wie sie im Standard definiert ist. Standard-C++ ist unabhängig von einem bestimmten Compiler oder Hersteller. Andererseits benötigt man einen konkreten Compiler, um mit C++ arbeiten zu können. Insofern ist für die Praxis nicht unbedingt das reine C++ des Sprachstandards von Interesse, sondern eher der Implementierungsumfang des gegebenen Compilers.

Kein heute bekannter Compiler implementiert den Standard vollständig und zu 100 Prozent korrekt. Dies bedeutet, dass es theoretisch möglich ist, ein korrektes Programm zu schreiben, dass von keinem heutigen Compiler übersetzt werden kann. Dazu muss man allerdings exotische Sprachmittel in ungewöhnlichen Kombinationen verwenden. Nahezu alle bekannten Differenzen liegen im Bereich der Schablonen, die zugegebenermaßen das von der Theorie her wohl schwierigste Sprachmittel überhaupt darstellen. Nicht umsonst verzichten vergleichbare andere Sprachen (Java[9]) vollständig darauf.

Für die Praxis ist die Standardkonformität der gängigen Compiler gut genug, um professionell damit arbeiten zu können. Außerdem bringen die Compilerhersteller regelmäßig neue Versionen ihrer Produkte auf den Markt. Gerade im Bereich der Standardkonformität der Compiler wird sich in den nächsten zwei bis fünf Jahren noch einiges ändern. Wir erwarten, dass die wichtigsten Compiler den Standard immer besser unterstützen werden. Alle anderen werden mit Marketing-

---

[9]   Die für Java 1.5 vorgesehenen sog. *Generics* sind nur entfernt mit C++ Schablonen vergleichbar. Auf der Webseite zum Buch findet sich eine Diskussion.

problemen zu kämpfen haben und letztendlich vom Markt verschwinden. Evtl. auftretende Probleme der Standardkonformität sind daher hoffentlich temporärer Natur.

Wir beschreiben in diesem Buch deshalb *Standard-C++* und nicht den Implementierungsumfang eines bestimmten Produktes. Die in diesem Buch vorgestellten Codebeispiele sind mit allen gängigen Compilern übersetzbar. An den (wenigen) wichtigen Stellen, an denen es Probleme gibt, weisen wir explizit darauf hin.

📖📖 Sprachversionen

Die Sprache C++ ist ursprünglich nicht in ihrer heutigen, standardisierten Form definiert worden. Es gab vielmehr einige Vorversionen, die sich grob in die folgenden Entwicklungsstände aufteilen lassen:

❏ *C mit Klassen*. Dies war die allererste Sprachversion, die von Bjarne Stroustrup vor 1980 entwickelt wurde. Ziel war es, einige der Probleme der Programmiersprache C zu überwinden, aber trotzdem deren Vorteile wie z.B. Effizienz und Portabilität beizubehalten. „C mit Klassen" wurde damals in mehreren größeren Forschungsprojekten bei AT&T[10] äußerst erfolgreich eingesetzt. Die Sprache war damals nicht formal beschrieben, sondern wurde in Diskussionen zwischen Mitarbeitern und Programmierern ständig verändert.

❏ *ARM-Stand*. Ca. 1983 trat „C mit Klassen" erstmals aus dem Forschungsbereich in die Öffentlichkeit. Durch den großen Erfolg war den Beteiligten klar, dass nun eine Formalisierung notwendig war. Margaret Ellis und Bjarne Stroustrup schrieben daraufhin (Mai 1990) als erstes *formales* Dokument *The Annotated C++ Reference Manual (ARM)*, in dem die Sprache auf dem damaligen Stand mehr oder weniger formal beschrieben wurde. Der Name „C++" löste „C mit Klassen" ab, dabei sollte das „C" für die Aufwärtskompatibilität zur Sprache C stehen, das „++" dagegen für die Verbesserungen, die gegenüber C nun zur Verfügung standen. Das ARM sollte auch zur Vorbereitung der Standardisierung der Sprache durch das *American National Standardisation Institute* (*ANSI*) und später die *International Standardisation Organisation* (ISO) dienen.

---

[10]   *American Telephone and Telegraph Company,* damaliger Arbeitgeben von Bjarne Stroustrup

Das *Annotated Reference Manual* war lange Zeit die Bibel aller C++-Programmierer, auch heute noch verbindet mancher Softwareentwickler mit dem Wort „C++" diese Version. Sie beschreibt einen Sprachstand, der heute als *ARM-Stand* bezeichnet wird. In diesem Stand sind – neben dem obligatorischen Klassenkonzept – bereits Ableitungen und virtuelle Funktionen, Überladen von Operatoren, Referenzen, und eine rudimentäre typisierte E/A-Bibliothek vorhanden. Im ARM werden bereits Schablonen (*templates*) und ein neues Konzept zur Behandlung von Fehlersituationen (über sog. *Ausnahmen* (*exceptions*)) vorgestellt, der Status dieser Sprachmittel war jedoch „experimentell". Man wollte damit Erfahrung gewinnen, wie sich diese Innovationen in der Praxis bewährten – und in der Tat hat sich die formale Definition dieser Sprachmittel (vor allem der Schablonen) bis zum heutigen Standard noch einige Male verändert. Die in der Praxis erarbeiteten Erfahrungen waren für die endgültige Definition dieser Sprachmittel eine große Hilfe.

❑ *Vor-Standardisierungs-Stand* (*pre-standard*). Im Dezember 1989 wurde das X3J16-Komitee der ANSI formal mit der Standardisierung der Sprache beauftragt, 1991 kam die Arbeitsgruppe 21 der ISO (ISO WG21) hinzu. Als Basis für die Standardisierung diente das ARM sowie der Standard der Programmiersprache C (ISO/IEC 9899), neben weiteren Dokumenten wie z.B. Konventionen über die Terminologie oder den für Quellcodes zu verwendende Zeichensatz.

Im Zuge der Arbeit des Standardisierungskomitees wurde die Sprache nach und nach verändert und erweitert. Die im ARM noch als „experimentell" gekennzeichneten Sprachmittel wurden prinzipiell akzeptiert und weiter entwickelt, weitere wesentliche Teile (wie z.B. Namensbereiche (*name spaces*)) kamen hinzu. Parallel zur Standardisierung der Sprache an sich wurde die Definition einer Laufzeitbibliothek in Angriff genommen.

❑ *Standard*. Am 1. September 1998 präsentierte das Komitee das Ergebnis der Standardisierungsbemühungen: Der *International Standard ISO/IEC 14882* liegt nun in der ersten Ausgabe (*First Edition 1998-09-01*) vor. Damit sind Syntax und Semantik der Programmiersprache C++ sowie der zugehörigen C++ Standardbibliothek international festgeschrieben.

🕮 Pre-Standard und Standard

Für die Softwareentwicklung heute sind diese beiden „Versionen" der Sprache relevant. Neue Programme sollten selbstverständlich in Standard-C++ erstellt werden, soweit der verwendete Compiler dies zulässt – die Unterschiede sind (wie gesagt) in der Praxis verschmerzbar.

Eine sehr große Anzahl bestehender C++-Programme ist jedoch nicht nach den Vorgaben im Standard erstellt worden, da der Standard bei ihrer Erstellung noch gar nicht existierte. Glücklicherweise können diese Programme in der Regel auch mit einem standardkonformen Compiler übersetzt werden, wenn man einige Besonderheiten beachtet. Eventuell sind einige kleinere Korrekturen notwendig, die jedoch auf Grund von Syntaxfehlermeldungen bei der Übersetzung sofort erkannt werden können.

Auf Grund der zahlreichen bestehenden C++-Altsysteme ist der Pre-Standard für die Praxis also nicht ganz unwichtig. Wir gehen deshalb wo erforderlich gesondert darauf ein.

🕮 Voraussetzungen

Dieses Buch ist kein Einführungsbuch in die Programmierung. Wir gehen davon aus, dass der Leser bereits Erfahrung in der Programmierung von Anwendungen hat, die über triviale Beispiele hinausgehen.

Wir behandeln weiterhin keine Fragen der Installation oder der Bedienung von Compilern, Entwicklungsumgebungen, Debuggern etc. Wir gehen davon aus, dass der Leser einen funktionsfähigen Compiler besitzt und auch bedienen kann. Auf der Internetseite des Buches gibt es Hinweise zu gängigen Entwicklungssystemen, darunter auch zu nichtkommerziellen Produkten wie dem GNU-Compiler. Weiterhin gibt es auf der Internetseite Standard-Projektdateien bzw. Makefiles für die gängigen Systeme.

🕮 Support über das Internet

Das Buch wird über eine Internetrepräsentanz unterstützt. Die Einstiegsseite ist

```
http://www.PrimaProgramm.de
```

Der Quellcode sämtlicher größerer Beispiele ist über diese Seite erreichbar. Die Quellen sind nach Kapiteln geordnet, für die vollständigen Fallbeispiele und die einzelnen Versionen des durchgängigen Projekts gibt es zusätzlich fertige Projektdateien für die wichtigsten Compiler, sowie eine generelle Make-Datei.

Darüber hinaus enthält die Seite ständig Informationen über neuere Entwicklungen aus dem Bereich C++ sowie eine Reihe interessanter Links zu anderen Ressourcen über C++, Objektorientierung und verwandte Themen. Es lohnt sich also, öfters mal vorbeizuschauen. Eine weitere Quelle von Informationen bietet der Server des Vieweg-Verlages, der unter der Adresse

```
http://www.Vieweg.de
```

erreichbar ist.

Wer wirklich keinen Internetzugang hat, kann die Quelltexte auch auf Diskette zu einem Kostenbeitrag von EUR 10 - erhalten. Bitte wenden Sie sich dazu an den Verlag, oder direkt an den Autor.

Anregungen, Wünsche und Verbesserungen sind willkommen an folgende Email-Adresse:

```
Martin.Aupperle@PrimaProgramm.de
```

📖📖 Literatur

Die folgende Liste enthält eine Aufzählung der aus Sicht des Autors wichtigsten Bücher und Veröffentlichungen:

❑ *C++ Standard*

Der C++ Standard ist das Referenzdokument für die Sprache C++. Er kann vom ANSI oder der ISO gegen einen Kostenbeitrag von US$18 in elektronischer Form bezogen werden (Adresse siehe Internetseite des Buches) .

Die Sprache wird, wie es sich für einen Standard gehört, präzise und vollständig beschrieben. Teilweise werden kleine Beispiele gegeben. Das Papier ist äußerst zäh zu lesen und es bedarf ausreichender Erfahrung mit C++, um überhaupt sinnvoll damit arbeiten zu können. Auf jeden Fall nichts für C++-Neulinge oder für die Softwareentwicklung in der Praxis, aber die definitive Entscheidungsinstanz, wenn es um Streitfragen der Syntax oder Semantik geht.

❑ *The Draft C++ Standard*

Dieses Papier beschreibt den Stand der Sprache, wie er zur Normung durch ANSI/ISO angenommen wurde. Der *Draft* (wie das Papier vereinfacht genannt wird) enthält nur marginale Unterschiede zum Standard, ist aber dafür im Internet (Adresse siehe Internetseite des Buches) frei erhältlich.

❑ *Bjarne Stroustrup: The C++ Programming Language, 3rd ed.*
Addison-Wesley. Reading, Massachusetts, 1997

Das Buch gibt eine vollständige Übersicht über die Sprache C++. Es behandelt den vollständigen Sprachstandard nach ANSI/ISO ohne Berücksichtigung von Defiziten heutiger Compiler etc. Zu den Sprachkonstruktionen werden kurze Beispiele gegeben, die die Konstrukte erläutern. Jedes Kapitel schließt mit Aufgaben und Übungen für den Leser, allerdings werden keine Antworten gegeben. Das Buch enthält am Ende auch ein Kapitel über Designfragen und ihre Auswirkungen auf die Gestaltung von Programmiersprachen allgemein und C++ im Besonderen. In Fachkreisen wird das Buch auch einfach als *The Book* oder *The Bible* bezeichnet.

❑ *Bjarne Stroustrup: The Design and Evolution of C++. Addison-Wesley. Reading, Massachusetts, 1994*

Das Buch ist sehr interessant für Leute, die sich für Historie und Hintergrund der Sprache C++ interessieren. Der Autor gibt Begründungen, warum bestimmte Spracheigenschaften so und nicht anders implementiert wurden. Insbesondere das Verhältnis zur Sprache C und die daraus resultierenden Konsequenzen werden ausführlich behandelt. Mögliche Alternativen oder mögliche zusätzliche Sprachelemente werden ebenfalls angesprochen und auch die Gründe, warum sie letztendlich verworfen wurden.

❑ *Nicolai M Josuttis: The C++ Standard Library. Addison-Wesley. Reading, Massachusetts, 1999*

Dieses Buch befasst sich ausschließlich mit der C++ Standardbibliothek. Die Bibliothek wird vollständig und ausführlich behandelt. Zu allen Bereichen gibt es Beispiele.

❑ *Marshall Cline and Greg Lomow: C++ FAQs. Addison-Wesley.
Reading, Massachusetts, 1995*

FAQ bedeutet *Frequently Asked Question* (etwa: häufig gestellte
Frage). Das Buch behandelt solche häufig gestellten Fragen zu
C++. Die Antworten sind kurz und präzise und werden teilweise
durch Erläuterungen oder Kommentare ergänzt. Im Internet ist eine zweite, kleinere Version der FAQs vorhanden, die regelmäßig
in den Newsgroups gepostet wird und auch über die Internetseite
des Buches erreichbar ist. Marshal Cline pflegt auch die elektronische Version. Die elektronische Version ist aktueller, das Buch ist
dagegen wesentlich ausführlicher.

❑ *Martin Aupperle: Die Fortgeschrittene Kunst der Programmierung mit C++. Vieweg-Verlag, 2003*

In diesem Buch geht es um Fragen der industriellen Softwareentwicklung mit C++. Der erste Teil befaßt sich mit der C++-Stan-
dardbibliothek, und zwar sowohl mit dem Einsatz der bestehenden
Funktionalität als auch mit ihrer Erweiterung durch eigene Konstruktionen. Im zweiten Teil werden Programmiertechniken vorgestellt, die sich in großen Projekten bewährt haben. Zu den Themen
des zweiten Teils gehören Entwurfsmuster, Techniken zur Beherrschung von Komplexität, Kontraktorientiertes Programmieren, Zusammenarbeit mit anderen Programmiersprachen, Techniken zum
Fehlermanagement sowie Fragen der Softwarequalität. Zum Buch
gibt es eine Internetseite, von der auch ein Stilhandbuch (*styleguide*) heruntergeladen werden kann.

❑ *C++ Report*

Eine monatlich erscheinende Fachzeitschrift ausschließlich zum
Thema C++. Bekannte Autoren schrieben sowohl für Profis, Fortgeschrittene und auch für C++-Einsteiger. Die Zeitschrift ist allerdings seit Sommer 2000 eingestellt. Es lohnt sich auf jeden Fall, in
einer Bibliothek einmal die letzten Jahrgänge durchzublättern.

❑ *C/C++ Users Journal*

Eine monatlich erscheinende Fachzeitschrift, die sich mit Themen
rund um die Programmiersprachen C und C++ befasst. Die Zeitschrift enthält regelmäßig Beiträge bekannter Autoren zum Thema
C++. Nach der Einstellung des C++ Report schreiben die meisten

Autoren nun für „CUJ", wie das C/C++ Users Journal vereinfacht genannt wird.

Darüber hinaus gibt es eine Reihe interessanter Quellen im Internet. Die Internetseite des Buches enthält einige Links.

📖📖 Einige Anmerkungen

Zum Schluss dieses einführenden Kapitels betrachten wir noch einige Behauptungen über C++, die man in Programmiererkreisen oft hören kann, die aber so pauschal nicht richtig sind.

📖 C++ ist nichts anderes als C mit einigen Verbesserungen

Diese Aussage ist richtig und zugleich falsch – je nach Blickwinkel.

Richtig ist, dass C++ syntaktisch (mit unwesentlichen Ausnahmen) eine Obermenge der Sprache C ist. Das bedeutet z.B., dass ein „ordentliches" C Programm auch mit einem C++ Compiler übersetzt werden kann. Durch die neuen Sprachmittel werden die bekannten Probleme der Programmierung mit C verringert oder ganz vermieden.

Dies ist jedoch nur die halbe Wahrheit. Richtig ist nämlich auch, dass C++ eine völlig andere Programmiersprache als C ist, wenn man die Programmiertechniken betrachtet. C++ bietet ganz andere Möglichkeiten, Programme wartungsfreundlicher, besser wiederverwendbar und nicht zuletzt schneller und damit kosteneffizienter zu erstellen als dies mit den traditionellen Programmierstilen möglich war. Aus *dieser* Sicht ist die obige Aussage völlig falsch.

📖 Java/C/Basic/Smalltalk/Perl/Delphi/Lisp ist besser als C++!

Die Liste der „besseren" Programmiersprachen könnte noch beliebig erweitert werden. Aber was bedeutet „besser"? Sicherlich gibt es Problemstellungen, für die C++ nicht die geeignete Sprache ist. Möchte man z.B. Programme erstellen, die innerhalb der grafischen Umgebung eines Web-Browsers ablaufen sollen, ist vielleicht Java oder sogar eine Scriptsprache besser geeignet.

Alle diese Sprachen haben ihren Anwendungsbereich. Betrachtet man jedoch die große Gruppe der allgemeinen Problemstellungen (die also nicht auf spezielle Randbedingungen Rücksicht nehmen müssen), ist C++ in den allermeisten Fällen die bessere Wahl.

In der Praxis kommen jedoch auch nicht-technische Aspekte hinzu. Die Komplexität der Sprache schreckt Programmierer und Manager gleichermaßen ab. Java wird oft deshalb als geeigneter angesehen, weil die Syntax und das „Handling" einfacher sind. Dies ist korrekt – die Komplexität steckt jedoch in den *Anforderungen*, die einmal mit einem Programm realisiert werden sollen. Es ist durchaus nicht klar, wieso eine einfachere Sprache besser zum Lösen schwieriger Aufgaben geeignet sein soll als eine mächtigere Sprache. Folgt man solchen Argumentationen, müsste man eigentlich in Assembler oder Basic am allerbesten programmieren können. Die Erfahrung zeigt, dass dies jedoch *nicht* so ist. Vergessen darf man allerdings auch nicht, das mächtige Werkzeuge auch ausreichend Kompetenz im Umgang erfordern – sonst sind die Ergebnisse verheerend[11].

📖 Aber C++ ist so komplex!

Dieses Argument wird oft von Verfechtern von einfacheren Programmiersprachen wie C oder Java vorgebracht. Es ist auf der einen Seite sogar berechtigt! C++ kann eine extrem komplexe Sprache sein – man kann Sprachkonstrukte so kombinieren, dass wirklich schwierige und teilweise fehlerträchtige Programme entstehen.

Andererseits ist es so, dass *normale* Aufgabenstellungen in C++ einfach, sicher, lesbar und damit wartungsfreundlich implementiert werden können. Ein Einsteiger kann mit C++ schnell Ergebnisse, und zwar vor allem deshalb, weil er sich auf die problemorientierten Aspekte konzentrieren kann und sich nicht so sehr um die maschinenorientierten Dinge kümmern muss. Die mächtigen Abstraktionsmittel der Sprache C++ sowie die hervorragende Unterstützung durch die Standardbibliothek machen dies möglich.

Die meisten der schwierigeren Konstruktionen werden heute nicht von Anwendungsprogrammierern, sondern von Bibliotheksimplementierern verwendet. Sie können durch Einsatz dieser Sprachmittel hervorragende Performance, geringen Ressourcenverbrauch sowie

---

11 In meinen Seminaren über C++ verwende ich ein drastischeres Beispiel: Wenn man zum Mond fliegen will, benötigt man ein leistungsfähiges Werkzeug. Niemand erwartet, dass man nach einem Fahrkurs von 20 Stunden in der Fahrschule ein solches Gerät bedienen kann. Aus der Sicht des Projektleiters des Mondprogramms gibt es auf dem Markt jedoch hauptsächlich Leute mit normaler Fahrschulausbildung. Also wird die Mondfähre gestrichen und man versucht, das Unterfangen mit normalen Straßenfahrzeugen durchzuführen – weil man eben das Personal dafür billig bekommt. Gibt es später Probleme, werden noch ein paar Leute mehr eingestellt – Manager zählen eben gerne Köpfe, und Programmierer ist Programmierer – oder sollte es doch Unterschiede geben?

andere positive Eigenschaften ihrer Bibliotheken realisieren[12]. Der Anwender sieht meist von dieser Komplexität nichts, da sie in der Implementierung der Bibliotheken verborgen ist.

Dies bedeutet natürlich nicht, dass man zur Implementierung von Bibliotheken die Sprache derart ausreizen muss. Häufig verwendete Bibliotheken wie z.B. die C++ Standardbibliothek *können* jedoch davon Gebrauch machen, um das Letzte an Performance herauszuholen.

Ein bekannter Ansatz geht davon aus, dass mächtige Werkzeuge notwendigerweise auch entsprechend komplex sind. Dies trifft auch für C++ zu, allerdings mit der Ergänzung, dass ein Programmierer mit dieser Komplexität nicht unbedingt konfrontiert werden muss: Er kann sich auch auf die einfacheren Sprachmittel beschränken.

▢ Aber C++ ist langsam!

So oft man dieses Argument auch hört: Es ist schlichtweg falsch. Übersetzt man ein Programm mit einem C- und einem C++-Compiler, werden beide Versionen gleich schnell laufen. C++ erzeugt daher nicht automatisch ineffizienteren Code.

Ein anderer Vergleich ist hier schon aussagekräftiger: Implementiert man eine gegebene (nicht triviale) Problemstellung einmal mit C und dann getrennt mit C++, werden sich beide Implementierungen auf Grund der unterschiedlichen zur Verfügung stehenden Sprachmittel der beiden Sprachen wahrscheinlich stark unterscheiden. Folgende Effekte können häufig beobachtet werden:

❑ Der Programmierer hat auch in C++ wie in C programmiert, d.h. die Lösungen unterscheiden sich nur unwesentlich. Die Laufzeiten sind vergleichbar.

❑ Der Programmierer verwendet zwar die C++ Sprachmittel, jedoch nicht unbedingt korrekt. Durch die ungeschickte Programmierung läuft die C++ Implementierung deutlich langsamer und ist evtl. auch deutlich größer.

❑ Der Programmierer verwendet die C++ Sprachmittel und setzt diese sorgfältig und korrekt ein. Das C++ Programm läuft *schneller* als die C-Version!

---

[12]   Wer einmal mit Java's SWING gearbeitet hat, wird das Argument sofort verstehen

Wie man sieht, hängt alles von der korrekten Verwendung der Sprache ab. Es ist durchaus möglich, dass C++ Programme sogar effizienter als ihre C-Pendants sind, wenn man Design und Implementierung in Richtung Laufzeit optimiert. Dies macht C++ z.B. auch für die Implementierung von Betriebssystemen oder embedded systems geeignet.

In größeren Systemen tritt allerdings noch ein weiterer Effekt auf. Implementierungen in C++ neigen dazu, qualitativ hochwertiger als Implementierungen in niedrigeren Sprachen zu sein. Wiederverwendbarkeit und Wartungsfreundlichkeit sowie ein besserer Umgang mit Fehlersituationen sind in C++ nicht nur leichter zu realisieren als in C, sondern kommen oft nahezu automatisch, wenn man einige Entwicklungsprinzipien beachtet. Dadurch tendieren C++ Programme auch bei gleicher Funktionalität dazu, mehr Ressourcen als C-Programme zu benötigen.

📖 Aber C++ ist nicht plattformunabhängig!

Dieses Argument wird meist im Vergleich zu Java zitiert. Bei genauerer Betrachtung ist aber auch dieses Argument nicht haltbar. C++ - Programme sind sogar noch eher plattformunabhängig als Java-Programme. Dies liegt natürlich an den unterschiedlichen Sprachversionen sowie an den unterschiedlichen Versionen der *Java Virtual Machine*, die auf den verschiedenen Rechnern vorhanden sein können. In der Praxis bedeutet dies, dass aus Java's Anspruch *Write Once, Run Anywhere* bereits *Write Once, Test Anywhere* geworden ist. Dies bedeutet einen erheblichen Aufwand für die industrielle Softwareentwicklung. Standard-C++ - Programme verhalten sich dagegen auf jeder Plattform absolut gleich.

Allerdings fehlen C++ standardmäßig Bibliotheken zum Zugriff auf die zu Grunde liegende Plattform oder für grafische Benutzeroberflächen, so wie sie bei Java z.B. mit dem *Abstract Windowing Toolkit* oder mit *Swing* vorhanden sind. Da heute die meisten Programme eine GUI benötigen, scheint C++ hier zunächst im Nachteil zu sein. Es gibt allerdings externe C++ - Bibliotheken, die eine plattformunabhängige GUI-Programmierung ermöglichen[13]. Somit ist hier C++ nicht im Nachteil: der Unterschied zu Java ist lediglich, dass die GUI-Bibliotheken bereits „zum System" gehören, während sie bei C++ extern hinzugenommen werden müssen. Hier kommt ein weiterer Vorteil

---

[13] Die Internetseite des Buches gibt einen Überblick über die wichtigsten GUI-Bibliotheken für C++.

zum tragen: während man z.B. in Java in der Praxis die Swing-Bibliothek verwenden *muss*[14], kann man bei C++ eine Auswahl aus
mehreren Anbietern treffen.

---

[14] Prinzipiell ließe sich natürlich auch für die Java-Plattform eine alternative GUI-
Bibliothek entwickeln. Da jedoch die SWING-Bibliothek mitgeliefert wird, ist
diese heute ein Quasi-Standard. Alternative Bibliotheken hätten es da schwer.

Teil I: Grundlagen

1 Das erste Programm

Wie wohl jedes Buch über Programmierung beginnt auch dieses mit einem minimalen Beispielprogramm, dem berühmten hello, world!

📖📖 Hello, world!

Das folgende Listing zeigt das berühmte *Hello World!* Programm in der Programmiersprache C++:

```
//-- HelloWorld.cpp
//
#include <iostream>

int main()
{
  using namespace std;

  cout << "hello, world!" << endl;

  return 0;
}
```

Nach Übersetzen und Binden erhält man daraus eine ausführbare Datei helloWorld.exe (für Windows/DOS) bzw. helloWorld (für U-NIX).

Führt man das Programm aus, erhält man den Text

```
hello, world!
```

auf dem Bildschirm. Führt man das Programm unter Windows aus (z.B. durch Doppelklick im Explorer, oder auch aus einer Integrierten Entwicklungsumgebung heraus), wird zur Anzeige ein Kommandozeilenfenster geöffnet, das Programm dort ausgeführt, und das Fenster (nach Beendigung des Programms) sofort wieder geschlossen. Es handelt sich also nicht um ein typisches Windows-Programm mit eigenem Fenster etc – dazu müsste man explizit die entsprechende Windows-Funktionalität verwenden. Das Hello-World-Programm ist dafür aber *plattformunabhängig*, d.h. es kann unter jedem Betriebs-

system übersetzt und ausgeführt werden, für das ein C++-Compiler
vorhanden ist.

Möchte man unter Windows die Ausgabe länger lesen können, hat
man zwei Möglichkeiten:

❑ man öffnet das Kommandozeilenfenster manuell (z.B. durch Aufruf
der *MS DOS Eingabeaufforderung* im Startmenü), und startet das
Programm in diesem Fenster

❑ man verhindert, dass das Programm nach Abschluss der Ausgabe
sofort beendet wird. Dazu kann man z.B. eine Eingabe vom Benutzer anfordern – solange der Benutzer nichts eingibt, wird das
Programm nicht beendet.

Folgendes Listing zeigt das modifizierte Programm:

```
//-- HelloWorld2.cpp
//
#include <iostream>

int main()
{
  using namespace std;

  cout << "hello, world!" << endl;

  //-- Anfordern einer Eingabe vom Benutzer, die mit ENTER
  //   abgeschlossen werden muss
  //
  char dummy;
  cin >> dummy;

  return 0;
}
```

📖📖 Im Einzelnen

Der Quelltext beginnt mit einem *Kommentar.*

```
//-- HelloWorld2.cpp
//
```

In C++ bedeuten die doppelten Schrägstriche den Beginn eines *Zei-
lenkommentars*. Nachfolgender Text bis zum Zeilenende wird vom
Compiler vollständig ignoriert. Dabei muss der Kommentar nicht
notwendigerweise wie hier am Anfang einer Zeile beginnen.

Wir verwenden Zeilenkommentare hauptsächlich zur Dokumentation.
Um den Kommentar optisch gut vom Programmtext unterscheidbar
zu machen, leiten wir den Kommentar mit zwei Bindestrichen ein.

Die nächste Zeile

```
#include <iostream>
```

ist eine *Präprozessor-Direktive*, konkret handelt es sich hier um eine *Include-Direktive*. Sie weist den Präprozessor an, die in spitzen Klammern stehende Datei (die sog. *Include-Datei*) an der betreffenden Stelle einzusetzen. Man erhält dadurch die Möglichkeit, einen längeren Programmtext auf einzelne Dateien zu verteilen und trotzdem als Ganzes zu übersetzen. Im obigen Fall wird eine Datei i-ostream (für *input-output-stream*) eingebunden, die für die Verwendung des Ausgabestroms cout und des Eingabestroms cin weiter unten benötigt wird.

Beachten Sie bitte, dass die Datei iostream keine Dateinamenerweiterung wie sie z.B. aus der C-Programmierung her bekannt ist (dort z.B. .h) besitzt. Dies ist eine Konvention, die für alle mit #include einbindbaren Dateien der Standardbibliothek gilt[15].

Mit der *Include-Direktive* können auch eigene Dateien eingebunden werden. Traditionell verwendet man für solche Include-Dateien die Erweiterung .h oder .hpp, prinzipiell ist jedoch jede Erweiterung möglich.

Die Zeilen

```
int main()
{
}
```

definieren die Funktion main, die in jedem ablauffähigen C++ Programm vorhanden sein muss. Diese spezielle Funktion wird vom Betriebssystem aufgerufen und repräsentiert somit das eigentliche „Programm". Die Funktion main muss mit einem Rückgabetyp von int (*integer*, Ganzzahl) definiert werden, ein von main zurückgelieferter Wert wird an das Betriebssystem übergeben und steht dort z.B. als Fehlercode für Abfragen zur Verfügung. Der *Funktionskörper* beginnt mit der öffnenden geschweiften Klammer und reicht bis zur schlie-

---

15 Für die Theoretiker: Genau genommen muss *iostream* noch nicht einmal eine Datei sein – es reicht aus, wenn der Compiler „weiß", was in einer solchen Datei zu stehen hätte und dies implizit verwendet – schließlich ist dieser Inhalt Teil der Standardbibliothek und gehört somit in gewisser Weise zum Compiler dazu. Alle heutigen Compiler verwenden allerdings „reale" Dateien für die Standardbibliothek.

ßenden geschweiften Klammer. Der Funktionskörper enthält die *Anweisungen*, die beim Aufruf der Funktion ausgeführt werden.

Die erste Anweisung der Funktion ist

```
using namespace std;
```

Diese *using-Anweisung* besagt, dass die Symbole des *Namensbereiches* std ohne weitere Qualifikation zur Verfügung stehen sollen. Alle Symbole der Standardbibliothek befinden sich im Namensbereich std und müssen deshalb normalerweise explizit mit dem Präfix std:: angesprochen werden. Die using-Anweisung spart in diesem Fall einfach Schreibarbeit und macht das Programm übersichtlicher.

Beachten Sie bitte, dass Anweisungen mit einem Semikolon abgeschlossen werden.

Die Anweisung

```
cout << "hello, world!" << endl;
```

schließlich gibt die Zeichenkette hello world auf dem *Ausgabestrom* cout aus. cout steht für *character output*, d.h. es handelt sich hier um etwas, das eine Folge von Zeichen aufnehmen kann und diese (auf der Konsole) ausgibt[16].

Dass es sich um eine Ausgabe handelt wird deutlich durch den *operator* <<, der auch optisch signalisiert, dass hier etwas nach cout *hineinfließt* (die Flussrichtung ist also von rechts nach links), nämlich hier die in Hochkommata eingeschlossene Zeichenkette. Der Bezeichner endl „fließt" danach ebenfalls nach cout und bewirkt dort einen Zeilenumbruch (*end of line*). Man sieht, dass die Ausgabe in C++ optisch recht intuitiv gestaltet ist.

---

[16] Für C-Kenner: *cout* verwendet letztendlich zur Ausgabe den C-Standardausgabestrom *STDOUT*. Die Verwendung von *cout* hat jedoch eine Reihe von Vorteilen, auf die wir später noch genauer eingehen werden.

Als Nächstes wird eine *Variable definiert*:

```
char dummy;
```

Konkret handelt es sich um eine Variable mit dem Namen dummy von Typ char, d.h. die Variable kann genau ein Zeichen (*character*) aufnehmen. In dieser Anweisung bleibt die Variable *uninitialisiert*, d.h. sie hat zunächst einen undefinierten (zufälligen) Wert.

Beachten Sie bitte, dass Definitionen ebenfalls Anweisungen sind und deshalb mit einem Semikolon abgeschlossen werden.

Zur Eingabe von Daten wird wieder ein Strom verwendet, allerdings diesmal ein *Eingabestrom*:

```
cin >> dummy;
```

cin steht für *character input*, und diesmal fließen die Daten „aus dem Strom heraus" in die Variable dummy. Hier wartet das Programm, bis der Benutzer an der Konsole ein Zeichen eingegeben hat, und läuft dann weiter.

Beachten Sie bitte, dass es nicht reicht, nur eine Taste auf der Tastatur zu drücken. Die Eingabe über Ströme ist zeilenorientiert, d.h. erst bei Betätigung der RETURN-Taste werden Eingaben an der Konsole an das Programm weitergeleitet. In C++ selbst gibt es keine Möglichkeit, auf Tastendrücke direkt zu reagieren. Ist diese Funktionalität erforderlich, kann man aber selbstverständlich auf die entsprechenden Betriebssystemfunktionen zugreifen. Allerdings gibt es auch hier einen Quasi-Standard, den nahezu alle modernen Betriebssysteme implementieren. So kann man z.B. mit der Funktion kbhit prüfen, of eine Taste gedrückt wurde, während getch das nächste Zeichen einliest, ohne auf ein RETURN zu warten.

In unserem Fall ist das Programm nun beendet, wie man an der nachfolgenden schließenden geschweiften Klammer erkennen kann.

▢▢ Eigene Experimente

Das Hello-World-Programm kann hervorragend als Basis für eigene Experimente verwendet werden. In den folgenden Kapiteln werden immer wieder Programmausschnitte abgedruckt, die das gerade behandelte Thema verdeutlichen sollen. Das Hello-World-Programm kann als Rahmen dienen, um diese Codesegmente ablauffähig zu machen und dann (z.B. mit dem Debugger oder mit eingestreuten Ausgabeanweisungen) das Verhalten zu studieren.

2 Hinter den Kulissen

Auch für das minimale Beispielprogramm bedarf es einiges an Aufwand, bis aus dem Quelltext ein ausführbares Programm wird.

▭▭ Der Übersetzungsvorgang

Der einfache Hello-World-Quelltext aus dem letzten Kapitel konnte ohne großen Aufwand zu einem ausführbaren Programm „verarbeitet" werden. In den großen Integrierten Entwicklungsumgebungen reicht dazu ein Knopfdruck, auf der Kommandozeile ist es ein einziger make-Aufruf. Aus Sicht des Programmierers sieht dieser Vorgang folgendermaßen aus:

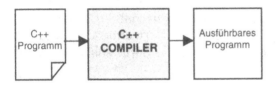

Bild 2.1:   Der Übersetzungsvorgang – Version 1

Hinter den Kulissen läuft jedoch einiges ab, das hier kurz erwähnt werden soll. Die zumindest prinzipielle Kenntnis dieser Vorgänge ist wichtig, um einige Besonderheiten der Sprache besser verstehen zu können.

▭▭ Der Begriff „Übersetzungseinheit"

Eine *Übersetzungseinheit* ist eine Folge von Zeichen (der *Quelltext*), die von einem Compiler als Ganzes gesehen und übersetzt wird. Enthält dieser Text keine Syntaxfehler, erzeugt der Compiler daraus eine *Objektdatei*. Ist der Text dagegen nicht korrekt, gibt er eine entsprechende Fehlermeldung aus. Normalerweise versucht der Compiler, nach einem Fehler mit der Übersetzung der nächsten Anweisung fortzufahren, um möglichst viele Fehler während eines Übersetzungslaufes zu finden. Manchmal ist jedoch ein Fehler so gravierend, dass die

Übersetzung der aktuellen Einheit abgebrochen werden muss. Im Fehlerfalle wird grundsätzlich keine Objektdatei erstellt.

📖📖 Übersetzungseinheiten und Dateien

Es ist zwar möglich, jedoch oft nicht praktikabel, den gesamten Quellcode einer Übersetzungseinheit in einer einzigen Datei unterzubringen. C++ bietet daher die Möglichkeit, eine Hauptdatei anzulegen und in dieser zusätzliche Dateien über die Include-Präprozessor-Direktive einzubinden. Im letzten Kapitel haben wir von dieser Möglichkeit Gebrauch gemacht, um die Datei `iostream` aus der Standardbibliothek einzubinden. Es ist Aufgabe des Compilers, die in der Hauptdatei referenzierten weiteren Dateien zu finden, in den Quelltext an Stelle der Include-Direktive einzusetzen und dann zu übersetzen. Die eingefügte (*includierte*) Datei kann ihrerseits weitere Dateien includieren etc. Für die Schachtelungstiefe gibt es herstellerspezifische Obergrenzen, die jedoch für die Praxis keine Rolle spielen.

Wo der Compiler Include-Dateien suchen soll, kann frei definiert werden. Dazu werden entweder *Umgebungsvariablen* oder Programmargumente beim Aufruf des Compilers verwendet. Außerdem können Include-Dateien Teilpfade enthalten, die dann zusätzlich ausgewertet werden.

📖📖 Der Präprozessor

Der Ersetzungsvorgang beim Einbinden von Include-Dateien läuft ohne nähere Betrachtung des Quelltextes ab, es handelt sich dabei lediglich um eine formale textuelle Ersetzung. Traditionell wird diese Ersetzung von einem separaten Programm vorgenommen, dem *Präprozessor*. Er erhält die Hauptdatei als Argument übergeben und schreibt das Ergebnis aller Ersetzungen in eine Zwischendatei, die dann in einem zweiten Schritt an den Compiler zur Übersetzung gegeben wird. Diese Zwischendatei enthält den gesamten Quelltext der Übersetzungseinheit.

Damit sieht der komplette Vorgang nun folgendermaßen aus:

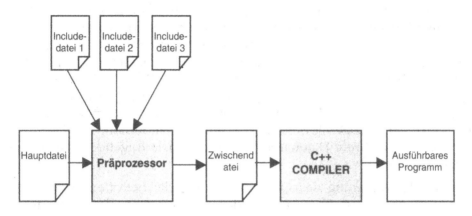

Bild 2.2:   **Der Übersetzungsvorgang – Version 2**

Die Zwischendatei kann relativ groß werden. Sie enthält z.B. für das Hello-World-Programm aus Kapitel 1 inklusive interner Kommentare (abhängig vom Compiler) ca. 8400 Zeilen, die auf einem „normal" ausgestatteten PC in wenigen Sekunden übersetzt und zu einem ausführbaren Programm gebunden werden. Damit dies möglich ist, verwenden die Compiler einige Tricks (s.u.).

In moderneren Systemen sind Präprozessor und Compiler nicht mehr getrennt. Dort wird das Einbinden von Include-Dateien implizit während der Übersetzung vorgenommen. Das Erzeugen einer separaten Zwischendatei entfällt somit. Die meisten Compiler können jedoch auf Wunsch die Zwischendatei erzeugen. Dies kann z.B. zur manuellen Inspektion des tatsächlich übersetzten Quelltextes nützlich sein.

Das Einbinden von weiteren Dateien über die Include-Direktive ist nur eine der Aufgaben des Präprozessors. Die Möglichkeiten des Präprozessors insgesamt sind Thema des Kapitel 16.

📖📖 Separate Übersetzung und der Binder

Eine ganz wesentliche Eigenschaft der Sprache C++ ist die Möglichkeit, mehrere unabhängige Übersetzungseinheiten zu definieren und
diese später zu einem einzigen ausführbaren Programm zusammen zu
fügen. Diese im angloamerikanischen Sprachgebrauch als *separate
compilation* bezeichnete Eigenschaft ist für größere Systeme unabdingbar notwendig. Es ist aus mehreren Gründen nicht sinnvoll und
manchmal auch gar nicht möglich, den Quelltext eines größeren Projekts in einer einzigen Übersetzungseinheit anzuordnen, auch wenn
diese evtl. in mehrere Dateien aufgeteilt wird. Die folgende Liste zeigt
einige Gründe:

❑ bei jeder Änderung des Quelltextes muss die betroffene Übersetzungseinheit neu übersetzt werden. Ordnet man den gesamten
  Quelltext in einer einzigen Übersetzungseinheit an, muss man also
  für jede noch so kleine Änderung das gesamte System neu übersetzen. Je nach Größe des Systems kann dies einen erheblichen bis
  unakzeptablen Zeitaufwand bedeuten.

❑ die Zuweisung von Verantwortlichkeiten für bestimmte Codeteile
  in einem Team ist schwierig.

❑ die Verwendung von Fremdherstellern zugelieferter Softwareteile
  kann nur über den Quellcode erfolgen. Nicht jeder Hersteller
  möchte jedoch den Quellcode seines Produktes offen legen!

❑ die Einbindung von Codeteilen, die in einer anderen Sprache (z.B.
  C, Fortran, Pascal) geschrieben sind, ist nicht möglich.

Bereits in der Programmiersprache C bestand die Möglichkeit, diese
Probleme durch Aufteilung des Programms in Einheiten (Module), die
unabhängig voneinander übersetzt werden konnten, zu lösen. C++
hat dieses Modell der *separate compilation* übernommen.

Konkret werden die einzelnen Übersetzungseinheiten unabhängig
voneinander zu *Objektdateien* übersetzt, die dann von einem weiteren Programm, dem *Binder* (*linker*) zu einem ausführbaren Programm zusammen gebunden werden. Interessant ist, dass diese Objektdateien nicht unbedingt aus einer C++-Übersetzung stammen
müssen. Ebenso möglich sind Objektdateien, die aus Quelltexten anderer Sprachen erzeugt wurden, vorausgesetzt diese „passen" zu den
C++-Objektdateien. Dies wird meist dadurch erreicht, dass die frem-

den Compiler instruiert werden, zu C/C++ kompatible Objektdateien zu produzieren.

Damit sieht der Vorgang nun folgendermaßen aus:

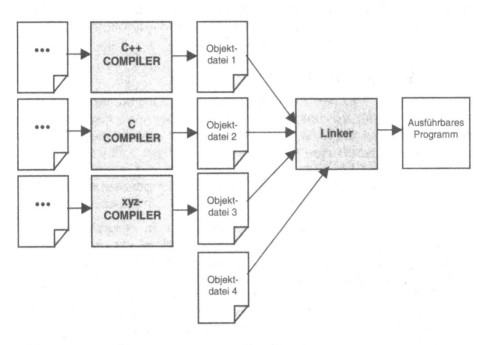

Bild 2.3: **Der Übersetzungsvorgang – Version 3**

In Bild 2.3 gehen wir davon aus, dass der Quelltext für die Objektdateien 1, 2 und 3 zum Projekt gehört und deshalb auf dem Entwicklungsrechner vorhanden ist. „xyz" steht hier für eine beliebige Sprache, für die ein Compiler vorhanden ist, der kompatible Objektdateien erzeugen kann.

Muss nun z.B. im Quelltext für Objektdatei 1 eine Änderung vorgenommen werden, reicht es aus, die Objektdatei 1 neu zu übersetzen und zusammen mit den unveränderten Objektdateien 2, 3 und 4 erneut zu binden (linken). In der Praxis erhält man durch die Einsparung des Übersetzungsvorganges für 2,3 und 4 einen Zeitvorteil, der die Erstellung komplexer Anwendungen in der Praxis erst möglich macht.

Das Modell der separaten Übersetzung ermöglicht außerdem, dass Objektdateien verwendet werden, für die vor Ort kein Quelltext und evtl. kein Compiler vorhanden ist. Hierbei kann es sich z.B. um Entwicklungen der Nachbarabteilung in der eigenen Firma handeln, um zugekaufte Bibliotheken, oder aber auch einfach um die Laufzeitbibliothek des Compilers (hier also die C++ Standardbibliothek), die ebenfalls über den Binder hinzugebunden wird.

📖📖 Die Aufgabe des Binders

Die in Bild 2.3 von den Compilern erzeugten Objektdateien werden durch den Binder zu einem ausführbaren Programm zusammen gefasst. Es ist nicht unüblich, dass Code in einer Objektdatei auf Code in anderen Objektdateien verweist – ein häufiger Fall ist, dass eine Funktion in einer Übersetzungseinheit definiert und in anderen Übersetzungseinheiten aufgerufen wird. Eine der Hauptaufgaben des Binders ist, solche Beziehungen zu erkennen und aufzulösen.

So ist es z.B. möglich, dass in Objektdatei 1 in obigem Bild eine Funktion aufgerufen wird, die in dieser Objektdatei gar nicht definiert ist. Es steht also innerhalb der Objektdatei auch keine Adresse zur Verfügung, die angesprungen werden kann, um die Funktion auszuführen. Wie soll der Compiler mit einem solchen Funktionsaufruf umgehen? Die Lösung ist die *Symboltabelle*: in ihr werden u.a. solche „offenen" Funktionsaufrufe notiert. Erst der Binder analysiert die Symboltabellen aller zusammen zu bindenden Module und kann so den offenen Funktionsaufrufen reale Adressen (aus anderen Modulen) zuordnen.

📖📖 Statisches und dynamisches Binden

Beim Bindevorgang müssen alle offenen Symbole (nicht nur Funktionsaufrufe) *aufgelöst* werden, d.h. es muss eine Zuordnung zu den entsprechenden Definitionen vorgenommen werden. Normalerweise erfolgt die Auflösung aller offenen Symbole durch den Binder im Zuge der Erstellung eines ausführbaren Programms – das fertige Programm enthält keine offenen Symbole mehr. Gelingt es dem Binder nicht, alle Symbole aufzulösen, gibt es eine Fehlermeldung und der Bindevorgang wird abgebrochen.

Neben diesem sog. *statischen Binden* gibt es eine Variante, die allerdings plattformspezifisch ist und daher vom C++-Standard nicht weiter behandelt wird. Beim *dynamischen Binden* werden Symbole besonders gekennzeichnet, die zunächst offen bleiben können. Erst bei der *Ausführung* des Programms werden solche Symbole gebunden. Dabei sorgt dann das Betriebssystem[17] dafür, dass jedes Mal bei der Programmausführung der Bindevorgang stattfindet.

Im Endeffekt wird also durch das dynamische Binden die Auflösung einiger Symbole vom Erstellungszeitpunkt des Programms zur Laufzeit des Programms verlagert. Es ergeben sich folgende Unterschiede zum statischen Binden:

❑ Häufig verwendete Codeteile brauchen nur ein mal auf dem Rechner verfügbar zu sein. Kandidaten sind hier vor allem die Standardbibliothek des Compilers oder häufig verwendete Hilfsbibliotheken wie z.B. die *Microsoft Foundation Classes* (*MFC*), die in vielen Windows-Programmen verwendet wird.

Werden solche Codeteile dynamisch gebunden, braucht die Bibliothek nur ein mal (an zentraler Stelle) auf dem Rechner bereitgestellt zu werden. Moderne Betriebssysteme laden auch nur eine Kopie in den Hauptspeicher, die dann für alle Programme, die sie benötigen, zur Verfügung steht. Insgesamt ergibt sich eine erhebliche Einsparung an Ressourcen, da die sonst notwendigen vielen identischen Kopien der gemeinsamen Codeteile nicht erforderlich sind.

❑ Es ist möglich, dynamisch gebundene Codeteile nicht automatisch beim Start des Programms binden zu lassen, sondern das Binden zu verschieben, bis das Symbol tatsächlich vom Programm benötigt wird (*delayed linking*, also z.B. bis eine dynamisch gebundene Funktion tatsächlich aufgerufen wird). Dadurch startet das Programm schneller, evtl. müssen Teile auch gar nicht gebunden werden, weil der Benutzer die entsprechende Funktionalität des Programms nicht verwendet. Über dynamisches Binden kann somit eine einfache Form von komponentenbasierter Software realisiert werden.

❑ Codeteile können auch nach der Fertigstellung des Programms (z.B. nach der Auslieferung an den Kunden) noch ausgetauscht werden. Es ist möglich, dynamisch gebundene Codeteile einfach durch eine neue Version zu ersetzen. Beim Starten des Programms

---

[17] genau genommen ist es der *Programmlader* (oder einfach *Lader* (engl. *loader*)), dessen Aufgabe das Holen des Programms von der Festplatte und Bereitstellen im Hauptspeicher sowie das eigentliche Starten der Kopie im Hauptspeicher ist.

wird dann automatisch die neue Version gebunden (der Bindevorgang läuft ja jedes Mal beim Start des Programms ab)[18].

❑ Prinzipiell können unterschiedliche Versionen einer dynamischen Bibliothek gleichzeitig vorliegen. Zur Laufzeit des Programms kann man dann explizit eine Version auswählen und diese dazubinden. Diese Technik wird häufig verwendet, um landesspezifische Varianten eines Softwareprodukts zu erzeugen. Dazu werden vor allem die Texte eines Programms in eine dynamische Bibliothek ausgelagert[19]. Beim Start kann man dann entscheiden, ob man z.B. die englischen oder die deutschen Texte dazubinden möchte.

Insbesondere bei großen Programmen können diese Eigenschaften des dynamischen Bindens sehr vorteilhaft verwendet werden. Den Vorteilen stehen jedoch auch Nachteile gegenüber:

❑ Der Bindevorgang muss bei jedem Programmstart durchgeführt werden. Der Programmstart dauert entsprechend länger. Durch Nutzung von delayed linking kann dieses Problem etwas entschärft werden.

❑ Die korrekte Funktion eines Programms hängt nun auch von den Versionen der dynamischen Bibliotheken ab. Probleme entstehen meist dann, wenn auf dem Zielrechner andere Versionen der dynamischen Bibliotheken vorhanden sind als auf dem Rechner, auf dem das Programm entwickelt und getestet wurde. Eine solche Situation kann z.B. entstehen, wenn durch die Installation eines weiteren Softwareprodukts die gemeinsam verwendeten dynamischen Bibliotheken durch andere (neuere) Versionen ersetzt werden.

Dynamisches Binden und damit auch dynamische Bibliotheken werden vom Standard nicht erwähnt und gehören deshalb nicht zu Sprache C++ dazu. In [Aupperle2003] wird das Thema wieder aufgenommen.

---

18   Es sei allerdings nicht verschwiegen, dass es hierbei in der Praxis auch erhebliche Probleme geben kann. Oft verwenden Programme undokumentierte Funktionalität oder basieren auf fehlerhafter Funktionalität. Nach dem Einspielen einer Korrekturversion der dynamischen Bibliothek laufen solche Programme dann u.U. nicht mehr.

19   In der Praxis benötigt man noch ein wenig mehr: Dezimaltrennzeichen, Währungskennzeichen, Datum und Zeitformate etc. können sich ebenfalls unterscheiden.

📖📖 Native und CFront-Compiler

Die ersten Compiler für C++ waren UNIX-Programme, die C++-Quelltext in C-Quelltext „übersetzten". Der so generierte C-Programmcode wurde dann erst durch einen C-Compiler in ein ausführbares Programm übersetzt.

Man erreichte damit vor allem Plattformunabhängigkeit. Es gab eine zweistellige Zahl von unterschiedlichen UNIX-Derivaten, die potenziell eigene Dateiformate für ausführbare Dateien, spezielle Bindekonventionen oder andere plattformspezifische Eigenheiten hatten. Für jede dieser Konfigurationen hätte eine eigene Version des C++-Compilers bereitgestellt werden müssen.

Auf jedem UNIX-System ist jedoch standardmäßig ein C-Compiler vorhanden, und dieser Compiler versteht ANSI-C oder zumindest den Vorläufer nach *K&R*. Nichts lag also näher, als die Sprache C sozusagen als „höheren Assembler" zu verwenden und sie als Zielsprache für einen C++-„Compiler" einzusetzen.

Der Prototyp dieser C++-nach-C-Übersetzer war ein Programm namens *CFront*, das von Stroustrup und anderen entwickelt wurde. Auch heute wird noch mit Cfront gearbeitet, der aktuelle Versionsstand ist 3.0. Teilweise findet man auch noch die Vorläuferversion 2.1 im Einsatz.

Der Vorteil des Präprozessoransatzes[20], wie ihn CFront verwendet, ist die Plattformunabhängigkeit. Überall, wo ein C-Compiler zur Verfügung steht, kann CFront unverändert[21] verwendet werden. Der Nachteil liegt in der Notwendigkeit, dann auch den Binder des C-Systems

---

[20] Der Begriff „Präprozessor" hat hier nichts mit dem Präprozessor aus dem letzten Kapitel gemein. Man bezeichnet CFront als „Präprozessor", weil es sich genau genommen gar nicht um einen kompletten Compiler handelt, sondern eben um einen Vorübersetzer, dessen Ausgabe ein Programm in einer anderen Programmiersprache (hier C) ist. Dieses C-Programm wird dann durch den C-Compiler in eine Objektdatei übersetzt und durch den Linker zum ausführbaren Programm gebunden.

[21] zumindest theoretisch. In der Praxis gibt es dann doch einige kleinere Unterschiede, die jedoch mehr im Bibliotheksbereich als beim CFront selber liegen. Konkret sollten bestimmte Funktionen der Standardbibliothek für jeden Rechner eigens implementiert werden, um z.B. optimale Performance zu erreichen. Dadurch sind die Bibliotheken – im Gegensatz zum CFront selber – nicht plattformunabhängig, was den Vorteil der angestrebten Plattformunabhängigkeit im Wesentlichen wieder zunichte macht.

verwenden zu müssen. Dieser ist auf einige der neuen Anforderungen, die die Sprache C++ mit sich bringt, nicht eingestellt. Die Probleme liegen vor allem im Bereich des *typsicheren Bindens* und bei den *Schablonen*. Für die Forderung nach typsicherem Binden gibt es eine Lösung, die heute praktisch von jedem Compiler verwendet wird. Die Schablonen hingegen machen den Herstellern von präprozessor-orientierten Übersetzern ziemlich zu schaffen.

Im Gegensatz zu diesen Präprozessoren gibt es *native Compiler*, die direkt Objektcode des betreffenden Zielsystems erzeugen können. Allerdings sind auch diese Compiler intern zweistufig: Das *Frontend* übersetzt den C++-Quelltext in eine interne Zwischenform, die dann durch den *Codegenerator* in Objectcode übersetzt wird. Bei einer Portierung auf ein anderes Zielsystem muss dann normalerweise nur der Codegenerator angepasst werden, das Frontend kann unverändert übernommen werden. Meist besitzen die nativen Compiler auch einen eigenen Binder, der gegenüber den traditionellen Bindern der C-Entwicklungsumgebung erweitert ist und somit z.B. auf die speziellen Anforderungen bei Schablonen eingestellt ist.

Der Preis dieser Spezialisierungen ist jedoch die Inkompatibilität. So ist es z.B. nicht möglich, eine Objektdatei, die mit einem Borland-Compiler erstellt wurde, mit Objektdateien von Microsoft zusammen zu binden, denn die beiden Hersteller verwenden (neben anderen Unterschieden) unterschiedliche Objektformate.

📖📖 Vorübersetzte Header

Für das einfache Hello-World-Programm aus Kapitel 1 hat der Compiler bereits mehr als 8000 Zeilen Quellcode übersetzt. Der überwiegende Teil davon steckt in den Headerdateien der Standardbibliothek, von denen einige mit der Anweisung

```
#include <iostream>
```

eingebunden wurden. Es ist sehr unwahrscheinlich, dass ein Benutzer diese Headerdatei(en) ändert. Der Gedanke ist nun, den darin stehenden Quelltext nicht jedes Mal neu zu übersetzen, sondern stattdessen auf eine vorübersetzte Form zurückzugreifen. Die Erzeugung der vorübersetzten Form wird vom Compiler einmalig durchgeführt, bei weiteren Übersetzungsvorgängen mit den gleichen Include-Dateien wird dann automatisch die vorübersetzte Form verwendet.

Der Vorteil dieses Ansatzes wird deutlich, wenn man sich klar macht, dass Headerdateien signifikant seltener geändert werden als Hauptdateien. Fehlerkorrekturen, Erweiterungen etc. finden normalerweise im „eigentlichen" Programm statt, die eingebundenen Dateien werden dabei meist nicht verändert. Es bringt daher Vorteile, Headerdateien vorzuübersetzen und dann nur noch diesen vorübersetzten Stand zu verwenden.

Dem Vorteil einer schnelleren Übersetzung steht der Nachteil der Buchführung gegenüber. Der Compiler muss vor der Verwendung eines vorübersetzten Headers sicherstellen, dass sich die ursprüngliche Headerdatei nicht verändert hat. Dies wird unter anderem noch dadurch kompliziert, dass eine Headerdatei weitere Dateien includieren kann.

Die Vorübersetzung von C++-Code ist bei allen modernen Compilern nicht nur für die Headerdateien der C++-Standardbibliothek möglich, sondern prinzipiell für alle includierten Dateien. Daraus ergibt sich die Frage, ob es möglich ist, große Projekte so aufzubauen, dass möglichst große Teile aller Übersetzungseinheiten schon vorübersetzt gehalten werden können. Bei Übersetzungszeiten von mehreren Stunden bis Tagen für eine Komplettübersetzung eines großen Projekts sicher eine lohnenswerte Überlegung[22].

Das Thema „Vorübersetzung" gehört eigentlich nicht mehr zur Sprache C++, sondern ist eine herstellerabhängige Optimierung, die auch über herstellerabhängige Mechanismen gesteuert wird. Die normale Vorgehensweise ist immer so, dass bei der Übersetzung einer bestimmten Übersetzungseinheit die Vorübersetzung durchgeführt und das Ergebnis in einer speziellen Datei abgelegt wird (z.B. verwendet Microsoft die Endung .pch (für *precompiled header*)). Alle anderen Übersetzungseinheiten verwenden dann diese Datei. Für welche Übersetzungseinheiten der Compiler eine Datei anlegen bzw. eine vorhandene Datei verwenden soll, wird über Compilerschalter gesteuert.

---

[22] Diese und andere Fragen der Projektorganisation besprechen wir in [Aupperle 2003].

Während normalerweise die Reihenfolge der Übersetzung der einzelnen Übersetzungseinheiten beliebig ist, sollte man bei der Verwendung vorübersetzten Codes natürlich die Übersetzungseinheit, in der die Vorübersetzung stattfindet, zuerst kompilieren: dadurch wird sichergestellt, dass die anderen Übersetzungseinheiten mit dem neuesten Stand der Vorübersetzung arbeiten. Integrierte Entwicklungsumgebungen beachten solche Dinge automatisch, verwendet man traditionelle Makefiles, muss man sich selber darum kümmern.

3 Fundamentale Typen

Wie jede prozedurale Sprache besitzt auch C++ einen Satz fundamentaler oder grundlegender Datentypen, zusammen mit den notwendigen Operatoren zur Bearbeitung. Fundamental *bedeutet hier, dass diese Typen nicht vom Programmierer definiert werden, sondern in der Sprache implizit vorhanden sind.*

📖📖 Übersicht

Programme dienen dazu, Werte zu manipulieren. Dies können Zahlen sein, oder aber Zeichenketten, oder beliebige andere Datentypen, die der Programmierer definiert hat. Die Sprache selber bietet einige eingebaute Datentypen, sowie Operatoren, die mit Werten dieser Datentypen arbeiten können.

Folgende Tabelle zeigt eine Zusammenfassung dieser *fundamentalen Typen*[23]:

Deutsche Bezeichnung	Angloamerikanische Bezeichnung	Inhalt
Ganzzahlige Typen	*integer types*	Ganze Zahlen
Fließkomma-Typen	*floating point types*	Rationale Zahlen
Zeichentypen	*character types*	Zeichen, Buchstaben
Wahrheitswert-Typ	*boolean type*	wahr oder falsch

Die Typen für Ganzzahlen, Fließkommazahlen und Zeichen existieren in verschiedenen Ausprägungen, die allerdings normalerweise kaum gebraucht werden. Sie unterscheiden sich hauptsächlich im Wertebereich, in der Genauigkeit oder in der Größe (d.h. dem benötigten Speicherplatz), oder ob sie vorzeichenbehaftet (*signed*) oder vorzei-

---

[23] Manchmal wird auch der „Typ" *void* im Zusammenhang mit fundamentalen Typen erwähnt. *void* ist jedoch überhaupt kein Typ, sondern wird lediglich zur Konstruktion zusammen gesetzter Typen verwendet. Wir besprechen *void* deshalb in Kapitel 8, in dem wir uns mit zusammen gesetzten Typen befassen werden.

chenlos (*unsigned*) sind. Für Wahrheitswerte gibt es nur den Typ
bool, der keine weiteren Ausprägungen besitzt.

▢▢ Integrale- und Fließkomma-Typen

Die fundamentalen Typen lassen sich in zwei große Gruppen einteilen:

❏ *Integrale Typen*. Für sie gilt, dass ihre Werte exakt im Rechner repräsentiert werden können. Die *ganzzahligen Typen*, die *Zeichentypen* und der *Wahrheitswert-Typ* sind integrale Typen.

❏ *Fließkomma-Typen*. Für sie gilt, dass ihre Werte in der Regel *nicht* exakt im Rechner repräsentiert werden können, sondern nur näherungsweise. Dies ist ein prinzipielles Problem: es ist einfach nicht möglich, unendlich viele Werte mit einer endlichen Anzahl von Bits abzubilden. Aus dieser Eigenschaft resultieren einige Feinheiten im praktischen Umgang mit Fließkomma-Zahlen, die es zu beachten gilt.

Natürlich gibt es auch noch andere Klassifizierungsmöglichkeiten. So eignen sich die ganzzahligen Typen und die Fließkoma-Typen für Rechenvorgänge, während Zeichentypen und der Wahrheitswert-Typ hauptsächlich zur *Darstellung* von Daten verwendet werden.

▢▢ Ganzzahlige Typen

Der Typ für ganze Zahlen ist int. Folgendes Programmsegment zeigt ein Beispiel:

```
int a;   // Definition Variable mit Namen a vom Typ int
a = 1;   // Zuweisung des ganzzahligen Wertes 1 an die Variable a

cout << "Der Wert von a ist " << a << endl;
```

Die Ausgabe ist erwartungsgemäß

```
Der Wert von a ist 1
```

Für int stehen eine Reihe von vordefinierten Funktionen und Operationen zur Verfügung. Im obigen Beispiel wird z.B. eine Ausgabefunktion verwendet, die aus dem internen Bitmuster eines int eine lesbare Ausgabe erzeugt. Analog dazu gibt es Eingabemöglichkeiten, diese Funktionalitäten werden durch die C++-Standardbibliothek bereitgestellt. Für ganzzahlige Typen gibt es die üblichen arithmetischen Operatoren wie Addition, Subtraktion, Multiplikation und Division.

Hinzu kommen spezielle Operatoren wie z.B. zum *Verschieben* von Bits. Bis auf die Ein/Ausgabe (die in der Standardbibliothek implementiert ist) werden Operationen mit ganzzahligen Typen vom Compiler direkt in Maschinencode übersetzt

Die Spezifizierer *short* und *long*

Der Typ `int` kann durch *Spezifizierer* genauer beschrieben werden. Folgende Tabelle zeigt die Möglichkeiten, die Größe (d.h. den maximalen Wertebereich) anzugeben:

Typ	Größe
`int`	Standardgröße (meist 32 Bit)
`long int` oder einfach `long`	Große Integer (meist 32 Bit)
`short int` oder einfach `short`	Kleine Integer (meist 16 Bit)

Auf den ersten Blick verwunderlich ist, dass in der Tabelle für `long int` und `int` die gleiche Größe angegeben ist – wozu gibt es dann überhaupt „große integer"? Und was bedeutet das Word „meist" in obiger Tabelle?

C++ macht keine genauen Angaben über die exakte Größe des Datentyps `int`: die Wahl der Größe bleibt dem Compilerhersteller überlassen. Diese Freiheit ermöglicht es, den Datentyp `int` optimal angepasst für das jeweilige Betriebssystem bzw. für den Zielprozessor zu wählen. Es war z.B. früher nicht unüblich, dass auf einem Rechner mit 8086-Prozessor ein `int` nur 16 Bit „breit" war – eben weil dies die prozessorinterne Breite von Registern und damit die Einheit für Rechenvorgänge mit ganzen Zahlen war. Ein `long int` war auf diesen Rechnern 32 Bit – wer entsprechend große Zahlen brauchte, konnte diesen Datentyp verwenden. Allerdings waren Operationen mit `long`s dann eben auch ein wenig langsamer als mit „normalen" `int`s. Für Mini-Prozessoren wie sie z.B. in Steuerungen für Waschmaschinen verwendet werden hat ein `int` wahrscheinlich nur acht oder vielleicht sogar nur vier Bits.

Es gibt allerdings einige Beschränkungen für die Wahl der Größen. So muss z.B. ein `long` immer mindestens so groß sein wie ein „normales" `int`, und dieses wiederum mindestens so groß wie ein `short`.

Es gilt also folgende Ungleichung:

```
sizeof( short ) <= sizeof( int ) <= sizeof( long )
```

Hierbei ist `sizeof` eine interne Funktion, die die Größe eines Datentyps zurückliefert (s.u.)

Die Spezifizierer *signed* und *unsigned*

Folgende Tabelle zeigt die möglichen Ausprägungen bezüglich des
Vorzeichens:

Typ	Vorzeichen
`int`	positiv und negativ
`signed int` oder einfach `signed`	positiv und negativ
`unsigned int` oder einfach `unsigned`	positiv

Integers sind standardmäßig vorzeichenbehaftet, insofern ist der Spezifizierer `signed` redundant. Die Definitionen

```
int          value1;
signed int   value2;
```

sind daher gleichwertig.

Etwas gewöhnungsbedürftig ist, dass auch das Schlüsselwort `int`
wegfallen darf. Die Definition

```
signed       value3;
```

definiert ebenfalls eine Größe vom Typ `signed int`.

Ein Variable vom Typ `int` kann (bei angenommenen 32 Bit Breite)
Werte zwischen (-2147483648) und 2147483647 annehmen. Im Falle eines `unsigned int` ist der Wertebereich dagegen 0 bis
4294967295.

Reicht der Wertebereich eines `signed int` „nach oben" nicht aus,
kann er also durch Wahl eines `unsigned int` nach oben verschoben
werden. Die Wahrscheinlichkeit, dass dann allerdings der doppelte
Wert ebenfalls nicht reicht, ist groß – zusätzlich handelt man sich mit
unsigned-Werten schnell Konvertierungsprobleme ein, wenn diese
mit normalen ints (also `signed int`) gemischt werden. Es wird da-

her grundsätzlich von der Verwendung von unsigned ints zur Repräsentation von Ganzzahlen abgeraten. Leider verwenden die meisten Funktionen der Standardbibliothek für Indizes etc. Werte vom Typ unsigned int, so dass hier Vorkehrungen getroffen werden müssen.

Der eigentliche Nutzen der vorzeichenlosen Typen liegt im Bereich der Bitrepräsentation. Es kann z.B. sinnvoll sein, 32 einzelne Bits durch ein int zu beschreiben – z.B. wenn Bitmuster bearbeitet werden müssen.

Es gibt nun Anwendungen, in denen man alle Bits eines int nach links oder rechts verschieben (*shiften*) möchte. Verwendet man dabei signed ints, wird das Vorzeichenbit *nicht* mit verschoben – es bleibt immer unverändert. Dies *kann* sinnvoll sein (z.B. wenn man mit der Shiftoperation eine arithmetische Manipulation des Wertes erreichen will), ist aber normalerweise unerwünscht. Möchte man alle Bits eines int shiften, muss man unsigned ints verwenden.

Ein wesentlicher Unterschied zwischen signed- und unsigned-Größen ist die unterschiedliche Würdigung durch den Standard: Für unsigned-Größen schreibt der Standard vor, dass Werte als Bitmuster im „Zweiersystem" zu implementieren sind. Das Muster 101 entspricht daher unter C++ immer dem Wert 5 – vorausgesetzt, es handelt sich um eine unsigned-Größe. Beachten Sie bitte, dass diese Forderung garantiert, dass Bitmuster plattformunabhängig repräsentiert werden. Code, der einzelne Bits manipuliert, hat auf allen Plattformen das gleiche Verhalten, wenn zur Repräsentation unsigned-Größen verwendet werden.

Eine weitere Folge aus der genauen Festschreibung der Implementierung ist das Verhalten von unsigned-Größen bei Überlauf: hier wird eine Modulo-Rechnung gefordert. Schreibt man z.B.

```
unsigned int i = 4294967295;     // OK
i = i + 3;                       // OK
```

bewirkt die Addition einen Überlauf, da die größte in einem unsigned int darstellbare Zahl 4294967295 ist (32-Bit Architektur vorausgesetzt). Der Standard fordert nun, dass das Ergebnis 2 ist – und zwar auf allen Plattformen, unabhängig vom Prozessor etc.

Für signed-Größen macht der Standard dagegen keine Vorschriften zur Implementierung. Hier sind die Compilerbauer frei, die für die Rechnerarchitektur optimale Darstellung zu wählen. Dadurch gelten für signed-Größen weniger strenge Forderungen: so ist das Bitmuster für einen bestimmten Wert nicht unbedingt auf allen Rechnern gleich[24], und das Verhalten bei Überlauf ist *undefiniert*. Dies heißt nicht, dass bei jeder Ausführung einer Anweisung mit Überlauf ein anderes Ergebnis entstehen darf, sondern lediglich, dass der C++-Standard keine Aussagen über das Ergebnis macht. Der bei einem Überlauf erhaltene Wert ist also maschinen- (d.h. implementierungs-) abhängig.

Die Freiheiten bei der Implementierung von „normalen" (signed-) int-Größen ermöglichen es den Compilerbauern, eine für die jeweilige Prozessorarchitektur optimale Implementierung zu wählen, ohne auf Kompatibilitätsfragen Rücksicht nehmen zu müssen. Der Datentyp int ist deshalb die erste Wahl, wenn mit Ganzzahlen gerechnet werden muss[25].

◫ Literale

Literale vom Typ int werden in der nahe liegenden Weise angegeben. Die folgenden drei Zeichenfolgen sind z.B. Integerliterale

```
0      256      -017
```

Der Compiler prüft, ob Größe und Vorzeichen zum Verwendungszweck passen. Folgendes Programmsegment zeigt einige korrekte und nicht korrekte Konstruktionen:

```
int a = 0;
int b = 2147483647;        // ok
int c = 2147483647 + 1;    // ok - Überlauf
int d = 1234567890123;     // nicht ok
```

Im Falle der Variablen c stehen auf der rechten Seite der Zuweisung zwei Integerliterale, die vor der Zuweisung addiert werden. Dadurch wird der für signed int zulässige Wertebereich (wir gehen hier von

---

[24]   Dies hat z.B. Konsequenzen, wenn man Werte von einem Rechner zum andern übertragen möchte: der empfangende Rechner interpretiert u.U. ein Bitmuster ganz anders als die sendende Maschine.

[25]   Dies ist ein wesentlicher Unterschied zu Java. Dort ist das interne Format von *int*-Größen für alle Rechnerarchitekturen gleich. Für Architekturen, die dieses Format nicht als natives Format besitzen, sind Rechnungen mit Zahlen entsprechend aufwändiger. Eine Zählschleife von 1-10 läuft z.B. auf einem Java-Handy immer mit 32-Bit, auch wenn der Handy-Prozessor evtl. nur 8 Bit Datenbreite besitzt und dies auch völlig ausreichen würde.

32 Bit Breite aus) überschritten und das Ergebnis der Anweisung ist (wie bei einem Überlauf bei `signed` üblich) undefiniert.

Die letzte Anweisung ist dagegen falsch: Die Konstante ist zu groß, um in einem `int` Platz zu finden.

Beachten Sie bitte, dass die Addition der beiden Literale `2147483647 + 1` bereits vom Compiler durchgeführt wird, dazu wird kein ausführbarer Code generiert.

Literale im Oktal- und Hexadezimalsystem

Literale müssen nicht im Dezimalsystem notiert werden. Für manche Anwendungen sinnvoll ist die Angabe als Hex-Wert oder (seltener) als Oktal-Wert. Um welches Zahlensystem es sich handelt, wird anhand des ersten bzw. der ersten beiden Zeichen des Literals entschieden.

Prefix	*Zahlensystem*	*Zulässige Zeichen*
`0x`	Hexadezimalsystem	0 bis 9, a,b,c,d,e,f bzw. A,B,C,D,E,F
`0`	Oktalsystem	0 bis 7
Ziffer außer `0`	Dezimalsystem	0 bis 9

Ein typisches Hex-Literal ist z.B. `0xFF`, (dezimal 255). Man verwendet die hexadezimale Notation gerne dann, wenn es nicht so sehr auf den numerischen Wert als eher auf das Bitmuster ankommt – jede Hex-Ziffer steht für 4 Bit. In der dezimalen Schreibweise dagegen ist keine einfache Zuordnung zwischen Ziffern und Bitpositionen möglich.

Literale wie das im letzten Abschnitt angegebene

```
-017
```

sorgen immer wieder für Überraschungen, wie am folgenden Beispiel deutlich wird:

```
int a = -017;
cout << a << endl;
```

Hier wird nämlich keineswegs als Ergebnis -17 ausgegeben, sondern vielmehr -15. Der Grund: durch die führende 0 wird das Literal im Oktalsystem interpretiert, und nicht im gewohnten Dezimalsystem. Um solche Verwechslungen auszuschließen wird daher empfohlen, Literale grundsätzlich *nicht* oktal zu notieren.

⊞   Spezifizierer für Literale

Literale haben standardmäßig den Typ int. Man kann aber auch hier den gewünschten Typ näher spezifizieren, und zwar durch einen nachgestellten Buchstaben (*Suffix*). Folgende Tabelle zeigt die Möglichkeiten:

Suffix	*Bedeutung*	*Beispiel*
u,U	unsigned	0xFFFFU
l,L	long	1L

Die Bedeutung eines Literals wie 1L in obiger Tabelle ist nicht automatisch einsichtig. Warum sollte man für eine so kleine Zahl einen long-Wert nehmen? Konkret: wo ist der Unterschied zwischen den beiden folgenden Zeilen:

```
long l1 = 1;
long l2 = 1l;
```

Beidesmal wird eine Variable vom Typ long definiert und mit dem Wert 1 initialisiert. Im ersten Fall wird zur Initialisierung eine int-Größe verwendet, im zweiten Fall eine long-Größe, beide haben den selben Wert.

Der Unterschied liegt in der Tatsache, dass im ersten Fall eine *Konvertierung* durchgeführt werden muss, und zwar von int nach long. Diese Umwandlung ist trivial und wird vom Compiler bei der Übersetzung der Anweisung implizit (und damit automatisch und unsichtbar für den Programmierer) durchgeführt – trotzdem handelt es sich konzeptionell um einen zusätzlichen Schritt.

Weiterhin gibt es Situationen, in denen der Typ eines Wertes über mehrere zur Auswahl stehende Funktionen entscheidet. Es ist in C++ durchaus möglich, zwei (oder mehrere) gleichlautende Funktionen zu definieren, die sich nur durch den Typ ihrer Argumente unterscheiden. Beim Aufruf entscheidet der Compiler dann anhand des Typs des verwendeten Parameters, welche Funktion aufgerufen werden soll. In einer solchen Situation kann es durchaus einen Unterschied machen, ob als Argument z.B. 15 oder 151 verwendet wird. Um hier die Übersicht zu bewahren, sollen beim *Überladen* von *Funktionen* (so nennt man die Möglichkeit, mehrere Funktionen mit gleichem Namen zu definieren) bestimmte Regeln eingehalten werden.

⌒⌒ Fließkomma-Typen

Die Typen zur Repräsentation rationaler Zahlen sind `float` und `double`. Folgendes Programmsegment zeigt ein Beispiel:

```
float f1    = 2.0;  // Definition einer float-Variablen
double f2   = 2.0;  // Definition einer double-Variablen

f1 = f1 / 3.0;
f2 = f2 / 3.0;

cout << "Der Wert von f1 ist " << f1  << " und der von f2 ist " << f2 << endl;
```

Als Ausgabe erhält man

```
Der Wert von f1 ist 0.666667 und der von f2 ist 0.666667
```

Auch hier erscheint es so, als ob es zwischen `double` und `float` keinen Unterschied gäbe: beide Rechenergebnisse erscheinen gleich. In diesem Fall liegt dies jedoch an der Art der Ausgabe: diese ist standardmäßig auf 6 Nachkommastellen eingestellt. Auch wenn intern genauer gerechnet wird, erfolgt bei der Ausgabe eine Rundung.

Um den Unterschied sichtbar zu machen, erhöhen wir die Ausgabegenauigkeit:

```
cout.precision( 50 );  // Ausgabe mit 50 Stellen
cout << "f1: " << f1  << endl << "f2: " << f2 << endl;
```

Als Ergebnis erhalten wir nun:

```
f1: 0.66666668653488159000000000000000
f2: 0.66666666666666663000000000000000
```

Die Ergebnisse unterscheiden sich ab der achten Stelle nach dem Komma[26].

---

[26]   hier auf einem x86-Prozessor. Prinzipiell gilt das gleiche wie für *ints*: Die Größen (und damit die Genauigkeiten) sind nicht in der Sprache festgelegt, sondern dem Hersteller überlassen.

Übung 3-1:

Untersuchen Sie, wie verschiedene Angaben für die Genauigkeit die Rundung der Ausgabe beeinflussen.

📖 Der Spezifizierer long

Der Typ double kann durch die Kombination mit long noch erweitert werden. Werte von Typ long double repräsentieren Fließkommazahlen mit der maximal möglichen Genauigkeit. Aber auch hier ist es so, dass long double nicht unbedingt anders als double implementiert sein muss – so sind beide Typen z.B. beim Microsoft-Compiler gleich implementiert.

Übung 3-2:

Untersuchen Sie, ob für ihr System die Verwendung von long double an Stelle von double eine Erhöhung der Genauigkeit mit sich bringt.

📖 Rundungseffekte

Die obigen Beispiele zeigen bereits, dass man mit Fließkommawerten nicht mehr so einfach umgehen kann wie mit integralen Datentypen. Während integrale Daten relativ einfach und vor allem exakt im Rechner repräsentiert werden können, treten bei Fließkommazahlen grundsätzlich Rundungsprobleme auf. Diese können durch eine erhöhte Rechengenauigkeit gemildert, jedoch niemals ganz verhindert werden. Die Rechnung mit Fließkommawerten ist deshalb eine hohe Kunst, auf die früher sehr viel Zeit verwendet wurde. Nicht nur Simulationen physikalischer Vorgänge sondern auch die ganz banale Finanzmathematik erfordert eine möglichst „korrekte" Rechnung: auch wenn die konkreten Folgen wirklich irrelevant sind, macht es einfach keinen guten Eindruck, wenn bei der Jahresbilanz einer Bank am Ende auch nur 1 Pfennig fehlt. Es wurden daher im Laufe der Zeit eine ganze Reihe von Techniken entwickelt, solche Probleme zu vermeiden. Eine Möglichkeit ist z.B., anstelle von Fließkommazahlen einen integralen Datentyp (meist long) zu wählen. Die Einheit, in der gerechnet wird, sind dann z.B. 1/100 Cent, d.h. ein Wert von 100 entspricht einem Cent. Erst bei der Ausgabe erfolgt eine geeignete Konvertierung.

Die grundsätzliche Problematik beim Rechnen mit Fließkommazahlen zeigt folgendes Programmsegment:

```
double d = 1.0;

d = d + 0.1;
d = d + 0.1;
d = d + 0.1;
d = d + 0.1;
d = d + 0.1;
d = d + 0.1;
d = d + 0.1;
d = d + 0.1;
d = d + 0.1;
d = d + 0.1;
```

Hier wird die Fließkommavariable d definiert und mit dem Wert 1.0 initialisiert. Dann wird der Wert zehn mal um 0.1 erhöht. Das mathematische Ergebnis ist natürlich 2.0 - folgender Vergleich sollte daher true ergeben, als Ergebnis sollte der Text gleich ausgegeben werden:

```
if ( d == 2.0 )
  cout << "gleich" << endl;
else
  cout << "ungleich" << endl;
```

Erstaunlicherweise erhält man als Ausgabe nicht gleich, sondern ungleich! Welchen Wert hat d, wenn nicht 2.0? Prüfen wir den Wert also durch eine Ausgabe:

```
cout << "d hat den Wert: " << d << endl;
```

Und das Ergebnis ist

```
d hat den Wert: 2
```

Was geht hier vor? Ist 2 etwas nicht immer gleich 2? Ist C++ gar für numerische Rechnungen ungeeignet?

Nein, sicher nicht. Die Sprache ist für Numerik sogar ganz ausgezeichnet geeignet, wenn man die prinzipielle Beschaffenheit der Fließkommazahlen beachtet. Im obigen Fall hat d tatsächlich nicht *exakt* den Wert 2, sondern weicht geringfügig davon ab. Bedingt wird dies durch die Tatsache, dass die Zahl 0.1 nicht *exakt* als double-Wert im Rechner repräsentiert werden kann. Diese Ungenauigkeiten summieren sich natürlich mit jeder Addition, sodass der Vergleich im Endeffekt false ergibt.

Warum erhält man dann als Ausgabe für d dann *genau* den Wert 2? Dies liegt am Rundungsverhalten der Ausgabe mit cout. Standardmäßig werden sechs Nachkommastellen als signifikant erachtet, die siebte Stelle wird zur Rundung verwendet. Macht sich ein Fehler erst ab der siebten Stelle bemerkbar, stimmt die Ausgabe trotzdem.

Des Rätsels Lösung zeigt sich, wenn wir die Genauigkeit der Ausgabe auf z.B. 16 Stellen erhöhen:

```
cout.precision( 16 );
```

Die Ausgabe von d im obigen Programm liefert nun

```
d hat den Wert: 2.000000000000001
```

Stellt man die Genauigkeit auf 32 Stellen ein, erhält man:

```
d hat den Wert: 2.0000000000000009
```

An diesen Ausgaben kann man die Rundungsvorgänge bei unterschiedlichen Genauigkeiten gut ablesen.

Übung 3-3:

Untersuchen Sie, ab welcher Genauigkeitsangabe für cout *die Abweichung zu Tage tritt..*

Beachten Sie bitte, dass der Vergleich zweier Fließkommazahlen (sowie auch alle anderen Operationen mit diesen Werten) mit voller Genauigkeit durchgeführt wird. Dies bedeutet z.B. beim Vergleich, dass jedes Bit der beiden Zahlen übereinstimmen muss, damit der Vergleich true ergibt.

Was kann man in der Praxis tun, um die Auswirkungen der nicht-exakten Repräsentation zu kontrollieren?

Die erste, wichtigste (und für uns hier einzige) Regel ist:

❏ Fließkommazahlen *niemals* auf exakte Gleichheit prüfen.

Besser ist die Verwendung eines Schwellwertes, um den zwei Zahlen voneinander abweichen dürfen, um trotzdem noch als gleich betrachtet zu werden. Wie groß dieser Schwellwert gewählt werden soll, hängt von einer Vielzahl von Faktoren ab – unter anderem von den Genauigkeitsanforderungen an das Programm, von den verwendeten Algorithmen, von der Größe der Datentypen – um nur die wichtigsten zu nennen. In der Praxis bedarf es großer Erfahrung, um mit Rundungseffekten richtig umgehen zu können.

Für die täglichen Rechenaufgaben ist ein Schwellwert von `1e-10` normalerweise ausreichend. Der Vergleich aus obigem Beispiel wird also korrekterweise so geschrieben:

```
if ( abs( d - 2.0 ) < 1e-10 )
  cout << "gleich" << endl;
else
  cout << "ungleich" << endl;
```

Wir bilden also zunächst die Differenz `d - 2.0` und prüfen dann, ob der Absolutwert dieser Differenz kleiner als unser Schwellwert ist. Nun erhalten wir das erwartete Ergebnis `gleich`.

Spezielle Fließkommawerte

Die Routinen zur Rechnung mit Fließkommawerten erkennen, wenn ein Überlauf oder Unterlauf stattfindet (d.h. wenn der mögliche Wertebereich über- oder unterschritten wird). Sie liefern dann spezielle Werte mit besonderen Bedeutungen als Ergebnis.

Die folgende Tabelle zeigt die Möglichkeiten:

Wert	Bedeutung
`1.#INF`	Überlauf
`-1.#INF`	Unterlauf
`-1.#IND`	Bitmuster ist keine Zahl

Mit diesen Zahlen kann wie mit normalen Fließkommazahlen gerechnet werden – allerdings gelten etwas andere Regeln: Operationen mit einem der Werte `1.#INF`, `-1.#INF` oder `-1.#IND` liefern immer den Ausgangswert, d.h. es werden effektiv keine Operationen oder Veränderungen durchgeführt.

Beispiel:

```
double d1 = 1.5e308;
double d2 = 2*d1;
double d3 = 2*d2;

cout << "d1: " << d1 << endl;
cout << "d2: " << d2 << endl;
cout << "d3: " << d3 << endl;
```

Als Ergebnis erhält man

```
d1: 1.5e+308
d2: 1.#INF
d3: 1.#INF
```

Wie man sieht, haben sowohl d2 als auch d3 den gleichen Wert erhalten, obwohl wir d3 als 2*d2 berechnet haben.

📖 Literale

Fließkomma-Literale werden in der nahe liegenden Form notiert:

```
double f2 = 2.0;  // 2.0 ist ein Fließkomma-Literal
```

In obiger Zeile ist 2.0 ein solches Literal. Dass es sich um ein Fließkomma-Literal handelt, ist am Dezimalpunkt zu erkennen.

Übung 3-4:

Wie notiert man dagegen ein Integer-Literal mit dem Wert 2? Ein Long-Integer Literal mit dem Wert 2?

Die folgende Liste zeigt einige Beispiele von Fließkomma-Literalen:

```
0.5    .5    1.0e5    1.0e-5    -1.234567e-5
```

Beachten Sie folgende Punkte:

❑ der Compiler erkennt am Dezimalpunkt bzw. am Buchstaben e (für „Exponent"), dass es sich um eine Fließkomma-Zahl handelt

❑ obwohl im deutschen Sprachraum normalerweise das Komma als Dezimaltrennzeichen verwendet wird, wird in C++ immer der Punkt verwendet

❑ Leerzeichen innerhalb des Literals sind nicht erlaubt

❑ Literale mit zu großen oder zu kleinen Werten führen zu einer Warnung des Compilers, das Verhalten (hier also der Wert des Literals) ist dann undefiniert.

Fließkomma-Literale sind standardmäßig vom Typ `double`. Literale vom Typ `float` erhält man durch ein nachgestelltes f oder F, Literale vom Typ `long double` durch nachgestelltes 1 oder L:

Suffix	Bedeutung	Beispiel
f,F	float	0.5f .5F 1.0e5f 1.0e-5F -1.234567e-5f
l,L	long double	0.5L .5L

Übung 3-5:

Was ist der Unterschied zwischen `0.5f`, `.5f` *und* `0.5L`*? Welcher Unterschied besteht zwischen* `1.01` *und* `1l`*?*

⬚ ⬚ Zeichentypen

Zeichen werden in C++ durch den Typ `char` repräsentiert:

```
char c = 'a';
```

In diesem Beispiel wird eine Variable c vom Typ `char` definiert und mit dem Buchstaben a initialisiert.

⬚ Die Spezifizierer *signed* und *unsigned*

Interessanterweise gibt es auch den Zeichentyp `char` in einer Variante mit- und einer ohne Vorzeichen:

Typ	Vorzeichen
char	undefiniert (compilerabhängig)
signed char	positiv und negativ
unsigned char	positiv

Der C++-Standard macht keine Aussagen darüber, ob ein `char` standardmäßig (d.h. ohne Modifizierer) vorzeichenbehaftet oder vorzeichenlos sein soll. Der Compilerbauer kann dadurch die optimale Repräsentation für einen gegebenen Prozessor wählen.

Das Konzept eines vorzeichenbehafteten Zeichens erscheint zunächst fragwürdig, da für Zeichen der Begriff „negativ" nicht anwendbar ist – negativ können nur Werte (Zahlen) sein. Andererseits gehört char jedoch auch zu den integralen Typen, für die Rechenvorgänge definiert sind. Werte vom Typ char können durchaus auch als Zahlen interpretiert werden, mit denen gerechnet werden kann:

```
char c = 'a';
c = c + 1;

cout << "Der Wert von c ist: " << c << endl;
```

Als Ergebnis erhält man

```
Der Wert von c ist: b
```

Dies bedeutet, dass in der internen Codierung der Buchstaben das b einen um 1 größeren Wert als a hat. Wegen dieser Nähe zu den ganzzahligen Typen ist auch char wohl auf allen gängigen Architekturen wie diese vorzeichenbehaftet implementiert[27].

Übung 3-6:

Untersuchen Sie, was nach dem Buchstaben z folgt. Gibt es eine obere Grenze für sinnvolle Werte?

Generell ist char so implementiert, dass alle Zeichen des Zeichensatzes abgebildet werden können. Normalerweise reicht dazu der Wertebereich 0..127 aus. Es gibt jedoch auch Codierungen, die die Werte 128...255 verwenden (unsigned char vorausgesetzt), z.B. zur Repräsentation nationaler Sonderzeichen wie der deutschen Umlaute, dem Euro-Symbol etc. Welche Zuordnung verwendet wird, ist plattformabhängig.

---

27   Aus historischen Gründen kann bei vielen Compilern eingestellt werden, ob *char*-Werte standardmäßig vorzeichenlos oder vorzeichenbehaftet sein sollen.

Übung 3-7:

Untersuchen Sie, welche numerischen Werte die Umlaute ä,ö,ü,Ä,Ö,Ü auf Ihrem System besitzen. Schalten Sie dann Ihr System (falls möglich) auf angloamerikanisch und stellen Sie fest, welchen Zeichen diese Werte dann entsprechen.

📖 Größe eines char und Sprachvarianten

Der Standard bestimmt für `char` eine Mindestgröße von 8 Bit. Europäische Sprachen (einschließlich Englisch und Amerikanisch) haben weniger als 255 Zeichen und kommen somit mit 8 Bit aus. Es gibt jedoch auch Sprachen mit wesentlich mehr als 255 Zeichen (z.B. Chinesisch). Compilerbauer können deshalb `char` prinzipiell auch „breiter" (d.h. mit mehr Bits) implementieren, um die Zeichensätze solche Länder unterbringen zu können[28]. Mit der Verbreitung des Unicode-Standards verliert diese Möglichkeit allerdings an Bedeutung, sodass man in der Praxis davon ausgehen kann, dass `char` eine Breite von 8 Bit hat.

Beachten Sie bitte, dass die Größe[29] aller C++-Datentypen immer in Vielfachen von `char` angegeben wird. Es gilt daher immer

```
sizeof( char ) == 1
```

unabhängig davon, wie viele Bits zur Repräsentation eines `char` benötigt werden.

📖 Unicode und wchar_t

C++ besitzt zusätzlich zum Datentyp `char` einen speziellen Zeichentyp für Unicode-Zeichen. Damit ist es möglich, Texte in exotischen Zeichensätzen auch dann zu bearbeiten, wenn `char` die normale Breite von 8 Bit hat.

Zur Repräsentation von Unicode-Zeichen dient der Typ `wchar_t` (für *wide character type*). Er hat eine Breite von 16 Bit und ist vorzei-

---

[28] Auf einigen Architekturen gibt es auch technische Gründe, *chars* breiter als notwendig zu machen. Auf CRAY-Rechnern hat *char* z.B. eine Breite von 64 Bit.

[29] Man spricht von *Breite*, wenn man die Anzahl Bits meint. Mit *Größe* bezeichnet man das Verhältnis des Platzbedarfs eines Typs zum Platzbedarf von *char*.

chenlos. wchar_t gehört nicht zu den fundamentalen Typen und wird deshalb hier nur am Rande behandelt.

📖 Literale

Zeichenliterale werden in einfachen Hochkommata notiert, also z.B. 'a' oder 'Z'. Unicode-Literale erhalten ein *vorangestelltes*[30] L (für *long*). Hier ist außerdem die Kleinschreibung nicht möglich.

```
char    c1 = 'a';    // character-Literal
wchar_t c2 = L'a';   // Unicode-character-Literal
wchar_t c3 = l'a';   // Fehler!
```

📖 Spezielle Literale („Escape-Sequenzen")

Es gibt einige Zeichen, die (historisch bedingt) besonders häufig in C-Programmen verwendet werden. Für diese wurden spezielle Notationen eingeführt, um den Programmcode etwas aussagekräftiger zu machen. Diese speziellen Literale beginnen mit einem umgekehrten Schrägstrich (*backslash*), gefolgt von einem weiteren Zeichen. Der Schrägstrich signalisiert also, dass das nachfolgende Zeichen eine besondere Bedeutung hat. Die so gebildeten Literale werden auch als *Escape-Sequenzen (escape-sequences)* bezeichnet.

Folgende Tabelle zeigt die möglichen Kombinationen:

Literal	Wert	Bedeutung
\n	10	*newline* (neue Zeile)
\t	9	*horizontal tab* (horizontaler Tabulator)
\v	11	*vertical tab* (vertikaler Tabulator)
\b	8	*backspace* (Rückschritt)
\r	13	*carriage return* (Zeilenrücklauf)
\f	12	*formfeed* (Blattvorschub)
\a	7	*alert, bell* (Klingelzeichen)
\\	92	*backslash* (umgekehrter Schrägstrich)
\'	39	*single quotation mark* (einfaches Anführungszeichen)
\"	34	*double quotation mark* (doppeltes Anführungszeichen)
\0	0	*null character* (Nullzeichen)

---

[30] im Gegensatz zu integern, bei denen das L nachgestellt wird.

Die Escape-Sequenzen sind technisch gesehen ganz gewöhnliche Zeichen, sie haben jedoch besondere Funktionen, wenn sie an ein Ausgabegerät (Terminal, Konsole) geschickt werden. So bewirkt z.B. die Ausgabe des *alert*-Zeichens auf den meisten Ausgabegeräten ein akustisches Signal. Schreibt man also z.B.

```
char c = '\a';
cout << c;
```

so wird bei der Ausführung der Ausgabeanweisung ein Piepton erzeugt[31]. Ähnlich verhält es sich mit den Literalen \t, \v, \b \r und \f – auch sie lösen bestimmte Funktionen des Ausgabegerätes aus.

Übung 3-8:

Schreiben Sie Ausgabeanweisungen, um die Wirkung der Escape-Sequenzen \t, \v, \b und \f zu studieren.

Beachten Sie bitte, dass man an Stelle von

```
char c = '\a';
```

genauso gut

```
char c = 7;
```

schreiben könnte, da der numerische Wert des *alert*-Zeichens 7 ist.

Übung 3-9:

Wie sieht die Anweisung aus, wenn man an Stelle der dezimalen Schreibweise die hexadezimale Notation für die Escape-Sequenz verwenden will?

Das einfache Anführungszeichen sowie der umgekehrte Schrägstrich können nicht direkt als Literal verwendet werden. Schreibt man etwa

```
char c = '''; // Fehler!
```

---

[31] Dieses Verhalten ist vom Standard nicht vorgeschrieben, sondern eher betriebssystemspezifisch. Allerdings halten sich alle größeren Betriebssysteme aus Kompatibilitätsgründen daran.

erhält c nicht etwa das Anführungszeichen als Wert, sondern der Compiler sieht die ersten beiden Anführungszeichen als leeres Literal und gibt eine Fehlermeldung aus. Das dritte Anführungszeichen erzeugt eine weitere Fehlermeldung.

Aus diesem Grunde sind die Literale \' und \\ erforderlich. Korrekt schreibt man also:

```
char c = '\'';
```

wenn man der Variablen den Wert des Anführungszeichens zuweisen möchte.

Übung 3-10:

Wie lautet die Anweisung, um c einen umgekehrten Schrägstrich zuzuweisen?

Darüber hinaus gibt es Escape-Sequenzen, um den numerischen Wert eines Zeichens hexadezimal oder oktal (nicht jedoch dezimal) anzugeben:

Literal	*Bedeutung*
\xhhh	hexadezimale Notation
\ooo	oktale Notation

Ein spezielles Literal für die dezimale Notation ist nicht erforderlich, da ein Zeichen immer direkt durch seinen numerischen Wert ausgedrückt werden kann. Die folgenden Zeilen zeigen einige Möglichkeiten:

```
char c1 = \x0ff;        // Wert dezimal: 255
char c2 = \x0FF;        // dito
```

Die Werte müssen jedoch nicht dreistellig angegeben werden. Führende Nullen können (wie immer bei Zahlen) weggelassen werden. Man könnte daher genauso gut auch

```
char c3 = \xff;         // Wert dezimal: 255
```

schreiben.

Zeichenketten

Der Typ `char` wird hauptsächlich verwendet, um Zeichenketten (*strings*) zu bilden. Um mehrere aufeinander folgende Zeichen speichern zu können, benötigt man ein *Feld (array)* von char-Werten.

```
char str[] = "ein String";
```

Hier wird eine Variable `str` definiert, die ein Feld von Zeichen aufnehmen kann und mit der Zeichenkette `ein String` initialisiert.

Beachten Sie bitte, dass keine Längenangabe erforderlich ist. Das Feld wird automatisch ausreichend groß angelegt, um die benötigte Anzahl Zeichen speichern zu können.

Strings sind wohl eine der wichtigsten und am meisten verwendeten Datenstrukturen überhaupt. Es ist deshalb erstaunlich, dass es in C++ keinen eigenen fundamentalen Typ für Strings gibt, sondern dass man ein Feld von `chars` dazu verwenden muss. Dies ist eine der Altlasten von C, dort gibt es ebenfalls keinen String-Typ, und C++ hat gegenüber C (mit der Ausnahme des Wahrheitswert-Typs `bool`) keine neuen fundamentalen Datentypen definiert.

In C++ ist es jedoch möglich, leistungsfähige *eigene* Datentypen zu definieren, die solche und andere Lücken schließen. In der früheren C++-Zeit war es eine beliebte Aufgabe in Schulungen, eigene Klassen für die Stringverarbeitung zu schreiben, und jeder langjährige C++-Programmierer hat in seiner Laufbahn wohl mindestens eine Version einer solchen String-Klasse geschrieben.

Im Zuge der Standardisierung der Sprache wurde dann auch die Stringverarbeitung normiert, und heute steht mit der Klasse `string` aus der Standardbibliothek ein leistungsfähiges Mittel zur Verarbeitung von Zeichenketten zur Verfügung. Eine interessante Frage ist daher, ob – und ggf. wann – Zeichenfelder überhaupt noch verwendet werden sollen.

Zeichenketten-Literale

Die Elemente eines Feldes werden normalerweise einzeln initialisiert. Dabei steht die Liste der Initialisierer in geschweiften Klammern. Für char-Felder sieht eine solche Initialisierung also z.B. folgendermaßen aus:

```
char str[] = { 'a', 'b', 'c', '\0' };
```

Da die einzelnen Elemente des Feldes von Typ char sind, erfolgt die Initialisierung auch mit einzelnen char-Literalen. Beachten Sie bitte, dass als letztes Zeichen ein Null-Zeichen verwendet wird. Es signalisiert grundsätzlich das Ende eines Strings. Alle Routinen zur Stringbearbeitung in allen praktisch verwendeten Bibliotheken (also z.B. auch die Ausgabe mit cout) beachten diese Konvention. Schreibt man daher

```
cout << str << endl;
```

erhält man als Ergebnis die Ausgabe abc.

Es gibt jedoch auch andere Möglichkeiten, das Ende bzw. alternativ die Länge eines Strings zu codieren. So verwendet z.B. die Programmiersprache *Pascal* (mit Delphi als einem ihrer prominentesten Vertreter) ein vorangestelltes Byte mit der Längeninformation. Es ist daher nicht so ohne weiteres möglich, Strings zwischen diesen beiden Programmiersprachen auszutauschen.

Übung 3-11:

Analysieren Sie die beiden genannten Möglichkeiten zur Repräsentation von Strings. Wo liegen die wesentlichen Unterschiede? Ergeben sich daraus Konsequenzen für die Programmierung?

Die Initialisierung mit einzelnen Zeichen ist zwar korrekt, jedoch umständlich zu schreiben. Auf Grund der häufigen Verwendung von Strings gibt es eine vereinfachte Notation:

```
char str[] = "abc";
```

Diese Form der Initialisierung ist identisch zur obigen Initialisierung mit einzelnen Zeichen und nachfolgender \0. Beachten Sie bitte, dass

❑ nun keine Angabe des abschließenden Nullzeichens erforderlich ist – es wird automatisch ergänzt.

❑ die zur Initialisierung verwendete Zeichenkette in doppelten Hochkommata steht.

Eine in doppelten Hochkommata stehende Zeichenkette wird auch als *Zeichenketten-* oder *String-Literal* bezeichnet.

Innerhalb von String-Literalen können ebenfalls die Escape-Sequenzen (s.o.) verwendet werden.

Beispiel:

```
char str[] = "eine Zeile\nzweite Zeile";
```

Hier ist ein *newline*-Zeichen ('\n') eingestreut. Ausgabegeräte verwenden dieses Zeichen, um nachfolgende Ausgaben in einer neuen Zeile beginnen zu lassen. Gibt man str aus, erhält man als Ergebnis erwartungsgemäß

```
eine Zeile
zweite Zeile
```

Nun wird auch der Sinn der hexadezimalen und oktalen Escape-Sequenzen deutlich: man kann sie nämlich ebenfalls in String-Literale einstreuen. Da '\n' den numerischen Wert 10 (dezimal) bzw. 0xA (hexadezimal) hat, könnte man genauso gut

```
char str[] = "Eine Zeile\xAzweite Zeile";
```

schreiben, jedoch ist die Lesbarkeit solcher Konstruktionen schlechter als bei der ersten Variante. Hexadezimale und oktale Escape-Sequenzen werden hauptsächlich bei der low-level-Programmierung benötigt, wenn z.B. innerhalb eines Strings bestimmte Bitmuster an ein Steuergerät o.ä. gesendet werden sollen. Anwendungsfälle sind z.B. Codes zum Einschalten bzw. Ausschalten der inversen Darstellung auf einem mobilen Datenerfassungsterminal. Indem man die dazu notwendigen Codes in den Ausgabestring einbettet, kann man z.B. den gesamten String inklusive Formatier- und Steuerungsinformationen als Ganzes behandeln.

Beachten Sie bitte, dass die Escape-Sequenz hier ohne führende Nullen angegeben wurde. Dies ist möglich, da das nachfolgende Zeichen (hier z) keine Hex-Ziffer ist und somit eindeutig das Ende der Escape-Sequenz festgestellt werden kann. Daraus ergibt sich die folgende beliebte Fehlersituation:

```
char str[] = "Eine Zeile\xAauch eine Zeile";
```

Hier wird nicht etwa

```
eine Zeile
auch eine Zeile
```

sondern

```
Eine Zeile¬uch eine Zeile
```

ausgegeben. Der Grund ist, dass der Compiler die Escape-Sequenz \xaa erkennt und den nachfolgenden Stringteil erst beim Buchstaben u beginnen lässt.

📖 Zusammenfassung von String-Literalen

Mehrere aufeinander folgende String-Literale werden automatisch zu einem Literal zusammen gefasst. Schreibt man also

```
char str[] = "123"    "456";
```

so ist dies gleichbedeutend mit der Schreibweise

```
char str[] = "123456";
```

Die Aufteilung in kleinere Literale verwendet man gerne dann, wenn man längere Texte zur Erhöhung der Lesbarkeit in mehrere Zeilen aufteilen will, wie etwa in diesem Beispiel:

```
char str[] =
    "Müller"
    "Meier"
    "Schulze";
```

Beachten Sie bitte, dass hier nicht automatisch Zeilenumbrüche eingesetzt werden. Gibt man den String aus, erhält man eine einzige Zeile:

```
MüllerMeierSchulze
```

Übung 3-12:

Wie muss die Definition von str *geschrieben werden, damit bei der Ausgabe die Namen jeweils in einer neuen Zeile stehen?*

📖 Fortsetzung von String-Literalen

Ein String-Literal darf sich nicht über mehrere Zeilen erstrecken. Folgendes Programmsegment produziert daher einen Fehler bei der Übersetzung:

```
char str[] = "Hier beginnt der Text
    und hier geht er weiter" ; // Fehler!
```

Man muss daher das Literal entweder wie im letzten Abschnitt gezeigt aufteilen oder aber das *Fortsetzungszeichen* (umgekehrter Schrägstrich, *backslash*) verwenden:

```
char str[] = "Hier beginnt der Text
    und hier geht er weiter" ; // OK!
```

Beachten Sie bitte, dass

❑ der String hinter dem Wort `Text` noch drei Leerzeichen erhält, bevor es mit dem Wort und weitergeht

❑ das Fortsetzungszeichen als letztes Zeichen in der Zeile stehen muss. Auch nachfolgende Leerzeichen sind nicht erlaubt!

📖 Unicode (*wide-character*)-String-Literale

Arbeitet man mit Unicode-Zeichen, verwendet man an Stelle des Datentyps `char` den Typ `wchar_t`. Analog zu String-Literalen gibt es dazu die Unicode- (oder *wide-*) Version von Literalen, die durch ein vorangestelltes `L` notiert wird.

```
char     str1[] = "Ein Text";
wchar_t  str2[] = L"Ein Text";  // Unicode- (wide-) String
```

📖📖 Wahrheitswert-Typ

Der Typ für Wahrheitswerte ist `bool`. Der Typ kann genau zwei Werte annehmen, die durch die Literale `true` und `false` definiert sind.

```
bool b = true;  // b erhält den Wert true (wahr)
```

Für `bool` gibt es keine weiteren Spezifizierer.

Wahrheitswerte werden vor allem in *Bedingungen* verwendet. Schreibt man etwa nach obiger Definition der Variablen `b`:

```
if ( b )
  cout << "b ist true";
else
  cout << "b ist false";
```

erhält man als Ausgabe

```
b ist true
```

Für Wahrheitswerte gibt es die üblichen Verknüpfungen (und, oder etc., s.u.)

📖 Wahrheitswerte und numerische Typen

Der Typ `bool` ist der einzige fundamentale Datentyp, der in C++ gegenüber C neu hinzugenommen wurde. Traditionell verwendete man früher einen der integralen Datentypen (meist `int`), um Wahrheitswerte auszudrücken: war der Wert gleich 0, galt er als „falsch", war er ungleich 0, galt er als „wahr". Folgender Code war z.B. nicht ungewöhnlich:

```
int i;
...        // Code, der i einen Wert zuweist
if ( i )
   ...
```

Hier wurde die nach `if` folgende Anweisung ausgeführt, wenn `i` ungleich 0 war.

Selbstverständlich funktioniert dieses Programmsegment auch unter C++ weiterhin, denn C++ ist in (fast) allen Belangen abwärtskompatibel zu C. Die Lösung liegt hier in einer *automatischen Konvertierung* des Typs `int` zum Typ `bool`, und zwar wird jeder Wert ungleich 0 zu `true` und 0 zu `false`.

Dies gilt im Übrigen nicht nur für `int`, sondern für jeden integralen Typ, also insbesondere auch für `char`. Zur Erinnerung: das letzte Zeichen eines Strings ist das Nullzeichen (`\0`) mit dem numerischen Wert 0. Durch diese Konvention hat man nun eine einfache Möglichkeit, auf das Ende eines Strings zu prüfen: alle Zeichen ergeben bei der Konvertierung zu `bool` den Wert `true`, das Stringende dagegen den Wert `false`. Diese Tatsache ist (wie wir noch sehen werden) ein Schlüssel zu effizienter Stringverarbeitung in C und C++.

📖📖 Größen und Grenzwerte fundamentaler Typen

In C++ sind die Größen der fundamentalen Datentypen nicht vom Standard vorgeschrieben, sondern der Compilerbauer kann sie so wählen, dass sie für die jeweilige Zielarchitektur (Prozessortyp) optimal sind.

Der Standard definiert allerdings die folgenden Mindestgrößen:

Typ	Mindestgröße (Bytes)
char	1
short int	2
int	2
long int	4
float	4
double	8
long double	8

Weiterhin wird für ein Byte eine Mindestbreite von 8 Bit gefordert[32].
Die heute weit verbreiteten 32-Bit Architekturen verwenden z.B. für
den Datentyp char eine Größe von 1 Byte, für int eine Größe von 4
Bytes, sowie eine Breite von 8 Bit für ein Byte.

☐ Der Operator sizeof

Zur Bestimmung der Größe eines Datentyps kann operator sizeof
verwendet werden. Dieser Operator liefert die Größe als Vielfaches
der Größe eines char. Da Datentyp char normalerweise 1 Byte benötigt, ist das Ergebnis von operator sizeof dann gleichzeitig auch
die Größe des Typs in Bytes.

Schreibt man z.B.

```
int size = sizeof( int );
cout << "Grosse eines int ist: " << size << " bytes" ;
```

erhält man auf einer 32-Bit Intel-Plattform das Ergebnis

```
Grösse eines int ist: 4 bytes
```

Für 16-Bit Architekturen[33] wird man als Ergebnis dagegen wahrscheinlich 2 erhalten.

---

[32] was von den gängigen Architekturen auch so implementiert wird, aber nicht generell so sein muss: CRAYs haben z.B. Bytes mit 64 Bit.

[33] Dies sind nicht unbedingt nur ältere Rechner. Es gibt viele Steuergeräte, die
heute z.B. mit 16-Bit oder sogar nur 8-Bit Prozessoren arbeiten. Auch für solche
embedded systems kann C++ verwendet werden, sofern natürlich ein Compiler
zur Verfügung steht.

📖 **Das Verhältnis der Größen**

Auch wenn die Größen der fundamentalen Typen nicht vom Standard festgeschrieben sind, müssen doch einige Relationen gelten. Diese sind in folgender Tabelle zusammen gefasst:

Größenrelationen zwischen fundamentalen Typen

sizeof(char) == 1

sizeof(char) <= sizeof(short int) <= sizeof(int) <= sizeof(long int)

sizeof(char) <= sizeof(wchar_t) <= sizeof(long int)

sizeof(float) <= sizeof(double) <= sizeof(long double)

Außerdem gilt für jeden Typ T, für den vorzeichenlose und vorzeichenbehaftete Ausprägungen möglich sind:

---

signed/unsigned Größen-Identität

sizeof(T) == sizeof(signed T) == sizeof(unsigned T)

Beachten Sie bitte, dass z.B. ein long int nicht unbedingt größer als ein int sein muss. Auf 32-Bit Architekturen werden beide Typen normalerweise als 32-Bit Größen (4 Byte) implementiert. Trotzdem handelt es sich um *unterschiedliche* Typen.

Übung 3-13:

Schreiben Sie ein Programm, dass die Größen aller fundamentalen Datentypen aus obigen Tabellen bestimmt und ausgibt.

📖 **Wertebereiche**

Die Größe eines Datentyps bestimmt den Wertebereich, den er repräsentieren kann. Für die gängigen 32-Bit Systeme gelten z.B. folgende Wertebereiche:

Typ	*Wertebereich*
char	-128..127
unsigned char	0..255
short int	-32768..32767
unsigned short int	0..65535
int	-2147483648.. 2147483647
unsigned int	0.. 4294967295
long int	-2147483648.. 2147483647
unsigned long int	0.. 4294967295

Für andere Systeme können die Typen andere Größen haben und damit andere Grenzwerte gelten!

Die Fließkommatypen nehmen eine Sonderstellung ein. Größe und Genauigkeit werden vom Standard nicht weiter vorgeschrieben, jedoch gibt es folgende Mindestforderungen für die Genauigkeiten:

Typ	*Mindestgenauigkeit (Stellen nach dem Komma)*
float	6
double	10
long double	10

Die meisten gängigen Architekturen (z.B. Intel-Prozessoren) implementieren den Fließkommastandard IEEE-754. Dort stehen folgende Genauigkeiten zur Verfügung:

Typ	Mindestgenauigkeit (Stellen nach dem Komma)
float	6
double	15
long double	15/18

Auf Intel-Architekturen besitzt die FPU[34] eine Breite von 80 Bit. Einige Compiler stellen das volle Format für long double-Werte bereit und erhalten so 18 signifikante Stellen nach dem Komma. Andere beschneiden die Genauigkeit wieder auf double-Format und garantieren so auch für long-double nur 15 Stellen[35].

---

[34] *Floating Point Unit*, das Rechenwerk der CPU für Fließkommazahlen

[35] Die Microsoft-C++-Compiler sind ein Beispiel für die zweite Gruppe.

📖 **Repräsentation von Fließkommanwerten**

Wie genau Fließkommawerte im Rechner repräsentiert werden, ist implementierungsabhängig, wird also vom C++-Standard nicht vorgeschrieben. Der IEEE-754 Standard beschreibt die Implementierung der Fließkomatypen wie folgt:

Datentyp	Breite (Bits)	Aufteilung (Bits)	Wertebereich
float	32	1 Vorzeichen	+/- 3.4e38
		23 Mantisse	
		8 Exponent	
double	64	1 Vorzeichen	+/- 1.7e308
		52 Mantisse	
		11 Exponent	
long double	80	1 Vorzeichen	+/- 1.2e4932
		64 Mantisse	
		15 Exponent	

Andere Formate sind durchaus möglich und kommen auch in der Praxis vor. Tabellenkalkulationsprogramme und Datenbanken älterer Bauart können z.B. andere Repräsentationen verwenden. Die Konvertierung zwischen diesen Formaten und den obigen quasi-standardformaten sorgt dann manchmal für Überraschungen.

📖 **Die Dateien limits.h und float.h**

Da die Größen (und damit die möglichen Wertebereiche) implementierungsabhängig sind, gibt es für jedes System Konstanten, die die dort verwendete Größe angeben. Diese Konstanten sind in den Dateien limits.h (für integrale Typen) und float.h (für Fließkommatypen) der Standardbibliothek zusammen gefasst.

Folgendes vollständige Programm zeigt z.B. die Verwendung der Datei `limits.h` zur Bestimmung des Wertebereiches eines `int` auf dem aktuellen Computer:

```
#include <iostream>
#include <limits.h>

int main()
{
  using namespace std;

  cout << "Der Wertebereich eines int ist " << INT_MIN << " bis " << INT_MAX;

  char dummy;
  cin >> dummy;

  return 0;
}
```

Als Ergebnis erhält man (für ein 32-Bit System)

```
Der Wertebereich eines int ist -2147483648 bis 2147483647
```

Die Symbole `INT_MIN` und `INT_MAX` sind Konstanten, die in der Datei `limits.h` definiert sind.

📖 Die Datei limits

Parallel zu den Dateien `limits.h` und `float.h` gibt es auch noch eine Datei `limits` (ohne das `.h`-Suffix), die die gleichen Informationen, jedoch auf eine gänzlich andere Weise bereitstellt. Während `limits.h`/`float.h` einfache *Konstanten* definieren (was auch unter C funktioniert), stellt `limits` eine *Schablone (template)* mit *Spezialisierungen* für die fundamentalen Datentypen bereit. Dieser - neuere – Ansatz ist wesentlich flexibler, funktioniert allerdings nur noch unter C++. Insbesondere im Zusammenhang mit Schablonen besitzt der neue Ansatz bestimmte Vorteile, auf die wir bei der Besprechung der Schablonen in Kapitel 35 zurückkommen werden.

Unter Verwendung von `limits` kann die Ausgabeanweisung in obigem Programm folgendermaßen formuliert werden:

```
cout << "Der Wertebereich eines int ist "
     << numeric_limits<int>::min()
     << " bis "
     << numeric_limits<int>::max() << endl;
```

An die Stelle der Symbole `INT_MIN` und `INT_MAX` sind hier nun die (längeren) numeric_limits-Ausdrücke getreten.

Ein potenzielles Problem der min- und max-Funktionen aus der Datei limits sei bereits hier kurz angesprochen. Es gibt Bibliotheken, die *Makros* mit dem Namen min und max definieren und damit mit den Definitionen in limits in Konflikt geraten. Dies ist ein weit verbreitetes Problem bei der Verwendung von Makros: sämtliche Vorkommen des Textes werden ersetzt – auch wenn es nicht erwünscht ist. Bei so häufigen (und kurzen) Namen wie min und max führt dies zwangsläufig irgendwann zu Problemen. Die Makro-Problematik insgesamt besprechen wir im Kapitel 16, das sich mit dem Präprozessor beschäftigt.

📖 Spezielle Werte für Fließkommatypen

Wie bereits weiter oben angesprochen, gibt es für Fließkommatypen bestimmte Werte mit besonderer Bedeutung. Wir haben dort z.B. durch den Ausdruck 2 * 1.5e308 den Wert 1.#INF erzeugt, der einen Überlauf des zulässigen Wertebereiches anzeigt.

In der Datei limits gibt es Funktionen, die diese speziellen Werte 1.#INF und 1.#IND zurückliefern. Die folgende Tabelle gibt einen Überblick:

Wert	*Funktion*
1.#INF	numeric_limits<T>::infinity()
-1.#IND	numeric_limits<T>::quiet_NaN()

T steht dabei für einen beliebigen Fließkommatyp (also float, double oder long double).

NaN steht für *Not a Number* (*keine Zahl*), d.h. das Bitmuster in der Variablen entspricht nicht einer gültigen Fließkommazahl. *Quiet* (*still*) bedeutet hier, dass bei Auftreten einer solchen Situation keine besonderen Aktionen (z.B. Programmabbruch etc.) durchgeführt werden. Insofern kann *quiet_NaN* als spezielle Fließkommazahl behandelt werden, mit der man „rechnen" kann. Analog zum Verhalten bei 1.#INF und -1.#INF liefert jede Operation mit -1.#IND automatisch wieder -1.#IND.

Mit Hilfe der von diesen Funktionen zurückgelieferten Werte kann man z.B. leicht überprüfen, ob das Ergebnis einer (längeren) Rechnung sinnvoll bzw. gültig ist.

Beispiel:

```
double d;

d = ..... // komplizierte Berechnungen

if ( d == numeric_limits<double>::infinity() )
    cout << "Ergebnis liegt ausserhalb des darstellbaren Wertebereiches! " << endl;
```

⬚⬚ Weitere Datentypen

Zusätzlich zu den hier vorgestellten fundamentalen Datentypen gibt es einige weitere Typen, die zwar offiziell nicht fundamental sind, jedoch logisch auf der gleichen Ebene stehen. Hierunter fallen Typen, die einfach andere Namen für andere Typen sind, sowie einige compilerspezifische Typen.

⬚ Typen unter anderen Namen

Es gibt einige Typen, die nichts weiter sind als fundamentale Typen, jedoch mit anderem Namen. Die folgende Tabelle zeigt einige Beispiele:

Typ	*Verwendung*
`size_t`	allgemeine Größenangaben
`ptrdiff_t`	(legale) Differenz zweier Zeiger. Damit auch Größe des größten allokierbaren Speicherblocks
`sig_atomic_t`	Typ, der ohne Unterbrechung geschrieben/gelesen werden kann, auch im Falle eines Interrupts[36]
`fpos_t`	Typ zur Repräsentation von Offsets in Dateien
`time_t`	Typ zur Repräsentation von Datum- und Zeitwerten

Der zugeordnete Typ kann allerdings bei jedem Compiler und für jede Plattform anders sein – Der Standard lässt hier alle Freiheiten. Er

---

[36]   d.h. auch in einem Multi-Thread-Programm müssen Datenzugriffe mit diesen Typen nicht synchronisiert werden, da sie eben auch bei einem Taskwechsel entweder ganz oder gar nicht durchgeführt werden.

fordert allerdings, dass die vollständige Liste zusammen mit der gewählten Implementierung in der Dokumentation des Compilers angegeben ist.

Warum verwendet man nicht gleich den entsprechenden fundamentalen Typ? Der Grund ist, dass der zugeordnete fundamentale Typ implementierungsabhängig (d.h. plattformabhängig) sein kann. So kann fpos_t z.B. long int oder ein interner (64-Bit-)Typ sein, je nach Plattform und unterstütztem Dateisystem. Möchte man portable Programme schreiben, sollte man daher fpos_t gegenüber dem „direkten" Typ den Vorzug geben.

size_t ist ein vorzeichenloser Typ, der groß genug ist, jede Anzahl prinzipiell allokierbarer Objekte eines beliebigen Typs T auf einer Architektur speichern zu können. Insbesondere kann der Typ T auch char sein, woraus folgt, dass size_t groß genug sein muss, um die Größe jedes beliebigen Speicherbereiches speichern zu können[37]. Daraus wiederum folgt, dass auch die Größe jedes allokierbaren Objekts in einer Variablen vom Typ size_t notiert werden können muss – in der Tat liefert der Operator sizeof einen Rückgabewert vom Typ size_t. Kurz gesagt: size_t ist i.d.R. der Typ unsigned int.

Damit direkt zusammen hängend ist der Typ ptrdiff_t, der groß genug sein muss, um die Differenz zweier Zeiger (sofern die Differenz legal gebildet werden kann) speichern zu können. Dies entspricht im Wesentlichen der Größe des größten am Stück allokierbaren Speicherblocks. In der Praxis ist ptrdiff_t meist ebenfalls als unsigned int implementiert.

---

[37] da ein Speicherbereich als aufeinanderfolgende Anzahl von *char*-„Objekten" gesehen werden kann.

📖 Compilerspezifische Typen

Möchte man z.B. Daten in einem heterogenen Netzwerk austauschen, benötigt man ein gemeinsames Datenformat, an das sich alle Parteien halten. Hier ist es nicht von Nutzen, dass z.B. der Typ int optimal für die jeweilige Maschine ausgelegt ist – vielmehr benötigt man einen Typ für Zahlen, der auf allen Maschinen gleich groß implementiert ist. Gleiches gilt, wenn man z.B. auf eine Datenbank zugreifen will: die Typen sind hier von der Datenbank vorgegeben und man muss auch im Programm die „passenden" Typen verwenden.

Der Standard sieht solche Datentypen mit definierter Breite nicht vor, zumindest in der Windows-Welt gibt es jedoch einige Typen, die von allen Compilern, die Windows-Programme erzeugen können, bereitgestellt werden.

Die folgende Tabelle gibt eine Übersicht:

Typ	*Breite (Bits)*
__int8	8
__int16	16
__int32	32
__int64	64

Auf 32-Bit Architekturen ist z.B. der Typ __int32 identisch zu int. Der Typ __int64 hat kein Äquivalent bei den fundamentalen Typen, sondern ist ein eigenständiger, zusätzlicher Typ, der von den meisten Windows-Compilern als zusätzlicher fundamentaler Typ angeboten wird.

4 Operationen mit fundamentalen Typen

*Daten sind sinnvoll, wenn man mit ihnen Operationen durch-
führen kann. In diesem Kapitel beschäftigen wir uns mit den
Rechenvorgängen, die mit fundamentalen Daten möglich sind.*

▭▭ Übersicht

Programme dienen dazu, Werte zu manipulieren. Nachdem wir im
letzten Kapitel die von der Sprache C++ bereitgestellten Datentypen
kennengelernt haben, befassen wir uns nun mit den Operationen mit
diesen Daten.

C++ ist eine *typisierte* Sprache, d.h. die unterschiedlichen Typen wie
z.B. char, int oder double sind klar voneinander getrennt und können zunächst einmal nicht miteinander gemischt werden. Treten in
einem Ausdruck Daten unterschiedlicher Typen auf, ist grundsätzlich
eine *Konvertierung* notwendig. Manche Konvertierungen laufen implizit ab, andere müssen vom Programmierer explizit notiert werden.
Neben den eigentlichen Rechenoperationen wie z.B. Addition, Multiplikation etc. sind daher Konvertierungen bei der Betrachtung von
Vorgängen mit fundamentalen Daten wichtig.

▭   Ein einführendes Beispiel

Die vier Grundrechenarten werden in der offensichtlichen Weise notiert. Die folgenden Codezeilen geben einige Beispiele:

```
int i1 = 2 + 3;
int i2 = i1 * 2;
int i3 = ( i1 + i2 ) * ( i1 - i2 );

double d1 = 2.0 + 3.0;
double d2 = i1 * 2.0;
double d3 = ( i1 + i2 ) * ( i1 - i2 );

cout << "Der Wert von i3 ist " << i3 << endl;
cout << "Der Wert von d3 ist " << d3 << endl;
```

Als Ergebnis erhält man

```
Der Wert von i3 ist -75
Der Wert von d3 ist -75
```

Übung 4-1:

Ändern Sie die Ausgabe so ab, dass möglichst viele Nachkommastellen ausgegeben werden und beobachten Sie die Rundungseffekte bei beiden Rechnungen!

Beachten Sie die Klammern bei der Berechnung von i3 bzw. d3! Der *Multiplikationsoperator* * hat eine höhere Priorität als der *Additionsoperator* +. Schreibt man den Ausdruck ohne Klammern

```
int i3 = i1 + i2 * i1 - i2;
```

wird daher zuerst die Multiplikation i2*i1 ausgeführt, dann Addition und Subtraktion. Als Ergebnis erhält man dann den Wert 45.

📖   Integer- und Fließkommaarithmetik

Beachten Sie bitte den Unterschied in der Angabe der Zahlen: für die Rechnung mit ganzen Zahlen haben wir int-Literale verwendet, für die Rechnung mit Fließkommazahlen dagegen double-Literale. In unserem Beispiel macht es keinen Unterschied, ob man

```
double d1 = 2.0 + 3.0;
```

oder

```
double d1 = 2 + 3;
```

schreibt: d1 erhält in beiden Fällen den Wert 5.0. Der Weg zum Ergebnis ist jedoch ein anderer:

❑ im ersten Fall wird die Addition bereits mit double-Werten durchgeführt und das Ergebnis ist ein double-Wert, der an d1 zugewiesen wird. Zur Addition von Fließkommazahlen wird der numerische Coprozessor oder – falls nicht vorhanden – spezielle Software aus einer Fließkomma-Bibliothek verwendet.

❑ im zweiten Fall wird die Addition mit int-Werten durchgeführt und das Ergebnis ist ein integer-Wert, der zunächst in ein double konvertiert wird, bevor das Ergebnis an d1 zugewiesen wird. Die Addition von Ganzzahlen läuft mit wenigen Maschinenbefehlen ab und ist auf jedem Prozessor verfügbar.

An diesem Beispiel lassen sich bereits die wichtigsten Unterschiede zwischen der *Integerarithmetik* und der *Fließkommaarithmetik* erkennen. Die folgende Liste enthält eine Zusammenfassung:

❑ *Geschwindigkeit:* Integerarithmetik ist schnell. Die notwendigen Rechenoperationen können mit wenigen Maschinenbefehlen auf jedem Prozessor durchgeführt werden. Zusätzliche Bibliotheken mit mathematischen Routinen sind nicht erforderlich.

❑ Fließkommaarithmetik benötigt spezielle Software oder einen Mathematik-Coprozessor. Auch mit spezieller Hardware (Coprozessor) wird meist wesentlich mehr Zeit benötigt als für Intergerarithmetik.

❑ *Exaktheit*: Integerarithmetik ist exakt. Es können keine Rundungsfehler auftreten.

❑ Fließkommaarithmetik ist nicht unbedingt exakt. Es können Rundungsfehler auftreten, die eine Abweichung vom mathematisch exakten Ergebnis bewirken können. Beim Vergleich von Fließkommazahlen ist Vorsicht geboten.

❑ *Überläufe:* Integerarithmetik beachtet keine Überläufe. Wird der zulässige Wertebereich über- oder unterschritten, wird dies nicht automatisch erkannt. Im Falle einer Rechnung mit unsigned-Größen ist das Verhalten bei Überlauf/Unterlauf vom Standard vorgeschrieben, bei signed-Größen ist es implementierungsabhängig.

❑ Fließkommaarithmetik beachtet Überläufe. Wird der zulässige Wertebereich über- bzw. unterschritten, wird dies erkannt und das Ergebnis ist ein definierter Wert (meist als 1.#INF bzw. -1.INF bezeichnet), mit dem weitergerechnet werden kann[38].

❑ Bei integralen Typen entspricht jedes Bitmuster einem gültigen Wert. Bei Fließkommazahlen ist dies nicht so: nicht jede mögliche Kombination von einzelnen Bits z.B. in einem double repräsentiert auch eine Fließkommazahl. Der Mathematik-Coprozessor (bzw. die Fließkomma-Bibliothek) erkennt eine solche Situation

---

[38] Genau genommen gilt dies nur für Fließkommaarithmetik nach dem IEEE-754 Standard. Alle gängigen Compiler implementieren diesen Standard, sodass man von einer gewissen Allgemeingültigkeit ausgehen kann.

und betrachtet sie als -1.#IND. Mit einem solchen Wert kann genauso wie mit 1.#INF oder. -1.INF weitergerechnet werden[39].

In der Praxis gibt es Fälle, bei denen man gut überlegen muss, ob man besser mit Fließkomma- oder Integerarithmetik arbeitet. So erscheint z.B. zum Umgang von Geldbeträgen zunächst ein double- oder float-Wert geeigneter, insbesondere wenn man evtl. Zinsen oder Mehrwertsteuer berechnen will. Gibt es am Ende allerdings auch nur 1 Cent Unterschied zum mathematisch korrekten Ergebnis, hat man Erklärungsprobleme. Aufgrund der Rundungsproblematik ist es deshalb oft günstiger, Integerarithmetik zu verwenden. Um die Nachkommastellen zu vermeiden, rechnet man dann z.B. mit 1/100 Cent und formatiert das Dezimalkomma erst bei der Ausgabe dazu.

Übung 4-2:

Welche Geldbeträge können maximal mit einem long *ausgedrückt werden, wenn in Einheiten von 1/100 Cent gerechnet wird? Ist dieser Wertebereich für Finanzanwendungen ausreichend?*

📖   Spezialfall Division

Die Unterschiede zwischen Integer- und Fließkommaarithmetik werden bei der Division besonders deutlich. Die beiden folgenden Anweisungen zeigen den Unterschied:

```
int      i = 2 / 3;
double   d = 2.0 / 3.0;
```

d erhält einen Wert von 0.666667: ein akzeptables Ergebnis. i dagegen erhält den Wert 0. Nach etwas Überlegung ist auch dieses Ergebnis verständlich: Die Integerarithmetik erlaubt ja keine Nachkommastellen, es wird lediglich eine Ganzzahldivision durchgeführt. Das Ergebnis ist so, als ob man die mathematisch korrekte Division durchgeführt und dann die Nachkommastellen abgeschnitten hätte.

---

39   Auf der Website zum Buch findet sich ein Programm, dass alle möglichen Bitmuster erzeugt und die entsprechende *double*-Repräsentation ausdruckt.

📖   Welche Arithmetik wird verwendet?

Der Compiler entscheidet anhand der Typen in einem numerischen Ausdruck, ob Fließkomma- oder Integerarithmetik verwendet wird. Grundsätzlich wird immer „nach oben erweitert", d.h. befindet sich in dem auszuwertenden Ausdruck mindestens eine Fließkommazahl, wird mit Fließkommaarithmetik gerechnet, ansonsten mit Integerarithmetik.

Diese Vorgehensweise des Compilers kann zu unerwarteten Ergebnissen führen. In der Anweisung

```
double  d = 2 / 3;
```

erhält d den Wert 0.0, obwohl es sich um eine double-Variable handelt. Der Grund ist, dass die Berechnung des Ausdrucks und die Zuweisung des Ergebnisses an die Variable d zwei Schritte sind, die vom Compiler unabhängig voneinander durchgeführt werden.

❑ zuerst wird der Ausdruck 2/3 berechnet. Da nur integers verwendet wurden, wird Integerarithmetik angewendet. Das Ergebnis ist 0 (integer)

❑ danach stellt der Compiler fest, wie das Ergebnis weiterzuverwenden ist. Zur Zuweisung an eine double-Variable wird der integer-Wert 0 in den double-Wert 0.0 konvertiert, das Ergebnis dieses (impliziten) Vorganges wird an d zugewiesen.

Möchte man solche Überraschungen vermeiden, muss man zumindest einen Fließkommawert im Ausdruck verwenden. In folgenden Anweisungen wird deshalb Fließkommaarithmetik verwendet:

```
double  d1 = 2.0 / 3;
double  d2 = 2 / 3.0;
double  d3 = 2.0 / 3.0;
```

Übung 4-3:

Welche Arithmetik(en) werden bei der Auswertung des Ausdrucks

```
( 2 / 3 ) * 4.0
```

verwendet? Prüfen Sie Ihr Ergebnis mit Hilfe einer Ausgabeanweisung!

📖 Welche Genauigkeit wird verwendet?

Eine analoge Regel gilt für die Genauigkeit bei Fließkommaarithmetik. Hier stehen ja die Formate `float`, `double` und `long double` zur Verfügung. Auch hier wird „nach oben erweitert": Die Genauigkeit einer Rechnung wird durch die größte Genauigkeit der verwendeten Typen bestimmt.

Beispiele:

```
double d1 = 3.0 / 4;     // normale Genauigkeit: double
double d2 = 3.0f / 4;    // einfache Genauigkeit: float
double d3 = 3.01 / 4;    // erhöhte Genauigkeit: long double
```

In allen drei Beispielen wird das Integerliteral 4 zunächst in den entsprechenden Fließkommatyp konvertiert, dann wird die Rechnung durchgeführt. Das Ergebnis wird – nach einer Konvertierung im Falle d2 und d3 – an die Zielvariable zugewiesen.

Übung 4-4:

Gibt es einen Unterschied im Ergebnis durch die Verwendung unterschiedlicher Genauigkeiten?

📖📖 Operatoren

Nach den einführenden Beispielen behandeln wir in diesem Abschnitt diejenige Funktionalität, die C++ für die fundamentalen Datentypen bereitstellt, etwas genauer. Dabei ist zu unterscheiden zwischen Operatoren, die zur Sprache selber gehören, und Funktionalität, die in (externen) Bibliotheken implementiert ist.

Operatoren können einwertig (*unär*), zweiwertig (*binär*) oder dreiwertig (*ternär*) sein. Unäre Operatoren verwenden einen Wert, binäre Operatoren verknüpfen zwei Werte zu einem neuen Wert. Der ternäre Auswahl-Operator verknüpft sogar drei Werte zu einem Ergebnis.

Die meisten Operatoren verändern ihre Operanden nicht, sondern liefern ihr Ergebnis als Rückgabewert zurück. Ausnahmen sind die Inkrement- und Dekrement-Operatoren sowie die Zuweisungsoperatoren. Sie verändern ihren (meist linken) Operanden. Der Operand muss daher ein veränderbares Objekt (z.B. eine Variable) sein. Ein Literal ist also nicht zulässig.

Im Falle von binären Operatoren und des ternären Operators müssen
(bis auf die Ausnahme des Komma-Operators) alle Operanden vom
gleichen Typ sein. Ist dies nicht der Fall, wird ein Operand nach bestimmten Regeln implizit (d.h. automatisch) konvertiert. Die generelle
Regel ist, dass bei einer solchen Konvertierung keine Information verloren gehen soll, d.h. es wird immer in Richtung des jeweils größeren
Datentyps konvertiert.

Arithmetische Operatoren

Folgende Tabelle zeigt die Operatoren, die für Rechnungen (im klassischen Sinne) zur Verfügung stehen:

Operator	Wertigkeit	Bedeutung
+	binär	Addition
−	binär	Subtraktion
*	binär	Multiplikation
/	binär	Division
%	binär	Modulus
+	unär	unäres plus (positives Vorzeichen)
−	unär	unäres minus (negatives Vorzeichen)
++	unär	Inkrement
−−	unär	Dekrement

Die arithmetischen Operatoren sind für alle fundamentalen Typen definiert, Modulus sowie Inkrement und Dekrement jedoch nur für integrale Typen. Für Fließkommatypen steht allerdings die Funktion
fmod aus der Standardbibliothek zur Verfügung, die den Nachkom-
maanteil eines Fließkommawertes berechnet.

Beispiele:

```
a + 1 - b + 2   // Addition und Subtraktion

2 % 3           // Modulus: Ergebnis 2
4 % 3           // Modulus: Ergebnis 1

-a              // unäres minus (Vorzeichen umdrehen)
```

Für den Modulus gilt:

```
a % b entspricht a - ( a / b ) * b
```

Beispiel für Fließkommatypen:

```
fmod( 10.5, 10.0 )    // Ergebnis 0.5
fmod( 20.5, 10.0 )    // Ergebnis 0.5
```

Für die Funktion `fmod` aus der Standardbibliothek gilt:

```
fmod( a, b ) == a - i * b
```

für ein geeignet zu wählendes `i`.

Die Inkrement- und Dekrement-Operatoren können als Präfix- oder Postfix-Operatoren notiert werden:

```
int i1 = 10;
int i2 = ++i1;  // Präfix-Form
int i3 = i1++;  // Postfix-Form
```

Die beiden Formen unterscheiden sich im Zeitpunkt der Durchführung der Operation.

❑ in der *Präfix-Form* wird erst die Operation durchgeführt, dann wird das Ergebnis zurückgeliefert. `i1` und `i2` erhalten also den Wert 11.

❑ in der *Postfix-Form* wird der Originalwert als Ergebnis geliefert, dann erst wird die Wertänderung durchgeführt. `i3` erhält also den Wert 11, `i1` erhält den Wert 12.

Analoges gilt für den Dekrement-Operator.

Übung 4-5:

Ist der Ausdruck ++i3++ zulässig? Was bewirkt er?

Anmerkung:

❑ Inkrement und Dekrement sind auch für `bool` definiert. Dabei gilt:

```
++b == true
--b == false
```

für jeden Wahrheitswert `b`.

Shift-Operatoren

Die Shift-Operatoren verschieben die Bits eines Wertes nach rechts oder links. Im Gegensatz zu den numerischen Operatoren arbeiten sie also nicht mit dem Wert, sondern mit der binären Repräsentation. Das „Shiften" spielt daher weniger in numerischen Rechnungen als eher in Steuerungen für serielle Datenübertragungen, Kryptografie etc. eine Rolle.

Folgende Tabelle zeigt die verfügbaren Shift-Operatoren:

Operator	Wertigkeit	Bedeutung
<<	binär	Linksshift
>>	binär	Rechtsshift

Der Ausdruck a << b verschiebt das Bitmuster von a um b Positionen nach links, die dabei rechts entstehenden Leerplätze werden mit 0 aufgefüllt. Analog verschiebt der Ausdruck a >> b das Bitmuster von a um b Positionen nach rechts. Für vorzeichenlose Typen werden die links entstehenden Leerplätze ebenfalls mit 0 aufgefüllt, für vorzeichenbehaftete Typen dagegen mit dem Vorzeichenbit (das höchstwertige Bit). Shift-Operationen werden daher normalerweise mit vorzeichenlosen Größen (meist unsigned int) durchgeführt.

Ist b negativ oder größer als die Anzahl Bits in a, ist das Verhalten undefiniert.

Beispiel:

```
unsigned int i1 =  1;
unsigned int i2 = i1 << 1;  // Ergebnis 2
unsigned int i3 = i2 << 1;  // Ergebnis 4
unsigned int i4 = i3 << 1;  // Ergebnis 8
```

Hier erhalten i2 den Wert 2, i3 den Wert 4 und i4 den Wert 8. Wie man sieht, entspricht ein Linksshift der Multiplikation mit 2. Allgemein gilt:

$$a << b == a * 2^b$$

und analog

$$a >> b == a / 2^b$$

Die Shift-Operatoren sind nur für integrale Datentypen definiert.

Ein aufmerksamer Leser wird bemerkt haben, dass der Linksshift-Operator bereits in einem anderen Zusammenhang aufgetaucht ist, und zwar bei der Ausgabe. Schreibt man etwa

```
cout << "Hello, world!";
```

wird hier ebenfalls der Linksshift-Operator verwendet, allerdings mit einer anderen Bedeutung. In diesem Kapitel behandeln wir die von C++ definierte Funktion der Operatoren für fundamentalen Datentypen, C++ erlaubt jedoch ausdrücklich die eigene Definition der Operatoren für *benutzerdefinierte* Datentypen. cout ist eine Variable eines solchen benutzerdefinierten Typs, gleichzeitig wurde der Operator << so definiert, dass die Daten nach links in cout „hineinfließen" (und dort ausgegeben werden).

Bit-Operatoren

Die Bit-Operatoren arbeiten wie die Shift-Operatoren mit Bitmustern. Folgende Tabelle zeigt die verfügbaren Operatoren:

Operator	Wertigkeit	Bedeutung
&	binär	bitweises und
|	binär	bitweises oder
^	binär	bitweise exclusives oder
~	unär	Komplement

Beispiele:

```
int c1 = a & b;   // in c1 werden alle Bits gesetzt, die in a und b gesetzt sind
int c2 = a | b;   // in c2 werden alle Bits gesetzt, die in a oder b gesetzt sind
int c3 = a ^ b;   // in c3 werden alle Bits gesetzt, die in a oder b, aber nicht
                  // in beiden gesetzt sind
int c4 = ~a;      // in c4 werden alle Bits gesetzt, die in a nicht gesetzt sind
                  // und umgekehrt
```

Die Bit-Operatoren werden hauptsächlich im Zusammenhang mit *Masken* verwendet. a ist dabei der zu testende Wert und b enthält die Maske. Oft enthält die Maske nur ein einziges gesetztes Bit, damit kann man z.B. prüfen, ob dieses Bit im zu testenden Wert a gesetzt ist, oder nicht.

Schreibt man etwa

```
unsigned int mask = 0x02;    // Bit 1 ist gesetzt⁴⁰
unsigned int a    = 17;

bool b = a & mask; // prüft, ob Bit 1 in a gesetzt ist
```

erhält b den Wert `true`, wenn Bit 1 in der Maschinenrepräsentation des dezimalen Wertes 17 (d.h. im Binärsystem) gesetzt ist, ansonsten `false`. In diesem Fall ist das Ergebnis `false`, denn die Binärrepräsentation von 17 ist 10001.

Beachten Sie bitte, dass

❑ wir den Wert für die Maske in hexadezimaler Notation angegeben haben. Hex-Werte werden gerne verwendet, wenn es auf das Bitmuster ankommt, da man mit etwas Übung aus den Ziffern schnell auf das Bitmuster schließen kann, und umgekehrt, denn:

jede Hexziffer entspricht vier Bits. Da sich die Bitmuster aufeinanderfolgender Hexziffern nicht beeinflussen, kann man beliebig große Hexzahlen einfach in die Binärrepräsentation umschreiben, indem man die Bitmuster der einzelnen Ziffern aneinander hängt. Dieser Zusammenhang ist wohl der wesentliche Grund für die Verwendung des Hexadezimalsystems. Die oktale Schreibweise hat die gleiche Eigenschaft, jedoch repräsentiert eine oktale Ziffer hier 3 Bits.

❑ die Zuweisung an die Variable b mit einer Typwandlung verbunden ist, und zwar vom integralen Typ des Ausdrucks (hier `int`) nach `bool`. Diese Konvertierung läuft automatisch ab, allerdings geben manche Compiler eine Warnung aus („*forcing value to bool...*"), die jedoch ignoriert werden kann[41]. Dabei werden 0 nach `false` und alle anderen Werte nach `true` konvertiert.

❑ wir unsigned-Größen verwendet haben, da die Binärrepräsentation von unsigned-Größen vom Standard vorgeschrieben wird (17 entspricht also immer und überall 10001).

---

[40] Beachten Sie bitte, dass die Zählung mit *0* beginnt. Das erste Bit ist also Bit *0*.

[41] Dies ist eine Ausnahme. Normalerweise vertreten wir die Philosophie „warnings are errors", d.h. auch eine Warnungsmeldung des Compilers deutet auf ein (potentielles) Problem hin – nicht so schwerwiegend wie eine Fehlermeldung, jedoch Grund genug, der Sache nachzugehen.

📖 Logische Operatoren

Die logischen Operatoren betrachten ihre Operanden als Wahrheitswerte und verknüpfen diese mit „und" bzw. „oder" bzw. wandeln `true` in `false` und umgekehrt. Sie sind nur für Operanden vom Typ `bool` definiert, ihr Ergebnis ist ebenfalls vom Typ `bool`.

Operator	Wertigkeit	Bedeutung
&&	binär	logisches und
||	binär	logisches oder
!	unär	logisches nicht (Negation)

Anmerkungen:

❑ obwohl die Operanden vom Typ `bool` sein müssen, können alle integralen Typen verwendet werden. Der Grund ist, dass wie immer eine automatische Konvertierung eines integralen Typs zu `bool` stattfindet, und zwar wird jeder numerische Wert ungleich 0 zu `true` und der Wert 0 wird zu `false`.

Eine Folge davon ist, dass die beiden Operanden nicht vom gleichen Typ sein müssen.

❑ für den und-Operator gilt: der rechte Operand wird gar nicht evaluiert, wenn der linke Operand bereits `false` ergibt (der Ausdruck kann dann niemals `true` ergeben). Diese sog. *Kurzschlussregel* gilt auch für den oder-Operator: dort wird der rechte Operand nicht mehr ausgewertet, wenn bereits der linke Operand `true` ergibt (das Ergebnis ist dann in jedem Falle `true`).

Die Kurzschlussregel ist z.B. dann interessant, wenn der rechte Ausdruck ein Funktionsaufruf ist, dessen Ergebnis im logischen Ausdruck verwendet werden soll. Dann kann es passieren, dass die Funktion evtl. gar nicht aufgerufen wird, etwa wie in diesem Beispiel:

```
bool b = false;
if ( b && f() )
   /* ... */
```

Der logische Ausdruck wird nur so weit ausgewertet, bis das Ergebnis feststeht. Da der erste Operand bereits den Wert `false` hat, kann sofort abgebrochen werden – das Ergebnis der Funktion f wird nicht mehr benötigt und f wird dem zu Folge auch nicht aufgerufen.

Beispiele:

```
int a1    = 0;
long a2   = 1;
double a3 = 2.0;

bool b1 = a1 && a2;          // false: a1 ist 0 und damit false
bool b2 = a1 > -1 && a1 < 1; // true: a1 liegt zwischen -1 und 1
bool b3 = a2 && a3;          // true: a2 und a3 != 0
bool b4 = a1 && f( a2 );     // false: Funktion f wird nicht aufgerufen,
                             // da a1 bereits 0 ist


bool b4 = !b1;               // b1 war false, b4 wird daher true
b4 = !b4;                    // b4 wechselt den Wahrheitswert, wird
                             // nun also false
```

Allerdings soll bereits hier auf eine Einschränkung hingewiesen werden. C++ bietet die Möglichkeit, Operatoren nach eigenen Vorstellungen zu implementieren. Ist dies der Fall, fällt die Kurzschlussregel weg. Im Falle selbstdefinierter Operatoren werden immer beide Argument des Ausdrucks ausgewertet. Dies hat die unangenehme Folge, dass man einem Ausdruck wie z.B.

```
bool b4 = x && f();
```

nicht mehr direkt ansehen kann, ob die Funktion f auch dann ausgeführt wird, wenn x false ergibt: dies hängt davon ab, ob x ein fundamentaler Typ ist, oder ein benutzerdefinierter Typ, für den der Operator && überladen wurde. Da diese Eigenschaft der Sprache C++ die Verständlichkeit eines Programms negativ beeinflusst, sollte man die Kurzschlussregel nur als Performanceoptimierung, nicht aber bewusst als sprachliches Mittel einsetzen.

📖 **Vergleichsoperatoren**

Vergleichsoperatoren vergleichen den numerischen Wert ihrer Operanden. Sie sind für alle fundamentalen Typen definiert, ihr Ergebnis ist vom Typ `bool`.

Folgende Tabelle zeigt die Vergleichsoperatoren:

Operator	Wertigkeit	Bedeutung
==	binär	gleich
!=	binär	ungleich
<	binär	kleiner
>	binär	größer
<=	binär	kleiner oder gleich
>=	binär	größer oder gleich

Anmerkungen:

❑ vergleichen Sie niemals zwei Flieskommazahlen direkt! Durch Rundungseffekte können sich unerwartete Ergebnisse einstellen. Besser ist es, die Differenz auf einen hinreichend kleinen Schwellwert zu prüfen.

❑ auch für `bool` sind die größer/kleiner-Operationen definiert. Es gilt: `false < true`.

Zuweisungsoperatoren

Zuweisungsoperatoren verändern den Wert ihres linken Operanden. Im einfachsten Fall ersetzen sie ihn durch den Wert des rechten Operanden. Im Falle der zusammen gesetzten Zuweisungsoperatoren wird vorher noch eine andere Operation (Addition...) durchgeführt.

Folgende Tabelle zeigt die möglichen Zuweisungsoperatoren:

Operator	Bedeutung
=	einfache Zuweisung
+=	Addition und Zuweisung
-=	Subtraktion und Zuweisung
*=	Multiplikation und Zuweisung
/=	Division und Zuweisung
%=	Modulus und Zuweisung
<<=	links schieben und Zuweisung
>>=	rechts schieben und Zuweisung
&=	bitweises und und Zuweisung
|=	bitweises oder und Zuweisung
^=	bitweises exclusives oder und Zuweisung

Anmerkungen:

❏ da die Operatoren ihren linken Operanden verändern, muss dort ein veränderbares Objekt (z.B. eine Variable) stehen

❏ wie alle Operatoren können auch die Zuweisungsoperatoren *kaskadiert* werden (siehe Beispiele).

Alle zusammen gesetzten Zuweisungsoperatoren kombinieren die Zuweisung mit einem anderen Operator. Grundsätzlich gilt:

```
a <op>= b entspricht a = a <op> b
```

wobei *op* eine der Teiloperationen aus obiger Tabelle entspricht. Die Form mit dem zusammen gesetzten Operator ist jedoch effizienter, da a *direkt* (*in place*) verändert wird.

Beispiele:

```
int i1, i2, i3;          // Definition von 3 Variablen

i1 = i2 = i3 = 0;        // kaskadierte Zuweisung: alle drei erhalten den
                         // Wert 0

i1 += 3;                 // entspricht i1 = i1 + 3
i1 *= 2;                 // i1 erhält den Wert 6
```

Übung 4-6:

Ausgehend vom letzten Beispiel, welchen Wert erhalten die Variablen i1, i2 *und* i3 *in den folgenden beiden Anweisungen?*

```
( i2 = i1 ) /= 3;
i3 = i1 /= 3;
```

📖   **Der Komma-Operator**

Das Komma ist in C++ ein Operator, der seine Operanden nacheinander ausführt. Das Ergebnis der Operation ist der Wert des rechten Operanden. Beispiel:

```
int i1 = 0;
int i2 = 1;

int i3 = i1+1, i2+2;
```

Hier wird zuerst der Ausdruck i1+1 (linker Operand) berechnet, das Ergebnis wird verworfen. Dann wird der Ausdruck i2+2 (rechter Operand) berechnet. Damit ist die rechte Seite der Zuweisung erledigt, und das Ergebnis (hier also 3) wird an die Variable i3 zugewiesen.

Kann es sinnvoll sein, einen Ausdruck zu berechnen und das Ergebnis nicht zu verwenden? Die Antwort ist ja, und zwar dann, wenn die Berechnung des Ausdrucks *Seiteneffekte* (*side effects*) hat. Schreibt man etwa

```
int i3 = i1+=1, i2+2;
```

wird zwar das Ergebnis des Ausdrucks i1+=1 verworfen, zusätzlich wurde jedoch der Wert von i1 um 1 erhöht. Ein Seiteneffekt liegt immer dann vor, wenn neben der Ermittlung des zu berechnenden Ergebnisses auch noch weitere Veränderungen stattfinden.

Selbstverständlich könnte man obige Anweisung mit gleicher Wirkung (und besserer Lesbarkeit) auch in zwei Anweisungen aufteilen:

```
i1+=1;
int i3 = i2+2;
```

Es gibt jedoch auch Situationen, in denen syntaktisch nur ein Ausdruck erlaubt ist. Dazu gehören z.B. die Kontrollteile der for- und while-Schleifen, die wir im nächsten Kapitel betrachten.

Beachten Sie bitte, dass

❑ beide Operanden auf jeden Fall ausgewertet werden. Dies ist ein Unterschied zu && bzw. ||, bei denen die Kurzschlussregel gilt.

❑ nicht überall, wo ein Komma steht, auch der Komma-Operator verwendet wird. Das Komma dient z.B. bei Funktionsaufrufen zur Trennung der Funktionsparameter.

📖   Der sizeof-Operator

Der unäre sizeof-Operator bestimmt die Größe seines Operanden im Verhältnis zur Größe eines char. Das Argument kann sowohl ein Typ als auch ein Ausdruck sein. Im Falle eines Ausdrucks müssen keine Klammern verwendet werden, der Ausdruck wird nicht ausgewertet.

Beispiele:

```
cout << "sizeof double: " << sizeof( double ) << endl;

double d = 1;
cout << "sizeof double: " << sizeof d << endl;
```

In beiden Fällen erhält man den Platzbedarf einer double-Variablen in Bytes.

Übung 4-7:

Was liefert der Ausdruck sizeof(2*d) *?*

📖 Der Auswahl-Operator

Der Auswahl-Operator ? : ist der einzige ternäre (dreiwertige) Operator überhaupt. Er liefert seinen zweiten oder dritten Operand zurück, je nach dem, ob der erste Operand true oder false ist.

Die allgemeine Form ist:

```
a ? b : c
```

Zuerst wird der Ausdruck a ausgewertet. Ist er true, wird der Wert von b bestimmt und zurückgeliefert, ansonsten der von c.

Beachten Sie bitte, dass entweder b oder c ausgewertet werden, aber niemals beide.

Beispiel:

```
int i = 0;
int result = i > 10 ? 100 : -100;
```

Da i den Wert 0 hat, ergibt der Ausdruck i>10 den Wert false und die Variable result erhält den Wert -100.

📖📖 Präzedenz und Assoziativität

Zur Präzedenz der Operatoren (d.h. zum Verhältnis der Priorität der Operatoren untereinander) steht im Standard *„The precedence of operators is not directly specified but can be derived from the syntax"*, was bedeutet, dass die Präzedenz der Operatoren nicht explizit festgelegt ist, sondern aus der Syntax erschlossen werden kann.

Für die in diesem Abschnitt besprochenen Operatoren gelten folgende Prioritäten und Assoziativitäten[42]:

Operator	Priorität	Assoziativität
() [] ->	1	von links nach rechts
! ~ ++ -- + -[43] sizeof	2	von rechts nach links
* / %	3	von links nach rechts
+ -	4	von links nach rechts
<< >>	5	von links nach rechts
< <= > >=	6	von links nach rechts
== !=	7	von links nach rechts
&	8	von links nach rechts
^	9	von links nach rechts
|	10	von links nach rechts
&&	11	von links nach rechts
||	12	von links nach rechts
?:	13	von rechts nach links
= += -= etc.	14	von rechts nach links
,	15	von links nach rechts

Die Assoziativität gibt die Reihenfolge der Auswertung in Ausdrücken mit mehreren Operatoren an. Hat man z.B. den Ausdruck

```
a <op> b <op> c
```

und hat der Operator <op> die Assoziativität „von links nach rechts", wird zuerst a <op> b ausgewertet und das Ergebnis mit c verknüpft. Hat der Operator dagegen die Assoziativität „von rechts nach links", wird zuerst b <op> c ausgewertet, dann wird das Ergebnis mit a verknüpft.

Beachten Sie bitte, dass die Assoziativität eines Operators nichts darüber aussagt, in welcher Reihenfolge seine Operanden auszuwerten

---

[42] In Anhang 1 findet sich eine Liste aller Operatoren, ihrer Prioritäten und Präzedenzen.

[43] dies sind die unären Versionen von Plus und Minus, im Gegensatz zu den binären Versionen mit Prio 4.

sind – Dies ist prinzipiell undefiniert und kann vom Compilerbauer beliebig gewählt werden. Der Standard macht keine Angaben darüber, ob in einem Ausdruck

```
a <op> b
```

zuerst a oder zuerst b auszuwerten ist. Prinzipiell ist es auch erlaubt, beide gleichzeitig auszuwerten, z.B. auf einer Mehrprozessorarchitektur. Für Operatoren, für die die Kurzschlussregel gilt, wird außerdem evtl. nur einer der Operatoren ausgewertet.

Übung 4-8:

Schreiben Sie einen Ausdruck, bei dem die Reihenfolge der Auswertung der Operatoren eine Rolle spielt.

Programme, die von einer bestimmten Reihenfolge der Auswertung Gebrauch machen, sind fehleranfällig und wenig portabel. Bereits die Änderung von Compilereinstellungen (wie z.B. zur Optimierung) kann dann zu fehlerhaftem Verhalten führen, da sich dadurch die Auswertungsreihenfolge ändern kann.

Sowohl Präzedenz als auch Assoziativität können durch Verwendung von Klammern außer Kraft gesetzt werden: geklammerte Teilausdrücke werden stets zuerst ausgewertet.

Beispiele:

```
1 + 2 * 3 + 4    // Ergebnis 11, da Multiplikation zuerst ausgeführt wird
(1+2) * (3+4)    // Ergebnis 21, da die Additionen zuerst ausgeführt werden

100 / 10 / 2     // Ergebnis 5, da von 100/10 zuerst ausgeführt wird
100 / (10/2)     // Ergebnis 20, da 10/2 zuerst berechnet wird
```

📖📖 Implizite Konvertierungen

Die meisten Operatoren erfordern, dass ihre Operanden vom gleichen Typ sind. Ist dies nicht der Fall, wird eine implizite (d.h. automatisch) Konvertierung vorgenommen. Vereinfacht gelten die folgenden Regeln:

❑ für Operatoren, die für verschiedene Typen vorliegen (z.B. Additionsoperator für integrale und Fließkommatypen) wird versucht, den Typ „aufzuweiten", d.h. es erfolgt immer eine Konvertierung des kleineren Typs zum größeren Typ, die Operation wird dann mir dem jeweils größeren Typ durchgeführt.

❑ für Operatoren, die einen integralen Typ verlangen (z.B. &), wird *keine* Konvertierung der Parameter von einem Fließkommatyp zu einem integralen Typ vorgenommen. Der Ausdruck

`3.5 & 2.7` `// Fehler!`

ergibt daher einen Syntaxfehler bei der Übersetzung.

❑ für Operatoren, die ein `bool` verlangen (z.B. `&&`), werden beide Parameter zu `bool` konvertiert: der Wert 0 (bzw. 0.0) wird zu `false`, alle anderen werden zu `true`. Der Ausdruck

`3.5 && 2.7` `// OK`

ist also zulässig, das Ergebnis ist `true`.

📖📖 Anmerkungen

📖 bool und int

Traditionell wird in C (und teilweise auch heute noch in C++) der Datentyp `int` zur Darstellung von Wahrheitswerten verwendet: alle Werte ungleich 0 gelten als `true`, der Wert 0 gilt als `false`. Auch nachdem in C++ der Typ `bool` als eigenständiger Datentyp eingeführt wurde, blieb dies oft unverändert, um die Kompatibilität zu älterem Code zu wahren.

Ein weiterer Grund für die Beibehaltung von `int` für Wahrheitswerte war, dass die logischen Operatoren, die Vergleichsoperatoren sowie auch `if`-Abfragen etc. mit Datentyp `int` anstelle `bool` arbeiteten. Ein Ausdruck wie z.B. a>0 war vom Typ int, und nicht vom Typ bool.

Erst relativ spät im Standardisierungsprozess wurde dies geändert, so dass `a>0` heute gem. Standard vom Typ `bool` ist.

Allerdings wird dies auch heute noch nicht von allen Compilern so implementiert. So arbeitet z.B. MSVC weiterhin mit `int`. Ein Grund ist sicherlich, dass existierende Klassenbibliotheken wie die MFC evtl. sonst nicht mehr richtig funktionieren. Allerdings wäre dann ein Compilerschalter, mit dem man zwischen altem und neuem Verhalten umschalten könnte, die bessere Alternative gewesen.

Weitere Operatoren

Über die in diesem Kapitel beschriebenen Operatoren hinaus gibt es noch eine Reihe weiterer Operatoren, die sich jedoch nicht direkt auf fundamentale Typen beziehen (z.B. Adressoperator, Funktionsaufruf-Operator, Feldindex-Operator, Operatoren zur Speicherverwaltung, etc.). Wir besprechen diese Operatoren in späteren Kapiteln zusammen bei den entsprechenden Sprachmitteln.

Eigene Funktionalität für Operatoren

C++ erlaubt die Implementierung eigener Funktionalität für die meisten Operatoren, allerdings nicht für fundamentale Typen. Zumindest ein Operand eines Operators muss ein *benutzerdefinierter* Typ (meist eine Klasse) sein. Ein prominentes Beispiel ist der links-Schiebeoperator `<<`, der auch im Zusammenhang mit der Ausgabe (in der Standardbibliothek) neu definiert wurde. Wir befassen uns in Kapitel 22 mit der Definition eigener Funktionalität für Operatoren.

Alternative Symbole

C++ erlaubt aus Kompatibilitätsgründen zu C die Verwendung *Alternativer Symbole* (*alternative tokens*) zur Darstellung der Operatorzeichen. Folgende Tabelle zeigt die verfügbaren Alternativen Symbole:

Operator	*Alternatives Symbol*
&&	and
|	bitor
||	or
^	xor
~	compl
&	bitand
&=	and_eq
|=	or_eq
^=	xor_eq
!	not
!=	not_eq

Die Alternativen Symbole können grundsätzlich anstelle der Operatorzeichen verwendet werden. Man kann also z.B. anstelle von

`a && b || c && d`

auch

`a and b or c and d`

schreiben. Der Standard fordert, dass die Alternativen Symbole Schlüsselworte der Sprache sind. Dies wird jedoch noch nicht von allen Compilern unterstützt. MSVC liefert z.B. eine Include-Datei (`iso646.h`), die diese Alternativen Symbole definiert.

Beachten Sie bitte, dass Schlüsselworte der Sprache natürlich nicht zur Definition von Variablen, Funktionen etc. verwendet werden können.

5 Ausdrücke, Anweisungen und Kontrollstrukturen

C++ besitzt wie wohl jede prozedurale Sprache Deklarationen, Definitionen, Kontrollstrukturen, Möglichkeiten zum Aufbau eigener Datentypen und vieles mehr. In diesem Kapitel befassen wir uns zunächst mit Ausdrücken, Anweisungen und Kontrollstrukturen.

📖📖 Ausdrücke und Anweisungen

📖 Ausdrücke

Ein *Ausdruck* besteht aus einem oder mehreren Operationen. Eine *Operation* besteht ihrerseits aus einem Operator sowie einem oder mehreren (meist zwei) Operanden. Eine Operation liefert einen Wert zurück, der für weitere Operationen des Ausdrucks verwendet werden kann.

Beispiele:

```
i + 1        // Ausdruck besteht aus einer Operation (Addition)
2*a + 3*b    // Ausdruck besteht aus drei Operationen
i = 1        // Ausdruck besteht aus einer Operation (Zuweisung)
a = b = 0    // Ausdruck besteht aus zwei Operationen (Zuweisung)
```

Beachten Sie bitte, dass Operationen und damit auch Ausdrücke grundsätzlich einen Wert zurückliefern. Dies wird im letzen Beispiel deutlich: die Operation b=0 liefert den Wert 0, der dann für die zweite Operation (a=...) verwendet wird (die Assoziativität der Zuweisungsoperatoren ist „links nach rechts").

Übung 5-1:

Welche Auswirkungen hat die Operation a++ = b++ = 0? (a und b sollen Integer-Variablen sein).

Anweisungen

Ausdrücke werden zu Anweisungen, wenn sie mit einem Semikolon abgeschlossen sind. Eine Anweisung wird immer komplett abgearbeitet, bevor die nächste Anweisung begonnen wird. Die Ausführungsreihenfolge von Anweisungen ist daher streng sequenziell.

Das folgende Programmsegment enthält z.B. drei Anweisungen:

```
i = 1;
i++;
cout << i << endl;
```

Beachten Sie bitte, dass eine Anweisung nicht immer einen Wert zuweisen oder eine Variable verändern muss. Die Anweisung

```
i + 1;
```

ist zwar sinnlos, da weder i verändert noch von dem Ergebnis Gebrauch gemacht wird, trotzdem handelt es sich um eine gültige Anweisung.

Die leere Anweisung

```
; // leere Anweisung
```

ist zulässig. Sie wird manchmal benötigt, wenn die Syntax eine Anweisung verlangt, von der Logik her jedoch keine erforderlich ist. Dies kommt meist in for-Schleifen vor (s.u.).

Zusammen gesetzte Anweisungen

In bestimmten Situationen (s.u.) möchte man eine Anweisung mit mehreren unabhängigen Ausdrücken bilden. Dazu wird der *Komma-Operator* verwendet:

```
i = 1, j = 2;
```

Hier handelt es sich um eine Anweisung, nicht um zwei.

Beachten Sie bitte, dass die Ausführungsreihenfolge der beiden Operationen vom Standard nicht definiert wird. Es ist möglich, dass zuerst die Operation i=1 durchgeführt wird, und dann j=2, oder umgekehrt. Auf Multiprozessormaschinen können beide Anweisungen gleichzeitig ausgeführt werden.

Es ist daher wichtig, dass die Ausführungsreihenfolge keinen Einfluss auf das Ergebnis hat. Das folgende Beispiel kann daher zu Überraschungen führen:

```
i = 1, i++;
```

Je nach Ausführungsreihenfolge erhält i den Wert 1 oder 2.

Dieser Effekt bleibt meist unbemerkt, da die Ausführungsreihenfolge in der Regel von links nach rechts ist, so wie man die Anweisung auch verstehen würde. Die Probleme treten dann auf, wenn das Programm auf einen anderen Rechner portiert wird, oder wenn die Optimierungen des Compilers eingeschaltet werden. Moderne Compiler haben ausgefeilte Techniken zur Optimierung von Maschinencode, und ein Compiler kann durchaus zu der Ansicht gelangen, dass eine andere Auswertungsreihenfolge günstiger wäre.

Glücklicherweise werden zusammen gesetzte Anweisungen selten benötigt, und ihre unnötige Verwendung wird als schlechter Stil betrachtet.

⌨ Anweisungsblöcke

Anweisungen können zu Blöcken gruppiert werden. Dazu werden die geschweiften Klammern verwendet.

Im folgenden Programmsegment sind zwei Blöcke direkt hintereinander angeordnet:

```
{
    int i = 0;
    cout << "Block 1: " << i << endl;
}

{
    double  i = 1.0;
    cout << "Block 2: " << i << endl;
}
```

Anweisungsblöcke erfüllen drei wichtige Funktionen:

❏ sie wirken syntaktisch wie eine einzige Anweisung. Überall dort, wo von der Syntax eine Anweisung stehen darf, kann auch ein Anweisungsblock stehen.

❏ sie definieren einen eigenen *Gültigkeitsbereich*. Innerhalb eines Blocks definierte Variablen sind lokal zu diesem Block – im nächsten Block kann der gleiche Name erneut völlig unabhängig verwendet werden.

❑ sie helfen, Speicherplatz zu sparen. Speicherplatz, der in einem Block belegt wird, wird am Ende des Blockes wieder freigegeben. In obigem Beispiel wird also Speicher entweder für das int oder aber für das double gebraucht – aber nicht für beide gleichzeitig.

Dieser Effekt ist hier minimal – in großen Programmen kann es jedoch durchaus sinnvoll sein, den Speicherverbrauch auf diese Weise kontrollieren zu können.

Beachten Sie jedoch, dass zwar jeweils nur Speicher für eine der beiden Variablen gebraucht würde, der Compiler jedoch durchaus beide parallel halten kann. MSVC verwendet dies z.B. für Debug-Builds, um das Debuggen einfacher zu machen. Für Release-Builds dagegen ist immer nur eine Variable aktiv.

Beachten Sie bitte, dass nach der schließenden Klammer eines Blocks *kein Semikolon* steht.

Übung 5-2:

Ist die Anweisungsfolge

```
{
    int i = 0;
}; // Semikolon nach schließendem Block
```

deshalb ein Syntaxfehler?

Ein weiterer Effekt ist, dass durch die Aufteilung des Codes in einzelne Blöcke die statistische Lebensdauer der Variablen kürzer wird. Dies erhöht die Übersichtlichkeit und macht so Programme sicherer (mehr zu solchen Überlegungen an späterer Stelle).

📖 **Geschachtelte Anweisungsblöcke**

Blöcke können beliebig geschachtelt werden.

Beispiel:

```
{
    int i = 0;
    cout << "äusserer Block : " << i << endl;

    {
      int i = 2;
      cout << "innerer Block : " << i << endl;
    }

    cout << "äusserer Block : " << i << endl;

}
```

Hier wird innerhalb eines Anweisungsblocks ein weiterer Block mit einer eigenen Variable i definiert. Diese zweite Definition von i gilt nur innerhalb des inneren Blocks. Nach Beendigung des Blocks gilt wieder die ursprüngliche Definition.

Als Ausgabe erhält man daher

```
äusserer Block : 0
innerer Block : 2
äusserer Block : 0
```

Übung 5-3:

Ist folgende Konstruktion syntaktisch zulässig?

```
{{
  int i = 0;
  i++;
}}
```

📖📖 Kontrollstrukturen

Kontrollstrukturen dienen zur Steuerung des Programmflusses. In C++ wurden die Kontrollstrukturen von C nahezu unverändert übernommen. Unterschiede bestehen lediglich in Marginalien.

📖 Die if-Anweisung

Die if-Anweisung dient dazu, Code in Abhängigkeit einer Bedingung auszuführen. Die formale Syntax ist

```
if ( c )
    s;
```

c („*condition*") steht hier für einen Ausdruck, der einen Wert vom Typ bool liefert. Liefert c den Wert true, wird die Anweisung s („*Statement*) ausgeführt. Liefert c dagegen false, wird s nicht ausgeführt.

Die if-Anweisung kann mit einem else-Teil ergänzt werden. Die Syntax ist dann

bzw.

```
if ( c )
  s1;
else
  s2;
```

Liefert c den Wert true, wird s1 ausgeführt. Liefert c dagegen false, wird die Anweisung s2 ausgeführt

```
int i = -3;

if ( i<0 )
    i = -i;
```

Hier wird eine Variable i definiert und mit dem Wert -3 initialisiert. Die if-Anweisung bewirkt, dass das Vorzeichen von i umgekehrt wird, wenn i wie hier negativ ist – danach hat i auf jeden Fall einen positiven Wert.

Da die Anweisung bzw. der Ausdruck c über die Abarbeitung der Anweisungen s bzw. s1 oder s2 bestimmt, bezeichnet man ihn auch als *Kontrollausdruck*. s bzw. s1 und s2 sind die *Unteranweisungen* (*Sub-Statements*). Da der Kontrollausdruck hier vom Typ bool ist, wird er auch als *Bedingung* bezeichnet.

Beachten Sie bitte, dass die Aufteilung in Zeilen sowie die Einrückungen syntaktisch keine Rolle spielen. Man könnte das Beispiel kompakter auch

```
int i=-3;if(i<0)i=-i;
```

schreiben. Da Bildschirme heute größer als früher sind und Quellcode häufiger auch von anderen gelesen werden muss, sollte Lesbarkeit allerdings über Kürze gehen.

Die folgende Anweisung hat zusätzlich einen else-Teil, der ausgeführt wird, wenn die Bedingung false liefert:

```
if ( i<0 )
{
   cout << " Wert kleiner 0: Vorzeichen umdrehen!" << endl;
   i = -i;
}
else
{
   cout << "Wert gösser oder gleich 0: keine Aktion!" << endl;
}
```

Beachten Sie bitte, dass

❑ im if-Teil ein Anweisungsblock verwendet werden muss, da mehr als eine Anweisung ausgeführt werden soll

❑ im else-Teil zwar nur eine Anweisung steht, trotzdem aber ein Block verwendet wird. Dies ist syntaktisch nicht erforderlich, sondern eher eine Stilfrage. Die Lesbarkeit vor allem großer Programme steigt, wenn man grundsätzlich Blöcke verwendet.

Übung 5-4:

Schreiben Sie die obige if-*Anweisung so, dass in der Bedingung auf einen positiven Wert geprüft wird.*

Die Bedingung in einer if-Anweisung muss formal vom Typ bool sein. Da jedoch alle integralen Typen bei Bedarf implizit zu bool gewandelt werden, stehen in der Praxis im Bedingungsteil oft Werte integraler Typen. An Stelle von

```
if ( i != 0 ) ...
```

schreibt man deshalb oft vereinfacht

```
if ( i ) ...
```

Beide Bedingungen sind gleichwertig, weil alle Werte ungleich 0 zu true und der Wert 0 zu false konvertiert werden.

📖 Geschachtelte if-Anweisungen

Da die if-Anweisung eine vollständige Anweisung ist, kann sowohl im if- als auch im else-Teil einer if-Anweisung eine weitere if-Anweisung stehen.

Beispiel:

```
if ( i != 0 )
  if ( i < 0 )
    cout << "i ist kleiner 0" << endl;
  else
    cout << "i ist grösser 0" << endl;
else
  cout << "i ist gleich 0" << endl;
```

Hier ist im if-Teil der ersten Anweisung eine weitere if-Anweisung angeordnet. Die gesamte Konstruktion prüft, ob die Variable i kleiner, gleich oder größer 0 ist und gibt eine entsprechende Meldung aus.

Beachten Sie bitte, dass wir hier keine Blöcke definieren müssen, da auch die geschachtelte if-Anweisung eine *einzelne* Anweisung ist.

Übung 5-5:

Schreiben Sie die Anweisung der Übersichtlichkeit halber mit Blockklammern.

Übung 5-6:

Schreiben Sie die Anweisung so, dass die geschachtelte if-Abfrage im else-Zweig angeordnet ist.

An diesem kleinen Beispiel erkennt man bereits den Wert einer sorg-
fältigen Formatierung von Codezeilen. Man könnte z.B. auch

```
if ( i != 0 )
if ( i < 0 ) cout << "i ist kleiner 0" << endl;
else cout << "i ist grösser 0" << endl;
else cout << "i ist gleich 0" << endl;
```

schreiben oder den Code noch unübersichtlicher formatieren – der
Compiler ignoriert Leerzeichen und Zeilenumbrüche sowieso. Da
Programme jedoch auch gepflegt und daher wieder gelesen werden
müssen, sollte man einen möglichst ausdrucksstarken Formatierungs-
stil wählen und diesen beibehalten.

if-else Kaskaden

Zur Klassifizierung, ob ein Wert kleiner, größer oder gleich 0 ist,
wurden im letzten Abschnitt zwei geschachtelte `if`-Abfragen verwendet. Hat man Abfragen mit vielen solchen Bedingungen, ist eine Anordnung der geschachtelten (inneren) `if`-Abfragen im `else`-Zweig
optisch besser, da leichter zu lesen.

Die geschachtelte Anweisung aus dem letzten Abschnitt schreibt man
daher optisch besser:

```
int i = 1;

if ( i < 0 )
  cout << "i ist kleiner 0" << endl;
else if ( i > 0 )
  cout << "i ist grösser 0" << endl;
else
  cout << "i ist gleich 0" << endl;
```

Insbesondere wenn weitere `else-if` Teile dazukommen, hat diese
Formulierung Vorteile für das Verständnis.

📖   Die switch-Anweisung

In der Programmierung kommt es oft vor, dass man anhand eines Wertes einer Variablen verschieden Aktionen durchführen möchte. Dies kann man prinzipiell mit geschachtelten `if`-Anweisungen erledigen, etwa wie in diesem Beispiel:

```
char c = ... ; // c erhält hier einen Wert

if ( c == 'a' )
   cout << "Es ist der Vokal a" << endl;
else if ( c == 'e' )
   cout << "Es ist der Vokal e" << endl;
else if ( c == 'i' )
   cout << "Es ist der Vokal i" << endl;
else if ( c == 'o' )
   cout << "Es ist der Vokal o" << endl;
else if ( c == 'u' )
   cout << "Es ist der Vokal u" << endl;
else
   cout << "Es ist kein Vokal" << endl;
```

Hier wird festgestellt, ob `c` einen Vokal enthält und eine entsprechende Meldung ausgegeben.

Solche Kaskaden formuliert man besser mit einer `switch`-Anweisung:

```
switch ( c )
{
   case 'a' : cout << "Es ist der Vokal a" << endl; break;
   case 'e' : cout << "Es ist der Vokal e" << endl; break;
   case 'i' : cout << "Es ist der Vokal i" << endl; break;
   case 'o' : cout << "Es ist der Vokal o" << endl; break;
   case 'u' : cout << "Es ist der Vokal u" << endl; break;

   default: cout << "Es ist kein Vokal" << endl;
}
```

Hier werden die case-Teile solange nacheinander geprüft, bis ein „Treffer" gefunden wird, dann wird der Code nach dem Doppelpunkt bis zum `break` ausgeführt. Trifft überhaupt kein case-Teil zu, wird der Code im `default`-Zweig abgearbeitet.

Für eine `switch`-Anweisung gelten folgende Regeln:

❏ der Kontrollausdruck steht nach dem Schlüsselwort `switch` in Klammern

❏ der Kontrollausdruck kann von jedem integralen Typ sein. Die Konstanten (Literale) in den `case`-Teilen müssen zum Typ des Kontrollausdrucks passen

❏ die Klammerung der `case`/`default`-Teile mit geschweiften Klammern ist immer erforderlich, auch wenn nur ein einziger `case` oder `default`-Zweig vorhanden ist.

❏ der `default`-Teil darf fehlen

❏ in den `case`-Teilen und optional im `default`-Teil stehen die kontrollierten Anweisungen. Dies können beliebige Anweisungsfolgen sein. Die Teile können auch leer sein (s.u.)

❏ die `break`-Anweisung bewirkt die Beendigung der `switch`-Anweisung und die Fortsetzung des Programms mit der nächsten Anweisung (nach der schließenden Klammer)

❏ in einem `case`-Teil dürfen keine Variablen definiert und gleichzeitig initialisiert werden, wenn weitere `case`-Teile folgen. Diese Einschränkung kann allerdings umgangen werden, indem man einen Anweisungsblock verwendet (s.u.)

Die `switch`-Anweisung unterscheidet sich von einer kaskadierten `if`-Anweisung in folgenden Punkten:

❏ der Kontrollausdruck einer `switch`-Anweisung wird nur einmal ausgewertet. Das Ergebnis wird dann nacheinander mit den Konstanten der `case`-Zweige verglichen. Bei der `if`-Anweisung wird in jedem `else-if`-Zweig die Bedingung erneut geprüft.

❏ in der `if`-Anweisung kann daher prinzipiell in jedem `else-if`-Zweig ein anderer Kontrollausdruck stehen. Bei der `switch`-Anweisung dagegen ist nur ein Kontrollausdruck möglich.

❑ in der `switch`-Anweisung sind nur Konstanten (und damit auch Literale) als Vergleichswerte zulässig. Variablen dürfen z.B. in den case-Teilen nicht stehen. Folgendes ist deshalb nicht möglich:

```
char vokal = 'a';
...
switch( c )
{
  case vokal: ...  // Fehler
  ...
}
```

❑ Literale und Rechnungen mit Literalen werden bereits vom Präprozessor ausgewertet. Folgende Konstruktion ist daher zulässig:

```
switch( c )
{
   case 'a'     : ...
   case 'a' + 1 : ...
   case 'a' + 2 : ...
   ...
}
```

Normalerweise wird jeder case-Teil einer `switch`-Anweisung mit der break-Anweisung abgeschlossen. Dadurch wird bewirkt, dass die switch-Anweisung verlassen wird und die nächste Anweisung nach der schließenden Klammer ausgeführt wird. Es gibt jedoch auch Situationen, in denen dies nicht erwünscht ist. Lässt man die break-Anweisungen weg, wird der Code des nächsten und aller folgenden case-Teile ausgeführt, *unabhängig davon, ob die Bedingungen für diese* case-*Teile zutreffen (!).* Dieser Prozess endet erst bei einem break bzw. am Ende der switch-Anweisung bei der schließenden Klammer.

Dies erscheint zunächst etwas gewöhnungsbedürftig, die Wirkung wird jedoch sofort klar, wenn man ein Beispiel betrachtet:

```
int i = ...; // Initialisierung mit einem beliebigen Wert

int count = 0;
switch ( i )
{
  case  0 : count++;
  case  1 : count++;
  case  2 : count++; break;

  default: cout << "Ungültiger Wert für i" << endl;
}

cout << "count hat den Wert: " << count << endl;
```

Klar ist, dass für alle Werte von i außerhalb des Bereiches 0..2 der default-Teil ausgeführt wird. Für diese Werte erhalten wir als Ergebnis die Ausgabe

```
Ungültiger Wert für i
count hat den Wert: 0
```

Interessanter ist jedoch, was für die Werte 0, 1 und 2 passiert. Folgende Tabelle zeigt die Ergebnisse:

Wert von i	*Ausgabe*
0	count hat den Wert: 3
1	count hat den Wert: 2
2	count hat den Wert: 1

Daraus wird klar, was z.B. im Falle i==1 passiert. Zunächst wird der case-Teil case 1: als passend erkannt, die nach dem Doppelpunkt folgenden Anweisungen (hier nur count++) werden ausgeführt: count hat nun den Wert 1. Dann werden die Anweisungen des nächsten case-Teils ausgeführt, obwohl case 2: eigentlich nicht passt. Auch hier steht wieder die Anweisung count++, sodass count nun den Wert 2 hat. Die Ausführung des break-Statements schließlich bewirkt die Beendigung der switch-Anweisung und die Fortsetzung des Programms mit der nachfolgenden Anweisung (hier der Ausgabe der Variablen count).

Die Tatsache, dass nach Ausführung eines case-Teils das Programm zum nächsten case-Teil fortschreitet, wenn man dies nicht explizit verhindert, wird als *Durchfallen* (*fall-through*) bezeichnet.

Macht eine solcher Ablauf Sinn? Für bestimmte Aufgabenstellungen schon.

Betrachten wir z.B. den Fall, dass die Klassifizierung eines Buchstabens nach Vokal bzw. Konsonant auch die Groß-Kleinschreibung berücksichtigen soll. Unter Verwendung des Durchfallens schreibt man ganz einfach und elegant:

```
char c = ... ; // c erhält hier einen Wert

switch ( c )
{
  case 'a' :
  case 'A' : cout << "Es ist der Vokal a" << endl; break;

  case 'e' :
  case 'E' : cout << "Es ist der Vokal e" << endl; break;

  case 'i' :
  case 'I' : cout << "Es ist der Vokal i" << endl; break;

  case 'o' :
  case 'O' : cout << "Es ist der Vokal o" << endl; break;

  case 'u' :
  case 'U' : cout << "Es ist der Vokal u" << endl; break;

  default: cout << "Es ist kein Vokal" << endl;
}
```

Wir machen hier neben dem Durchfallen außerdem von der Tatsache Gebrauch, dass die Anweisungsfolge in einem case-Teil auch leer sein kann.

Übung 5-7:

Schreiben Sie diese switch-*Anweisung mit Hilfe einer kaskadierten* if-*Anweisung*

Übung 5-8:

Stellen Sie fest, ob das Durchfallen auch bis zum default-*Teil möglich ist.*

Ein interessantes Detail der switch-Anweisung ist die Tatsache, dass in einem case-Teil keine Variablen mit Initialisierung definiert werden dürfen, wenn noch weitere case-Teile folgen.

Eine Anweisung wie z.B. in folgendem Codestück ist syntaktisch falsch:

```
int i = ... ; // i erhält irgendeinen Wert

switch( i )
{
  case 0:
    int j = i + 3;
    cout << "j : " << j << endl;
    break;

  case 1:
    ...
}
```

Der Grund ist, dass die Variable j von ihrem Definitionszeitpunkt an bis zum Ende der switch-Anweisung gültig ist. Dies bedeutet, dass nachfolgende case-Teile auf j zugreifen können. Der case-Teil für den Wert 1 könnte durchaus etwas wie

```
  case 1:
    cout << j-3 << endl;
    break;
```

enthalten. Wird die switch-Anweisung nun mit dem Wert 1 aufgerufen, wäre j undefiniert, könnte aber trotzdem verwendet werden. Dies ist offensichtlich sinnlos und wird daher nicht zugelassen.

Möchte man auf lokale Variable in case-Teilen nicht verzichten, kann man einen Anweisungsblock verwenden. Folgende Konstruktion ist syntaktisch korrekt:

```
switch( i )
{
  case 0:
  {
    int j = i + 3;
    cout << "j : " << j << endl;
    break;
  }

  case 1:
    ...

}
```

j ist nun eine lokale Variable in einem Block und existiert außerhalb des Blocks nicht mehr.

📖 Die while-Anweisung

Die while-Anweisung hat die Form

```
while( c )
  's;
```

dabei stehen wie üblich c für einen Ausdruck vom Typ bool (bzw. einen Typ, der implizit zu bool konvertiert werden kann, wie z.B. ein integraler Typ. Auf diese Tatsache weisen wir ab jetzt nicht mehr gesondert hin) und s für eine Anweisung.

Bei der Ausführung wird zunächst der Kontrollausdruck c ausgewertet. Liefert er true, wird die Unteranweisung s ausgeführt, dann wird erneut c ausgewertet. Diese Schleife wird solange fortgeführt, bis c den Wert false ergibt oder in s eine break-Anweisung ausgeführt wird. In diesen Fällen wird die Schleife sofort beendet und die nachfolgende Anweisung ausgeführt.

Beispiel:

```
int i = 0;
double x = 1;

while( i<10 )
{
  x*=2;
  i++;
}

cout << "x hat den Wert: " << x << endl;
```

Als Ergebnis erhält man

```
x hat den Wert: 1024
```

Daraus lässt sich leicht der Ablauf ablesen: der Anweisungsblock nach dem while-Teil wurde zehn mal ausgeführt, jedes Mal wurde x mit 2 multipliziert und i um 1 erhöht. Wenn i den Wert 10 erreicht hat, ergibt der Ausdruck i<10 false und der Anweisungsblock wird nicht mehr ausgeführt, sondern stattdessen das nachfolgende Statement (hier die Ausgabe der Variablen x).

Das obige Beispiel ist ein typisches Beispiel für eine *Zählschleife*: eine Anweisung (bzw. ein ganzer Block) wird eine bestimmte Anzahl mal durchlaufen. Dazu ist es notwendig, eine *Kontrollvariable* (hier i) zu definieren und diese während jedes Durchlaufs zu erhöhen bis ein Grenzwert erreicht ist.

Fortgeschrittene Programmierer verwenden an Stelle der expliziten Erhöhung in der kontrollierten Anweisung direkt im Kontrollausdruck den Inkrement-Operator:

```
while( i++ < 10 )
   x*=2;
```

Beachten Sie bitte, dass im Kontrollausdruck der Postfix-Inkrementoperator verwendet wird. Zuerst wird also der Vergleich i<10 durchgeführt, dann wird i (nachträglich) erhöht. Diese Erhöhung nach dem Vergleich wirkt also genau so, als ob die Erhöhung in der kontrollierten Anweisung durchgeführt würde.

Übung 5-9:

Was passiert, wenn man statt dessen den Kontrollausdruck ++i < 10 verwendet?

📖 Die do-Anweisung

Die `while`-Anweisung hat die Eigenschaft, dass zuerst die Bedingung geprüft und dann je nach Ergebnis die Unteranweisung ausgeführt wird. Die umgekehrte Reihenfolge ist ebenfalls möglich: zuerst wird die Anweisung ausgeführt und am Schluss steht eine Bedingung, die entscheidet, ob die Schleife erneut durchlaufen oder beendet werden soll.

Die allgemeine Form dieser sog. do-*Schleife* ist

```
do
   s;
while( c );
```

Sie wird meist dann verwendet, wenn die Bedingung c erst während der Abarbeitung von s bestimmt werden kann.

Beispiel:

```
double d;

do
{
   cout << "Bitte einen Wert eingeben (0 beendet) : " << endl;
   cin >> d;

   cout << "Die Quadratwurzel ist: " << sqrt( d ) << endl;
} while ( d != 0.0 );
```

In dieser Konstruktion wird zunächst ein erklärender Text ausgegeben, dann wird die Variable d eingelesen. In der nachfolgenden Ausgabeanweisung wird die Quadratwurzel (Funktion sqrt[44]) bestimmt und ausgegeben.

Der Kontrollausdruck (hier manchmal auch als *Abbruchkriterium* bezeichnet), verwendet den Wert für d, der allerdings erst innerhalb der Schleife selber erhalten wird.

Der gleiche Effekt kann mit der while-Schleife erreicht werden, jedoch nur mit höherem Aufwand. Gängig ist z.B. die Einführung einer weiteren Kontrollvariablen:

```
bool weiter = true;
while ( weiter )
{
    cout << "Bitte einen Wert eingeben (0 beendet) : " << endl;
    cin >> d;

    cout << "Die Quadratwurzel ist: " << sqrt( d ) << endl;

    weiter = d != 0.0;
}
```

Beachten Sie, wie weiter in der Schleife einen Wert erhält. Im ersten Schritt wird der Vergleich d != 0.0 durchgeführt, das Ergebnis ist vom Typ bool. Im zweiten Schritt wird dieses Ergebnis an weiter zugewiesen.

Eine andere Möglichkeit, die man hin und wieder in Programmen sieht, verwendet die Wiederholung von Anweisungen:

```
cout << "Bitte einen Wert eingeben (0 beendet) : " << endl;
cin >> d;

while ( d != 0.0 )
{
    cout << "Die Quadratwurzel ist: " << sqrt( d ) << endl;

    cout << "Bitte einen Wert eingeben (0 beendet) : " << endl;
    cin >> d;
}
```

---

[44] Beachten Sie bitte, dass *sqrt* kein Schlüsselwort der Sprache, sondern eine Funktion aus der Laufzeitbibliothek ist. Ein Programm, das die Funktion *sqrt* verwenden möchte, muss daher zuerst eine Deklaration angeben. Dies erreicht man am einfachsten durch Einbinden der Datei *math* aus der Standardbibliothek, die Deklarationen aller mathematischen Funktionen enthält.

Übung 5-10:

Ist diese Version identisch zu den beiden vorigen Versionen der Schleife? Betrachten Sie dazu „interessante" Werte für d.

Beachten Sie bitte, dass wir hier in allen Beispielen einen double-Wert direkt mit 0.0 vergleichen. Ein solcher Vergleich kann zu unerwarteten Ergebnissen führen, wenn der mit 0.0 zu vergleichende Wert das Ergebnis von Berechnungen ist. Hier wird d jedoch nur eingegeben und dann ohne weiteres zum Vergleich verwendet – Rundungsfehler können also nicht auftreten, sodass die Konstruktion (ausnahmsweise) sicher ist.

Übung 5-11:

Machen Sie das Programm sicherer, indem Sie verhindern, dass die Wurzel von negativen Werten gebildet werden kann.

⬚ Die for-Anweisung

Die for-Anweisung ist eine Schleifenkonstruktion, die die Angabe des Startwertes, der Endebedingung sowie eines Iterationsausdrucks ermöglicht. Die allgemeine Form ist

```
for ( s1; c; e )
   s2;
```

s1 kann eine Anweisung oder ein Ausdruck sein. Durch s1 werden die Startbedingungen festgelegt, man spricht daher auch von *Initialisierungsanweisung* bzw. *Initialisierungsausdruck*. Da es sich um eine Anweisung handeln kann, kann hier z.B. auch die Definition (und Initialisierung) einer Schleifenvariablen stehen. s1 wird zu Beginn der for-Anweisung einmalig ausgeführt.

Der Ausdruck c1 ist der Kontrollausdruck. Solange er true liefert wird die Unteranweisung s2 ausgeführt. Die Prüfung der Bedingung erfolgt zu Anfang der Schleife. Liefert also c von Anfang an false, wird s2 niemals ausgeführt. Das Verhalten entspricht also dem der while-Schleife, da auch dort die Bedingung jeweils vorher geprüft wird.

Der Ausdruck e ist der *Iterationsausdruck*. Er wird als Letztes am Ende der Schleife durchgeführt (also nach s2). Er wird nur ausgeführt, wenn auch s2 ausgeführt wird. Liefert der Kontrollausdruck c also von Anfang an `false`, wird auch e niemals ausgeführt.

Der Iterationsausdruck wird meist verwendet, um die im Initialisierungsausdruck definierten (Zähl-)variablen zu verändern.

Beispiel:

```
for ( int i=0; i<10; i++ )
    cout << "Der Wert von i ist: " << i << endl;
```

Diese Schleife ist sozusagen der Prototyp aller Zählschleifen. Sie definiert eine Zählvariable (hier i) und initialisiert sie mit 0. Der Kontrollausdruck prüft, ob der Grenzwert von 10 erreicht ist und der Iterationsausdruck inkrementiert die Zählvariable.

Als Ergebnis erhält man entsprechend

```
Der Wert von i ist: 0
Der Wert von i ist: 1
Der Wert von i ist: 2
...
Der Wert von i ist: 8
Der Wert von i ist: 9
```

Beachten Sie bitte, dass die letzte Ausgabe nicht den Wert 10 ausgibt, sondern 9. Daran kann man erkennen, dass der Iterationsausdruck am Ende, der Kontrollausdruck jedoch am Anfang der Schleife ausgeführt werden. Die Schleife entspricht also folgender `while`-Konstruktion:

```
int i=0;
while( i<10 )
{
    cout << "Der Wert von i ist: " << i << endl;
    i++;
}
```

Generell lässt sich jede `for`-Schleife als `while`-Schleife nach dem Muster

```
s1;
while( c )
{
    s2;
    e;
}
```

schreiben.

In `for`-Schleifen findet man häufig zusammen gesetzte Ausdrücke bzw. Anweisungen.

```
int i, j;
for ( i=1, j=0; i<100; i*=2, j++ )
  cout << "Der Wert von i ist: " << i << " Anzahl Durchläufe: " << j << endl;
```

Hier sind sowohl die Initialisierungsanweisung als auch der Iterationsausdruck zusammen gesetzt. Als Ergebnis erhält man:

```
Der Wert von i ist: 1 Anzahl Durchläufe: 0
Der Wert von i ist: 2 Anzahl Durchläufe: 1
Der Wert von i ist: 4 Anzahl Durchläufe: 2
Der Wert von i ist: 8 Anzahl Durchläufe: 3
Der Wert von i ist: 16 Anzahl Durchläufe: 4
Der Wert von i ist: 32 Anzahl Durchläufe: 5
Der Wert von i ist: 64 Anzahl Durchläufe: 6
```

Die Ausführungsreihenfolge zusammen gesetzter Ausdrücke und –anweisungen wird vom Standard nicht definiert. Man sollte daher darauf achten, dass die Ausführungsreihenfolge keine Rolle für das Ergebnis spielt. Dies ist hier gegeben, da die unabhängigen Variablen i und j verändert werden.

Beachten Sie bitte, dass die Konstruktion

```
for ( int i=1, int j=0; ...
```

nicht möglich ist. Es kann höchstens eine Definition vorkommen, sodass man höchstens noch

```
int i;
for ( int j=0, i=0; ...
```

schreiben könnte.

Im Gegensatz zu `while`- und `do`-Schleifen können Initialisierungsanweisung, Kontroll- bzw. Iterationsausdruck teilweise oder ganz weggelassen werden. Mit dem gleichen Ergebnis könnte man z.B. an Stelle von

```
for ( int i=0; i<10; i++ )
  cout << "Der Wert von i ist: " << i << endl;
```

auch

```
int i=0;
for( ;; )
{
  if ( i>=10 )
    break;      // break beendet die Schleife - siehe nächsten Abschnitt

  cout << "Der Wert von i ist: " << i << endl;
  i++;
}
```

schreiben.

Beachten Sie bitte, dass

```
for ( ;; )
```

eine Endlosschleife bewirkt. Die Prüfung zur Beendigung der Schleife muss dann innerhalb der Unteranweisungsblocks stehen, soll die Schleife jemals verlassen werden.

Die break-Anweisung

Die break-Anweisung beendet die aktuelle for-, while- oder do-Schleife bzw. die aktuelle switch-Anweisung. Im Falle der Schleifen erhält man zusätzlich zum Kontrollausdruck eine Möglichkeit, die Beendigung der Schleife zu steuern. Bei der switch-Anweisung kann man die Ausführung der folgenden case-Teile verhindern.

Die Verwendung von break zur Beendigung einer switch-Anweisung haben wir weiter oben schon gesehen. Typisch sind Formulierungen wie

```
switch ( c )
{
  case 'a' :
  case 'A' : cout << "Es ist der Vokal a" << endl; break;
  ...
}
```

In Schleifen wird break meist dann verwendet, wenn sich erst während der Abarbeitung der kontrollierten Anweisung(en) Informationen ergeben, wie die Schleife fortzuführen ist.

```
int i = 0;
double x = 1;

while( i<10 )
{
  if ( i>10000 )
  {
    cout << "*** Endlosschleife! " );
    break;
  }

  x*=2;
  i++;
}
```

Dies ist das Beispiel aus dem Abschnitt über die while-Schleife weiter oben, jedoch um eine zusätzliche Abfrage erweitert. Wird die Schleife 10000 mal durchlaufen, wird eine Fehlermeldung ausgegeben und die Schleife beendet.

Der Wert 10000 ist prinzipiell beliebig, sollte aber so groß gewählt werden, das diese Anzahl Schleifendurchläufe unter normalen Bedingungen nicht erreicht wird. Man erhält durch die zusätzliche Abfrage also eine Sicherheit gegenüber *Endlosschleifen*, d.h. Schleifen, die „von sich aus" (meist auf Grund eines Programmierfehlers) niemals terminieren würden.

In dieser (einfachen) Konstruktion kann natürlich keine Endlosschleife entstehen – dies lässt sich durch Analyse des Programmcodes leicht verifizieren. In der Praxis treten jedoch häufig kompliziertere Konstruktionen auf, in denen eine unbedachte Kombination von Anfangswerten etc. durchaus zu endlosen Iterationen führen kann. Zumindest während der Entwicklungsphase kann solcher Prüfungscode sinnvoll sein. Optimal wäre es, wenn man diesen Code immer im Programm lassen könnte, jedoch nur während der Entwicklungsphase mit zu compilieren bräuchte. Die endgültige Fassung des Programms sollte solchen Code automatisch ignorieren. So etwas ist mit Hilfe von *Makros* möglich, ein entsprechender Mechanismus gehört in den Bereich *Fehlermanagement,* zu dem z.B. in [Aupperle2003] ein ausgearbeitetes Beispiel zu finden ist.

📖   Die continue-Anweisung

Die continue-Anweisung beendet die aktuelle Iteration einer for-, while- oder do-Schleife. Die Programmausführung wird am Anfang der Schleife mit einem neuen Schleifendurchgang fortgesetzt. In allen Fällen (auch bei der do-Schleife) wird als nächster Schritt die Kontrollanweisung ausgewertet. Im Gegensatz zum break-Statement, das ja die gesamte Schleife beendet, bewirkt die continue-Anweisung lediglich die Beendigung des aktuellen Schleifendurchganges. Man erhält dadurch eine Möglichkeit, innerhalb der Schleife nachfolgenden Code auf Grund von zusätzlichen Bedingungen zu überspringen.

Die folgende Schleife bearbeitet z.B. nur gerade Zahlen:

```
for ( int i=0; i<10; i++ )
{
   if ( i%2 != 0 )
      continue; // ungerade Zahlen wollen wir nicht

   cout << i << " ist gerade" << endl;
}
```

Als Ergebnis erhält man

```
0 ist gerade
2 ist gerade
4 ist gerade
6 ist gerade
8 ist gerade
```

Die Ausgabeanweisung steht hier stellvertretend für eine kompliziertere Bearbeitung.

Übung 5-12:

Formulieren Sie die Schleife mit Hilfe einer if*-Anweisung um die* continue*-Anweisung zu vermeiden. Welche Version ist leichter lesbar, wenn man von komplizierterem Code in der Schleife ausgeht?*

📖 Die goto-Anweisung

Die `goto`-Anweisung bewirkt, dass das Programm an einer anderen Stelle fortgesetzt wird. Es handelt sich daher um einen unbedingten Sprung.

Das Sprungziel wird durch eine *Marke* (*Label*) notiert. Dabei handelt es sich um einen Namen, gefolgt von einem Doppelpunkt. Eine Marke muss vor einer Anweisung stehen. Die allgemeine Form ist

```
goto l;
```

und an anderer Stelle

```
l: s;
```

`l` steht hier für das Label, `s` für eine Anweisung.

Die `goto`-Anweisung steht in dem Ruf, unlesbaren Programmcode zu erzeugen. Der Grund ist, das man zwischen `goto` und der Marke keinen direkten Zusammenhang erkennen kann: der Sprung kann vorwärts, rückwärts, aus Schleifen heraus etc. erfolgen. Bei den anderen Kontrollanweisungen sieht man am Programmcode eher, wo das Programm fortgesetzt werden kann. So ist es z.B. kein Problem, in einer `if`-Anweisung das zugehörige `else` zu finden, auch wenn im `if`-Teil ein Anweisungsblock steht. Natürlich kann man auch ohne Verwendung von `goto` völlig unverständliche Programme schreiben. Wir betrachten hier aber den umgekehrten Ansatz: wir wollen lesbaren und verständlichen Code schreiben, und dies gelingt mit `if`- `while`- `for`-Konstruktionen etc. leichter als mit `goto`.

Trotzdem gehört die `goto`-Anweisung zum Sprachumfang von C++, und sollte deshalb nicht einfach ignoriert werden.

Es ist durchaus denkbar z.B. aus einer komplizierten Berechnung in einer tiefen Verschachtelung zum Ende eines Blocks zu springen:

```
for ( int x=0; ... )
{
  for( int y=0; ... )
  {
    while( ... )
    {
      ....
      goto ende;
    }
    ...
  }
  ...
ende: ;
}
```

Beachten Sie bitte, dass in solchen Fällen der Sprung normalerweise zum Ende eines Blockes erfolgen soll. Da dies nicht direkt möglich ist (die Marke darf nicht direkt vor einer schließenden Klammer stehen), behilft man sich mit einer leeren Anweisung.

Übung 5-13:

Erstellen Sie aus den Anweisungsfragmenten ein lauffähiges Programm. Formulieren Sie das Programm dann ohne goto*. Hinweis: Verwenden Sie eine Kontrollvariable, die zunächst auf* false *steht und bei Erkennen der Abbruchanforderung auf* true *gesetzt wird.*

Eine goto-Anweisung darf nicht über eine Definition mit Initialisierung springen. Folgendes Beispiel produziert daher eine Fehlermeldung bei der Übersetzung:

```
goto weiter;   // Fehler!
int i = 0;
i++;
cout << i << endl;
weiter: ....
```

Der Grund ist klar: nachfolgender Code, der sich auf i bezieht, wäre problematisch, da ja die Definition von i übersprungen wurde. Dies ist die gleiche Situation wie bei der Variablendefinition in case-Teilen der switch-Anweisung (s.o.), die ja ebenfalls und aus dem gleichen Grunde nicht erlaubt ist.

Wie dort ist der Sprung allerdings erlaubt, wenn die Variable lokal zu einem Block ist, und der Block komplett übersprungen wird:

```
goto weiter;  // OK!
{
   int i = 0;
   i++;
   cout << i << endl;
}
weiter: ....
```

In diesem Falle existiert i nach der schließenden Klammer des Blocks nicht mehr, der Sprung ist daher problemlos.

Beachten Sie bitte, dass der Sprung in Schleifen hinein prinzipiell möglich, aber zumindest fragwürdig ist:

```
int i=5;
goto weiter;  // syntaktisch erlaubt, aber fragwürdig...

for ( i=0; i<10; i++ )
   weiter: cout << i << " ";
```

Als Ergebnis erhält man

```
5  6  7  8  9
```

Natürlich dürfen auch in einem solchen Fall keine Variablendefinitionen mit Initialisierung übersprungen werden:

```
goto weiter; // Fehler!

for ( int i=0; i<10; i++ )
   weiter: cout << i << " ";
```

📖📖 Einige Anmerkungen zu Kontrollstrukturen

📖 Welche Kontrollstruktur zu welchem Zweck?

Vor allem bei Schleifenkonstruktionen hat man die Wahl zwischen mehreren Alternativen. Soll man for-, while- oder besser do- Anweisungen verwenden?

Hier gibt es keine eindeutige Antwort. Es hängt in erster Linie vom Problem ab, welche Konstruktion geeignet ist. In der Praxis findet man meist for- und while-Schleifen, die do-Anweisung kommt eher seltener vor. Wir werden in den folgenden Kapiteln einigen typische Standard-Konstruktionen mit diesen Schleifen begegnen.

📖 Formulierung von Kontrollanweisungen

Im Abschnitt über die `for`-Schleife haben wir als Beispiel die Konstruktion

```
for ( int i=0; i<10; i++ )
   ...
```

verwendet und explizit darauf hingewiesen, dass der letzte Durchlauf der Schleife mit dem Wert 9 (und nicht 10) erfolgt. Wäre es dann nicht besser, die Schleife als

```
for ( int i=0; i<=9; i++ )
```

zu schreiben, um diese Tatsache klarer auszudrücken?

Die Antwort lautet: nein. Zunächst ist klar, dass man möglichst programmweit nur eine Notationsart verwenden sollte (also immer < oder immer <=), dann fällt die Erfassung der Bedingungen in größeren Programmen einfach leichter. Nun werden solche `for`-Schleifen gerne zum Durchlaufen aller Elemente eines Feldes verwendet. Da der erste Index eines Feldes immer 0 ist, ist der letzte Index $s-1$, wenn s die Größe des Feldes (d.h. die Anzahl der Elemente) ist. Man schreibt daher:

```
int f[10]; // Feld mit 10 Interger-Werten

for ( int i=0; i<10; i++ )
   f[i] = i*i;
```

Hier steht in der Kontrollanweisung die Dimension des Feldes, trotzdem ist der letzte Durchlauf mit dem Wert 9 – genauso wie es sein muss.

Ein weiterer Grund ist, dass bei den Datenstrukturen und Algorithmen der Standardbibliothek ein *Bereich* (*range*) so definiert ist, dass er den unteren, nicht aber den oberen Wert enthält. Dies notiert man durch eine eckige und eine runde Klammer. So bedeutet z.B. die Notation

```
[0,5)
```

die Werte 0, 1, 2, 3 und 4. Allgemein schreibt man zum Durchlaufen aller Elemente eines solchen Bereiches [start, ende) also

```
for( i=start; i<ende; ... )
```

und nicht

```
for( i=start; i<=ende-1; ... )
```

Beachten Sie bitte, dass es sich bei der Angabe von Bereichen mit runden und eckicken Klammern ausschließlich um Notationskonventionen handelt: Text wie z.B.

```
[0,5)
```

ist kein gültiger C++-Code!

📖 Gültigkeitsbereich von Variablen in Kontrollausdrücken

Variablen, die in der Initialisierungsanweisung einer for-Schleife definiert wurden, waren bis vor kurzem auch nach der Schleife noch vorhanden – so ist es noch heute in C, und so wurde es zunächst von C++ übernommen. Man konnte also z.B.

```
for ( int i=0; i<10; i++ )
  cout << "i hat den Wert " << i << endl;

cout << "nach der Schleife hat i den Wert " << i << endl;
```

schreiben. Nach den Ausgaben der zehn Schleifendurchläufe erhält man als letzte Zeile die Ausgabe

```
nach der Schleife hat i den Wert 10
```

Die Schleife entspricht also exakt folgender Konstruktion:

```
int i;
for ( i=0; i<10; i++ )
  cout << "i hat den Wert " << i << endl;

cout << "nach der Schleife hat i den Wert " << i << endl;
```

Dieses Verhalten wurde im Zuge der Standardisierung der Sprache relativ spät noch geändert. Das korrekte Verhalten ist nun so, dass eine innerhalb der Initialisierungsanweisung einer for-Schleife definierte Variable nur noch lokal innerhalb der for-Anweisung Gültigkeit hat. Die Schleife entspricht heute also eher der folgenden Konstruktion:

```
{
  int i;
  for ( i=0; i<10; i++ )
    cout << "i hat den Wert " << i << endl;
}
cout << "nach der Schleife hat i den Wert " << i << endl; // Fehler!
```

Nun ist die letzte Ausgabe syntaktisch falsch, da i nicht mehr definiert ist.

Das Problem einer solchen (späten) Änderung ist, dass bereits viel Code existiert, der auf das alte Verhalten aufbaut und mit einem standardkonformen Compiler daher nicht mehr übersetzbar wäre. Die meisten Compiler stellen daher einen Schalter bereit, mit dem man das Verhalten umschalten kann – allerdings kann man in der Stellung „standardkonform" dann mit vielen älteren Bibliotheken nicht mehr arbeiten.

Muss man daher mit der alten Einstellung arbeiten, möchte aber trotzdem zukunftsorientierten Code schreiben, sollte man Schleifenvariablen in nachfolgendem Code nicht mehr verwenden. Will man das auch syntaktisch sicherstellen, kann man dies wie oben gezeigt durch eine zusätzliche Klammerung der for-Anweisung in einen eigenen Anweisungsblock erreichen.

Definition von Variablen in Kontrollausdrücken

Die Definition von Variablen in der Initialisierungsanweisung von for-Schleifen war schon immer möglich und wurde auch in C++ so beibehalten. Neu hinzugekommen ist eine vergleichbare Möglichkeit nun auch für den Kontrollausdruck in den anderen Schleifen. Konkret kann z.B. in der if-Anweisung

```
if ( c ) ...
```

der Kontrollausdruck (*condition*) c entweder

❑ ein Ausdruck vom Typ bool (oder ein implizit zu bool konvertierbarer Ausdruck) sein, oder

❑ eine Variablendefinition, sinnvollerweise gleich mit Initialisierung.

Im zweiten Fall darf es sich allerdings nicht um die Definition eines Feldes handeln. Als „Ergebnis" gilt der Wert der Variablen nach der Initialisierung. Insgesamt ist diese zweite Form in if-, while- do- und switch-Anweisungen verwendet werden.

Diese neue Möglichkeit sei hier eher der Vollständigkeit halber erwähnt. Sie wird in der Praxis nur in seltenen Fällen gebraucht, z.B. dann, wenn man die Kontrollvariable in der Unteranweisung noch benötigt.

Im folgenden Beispiel soll eine Berechnung nur dann durchgeführt werden, wenn der von der Funktion f erhaltene Wert ungleich 0 ist:

```
if ( int i = f() )
    cout << "Kehrwert ist " << 1.0/i << endl;
```

An dieser Stelle wurde C++ gegenüber C erweitert, um eine offensichtliche Lücke auszugleichen: wenn die Definition von Variablen im Kontrollteil der for-Anweisung möglich war, dann sollte es auch in den anderen Bedingungsanweisungen (dazu zählen auch die Schleifen) möglich sein. Allerdings geht die Parallele nicht besonders weit: so sind z.B. Konstruktionen wie

```
if ( int i=j, i<5 ) ...  // Fehler
```

weiterhin nicht möglich.

📖 Schleifen und leere Anweisungen

Die folgende Schleife sieht auf den ersten Blick ganz normal aus:

```
for ( int i=0; i<10; i++ );
    cout << "i hat den Wert " << i << endl;
```

Trotzdem wird nur eine einzige Zeile ausgegeben:

```
i hat den Wert 10
```

Diese Konstruktion zeigt einen der häufigsten im Zusammenhang mit Schleifen gemachten Fehler: es ist ein Semikolon zu viel. Dadurch wird die kontrollierte Anweisung die leere Anweisung, und die Ausgabeanweisung gehört gar nicht mehr zur Schleife! Nach unserer Standard-Formatierung müsste das Programmsegment eigentlich folgendermaßen aussehen

```
for ( int i=0; i<10; i++ )
    ;
cout << "i hat den Wert " << i << endl;
```

Der Compiler ignoriert die Formatierung jedoch vollständig. Insbesondere, wenn man den Quellcode durchgehend immer nach den gleichen Regeln formatiert (was ja prinzipiell gut ist), werden solche Fehler leicht übersehen, da man beim Lesen dann von der Optik auf die Semantik schließt.

Beachten Sie bitte, dass auch die Verwendung eines Anweisungsblockes an der Problematik nichts ändert.

Die Konstruktion

```
for ( int i=0; i<10; i++ );
{
    ...
    cout << "i hat den Wert " << i << endl;
    ...
}
```

ist syntaktisch genauso zulässig – und wahrscheinlich genauso ungewollt.

Glücklicherweise ist dieser Fehler mit einem standardkonformen Compiler *nicht* mehr möglich, da die Variable i nach der for-Anweisung (und die endet ja an dem überzähligen Semikolon) nicht mehr gültig ist.

📖 signed und unsigned

Für Feldindizes können nur positive Werte vorkommen. Möchte man mit Feldern arbeiten, bietet sich für Zählvariable etc. der Typ unsigned int an. Dies kann sinnvoll sein, jedoch muss man gerade im Zusammenhang mit Zählschleifen vorsichtig sein. Folgendes Beispiel funktioniert nicht, wie vom Programmierer vorgesehen:

```
int f[10]; // Feld mit 10 Integern

for ( unsigned int i=9; i>=0; i-- )
    f[i] = i*i;
```

Offensichtlich sollte das Feld „rückwärts" durchlaufen werden, d.h. von Index 9 bis 0. Stattdessen erhält man eine Endlosschleife.

Das Problem ist der Kontrollausdruck i>=0; Er soll sicherstellen, dass der letzte Schleifendurchlauf mit 0 stattfindet – so weit so gut. Nach dem Durchlauf mit dem Wert 0 wird jedoch der Iterationsausdruck i-- durchgeführt, und i erhält den Wert 4294967295 und eben *nicht* -1. Dies ist der Grund, warum man in der Praxis bei der Rechnung mit vorzeichenlosen (*unsigned-*)Größen extrem vorsichtig sein sollte.

Verwendet man an Stelle von unsigned int dagegen signed int, funktioniert die Schleife korrekt:

```
for ( int i=9; i>=0; i-- )
    f[i] = i*i;
```

6 Variablen und Objekte, Deklaration und Definition, Funktionen

In diesem Kapitel befassen wir uns mit Variablen und Objekten, mit Funktionen sowie mit den häufig verwechselten Begriffen Deklaration *und* Definition.

📖📖 Variablen

Eine Variable dient zur Aufnahme eines Wertes. Sie repräsentiert den Wert gegenüber dem Programmierer. Möchte man einen Wert manipulieren, spricht man dazu die zugeordnete Variable an.

Variablen bestehen aus drei Teilen:

❑ einem Namen (Bezeichner)

❑ einem Typ

❑ einem Speicherbereich.

📖 Name

Der Name einer Variablen identifiziert diese Variable gegenüber allen anderen Variablen. Der Name muss daher eindeutig sein. Die Groß/Kleinschreibung ist signifikant, d.h. summe und Summe sind zwei unterschiedliche Namen und können deshalb zwei unterschiedliche Variablen bezeichnen.

Namen dürfen aus Buchstaben, Ziffern und dem Unterstrich aufgebaut sein[45]. Als erstes Zeichen darf jedoch keine Ziffer stehen (der Compiler würde sonst beim Übersetzungsvorgang eine Zahl zu lesen versuchen). Es gibt prinzipiell keine Längenbegrenzung für Namen, jedoch limitieren alle Compiler die mögliche Länge auf sinnvolle Werte.

---

[45] Der Standard definiert zusätzlich einige Zeichen aus anderen Alfabeten, z.B. aus Thai, Hebräisch, Chinesisch etc. Die deutschen Umlaute gehören z.B. nicht dazu.

Namen können prinzipiell beliebig gebildet werden, einige Namen sind jedoch reserviert. Darunter fallen

❏ sämtliche Schlüsselworte der Sprache selber (siehe Anhang 2)

❏ alle Namen, die mit zwei Unterstrichen beginnen

❏ alle Namen, die mit einem Unterstrich, gefolgt von einem Grossbuchstaben beginnen.

Die letzten beiden Kategorien sind für interne Zwecke der Standardbibliothek reserviert. Die Einhaltung dieser Regel wird zwar vom Compiler nicht überprüft, jedoch sollte man sich aus Konsistenzgründen an diese Konvention halten, auch wenn z.B. die Definition einer eigenen Variablen

```
int __abcdefghijklmnopq = 1;
```

sicher nicht zu Problemen führen wird.

📖 Typ

Jede Variable muss einen eindeutigen Typ haben. Dieser muss explizit bei der Definition bzw. Deklaration (s.u.) angegeben werden. Typlose Variable oder Variable, deren Typ vom gerade zugewiesenen Wert abhängt, gibt es in C++ nicht.

Typen sind entweder *fundamentale Typen, benutzerdefinierte Typen* (meist *Klassen (classes))* oder daraus *zusammen gesetzte Typen.*

In der folgenden Anweisung wird eine Variable mit Namen i vom Typ int definiert. i behält diesen Typ während der gesamten Lebenszeit:

```
int i; // Definition einer Variable mit Namen i und Typ int
```

📖 Speicherbereich

Jede Variable hat einen eindeutig zugeordneten Speicherbereich. Den Speicher erhält die Variable bei der Definition zugewiesen, Adresse und Größe des Speicherbereiches bleiben während der Lebenszeit der Variable unverändert.

Die Größe des von einer Variablen benötigten Speicherplatzes hängt vom Typ ab. C++ gibt keine absoluten Größen für bestimmte Typen an, sondern nur einige Größenrelationen der Typen untereinander. Auf gängiger PC-Hardware benötigt eine Variable vom Typ int z.B. 32 Bit (4 Byte).

Die Adresse, an der eine Variable angelegt wird, kann der Programmierer grundsätzlich nicht bestimmen – dies ist Aufgabe des Compilers bzw. des Laufzeitsystems. Es gibt allerdings die Möglichkeit, dies zu umgehen und Variablen an definierten Speicherstellen zu platzieren. Dies wird in der Regel nur für Sonderaufgaben wie z.B. bei hardwarenaher Programmierung benötigt. Darüber hinaus gibt es die Möglichkeit, Speicher dynamisch (d.h. bei Bedarf vom Programm aus) zu allokieren und über Variablen darauf zuzugreifen.

📖   Variablen und Literale

Literale benötigen wie Variable Speicherplatz, sie haben einen Typ, aber keinen Namen. Schreibt man z.B.

```
int i = 3;
```

ist i eine Variable und 3 ein Literal, beide sind vom Typ int. Auch das Literal benötigt Speicherplatz irgendwo im Programm, dieser wird jedoch nur gelesen und niemals beschrieben – Literale sind immer Konstanten. Literale sind jedoch keine Variablen, weil sie keinen Namen haben.

📖   Initialisierung von Variablen

Variablen können gleich bei ihrer Definition einen Wert erhalten. Man spricht dann von *Initialisierung*:

```
int i    = 3;    // Definition und Initialisierung
double d = 4.0;  // dito
```

Die Initialisierung kann sowohl mit Hilfe des Gleichheitszeichens als auch mit Klammern erfolgen:

```
int i(3);        // dito
double d(4.0);   // dito
```

Beachten Sie bitte, das es sich hier nicht um eine Initialisierung handelt:

```
int i;      // Definition
i=3;        // Zuweisung
```

In diesem Beispiel wird eine Variable i definiert, die uninitialisiert bleibt und damit zunächst einen beliebigen Wert hat. In einem zweiten Schritt erhält sie über eine Zuweisung den Wert 3. Demgegenüber sind Definition und Initialisierung in den vorherigen vier Anweisungen konzeptionell ein einziger Schritt. Der Unterschied zwischen Definition plus Initialisierung und einer Definition mit nachfolgender Zuweisung ist für fundamentale Typen unwichtig. Er hat jedoch eine Bedeutung für benutzerdefinierte Datentypen.

▥▥ Objekte

▥ Begriffsdefinition

Der Begriff *Objekt* stammt aus der objektorientierten Programmierung und bezeichnet dort eine selbstständige Einheit, die Nachrichten (meist von anderen Objekten) empfängt und darauf reagiert (z.B. indem sie Funktionen ausführt oder ihrerseits Nachrichten zu anderen Objekten sendet). Objekte können eigene Variablen sowie eigene Funktionalität besitzen. Objekte sind nach außen abgeschlossen und stellen oft genau definierte Leistungen (*services*) ihrer Umwelt zur Verfügung. Andere Objekte rufen diese Leistungen ab, indem sie dem Objekt eine Nachricht senden[46].

▥ Objekte und Variablen

In C++ sind Objekte nichts anderes als Variablen von sog. *Klassen*. Spricht man von *Variablen*, meint man dabei eher die syntaktischen Aspekte der Sprache, die Fragen der Speicherverwaltung, Größen etc. Man verwendet den Variablenbegriff also allgemein im Zusammenhang mit Implementierungsfragen.

Spricht man dagegen von *Objekten*, bewegt man sich eher auf der konzeptionellen Ebene. Objekte sind selbstständige Einheiten, senden

---

[46] Dieses Senden von Nachrichten darf nicht mit dem Nachrichtenmechanismus von z.B. Windows oder X/Motif verwechselt werden. Die Nachrichten im objektorientierten Sinne können durchaus (und das ist in den meisten OO-Sprachen so) als einfache Funktionsaufrufe implementiert werden.

Nachrichten an andere Objekte etc. Diese Begriffe sind sprachunabhängig und werden in jeder objektorientierten Programmiersprache potenziell anders umgesetzt. In C++ wird z.B. die Metapher des „Sendens einer Nachricht an ein Objekt" durch einen einfachen Funktionsaufruf implementiert.

Objekte und Variable sind daher eigentlich das Gleiche. Die Wortwahl spiegelt eher die Richtung der Betrachtung wieder. Ganz allgemein verwendet man für fundamentale Datentypen eher den Begriff Variable, für zusammen gesetzte (bzw. allgemein für komplexere Datenstrukturen) eher den Begriff Objekt.

📖 Programmobjekte

Ein weiterer Begriff, der hin und wieder auftaucht, ist der Begriff des *Programmobjekts*. Programmobjekte sind vereinfacht gesagt alle Dinge, die vom Programmierer erstellt werden und Speicherplatz im Programm benötigen. Zusammen gefasst handelt es sich dabei um die im letzten Abschnitt erwähnten Variablen und Objekte sowie um *Funktionen*. Dabei spielt die Unterscheidung Variable – Objekt keine Rolle, wesentlich ist, dass ein Programmobjekt eine bestimmte Menge an Speicherplatz benötigt.

Allerdings werden diese Begriffe in der Praxis oft nicht konsistent verwendet. Dies liegt auch daran, dass es keine verbindliche Definition dafür gibt.

📖📖 R-Wert und L-Wert

In der Literatur oder in Newsgruppen über C und C++ findet man häufig die Begriffe *r-value* (*R-Wert*) und *l-value* (*L-Wert*). Ursprünglich waren die Begriffe gedacht, um die Unterschiede zwischen Dingen, die in C links und solchen, die rechts vom Gleichheitszeichen in einer Zuweisung stehen können zu verdeutlichen. Daher kommt auch der Name: ein *l-value* ist etwas, was links stehen kann, ein *r-value* kann rechts stehen.

In der Anweisung

```
i = 3;
```

ist i offensichtlich ein L-Wert und 3 ein R-Wert. Alle L-Werte sind auch gleichzeitig R-Werte, denn etwas, was einen Wert zugewiesen erhielt, kann auch wieder als Quelle einer Zuweisung dienen. Umgekehrt gilt dies natürlich nicht: das Literal 3 ist z.B. ein R-Wert, aber kein L-Wert.

Die beiden Begriffe lassen sich auch noch etwas detaillierter definieren. Ein R-Wert ist danach der Wert selber, der z.B. bei einer Zuweisung von rechts nach links wandert, der L-Wert dagegen die Adresse, an der der Wert abgelegt wird. Variablen sind danach sowohl L- als auch R-Werte, denn sie haben (neben ihrem Typ) sowohl Adresse als auch Wert. Literale z.B. sind nur R-Werte, da sie zwar einen Wert, aber keine Adresse haben.

Die genaue Definition der Begriffe ist noch komplizierter, jedoch sind die Details für den praktischen Einsatz nicht erforderlich.

📖📖 Deklaration und Definition

📖   Definition

Die Anweisung

```
double d = 2.3;
```

ist eine *Definition*. Konkret wird hier Speicherplatz ausreichend groß zur Aufnahme eines Wertes vom Typ double bereitgestellt und dieser Speicherplatz wird mit einem Bitmuster initialisiert, das dem Wert 2.3 entspricht. Weiterhin kann dieser Speicherplatz nun über den Namen d angesprochen werden. Kurz gesagt: es handelt sich um die Definition einer Variablen, die auch gleich initialisiert wird.

In einer Anweisung können gleichzeitig mehrere Variablen definiert und optional initialisiert werden:

```
double d = 2.3, x,y, z=0;
```

In dieser Anweisung werden die vier double-Variablen d, x, y und z definiert und gleichzeitig d und z initialisiert. x und y bleiben uninitialisiert.

📖 Deklaration

Demgegenüber ist z.B. die Anweisung

```
extern double d;
```

eine *Deklaration*. Sie besagt, dass irgendwo eine Variable d vom Typ double definiert wurde, und dass wir in nachfolgenden Programmzeilen auf diese Variable zugreifen wollen. Kurz gesagt: es handelt sich um die Bekanntmachung des Namens d, zusammen mit dem zugehörigen Typ. Auch hier können mehrere Deklarationen in einer Anweisung zusammen gefasst werden:

```
extern double d, x, y, z;
```

Der Nutzen des Deklarationskonzepts ist nicht sofort einsichtig. Warum definiert man nicht einfach die Variablen, die man braucht, und arbeitet dann damit?

Rekapitulieren wir dazu das Modulkonzept der Sprache. Jedes größere Programm besteht aus mehreren Modulen, die unabhängig voneinander übersetzbar sind, die entstehenden Objektdateien werden in einem unabhängigen Schritt zum ausführbaren Programm zusammen gebunden. Es ist in einem solchen Szenario nicht ungewöhnlich, dass in einem Modul Dinge implementiert werden, auf die man in anderen Modulen zugreifen will. So könnte z.B. in einem Modul A eine Variable d definiert werden, die wir in einem anderen Modul B verwenden wollen[47]. Da B unabhängig von A übersetzbar sein muss, benötigen wir in B Informationen über den Typ der Variablen, ohne jedoch eine neue Variable d anzulegen.

---

[47] Die Variable d könnte z.B. die Bildschirmauflösung des Monitors sein. In Modul A befindet sich Code, der diese Auflösung bestimmt und in d speichert. Andere Module (hier *B*) müssten sich um solche Feinheiten nicht mehr kümmern und könnten direkt auf den Wert *d* zugreifen, ohne zu wissen, wie der Wert zustande kommt.

In Modul A könnte man z.B. Folgendes schreiben:

```
//-- Modul A
//
double d = 297.0;
```

Hier soll d definiert werden und zugleich einen Wert erhalten. In Modul B dagegen schreibt man

```
//-- Modul B
//
extern double d;
cout << d << endl;
```

In beiden Modulen bezeichnet d die gleiche Variable (und damit den gleichen Speicherplatz).

Beachten Sie bitte, dass bei der Übersetzung von B noch nicht klar ist, an welcher Adresse d zu liegen kommen wird. Da d in A definiert ist, wird dieser Speicherplatz bei der Übersetzung von A allokiert. Erst beim Binden (Linken) der Module erhält d aus B die Adresse von d aus A. Diese Zuordnung „offener" Namen (*unresolved symbols*) von einem Modul zu den zugehörigen Definitionen in einem anderen Modul ist eine der Hauptaufgaben des Binders.

Der wesentliche Unterschied zwischen Deklaration und Definition ist also, dass bei einer Definition Speicherplatz allokiert wird. Dieser Speicherplatz erhält einen Namen und einen Typ. Bei einer Deklaration dagegen wird nur der Namen sowie der zugehörige Typ eingeführt. Auch nach einer Deklaration kann man mit dem Programmobjekt genauso wie nach einer Definition arbeiten.

⬚ Sprachbindung

Es ist nicht unbedingt erforderlich, dass A und B beides C++-Module sind. Eine Deklaration kann sich auch auf Definitionen in Modulen beziehen, die in anderen Programmiersprachen geschrieben sind. Dabei sind allerdings maschinen- und sprachspezifische Besonderheiten zu beachten: so ist z.B. die Parameterübergabe an Funktionen nicht für alle Programmiersprachen gleich implementiert – diese ist z.B. bereits zwischen C und C++ unterschiedlich.

Um solche Unterschiede in den Griff zu bekommen, kann der Modifizierer `extern` optional mit einer Angabe zur *Sprachbindung* (*language linkage*) erweitert werden:

```
//-- Modul B
//
extern "C" double d;
```

Diese Deklaration besagt, dass `d` in einem Modul in der Programmiersprache C definiert ist. Der Compiler weiß dies nun bei der Übersetzung von Modul B und kann die Konventionen für C-Module entsprechend berücksichtigen.

Generell können zwischen den Hochkommata beliebige Zeichenketten stehen - die Bedeutung der Sprachbindung ist implementierungsabhängig. Für die Programmiersprache C++ gibt es jedoch zwei vordefinierte Sprachbindungen:

```
extern "C" double d;        // Sprachbindung C
extern "C++" double d;      // Sprachbindung C++
```

Ein Compilerhersteller ist frei, für sein Produkt weitere Sprachbindungen zu implementieren. Möglich wäre z.B. eine Bindung für die Sprache Pascal:

```
extern "Pascal" double d;
```

Dies macht jedoch nur dann Sinn, wenn die *Repräsentation* eines `double` in beiden Sprachen identisch ist. Eine Konvertierung (d.h. eine Änderung des Bitmusters) findet hier niemals statt! Beachten Sie bitte, dass diese Tatsache die in Frage kommenden Sprachbindungen drastisch einschränkt: es kommen praktisch nur noch solche Bindungen in Frage, die die gleiche Repräsentation der fundamentalen Datentypen besitzen. Dies sind im Wesentlichen C und C++.

Die Sprachbindung für C++ ist die *Standard-Sprachbindung*. Die folgenden beiden Deklarationen sind daher identisch:

```
extern "C++" double d;      // Sprachbindung C++
extern double d;            // Sprachbindung C++
```

📖   **Platzierung von Deklarationen und Definitionen**

Variablendeklarationen und –definitionen können überall dort stehen, wo auch eine (andere) Anweisung stehen kann. Deklarationen und Definitionen sind normale Anweisungen, die beliebig mit anderen Anweisungen gemischt werden können.

Diese Eigenschaft der Sprache wird in der Praxis oft zu wenig genutzt. Sie ermöglicht, Variablen dort zu definieren, wo sie gebraucht werden. Dies verkürzt die Lebensdauer der Variablen und macht so den Code weniger komplex. Folgendes Listing zeigt ein Codesegment in diesem Stil:

```
void f()
{
  {
    //-- hier tun wir dies (Block #1)
    //
    int i = 0;
    i *= 2;
    int j = i + 7;
    ...
  }
  {
    //-- und dann etwas anderes (Block #2)
    //
    int i = 15;
    ...
  }
} // f
```

Deklarationen oder Definitionen, die innerhalb eines Anweisungsblocks stehen, haben nur innerhalb des Blocks Gültigkeit. Nach Verlassen des Blocks existieren sie nicht mehr. Man spricht daher auch von *lokalen Deklarationen* bzw. *Definitionen*. Aus diesem Grunde sind die in Block #1 definierten Variablen i und j nur innerhalb dieses Blockes gültig. In Block #2 können eigene Variablen – evtl. mit gleichen Namen – definiert werden.

Erfolgt die Deklaration bzw. Definition von Variablen außerhalb jedes Blocks (und damit auch außerhalb einer Funktion, s.u.), spricht man von einer *globalen Deklaration* bzw. *Definition*. Sie hat ab dem Zeitpunkt der Deklaration/Definition in der gesamten Übersetzungseinheit Gültigkeit. Außerdem können andere Module auf solche *globalen Variablen* zugreifen.

In C war die modulübergreifende Kommunikation über globale Variablen beliebt, um gemeinsame Daten auszutauschen. Dieser Ansatz hat jedoch eine Reihe von Nachteilen insbesondere in großen Programmen[48], sodass globale Variable unter C++-Programmierern nicht mehr gern gesehen werden, insbesondere auch, weil es in C++ bessere Möglichkeiten gibt.

📖 Die „One Definition Rule"

Die *one definition rule (odr,* auf deutsch etwa: *Einmal-Definitionsregel.* Wir bleiben daher beim englischen Begriff) besagt, dass es für jedes Programmobjekt (d.h. Variable oder Funktion) programmweit höchstens eine Definition geben darf. Mehrere Definitionen führen zu einer Fehlermeldung beim Übersetzen (bzw. wenn sie in unterschiedlichen Modulen angeordnet sind, beim Binden) des Programms. Eine fehlende Definition hat normalerweise die gleichen Auswirkungen, es gibt jedoch eine Ausnahme: wird ein Programmobjekt niemals angesprochen („verwendet"), ist eine Definition nicht erforderlich. Ist sie trotzdem vorhanden, ist dies kein Fehler, jedoch kann der Binder den zugehörigen Code aus dem Programm entfernen, da er ja nie verwendet wird.

Versucht man z.B. das folgende vollständige Programm zu übersetzen, erhält man einen Syntaxfehler des Compilers:

```
int main()
{
  i=0;           // Fehler!
  return 0;
}
```

Die Variable i wurde vor ihrer Verwendung nicht deklariert.

Fügt man eine geeignete Deklaration hinzu:

```
extern int i;
```

wird das Programm jetzt korrekt übersetzt, jedoch liefert nun der Binder eine Fehlermeldung über ein nicht aufgelöstes externes Symbol. Dies ist immer ein Zeichen dafür, dass ein Programmobjekt deklariert, aber nicht definiert wurde.

Die Definition von i kann sich durchaus in einer anderen Übersetzungseinheit befinden. Fügen wir ein zweites Modul hinzu, das nur

---

48 so ist eine globale Variable für *alle* Module sichtbar – eine Einschränkung auf die eigentlich gewünschten Kommunikationspartner ist nicht möglich. Dadurch werden die eigentlich privaten Daten der Kommunikationspartner allen zugänglich. Hinzu kommt der Effekt, dass jeder Name nur einmal verwendet werden kann. Namen wie z.B. *Element, Liste, Number* etc. sind dann schnell verbraucht.

aus der Definition von i besteht, werden beide Module fehlerfrei ü-
bersetzt und korrekt gebunden:

```
//-- Modul B:
// Definition von i
//
int i;
```

Fügen wir eine weitere Definition von i hinzu, entweder im Modul A
oder im Modul B, erhält man wiederum eine Fehlermeldung, und
zwar, dass ein Symbol doppelt definiert wurde.

```
//-- Modul B:
// Definition von i
//
int i;
int i;   // Fehler! Mehrfachdefinition nicht erlaubt
```

Beachten Sie bitte, dass es durchaus erlaubt ist, ein Programmobjekt
mehrfach zu deklarieren – sofern die Deklarationen identisch sind:

```
int main()
{
  extern int i;
  extern int i;   // OK- identische Mehrfachdeklaration erlaubt

  i=0;            // OK- da deklariert

  return 0;
}
```

📖📖 Funktionen

Funktionen sind benannte, abgeschlossene Anweisungsblöcke, die
von anderen Stellen im Programm aufgerufen werden können. Dabei
ist eine Übergabe von Werten in den aufgerufenen Block sowie die
Rückgabe eines Ergebnisses möglich.

Im Folgenden wird eine Funktion sum definiert, die die Summe ihrer
beiden Argumente berechnet und das Ergebnis zurückliefert.

```
int sum( int a1, int a2 )
{
  return a1 + a2;
}
```

An anderer Stelle kann man sum aufrufen:

```
cout << "die Summe ist: " << sum( 3, 4 ) << endl;
```

Funktionen bestehen aus dem *Funktionskopf* (*function header*) und
dem *Funktionskörper* (*function body*). Der Kopf definiert Rückgabetyp, Name und - in Klammern - die Parameterliste. Der Körper enthält

die Anweisungen der Funktion. Die Parameter im Funktionskopf (hier `a1` und `a2`) heißen *Formalparameter*, die tatsächlich verwendeten Werte beim Aufruf (hier 3 und 4) heißen *Aktualparameter*.

Für den Namen einer Funktion sowie für die Namen der Formalparameter gelten die gleichen Regeln wie für Variablennamen: es sind Buchstaben und Zahlen erlaubt, einige Namen sind reserviert und nicht zulässig (s.o.)[49].

Nach dem Namen folgt die in runden Klammern eingeschlossene Parameterliste. Jeder Formalparameter entspricht syntaktisch einer Variablendefinition. Sind mehrere Parameter erforderlich, werden diese durch Kommata getrennt.

Der Rückgabetyp steht vor dem Namen und definiert den Typ des Ergebnisses der Funktion. Ein Wert dieses Typs wird später im Körper mit der `return`-Anweisung an das aufrufende Programm zurückgegeben.

Aufruf

Die Funktion wird aufgerufen („ausgewertet"), wenn der *Funktionsaufruf-Operator* `()` auf den Funktionsnamen angewendet wird. Ein Ausdruck wie

```
sum( 2, 3 )
```

kann dabei formal als Anwendung des Funktionsaufruf-Operators gesehen werden. Die Operanden sind dabei die Argumente der Funktion. Diese Sicht ist aus zwei Gründen wichtig:

❏ nicht jede Operation mit Funktionen führt zum Aufruf – es ist z.B. möglich, die Adresse einer Funktion zu bestimmen. Dabei werden keine Klammern verwendet, die Funktion wird nicht aufgerufen.

---

[49] Seite 131

❑ der Operator ( ) kann – wie fast alle Operatoren – vom Programmierer für eigene Datentypen selber implementiert (*überladen*) werden. Damit können Objekte dieser Datentypen wie Funktionen aufgerufen werden. Dieses Konzept der sog. *Funktionsobjekte* (*functional objects*) wird in Teilen der Standardbibliothek ausgiebig verwendet.

Der Funktionsaufruf-Operator ist der einzige Operator, der mit einer beliebigen Anzahl von Operanden beliebigen Typs aufgerufen werden kann. Typ und Anzahl richten sich nach der Definition der Parameterliste der Funktion,

Beachten Sie bitte, dass der Rückgabewert einer Funktion nicht unbedingt verwendet werden muss – wie bei allen Ausdrücken kann das Ergebnis einfach verworfen werden:

```
int i = sum( 1, 2 );      // Verwendung des Rückgabewertes
sum( 3, 4 );              // keine Verwendung. Ebenfalls OK!
```

Beim Aufruf einer Funktion werden zunächst die Parameter sowie die *Rücksprungsadresse* auf den *Stack* (deutsch etwa *Stapel*) kopiert sowie dort Platz für das Funktionsergebnis (sofern die Funktion ein Ergebnis liefert) allokiert. Dann wird zum Einsprungpunkt der Funktion verzweigt. Die Funktion kann nun mit den Parametern arbeiten. Definiert die Funktion eigene Variable, werden diese ebenfalls auf dem Stack angelegt. Ruft die Funktion ihrerseits wieder eine andere Funktion auf, werden wiederum Parameter und Rücksprungsadresse auf den Stack kopiert, etc. Der Stack wird also mit jeder Funktionsschachtelung größer. Erst bei der Beendigung einer Funktion wird der Stack wieder „abgebaut": zunächst werden Parameter und Rücksprungsadresse entfernt, dann wird zur Rücksprungsadresse verzweigt. Als erste Anweisung nach dem Funktionsaufruf holt die aufrufende Funktion noch das Funktionsergebnis (sofern vorhanden) vom Stack. Damit ist der Funktionsaufruf abgeschlossen.

Der Aufruf einer Funktion ist also mit einem gewissen Aufwand verbunden. Dieser besteht im Wesentlichen aus den notwendigen Stackmanipulationen (Parameter ablegen bzw. abholen).

📖 Parameter

Beim Funktionsaufruf können Werte von der aufrufenden Stelle an die Funktion übergeben werden. Dabei wird grundsätzlich die *Übergabe als Wert* (*call by value*) verwendet, d.h. die Funktion erhält eine Kopie der Werte. Technisch wird dies durch das Kopieren der Parameter auf den Stack abgebildet. Verändert die Funktion ihre Parameter, bleiben die Originalwerte trotzdem unverändert.

Diese Funktion f verändert ihr Argument:

```
int f( int a )
{
  a++; // Veränderung des Arguments
  return 0;
}
```

Folgende Anweisungsfolge zeigt, dass das Original unverändert bleibt:

```
int i = 1;
f( i );

cout << "i: " << i << endl;
```

Als Ergebnis erhält man

```
i: 1
```

Den Formalparameter a im Funktionskopf kann man sich also als lokale Variable des Funktionskörpers vorstellen, die beim Funktionsaufruf mit dem Aktualparameter (d.h. dem Wert von der Aufrufstelle) initialisiert wird:

```
...
{
  int a( i ); // Parameter kann als lokale Variable des Körpers gesehen werden

  a++;        // Veränderung des Arguments
  return 0;
}
```

Die Sichtweise der Parameter als lokale Variable erklärt die Vorgänge bei der Parameterübergabe korrekt. Wichtig sind folgende Punkte:

❑ die Formalparameter im Funktionskopf sind lokale Variable im Körper. Mit ihnen kann man genauso arbeiten wie mit explizit definierten lokalen Variablen

❑ der Unterschied zu explizit definierten lokalen Variablen liegt lediglich in der Initialisierung: Parameter werden beim Funktionsaufruf mit den Werten an der Aufrufstelle initialisiert – eigene Variablen muss man selber initialisieren

❑ eine Rückgabe von Ergebnissen in Parametern ist nicht möglich, da die Funktion immer mit Kopien arbeitet (allerdings kann man diese Einschränkung mit Hilfe von Zeigern oder Referenzen umgehen)

❑ die aktuellen Werte an der Funktionsaufrufstelle können R-Werte sein.

Der letzte Punkt bedeutet, dass ein Funktionsaufruf z.B. auch mit Literalen erfolgen kann:

```
f( 5 ); // OK
```

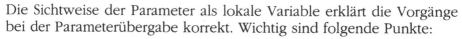 **Ergebnisrückgabe**

Die Rückgabe eines Ergebnisses aus einem Funktionskörper an die Aufrufstelle erfolgt mit der return-Anweisung. Eine Funktion kann mehrere return-Anweisungen haben, jedoch muss jeder mögliche Pfad (d.h. z.B. jeder Zweig bei if-Abfragen) bei einer return-Anweisung enden. Sonst wäre es möglich, durch eine bestimmte Kombination von Parameterwerten zu erreichen, dass die Funktion ohne return-Anweisung beendet würde. Das Ergebnis wäre dann undefiniert.

Die folgende Funktion klassifiziert ihren Parameter nach „gerade" oder „ungerade":

```
bool klassifiziere( int a )
{
  if ( a%2 == 0 )
    return true;
  else
    return false;
}
```

Das folgende Programmsegment klassifiziert die Zahlen 0 bis 4:

```
for ( int i=0; i<5; i++ )
    cout << i << " ist gerade: " << klassifiziere(i) << endl;
```

Als Ergebnis erhält man erwartungsgemäß

```
0 ist gerade: 1
1 ist gerade: 0
2 ist gerade: 1
3 ist gerade: 0
4 ist gerade: 1
```

Beachten Sie bitte, das `cout` in der Standardeinstellung für Wahrheitswerte nicht `true` bzw. `false`, sondern 0 bzw. 1 ausgibt.

Übung 6-1:

Schreiben Sie eine Funktion, die als Argument ein `bool` *übernimmt und „true" oder „false" druckt. Verwenden Sie diese Funktion, um die Ausgabe in obiger Schleife besser zu gestalten.*

Bei der Rückgabe von Werten wird ebenfalls eine Wertübergabe (*call by value*) durchgeführt, d.h. der Ausdruck in der `return`-Anweisung wird berechnet und eine Kopie des Wertes wird an die Aufrufstelle zurückgegeben. Dieser unscheinbare Punkt ist für fundamentale Daten sicher vernachlässigbar – er bekommt jedoch Bedeutung, wenn man größere Objekte als Ergebnis aus Funktionen zurückliefern möchte. Der Kopieraufwand kann dann beträchtlich sein. Glücklicherweise gibt es Methoden, diesen Aufwand zu verringern bzw. ganz zu vermeiden.

Beachten Sie bitte, dass der Rückgabewert an der Aufrufstelle auch ignoriert (verworfen) werden kann.

☐ Variable Parameterliste

C++ hat von C die Möglichkeit geerbt, Funktionen mit variabler Parameterliste zu definieren. Dazu verwendet man bei der Funktionsdefinition drei Punkte an Stelle der Parameterliste:

```
void f( ... )   // Variable Parameterliste
{
    ...
}
```

Die Punkte im Funktionskörper sollen hier (wie immer) für eine nicht angegebene Implementierung der Funktion stehen. Die Punkte im Funktionskopf müssen so angegeben werden. Sie werden auch als *Ellipse (ellipsis)* bezeichnet.

Die Ellipse bewirkt, dass die Funktion f mit einer beliebigen Anzahl von Parametern mit beliebigen Typen aufgerufen werden kann. Die folgenden Anweisungen sind alle zulässig:

```
f();
f( 1 );
f( 2, 3.1415 );
```

Es ist Aufgabe der Implementierung der Funktion, festzustellen, welche Parameter übergeben wurden, und die Werte dann korrekt abzuholen. Normalerweise verwendet man dazu einen festen (ersten) Parameter, der Informationen über die folgende variable Parameterliste enthält. Der feste Parameter kann z.B. einfach die Anzahl der folgenden variablen Parameter angeben.

Eine Funktionsgruppe aus der Standardbibliothek, bei der eine variable Parameterliste verwendet wird, sind die printf- Funktionen. Schreibt man z.B.

```
int i = 2;
int j = 3;

printf( "Der Wert von i ist %d und der von j ist %d", i, j );
```

erhält printf drei Parameter: eine Zeichenkette und zwei int-Werte. Anhand der eingestreuten %-Zeichen in der Zeichenkette (dem *Formatstring*) erkennt die Implementierung, dass ein (weiterer) Parameter aus der variablen Parameterliste zu holen und an Stelle des %-Zeichens einzusetzen ist. Das nach dem %-Zeichen folgende Zeichen gibt den Typ an: d steht für integer[50].

Die printf-Anweisung ersetzt die Steuercodes durch die Werte der Parameter und gibt das Ergebnis aus. Man erhält also

```
Der Wert von i ist 2 und der von j ist 3
```

---

[50]   Die vollständige Liste findet sich in der Compilerdokumentation.

Die Parameterliste der Funktion `printf` könnte z.B. wie folgt formuliert werden:

```
int printf( char format[], ... );
```

Der erste Parameter muss also immer angegeben werden, weitere Parameter sind optional.

Funktionen mit variablen Parameterlisten sind flexibel, aber auch fehlerträchtig. Der Compiler kann keine Prüfung der Anzahl und der Typen der Parameter vornehmen – dies muss der Programmierer selber sicherstellen. Schreibt man z.B.

```
double i = 2;
double j = 3;

printf( "Der Wert von i ist %d und der von j ist %d", i, j );
```

wird der Funktionsaufruf ebenfalls problemlos übersetzt- allerdings ist das Verhalten undefiniert. Normalerweise erhält man nur sinnlose Ausgaben, das Programm kann jedoch auch abstürzen.

Beachten Sie bitte, das auch der Implementierer einer Funktion wie `printf` keine Möglichkeit hat, durch Prüfungen einen solchen Fehler festzustellen.

Funktionen mit variablen Parameterlisten verlagern also eine Aufgabe, die normalerweise der Compiler erledigt, auf den Programmierer. Die gewonnene Flexibilität bei der Parameterübergabe ist normalerweise das damit verbundene Risiko nicht wert. Nicht umsonst wird die Ausgabe mit `printf` in C++ nicht mehr so gerne verwendet, wenn eine sicherere und sogar leistungsfähigere Ausgabemöglichkeit mit `cout` zur Verfügung steht.

◫ Implementierung variabler Parameterlisten

Zur Implementierung einer Funktion mit variablen Parameterlisten stehen der Typ `va_list` sowie die Funktionen `va_start`, `va_arg` und `va_end` zur Verfügung. Folgendes Beispiel zeigt eine Funktion sum mit variabler Parameterliste, die alle Parameter addiert und das Ergebnis zurückliefert:

```
int sum( int s1, ... )
{
   int ergebnis = 0;
   int i = s1;

   va_list parameterListe;
   va_start( parameterListe, s1 );

   while( i != -1 )
   {
     ergebnis += i;
     i = va_arg( parameterListe, int );
   }
   va_end( parameterListe );

   return ergebnis;
}
```

Die variable Parameterliste wird durch eine Variable vom Typ `va_list` repräsentiert.

```
va_list parameterListe;
```

Die Variable wird durch die Funktion `va_start` initialisiert:

```
va_start( parameterListe, s1 );
```

Dazu wird zumindest ein fester Formalparameter benötigt. Bei mehreren festen Parametern wird hier der Letzte angegeben. Möchte man die variable Parameterliste mit den va-Funktionen bearbeiten, benötigt man also zumindest einen festen Parameter.

Danach können die einzelnen Werte iterativ abgeholt werden. Die Funktion `va_arg` liefert immer den jeweils nächsten Wert zurück. Dazu braucht die Funktion jedoch den Typ, den der Programmierer hier angeben muss:

```
i = va_arg( parameterListe, int ); // abholen eines int
```

Nachdem alle Werte abgeholt sind, wird die Bearbeitung der variablen Parameterliste durch die Funktion va_end abgeschlossen.

```
va_end( parameterListe );
```

Beachten Sie bitte folgende Punkte:

❑ es gibt keine Möglichkeit, den Typ des nächsten Wertes zu bestimmen. Der Programmierer muss diese Information aus anderer Quelle erhalten und den korrekten Typ an va_arg weitergeben. Können prinzipiell unterschiedliche Typen vorkommen, verwendet man normalerweise den ersten Parameter, um Information über die nachfolgenden Parameter zu übergeben. So bedeutet z.B. %d bei der Funktion printf, dass nun ein integer abzuholen ist.

❑ es gibt keine Möglichkeit, das Ende der variablen Parameterliste zu bestimmen. Diese Information wird normalerweise vom Aufrufer mitgegeben. Man kann z.B. einen speziellen Markierungswert vorsehen (in unserem Falle -1), der als Letztes übergeben wird und das Ende der Liste anzeigt, oder man verwendet einen festen Parameter, um die Anzahl der folgenden Werte zu übergeben.

❑ es findet keine Konvertierung der Parameter statt. Schreibt man z.B.

```
sum( 1.0, 2.0, 3.0, -1 );
```

ist das Ergebnis im besten Fall unerwartet. Der erste Parameter ist ein fester Parameter, hier findet eine (implizite) Wandlung des double in das geforderte int statt. Für die folgenden Parameter gilt dies nicht – sie werden falsch interpretiert.

Übung 6-2:

Was passiert, wenn beim Aufruf der Funktion die abschließende –1 vergessen wird?

Übung 6-3:

Die derzeitige Implementierung besitzt noch einen offensichtlichen Fehler: der Aufruf von sum(-1) *führt zu einem falschen Ergebnis. Korrigieren Sie die Implementierung entsprechend.*

Übung 6-4:

Schreiben Sie die Funktion so um, das die Anzahl der zu summierenden Werte im ersten Parameter übergeben wird, sodass die abschließende -1 *entfallen kann.*

Deklaration und Definition

Die bisherigen Beispiele für Funktionen waren *Funktionsdefinitionen*, weil der Funktionskörper mit angegeben wurde. In Analogie zur Variablendefinition kann man sagen, dass bei der Definition Name, Adresse und Speicherplatz der Funktion festgelegt werden.

Dagegen macht eine *Funktionsdeklaration* nur den Namen der Funktion bekannt – auch dies ist analog zur Deklaration bei Variablen. Die Deklaration enthält keinen Funktionskörper: sie besteht nur aus der Angabe des Funktionskopfes. Dies reicht aus, um die Funktion im nachfolgenden Code aufrufen zu können.

Deklarationen sind z.B.

```
extern int sum( int a1, int a2 );          // Deklaration
extern int f();                            // dito
```

wobei bei Funktionen (im Gegensatz zu Variablen) das Schlüsselwort extern fehlen darf:

```
int sum( int a1, int a2 );                 // Deklaration (ohne extern)
int f();                                   // dito
```

Wie für Variablen gilt auch für Funktionen die *one definition rule*, d.h. es darf maximal eine Funktionsdefinition geben. Es kann jedoch beliebig viele Deklarationen geben, die natürlich alle identisch sein müssen.

Die Namen der Formalparameter in einer Deklaration müssen nicht unbedingt die gleichen wie in der zugehörigen Definition sein. Folgendes ist z.B. zulässig:

```
int sum( int summand1, int summand2 );      // Deklaration

int sum( int s1, int s2 )                   // Definition
{
  return s1 + s2;
}
```

Die Parameternamen in einer Funktionsdeklaration werden ausschließlich dort gebraucht und haben mit allen anderen Namen im Programm nichts zu tun (d.h. die Parameterliste einer Funktionsdeklaration bildet einen eigenen *Gültigkeitsbereich*).

Weglassen von Parameternamen

Sowohl bei der Deklaration als auch bei der Definition einer Funktion können die Namen einzelner oder aller Formalparameter weggelassen werden.

In dieser Deklaration sind beide Parameter anonym:

```
int sum( int, int );
```

Man verwendet diese kürzere Schreibweise gerne dann, wenn die Wirkung einer Funktion und die Verwendung der Parameter eindeutig klar ist. So ist z.B. ohne weiteres einsichtig, dass die obige Funktion sum ihre beiden Parameter addiert und das Ergebnis zurückliefert. Die Angabe von Parameternamen würde hier auch keine zusätzlichen Informationen geben.

Anonyme Parameter sind auch bei der Funktionsdefinition möglich, jedoch dort eher selten. Schreibt man z.B.

```
int sum( int, int )
{
  ...
}
```

hat man innerhalb des Körpers keinen Zugriff auf die Parameter – eine Situation, die sicherlich selten Sinn macht.

Anonyme Parameter in Funktionsdefinitionen können jedoch sinnvoll sein, wenn einzelne Parameter nicht oder noch nicht benötigt werden. Man verlangt vom Aufrufer, diese zusätzlichen Daten bereits mit zu übergeben, benutzt sie aber in der Funktion derzeit noch nicht.

Schreibt man z.B.

```
int sum( int a1, int a2 )
{
  return a1 +1;
}
```

so wird in dieser Implementierung der Funktion sum der zweite Parameter nicht verwendet. Bei der Übersetzung geben einige Compiler eine entsprechende Warnung, die man durch Weglassen des Namens vermeiden kann:

```
int sum( int a1, int ) // zweiter Parameter derzeit nicht verwendet.
{
  return a1 +1;
}
```

▭ Leere Parameterliste bzw. keine Ergebnisrückgabe

Funktionen müssen nicht unbedingt Parameter erhalten. Sollen keine Parameter übergeben werden, bleibt die Parameterliste leer:

```
int f() // Funktion ohne Parameter
{
  ...
  return ...;
}
```

Alternativ zur leeren Parameterliste kann man auch den speziellen Typ void (auf Deutsch etwa: nichts) verwenden:

```
int f( void ) // Funktion ohne Parameter
{
  ...
  return ...;
}
```

Analog dazu kann eine Funktion ohne Rückgabe definiert werden: als Rückgabetyp wird ebenfalls void verwendet.

```
void f() // Funktion ohne Parameter und ohne Rückgabetyp
{
  ...
}
```

Im Falle einer nicht vorhandenen Ergebnisrückgabe kann allerdings auf void nicht verzichtet werden (dies geht nur bei der Parameterliste).

```
f() // Funktion ohne Parameter und mit Rückgabetyp int
{
  ...
}
```

Der Grund liegt in einer Altlast aus C: dort ist es möglich, auf die Angabe eines Typs an bestimmten Stellen (u.a. eben auch bei Funktionsdefinitionen und -deklarationen) zu verzichten. Der Compiler nimmt dann int als Typ an (*implicit int*, zu deutsch etwa: *Implizites Int*).

Diese Einsparung an Tipparbeit war vielleicht in den Anfangstagen der Programmierung sinnvoll – Funktionen lieferten meist sowieso einen Fehlercode als Ergebnis zurück, und dieser war in der Regel vom Typ int. Allerdings macht diese Möglichkeit Compiler unnötig kompliziert und Programme unnötig schwer zu lesen. Das Implizite Int wird daher heute als sehr schlechter Stil gesehen und ist deshalb in Standard-C++ nicht mehr erlaubt. Allerdings wurde das Implizite Int erst relativ spät im Standardisierungsprozess aus der Sprache verbannt, sodass es noch sehr viel älteren C++-Code (und natürlich C-Code) gibt, in dem die Konstruktion verwendet wurde. Hier sind bei der Portierung nach Standard-C++ evtl. Quellcodeänderungen erforderlich.

Funktionen ohne Rückgabewert brauchen naturgemäß auch keine return-Anweisung. Der Rücksprung zur aufrufenden Stelle erfolgt bei der schließenden Klammer des Funktionskörpers. Optional können return-Anweisungen vorhanden sein, jedoch dann ohne Argument.

📖   Leere Parameterliste bei C-Funktionen

Beachten Sie bitte, dass die leere Parameterliste in C eine andere Bedeutung als in C++ hat. In der Programmiersprache C signalisiert sie, dass die Funktion mit beliebigen, unspezifizierten Parametern aufgerufen werden kann. In der Programmiersprache C bedeutet also

```
int f(); // Funktion mit beliebigen Parametern (C-Spezifisch)
```

dass der Compiler Anzahl und Typ der Parameter von f nicht prüfen soll. Dieser Unterschied zwischen C und C++ hat auch für C++-Programme Bedeutung, denn C-Funktionen können ja über die C-Sprachbindung direkt in C++ verwendet werden. Schreibt man in einem C++-Programm also z.B.

```
extern "C" int f(); // C-Funktion in C++
```

wird f nicht etwa als Funktion ohne Parameter, sondern als Funktion mit beliebiger Parameterliste deklariert.

Eine Funktion ohne Parameter muss allerdings auch in C durch einen void-Parameter notiert werden – hier gibt es keinen Unterschied zwischen beiden Sprachen.

```
int f( void ); // Funktion ohne Parameter (C und C++)
```

📖   Rekursive Funktionen

Ruft sich eine Funktion selber auf, spricht man von einem *rekursiven Funktionsaufruf*. Rekursion ist in C++ für alle Funktionen möglich und muss nicht speziell notiert werden. Die Rekursionstiefe ist normalerweise nur durch den verfügbaren Stack begrenzt.

Das klassische Beispiel einer rekursiven Funktion ist eine Funktion zur Berechnung der Fakultät. Allgemein gilt für eine positive, ganze Zahl n:

```
fak( n ) === n * (n-1) * (n-2) * .... * 1
```

Die Fakultät von 4 ist also 4*3*2 == 24.

Folgendes Listing zeigt eine Funktion `fak`, die die Fakultät mit einem rekursiven Algorithmus berechnet:

```
int fak( int i )
{
  if ( i==1 )
    return 1;
  else
    return i * fak( i-1 );
}
```

Schreibt man z.B.

```
cout << "Fakultät von 4 ist: " << fak( 4 ) << endl;
```

erhält man als Ergebnis

```
Fakultät von 4 ist: 24
```

Rekursive Funktionen müssen mindestens einen return-Pfad haben, der nicht zu einem weiteren Aufruf der Funktion führt, sonst erhält man eine endlose Rekursion. In unserem Fall ist dies sichergestellt: wenn nämlich der Parameter den Wert 1 hat, erfolgt kein weiterer Aufruf der Funktion selber.

Diese Forderung erscheint zunächst trivial. Bedenkt man jedoch, dass Funktionen sich nicht unbedingt direkt selber aufrufen müssen, sondern eine Rekursion über mehrere Funktionen hinweg erfolgen kann (`f` ruft `g`, `g` ruft `h`, `h` ruft `f`), kann man in der Praxis schon einmal eine endlose Rekursion erhalten. Wir werden später eine Möglichkeit vorstellen, dies festzustellen und entsprechend zu reagieren.

Übung 6-5:

Was passiert beim Aufruf der Funktion mit dem Wert 0?

Übung 6-6:

Jede rekursive Funktion kann auch iterativ (d.h. mit einer oder mehreren Schleifen) geschrieben werden. Implementieren Sie die Funktion `fak` *mit Hilfe einer Schleife, sodass der rekursive Aufruf vermieden wird.*

📖 Inline-Funktionen

C++ bietet die Möglichkeit, Funktionen „in-line" zu definieren. Dazu wird das Schlüsselwort `inline` verwendet:

```
inline int f( int a ) // inline-Funktion
{
  return a+1;
}
```

Inline-Funktionen sind keine Funktionen im traditionellen Sinne, da sie keine Einsprungsadresse besitzen, keine Parameterübergabe über den Stack durchführen, etc. Vielmehr wird der Text des Funktionskörpers an der Aufrufstelle eingesetzt und dort übersetzt. Dadurch wird der Code der Funktion an jeder Aufrufstelle dupliziert – eigentlich gerade das, was man durch die Einführung von Funktionen vermeiden wollte. Wo liegt also der Sinn?

Inline-Funktionen werden oft in der objektorientierten Programmierung eingesetzt. Dort verwendet man Funktionen nicht nur, um Code zu gruppieren, sondern auch um der Abstraktion willen. Oft wird z.B. das Lesen einer Variablen eines Objekts nicht direkt, sondern über eine eigene Funktion ausgeführt – um die Variable selber nicht öffentlich machen zu müssen und so Änderungen vermeiden zu können. Solche *Zugriffsfunktionen* bestehen dann oft nur aus einer einzigen Zeile. Bei solch kleinen Funktionen macht sich dann der Verwaltungsaufwand zur Parameterübergabe sowie ganz allgemein zum Aufruf der Funktion bemerkbar. Diesen *Overhead* kann man einsparen, wenn man die Funktion `inline` definiert. Inline-Funktionen sind also genauso effizient, als wenn man den Code der Funktion direkt an die Aufrufstelle(n) geschrieben hätte.

Aus der Sicht des Programmierers verhalten sich inline-Funktionen wie normale nicht-inline-Funktionen, der Unterschied beschränkt sich auf die Abbildung durch den Compiler. Dies bedeutet z.B. auch, dass weiterhin Parameter per Wertübergabe (*call by value*) übergeben werden können und dass die Funktion einen eigenen Gültigkeitsbereich besitzt. Es ist Aufgabe des Compilers, diese Konzepte auch für inline-Funktionen korrekt abzubilden.

Grundsätzlich darf sich das Verhalten des Programms (das sog. *observable behavior*, etwa: sichtbares Verhalten) durch die Deklaration einer Funktion als inline nicht gegenüber einer Deklaration als nicht-inline (*out of line*) ändern.

Die Deklaration als `inline` ist außerdem nur ein Hinweis für der Compiler, die dieser nicht unbedingt beachten muss. Auf der anderen Seite kann der Compiler durchaus Funktionen selbstständig inline abbilden, wenn dadurch Vorteile zu erzielen sind. Insgesamt gehört die Entscheidung, ob eine Funktion tatsächlich inline abgebildet wird, oder nicht, nicht zum *observable behavior* eines Programms – es ist ein compilerinternes Detail.

Folgende Gründe verhindern normalerweise die Abbildung als inline selbst wenn der Programmierer die Funktion `inline` deklariert hat:

❑ das Programm soll debug-fähig sein. Die meisten Debugger sind nicht in der Lage, inline-Code zu debuggen. Ein Compilerschalter steuert diese Option.

❑ die Funktion hat eine variable Argumentliste

❑ die Funktion ist rekursiv. Manche Compiler können durch bestimmte Einstellungen auch inline-Funktionen bis zu einer bestimmten (geringen) Rekursionstiefe abbilden

❑ die Adresse der Funktion wird verwendet.

Darüber hinaus gibt es weitere Gründe, die mit speziellen Eigenschaften von Klassen zusammen hängen. So können z.B. *virtuelle Funktionen* normalerweise nicht inline abgebildet werden.

📖 Platzierung

Funktionen können nicht geschachtelt werden. Dies bedeutet, dass innerhalb einer Funktion keine weitere Funktion definiert werden kann. Daraus ergibt sich auch, dass Funktionen immer außerhalb jedes Blocks definiert werden müssen. Betrachten wir dazu das allererste *hello-World* Programm aus Kapitel 1 noch einmal:

```
#include <iostream>

int main()
{
   using namespace std;

   cout << "hello, world!" << endl;

   return 0;
}
```

Dieses vollständige Programm definiert die Funktion main ohne Parameter und mit einem Rückgabetyp von int. Die Funktion wird global, d.h. nicht innerhalb eines anderen Blocks, definiert. Weitere Funktionen in der gleichen Übersetzungseinheit ordnet man parallel dazu an:

```
int main()
{
    ...
}

int sum( int a1, int a2 )
{
    ...
}
```

und so weiter.

Im Gegensatz dazu können Funktionsdeklarationen überall dort stehen, wo auch eine Anweisung stehen kann.

```
int main()
{
    int sum( int, int ); // Deklaration einer Funktion sum
    int i = sum( 2, 3 );
}
```

Dies ist zwar syntaktisch korrekt, wird jedoch in der Praxis so eher selten verwendet. Nehmen wir an, Die Definition von sum befindet sich in einem anderen Modul, und der für dieses Modul zuständige Programmierer möchte einen weiteren Parameter zufügen. Er definiert also:

```
int sum( int s1, int s2, int s3 )
{
    ...
}
```

Dadurch wird obiger Code in main falsch. Durch die alte (nunmehr falsche) Deklaration von sum compiliert das Modul aber trotzdem — die Probleme treten erst beim Binden zu Tage, die sich ergebende Fehlermeldung enthält allerdings keine Information mehr, in welcher Zeile das Problem aufgetreten ist. Diese Situation ist aber immer noch besser als die Lage bei der Programmiersprache C. Eine solche Konstruktion übersetzt und bindet dort fehlerlos zu einem Programm, das dann allerdings wahrscheinlich beim Aufruf der Funktion main abstürzt.

Um dies zu vermeiden, verlagert man die Aufgabe der Bereitstellung einer korrekten Deklaration der Funktion sum zum Programmierer der Funktion. Er muss also nicht nur die Funktion implementieren (d.h. die Funktionsdefinition bereitstellen), sondern auch eine korrekte

Deklaration schreiben. Diese platziert er in einer separaten Datei, die der Programmierer des aufrufenden Moduls dann einbinden kann.

📖 Signatur

Die Signatur einer Funktion ist eine Zeichenkette, die aus dem Funktionsnamen sowie den Typen der Parameter in codierter Form besteht. Die Signatur wird zwar nur compilerintern gebraucht, sie kann jedoch im Zusammenhang mit Fehlermeldungen auch für den Programmierer in Erscheinung treten.

Wie die Signatur zu bilden ist, wird vom Standard nicht festgeschrieben. Die folgenden Beispiele verwenden MSVC, andere Compiler können andere Signaturen erzeugen. Folgende Tabelle zeigt die Signaturen einiger Funktionen:

Funktion	*Signatur*
`void summe(int);`	`summe@@YAXH@Z`
`int  summe(int);`	`summe@@YAHH@Z`
`void summe();`	`summe@@YAXXZ`
`int  summe();`	`summe@@YAHXZ`

Man sieht, dass sowohl Funktionsnamen und Parameter als auch der Rückgabetyp in die Signatur eingehen.

Manche Binder (insbesondere unter UNIX) geben bei einer Fehlermeldung im Zusammenhang mit Funktionen an Stelle des Funktionsnamens die Signatur an – dies ist der Name, den der Compiler für diese Funktion generiert hat. Eine solche Fehlermeldung könnte z.B. so aussehen:

```
unresolved external symbol summe@@YAXH@Z
```

Man sieht, dass der Binder anstelle des Funktionsnamens `summe` die Signatur `summe@@YAXH@Z` verwendet hat. In diesem Zusammenhang spricht man auch von *dekorierten Namen*, da der eigentliche Name mit den Typinformationen erweitert ist. Da die Signatur durch einen Programmierer schwer zu interpretieren ist, liefern diese Compiler ein kleines Programm mit, das aus der Signatur den Funktionsnamen sowie alle Parameter zurückberechnet.

Warum kann man zum Binden nicht einfach den „normalen" Funktionsnamen verwenden?

Dafür gibt es zwei Gründe.

❑ *Typsicheres Binden.* Wird z.B. in einem Modul eine Funktion `f` deklariert und in einem anderen Modul eine Funktion `f` definiert, sollten beide natürlich die gleichen Parameter und den gleichen Rückgabetyp haben. Würde der Binder nur den Funktionsnamen berücksichtigen, könnte er diesbezügliche Unterschiede nicht erkennen. Zur Laufzeit des Programms gibt es dann unerklärliche Fehlfunktionen (meist kommentarlose Abstürze). Da in der Programmiersprache C nur der Funktionsname ohne Parameter- oder Rückgabeinformation zum Binden verwendet wird, ist dies in C eine beliebte Quelle von Fehlern.

Unter C++ kann der Binder eine solche Situation erkennen, da er zwei unterschiedliche Funktionsnamen „sieht" – eben weil die Parameter- und Rückgabetypen mit im Namen codiert sind.

❑ *Überladen von Funktionen.* In C++ gibt es die Möglichkeit, mehrere Funktionen mit gleichem Namen parallel zu definieren. Die Funktionen müssen sich allerdings in Anzahl und/oder Typ der Parameter unterscheiden (der Rückgabetyp dient hier aus compilertechnischen Gründen nicht als Unterscheidungsmerkmal). Diese Funktionen erhalten unterschiedliche Signaturen, sodass ein Binden problemlos möglich ist.

📖 **„Old-Style"- Parameterdeklaration**

In älteren Programmen sieht man manchmal Funktionsdefinitionen der Art

```
void f( i, j ) // Old Style Parameterdeklaration
  int i;
  int j;
{
  /* Implementierung der Funktion */
}
```

Diese Art der Parameterdeklaration wird als *Old-Style* oder *K&R-Style*[51] bezeichnet, da sie in den Anfangszeiten der Sprache C verwendet wurde. Dieser Stil der Parameterdefinition ist in C++ nicht (mehr) erlaubt. Das obige Programmsegment muss daher in die (gleichwertige) Form

```
void f( int i, int j )  // New Style Parameterdefinition
{
  /* Implementierung der Funktion */
}
```

umgeschrieben werden, um mit einem C++ Compiler übersetzt werden zu können.

📖📖 Funktion main

Die Funktion main muss in jedem ablauffähigen C++ Programm vorhanden sein. Diese Funktion wird vom Laufzeitsystem aufgerufen und repräsentiert das eigentliche Programm. „Das Programm" beginnt also mit der ersten und endet normalerweise mit der letzten Anweisung in main.

📖 **Rückgabetyp von main**

Die Funktion main *muss* mit einem Rückgabetyp von int definiert werden. In älterem Code sieht man manchmal auch die Definition als void, was als Altlast von C von einigen Compilern derzeit zwar noch toleriert wird, aber deshalb trotzdem falsch ist.

Der von main zurückgegebene Wert wird an das Betriebssystem als Ergebnis des Programms zurückgegeben. Normalerweise bedeutet 0

---

[51] K&R steht für *Kernighan und Ritchie*, die maßgeblich an der Entwicklung der Sprache C beteiligt waren und 1978 das wichtige Buch „The C Programming Language" geschrieben haben.

„OK", alle Werte ungleich 0 signalisieren einen Fehler. Die Interpretation des Rückgabewertes ist allerdings (prinzipiell zumindest) betriebssystemspezifisch und wird daher vom C++-Standard nicht festgelegt.

Es gibt allerdings zwei Konstanten, die für jede Plattform die „richtigen" Werte enthalten:

Konstante	Bedeutung
EXIT_SUCCESS	Signalisiert erfolgreiche Programmausführung
EXIT_FAILURE	Signalisiert fehlerhafte Programmausführung

Die Konstanten sind in der Includedatei `stdlib` definiert.

Eine weitere Besonderheit der Funktion `main` ist, dass eine `return`-Anweisung nicht unbedingt vorhanden sein muss. Fehlt diese, ist dies identisch mit `return 0` als letzte Anweisung in `main`. Diese relativ neue Besonderheit wird noch nicht von allen aktuellen Compilern richtig implementiert.

Die Funktion `exit` ist ebenfalls mit einem Parameter vom Typ `int` definiert. Der übergebene Wert entspricht dem Rückgabewert von `main`.

Parameter von main

Die Funktion main kann entweder ohne Parameter als

```
int main() { /* ... */ }
```

oder mit zwei Parametern als

```
int main( int, char*[] ) { /* ... */ }
```

definiert werden. Darüber hinaus erlaubt der Standard weitere Parameter, die jedoch betriebssystemspezifisch sind. Denkbar wären z.B. weitere Angaben über die *Umgebung* (*environment*), in der das Programm läuft. Ein Beispiel sind die unter UNIX häufig verwendeten Umgebungsvariablen.

Über die (ersten beiden) Parameter erhält man Zugriff auf die Programmargumente, die beim Aufruf des Programms (z.B. als

Kommandozeilenparameter) übergeben wurden. Der erste Parameter gibt die Anzahl der Werte an, der zweite repräsentiert die Liste der Werte.

Folgendes Programm zeigt, wie auf die Kommandozeilenparameter zugegriffen werden kann:

```
int main( int argc, char* argv[] )
{
  for ( int i=0; i<argc; i++ )
    cout << "Parameter Nr. " << i << ": " << argv[i] << endl;
}
```

Wir nehmen an, dass das Programm zu `test.exe` übersetzt wird. Ein Aufruf von z.B.

```
test -t /A
```

erzeugt dann die Ausgabe

```
Parameter Nr. 0: D:\Martin\2002Buch\test\Debug\test.exe
Parameter Nr. 1: -t
Parameter Nr. 2: /A
```

Wie man sieht, wird der Programmname implizit als erster Parameter übergeben, dann folgen die Kommandozeilenargumente. Obwohl der Standard auch dieses Verhalten nicht vorschreibt halten sich z.B. Windows und UNIX-Compiler daran.

📖 Weitere Besonderheiten

Die Funktion `main` besitzt einige Eigenschaften, die sie von anderen C++-Funktionen unterscheidet:

❑ sie kann nicht inline deklariert werden

❑ ihre Adresse kann nicht bestimmt werden

❑ sie kann nicht *überladen* werden

❑ sie kann aus dem Programm selber heraus nicht aufgerufen werden.

📖 **Alternative Beendigung: Die Funktionen exit und abort**

Möchte man ein Programm vorzeitig beenden, kann man an jeder Stelle des Programmtextes die Funktionen exit oder abort aufrufen. Beide Funktionen beenden das Programm ohne zu main zurückzukehren. abort beendet das Programm auf der Stelle, während exit evtl. offene Dateien schließt, die Puffer offener Streams flusht, die Destruktoren statischer und globaler Objekte aufruft, etc. exit, nicht aber abort ruft außerdem die registrierten *Ende-Funktionen* auf (s.u.).

exit erwartet einen Parameter vom Typ int, der dem Rückgabewert von main entspricht.

📖 **Ende-Funktionen**

C++ ermöglicht die Registrierung von Funktionen, die das Laufzeitsystem bei Programmbeendigung (außer bei Beendigung über abort) aufrufen soll. Eine solche Ende-Funktion muss ohne Parameter und ohne Rückgabewert deklariert werden:

Beispiel:

```
void endeFunktion()
{
   cout<< "in der Ende-Funktion" << endl;
}
```

Die Registrierung erfolgt über die Funktion atexit aus der Standardbibliothek:

```
int main()
{
   atexit( endeFunktion );
}
```

Dieses vollständige Programm gibt den Text „in der Ende-Funktion" aus.

Es können beliebig viele Funktionen registriert werden. Bei Programmende erfolgt der Aufruf dann in umgekehrter Reihenfolge der Registrierung, d.h. die zuletzt registrierte Funktion wird als erstes aufgerufen.

7 Gültigkeitsbereich und Bindung

Der Gültigkeitsbereich (scope) und die Art der Bindung (linkage) von Programmobjekten werden nur selten in der C++ - Literatur behandelt. Wir stellen beide Konzepte in diesem Kapitel kurz vor und behandeln außerdem einige Standard-Anwendungsfälle, soweit sie für die Praxis wichtig sind.

📖📖 Programmobjekte

Programmobjekte sind vereinfacht gesagt alle Dinge, die vom Programmierer erstellt werden und Speicherplatz im Programm benötigen. Zusammen gefasst handelt es sich dabei um Variablen und Funktionen. Für beide gelten ähnliche Regeln bezüglich des Gültigkeitsbereiches und der Bindung.

📖📖 Gültigkeitsbereiche (scopes)

Die *one definition rule* besagt, dass es zu jedem Programmobjekt höchstens eine Definition geben darf. Dies bedeutet jedoch nicht, dass jeder Name programmweit nur ein mal vorkommen darf – genau genommen darf es *im gleichen Gültigkeitsbereich* nur eine Definition geben.

Der Gültigkeitsbereich eines Programmobjekts ist derjenige Bereich in einem Programm, in dem das Objekt sichtbar ist und angesprochen werden kann. Er beginnt normalerweise mit der Definition bzw. Deklaration des Objekts und reicht – je nach Typ des Gültigkeitsbereiches – bis zum Ende eines Blocks, einer Parameterliste oder sogar bis zum Ende der gesamten Übersetzungseinheit.

Die Namen aller Programmobjekte innerhalb eines Gültigkeitsbereiches (*scope*) müssen unterschiedlich sein. Dies bedeutet, dass innerhalb eines Gültigkeitsbereiches ein Name ein Programmobjekt eindeutig identifiziert.

In C++ gibt es die folgenden Typen von Gültigkeitsbereichen:

❑ Lokaler Gültigkeitsbereich *(local scope)*. Alle Definitionen, die sich innerhalb eines Anweisungsblockes befinden. Im Falle einer Funktionsdefinition gehören die Parameter ebenfalls noch mit dazu.

❑ Klassen-Gültigkeitsbereich *(class scope)*. Alle Definitionen, die sich innerhalb einer *Klassendefinition* befinden.

❑ Namensbereichs-Gültigkeitsbereich *(namespace scope)*. Alle Definitionen, die sich innerhalb eines *Namensbereiches* befinden.

❑ Funktions-Prototypen-Gültigkeitsbereich *(function prototype scope)*. Die Parameter einer Funktionsdeklaration bilden diesen Gültigkeitsbereich.

❑ Globaler Gültigkeitsbereich *(global namespace scope)*, oder einfach *global scope*. Alle Definitionen, die sich nicht innerhalb einer Funktions- oder Klassendefinition, eines Namensbereiches oder einer Funktionsdeklaration befinden, gehören hierzu.

Zusätzlich gibt es noch den exotischen *Funktions-Gültigkeitsbereich (function scope)*, der jedoch nur die Marken von Sprunganweisungen enthält. Das Besondere daran ist, dass dieser Gültigkeitsbereich nicht erst mit der Deklaration der Marke beginnt, sondern schon zu Beginn der Funktion, die diese Marke enthält.

📖 Lokaler Gültigkeitsbereich (local cope)

Ein lokaler Gültigkeitsbereich liegt immer dann vor, wenn eine Definition innerhalb eines Anweisungsblocks steht. Der Gültigkeitsbereich beginnt mit der Einführung des Namens (Deklaration bzw. Definition) und endet mit der schliessenden Klammer des Blocks.

Meist handelt es sich bei dem Block um einen Funktionskörper:

```
void f( int i )
{
    ...          // (1)
    int j = i+2; // (2)
    ...          // (3)
}
```

Der Gültigkeitsbereich von j erstreckt sich auf die Anweisungen bei (3), der von i dagegen von (1) bis (3). Nach der schliessenden Klammer verlieren beide Variablen ihre Gültigkeit. Nachfolgender Code (hier die nächste Funktion) kann daher die gleichen Namen erneut verwenden:

```
void sum( int i, int k )
{
  int j = i+2;
}
```

Da Funktionen nicht lokal in einem Block definiert werden können, kommt der *local scope* nur für Variablen in Frage.

📖 Funktions-Prototypen-Gültigkeitsbereich *(function prototype scope)*

Die Parameterliste einer Funktionsdeklaration bildet einen eigenen Gültigkeitsbereich. Die dort für die Formalparameter verwendeten Namen haben ausserhalb der Deklaration keine Bedeutung. In den Anweisungen

```
void sum( int i, int k )
{
  double mult( int i, int j ); // Deklaration -> eigener Gültigkeitsbereich
  int j = i+2;
}
```

stören die bei der Deklaration der Funktion mult verwendeten Namen i und j nicht die gleichen Namen in der Funktion sum. Dies gilt natürlich auch, wenn die Deklaration wie üblich außerhalb der Funktion steht:

```
double mult( int i, int j ); // Deklaration

void sum( int i, int k )     // Definition
{
  int j = i+2;
}
```

Die Parameternamen in Funktionsdeklarationen haben somit eher dokumentatorischen Charakter: Ein Leser des Codes sollte daraus erkennen können, wie der Parameter beim Funktionsaufruf zu versorgen ist.

Da die Namen in der Deklaration einen eigenen Gültigkeitsbereich bilden, können z.B. für die Definition der Funktion ganz andere Namen verwendet werden. Folgendes Beispiel ist zulässig:

```
double mult( int i, int j ); // Deklaration

double mult( int x, int y )   // Definition
{
    return x*y
}
```

Hier werden für die Definition der Funktion `mult` andere Parameternamen als in der Deklaration verwendet.

Übung 7-1:

Ist das Programmsegment

```
double mult( int i, int j ); // Deklaration

double mult( int x, int y )   // Definition
{
    return i*j
}
```

gültiger C++-Code?

Übung 7-2:

Ist das Programmsegment

```
double mult( int i, int j );
double mult( int x, int y );
```

gültiger C++-Code?

📖 Globaler Gültigkeitsbereich (global scope)

Definitionen, die außerhalb aller anderen Gültigkeitsbereiche liegen, gehören zum globalen Gültigkeitsbereich. Dies sind vor allem Funktionen, die ja nicht geschachtelt werden dürfen und deshalb immer global sind (allerdings gilt dies nicht mehr, wenn Klassen im Spiel sind. Die Klasse bildet einen eigenen Gültigkeitsbereich (*Klassen-Gültigkeitsbereich, class scope*), in dem auch die Mitgliedsfunktionen der Klasse angeordnet sind). Variablen können ebenfalls auf globaler Ebene definiert werden:

```
int sum( int i, int j )
{
    ...
}

int i;  // globale Variable

int mult( int i, int j )
{
    ...
}
```

Hier ist i eine globale Variable, d.h. sie ist ab dem Zeitpunkt der Definition bis zum Ende der gesamten Übersetzungseinheit vorhanden.

Globale Variable werden automatisch mit dem Wert 0 initialisiert, wenn sie nicht vom Programmierer explizit initialisiert werden. Der Zeitpunkt der Initialisierung wird vom Standard allerdings nicht definiert: es ist lediglich festgelegt, dass dies vor der ersten Benutzung zu erfolgen hat. Die meisten Compiler initialisieren globale Variable vor Ausführung der ersten Anweisung in der Funktion main[52].

Weiterhin undefiniert ist die Reihenfolge der Initialisierung globaler Variablen aus unterschiedlichen Modulen. Unterschiedliche Reihenfolgen können zu Problemen führen, wenn zur Initialisierung einer globalen Variablen eine andere globale Variable verwendet wird – evtl. ist diese noch gar nicht initialisiert, wenn ihr Wert weiterverwendet werden soll. Natürlich gibt es auch hier Techniken, die mit dem Reihenfolgefrage verbundenen Probleme zu lösen.

---

[52] Insofern beginnt die Programmausführung nicht mit der ersten Anweisung in main, sondern mit der Initialisierung der globalen Variablen.

▭ Klassen- und Namensbereichs-Gültigkeitsbereiche (class-, namespace scope)

Hier im Teil I des Buches betrachten wir zunächst nur *local, function prototype* und *global* scope. *class-* und *namespace scopes* behandeln wir an den entsprechenden Stellen zusammen mit Klassen und Namensbereichen.

▭ Schachtelung von Gültigkeitsbereichen

Gültigkeitsbereiche vom Typ *local scope* können ineinander geschachtelt werden. Im folgenden Beispiel ist ein innerer Gültigkeitsbereich in einen äußeren Gültigkeitsbereich eingebettet:

```
int sum( int i, int j )              // Beginn äusserer Block
{
   double d = 1.2;
   {                                 // Beginn innerer Block
      int i = 1;
      int d = 2;
      int l = j + d;
   }                                 // Ende innerer Block

   cout << i << " " << j << " " << d << endl;
   return 0;
}                                    // Ende äusserer Block
```

Im inneren Block werden die Variablen i und d, die es im äußeren Block ebenfalls gibt, erneut definiert. Im inneren Block gelten daher diese neuen Definitionen. Variable j dagegen wird im inneren Block dagegen nicht definiert – hier wird die Variable von außen verwendet.

Ganz allgemein gilt: Findet der Compiler einen Namen nicht im aktuellen Block, sucht er im umschließenden Block etc. bis zum äußersten Block (die Funktion selber). Ist der Name auch dort nicht vorhanden, wird noch der *global scope* betrachtet, wird auch dort nichts gefunden, gibt es eine Fehlermeldung.

Dieses „Verdecken" von Namen durch lokal definierte Namen (*name hiding*) hat Vor- und Nachteile. Der sicherlich größte Vorteil von kleineren Blöcken ist die verkürzte Lebenszeit von Variablen. Je weniger Variablen gleichzeitig „aktiv" sind, desto weniger muss man im Kopf haben, um ein Programm zu verstehen.

Diese Denkweise führt zur Aufteilung einer Funktion in kleinere Blöcke, die jeweils nur diejenigen Variablen definieren, die sie wirklich brauchen:

```
int sum( int i, int j )
{
    ... // Definition allgemein gebrauchter Variablen

    {   // Block 1
    ...
    }

    {   // Block 2
    ...
    }

    ... // weiterer Code

}
```

Stellt man den Anweisungsblöcken noch ein wenig Kommentar voran, erhält man eine übersichtliche, verständliche und leicht wartbare Programmstruktur.

Der Nachteil liegt darin, dass Variablen der Unterblöcke evtl. versehentlich Variable des umschließenden Blocks verdecken. Werden Variablen verdeckt, erhält man noch nicht einmal eine Warnung des Compilers!

📖 Der Scope-Operator ::

Es gibt Situationen, in denen man auf eine globale Variable zugreifen möchte, obwohl diese verdeckt ist. Dazu kann der *Scope-Operator* : : verwendet werden:

```
int i;      // globale Variable

void f()
{
  int i = 1;
  {
    int i = 2;
    cout << "lokales i: " << i << " globales i: " << ::i << endl;
  }
}
```

Hier gibt es ein globales i, ein lokales i in der Funktion sowie ein lokales i in einem Unterblock. Normalerweise hat man im Unterblock nur Zugriff auf das lokale i – die anderen beiden Instanzen sind verdeckt.

Der Scope-Operator :: greift immer auf die globale Version zu, unabhängig von evtl. existierenden anderen Instanzen. Im Beispiel bewirkt dies, dass als Ergebnis

```
lokales i: 2 globales i: 0
```

ausgegeben wird.

Beachten Sie bitte, dass der Scope-Operator nicht etwa eine Stufe höher geht – er greift *immer* auf den Namen im Globalen Gültigkeitsbereich zu. Dies bedeutet, dass

❑ das i mit dem Wert 1 weiterhin unerreichbar bleibt

❑ falls im Globalen Gültigkeitsbereich kein i definiert ist, eine Fehlermeldung erzeugt wird.

Der Scope-Operator wird normalerweise hauptsächlich innerhalb von Mitgliedsfunktionen von Klassen verwendet. Die Klasse bildet ja einen eigenen Gültigkeitsbereich, und die Mitgliedsfunktionen gehören dazu. Oft hat man dann die Situation, dass die Mitgliedsfunktion einer Klasse genauso heißt wie eine globale Funktion und die globale Funktion deshalb verdeckt. Der Scope-Operator macht sie wieder zugänglich. Wir kommen darauf bei der Behandlung von Klassen (Kapitel 17) zurück.

📖📖 Bindung (linkage)

Die Bindung eines Programmobjekts gibt an, ob und inwieweit das Objekt ausserhalb seines Gültigkeitsbereiches angesprochen („gesehen") werden kann.

In C++ unterscheidet man drei Typen von Bindungen:

❑ *keine Bindung* (*no linkage*). Programmobjekte ohne Bindung sind ausserhalb ihres Gültigkeitsbereiches prinzipiell nicht ansprechbar.

❑ *interne Bindung* (*internal linkage*). Programmobjekte mit interner Bindung können aus anderen Gültigkeitsbereichen der gleichen Übersetzungseinheit angesprochen werden.

❑ *externe Bindung* (*external linkage*). Programmobjekte mit externer Bindung können von anderen Übersetzungseinheiten aus angesprochen werden.

Programmobjekte mit Bindung sind also prinzipiell von ausserhalb ihres Gültigkeitsbereiches ansprechbar, und zwar mit Hilfe einer Deklaration.

Die folgende Auflistung zeigt die beiden häufigsten Situationen:

❑ Lokale Variable haben grundsätzlich keine Bindung. Sie sind – wie der Name sagt – lokal in ihrem Gültigkeitsbereich. Im folgenden Programmsegment gibt es daher keine Möglichkeit, den Parameter i oder die Variable d ausserhalb des Funktionskörpers anzusprechen:

```
void f( int i )
{
    double d = i*2;
    ...
}
```

Dies würde auch wenig Sinn machen, da beide Variablen nach Beendigung der Funktion nicht mehr existieren.

❑ Mitglieder des globalen Gültigkeitsbereiches (also Funktionen und globale Variable) haben externe Bindung. Funktionen und globale Variable, die in einem Modul A definiert sind, können daher von einem anderen Modul B aus aufgerufen werden. In Modul B muss dazu eine Deklaration der Funktion bzw. der Variablen erfolgen.

📖📖 Der Modifizierer static

Das Schlüsselwort static hat unterschiedliche Bedeutungen, je nach Kontext, in dem es angewendet wird. Im Zusammenhang mit Klassen kommen weitere Bedeutungen hinzu, auf die wir bei der Besprechung des Klassenkonzepts eingehen[53].

📖 static und der globale Gültigkeitsbereich

Mitglieder des globalen Gültigkeitsbereiches können mit dem Schlüsselwort static versehen werden. Es bewirkt, dass die externe Bindung, die die Mitglieder des globalen Gültigkeitsbereiches normalerweise haben, zu einer internen Bindung abgeschwächt wird.

---

[53] Warum wurden bei der Definition der Sprache C++ nicht unterschiedliche Schlüsselworte für unterschiedliche Konzepte verwendet? Als Grund wird angegeben, dass jedes neue Schlüsselwort die Wahrscheinlichkeit erhöht, dass alte Programme nicht mehr laufen – nämlich dann, wenn das in Frage kommende Schlüsselwort bereits als Funktions- oder Variablenname verwendet wurde.

Dies ist z.B. sinnvoll, um Funktionen lokal zu einer Übersetzungseinheit zu definieren. Statische Funktionen sind zwar weiterhin global, können jedoch aus anderen Übersetzungseinheiten heraus nicht „gesehen" und damit auch nicht aufgerufen werden. Von dieser Möglichkeit wird gerne Gebrauch gemacht, um private Hilfsfunktionen (z.B. in einer Bibliothek) vor dem Zugriff durch andere Module zu schützen.

In C war static das Mittel der Wahl, um auf Modulebene private Daten und Funktionen zu realisieren. Auch in C konnte man damit bereits eine Trennung zwischen öffentlichen Teilen („Schnittstelle") und privaten Teilen („Implementierung") eines Systems erreichen:

❑ öffentliche Funktionen wurden „normal" definiert und waren somit aus anderen Modulen heraus aufrufbar. Sie bildeten die Schnittstelle, über die andere Module mit dem Modul kommunizieren konnten.

❑ private Funktionen wurden statisch definiert und waren somit für andere Module unsichtbar.

Dieser Gedanke der Trennung zwischen Schnittstelle und Implementierung ist einer der Kerngedanken der objektorientierten Programmierung. Auch heute kann in C++ static verwendet werden, um diese Trennung auf Modulebene zu implementieren. C++ stellt jedoch mit dem Klassenkonzept ein feineres und wesentliches leistungsfähigeres Sprachmittel bereit, um Schnittstelle und Implementierung zu trennen.

📖 Beispiel Zufallszahlengenerator

Betrachten wir als Beispiel für eine statische Variable ein Modul random einer Bibliothek, das Zufallszahlen bereitstellen soll. Ein gängiges Verfahren dazu ist die fortgesetzte Manipulation einer oder mehrerer Zahlen durch eine geeignete Funktion.

Eine der einfachsten Implementierungen[54] zeigt folgendes Listing:

```
//-- Modul random
//
static unsigned int val1 = 0x5324879f;
static unsigned int val2 = 0xb78d0945;

unsigned int zufallsZahl()
{
  unsigned int summe = val1 + val2;

  if ( summe < val1 || summe < val2 )
    summe++;

  val2 = val1;
  val1 = summe;

  return summe;
}
```

Hier ist `zufallsZahl` eine Funktion, die von anderen Modulen aufgerufen werden kann und bei jedem Aufruf eine andere Zufallszahl liefert. Die Zahl wird mit Hilfe der beiden Variablen `val1` und `val2` berechnet, die bei jedem Aufruf verändert werden und somit immer neue Werte erhalten. Die Variablen sind statisch deklariert und somit ausserhalb des Moduls nicht sichtbar, da sie für einen Benutzer des Moduls keinerlei Bedeutung haben, sondern lediglich für die Implementierung benötigt werden. Die Variablen werden automatisch beim Programmstart initialisiert.

Beachten Sie bitte, dass

❑ hier der Überlauf des Wertebereiches eines `unsigned int` ganz bewusst eingesetzt wird: Eine Summe positiver Zahlen kann theoretisch niemals kleiner als jeder ihrer Summanden sein – tritt dies trotzdem einmal auf, ist eben aufgrund des begrenzten Wertebereiches ein solcher Überlauf aufgetreten.

❑ das Verhalten bei einem Überlauf von vorzeichenlosen Variablen (*nicht* jedoch von vorzeichenbehafteten Variablen) vom Standard definiert wird. Dadurch wird hier z.B. erreicht, dass auf allen Rechnern, Betriebssystemen etc. mit gleicher Größe eines unsigned int überall aus der gleichen Anfangssituation die gleiche Folge von Zahlen entsteht. Die Verwendung eines vorzeichenlosen Datentyps stellt hier die Portabilität sicher.

---

[54] nach einer Idee von *Marc De Groot* aus dem Internet

In einem Modul B verwenden wir diese Funktionalität, um zehn Zufallszahlen auszugeben:

```
//-- Modul B
//
unsigned int zufallsZahl(); // Deklaration

for ( int i=0; i<10; i++ )
  cout << zufallsZahl() << " ";
```

Beachten Sie bitte, dass wir die Funktion `zufallsZahl` in B deklarieren müssen, um sie aufrufen zu können.

Als Ergebnis erhalten wir

```
179409125 1574312068 1753721193 3328033261 786787159 4114820420 606640284
426493409 1033133693 1459627102
```

Jeder Aufruf des Programms liefert die gleiche Folge von Zahlen. Der
Grund ist, dass die Ergebnisse der Funktion ja keineswegs zufällig
sind, sondern einem einfachen deterministischen Gesetz gehorchen.
Auf jedem Rechner und unter jedem Betriebssystem, auf dem der
verwendete Datentyp (hier `unsigned int`) die gleiche Größe hat,
wird die Funktion `zufallsZahl` die gleiche Folge produzieren.

Übung 7-3:

Erweitern Sie das Modul um eine Funktion, um den Startwert für `val1`
zu setzen, damit unterschiedliche Folgen produziert werden können.
Experimentieren Sie mit unterschiedlichen Startwerten. Gibt es geeig-
nete bzw. weniger geeignete Startwerte?

Übung 7-4:

Die Zufallszahlen sind alle sehr groß. Erweitern Sie das Modul um ei-
ne weitere Funktion, die Zufallszahlen in einem Bereich
`0..maxZufallsZahl` *zurückliefert. Die obere Grenze* `maxZufalls-`
`zahl` *soll durch den Benutzer des Moduls angegeben werden können.*
Hinweis: Hier kann der Modulo-Operator „`%`*"sinnvoll eingesetzt wer-*
den.

Übung 7-5:

Schreiben Sie schließlich eine weitere Funktion, die Zufallszahlen im Bereich 0..1 *als* double*-Werte zurückliefert.*

Übung 7-6:

Verwenden Sie nun die neuen Funktionen, um 1000 zufällige Buchstaben aus dem Bereich a-z *zu erzeugen und auszugeben. Hinweis: Der Typ* char *ist ein integraler Typ und kann daher in arithmetischen Ausdrücken verwendet werden.*

Fallstudie Datenverschlüsselung

Auf den ersten Blick scheint die Tatsache, dass der Algorithmus immer die gleiche Folge produziert (d.h. dass er *deterministisch* ist) ein Nachteil für die Verwendbarkeit in Anwendungen zu sein, die „wirkliche" Zufallszahlen benötigen[55]. Diese Einschränkung kann jedoch durch die Wahl unterschiedlicher Startwerte für val1 bzw. val2 umgangen werden. Ein gängiges Verfahren hierzu verwendet z.B. die Uhrzeit beim Programmstart um die beiden Variablen zu initialisieren.

Die Tatsache, dass der Algorithmus immer die gleiche Folge produziert, kann jedoch auch sinnvoll verwendet werden – z.B. zur Verschlüsselung von Daten. Dazu verknüpfen wir die Zufallszahlen mit den zu codierenden Daten (der *Nachricht*) so, dass eine einfache Umkehrung dieser Operation möglich ist.

Eine einfache Addition leistet dies bereits: die Umkehrung ist die Subtraktion, wobei wir wieder den Überlauf bzw. bei der Subtraktion dann den Unterlauf bewusst einsetzen. Folgende Funktion codiert auf diese Weise ein einzelnes Zeichen:

```
unsigned int codiere( char c )
{
  return zufallsZahl() + c;
}
```

---

[55] Eine andere Frage ist, ob es wirklich zufällige Abläufe überhaupt gibt, oder ob nur der zu Grunde liegende Algorithmus (z.B. beim Atomzerfall) noch unbekannt ist und uns deshalb „zufällige" Werte messen lässt.

Die Ausgabe einer Reihe von codierten Zeichen ist genauso „zufällig"
wie die eigentliche Folge der Zufallszahlen – ein Angreifer wird hier
Probleme haben, die Originaldaten zu finden, wenn er nicht die An-
fangswerte für val1 und val2 sowie den verwendeten Algorithmus
zur Gewinnung der Zufallszahlen kennt. Allerdings ist es bei Verwendung eines solch einfachen Algorithmus nicht besonders schwierig, die Werte für val1 und val2 durch Anwendung von etwas Mathematik in Ergänzung mit Probieren zu finden.

Kennt man die Werte für val1 und val2 (also im Normalfall der be-
rechtigte Empfänger), braucht nur die Addition umzukehren, um zu
den Originaldaten zu kommen. Folgende Funktion leistet dies:

```
char decodiere( unsigned int code )
{
  return code - zufallsZahl();
}
```

Voraussetzung ist lediglich, dass sowohl beim Sender als auch beim
Empfänger die gleiche Folge von Zufallszahlen verwendet wird. Dies
kann einfach dadurch erreicht werden, dass bei Sender und Empfänger die gleichen Ausgangswerte für val1 und val2 verwendet werden. Die Werte dieser beiden Variablen übernehmen daher die Rolle
eines *Schlüssels*: Jeder, der die zur Codierung verwendeten Anfangs-
werte der Variablen kennt, kann die Nachricht entschlüsseln. Für alle
anderen sieht der Code wie eine Folge von Zufallszahlen aus.

📖 Static und der local scope

Lokale Variable können ebenfalls als static definiert werden. In diesem Fall bleibt zwar die Bindung gleich (nämlich keine Bindung), jedoch behalten solche Variablen auch nach Verlassen ihres Gültigkeitsbereiches ihren Wert. Wird der Block wieder betreten, hat die
Variable ihren alten Wert. Ist eine Initialisierung angegeben, wird diese nur beim erstmaligen Betreten des Blocks ausgeführt.

☐ Beispiel: Aufrufzähler

Dieses Verhalten kann z.B. gut verwendet werden, um Werte zwischen mehrfachen Aufrufen einer Funktion zu behalten. Das klassische Beispiel ist ein Aufrufzähler:

```
void f()
{
  static int count = 0;
  cout << "Durchlauf Nr. " << ++count << endl;

  ... // weitere Implementierung f
}
```

Hier wird innerhalb der Funktion f die statische lokale Variable count definiert. Beim ersten Aufruf erhält sie den Wert 0, dann wird sie innerhalb der Ausgabeanweisung inkrementiert und ausgegeben. Beim ersten Aufruf wird daher die Zeile

```
Durchlauf Nr. 1
```

ausgegeben.

Wird f erneut aufgerufen, erfolgt keine Initialisierung mehr, stattdessen behält count den letzten Wert (hier 1). Nun erhält man als Ausgabe die Zeile

```
Durchlauf Nr. 2
```

Übung 7-7:

Verändern Sie den Aufrufzähler so, dass die Anzahl der Aufrufe über eine weitere Funktion (z.B. int f_count()) abgefragt werden kann. Verallgemeinern Sie das Konzept für mehrere Funktionen.

📖   **Beispiel: Rekursionszähler**

Ein anderer Anwendungsfall ist ein Zähler, der die Schachtelungstiefe eines rekursiven Aufrufs zählt. Dazu braucht man nur am Anfang der Funktion eine statische Variable zu inkrementieren und bei Beendigung der Funktion wieder zu dekrementieren.

```
void f()
{
  static int count = 0;
  cout << "Rekursiontiefe: " << count << endl;

  count++;

  ... // weitere Implementierung f

  count--;
}
```

Wird hier in der Implementierung von f erneut f aufgerufen, wird f wieder betreten, bevor count am Funktionsende erniedrigt werden konnte: es wird ein Wert >0 ausgegeben.

Als konkretes Beispiel sehen wir uns noch einmal die Funktion fak aus Kapitel 6 zur rekursiven Bestimmung der Fakultät einer Zahl an:

```
int fak( int i )
{
  if ( i==1 )
    return 1;
  else
    return i * fak( i-1 );
}
```

Schreibt man z.B.

```
cout << "Fakultät von 3 ist: " << fak( 3 ) << endl;
```

erhält man als Ergebnis

```
Fakultät von 3 ist: 6
```

Wie oft hat sich in diesem Beispiel `fak` selber rekursiv aufgerufen? Um dies festzustellen, rüsten wir die Funktion mit einem Rekursionszähler aus. Dabei ergeben sich jedoch zwei Probleme:

❑ Es gibt mehrere `return`-Anweisungen. Vor jedem `return` muss der Zähler dekrementiert werden. In größeren Funktionen kann man schon mal eine Stelle vergessen.

❑ Der rekursive Aufruf erfolgt erst in der `return`-Anweisung selber. Die Erniedrigung des Zählers vorher hätte deshalb die falsche Wirkung.

Zur Lösung muss man den rekursiven Aufruf und die `return`-Anweisung auftrennen. Dazu verwenden wir eine Hilfsvariable:

```
int fak( int i )
{
  int ergebnis;

  if ( i==1 )
    ergebnis = 1;
  else
    ergebnis = i * fak( i-1 );

  return ergebnis;
}
```

Nun können wir den Rekursionszähler korrekt formulieren:

```
int fak( int i )
{
  static int count = 0;
  cout << "Rekursiontiefe: " << count << endl;
  count++;

  int ergebnis;

  if ( i==1 )
    ergebnis = 1;
  else
    ergebnis = i * fak( i-1 );

  count--;
  return ergebnis;
}
```

Als Ergebnis der Anweisung

```
cout << "Fakultät von 3 ist: " << fak( 3 ) << endl;
```

erhält man nun

```
Rekursiontiefe: 0
Rekursiontiefe: 1
Rekursiontiefe: 2
Fakultät von 3 ist: 6
```

Übung 7-8:

Verändern Sie den Rekursionszähler so, dass im Falle einer endlosen Rekursion eine Meldung ausgegeben wird. Verwenden Sie z.B. 100 als Limit für die Rekursionstiefe.

Übung 7-9:

Verändern Sie den Rekursionszähler so, dass bei Beendigung der Funktion die maximal erreichte Rekursionstiefe ausgegeben wird.

8 Abgeleitete Datentypen und Modifizierer

Aus vorhandenen Datentypen lassen sich weitere Typen zusammen setzen: Strukturen, Felder, Unions sowie Zeiger und Referenzen sind die Sprachmittel, die C++ dazu bereitstellt. Im weiteren Sinne gehören auch Aufzählungen (enums) sowie Bitfelder dazu. Darüber hinaus können alle Datentypen mit Modifizierern ausgestattet werden, um gezielt einige Eigenschaften zu verändern. Dieses Kapitel gibt eine Übersicht über die Thematik, während die einzelnen Sprachmittel in den folgenden Kapiteln detailliert erläutert werden.

📖📖 Fundamentale, abgeleitete und benutzerdefinierte Datentypen

In Kapitel 3 haben wir die fundamentalen Datentypen vorgestellt – Typen, die von C++ selbst bereitgestellt werden. char, int, double, bool sowie die verschiedenen Ausprägungen wie long, short, signed oder unsigned gehören dazu. Aus diesen fundamentalen Typen lassen sich weitere Typen konstruieren, die zusammen gefasst als *abgeleitete Typen* bezeichnet werden. Folgende Tabelle zeigt die Möglichkeiten:

Schlüsselwort	Bedeutung
struct, class	Struktur (Aggregation)
union	Union
[]	Feld
*	Zeiger
&	Referenz
:<Konstante>	Bitfeld
enum	Aufzählung

Strukturen, Unions und Felder werden zusätzlich auch als *benutzerdefinierte Datentypen* bezeichnet. Sie können verwendet werden, um mehrere Datenelemente zu größeren Einheiten zusammen zu fassen und diese als Ganzes zu manipulieren. Einer der Designgrundsätze von C++ war, dass benutzerdefinierte Datentypen ge-

nauso behandelt werden können wie fundamentale Typen. Man kann
also Variablen bilden, Operatoren anwenden etc. Ein gut und korrekt
ausgestatteter benutzerdefinierter Datentyp kann in der Anwendung
praktisch nicht von einem fundamentalen Typ unterschieden werden.
Dies ist eine ganz wesentliche Eigenschaft der Sprache: Sie ermöglicht
es, dem jeweiligen Problem entsprechende Datentypen zu implementieren, die sich genauso bequem und natürlich handhaben lassen wie
die fundamentalen Typen[56]. Datentypen, die sich so handhaben lassen wie fundamentale Typen werden auch als *Datentypen Erster Klasse* (*first class objects*) bezeichnet. Dazu gehören u.a. die Kopierbarkeit
sowie die Möglichkeit zum Vergleich zweier Objekte.

Zeiger und Referenzen dienen dazu, auf andere Variable zu verweisen, weswegen wir sie zusammen gefasst als *Verweise* bezeichnen.
Normalerweise ist man also weniger an den Werten der Zeiger oder
Referenzen interessiert, als vielmehr an den Objekten, auf die sie
verweisen. Zeiger und Referenzen werden oft im Zusammenhang mit
dynamisch allokierten Objekten verwendet, d.h. Variablen, die erst
zur Laufzeit und unter der Kontrolle des Programms erzeugt (und
wieder zerstört) werden, sowie bei der Parameterübergabe bzw. –
Rückgabe an/von Funktionen.

Bitfelder werden verwendet, um eine bestimmte Anzahl Bits in einer
größeren Variablen mit Namen ansprechen zu können. Natürlich
kann man jederzeit mit Hilfe der Bitmanipulationsoperatoren einzelne
Bits integraler Datentypen lesen oder verändern, jedoch ist es damit
z.B. nicht möglich, dem ersten Bit eines int einen eigenen Variablennamen zuzuweisen. Bitfelder werden hauptsächlich in der ma-
schinennahen Programmierung verwendet, um eben bestimmte Bits
einzeln ansprechen zu können.

Aufzählungstypen schließlich sind Typen, die mehrere symbolische
Konstanten in Form einer Aufzählung zusammen fassen.

---

[56]   Vergleichen Sie diesen Ansatz einmal mit dem Ansatz von z.B. Java: dort gibt es
       einen konzeptionellen Unterschied zwischen fundamentalen Typen und benut-
       zerdefinierten Typen. Eine Folge davon ist z.B., dass eine lineare Liste nicht
       gleichzeitig Variablen beider Gruppen aufnehmen kann – in Java muss man da-
       her entweder alles doppelt implementieren oder sich auf eine Gruppe be-
       schränken. Normalerweise schreibt man Funktionen, Container etc. für die be-
       nutzerdefinierten Typen mit der Folge, dass man für jeden fundamentalen Typ
       einen benutzerdefinierten Type parallel hält, der die alleinige Aufgabe hat, eben
       ein benutzerdefinierter Typ zu sein – sonst könnte man ihn nicht verwenden.

📖📖 **Modifizierer**

C und C++ bieten eine Reihe von Schlüsselwörtern, die im Zusammenhang mit Variablendefinitionen sowie auch bei der Definition abgeleiteter Typen verwendet werden können. Folgende Tabelle gibt eine Übersicht:

Schlüsselwort	Bedeutung
`short, long, signed, unsigned`	Ausprägungen bei fundamentalen Typen (außer `bool`)
`const`	Konstanter Datentyp
`volatile`	Volatiler Datentyp
`register`	Variable soll in einem CPU-Register gehalten werden
`static`	verschiedene Bedeutungen
`extern`	Deklaration

Die Modifizierer `short`, `long`, `signed` und `unsigned` haben wir bereits in Kapitel 3 (Fundamentale Typen) vorgestellt. Sie beeinflussen die Größe (und damit den Wertebereich) bzw. die Verwendung des Vorzeichens bei den fundamentalen Typen `char`, `int` und `double`.

Der Modifizierer `const` bewirkt, dass das betroffene Objekt nicht verändert werden kann. In gewisser Weise das Gegenteil besagt `volatile`, nämlich dass das Objekt ausserhalb des Einflussbereiches des Programms verändert werden kann. Der Modifizierer `register` besagt schließlich, dass das betroffene Objekt wenn möglich in einem CPU-Register abgelegt werden soll.

Die Wirkung des Modifizierers `static` hängt vom Kontext ab. Die Wirkung im Zusammenhang mit globalen und lokalen Variablen haben wir in Kapitel 7 (Gültigkeitsbereich und Bindung) besprochen. Dabei geht es im Wesentlichen um eine Veränderung der Bindung des betroffenen Objekts. Eine weitere Bedeutung werden wir in Kapitel 21 (Statische Klassenmitglieder) im Zusammenhang mit Klassen kennen lernen.

Der Modifizierer `extern` wird zur Notation einer Deklaration (im Gegensatz zu einer Definition) verwendet. Dies haben wir in Kapitel 6 (Variablen und Objekte, Deklaration und Definition, Funktionen) besprochen.

📖📖 Das Schlüsselwort typedef

Die Definition zusammen gesetzter Typen – besonders zusammen mit mehreren Modifizierern – kann komplex werden. Mit Hilfe des Schlüsselwortes `typedef` kann man für einen Typ einen neuen Namen vergeben. Dies spart nicht nur Tipparbeit bei mehrfacher Verwendung eines komplizierten Typs, sondern dient vor allem zur Erhöhung der Lesbarkeit sowie zur Dokumentation.

9   Strukturen und Unions

Strukturen (auch als Aggregationen bezeichnet) dienen dazu, einen neuen Typ aus mehreren evtl. unterschiedlichen Datenelementen zusammen zu setzen. Während jedes Datenelement einer Struktur seinen eigenen Speicherbereich erhält, teilen sich die Datenelemente einer Union einen gemeinsamen Speicherbereich.

▭▭ Strukturen

▭   Strukturdefinition

Benötigt man mehrere Datenelemente immer gemeinsam, fasst man sie zu einer Struktur zusammen. Dazu verwendet man das Schlüsselwort `struct`:

```
struct Bruch
{
  int zaehler;
  int nenner;
};
```

Hier wurde eine Struktur `Bruch` definiert, die aus den *Mitgliedern* `zaehler` und `nenner` vom Typ `int` besteht.

▭   „Old-style" Definition

In C gibt es ebenfalls Strukturen, jedoch ist die Definition hier nur mit Hilfe des Schlüsselwortes `typedef` möglich:

```
typedef struct
{
  int zaehler;
  int nenner;
} Bruch;
```

Dies funktioniert selbstverständlich auch in C++, wird jedoch so in reinem C++-Code nur selten verwendet. Diese Definition „alten Stils" findet man jedoch regelmäßig dann, wenn Headerdateien von C-Bibliotheken eingebunden werden sollen.

⌘ Definition von Objekten

Die folgende Zeile definiert eine Variable („Objekt") vom Typ `Bruch`:

```
Bruch b;
```

Handelt es sich um eine lokale Variable, bleibt sie wie üblich uninitialisiert, d.h. ihre Mitglieder haben zufällige Werte. Im Falle einer globalen Variablen erhalten die Mitglieder den Wert 0.

Diese Syntax orientiert sich an der „normalen" und bereits bekannten Syntax zur Definition von Variablen der fundamentalen Typen. Neu ist jedoch die Möglichkeit, Objekte direkt bei der Typdefinition zu definieren:

```
struct Bruch
{
    int zaehler;
    int nenner;
} b;
```

Diese Notation definiert die Struktur `Bruch` und definiert in der gleichen Anweisung auch gleich die Variable b.

⌘ Anonyme Strukturen

Strukturen müssen nicht unbedingt einen Namen erhalten. Werden sie später nicht weiter benötigt, kann man sie auch *anonym* (d.h. ohne Namen) definieren:

```
struct
{
    int zaehler;
    int nenner;
} b;
```

Sinnvollerweise wird man zumindest ein Objekt von einer anonymen Strukturen definieren. Dies ist jedoch nicht unbedingt erforderlich, wie diese sinnlose, aber syntaktisch korrekte Definition zeigt:

```
struct
{
    int zaehler;
    int nenner;
};
```

📖 Zugriff auf die Mitglieder

Zum Zugriff auf die einzelnen Mitglieder einer Struktur wird der *Mitglieds-Zugriffsoperator „."* (*member access operator*) verwendet:

```
Bruch b;
b.nenner = 2;
b.zaehler = 1;

cout << "Zähler: " << b.zaehler << " Nenner: " << b.nenner << endl;
```

Als Ergebnis erhält man wie erwartet

```
Zähler: 1 Nenner: 2
```

📖 Initialisierung

Zur Initialisierung einer Strukturvariable wird folgende Syntax verwendet:

```
Bruch b = { 1, 2 };
```

Die Werte für die Initialisierung stehen in geschweiften Klammern in der Reihenfolge der Definition der zugehörigen Variablen in der Strukturdefinition. In unserem Falle erhält `zaehler` den Wert 1 und nenner den Wert 2. Die Liste der Werte in den geschweiften Klammern wird auch als *Initialisiererliste* bezeichnet.

Die Initialisierung der einzelnen Mitglieder über Initialisiererliste unterliegt den gleichen Regeln wie die Initialisierung der fundamentalen Datentypen. Insbesondere

❑ werden Konvertierungen durchgeführt, wenn benötigt

❑ darf die Initialisiererliste beliebige Ausdrücke enthalten.

Man kann also z.B. mit der Definition

```
struct Complex
{
  double re;
  double im;
};
```

eine Variable des Typs `Complex` folgendermaßen definieren und initialisieren:

```
double x = 2.7;
Complex c1 = { x*2.0, x/2.0 };
```

Die Initialisiererliste kann unvollständig sein, d.h. sie kann weniger Einträge haben als Strukturmitglieder vorhanden sind. Die „hinteren" Mitglieder der Struktur erhalten dann den Wert 0. Beispiel:

```
Complex c2 = { 1.5 }; // unvollständige Initialisierung
```

Hier erhält c2.re den Wert 1.5, c2.im den Wert 0.

Überzählige Initialisierer sind dagegen nicht erlaubt und führen zu einem Syntaxfehler bei der Übersetzung:

```
Complex c3 = { 1.0, 2.0, 3.0 }; // Fehler!
```

Beachten Sie bitte, dass auch eine unvollständige Initialisiererliste mindestens einen Wert beinhalten muss. Folgende Anweisung ist daher syntaktisch falsch:

```
Complex c4 = { }; // Fehler!
```

Übung 9-1:

Gibt es einen Unterschied in der Initialisierung des Mitglieds im *der Struktur* Complex *in den beiden folgenden Anweisungen?*

```
Complex c5;
Complex c6 = { 0 };
```

Grundsätzlich immer möglich ist die Initialisierung einer Strukturvariablen mit einer anderen Variablen des gleichen Typs:

```
Complex c7( c2 ); // Initialisierung mit gleichem Typ
```

bzw. in alternativer Schreibweise:

```
Complex c8 = c2;   // dito
```

📖 Zuweisung

Für Strukturen sind nur wenige Operatoren definiert. Ausdrücke wie z.B. die Addition in den Zeilen

```
Bruch b1 = { 1, 2 };
Bruch b2 = { 2, 3 };

Bruch b3 = b1 + b2; // Fehler!
```

wären zwar schön, sind jedoch unzulässig. Woher sollte der Compiler auch wissen, wie die Mitglieder einer beliebigen Struktur zu verarbeiten sind, damit eine sinnvolle Addition herauskommt? Schließlich können Strukturen ganz beliebige Mitglieder definieren. C++ schließt diese Lücke durch die Möglichkeit, Operatoren für eigene Strukturen selber zu definieren. In der Implementierung eines solchen Operators kann der Programmierer dann die Schritte angeben, die z.B. zur Addition von zwei Objekten einer Struktur (z.B hier Brüchen) erforderlich sind.

Eine der wenigen Operationen, die für Strukturen immer möglich sind, ist die Zuweisung. Es ist daher syntaktisch korrekt, eine Anweisung wie z.B.

```
b2 = b1;
```

zu schreiben. Hier werden einfach die einzelnen Mitglieder nacheinander kopiert.

Um so erstaunlicher ist es, dass schon einfache Vergleiche unzulässig sind. So ist es nicht möglich, etwa

```
if ( b1 == b2 ) // Fehler!
    ...
```

zu schreiben, obwohl auch hier ein einfacher Vergleich der einzelnen Mitglieder, mit logischem „und" verbunden, möglich wäre. Immer möglich ist jedoch die eigene Definition der benötigten Operatoren.

Übung 9-2:

Gibt es einen Unterschied zwischen den Anweisungen

```
Bruch b4 = b2;
```

und

```
Bruch b5; b5 = b2;
```

Übung 9-3:

Wo liegt der Unterschied zwischen den beiden folgenden Anweisungen:

```
Bruch b6 = { b2.zaehler };
```

und

```
Bruch b7 = ( b2.zaehler );
```

📖   Parameterübergabe

Variablen von Strukturen können als Parameter an Funktionen übergeben und von Funktionen als Ergebnis zurückgegeben werden. Schreibt man etwa

```
void print( Bruch b );
```

hat man hiermit eine Funktion deklariert, die einen Wert vom Typ Bruch übernimmt und nichts (void) zurückliefert. Man sagt auch: „print ist vom Typ Bruch".

Folgendes Programmsegment zeigt eine mögliche Implementierung:

```
void print( Bruch b )
{
  cout << '(' << b.zaehler << '/' << b.nenner << ')';
}
```

Die Funktion wird in der üblichen Weise aufgerufen:

```
Bruch b1 = { 1, 2 };
print( b1 );
```

Als Ergebnis erhält man

```
(1/2)
```

Analog verhält es sich mit der Ergebnisrückgabe. Folgende Funktion liefert den Kehrwert des übergebenen Bruches an den Aufrufer zurück:

```
Bruch kehrwert( Bruch b )
{
   Bruch ergebnis = { b.nenner, b.zaehler };
   return ergebnis;
}
```

Mit den Anweisungen

```
Bruch b2 = kehrwert( b1 );
print( b2 );
```

erhält man die Zeile

```
(2/1)
```

als Ergebnis.

Übung 9-4:

Schreiben Sie eine Funktion, die einen `Bruch` *als Parameter erhält und als Ergebnis den Wert als* `double` *zurückliefert.*

Übung 9-5:

Machen Sie die Funktion „sicher", indem Sie überlegen, was schief gehen kann und reagieren Sie entsprechend.

📖   **Temporäre Objekte**

Die Anweisungen

```
Bruch b2 = kehrwert( b1 );
print( b2 );
```

können zu einer Anweisung zusammen gefasst werden, sofern das
Zwischenergebnis b2 später nicht gebraucht wird. Schreibt man

```
print( kehrwert( b1 ) );
```

wird zunächst die Funktion `kehrwert` mit dem Parameter `b1` aufgerufen. Das Ergebnis wird dann als Parameter für `print` verwendet.
Obwohl es sich hier um eine einzige Anweisung handelt, werden logisch mehrere unabhängige Schritte durchgeführt:

❑ Die lokale Variable `b` der Funktion `kehrwert` (Formalparameter)
  wird mit dem Wert der Variablen `b1` aus dem aufrufenden Programm (Aktualparameter) initialisiert.

❑ Die Funktion `kehrwert` wird ausgeführt, die Variable `ergebnis`
  erhält einen Wert.

❑ Eine unsichtbare Zwischenvariable wird mit dem Wert von `ergeb-
  nis` initialisiert.

❑ Die lokale Variable `b` der Funktion `print` wird mit dem Wert der
  unsichtbaren Zwischenvariablen initialisiert.

❑ Die Funktion `print` wird ausgeführt.

An dieser Vorgehensweise sind drei Punkte beachtenswert:

❑ Die Schachtelung von Funktionsaufrufen ist problemlos möglich,
  auch wenn Variablen benutzerdefinierter Typen als Parameter ü-
  bergeben werden sollen.

❑ Es sind mehrere Kopiervorgänge erforderlich: sowohl für die Parameterübergabe (2x, jeweils 1x für Funktionen `kehrwert` und
  `print`) als auch für die Parameterrückgabe (1x).

❑ Neben den namentlichen Parametern und Variablen kommt eine *anonyme Variable* (*anonymous object*, d.h. eine Variable (Objekt) ohne bekannten Variablennamen) vor, die das Ergebnis der inneren Funktion aufnimmt und als Aktualparameter für die äußere Funktion wirkt. Die anonyme Variable wird auch als *temporäre Variable* bzw. *temporäres Objekt (temporary object)* bezeichnet, da sie nur während der Abarbeitung der aktuellen Anweisung existiert.

Der aufmerksame Leser wird sich erinnern, dass wir in Kapitel 6 bei der Besprechung der Variablen behauptet haben, dass Variablen neben Typ und zugeordnetem Speicherplatz auch immer einen Namen haben, der die Variable eindeutig von anderen Programmobjekten im gleichen Gültigkeitsbereich unterscheidet. Dies scheint bei anonymen Variablen nicht der Fall zu sein, denn anonym bedeutet ja gerade „ohne Namen". Dies ist jedoch nur aus Sicht des Programmierers so: er kann auf anonyme Variable nicht direkt zugreifen, aus Sicht des Compilers sind es jedoch ganz normale Variable, denen beim Übersetzungsvorgang ein interner Name zugeordnet wird. Anonyme Objekte sind daher nicht etwa Objekte ohne Namen, sondern genau genommen Objekte ohne *bekannten* Namen.

Temporäre Objekte werden regelmäßig dann verwendet, wenn eine mehrstufige Operation auszuführen ist. Regelmäßig sind dann auch ein- oder mehrere Kopiervorgänge mit einem solchen Objekt erforderlich. Leider kann man es dem Programmcode nicht immer so einfach wie in unserem Beispiel ansehen, ob temporäre Objekte und die damit einhergehenden Kopieraktionen erforderlich sind – der Compiler erzeugt diese zusätzlichen Objekte ja für den Programmierer völlig unsichtbar. Bei größeren Objekten kann der damit verbundene Aufwand schon beträchtlich werden. Die Aussage, dass C++ langsam sei, ist zu einem nicht zu unterschätzenden Teil auf solche versteckt ablaufenden Operationen zurückzuführen.

Glücklicherweise gibt es Programmiertechniken, unnötiges Kopieren zu vermeiden. Insbesondere *Zeiger* und *Referenzen* können dazu eingesetzt werden. Außerdem kann der Compiler temporäre Objekte nach Belieben wegoptimieren, wenn sich das Verhalten des Programms dadurch nicht ändert – wie z.B. bei der *Rückgabeparameter-Optimierung* (*return value optimization*), die wir in Kapitel 20 besprechen. Dies macht es noch schwieriger, einer konkreten Anweisung anzusehen, ob temporäre Objekte im Spiel sind, oder nicht. Wir werden an den entsprechenden Stellen im Buch noch einmal auf die Problematik eingehen.

Größe von Strukturen und „Padding"

Der Platzbedarf einer Struktur ist mindestens so groß wie der Platzbedarf der einzelnen Mitglieder. „Mindestens" deshalb, weil es möglich ist, dass der Compiler bei der Anordnung der Mitglieder „Luft" zwischen den einzelnen Mitgliedern lässt, um eine günstige Anordnung im Speicher zu erreichen.

Wie die Anordnung von Strukturmitgliedern vorgenommen wird, ist compilerspezifisch. Auf Intel-Plattformen benötigt die folgende Struktur in der Standardeinstellung des Compilers z.B. 8 Byte:

```
struct S
{
  short m1;
  int   m2;
};
```

Dabei beträgt die Größe eines int 4 Byte und die eines short 2 Byte. Die restlichen 2 Byte bleiben ungenutzt. Man erhält also folgendes Speicherlayout:

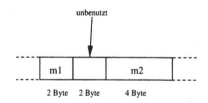

Bild 9.1:   **Speicherlayout einer Struktur**

Der Grund für das „Loch" in der Mitte des Speicherbereiches liegt in einer Eigenart der meisten Prozessorarchitekturen begründet: der Zugriff kann wesentlich effizienter erfolgen, wenn es sich um eine spezielle (hier: durch 4 teilbare[57]) Adresse handelt. Sind einzelne Variablen kleiner als 4 Byte, entstehen entsprechend große Löcher.

Meist bieten Compiler Einstellungsmöglichkeiten, um diese sog. *Packung* (a*lignment*) von Strukturmitgliedern zu steuern. Eine dichtere Packung (mit weniger Zwischenräumen) kann Platz sparen, jedoch benötigt der Zugriff auf die Mitglieder dann mehr Zeit und zusätzlichen Code. Bis auf Sonderfälle lohnt sich daher eine manuelle Steuerung der Packung nicht.

Übung 9-6:

Wie ist der Platzbedarf, wenn man die Anordnung der beiden Mitglieder wie im folgenden Beispiel umdreht?

```
struct S
{
  int    m2;    // zuerst int, dann short
  short  m1;
};
```

🕮   **Strukturen mit nur einem oder gar keinen Mitgliedern**

Die Anzahl der Mitglieder einer Struktur ist nicht beschränkt. Insbesondere sind Strukturdefinitionen mit nur einem Datenelement sowie leere Strukturen explizit erlaubt.

Folgendes Beispiel zeigt zwei Strukturen mit nur einem Mitglied:

```
struct DM
{
  int wert;
};

struct Dollar
{
  int wert;
};
```

---

[57]   dieser Wert ist prozessorspezifisch. Für Intel 32-Bit Architekturen ist 4 korrekt, für größere Rechner kann der Wert z.B. auch 64 sein.

Worin liegt der Sinn solcher Definitionen? Warum verwendet man nicht einfach den fundamentalen Typ `int` zur Repräsentation der beiden Währungen?

Der springende Punkt hier ist die Tatsache, dass es sich bei den beiden Strukturen um unterschiedliche Typen handelt. Schreibt man etwa

```
void f( DM );
```

ist sofort klar, dass die Funktion `f` mit einem DM-Betrag aufgerufen werden muss. Dies hat nicht nur dokumentatorischen Charakter, sondern wird durch den Compiler sichergestellt. Ein Aufruf wie z.B. in der Anweisungsfolge

```
Dollar betrag = { 5 };
f( betrag ); // Fehler!
```

kann nun vom Compiler als Fehler erkannt werden.

Betrachten wir zum Vergleich die Implementierung mit Hilfe von `int`:

```
//-- diese Funktion macht dies ... und jenes ...
//   Der Parameter ist in DM
//
void f( int betrag );
```

Hier hat der Programmierer zwar einen Kommentar über den korrekten Aufruf der Funktion hinzugefügt, dies schützt jedoch nicht gegen Programmierfehler wie z.B. in folgendem Codesegment:

```
int betrag = 5; // Angabe in Dollar
f( betrag ); // syntaktisch ok
```

Kein Compiler kann logische Fehler dieser Art erkennen. Folgen die beiden Anweisungen direkt aufeinander, wird der Fehler wahrscheinlich bei einer Codeinspektion schnell gefunden werden. Steht jedoch zwischen beiden Anweisungen weiterer Code oder gibt es noch viele weitere Typen (Lira, Pfund...) ist ein solcher Fehler schon wahrscheinlicher. In großen Programmen ist es fast unvermeidlich, solche oder verwandte Fehler zu machen, insbesondere wenn das Programm über lange Zeit entwickelt und (evtl. von verschiedenen Teams oder Programmierern) gepflegt wird. Ein prominentes Beispiel hierfür ist der Verlust der Marssonde *Mars Climate Orbiter* am 24.9.1999, weil Teile des Gesamtsystems mit dem metrischen System (Meter), andere Teile jedoch mit dem Englischen System (feet, inches) gerechnet hatten[58]. Die Interpretation einer inch-Größe als cm-Wert führte dann unweigerlich zum Desaster.

Übung 9-7:

Braucht die Version mit jeweils eigenen Datentypen für DM, Dollar, Pfund etc.mehr Speicherplatz oder Laufzeit als eine Version, die direkt mit int arbeitet?

Es kann manchmal sinnvoll sein, vollständig leere Strukturen zu definieren. Es gibt Situationen, in denen man unterschiedliche Typen benötigt, ohne jemals auf Werte zugreifen zu wollen. Leere Strukturen wie z.B. in den Definitionen

```
struct S1 {}; // leere Struktur
struct S2 {}; // dito
```

erfüllen diesen Zweck.

Beachten Sie bitte, dass S1 und S2 hier unterschiedliche Typen sind.

Obwohl eine leere Struktur keine Mitglieder besitzt, ist die Größe eines Objekts einer solchen Struktur immer größer 0 (der genaue Wert ist implementierungsabhängig). Damit ist sichergestellt, dass auch leere Strukturen z.B. zur Bildung von Feldern verwendet werden können, und dass jede Variable einer solchen Struktur einen (eigenen) Speicherbereich und damit eine eigene Adresse besitzt.

Übung 9-8:

Bestimmen Sie den Platzbedarf eines Objekts einer leeren Struktur für Ihren Compiler.

---

[58] Das Problem betraf allerdings zwei unabhängige Computersysteme in den Bodenstationen, die räumlich weit entfernt voneinander lagen. Es hätte aber genau so gut innerhalb eines Softwaresystems passieren können, das von mehreren Abteilungen entwickelt wird.

📖   **struct und class**

Anstelle des Schlüsselwortes `struct` kann auch das Schlüsselwort `class` zur Definition einer Struktur verwendet werden. Die Codezeilen

```
class Bruch
{
  int zaehler;
  int nenner;
};
```

definieren ebenfalls eine Struktur `Bruch`, jedoch sind die Mitglieder `zaehler` und `nenner` so nicht von außen zugreifbar. Anweisungen wie z.B.

```
Bruch b;
b.nenner = 2;   // Fehler!
```

resultieren in einem Syntaxfehler – aber nicht, weil etwa b oder nenner unbekannt wären, sondern weil nenner *privat* ist. Dies ist die Standardeinstellung bei der Definition mit `class`, die jedoch verändert werden kann:

```
class Bruch
{
public:
  int zaehler;
  int nenner;
};
```

Jetzt ist obiger Zugriff möglich. Umgekehrt können in C++ auch struct-Mitglieder explizit als privat deklariert werden, um einen Zugriff von außen auszuschließen:

```
struct Bruch
{
private:
  int zaehler;
  int nenner;
};
```

Ausblick auf das Klassenkonzept

Wozu dienen private Mitglieder, wenn man nicht darauf zugreifen kann? Der kleine Unterschied liegt in der Formulierung *von außen*. Selbstverständlich kann man auf private Mitgliedern zugreifen, nur eben nicht von „außerhalb" der Struktur.

Strukturen können in C++ neben Datenmitgliedern auch Funktionsmitglieder besitzen, und diese können durchaus auf private Daten der Struktur zugreifen. Diese Funktionsmitglieder sind die wesentliche Neuerung, die Klassen von einfachen Strukturen unterscheiden. Das objektorientierte Konzept der *Klasse* baut in C++ also syntaktisch auf dem Strukturkonzept wie es bereits in C vorhanden ist auf. In der Tat sind auch die einfachen Strukturen `Bruch` und `Complex` bereits vollwertige Klassen, zumindest was die Syntax betrifft.

Im täglichen Sprachgebrauch verwendet man die Begriffe *Struktur* bzw. *Aggregation* meist dann, wenn man den Datenaspekt in den Vordergrund stellen will: Eine Struktur bzw. Aggregation ist eine Zusammenfassung von Datenelementen unter einem eigenen Namen – so wie in diesem Kapitel vorgestellt. Von einer *Klasse* spricht man dagegen dann, wenn man den objektorientierten Aspekt betonen will: Eine Klasse ist eine selbständige Einheit, bestehend aus Daten und Funktionen, die einen bestimmten Service für andere bietet. Mit der objektorientierten Sichtweise sowie den dafür in C++ vorhandenen Sprachmitteln beschäftigt sich der zweite Teil des Buches ab Kapitel 17.

📖📖 Unionen

📖 Definition

Unionen (*unions*) werden genauso wie Strukturen definiert und behandelt – anstelle des Schlüsselwortes `struct` (bzw. `class`) verwendet man das Schlüsselwort `union`:

```
union Variant
{
  int  i;
  double d;
  char c;
};
```

📖 Unionen und Strukturen

Der Unterschied zu einer Struktur ist, dass bei einer Union alle Datenelemente an der gleichen Adresse, also sozusagen „übereinander" liegen. Die Größe einer Union berechnet sich aus der Größe des größten Elementes.

Definition, Zugriff, Initialisierung etc. funktionieren im Wesentlichen identisch zu Strukturen. Es gibt jedoch einige Unterschiede, die aus der Tatsache herrühren, dass die Mitglieder einen gemeinsamen Speicherbereich teilen. So ist z.B. eine Initialisierung wie in

```
Variant v = { 1, 2.1415, 'x' };   // Fehler!
```

sinnlos, da bei allen drei Teilinitialisierungen der jeweils vorige Wert überschrieben würde. Initialisiererlisten für Unionen können daher lediglich einen einzigen Initialisierer enthalten. Dieser wirkt auf das erste Element in der Union:

```
Variant v = { 1 };             // ok
```

📖 Speicherlayout

Nimmt man für `int` eine Größe von 4 Byte, für `double` 8 und für `char` 1 Byte an, erhält man für obige Union folgendes Speicherlayout:

Bild 9.2: **Speicherlayout einer Union**

📖 Anwendungsfälle für Unionen

Die Tatsache, dass in einer Union alle Mitglieder den gleichen Speicherbereich teilen, macht Unionen für die beiden folgenden Problemstellungen interessant:

❏ Das Bitmuster eines Wertes soll mit einem anderen Typ interpretiert werden.

❏ Es wird eine Datenstruktur benötigt, die zur Laufzeit Werte unterschiedlicher Typen aufnehmen kann (*Variante*, engl. *variant*).

📖 Beispiel: Vertauschen von Bytes

Möchte man z.B. die zwei Bytes eines `short int`[59] einzeln bearbeiten, kann man folgende Konstruktion verwenden:

```
struct TwoChars
{
  char c1;
  char c2;
};

union ShortChars
{
  short     shortWert;
  TwoChars charWert;
};
```

---

[59] Wir nehmen hier an, dass ein *short int* wie auf allen gängigen Plattformen üblich, zwei Bytes benötigt.

In der Union ShortChars liegen nun die Mitglieder shortWert und charWert auf dem gleichen Speicherbereich. Beide benötigen 2 Bytes, so dass das short vollständig über die beiden chars c1 und c2 angesprochen werden kann.

Folgendes Codesegment verwendet ShortChars, um die beiden Bytes eines short zu vertauschen:

```
ShortChars sc;

sc.shortWert = 1;

char c = sc.charWert.c1;
sc.charWert.c1 = sc.charWert.c2;
sc.charWert.c2 = c;

cout << "Wert nach Vertauschen der Bytes: " << sc.shortWert << endl;
```

Als Ergebnis erhält man

```
Wert nach Vertauschen der Bytes: 256
```

Übung 9-9:

Schreiben Sie eine Funktion, die ein short int *übernimmt, die beiden Bytes vertauscht und das Ergebnis zurückliefert. Verwenden Sie die Funktion, um die Wirkung des Vertauschens auf die Zahlen 0..1000 zu erkunden.*

Übung 9-10:

Die Struktur TwoChars *wird nur innerhalb von* ShortChars *verwendet. Formulieren Sie* ShortChars *mit Hilfe einer anonymen Struktur um die explizite Definition von* TwoChars *einzusparen.*

📖 **Beispiel: Varianten**

Eine *Variante* ist eine Datenstruktur, die zur Laufzeit Daten unterschiedlicher Typen aufnehmen kann – eine „typlose" Variable sozusagen.

Eine solche Datenstruktur kann bequem mit Hilfe einer Union implementiert werden. Möchte man im gleichen Speicherbereich z.B. wahlweise ganze Zahlen, Zeichen oder Fließkommazahlen speichern, definiert man

```
union Variant
{
  int i;
  double d;
  char c;
};
```

Nun kann man wahlweise z.B.

```
Variant v;
v.i = 1;    // Speicherung einer Ganzzahl
```

oder

```
v.d = 2.1415;    // Speicherung einer Fließkommazahl
```

schreiben.

Das Problem dabei ist allerdings, dass man dem Objekt v nicht so einfach ansehen kann, welchen Datentyp es gerade repräsentiert. Diese Information kann nicht in der Union selber gespeichert werden, sondern muss ausserhalb mitgeführt werden.

Die Standardlösung bettet die Union in eine Struktur mit einem zusätzlichen Datenelement ein, dessen Wert den aktuellen Typ repräsentiert:

```
union VariantInnen
{
  int i;
  double d;
  char c;
};

struct Variant
{
  int          typ; // 0: int, 1: double, 2: char
  VariantInnen wert;
};
```

oder eleganter mit einer *anonymen Union*:

```
struct Variant
{
  int  typ; // 0: int, 1: double, 2: char

  union
  {
    int i;
    double d;
    char c;
  } wert;

};
```

Das Mitglied `typ` muss vom Anwender selber korrekt besetzt werden.
Man schreibt also z.B.

```
//-- Speicherung eines integers
//
v.typ = 0;
v.wert.i = 10;

//-- Speicherung eines double
//
v.typ = 1;
v.wert.d = 2.1415;
```

Vor Verwendung der gespeicherten Daten kann man nun den Typ
abfragen und entsprechend reagieren.

Übung 9-11:

Schreiben Sie eine Funktion, die ein Objekt vom Typ Variant *übernimmt und den Wert ausgibt.*

Übung 9-12:

Schreiben Sie eine Funktion, die ein Objekt vom Typ Variant *übernimmt und die Werte addiert, sofern dies sinnvoll ist (also nicht bei
char). Die Funktion soll das Ergebnis wieder als* Variant *zurückliefern. Überlegen Sie, was man im Falle des Versuchs, eine Addition mit
Zeichen durchzuführen, tun könnte.*

📖 Sind Unionen Objekte?

In Kapitel 6 haben wir behauptet, dass ein Objekt (bzw. eine Variable) drei wesentliche Merkmale hat: einen im Gültigkeitsbereich eindeutigen Namen, einen wohldefinierten Typ und einen zugeordneten Speicherbereich. Sind Variablen von Unionen dann Objekte im Sinne dieser Definition? Es ist doch gerade die besondere Eigenschaft einer Union, den Speicherbereich mit mehreren Variablen (sinnvollerweise unterschiedlicher Typen) zu teilen. Hier scheint das Merkmal „zugeordneter Speicherbereich" zu fehlen.

Schreibt man z.B.

```
union Variant
{
  int i;
  double d;
  char c;
};

Variant v;
```

erfüllt die Variable v alle drei genannten Kriterien: das Objekt besitzt einen Namen (v), es hat einen wohldefinierten Typ (Variant) und es belegt einen zugeordneten Speicherbereich (der Größe sizeof(double)).

Genauso sieht die Sache für die Mitgliedsvariablen von Variant aus: i, d und c besitzen Namen, Typ und Speicherbereich: nur dass dieser eben nicht für jede Variable unterschiedlich ist. Dies ist aber auch nicht erforderlich: Es ist durchaus zulässig, dass sich mehrere Variable den gleichen Speicherbereich teilen. Im Zusammenhang mit Zeigern und Referenzen werden wir noch weitere solche Fälle kennenlernen. Im allgemeinen Fall spricht man hier von *Aliasing*.

10 Felder

Felder dienen dazu, eine Reihe von Datenelementen gleichen Typs zusammen zu fassen. Im Gegensatz zu Strukturen wird auf die Datenelemente nicht über ihren Namen, sondern über einen Index zugegriffen.

📖📖 Felddefinition

Während in einer Struktur Datenelemente mit potentiell unterschiedlichen Typen zusammen gefasst werden, besteht ein Feld aus einer Reihe von Elementen gleichen Typs.

Ein Feld wird durch angehängte eckige Klammern mit der Dimension nach der Variablen notiert. Folgende Anweisungen definieren Felder:

```
int i[ 10 ];    // Feld mit 10 Integern
double d[ 20 ]; // Feld mit 20 Fließkommazahlen
```

📖📖 Speicherlayout

Die Elemente eines Feldes sind im Speicher nacheinander anschließend angeordnet, potentielle Leeräume wie bei Strukturen gibt es bei Feldern nicht. Für ein Feld mit 10 Elementen erhält man also folgendes Speicherlayout:

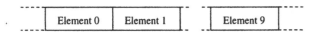

Bild 10.1: **Speicherlayout eines Feldes mit 10 Elementen**

📖📖 Zugriff auf die Elemente

Zum Zugriff auf die einzelnen Elemente eines Feldes wird der *Feldzugriffsoperator* [] verwendet. Die Anweisung

```
i[0] = 2;
```

besetzt das *erste* Feldelement mit dem Wert 2.

Beachten Sie bitte, dass die Indizes mit 0 beginnen. Das erste Feldelement hat den Index 0, das letzte den Wert <Feld-Dimension>-1.

```
d[19] = 1.5; // Zugriff auf das letzte Feldelement
```

Der Feldzugriff erfolgt ohne jede Prüfung der Gültigkeit. Mit obiger Felddefinition ist es ohne weiteres möglich, Anweisungen wie z.B.

```
int v = days[ 355 ];
int w = days[ -1 ];
```

zu schreiben. Es wird dann auf eine Speicherstelle zugegriffen, die einem Feld der entsprechenden Größe entsprechen würde. Dort liegen natürlich andere Variablen, Codeteile etc, jedenfalls gehört die Speicherstelle nicht mehr zum Feld. Das Verhalten ist undefiniert, mit den entsprechenden potentiellen Folgen im Falle eines schreibenden Zugriffs.

📖📖 Initialisierung

Analog wie bei Strukturen wird zur Initialisierung von Feldern eine Initialisiererliste verwendet, die in geschweiften Klammern steht:

```
int i[3] = { 1, 4, 8 };
```

Auch hier kann analog wie bei der Initialisierung von Strukturen die Initialisiererliste weniger Einträge erhalten, als das Feld Elemente hat (unvollständige Initialisiererliste). Die „übrigen" Elemente erhalten dann den Wert 0:

```
int i[3] = { 1 }; // i[1] und i[2] erhalten den Wert 0
```

Überzählige Initialisierer sind nicht erlaubt:

```
int i[3] = { 1, 4, 8, 16 }; // Fehler!
```

Im Gegensatz zu Strukturen ist bei Feldern die Initialisierung mit einer Variable gleichen Typs jedoch *nicht* möglich:

```
int i1[3];

int i2[3](i1);   // Fehler!
int i3[3] = i1;  // Fehler!
```

Es bleibt lediglich die Möglichkeit, das Feld uninitialisiert zu lassen und in einer weiteren Anweisung zu kopieren.

📖📖 Implizite Dimension

Wird ein Feld durch eine Initialisiererliste initialisiert, kann die Angabe der Dimension fehlen:

```
int i[] = { 1, 4, 8 }; // i erhält Dimension 3
```

Die Dimension ergibt sich hier implizit aus der Anzahl der Werte in der Initialisiererliste.

📖📖 Zuweisung

Eine Zuweisung von Feldern – auch gleicher Dimension – ist nicht möglich.

```
int i1[3] = { 1, 4, 8 };
int i2[3];

i2 = i1; // Fehler!
```

Man muss sich mit einer expliziten Kopie behelfen. Dazu gibt es in der Praxis zwei Lösungen:

❏ Man bemüht eine Bibliotheksfunktion, die den Speicherplatz des Feldes kopiert. Beispiel:

```
int i[3] = { 1, 4, 8 };
int i2[3];
memmove( i2, i, sizeof(i2) ); // kopiert 12 Bytes auf 32-Bit-Architektur
```

Die Funktion memmove aus der Standardbibliothek kopiert einen Speicherbereich von der Adresse des zweiten Arguments zur Adresse des ersten Arguments. Das dritte Argument erhält die Anzahl Bytes, die zu kopieren sind. Beachten Sie bitte, dass wir hier den sizeof-Operator verwenden und damit unabhängig von der Größe eines int sowie von der Dimension des Feldes sind.

Eine modernere Version verwendet die Schablone copy aus der Standardbibliothek:

```
int i[3] = { 1, 4, 8 };
int i2[3];
copy( i, i+3, i2 );
```

Auch hier werden drei Feldelemente kopiert, nämlich die drei Elemente der *Sequenz*, die durch die beiden *Iteratoren* i und i+3 (ausschließlich) definiert ist. Das Ziel des Kopiervorganges ist die Stelle, die durch Iterator i2 bestimmt wird.

Während memmove konzeptionell mit Speicherbereichen arbeitet (die Argumente sind Zeiger), kopiert copy *Objekte* aus einer *Sequenz*, die durch *Iteratoren* spezifiziert werden, an eine andere Stelle. Die Begriffe „Sequenz" und „Iterator" kommen aus dem STL-Teil[60] der Standardbibliothek, die sich im Wesentlichen mit Containern und Operationen auf Objekte in Containern befasst. Die STL ist so angelegt, dass auch einfache Felder das Kriterium einer Sequenz erfüllen, genauso erfüllen einfache Zeiger die Kriterien für Iteratoren. Die genauere Vorstellung dieser Konzepte (Sequenzen, Container, Iteratoren etc.) müssen wir aus Platzgründen auf ein weiteres Buch [Aupperle2003] verschieben[61]. Dieses Beispiel soll lediglich zeigen, dass die mächtigen Algorithmen der STL (hier vertreten durch einen einfachen Kopiervorgang) auch auf die einfachen C-Felder angewendet werden können. Während für copy in unserem Fall auch noch das eher bekannte memmove verwendet werden kann, gibt es für die komplizierteren Algorithmen der STL (wie z.B. binäres Suchen oder Sortieren) keine einfachen Entsprechungen mehr.

❏ Man verwendet eine explizite Schleife und kopiert jedes Feldelement einzeln. Beispiel:

```
int i[3] = { 1, 4, 8 };
int i2[3];

for ( int j=0; j<3; j++ )
   i2[j] = i1[j];
```

---

[60] STL steht für *Standard Template Library*. Die STL war früher eine eigenständige Bibliothek, wurde aber dann in die C++-Standardbibliothek integriert.

[61] Informationen zur Standardbibliothek finden sich außerdem z.B. in [Josuttis1999] und natürlich auch in [Stroustrup1999].

In beiden Fällen gibt es wie bei Feldern üblich keine Warnung bei einem falschen Index. Ein gern gemachter Anfängerfehler ist z.B. die Formulierung der Schleife wie folgt:

```
for ( int j=0; j<=3; j++ ) ...
```

Hier ist die obere Grenze der Schleife nicht korrekt – es wird auf ein Element „hinter" dem Ende des Feldes zugegriffen – das Verhalten ist undefiniert.

📖📖 Parameterübergabe

Es ist *nicht* möglich, ein Feld als Parameter an eine Funktion zu geben bzw. ein Feld aus einer Funktion zurückzugeben. Schreibt man z.B.

```
void print3( int f[3] )
{
  for ( int i=0; i<3; i++ )
    cout << f[i] << " ";
}
```

und ruft die Funktion wie folgt auf:

```
int f[3] = { 1, 2, 3 };
print3( f );
```

erhält man das erwartete Ergebnis: Die drei Elemente des Feldes werden ausgegeben. Wo ist also das Problem?

Das Problem ist, dass nicht etwa das Feld selber an die Funktion übergeben wurde, so wie man es von allen anderen Datentypen her kennt, sondern nur ein Verweis auf das Feld. Man kann dies erkennen, indem man das Feld in einer Funktion verändert und dann prüft, ob das Originalfeld unverändert geblieben ist.

Schreibt man also

```
void change( int f[3] )
{
  f[1] = 99;
}
```

und

```
int f[3] = { 1, 2, 3 };
change( f );
print3( f );
```

erhält man als Ergebnis

```
1 99 3
```

Die Funktion change arbeitet also nicht mit einer Kopie ihres Parameters, sondern mit dem Parameter selber! Dieses Verhalten ist ein Spezialfall für Felder und tritt ansonsten bei keinem anderen Datentyp auf. Felder nehmen daher im Typsystem von C++ eine Sonderstellung ein, die eng mit dem Verhalten von *Zeigern* verbunden ist. Leider macht diese Eigenschaft Felder für die Praxis schwieriger im Umgang.

Anmerkung: Die Felddimension spielt in Formalparametern *keine* Rolle. Die folgenden Funktionsdeklarationen sind *identisch* (d.h. deklarieren die gleiche Funktion):

```
void print3( int f[3] );
void print3( int f[10] );
void print3( int f[] );
void print3( int* );        // Zeigertyp, siehe folgende Kapitel
```

Auch diese eigenartige Besonderheit macht den Umgang mit Feldern nicht eben leichter. Grundsätzlich ist es so, dass in den meisten Fällen (die Parameterübergabe gehört dazu) ein Feld sofort zu einem Zeiger auf das erste Element umgewandelt wird.

Wir kommen in den nächsten Kapiteln bei der Besprechung von Zeigern noch genauer auf diesen Zusammenhang zurück.

📖📖 Mehrdimensionale Felder

Felder können mehrdimensional sein. Oft werden z.B. zweidimensionale Felder (*Matrizen*) benötigt:

```
int f[3][3]; // 3x3-Matrix
```

Der Zugriff auf die Feldelemente erfolgt in der naheliegenden Weise:

```
f[1][1] = 0;
```

Ein mehrdimensionales Feld wird im Speicher so angeordnet, dass die Dimensionen von rechts nach links „laufen". So folgt z.B. `f[0][1]` im Speicher auf `f[0][0]`.

Die Anordnung der Elemente im Speicher ist unter anderem für die Initialisierung wichtig. Schreibt man z.B.

```
int f[3][3] = { 1, 2, 3, 4, 5, 6, 7, 8, 9 };
```

erhält f[0][1] (und nicht f[1][0]) den Wert 2.

Übung 10-1:

Schreiben Sie eine geschachtelte Schleife („Schleife in der Schleife"), die die Matrix zweidimensional ausdruckt. Das Ergebnis sollte also aus drei Zeilen mit je drei Spalten bestehen.

Wie üblich kann die Initialisiererliste unvollständig sein – nicht angegebene Elemente erhalten den Wert 0. Die Anweisung

```
int f[3][3] = { 1, 2, 3, 4 };
```

entspricht also

```
int f[3][3] = { 1, 2, 3, 4, 0, 0, 0, 0, 0 };
```

📖 Ein Feld von Feldern

Syntaktisch gesehen ist ein mehrdimensionales Feld ein Feld von Feldern. In der Initialisiererliste können diese „Unterfelder" einzeln angesprochen werden:

```
int f[3][3] = { { 1, 2, 3 }, { 4, 5, 6 }, { 7, 8, 9 } };
```

Auch die Initialisiererlisten der Unterfelder können unvollständig sein:

```
int f[3][3] = { { 1, 2 }, { 4 }, { 7, 8, 9 } };
```

Hier erhalten die Elemente f[0][2], f[1][1] und f[1][2] den Wert 0.

📖 Ein häufig gemachter Fehler

Schreibt man

```
int f[3][3];
```

ist f formal ein Feld mit drei Einträgen, dabei sind die Einträge selber Felder.

Der Ausdruck

`f[1]`

ist daher zulässig und liefert das zweite Element (hier also selber wieder ein Feld) innerhalb `f`. Neben sinnvollen Anwendungen des Zugriffs auf solche Unterfelder ist nun jedoch auch z.B. der Ausdruck

`f[1,2]` `// syntaktisch OK`

syntaktisch korrekt. Dabei wird zunächst der Teilausdruck

`1,2`

ausgewertet, das Ergebnis ist 2. Man erhält also insgesamt das letzte Unterfeld als Ergebnis. Wahrscheinlich hatte der Programmierer allerdings

`f[1][2]`

gemeint.

📖📖 Einige Anmerkungen zu Feldern

Es ist auf den ersten Blick nicht klar, warum Felder nicht grundsätzlich genauso behandelt werden können wie Strukturen. Warum gibt es bei Strukturen padding, bei Feldern aber nicht? Warum können Felder nicht kopiert werden, Strukturen aber schon?

Die Antwort dieser Fragen liegt tief in fundamentalen Eigenschaften von Feldern und Strukturen in der Programmiersprache C verborgen. Dort ist es so, dass nahezu jede Verwendung eines Feldes zunächst in einer impliziten Typwandlung des Feldes in einen Zeiger auf das erste Feldelement resultiert. Mit dem sich ergebenden Zeiger wird dann die Operation durchgeführt. Formal betrachtet gibt es Felder nur in der Definitionsanweisung – alles andere wird über einen Zeiger auf den Speicherbereich des Feldes abgewickelt (von Ausnahmen wie die Anwendung des `sizeof`-Operators einmal abgesehen). Dies erklärt auch, dass Felder nicht als Parameter an Funktionen übergeben werden können – stattdessen wird ein Zeiger auf den Speicherbereich übergeben. Dieser Zeiger wird zwar kopiert, jedoch zeigt auch die Kopie auf den gleichen Speicherbereich, d.h. also auf das gleiche Feld.

Diese Effekte sind unschön und vor allem für Einsteiger schwer zu verstehen. Code mit Feldern sieht anders aus und verhält sich anders als Code mit Strukturen. Es ist aus Programmierersicht nicht einzusehen, warum sich nicht beide Sprachmittel gleich oder zumindest ähnlich verhalten können.

Der letztendliche Grund hierfür war Performanz. C ist eine Sprache, in der Speicherbereiche, Adressen, Bitmuster etc, eine große Rolle spielen. Eine wichtige Aufgabe war die Manipulation von Speicherbereichen, und diese konnten eben sowohl als Feld dargestellt als auch über Zeiger bearbeitet werden. Es gibt einige Algorithmen, die durch die Verwendung von Zeigern effizienter sind oder eleganter notiert werden können. C++ hat diese Eigenschaften von Feldern und Zeigern unverändert übernommen.

Heute haben diese Argumente an Kraft verloren. Lesbarer, durchgängig verständlicher Code ist wichtiger als die letzte Mikrosekunde Laufzeitgewinn. Im übrigen sind die Optimierer der heutigen Compiler so gut, dass das Effizienzargument sowieso nicht mehr gilt: (nahezu) unabhängig von der Formulierung wird immer optimierter bis bestmöglicher Code erzeugt.

Die genannten Probleme führen dazu, dass von der Verwendung von Feldern, so wie sie in diesem Kapitel eingeführt wurden, grundsätzlich abzuraten ist. Vor allem auch deshalb, weil es in C++ Ersatz gibt, der nicht nur sämtliche Nachteile dieser „C-Felder" vermeidet, sondern auch noch einige weitere Vorteile bringt. Die Rede ist von der Schablone `vector` aus der Standardbibliothek, die grundsätzlich an Stelle der aus C gewohnten Felder verwendet werden kann. Auf der anderen Seite benötigt `vector` etwas mehr Speicherplatz und Rechenzeit als ein vergleichbares C-Feld, so dass es in bestimmten Situationen sinnvoll sein kann, weiterhin mit C-Feldern zu arbeiten. Weiterhin gibt es einige Standardanwendungsfälle für Felder, die auch in C++ nicht besser durch `vector` repräsentiert werden können. Schließlich gibt es den in der Praxis häufigen Fall des Einbindens von C-Bibliotheken zu berücksichtigen, dort muss man mit den „alten" C-Feldern vorliebnehmen.

In folgenden Kapiteln des Buches werden wir schrittweise einen eigenen Ersatz für C-Felder entwickeln, der die genannten Nachteile vermeidet, dabei aber keinerlei Effizienzeinbußen gegenüber einem „nackten" C-Feld bringt. Diese Fallstudie `FixedArray` zieht sich durch alle weiteren Kapitel des Buches. `FixedArray` ist ein gutes Beispiel, wie eigene Datentypen die aus C bekannten, einfachen Datentypen ergänzen oder sogar ersetzen können.

`FixedArray` steht nicht in Konkurrenz zur Schablone `vector` aus der Standardbibliothek, sondern ergänzt diese. `vector` kann z.B. dynamisch wachsen, d.h. die Größe des „Feldes" kann sich während der Laufzeit des Programms ändern. Diese Fähigkeit erfordert natürlich einen gewissen Overhead, der in Klassen wie `FixedArray` nicht erforderlich ist.

11 Zeiger und Referenzen

Zeiger und Referenzen dienen dazu, auf andere Objekte zu verweisen. Während Zeiger selber Objekte sind und somit manipuliert werden können, gilt dies für Referenzen nicht.

⊞⊞ Zeiger

Ein Zeiger dient dazu, auf ein anderes Objekt zu verweisen. Sowohl der Zeiger selber als auch das Objekt, auf das er zeigt, sind zwei unterschiedliche Dinge und können unterschiedlich manipuliert werden.

⊞ Definition

Eine Zeiger auf einen beliebigen Datentyp T deklariert man als T*, d.h., man fügt dem Typ einen nachgestellten Stern zu. Die folgenden Anweisungen definieren Zeiger:

```
int*     ip;  // Zeiger auf eine Variable vom Typ int
double*  dp;  // Zeiger auf eine Variable vom Typ double
```

In diesen Beispielen bleiben die Zeiger uninitialisiert – eine Situation, die man möglichst vermeiden sollten, wie wir gleich sehen werden.

⊞ Zeiger, Variable und Adressen

Ein Zeiger zeigt entweder auf ein Objekt seines zugeordneten Typs oder hat den Wert 0, der besagt, dass der Zeiger auf kein Objekt zeigt. Technisch gesehen speichern Zeiger die Adressen von Variablen.

Die Adresse eines Objekts erhält man mit dem *Adressoperator* &. Das folgende Beispiel ermittelt die Adresse der Variablen i und gibt diese zusammmen mit der Variablen selber aus:

```
int i = 3;
cout << "i: " << i << " Adresse von i: " << &i << endl;
```

Als Ergebnis erhält man z.B.:

```
i: 3 Adresse von i: 0012FF7C
```

Beachten Sie bitte, dass

❑ Adressen grundsätzlich im hexadezimalen System ausgegeben werden.

❑ die Ausgabe von Programmlauf zu Programmlauf unterschiedlich sein kann.

Die Adresse einer Variablen ist programmweit eindeutig. Sie kann zwar von Programmlauf zu Programmlauf unterschiedlich sein, ist sie jedoch ein mal festgelegt, bleibt sie bis zur Zerstörung der Variablen unverändert.

Übung 11-1:

Macht es Sinn, etwas wie &&i zu schreiben?

Die Zuweisung einer Adresse an einen Zeiger erfolgt wie gewöhnlich mit Hilfe des Zuweisungsoperators:

```
int* ip = &i;
```

Hier erhält der Zeiger `ip` die Adresse der Variablen `i` zugewiesen.

📖   Zeiger sind typisiert

Zeiger können nur auf Variable ihres zugeordneten Typs zeigen – oder eben den Wert 0 haben. Allgemein kann ein Zeiger vom Typ `T*` nur auf Variable vom Typ `T` zeigen. Schreibt man also z.B.

```
double* dp = &i; // Fehler!
```

erhält man eine Fehlermeldung bei der Übersetzung.

Bei Zeigern muss der Typ also genau passen. Selbst wenn ein `int` zu einem `double` konvertiert werden kann, gilt Analoges nicht für Zeiger: Ein `int*` kann nicht zu einem `double*` konvertiert werden.

Übung 11-2:

Warum ist es nicht sinnvoll, eine automatische Konvertierung von z.B. int zu double* zuzulassen?*

Anmerkung: Im Zusammenhang mit *Polymorphismus* oder den Modifizieren `const` und `volatile` gibt es bestimmte Ausnahmen dieser strikten Regel.

📖 Zeigertyp void*

Eine weitere Ausnahme obiger Regel ist die Konvertierung zu `void*`: Jeder Zeigertyp kann implizit in den Typ `void*` konvertiert werden.

```
int i = 1;
double d = 2.0;

void* p1 = &i; // OK
void* p2 = &d; // OK
```

Der Ausdruck `&i` hat den Typ `int*`, das Ergebnis wird bei der Zuweisung an `p1` implizit zu `void*` konvertiert. Analoges gilt für `&d` und `p2`.

Der Typ `void*` repräsentiert einen untypisierten Zeiger, eine pure Adresse ohne Typ. Zeiger vom Typ `void*` werden z.B. verwendet, wenn man am numerischen Wert einer Adresse und weniger am Objekt, das sich dort befindet, interessiert ist.

Beachten Sie bitte, dass der umgekehrte Weg nicht funktioniert:

```
int* ip   = p1; // Fehler!
double* dp = p2; // Fehler!
```

Der Grund ist, dass ein `void*` Zeiger untypisiert ist – der Compiler kann nicht mehr feststellen, welcher Typ sich an der referenzierten Adresse befindet. Es kann also nicht entschieden werden, ob dort ein `int`, ein `double` oder vielleicht eine Variable eines ganz anderer Datentyps liegt. Jede Konvertierung eines `void*` in einen anderen Zeigertyp wird daher (im Gegensatz zur Programmiersprache C) aus Sicherheitsgründen zunächst einmal abgelehnt.

📖 Typwandlungen mit Zeigern

Allerdings gibt es Auswege. Wenn der Programmierer *weiß*, dass sich an der Adresse eine Variable vom Typ int befindet, kann er dies dem Compiler mitteilen:

```
int* ip   = (int*) p1;        // OK
```

Der Ausdruck (int*)p1 ist eine *explizite Typwandlung*[62] und erzwingt hier eine Umwandlung des untypisierten Zeigers p1 in einen typisierten Zeiger vom Typ int*.

Beachten Sie bitte, dass hier das Typsystem des Compilers effektiv außer Kraft gesetzt wird. Der Compiler kann keinerlei Unterstützung mehr geben, Anweisungen wie z.B.

```
double* dp = (double*)p1;     // OK - aber wahrscheinlich ungewollt
```

werden anstandslos übersetzt – mit wahrscheinlich fatalen Folgen zur Laufzeit.

Die Typwandlung funktioniert nicht nur mit void*, sondern mit jedem Zeigertyp. Es ist daher syntaktisch korrekt, z.B.

```
int*    ip = &i
double* dp = (double*)ip;     // OK, aber fragwürdig
```

zu schreiben. Die zu Grunde liegende Frage ist jedoch, warum man einen Speicherbereich, in dem ein int liegt, als (Teil eines) double interpretieren möchte. Bis auf Ausnahmen sind solche Uminterpretationen Fehler. Sieht man also eine solche Typwandlung im Zusammenhang mit Zeigern, sollte man doppelt vorsichtig sein.

---

[62]   und zwar in *Wandlungsnotation* (*cast notation*). Typwandlungen und die neuen C++ - Operatoren besprechen wir in Kapitel 24 (Typwandlungen).

Beispiel: Typwandlung von Zeigern in C

Bei der Programmierung in C kommt man schnell in Situationen, in denen Typwandlungen mit Zeigern unumgänglich sind. Hat man z.B. in einer Bibliothek eine Struktur `Person` als

```
struct Person
{
  char name[ 128 ];
  char vorname[ 128 ];
};
```

definiert, bildet man wie üblich Zeiger z.B. als

```
Person* pp;
```

Nehmen wir weiter an, dass die Bibliothek eine Funktion `f` bereitstellt, die mit Personen arbeitet. Die Funktion soll beispielhaft als

```
void f( Person* );
```

deklariert sein. Nun kann man z.B.

```
Person p;
f( &p );
```

schreiben.

Soweit kein Problem. Einige Anwender der Bibliothek benötigen jedoch zusätzliche Daten (wie z.B. das Alter), die sie in den Personen-Datensätzen speichern möchten. Ein Anwender definiert sich nun eine eigene Datenstruktur, etwa so:

```
struct Person2
{
  Person p;
  int    alter;
};
```

Die grundsätzliche Frage ist nun: Wie können Objekte vom Typ `Person2` mit Funktionalität bearbeitet werden, die ursprünglich für den Typ `Person` geschrieben wurde?

Die Standard-Lösung macht sich die Tatsache zunutze, dass die ersten Bytes der Strukturen `Person` und `Person2` identisch sind: Schließlich ist `Person` das erste Datenelement in `Person2`:

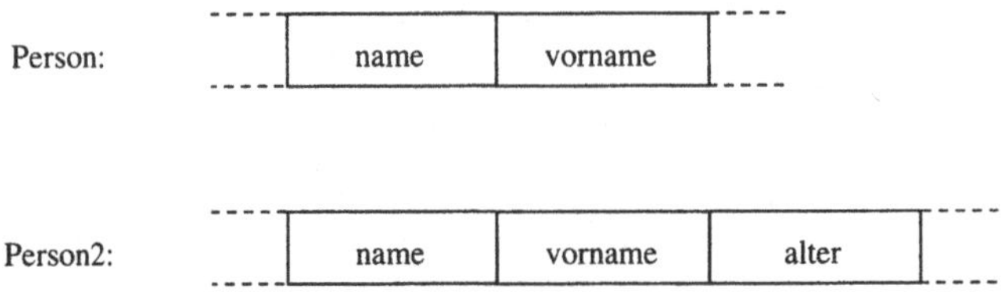

Person:

name	vorname

Person2:

name	vorname	alter

Bild 11.1:   **Speicherlayout Strukturen Person und Person2**

Es ist daher möglich, die ersten `sizeof(Person)` Bytes eines `Person2`-Objekts identisch sowohl über einen Zeiger vom Typ `Person*` als auch über einen Zeiger vom Typ `Person2*` zu bearbeiten. Die Funktion `f` benötigt aber formal einen Zeiger vom Typ `Person*`. Man schreibt also z.B.

```
Person2   p2;
Person*   p2P = &p2;        // Zeiger auf Person2-Objekt
Person*  pp = (Person*)p2p; // Ebenfalls Zeiger auf Person2-Objekt, jedoch vom
                           // „falschen" Typ
```

Der Zeiger `pp` zeigt nun auf ein Objekt vom Typ `Person2`, ist jedoch selber vom Typ `Person*`. Nun kann man gefahrlos

```
f( pp );
```

schreiben.

Dieser Trick funktioniert immer dann, wenn die ersten Bytes zweier Strukturen identisch sind. Man erreicht dies am einfachsten dadurch, dass man die erste Struktur als erstes Mitglied in der zweiten Struktur definiert.

Der Ansatz birgt jedoch auch Gefahren. Der Compiler kann nicht ü-
berprüfen, ob die obige Bedingung tatsächlich erfüllt ist: Jeder Zeigertyp kann explizit in jeden anderen Zeigertyp gewandelt werden.
Es ist die Aufgabe des Programmierers, sicherzustellen, dass der erforderliche innere Zusammenhang zwischen den beiden Strukturen
immer gewahrt bleibt.

In C++ sind derlei Kunstgriffe zum Glück nicht mehr erforderlich. Die
Sprache ermöglicht durch die Verwendung des Sprachmittels der
Vererbung, diese Kategorie von Problemen vollständig zu vermeiden.
Explizite Typwandlungen von Zeigern sind dazu nicht mehr erforderlich[63]. Für C++ gilt also in noch stärkerem Maße, dass Typwandlungen mit Zeigern äußerst skeptisch begegnet werden sollte – es besteht einfach kaum Notwendigkeit für diese fehlerträchtige Operation.

Ausnahmen bestätigen auch hier die Regel. C++ wurde mit eigenen
Operatoren zur Typwandlung ausgestattet, um bestimmte Sonderfälle
abzudecken und auch in Ausnahmefällen eine Realisierungsmöglich-
keit zu bieten. Diese neuen Operatoren sollen vor allem die Verwendung der *cast-Notation* (also z.B. (int*)p) überflüssig machen, die
aus den folgenden beiden Gründen nicht mehr verwendet werden
soll:

☐ Die Notation erinnert an einen Funktionsaufruf. Es ist daher (z.B.
für automatische Werkzeuge zur Quellcodeanalyse oder –bearbeitung) nicht einfach, zwischen einer Typwandlung und einem
Funktionsaufruf zu unterscheiden.

☐ Es wird anstandslos (fast) jede sinnvolle und sinnlose Wandlung
durchgeführt. Die neuen C++-Operatoren zur Typwandlung führen
dagegen jeweils eine genau definierte Wandlung aus. Dadurch
wird die Wahrscheinlichkeit eines Fehlers durch eine unbeabsich-
tigte Wandlung stark reduziert.

In korrektem C++ schreibt man obige Wandlung (wenn sie denn ü-
berhaupt erforderlich ist) besser folgendermaßen:

```
Person* pp = static_cast<Person*>( p2p );
```

---

[63] mit einer wohldefinierten Ausnahme (dem sog. *downcast*), die wir bei der Behandlung der Vererbung behandeln.

Beachten Sie bitte, dass z.B. die Anweisung

```
int* ip = static_cast<int*>( p2p ); // OK - aber wahrscheinlich ungewollt
```

ebenfalls syntaktisch korrekt ist.

Die Verwendung der neueren Typwandlungsoperatoren entschärft also in diesem Beispiel nicht die Gefahren, die mit Typwandlungen von Zeigertypen im allgemeinen verbunden sind. Grundsätzlich sollten Typwandlungen mit Zeigertypen daher wenn möglich vermieden werden.

📖 Der Nullzeiger

Zeiger zeigen entweder auf Objekte ihres zugeordneten Typs oder auf kein Objekt. Ist letzteres der Fall, spricht man auch von einem *Nullzeiger*. Der Nullzeiger kann nur durch Wandlung aus einer integralen Konstanten mit dem Wert 0 erhalten werden, meist bei einer Initialisierung oder Zuweisung.

Nach den folgenden Anweisungen sind sowohl p1 als auch p2 Nullzeiger:

```
int* p1 = 0;        // p1 ist Nullzeiger

double d;
double* p2 = &d;    // p2 zeigt auf Objekt
p2 = 0;             // p2 ist Nullzeiger
```

Bitte beachten Sie, dass

❑ Die Konstante 0 kein Nullzeiger ist. Sie ist eine numerische Konstante vom Typ int und dem Wert 0. Eine solche Konstante kann aber implizit (automatisch) in einen Nullzeiger jedes Typs gewandelt werden.

❑ der Nullzeiger eines Typs nicht das gleiche Bitmuster wie die numerische Konstante 0 haben muss[64].

❑ die Nullzeiger unterschiedlicher Typen nicht notwendigerweise das gleiche Bitmuster haben müssen.

---

[64] Für die Theoretiker: Der Standard schreibt vor, dass die numerische Konstante *0* als Bitmuster nur Nullen haben darf. Daraus folgt aber nicht unbedingt, dass der Nullzeiger auch aus lauter „0-Bits" bestehen muss.

Es geht hier nicht allgemein um den Wert 0: Diese Anweisungen ergeben eine Fehlermeldung bei der Übersetzung:

```
int i = 0;
void* p = i;            // Fehler!
```

Ein `int` kann nicht implizit zu einem Zeiger gewandelt werden – auch nicht wenn die Variable den Wert 0 hat. Folgendes funktioniert jedoch:

```
const int i = 0;
void* p = i;            // OK
```

Es muss also eine *Konstante* (oder natürlich ein Literal) sein, das den numerischen Wert 0 hat – alles andere ist unzulässig – also z.B. auch

```
const int i = 1;
void* p = i;            // Fehler
```

Man verwendet daher am besten immer direkt das Literal 0.

Das Makro NULL

In C++ und C Code sieht man häufig Anweisungen wie

```
void* p = NULL;
```

Dabei ist NULL ein *Präprozessormakro*, das für C++ normalerweise wie folgt definiert ist[65]:

```
#define NULL 0
```

Der Präprozessor ersetzt vor Aufruf des Compilers alle Vorkommen von NULL durch 0. Es handelt sich also nur um eine notationelle Konvention – genauso gut könnte man direkt 0 verwenden.

Der Grund für die Definition eines eigenen Symbols für die Konstante 0 liegt in der Sprache C: Dort ist es nicht möglich, eine numerische Konstante 0 implizit in einen Zeigertyp zu wandeln. Nullzeiger werden dort über eine explizite Wandlung notiert:

```
void* p = (void*)0;     // Nullzeiger
```

---

[65] Für die Teoretiker: der Standard schreibt die Definition des Makros nicht vor. Es könnte z.B. auch ein Ausdruck wie (1-1) sein. Wichtig ist lediglich, dass die Auswertung die integrale Konstante 0 ergibt.

In C-Compilern ist das Makro NULL daher eher wie folgt definiert :

```
#define NULL (void*)0
```

Muss man auf die Kompatibilität zu C achten, sollte man daher das Makro NULL verwenden – der Code ist dann sowohl mit einem C- als auch mit einem C++-Compiler problemlos zu übersetzen:

```
void* p = NULL;   // geht immer
```

📖 Dereferenzierung

Von einem Zeiger kann man mit Hilfe des *Dereferenzierungsoperators* „*" zur referenzierten Variablen gelangen – dies ist wohl die wichtigste Operation, die mit Zeigern möglich ist.

```
int i1 = 1;
int i2 = 2;

int* ip = &i1;           // ip zeigt auf i1
cout << "ip zeigt auf Variable mit Wert " << *ip << endl;

ip = &i2;
cout << "ip zeigt auf Variable mit Wert " << *ip << endl;
```

Hier wird der Zeiger `ip` zunächst mit der Adresse der Variablen `i1` initialisiert. In der nachfolgenden Ausgabeanweisung dereferenzieren wir den Zeiger, um wieder zur Variablen selber zu gelangen: Der Ausdruck `*ip` ist vom Typ `int`. Danach wird `ip` mit der Adresse der Variablen `i2` besetzt, die Ausgabeanweisung greift nun auf `i2` zu. Als Ergebnis erhält man dementsprechend

```
ip zeigt auf Variable mit Wert  1
ip zeigt auf Variable mit Wert  2
```

Die Dereferenzierung ist also die umgekehrte Operation zur Adressbildung: Bildet man die Adresse einer Variablen und dereferenziert diese dann wieder, erhält man die ursprüngliche Variable. Allgemein gilt:

```
T* p = &t;    // Adressbildung: p zeigt auf t
*p === t;     // Dereferenzierung: *p und t sind identisch[66]
```

An diesem Beispiel lässt sich der primäre Nutzen des Zeigerkonzepts ersehen: Eine Operation kann ganz allgemein formuliert werden, oh-

---

[66]   Es gibt keinen Operator `===` in C++. Die drei Gleichheitszeichen sollen hier die Identität der beiden Seiten symbolisieren.

ne bereits eine Variable angeben zu müssen, auf die die Operation wirken soll. Man kann den Zeiger dann auf unterschiedliche Variable zeigen lassen und für jede Variable die Funktionalität aufrufen.

📖 Dereferenzierung und Nullzeiger

Ein Zeiger mit dem Wert 0 signalisiert, dass der Zeiger gerade auf kein Objekt zeigt. Was passiert bei der Dereferenzierung eines Nullzeigers, wie etwas in den folgenden Anweisungen?

```
int* ip = 0;
*ip = 3;        // Dereferenzierung Nullzeiger
```

Formal gesehen wird hier versucht, auf eine Variable vom Typ int zuzugreifen, die an der Adresse 0 liegt. Von der C++ Speicherverwaltung wird sichergestellt, dass alle Objekte an Adressen ungleich 0 liegen, so dass eine solche Anweisung zur Laufzeit als Fehler erkannt werden kann.

Der Standard definiert jedoch nicht, was bei der Dereferenzierung eines Nullzeigers passieren soll: das Verhalten ist undefiniert (*undefined behavior*). In einem guten Betriebssystem wird der Zugriff auf eine Adresse, die nicht zum Programm gehört, zu einer Schutzverletzung (*access violation*) führen, die normalerweise im Abbruch des Programms durch das Betriebssystem resultiert. Dies muss aber nicht so sein: In älteren UNIX-Versionen war es teilweise so, dass einige Bytes ab Adresse 0 speziell freigehalten wurden, um Zugriffe über fälschlicherweise dereferenzierte Nullzeiger nicht zum Programmabsturz führen zu lassen. Die Dereferenzierung von Nullzeigern war in schlampig programmierten Anwendungen entsprechend häufig.

Besteht die Möglichkeit, dass ein Zeiger den Wert 0 haben kann, sollte man vor Dereferenzierung grundsätzlich eine Prüfung durchführen, wie hier am Beispiel einer Funktion zum Ausdruck einer Zahl gezeigt:

```
void print( int* ip )
{
  if ( ip )
    cout << "Der Wert ist: " << *ip << endl;
  else
    cout << "*** Nullzeiger!" << endl;

}
```

📖   **Dereferenzierung und Strukturen**

Zeiger auf Strukturen werden genauso gebildet wie Zeiger auf fundamentale Typen:

```
struct Bruch
{
  int zaehler;
  int nenner;
};

...

Bruch  b;
Bruch* bp = &b;

(*bp).zaehler = 5;
```

Beachten Sie bitte die Klammern beim Zugriff auf die Mitgliedsvariable `zaehler`. Diese sind erforderlich, da der Member-Zugriffsoperator „`.`" eine höhere Priorität als der Dereferenzierungsoperator „`*`" hat. Der Ausdruck ohne Klammern

```
*bp.zaehler = 5;   // Fehler!
```

entspricht also dem Ausdruck

```
*(bp.zaehler) = 5;   // Fehler!
```

was natürlich falsch ist.

Da der Zugriff auf Strukturmitglieder über Zeiger relativ häufig ist, gibt es dafür einen speziellen Operator:

```
bp-> zaehler = 5;
```

Der *Struktur-Dereferenzierungsoperator* „`->`" kombiniert also die Dereferenzierung des Zeigers mit der Auswahl eines Strukturmitglieds.

📖   **Lebenszeit von Objekten und Zeigern**

Bei der Verwendung von Zeigern muss man darauf achten, dass die Lebenszeit des Zeigers nicht länger als die des referenzierten Objekts ist. C++ gibt von sich aus keinen Hinweis darauf, wenn ein Zeiger dereferenziert wird, obwohl das Objekt auf das er einmal zeigte gar nicht mehr existiert.

Folgendes Codesegment zeigt beispielhaft das Problem:

```
int* ip = 0;

{
  int i = 3;
  ip = &i;

  cout << "innerhalb des Blocks: " << *ip << endl;
}


cout << "ausserhalb des Blocks: " << *ip << endl;   // undefiniertes Verhalten
```

Der Zeiger `ip` erhält die Adresse einer Variablen in einem lokalen Block. Obwohl beide Ausgabeanweisungen syntaktisch zulässig sind, führt die zweite zu undefiniertem Verhalten. Außerhalb des Blocks existiert die Variable `i` nicht mehr, der Speicherplatz kann evtl. bereits für andere Objekte verwendet worden sein. Trotzdem zeigt `ip` noch auf diesen Speicherbereich – mit den entsprechenden Folgen bei einer Dereferenzierung.

In diesem einfachen Fall wird auch die zweite Ausgabeanweisung wohl für die meisten Compiler noch den Wert 3 ausgeben, da der Speicherplatz noch nicht für andere Zwecke verwendet werden konnte. Sicher kann man dabei allerdings niemals sein.

Kein Compiler wird hier eine Warnung oder Fehlermeldung ausgeben – der Code ist syntaktisch absolut einwandfrei. Es ist Aufgabe des Programmierers, solche Situationen zu verhindern.

📖 Initialisierung und Zuweisung

Variablen eines Zeigertyps können mit Variablen des gleichen Zeigertyps initialisiert werden:

```
int i1 = 1;
int* ip1 = &i1;
int* ip2( ip1 );        // Initialisierung
int* ip3 = ip1;         // dito
```

Nach diesen Anweisungen zeigen `ip1`, `ip2` und `ip3` auf die gleiche Variable.

Die Zuweisung ist ebenfalls möglich:

```
ip2 = ip1;
```

📖 Parameterübergabe

Zeiger können als Parameter an Funktionen übergeben werden. Folgende Funktion erhält einen Zeiger auf ein `int` und inkrementiert das referenzierte Objekt:

```
void increment( int* i )
{
  *i = *i + 1;
}
```

Beim Aufruf übergeben wir der Funktion einen Zeiger:

```
int i = 1;

cout << "vorher: " << i << endl;
increment( &i );
cout << "nachher: " << i << endl;
```

Als Ergebnis erhalten wir

```
vorher: 1
nachher: 2
```

Die Funktion hat also offensichtlich den Aktualparameter verändert!

Nein – dies ist unmöglich. Bei einem Funktionsaufruf wird *immer* eine Kopie der Parameter erzeugt, die Funktion arbeitet *immer* mit dieser Kopie. Der Unterschied zu einem „normalen" Funktionsaufruf ist hier, dass nicht ein `int`, sondern *ein Zeiger auf ein* `int` übergeben wird. Dieser Zeiger wird zwar kopiert, aber die Kopie zeigt natürlich auf das gleiche Objekt. Wird die Kopie dereferenziert, erhält man also das Originalobjekt.

Dieser Mechanismus ist in C die Standardlösung wenn man Argumente von einer Funktion verändern lassen will. Man übergibt dann nicht die Variable selber, sondern einen Zeiger darauf. Man kann den Unterschied an zwei Stellen erkennen:

❑ der Funktionsaufruf erfolgt mit einem Zeiger. Anstelle von

```
increment( i );
```

schreibt man

```
increment( &i );        // Zeiger
```

❑ Innerhalb der Funktion wird der Zeiger dereferenziert. Man benötigt ständig den Dereferenzierungsoperator *. Anstelle von

```
i = i + 1;
```

muss man

```
*i = *i + 1;
```

schreiben.

Übung 11-3:

Allgemein kann die Operation i = i+1 auch als ++i oder i++ geschrieben werden. Schreiben Sie also die Funktion increment so um, dass sie einen dieser Inkrementoperatoren verwendet und beobachten Sie das Ergebnis. Hinweis: Entspricht das Ergebnis nicht den Erwartungen, beachten Sie die Präferenz der Operatoren (Anhang 1).

📖 **Rückgabe von Zeigern aus Funktionen**

Zeiger können aus Funktionen zurückgegeben werden. Die folgende Funktion getErrorString liefert die Adresse einer statischen Variablen:

```
static string textE = "error";    // Englischer Text67
static string textD = "Fehler";    // Deutscher Text

static bool englischLanguage = true; // Voreinstellung Englisch
```

---

[67] *string* ist ein Datentyp aus der Standardbibliothek.

```
string* getErrorString()
{
  if ( englischLanguage )
    return &textE;
  else
    return &textD;
}
```

Ein Aufruf könnte z.B. folgendermaßen aussehen:

```
string* p = getErrorString();
cout << *p << endl;
```

Als Ergebnis erhält man

```
error
```

Übung 11-4:

Schreiben Sie die Funktion `getErrorString` *so um, dass anstelle der* `if`*-Anweisung der Auswahl-Operator* `?:` *verwendet wird.*

Übung 11-5:

Für die Ausgabe haben wir zwei Anweisungen benötigt. Kann man die Zwischenvariable p *einsparen indem man Funktionsaufruf und Ausgabe in eine Anweisung konzentriert?*

Bei der Rückgabe von Verweisen aus Funktionen muss man besonders auf die Lebenszeit des referenzierten Objekts achten. Die Standard-Fehlersituation ist hier die Rückgabe eines Verweises (hier am Beispiel eines Zeigers) auf eine lokale Variable:

```
string* getErrorString( bool englischLanguage )
{
  string textE = "error";     // Englischer Text
  string textD = "Fehler";    // Deutscher Text

  if ( englischLanguage )
    return &textE;
  else
    return &textD;
}
```

Hier existieren die beiden `string`-Objekte `textE` und `textD` nur innerhalb der Funktion `getErrorString`. Der zurückgelieferte Zeiger ist nach Beendigung der Funktion ungültig – die referenzierten Objekte gibt es nach Verlassen der Funktion nicht mehr. Jede Verwendung führt zu undefiniertem Verhalten bis hin zum Absturz des Programms:

```
string* p = getErrorString( true );    // Englischer String gewünscht
cout << *p << endl;                     // Undefiniertes Verhalten,
                                        //    wahrscheinlich Absturz
```

Glücklicherweise geben die meisten Compiler zumindest eine Warnung aus, wenn ein Verweis auf eine lokale Variable aus einer Funktion zurückgegeben wird.

▭ Vergleich

Zeiger können verglichen werden. Ein Vergleich liefert genau dann true, wenn die Operanden auf das gleiche Objekt zeigen:

```
int i1 = 1;
int i2 = 1;

int* ip1 = &i1;
int* ip2 = &i2;

if ( ip1 == ip2 ) ...
```

Der Vergleich in der letzten Anweisung ergibt false, weil ip1 und ip2 nicht auf das gleiche Objekt zeigen.

Übung 11-6:

Was ist der Unterschied zwischen den Ausdrücken ip1==ip2 *und* *ip1==*ip2 *?*

▭ Arithmetik mit Zeigern

Auf den ersten Blick erstaunlich ist die Tatsache, dass Zeigertypen arithmetische Operationen unterstützen. Konkret handelt es sich dabei um Addition und Subtraktion.

Addiert man den Wert 1 zu einem Zeiger, verändert man die Adresse so, dass der Zeiger nun auf das „nächste" Objekt im Speicher zeigt. Diese Betrachtung geht davon aus, dass „hinter" dem Objekt im Speicher ein weiteres Objekt vom gleichen Typ liegt, d.h. also, dass es sich bei dem Objekt um einen Teil eines Feldes handelt. Nur bei Feldern ist es sinnvoll, von (im Speicher) nachfolgendem bzw. vorherigen Elementen zu sprechen.

Im folgenden Programmsegment wird ein Feld definiert und initialisiert. Wir lassen den Zeiger `ip` auf das zweite Element des Feldes zeigen:

```
int i[3] = { 11, 12, 13 };
int* ip = &i[1];                    // Adresse des zweiten Elements
```

Beachten Sie bitte, dass die Zählung mit Index 0 beginnt: Das zweite Element hat also den Index 1. Folgende Ausgabeanweisungen geben also beide das zweite Feldelement aus:

```
cout << i[1] << endl;
cout << *ip << endl;
```

Als Ergebnis erhält man beides mal den Wert 12.

Folgendes Bild zeigt die Situation:

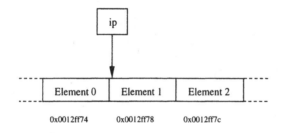

Bild 11.2:   **Feldelemente und Zeiger**

Man sieht, dass die Feldelemente nacheinander im Speicher angeordnet sind. Die Hex-Zahlen unter den Feldelementen sind die Speicheradressen, der Zeiger `ip`, der auf das Element mit Index 1 zeigt, hat also den Wert `0x0012ff78`[68].

---

[68] Die Adressen sind willkürlich und können von Rechner zu Rechner, von Programmlauf zu Programmlauf anders sein.

Nach der Anweisung

```
ip++;
```

(oder ip = ip+1) zeigt ip auf das nächste Feldelement, hier also mit
dem Index 2:

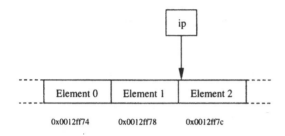

Bild 11.3:   **Feldelemente und Zeiger – nach der Inkrementierung**

Die Ausgabeanweisung

```
cout << *ip << endl;
```

zeigt nun das Ergebnis 13.

Ganz allgemein gilt, dass der Ausdruck

```
q = p + n
```

mit q und p als Zeiger und n als integrale Größe den Zeiger q um n
Feldelemente „hinter" p (d.h. in Richtung aufsteigender Adressen) positioniert. Analog positioniert p-n den Zeiger nach unten. Auch hier
wird – wie bei Zeigern und Feldern üblich – keinerlei Überprüfung
der Gültigkeit der Indizes durchgeführt. Es ist durchaus möglich, Anweisungen wie z.B.

```
int i[3] = { 11, 12, 13 };
int* ip = &i[1];           // Adresse des zweiten Elements
ip += 375;                 // Worauf zeigt ip jetzt?
```

zu schreiben, ohne dass der Compiler auch nur eine Warnung ausgibt.

Beachten Sie bitte, dass eine Anweisung wie

```
ip++;
```

den Wert von `ip` verändert, jedoch nicht unbedingt um ein Byte. Um wie viel sich die Adresse ändert, hängt von der Größe des Basistyps ab: Es muss ja das nächste Feldelement adressiert werden. Für einen Zeiger vom Typ `T*` ändert sich die Adresse daher um `sizeof(T)` Bytes. Möchte man wirklich einzelne Bytes adressieren, muss man daher für `T` einen Typ der Größe 1 wählen. Meist verwendet man dafür den Typ `char`. Sieht man also in der Praxis den Typ `char*`, kann dies deshalb einerseits einen Zeiger auf ein Feld von Zeichen sein („Zeichenkette") als auch zur allgemeinen Manipulation von Speicherbereichen dienen.

Man kann diesen Effekt sichtbar machen, indem man den Wert eines Zeigers (also die Adresse des referenzierten Objekts) vor und nach einer Manipulation ausgibt. Schreibt man etwa

```
int i[3];

int* ip = &i[1];
cout << "vorher:  " << ip << endl;
ip++;
cout << "nachher: " << ip << endl;
```

erhält man als Ergebnis z.B.

```
vorher: 0x0012ff78
nachher: 0x0012ff7c
```

d.h. der Zeiger wurde um 4 Bytes (genau genommen `sizeof(int)` Bytes) „weitergeschaltet". Wir können daraus schließen, dass ein `int` auf dem vorliegenden Rechner eine Breite von 4 Bytes hat.

Übung 11-7:

Berechnen Sie mit dieser Methode den Platzbedarf eines double *auf Ihrer Maschine. Stimmt der ermittelte Wert mit dem von* sizeof *erhaltenen überein?*

Anwendungsfälle für Zeigerarithmetik

Die Beispiele aus dem letzten Abschnitt machen bereits deutlich, für welche Anwendungsfälle Zeigerarithmetik geeignet ist: nämlich dann, wenn Speicher manipuliert werden muss, ohne dass dort Variable liegen (den anderen interessanten Fall, nämlich die Manipulation von Feldern, behandeln wir im nächsten Abschnitt). Dies kommt oft bei hardwarenaher Programmierung vor, wenn man z.B. Bildschirmspeicherbereiche adressieren oder IO-Bereiche von Netzwerkkarten bedienen muss. Dort ist die Eigenschaft von Zeigern, prinzipiell auf beliebige Speicheradressen zeigen zu können, von Vorteil. In der Anwendungsprogrammierung dagegen ist diese Eigenschaft eher ein Nachteil, da man dort ausschließlich Objekte manipuliert, die man auch selber angelegt hat. Zeiger, die in Speicherbereiche ausserhalb definierter Variablen zeigen, sind dort immer Fehler und führen zu unerwünschtem Verhalten bis hin zum Programmabsturz. Diese im Normalfall unerwünschte Eigenschaft von Zeigern hat z.B. die Designer von Java bewogen, überhaupt keine Zeiger bereitzustellen[69].

Auch in C++ kann man in den meisten Fällen ohne Zeiger auskommen. Ähnlich wie Java bietet C++ die Möglichkeit, Verweise auf Objekte ganz ohne Zeiger zu realisieren. C++ stellt dazu das Sprachmittel der *Referenzen* (s.u.) bereit. Trotzdem bleiben Zeiger in C++ ein wichtiges und aus der professionellen Programmierung kaum wegzudenkendes Konzept.

Zeiger und Felder

Bereits aus den letzten beiden Abschnitten wird deutlich, dass Felder und Zeiger eng miteinander verwandt sind: Zeigerarithmetik lässt sich als andere Notation der Indexoperation bei Feldern schreiben.

Die Verwandtschaft geht jedoch noch weiter. Grundlage hierfür ist die Tatsache, dass der Variablenname eines Feldes auch als Zeiger auf das erste Feldelement interpretiert werden kann.

---

[69] Natürlich hat auch Java Zeiger, jedoch treten diese aus Programmierersicht nicht in Erscheinung. Technisch gesehen sind die *Handles*, mit denen in Java alle Objekte angesprochen werden, nichts anderes als Zeiger – aber eben ohne die potentiell gefährliche Arithmetik.

Nach den Anweisungen

```
int i[3] = { 11, 12, 13 };
int* ip = &i[0];                    // Adresse des ersten Feldelementes
```

zeigt ip auf das erste Feldelement. Genauso gut könnte man

```
int* ip = i;                        // Adresse des ersten Feldelementes
```

schreiben. Das erste Feldelement erhält man sinngemäß durch die beiden (absolut identischen) Möglichkeiten

```
int k1 = i[0];   // erstes Feldelement
int k2 = *i;     // dito
```

i ist also nicht nur der Name des Feldes, sondern auch ein ganz normaler Zeiger. Verwendet man ihn als Feldnamen, kann man auf die Feldelemente über den Indexoperator [ ] zugreifen. Verwendet man ihn dagegen als Zeiger, kann man auf die Feldelemente über Zeigerarithmetik zugreifen. Ganz allgemein erhält man z.B. einen Zeiger auf das Element n eines Feldes f mit Elementen vom Typ T durch

```
T* p1 = &f[n];   // Zeiger auf Feldelement mit Index n („Feldnotation")
T* p2 = f+n;     // dito („Zeigernotation")
```

Analog erhält man das Element n selber durch eine der beiden folgenden Anweisungen:

```
T t1 = f[n];     // Feldelement mit Index n („Feldnotation")
T t2 = *(f+n);   // dito („Zeigernotation")
```

Welche der beiden Möglichkeiten man bevorzugt, ist Geschmackssache: Beide sind absolut identisch, denn der Compiler wandelt die erste Form (die sog. *Feld-* oder *Indexnotation*) immer erst in die zweite Form (die sog. *Zeigernotation*) um, bevor der Ausdruck ausgewertet wird. Insofern gibt es genau genommen keine Operationen mit Feldern, sondern nur mit Zeigern: Jeder Feldzugriff wird in den zugehörigen Zeigerausdruck umgewandelt und dann ausgeführt. Ausnahmen bilden nur spezielle Operationen wie z.B. Ausdrücke mit sizeof.

Diese Analogie zwischen Feldern und Zeigern hat weitreichende Konsequenzen für die Programmierung mit Feldern.

Die beiden folgenden Auswirkungen sind besonders wichtig:

❑ die Größe eines Feldes ist bei Feldoperationen nicht mehr bekannt. Da im Endeffekt nur noch mit einem Zeiger auf das erste Feldelement gearbeitet wird, hat man keine Information über die Anzahl der Feldelemente mehr. Die Größeninformation wird nur bei der Definition des Feldes verwendet, um Speicherplatz zu allokieren. Hat man also z.B.

```
int i1[3];
int i2[5];
```

definiert, werden sowohl i1 als auch i2 grundsätzlich zu int* konvertiert, bevor eine Operation abläuft – die Größeninformation ist verloren.

❑ Zuweisungen, Parameterübergaben etc. funktionieren nicht. Aus dem gleichen Grunde ist z.B. die Anweisung

```
int i3[3] = i1;        // Fehler!
```

unzulässig. i1 wird sofort zu einem Zeiger gewandelt, die Initialisierung eines Feldes mit einem Zeiger ist nicht möglich.

Da Felder außer bei der Definition praktisch nicht mehr in Erscheinung treten, sind sie eigentlich keine „richtigen" Datenstrukturen im ursprünglichen Sinne. Im angloamerikanischen Sprachgebrauch sagt man, dass Felder keine *First Class Objects* (etwa: *Objekte Erster Klasse*) sind. Es ist allerdings mit wenig Aufwand möglich, einen Feldersatz zu implementieren, der ein korrekter und vollständiger Datentyp ist und damit die genannten Nachteile vermeidet. Unser Projekt Fixed-Array, das wir noch in diesem Kapitel beginnen, sowie die Schablone vector aus der Standardbibliothek sind Beispiele dafür.

📖 Zeichenketten

Eine der Hauptanwendungen für Zeiger und Felder, die trotz der im letzten Abschnitt erwähnten Probleme auch heute noch erhebliche Bedeutung hat, ist die Repräsentation bzw. Bearbeitung von Zeichenketten.

Formal wird eine Zeichenkette in C++ durch ein Feld von Zeichen repräsentiert. Es ist eine Konvention, dass das letzte Zeichen im Feld den Wert 0 hat – damit löst man das Problem, dass die Feldgröße später bei der Bearbeitung nicht mehr bekannt ist.

Schreibt man z.B.

```
char str[] = "asdf";
```

hat man `str` als Feld von `char`-Elementen definiert und gleichzeitig mit dem Literal `asdf` initialisiert.

Beachten Sie bitte, dass

❏ `str` ohne explizite Dimensionsangabe definiert werden kann. Dies ist bei Feldern immer möglich, wenn eine Initialisiererliste angegeben ist. Das Zeichenkettenliteral `asdf` ist hier nur eine Kurzform für { 'a', 's', 'd', 'f', '0'}

❏ das Literal `asdf` aus *fünf* Zeichen besteht: vier Buchstaben und der automatisch angehängten 0. Die Dimension des Feldes ist daher 5.

Übung 11-8:

Schreiben Sie eine Ausgabeanweisung, die dies überprüft, indem sie die Größe des Feldes bestimmt und ausgibt.

Man erhält nun folgendes Speicherlayout:

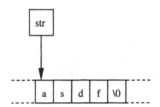

Bild 11.4:   **Speicherlayout einer Zeichenkette**

Die Verwandtschaft zwischen Feldern und Zeigern kann man gut erkennen, wenn man sich die Aufgabe stellt, herauszufinden, ob eine Zeichenkette ein bestimmtes Zeichen (wir verwenden beispielhaft das d) enthält.

Wir verwenden zunächst die Indexnotation und schreiben eine for-
Schleife:

```
bool result = false;

for( int i=0; str[i]; i++ )
  if ( str[i] == 'd' )
    result = true;
```

Beachten Sie bitte die Endebedingung in der for-Schleife: Wir verwenden hier nicht eine obere Grenze für i, sondern prüfen, bei welchem Index der Ende-Marker (mit dem Wert 0) erreicht wird: Der
Ausdruck str[i] ergibt genau dann false, wenn der Wert 0 ist.

Übung 11-9:

*Funktioniert dieser Ansatz auch, wenn der String leer ist? Überprüfen
Sie dies auch praktisch, indem Sie str mit einem leeren String initialisieren. Welche Größe hat ein leerer String? Welche Größe hat dann
str?*

Übung 11-10:

*In obiger Schleife wird immer der gesamte String durchsucht, auch
wenn bereits ein d gefunden wurde. Dies ist ineffizient. Schreiben Sie
die Schleife so um, dass sie abbricht, wenn der gesuchte Buchstabe gefunden ist.*

Wir schreiben die Schleife nun so um, dass sie Zeigerarithmetik verwendet:

```
for( char* p = str; *p; p++ )
  if ( *p == 'd' )
    result = true;
```

Diese Notation sieht auf den ersten Blick ungewöhnlich aus, ein un-
geübter Leser dieses Codes sieht wahrscheinlich nicht sofort, was hier
passiert. Trotzdem wird dieser Stil häufig in professionellen Programmen verwendet – es lohnt sich also, sich damit auseinander zu
setzen.

Anstelle der Indexvariablen i wird nun ein Zeiger p verwendet. p
wird im Initialisierungsausdruck der Schleife mit der Adresse des ersten Zeichens initialisiert. Wie wir weiter oben gesehen haben, wird

ein Feldname ja automatisch in einen Zeiger auf das erste Feldelement konvertiert.

Am Ende der Schleife wird p durch die Anweisung p++ inkrementiert,
d.h. er wird um ein Feldelement „weitergeschaltet". p zeigt also nacheinander auf das erste, zweite, dritte Feldelement (hier also auf den
ersten, zweiten, dritten Buchstaben) – solange, bis der Kontrollausdruck false liefert. Dieser ist hier einfach *p, d.h. die Schleife bricht
ab, wenn p auf den Ende-Marker des Strings mit dem Wert 0 zeigt.

Warum ist dieser Stil „professioneller"? Die Version mit Zeigerarithmetik benötigt theoretisch etwas weniger Ressourcen als die Version
mit der Feldnotation. Der Grund liegt in einer winzigen Kleinigkeit: In
der ersten Version ist für jeden Feldzugriff eine Indexoperation notwendig, die eine Addition integraler Typen erforderlich macht, da der
Ausdruck str[i] ja in *(str+i) umgesetzt wird. In der zweiten
Version dagegen kommt man mit einem Inkrement aus: p++ benötigt
keine Integeraddition.

In Zeiten, in denen man noch um jedes Byte und um jede Mikrosekunde froh war, entschied man sich eben für die zweite Version.
Heute spielen solche Überlegungen nur noch in seltenen Extremfällen
eine Rolle. C++ ist eine Sprache, die auch für hardwarenahe Programmierung (Stichwort „Waschmaschinensteuerung") geeignet ist,
und dort kommt es hin und wieder auf solche Kleinigkeiten an.

Übung 11-11:

*Schreiben Sie eine Schleife, in der nicht nur festgestellt wird, ob ein
Zeichen vorkommt, sondern auch, an welcher Position. Ist hier die
Feldnotation oder die Zeigernotation geeigneter?*

Übung 11-12:

*Schreiben Sie eine Schleife, in der gezählt wird, wie oft ein Buchstabe
in einem String vorkommt.*

Übung 11-13:

Schreiben Sie eine Schleife, in der ein String mit den Ziffern 0 bis 9 besetzt wird.

Die String-Funktionalität zum Suchen eines Buchstabens, die in diesem Abschnitt vorgestellt wurde, ist sicherlich von allgemeinem Interesse. Es liegt daher nahe, eine eigene Funktion dafür zu definieren. Dabei muss man sich überlegen, wie die Parameter zu definieren sind, um den zu untersuchenden String zu übergeben.

In der Praxis verwendet man dazu die Zeigernotation. Eine Funktion, die feststellt, ob ein Zeichen in einem String vorkommt, könnte also folgendermaßen formuliert werden:

```
bool hasCharacter( char* str, char c )
{
  bool result = false;

  for( char* p = str; *p; p++ )
    if ( *p == c )
      result = true;

  return result;
}
```

📖 Zeichenketten und der Typ string

Im Abschnitt „Rückgabe von Zeigern aus Funktionen" weiter oben haben wir den Typ string verwendet, um Zeichenketten zu speichern:

```
string textE = "error";   // Englischer Text
string textD = "Fehler";  // Deutscher Text
```

Wo liegt der Unterschied gegenüber Anweisungen wie z.B.

```
char textE[] = "error";   // Englischer Text
char textD[] = "Fehler";  // Deutscher Text
```

Der Typ string ist kein fundamentaler Datentyp und auch kein Feld, sondern eine Klasse aus der Standardbibliothek zur Verwaltung von Zeichenketten. Diese Klasse stellt (neben der Initialisierung wie im Beispiel gezeigt) eine Reihe von Verarbeitungsfunktionen zur Verfügung, die bei der Arbeit mit Zeichenketten von allgemeinem Interesse sind.

Dazu gehören z.B. Funktionen, um einen String an einen andern anzuhängen:

```
string s = "abc";
s += "def";                 // Anhängen einer Zeichenkette
```

Nach diesen Anweisungen hat s den Wert abcdef.

Beachten Sie bitte, dass zur Speicherung des zusammen gesetzten
Strings in s mehr Speicherplatz erforderlich ist als s vorher benötigt
hatte. Die Verwaltung des Speichers erfolgt dynamisch automatisch
und hinter den Kulissen innerhalb von string – der Programmierer
ist damit nicht belastet. Verwendet man dagegen „C-Strings" wie in

```
char s[] = "abc";
```

ist die Verlängerung des Strings zur Laufzeit nicht möglich:

```
s += "def";                 // Fehler!
```

Selbstverständlich gibt es auch in C (und damit weiterhin in C++) die
Möglichkeit, Zeichenketten dynamisch zu verwalten und damit auch
zur Laufzeit des Programms zu verlängern. Durch die dadurch dann
notwendige manuelle dynamische Speicherverwaltung ist der Auf-
wand jedoch deutlich höher als bei Verwendung der Klasse string.
Insbesondere muss man darauf achten, dass der dynamisch allokierte
Speicher auch wieder freigegeben wird – sonst erhält man ein
Speicherleck (*memory leak*)[70].

📖 Beispiel: Verbinden zweier Strings in C

Folgendes Beispiel zeigt Code zur Verbindung zweier Zeichenketten
im klassischen Stil:

```
char s[] = "abc";

//-- Anhängen einer Zeichenkette benötigt mehr Platz. Speicher anfordern!
//
char* buf = (char*) malloc( 7 ); // insgesamt 7 Bytes werden benötigt
if ( !buf )
{
    cout << "*** nicht mehr ausreichend Speicher vorhanden!" << endl;
    exit( 1 );
}
```

---

[70] Solche Speicherlecks führen dazu, dass mit der Zeit immer mehr Speicher allokiert, aber nicht mehr freigegeben wird. Als Folge läuft das Programm immer
langsamer, insgesamt nimmt die Leistung des Rechners kontinuierlich ab – ein
leider all zu bekanntes Phänomen.

```
//-- OK - wir haben ausreichend Speicher für den Gesamtstring allokiert
//    nun die beiden Strings hintereinander in den neuen Speicherbereich kopieren
//
strcpy( buf, s );                       // erster String
strcat( buf, "def" );                   // zweiten String anhängen


//-- OK - buf hat nun den zusammen gefügten String.
//
cout << buf << endl;

//-- nicht vergessen: buf zeigt auf dynamisch allokierten Speicher,
//    dieser muss wieder freigegeben werden
//
free( buf );
buf = NULL;                             // sicherheitshalber...
```

Der wichtigste Unterschied zur modernen Variante mit der Klasse `string` ist die Notwendigkeit des Anforderns und der Freigabe des dynamischen Speichers für den zusammen gesetzten String. Insbesondere die Freigabe darf nicht vergessen werden:

```
char* buf = (char*) malloc( 7 );        // Allokation von 7 Bytes
...
free( buf );                            // Freigabe des Speicherbereiches
```

Beachten Sie bitte, dass zur Speicherung der Ergebniszeichenkette abcdef sieben Bytes erforderlich sind, da die per Konvention abschließende Null ein weiteres Byte zusätzlich zum eigentlichen String benötigt.

In dem neuen Speicherbereich werden die beiden zu verbindenden Strings nacheinander platziert:

```
strcpy( buf, s );           // Kopieren
strcat( buf, "def" );       // Anhängen
```

Die beiden Funktionen `strcat` und `strcpy` gehören zum C-Teil der Standardbibliothek.

Die ganze Sache wird noch durch die in einem guten Programm unverzichtbaren Fehlerprüfungen verkompliziert. So kann z.B. der Fall auftreten, dass kein dynamischer Speicher mehr zur Verfügung steht. Dies wird dem Programmierer durch die Rückgabe eines Nullzeigers von `malloc` signalisiert:

```
char* buf = (char*) malloc( 7 ); // malloc liefert 0 bei Speichermangel
if ( !buf )
{
  cout << "*** nicht mehr ausreichend Speicher vorhanden!" << endl;
  exit( 1 );
}
```

In unserem Fall wird bei Speichermangel das Programm einfach mit Hilfe der Funktion `exit` beendet. Wenn tatsächlich keine weiteren sieben Byte verfügbar sind, ist die Beendigung des Programms wahrscheinlich akzeptabel. In der Praxis kommen jedoch normalerweise Allokationen wesentlich größerer Speicherbereiche vor – dann braucht man eine verbesserte Fehlerbehandlung, die unser kleines Beispiel noch länger machen würde. All dies und noch wesentlich mehr ist in der Klasse `string` aus der Standardbibliothek implementiert. `string` ist daher wahrscheinlich die am Häufigsten verwendete Klasse der Standardbibliothek überhaupt.

📖 Zeiger auf Funktionen

C und damit auch C++ ermöglichen es, Zeiger auf Funktionen zu bilden. Dies ist sinnvoll, wenn man z.B. je nach Situation unterschiedliche Funktionen aufrufen will, aber nicht jedes Mal eine `switch`-Anweisung schreiben möchte.

Zeigertypen für Funktionen müssen die Signatur der Funktion, auf die sie zeigen, beachten. Die Anzahl der Parameter sowie der Rückgabetyp der Funktion gehören also zum Typ des Zeigers dazu. Dies lässt die Definition eines Funktionszeigers optisch etwas ungewöhnlich aussehen. Hat man z.B. eine Funktion `f` als

```
void f()
{
  cout << "Funktion f" << endl;
}
```

definiert, kann man einen Funktionszeiger darauf als

```
void (*fp)();
```

definieren und durch

```
fp = &f;
```

mit der Adresse von `f` initialisieren. Auch für Zeiger auf Funktionen gilt, dass sie nicht uninitialisiert bleiben sollten. Besser schreibt man daher (wie immer mit Zeigern)

```
void (*fp)() = 0;
```

oder z.B.

```
void (*fp)() = &f;
```

Die Definition von Funktionszeigern ist schwierig zu lesen. Grundsätzlich besteht sie aus drei Teilen:

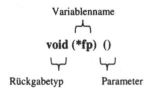

Bild 11.5: **Definition eines Funktionszeigers**

Die Teile *Rückgabetyp* und *Parameter* beziehen sich auf die Funktion, auf die der Zeiger zeigen soll. In unserem Beispiel ist der Rückgabetyp void und die Parameterliste ist leer.

Übung 11-14:

Definieren Sie einen Funktionszeiger, der auf die weiter oben vorgestellte Funktion hasCharacters *zeigen kann. Zur Erinnerung: die Funktion hatte folgende Deklaration:*

```
bool hasCharacter( char* str, char c );
```

Zum Aufruf der Funktion, auf die der Zeiger zeigt, wird der Zeiger wie gewöhnlich dereferenziert:

```
(*fp)();                 // Aufruf der Funktion f
```

Ein Sonderfall bei Funktionszeigern ist die Tatsache, dass Adressbildung und Dereferenzierung implizit ablaufen können. An Stelle von

```
void (*fp)() = &f;
```

kann man deshalb auch einfacher (aber nicht unbedingt lesbarer)

```
void (*fp)() = f;        // implizite Adressbildung
```

und anstelle von

```
(*fp)();
```

auch einfacher

```
fp();                    // implizite Dereferenzierung
```

schreiben.

Folgendes Beispiel definiert einen Zeiger, der auf Funktionen der Art

```
bool isZero( double );
```

zeigen kann:

```
bool (*fp2)( double ) = 0;  // zeigt auf keine Funktion
```

Wie bereits erwähnt, gehört die Signatur der Funktion zum Typ des Zeigers. Es ist also z.B. nicht möglich, etwas wie

```
fp2 = fp; // Fehler! Unterschiedliche Signaturen
```

zu schreiben. Was sollte auch bei einer Anweisung wie

```
bool result = fp2( 3.1415 );
```

passieren? Es würde fälschlicherweise die Funktion f aufgerufen, die mit dem Parameter nichts anfangen kann und auch keinen Wert zurückgibt.

📖 Funktionszeiger und „normale" Zeiger

Funktionszeiger verhalten sich ansonsten im Wesentlichen wie „normale" Zeiger, nur referenzieren sie eben Funktionen und keine Objekte. Zeigerarithmetik wird demzufolge nicht unterstützt, jedoch Zuweisung und Vergleich.

Funktionszeiger und „normale" (Daten-)Zeiger sind nicht kompatibel miteinander. Datenzeiger und Funktionszeiger können nicht ineinander gewandelt werden. Dies bedeutet auch, dass ein Funktionszeiger nicht zu dem generischen Zeigertyp void* gewandelt werden kann, als Folge kann void* nicht zu einem Funktionszeigertyp zurückgewandelt werden. Die Anweisungen

```
bool (*fp2)( double ) = &f;
void* fp3 = fp2;              // Fehler!
```

sind daher syntaktisch falsch.

Auf der anderen Seite ist es seit den Anfangstagen von C gängige Praxis, auch Funktionszeiger in void* und vor allem wieder zurück zu wandeln. Dazu muss man in C++ allerdings eine explizite Wandlung vornehmen:

```
void* fp3 = (void*)fp2;        // explizite Wandlung zu void*
fp2 = (void(*)())fp3;          // und wieder zurück
```

Der Grund, Funktionszeiger und Datenzeiger inkompatibel zueinander zu machen, liegt in der Tatsache, dass beide Zeigertypen unterschiedlich implementiert werden können: es sind Rechnerarchitekturen denkbar, in denen Datenzeiger eine andere Größe als Funktionszeiger haben[71]. Sind Datenzeiger kleiner als Funktionszeiger, liefert die obige Wandlung zu void* (und wieder zurück) undefiniertes Verhalten. Es ist also Aufgabe des Programmierers, die Hardwarearchitektur im Auge zu behalten. In gängigen 32-Bit Architekturen sind beide Zeigertypen gleich groß.

Zum Schluss noch ein Wort der Warnung: Funktionszeiger können Code völlig unlesbar machen. Sieht man eine Anweisung wie z.B.

```
bool result = fp2( 3.1415 );
```

weiß man zunächst nicht, ob fp eine normale Funktion oder ein Funktionszeiger ist. Im Falle eines Funktionszeigers muss man dann diejenige Funktion identifizieren, auf die fp gerade zeigt, um den Programmablauf bestimmen zu können. Dies macht die statische Analyse von Programmen (d.h. die Analyse ohne das Programm ablaufen zu lassen) nahezu unmöglich.

📖📖 Referenzen

Eine Referenz ist wie ein Zeiger ein Verweis auf ein anderes Objekt. Eine Referenz ist jedoch im Gegensatz zu einem Zeiger selber kein eigenes Objekt und kann daher nicht manipuliert werden: Jede Operation mit einer Referenz wirkt automatisch und ausweglos auf das referenzierte Objekt. Ist eine Referenz einmal an ein Objekt gebunden, kann diese Bindung nicht mehr gelöst werden: Eine einmal initi-

---

[71] 16-Bit Windows ist z.B. eine solche Plattform. Dort war es möglich, Daten- und Funktionszeiger unabhängig voneinander wahlweise mit 16 oder 32 Bit Breite zu definieren.

alisierte Referenz bleibt bis zum Ende ihrer Lebenszeit an das referenzierte Objekt gebunden.

📖 **Definition**

Eine Referenz auf einen beliebigen Datentyp T deklariert man als T&, d.h., man fügt dem Typ einen nachgestelltes und-Zeichen zu. In den folgenden Anweisungen werden zwei Referenzen definiert:

```
int i;
double d;

int&    ir = i;          // Referenz auf eine Variable vom Typ int
double& dr = d;          // Referenz auf eine Variable vom Typ double
```

Beachten Sie hier den Unterschied zur vergleichbaren Definition von zwei Zeigern:

```
int*    ip = &i;         // Zeiger auf eine Variable vom Typ int
double* dp = &d;         // Zeiger auf eine Variable vom Typ double
```

Referenzen müssen immer initialisiert werden. Uninitialisierte Referenzen – wie bei Zeigern möglich – gibt es nicht. Die folgende Anweisung ergibt daher eine Fehlermeldung bei der Übersetzung:

```
int& ir2;                // Fehler!
```

Allerdings ist es möglich, Referenzen zu *deklarieren:*

```
extern int& ir2;         // OK - Deklaration
```

Wie üblich muss dann an anderer Stelle des Programms (meist in einem anderen Modul) eine Definition für ir2 stehen.

Referenzen müssen immer an ein Objekt gebunden werden. Ein analoges Konzept wie der Nullzeiger bei Zeigern gibt es bei Referenzen nicht. Mit Referenzen ist es daher nicht möglich, die Situation „Referenz verweist gerade auf kein Objekt" auszudrücken.

```
int& ir3 = 0;            // Fehler!
int& ir4 = NULL;         // Fehler!
```

📖 **Zugriff auf das referenzierte Objekt**

Jede Operation mit einer Referenz wirkt auf das referenzierte Objekt. Eine spezielle Dereferenzierung wie bei Zeigern ist also nicht erforderlich. Hat man z.B.

```
int i = 5;
int& ir = i;
```

definiert, bewirkt die Anweisung

```
ir++;
```

die Inkrementierung von i, genauso als wenn man direkt

```
i++;
```

geschrieben hätte. Analog können alle möglichen weiteren Anweisung nun optional mit i oder ir formuliert werden.

Wozu kann es sinnvoll sein, Referenzen auf Objekte zu bilden? Warum kann man nicht die gewünschten Operationen direkt mit der Variablen i durchführen?

In der Tat bringt die Verwendung einer Referenz ir hier keine Vorteile gegenüber der direkten Verwendung von i. Manchmal können Referenzen jedoch zur Optimierung von Code beitragen, wie in diesem Beispiel:

```
double df[ 5 ] = { 1.0, 2.0, 3.0, 4.0, 5.0 };

for ( int i=0; i<5; i++ )
{
  double& dr = df[ i ];
  dr += dr * 0.15;
}
```

Hier wird dr verwendet, um die mehrfache Berechnung von df[i] zu vermeiden, wie sie in der Version ohne Referenzen erforderlich gewesen wäre:

```
df[ i ] += df[ i ] * 0.15;
```

Ein optimierender Compiler hätte allerdings in diesem Fall die doppelte Berechnung des Index sowieso eliminiert. Außerdem könnte man sie durch Verwendung der Zeigerarithmetik vermeiden – das Beispiel soll nur zur Veranschaulichung dienen. Die wirklichen Stärken der Referenzen zeigen sich in einem anderen Fall, nämlich bei der Parameterübergabe bzw. Rückgabe an/von Funktionen.

Übung 11-15:

Ergänzen Sie das Beispiel um Code zur Ausgabe des veränderten Feldes.

📖   Referenzen als Funktionsparameter

Ihre volle Mächtigkeit entfalten Referenzen im Zusammenhang mit der Parameterübergabe bzw. -rückgabe an/von Funktionen. Folgendes Listing zeigt eine Routine inc, die als Parameter eine Referenz auf ein int erhält:

```
void inc( int& ir )
{
    ir++;
}
```

In folgendem Codesegment wird die Funktion aufgerufen:

```
int i = 5;
inc( i );

cout << i << endl;
```

Als Ergebnis erhält man die Zeile

```
6
```

Während des Funktionsaufrufs wird die Referenz ir an die Variable i gebunden, so dass ir während der Laufzeit von inc eine Referenz auf i ist. Alle Operationen mit ir sind somit eigentlich Operationen mit i. Ist der Funktionsaufruf abgearbeitet, hört ir (und damit die Bindung an i) auf zu existieren.

Parameterkonstruktionen mit Referenztypen können also die so schmerzlich vermisste Referenzübergabe (*call by reference*) ersetzen, und in der Tat bilden Funktionsparameter eines der Hauptanwendungsgebiete für Referenzen. Aus diesem Grunde werden Referenzen allgemein oft mit call by reference gleichgesetzt, und viele Programmierer benutzen Referenzen ausschließlich zu diesem Zweck. Referenzen sind jedoch mehr: Sie sind ein eigenständiges Konzept, mit dessen Hilfe man unter anderem auch call by reference erreichen kann.

Übung 11-16:

Schreiben Sie eine Funktion, die eine Fließkommazahl übernimmt (call by value), um 15% erhöht und das Ergebnis als Funktionsergebnis zurückliefert. Schreiben Sie eine zweite Version dieser Funktion, die eine Referenz auf eine Fließkommazahl übernimmt (call by reference) und diese um 15% erhöht. Verwenden Sie beide Versionen, um ein Feld von 5 doubles zu bearbeiten. Geben Sie die Ergebnisse auf dem Bildschirm aus.

▢ Referenzen als Funktionsrückgaben

Referenzen können als Ergebnis eines Funktionsaufrufs zurückgeliefert werden. Genauso wie bei Zeigern muss man jedoch darauf achten, dass nicht versehentlich eine Referenz auf lokale Variable zurückgeliefert wird – diese existieren ja nach Beendigung der Funktion nicht mehr.

Im folgenden Beispiel liefert die Funktion doIt eine Referenz auf ein lokales Datenelement zurück.

```
int& doIt()
{
  int i = 7;
  return i;
}
```

Eine solche Situation kann leicht übersehen werden, da man an der Rückgabeanweisung

```
return i;
```

nicht erkennen kann, ob eine Referenz oder ein Wert zurückgeliefert wird: Dies wird in der Funktionsdeklaration von doIt festgelegt.

Funktionen, die Referenzen zurückgeben, können direkt verwendet werden, um auf das referenzierte Objekt zuzugreifen – und zwar lesend und schreibend. Bei einem schreibenden Zugriff wird die Funktion als lvalue verwendet, sie steht also links vom Gleichheitszeichen.

Wir verwenden als Beispiel wieder eine Funktion, um eines von zwei (statischen) String-Objekten auszuwählen. Die Funktion `select-String` gibt eine Referenz auf eines der beiden `string`-Objekte zurück:

```
static string s1 = "abc";
static string s2 = "def";

string& selectString( bool first )
{
  if ( first )
    return s1;
  else
    return s2;
}
```

Schreibt man nun z.B.

```
cout << selectString(true) << endl;
```

liefert `selectString` eine Referenz auf `s1`, entsprechend wird `s1` ausgegeben. Umgekehrt kann `s1` z.B. auch ein neuer Wert zugewiesen werden:

```
selectString(true) = "xyz";
```

`s1` hat nun den Wert `xyz`.

Die Möglichkeit, dass Funktionen auf der linken Seite einer Zuweisung stehen (d.h. das Funktionsergebnis als lvalue verwendet wird), ist für die meisten Programmierer gewöhnungsbedürftig. Diese Technik ermöglicht jedoch einige interessante Anwendungen, von denen wir gleich die erste in unserem Projekt `FixedArray` kennen lernen werden.

▭▭▭ Initialisierung mit anderem Typ

Eine Referenz muss immer an ein Objekt vom „passenden" Typ gebunden werden. Allgemein heißt das: Eine Referenz auf ein Objekt vom Typ `T` hat den Typ `T&`. Es gibt jedoch einen Fall, der diese Aussage zunächst als falsch erscheinen lässt:

```
double d = 5.2;
const int& ir = d;        // OK
```

Hier wird eine Referenz vom Typ `int&` mit einem Objekt vom Typ `double` initialisiert. Das Schlüsselwort `const` bedeutet in diesem Zusammenhang, dass das referenzierte Objekt nicht verändert werden darf (Näheres zu `const` im nächsten Kapitel).

Im Beispiel wird jedoch `ir` keineswegs an `d` gebunden. Ist der Basistyp der Referenz (hier `int`) unterschiedlich zum Typ des Objekts (hier `double`), wird ein temporäres Objekt mit dem „passenden" Typ erzeugt und mit `d` initialisiert. Die Referenz wird dann an das temporäre Objekt gebunden.

Die Anweisung

```
const int& ir = d;
```

entspricht also dem Code

```
int temp = d;          // temporäre Variable
const int& ir = temp;
```

Es ist Aufgabe des Compilers, zu erkennen, wann eine solche temporäre Variable erforderlich ist, diese zu erzeugen und vor allem auch wieder freizugeben, wenn sie nicht mehr benötigt wird. Sie muss also mindestens so lange bestehen bleiben, wie die Referenz `ir` existiert.

Allgemein gilt: Eine Referenz vom Typ `const T&` kann mit einem Objekt vom Typ `V` initialisiert werden, wenn es eine implizite Konvertierung von `V` nach `T` gibt. In unserem Beispiel ist diese Bedingung erfüllt, da `double` implizit zu `int` gewandelt werden kann.

Beachten Sie bitte, dass die Verwendung des temporären Objekts für den Programmierer völlig transparent ist. Das temporäre Objekt wird nur intern verwendet, es tritt nirgendwo explizit in Erscheinung – muss aber trotzdem angelegt, kopiert und wieder gelöscht werden. Im Falle von fundamentalen Typen fällt der dazu notwendige Aufwand nicht besonders ins Gewicht, für große Objekte können solche unsichtbaren Kopieroperationen jedoch eine Quelle schwer zu findender Performanceprobleme sein.

Warum muss die Referenz `const` sein, damit die Initialisierung der Referenz mit einem anderen Typ funktioniert? Betrachten wir zur Beantwortung dieser Frage die Anweisungen

```
double d = 5.2;
int& ir = d;           // Fehler!
```

Damit wäre z.B. eine Anweisung wie

```
ir = 6;                // ???
```

möglich. Der Programmierer erwartet sicherlich, dass nun `d` wie bei Referenzen üblich den Wert 6 zugewiesen erhält – schließlich hat er ja `ir` an `d` gebunden. In Wirklichkeit würde jedoch nur das temporäre Objekt verändert, `d` bliebe unverändert. Dies ist sicherlich eine Fehlerquelle ersten Ranges, da die Anweisungen noch nicht einmal zu einer Warnung führen. Durch die Verwendung von `const` ist das temporäre Objekt unveränderbar:

```
double d = 5.2;
const int& ir = d;    // OK - temporäres Objekt ist const
ir = 6;               // Fehler! Konstante Objekte dürfen nicht verändert werden
```

Eine Folge aus dieser Regel ist, dass Referenzen auch mit Konstanten initialisiert werden können. Schreibt man

const int& ir = 1;

wird ein temporäres `int`-Objekt erzeugt und mit dem Wert 1 initialisiert

---

Übung 11-17:

Ist die folgende Anweisung zulässig?

```
const int& ir = 1.1;    // double-Literal
```

Beachten Sie bitte, dass die implizite Bildung eines temporären Objekts bei der Verwendung von Zeigern nicht möglich ist. Die Zeilen

```
double d = 5.2;
const int* ir = &d;    // Fehler!
```

ergeben einen Syntaxfehler bei der Übersetzung.

📖 Fallstudie FixedArray

Wir beginnen hier mit unserer Fallstudie `FixedArray`, in der wir einen Ersatz für die ungenügenden Möglichkeiten der C-Felder realisieren wollen. Als erstes implementieren wir eine Funktion, die den Feldzugriff sicherer macht, in dem sie eine Prüfung des Feldindex vornimmt. Die Funktion soll ein Feld sowie die Dimension und den gewünschten Index übernehmen und dann eine Referenz auf das adressierte Feldelement zurückliefern.

Folgende Implementierung leistet das Gewünschte:

```
int& select( int feld[], int dim, int index )
{
  if ( index < 0 || index >= dim )
  {
    cout << "*** index nicht im zulässigen Bereich!" << endl;
    exit( 1 );
  }

  //-- OK-Index ist zulässig
  //
  return feld[ index ];
}
```

Ein Aufruf könnte z.B. folgendermaßen aussehen:

```
int f[ 100 ];
select( f, 100, 0 ) = 10;

cout << select( f, 100, 0 ) << endl;
```

Als Ergebnis wird 10 ausgegeben. Im Falle eines ungültigen Index, wie z.B. in dem Ausdruck

```
select( f, 100, 200 ) = 10;
```

wird das Programm mit einer Meldung beendet.

Beachten Sie bitte, wie die Funktion eine Referenz auf ein Feldelement zurückgibt:

```
return feld[ index ];
```

Diese Anweisung sieht genauso aus wie die Rückgabe des Feldelementes als Wert. Der Unterschied liegt in der Deklaration des Rückgabetyps der Funktion:

```
int& select( int feld[], int dim, int index );
```

Der Rückgabetyp ist eben ein Referenztyp. Als wichtigste Konsequenz kann die Funktion nun auf beiden Seiten einer Zuweisung stehen:

```
int value = select(....);  // lesender Zugriff auf ein Feldelement
select(....) = value;      // schreibender Zugriff auf ein Feldelement
```

Übung 11-18:

Verwenden Sie die Funktion select, *um ein Feld mit 10 integern auszugeben.*

Übung 11-19:

Verwenden Sie die Funktion, um ein Feld von 10 Integern in eines anderes Feld zu kopieren.

Übung 11-20:

Verändern Sie die Funktion so, dass sie anstelle von ints *nun* doubles *verwendet. Vergleichen Sie die Implementierung beider Funktionen. Wo ist der Unterschied?*

Übung 11-21:

Schreiben Sie eine Funktion select2, *die die Funktionalität von* select *(also den lesenden und schreibenden Zugriff auf ein Feldelement) für zweidimensionale Felder bereitstellt.*

Über die Verwendung eines Referenztyps haben wir erreicht, dass die gleiche Funktion sowohl zum Lesen als auch zum Verändern eines Feldelements verwendet werden kann – genauso wie der Operator [ ], der diese Funktionalität für „normale" Felder bereitstellt.

Dies ist ein erster Schritt. Lästig ist vor allem noch die Notwendigkeit, die Dimension manuell mitzuführen, sowie jedes Mal das Feld, auf das zugegriffen werden soll, als Parameter mitgeben zu müssen. Dies alles und noch mehr wird sich im Laufe des Projekts noch ändern!

📖 Referenzen sind keine Objekte

Die Tatsache, dass Referenzen (im Gegensatz zu Zeigern) keine Objekte sind, hat einige wichtige Konsequenzen:

❑ Eine Referenz kann nicht manipuliert werden. Es gibt keine Möglichkeit für den Programmierer, die Referenz selber auch nur anzusprechen. *Jede* Operation mit einer Referenz bezieht sich automatisch, unweigerlich und unmittelbar auf das referenzierte Objekt. Dies gilt z.B. auch für den `sizeof`-Operator:

```
double& dr = d;
cout << sizeof( dr ) << endl;
```

Hier wird die Größe eines `double` ausgegeben (normalerweise 8). Eine Referenz selber hat konzeptionell keine Größe.

Eine andere Frage ist, ob zur Implementierung einer Referenz Speicherplatz erforderlich ist. Dies muss nicht so sein, aber im Falle z.B. der Verwendung von Referenzen zur Parameterübergabe an Funktionen ist die naheliegende Implementierung, (analog zu Zeigern) eine Adresse zu übergeben.

❑ Referenzen auf Referenzen oder Felder von Referenzen sind nicht möglich. Welche Größe sollte ein Feldelement haben, wenn Referenzen konzeptionell größenlos sind?

❑ Eine Referenz muss immer initialisiert werden. Dadurch, dass die Referenz selber nicht angesprochen oder manipuliert werden kann, ist eine spätere Bindung an ein Objekt (analog zum Zeigerkonzept) nicht mehr möglich.

❑ Eine Trennung zwischen Operationen, die sich auf die Referenz selber beziehen und solchen, die sich auf das referenzierte Objekt beziehen, ist nicht erforderlich, da es erstere (im Gegensatz zu Zeigern) nicht gibt. Zum Zugriff auf das referenzierte Objekt ist daher auch keine explizite Dereferenzierung erforderlich. Die vielen & und *-Zeichen, die in Programmen mit Zeigern so typisch sind, fallen bei Verwendung von Referenzen vollständig weg.

📖📖 Einige Anmerkungen zu Zeigern und Referenzen

📖   Referenzen und Zeiger: Konzeptionelles

Aus den letzten Abschnitten wird klar, dass Referenzen und Zeiger einiges gemeinsam haben - sie dienen z.B. beide zum Zugriff auf ein *anderes* Objekt. Trotzdem unterscheiden sich Referenzen in ganz wesentlichen Punkten von Zeigern. Folgende Aufstellung zeigt die wichtigsten Unterschiede bzw. Gemeinsamkeiten:

❑ Zeiger sind eigene Datenobjekte, d.h. sie besitzen einen Namen, haben einen Typ sowie einen zugeordneten Speicherbereich. Zeiger können initialisiert werden, müssen aber nicht. Ein Zeiger kann entweder auf ein Objekt zeigen, der Nullzeiger sein oder überhaupt keinen sinnvollen Wert haben. Der Wert eines Zeigers kann verändert werden, d.h. ein Zeiger kann im Laufe seines Lebens auf unterschiedliche Datenobjekte (des gleichen Typs) zeigen. Für Zeiger sind besondere arithmetische Operationen („Zeigerarithmetik") vorhanden, mit denen sich z.B. Felder besonders effizient durchlaufen lassen. Da Zeiger selber Objekte sind, muss bei einer Operation mit dem Zeiger notationell unterschieden werden, ob der Zeiger selber oder das Objekt, auf das der Zeiger zeigt, gemeint ist. Bei der Initialisierung eines Zeigers mit einem Objekt eines anderen Typs werden keine automatischen Konvertierungen durchgeführt. Zeiger werden deshalb auch verwendet, um einen Speicherbereich unterschiedlich zu interpretieren.

❑ Referenzen sind keine eigenen Objekte, sondern nur weitere Namen für bereits existierende Objekte. Daraus folgt, dass eine Referenz immer mit einem Objekt initialisiert werden muss. Diese Verbindung bleibt während der Lebensdauer der Referenz bestehen und kann nicht gelöst werden. Eine Referenz kann also nicht während ihres Lebens unterschiedliche Objekte referenzieren. Da eine Referenz kein eigenes Datenobjekt ist (sie hat z.B. aus Sicht des Programmierers keinen zugeordneten Speicherbereich) ist es nicht erforderlich, zwischen „Referenz" und „referenziertem Objekt" zu unterscheiden: Jede Operation auf einer Referenz ist automatisch absolut identisch zur Operation auf dem referenzierten Objekt. Bei der Initialisierung einer Referenz auf const mit einem Objekt unterschiedlichen Typs wird implizit ein temporäres Objekt erzeugt, an das die Referenz gebunden wird.

Aus diesen „Kurzprofilen" von Referenz und Zeiger folgen auch die Anwendungsgebiete der beiden Sprachmittel:

❑ *Referenzen* sollten also immer dann verwendet werden, wenn man eine weitere Zugriffsmöglichkeit auf ein bestimmtes Objekt benötigt. Dazu gibt es folgende Standardfälle:

- Man bildet aus Vereinfachungsgründen eine Referenz auf ein durch komplizierte Adressrechnungen gewonnenes Objekt, weil man mehrfach darauf zugreifen möchte.

- Man möchte ein Objekt durch eine Funktion bearbeiten, möchte aber keine lokale Kopie bei der Parameterübergabe erzeugen. Gleiches gilt für die Rückgabe eines Objekts aus einer Funktion.

❑ *Zeiger* sollten dagegen immer dann verwendet werden, wenn der Zeiger über Zeigerarithmetik manipuliert werden soll bzw. nur temporär auf ein bestimmtes Objekt zeigt. Typische Anwendungsfälle für Zeiger sind der Zugriff auf Feldelemente über Index, das Durchlaufen (bzw. Absuchen) von Feldern bzw. die Interpretation eines Speicherbereiches mit einem anderen Typ.

Bei der Parameterübergabe an eine Funktion sind Zeiger sinnvoll, wenn als Parameter auch „kein Objekt" (d.h. der Nullzeiger) möglich sein soll. Ist dagegen immer ein Objekt als Parameter erforderlich, sollte der Referenz der Vorzug gegeben werden.

Gleiches gilt für die Rückgabe von Werten aus einer Funktion. Eine Funktion, die z.B. nach bestimmten Suchkriterien ein Objekt aus einem Feld von Objekten sucht, sollte zur Rückgabe des Ergebnisses einen Zeiger verwenden, denn über den Nullzeiger lässt sich das Ergebnis „kein Objekt gefunden" einfach codieren.

     Wertübergabe und Referenzübergabe von Parametern

In C und C++ werden Parameter *immer* als Wert übergeben (*Wertübergabe, call by value*) – insofern gibt es keine „Referenzübergabe von Parametern". Andererseits kann man mit Hilfe von Verweisen erreichen, dass Objekte quasi „als Referenz" (*Referenzübergabe, call by reference*) übergeben werden. Dabei wird eben nicht das Objekt selber, sondern nur ein Verweis darauf (Referenz oder Zeiger) übergeben, innerhalb und ausserhalb der Funktion wird daher das gleiche Objekt angesprochen. Obwohl eigentlich das Objekt selber gar nicht übergeben wird (sondern eben nur ein Verweis darauf) spricht man trotzdem von einer „Referenzübergabe des Objekts". Der Verweis dient sozusagen nur als Mittel, um ein Objekt innerhalb einer Funktion bekannt zu machen.

Wertübergabe und Referenzübergabe unterscheiden sich in zwei wichtigen Punkten:

❑ Bei der Wertübergabe wird immer eine Kopie des zu übergebenden Objekts angefertigt. Für große Objekte kann dies einen erheblichen Ressourcenaufwand bedeuten, der die Performanz eines Programms unzumutbar verschlechtern kann. Die Referenzübergabe vermeidet die Kopie.

❑ Bei der Wertübergabe kann das Objekt nicht innerhalb der Funktion geändert werden. Dazu muss ein Verweis auf das Objekt an die Funktion übergeben werden.

📖   **Ein Wort zur Notation**

Syntaktisch sind die Anweisungen

```
int* i = 0;      // #1
```

und

```
int *i = 0;      // #2
```

identisch. Welcher Notation man den Vorzug gibt, ist daher Geschmacksache und damit auch ein Thema endloser Diskussionen z.B. in den Internet-Newsgroups oder auch in Entwicklungsteams, die einen einheitlichen Stil für ihre Software festlegen wollen.

Für die Notation #1 spricht, dass Typ und Variable optisch gut getrennt werden: der Typ ist `int*`, und die Variable ist `i`. Der Stern gehört mit zum Typ und sollte deshalb bei den anderen Typinformationen stehen.

Dem gegenüber steht eine Altlast aus C. Die Anweisung

```
int* i=0, j=0;
```

definiert nicht etwa zwei Zeiger vom Typ `int*`, sondern einen Zeiger und eine normale `int`-Variable. Die Zeile entspricht daher den Einzelanweisungen

```
int* i=0;
int  j=0;
```

Syntaktisch bindet der Stern zur Variable und nicht zum Typ. Um zwei Zeiger zu definieren, muss man deshalb

```
int* i=0, * j=0;
```

schreiben. Aus diesen Überlegungen heraus ist Notation #2 der Vorzug zu geben:

```
int *i=0, *j=0;
```

Man kann daher keine generelle Regel angeben – zumindest so lange man Mehrfachdefinitionen in einer Anweisung erlauben möchte. Eine in der Praxis häufig anzutreffende Lösung verzichtet auf Mehrfachdefinitionen und verwendet Notation #1. Programmierer, die mit C groß geworden sind, verwenden dagegen bevorzugt Notation #2.

Die Frage, wo der Stern stehen soll, ist Teil der generelleren Frage, wie Quellcode formatiert werden soll, wie Variablennamen gewählt werden sollen, ob Unterstriche in Namen erlaubt sein sollen, etc. Eine konsistente Beantwortung dieser Fragen führt zu einem *Stilhandbuch* (*Styleguide*), das das optische Aussehen von Code festlegt. Ein Styleguide muss nicht nur die Position des Sterns in Zeigerdeklarationen, sondern alle C++ Sprachmittel berücksichtigen. Ein Stilhandbuch, das sich in der Praxis gut bewährt hat, kann von der Internetseite des Buches herunter geladen werden.

12 Konstante und volatile Objekte

Die Schlüsselworte const *und* volatile *können zu einer Deklaration oder Definition hinzugefügt werden, um Objekte als konstant bzw. volatil zu kennzeichnen. Konstante Objekte können nicht geändert werden, volatile Objekte dagegen werden als von außen veränderlich betrachtet und damit von jeder Optimierung ausgeschlossen.*

Konstanten

Jeder Datentyp in C++ kann durch Hinzufügen des Schlüsselwortes const als konstant deklariert werden. Objekte solcher Typen können vom Programm aus nicht geändert werden. Je nach verwendetem Datentyp und Stellung des Schlüsselwortes const gibt es unterschiedliche Bedeutungen und Möglichkeiten.

Konstante fundamentale Daten

Wird const zusammen mit fundamentalen Datentypen verwendet, erhält man eine *einfache Konstante*:

```
const int ic = 3;       // Konstante
```

Hier ist ic ein konstantes int. Eine Änderung von ic ist nicht möglich:

```
ic = 4;                 // Fehler!
```

Konstanten müssen immer initialisiert werden. Folgende Anweisung ist daher falsch:

```
const int ic;           // Fehler!
```

Konstanten können jedoch *deklariert* werden:

```
extern const int ic;    // OK
```

An anderer Stelle im Programm muss dann eine Definition (mit Initialisierung) stehen.

📖 Übersetzungszeit- und Laufzeit-Konstanten

Wenn der Wert einer Konstanten zur Übersetzungszeit berechnet werden kann, spricht man von einer *Übersetzungszeit-Konstanten* (*compiletime-constant*). Beispiele:

```
const int ic1 = 1;
const int ic2 = 256-1;
const int ic3 = ic2/2 + ic1;
```

Übersetzungszeit-Konstanten können zur Dimensionierung von Feldern verwendet werden. Beispiel:

```
char str[ ic2 ];        // Feld mit 255 Elementen
```

Folgendes funktioniert dagegen nicht:

```
extern const int ic;
char str[ ic ];         // Fehler!
```

Hier ist `ic` eine *Laufzeit-Konstante (runtime-constant)*: Ihr Wert liegt zur Übersetzungszeit des Moduls noch nicht fest (hier weil die zugehörige Definition in einem anderen Modul angeordnet ist).

Laufzeit-Konstanten brauchen genauso wie ihre Basisdatentypen (also der Typ ohne `const`) Speicherplatz, es handelt sich daher um vollständige Objekte. Übersetzungszeit-Konstanten dagegen benötigen nicht unbedingt Speicher im Programm: Der Compiler kann das Objekt „wegoptimieren" und gleich mit dem Wert der Konstanten arbeiten.

Ausdrücke mit Übersetzungszeit-Konstanten werden zur Übersetzungszeit ausgewertet. So wird z.B. der Ausdruck auf der rechten Seite der Anweisung

```
const int ic3 = ic2/2 + ic1;
```

vollständig vom Compiler bei der Übersetzung der Anweisung berechnet. Der erzeugte Code ist identisch zu

```
const int ic3 = 128;
```

Die Auswertung von Ausdrücken zur Übersetzungszeit funktioniert nur für integrale Typen. Im folgenden Beispiel sind deshalb dc (und damit auch ic) keine Übersetzungszeit-Konstanten:

```
const double dc = 2.5;        // Laufzeit-Konstante
const int    ic = dc;         // dito
```

Eine Anweisung wie z.B.

```
int feld[ ic ];               // Fehler!
```

ist dann nicht zulässig[72].

Die Beschränkung auf integrale Typen für die Berechnung von Ausdrücken zur Übersetzungszeit wird mit der Komplexität der Fließkommaarithmetik begründet. Man wollte den Compilerbauern nicht zumuten, eine komplette Fließkommabibliothek in ihre Compiler integrieren zu müssen. Außerdem bestände die Gefahr, dass zur Compilezeit ein Ausdruck andere Ergebnisse erzielt als zur Laufzeit – weil z.B. das Programm mit einer anderen Fließkommabibliothek gebunden wird als im Compiler verwendet wurde. Im Übrigen dienen Übersetzungszeit-Konstanten meist sowieso zur Definition von Feldern, und dort kann man sich auf integrale Typen beschränken.

📖 const und #define

Die traditionelle Methode, Konstanten zu definieren, verwendet die *Präprozessor-Direktive* define. Schreibt man z.B.

```
#define MAX 256
```

so werden im nachfolgenden Programmtext sämtliche Vorkommen von MAX durch 256 ersetzt. Diese Ersetzung erfolgt *vor* dem eigentlichen Übersetzungsvorgang durch einen *Präprozessor*, so dass der Compiler niemals die Zeichenkette MAX sieht, sondern immer nur den ersetzten Wert 256.

Dieses Vorgehen erfüllt seinen Zweck, hat jedoch eine Reihe von Nachteilen, die aus der Ersetzung ausserhalb des eigentlichen Übersetzungsvorganges herrühren. Der größte Nachteil ist sicherlich die

---

[72] Leider sind einige Compiler gerade in diesem Bereich noch etwas unsicher. So liefert z.B. MSVC6 als Fehlermeldung „expected constant expression", obwohl es sich um eine Konstante handelt – aber eben nicht um eine compiletime-constant.

Tatsache, dass die Ersetzung einfach textuell ohne Berücksichtigung von Gültigkeitsbereichen etc. stattfindet.

So ist z.B. der Gültigkeitsbereich der Konstanten MAX im folgenden Programmsegment auf die Funktion f beschränkt. In anderen Funktionen ist der Name MAX dann wieder für andere Verwendungen frei.

```
void f()
{
   const int MAX = 256;

   double x[ MAX ] = { 0 };

   ...
}
```

Verwendet man stattdessen die Präprozessoranweisung, ist der Name MAX für den Rest des Programms belegt:

```
void f()
{
   #define MAX 256

   double x[ MAX ] = { 0 };

   ...
}
```

In C++ bringt die Verwendung von define keine Vorteile gegenüber der Verwendung von Konstanten und sollte daher vermieden werden. Kann man trotzdem nicht darauf verzichten (z.B. weil das Modul mit C und C++ übersetzbar sein muss), sollte man defines möglichst am Anfang der Übersetzungseinheit an zentraler Stelle anordnen. Eine Konvention aus C-Zeiten besagt außerdem, dass defines nur aus Großbuchstaben bestehen sollten.

Da defines auf die gesamte Übersetzungseinheit ab ihrer Definition aus wirken, verwendet man in der Praxis oft relativ lange Namen, um die Eindeutigkeit leichter garantieren zu können. Eine C++-Konstante, die nur lokal innerhalb einer Funktion benötigt wird, kann durchaus MAX heißen. Ein define heißt dann meist MAX_RECEIVE_BUFFER o.ä.

📖 Konstante Felder

Felder können Laufzeit-Konstanten sein. Folgendes Beispiel definiert ein konstantes Feld:

```
const int ifc[5] = { 1, 2, 3, 4, 5 };
```

Wie üblich für Konstanten ist eine Modifikation nicht möglich:

```
ifc[0] = 1;                    // Fehler!
```

Für konstante Felder gilt der Sonderfall, dass die Initialisiererliste vollständig sein muss. Während also z.B.

```
int ifc2[ 5 ] = { 1 };         // OK
```

möglich ist (und die restlichen vier Elemente mit 0 initialisiert werden), ist die Anweisung

```
const int ifc2[ 5 ] = { 1 };   // Fehler!
```

nicht möglich.

📖 Konstante Strukturen

Strukturen können Laufzeit-Konstanten sein (*Strukturkonstanten*). Folgendes Beispiel zeigt ein konstantes Objekt einer Struktur Bruch:

```
struct Bruch
{
  int zaehler;
  int nenner;
};

...

const Bruch bc = { 2, 3 };
```

Auch hier darf das Objekt nicht verändert werden. Folgende Anweisung ergibt daher einen Fehler bei der Übersetzung:

```
bc.zaehler = 1;                // Fehler!
```

Für Strukturkonstanten gilt der Sonderfall, das (im Gegensatz zu anderen Konstantentypen) eine explizite Initialisierung nicht unbedingt erforderlich ist:

```
const Bruch bc2;               // OK
```

Der Grund liegt in der Nähe von Strukturen zum Klassenkonzept von C++. Für Klassen erzeugt der Compiler unter bestimmten Umständen einen sog. *Impliziten Standardkonstruktor*, der zwar leer, aber formal eben trotzdem vorhanden ist, und der formal die Initialisierung des Objekts übernimmt. Völlig unlogisch wird es, wenn man ein solchermaßen „initialisiertes" Objekt wie hier bc2 betrachtet: Der implizite Standardkonstruktor ist leer und lässt die Mitglieder effektiv uninitialisiert. Auch dies widerspricht der normalerweise für Konstanten geltenden Regel, die eine Initialisierung von Konstanten fordert[73].

Im Falle der obigen Definition der Struktur Bruch ergänzt der Compiler automatisch einen solchen Konstruktor. Bei der Definition von bc2 wird dann dieser Konstruktor zur Initialisierung verwendet. Formal gilt die Konstante also als initialisiert, auch wenn die Initialisierungsfunktion tatsächlich leer ist. Im Endeffekt haben die Mitgliedsvariablen also zufällige Werte, die wegen der const-Eigenschaft des Objekts auch nicht mehr geändert werden können. Ein solches Objekt ist daher komplett unbrauchbar.

Weiterhin können Strukturkonstanten – im Gegensatz zu konstanten Feldern – durchaus unvollständig initialisiert werden. Die Anweisung

```
const Bruch bc3 = { 1 }; // nenner erhält wie üblich den Wert 0
```

ist also legal.

An diesem Beispiel kann man gut eines der Hauptprobleme der Sprache C++ erkennen: es gibt einfach zu viele Spezialfälle und Unrundheiten. Eines der zentralen Designkriterien war z.B. die Gleichbehandlung von fundamentalen und benutzerdefinierten Typen. Im Gegensatz zu z.B. Java ist dies auch in wesentlichen Teilen so vorhanden, bei Konstanten aber gerade nicht. Warum müssen Konstanten fundamentaler Daten initialisiert werden, Strukturkonstanten aber nicht? Dieser Designbruch ist das kleinere Übel, wenn man die C-Strukturen bereits als vollwertige C++-Klassen betrachten möchte. Für Klassen gelten nämlich besondere Regeln, die u.a. eben bestimmen, dass eine Klasse ohne Konstruktor vom Compiler einen Default-Standard-Konstruktor erhält – und dieser macht die Notation einer uninitialisierten Strukturkonstanten syntaktisch korrekt. Hinzu kommt, dass

---

[73] Dies ist eine der dunkelsten Ecken der Sprache, die einen Einsteiger durchaus verwirren kann. Die Probleme resultieren letztendlich aus der angestrebten Kopatibilität der C++-structs mit den altbekannten C-structs einerseits und andererseits mit dem modernen C++-Klassenkonzept mit Konstruktoren etc.

eine solche Konstante völlig sinnlos ist, da sie einen zufälligen Wert hat.

Insgesamt sind diese Inkonsistenzen zwischen Konstanten fundamentaler Typen, Feldern und Strukturen ärgerlich, jedoch historisch aus dem Erbe von C heraus bedingt. Man muss leider damit leben.

📖 Konstante Typen und konstante Objekte

Beachten Sie bitte, dass in obigem Beispiel die Struktur `Bruch` selber nicht konstant ist - Es ist möglich, nicht-konstante Objekte zu erzeugen:

```
Bruch b = { 2, 3 };        // nicht konstantes Objekt
```

Es ist jedoch auch möglich, nicht nur die gebildeten Objekte, sondern die Struktur „an sich" als konstant zu deklarieren. Folgende Formulierung liegt auf der Hand:

```
const struct BruchC
{
   int zaehler;
   int nenner;
};
```

Überraschenderweise sind Objekte von `BruchC` jedoch nicht konstant:

```
BruchC b;
b.zaehler = 2;             // OK!
```

Definiert man jedoch sofort bei der Strukturdefinition auch ein Objekt, ist dieses sehr wohl eine Konstante:

```
const struct BruchC
{
   int zaehler;
   int nenner;
} bc4;                     // bc4 ist const
```

Das `const` in der Strukturdefinition bezieht sich also nicht auf die Struktur selber, sondern auf davon *direkt* gebildete Objekte. `BruchC` bleibt weiterhin nicht-konstant.

Möchte man wirklich konstante Typen definieren, benötigt man das Schlüsselwort `typedef`. Schreibt man etwa

```
typedef const Bruch BruchC;
```

ist `BruchC` nun tatsächlich ein konstanter Typ, von dem nur konstante Objekte gebildet werden können.

```
BruchC bc;              // bc ist konstant
bc.zaehler = 2;         // Fehler!
```

📖 Konstanten als Strukturmitglieder

Mitglieder von Strukturen können Konstanten sein. Beispiel:

```
struct S
{
   int i;
   const int j;
};
```

Allerdings können Objekte solcher Strukturen nicht mehr so einfach gebildet werden. Die üblichen Konstruktionen wie z.B.

```
S s = { 1, 2 };         // Fehler!
```

funktionieren nicht. Um solche Strukturen zu initialisieren wird ein *Konstruktor* benötigt, den wir bei der Besprechung des Klassenkonzepts später in diesem Buch vorstellen werden.

📖📖 Volatile Objekte

Volatile Objekte sind salopp gesagt das „Gegenteil" von Konstanten: Die Deklaration als `volatile` besagt, dass das Objekt von ausserhalb des Programms verändert werden kann. Als Konsequenz darf der Compiler nicht annehmen, dass der Wert eines Objekts zwischen zwei schreibenden Zugriffen unverändert bleibt.

Schreibt man z.B.

```
int i = 0;
int j1 = i;
int j2 = i;
```

ist sichergestellt, dass sich `i` während der beiden Zuweisungen nicht ändert. Der Compiler kann diese Information z.B. verwenden, um den Wert von `i` während des Ablaufs der drei Anweisungen in einem Register zu halten und so den Code zu optimieren.

Ist i volatile deklariert, ist diese Optimierung nicht mehr möglich:

```
volatile int i = 0;
int j1 = i;
int j2 = i;
```

Nun muss der Compiler jedes Mal bei der Verwendung von i den Wert der Variablen von ihrer Speicheradresse holen. Die Deklaration eines Objekts als volatile bedeutet in der Praxis daher nichts anderes als die Unterdrückung von Optimierungen des Compilers.

Anwendungen von volatile

Technisch gesehen wird volatile verwendet, um Optimierungen auszuschalten. Der wesentliche Effekt ist, dass beim Lesen einer Variable der zugehörige Speicherbereich (und nicht z.B. ein Prozessorregister) verwendet wird. Dies ist sinnvoll, wenn sich der betreffende Speicherbereich außerhalb der Programmlogik verändern kann. Anwendungsfälle sind z.B. Portüberwachungen, serielle Schnittstellen, allgemein die Kommunikation mit E/A-Geräten, die selbständig einen Speicherbereich beschreiben können.

const und gleichzeitig volatil?

const und volatile können zusammen verwendet werden. Schreibt man z.B.

```
const volatile unsigned i = 0;
```

hat man damit eine Variable definiert, die innerhalb des Programms nicht geändert werden darf. Gleichzeitig haben wir angegeben, dass die Variable von außen verändert werden darf. Die const-Eigenschaft besagt also nicht, dass sich der Wert der Variablen nicht ändern darf, sondern nur, dass diese Änderung nicht programmintern möglich ist.

Übung 12-1:

Was kann man über die Ausdrücke

a.) bool b = i == i;

b.) i++;

c.) while(!i);

sagen, wenn i volatile (bzw. nicht volatile) deklariert ist?

📖📖 const und volatile mit Verweisen

📖   const/volatile mit Zeigern

Zeiger referenzieren andere Programmobjekte, sind andererseits aber selber ebenfalls Programmobjekte. Wir haben gesehen, dass man sowohl den Zeiger selber als auch das referenzierte Programmobjekt ansprechen kann – je nach dem, ob man den Zeiger dereferenziert oder nicht.

```
int* ip = &i;

ip = ...          // Zuweisung an Zeiger
*ip = ...         // Zuweisung an referenziertes Objekt
```

Der gleiche Unterschied muss bei den Modifizierern const und volatile gemacht werden. Es ist ein Unterschied, ob der Zeiger selber als konstant (volatil) deklariert wird, oder ob das referenzierte Objekt als konstant (volatil) betrachtet wird.

Der Unterschied wird durch die Position des Modifizierers notiert:

```
int i = 1;

const int* ip1 = &i;
int const* ip2 = &i;
int* const ip3 = &i;
```

Alle drei Positionen des Schlüsselwortes const (und analog volatile) sind zulässig.

❏ ip1 und ip2 sind Zeiger auf ein als konstant angesehenes int. Hier wird also die referenzierte Variable als konstant betrachtet.

❏ ip3 ist ein konstanter Zeiger auf ein int. Hier ist der Zeiger selber konstant.

Die Definitionen von ip1 und ip2 sind gleichwertig – für welche Notation man sich entscheidet, ist Geschmacksache. In bestehendem Code scheint die erste Notation (mit vorangestelltem const) bevorzugt zu werden.

Die Definitionen von ip1 und ip2 besagen, dass das referenzierte Objekt *über den Zeiger* nicht verändert werden darf. Es ist damit keineswegs gesagt, dass das *Objekt selber* auch konstant sein muss. i kann durchaus verändert werden – aber eben nicht über ip1 oder ip2!

```
*ip1 = 2;              // Fehler!
i = 2;                 // OK!
```

Diese Verwendung von const wird auch als *second level const* (etwa: *const zweiter Ebene*) bezeichnet. Dadurch wird ausgedrückt, dass das zu betrachtende Objekt über einen Zeiger (also indirekt) als konstant angesprochen wird, obwohl das Objekt selber nicht konstant sein muss.

Selbstverständlich kann man das Objekt selber ebenfalls konstant deklarieren:

```
const int ic = 1;
```

In diesem Fall handelt es sich um ein *first level const* (*const erster Ebene*), da das *Objekt selber* konstant ist.

Auf ein konstantes Objekt können nur Zeiger zeigen, über die das Objekt nicht verändert werden kann (also ip1 und ip2):

```
const int* ip1 = &ic;      // OK - i kann über ip1 nicht verändert werden
int*       ip5 = &ic;      // Fehler! i könnte über ip5 verändert werden
```

Beachten Sie bitte, dass die Zeiger ip1 und ip2 selber nicht konstant sind. Ihre Werte können verändert werden, d.h. sie können später auch auf eine andere Variable zeigen:

```
int j = 2;
ip1 = &j;                  // ip1 erhält einen anderen Wert
```

Übung 12-2:

j ist hier nicht konstant und der konstante Zeiger ip zeigt darauf. Kann j nun über ip geändert werden?

Genau umgekehrt verhält es sich mit ip3 aus obiger Definition. ip3 ist selber konstant, kann also nicht verändert werden:

```
ip3 = &j;                  // Fehler! ip3 ist konstant
```

Eine über ip3 referenzierte Variable kann dagegen verändert werden:

```
*ip3 = 10;                 // OK
```

Schließlich gibt es noch den Fall, dass beide Bedeutungen von `const` gemeinsam auftreten:

```
const int* const ip4 = &i;
```

Hier sind sowohl der Zeiger selber als auch die referenzierte Variable konstant:

```
ip4 = ip3;          // Fehler! ip4 ist konstant
*ip4 = 5;           // Fehler! Referenzierte Variable kann nicht verändert
                    //   werden!
```

Diese Zusammenhänge sind auf den ersten Blick verwirrend und kompliziert. In der Praxis kommt jedoch meist nur eine Situation vor: ein Zeiger wird so deklariert, dass über ihn das referenzierte Objekt nicht verändert werden kann, also z.B.

```
Bruch b;
...

const Bruch* bp = &b;
```

Obwohl `bp` hier nicht konstant ist (der Zeiger kann weiterhin verändert werden – z.B. kann er auf ein anderes Objekt zeigen) spricht man in der Praxis etwas salopp von einem *konstanten Zeiger*. Der Grund ist, dass `const` im Zusammenhang mit Verweisen eben meist in dieser Konstellation verwendet wird. Wirklich konstante Zeiger wie in

```
Bruch* const bp = &b;
```

kommen in der Praxis dagegen eher selten vor. Wir bezeichnen in diesem Buch die Situation als *Zeiger auf const* bzw. analog für Referenzen als *Referenz auf const*.

const/volatile mit Referenzen

Prinzipiell gilt für Referenzen das gleiche wie für Zeiger: Die `const` (bzw. `volatile`) Eigenschaft kann bei der Definition einer Referenz hinzugefügt, aber niemals entfernt werden. Mit unserer Struktur `Bruch`

```
struct Bruch
{
  int zaehler;
  int nenner;
};
```

definiert man eine Referenz auf const z.B. als

```
Bruch b;
const Bruch& br = b;
```

Das Objekt b darf also über br nicht verändert werden:

```
b.zaehler = 5;        // OK
br.zaehler = 5;       // Fehler!
```

Die const-Eigenschaft kann nicht mehr entfernt werden:

```
const Bruch b;
Bruch& br = b;        // Fehler!
```

const bei Funktionsparametern

Die wohl wichtigste Anwendung von const im Zusammenhang mit Verweisen ist die Deklaration von Funktionsparametern. In C++ werden ja Parameter grundsätzlich als Wert übergeben (*call by value*), die Referenzübergabe (*call by reference*) erreicht man durch die Verwendung von Zeigern oder Referenzen.

Die Referenzübergabe unterscheidet sich von der Wertübergabe in den beiden folgenden Punkten:

❑ Bei der Wertübergabe wird eine Kopie erstellt, bei der Referenzübergabe nicht

❑ Bei der Referenzübergabe kann das Objekt innerhalb der Funktion geändert werden, bei der Wertübergabe nicht.

Grosse Objekte werden daher normalerweise per Referenz übergeben, um den Aufwand zum Kopieren zu sparen. Dadurch kann die Funktion jedoch auch das Objekt ändern – einen Effekt, den man nicht unbedingt will.

Um die Kopie zu vermeiden, die Änderungsmöglichkeit jedoch auszuschließen, deklariert man den Verweis (meist eine Referenz) als const:

```
void f( const Bruch& );
```

Hier übernimmt die Funktion f eine konstante Referenz auf einen Bruch. Innerhalb von f kann das Bruch-Objekt daher nicht geändert werden. Ein Aufrufer weiß also nach den Zeilen

```
Bruch b = { 2, 3 };
f( b );
```

dass das Objekt nach dem Aufruf von f noch unverändert ist. Hat b später irgendwo einen falschen Wert, kann es nicht an der Funktion f liegen.

📖📖 Lohnt sich die Verwendung von const?

Ist die Verwendung von const sinnvoll? Zunächst ist es einmal mehr Schreibarbeit, dem stehen jedoch handfeste Vorteile gegenüber:

❑ Konstanten integraler Typen können zur Dimensionierung von Feldern verwendet werden. Konstanten haben Namen und sind daher oft aussagekräftiger als „nackte" Zahlen. Gegenüber der direkten Verwendung von Zahlen gibt es durch die Auswertung zur Übersetzungszeit keine Ressourcennachteile.

❑ Konstanten erhöhen die Sicherheit des Codes. Werden Daten, die unveränderlich sein sollen (z.B. eine Tabelle mit Schlüsselwörtern) als konstant deklariert, können Fehler wie das versehentliche Ändern eines solchen Objekts bereits vom Compiler als Syntaxfehler erkannt werden.

❑ Verweise ermöglichen es, ansonsten nicht-konstante Objekte in bestimmten Kontexten als konstant zu betrachten. Die häufigste Anwendung ist die Deklaration von Funktionsparametern, die zwar ein Objekt in einer Funktion zugreifbar machen, aber nur lesend.

❑ Konstanten können Programme schneller machen. Weiß ein Compiler, dass sich ein Objekt niemals ändern wird, können andere Optimierungen angewendet werden.

📖📖 const-correctness und const cast-away

Konstante (oder über Verweise als konstant zu betrachtende) Objekte können nicht über den Umweg der Bildung von Verweisen doch noch verändert werden. Das Motto heißt hier: *einmal const – immer const!*

Hat man z.B. Zeiger ip1 und ip2 als

```
int*      ip1;          // normaler Zeiger
const int* ip2;         // Zeiger auf konstant gesehene Variable
```

definiert, ist die Zuweisung

```
ip2 = ip1;              // erlaubt: const wird hinzugefügt
```

erlaubt, da die über `ip2` möglichen Operationen eine Untermenge der über `ip1` möglichen Operationen ist. Konkret darf über `ip2` keine Veränderung der referenzierten Variable stattfinden, über `ip1` dagegen schon.

Die umgekehrte Zuweisung ist dagegen nicht möglich:

```
ip1 = ip2;          // Fehler! const würde entfernt
```

Wäre dies erlaubt, könnte man eine Variable, die nicht verändert werden darf, durch Definition eines geeigneten Zeigers und Zuweisung wie gezeigt doch noch verändern.

Insgesamt bezeichnet man die Tatsache, dass einmal als konstant betrachtete Variable nicht durch Zeigermanipulation, Zuweisung etc. verändert werden können, als *const-correctness* (etwa „Korrektheit bei Konstanten"). Die const-Eigenschaft kann immer nur dazukommen, nicht aber wieder weggenommen werden.

Analoges gilt für volatile: *einmal volatile, immer volatile*. Die Sprache stellt sicher, dass die volatile-Eigenschaft nicht durch Bildung von Zeigern oder Referenzen oder durch andere Operationen verschwinden kann. volatile kann immer dazukommen, aber niemals weggenommen werden.

Die const-correctness wird in der Sprache formal dadurch ausgedrückt, dass für beliebige Typen `T` Typwandlungen der Form `T*` nach `const T*` sowie `T&` nach `const T&` (bzw. analog für volatile) bei Bedarf implizit (d.h. automatisch) durchgeführt werden, die andere Richtung dagegen nicht.

Dies bedeutet nicht, dass die andere Richtung grundsätzlich unmöglich ist. Hat man z.B.

```
Bruch b;
const Bruch& br = b;
```

so sollte es nicht möglich sein, über `br` das Objekt `b` zu verändern. Auf der anderen Seite ist `b` aber nicht konstant – eine Veränderung von `b` also technisch zulässig. Durch eine explizite Typwandlung kann die const-Eigenschaft wieder „weggecastet" werden (*const cast-away*):

```
Bruch& br2 = (Bruch&)br;     // const cast-away
br2.zaehler = 1;             // OK
```

Dieses Wegcasten der const-Eigenschaft ist nur dann zulässig, wenn das referenzierte Objekt nicht selber konstant ist, sondern nur im aktuellen Kontext als konstant betrachtet wird[74] – wie hier über eine Referenz. In unserem Beispiel ist dies der Fall, die Bildung von br2 ist daher wohldefiniert. Schreibt man dagegen z.B.

```
const Bruch b;              // Konstantes Objekt !!!
const Bruch& br = b;        // OK
...
Bruch& br2 = (Bruch&)br;    // const cast-away - undefiniertes Verhalten !
br2.zaehler = 1;            // ???
```

ist diese Bedingung nicht erfüllt: das resultierende Verhalten ist undefiniert.

Explizite Typwandlung sind immer mit Vorsicht zu genießen, da sie die Sicherheitsvorkehrungen des Compilers außer Kraft setzen. In Ausnahmefällen sind sie jedoch unabdingbar notwendig. C++ stellt für die unterschiedlichen Wandlungsaufgaben unterschiedliche Operatoren zur Verfügung.

Das Wegcasten von const in obigem Beispiel schreibt man in modernem C++ deshalb als

```
Bruch& br2 = const_cast<Bruch&>(br); // const cast-away
```

Der Operator const_cast dient ausschließlich dem Zufügen bzw. Entfernen von const und/oder volatile – andere Wandlungen kann er nicht durchführen[75].

Das Wegcasten der const-Eigenschaft verhindert die const-correctness. Benutzer einer Funktion mit der Deklaration

```
void f( const T& );
```

für einen beliebigen Typ T können sich nun doch nicht sicher sein, dass ein übergebenes Objekt unverändert bleibt – Der Implementierer von f könnte ja den const cast-away verwendet haben.

Dies ist richtig und ein weiteres Argument *gegen* die in C so geliebten Typwandlungen mit Verweisen. Das Wegcasten von const sollte nur in wohlbegründeten Ausnahmefällen verwendet werden. Der häu-

---

[74] d.h. also, wenn es nicht *first-level-const*, sondern höchstens *second-level-const* ist.

[75] Wir besprechen die neuen Wandlungsoperatoren in Kapitel 24 (Typwandlungen).

figste Grund sind ältere Bibliotheken, die entstanden sind, als es noch kein `const` gab, oder (häufiger) weil const-correctness kein Thema war. Bei den entsprechenden Parametern steht dann in der Dokumentation, dass die Funktion das referenzierte Objekt nicht ändert. Beispiel:

```
//-- liefert die Länge des übergebenen Strings. String bleibt unverändert
//
int len( char* );
```

Die Funktion `len` kann nun für konstante Zeichenketten nicht aufgerufen werden. Hat man eine Funktion `f` z.B. als

```
void f( const char* );
```

deklariert, kann man in der Implementierung von `f` die Funktion `len` nicht ohne weiteres aufrufen:

```
void f( const char* str )
{
  int i = len( str );            // Fehler!
}
```

Hier ist der const cast-away erforderlich (und angezeigt):

```
void f( const char* str )
{
  int i = len( const_cast<char*>(str) ); // const cast-away: OK
}
```

Die beste Lösung ist, *Wrapperfunktionen* für solche alten Funktionen zu schreiben. Die Wrapperfunktion führt nur den const cast-away durch:

```
inline int len2( const char* str )
{
  return len( const_cast<char*>(str) );
}
```

Beachten Sie bitte, dass wir die Funktion `len2` inline definiert haben. Da sie nur eine Typwandlung durchführt und ansonsten keinen Code enthält, hat ein Aufrufer keine Performancenachteile bei Verwendung von `len2` gegenüber `len`.

📖 Die Ausnahme für Stringliterale

Nach den letzten Abschnitten sollte eine Anweisung wie z.B.

```
char* str = "asd";              // ???
```

eigentlich gar nicht übersetzen dürfen. Das Stringliteral ist per Definitionem konstant (hat den Typ const char*), str ist jedoch ein nicht-konstanter Zeiger. Es ist also ein const cast-away erforderlich, der jedoch nicht implizit ablaufen kann.

Korrekt wäre dagegen

```
const char* str = "asd";        // OK
```

oder eine explizite Wandlung wie in

```
char* str = (char*)"asd";       // OK
```

Stringliterale bilden hier (zumindest derzeit noch) eine Ausnahme. Der Standard lässt die Anweisung

```
char* str = "asd";              // explizit erlaubte Ausnahme
```

explizit zu, da bereits zu viel Code existiert, der Initialisierungen dieser Art verwendet. Es ist jedoch wahrscheinlich, dass diese Ausnahme nach der nächsten Revision des Standards nicht mehr zulässig sein wird. Solche Sprachmerkmale werden auch als *deprecated* (zu deutsch etwa *unerwünscht*) bezeichnet

📖📖 CV-Qualifizierung

In der Literatur (also z.B. im Standard) trifft man öfter auf den Begriff *cv-qualification* (*cv-Qualifizierung*). „cv" steht hier für „const-volatile".

Ein cv-unqualifizierter Typ ist ein Typ, bei dessen Definition kein const oder volatile verwendet wurde. Jedem solchen *cv-unqualifizierten* Typ T sind genau drei *cv-qualifizierte* Typen zugeordnet, nämlich const T, volatile T und const volatile T.

Obwohl diese vier Typen prinzipiell unterschiedliche Typen sind, bestehen doch einige Verwandtschaften zwischen Ihnen. So kann z.B. implizit von einem Typ T1 zu einem anderen Typ T2 gewandelt werden, wenn T2 lediglich eine höhere cv-Qualifizierung hat als T1.

Nur aus diesem Grunde ist es z.B. möglich, etwas so naheliegendes wie

```
void f( const T& );

T t ;
f( t ) ;                    // implizite Wandlung T -> const T
```

zu schreiben. Der Standard verwendet den Begriff „cv-qualification", um solche Verwandtschaften zwischen Typen und die sich daraus ergebenden Konsequenzen exakt formulieren zu können.

13 Dynamische Speicherverwaltung

In C++ können Objekte dynamisch angelegt und auch wieder zerstört werden. Dies ist nützlich, wenn man die Anzahl der benötigten Objekte nicht von vornherein kennt.

Lokale, globale und dynamische Objekte

Bis jetzt haben wir nur Objekte betrachtet, die innerhalb einer Funktion oder programmglobal definiert wurden. Im folgenden ist n ein lokales Objekt (und zwar lokal zur Funktion f), und g ein globales Objekt (auf das man im gesamten Programm zugreifen kann):

```
int g = 0;
void f()
{
  int n = 0;
  ...
}
```

Insgesamt haben solche „nicht-dynamischen" Objekte die Eigenschaft, dass ihre Lebenszeit nur bis zum Ende des Blocks, in dem sie definiert sind, reicht. Im Falle von n in obigem Beispiel ist dies das Ende der Funktion f, Variable g hingegen existiert bis zum Ende des Programms (das hier einmal insgesamt als großer Block betrachtet werden soll).

Eine weitere wichtige Eigenschaft ist, dass die Objekte bereits zum Übersetzungszeitpunkt des Programms vom Typ und von der Anzahl her bekannt sein müssen. Stellt man z.B. während der Programmlaufzeit fest, dass man noch mehr Daten innerhalb von f benötigt, ist dies mit lokalen Variablen wie in obigem Beispiel nicht möglich.

Dynamische Objekte

Anders liegt der Fall bei dynamisch erzeugten Objekten. Sie können zur Laufzeit des Programms in beliebiger Anzahl und zu beliebigen Zeitpunkten erzeugt und wieder gelöscht werden. Nur so können Anforderungen wie z.B. in einem Grafikprogramm, das eine Vielzahl unterschiedlicher (Zeichnungs-)Objekte verwalten muss, realisiert werden.

📖📖 Klassischer Stil: malloc und free

Bereits aus der Programmiersprache C bekannt und dort auch häufig anzutreffen ist die Anforderung von dynamischem Speicher mit Hilfe der Funktion malloc. Schreibt man etwa

```
void* p = malloc( 4 );              // 4 Bytes anfordern
```

hat man vier Byte Speicher angefordert. malloc liefert einen Zeiger von Typ void* zurück, der auf den neu angeforderten Speicherblock zeigt. Hier speichern wir die Adresse dieses Speicherblocks in der Variablen p, um später darauf zugreifen zu können.

Ein mit malloc angeforderter Speicherblock kann mit free wieder zurückgegeben werden. Die Anweisung

```
free( p );
```

gibt also die mit malloc vorher angeforderten vier Bytes an „das System" zurück. Es ist wahrscheinlich, dass eine spätere Speicheranforderung diesen Speicherplatz wieder geliefert bekommt. Es ist Aufgabe der *Freispeicherverwaltung* (*heap management*, s.u.) über herausgegebene Speicherbereiche Buch zu führen.

Wichtig ist in diesem Zusammenhang, dass malloc einen „rohen" Speicherblock der angeforderten Größe zurückliefert – das Programm kann damit machen, was es will. Insbesondere kann es ein Objekt dort „hineinlegen", d.h. man kann bestimmen, dass dieser Speicherbereich nun als Speicher für ein Objekt zu interpretieren ist. Dazu reicht es aus, einfach den Typ des Zeigers zu ändern:

```
int* ip = (int*)p;
```

Nun haben wir einen Zeiger, der auf den gleichen Speicherbereich wie p zeigt, jedoch dort eine Variable vom Typ int erwartet bzw. speichert. Nun kann man z.B.

```
*ip = 5;
```

schreiben mit dem Effekt, dass der Wert 5 in den Speicher geschrieben wird.

Was haben wir erreicht? Prinzipiell ist es auf diese Weise möglich, zur Laufzeit beliebig viel Speicher anzufordern und dort Variable beliebigen Typs anzuordnen sowie den Speicher auch wieder zurückzugeben, damit er wieder für weitere Allokationen zur Verfügung steht. Es gibt dabei jedoch einige Dinge zu beachten.

Der wichtigste Punkt ist, dass `malloc` und `free` mit rohen Speicherblöcken arbeiten – dass dort einmal Variablen und Objekte zu liegen kommen, ist Sache des Programmierers. Daraus ergeben sich zwei potentielle Probleme:

❏ Die Größe des benötigten Speicherblocks muss vom Programmierer explizit bestimmt werden. Dadurch können leicht Fehler entstehen. In obigem Beispiel haben wir z.B. implizit angenommen, dass vier Byte ausreichen werden, um ein `int` zu repräsentieren. Braucht ein int weniger Speicher, ist dies nicht weiter tragisch, braucht es jedoch mehr, überschreibt der Ausdruck `*ip=5` jedoch Speicher, der vom Programm gar nicht angefordert wurde. Das Fatale an solchen Fehlern ist, dass die Zuweisung in der Regel noch funktioniert und sich das Problem erst wesentlich später im Programmablauf manifestiert. Meist gibt es dann einen Absturz, obwohl die Codestelle, an der es dann passiert, völlig korrekt aussieht. In solchen Fällen hat man in großen Programmen kaum noch eine Chance, den Fehler zu finden. Da diese Art von Fehlern (zumindest in traditionellen C-Programmen) leicht passieren kann und entsprechend häufig ist, gibt es bewährte Möglichkeiten, damit umzugehen. Auf *eine* Möglichkeit (die sog. *Debug-Speicherverwaltung (Debug-Heap)*) gehen wir weiter unten kurz ein.

❏ Der von `malloc` zurückgelieferte Zeiger muss in einen typisierten Zeiger gewandelt werden. Dies kann nur durch eine explizite Typwandlung erfolgen:

```
int* ip = (int*)p;
```

Solche Typwandlungen sind eine Gefahrenquelle, da der Compiler keinerlei Überprüfungen durchführen kann, ob der angegebene Typ auch der Richtige ist. Genauso gut könnte man auch

```
double* dp = (double*)p;     // ???
```

schreiben, ohne dass man auch nur eine Warnung erhält. Es ist sehr wahrscheinlich, dass die (ebenfalls fehlerlos übersetzte Anweisung)

```
*dp = 5;
```

die Speicherverwaltung so durcheinanderbringt, dass das Programm irgendwann abstürzen wird (da ein `double` mehr als vier Byte benötigt)

Prinzipiell lassen sich beide Probleme in den Griff bekommen, indem man die Speicheranforderung und die Typwandlung in einer Anweisung konzentriert und darüber hinaus den benötigten Platz durch den Compiler selber bestimmen lässt. Die Form der Speicheranforderung, die man in besseren C-Programmen (und auch noch in einigen C++-Programmen findet), sieht also so aus:

```
int* ip = (int*)malloc( sizeof(int) );
```

Damit kann man schon besser arbeiten, jedoch gibt es weitere Nachteile, die allerdings erst im Zusammenhang mit Klassen eine größere Rolle spielen.

❑ Ein Problem ist z.B. die fehlende Initialisierung, da der von `malloc` zurückgelieferte Speicherblock ein beliebiges Bitmuster haben kann. Selbstverständlich kann man z.B.

```
int* ip = (int*)malloc( sizeof(int) );
*ip = 0;
```

schreiben, aber für Objekte von Klassen mit vielen Mitgliedern kann dies schon lästig und darüber hinaus fehleranfällig werden. Man wünscht sich eine Möglichkeit, dynamische Objekte so zu allokieren, dass sie auch gleich initialisiert werden. C++ bietet den dazu notwendigen Mechanismus über die *Konstruktoren*, die allerdings bei Allokation mit `malloc` nicht aufgerufen werden. Der Grund ist wieder, dass `malloc` nur rohen Speicher kennt – und nicht Objekte mit den dazugehörigen Operationen.

❑ Das gleiche gilt für die Deallokation. Oft besteht bei komplexeren Objekten die Notwendigkeit, vor der Zerstörung noch bestimmte Aktionen durchzuführen. So ist es nicht ungewöhnlich, dass Objekte Dateien offen oder selber Speicher allokiert haben, so dass „Aufräumarbeiten" erforderlich sind, bevor das Objekt zerstört werden kann. Auch hier wünscht man sich, dass vor der Speicherfreigabe sichergestellt ist, dass diese Aufräumarbeiten automatisch durchgeführt werden. C++ ermöglicht dies über den Mechanismus der *Destruktoren*, die allerdings bei `free` aus den nun schon bekannten Gründen nicht aufgerufen werden.

❏ Manchmal wünscht man sich, die Speicherverwaltung für bestimmte Objekte selber in die Hand nehmen zu können. Dies kann sinnvoll sein, wenn Implementierung von malloc/free z.B. zu langsam ist. Die Standard-Speicherverwaltung muss ja in allen Situationen eine möglichst gute Performance bieten, was normalerweise dazu führt, dass die Performance in Spezialsituation nicht optimal ist. Man wünscht sich also eine Möglichkeit, die Speicherverwaltung für Objekte bestimmter Klassen selber in die Hand nehmen zu können.

❏ malloc liefert bei einem Speicherüberlauf den Nullzeiger zurück. Dies erfordert, eigentlich jeden von malloc zurückgelieferten Zeiger auf Gültigkeit zu überprüfen. Korrekt müsste man also immer etwas wie

```
int* ip = (int*)malloc( sizeof(int) );
if ( ip )   // OK - ausreichend Speicher konnte allokiert werden
   *ip = 0;
```

schreiben. Da ein Speicherüberlauf relativ selten ist, wird die Sicherheitsabfrage gerne vergessen. Die Folge sind Programme, die bei tatsächlich knappem Speicher abstürzen. Auch hier wünscht man sich eine Möglichkeit, die Situation ohne jedesmalige Abfrage behandeln zu können.

Übung 13-1:

Allokieren Sie ein Feld für 10 double*s dynamisch und füllen Sie dies mit den Werten* 1.0 *bis* 10.0

📖📖 C++ Stil: new und delete

Die im letzten Abschnitt festgestellten Beschränkungen der klassischen Speicherverwaltung mit malloc/free waren der Grund für die neue Speicherverwaltungsfunktionalität von C++. Anstelle von

```
int* ip = (int*)malloc( sizeof(int) );
if ( ip )  // OK - ausreichend Speicher konnte allokiert werden
   *ip = 0;
```

schreibt man nun

```
int* ip = new int;
*ip = 0;
```

und anstelle von

```
if ( ip )
  free( ip );
```

schreibt man

```
delete ip;
```

Für Felder gibt es eigene Versionen der Operatoren (das sog. *array-new* und *array-delete*). Während man bei Verwendung von `malloc` zur Allokation eines Feldes einfach den Gesamtspeicherbedarf des Feldes angibt, schreibt man die Felddimension bei Verwendung von new in eckigen Klammern als Argument.

Anstelle von

```
double* d = (double*) malloc( 5*sizeof(double) );
...
if ( d )
  free( d );
```

schreibt man

```
double* d = new double[5];
...
delete[] d;
```

Die Verwendung eigener Operationen für Felder ist im Zusammenhang mit Objekten sinnvoll. Objekte von Klassen können ja Destruktoren besitzen, die bei der Zerstörung eines solchen Objekts aufgerufen werden müssen. Im Falle eines Feldes von Objekten muss der Destruktor natürlich für jedes Objekt im Feld aufgerufen werden, was aber wegen der Feldproblematik[76] nicht so einfach möglich ist. Da `operator[]` new allerdings die Größe des Feldes mitgeteilt bekommt, kann er sich diese nun (an geheimer Stelle) merken, sodass operator `delete[]` darauf zugreifen kann und damit die Dimension wieder kennt, somit also die richtige Anzahl Destruktoren aufrufen kann.

---

[76] Die Dimension von Feldern ist nur bei der Definition bekannt, um einen ausreichend großen Speicherplatz bereitstellen zu können. In nahezu allen anderen Situationen wird mit einem Zeiger auf das erste Element gerechnet, wobei die ursprüngliche Dimension natürlich nicht mehr vorhanden ist – dies ist eines der weniger schönen Erbteile der Sprache C. Details dazu haben wir in Kapitel 10 (Felder) besprochen.

Für fundamentale Datentypen (die ja keine Konstruktoren oder Destruktoren besitzen) ist dieser Unterschied unwichtig. Da die Operatoren jedoch für Felder und Einzelobjekte unterschiedlich überladen werden können, sollte man auch für fundamentale Typen immer die korrekte Schreibweise verwenden.

Ein weiterer Unterschied zwischen `malloc`/`free` und `new`/`delete` ist die Reaktion auf einen Speicherüberlauf. Während `malloc` in einem solchen Fall den Nullzeiger zurückliefert, wirft `new` standardmäßig eine *Ausnahme*. Die Programmausführung wird dann nicht bei der nächsten Anweisung, sondern bei einem *Handler*, sofern vorhanden, fortgesetzt. Die auf das `new` folgende nächste Anweisung kann also immer davon ausgehen, dass der erforderliche Speicherplatz allokiert werden konnte[77].

Bei der Allokation mit `malloc` muss also theoretisch immer der Rückgabewert geprüft werden:

```
int* ip = (int*)malloc( sizeof(int) );
if ( !ip )
{
    ... // Behandlung des Speicherüberlaufes
}

*ip = 5;
```

Bei new reicht es dagegen aus zu schreiben:

```
int* ip = new int;
*ip = 0;
```

Der Handler zur Reaktion auf einen Speicherüberlauf ist hier nicht gezeigt. Er wird einmalig an zentraler Stelle angeordnet – bei einem Speicherüberlauf kann man in der Praxis sowieso nicht mehr viel tun als die Funktion abzubrechen.

Es gibt zusätzlich eine weitere Variante von new, die bei einem Speicherüberlauf den Nullzeiger liefert. In Situationen, in denen man so etwas benötigt, kann man

```
int* ip = new(nothrow) int;   // new-Variante, die keine Ausnahme wirft
```

schreiben. Der zurückgelieferte Zeiger sollte dann jedoch auf korrekte Allokation geprüft werden!

---

[77]   Ausnahmebehandlung ist Thema des Kapitel 37.

▨▨ Der new-Handler

Der Programmierer hat die Möglichkeit, eine Behandlungsroutine zu installieren, die im Falle eines Heapüberlaufes aufgerufen wird, bevor Operator new eine Ausnahme wirft oder den Nullzeiger liefert. Die Behandlungsfunktion kann z.B. eine geeignete Fehlermeldung ausgeben und dann das Programm beenden. Eine fortgeschrittenere Implementierung kann versuchen, nicht mehr benutzten Speicher aufzuspüren und diesen freizugeben, um dann die Allokation erneut zu probieren.

Eine Funktion, die als Behandlungsfunktion für einen Heapüberlauf verwendet werden soll, muss als Funktion ohne Parameter und ohne Rückgabetyp deklariert werden. Folgende Funktion erfüllt diese Anforderungen:

```
void handler();
```

Eine   Handlerfunktion   wird   mit   der   Bibliotheksfunktion
set_new_handler installiert:

```
set_new_handler( handler );
```

set_new_handler liefert die aktuell installierte Handlerfunktion zurück oder den Nullzeiger, wenn kein Handler installiert ist.

Beachten Sie bitte, dass ein Handler, der zum Aufrufer zurückkehrt, besondere Maßnahmen zur Vermeidung einer Endlosschleife treffen sollte. Nach einer Rückkehr zum Aufrufer (hier dem Operator new) wird new versuchen, erneut den geforderten Speicherplatz zu allokieren. Schlägt dies fehl, wird wieder der Handler aufgerufen, etc. Daraus ergibt sich die Forderung an eine Handlerfunktion, eine der folgenden Aktionen durchzuführen:

❑ ausreichend Speicherplatz bereitzustellen und an den Aufrufer zurückzukehren, so dass Operator new die Allokation durchführen kann

❑ eine Ausnahme zu werfen

❑ das Programm zu beenden.

Folgendes Listing zeigt einen Handler, der eine Meldung ausgibt und dann das Programm beendet:

```
void handler()
{
  cerr << "kein Speicher mehr!!!" << endl;
  exit( 1 );
}
```

Wir verwenden hier zur Ausgabe nicht den gewohnten Ausgabestrom cout, sondern den Strom cerr. Dieser hat z.B. die Eigenschaft, dass er ungepuffert ist und außerdem selber keine weiteren Speicheranforderungen vornimmt – beides ist für die Verwendung in einer Funktion, die bei Speichermangel aufgerufen wird, wichtig.

In diesem Beispiel wird der Handler direkt beim Programmstart installiert:

```
int main()
{
  set_new_handler( handler );

  /* ... */
}
```

Beachten Sie bitte, dass der Handler keine weiteren Informationen wie z.B. Menge des angeforderten Speichers erhält.

Die Funktion set_new_handler liefert einen evtl. installierten Handler zurück. Ist kein Handler installiert, wird der Nullzeiger zurückgegeben. Wird die Funktion mit dem Nullzeiger aufgerufen, wird ein evtl. installierter Handler deinstalliert.

Möchte man einen Handler nur zeitweise installieren, muss man sich also die Rückgabe der Funktion set_new_handler merken um den Originalwert wieder setzen zu können.

Folgendes Beispiel installiert den Handler nur während der Laufzeit der Funktion f:

```
typedef void (*HandlerType)();

int f()
{
  HandlerType oldHandler = set_new_handler( handler );

  /* ... */

  set_new_handler( oldHandler );
}
```

Die typedef-Anweisung am Anfang vereinbart den Namen Handler-Type als „Abkürzung" (Alias) für den Funktionszeigertyp void(*)().

Zeiger auf Handlerfunktionen sind von diesem Typ, `HandlerType`-Variablen können also Zeiger auf Handlerfunktionen speichern.

📖📖 Zusammenfassung der Unterschiede new/delete und malloc/free

Die wichtigsten Unterschiede von `new/delete` und `malloc/free` fasst die folgende Liste zusammen:

❑ `new` liefert einen Speicherbereich des richtigen Typs und der korrekten Größe. Schreibt man also z.B. `new int`, erhält man einen Zeiger vom Typ `int*`, der auf einen Speicherbereich groß genug zur Aufnahmen eines `int` ist. Größenangabe und Typwandlung des Zeigers fallen weg.

❑ `new` liefert in der Standardversion immer einen korrekten, vom Nullzeiger verschiedenen Zeiger zurück. Konnte `new` den erforderlichen Speicher nicht allokieren, wird eine *Ausnahme geworfen*. Alternativ gibt es die Version `new(nothrow)`, die im Falle von Speichermangel den Nullzeiger liefert.

❑ `delete` eines Nullzeigers ist erlaubt, bei `free` darf das Argument dagegen nicht der Nullzeiger sein.

❑ `new/delete` sind Operatoren (und gehören somit zur Sprache), während `malloc/free` Funktionen einer Bibliothek sind.

❑ `new/delete` gibt es in einer Version für einzelne Objekte und in einer weiteren Version für Felder von Objekten (als `new[]` und `delete[]` notiert)

Für fundamentale Typen ist die Liste hiermit bereits erschöpft. Für Klassen kommen jedoch noch die drei folgenden, extrem wichtigen Punkte hinzu:

❑ `new/delete` rufen die Konstruktoren/Destruktoren von Klassen auf, sofern diese vorhanden sind.

❑ Die Feldversionen der Operatoren stellen sicher, dass für jedes Objekt im Feld Konstruktor und Destruktor aufgerufen werden.

❑ `new/delete` können für jede Klasse separat vom Programmierer implementiert werden. Damit ergibt sich die Möglichkeit, das Allokationsverhalten von dynamisch allokierten Objekten von Klassen vollständig kontrollieren zu können.

Wir gehen in Kapitel 17 bei der Besprechung von Klassen auf diese zusätzlichen Möglichkeiten ein.

⌑⌑ Fallbeispiel Lineare Liste

Der klassische Anwendungsfall für dynamisch allokierte Objekte ist eine (lineare) Liste. Dort werden zur Laufzeit nacheinander mehrere Objekte erstellt, die über Zeiger miteinander verbunden sind. Es gibt einen Anfangszeiger head, der auf das erste Objekt zeigt, das erste Objekt besitzt einen Zeiger, der auf das zweite Objekt zeigt etc, bis zum letzten Objekt, dessen Verweis der Nullzeiger ist. Insgesamt soll sich (bei z.B. drei Elementen) folgendes Bild ergeben:

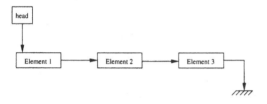

Bild 13.1: **Speicherlayout einer linearen Liste**

Die Pfeile sollen dabei Zeigerverweise bedeuten, das „Erdezeichen" (⁄⊓⊓⊓) bedeutet, dass der Zeiger nirgendwohin zeigt, also der Nullzeiger ist.

Die Vorteile einer solchen Anordnung liegen auf der Hand: man kann jederzeit neue Objekte dazu- oder wegnehmen, dazu müssen (neben der Allokation bzw. Deallokation des Objekts selber) nur zwei Zeiger „umgehängt" werden. Auf die Gesamtmenge kann man bequem über einen einzigen Zeiger zugreifen, auch wenn später weitere Objekte hinzukommen oder entfernt werden.

Wie baut man eine solche Struktur auf? Das Wichtigste ist, die eigentlichen Daten, die man speichern will, durch einen Zeiger zu ergänzen, über den man die Verweise auf das nächste Element abbilden kann.

Wenn wir z.B. double-Werte speichern wollen, bietet sich die folgende Struktur an:

```
struct Element
{
  double    wert;
  Element*  next;           // Verweis auf das nächste Objekt
};
```

Aus den ersten Blick etwas ungewöhnlich ist, dass die Struktur Element einen Zeiger *vom eigenen Typ* hat - dies ist explizit zulässig. Allgemeiner gilt dies grundsätzlich für alle Verweise (also auch für Referenzen). Eine Struktur kann sich aber nicht selber enthalten: folgende Konstruktion ist daher falsch:

```
struct Element
{
  double    wert;
  Element   e;              // Fehler!
};
```

Nun können wir die drei Elemente einzeln erzeugen, z.B. wie hier gezeigt:

```
//-- Erzeugen des ersten Elements
//
Element* ep1 = new Element;
ep1-> wert = 1;
ep1-> next = 0;

//-- Erzeugen des zweiten Elements
//
Element* ep2 = new Element;
ep2-> wert = 2;
ep2-> next = 0;

//-- Erzeugen des dritten Elements
//
Element* ep3 = new Element;
ep3-> wert = 3;
ep3-> next = 0;
```

Beachten Sie bitte, dass wir die Mitglieder der Struktur jeweils einzeln mit geeigneten Werten besetzen – Strukturmitglieder erhalten nicht automatisch Werte, wenn Objekte der Struktur erzeugt werden. Insbesondere für Zeiger ist dies wichtig, da jeder Wert ungleich dem Nullzeiger ja als gültiger Verweis angesehen wird, der im Falle eines zufälligen Wertes jedoch sicher nicht auf ein korrektes Objekt zeigen wird. Auch wenn wir den Zeigern bereits im nächsten Schritt die richtigen Werte zuweisen, ist es immer eine gute Idee, zunächst korrekterweise 0 zu verwenden. Später werden wir diese *Initialisierung* automatisch durch die Verwendung von *Konstruktoren* bewerkstelligen.

Als letzten Schritt stellen wir noch die korrekte Verweisstruktur her:

```
//-- Herstellen der Verbindungen
//
head = ep1;             // p zeigt auf erstes Element
ep1-> next = ep2;       // erstes zeigt auf zweites Element
ep2-> next = ep3;       // zweites zeigt auf drittes Element
```

Damit ist die Liste vollständig aufgebaut.

In der Praxis wird man auf diese Weise natürlich keine Liste zusammen bauen, sondern normalerweise wird eine Schleife verwendet, die bis zum Eintritt einer Endebedingung neue Elemente erzeugt und einhängt. Wie so eine Schleife prinzipiell aussehen kann, soll anhand einer Schleife, die die Liste durchläuft und die Elemente ausdruckt, demonstriert werden.

```
//-- Ausgabe der Liste über eine Schleife
//
Element* p = head;
while( p )
{
  cout << p-> wert << " ";
  p = p-> next;
}
cout << endl;
```

Der wichtige Punkt ist hier, dass innerhalb der Schleife der Arbeitszeiger p beginnend mit dem ersten Element immer um ein Element weitergestellt wird, bis der letzte Verweis der Nullzeiger ist. Diese Konstruktion ist die Standardkonstruktion zum Durchlaufen einer (linearen) Liste – entsprechend häufig findet man vergleichbaren Code in Programmen aus der Praxis.

Übung 13-2:

Schreiben Sie Funktionen, die ein neues Element am Anfang bzw. am Ende einer linearen Liste einfügen.

Übung 13-3:

Schreiben Sie eine Funktion, die alle Elemente einer linearen Liste (mit delete*) freigibt (die Liste also komplett zerstört)*

Übung 13-4:

Die lineare Liste kann nur in einer Richtung durchlaufen werden. Eine Ausgabe der Elemente in umgekehrter Reihenfolge ist nur mit Schwierigkeiten möglich. Erweitern Sie die Liste daher um „Rückwärtszeiger" (back-pointers), die vom letzten in Richtung des ersten Elements zeigen. Schreiben Sie eine zusätzliche Ausgaberoutine, die die Liste rückwärts ausgibt.

Übung 13-5:

Stellen Sie die doppelt verkettete Liste aus der letzten Aufgabe auf den Datentyp char *um. Verwenden Sie die neue Liste, um die Zeichen eines Strings zu speichern und diese in umgekehrter Reihenfolge auszugeben.*

Übung 13-6:

Schreiben Sie eine Funktion, die eine Zeichenkette übernimmt und true *zurückliefert, wenn es sich um ein Palindrom*[78] *handelt.*

Man kann sicherlich erkennen, dass die Liste (mit einfacher oder doppelter Verweisstruktur) in der Praxis eine große Bedeutung hat. In vielen älteren Programmen aus der Praxis finden sich daher eigene Implementierungen von Listen oder listenartigen Konstruktionen. Jedes Mal musste der Programmierer den Aufbau der Verzeigerung neu codieren, unterschiedliche Programmierer haben unterschiedliche Namen, unterschiedliche Dokumentationsmethoden verwendet, etc. Im Endeffekt gibt es wahrscheinlich genauso viele unterschiedliche Listenimplementierungen wie Programme, die Listen verwenden. Für einen neu in ein Team hinzukommenden Programmierer eine zusätzliche Schwierigkeit, die mit ein wenig Standardisierung vermieden werden könnte. Zum Glück bietet die C++-Standardbibliothek eine Lösung des Problems: sie enthält (u.a.) eine Implementierung einer

---

[78]   d.h. um eine Zeichenkette, die vorwärts wie rückwärts gelesen identisch ist. Das berühmteste Beispiel eines Palindroms ist wahrscheinlich „Ein Neger mit Gazelle zagt im Regen nie" (allerdings nur, wenn man die Leerzeichen weglässt).

Liste, die so allgemein ist, dass sie sicherlich für alle in der Praxis
vorkommenden Aufgaben verwendbar ist[79].

📖📖 Fallstudie Dynamisches Feld

Listen bieten eine elegante Möglichkeit, eine variable Anzahl von Objekten zu verwalten. Sie haben jedoch bestimmte Eigenschaften, die
sie für manchen Aufgaben au der Praxis weniger geeignet machen.
Benötigt man z.B. den Zugriff auf ein Element über einen Index (so
wie bei einem Feld), ist eine Liste nicht die geeignete Repräsentation.
Man könnte prinzipiell bei einem gegebenen Index die Liste durchlaufen, bis das gewünschte Element gefunden ist (also praktisch die
Elemente zählen), der dazu notwendige Zeitaufwand ist jedoch viel
zu hoch. Zusätzlich zur Liste wünscht man sich eine weitere Konstruktion, die sich ähnlich wie ein Feld verhält, dessen Dimension jedoch erst zur Laufzeit festgelegt werden muss (und evtl. darüber hinaus sogar während der Laufzeit noch verändert werden kann).

Damit der Zugriff über Index funktionieren kann, muss die zu schaf-
fende Konstruktion einen zusammen hängenden Speicherbereich
verwenden (dies ist z.B. bei der Liste nicht der Fall). Was liegt also
näher, als mit Hilfe von new einen Speicherbereich ausreichender
Größe anzufordern und diesen als Feld zu interpretieren? Hier kommt
die Verwandtschaft von Zeigern und Feldern zum Tragen[80], die wir
nun ausnutzen.

Folgende Funktion `allocDoubleField` allokiert Speicher für eine als
Parameter übergebene Anzahl von Werten.

```
void allocDoubleField( int n )
{
  double* dp = new double[ n ];

  ...
}
```

dp zeigt nun auf einen Speicherbereich, der n `doubles` aufnehmen
kann. Zum Zugriff auf den Speicher kann man alternativ die Zeiger-
oder die Feldnotation verwenden:

---

[79]   Die Standardbibliothek wird z.B. in [Aupperle2003], [Josuttis1999] und auch in
       [Stroustrup1999] behandelt.

[80]   siehe Kapitel 11 (Zeiger und Referenzen) auf Seite 241

```
dp[0] = 0;        // Zugriff über Feldnotation
dp[1] = 1;

cout << *dp << " " << *(dp+1) << endl; // Zugriff über Zeigernotation
```

Die Funktion `allocDoubleField` zeigt den Weg zu einer allgemein-
verwendbaren Lösung. Allerdings fehlen noch wichtige Teile: Der
Speicher muss auch wieder freigegeben werden können, und natürlich soll der Zugriff auf das Feld ausserhalb der Funktion stattfinden
können. Der Programmierer soll die Funktion `allocDoubleField`
nur aufrufen, um sein dynamisches Feld einzurichten, und dann ganz
normal damit arbeiten können. Wir haben die Sprachmittel und
Techniken, die zur Lösung erforderlich sind, bereits in früheren Kapiteln vorgestellt, sodass die Lösung vollständig als Übung möglich
sein sollte. Wie immer, findet sich auf der Webseite zum Buch eine
ausführliche Lösung.

Übung 13-7 (Fallstudie):

*Erweitern Sie den hier vorgestellten Ansatz so, dass eine allgemeinver-
wendbare Bibliothek von Routinen entsteht, die die Arbeit mit Feldern
von* double *mit dynamischer Größe ermöglicht.*

*Betrachten Sie dazu zunächst, wie Programmierer mit Feldern arbei-
ten (Kapitel 10). Leiten Sie daraus Funktionen zum Bereitstellen (Speicheranforderung) und zum Löschen (Speicherfreigabe) eines Feldes
ab. Kombinieren Sie das Ergebnis mit den Erkenntnissen aus der Fallstudie* FixedArray *aus Kapitel 11[81], um den Zugriff auf die Feldelemente sicherer zu machen.*

Auch für das dynamische Feld gibt es in C++ eine allgemeinverwendbare Lösung aus der Standardbibliothek, nämlich den `vector`. Der
Vollständigkeit halber sei hier noch angemerkt, dass es neben Listen
und dynamischen Feldern noch eine dritte wichtige Containerart gibt:
die *Streuspeicher* oder *Hash-Tabellen* (*hash-tables*). Ihre besondere
Eigenschaft ist, dass sie die Speicherung eines Wertes anhand eines
(eindeutigen) Schlüssels vornehmen. Das Auffinden eines Wertes
kann mit Hilfe des Schlüssels extrem schnell erfolgen.

---

[81]   Seite 260

⌑⌑ Die Freispeicherverwaltung

Wie sind `malloc`/`free` bzw. `new`/`delete` implementiert? Prinzipiell könnte man für jeden Aufruf einer der Allokationsfunktionen das Betriebssystem bemühen und den benötigten Speicher dort anfordern. Jedes Betriebssystem verfügt über die dazu notwendige Funktionalität. Dies wäre jedoch höchst ineffizient, da die Anforderung von zusätzlichem Speicher beim Betriebssystem relativ aufwändig ist und zudem die zugeteilten Speicherbereiche eine bestimmte Mindestgröße haben können. Obwohl der Standard keine Vorschriften diesbezüglich macht, verwenden alle Compiler eine eigene Freispeicherverwaltung, die im Wesentlichen überall gleich funktioniert.

Die Hauptaufgabe der Heapverwaltung ist, vom Betriebssystem Speicherblöcke einer „geeigneten" Größe anzufordern und davon dem Programm bei Aufruf von `malloc` bzw. `new` ein Stück der angeforderten Größe zu übergeben. Bei Rückgabe durch `free` bzw. `delete` müssen die Speicherstücke dann wieder für weitere Allokationen vorgehalten werden.

Bei einem Aufruf von `malloc`/`new` gibt es nun verschiedene Strategien. Die einfachste ist, immer neuen Speicher aus einem Betriebssystemblock zu vergeben, bis dieser Block erschöpft ist, und bei Bedarf einen neuen Block vom Betriebssystem anzufordern. Zurückgegebener Speicher wird·hier solange nicht berücksichtigt, bis eine gewisse Menge zusammen hängender Speicher zurückgegeben wurde, der ab diesem Zeitpunkt dann ebenfalls wieder für Allokationen genutzt wird.

Eine etwas aufwändigere Strategie führt die von `free`/`delete` zurückgegebenen Stücke der Größe nach sortiert in einer Liste. Bei einer Speicheranforderung durch `malloc`/`free` wird dann zunächst diese Liste durchsucht, ob ein Speicherstück ausreichender Größe vorhanden ist. Wenn ja, wird die Anforderung zunächst aus dieser Liste bedient. Wenn nicht, wird ein weiteres, geeignet großes Stück vom Betriebssystem angefordert.

Es gibt weitere Allokationsstrategien, die alle ihre Vor- und Nachteile haben. Die nach Größe sortierte Liste sorgt für eine im Durchschnitt gute Speicherausnutzung, benötigt jedoch für jede Speicheranforderung die Untersuchung einer linearen Liste, die auch einmal entsprechend lang werden kann. Gute Speicherausnutzung wird hier also mit Laufzeiteinbußen erkauft.

📖📖 Eigene Freispeicherverwaltung

Welche Strategie für ein Programm optimal ist, hängt in großem Maße von Art und Design des Programms ab. Es ist die Aufgabe der Heapverwaltung in der Laufzeitbibliothek hier einen für das gesamte Spektrum aller denkbaren Anwendungen vernünftigen Mittelweg zu gehen. Auf der anderen Seite muss eine Sprache, die so viel Wert auf Effizienz legt wie C++, auch eine Möglichkeit bereitstellen, die Speicherverwaltungsstrategie nach eigenen Wünschen verändern zu können.

C++ erlaubt dies durch die Möglichkeit zur Implementierung der Operatoren new und delete auf Klassenbasis. Weiß man z.B., dass von einer Klasse viele Objekte dynamisch allokiert und auch wieder zurückgegeben werden, kann man im Programm am Anfang einen geeignet dimensionierten Speicherbereich allokieren und die Objekte dort hineinplatzieren. Da alle Objekte die gleiche Größe haben, kann diese Aufgabe deutlich effizienter als mit der Standard-Heapverwaltung ausgeführt werden, denn diese muss mit Speicherblöcken unterschiedlicher Größe arbeiten können. Die Führung einer nach Größe sortierten Liste kann komplett wegfallen[82].

Während also die vorhandene Implementierung der Operatoren new und delete den meisten Ansprüchen genügen wird, können diese Operatoren für spezielle Fälle auch mit eigenen Versionen überladen werden. Dieses Thema ist Gegenstand eines eigenen Kapitels (Kapitel 23: Allokations- und Deallokationsfunktionen).

📖📖 Debug-Freispeicherverwaltung

Nicht nur Performancegründe können eine eigene Freispeicherverwaltung interessant machen. Da Fehler im Zusammenhang mit Speicherblöcken recht häufig und darüber hinaus schwer zu finden sind, gab es schon früh (d.h. auch für die Sprache C) Bemühungen, solche Fehler möglichst sofort und automatisch feststellen zu können. Die Standardlösung eines solchen *Debug-Heap* verwendet Speicherblöcke, die größer als die eigentlich angeforderten Blöcke sind. Die zusätzlichen Bytes werden mit einem unverwechselbaren Bitmuster gefüllt, das ein unbeabsichtigtes Überschreiben sofort erkenntlich macht.

---

[82]   Eine solche Freispeicherverwaltung wird z.B. in [Aupperle2003] vorgestellt.

Das folgende Bild zeigt einen solchen Block:

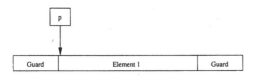

Bild 13.2: **Speicherblock in einer Debug-Speicherverwaltung**

Der insgesamt allokierte Block besteht aus dem für ein Element benötigten Speicher plus den zwei zusätzlichen Speicherstücken links und rechts davon (den sog. *Wächtern* oder *guards*). malloc bzw. new liefern dem Programm jedoch weiterhin einen Zeiger (hier p), der dort ganz normal verwendet werden kann.

Die Aufgabe der Wächter ist es, Speicherüberschreiber festzustellen. Sie werden deshalb bei Allokation des Blocks mit einem geeigneten Bitmuster gefüllt. Sollte das Programm über das Ende des zugewiesenen Speichers hinaus etwas schreiben, kann dies am veränderten rechten Wächter festgestellt werden. Man kann diese Überprüfungen dann vom Programm aus an kritischen Stellen durchführen lassen. Speicherüberschreiber werden so relativ schnell gefunden.

Eine solche Debug-Speicherverwaltung gehört zum Standardumfang einiger Entwicklungsumgebungen (wie z.B. MSVC). Eine allgemeine Implementierung findet sich z.B. in [Aupperle2003].

14 Verschiedenes

In diesem Kapitel fassen wir einige Punkte zusammen, für die sich ein eigenes Kapitel nicht lohnt.

📖📖 Aufzählung

📖 Definition

Eine Aufzählung (*enumeration*) ist eine Menge mit Namen versehener Konstanten. Aufzählungen sind eigene Typen in C++, nicht jedoch in C.

Zur Bildung einer Aufzählung wird das Schlüsselwort enum verwendet:

```
enum Country
{
    germany, france, italy, usa, canada
};
```

Hier sind germany, france, italy, usa und canada Konstanten. Die Werte werden automatisch von 0 aufsteigend vergeben. In obigem Codesegment erhält germany also den Wert 0, france den Wert 1, etc.

Die Werte der Konstanten können auch explizit angegeben werden. Obige Definition einer Aufzählung ist identisch mit

```
enum Country
{
    germany = 0,
    france  = 1,
    italy   = 2,
    usa     = 3,
    canada  = 4
};
```

Die Werte müssen nicht zusammen hängend sein, außerdem können sie teilweise angegeben bzw. weggelassen werden. Bei fehlenden Initialisierern wird immer die vorherige Konstante um 1 erhöht.

```
enum Country
{
    germany = 11,
    france,
    italy,
    usa     = 21,
    canada
};
```

In diesem Beispiel wurden die Konstanten zu Gruppen geordnet: Die europäischen Staaten erhalten die Werte 11, 12 und 13 während die amerikanischen die Werte 21 und 22 erhalten.

Es ist nicht erforderlich, dass alle Konstanten unterschiedliche Werte erhalten. Selten, aber zulässig ist z.B. die Definition

```
enum VerySpecial
{
    constant1  = 1,
    constant2  = 1
};
```

in der beide Mitglieder der Aufzählung den gleichen Wert erhalten.

Die Anzahl der Mitglieder einer Aufzählung ist beliebig. Die Aufzählung kann prinzipiell sogar leer sein. Ebenfalls selten, aber genauso zulässig ist z.B. die Definition

```
enum AnotherVerySpecial
{
};
```

📖   Aufzählungen sind eigene Typen

Eine Aufzählung ist ein eigener Datentyp. Dies bedeutet unter anderem, dass Objekte eines Aufzählungstyps nicht kompatibel mit Objekten anderer Typen sind. Schreibt man also mit obiger Definition von Country

```
Country country;
```

hat man eine gewöhnliche Variable einer Aufzählung definiert. Wie immer (mit Ausnahme von statischen Variablen) bleibt die Variable uninitialisiert, hat also einen zufälligen Wert. Insbesondere muss dieser Wert nicht einmal aus der möglichen Menge 11, 12, 13, 21, 22 kommen, sondern kann wirklich beliebig sein. Abhilfe schafft man wie immer mit einer gleichzeitigen Initialisierung:

```
Country country = germany;
```

Beachten Sie bitte, dass die auf den ersten Blick gleichwertige Initialisierung wie in

```
Country country = 0;      // Fehler
```

falsch ist und einen Syntaxfehler bei der Übersetzung produziert. Der Grund ist, dass Aufzählungen eigene Typen sind, die nicht mit integralen Typen kompatibel sind. Man muss hier also genau unterscheiden zwischen

❏ den Mitgliedern einer Aufzählung: dies sind Konstanten eines integralen Typs, und

❏ der Aufzählung selber. Diese ist ein eigener Typ.

Objekten von Aufzählungstypen können prinzipiell nur Konstanten aus der Aufzählung selber zugewiesen werden. Der umgekehrte Weg ist allerdings erlaubt: Werte eines Aufzählungstyps können automatisch und implizit in Werte eines integralen Typs gewandelt werden. Die Anweisungen

```
int c1 = country;      // OK: implizite Wandlung
int c2 = germany;      // sowieso: keine Wandlung, da Mitglieder des emum
                       // integrale Typen sind
```

sind daher zulässig.

Auf den ersten Blick erstaunlich ist die Tatsache, dass Anweisungen wie z.B.

```
Country country = germany + 1;    // Fehler
```

syntaktisch unzulässig sind, während

```
Country country = france;         // OK
```

funktioniert. Die Sache wird klar, wenn man sich die Vorgänge bei der Addition vor Augen führt. Die Addition ist für integrale Typen definiert, nicht jedoch für Aufzählungstypen. germany wird daher zu einem int konvertiert, bevor die Addition durchgeführt wird. Als Ergebnis steht also ein Wert vom Typ int, der wie gesagt nicht in einen Wert vom Typ Country gewandelt werden kann.

Es gibt jedoch auch Situationen, in denen die Wandlung eines integralen Typen in einen Aufzählungstypen sinnvoll sein kann. Für solche Fälle ist eine Typwandlung notwendig, die wie in einem dieser Zeilen notiert werden kann:

```
country = (Country)11;   // explizite Typwandlung (function style cast)
country = Country(11);   // explizite Typwandlung, dito
```

Beide Notationen sind gleichwertig.

Anmerkung: In modernem C++ verwendet man zur Typwandlung nicht mehr obige Notation, sondern einen *Typwandlungsoperator.* In unserem Fall reicht ein `static_cast` aus:

```
country = static_cast<Country>(11);
```

Die Vorteile der neuen casting-Operatoren gegenüber dem function style cast sind Thema des Kapitel 24 (Typwandlungen).

Beachten Sie bitte, dass Typwandlungen immer gefährlich sind. Völlig problemlos und ohne jede Warnung werden z.B. auch

```
country = Country(0);              // ???
country = static_cast<Country>(0); // dito
```

übersetzt und ausgeführt. Das Ergebnis dieser Anweisungen ist undefiniert[83].

Eine weitere Eigenschaft der Aufzählungen, die manchmal zu Überraschungen führt, ist der Gültigkeitsbereich der Mitglieder. Während eine Konstruktion wie

```
struct S
{
  int i;
};

...

int j = i;              // Fehler
```

natürlich *nicht* zulässig ist (da i *lokal* zu S ist), ist die analoge Konstruktion mit einer Aufzählung in Ordnung:

```
enum E
{
  i
};

...

int j = i;              // OK
```

Dies muss auch so sein, denn die Mitglieder aus der Aufzählung sollen ja gerade ausserhalb der Aufzählung verwendet werden. Vereinfacht gesagt: Eine Aufzählung bildet keinen eigenen Gültigkeitsbereich wie z.B. eine Struktur.

---

[83] Wahrscheinlich wird *country* jedoch einfach das Bitmuster 0 erhalten – dies jedoch ohne Garantie!

Diese Eigenschaft bewirkt nun aber, dass Konstruktionen wie z.B.

```
enum Answer1
{
  yes,
  no,
  dontKnow
};

enum Answer2
{
  OK,
  notOK,
  dontKnow                // Fehler
};
```

unzulässig sind – und dies, obwohl beide dontKnow-Konstanten auch noch den gleichen Wert haben.

Damit Aufzählungen innerhalb eines Gültigkeitsbereiches unterschiedliche Konstantennamen besitzen, kann man ein Namensschema verwenden. Gängig ist z.B. das Voranstellen einer eindeutigen Kennung vor den Namen:

```
enum Answer1
{
  aw1Yes,
  aw1No,
  aw1DontKnow
};

enum Answer2
{
  aw2OK,
  aw2NotOK,
  aw2DontKnow
};
```

Anwendungsfälle für Aufzählungen

Aufzählungen bieten eine einfache Möglichkeit, eine Menge von zusammen gehörigen Konstanten zu definieren, insbesondere dann, wenn es auf den Wert nicht besonders ankommt, sondern eher darauf, dass die Werte verschieden sind.

Ein nicht zu unterschätzender Vorteil von Aufzählungen ist, dass sie eigene Typen sind. Dadurch kann die Programmierung sicherer gegen Fehler gemacht werden.

Soll eine Variable z.B. nur die Werte „ja", „nein", „weiß nicht" erhalten, schreibt man traditionell folgendes:

```
const int yes      = 0;
const int no       = 1;
const int dontKnow = 2;

struct Question

  string    text;
  int       answer;
};
```

wobei answer nur die Werte 0, 1 oder 2 erhalten soll. Diese Konvention wird jedoch nicht durch die Sprache eingehalten, sondern muss durch den Programmierer sichergestellt werden.

Konstruktionen wie z.B.

```
Question q;
q.text   = "Mögen Sie Java lieber als C++?";
q.answer = -1;           // ???
```

sind natürlich syntaktisch völlig korrekt und führen erst zu einem späteren Zeitpunkt (nämlich bei der Auswertung der Tests) zu Problemen. Die (hier falsche) -1 fällt auf den ersten Blick nicht auf, da -1 gerne auch für „nein" oder „falsch" verwendet wird – aber eben hier nicht.

Auch die Verwendung von namentlichen Konstanten hilft nicht immer. Auch wenn die Anweisungen

```
q.text   = "Mögen Sie Java lieber als C++?";
q.answer = undefined;    // ???
```

gut aussehen und vielleicht übersetzen (was in einem großen Programm nicht ungewöhnlich ist) bleibt das Problem bestehen: die Konstante oder Variable undefined kommt aus einem ganz anderen Zusammenhang, ihr Wert hat für das hier vorliegende Problem keine Bedeutung. Man kann nur hoffen, dass der Wert nicht zufällig 0, 1 oder 2 ist, sonst erhält man nur falsche Daten anstelle eines Problems – da ist das zweite Übel noch besser.

Hier bieten Aufzählungen eine Lösung. Man schreibt daher besser

```
enum Answer
{
  yes,
  no,
  dontKnow
};
```

```
struct Question
{
  string    text;
  Answer    answer;
};
```

Anweisungen wie in

```
Question q;
q.text   = "Mögen Sie Java lieber als C++?";
q.answer = -1;           // Fehler!
```

werden nun vom Compiler als Syntaxfehler entlarvt.

Eine weitere nützliche Eigenschaft der Aufzählungen ist die Tatsache, dass die Mitglieder Konstanten sind. Damit können die Mitglieder in switch-Anweisungen verwendet werden:

```
switch ( q.answer )
{
  case yes:      cout << "Ja";          break;
  case no:       cout << "Nein";        break;
  case dontKnow: cout << "Weiss nicht"; break;

  default: cout << "*** ungültiger Wert für Answer!";
}
```

Übung 14-1:

Eine Variable des Typs Answer *kann theoretisch nur die Werte* yes, no *oder* dontKnow *besitzen. Warum kann es trotzdem sinnvoll sein, den* default-*Zweig in obiger* switch-*Anweisung zu haben?*

Übung 14-2:

Erweitern Sie die switch-*Anweisung zu einer vollständigen Funktion, die einen Wert vom Typ* Answer *übernimmt und die zugehörige Stringrepräsentation ausdruckt.*

Übung 14-3:

Verändern Sie die Funktion so, dass sie nicht die Werte ausdruckt, sondern einen string zurückliefert, der vom Aufrufer beliebig weiter verwendet werden kann.

Übung 14-4:

Schreiben Sie eine Routine, die ein Question*-Objekt übernimmt und in lesbarer Form ausgibt.*

Die Tatsache, dass Mitglieder eines Aufzählungstyps Konstanten sind, macht prinzipiell auch Felddimensionierungen möglich:

```
enum { Size = 10000 };
double d[ Size ];
```

Hier wird man normalerweise allerdings direkt

```
const int Size = 10000;
double d[ Size ];
```

schreiben. Bei der Besprechung des Klassenkonzepts werden wir einen Anwendungsfall für die Formulierung der Konstanten mit Hilfe einer Aufzählung kennen lernen.

☐ Zu Grunde liegender Datentyp

Die Konstanten einer Aufzählung haben einen wohldefinierten Typ – welcher dies allerdings ist, wird vom Standard nicht explizit festgelegt. Es muss sich lediglich um einen *integralen* Typ handeln (also um bool, signed/unsigned char oder signed/unsigned int). Der Typ muss groß genug sein, um alle Konstanten der Aufzählung repräsentieren zu können. Für die Aufzählung

```
enum Vowels
{
    vowA    = 'a',
    vowE    = 'e',
    vowI    = 'i',
    vowO    = 'o',
    vowU    = 'u'
};
```

reicht der Typ char (signed oder unsigned) aus. Sollte der Compiler also tatsächlich char als zu Grunde liegenden Datentyp wählen, entsprechen der Aufzählung also die folgenden Konstantendefinitionen:

```
const char vowA  = 'a';
const char vowE  = 'e';
const char vowI  = 'i';
const char vowO  = 'o';
const char vowU  = 'u';
```

Der Compiler kann allerdings auch einen größeren Typ verwenden, wenn dadurch interne Vorteile entstehen. Genauso gut könnte hier int verwendet werden.

Übung 14-5:

Was kann man über den zu Grunde liegenden Datentyp bei folgender Aufzählung sagen?

```
enum E1
{
  constant1  = 4294967295
};
```

und was über diese Aufzählung?

```
enum E2
{
  constant1  = 4294967295,
  constant2  = -1
};
```

Beachten Sie bitte, dass Fließkommatypen als grundlegende Datentypen einer Aufzählung nicht zugelassen sind, da sonst der Compiler Fließkomaarithmetik für Konstanten beherrschen müsste, etwa wie hier:

```
enum NotAllowed
{
  constant1  = 1.0,      // Fehler
  constant2
};
```

📖📖 Bitfelder

📖 Definition

Ein Bitfeld beschränkt die „Breite" (d.h. die Anzahl der zur Verfügung
stehenden Bits) eines integralen Typs. So können z.B. in einem `int`
(bei angenommenen 32 Bit Breite) bis zu 16 unabhängige Variablen
mit zwei Bit Breite untergebracht werden.

Bitfelder können nur innerhalb einer Struktur definiert werden.
Schreibt man z.B.

```
struct S
{
  int a:2;
  int b:2;
};
```

sind a und b int-Variablen, die jedoch nur zwei Bit breit sind. Die Variablen können demzufolge auch nur die Werte -2, -1, 0 und 1 annehmen. Schreibt man dagegen

```
struct S
{
  unsigned int a:2;
  unsigned int b:2;
};
```

erhält man den Wertebereich 0, 1, 2 und 3.

Prinzipiell können alle integralen Typen als Basistypen verwendet
werden. Wie bei einer normalen Variablen bestimmt der Typ, wie das
Bitmuster zu interpretieren ist – nur kann hier zusätzlich die Breite
explizit bestimmt werden.

Der Standard lässt eine *größere* Breite als die der Basistyps explizit
zu. Die Konstruktion

```
struct S
{
  int a:128;     // OK
  int b:2;
};
```

ist gem. Standard erlaubt[84]. Für die Variable a werden aber trotzdem
nur 32 Bit verwendet[85]. Die restlichen Bits werden nicht zur Reprä-

---

[84] Jedoch implementieren dies nicht alle Compiler so. MSVC liefert z.B. eine Feh-
      lermeldung bei der Übersetzung.

sentation eines Wertes verwendet, sondern als Füller. Variable b beginnt also frühesten bei Bit 129.

Der Variablenname kann weggelassen werden. Man spricht dann von einem *anonymen Bitfeld (unnamed bitfield)*. Die so repräsentierten Bits können vom Programm aus nicht angesprochen werden. Anonyme Bitfelder können verwendet werden, um Leerraum zwischen anderen Bitfeldern zu definieren.

Benötigt man z.B. jeweils das erste Bit von zwei aufeinanderfolgenden Bytes, kann man folgendes schreiben:

```
struct S
{
  bool b1:1;    // Bit 0
  int    :7;    // Bit 1..7
  bool b2:1;    // Bit 8
};
```

Solche Konstruktionen werden gerne in der hardwarenahen Programmierung eingesetzt, wenn man z.B. auf bestimmte Bits von Statusregistern oder Steuerports zugreifen muss. Allerdings zu beachten, dass der Compiler von sich aus Leerräume zwischen den Variablen einfügen kann. Dieses sog. *padding* ist implementierungsabhängig, d.h. jeder Compilerbauer ist in der Implementierung frei. Es gibt jedoch meist Compilerschalter, mit dem man darauf Einfluss nehmen kann.

Für anonyme Bitfelder ist darüber hinaus die Breite 0 zugelassen. Schreibt man

```
struct S
{
  bool b1:1;
  int    :0;
  bool b2:1;
};
```

bedeutet dies, dass b2 an der nächsten *Allokationsgrenze* (in der Regel beim nächsten Byte) beginnt.

Schließlich ist es nicht erforderlich, dass die Breitenangabe eine einfache Zahl ist. Als Breitenangabe kann ein Ausdruck stehen, der zur Compilerzeit ausgewertet werden kann und einen Wert eines integralen Typs ergibt (d.h. ein Konstantenausdruck mit integralem Typ, *integral type constant expression*). Konstruktionen wie in

---

85 wenn wir den nicht unüblichen Fall annehmen, dass ein *int* 32 Bit hat

```
const int width = 2*2-1;

struct S
{
  int a:width+1;
};
```

sind erlaubt.

📖 Anwendungsfälle für Bitfelder

Bitfelder werden häufig verwendet, um Platz zu sparen. Objekte der Struktur

```
struct S
{
  int a:2;
  int b:2;
};
```

benötigen prinzipiell nur ein Byte Speicher, die meisten Compiler werden dies jedoch (aus Alignmentgründen) auf `sizeof(int)` erhöhen. Der Standard sagt nichts darüber aus, wie die einzelnen Bits anzuordnen sind, oder ob zwischen den einzelnen Bitfeldern Leerräume sein dürfen etc. Dies alles ist compilerspezifisch.

Das Platzargument ist jedoch relativ, und zwar aus zwei Gründen:

❑ Der Compiler wird nicht unbedingt die maximale Platzausnutzung erreichen – z.B. braucht obige Struktur mindestens `sizeof(int)` Bytes anstelle des eigentlich nur erforderlichen einzigen Bytes

❑ der gewonnene Speicherplatz muss durch erhöhten Aufwand beim Zugriff auf die Variablen bezahlt werden. Für nahezu alle Zugriffe ist eine Erweiterung auf den Basistyp bzw. zurück zum Bitfeld erforderlich, was das Programm durch den zusätzlichen Code größer und langsamer macht.

Der Einsatz von Bitfeldern zum Platzsparen lohnt sich deshalb in der Regel nur dann, wenn man wirklich große Datenmengen mit beschränkten Wertebereichen verwalten muss.

Das zweite Einsatzgebiet von Bitfeldern ist die maschinennahe Programmierung. Dabei kommt es oft darauf an, einzelne Bits oder Gruppen von Bits innerhalb eines Speicherbereiches mit Namen ansprechen zu können. Diese Aufgabe lässt sich einfach lösen, wenn man über den betreffenden Speicherbereich eine Struktur mit geeigneten Bitfeldern legt.

📖 Einige Besonderheiten

Auf einige besondere Fälle soll noch hingewiesen werden.

❑ Die Größe des Typs `bool` wird vom Standard nicht festgelegt. Auf jeden Fall wird es jedoch mindestens ein Byte sein (genau genommen mindesten `sizeof(char)`). Es ist jedoch sichergestellt, dass ein `bool` in einem Bitfeld der Breite 1 repräsentiert werden kann. In Konstruktionen wie in

```
struct S
{
  bool a:1;
  ...                   // evtl. weitere Mitglieder
};


void f( bool b )
{
  S s;
  s.a = b;

  bool c = s.a;

  if ( c == b )
  ...

}
```

ist sichergestellt, dass der Vergleich immer wahr ist (oder anders gesagt, dass der Wahrheitswert in einem Bitfeld der Breite 1 gespeichert werden kann.

❑ Als Basistyp kann auch eine Aufzählung verwendet werden, wie in dieser Konstruktion:

```
enum Answer
{
  yes,
  no,
  dontKnow
};


struct S
{
  Answer a:2;    // Basisdatentyp dieses Bitfeldes ist eine Aufzählung
};


void f( Answer a1 )
{
  S s;
  s.a = a1;

  Answer a2 = s.a;

  if ( a1 == a2 )
  ...
}
```

Die Breite des Bitfeldes muss natürlich auch hier mindestens so groß sein, dass der maximal vorkommende Wert des Aufzählungstyps gespeichert werden kann. In unserem Fall ist der maximale Wert 2 (für dontKnow), sodass zwei Bit ausreichen.

Übung 14-6:

Wie ist die Lage, wenn man Answer *statt dessen wie folgt definiert*

```
enum Answer
{
  yes,
  no,
  dontKnow,
  notYetDetermined  = 99
};
```

📖📖 Das Schlüsselwort typedef

Das Schlüsselwort typedef wird verwendet, um eine „Abkürzung" (Alias) für einen anderen Typ zu definieren. Schreibt man

```
typedef int Xyz;          // Xyz ist Alias für int
```

ist ab diesem Zeitpunkt der Name Xyz einfach ein anderer Name für int. Die Definitionen

```
Xyz i;
```

und

```
int i;
```

sind absolut identisch.

Beachten Sie bitte, dass durch typedef *kein* neuer Typ definiert wird, wie der Name des Schlüsselwortes vielleicht vermuten ließe. Es wird lediglich ein anderer Name für einen bereits bestehenden Typ vereinbart, der innerhalb des Gültigkeitsbereiches als Alternative verwendet werden kann.

📖 Anwendungsfälle für typedef

Warum verwendet man nicht gleich den richtigen Namen? In der Praxis sind die folgenden Fälle von Bedeutung.

📖 **Alias auf unterschiedliche Namen**

Manchmal möchte man je nach Gegebenheiten einen Alias auf unterschiedliche Namen vereinbaren. Benötigt man z.B. einen numerischen Typ von genau 32 Bit Breite, kann dies mit Standard-C++ Mitteln alleine nicht plattformunabhängig erreicht werden, denn die Breite der integralen Typen wird dort nicht festgelegt: Für jede Plattform können andere Werte gelten. Auf der anderen Seite benötigt man z.B. für plattformunabhängige Speicherung von Daten, für Datenbankzugriffe, oder ganz allgemein für Komponenten, die plattformübergreifend angeboten werden, einen Typ, der auf allen Plattformen gleich ist.

Hier bietet `typedef` die Lösung. Auf einer Plattform mit 32-Bit breiten Integern (heute der Standard) könnte man z.B.

```
typedef int int32;
```

schreiben, während man auf 16-Bit Maschinen eher

```
typedef long int32;
```

definieren würde. Verwendet der Programmierer ausschließlich den Typ `int32`, ist die gleiche Breite auf beiden Architekturen sichergestellt.

Diese Art von `typedef` wird normalerweise in Include-Dateien versteckt, die der Hersteller der Komponente, die diesen Datentyp benötigt, für jede Plattform mitliefert.

📖 **Abkürzung von häufig gebrauchten Typen**

Bestimmte Typen (meist mit Modifizierern) kommen in Programmen immer wieder vor. Hier können Abkürzungen sinnvoll sein. Typische Vertreter sind z.B.

```
typedef unsigned long    ulong;
typedef const char*      cchar:
```

Manchmal wird allerdings des Guten zuviel getan, wie in diesen Statements:

```
typedef char             CHAR;
typedef unsigned char    UCHAR;
typedef int              INT;
typedef unsigned int     UINT;
... /* etc. */
```

Hier wird für *jeden* Typ ein eigener Alias definiert. Wer häufiger mit Microsoft-Libraries arbeitet, wird diese Dinge kennen.

📖 Dokumentation bestimmter Verwendungen

Eine Spielart dieser Vorgehensweise wird verwendet, um besondere Verwendungsweisen eines Typs zu dokumentieren. In Code älteren Datums findet man z.B. Anweisungen wie

```
typedef int BOOL;
```

Der „Typ" BOOL soll danach immer dann verwendet werden, wenn Wahrheitswerte zu speichern sind. Die Definition wurde dann noch mit diesen Definitionen vervollständigt:

```
const int FALSE = 0;
const int TRUE  = 1;
```

Folgendes Listing zeigt eine Routine, die eine Zahl daraufhin untersucht, ob das niederwertigste Byte gesetzt ist:

```
BOOL lowByteSet( int val )
{
  return val & 0xFF;
}
```

Schreibt man nun

```
if ( lowByteSet( 10 ) )
  cout << "Niederwertiges Bit gesetzt";
```

ist alles in Ordnung. Spätestens in dieser Anweisung jedoch nicht mehr:

```
if ( lowByteSet( 10 ) == TRUE )            // ???
  cout << "Niederwertiges Bit gesetzt";
```

Hier wird der dokumentatorische Nutzen des Namens BOOL durch die potentiellen Probleme bei weitem kompensiert. Solche Konstruktionen sind auf jeden Fall zu vermeiden! In obigem Fall ist dies sogar besonders einfach, da C++ für Wahrheitswerte den fundamentalen Typ bool bereitstellt.

📖 Kompatibilität zu C

Anders liegt der Fall, wenn Wahrheitswerte in einer Komponente verwendet werden sollen, die sowohl in C- als auch in C++ genutzt werden kann. Da es in C den Typ bool nicht gibt, bleibt in diesem Sonderfall nur der typedef.

Übung 14-7:

Gibt es eine Alternative zu dem etwas unglücklichen typedef int BOOL *aus letztem Abschnitt? Überlegen Sie die Verwendung einer Aufzählung. Betrachten Sie besonders die Forderung, dass die Ausdrücke* if (x) *und* if (x == TRUE) *für alle möglichen x immer die gleichen Ergebnisse liefern sollten.*

Betrachten Sie in einem zweiten Schritt auch die Äquivalenz zwischen if (!x) *und* if (x == FALSE) *für alle möglichen x*

In den Bereich der C-Kompatibilität fällt auch die folgende Verwendung von typedef:

```
typedef struct
{
  int x, y;
} s;
```

bzw. analog für Aufzählungen

```
typedef enum
{
  yes,
  no,
  dontKnow
} Answer;
```

In C kann eine Struktur bzw. eine Aufzählung nur mit Hilfe von typedef definiert werden. Aufgrund der Abwärtskompatibilität von C++ zu C ist diese Konstruktion auch in C++ möglich, dort sind die typedefs jedoch nicht erforderlich, und man schreibt einfach[86]

```
struct s
{
  int x, y;
};
```

bzw.

```
enum Answer
{
  yes,
  no,
  dontKnow
};
```

---

[86] Genau genommen sind beide Formen doch nicht ganz identisch. Die Unterschiede sind jedoch nur für Sprachtheoretiker interessant.

📖 Erhöhung der Übersichtlichkeit

Zusammen gesetzte Deklarationen können in C und C++ ein wenig unübersichtlich werden. So wird nicht jeder auf Anhieb die Definition einer Variable vom Typ „Feld mit 10 Elementen vom Typ `const char*`" hinschreiben können.

Hier hilft ein sequentielles Vorgehen. Zuerst kürzen wir den Elementtyp ab:

```
typedef const char* cchar;
```

Im zweiten Schritt definieren wir einen Typ für das Feld mit dem neuen Elementtyp:

```
typedef cchar Field[10];
```

Nun können wir `Field` z.B. zur Deklaration von Variablen verwenden:

```
Field field;           // Feld mit 10 Einträgen, Elementtyp ist const char*
```

In diesem einfachen Fall hätte ein erfahrener Programmierer wahrscheinlich auch die explizite Form notieren können:

```
const char* field[10];   // Feld mit 10 Einträgen, Elementtyp ist const char*
```

Aber bereits bei wenig komplizierteren zusammen gesetzten Typen funktioniert dies nicht mehr so einfach. Der stufenweise Aufbau aus Einzelteilen mit Hilfe von `typedefs` hat den Vorteil, dass man pro Stufe immer nur eine Konstruktion dazunimmt und so alles immer übersichtlich bleibt.

📖📖 Vorgabewerte

Bei der Deklaration einer Funktion können den einzelnen Parametern Vorgabewerte zugeordnet werden. Dadurch wird es möglich, die Funktion mit weniger Parametern als eigentlich erforderlich aufzurufen. Für fehlende Parameter wird der Vorgabewert eingesetzt.

Beispiel:

```
void f( int value, const char* comment = 0 );
```

Die Funktion kann nun mit einem oder mit zwei Parametern aufgerufen werden:

```
int x = 5;
...
f( x );
f( x, "Variable x: " );
```

Beim Aufruf mit einem Parameter erhält der Aktualparameter comment den Nullzeiger als Wert.

Eine Implementierung könnte etwa folgendermaßen aussehen:

```
void f( int value, const char* comment )
{
  cout << '<';
  if ( comment )
    cout << comment;

  cout << value << '>' << endl;
}
```

Als Ausgabe der beiden obigen Aufrufe von f erhält man

```
<5>
<Variable x: 5>
```

Sind zusätzlich zur Definition einer Funktion auch noch eine oder mehrere Deklarationen vorhanden, dürfen Vorgabeparameter nur bei der ersten Deklaration stehen. Alle weiteren Deklarationen und die Definition müssen ohne Vorgabeparameter notiert werden.

Folgende, zweite Deklaration sowie die Definition von f sind daher falsch:

```
void f( int value, const char* comment = 0 );
void f( int value, const char* comment = 0 );       // FEHLER!

void f( int value, const char* comment = 0 )        // FEHLER
{
  ...
}
```

Richtig muss es heißen

```
void f( int value, const char* comment = 0 );
void f( int value, const char* comment );  // weitere Deklaration ohne Vorgabewerte

void f( int value, const char* comment )   // Definition ohne Vorgabewerte
{
  ...
}
```

Gibt es keine vorherige Deklaration, kann auch die Funktionsdefinition Vorgabewerte erhalten:

```
void f( int value, const char* comment = 0 )  // OK wenn keine Deklaration vorangeht
{
    ...
}
```

Funktionen können mit mehreren Vorgabeparametern ausgerüstet werden. Allerdings darf links von einem Parameter ohne Vorgabewert kein Parameter mit Vorgabewert mehr stehen. Die Vorgabewerte müssen also „von rechts nach links" durchgehend vorhanden sein.

```
void f( int value = 0, const char* comment );  // FEHLER!
```

Selbstverständlich dürfen auch alle Parameter einer Funktion Vorgabewerte besitzen:

```
void f( int value = 0, const char* comment = 0 );  // OK
```

In diesem Fall kann die Funktion ganz ohne Parameter aufgerufen werden.

Vorgabewerte müssen nicht unbedingt Konstanten sein. Es sind beliebige Ausdrücke erlaubt, die allerdings an der Deklarationsstelle auswertbar sein müssen.

Folgende Konstruktion ist daher falsch:

```
void f( int valus = max );        // Fehler
...

void g()
{
    int max = 10;
    f();
}
```

Bereits bei der Deklaration der Funktion f muss das Symbol max bekannt sein – es reicht nicht, wenn max beim Aufruf der Funktion vorhanden ist.

Da Funktionen immer global sind, bleibt eigentlich nur die Verwendung von globalen Variablen bzw. anderer Funktionen. Folgende Beispiele sind korrekt:

```
int max = 10;                     // globale Variable
void f( int value = max );        // OK
```

bzw.:

```
int g();
void f( int value = g() );        // OK
```

Als letzter Punkt soll noch erwähnt werden, dass Vorgabewerte auch dann möglich sind, wenn der Parametername weggelassen wird. Man erhält dann eine Notation wie z.B.

```
void f( int = 0 );          // Namenloser Formalparameter mit Vorgabewert
```

15 Überladen von Funktionen

In C++ kann der gleiche Funktionsname gleichzeitig für unterschiedliche Funktionen verwendet werden. Dazu ist es erforderlich, dass sich die Funktionen in ihrer Parameterliste unterscheiden. Daraus ergeben sich weit reichende Konsequenzen, unter anderem auch für den Binder (linker), der jetzt nicht mehr nur nach dem Funktionsnamen gehen kann.

📖📖 Die Signatur einer Funktion

In C++ kann der gleiche Funktionsname gleichzeitig für unterschiedliche Funktionen im gleichen Gültigkeitsbereich verwendet werden:

```
void print( int i );
void print( const char* str );
```

Man sagt hierzu auch, dass die Funktion `print` *überladen* wurde. Welche der überladenen Funktionen bei einem Funktionsaufruf konkret zu verwenden ist, erkennt der Compiler an den *Parametern* der Funktion. Mit den obigen* Deklarationen von `print` sind z.B. folgende Aufrufe möglich:

```
print( 33 );
print( "Ein String" );
```

In diesem Beispiel hat der Compiler an Hand des Typs des Parameters beim Aufruf eindeutig eine der beiden `print`-Funktionen identifizieren können.

Damit der Compiler eine eindeutige Zuordnung zwischen Funktionsaufruf und aufzurufender Funktion treffen kann, müssen sich Funktionen im gleichen Gültigkeitsbereich durch Typ und/oder Anzahl ihrer Parameter unterscheiden. Anzahl und Typ der Parameter bilden die sogenannte *Signatur* der Funktion.

Der Rückgabetyp einer Funktion selber gehört nicht zur Signatur, d.h. zwei Funktionen gleichen Namens und identischer Parameterliste, die jedoch unterschiedliche Ergebnistypen haben, haben die gleiche Signatur und können vom Compiler daher nicht unterschieden werden:

```
//-- diese beiden Deklarationen kann der Compiler nicht unterscheiden
//
int    doIt();
double doIt();          // FEHLER !
```

📖📖 Name mangling

Eine Forderung bei der Entwicklung der Sprache C++ war, dass zum
Binden von Programmen der Standardbinder des jeweiligen Betriebs-
systems verwendbar sein muss. Ein C++ Compiler muss daher für alle
überladenen Funktionen unterschiedliche Symbolnamen für den Binder generieren. Diese Aufgabe übernimmt das sogenannte *name
mangling*, das aus der Signatur einer Funktion einen eindeutigen
String errechnet und diesen an den eigentlichen Funktionsnamen anhängt. Unsere beiden print-Funktionen werden von einem UNIX-
C++-Compiler[87] in folgende Symbole für den Binder umgesetzt:

```
_print__Fi      entspricht   print( int )
_print__FPc     entspricht   print( char* )
```

Die Namen für den Binder enthalten zusätzliche Informationen über
die Parameter und werden deshalb auch als *dekorierte* Namen bezeichnet. Glücklicherweise hat der Programmierer mit den dekorierten Namen meist nichts zu tun, denn die Entwicklungswerkzeuge
(Debugger etc.) setzen die kryptischen Namen zur Anzeige automatisch wieder in ihre Normalform um.

Folgende Punkte müssen jedoch beachtet werden:

❑ Der Standard fordert, dass in einem Gültigkeitsbereich Funktionen
mit gleichem Namen existieren können. Er macht jedoch keine
Vorschriften darüber, wie ein Compilerbauer dies implementieren
soll. Name mangling ist eine konkrete Möglichkeit, wie die Forderung implementiert werden kann. Konsequenterweise macht der
Standard keine Angaben darüber, wie die Dekoration zu erfolgen
hat.

Jeder Compilerhersteller kann also einen anderen Algorithmus zur
Verschlüsselung verwenden, was oft zur Folge hat, dass man Module, die mit C++ Compilern unterschiedlicher Hersteller übersetzt
wurden, nicht notwendigerweise zusammen binden kann. Dies ist
mit ein Grund, warum C++ Bibliotheken immer mit Quellcode
ausgeliefert werden sollten: man kann sie dann mit seinem eigenen Compiler übersetzen.

---

[87] Die meisten C++-Compiler basieren auf einem „Urtyp" und verwenden den glei-
      chen Mechanismus zum name mangling.

❑ Das Binden von C++ Modulen mit C-Modulen erfordert, dass das name mangling unterdrückt wird. Funktionen, die als extern "C" deklariert sind, werden daher ohne name mangling übersetzt. Als Folge können solche Funktionen nicht überladen werden.

📖📖 Wann ist Überladen sinnvoll?

Prinzipiell kann jede überladene Funktion völlig anders implementiert werden. Damit man nicht völlig den Überblick verliert, sollte man sich an folgende Regel halten:

> *Das Überladen von Funktionen ist meist nur dann sinnvoll, wenn die überladenen Funktionen vergleichbare Funktionalität implementieren.*

Ein sinnvolles Beispiel für Überladen ist die weiter oben deklarierte Funktion `print`: Sie implementiert die Funktionalität „Ausgabe des übergebenen Parameters" für unterschiedliche Datentypen.

Ein weiteres gutes Beispiel ist die Bereitstellung von Funktionalität für den gleichen Datentyp, jedoch mit unterschiedlichem Komfort.

```
void print( const char* str );          //-- Ausgabe des Strings
void print( const char* str, int x, int y );  //   dito, jedoch mit Positionierung
```

Beide `print`-Funktionen geben eine Zeichenkette aus, die zweite Version erlaubt jedoch zusätzlich die Angabe der Position des Strings auf dem Bildschirm. Es ist nicht ungewöhnlich, dass die Implementierung der einen Funktion die andere aufruft:

```
void print( const char* str )
{
   /* ... Code zur Ausgabe ... */
}


void print( const char* str, int x, int y )
{
   gotoxy( x, y );          // Routine zum Positionieren des Cursors
   print( str );            // Aufruf der anderen print-Funktion
}
```

▢▢ Namensauflösung

Der Vorgang der Auswahl der zu einem Funktionsaufruf passenden Funktion aus der Menge der insgesamt deklarierten Funktionen wird auch als *name lookup* (etwa: *Namenssuche*, besser aber *Namensauflösung*) bezeichnet. Wir haben in diesem Kapitel gesehen, dass hierbei neben dem Namen der Funktion auch Typ, Anzahl und Vorgabewerte der Parameter sowie eine evtl. vorhandene cv-Qualifizierung eine Rolle spielen können.

Die Namensauflösung im Falle von überladenen Funktionen ist nur ein Sonderfall des generellen Schemas, in dem auch noch andere Faktoren eine Rolle spielen. So ist z.B. auch bei Variablen ein name lookup erforderlich, Konstrukte wie Ableitungen oder Schablonen bringen eine weitere Komplexitätsebene mit.

Die genauen Regeln für das *name lookup* sind recht kompliziert, glücklicherweise sind sie jedoch so gestaltet, dass in der Regel „das Offensichtliche" passiert. Wir kommen später noch öfter auf Fragen der Namensauflösung zurück.

▢▢ Zulässige und unzulässige Fälle

Funktionen können beliebig oft überladen werden, solange die Signaturen „hinreichend unterschiedlich" sind. Die Regeln des name lookup bestimmen, welche Fälle zulässig und welche unzulässig sind. Folgende Abschnitte zeigen einige Fälle.

▢ Der Rückgabetyp gehört nicht zur Signatur

Eine beliebte Fehlerquelle bildet die Tatsache, dass der Rückgabetyp einer Funktion (aus compilertechnischen Gründen) nicht in die Signatur einfließt. Die folgenden beiden Funktionen haben deshalb die gleiche Signatur, hier meldet der Compiler bereits bei der Deklaration einen Fehler:

```
//-- diese beiden Deklarationen kann der Compiler nicht unterscheiden
//
int    doIt();
double doIt();            // Fehler !
```

▢ typedef und #define bilden keine neuen Typen

Durch eine `typedef`-Anweisung wird (entgegen der oft gehörten Meinung) *kein* neuer Typ erzeugt, sondern es wird nur ein anderer Name für einen bereits definierten Typ vereinbart. Folgende beiden Funktionen haben daher die gleiche Signatur:

```
typedef int XYZ;

//-- Dies sind Funktionsdefinitionen!
//
void f( int ) { }
void f( XYZ ) { }          // Fehler!
```

Beachten Sie bitte, dass das Problem erst bei der *Definition* der Funktionen f sichtbar wird. Es ist durchaus zulässig, eine Funktion in einem Programm mehrfach identisch zu deklarieren:

```
//-- mehrfache, identische Deklaration einer Funktion ist
//   nicht verboten
//
void f( int );
void f( int );             // OK
```

Deshalb sind natürlich auch die Deklarationen

```
void f( int );
void f( XYZ );             // OK
```

zulässig, denn XYZ *ist* ein int. Hier handelt es sich also nicht um einen Fall von Überladen, sondern von (identischer) Mehrfachdeklaration.

Selbstverständlich können auch durch die Compilerdirektive #define[88] keine neuen Typen definiert werden. Folgendes Beispiel ist völlig analog zum letzten Beispiel mit `typedef`:

```
#define XYZ int

//-- Mehrfachdeklaration ist erlaubt
//
void f( int );
void f( XYZ );             // OK

//-- Mehrfachdefinition dagegen nicht
//
void f( int ) {}
void f( XYZ ) {}           // Fehler
```

---

[88] Den Präprozessor mit seinen Direktiven behandeln wir in Kapitel 16

📖   T, const T und volatile T sind nicht unterscheidbar

Für jeden Typ T sind T, const T und volatile T keine hinreichend unterschiedlichen Typen im Sinne des *name lookup*. Die folgenden beiden Zeilen deklarieren deshalb die gleiche Funktion:

```
void f( int );
void f( const int );        // weitere Deklaration
```

Ein *first level const* (etwa: *const erster Ebene* oder *direktes const*) wird beim Überladen ignoriert. Man kann dies an der Fehlermeldung des Compilers bei der Übersetzung der folgenden Definitionen erkennen:

```
void f( int )       {}
void f( const int ) {}    // Fehler!
```

Man erhält einen Syntaxfehler, da es sich bei der zweiten Zeile um eine weitere Definition der gleichen Funktion aus der ersten Zeile handelt.

Beachten Sie bitte folgende Punkte:

❏ Es macht in der Regel keinen Sinn, ein Funktionsargument, das keine Referenz oder Zeiger ist, als konstant zu deklarieren: die Funktion erhält in jedem Fall eine Kopie, das Originalargument bleibt unverändert. Obwohl man eine solche Konstruktion nicht schreiben würde, kann sie im Zusammenhang z.B. mit *Schablonen* trotzdem auftreten und muss deshalb wohldefiniert sein.

❏ Das const wird nur für die Zwecke des Überladens ignoriert, ansonsten bleibt seine Bedeutung erhalten. Folgende Konstruktion ist daher ein Fehler, da eine Konstante nicht verändert werden darf:

```
void f( const int i )
{
  i = 3;                // Fehler!
}
```

📖   T und T& sind nicht unterscheidbar

Für jeden Typ T sind T und T& keine hinreichend unterschiedlichen Typen für das Überladen. Hier gilt sinngemäß das Gleiche wie im letzten Abschnitt für T und const T dargestellt:

```
void f( double  ) {}
void f( double& ) {}     // Fehler !
```

📖 T[] und T* sind nicht unterscheidbar

Ein Feld und ein Zeiger sind nicht unterscheidbar:

```
void f( double[]  ) {}
void f( double[8] ) {}    // Fehler !
void f( double*   ) {}    // Fehler !
```

Beachten Sie bitte insbesondere die zweite Funktionsdefinition: es spielt keine Rolle, dass hier eine Felddimension angegeben ist. Der Typ double[] wird genauso wie double[8] sofort zu double* gewandelt – somit wären alle drei Signaturen identisch.

📖 T* und const T* sowie T& und const T& sind unterscheidbar

Die folgenden Definitionen sind dagegen völlig korrekt:

```
void f( double*       ) {}    // #1
void f( const double* ) {}    // #2
void f( double&       ) {}    // #3
void f( const double& ) {}    // #4
```

Beachten Sie bitte, wie die aufzurufende Funktion ausgewählt wird. Schreibt man z.B.

```
const double* p1 = 0;
f( p1 );
```

wird Version #2 verwendet, die Zeilen

```
double* p2 = 0;
f( p2 );
```

führen dagegen zum Aufruf von Version #1.

Analoges gilt für die Versionen mit Referenzargumenten:

```
double       d1 = 0.0;
const double d2 = 0.0;

f( d1 );                      // ruft Version #3
f( d2 );                      // ruft Version #4
```

Wie man sieht, wird immer die „am besten passende" Version ausgewählt. In dieser Verwendung von const kommt es also auf die Zweite Ebene[89] (*second level const*) an.

---

[89] Konstante Erster und Zweiter Ebene haben wir in Kapitel 12 (Konstante und volatile Objekte) Seite 279 besprochen.

📖📖 Vorgabewerte

Überladene Funktionen können unterschiedliche Vorgabewerte definieren, jedoch muss beim Aufruf immer eine eindeutige Auflösung möglich sein.

In diesem Beispiel ist eine Auflösung niemals möglich:

```
void f( int value = 0 );
void f( int value = 1 );            // Fehler!
```

Bei keinem Aufruf von f kann zwischen diesen beiden Varianten unterschieden werden. Daher ist bereits die zweite Deklaration ungültig.

Folgende Konstruktion ist jedoch zulässig:

```
void f( int value   );              // #1
void f( int value = 0 );            // #2
```

Hier werden zwei unterschiedliche Funktionen f deklariert, die sich überladen. Beim Aufruf kann eindeutig entschieden werden, welche Funktion gemeint ist:

```
f();                                // ruft Version #2
f(1);                               // ruft Version #1
```

Obwohl zulässig, sollte diese Konstruktion vermieden werden, da sie den Sinn der Vorgabewerte verschleiert. Außerdem kann nur die Version #1 definiert werden, eine (weitere) Definition von f kann nicht mehr angegeben werden, da ja bei Definitionen keine Vorgabeparameter mehr angegeben werden dürfen. Möchte man anhand der Parameterzahl die Funktionen auswählen, deklariert man besser (und klarer):

```
void f( int value   );              // #1
void f();                           // #2
```

📖📖 Typwandlungen bei der Auflösung

Bei der Auswahl einer überladenen Funktion versucht der Compiler, die beste Version zu bestimmen. Dies ist jedoch nicht in allen Fällen eindeutig möglich. Hat man z.B. zwei Funktionen f als

```
f( int );
f( long );
```

deklariert, führt der folgende Aufruf zu einem Syntaxfehler bei der Übersetzung:

```
char c = 'a';
f( c );                    // Fehler!
```

Der Grund ist, dass sowohl die Wandlung `char -> int` als auch die Wandlung `char -> long` in den Augen des Compilers gleich gut ist. Der Aufruf kann daher nicht aufgelöst werden und führt zu einer Fehlermeldung.

Die Bestimmung, welche die „beste" Wandlung ist, kann kompliziert werden, insbesondere wenn eine Funktion mehrere Parameter besitzt, Vorgabewerte im Spiel sind oder wenn zusätzlich *benutzerdefinierte Typwandlungen* berücksichtigt werden müssen. Wir kommen bei der Besprechung dieser Sprachmittel auf das Thema Überladen zurück. Als Faustregel gilt jedoch, dass immer die „naheliegendste" Wandlung auch die beste ist.

16 Der Präprozessor, Makros und Bedingte Übersetzung

Im Gegensatz zu z.B. Java verfügt C++ über einen Präprozessor, der den Quellcode textuell manipulieren kann bevor der eigentliche Übersetzungsvorgang beginnt.

▯▯ Der Präprozessor

Ein Compiler übersetzt den gesamten Quelltext einer Übersetzungseinheit in einem Stück. Er sieht die Übersetzungseinheit dabei als zusammenhängenden Strom von Zeichen, den er von Anfang bis Ende bearbeitet. Dass dieser Zeichenstrom evtl. auf verschiedene Dateien aufgeteilt ist, die sich evtl. auch noch in unterschiedlichen Verzeichnissen auf der Festplatte etc. befinden, ist für den Compiler ohne Bedeutung.

Es ist eine der wichtigsten Aufgaben des Präprozessors, die zu einer Übersetzungseinheit gehörenden Dateien aufzufinden und zu einem zusammen hängenden Zeichenstrom zu verbinden, die der Compiler verstehen kann. Zu den weiteren Aufgaben gehören das Ersetzen von Makros, das Ein- bzw. Ausblenden von Codestücken, das Ignorieren von Kommentaren sowie die Ersetzung von Di- und Trigraphs.

Der Präprozessor ist konzeptionell ein eigenes Programm, das vor dem Compiler läuft. Der Präprozessor schreibt seine Ergebnisse in eine Zwischendatei, die dann vom Compiler weiterverarbeitet wird. Die Zwischendatei wird nach der Übersetzung gelöscht, man kann jedoch durch Compilerschalter bestimmen, dass die Datei bestehen bleiben soll[90].

---

90   Beim MSVC wird dies z.B. u.a. durch den Schalter /P erreicht. Die Zwischendatei hat dort die Endung „.i".

📖📖 Präprozessor-Direktiven

Der Präprozessor wird über *Präprozessordirektiven* gesteuert, die in den Quellcode eingestreut werden können. Der Präprozessor erkennt eine Direktive daran, dass ein '#'-Zeichen als erstes nicht-Leerzeichen[91] in einer Zeile steht. Zusätzlich darf es sich nicht um einen Kommentar handeln.

Folgende Zeilen geben einige Beispiele:

```
#include <vector>            // Include-Direktive

// #include <list>           // Include-Direktive wird ignoriert,
                             // da sie sich in einem Kommentar befindet

/*
#define VERSION 1.5.1        // Makrodefinition wird ignoriert,
                             // da innerhalb eines Kommentars
*/

int i; #define VERSION 1.5.1 // Fehler!
```

Im letzten Fall erkennt der Präprozessor keine Direktive, da vor dem #-Zeichen weitere nicht-Leerzeichen stehen. Die Zeile wird also unverändert an den Compiler weitergegeben, der natürlich einen Syntaxfehler meldet.

Es gibt im Wesentlichen drei Gruppen von Präprozessor-Direktiven

❏ Direktiven zum Definieren und Undefinieren von *Makros* (#define und #undef)

❏ Direktiven zum Einschließen oder Ausschließen von *Codegruppen* anhand eines Makros (#if, #ifdef, #else, #elif, #endif)

❏ Direktive zum textuellen Einfügen (*Includieren*) einer Datei (#include)

---

[91] Genau genommen sind neben dem Leerzeichen (*space*) auch Tabulatoren (*tabs*) zulässig. Insgesamt bezeichnet man eine Folge von Leerzeichen, Tabulatoren oder Zeilenumbrüchen auch als *Whitespace* (deutsch etwa *weißer Bereich*), da diese Zeichen nicht gedruckt werden.

📖📖 Definition und Undefinition von Makros

📖 Definition

Zum Definieren eines *Makros* (s.u.) wird die Direktive `#define` verwendet. Der Direktive folgt das zu definierende Symbol („das Makro") sowie der Makro-Text.

Beispiele:

```
#define VERSION 1.5.1
#define ERROR    "Fehler!"
#define MIN      128
#define MAX      MIN+64
```

Beachten Sie bitte, dass bei der Definition von MAX *keine* Ersetzung von MIN durch 128 stattfindet. Der Wert des Makros MAX ist die Zeichenkette MIN+64, also genau so, wie die Buchstaben im Quelltext stehen. Der Präprozessor macht keine Annahmen über die Bedeutung einer solchen Zeichenkette – hier (d.h. bei der Definition von Makros) geht es lediglich um Texte. Ebenso unwichtig ist, dass 128 eine Zahl ist – für den Präprozessor ist dies zunächst eine Zeichenkette mit drei Zeichen.

Genauso gut hätte man also auch

```
#define MAX      MIN+64
#define MIN      128
```

oder auch nur

```
#define MAX      MIN+64
```

schreiben können.

📖 Makros mit Parametern

Bei der Definition eines Makros kann optional eine Parameterliste mit einer beliebigen Anzahl von Parametern angegeben werden. Beim „Aufruf" (korrekt: bei der *Substitution*, s.u.) eines solchen *Funktionsmakros* muss dann die korrekte Zahl von Parametern notiert werden.

Beispiel: Die Zeile[92]

```
#define MAX( a, b ) a>b ? a : b
```

definiert ein Makro mit zwei Parametern. Schreibt man später

```
int i = MAX( j, k );
```

wird diese Zeile vom Präprozessor in die Zeile

```
int i = j>k = j : k;
```

umgewandelt, die dann vom Compiler übersetzt wird.

📖 Mehrzeilige Makros

Wie jede Präprozessor-Direktive wirkt auch `#define` nur bis zum Ende einer Zeile. Ist der Wert eines Makros komplex oder länger und möchte man mehrere Zeilen verwenden, muss man jede Zeile mit dem Fortsetzungszeichen \ abschließen.

Beispiel: Das Makro

```
#define INRANGE( value, min, max )  \
   if ( value < min )                \
      value = min;                   \
   else if ( value > max )           \
      value = max;
```

beschränkt den Wert von `value` auf die beiden angegebenen Grenzwerte `min` und `max`.

Folgendes Programmsegment zeigt eine Schleife zur Bearbeitung der Zahlen 1 bis 9:

```
for ( int i=0; i<10; i++ )
{
  int x = i;
  INRANGE( x, 3, 5 );
  cout << x << " ";
}
```

Als Ergebnis erhält man die Zeile

```
3 3 3 3 4 5 5 5 5 5
```

---

[92] Dieses Makro ist ungünstig definiert und dient hier nur zur Demonstration der Parameterersetzung. Wir kommen später in diesem Kapitel darauf zurück.

Übung 16-1:

Das Makro INRANGE *liefert keinen Wert zurück, sondern verändert direkt einen seiner Parameter. Kann man das Makro so abändern, dass es sein Ergebnis als Wert zurückliefert? Es soll eine Verwendung wie in*

```
for ( int i=0; i<10; i++ )
{
  int x = INRANGE2( i, 3, 5 );
  cout << x << " ";
}
```

möglich sein.

Undefinition

Ein Makro kann (bis auf eine Ausnahme, s.u.) nicht erneut definiert werden, ohne zunächst die Definition zurückzunehmen. Schreibt man also erneut

```
#define MAX      1024           // Fehler!
```

erhält man eine Fehlermeldung, da MAX bereits mit einem anderen Wert definiert ist. Möchte man MAX tatsächlich anders definieren, muss man zunächst die bestehende Definition mit Hilfe der Präprozessor-Direktive #undef zurücknehmen, wie in diesem vollständigen Beispiel gezeigt:

```
#define MAX    MIN+64
#undef MAX
#define MAX      1024           // nun OK
```

#undef ist nur erlaubt, wenn das zu undefinierende Symbol vorher definiert wurde – ansonsten erhält man eine Fehlermeldung.

Redefinition

Die Redefinition eines bestehenden Makros ist also grundsätzlich nicht erlaubt. Es gibt allerdings eine Ausnahme: Die Redefinition ist zulässig, wenn das Makro absolut identisch redefiniert wird. Schreibt man also z.B.

```
#define MAX    MIN+64
#define MAX    MIN+64           // identische Redefinition - OK
```

ist die zweite Definition ohne vorheriges Undefinieren erlaubt.

Beachten Sie bitte, dass eine erneute Definition absolut identisch zur bestehenden sein muss. Schreibt man etwa

```
#define MIN      128
#define MAX      MIN+64
#define MAX      192          // Fehler!
```

erhält man eine Fehlermeldung, obwohl der endgültige Wert von MAX in beiden Fällen 192 ist. Wie gesagt: Bei der Definition von Makros kommt es *ausschließlich* auf den Text an, nicht auf die Bedeutung des Textes! Noch deutlicher wird dies in folgendem Fall:

```
#define MAX      MIN+64
#define MAX      MIN + 64     // Fehler!
```

oder analog für Funktionsmakros:

```
#define MAX( a, b ) a>b ? a : b
#define MAX( x, y ) x>y ? x : y  // Fehler !
```

Die Redefinitionen sind ebenfalls unzulässig, da die sie *textuell* unterschiedlich sind. Führende oder anhängende Leerzeichen spielen dagegen keine Rolle.

📖 Definition über Compilerschalter

Die Definition eines Makros kann nicht nur über die Direktive #define, sondern auch über Compilerschalter (meist /D) erfolgen. In der Zeile

```
CC /D VERSION 2  test.cpp
```

wird der Compiler zum Übersetzen der Datei test.cpp aufgerufen (wir nehmen hier als Programmnamen des Compilers CC an) und das Präprozessormakro VERSION mit dem Wert 2 definiert. Das Verhalten ist so, als ob als erste Zeile in der Datei test.cpp die Präprozessor-Direktive

```
#define VERSION 2
```

stehen würde.

📖📖 Abfrage von Makros

📖 Präprozessor-Direktiven #if und #endif

Zum Abfragen des Wertes eines Makros dient die Präprozessor-Direktive #if. Ergibt der Vergleich einen Wert ungleich 0, wird nachfolgender Code bis zur Direktive #endif (eine *Codegruppe*, engl. *code group*) in die Übersetzung eingeschlossen, ansonsten ausgeschlossen.

Die Zeilen

```
#if MIN == 128
int i = 128;
#endif
```

bewirken, dass der Quelltext zwischen der #if- und der #endif-Direktive genau dann in die Übersetzung eingeschlossen wird, wenn das Makro MIN den Wert 128 hat. Die Codegruppe besteht hier nur aus einer Zeile.

Beachten Sie bitte, dass bei der Berechnung der Bedingung die Parameter ausgewertet werden. Man kann also mit identischer Wirkung genauso gut

```
#if MIN == 64*2
int i = 128;
#endif
```

schreiben. Hier kommt es also auf die wertmäßige Übereinstimmung und *nicht* auf die textuelle (lexikalische) Gleichheit der Makrotexte an. Ein anderes Beispiel zeigt folgendes Codesegment:

```
#if MAX == MIN + 64
...
#endif
```

Hier wird der Wert des Makros MIN betrachtet, zu 64 addiert und dann mit dem Wert von MAX verglichen. Die obigen Definitionen von MIN und MAX vorausgesetzt, erhält man auch hier als Ergebnis true.

Übung 16-2:

Wie man sieht, ist die Auswertung der Parameter einer #if-Direktive durchaus typisiert. Untersuchen Sie, was bei nicht zusammen passenden Typen passiert. Beispiel:

```
#define MIN      128
#define ERROR = "Fehler!"

#if ERROR == VERSION
...
#endif
```

📖 #if und undefinierte Makros

Ein interessantes Detail ist die Tatsache, dass undefinierte (also „nicht-vorhandene") Makros ebenfalls in #if-Direktiven verwendet werden können. Unter der Annahme, dass ANOTHER_MAKRO nicht definiert ist, ist die Zeile

```
#if ANOTHER_MAKRO == 0
```

erlaubt und ergibt als Ergebnis true.

📖 Erlaubte und nicht erlaubte Vergleiche

Die beiden Operanden einer #if-Direktive müssen Konstanten integraler Typen sein oder dazu evaluieren. Fließkommatypen oder Strings sind nicht erlaubt:

```
#define BIGVALUE   1.5E10

#if BIGVALUE < 1000              // Fehler!
...
#endif
```

Selbstverständlich sollte sein, dass die Argumente Konstanten sein müssen, denn sie werden ja vom Präprozessor ausgewertet:

```
int i = 10;
#if i == 10                      // ???
...
#endif
```

Diese Konstruktion übersetzt zwar ohne Fehlermeldung, jedoch entspricht das Ergebnis nicht den Erwartungen: Die Abfrage evaluiert zu false. Der Grund ist, dass die #if-Direktive hier ein Makro mit dem

Namen i erwartet. Da keines definiert ist, wird der Wert 0 angenommen. Dass im vorhergehenden Programmtext eine Variable i definiert wird, ist für den Präprozessor unsichtbar. Variablendefinitionen werden ja erst vom Compiler erkannt und bearbeitet.

Beschränkt man sich auf integrale Konstanten sind jedoch alle Operationen, die mit C++-Konstanten integraler Typen erlaubt sind, auch für den Präprozessor zulässig. Die folgenden Zeilen zeigen zwei Beispiele:

```
#if MIN >= 64 && MIN < 1024    // logische Vergleichsoperatoren
...
#endif

#if VALUE & 0x01               // Bitoperatoren
...
#endif
```

📖 Präprozessor-Direktiven #else und #elif

Die #if-Direktive kann optional einen oder mehrere else-Zweig(e) besitzen. Schreibt man z.B.

```
#if VERSION >= 10
   typedef double DataType;
#else
   typedef int DataType;
#endif
```

wird DataType entweder ein Alias für den Typ double oder für den Typ int, je nachdem ob das Makro VERSION einen Wert >10 hat oder nicht. Ein Anwendungsfall für eine solche Konstruktion könnte z.B. die Situation sein, dass in einer Bibliothek die Repräsentation eines bestimmten Typs von int auf double umgestellt wurde, und zwar ab Version 10. Haben alle Anwender konsequent DataType als Typ verwendet, sollte die Umstellung problemlos erfolgen können.

Else-Zweige können zu *Kaskaden* geschachtelt werden. Benötigt man mehrere if-else Abfragen, verwendet man die Direktive #elif:

```
#if VERSION >= 10
   typedef double DataType;
#elif VERSION >= 9               // „else-if"
   typedef int DataType;
#else
   typedef unsigned int DataType;
#endif
```

📖 Schlüsselwort defined

In `#if`-Direktiven evaluieren nicht definierte Makros zum Wert 0.
Man hat daher keine direkte Möglichkeit zu unterscheiden, ob ein
Makro undefiniert oder mit dem Wert 0 definiert ist. Genau diese Unterscheidung kann mit dem Schlüsselwort `defined` durchgeführt
werden. Der Ausdruck

```
defined VERSION
```

bzw. in alternativer Schreibweise

```
defined ( VERSION )
```

evaluiert genau dann zu 1 (i.e. `true`), wenn das Makro VERSION vorher mit `#define` definiert wurde[93] – der Wert des Makros spielt hier
keine Rolle. Möchte man sichergehen, dass der Präprozessor in `#if`-
Direktiven nicht 0 für ein nicht existentes Makro einsetzt, kann man
z.B. folgendes schreiben:

```
#if defined VERSION && VERSION == 0
...         // nur wenn Version den Wert 0 hat
#endif
```

Beachten Sie bitte, dass in `#if`-Direktiven eine Ersetzung von Makros
durch ihren Wert stattfindet (*Makrosubstitution*, s.u.). Es ist daher
prinzipiell möglich (wenn auch selten), etwas wie

```
#define KEYWORD defined

#if KEYWORD VERSION          // OK
...
#endif
```

zu schreiben

Übung 16-3:

*Kann man auch ganze Ausdrücke als Makro definieren? Beginnen Sie
mit folgendem Makro*

```
#define KEYWORD !defined
```

---

[93] und natürlich nicht zwischenzeitlich wieder undefiniert wurde

📖 Kurzformen #ifdef und #ifndef

Benötigt man keine komplexeren Bedingungen in einer `#if`-Direktive, sondern nur die Abfrage, ob ein Makro definiert ist, oder nicht, kann man die Direktiven `#ifdef` bzw. `#ifndef` verwenden.

Die Direktive

```
#ifdef VERSION
```

entspricht dabei

```
#if defined VERSION
```

und

```
#ifndef VERSION
```

entspricht

```
#if !defined VERSION
```

Man verwendet die Abfrage, ob ein Makro definiert ist, gerne dann, wenn man ein Makro definieren muss, aber nicht weiß, ob das Makro bereits definiert ist (z.B. in einer anderen Headerdatei). Konstruktionen wie

```
#ifndef VERSION
   #define VERSION 1.5.3
#endif
```

sieht man entsprechend häufig.

📖 Schachtelung von Abfragen

`#if`-Direktiven (sowie analog die Kurzformen `#ifdef` und `#ifndef`) können geschachtelt werden. Folgendes Codesegment aus der Praxis[94] zeigt ein Beispiel:

```
#ifndef RC_INVOKED
#if     ( _MSC_VER >= 800 )
#pragma warning(disable:4001)
#pragma warning(disable:4201)
#pragma warning(disable:4214)
#pragma warning(disable:4514)
#endif
#include <excpt.h>
#include <stdarg.h>
#endif /* RC_INVOKED */
```

---

94 aus der Datei *Windows.h*

📖📖 Makrosubstitution

Unter *Substitution* versteht man das Ersetzen eines Makros durch seinen Wert. Dies erfolgt zuallererst einmal im Programmtext selber, jedoch auch an anderen Stellen wie z.B. in anderen Präprozessor-Direktiven (s.u. in der Include-Direktive).

📖 Substitution im Programmtext

Schreibt man

```
#define MAX 128
cout << MAX << endl;
```

wird das Makro in der Ausgabeanweisung durch seinen Wert ersetzt (substituiert). Diese Ersetzung erfolgt grundsätzlich immer mit Ausnahme von Strings und Kommentaren. Schreibt man also z.B.

```
#define MAX 128
cout << "Der Wert des Makros MAX ist: " << MAX << endl;
```

erhält man als Ergebnis

```
Der Wert des Makros MAX ist: 128
```

Wie man sieht, wurde die Substitution innerhalb des Zeichenkettenliterals nicht durchgeführt.

📖 Makros mit Kommentaren

Wurde bei einem Makro ein Kommentar angegeben, wird dieser bei der Substitution ignoriert. Der Präprozessor entfernt zuerst alle Kommentare, dann erst wird die Substitution durchgeführt. Makros wie z.B.

```
#define BUFFER_SIZE 255          // Puffergröße
```

werden identisch substituiert wie

```
#define BUFFER_SIZE 255
```

📖 Funktionsmakros

Auch für Makros mit Parametern gilt, dass das Makro durch den kompletten Text substituiert wird. Beim Aufruf muss die korrekte Anzahl Parameter angegeben werden. Hat man z.B.

```
#define MAX( a, b ) a>b ? a : b
```

definiert, kann man

```
double f( double value )
{
   const double limit = 99.99;
   return MAX( value, limit );
}
```

schreiben.

📖 Der # Operator

Der *Stringize*-Operator[95] liefert sein Argument als Zeichenkette zurück. Der Operator kann nur innerhalb einer Makrodefinition verwendet werden. Schreibt man z.B.

```
#define STR( x )    #x
```

liefert der Aufruf

```
STR( value )
```

den Wert "value".

Diese Umsetzung eines Makroarguments in einen String kann z.B. gut für ein Makro zur Ausgabe von Variablen zu Debugzwecken verwendet werden. Definiert man

```
#define DBG_OUT( x ) "Der Wert von " << #x << " ist " << x
```

und schreibt dann z.B.

```
int i = 10;
cout << DBG_OUT( i );
```

erhält man als Ausgabe den Text

```
Der Wert von i ist 10
```

Beachten Sie bitte, dass man nicht einfach

```
#define DBG_OUT( x ) "Der Wert von #x ist " << x
```

definieren kann, da innerhalb einer Zeichenkette keine Makroersetzung (und damit keine Operatorauswertung) stattfindet.

---

[95] dieser Name kann schlecht ins Deutsche übersetzt werden

📖 Der ## Operator

Der *Verbindungsoperator* (*concat-operator*) verbindet seine beiden Argumente und liefert das Ergebnis zurück. Definiert man

```
#define CONCAT( a, b ) a##b
```

und schreibt dann z.B.

```
int CONCAT( Matrix, Element );
```

sieht der Compiler die Zeile

```
int MatrixElement;
```

Der Verbindungsoperator ist z.B. dann sinnvoll, wenn vorhandene Symbole durch Anhängen eines weiteren Namensteils zu neuen Symbolen verarbeitet werden sollen. Ein typischer Anwendungsfall ist die Definition eines Makros zur automatischen Definition einer *Schattenvariablen.* Eine solche Variable hat möglichst den gleichen Namen wie das Original und wird mit dem Wert des Originals initialisiert. Wird die eigentliche Variable verändert, hat man über die Schattenvariable immer noch Zugriff auf den Originalwert.

Manuell würde man so etwas z.B. als

```
void f( double a, double b )
{
  double a_Save = a;
  double b_Save = b;

  ... // Komplizierte Rechnungen mit a und b
}
```

schreiben. Am Ende der Funktion kann man Ergebnis und Original miteinander vergleichen um die korrekte Arbeitsweise der Funktion zu verifizieren.

Normalerweise benötigt man solche Sicherheitsmechanismen nur während der Entwicklungsphase eines Programms. In der ausgelieferten Version soll der zusätzliche Code dagegen nicht mehr vorhanden sein. Natürlich könnte man z.B.

```
void f( double a, double b )
{
#ifdef DEBUG
  double a_Save = a;
  double b_Save = b;
#endif

  ... // Komplizierte Rechnungen mit a und b
}
```

schreiben. Die Schattenvariablen werden dann nur definiert, wenn das Makro DEBUG definiert ist. Analog verfährt man dann mit den Prüfungsroutinen am Ende der Funktion.

Da so etwas umständlich zu schreiben ist und deshalb in der Praxis dann doch nicht gemacht wird, verpackt man die Technik in Makros, die einfacher anzuwenden sind. Ein geeignetes Makro zur Definition einer Schattenvariablen könnte z.B. folgendermaßen definiert werden:

```
#define DBG_SAVE( T, a )   T a##_save = a
```

Obige Funktion f schreibt man dann

```
void f( double a, double b )
{
  DBG_SAVE( double, a );
  DBG_SAVE( double, b );

  ... // Komplizierte Rechnungen mit a und b
}
```

Übung 16-4:

Schreiben Sie Code, der das Makro DBG_SAVE *wie oben gezeigt definiert, jedoch nur dann, wenn das Makro* DEBUG *definiert ist. Ist* DEBUG *nicht definiert, soll* DBG_SAVE *„leer" sein, d.h. keinen zusätzlichen Code generieren.*

Man kann diese Technik noch erheblich erweitern und eine ganze Reihe von Makros schreiben, die die Programmentwicklung sicherer und einfacher machen, allerdings auf Kosten des Speicherplatzverbrauchs und der Laufzeit. Alle diese Makros haben gemeinsam, dass ihr Wert leer ist, wenn DEBUG nicht definiert ist. Dadurch kann der zusätzliche Aufwand in der Auslieferungsversion eingespart werden, gleichzeitig erhält man während der Programmentwicklung die gewünschte erhöhte Sicherheit[96].

---

[96] Ein System, das sich in der Praxis bewährt hat, findet sich z.B. in [Aupperle2003].

📖 Weitere Operatoren

Compilerbauer sind frei, weitere Operatoren für Makros zu definieren, auch wenn dies vom Standard nicht gefordert wird. So stellt z.B. Microsoft den sog. *charizing-operator*[97] #@ zur Verfügung. Er wandelt sein Argument in ein Zeichenliteral um: Mit der Definition

```
#define CHARIZE( x ) #@x
```

wird aus der Zeile

```
char c = CHARIZE( z );
```

der Text

```
char c = 'z';
```

Bis jetzt ist allerdings noch keine Anwendung für den charizing-operator bekannt geworden.

📖📖 Includieren von Dateien

📖 Präprozessor-Direktive #include

Die Präprozessor-Direktive #include wird verwendet, um eine Datei an der Stelle der Direktive in den Quelltext einzusetzen. Die Direktive gibt es in zwei Formen:

```
#include <file.h>          // Einfügen der Datei file.h
#include "file.h"          // dito
```

Die beiden Formen unterscheiden sich in der Art, wie die Datei (hier file.h) im Dateisystem gesucht wird. Der Standard macht keine Angaben darüber, wie diese Suche zu erfolgen hat, jedoch gibt es in der Praxis einen quasi-Standard, an den sich alle bekannten Compiler halten (s.u.).

Die Datei, die die Include-Direktive enthält, wird auch als *Vaterdatei* (*parent file*) bezeichnet. Eine Include-Datei kann selber wiederum andere Dateien includieren etc. Die maximale Tiefe der Verschachte-

---

[97] auch dieser Begriff kann schlecht übersetzt werden. Wir behalten den englischen Originalbegriff bei.

lungen wird vom Standard nicht festgelegt und ist deshalb nur aus der Compilerdokumentation zu ersehen[98].

📖 Relative und absolute Pfade

Pfade können relativ zu einem Basisverzeichnis oder absolut im Dateisystem angegeben werden. Bei der relativen Angabe sind alle Formen zulässig, die das Betriebssystem unterstützt. Beispiele für relative Angaben sind:

```
#include "file.h"
#include "../file.h"
#include "../../libraries/database/include/file.h"
```

Die Bildung des gesamten Pfades aus der relativen Angabe erfolgt ausgehend von einem Basisverzeichnis. Dies ist normalerweise das aktuelle Verzeichnis (in dem sich der Quelltext der Übersetzungseinheit befindet), jedoch sind zusätzlich weitere Ausgangspunkte möglich (s.u.).

Folgende Direktive zeigt eine absolute Pfadangabe:

```
#include "d:/projekte/editor/includes/file.h"
```

Hier wird die Lage der Datei exakt angegeben.

Beachten Sie bitte, dass manche Betriebssysteme auch umgekehrte Schrägstriche zulassen. So ist es z.B. unter Windows auch möglich, etwas wie

```
#include "d:\\projekte\\editor\\includes\\file.h"   // umgekehrte Schrägstriche
```

zu schreiben. Möchte man portable Software schreiben, sollte man der von allen Systemen verstandenen Notation mit "/" den Vorzug geben.

Übung 16-5:

Warum sind bei der Notation mit umgekehrten Schrägstrichen alle Schrägstriche doppelt anzugeben?.

---

[98]   Für MSVC 6.0 beträgt sie z.B. 10 Ebenen.

📖 Suchreihenfolge von Verzeichnissen

Ist die Datei nicht über eine absolute Pfadangabe eindeutig spezifiziert, implementieren alle bekannten Compiler[99] ein mehrschrittiges Verfahren zum Auffinden der Datei. Wie genau gesucht wird, hängt von der Notation ab:

❑ Bei der Notation mit Anführungszeichen (*quoted form*) wird die Datei zuerst in dem Verzeichnis, in dem sich die Vaterdatei befindet gesucht. Wird sie dort nicht gefunden und ist die Vaterdatei selber eine Includedatei, wird das Verfahren eine Ebene höher fortgesetzt bis die Datei gefunden wird oder die oberste Ebene erreicht ist.

Ist die Datei immer noch nicht gefunden, werden die Pfade abgesucht, die dem Compiler über die Kommandozeile mit der /I-Option übergeben wurden.

Ist die Datei dann immer noch unbekannt, sucht der Compiler zuletzt noch in den Verzeichnissen, die die Umgebungsvariable INCLUDE spezifiziert.

Kann die Datei trotzdem nicht gefunden werden, bricht der Präprozessor mit einer Fehlermeldung ab.

❑ Bei der Notation mit spitzen Klammern (*angle-bracket form*) fällt der erste Schritt der Anführungszeichen-Notation weg, danach ist das Verfahren identisch. Der Compiler beginnt also hier mit den Verzeichnissen, die ihm als Kommandozeilenargument mit der /I-Option übergeben wurden. Wird er dort nicht fündig, sucht er im zweiten Schritt in den Verzeichnissen, die über die Umgebungsvariable INCLUDE angegeben sind. Kann die Datei nicht gefunden werden, gibt es eine Fehlermeldung.

📖 Kommandozeilenparameter /I

Alle bekannten Compiler erkennen als Programmargument den Schalter /I. Das nächste Argument wird dann als Verzeichnis interpretiert, das in obigem Suchverfahren verwendet wird.
Man kann also z.B. etwas wie

```
CC /I "D:/projekte/editor/include"        // absolute Angabe
```

---

[99] Da das Verhalten vom Standard nicht vorgeschrieben wird, sind prinzipiell auch andere Verfahren denkbar.

schreiben um das Verzeichnis `D:/projekte/editor/include` zur Suchliste für Include-Dateien hinzuzufügen. Auch hier sind relative und absolute Angaben möglich, außerdem kann der Schalter mehrfach angegeben werden.

Obige Zeilen gehen davon aus, dass der Compiler den Namen CC hat und aus der Kommandozeile heraus aufgerufen wird. Bei integrierten Entwicklungsumgebungen trägt man die Liste der Verzeichnisse in ein Eingabefeld eines entsprechenden Dialogs ein. Die Entwicklungsumgebung erzeugt daraus dann die notwendigen Kommandozeilenargumente.

Umgebungsvariable INCLUDE

Alle bekannten Compiler beachten die Umgebungsvariable INCLUDE, die eine weitere Liste mit Pfadangaben enthalten kann. Während man das Kommandozeilenargument /I mehrfach angeben kann, ist dies bei einer Umgebungsvariablen natürlich nicht möglich. Mehrere Verzeichnisse schreibt man deshalb durch Semikolon getrennt (hier am Beispiel VC und DOS/Windows):

```
SET INCLUDE=D:\MSVC\INCLUDE;D:\MYLIB\INCLUDE
```

Dateien der Standardbibliothek

Der Mechanismus zum Includieren von Dateien wird auch bei den Include-Dateien der Standardbibliothek angewendet. Unser Programmrahmen zum Testen von Codestücken beginnt z.B. mit dieser Zeile:

```
#include <iostream>
```

Dass es sich um eine Includedatei aus der Standardbibliothek handelt, erkennt man an der fehlenden Dateinamenerweiterung. Trotzdem handelt es sich bei `iostream` um eine normale Datei, die anhand des oben geschilderten Suchverfahrens gefunden wird[100].

---

[100] Dies ist zumindest in der Praxis so. Der Standard legt die Semantik der Datei fest, wie der Compiler dann dazu kommt, bleibt dem Implementierer überlassen. Es wäre prinzipiell möglich, iostream (und analog die anderen Header der Standardbibliothek) auf magische Weise in den Compiler einzubauen und die Funktionalität durch die Include-Direktive dann nur noch zu aktivieren. Das würde u.a. die Übersetzungszeiten deutlich verkürzen – allerdings gibt es wohl noch keinen Compiler, der diese Technik verwendet.

Normalerweise muss man keine besonderen Compilerschalter angeben oder Umgebungsvariable setzen, damit die Dateien der Standardbibliothek gefunden werden. Der Grund ist, dass bei der Installation des Compilers das Installationsprogramm die notwendigen Vorgaben gesetzt hat (meist in Form der INCLUDE-Umgebungsvariable). Verwendet man z.B. den Microsoft-Compiler „händisch", d.h. ohne die integrierte Entwicklungsumgebung, wird das Setzen der Umgebungsvariablen über das (mitgelieferte) Script vcvars32.bat vorgenommen.

Normalerweise braucht man sich um solche Interna nicht zu kümmern, es gibt jedoch auch Situationen, in denen man die Voreinstellungen ändern möchte. Eine solche Situation tritt z.B. auf, wenn man eine andere als die von Microsoft mitgelieferte Standardbibliothek verwenden möchte – z.B. um bestimmte Fehler zu vermeiden. Wir kommen auf die (teilweise frei) verfügbaren alternativen Implementierungen der Standardbibliothek in [Aupperle 2003] zurück.

📖 Makros in Include-Direktiven

Selten, aber syntaktisch zulässig ist die Verwendung von Makros in einer Include-Direktive. Dabei wird das Makro durch seinen Wert ersetzt, dann erst wird die Include-Direktive ausgewertet.

Schreibt man also z.B.

```
#if VERSION == 1
    #define FILE = "../libraries/V1.0/header.h"
#else
    #define FILE = "../libraries/V2.0/header.h"
#endif

#include FILE
```

wird die Datei header.h je nach Wert des Makros VERSION entweder aus dem Verzeichnis V1.0 oder aus dem Verzeichnis V2.0 im libraries-Verzeichnis includiert.

Übung 16-6:

Schreiben Sie den Code so um, dass das Makro FILE nicht mehr verwendet wird. Platzieren Sie dazu die Include-Direktive direkt in die #if- bzw. #else-Codegruppen.

⊞⊞ Weitere Direktiven

Die Präprozessor-Direktiven zum Definieren bzw. Abfragen von Makros sowie zum Includieren von Dateien sind sicherlich die am häufigsten verwendeten Direktiven. Weniger bekannt, aber manchmal sinnvoll, sind die folgenden Direktiven.

⊞ Error-Direktive

Die *Error-Direktive* gibt einen Text aus und beendet die Übersetzung mit einem Fehler. Dies kann z.B. verwendet werden, um bestimmte Voraussetzungen zu überprüfen:

```
#if VERSION < 20
   #error Es wird zumindest Version 2.0 der Bibliothek benötigt!
#endif
```

In diesem Beispiel wird die Übersetzung mit der Fehlermeldung Es wird zumindest Version 2.0 der Bibliothek benötigt! abgebrochen, wenn das Makro VERSION einen Wet kleiner als 20 hat.

Beachten Sie bitte, dass die Fehlermeldung nicht unbedingt in Hochkommata stehen muss.

⊞ Line-Makro

Die vordefinierten Makros __LINE__ und __FILE__ (s.u.) geben die aktuelle Zeilennummer und die aktuelle Quelldatei an. Diese Makros werden vom Präprozessor automatisch gesetzt und stehen jederzeit zur Verfügung.
Die *Line-Direktive* spezifiziert eine Zeilennummer und optional einen Dateinamen, die die vom Präprozessor vorbesetzten Werte überschreiben.

In der folgenden Anweisung werden Dateiname und Zeilennummer der aktuellen Anweisung ausgegeben:

```
cout << "Datei: " << __FILE__ << " Zeile: " << __LINE__ << endl;
```

Man erhält als Ausgabe z.B.

```
Datei: D:/projekte/editor/main.cpp Zeile: 89
```

Mit der Line-Direktive kann man diese Werte überschreiben. Der Code

```
#line 200
cout << "Datei: " << __FILE__ << " Zeile: " << __LINE__ << endl;
```

liefert nun die Ausgabe

```
Datei: D:/projekte/editor/main.cpp Zeile: 200
```

Optional kann die Line-Direktive auch einen neuen Dateinamen spezifizieren:

```
#line 200 "test.cpp"
```

Die Ausgabe lautet nun erwartungsgemäß

```
Datei: test.cpp Zeile: 200
```

Beachten Sie bitte, dass die Angabe des Dateinamens hier in Hochkommata stehen muss.

Die Line-Direktive wird in C++ Quelltext eher selten anzutreffen sein. Es gibt normalerweise keinen Grund, Zeilennummern neu beginnen zu lassen oder den Dateinamen zu ändern. Mit bestimmten Compilereinstellungen werden Informationen über Dateiname und Zeilennummer jeder Anweisung in die Objektdatei mit aufgenommen, sodass ein Debugger im Fehlerfall automatisch auf die korrekte Zeile in der korrekten Datei positionieren kann. Für dieses Feature ist es erforderlich, dass Dateiname und Zeile immer korrekt sind.

Anders sieht die Sache in der von Präprozessor generierten Zwischendatei aus. Der Compiler übersetzt diese Zwischendatei, im Falle eines Syntaxfehlers in einer Include-Datei soll jedoch auf die korrekte Zeile in dieser Datei positioniert werden. Dazu fügt der Präprozessor entsprechende Line-Direktiven in die Zwischendatei ein, die die „Herkunft" jeder einzelnen Anweisung markieren. Auch im Falle von geschachtelten Include-Dateien weiß der Compiler also immer, aus welcher Datei an welcher Stelle eine Anweisung kam.

Pragma-Direktiven

Eine *Pragma-Direktive* (auch einfach *Pragma* genannt) hat die Form

```
#pragma ...
```

wobei nach dem Schlüsselwort `pragma` beliebiger Text bis zum Zeilenende folgen darf.

Die Bedeutung einer Pragma-Direktive wird vom Standard nicht festgelegt, sie ist vollständig compilerspezifisch. Für MSVC bedeutet z.B. das Pragma

```
#pragma comment( lib, "MatrixLib" )
```

dass der Binder die Bibliothek `MatrixLib` hinzubinden soll. Durch die Angabe im Quellcode spart man sich die Angabe in der Kommandozeile für den Binder.

Dies kann z.B. dann sinnvoll sein, wenn man den Namen der Bibliothek von einem Makro abhängig machen möchte, wie etwa hier:

```
#if VERSION == 1
    #pragma comment( lib, "MatrixLib_1.0" )
#else
    #pragma comment( lib, "MatrixLib_2.0" )
#endif
```

Das Pragma `comment` mit dem Argument `user` dagegen fügt einen beliebigen String in die Objektdatei ein. Dieser wird zwar vom Binder komplett ignoriert, er kann jedoch mit Hilfe eines Suchprogramms (z.B. grep) gefunden und ausgedruckt werden. Folgende Pragma-Direktive platziert Übersetzungsdatum und –zeit als Kommentar in die Objektdatei:

```
#pragma comment( user, "Übersetzt am " __DATE__ " um " __TIME__ )
```

Beachten Sie bitte, dass

❏ diese Beispiele MSVC-spezifisch sind. Andere Compiler können andere Pragmas oder die gleiche Funktionalität unter anderem Namen definieren

❏ auch in Pragmas die Ersetzung von Makros (hier __DATE__ und TIME) durch ihren Wert stattfindet

❏ die vordefinierten Makros __DATE__ und __TIME__ vom Standard vorgeschrieben sind und das aktuelle Datum bzw. die aktuelle Uhrzeit der Übersetzung repräsentieren.

📖 Leere Direktive

Der Vollständigkeit halber wird hier auch die leere Direktive

```
#
```

erwähnt. Sie hat keine Funktion und wird grundsätzlich ignoriert.

📖📖 Vordefinierte Makros

Normalerweise werden Makros vom Programmierer definiert. Es gibt jedoch einige Makros, die ohne besondere Definition immer vorhanden sind bzw. vorhanden sein können. Die folgende Tabelle gibt eine Übersicht:

Makro	Bedeutung
__LINE__	Aktuelle Zeile in der Quellcodedatei
__FILE__	Aktuelle Quellcodedatei
__DATE__	Datum der Übersetzung
__TIME__	Uhrzeit der Übersetzung
__cplusplus	199711L für einen standardkonformen Compiler. Der Wert wird für zukünftige Standards erhöht werden. Compiler, die (noch) nicht standardkonform sind, sollen einen Wert mit max. 5 Ziffern verwenden.
__STDC__	Ist definiert, wenn der Compiler vollständig ANSI-C kompatibel ist. Für C++-Compiler ist dieses Makro normalerweise nicht gesetzt

Diese vordefinierten Makros werden vom Standard vorgeschrieben und müssen deshalb für jeden Compiler vorhanden sein. Sie können nicht undefiniert oder redefiniert werden. Darüber hinaus kann natürlich jeder Hersteller beliebige weitere vordefinierte Makros bereitstellen.

📖📖 Alternative Symbole, Digraphs und Trigraphs

In den Anfangszeiten der Sprache C war es durchaus nicht selbstverständlich, einen Rechner vor sich zu haben, mit dessen Editor Quelltexte mit 8 Bit pro Zeichen bearbeitet werden konnten. Es war daher erforderlich, alle Zeichen, die in einem Programm vorkommen konnten, mit 7 Bit abzubilden. Während dies für die normalen Zeichen (a-z, A-Z, Ziffern) noch einfach war, bereiteten die sog. *punctuators* wie z.B. eckige Klammern, geschweifte Klammern oder auch die Tilde ('~') bereits Schwierigkeiten, von ländersprachlichen Besonderheiten wie z.B. den deutschen Umlauten einmal ganz abgesehen.

Um auch auf solchen Rechnerarchitekturen arbeiten zu können, erlaubt die Programmiersprache C die Verwendung von Ersatzzeichen für diejenigen unabdingbar notwendigen Zeichen, deren ASCII-Wert über 127 liegt (d.h. die also das achte Bit benötigen). *Unabdingbar* sind eben vor allem die punctuators, ohne die man kein vernünftiges Programm notieren kann. Ländersprachliche Zeichen bleiben hiervon unberührt. Insgesamt gibt es sogar zwei unabhängige Notationen um solche „Sonderzeichen" aus den Anfängen der Computerei darzustellen. Die Techniken haben für neu erstellte Programme eigentlich keine Bedeutung mehr, sie wurden jedoch aus Kompatibilitätsgesichtspunkten zu altem C Code auch in den C++ Standard aufgenommen.

📖 Alternative Symbole und Digraphs

Ein *Alternatives Symbol* (*alternative token*) kann ohne Einschränkung überall dort eingesetzt werden, wo das Originalsymbol steht. Alternative Symbole gibt es sowohl für Operatoren als auch zum Ersatz einzelner Zeichen.

Die folgende Tabelle zeigt die in C++ vorhandenen Alternativen Symbole zum Ersatz von Operatoren:

Operator	*Alternatives Symbol*
`&&`	`and`
`|`	`bitor`
`||`	`or`
`^`	`xor`
`~`	`compl`
`&`	`bitand`
`&=`	`and_eq`
`|=`	`or_eq`
`^=`	`xor_eq`
`!`	`not`
`!=`	`not_eq`

Als Ersatz für Einzelzeichen stehen diese Schreibweisen zur Verfügung:

Zeichen	Alternatives Symbol
{	<%
}	%>
[	<:
]	:>
#	%:
##	%:%:

Die Alternativen Symbole zum Ersatz von Einzelzeichen bestehen (mit Ausnahme des Symbols %:%:) aus zwei Zeichen und werden deshalb zusammen fassend auch als *Digraphs* bezeichnet.

Der Standard fordert, dass die Alternativen Symbole Schlüsselworte der Sprache sind. Dies wird jedoch noch nicht von allen Compilern unterstützt. MSVC liefert z.B. eine Include-Datei (iso646.h), die diese Alternativen Symbole in Form von Compilerdirektiven definiert:

```
#define and          &&
#define and_eq        &=
...
```

📖 Trigraphs

Parallel zu den Alternativen Symbolen gibt es einen weiteren Ersetzungsmechanismus. Dabei können bestimmte Zeichen durch eine Folge von drei Ersatzzeichen ausgedrückt werden. Die Ersatzzeichen bezeichnet man deshalb auch als *Trigraphs*. Die folgende Tabelle zeigt die Liste der verfügbaren Trigraphs:

Zeichen	*Trigraph*
#	??=
[	??(
]	??)
{	??<
}	??>
\	??/
~	??-
|	??!
^	??'

📖 Verwendung

Programme, die Alternative Symbole oder Trigraphs enthalten, sind schwer zu lesen. Wer kann schon etwas wie

```
void f( int c )
??<
  char p??(10??);
  for ( int i=0; i<10; i++ )
    p??(i??)=0;

??>
```

auf den ersten Blick entziffern? Trigraphs werden bereits vom Präprozessor durch die zugeordneten Zeichen ersetzt, sodass der Compiler für obiges Beispiel den „normalen" Code

```
void f( int c )
{
  char p[10];
  for ( int i=0; i<10; i++ )
    p[i]=0;

}
```

sieht.

Beachten Sie bitte, dass im Gegensatz zur Makrosubstitution die Ersetzung von Trigraphs auch innerhalb von Zeichenketten stattfindet.
Die Zeile

```
cout << "Eckige Klammer: ??(" ;
```

gibt also den Text

```
Eckige Klammer: [
```

aus.

Alternative Symbole (und dazu gehören auch die Digraphs) werden
nicht vom Präprozessor ersetzt, sondern sind Schlüsselwörter der
Sprache[101]. Daraus folgt u.a. auch, dass eine Ersetzung in Zeichenket-
tenliteralen nicht stattfindet. Schreibt man also

```
cout << "a and b and c" ;
```

wird selbstverständlich *nicht*

```
a && b && c
```

ausgegeben.

⊞⊞ Einige Anmerkungen

⊞   Probleme mit Makros

Makros genießen in der modernen Programmierung einen schlechten
Ruf. Dies kann sogar soweit gehen, dass eine Programmierrichtlinie
für eine Firma verbindlich vorschreibt, dass keine Makros erlaubt
sind. „Moderne" Programmiersprachen wie z.B. Java verzichten vollständig auf einen Präprozessor und damit auch auf Makros.

Der Grund für die Aversion liegt in einigen Eigenschaften von Makros, die vor allem in großen Programmen zu erheblichen Problemen
oder zumindest Unannehmlichkeiten führen können. In C gab es aufgrund der beschränkten Sprachmittel kaum eine Möglichkeit, auf
Makros zu verzichten. Entsprechend selbstverständlich wurden sie
von C-Programmierern verwendet und niemand störte sich sonderlich
daran. Der Stil, zur Lösung bestimmter Standardaufgaben Makros zu

---

[101] Die Tatsache, dass dies noch nicht von allen heutigen Compilern unterstützt
wird, lassen wir hier unberücksichtigt.

verwenden wurde dann auch in der C++ Programmierung fortgesetzt, obwohl dies dort durch die bessere Ausstattung mit Sprachmitteln nahezu überflüssig wurde.

Allerdings gibt es auch in der C++ Programmierung einige Fälle, in denen Makros äußerst sinnvoll eingesetzt werden können. Makros generell zu verbieten ist sicherlich keine gute Lösung. Vielmehr muss man anhand der konkreten Situation entscheiden, welches Sprachmittel zur Implementierung sinnvoll ist, und das kann durchaus auch der Präprozessor mit seinen Makros ein.

In den folgenden Abschnitten betrachten wir einige Verwendungen von Makros und geben wenn möglich Alternativen.

📖 Makros als Konstanten

In C gibt es keine Übersetzungszeitkonstanten. Die einzige Möglichkeit, Konstanten mit Namen zu versehen oder an zentraler Stelle zu definieren, besteht in der Verwendung von Makros.

Beispiel:

```
//-- Grösse des Sende- und Empfangspuffers
//
#define MAX_BUFFER    128

char receiveBuf [ MAX_BUFFER ];
char sendBuf    [ MAX_BUFFER ];
```

Dieser Code wird vom Compiler als

```
char receiveBuf [ 128 ];
char sendBuf    [ 128 ];
```

gesehen und übersetzt. Der Vorteil der Verwendung des Makros ist hier, dass die Konstante an zentraler Stelle (meist am Anfang der Datei) definiert (und dokumentiert) ist und im Bedarfsfall leicht geändert werden kann. Insbesondere wenn sich irgendwo im Code Anweisungen der Art

```
for ( int i = 0; i < MAX_BUFFER; i++ )
    ...
```

befinden, macht sich eine symbolische Konstante schnell bezahlt.

Der Nachteil dieser Art von Makros ist vor allem ihre globale Gültigkeit. Makros sind keine C++-Sprachelemente und werden nicht vom Compiler bearbeitet. Makros beachten daher auch keine Gültigkeitsbereiche, sondern gelten von ihrer Definition an bis zum Ende der

Übersetzungseinheit (bzw. bis zur expliziten Undefinition). Dies führt dazu, dass insbesondere bei kürzeren Namen und vielen benötigten Konstanten schnell Namenskonflikte auftreten. Daraus entsteht die Tendenz zu langen Namen für Makros. Die Gefahr von Namenskonflikten wird allerdings durch die Konvention, für Makros nur Großbuchstaben zu verwenden, geringer.

In C++ ist die Verwendung von Makros als Konstanten völlig überflüssig, da die Sprache *Übersetzungszeitkonstanten* bereitstellt. In C++ schreibt man daher besser:

```
const int maxBuffer = 128;

char receiveBuf [ maxBuffer ];
char sendBuf    [ maxBuffer ];
```

Konstanten sind C++-Sprachmittel und berücksichtigen deshalb selbstverständlich Gültigkeitsbereiche:

```
//-- C++ Konstanten berücksichtigen Gültigkeitsbereiche
//
void f()
{
   const int cacheSize = 128;
   ...

}

void g()
{
   const int cacheSize = 256;        // OK: anderer Gültigkeitsbereich
   ...

}
```

Diese Beispiel zeigt, dass der Gültigkeitsbereich des Namens cacheSize auf die jeweilige Funktion beschränkt bleibt.

📖 Makros als Funktionen

Es gibt Funktionen, die bestehen nur aus wenigen Anweisungen, werden aber sehr häufig verwendet. Für solche Funktionen möchte man gerne den Aufwand zur Abwicklung des Funktionsaufrufs (Parameterübergabe etc.) einsparen. Makros bieten hier eine Lösung.

Wir betrachten eine (fiktive) Funktion, die das Quadrat einer Zahl zurückliefern soll. Ein entsprechendes Makro ist schnell geschrieben:

```
#define square( x )  x*x
```

Die Anwendung liegt auf der Hand, wie dieses kleine Programmsegment zur Ausgabe der ersten zehn Quadratzahlen zeigt:

```
for ( int i=0; i<10; i++ )
{
  cout << "Das Quadrat von " << i  << " ist " << square( i ) << endl;
}
```

Die ersten Probleme treten jedoch auf, wenn man das Makro z.B. folgendermaßen aufruft:

```
int i = 5;
int result = square( i+1 );          // korrekt, aber unerwartetes Ergebnis
```

Natürlich erwartet der Programmierer als Ergebnis den Wert 36, das tatsächliche Ergebnis ist jedoch 11.

Die Lösung liegt in der textuellen Ersetzung der Makroargumente. Wäre square eine Funktion, würde zunächst das Argument i+1 ausgewertet und das Ergebnis dann für die Quadratur verwendet werden. Im Falle unseres Makros sieht der Compiler jedoch den Programmtext

```
int i = 5;
int result = i+1*i+1;
```

Nach den Prioritätsregeln für arithmetische Operatoren entspricht dies jedoch

```
int i = 5;
int result = i+(1*i)+1;
```

was korrekterweise den Wert 11 liefert.

Dieses Problem kann man noch durch eine bessere Definition des Makros in den Griff bekommen. Schreibt man nämlich

```
#define square( x )  (x)*(x)
```

oder sicherheitshalber noch besser

```
#define square( x )  ((x)*(x))
```

sieht der Compiler bei Aufruf von

```
int i = 5;
int result = square( i+1 );
```

nun den Text

```
int i = 5;
int result = ((i+1)*(i+1));            // nun korrekt
```

was bei Ausführung das korrekte Ergebnis 36 liefert.

Ein weiteres Problem, das aus der textuellen Ersetzung der Makroparameter herrührt, ist das der Mehrfachauswertung der Argumente. Folgendes Beispiel demonstriert den Effekt:

```
int i=0;
while ( i<10 )
{
    cout << square( i++ ) << endl;
}
```

Als Ergebnis erwartet man auch hier die Ausgabe der Quadrate für die Zahlen von 0 bis 9. Statt dessen erhält man aber nur die Hälfte der Ausgabe: die Zahlen 1, 3, 5, 7 und 9 werden übersprungen. Der Grund dafür sollte nun klar sein: Nach der Makroersetzung lautet die Ausgabezeile

```
cout << (i++)*(i++) << endl;
```

woraus sofort die zweifache Inkrementierung der Variablen i ersichtlich wird.

Für dieses Problem gibt es keine Lösung, die mit Makros implementierbar wäre. C++ dagegen bietet mit den Inline-Funktionen einen Ausweg. Schreibt man

```
inline int square( int i )
{
    return i*i;
}
```

sind alle genannten Probleme beseitigt. Auch hier wird genauso wie bei der Lösung mit Makros der Overhead des Funktionsaufrufes eingespart. Der Compiler setzt den Code der Funktion direkt an der Aufrufstelle ein. Dabei muss er allerdings sicherstellen, dass sich der Code so verhält, als ob es eine normale Funktion wäre. In unserem Falle muss also z.B. das Argument zuerst quadriert, dann ein mal inkrementiert werden. Dies erfordert wahrscheinlich eine Zwischenvariable, die der Compiler jedoch automatisch führt.

In C++ sollte auf Funktionsmakros grundsätzlich zu Gunsten von inline-Funktionen verzichtet werden. Folgende Punkte sich jedoch zu beachten:

❑ Die Deklaration einer Funktion als inline ist nur ein Hinweis an den Compiler. Ist die Funktion z.B. rekursiv oder zu kompliziert, kann der Compiler die inline-Deklaration ignorieren und eine normale Funktion codieren. Andererseits wird ein guter Compiler auch ohne explizite inline-Deklaration Funktionen, die klein sind, im Zuge der Optimierung als inline-Funktion implementieren.

❑ Es gibt einen Fall, in dem inline-Funktionen Makros nicht vollständig ersetzen können. Das Ergebnis eines Makros kann eine Übersetzungszeitkonstante sein, wie z.B. in diesem Fall

```
#define VAL( x ) x-'0'
```

wenn das Makro mit einer Konstanten aufgerufen wird.

Dadurch kann das Makro z.B. in case-Zweigen von switch-Anweisungen stehen:

```
void f( int c )
{

  switch( c )
  {
    case VAL( '5' ) : ...
    ...

  }

}
```

Dies ist mit inline-Funktionen nicht möglich.

❑ Makros kennen keine Typen. Schreibt man (mit der Makro-Version von square) square(5), ist das Ergebnis vom Typ int, schreibt man dagegen square(1.5), ist das Ergebnis vom Typ double. Mit der inline-Funktion wird in einem der beiden Fälle eine Konvertierung des Arguments durchgeführt, was zu unerwünschten Ergebnissen führt. C++ bietet mit dem Sprachmittel des *Überladens von Funktionen* allerdings auch hier eine Lösung.

📖 Include Guards

Eine sehr sinnvolle Anwendung von Makros ist der Schutz vor mehrfachem includieren von Dateien. Die *one definition rule* besagt ja, dass ein Symbol in einem Programm nur ein mal definiert werden darf. Steht eine solche Definition in einer Include-Datei, muss man darauf achten, die Datei pro Übersetzungseinheit auch nur ein mal zu includieren. Dies kann man durch *include guards* einfach sicherstellen. Möchte man z.B. erreichen, dass eine Datei file.h nur ein mal pro Übersetzungseinheit berücksichtigt wird, schreibt man am Anfang der Datei die Zeilen

```
#ifndef file_h
#define file_h
```

und am Ende

```
#endif
```

Der Makronamen file_h ist prinzipiell beliebig, aus Übersichtlichkeitsgesichtspunkten sollte man ihn jedoch nach festen Regeln aus dem Dateinamen bilden. Wird die Datei file.h nun erneut includiert, ist das Makro file_h bereits definiert und der gesamte Text der Datei wird ignoriert.

Vor allem in Include-Dateien von Bibliotheken findet man solche guards regelmäßig. Da sie so häufig benötigt werden, bieten einige Compiler eine Alternative: so besitzt VC ein Pragma, mit dem man den gleichen Effekt wie mit einem expliziten include guard mit Makros erreichen kann. Schreibt man an den Anfang einer Datei die Zeile

```
#pragma once
```

sorgt der Präprozessor dafür, dass die Datei nur ein mal includiert wird.

Teil II: Das „richtige" C++

Bis jetzt haben wir die grundlegenden Sprachelemente vorge-
stellt, die C++ genauso wie wohl jede andere Sprache in irgend-
einer Form bereitstellt. Zahlen, Zeichenketten, Schleifen etc. ge-
hören zum Handwerkszeug, das jeder Programmierer beherr-
schen muss. Insofern unterscheidet sich C++ nicht viel von C, Ja-
va oder anderen Sprachen. Wer eine dieser Sprachen kennt,
wird im Teil I viel Bekanntes gefunden haben.
Beginnend mit diesem Kapitel betrachten wir die fortgeschritte-
neren Sprachmittel, das „richtige" C++ also.

17 Klassen

In diesem Kapitel wird der Begriff der Klasse definiert und mit Beispielen unterlegt. Wir beschränken uns zunächst auf den Aspekt der
Kapselung und die damit zusammen hängenden Ausdrucksmöglichkeiten mit Klassen. Bevor weiterführende Konzepte mit Klassen besprochen werden, führen wir im nächsten Kapitel das Projekt Fixed-
Array weiter, in dem wir eine Aufgabenstellung aus der Praxis mit
Hilfe des Klassenkonzepts lösen.

Definition einer Klasse

Eine Klasse wird in C++ analog zu einer Struktur in C definiert, anstelle des Schlüsselwortes struct wird jedoch normalerweise das
Wort class verwendet:

```
class Complex
{
   double re, im;

public:
   void set( double re_in, double im_in );
   void print();
};
```

Gegenüber einer C-Struktur kann eine Klassendefinition noch Schlüsselworte zur Zugriffssteuerung (*Zugriffsspezifizierer, access specifiers*) sowie Funktionsdeklarationen enthalten. In unserem Beispiel enthält die Klasse `Complex` Definitionen für die Datenelemente `re` und `im` sowie Deklarationen für die Funktionen `set` und `print`. Die Datenelemente und Funktionen werden auch als *Mitglieder* der Klasse bezeichnet. „Normale" Funktionen (also solche, die nicht Mitglieder einer Klasse sind) werden im Gegensatz dazu als *Nicht-Mitgliedsfunktionen* oder einfacher als *globale Funktionen* bezeichnet.

Die Funktionen `set` und `print` sind mit Hilfe des Schlüsselwortes `public` explizit als öffentlich deklariert. Die Daten `re` und `im` dagegen sind privat, da dies die Voreinstellung für Klassen ist.

Der Vollständigkeit halber sei bereits hier erwähnt, dass in C++ auch `structs` und `unions` formal Klassen sind, d.h. Mitgliedsvariablen, Mitgliedsfunktionen und Zugriffsspezifizierer enthalten können (s.u.).

Datenelemente

Die Datenelemente der Klasse werden genau wie die Elemente einer Struktur notiert. Ebenso wie bei einer Struktur können die Datenelemente von beliebigem Typ sein. Möglich sind deshalb neben den fundamentalen Datentypen (wie `int`, `double`, `char`) auch zusammen gesetzte Datentypen wie z.B. Zeiger, Felder, andere Klassen, Referenzen und sogar Konstanten.

Im folgenden Beispiel ist `FractInt` eine Klasse, die eine Realzahl durch einen Bruch aus zwei ganzen Zahlen repräsentiert.

```
class FractInt
{
    int zaehler, nenner;

public:
    void set( int zaehler_in, int nenner_in );
    void print();
};
```

Die folgende Implementierung einer Klasse für komplexe Zahlen verwendet statt der double-Werte für re und im zwei Objekte vom Typ FractInt:

```
//-- Die Klasse Complex verwendet Objekte der Klasse FractInt
//    als Datenmitglieder
//
class Complex
{
  FractInt re, im;

public:
    void set( FractInt re_in, FractInt im_in );
    void print();

};
```

Dies ist die allgemein bekannte Möglichkeit, strukturierte Datentypen höherer Ordnung aufzubauen. In der Sprache der Objektorientierung spricht man auch von *Komposition* (*composition*): Eine Klasse wird aus anderen Klassen „zusammen gebaut".

📖 Funktionen

Die Mitgliedsfunktionen der Klasse werden innerhalb der Klassendefinition deklariert:

```
class Complex
{
  double re,im;

public:

    //-- Die Funktionen der Klasse werden innerhalb der Klassendefinition
    //    deklariert
    //
    void set( double re_in, double im_in );
    void print();
};
```

Die Definition der Mitgliedsfunktionen kann außerhalb der Klassendefinition erfolgen:

```
//-- Definition der Funktion set der Klasse Complex
//
void Complex::set( double re_in, double im_in )
{
  re = re_in;
  im = im_in;
}

//-- Definition der Funktion print der Klasse Complex
//
void Complex::print()
{
  cout << "re: " << re << " im: " << im << endl;
}
```

Alternativ kann die Funktionsdefinition gleich bei der Deklaration mit angegeben werden:

```
class Complex
{
  double re,im;

public:
  void set( double re_in, double im_in ) // Definition  bei Deklaration
  {
    re = re_in;
    im = im_in;
  }
  void print();
};
```

Eine so definierte Funktion ist automatisch inline. Dies entspricht also der Notation

```
class Complex
{
  inline void set( double re_in, double im_in );   // explizit als inline deklariert

  /* ... weitere Mitglieder */
};
```

mit nachfolgender normaler Definition der Mitgliedsfunktion:

```
void Complex::set( double re_in, double im_in )
{
  re = re_in;
  im = im_in;
}
```

Alternativ kann die inline-Deklaration auch erst bei der Funktionsdefinition angegeben werden. Dann allerdings muss die Funktionsdefinition vor dem ersten Aufruf der Funktion stehen, ansonsten nimmt der Compiler eine nicht-inline Funktion an.

```
class Complex
{
  void set( double re_in, double im_in );

  /* ... weitere Mitglieder */
};
```

```
inline void Complex::set( double re_in, double im_in )
{
  re = re_in;
  im = im_in;
}
```

In diesem Buch definieren wir Funktionen grundsätzlich nicht direkt innerhalb der Klassendefinition, und zwar aus folgendem Grund[102]: In der Klassendefinition sind Leistungen, die die Klasse einem Benutzer bietet, in Form von *Funktionsdeklarationen* festgelegt. Davon völlig unabhängig sollte die *Implementierung* der Funktion sein. Die Definition sollte vor dem Nutzer der Klasse versteckt werden und deshalb auf gar keinen Fall innerhalb der Schnittstelle selber angeordnet werden.

Theoretisch kann jede Klasse eine eigene `print`-Funktion deklarieren. Bei der Definition muss dem Compiler deshalb die zugehörige Klasse, für die eine Funktion definiert werden soll, mitgeteilt werden. Dazu wird der Klassenname, gefolgt von zwei Doppelpunkten, dem Funktionsnamen vorangestellt. Genau genommen gehört zum korrekten Funktionsnamen immer der Klassennamen hinzu, um eben Funktionen verschiedener Klassen unterscheiden zu können. Man spricht dann von einem *vollständig qualifizierten* Namen. Umgangssprachlich lässt man jedoch meist den Klassennamen weg, wenn klar ist, um welche Klasse es sich handelt.

Compilerintern - und auch für den Binder - wird immer der vollständige Klassenname verwendet. Neben der `print`-Funktion für `Complex` kann es daher parallel eine `print`-Funktion z.B. für `FractInt` geben:

```
class FractInt
{
   int zaehler, nenner;

public:
   void set( int zaehler_in, int nenner_in );
   void print();
};
```

Die Implementierung erfolgt analog:

```
void FractInt::print()
{
   cout << "Zähler: " << zaehler << " Nenner: " << nenner << endl;
}
```

---

[102] Dies sind jedoch *Stilfragen*, über die man ausgiebig diskutieren kann. Eine Sammlung bewährter Stile für die Programmierung mit C++ findet sich z.B. in [Aupperle 2003]. Auf der Webseite des Buches steht ein vollständiges Stilhandbuch zur Verügung.

Beachten Sie bitte, dass wir für Variablennamen keine Umlaute verwendet haben, da dies nicht zulässig ist. Für Zeichenketten gibt es diese Einschränkung nicht.

⬚⬚ Objekte

Variablen einer Klasse werden *Objekte* oder *Instanzen* der Klasse genannt. Sie werden analog zu Strukturvariablen in C erzeugt, also entweder als lokale Variable auf dem Stack wie z.B. mit

```
Complex c1, c2;
```

oder als dynamisches Objekt auf dem Heap mit dem Operator new:

```
Complex* pc;
pc = new Complex;
```

Die in C verwendeten Funktionen malloc, free und realloc stehen prinzipiell auch zur dynamischen Allokation von Speicherplatz für Objekte zur Verfügung, werden jedoch auf Grund der damit verbundenen Nachteile nicht verwendet (s.u.).

⬚⬚ Zugriff auf Klassenmitglieder

⬚ Zugriffe innerhalb der Klasse

Die zu einer Klasse gehörenden Funktionen haben auf alle Klassenmitglieder unbeschränkten Zugriff. Insbesondere stehen einer Klassenfunktion alle Datenelemente der Klasse ohne zusätzliche Deklaration oder explizite Parameterübergabe zur Verfügung. Der voll qualifizierte Name ist bei einem Zugriff innerhalb der Klasse nicht erforderlich:

```
//-- Eine Klassenfunktion kann auf alle Mitglieder einer Klasse frei
//   zugreifen. Der voll qualifizierte Name ist nicht erforderlich
//
void FractInt::set( int zaehler_in, int nenner_in )
{
  //-- Zugriff auf Daten der Klasse FractInt
  //
  zaehler = zaehler_in;
  nenner  = nenner_in;

  //-- Zugriff auf eine andere Funktion der Klasse FractInt
  //
  cout << "Der zugewiesene Wert ist ";
  print();
}
```

📖 Zugriffe von außen

Von außen wird auf die Mitglieder eines Objekts mit den von C-structs bekannten Operatoren . bzw. -> zugegriffen. Neu bei Klassen ist nun, dass nicht nur auf Datenelemente, sondern auch auf Funktionen auf diese Weise zugegriffen wird:

```
FractInt f;
f.set( 1, 2 );
f.print();

//-- Zugriff auf Klassenmitglieder über -> Operator
//
FractInt* fp = new FractInt;
fp-> set( 1, 2 );
fp-> print();
```

Beide Beispiele drucken die Zahl doppelt aus: Einmal bei der Zuweisung über set und dann über den expliziten Aufruf der print-Funktion.

📖 Zugriffssteuerung

Mit den Zugriffsspezifizierern private, protected und public kann der Zugriff von außen auf bestimmte Klassenmitglieder eingeschränkt oder freigegeben werden.

Wir haben bereits gesehen, dass die als public deklarierten Mitglieder unserer Klassen Complex und FractInt von außen zugreifbar sind, sonst wäre die print-Anweisung in

```
FractInt f;
f.print();
```

nicht möglich.

Die mit private gekennzeichneten Mitglieder dagegen sind nur innerhalb der Klasse sowie für *Freund-Funktionen* bzw. *Freund-Klassen* (s.u.) sichtbar. Das restliche Programm kann auf private Mitglieder nicht zugreifen. Der folgende, direkte Zugriff aus einem Hauptprogramm auf die Mitgliedsvariablen zaehler und nenner der Klasse FractInt ist deshalb nicht möglich, der Compiler signalisiert dies durch eine Fehlermeldung bei der Übersetzung.

```
FractInt f;

f.zaehler = 1;          // Fehler! zaehler ist privat deklariert
f.nenner  = 2;          // dito!

f.print();              // OK
```

Die mit `protected` gekennzeichneten Mitglieder verhalten sich genau wie private Mitglieder, ein Unterschied ergibt sich erst für abgeleitete Klassen[103].

Ein Zugriffsspezifizierer gilt bis zum Antreffen eines neuen Zugriffsspezifizierers (bzw. bis zum Ende der Klassendefinition). Die Standardeinstellung in einer Klasse ist `private`, d.h. nach der öffnenden Klammer der Klasse muss `private` nicht explizit angegeben werden. Die Schlüsselworte zur Zugriffssteuerung können in einer Klasse mehrfach vorkommen.

📖📖 Die Freund-Deklaration

📖   Funktionen als Freunde

Eine Klasse kann einzelnen Nicht-Mitgliedsfunktionen explizit den Zugriff auf ihre privaten Mitglieder gestatten, indem sie diese als *Freunde* deklariert.

Im folgenden Beispiel definiert die Klasse `Complex` keine print-Funktion als Mitgliedsfunktion. Stattdessen soll eine „gewöhnliche" (globale) Funktion zum Ausdruck des Objekts verwendet werden. Damit die globale Funktion `print` auf die privaten Datenmitglieder `re` und `im` zugreifen darf, muss `Complex` den Zugriff explizit gestatten:

```
class Complex
{
    //-- Complex definiert keine eigene print-Funktion, sondern
    //   der Ausdruck wird von einer nicht-Klassenfunktion uebernommen
    //
    double re, im;

public:
    void set( double re_in, double im_in );

    //-- damit die nicht-Klassenfunktion auf die privaten Mitglieder
    //   zugreifen darf, muss sie von Complex als friend deklariert werden
    //
    friend void print( Complex c );
};


//-- Diese  globale Funktion übernimmt die Ausgabe von Complex-Objekten
//
void print( Complex c )
{
    cout << "re: " << c.re << " im: " << c.im;
}
```

---

[103] Ableitungen und die Zugriffssteuerung dort sind Thema des Kapitel 19 (Vererbung),

Beachten Sie den Unterschied zwischen der *Mitgliedsfunktion* `print` aus früheren Beispielen und der *globalen Funktion* `print`: Die globale Funktion benötigt die explizite Angabe eines Objekts als Parameter, während die Mitgliedsfunktion ohne Parameterübergabe auf die Daten des eigenen Objekts zugreift.

Ein interessantes Detail ist, dass Freund-Funktionen auch gleich innerhalb der Klasse definiert werden können. Alternativ könnte man das letzte Beispiel daher auch als

```
class Complex
{
  /* ... weitere Mitglieder Complex ... */

  friend void print( Complex c )
  {
    cout << "re: " << c.re << " im: " << c.im;
  }
};
```

formulieren. Dies wird jedoch – aus den gleichen Gründen wie bei Mitgliedsfunktionen – nicht empfohlen.

Wird eine Freund-Funktion innerhalb der Klassendefinition selber definiert, ist die Funktion automatisch inline.

Eine Klasse kann beliebige Funktionen und sogar Mitgliedsfunktionen anderer Klassen als Freunde deklarieren. Das folgende Listing zeigt die Klassen `A` und `FractInt`, dabei erlaubt `FractInt` der Mitgliedsfunktion `A::doIt` Zugriff auf ihre privaten Daten:

```
class A
{
public:
  void doIt();

  /* ... weitere Daten und Funktionen von A ... */

};

class FractInt
{
  int zaehler, nenner;

public:
  void set( int zaehler_in, int nenner_in );
  void print();

  friend void A::doIt();   // Freunddeklaration einer Mitgliedsfunktion
};
```

Eine Implementierung von A::doIt könnte folgendermaßen aussehen:

```
void A::doIt()
{
    //-- wir dürfen explizit auf private Mitglieder von
    //   FractInt zugreifen
    //
    FractInt f;
    f.zaehler = 1;
    f.nenner = 3;

    //-- auf die public-Mitglieder ist Zugriff sowieso erlaubt
    //
    f.print();

}
```

📖 Klassen als Freunde

Möchte eine Klasse sämtlichen Mitgliedsfunktionen einer anderen
Klasse den Zugriff auf die eigenen privaten Mitglieder gestatten, kann
sie die gesamte andere Klasse als Freund deklarieren.

Die Definition von FractInt aus dem letzten Beispiel könnte daher
auch so geschrieben werden:

```
class FractInt
{
    /* ... Daten und Funktionen von FractInt ... */

    //-- alle Funktionen von A dürfen auf unsere privaten
    //   Mitglieder zugreifen
    //
    friend A;
};
```

Um eine Klasse als Freund deklarieren zu können, braucht diese
Klasse noch nicht definiert zu sein, eine *Deklaration* reicht aus. Folgende Möglichkeiten bestehen:

```
class A
{
    /* ... Mitglieder von A ... */

    //-- Klasse B braucht noch nicht definiert zu sein, um als Freund
    //   deklariert werden zu können
    //
    friend class B;
};
```

oder alternativ:

```
class B; //-- Deklaration der Klasse B

class A
{
  /* ... Mitglieder von A ... */

  friend B;
};
```

Die Klasse B kann zu einem beliebigen späteren Zeitpunkt definiert werden.

📖 **Gegenseitige Freunde**

Eine solche Klassendeklaration ist z.B. immer dann erforderlich, wenn zwei Klassen gegenseitig als Freunde deklariert werden müssen, wie etwa im folgenden Beispiel:

```
class A
{
  /* ... Mitglieder von A ... */

  friend class B;
};

class B
{
  /* ... Mitglieder von B ... */

  friend A;
};
```

📖 **Wann sind Freund-Deklarationen sinnvoll?**

Grundsätzlich sollte man Freund-Deklarationen vermeiden und alle Funktionen, die auf private Mitglieder einer Klasse zugreifen sollen, als Mitgliedsfunktionen der Klasse ausführen. Es gibt jedoch Fälle, in denen das aus syntaktischen Gründen nicht möglich oder nicht sinnvoll ist, wie z.B. bei manchen *Operatorfunktionen*[104].

Das Hauptanwendungsgebiet für Freund-Deklarationen sind jedoch Funktionen, die auf Daten verschiedener Klassen gleichzeitig zugreifen müssen. Benötigt man z.B. eine Funktion f, die sowohl auf die privaten Mitglieder einer Klasse A als auch auf die einer Klasse B zugreifen muss, ist es oft nicht sinnvoll, f als Mitgliedsfunktion einer

---

[104] Operatorfunktionen sind Thema des Kapitel 10.

der beiden Klassen auszuführen. Stattdessen implementiert man f als
normale Nicht-Mitgliedsfunktion und deklariert sie in beiden Klassen
als Freund:

```
class B;

class A
{
  /* ... Mitglieder von A ... */

  friend void f( A& a, B& b );
};

class B
{
  /* ... Mitglieder von B ... */

  friend void f( A& a, B& b );
};
```

📖📖 Die Bedeutung der Zugriffssteuerung

Alle Mitglieder einer Klasse sind von Natur aus privat, d.h. ein Zugriff
von außen ist nicht möglich. Einzig die Klassenfunktionen (und
Freund-Funktionen) können auf private Mitglieder zugreifen. Dadurch
erhält der Klassendesigner ein wirkungsvolles Mittel, um die Implementierung einer Klasse vor der Außenwelt zu verbergen. Private Teile einer Klasse können vom Klassendesigner geändert werden, ohne
dass Probleme mit Nutzern der Klasse zu befürchten sind. Zu einem
guten Klassendesign gehört daher vor allem die sorgfältige Überlegung der öffentlichen Mitglieder, denn diese Schnittstelle kann - zumindest in größeren Vorhaben - im Laufe des Projektfortschritts nur
noch schwer und mit großem Abstimmungsaufwand mit anderen Programmierern geändert werden. Das Design privater Mitglieder spielt
dagegen zunächst eine untergeordnete Rolle.

Es soll jedoch auch nicht verschwiegen werden, dass die Zugriffssteuerung durch nicht kooperatives Verhalten von Programmierern
unterlaufen werden kann. Da die Klassendefinition den Klassennut-
zern in der Regel als Include-Datei bereitgestellt wird, braucht man
nur eine Kopie zu machen und geeignet public-Schlüsselwörter hinzuzufügen. Diese neue include-Datei kann dann für eigene Entwicklungen verwendet werden[105].

---

[105] Es ist allerdings nicht wirklich sichergestellt, dass dieses Verfahren funktioniert,
denn nach der formalen Sprachbeschreibung kann der Compiler theoretisch private, protected und public-Blöcke vom Speicherlayout her beliebig innerhalb
der Klasse anordnen. Es ist lediglich sichergestellt, dass aufeinanderfolgende Va-

📖📖 Konstruktoren und Destruktoren

Konstruktoren und *Destruktoren* sind Mitgliedsfunktionen mit speziellen Aufgaben. Während ein Konstruktor zur Vorbereitung eines Objekts (Initialisierung) dient, wird ein Destruktor dann aufgerufen, wenn das Objekt nicht mehr benötigt wird.

Eine wesentliche Eigenschaft des Klassenkonzepts ist, dass Konstruktor bzw. Destruktor der Klasse automatisch aufgerufen werden, wenn ein Objekt erzeugt bzw. zerstört wird. Daraus folgt zum einen, dass Konstruktoren und Destruktoren für den Compiler speziell gekennzeichnet werden müssen und zum andern, dass Konstruktoren und Destruktoren keine Werte zurückliefern können. Bis auf diese Unterschiede sind Konstruktoren und Destruktoren im Wesentlichen identisch zu normalen Mitgliedsfunktionen.

📖 Die Initialisierungsproblematik

Ein Problem bei Programmiersprachen ohne automatischen Konstruktoraufruf (z.B. C) ist die korrekte Initialisierung zusammen gesetzter Datenstrukturen. Die richtige Vorbesetzung von Strukturvariablen ist insbesondere dann lebensnotwendig, wenn die Struktur Zeigervariablen enthält.

Das folgenden Beispiel zeigt eine Struktur `Person` mit zwei Zeigervariablen:

```
struct Person
{
   char* name;
   char* vorname;
};
```

Eine Verwendung von Variablen der Struktur ohne Initialisierung der Zeiger führt zu unerwarteten Ergebnissen, da name und vorname zufällige Werte erhalten haben.

```
Person prs;

//-- dies führt zu unerwarteten Ergebnissen, da prs noch nicht
//   initialisiert ist
//
cout << "Name: " << prs.name << " Vorname: " << prs.vorname << endl;
```

---

riablen innerhalb eines solchen Blocks auch aufeinanderfolgend angeordnet werden.

Damit das Beispiel funktioniert, muss man den Zeigern zuerst geeignete Werte zuweisen:

```
Person prs;

prs.name    = strdup( "Meier" );
prs.vorname = strdup( "Fritz" );

//-- nun OK
//
cout << "Name: " << prs.name << " Vorname: " << prs.vorname << endl;
```

Übung 17-1:

Schlagen Sie die Bedeutung der Funktion strdup *im Hilfesystem ihres Compilers nach und studieren Sie die Bedeutung für die Mitglieder des Objekts* prs.

Bei dieser Lösung liegt es in der Verantwortung des Benutzers von Person, die richtige Initialisierung durchzuführen. Was passiert z.B., wenn in einem 100.000 Zeilen-Programm im Zuge einer Programmerweiterung ein weiterer Zeiger zur Datenstruktur Person hinzufügt wird? An allen Stellen, an denen Person-Variablen erzeugt werden, muss nun dieser weitere Zeiger besetzt werden. Eine einzige vergessene Stelle bedeutet Probleme, die evtl. erst sehr spät (meist nach Auslieferung an den Kunden) entdeckt werden. Es ist daher in der Regel sinnvoll, für die Initialisierung einer Struktur eine eigene Routine zu schreiben, so dass die Initialisierung nur noch an einer Stelle erfolgt. Es bleibt jedoch das Problem, dass der Aufruf einer solchen Initialisierungsfunktion schlichtweg vergessen werden kann.

Eine weitere Gefahrenquelle liegt in der Art, *wie* die Zeigervariablen initialisiert werden. In unserem Beispiel zeigen sie auf einen eigenen Speicherbereich, der später auch wieder (mit free) freigegeben werden muss. Auch dafür muss in der traditionellen Programmierung der Nutzer von Person selber sorgen, indem er die korrekte Freigabefunktion explizit aufruft.

Syntaktisch korrekt, aber wahrscheinlich wenig sinnvoll wäre auch folgende Initialisierung:

```
Person prs;

prs.name    = "Meier";
prs.vorname = "Fritz";
```

In diesem Fall dürfen die Zeiger auf keinen Fall mit free freigegeben werden!

C++ vermeidet diese und ähnliche Probleme, indem die Initialisierung von Objekten dem Klassendesigner übertragen wird und nicht dem Anwender einer Klasse überlassen bleibt. Der Designer einer Klasse weiß am besten, wie die Objekte seiner Klasse zu initialisieren (und zu zerstören) sind.

C++ gibt dem Programmierer die Möglichkeit, den Code zur Initialisierung eines Objekts einer Klasse in einer speziellen Funktion, dem sogenannten *Konstruktor*, unterzubringen. Damit werden die beiden genannten Probleme vermieden:

❑ Der Klassendesigner (nicht mehr der Nutzer) ist für die korrekte Initialisierung verantwortlich. Er weiß am besten, wie die Datenelemente seiner Klasse zu initialisieren sind.

❑ Der Konstruktor wird bei der Erzeugung eines Objekts automatisch aufgerufen. Die Initialisierung kann also vom Klassennutzer auch nicht mehr vergessen werden. Diese äußerst nützliche Eigenschaft der Sprache C++ wird auch als *garantierte Initialisierung (guaranteed initialisation)* bezeichnet.

📖 Die Zerstörungsproblematik

Analoges gilt bei der Zerstörung von Objekten. In unserem C-Beispiel könnte man z.B. in einer Funktion doSomething folgendes schreiben:

```
void doSomething( const char* name, const char* vorname )
{
  Person prs;

  prs.name    = strdup( name );
  prs.vorname = strdup( vorname );

  /*... hier irgendwelche Verarbeitungsschritte mit prs ... */
}
```

Hier wurde nicht bedacht, dass die allokierten Speicherbereiche für die zwei Strings auch wieder freigegeben werden müssen, sobald die Variable prs nicht mehr gültig ist (hier am Ende der Funktion doSomething).

Probleme dieser Art sind deshalb besonders tückisch, da das Programm eine Weile (korrekt) funktioniert, bis der gesamte Heap-Speicher so fragmentiert ist, dass Speicheranforderungen fehlschlagen.

Auch hier benötigt man ein Sprachmittel, mit dem man bereits beim Design der Klasse festlegen kann, was beim Ungültigwerden eines Objekts dieser Klasse zu geschehen hat, denn auch diese Aufgabe sollte nicht dem Anwender der Klasse überlassen bleiben. De-Initialisierungsaufgaben übernimmt in C++ der *Destruktor* der Klasse.

Ähnlich wie bei Konstruktoren ist es auch hier von großem Vorteil, dass die De-Initialisierung von Objekten in der Verantwortung des Klassendesigners liegt. Günstigerweise wird man Datenmitglieder, Konstruktoren und Destruktor möglichst zusammen entwerfen und pflegen.

📖 Konstruktoren

Ein Konstruktor ist dadurch gekennzeichnet, dass er den gleichen Namen wie die Klasse selber trägt und keinen Rückgabewert (auch nicht `void`) definiert.

Eine Möglichkeit[106], die Datenstruktur `Person` in C++ zu formulieren, zeigt folgendes Listing:

```
class Person
{
  char* name;
  char* vorname;

public:
  Person( const char* name_in, const char* vorname_in );   // Konstruktor
};
```

Der Konstruktor wird wie eine gewöhnliche Mitgliedsfunktion implementiert:

```
Person::Person( const char* name_in, const char* vorname_in )
{
  name     = strdup( name_in );
  vorname  = strdup( vorname_in );
}
```

Hier ist `Person` also sowohl der Klassenname als auch der Name des Konstruktors.

Die Funktion `strdup` aus der Standardbibliothek gehört zur Gruppe der C-Funktionen. Sie stellt die Länge ihres Argumentstrings fest, allokiert (mit `malloc`) ausreichend Speicher und kopiert den String in

---

106 In der Praxis würde man allerdings die Mitglieder `name` und `vorname` als `string`-Objekte implementieren und so die leidige Speicherproblematik komplett vermeiden. Das Beispiel soll nur zur Demonstration dienen.

den neuen Speicherbereich. Die Freigabe dieses Speichers muss daher mit der Funktion `free` erfolgen.

Der Konstruktor wird automatisch aufgerufen, wenn ein Objekt des Typs `Person` definiert wird. Dabei werden die Parameter des Konstruktors mit angegeben, so dass eine Variablendefinition fast wie ein Funktionsaufruf aussieht[107]:

```
Person prs( "Meier", "Fritz" );        //-- Konstruktoraufruf
```

Konstruktoren eignen sich daher hervorragend dazu, Variablen mit einem bestimmten Anfangswert zu versehen.

Werden Objekte dynamisch auf dem Heap erzeugt, ist ein automatischer Konstruktoraufruf ebenfalls möglich, jedoch nur, wenn die neuen Operatoren `new` und `delete` (s.u.) verwendet werden.

Beachten Sie bitte, dass ein Konstruktor keinen Rückgabetyp definiert. Es ist daher nicht möglich, z.B. einen Fehlercode an den Aufrufer zurückzugeben (außer natürlich über einen zusätzlichen Parameter). Was soll z.B. passieren, wenn im letzten Beispiel eine der `strdup`-Funktionen aufgrund unzureichendem Speicher fehlschlägt? Zumindest ist das Objekt später nicht brauchbar, und der Nutzer des Objekts sollte darüber informiert werden.

In C++ verwendet man in einem solchen Fall eine *Ausnahme*[108]. Wir behandeln die Themen Fehlerbehandlung und Gültigkeitskonzept hier zunächst nicht weiter und kommen später darauf zurück.

Eine weitere Eigenschaft von Konstruktoren ist, dass sie nicht explizit (d.h. durch Angabe ihres (Funktions-) Namens aufgerufen werden können. Ebenso wenig ist es möglich, die Adresse eines Konstruktors zu erhalten. Konstruktoren werden *ausschließlich* bei der Definition von Objekten aufgerufen. In diesem Sinne unterscheiden sich Konstruktoren von normalen Mitgliedsfunktionen.

---

107 Genau genommen ist es auch einer, denn die Definition ist nun eine ausführbare Anweisung, während deren Abarbeitung der Konstruktor aufgerufen wird.

108 Ausnahmen behandeln wir Kapitel 37.

📖 Konstruktoren mit Argumenten

Wie gewöhnliche Funktionen kann ein Konstruktor mit einer Argumentliste und zusätzlich mit Vorgabewerten deklariert werden.

Konstruktoren mit Parametern werden dann verwendet, wenn bei der Definition eines Objekts bereits Werte an das Objekt übergeben werden sollen. Für unsere Klasse `FractInt` bietet sich z.B. folgender Konstruktor an:

```
class FractInt
{
  int zaehler, nenner;

public:
  FractInt( int zaehler_in, int nenner_in );

  /* ... weitere Mitglieder von FractInt ... */
};
```

mit der naheliegenden Implementierung:

```
FractInt::FractInt( int zaehler_in, int nenner_in )
{
  zaehler = zaehler_in;
  nenner  = nenner_in;
}
```

Bei der Definition eines Objekts der Klasse `FractInt` *müssen* nun zwei Zahlen angegeben werden:

```
FractInt fr1( 1, 3 );
```

Eine Variablendefinition ohne Initialisierung mit konkreten Daten ist nun nicht mehr möglich. Die folgende Anweisung wird daher vom Compiler mit einer Fehlermeldung zurückgewiesen:

```
FractInt fr2;          // Fehler!
```

Übung 17-2:

Ergänzen Sie die Klasse Complex *um einen Konstruktor. Wird dadurch die Funktion* set *überflüssig?*

Die Parameter von Konstruktoren können mit *Vorgabewerten* versehen werden. Für unsere Klasse `FractInt` bietet sich z.B. ein Konstruktor an, der als Nenner standardmäßig die Zahl 1 vorgibt:

```
class FractInt
{
  FractInt( int zaehler_in, int nenner_in = 1 );   // Konstruktor mit Vorgabe-
wert

  /* ... weitere Mitglieder von FractInt ... */
};
```

Nun sind Initialisierungen sowohl mit einem als auch mit zwei Zahlenwerten möglich:

```
FractInt fr1( 1, 3 );      // Wert 1/3
FractInt fr2( 1 );         // Wert 1
```

Ist eine Initialisierung mit einem Wert möglich, kann anstelle der Funktionsaufruf-Notation mit den Klammern auch ein Gleichheitszeichen verwendet werden:

```
FractInt fr3 = 2;          // Wert 2
```

Beachten Sie bitte, dass Vorgabewerte ausschließlich in der Deklaration, nicht aber bei der Definition einer Funktion angegeben werden können. Die Definition des Konstruktors mit Vorgabewerten unterscheidet sich deshalb nicht von der Version ohne Vorgabewerte.

Wird eine Initialisierung mit mehr als einem Argument gewünscht, kann kein Gleichheitszeichen verwendet werden. Die Anweisung

```
FractInt fr4 = ( 2, 3 );   // Achtung! Wert 3
```

ist zwar syntaktisch korrekt, das Objekt erhält jedoch den Wert 3. Der Grund liegt in der Mehrdeutigkeit des Komma-Operators. Der Ausdruck

```
( 2, 3 )
```

hat in C++ den Wert 3, da durch Kommata getrennte Ausdrücke - und dazu zählen auch einfache Konstanten - normalerweise nacheinander ausgewertet werden und der Gesamtausdruck den Wert des letzten Ausdrucks erhält. Die Definition von fr4 in obiger Zeile ist daher identisch mit

```
FractInt fr4 = 3;
```

Als Alternative kann man jedoch die Notation

```
FractInt fr4 = FractInt( 2, 3 );          // Explizite Notation
```

verwenden. Häufiger sieht man allerdings die in der Wirkung identische Schreibweise

```
FractInt fr4( 2, 3 );                     // Implizite Notation
```

📖   Der Standardkonstruktor

Ein Konstruktor, der ohne Argumente aufgerufen werden kann, heißt auch *Standardkonstruktor (default constructor)*.

Folgendes Listing zeigt die Klasse `FractInt` mit einem Standardkonstruktor:

```
class FractInt
{
public:
  FractInt();

  /* ... weitere Mitglieder von FractInt ... */

};
```

Beachten Sie bitte, dass ein Standardkonstruktor nicht unbedingt ohne Parameter deklariert werden muss. Argumente sind möglich, wenn sie alle mit Vorgabewerten versehen sind. Daher zeigt auch dieses Beispiel einen korrekten Standardkonstruktor:

```
class FractInt
{
public:
  FractInt( int zaehler_in = 0, int nenner_in = 1 );

  /* ... weitere Mitglieder von FractInt ... */

};
```

Wichtig ist lediglich, dass der Konstruktor ohne Argumente aufgerufen werden kann.

Besitzt eine Klasse einen Standardkonstruktor, kann ein Objekt ohne Angabe von Initialisierungsdaten erzeugt werden.

```
FractInt fr7;            // jetzt erlaubt, da Standardkonstruktor vorhanden
```

Die Implementierung wird auch hier den Mitgliedsvariablen des Objekts geeignete Werte zuweisen, so dass ein sinnvolles Arbeiten mit dem Objekt möglich ist.

Der FractInt-Klassendesigner muss entscheiden, wie er ein FractInt-Objekt ohne explizite Initialisierung behandeln will. Oft setzt man die Mitgliedsvariablen dann auf einen „naheliegenden" Wert, wie z.B. 0, -1 etc. Sinnvoller ist es jedoch meist, die Tatsache, dass das Objekt „keinen" Wert hat, explizit zu notieren.

Für FractInt entscheiden wir, dass die Kombination 0/0 die Bedeutung „keinen Wert" haben soll. Der Standardkonstruktor wird deshalb folgendermaßen implementiert:

```
FractInt::FractInt()
{
  zaehler = 0;
  nenner  = 0;
}
```

Ausgabe- und Rechenfunktionen können darauf Rücksicht nehmen, indem sie zunächst auf die Bedingung 0/0 prüfen und dann entsprechend reagieren.

```
void FractInt::print()
{
  if ( zaehler == 0 && nenner == 0 )
    cout << "Objekt hat keinen Wert!" << endl;
  else
    cout << "Zähler: " << zaehler << " Nenner: " << nenner << endl;
}
```

Eine Weiterführung dieses Ansatzes führt zu einem *Gültigkeitskonzept für Klassen,* mit dem uninitialisierte oder ungültige Wertkombinationen der Mitgliedsvariablen abgefangen werden können.

Übung 17-3:

Schreiben Sie einen Standardkonstruktor für FractInt, *der die Konvention (0/0) für Zähler und Nenner mit Hilfe von Vorgabewerten realisiert.*

Für viele Klassen gibt es keine sinnvolle Standard-Initialisierung. In diesen Fällen kann der Klassendesigner immer die Angabe von Werten erzwingen, indem er *keinen* Standardkonstruktor definiert.

Beachten Sie bitte, dass bei der Definition eines Objekts, das mit dem Standardkonstruktor initialisiert werden soll, keine Klammern verwendet werden dürfen.

Die Anweisung

```
A a();
```

definiert nicht etwa ein Objekt der Klasse A und initialisiert dieses mit dem Standardkonstruktor, sondern deklariert eine Funktion mit dem Namen a, die keine Parameter übernimmt und ein Objekt vom Typ A zurückliefert. Möchte man ein Objekt der Klasse A definieren und mit dem Standardkonstruktor initialisieren, muss es

```
A a;
```

heißen.

📖 Impliziter Standardkonstruktor

Definiert der Programmierer für eine Klasse überhaupt keinen Konstruktor, ergänzt der Compiler einen *Impliziten Standardkonstruktor* (*implicit default constructor*) ohne Anweisungen. Für eine Klasse X hat ein solcher Konstruktor die Form

```
X::X() {}          // Form des Impliziten Standardkonstruktors
```

Der Konstruktor übernimmt also keine Parameter und führt keine Aktionen durch.

Durch die automatische Generirerung dieses Konstruktors wird es erst möglich, dass von einer Klasse ohne explizit deklarierte Konstruktoren überhaupt ein Objekt gebildet werden kann.

Für eine Klasse wie z.B.

```
class A
{
  int i;
  double d;

public:
  void doIt();
};
```

ist die Definition eines Objekts ohne Initialisierungsliste möglich:

```
//-- möglich, da ein Standardkonstruktor automatisch
//   ergänzt wurde
//
A a;
```

Dies funktioniert, weil der Compiler einen Impliziten Standardkonstruktor ergänzt hat, der formal zur „Initialisierung" verwendet wird. Eine weitere Bedeutung erhält der Implizite Standardkonstruktor, wenn Datenmitglieder selber Objekte von Klassen sind, sowie bei Ableitungen (s.u.).

Wird die Klasse A (nachträglich) mit einem Konstruktor ausgestattet, ist die gleiche Definition der Variablen a nicht mehr möglich:

```
class A
{
  int i;
  double d;

public:
  A( int i_in, double d_in );    //-- Der Konstruktor wurde hinzugefügt
  void doIt();

};

void g()
{
  //-- nicht mehr möglich, da ein Standardkonstruktor
  //   NICHT MEHR automatisch ergänzt wird
  //
  A a;          // Fehler!

}
```

Man erhält bei der Übersetzung der Definition für a nun eine Fehlermeldung. Durch den explizit definierten Konstruktor mit einem Parameter wurde der Standardkonstruktor nicht mehr implizit vom Compiler definiert.

📖 Klassen mit mehreren Konstruktoren

Konstruktoren können wie normale Funktionen überladen werden. Sind mehrere Konstruktoren vorhanden, bestimmt der Compiler wie üblich anhand der Parameterlisten, welcher Konstruktor in einer bestimmten Situation zu verwenden ist. Die Konstruktoren müssen sich daher in Anzahl und/oder Typ der Parameter (der sogenannten *Signatur*) unterscheiden.

Für unsere Klasse FractInt wären z.B. folgende Konstruktoren denkbar:

```
class FractInt
{
  int zaehler, nenner;

public:
  FractInt();                             // Konstr. #1
  FractInt( int zaehler_in, int nenner_in );   // Konstr. #2
  FractInt( int zaehler_in );             // Konstr. #3

  void print();
};
```

Damit kann ein Programmierer die folgenden Objektdefinitionen durchführen:

```
FractInt fr1;                    // Aufruf Konstr. #1
FractInt fr2( 1, 3 );            // Aufruf Konstr. #2
FractInt fr3( 2 );               // Aufruf Konstr. #3
```

Die Implementierung der Konstruktoren liegt auf der Hand:

```
FractInt::FractInt()
{
  zaehler = 0;
  nenner  = 0;
}


FractInt::FractInt( int zaehler_in, int nenner_in )
{
  zaehler = zaehler_in;
  nenner  = nenner_in;
}

FractInt::FractInt( int zaehler_in )
{
  zaehler = zaehler_in;
  nenner  = 1;
}
```

Übung 17-4:

Kann man die Anzahl der benötigten Konstruktoren durch die Verwendung von Vorgabewerten reduzieren?

📖 Der Kopierkonstruktor

Der Vollständigkeit halber sei bereits hier ein weiterer, spezieller Konstruktortyp erwähnt. Der *Kopierkonstruktor* hat die Aufgabe, ein Objekt aus einem bereits bestehenden Objekt der gleichen Klasse zu initialisieren.

Mit einer Klasse mit Kopierkonstruktor sind folgende Objektdefinitionen möglich:

```
//-- Mit einem Kopierkonstruktor wären folgende
//   Initialisierungen möglich
//
FractInt fr4( fr3 );             // Aufruf Kopierkonstr.
FractInt fr5 = fr3;              // dito
```

Allerdings ist die naheliegende Definition des Kopierkonstruktors

```
class FractInt
{

public:

    FractInt( FractInt fr );        // Zulässig, aber nicht korrekt

    /* ... weitere Mitglieder von FractInt ... */

};
```

nicht korrekt und führt zu einer Fehlermeldung bei der Übersetzung.

Der Compiler lässt diese Konstruktion nicht zu, da sie zur Laufzeit zu einer Endlosschleife mit Stacküberlauf führen würde. Der Grund liegt in den Vorgängen bei der Übergabe von Objekten als Parameter an Funktionen. Dort wird nämlich - wie für normale Variablen auch - eine Kopie des Objekts auf dem Stack angefertigt, und dazu wird wiederum der Kopierkonstruktor verwendet, etc.

Die Lösung des Problems liegt in der Vermeidung der Kopie bei der Parameterübergabe. Dazu verwendet man den Referenzoperator in Verbindung mit der const-Deklaration. Wir werden auf die Vorgänge beim Kopieren von Objekten in Kapitel 20 (Objekte als Funktionsparameter und der Kopierkonstruktor) noch genauer eingehen und verschieben deshalb die weitere Diskussion des Kopierkonstruktors bis zu diesem Zeitpunkt.

Destruktoren

Ein Destruktor ist dadurch gekennzeichnet, dass er den gleichen Namen wie die Klasse selber mit einer vorangestellten Tilde (~) trägt sowie keinen Rückgabewert und keine Parameter definiert.

Durch die Tatsache, dass Destruktoren keine Parameter haben können, ist auch kein Überladen des Destruktors möglich. Eine Klasse kann also maximal einen Destruktor besitzen.

Im folgenden Beispiel ist die Klasse Person um einen Destruktor erweitert:

```
class Person
{
public:
    ~Person();              // Destruktor

    /* ... weitere Mitglieder von Person ... */

};
```

Der Destruktor wird automatisch aufgerufen, wenn ein Objekt ungültig wird. Dies ist bei Objekten auf dem Stack dann der Fall, wenn der Gültigkeitsbereich verlassen wird, also im allgemeinen bei der schließenden Klammer des Blocks, in dem das Objekt definiert wurde. Dies wird normalerweise das Ende einer Funktion (hierzu gehört auch `main`) sein.

```
int f()
{
  Person prs( "Meier", "Fritz" );

  /* ... weiterer Code ... */

} // <- automatischer Destruktoraufruf
```

Im Falle des `Person`-Klasse muss der Destruktor den vorher im Konstruktor zugewiesenen Speicherplatz wieder freigeben. Dies ist gefahrlos möglich, da für jedes existierende `Person`-Objekt vorher automatisch der Konstruktor aufgerufen wurde und die Zeiger somit einen gültigen Wert haben (den Spezialfall „kein Speicher mehr" betrachten wir hier zunächst nicht).

```
Person::~Person()
{
  free( name );
  free( vorname );
}
```

Destruktoren werden meist dann gebraucht, wenn ein Objekt dynamisch Speicherplatz angefordert hat, der bei der Zerstörung des Objekts wieder freizugeben ist, oder wenn z.B. noch Dateien offen oder andere Resourcen belegt sind.

📖 Impliziter Destruktor

Eine Klasse muss nicht unbedingt einen Destruktor deklarieren. Ist keiner vorhanden, wird automatisch (analog zum Impliziten Standardkonstruktor) ein *Impliziter Destruktor* (*implicit destructor*) erzeugt. Dieser hat für eine Klasse `X` die Implementierung

```
X::~X() {}          // Form des Impliziten Destruktors
```

ist also leer. Der Implizite Destruktor erhält jedoch eine Bedeutung wenn die Klasse selber Objekte anderer Klassen als Mitglieder besitzt sowie bei Ableitungen (s.u.).

📖 Expliziter Aufruf

Im Gegensatz zu Konstruktoren sind Destruktoren „richtige" Funktionen in dem Sinne, dass sie Adressen haben und somit auch explizit aufgerufen werden können. Normalerweise ist dies nicht erforderlich, da Destruktoren ja automatisch beim Verlassen des Gültigkeitsbereiches eines Objekts aufgerufen werden. Es gibt jedoch auch Situationen, in denen man einen expliziten Aufruf vorteilhaft verwenden kann. Folgendes Programmsegment zeigt, wie ein Destruktor explizit aufgerufen werden kann:

```
void f( X* x )
{
  x-> ~X();                     // expliziter Aufruf des Destruktors
}
```

📖 Lokale Objekte

Wir demonstrieren den automatischen Aufruf von Konstruktoren und Destruktoren mit Hilfe einer Klasse Test, deren Konstruktoren und Destruktoren nichts weiter tun, als eine Meldung auf dem Bildschirm auszugeben.

Wir definieren einige Objekte der Klasse Test innerhalb von Anweisungsblöcken und können an der Ausgabe erkennen, zu welchem Zeitpunkt Konstruktoren und Destruktoren aufgerufen werden.

```
class Test
{
  //-- Klasse benötigt keine Daten

public:

  //-- Konstruktoren und Destruktor geben nur eine Meldung· aus
  Test();
  Test( int i );
  ~Test();

};
```

```
Test::Test()
{
    cout << "Standardkonstruktor aufgerufen!" << endl;
}

Test::Test( int i )
{
    cout << "Konstruktor für int mit Wert " << i << " aufgerufen!" << endl;
}

Test::~Test()
{
    cout << "Destruktor aufgerufen!" << endl;
}
```

Folgende Funktion doSomething definiert ein lokales Objekt t. Das Objekt ist nur innerhalb von doSomething gültig, es wird ungültig, wenn die Funktion verlassen wird. Demzufolge wird bei der schließenden Klammer (nach der return-Anweisung) der Destruktor von t aufgerufen.

Beachten Sie bitte, dass während der Abarbeitung der return-Anweisung das Objekt noch gültig ist. Dies ist z.B. von Bedeutung, wenn man Daten eines Objekts aus einer Funktion zurückgeben möchte.

```
void doSomething()
{
    cout << "Start von doSomething" << endl;
    Test t;

    /* ... weitere Anweisungen für doSomething ... */

    cout << "Ende von doSomething" << endl;

}   // <-- hier wird automatisch der Destruktor
    // für t aufgerufen
```

Den Destruktoraufruf kann man sich in der schließenden Klammer der Funktion konzentriert denken. Folgendes Listing zeigt ein Programm zum Aufruf von doSomething und die sich ergebende Ausgabe:

```
void main()
{
    cout << "vor Aufruf von doSomething" << endl;
    doSomething();
    cout << "nach Aufruf von doSomething" << endl );
}
```

An der Ausgabe des Programms kann man den automatischen Aufruf von Konstruktoren und Destruktor erkennen.

```
vor Aufruf von doSomething
Start von doSomething
Standardkonstruktor aufgerufen!
Ende von doSomething
Destruktor aufgerufen!
nach Aufruf von doSomething
```

Lokale Objekte können in jedem Anweisungsblock definiert werden, also z.B. auch innerhalb von Schleifen, wie in diesem Programm:

```
for ( int i = 0; i < 3; i++ )
{
  Test t( i );

  /* ... weitere Anweisungen in der Schleife... */

} // <-- Destruktoraufruf bei jedem Schleifendurchgang
```

An der Ausgabe ist ersichtlich, dass bei jedem Schleifendurchlauf ein neues Test-Objekt definiert und wieder zerstört wird:

```
Konstruktor für int mit Wert 0 aufgerufen!
Destruktor aufgerufen!
Konstruktor für int mit Wert 1 aufgerufen!
Destruktor aufgerufen!
Konstruktor für int mit Wert 2 aufgerufen!
Destruktor aufgerufen!
```

📖 Statische Objekte

In C++ wird eine statische Variable in einer Funktion nur beim ersten Betreten der Funktion initialisiert und beim Verlassen der Funktion nicht zerstört. Im Falle von Objekten bedeutet dies, dass Objekte nur beim ersten Betreten der Funktion durch Konstruktoraufruf initialisiert werden. Ist ein Destruktor definiert, wird dieser erst nach Beendigung der Funktion main aufgerufen.

Folgendes Listing zeigt die Schleife aus dem letzten Abschnitt, jedoch wird t in doSomething nun statisch definiert:

```
void doSomething()
{
  cout << "Start von doSomething" << endl;

  static Test t;          // <- t nun static!

  /* ... weitere Anweisungen für doSomething ... */

  cout << "Ende von doSomething" << endl;
}
```

```
int main()
{

  cout << "Start Hauptprogramm" << endl;

  for ( int i = 0; i < 3; i++ )
  {

    cout << "vor Aufruf von doSomething" << endl;
    doSomething();
    cout << "nach Aufruf von doSomething" << endl;
  }
  cout << "Ende Hauptprogramm" << endl;
  return 0;
}
```

Die Ausgabe zeigt, dass t nur einmal erzeugt und erst nach Programmende wieder zerstört wird:

```
Start Hauptprogramm
vor Aufruf von doSomething
Start von doSomething
Standard-Konstruktor aufgerufen!
Ende von doSomething
nach Aufruf von doSomething
vor Aufruf von doSomething
Start von doSomething
Ende von doSomething
nach Aufruf von doSomething
vor Aufruf von doSomething
Start von doSomething
Ende von doSomething
nach Aufruf von doSomething
Ende Hauptprogramm
Destruktor aufgerufen!
```

Der Aufruf der Destruktoren statischer Objekte erfolgt auch, wenn das Programm mit exit beendet wird. Bei Beendigung mit abort werden die Destruktoren dagegen nicht aufgerufen.

📖 Globale Objekte

Globale Objekte werden analog zu globalen Variablen definiert. Der Standard fordert für globale Objekte, dass sie vor ihrer ersten Verwendung initialisiert und zumindest bis zu ihrer letzten Verwendung initialisiert bleiben. Alle bekannten Compiler implementieren diese Forderung allerdings so, dass die Objekte vor Eintritt in die Funktion main (also vor dem eigentlichen Programmanfang) initialisiert und nach Beendigung der Funktion main (nach dem eigentlichen Programmende) zerstört werden.

```
Test t;                      //-- t ist globales Objekt

int main()
{
  cout << "Start Hauptprogramm" << endl;
  cout << "Ende Hauptprogramm" << endl;
  return 0;
}
```

Ausgabe:

```
Standardkonstruktor aufgerufen!
Start Hauptprogramm
Ende Hauptprogramm
Destruktor aufgerufen!
```

Übung 17-5:

Definieren Sie ein globales Objekt vom Typ Test *und initialisieren Sie es mit dem Wert 5.*

Beachten Sie bitte, dass die Reihenfolge der Initialisierung globaler Objekte, die in unterschiedlichen Modulen definiert werden, durch die Sprache nicht festgelegt ist. Bei Programmen, die mehrere globale Objekte in unterschiedlichen Modulen definieren, kann man sich im Konstruktor eines globalen Objekts deshalb nicht darauf verlassen, dass andere globale Objekte schon existieren[109].

Der Aufruf der Destruktoren globaler Objekte erfolgt auch, wenn das Programm mit exit beendet wird. Bei Beendigung mit abort werden die Destruktoren dagegen nicht aufgerufen.

☐ Nicht-öffentliche Konstruktoren

Wie andere Mitgliedsfunktionen auch können Konstruktoren und der Destruktor als private, protected oder public deklariert werden. Aus dem Sinn von Konstruktoren und Destruktoren ergibt sich, dass diese Funktionen jedoch meist öffentlich sein werden.

Es gibt Situationen, in denen nicht-öffentliche Konstruktoren sinnvoll sind. Betrachten wir dazu die folgende Klasse:

```
class A
{
  A();                 // privater Konstruktor
  friend class B;

  /* ... weitere Mitglieder von A ... */

};
```

---

[109] Dies ist eine erhebliche Einschränkung bei der Verwendung programmweiter globaler Objekte. Es gibt jedoch Möglichkeiten, durch geeignete Programmierung die Reihenfolge doch zu bestimmen. Wir stellen die dazu erforderlichen Techniken in [Aupperle 2003] vor.

Ein Benutzer kann von A keine Objekte erzeugen, weil der Konstruktor privat und deshalb von außen nicht zugänglich ist. A hat jedoch einer Klasse B durch die Freund-Deklaration den Zugriff auf die privaten Mitglieder erlaubt. Mitgliedsfunktionen von B (und nur diese) können daher A-Objekte erzeugen.

Ein Anwendungsfall für eine solche Konstruktion ist z.B. eine lineare Liste. Die Klasse zur Repräsentation der Liste selber entspricht B, während die Listenknoten mit den Zeigern auf die zu verwaltenden Datenelemente der Klasse A entsprechen. Durch die privaten Konstruktoren in der Klasse für die Listenknoten wird erreicht, dass ausschließlich die List-Klasse Listenknoten erzeugen kann. Dies ist sinnvoll, da nur die Listenklasse selber weiß, wie sie mit ihren Knoten umzugehen hat. Ein Anwendungsprogramm wird niemals selber Listenknoten manipulieren.

📖📖 Objekte von Klassen als Datenmitglieder

Enthält eine Klasse Datenmitglieder, die selber Objekte von Klassen sind, spricht man in C++ gerne von *Komposition* (*composition*). Man kombiniert die Eigenschaften mehrerer anderer Klassen zu einer neuen Einheit, indem man die Klassen (als Datenmitglieder) in die neue Klasse aufnimmt. Diese Betrachtungsweise ist vor allem unter dem Gesichtspunkt der Wiederverwendbarkeit[110] von Bedeutung: Die neu zu erstellende Klasse verwendet bereits vorhandene Funktionalität der „Basis"-Klassen, indem sie diese als Datenmitglieder aufnimmt.

Betrachten wir als Beispiel wieder unsere Klasse Complex zur Darstellung einer komplexen Zahl aus zwei Elementen vom Typ FractInt.

```
class FractInt
{
  int zaehler, nenner;

public:
  FractInt();                              // Standardkonstruktor
  FractInt( int zaehler_in );              // Initialisierung mit ganzer Zahl
  FractInt( int zaehler_in, int nenner_in ); // Initialisierung mit Bruch

  void print();

};
```

---

[110] Die zweite Standardtechnik zur Wiederverwendung von Klassen ist die *Vererbung*, auf die wir in Kapitel 26 eingehen.

```
//-- Die Klasse Complex verwendet Objekte der Klasse FractInt
//    als Datenmitglieder
//
class Complex
{
  FractInt re, im;

public:
  Complex( int re_in_z, int re_in_n,          // Realteil
           int im_in_z, int im_in_n );        // Imaginärteil

  void print();

};
```

Hier greift die Klasse `Complex` auf die Funktionalität der `FractInt`-Klasse zurück, um ihre eigene Funktionalität zu implementieren.

Besonderer Beachtung bedarf die Initialisierung der Mitglieder `re` und `im`: Sie ist Aufgabe der `Complex`-Konstruktoren. Diese sollten jedoch nicht direkt die Datenmitglieder `zaehler` und `nenner` von `FractInt` besetzten, denn die Initialisierung von `FractInt`-Objekten ist Aufgabe eines `FractInt`-Konstruktors.

Der `Complex`-Konstruktor muss also einen `FractInt`-Konstruktor aufrufen, um `re` bzw. `im` zu initialisieren. In C++ wird dazu eine Initialisiererliste mit einer speziellen Notation verwendet. Der Aufruf der Konstruktoren für die Mitgliedsvariablen erfolgt noch vor der öffnenden Klammer des `Complex`-Konstruktors selber nach einem Doppelpunkt:

```
//-- Implementierung des Konstruktors für Complex
//
Complex::Complex(
  int re_in_z, int re_in_n,
  int im_in_z, int im_in_n )

  : re( re_in_z, re_in_n ),
    im( im_in_z, int im_in_n )

  {}
```

Dadurch wird sichergestellt, dass bei Eintritt in den Anweisungsteil eines Konstruktors (hier allerdings leer) bereits alle Konstruktoren für die Mitgliedsobjekte aufgerufen wurden.

Auch hier entscheiden Typ und Anzahl der Parameter über den aufzurufenden FractInt-Konstruktor. Folgendes Listing zeigt einen weiteren Complex-Konstruktor, der nur zwei Parameter hat, sowie den
Standardkonstruktor:

```
class Complex
{
public:
    Complex( int re_in, int im_in );        // nur ganze Zahlen
    Complex();                              // Standard-Konstruktor

    /* ... weitere Mitglieder von Complex ... */

};

//-- Auch hier bestimmen Anzahl und Typ der Parameter die
//   verwendeten Konstruktoren
//
Complex::Complex( int re_in, int im_in )

    : re( re_in ), im( im_in ) {}
```

Hier werden FractInt-Objekte mit ganzen Zahlen (Nenner = 1) initialisiert.

Einen besonderer Fall liegt vor, wenn der Standardkonstruktor von
FractInt verwendet werden soll. Statt z.B.

```
Complex::Complex() : re(), im() {}
```

kann man einfacher

```
Complex::Complex()  {}
```

schreiben, d.h. der explizite Aufruf der Standardkonstruktoren für re
und im kann weggelassen werden. Dadurch ergibt sich der Eindruck,
als ob der Complex-Konstruktor nur eine leere Funktion ist, die nichts
bewirkt. Man darf jedoch nicht vergessen, dass Konstruktoren automatisch die Standardkonstruktoren für die Mitglieder ihrer Klasse aufrufen, wenn diese nicht explizit initialisiert werden.

Ein unerwarteter Effekt

Dieses Weglassen der Initialisierung im Falle eines Standardkonstruktors kann zu unerwarteten Fehlermeldungen führen. Betrachten wir hierzu eine Klasse A, die keinen Standardkonstruktor besitzt, da der Programmierer explizit einen Konstruktor mit einem Argument angegeben hat.

```
class A
{
  int i;

public:
  A( int i_in );

};
```

In einer Klasse B soll ein Datenmitglied vom Typ A verwendet werden:

```
class B
{
public:
  B();                   // Standardkonstruktor

  A a;                   // Mitgliedsvariable ist Objekt der Klasse A
};
```

Der Konstruktor von B ist folgendermaßen implementiert:

```
B::B()
{
  /* ... beliebiger Code ... */
}
```

Hier soll also die Mitgliedsvariable a bewusst *nicht* initialisiert werden.

Zur Überraschung können nun von B keine Objekte gebildet werden. Die Anweisung

```
B b;           // Fehler!
```

liefert einen Fehler bei der Übersetzung.

Der Grund ist, dass im Konstruktor von B keine Initialisierung des Datenmitglieds a angegeben ist. Dies bedeutet automatisch, dass der Standardkonstruktor von A zur Initialisierung von a herangezogen wird. Da die Klasse A keinen solchen besitzt, kann die Initialisierung von b insgesamt nicht durchgeführt werden, die Definition des Objekts b ist somit nicht möglich.

Übung 17-6:

Ist es eine Lösung, den B-*Konstruktor als*

```
B::B()
{
  a.i = 0; // Zugriff auf die Mitgliedsvariable a

  /* ... beliebiger Code ... */
}
```

zu definieren?

Interessant ist, dass der gleiche Effekt auch auftritt, wenn B überhaupt keinen Konstruktor definiert. Definiert man die Klasse B z.B. als

```
class B
{
  A a;              // Mitgliedsvariable ist Objekt der Klasse A
};
```

kann man trotzdem nicht

```
B b;              // Fehler!
```

schreiben.

Da die Klasse B überhaupt keinen explizit definierten Konstruktor besitzt, ergänzt der Compiler einen *Impliziten Standardkonstruktor* (s.o.). Dieser hat wie oben dargestellt die Form

```
B::B() {}         // Form des Impliziten Standardkonstruktors
```

Dieser Konstruktor hat zwar keine Anweisungen, ruft jedoch die Standardkonstruktoren aller Mitgliedsvariablen auf. Da A eben keinen Standardkonstruktor besitzt, gibt es eine Fehlermeldung.

Übung 17-7:

Kann so etwas auch mit Destruktoren vorkommen?

📖 Ein unerwarteter Effekt – Teil II

Ähnlich gelagert ist der Fall, wenn Konstruktor und/oder Destruktor von A privat deklariert sind.

```
class A
{
  int i;

  A();          // Standardkonstruktor, jedoch privat

};
```

Die Klasse B bleibt unverändert:

```
class B
{
  A a;          // Mitgliedsvariable ist Objekt der Klasse A
};
```

Auch hier ist die Definition von Objekten der Klasse B nicht möglich. Die Anweisung

```
B b;          // Fehler!
```

ergibt einen Syntaxfehler bei der Übersetzung. Der Grund liegt wieder im Impliziten Standardkonstruktor von B. Dieser möchte den Standardkonstruktor von A aufrufen, der zwar existiert, aber für B (da privat deklariert) nicht zugänglich ist.

Übung 17-8:

Deklariert man den Standardkonstruktor in A öffentlich, können von B nun Objekte gebildet werden. Was passiert, wenn A zusätzlich einen privaten Destruktor erhält?

📖 Initialisierung für fundamentale Typen

Die Angabe einer Initialisierungsliste nach einem Doppelpunkt bei der Konstruktordefinition kann auch für Mitglieder einer Klasse angewendet werden, die fundamentale Typen sind. Diese Form wird in der Praxis manchmal verwendet, um anzuzeigen, dass es sich um eine *Initialisierung* im Gegensatz zu einer *Zuweisung* handelt. Ein Konstruktor für FractInt kann z.B. auch als

```
FractInt::FractInt( int zaehler_in, int nenner_in )

  : zaehler( zaehler_in ), nenner( nenner_in ) {}
```

anstelle der „normalen" Notation

```
FractInt::FractInt( int zaehler_in, int nenner_in )
{
  zaehler = zaehler_in;
  nenner = nenner_in;
}
```

geschrieben werden. Für fundamentale Datentypen sind beide Notationen gleichwertig.

📖   Klasse Person – Teil II

Bei der Einführung der Konstruktoren und Destruktoren haben wir eine Klasse Person als

```
class Person
{
  char* name;
  char* vorname;

public:
  Person( const char* name_in, const char* vorname_in );  // Konstruktor
  ~Person();
};
```

mit den Implementierungen des Konstruktors und Destruktors als

```
Person::Person( const char* name_in, const char* vorname_in )
{
  name    = strdup( name_in );
  vorname = strdup( vorname_in );
}

Person::~Person()
{
  free( name );
  free( vorname );
}
```

entwickelt. Durch die Verwendung von Konstruktor und Destruktor kann die Problematik der Resourcenaquisition und –freigabe elegant und sicher gelöst werden. Noch besser wäre es allerdings, wenn man sich in der Klasse selber um solche Dinge gar nicht erst kümmern müsste.

Die folgende Implementierung der Klasse Person2 verwendet zur Speicherung von Name und Vorname zwei string-Objekte:

```
struct Person2
{
  string name;
  string vorname;
public:
  Person2( const char* name_in, const char* vorname_in );
};
```

string ist eine Klasse, die einen Konstruktor für const char* besitzt. Der Person2-Konstruktor wird daher als

```
Person2::Person2( const char* name_in, const char* vorname_in )
  : name( name_in )
  , vorname( vorname_in )
{}
```

implementiert.

Das Interessante ist nun, dass Person2 keinen Destruktor mehr benötigt. Da kein Destruktor vorhanden ist, generiert der Compiler einen Impliziten Destruktor, der die Destruktoren aller Datenmitglieder aufruft: string ist selber für die Verwaltung seiner Resourcen zuständig und baut evtl. im Konstruktor allokierten Speicher selbständig wieder ab.

Im Endeffekt haben wir also die Verwaltung unseres Stringspeichers aus Person2 in eine Hilfsklasse verlagert. string erfüllt genau diesen Zweck: string-Objekte führen selbständig den zur Repräsentation der Zeichenketten benötigten Speicher. Das Angenehme dabei ist, dass die Klasse string bereits existiert – sie ist Teil der Standardbibliothek. Ähnliche Klassen gibt es auch für weitere Aufgaben, die mit Resourcenmanagement zu tun haben.

Beachten Sie bitte, dass ein Benutzer der Klasse Person von der Änderung der Repräsentation der Felder name und vorname nichts zu wissen braucht: die öffentlichen Mitglieder der Klasse sind unverändert geblieben, und nur diese stehen einem Aufrufer zur Verfügung. Dieser Gedanke führt zum Wunsch, die Schnittstelle (*interface*) einer Klasse möglichst klein zu machen und außerdem klar von deren Implementierung zu trennen. Bei Änderungen wird so die Wahrscheinlichkeit größer, dass nur die Implementierung (und damit nur eine oder wenige Klasse(n)) zu ändern ist.

Initialisierung und Zuweisung

In C++ wird streng zwischen *Initialisierung* und *Zuweisung* unterschieden. Eine Initialisierung findet ausschließlich bei der Definition einer Variablen statt, dagegen kann eine Zuweisung jederzeit notiert werden. Für Variablen ohne Konstruktoren besteht kein Unterschied zwischen Initialisierung und Zuweisung, für Variablen mit Konstruktoren dagegen schon.

Hat man etwa einen Konstruktor einer Klasse A als

```
A::A( T tNeu )
{
  t = tNeu;                 // Zuweisung an t
}
```

geschrieben, darf man nicht vergessen, dass für das Datenmitglied t zuerst der Standardkonstruktor aufgerufen wird, bevor die Zuweisung erfolgt. Ist T also eine (größere) Klasse mit einem aufwändigen Konstruktoren, definiert man besser einen *Kopierkonstruktor* für T und schreibt[111]

```
A::A( T tNeu ) : t( tNeu ) {}     // Initialisierung von t
```

Für Objekte mit Konstruktoren benötigt eine Initialisierung mit Parametern in der Regel weniger Resourcen als eine Initialisierung mit dem Standardkonstruktor gefolgt von einer Zuweisung. Für „einfache" Variablen ohne Konstruktoren und Destruktoren besteht nur ein theoretischer Unterschied zwischen Initialisierung und Wertzuweisung.

Felder von Objekten

Wird ein Feld (*array*) von Objekten definiert, werden die einzelnen Elemente des Feldes separat durch Aufruf eines geeigneten Konstruktors initialisiert.

Bei Feldern tritt an die Stelle eines einzelnen Initialisierungswertes nun eine Liste von Werten. Eine solche *Initialisiererliste* wird wie für fundamentalen Datentypen auch durch geschweifte Klammern gekennzeichnet. Alternativ ist die Angabe in runden Klammern möglich.

In den folgenden Abschnitten gehen wir auf einige häufig vorkommende Fälle etwas detaillierter ein.

Standardkonstruktor

Der einfachste Fall liegt vor, wenn die Klasse einen Standardkonstruktor definiert. Dann kann die Initialisiererliste komplett wegfallen.

---

[111] Auch diese Form ist für größere Klassen in der Regel noch nicht optimal. Wir kommen bei der Besprechung des Kopierkonstruktors in Kapitel 20 auf das Problem zurück.

Ein Feld mit fünf Objekten der Klasse `FractInt` kann daher wie folgt definiert werden:

```
//-- Ein Feld mit 5 Objekten, die mit dem Standardkonstruktor
//   initialisiert werden
//
FractInt fld[ 5 ];
```

Für jedes `FractInt`-Objekt wird der Standardkonstruktor aufgerufen. Wir können dies verifizieren, indem wir die Werte der fünf Objekte in einer Schleife ausdrucken:

```
//-- Zugriff auf die Feldelemente mit einer Schleife
//
for ( int i = 0; i < 5; i++ )
{
   fld[ i ].print();
}
```

Alternativ kann das Feld wie üblich auch mit einem Zeiger durchlaufen werden:

```
//-- Alternative Form der Schleife
//
FractInt* p = fld;
for ( i = 0; i < 5; i++, p++ )
{
   p-> print();
}
```

Die Ausgabe

```
Objekt hat keinen Wert!
Objekt hat keinen Wert!
Objekt hat keinen Wert!
Objekt hat keinen Wert!
Objekt hat keinen Wert!
```

zeigt in beiden Fällen, dass für jedes Objekt der Standardkonstruktor aufgerufen wurde (der ja die spezielle Wertekombination 0/0 verwendet, die dann von der print-Funktion erkannt wird und zu dem beobachteten Ergebnis führt).

Konstruktor mit einem Argument

Besitzt eine Klasse einen Konstruktor, der mit genau einem Argument aufgerufen werden kann, kann die Initialisiererliste aus Werten bestehen, die durch Kommata getrennt sind.

Die folgende Anweisung definiert ein Feld mit drei `FractInt`-Objekten. Für jedes Objekt wird der Konstruktor mit einem Argument aufgerufen.

```
//-- Ein Feld mit 3 Objekten mit einer Initialisiererliste
//
FractInt fld1[ 3 ] = { 1, 2, 3 };
```

Ist eine Initialisiererliste vorhanden, kann bei der Definition die Angabe der Anzahl der Feldelemente entfallen:

```
FractInt fld2[] = { 1, 2, 3 };
```

Auch die in C so beliebten Initialisierungen mit Listen von Stringkonstanten sind mit Konstruktoren möglich. Dazu ist ein Konstruktor mit einem Parameter vom Typ (const) char* erforderlich, wie er z.B. in der folgenden Klasse vorhanden ist:

```
class String
{
public:
    String( const char* str_in );

    /* ... weitere Mitglieder von String ... */

};
```

Ein Feld von drei `Strings` definiert und initialisiert man durch folgende Anweisung:

```
String msg[] =
{
   "Alles ok",
   "Diskettenschacht offen",
   "Diskette nicht formatiert"
};
```

📖 **Konstruktor mit mehr als einem Argument**

Möchte man an einen Konstruktor mehr als einen Wert übergeben, ist zusätzlicher Aufwand in der Initialisiererliste erforderlich, denn die folgende, naheliegende Konstruktion führt nicht zum Erfolg:

```
//-- Diese Konstruktion führt nicht zum Erfolg...
//
FractInt fld1[ 3 ] = { (1, 2), (1, 3), (1, 4) };   // Fehler!
```

Das Problem liegt in der Wirkungsweise des Komma-Operators. Die Ausdrücke einer durch Kommata getrennten Liste werden einzeln und unabhängig voneinander ausgewertet, das Ergebnis ist der Wert des letzten Ausdrucks.

Der Wert des Ausdrucks (1,2) ist somit einfach 2, und für diesen Wert wird der Konstruktor mit einem Argument aufgerufen. Die Initialisierung ist deshalb funktional identisch mit folgender Anweisung:

```
FractInt fld1[ 3 ] = { 2, 3, 4 };
```

Hier hilft nur die explizite Angabe des gewünschten Konstruktors in der Initialisiererliste:

```
FractInt fld2[] = { FractInt( 1, 2 ), FractInt( 1, 3 ), FractInt( 1, 4 ) };
```

Gemischte Initialisiererliste

Die einzelnen Elemente eines Feldes können mit unterschiedlichen Konstruktoren initialisiert werden. Die Klasse `FractInt` definiert Konstruktoren mit keinem, einem sowie mit zwei Argumenten. Die folgende Definition ist daher vollkommen legal:

```
//-- Ein Feld mit 4 Objekten die mit einer
//   gemischten Initialisiererliste initialisiert werden
//
FractInt fld[ 4 ] = { FractInt(1, 2), 3 };
```

Wir geben das Feld in einer Schleife aus, um die Initialisierung sichtbar zu machen:

```
for ( int i = 0; i < 4; i++ )
{
  fld[ i ].print();
}
```

Ausgabe:

```
1/2
3/1
Objekt hat keinen Wert!
Objekt hat keinen Wert!
```

Für das erste Feldelement wird der Konstruktor mit zwei Argumenten verwendet, für das zweite Element der Konstruktor mit einem Argument. Die letzten beiden Feldelemente werden mit dem Standardkonstruktor initialisiert, da die Initialisiererliste bereits erschöpft ist.

Ist kein Standardkonstruktor definiert, muss die Initialisiererliste exakt die richtige Anzahl Mitglieder haben.

Sind die entsprechenden Konstruktoren vorhanden, kann eine Initialisiererliste durchaus auch Ausdrücke unterschiedlicher Typen enthalten. Folgendes Listing zeigt eine Klasse A mit Konstruktoren für `int` und `char*`:

```
class A
{
public:

 A( int i );
 A( char* p );

 /* ... weitere Mitglieder von A ... */

};
```

Damit ist z.B. die Definition

```
A a[] = { 1, "ein String", 2 };
```

möglich.

⌂⌂ Dynamische Objekte

Objekte werden häufig dynamisch zur Laufzeit eines Programms erzeugt und wieder gelöscht. In C++ stehen zwar die aus C für die dynamische Speicherverwaltung verwendeten Funktionen `malloc`, `realloc` und `free` weiterhin zur Verfügung, sie sind jedoch zur dynamischen Erzeugung bzw. Zerstörung von Objekten ungeeignet.

Eine Anweisung wie z.B.

```
FractInt* p = (FractInt*) malloc( sizeof( FractInt ) );
```

stellt einen Speicherbereich in der Größe eines `FractInt`-Objekts bereit und liefert einen Zeiger darauf zurück. Das Anwendungsprogramm kann diesen unstrukturierten Speicherbereich beliebig interpretieren, in der Anweisung wird er als Objekt vom Typ `FractInt` interpretiert. Diese „Interpretation" wird ausgedrückt durch die Typwandlung des von `malloc` zurückgelieferten untypisierten Zeigers in einen Zeiger vom Typ `FractInt`.

Dadurch haben wir aber kein *Objekt erzeugt*, sondern nur einen passenden Speicherbereich *als Objekt interpretiert*. Dies ist ein wesentlicher Unterschied, denn zur Erzeugung eines Objekts gehört in C++ nicht nur die Bereitstellung eines ausreichend großen Speicherbereiches, sondern auch der Aufruf eines Konstruktors.

⌂ Die Operatoren new und delete

Zum dynamischen Erzeugen und Zerstören von Objekten werden in C++ die Operatoren `new` und `delete` verwendet. Diese Operatoren stellen sicher, dass neben der Allokation bzw. Rückgabe von Speicher auch ein Aufruf eines Konstruktors bzw. des Destruktors erfolgt.

Der Operator new erzeugt ein Objekt vom angegebenen Typ auf dem Heap und liefert einen Zeiger darauf zurück. In C++ schreibt man z.B.

```
FractInt* frp1 = new FractInt;
```

um ein Objekt vom Typ FractInt auf dem Heap zu erzeugen. Der Operator stellt ausreichend Speicherplatz bereit, anschließend wird ein Konstruktor (in diesem Fall der Standardkonstruktor) der Klasse aufgerufen, um den Speicherbereich zu initialisieren.

Analog wie bei der Erzeugung von Objekten auf dem Stack können auch bei dynamischen Objekten Konstruktoren mit Parametern verwendet werden. Die Parameter werden nach dem Klassennamen in runden Klammern angegeben:

```
FractInt* frp2 = new FractInt( 1, 2 );
FractInt* frp3 = new FractInt( 3 );
```

Die Notation mit dem Gleichheitszeichen ist hier allerdings nicht möglich, eine Anweisung wie

```
FractInt* frp5 = new FractInt = 3;        // Fehler!
```

führt zu einem Syntaxfehler bei der Übersetzung.

Beim Aufruf des Standardkonstruktors können optional die runden Klammern geschrieben werden:

```
FractInt* frp6 = new FractInt();          // Standardkonstruktor
FractInt* frp7 = new FractInt;            // Standardkonstruktor
```

Der Operator delete dient zur Zerstörung eines dynamisch erzeugten Objekts. Der Operator ruft zunächst den Destruktor auf (falls vorhanden) und gibt dann den allokierten Speicherbereich wieder frei.

Um eines der dynamisch allokierten FractInt-Objekte wieder freizugeben, schreibt man in C++ daher:

```
delete frp1;
```

Die Operatoren new und delete können wie die meisten C++-Operatoren klassenspezifisch oder global definiert sowie überladen werden[112]. Dadurch ergeben sich interessante Möglichkeiten z.B. zur Implementierung einer Speicherverwaltung mit besonderen Eigenschaften.

new und delete für Felder von Objekten

Mit `new` und `delete` können ganze Felder von Objekten in einem Schritt erzeugt und wieder gelöscht werden. Es gibt jedoch eine Einschränkung: Zur Initialisierung kann nur der Standardkonstruktor verwendet werden. Es ist also nicht möglich, ein dynamisch erzeugtes Feld von Objekten mit Parametern zu initialisieren.

Um ein Feld von drei `FractInt`-Objekten auf dem Heap zu erzeugen, schreibt man

```
FractInt* fld = new FractInt[ 3 ];        // Feld von 3 Objekten auf dem Heap
```

und um das ganze Feld wieder zu löschen

```
delete [] fld;
```

Beachten Sie die eckigen Klammern nach dem `delete`-Operator: Dadurch wird dem Compiler signalisiert, dass das ganze Feld zu löschen ist. Das Verhalten der Anweisung

```
delete fld;
```

ist in diesem Falle undefiniert.

Das Problem ist, dass der Zeiger `fld` prinzipiell auf ein einzelnes Objekt oder eben eine Folge von Objekten zeigen kann. In unserem Fall sind es drei Objekte, die im Speicher nacheinander angeordnet sind. Beim Löschen über die Anweisung

```
delete [] fld;
```

wird natürlich erwartet, dass für die richtige Anzahl an Objekten der Destruktor aufgerufen wird.

Wie viele Objekte sind nun durch die `delete`-Anweisung zu löschen? Das Ende des Feldes ist ja nicht (wie z.B. bei Zeichenketten) durch einen speziellen Wert codiert. Frühere C++-Versionen umgingen das

---

112 Die Definition von eigenen Operatoren *new* und *delete* behandeln wir in Kapitel 23 (Allokations- und Deallokationsfunktionen)

Problem, indem innerhalb der Klammern die Feldgröße anzugeben war. In unserem Fall hätte man also

```
delete [ 3 ] fld;        // Löschen von 3 Objekten auf dem Heap (alte Notation)
```

schreiben müssen, um den delete-Operator zum Löschen von drei aufeinanderfolgenden FractInt-Objekten zu veranlassen. Der Standard fordert jedoch, dass die Angabe der Dimension beim Löschen von dynamischen Feldern nicht mehr erforderlich sein darf. Der Compilerbauer muss die Dimension des Feldes daher bei der Erzeugung des Feldes irgendwo speichern. Meist erfolgt dies in einem (kleinen) Speicherbereich *vor* dem ersten Feldelement. Der Programmierer erhält als Ergebnis von new natürlich weiterhin einen Zeiger auf das erste Feldelement zurückgeliefert. Der delete - Operator kann dann die Dimension des Feldes aus dem Datenwort vor dem übergebenen Zeiger entnehmen, wenn er in der Variante mit den Klammern aufgerufen wird.

Aus dieser Tatsache folgt, dass ein mit new T[] allokiertes Feld von Objekten (vom Typ T) ausschließlich durch eine delete[]-Anweisung korrekt gelöscht werden kann. Eine Schleife wie z.B.

```
for ( int i=0; i<3; i++ )
    delete &fld[i];              // ???
```

funktioniert aus den folgenden beiden Gründen nicht:

❑ Das „vorgeschaltete" Datenelement zur Speicherung der Dimension wird nicht berücksichtigt.

❑ Der mit new als ein Block angeforderte Speicherbereich für das gesamte Feld wird mehrfach bzw. falsch an das Betriebssystem zurückgegeben. Das bringt jeden Heap-Manager durcheinander und führt in der Regel zum Absturz des Programms.

📖📖 Der this-Zeiger

Bei der Übersetzung einer Klassendefinition wird vom Compiler noch kein Speicherplatz für die Datenelemente der Klasse zugewiesen. Dies geschieht erst bei der Definition eines Objekts dieser Klasse. Daraus entsteht das Problem, dass bei der Übersetzung einer Mitgliedsfunktion der Klasse für die Datenelemente noch keine Adressen bekannt sind. Betrachten wir hierzu als Beispiel die Funktion FractInt::print:

```
void FractInt::print()
{
    cout << "Zähler: " << zaehler << " Nenner: " << nenner << endl;
}
```

Welche Adresse setzt der Compiler hier bei der Übersetzung für die Variablen zaehler bzw. nenner ein? Konkrete Adressen sind erst bekannt, wenn ein Objekt der Klasse gebildet wird:

```
FractInt f1( 1, 3 );
f1.print();
```

Hier müssen Adressen relativ zum Objekt f1 gebildet werden. Schreibt man dagegen mit einem anderen Objekt f2

```
f2.print();
```

müssen Offsets relativ zu f2 verwendet werden.

Objektorientierte Programmiersprachen lösen dieses Problem mit Hilfe eines Zeigers, der automatisch als zusätzlicher Parameter an eine Mitgliedsfunktion übergeben wird. In C++ hat dieser Zeiger den Namen this und wird vom Compiler automatisch definiert und mit der Adresse der jeweiligen Instanz besetzt.

Auf Systemebene ist die Funktion print daher deklariert als

```
void FractInt::print( FractInt* this );
```

Innerhalb der Funktion werden Zugriffe auf Klassenmitglieder der eigenen Klasse über den Zeiger this codiert. Die Anweisung

```
cout << "Zähler: " << zaehler << " Nenner: " << nenner << endl;
```

in FractInt::print wird vom Compiler übersetzt als

```
cout << "Zähler: " << this-> zaehler << " Nenner: " << this-> nenner << endl;
```

Der Compiler generiert allen erforderlichen Code automatisch, sodass der Programmierer sich darum nicht explizit kümmern muss. Der Zeiger kann jedoch vom Programmierer verwendet werden, falls dies erforderlich sein sollte. Der Standardfall hierfür ist das Zurückliefern einer Referenz auf das eigene Objekt durch eine Mitgliedsfunktion, wie es z.B. bei selbstdefinierten Operatoren einer Klasse[113] die Regel ist.

---

[113] Das Definieren eigener Funktionalität für Operatoren ist Thema des Kapitels 22 (Operatorfunktionen)

18 Projekt FixedArray

*In diesem Kapitel führen wir das Projekt FixedArray weiter, mit
dem Ziel, die Felder in C++ durch etwas Besseres zu ersetzen.*

📖📖 Das Problem

Felder haben einige Eigenschaften, die sich bei der Programmierung
komplexer Softwaresysteme unangenehm bemerkbar machen. Felder
sind keine *Objekte Erster Klasse (first class objects)*, sie können z.B.
nicht über eine Zuweisung kopiert werden, nicht als Parameter an
Funktionen übergeben werden, sie können nicht miteinander verglichen werden etc. Außerdem findet in fast allen Situationen eine sofortige Wandlung in den zugeordneten Zeigertyp statt.

Felder haben jedoch in der low-level Programmierung durchaus ihren
Sinn. Dort kann die mit den Nachteilen einhergehende Geschwindigkeit einfacher Felder von Vorteil oder sogar unabdingbar sein: man
muss allerdings genau wissen, was man tut. Für die Softwareentwicklung im Großen benötigen wir robustere Konstruktionen, die
auch nicht-Profis problemlos verwenden können.

📖📖 Der Ansatz

Wir haben in Kapitel 11 in der ersten Version des Projekts[114] bereits
eine Funktion `select` implementiert, die die fehlende Gültigkeitsprüfung des Index beim Feldzugriff implementiert hat. Man kann z.B.

```
int f[ 100 ];

select( f, 100, 0 ) = 10;

cout << select( f, 100, 0 ) << endl;
```

schreiben und erhält als Ergebnis den Wert 10.

Die Funktion `select` kann sowohl zum Lesen als auch zum Schreiben der Feldelemente verwendet werden, je nachdem, in welchem
Kontext sie verwendet wird. Wir haben dies durch die Verwendung
einer Referenz als Rückgabetyp der Funktion erreicht.

---

[114] Seite 260

In der ersten Version der Fallstudie in Kapitel 11 haben wir select als

```
int& select( int feld[], int dim, int index )
{
  if ( index < 0 || index >= dim )
  {
    cout << "*** index nicht im zulässigen Bereich!" << endl;
    exit( 1 );
  }

  //-- OK-Index ist zulässig
  //
  return feld[ index ];
}
```

definiert.

Die Prüfung auf zulässigen Index ist sicherlich sinnvoll, jedoch muss der Programmierer beim Aufruf von select jedes mal den maximal möglichen Index mit angeben. Bei Verwendung mehrerer unterschiedlicher Felder mit select ist dies eine Fehlerquelle erster Güte.

Zur Lösung verwenden wir eine Klasse, in der wir sowohl das Feld selber als auch die Dimension ablegen. Damit ist beides untrennbar verbunden, die Dimension steht bei jedem Feldzugriff zur Verfügung und kann geprüft werden.

Optimal wäre ein Ansatz wie hier skizziert:

```
class FixedArray
{
public:

  FixedArray( int dim_in );

  int dim;          // Dimension des Feldes
  int wert[ dim ];  // Das Feld selber

};
```

Die gewünschte Dimension wird im Konstruktor übergeben und zur Dimensionierung des internen Feldes wert verwendet. Der Konstruktor ist in der naheliegenden Weise implementiert:

```
FixedArray::FixedArray( int dim_in )
  : dim( dim_in )
  {}
```

Leider funktioniert dieser Ansatz nicht, da zur Dimensionierung eines Feldes eine *Übersetzungszeitkonstante* erforderlich ist. Die folgenden Zeilen ergeben eine Fehlermeldung bei der Übersetzung:

```
int x = 100;
int test[x];              // Fehler!
```

📖📖 Klasse FixedArray

Wenn man die Dimension im Konstruktor übergeben möchte, muss man das Feld dynamisch allokieren. Daraus ergibt sich folgende Definition der Klasse FixedArray:

```
class FixedArray
{
public:

  FixedArray( int dim_in );
  ~FixedArray();

private:
  int  dim;         // Dimension des Feldes
  int* wert;        // Das Feld selber
};
```

Speicherplatz für das Feld wird nun im Konstruktor allokiert:

```
FixedArray::FixedArray( int dim_in )
  : dim( dim_in )
{
  wert = new int[ dim ];
}
```

Wenn man im Konstruktor Speicher (allgemein: Resourcen) allokiert, benötigt man in der Regel auch einen Destruktor, der den Speicher (die Resourcen) wieder frei gibt. Für FixedArray sieht diese Freigabe der Resourcen folgendermaßen aus:

```
FixedArray::~FixedArray()
{
  delete[] wert;
}
```

Zum Zugriff auf die Feldelemente verwenden wir die bereits bekannte Funktion select, die nun natürlich als Mitgliedsfunktion ausgeführt wird:

```
class FixedArray
{
public:

  int& select( int index );

  /* ... weitere Mitglieder ... */
};
```

Beachten Sie bitte, dass select nun nur noch einen Parameter besitzt: das Feld selber sowie die Dimension sind ja bereits in der Klasse selber gespeichert und müssen deshalb nicht mehr übergeben werden.

Die Implementierung bleibt im Wesentlichen unverändert:

```
int& FixedArray::select( int index )
{
  if ( index < 0 || index >= dim )
  {
    cout << "*** index nicht im zulässigen Bereich!" << endl;
    exit( 1 );
  }

  //-- OK-Index ist zulässig
  //
  return wert[ index ];
}
```

📖📖 Ein Beispiel

Durch die Formulierung des Feldes als Klasse vereinfacht sich die Anwendung erheblich:

```
FixedArray feld1( 100 );                // Feld mit 100 Einträgen

feld1.select( 10 ) = 5;                 // Zuweisung an Element 10
cout << feld1.select( 10 ) << endl;     // Zugriff auf Element 10
```

Als Ergebnis der Ausgabe erhält man wie erwartet den Wert 5.

Vergleichen wir dazu noch einmal die Lösung mit klassischen Feldern:

```
int feld2[100];
feld2[10] = 5;                          // Zuweisung an Element 10
cout << feld2[10] << endl;              // Zugriff auf Element 10
```

Bis auf die runden Klammern bei der Definition sowie der etwas ungewöhnliche Feldzugriff über eine Funktion sind die Notationen der beiden Lösungen schon recht ähnlich.

Übung 18-1:

Der FixedArray*-Konstruktor übernimmt die Dimension des Feldes als Argument und fordert ausreichend Speicher an. Erweitern Sie den Konstruktor so, dass eine Plausibilitätsprüfung des Arguments stattfindet. Überlegen Sie dazu zuerst, welche Werte für die Dimension von Feldern plausibel bzw. nicht plausibel sein könnten und implementieren Sie dann die notwendigen Prüfungen.*

◫◫ Vergleich

Für Datentypen Erster Klasse sollte der Vergleich von Objekten zulässig sein. Anweisungen wie

```
if ( obj1 == obj2 ) ...          // Prüfung auf Gleichheit
```

bzw.

```
if ( obj1 != obj2 ) …            // Prüfung auf Ungleichheit
```

sollten also möglich sein.

Auch für den Vergleich von `FixedArray`-Objekten können geeignete Operatoren definiert werden, so dass obige Ausdrücke auch für `FixedArray`-Objekte gültig sind. Dieses Vorhaben verschieben wir jedoch auf Kapitel 22 (Operatorfunktionen), in dem wir die Operatorfunktionen besprechen und implementieren die Funktionalität hier zunächst in einer gewöhnlichen Mitgliedsfunktion:

```
class FixedArray
{
public:

   bool isEqual( const FixedArray& ); // Vergleich zweier Objekte

   /* ... weitere Mitglieder ... */

};
```

Beachten Sie bitte, dass

❑ wir in der Funktionsdeklaration den Argumentnamen weggelassen haben, da die Bedeutung des Arguments klar ist

❑ das Argument als Referenz übergeben wird. Dadurch wird bei der Parameterübergabe keine Kopie des Objekts erstellt

❑ die Referenz als Referenz auf const deklariert ist. Dadurch können auch konstante Objekte miteinander verglichen werden.

Die Implementierung liegt auf der Hand: Zwei `FixedArray`-Objekte sind gleich, wenn die Felder die gleichen Daten speichern. Daraus ergibt sich folgende Implementierung:

```
bool FixedArray::isEqual( const FixedArray& array_in )
{
  for ( int i=0; i<dim; i++ )
    if ( wert[i] != array_in.wert[i] )
      return false;

  return true;
}
```

Nun kann man z.B. etwas wie

```
FixedArray feld1( 100 );        // Feld mit 100 Einträgen
feld1.select( 10 ) = 5;         // Zuweisung an Element 10

FixedArray feld2( 100 );        // dito für ein weiteres Feld
feld1.select( 10 ) = 5;

if ( feld2.isEqual( feld1 ) )
  cout << "die Felder sind gleich!" << endl;
else
  cout << "die Felder sind nicht gleich!" << endl;
```

schreiben.

Übung 18-2:

Auf den ersten Blick sollte dieses Programmsegment den Text "die Felder sind gleich!" ausgeben. Trotzdem kommt meistens "die Felder sind nicht gleich!" heraus. Woran könnte das liegen?

Übung 18-3:

Die Implementierung der Funktion isEqual *besitzt noch einen wesentlichen Fehler: es wurde nicht bedacht, dass die beiden zu vergleichenden Objekte evtl. unterschiedliche Dimensionen haben können. Was passiert, wenn in obigem Beispiel die Dimension von* feld2 *größer als die von* feld1 *ist? Was passiert im umgekehrten Fall? Ändern Sie die Implementierung so ab, dass der Vergleich auch mit Objekten unterschiedlicher Dimension richtig funktioniert.*

⛯ Speichermangel

Ein Unterschied zwischen FixedArray und klassischen Feldern ist, dass FixedArray den benötigten Speicher dynamisch anfordert. Dabei kann natürlich die Situation eintreten, dass nicht mehr ausreichend Speicher allokiert werden konnte. Wie immer wenn dynamisch allokierter Speicher im Spiel ist, muss man sich überlegen, was bei Fehlschlagen einer Speicheranforderung passieren soll.

In unserem Fall haben wir nur eine einzelne Anforderung, und wenn diese fehlschlägt, ist das Objekt unbrauchbar.

Wir haben zur Speicherallokation im Konstruktor den Operator new verwendet:

```
wert = new int[ dim ];    // Speicherallokation mit Operator new
```

Wenn new nicht ausreichend Speicher allokieren kann, wird eine *Ausnahme* geworfen. Die Wirkung ist, dass das Programm nicht mit der nächsten Anweisung fortfährt, sondern einen *Handler* für die Ausnahme sucht und – falls ein solcher existiert – den Code dort ausführt. In der Praxis erreicht man dies durch Platzierung der betreffenden Anweisung (hier die Definition eines FixedArray-Objekts mit Konstruktoraufruf) in einem *try-Block*:

```
try
{
  FixedArray feld1( 100 );              // Feld mit 100 Einträgen
  feld1.select( 10 ) = 5;               // Zuweisung an Element 10
  cout << feld1.select( 10 ) << endl;   // Zugriff auf Element 10
}
catch ( bad_alloc& )
{
  cout << "Nicht mehr genügend Speicher!" << endl;
  exit(2);
}
```

Tritt nun in der Zeile

```
FixedArray feld1( 100 );              // Feld mit 100 Einträgen
```

eine Ausnahme auf Grund von Speicherplatzmangel auf, wird das Programm mit den Anweisungen

```
cout << "Nicht mehr genügend Speicher!" << endl;
exit(2);
```

fortgesetzt. Auf jeden Fall ist sichergestellt, dass ein nicht korrekt initialisiertes Objekt nicht verwendet werden kann.

Die Überlegungen, wie bei Fehlschlag von Resourcenanforderungen zu verfahren ist, gehört mit zum Design eines guten Programms. Die Mindestanforderung ist hier, dass das Programm *sicher* bleibt, dass also z.B. keine uninitialisierten Zeiger verwendet werden oder dass man nicht einfach davon ausgeht, dass in modernen Betriebssystemen Speicheranforderungen niemals fehlschlagen können. Wir kommen auf dieses sog. *Fehlerkonzept* einer Anwendung später noch einmal zurück, insbesondere wenn wir das *Werfen* und *Fangen* von *Ausnahmen* in Kapitel 37 besprechen werden.

☐☐ Klasse FixedArray und Schablone vector

Das Konzept eines Feldes ist so allgemein, dass auch die Standardbibliothek eine Feldklasse bereitstellt. Dort heißt sie vector, ist als

Schablone ausgeführt und entspricht vom Ansatz unserem derzeitigen Stand der Klasse `FixedArray`.

`vector` leistet jedoch noch wesentlich mehr: insbesondere kann die Dimension des Feldes während der Laufzeit verändert werden, d.h. das Feld kann dynamisch größer oder kleiner werden. Dieser Ansatz erfordert zwingend die Verwaltung eines dynamischen Speicherblocks geeigneter Größe. Bei Bedarf kann `vector` einen anderen Block anfordern und die benötigten Objekte kopieren. Dies ist z.B. erforderlich, wenn fortlaufend neue Objekte zum Feld hinzugefügt werden sollen.

Diese Forderung stellen wir für `FixedArray` nicht: wir wollen ein Feld definierter Größe, das während der Laufzeit nicht vergrößert oder verkleinert werden kann – ein Spiegel der C++-Felder eben, nur unter Vermeidung der Nachteile von diesen. Wir verwenden derzeit ebenfalls noch einen dynamischen Speicherbereich zur Implementierung der Klasse `FixedArray` – aber nur, bis wir in Kapitel 35 Schablonen eingeführt haben.

📖📖 Ausblick

Wir sind dem Ziel, aus den klassischen Feldern einen professionellen Datentyp zu machen bereits ein Stück weiter gekommen, indem wir das Feld in einer Klasse gekapselt haben. Zugriffe auf das Feld erfolgen nun über Mitgliedsfunktionen, in denen man alles Nötige implementieren kann. In Kapitel 22 (Operatorfunktionen) werden wir die Mitgliedsfunktionen dann noch durch die gewohnten Operatoren ergänzen und damit die Notation vereinfachen.

Ein wesentlicher Bereich, der nun noch fehlt, ist das Kopieren von `FixedArray`-Objekten. Man möchte z.B.

```
FixedArray feld1( 100 );          // Feld mit 100 Einträgen
feld1.select( 10 ) = 5;           // Zuweisung an Element 10

FixedArray feld2( feld1 );        // Initialisierung mit einem anderen Feld
...
feld2 = feld1;                    // Zuweisung
```

schreiben können. Für eine Klasse, die dynamischen Speicher verwaltet, sind dabei jedoch einige Dinge zu beachten, auf die wir in den folgenden Kapiteln eingehen werden.

19 const mit Klassen

Das Schlüsselwort const *kennzeichnet einen Typ oder ein Objekt als unveränderlich. Übersetzungzeit- und Laufzeitkonstanten fundamentaler Typen haben wir bereits besprochen. In diesem Kapitel betrachten wir eine weitere Bedeutung von* const*, die im Zusammenhang mit Klassen wichtig ist. Relativ neu in der Sprache sind der Typwandlungsoperator* const_cast *und das Schlüsselwort* mutable*, die eine bessere Handhabung von konstanten Daten in der Praxis erlauben.*

📖📖 Konstante Objekte

Objekte können wie fundamentale Daten als *Konstanten* deklariert werden. Hat man z.B. eine Klasse Test als

```
struct Test
{
    int    i;
    double d;
    char*  p;

    void doIt();
};
```

definiert, erzeugt man ein konstantes Objekt der Klasse z.B. durch folgende Anweisung:

```
const Test t;          // konstantes Objekt
```

Die Datenmitglieder[115] eines konstanten Objekts dürfen nach der Initialisierung nicht verändert werden. Anweisungen wie z.B. in

```
const Test t1;         // konstantes Objekt
Test t2;               // nicht konstantes Objekt

//-- Die Änderung von Mitgliedsvariablen eines konstanten Objekts
//   ist verboten!
//
t1.d = 3.1415;         // Fehler!
t1 = t2;               // dito
```

werden vom Compiler mit einer Fehlermeldung bedacht.

---

[115] Genauer: Die nicht als „mutable" deklarierten Mitgliedsvariablen. Die *mutable*-Deklaration besprechen wir später in diesem Kapitel.

Konstante Objekte sind grundsätzlich *Laufzeitkonstanten* und benötigen deshalb Speicherplatz zur Laufzeit. Da die Datenmitglieder des Objekts erst im Konstruktor ihre Werte erhalten, können diese nicht zum Übersetzungszeitpunkt berechnet werden, wie es für Übersetzungszeitkonstanten erforderlich wäre.

Beachten Sie bitte, dass im Konstruktor die *Zuweisung* an Datenmitglieder eines konstanten Objekts möglich ist: bis zum Abschluss des Konstruktors gilt das Objekt nicht als vollständig initialisiert. Erst nach Ablauf des Konstruktors erhält das Objekt seine const-Eigenschaft.

Folgendes Listing zeigt die Klasse `Test` mit einem Konstruktor:

```
struct Test
{
  Test();                    // Standardkonstruktor

  /* ... weitere Mitglieder von Test ... */
};
```

Auch mit der Formulierung des Konstruktors als

```
Test::Test()
{
  p = 0;                     // Initialisierung der Mitgliedsvariablen p
}
```

sind konstante `Test`-Objekte möglich:

```
const Test t;                // OK
```

📖📖 Konstante Mitgliedsfunktionen

Das Konstantheitsgebot kann auch nicht über die Mitgliedsfunktionen umgangen werden. Die Funktion `doIt` der obigen Klasse `Test` könnte z.B. folgendermaßen implementiert sein:

```
void Test::doIt()
{
  i = 92;
}
```

Wäre der Aufruf von `doIt` für ein konstantes Objekt möglich, könnte man auf diesem Weg die Daten des Objekts verändern – was ja gerade nicht erlaubt sein soll.

In C++ ist daher der Aufruf von „normalen" Mitgliedsfunktionen wie `doIt` in unserem Beispiel für konstante Objekte verboten. Die Anweisungen

```
const Test t1;
t1.doIt();                   // <- FEHLER!
```

führen zu einer Fehlermeldung bei der Übersetzung. Selbstverständlich ist der Aufruf für nicht-konstante Objekte erlaubt:

```
Test t2;
t2.doIt();          // OK
```

Aus Sicherheitsgründen lässt der Compiler den Aufruf von Mitgliedsfunktionen wie doIt für konstante Objekte grundsätzlich nicht zu. Kann man dann überhaupt Funktionen für konstante Objekte aufrufen? Man kann, jedoch muss man diejenigen Funktionen speziell kennzeichnen, die keine Änderungen durchführen. Weiß man z.B. von obiger Funktion doIt, dass sie nur lesend auf Mitgliedsdaten zugreift, könnte man die Anweisungen

```
const Test t1;
t1.doIt();          // erlaubt, wenn doIt nichts verändert
```

durchaus erlauben – das Objekt würde ja nicht verändert. Für die erforderliche Kennzeichnung der Funktion als „read-only" wird ebenfalls das Schlüsselwort const verwendet, das hier der Funktionsdeklaration nachgestellt wird.

Schreibt man z.B.

```
struct Test
{
    //-- Konstante Mitgliedsfunktion, darf keine Daten ändern
    //
    void doIt2() const;

    /* ... weitere Mitglieder von Test ... */
};
```

darf doIt2 keine Mitgliedsdaten der Klasse ändern. doIt2 wird auch als *konstante Mitgliedsfunktion* bezeichnet.

Der Compiler stellt sicher, dass eine konstante Mitgliedsfunktion keine Datenmitglieder ändert. Die folgende Implementierung von doIt2 ist aus diesem Grunde falsch und führt zu einer Fehlermeldung bei der Übersetzung:

```
void Test::doIt2() const
{
    i = 0;          // Fehler!
}
```

Konstante Mitgliedsfunktionen werden meist verwendet, um Daten auszugeben oder bereitzustellen.

```
void Test::doIt2() const
{
  cout << "Der Wert von i ist: " << i << endl;    // OK
}
```

In einem Programm kann die Anwendung einer konstanten Mitgliedsfunktion auf konstante Objekte problemlos erlaubt werden, da ja bereits der Compiler sicherstellt, dass nichts verändert wird. Im Endeffekt ist für konstante Objekte sogar *ausschließlich* der Aufruf konstanter Mitgliedsfunktionen zulässig.

Hat man also

```
struct Test
{
  void doIt();
  void doIt2() const;

  /* ... weitere Mitglieder von Test ... */
};
```

definiert, ist

```
const Test t1;
t1.doIt();       // Fehler!
```

verboten,

```
t1.doIt2();      // OK
```

jedoch erlaubt. Auf diese Weise kann effektiv verhindert werden, dass Daten konstanter Objekte über Mitgliedsfunktionen geändert werden.

Für die Praxis ist festzuhalten, dass man bei der Implementierung einer Klasse grundsätzlich alle Mitgliedsfunktionen, die keine Daten ändern, als konstant deklarieren sollte. Der Aufrufer sieht dann sofort, dass sein Objekt unverändert bleiben wird, wenn er die Funktion aufruft.

📖📖 Konstante Datenmitglieder

C++ Klassen können konstante Datenmitglieder definieren:

```
class X
{
public:
  X( int new_i );

private:
  const int i;
};
```

Genauso wie jede andere Konstante muss auch i initialisiert werden. Initialisierung ist Aufgabe des Konstruktors:

```
X::X( int new_i )
  : i( new_i ) {}
```

Beachten Sie bitte, dass es sich hierbei um eine *Initialisierung* und nicht um eine *Zuweisung* handelt. Initialisierungen werden vor der öffnenden Klammer des Konstruktors geschrieben. Folgende Version des Konstruktors ist aus zwei Gründen falsch:

```
X::X( int new_i )
{
  i = new_i;          // Fehler!
}
```

Zum einen wird die Konstante i nicht initialisiert, zum andern wird versucht, der Konstanten einen Wert zuzuweisen.

📖📖 Laufzeit- und Übersetzungszeitkonstanten

Im letzten Beispiel ist die Konstante i eine *Laufzeitkonstante*, d.h. sie erhält zur Laufzeit des Programms (nämlich im Konstruktor) einen Wert. Manchmal wünscht man sich jedoch *Übersetzungszeitkonstanten*, z.B. wenn man sie zur Definition von Feldern verwenden will. Folgende Konstruktion ist nicht möglich:

```
class X
{
  const int i;
  char str[ i ];   // Fehler!

  /* ... weitere Mitglieder von X ... */
};
```

Bei näherer Betrachtung ist dies auch verständlich, denn i bekommt ja erst im Konstruktor einen Wert. Die Größe des Feldes str muss jedoch bereits zur Übersetzungszeit festliegen. Als Lösung bietet C++ neben den Laufzeitkonstanten auch Übersetzungszeitkonstanten als Datenmitglieder von Klassen an.

Der Compiler erkennt den Unterschied an der Art der Initialisierung: Übersetzungszeitkonstanten werden nicht im Konstruktor, sondern direkt innerhalb der Klassendefinition initialisiert und müssen außerdem statisch sein[116]:

---

[116] Statische Mitglieder von Klassen sind Thema des Kapitel 21 (Statische Klassenmitglieder). Einige aktuelle Compiler (darunter auch MSVC) haben dieses

```
class X
{
  static const int i = 10;      // Übersetzungszeitkonstante
  char str[ i ];                // OK

  /* ... weitere Mitglieder von X ... */
};
```

Nun ist eine Definition des Feldes str möglich.

📖📖 Der enum-Trick

Nicht alle aktuellen Compiler unterstützen Übersetzungszeitkonstanten in Klassen. Für diese Fälle kann man sich jedoch die Tatsache zunutzen machen, dass die Mitglieder eines Aufzählungstyps Übersetzungszeitkonstanten sind. Folgende Version funktioniert immer:

```
class X
{
  enum { i=10 };                // i ist hier Übersetzungszeitkonstante
  char str[ i ];                // OK

  /* ... weitere Mitglieder von X ... */
};
```

📖📖 Überladen auf Grund von const

Funktionen können überladen werden, wenn die einzelnen Varianten unterschiedliche Signaturen haben. Bekannt ist, dass neben dem Funktionsnamen die Anzahl der Parameter und deren Typen die Signatur beeinflussen.

Weniger bekannt ist allerdings, dass bei einer Mitgliedsfunktion auch die const-Deklaration in die Signatur eingeht. Die folgende Klassendefinition deklariert zwei Funktionen mit dem Namen f ohne Parameter – eine davon allerdings als konstante Mitgliedsfunktion:

```
struct X
{
  void f();          // Variante #1
  void f() const;    // Variante #2
};
```

Bei einem Aufruf von f entscheidet der Compiler an Hand des Objekts, welche Funktion gerufen wird:

❑ für konstante Objekte wird die konstante Mitgliedsfunktion (#2) verwendet

---

Sprachmittel nicht implementiert und liefern daher eine Fehlermeldung bei der Übersetzung.

❑ für nicht-konstante Objekte wird die nicht-konstante Variante (#1) verwendet.

Folgendes Programmsegment demonstriert diese Auflösungsregel:

```
      X x1;              // nicht-konstantes Objekt
const X x2;              // konstantes Objekt

x1.f();                 // ruft nicht-konstante Variante (#1)
x2.f();                 // ruft konstante Variante (#2)
```

Die gleiche Regel gilt auch, wenn der Aufruf über Verweise (Zeiger oder Referenzen) erfolgt:

```
void g( X& r1, const X& r2 )
{
  r1.f();               // ruft nicht-konstante Variante (#1)
  r2.f();               // ruft konstante Variante (#2)
}
```

Wir werden später Anwendungsfälle sehen, bei denen dieses *Überladen auf Grund von const* sinnvoll eingesetzt werden kann.

📖📖 Das Schlüsselwort mutable

📖 Das Problem

Es gibt Situationen, in denen ein Objekt Datenmitglieder hat, die auch bei einem konstanten Objekt veränderbar bleiben sollen. Betrachten wir dazu noch einmal unsere Klasse `FractInt`, die für dieses Beispiel mit einer zusätzlichen Funktion `calculateValue` ausgerüstet wird. Die Funktion soll den Wert des Bruches als Fließkommazahl liefern.

```
//-------------------------------------------------------------
//          class FractInt
//
class FractInt
{
public:
  double calculateValue() const;

private :
  int zaehler;
  int nenner;

  /* ... weitere Mitglieder FractInt ... */

}; // FractInt
```

```
//-------------------------------------------------------------------
//        FractInt::calculateValue
//
double FractInt::calculateValue() const
{
  return (double)zaehler/nenner;
} // calculateValue
```

Übung 19-1:

Warum erfolgt in der `return`*-Anweisung eine Typwandlung auf* `dou-`
`ble`*? Könnte man nicht einfacher*

```
return zaehler/nenner;
```

schreiben und den Compiler die Wandlung implizit durchführen las-
sen?

Da `calculateValue` keine Daten ändert, wird die Funktion als konstant deklariert und kann so problemlos auf konstante Objekte angewendet werden:

```
const FractInt f( 1, 3 );
double result = f.calculateValue(); // OK
```

Nehmen wir nun an, dass in einem hypothetischen Programm die
Funktion `calculateValue` extrem oft aufgerufen wird, und dass sich
das Objekt zwischen den Aufrufen selten ändert. Die Berechnung des
Wertes führt daher immer zum gleichen Ergebnis, weil ja die Ausgangswerte unverändert sind.

📖 Die Cache-Technik

Eine Möglichkeit, die andauernde Neuberechnung des Ergebnisses
einzusparen, bietet die *Cache-Technik*. Ein Cache ist ein Zwischen-
speicher für bereits fertiggestellte Ergebnisse, die – einmal berechnet
– für mehrfache Abholung bereitstehen.

Der im Cache zu speichernde Wert ist hier das Ergebnis der Division
von Zähler und Nenner. In diesem Beispiel würde man dafür keinen
Cache einrichten, da die Division zweier Fließkommazahlen normalerweise kein Problem darstellt. Die Division soll jedoch stellvertretend für kompliziertere Berechnungen stehen, die man nicht jedes
Mal durchführen will.

Zur Implementierung der Cache-Technik benötigt man folgende Zutaten:

❏ Eine Variable, die den Cache repräsentiert (hier also einen zusätzlichen double-Wert)

❏ Eine Möglichkeit, festzustellen, ob der Cache gültig ist, oder ob eine Neuberechnung erfolgen muss.

Wir erweitern die Klassendefinition daher um eine Variable, die ein einmal berechnetes Ergebnis speichern kann sowie um ein Flag, das die Gültigkeit dieses Ergebnisses anzeigt:

```
//-------------------------------------------------------------------
//          class FractInt
//
class FractInt
{
public:
  FractInt( int zaehler_in, int nenner_in = 1 );

  double calculateValue();

private:
  int zaehler;
  int nenner;

  //-- cache-Implementierung
  //
  bool valid;        // true: cache ist gültig
  double value;      // cache-Inhalt, wenn valid true ist, ansonsten undefiniert

  /* ... weitere Mitglieder FractInt ... */
};
```

Die Funktion calculateValue wird folgendermaßen umformuliert:

```
double FractInt::calculateValue()
{

  if ( valid )
    return value;

  //-- cache ungültig. Neuberechnung!
  //
  value = (double)zaehler/nenner;
  valid = true;

  return value;
}
```

Der wesentliche Unterschied zur ursprünglichen Version von calculateValue ist, dass die Funktion nun den früher ermittelten Wert verwendet, sofern dieser schon berechnet wurde. Wenn der Wert noch nicht berechnet wurde, führt die Funktion die Rechnung durch und merkt sich zusätzlich das Ergebnis.

Eine letzte Frage bleibt: wie erkennt man, dass der Cache ungültig geworden ist? Um dies zu entscheiden muss man die Ausgangsdaten der Berechnung beobachten: jede Änderung hier muss zu einer Invalidierung des Caches führen. Dies ist ein weiterer Grund, Daten als privat zu deklarieren: Änderungen an `zaehler` und `nenner` können nur innerhalb der Mitgliedsfunktionen erfolgen. Es reicht also aus, alle Mitgliedsfunktionen durchzusehen und überall dort, wo eine Änderung erfolgen kann, die Variable `valid` auf `false` zu setzen.

Besserer Stil ist es allerdings, das Setzen der Variablen in eigene Funktionen auszulagern:

```
class FractInt
{
public:

    void setZaehler( int );
    void setNenner( int );
    void setValue( int zaehler_in, int nenner_in );

    /* ... weitere Mitglieder FractInt ... */
};
```

Die einzige (Zusatz-)leistung der Implementierung dieser Funktionen ist die Berücksichtigung des `valid`-Flags:

```
void FractInt::setZaehler( int zaehler_in )
{
    zaehler = zaehler_in;
    valid = false;
}
```

Die Funktion zum Setzen des Nenners ist analog implementiert.

Übung 19-2:

Implementieren Sie die Funktion setNenner *analog zu* setZaehler. *Berücksichtigen Sie in einem zweiten Schritt, dass nicht alle Werte für Nenner von Brüchen sinnvoll sind und implementieren Sie entsprechende Abfragen.*

Übung 19-3:

Implementieren Sie die Funktion setValue.

Die skizzierte Lösung hat zwei Vorteile, die sie für die Programmierung äußerst interessant machen:

❑ Die aufwändige Berechnung eines Wertes wird erst dann durchgeführt, wenn der Wert *tatsächlich benötigt wird* (also wenn der Nutzer `calculateValue` aufruft). Wird `calculateValue` nicht aufgerufen, wird die zeitaufwändige Berechnung überhaupt nicht durchgeführt.

❑ Der mehrfache Aufruf von `calculateValue` führt nicht zu mehrfacher Berechnung, sofern das Objekt zwischen den Aufrufen unverändert bleibt.

Entsprechend häufig findet man Cache-Techniken auch in Programmen aus der Praxis.

Die Lösung in ihrer jetzigen Form hat jedoch einen Nachteil, der ihre Verwendung erheblich beeinträchtigt. Die Funktion `calculateValue` kann nicht als konstante Mitgliedsfunktion ausgeführt werden, da sie ja die Datenmitglieder `value` und `valid` ändern muss. Andererseits ist die Funktion aus Sicht des Anwenders sicherlich als konstant zu betrachten, da sie ja nur einen Wert berechnet und die „eigentlichen" Mitgliedsvariablen `zaehler` und `nenner` unverändert lässt. Es wäre schade, wenn nur wegen einer *Optimierung* auf das const verzichtet werden müsste. Es ist schwer einzusehen, dass Anweisungen wie

```
void f( const FractInt* f )
{
  double d = f-> calculateValue();        // Fehler!
  /* ... */
}
```

nicht möglich sein sollen.

📖 Lösung mit mutable

Zur Lösung dieses Dilemmas wurde das Schlüsselwort `mutable` eingeführt. Ein als `mutable` deklariertes Datenelement einer Klasse kann auch dann verändert werden, wenn das Objekt konstant ist.

Zur Lösung unseres Problems muss man also value und flag als
mutable deklarieren:

```
class FractInt
{

  /* ... weitere Mitglieder FractInt ... */

private:
  int zaehler;
  int nenner;

  //-- cache-Implementierung
  //
  mutable bool valid;      // true: cache ist gültig
  mutable double value;    // cache-Inhalt, wenn valid true ist,
                           //    ansonsten undefiniert
};
```

Nun kann auch calculateValue wieder konstant deklariert werden
und somit für konstante Objekt aufgerufen werden. Mit dieser Form
der Klasse ist die Konstruktion

```
void f( const FractInt* f )
{
  double d = f-> calculateValue(); // OK
  /* ... */
}
```

erlaubt.

Übung 19-4:

Schreiben Sie eine Klasse Rectangle, *die ein Rechteck repräsentieren
soll. Das Recheck soll intern durch zwei Koordinaten (d.h. vier (positive)* int-*Werte) repräsentiert werden. Schreiben Sie eine Funktion, die
den Flächeninhalt des Rechtecks zurückliefert, und verwenden Sie dazu die Cache-Technik.*

Übung 19-5:

Schreiben Sie eine Klasse Point, *die einen (zweidimensionalen)
Punkt beschreibt. Verwenden Sie* Point, *um* Rectangle *zu implementieren. Wo sind die Unterschiede zur Implementierung aus der
letzten Übung?*

📖   Lösung durch const-cast-away

Vor der Einführung von `mutable` bestand die einzige Möglichkeit, das gewünschte Verhalten zu erreichen, in einer expliziten Typwandlung, wie in dieser Implementierung von `calculateValue` gezeigt:

```
double FractInt::calculateValue() const
{
    //-- cache ungültig. Neuberechnung!
    //
    FractInt* self = (FractInt*)this;          // const-cast-away

    self-> value = (double)zaehler/nenner;
    self-> valid = true;

    return value;
}
```

In einer konstanten Mitgliedsfunktion der Klasse `FractInt` hat der Zeiger `this` die Deklaration

```
const FractInt* const this;
```

d.h. `this` ist selber konstant und zeigt auf ein als konstant zu betrachtendes Objekt. Wir benötigen jedoch ein veränderbares Objekt und entfernen deshalb das `const` durch eine explizite Typwandlung:

```
FractInt* self = (FractInt*)this;          // const-cast-away
```

bzw. moderner mit dem dafür vorgesehenen Wandlungsoperator:

```
FractInt* self = const_cast<FractInt*>( this ); // const-cast-away
```

Über `self` sind nun die Änderungen der Mitgliedsvariablen möglich:

```
self-> wert = calculateValueIntern();
self-> flag = 1;
```

Das Wegcasten der const-Eigenschaft des eigenen Objekts macht also aus der konstanten Mitgliedsfunktion eine nicht-konstante Form. Obwohl dies funktioniert ist es schlechter Stil und sollte in neueren Programmen nicht verwendet werden. Wir haben das Beispiel vor allem deshalb hier betrachtet, da man die Technik noch manchmal in älteren Programmen findet[117].

---

[117]   Das Schlüsselwort *mutable* ist erst relativ spät in den Sprachumfang von C++ aufgenommen worden

📖   Einige Besonderheiten

Ein Datenmitglied kann nicht gleichzeitig const und mutable deklariert werden. Die folgende Deklaration von i ist daher falsch:

```
struct Test
{
  mutable const int i;          // Fehler
  mutable const char* p;        // OK
};
```

Die Deklaration von p ist dagegen korrekt. Sie besagt, dass die Variable p mutable sein soll und das Objekt, auf das p zeigt, konstant. Die Schlüsselworte mutable und const beziehen sich in diesem Fall auf unterschiedliche Datenobjekte. Ebenfalls falsch wäre natürlich

```
mutable char* const p;          // Fehler
```

da hier der Zeiger p sowohl const als auch mutable deklariert würde.

20 Objekte als Funktionsparameter: Der Kopierkonstruktor

Allgemein dienen Konstruktoren der Initialisierung eines Objekts. Konstruktoren können mit beliebigen Argumentlisten deklariert werden. Eine besondere Rolle spielen dabei die beiden folgenden Konstruktortypen: Der Standardkonstruktor *ohne Argumente, den wir in Kapitel 17 behandelt haben, sowie der* Kopierkonstruktor, *der Thema dieses Kapitels ist.*

Der Kopierkonstruktor

Der Übergabe (bzw. analog der Rückgabe) von Objekten an/von Funktionen muss in C++ besondere Aufmerksamkeit gewidmet werden. Falsches oder unglückliches Design in diesem Bereich kann zu erheblichen Effizienzverlusten führen. Die weitverbreitete Meinung, dass „C++ langsamer als C"[118] ist, rührt zum großen Teil von der Nichtbeachtung einiger Regeln bei der Parameterübergabe bzw. – rückgabe in C++ her.
Wir werden in diesem Kapitel die bei der Parameterübergabe bzw. -rückgabe von Objekten an/von Funktionen ablaufenden Vorgänge genau analysieren und Hinweise zur effizienten Implementierung geben. Zentrale Rolle spielt dabei der *Kopierkonstruktor*, mit dem wir uns als erstes befassen.

Allgemeine Form des Kopierkonstruktors

Für eine Klasse x heißt ein Konstruktor, der mit einem Objekt der eigenen Klasse als Argument aufgerufen werden kann, *Kopierkonstruktor* (*copy-constructor*, manchmal auch als *copy-initializer* bezeichnet). Normalerweise wird dieser Konstruktor als

```
X( const X& );
```

deklariert. Das Schlüsselwort const bedeutet wie üblich, dass die Implementierung desKonstruktors das Argument nicht verändern darf.

Die folgende Anweisung deklariert ebenfalls einen gültigen Kopierkonstruktor:

```
X( X&, int n=0 );
```

---

118 Gemeint ist der Laufzeitbedarf des übersetzten Programms.

Hier wird das Objekt, das zur Initialisierung verwendet werden soll, nicht als Referenz auf const deklariert, außerdem ist ein weiterer Parameter vorhanden. Trotzdem sind aber Formulierungen wie

```
X x1;
X x2( x1 );        // Initialisierung mit Kopierkonstruktor
```

möglich – und solange die Initialisierung mit einem Objekt der eigenen Klasse möglich ist, handelt es sich um einen Kopierkonstruktor.

Das folgende Listing zeigt die Klasse `Complex` aus früheren Kapiteln, erweitert um einen Kopierkonstruktor:

```
class Complex
{
public:
   Complex( double re_in, double im_in );
   Complex( const Complex& );          //    Kopierkonstruktor

private:
   double re, im;
};
```

Die Implementierung des Konstruktors liegt auf der Hand. Er kopiert die Daten des vorhandenen Objekts in das zu initialisierende Objekt:

```
Complex::Complex( const Complex& c_in )
{
  re = c_in.re;
  im = c_in.im;
}
```

In der Praxis sieht man häufig auch folgende Implementierung:

```
Complex::Complex( const Complex& c_in ) // zweite Form des Kopierkonstruktors
   : re( c_in.re )
   , im( c_in.im )
{}
```

Dadurch wird deutlicher notiert, dass es sich um eine *Initialisierung* der Datenmitglieder handelt. Für fundamentale Typen wie `double` resultieren beide Formulierungen in gleichem Code.

Im folgenden Programmsegment wird der Kopierkonstruktor aufgerufen, um die Objekte `c2` und `c3` aus `c1` zu initialisieren:

```
Complex c1( 1.0, 2.0 );

//-- In beiden Fällen wird der Kopierkonstruktor aufgerufen
//
Complex c2( c1 );
Complex c3 = c1;
```

📖 Der Implizite Kopierkonstruktor

Definiert eine Klasse keinen Kopierkonstruktor, wird vom Compiler automatisch ein *Impliziter Kopierkonstruktor (implicit copy-constructor)* ergänzt, der alle Datenmitglieder Element für Element initialisiert. Der Konstruktor hätte also genau die Implementierung wie die zweite Form unser explizit programmierter Kopierkonstruktor für `Complex` aus dem letzten Abschnitt.

Die explizite Programmierung eines Kopierkonstruktors ist daher eigentlich nur dann erforderlich, wenn die elementweise Initialisierung nicht korrekt wäre. Dies ist regelmäßig (aber nicht nur) bei Klassen der Fall, die Resourcen verwalten (wie z.B. dynamisch allokierter Speicher).

📖 Zusammen gesetzte Objekte

Hat eine Klasse Mitglieder, die selber wieder Klassen sind, wird der Kopierkonstruktor normalerweise die Kopierkonstruktoren seiner Mitglieder aufrufen. Als Beispiel verwenden wir noch einmal die Klasse `Complex`, deren Datenmitglieder hier allerdings `FractInt`-Objekte sind. Wir haben die Klassen hier bereits mit Kopierkonstruktoren ausgerüstet:

```
//-- Die Klasse Complex verwendet Objekte der Klasse FractInt
//    als Datenmitglieder
//
class Complex
{
public:
   Complex( int re_in_z, int re_in_n,     // Realteil
            int im_in_z, int im_in_n );   // Imaginärteil

   Complex( const Complex& );             // Kopierkonstruktor

private :
   FractInt re, im;

   /** ... weitere Mitglieder **/
};
```

Die Klasse `FractInt` ist wie folgt definiert:

```
class FractInt
{
public:
   FractInt();
   FractInt( int zaehler_in, int nenner_in=1 );
   FractInt( const FractInt& );               // Kopierkonstruktor

private:
   int zaehler, nenner;
};
```

Übung 20-1:

Schreiben Sie die Implementierung des Kopierkonstruktors für `Fract-Int`.

Der `Complex`-Kopierkonstruktor verwendet zur Initialisierung seiner Datenmitglieder natürlich deren Kopierkonstruktoren:

```
Complex::Complex( const Complex& obj_in )
  : re( obj_in.re )  // Aufruf FractInt-Kopierkonstruktor
  , im( obj_in.im )  // dito
{}
```

Dies ist der Normalfall bei der Initialisierung eigener Datenmitglieder. Man kann den Konstruktor auch weglassen, da der automatisch generierte Implizite Kopierkonstruktor genauso aussieht: er führt ja eine Initialisierung aller Mitglieder über deren Kopierkonstruktoren durch.

Ist die Initialisierung der Mitglieder in dieser Form in Ordnung, sollte man sogar auf die explizite Formulierung des Kopierkonstruktors verzichten und den Compiler die Funktion generieren lassen. Der Vorteil ist, dass bei einer Veränderung der Klasse (z.B. wenn weitere Daten hinzukommen) der Konstruktor automatisch angepasst wird – man kann dann nichts vergessen.

Diese Implementierung des Konstruktors ist ebenfalls möglich:

```
Complex::Complex( const Complex& obj_in ) // Ungünstige Implementierung
{
  re = obj_in.re;  // Wertzuweisung
  im = obj_in.im;  // dito
}
```

Hier findet eine Initialisierung der Mitglieder `re` und `im` über deren Standardkonstruktoren statt, gefolgt von einer Wertzuweisung. Damit diese Konstruktion übersetzt werden kann, muss `FractInt` zwei Voraussetzungen erfüllen:

❑ die Klasse muss einen Standardkonstruktor besitzen. Dies ist in unserem Beispiel der Fall, der Konstruktor ist explizit deklariert.

❑ die Klasse muss eine Zuweisung der Objekte erlauben. Dies ist hier ebenfalls der Fall, da der Compiler für Klassen einen *Impliziten Zuweisungsoperator* definiert, wenn der Programmierer keinen eigenen Zuweisungsoperator angegeben hat.

Die obige „falsche" Form des Kopierkonstruktors ist daher syntaktisch zulässig, d.h. die Konstruktion übersetzt in unserem Falle ohne Fehlermeldung. Sie ist allerdings ineffizient, da die Mitglieder `re` und `im` zunächst initialisiert werden, um dann sofort in der Zuweisung überschrieben zu werden. Obwohl die damit in unserem Fall verbundene Performanceeinbuße gering ist, muss das bei komplexeren Konstruktionen nicht unbedingt so sein – z.B. dann, wenn im Konstruktor Resourcen angefordert werden, die dann bei der Zuweisung normalerweise wieder freigegeben und neu angefordert werden. Man sollte daher prinzipiell die „korrekte" Form verwenden und außerdem wenn möglich den Compiler die Funktion generieren lassen.

📖 Klassen mit Resourcen

Verwaltet eine Klasse Resourcen wie z.B. dynamisch allokierten Speicher, muss der Kopierkonstruktor dies berücksichtigen. Ein Standardbeispiel ist unsere Klasse `FixedArray`, die einen Speicherbereich verwaltet:

```
class FixedArray
{
public:

    FixedArray( int dim_in );
    ~FixedArray();

    /* ... weitere Mitglieder FixedArray ... */

private:
    int  dim;          // Dimension des Feldes
    int* wert;         // Das Feld selber
};
```

Der benötigte Speicherplatz für das Feld wird im Konstruktor allokiert und im Destruktor wieder freigegeben. Innerhalb der Klasse wird ein Zeiger auf den Speicherblock geführt – und hier liegt das Problem. Schreibt man nämlich nun z.B.

```
FixedArray obj1( 100 );         // Feld mit 100 Einträgen
FixedArray obj2( obj1 );        // Initialisierung über Kopierkonstruktor
```

ist die Definition von `obj2` syntaktisch zulässig, da ja der Compiler einen Impliziten Kopierkonstruktor generiert. Allerdings zeigen nach der Initialisierung von `obj2` mit `obj1` die Zeiger `obj2.feld` und `obj1.feld` auf den gleichen Speicherbereich: `obj2.feld` ist ein „Alias" für `obj1.feld`. Daher wird der Effekt, der hier beim unbedachten Kopieren eines Objekts aufgetreten ist, auch als *Aliaseffekt* (*aliasing*) bezeichnet.

Das Aliasproblem wird manifest, wenn irgendwann die Destruktoren für die beiden Objekte aufgerufen werden. Da ihre Zeiger auf den gleichen Speicherbereich zeigen, wird dieser mehrfach freigegeben, was zu einem undefinierten Verhalten und irgendwann zum Absturz des Programms führt.

Übung 20-2:

Was passiert mit obj2, *wenn* obj1 *verändert wird? Überlegen Sie, welchen Einfluss das Ändern von Feldelementen (Funktion* select, *hier nicht erneut abgedruckt) in* obj1 *auf* obj2 *hat.*

Um das Aliasproblem zu vermeiden, muss bei einem Kopiervorgang nicht der Zeiger, sondern der Speicherbereich, auf den der Zeiger zeigt, kopiert werden. Dazu benötigen wir einen explizit programmierten Kopierkonstruktor:

```
class FixedArray
{
public:
    FixedArray( const FixedArray& );          // Kopierkonstruktor

    /* ... weitere Mitglieder FixedArray ... */

};
```

Die Implementierung reserviert zunächst ausreichend Speicherplatz und kopiert dann die Feldelemente einzeln:

```
FixedArray::FixedArray( const FixedArray& obj_in )
{
    dim = obj_in.dim;
    wert = new int[ dim ];                     // Speicherplatz allokieren

    for ( int i=0; i<dim; i++ )
        wert[i] = obj_in.wert[i];              // Element kopieren
}
```

Nun besitzt das neu erzeugte Objekt einen eigenen Speicherbereich, die Aliasproblematik kann nicht auftreten.

Beachten Sie bitte, dass die Standardbibliothek eine Routine bereitstellt, die zum Kopieren von Feldelementen verwendet werden kann und die somit die explizit programmierte Schleife ersetzen kann. Der Kopierkonstruktor kann „moderner" auch als

```
FixedArray::FixedArray( const FixedArray& obj_in )
{
    dim = obj_in.dim;
    wert = new int[ dim ];

    copy( obj_in.wert, obj_in.wert+obj_in.dim, wert );  // aus der Standardbibliothek
}
```

geschrieben werden.

Wenn die Argumentliste von copy nicht ganz einfach zu lesen ist, liegt dies sicher auch an der Verwendung der Unterstriche für die Variablennamen. Besser lesbar wäre z.B.

```
copy( aObj.wert, aObj.wert + aObj.dim, wert );
```

Dieser Effekt wurde durch den Verzicht auf Unterstriche und die sinnvolle Verwendung von Leerzeichen erreicht. Wir haben hier ein erstes Beispiel für die Notwendigkeit eines *Styleguide*, der Aussagen über die optischen Aspekte von Quellcode macht[119].

Resourcen und die Dreierregel

Klassen, die Resourcen verwalten, müssen also anders behandelt werden, als solche, die nur „normale" Mitglieder haben. Dies ist ein *wesentlicher* Unterschied, der die Menge aller möglichen Klassen in zwei Gruppen teilt: solche, die Resourcen verwalten, und solche, die dies nicht müssen. Mit „Resourcen" ist damit nicht ausschließlich dynamischer Speicher gemeint: Betriebssystemobjekte wie Dateien, gesperrte Bereiche in Dateien, Mutexe, Datenbankverbindungen, Fenster auf dem Bildschirm – alles dies sind Resourcen im hier gemeinten Sinn.

Das wesentliche an Resourcen ist die Tatsache, dass man sie *akquirieren* muss bevor man sie verwenden kann – d.h. man muss sie von irgendwoher anfordern. War die Akquisition erfolgreich, steht die Ressource normalerweise anderen nicht mehr zur Verfügung. Es ist daher wichtig, Resourcen wieder freizugeben, wenn man sie nicht mehr benötigt. Normalerweise muss jeder (erfolgreichen) Akquisition irgendwann *genau eine* Freigabe folgen, damit das System insgesamt auf Dauer stabil bleibt.

In C++ verwaltet man Resourcen normalerweise in Klassen. Es ist nicht unüblich, Klassen sogar ausschließlich zu diesem Zweck zu definieren. Bibliotheken zur GUI-Programmierung kapseln z.B. ein Bildschirmfenster in einer Klasse. Die Funktionalität zur Manipulation des Fensters wird dann als Mitgliedsfunktionen ausgeführt.

---

119 Wir stellen einen solchen Styleguide, der sich in der Praxis bewährt hat, in [Aupperle 2003] vor. Außerdem kann er von der Website geladen werden.

Resourcen werden normalerweise in den Konstruktoren akquiriert und im Destruktor wieder freigegeben. Durch diesen Ansatz werden zwei Dinge sichergestellt:

❑ Während der Existenz des Objekts ist die Ressource allokiert und steht somit allen Mitgliedsfunktionen zur Verfügung

❑ Die Freigabe der Ressource kann nicht vergessen werden, da der Destruktor automatisch aufgerufen wird, wenn das Objekt zerstört wird.

In der Praxis muss man natürlich noch den Sonderfall berücksichtigen, dass die Ressource im Konstruktor evtl. nicht akquiriert werden konnte. Die dazu notwendigen Überlegungen führen zu einem *Gültigkeitskonzept*, für das unterschiedliche Implementierungsmöglichkeiten bestehen. Da dies weniger mit der Syntax der Sprache zu tun hat, verschieben wir die Thematik um die Gültigkeit von Objekten auf einen späteren Zeitpunkt.

Besitzt eine Klasse einen explizit programmierten Destruktor, ist mit großer Wahrscheinlichkeit die Freigabe von Resourcen damit verbunden. Daraus ergibt sich, dass eine solche Klasse auch explizit programmierte Konstruktoren und insbesondere einen Kopierkonstruktor benötigt, der die Ressource kopiert. In einem solchen Fall ist dann meist auch noch ein Zuweisungsoperator[120] erforderlich, da der Implizite Zuweisungsoperator genauso wie der Implizite Kopierkonstruktor die Ressource nicht korrekt kopiert.

Aus diesen Überlegungen ergibt sich die sog. *Dreierregel (rule of three)[121]:*

❑ Eine Klasse, die einen explizit programmierten Kopierkonstruktor, Zuweisungsoperator oder Destruktor benötigt, benötigt normalerweise auch die jeweils anderen beiden Funktionen.

In der Praxis trifft man daher die drei Funktionen oft gemeinsam an. Entweder sie sind alle drei erforderlich, oder keiner der drei ist erforderlich - natürlich bestätigen Ausnahmen auch diese Regel.

---

[120] Zuweisungsoperatoren für Klassen sind Thema des Kapitel 22 (Operatorfunktionen)

[121] Der Term *rule of three* wurde von Marshal Cline bereits 1991 geprägt. Die drei Funktionen Kopierkonstruktor, Zuweisungsoperator und Destruktor heißen auch *Die Großen Drei (the big three)*. Wir kommen in den nächsten Kapiteln noch genauer darauf zurück.

⊞⊞ Nicht kopierbare Objekte

Genau genommen sind Resourcen überhaupt nicht kopierbar. Es macht keinen Sinn, ein Objekt, das z.B. einen gesperrten Bereich in einer Datei oder ein Fenster auf dem Bildschirm repräsentiert, zu kopieren. Dies gilt prinzipiell auch für Speicherbereiche: was man hier allerdings meint, ist die Allokation eines *weiteren* Speicherbereiches (gleicher Größe) und die Initialisierung mit dem *gleichen Inhalt*. Klassen, die Speicherbereiche verwalten, implementieren genau dieses Verfahren in ihrem Kopierkonstruktor (und in ihrem Zuweisungsoperator, wie wir in Kapitel 22 (Operatorfunktionen) sehen werden).

Wie verhindert man aber das Kopieren von Objekten, für die die Kopieroperation wirklich keinen Sinn macht? Die Standardlösung ist hier die Deklaration des Kopierkonstruktors als privat.

Folgendes Listing zeigt ein Beispiel einer Klasse, die ein Fenster für das Betriebssystem Windows verwaltet:

```
class Window
{
public:

    Window();                    // Standardkonstruktor
    ~ Window();                  // Destruktor

    void create( Window* parent, int style, string name );

private:
    HWND wnd;
    Window( const Window& );     // Kopierkonstruktor
};
```

Der Typ `HWND` ist ein Windows-interner Datentyp und repräsentiert ein Fenster auf dem Bildschirm. Was sich genau dahinter verbirgt ist hier nicht wichtig, der Typ wird deshalb nicht weiter betrachtet.

Der Kopierkonstruktor ist privat deklariert und verhindert somit Anweisungen wie z.B. in diesem Codesegment:

```
Window w1;
Window w2( w1 );                 // Fehler!
```

Darüber hinaus ist der Kopierkonstruktor nicht implementiert: es könnte ja prinzipiell vorkommen, dass er (unbeabsichtigt) innerhalb einer Mitgliedsfunktion der Klasse `Window` *selber* aufgerufen wird – dies ist ja für private Mitgliedsfunktion zulässig. Die fehlende Implementierung bewirkt dann, dass der Binder ein fehlendes Symbol meldet, bevor zur Laufzeit ein Problem entstehen kann.

Beachten Sie bitte, dass Resourcen (hier also das Fenster) nicht unbedingt in einem Konstruktor allokiert werden müssen. In obigem Beispiel allokiert erst die Funktion `create` das eigentliche Fenster. Nach dem Aufruf des Konstruktors und vor dem Aufruf von `create` sind keine Resourcen allokiert – erfolgt in dieser Zeit ein Aufruf einer Funktion oder ein Destruktoraufruf, muss dies berücksichtigt und korrekt behandelt werden: Ein Fall für das *Gültigkeitskonzept* der Klasse `Window`, in dem solche Situationen betrachtet und analysiert werden müssen.

📖📖 Objekte als Parameter für Funktionen

Der Kopierkonstruktor wird verwendet, um ein Objekt mit einem bestehenden Objekt des gleichen Typs zu initialisieren, wie z.B. in diesen Anweisungen (für einen beliebigen Typ `T`):

```
T t1;
...
T t2( t1 );        // Initialisierung von t2 mit dem Kopierkonstruktor
```

Eine analoge Situation liegt bei der Parameterübergabe an eine Funktion vor. Definiert man für einen beliebigen Typ `T` eine Funktion `f` als

```
void f( T t_in ) // Definition einer Funktion, die ein T-Objekt übernimmt
{
   ...
}
```

und ruft diese dann wie folgt auf:

```
T t1;
...
f( t1 ); // Argument t_in wird mit Kopierkonstruktor aus t1 erzeugt
```

wird der Formalparameter `t_in` der Funktion mit dem Aktualparameter `t` initialisiert – und zwar mit Hilfe des Kopierkonstruktors. Die Funktion `f` besitzt nun ein eigenes, lokales Objekt auf dem Stack, das beim Verlassen der Funktion wieder zerstört wird.

📖📖 Wertübergabe und Referenzübergabe

In C++ gibt es (wie in C) genau genommen nur die Übergabe als Wert: Beim Eintritt in die Funktion wird eine Kopie der Argumente auf dem Stack angefertigt, diese Kopien wirken wie lokale Variable innerhalb der Funktion.

Oftmals möchte man die Kopie eines Objekts nicht investieren, sondern es reicht, wenn man eine Referenz auf ein Objekt übergibt. Dafür gibt es im Wesentlichen zwei Gründe:

❑ Die Kopie ist aufwändig zu erstellen oder schlicht unnötig. Man möchte sich den Aufwand sparen und so die Performanz des Programms verbessern.

❑ Die Funktion soll das übergebene Objekt ändern können.

Beispiel:

```
void f( const T& );      // Übergabe einer Referenz

T t;                     // Objekt vom Typ T
f( &t );                 // "Übergabe" an Funktion f
```

Obwohl hier formal nicht das Objekt selber, sondern nur eine Referenz übergeben wird, spricht man in der Praxis von der *Übergabe des Objekts* t *an die Funktion* f.

Alternativ kann man auch einen Zeiger auf ein Objekt übergeben, jedoch ist die Notation nicht so einfach, da man Adressen bilden und innerhalb der Funktion dereferenzieren muss:

```
void f( T* );            // Übergabe eines Zeigers

T t;                     // Objekt vom Typ T
f( &t );                 // "Übergabe" an Funktion f
```

Die beste Lösung ist natürlich die *Vermeidung* der Parameterübergabe überhaupt und die Formulierung der Funktion f als Mitgliedsfunktion des Typs T – sofern dies möglich ist.

Die Formulierung als Mitgliedsfunktion hat die folgenden Vorteile:

❑ Die Parameterübergabe entfällt[122].

❑ Der Zugriff einer klassenfremden Funktion auf die internen Daten des Typs T (also hier der Klasse) ist nicht mehr erforderlich. Solche Zugriffe sollten nur von Mitgliedsfunktionen einer Klasse durchgeführt werden können, und die Mitgliedsvariablen sollten privat deklariert sein.

---

[122] Allerdings nur für den Programmierer. Technisch muss trotzdem ein Verweis auf das zu bearbeitende Objekt übergeben werden. Dies erfolgt durch die implizite Übergabe des this-Zeigers, den der Compiler für jede Klasse automatisch anlegt und mit der Adresse des Objekts initialisiert. Durch die Formulierung von *f* als Mitgliedsfunktion wird daher kein effizienterer Funktionsaufruf erreicht.

❑ Der Gültigkeitsbereich des Funktionsnamens ist nicht mehr global, sondern auf die Klasse beschränkt.

❑ Der Name der Mitgliedsfunktion kann einfacher gehalten werden. Während man z.B. eine globale Funktion zum Ausdruck eines FixedArray-Objekts etwa

```
void printFixedArray( FixedArray& );
```

nennen würde, reicht bei einer Mitgliedsfunktion die Tätigkeitsbezeichnung als Name aus:

```
void print();          // Annahme: Mitgliedsfunktion der Klasse FixedArray
```

Übung 20-3:

Eine Voraussetzung für die Formulierung als Mitgliedsfunktion ist, dass T eine Klasse unter der Kontrolle des Programmierers ist (d.h. z.B. sich nicht in einer Bibliothek befindet, der Quellcode verändert werden kann etc.). Gibt es weitere Überlegungen, die die Entscheidung „Mitgliedsfunktion / globale Funktion" beeinflussen können?

📖 const oder nicht const ?

Verwendet man die Referenzübergabe, erhält die Funktion direkten Zugriff auf ein Objekt des Aufrufers und kann dieses bei Bedarf auch ändern. Viele Funktionen führen jedoch keine Änderungen aus, sondern greifen nur lesend auf die Mitglieder zu.

Führt eine Funktion keine Änderungen durch, soll das Referenz- bzwZeigerargument grundsätzlich als const deklariert werden. Die korrekte Deklaration der Funktion printFixedArray (sofern man sie als globale Funktion ausführt) lautet daher

```
void printFixedArray( const FixedArray& ); // Übergabe Referenz auf const
```

bzw.

```
void printFixedArray( const FixedArray* ); // Übergabe Zeiger auf const
```

falls man Zeiger verwenden möchte. Im Falle einer Mitgliedsfunktion schreibt man

```
void printBlockSize() const;          // Konstante Mitgliedsfunktion
```

um zu notieren, dass die Funktion keine Mitglieder ändert. In allen Fällen stellt der Compiler sicher, dass auch tatsächlich keine Änderungen durchgeführt werden, d.h. er stellt sicher, dass innerhalb der Funktion nur konstante Mitgliedsfunktionen aufgerufen bzw. nicht als `mutable` deklarierte Daten verändert werden können.

Hat man also z.B.

```
struct X
{
  void f();           // nicht-konstante Mitgliedsfunktion
  void g() const;     // konstante Mitgliedsfunktion
  int      x;
  mutable int y;
};
```

definiert und schreibt eine Funktion h als

```
void h( const X& x )
{
  x.f();              // Fehler!
  x.g();
  x.x = 1;            // Fehler!
  x.y = 2;
}
```

meldet der Compiler den Aufruf der Mitgliedsfunktion f sowie die Veränderung der Mitgliedsvariablen x als Fehler.

📖 const-cast-away

Der Vollständigkeit halber sei hier noch einmal der *const-cast-away* erwähnt, der – wenn überhaupt – manchmal bei der Referenzübergabe von Objekten verwendet wird.

Schreibt man

```
X x;                  // nicht-konstantes Objekt
h( x );               // Übergabe als Referenz auf const
```

ist das Objekt x selber nicht konstant, wird jedoch innerhalb der Funktion h als konstant betrachtet. Da das Objekt nicht wirklich konstant ist, ist ein const-cast-away prinzipiell möglich. Man könnte z.B. folgendes schreiben:

```
void h( const X& x )
{
  X& x1 = (X&)x;  // const-cast-away

  x1.f();
  x1.g();
  x1.x = 1;
  x1.y = 2;
}
```

In der Funktion h wird eine Referenz x1 definiert, die mit dem Parameter initialisiert wird. Diese Referenz ist nicht-konstant und muss daher über einen cast aus der konstanten Referenz initialisiert werden. Mit x1 ist nun der Aufruf aller Mitgliedsfunktionen sowie die Änderung aller Variablen möglich.

Beachten Sie bitte folgende Punkte:

❑ Der const-cast-away ist schlechter Stil und sollte wenn möglich vermieden werden. Er ist jedoch manchmal bei der Arbeit mit alten Bibliotheken erforderlich[123]. Oft bietet auch die Deklaration einer Variablen als mutable eine Lösung[124].

❑ Das Verhalten des const-cast-away ist nur definiert, wenn das zu Grunde liegende Objekt nicht wirklich konstant ist, sondern in einem bestimmten Kontext als konstant betrachtet wird. Der typische Fall ist die Übergabe an eine Funktion als Referenz auf const.

❑ Damit ein const-cast-away beim Lesen des Quellcodes sofort ersichtlich ist, stellt C++ speziell zu diesem Zweck einen eigenen Operator zur Verfügung[125]. Wenn er denn unvermeidlich ist, schreibt man einen const-cast-away besser so:

```
X& x1 = const_cast<X&>( x );   // const-cast-away, bessere Form
```

📖 const und Wertübergabe

Man könnte auf die Idee kommen, auch bei der „normalen" Parameterübergabe als Wert den Parameter als const zu deklarieren, wie hier gezeigt:

```
void f( const X );              // ???
```

Dies ist syntaktisch zulässig, aber bedeutungslos. Bei der Wertübergabe wird sowieso eine Kopie des Objekts angefertigt, und die Funktion arbeitet auf dieser Kopie. Das Original bleibt auf jeden Fall unverändert – die Deklaration als const ist schlicht überflüssig und soll vermieden werden.

---

[123] siehe Beispiel Funktion *len* in Kapitel 16 (Konstante und volatile Objekte), Seite 285

[124] Das Schlüsselwort *mutable* haben wir in Kapitel 19 (const mit Klassen) besprochen

[125] Die neuen cast-Operatoren besprechen wir in Kapitel 24 (Typwandlungen)

📖📖 Objekte als Rückgabewerte von Funktionen

In C++ können Objekte von Funktionen zurückgegeben werden. Je nach Konstellation wird bei diesem Vorgang eine unterschiedliche Anzahl von Kopien des Rückgabewertes erzeugt, die wieder mit dem Kopierkonstruktor initialisiert und durch den Destruktor zerstört werden.

Prinzipiell ist die Rückgabe eines Objekts aus einer Funktion immer mit einem *temporären Objekt* verbunden. Schreibt man z.B. für einen beliebigen Typ T

```
T f()
{
  T t;            // lokales Objekt
  ...
  return t;
}
```

und ruft die Funktion f z.B. als

```
T t2 = f();      // Rückgabe eines T-Objekts
```

auf, laufen bei der Parameterrückgabe (d.h. bei der Ausführung der return Anweisung) implizit folgende Schritte ab:

❑ Schritt 1: Der Compiler erzeugt ein temporäres Objekt vom Typ T und initialisiert es mit Hilfe des Kopierkonstruktors aus der lokalen Variablen t.

❑ Schritt 2: Die Funktion wird regulär beendet, dies schließt den Aufruf des Destruktors für t ein. Das temporäre Objekt steht nun dem aufrufenden Programm zur Verfügung.

❑ Schritt 3: Das temporäre Objekt wird dazu verwendet, um die Variable t2 im Hauptprogramm zu initialisieren. Dazu wird der Kopierkonstruktor ein zweites mal aufgerufen.

❑ Schritt 4: Das temporäre Objekt wird zerstört. Wann genau dies passiert, ist unwichtig: auf jeden Fall aber nach der Initialisierung von t, danach hat es seine Aufgabe erfüllt. Normalerweise werden die während der Auswertung eines Ausdrucks erzeugten temporären Objekte nach Beendigung der kompletten Anweisung zerstört. Beachten Sie bitte, dass dies Aufgabe des Compilers ist und vom Programmierer nicht beeinflusst werden kann.

Das kleine Beispiel zeigt, dass bei der Parameterrückgabe ein relativ großer Aufwand entstehen kann. Problematisch wird die Sache dann, wenn der Kopierkonstruktor aufwändig ist, weil er z.B. Resourcen kopieren muss – und das völlig unnötig, da das temporäre Objekt nur zur Initialisierung des eigentlichen (Ziel-)objekts verwendet wird. Von alledem merkt der Programmierer nichts, denn alle diese Vorgänge laufen implizit ab.

Es gibt jedoch einige Optimierungen, die der Compiler durchführen kann, sowie Maßnahmen, die der Programmierer ergreifen kann, um den Aufwand zu verringern.

Return Value Optimization (RVO)

Die *return value optimization* (*RVO*, etwa: Optimierung bei der Rückgabe von Werten) ist eine Optimierung, die der Compiler selber anwenden kann. Dabei kann das temporäre Objekt eingespart werden.

Die RVO greift in Situationen, in denen das Rückgabeobjekt erst in der return-Anweisung erzeugt wird. Schreibt man z.B.

```
T f()
{
    ...
    return T( a, b, c );      // Konstruktion bei Rückgabe
}
```

wird das Objekt, das zurückgeben werden soll, speziell für die Rückgabe erzeugt (wir nehmen hier an, dass ein entsprechender Konstruktor mit drei Argumenten vorhanden ist).

Schreibt man nun wie oben

```
T t2 = f();               // Rückgabe eines T-Objekts
```

besteht die Möglichkeit, dass t2 direkt aus den Argumenten a,b und c konstruiert werden kann.

Die RVO ist eine Optimierung, die ein Compiler anwenden kann, aber nicht muss. In beiden Fällen muss das Ergebnis natürlich identisch sein. Normalerweise ist es ausschließlich Aufgabe des Compilers, dafür zu sorgen, dass Optimierungen nicht zu falschen Ergebnissen führen. Im Falle der RVO muss jedoch auch der Programmierer seinen Teil dazutun: schließlich wird ja ein Kopierkonstruktor mehr oder weniger aufgerufen, und dieser wird ja vom Programmierer beigesteuert. Im Endeffekt resultiert daraus eine Anforderung an die Implementierung des Kopierkonstruktors: er muss nämlich ein *identisches* Objekt bereitstellen.

Konkret müssen also die Anweisungsfolgen

```
T quelle;
T ziel( quelle );
```

und

```
T quelle;
T temporary( quelle );
T ziel( temporary );
```

das gleiche Zielobjekt liefern.

Beachten Sie bitte, dass dies eine der wenigen Situationen ist, in denen C++ Vorschriften (oder besser *Annahmen*) über die *Implementierung* einer Funktion macht – normalerweise ist der Programmierer hier natürlich völlig frei.

📖 Übergabe eines zusätzlichen Parameters

Die Erzeugung des temporären Objekts kann vermieden werden, wenn ein Verweis auf die Ergebnisvariable als zusätzlicher Parameter übergeben werden kann.

Anstelle von

```
T f()
{
  T t;            // lokales Objekt
  ...
  return t;
}
```

und

```
T t2 = f();   // Rückgabe eines T-Objekts
```

schreibt man dann

```
void f( T& t )
{
  ...
}
```

und

```
T t2;
f( t2 );          // Übergabe einer Referenz auf das Ergebnis
```

Diese Technik funktioniert immer dann gut, wenn das Ergebnis von f zur Initialisierung einer Variablen verwendet werden soll. Sie funktioniert jedoch nicht gut, wenn das Ergebnis z.B. direkt weiterverwendet werden soll, wie z.B. bei der Kaskadierung von Funktionen. Möchte man etwas wie

```
g( f() );          // Kaskade aus zwei Funktionen
```

schreiben, muss f ein Objekt liefern. Die Notation

```
T t;
f( t );
g( t );            // simulierte Kaskade aus zwei Funktionen
```

ist oft nicht möglich, z.B. wenn es sich um Operatoren handelt[126].

Rückgabe von Verweisen

Funktionen können Zeiger oder Referenzen zurückliefern. Dabei muss man jedoch darauf achten, dass nicht ein Verweis auf ein lokales Objekt zurückgeliefert wird. Folgende Konstruktion zeigt diesen Fehler:

```
T& f()          // Funktion gibt eine Referenz zurück
{
  T t;
  ...
  return t;        // ???
}
```

Hier wird eine Referenz auf ein Objekt geliefert, das nach Beendigung der Funktion f nicht mehr existiert. Der Zugriff über die zurückgelieferte Referenz führt zu undefiniertem Verhalten.

Die Rückgabe von Zeigern oder Referenzen ist deshalb in der Praxis nur in zwei Fällen sinnvoll:

❑ Zur Rückgabe eines Verweises auf ein nicht-lokales Objekt. Folgendes Listing zeigt eine Funktion, die eine Auswahl aus zwei globalen Objekten trifft:

```
T t1;          // globales Objekt
T t2;          // dito

T& select( int i )
{
  if ( i==0 )
    return t1;
  else
    return t2;
}
```

---

126 Operatorfunktionen sind Thema des Kapitel 22.

Schreibt man nun

```
T& t = select( x );
```

arbeitet nachfolgender Code je nach Wert von x entweder mit dem globalen Objekt t1 oder t2.

Eine weitere Situation, die in diese Gruppe passt, ist die Rückgabe einer Referenz auf eine Mitgliedsvariable aus einer Mitgliedsfunktion einer Klasse. Die Funktion select aus der Klasse Fixed-Array ist das passende Beispiel:

```
class FixedArray
{
public:

    int& select( int index );

private:
    int dim;          // Dimension des Feldes
    int* wert;        // Das Feld selber
};

int& FixedArray::select( int index )
{
    /* ... weiterer Code, z.B. zur Prüfung */
    return wert[ index ];
}
```

Die Funktion gibt eine Referenz auf ein Feldelement zurück, das Feld selber ist ein Datenmitglied der Klasse selber.

❑ Zur Rückgabe eines über einen Parameter erhaltenen Objekts. Der typische Code hierzu hat die Form

```
T& f( T& t )
{
    ...
    return t;
}
```

Hier wird eine Referenz auf ein Objekt übergeben, in der Funktion bearbeitet und wieder weitergegeben. Das Objekt „läuft" durch, und wird dabei bearbeitet, ausgedruckt, etc.

diese Form ist vor allem für Funktionen geeignet, die kaskadierbar sein sollen. Man kann mit mehreren solchen Funktionen z.B. etwas wie

```
T t;
f( g( h( t )));
```

schreiben, und dabei arbeiten nacheinender die Funktionen h, g und f auf dem Objekt t. Wir werden später bei der Definition eigener Operatoren sehen, warum so etwas äußerst sinnvoll sein kann.

📖   Rückgabe einer Referenz auf das eigene Objekt

Handelt es sich bei der Funktion um eine Mitgliedsfunktion, macht es manchmal Sinn, eine Referenz auf das eigene Objekt zurückzugeben. Dies ist immer gefahrlos möglich, denn der Aufrufer kann die Funktion ja nur aufrufen, wenn er ein Objekt hat – nach Beendigung der Funktion besteht dieses Objekt weiter, die Gefahr einer „hängenden" Referenz besteht also nicht.

Die Rückgabe einer Referenz auf das eigene Objekt wird immer dann verwendet, wenn man kaskadierbare Funktionsaufrufe benötigt. Im letzten Abschnitt haben wir eine Kaskade gesehen, die Funktionen durch Schachtelung kaskadiert hat:

```
T t;
f( g( h( t )));          // Kaskadierung durch Schachtelung
```

Sind f, g, und h dagegen *Mitgliedsfunktionen* von T, kann man folgendes schreiben:

```
T t;
t.h().g().f();          // Kaskadierung durch Aneinanderreihung
```

Dazu ist lediglich erforderlich, dass die Funktionen eine Referenz auf das eigene Objekt zurückgeben, das dann für den jeweils nächsten Aufruf zur Verfügung steht. Man erreicht dies durch den Zugriff auf den Zeiger this, des ja innerhalb von Mitgliedsfunktionen auf das eigene Objekt zeigt. Eine typische Implementierung ist z.B.

```
T& T::f()
{
   ...
   return *this;          // Rückgabe Referenz auf eigenes Objekt
}
```

📖   Rückgabe von mehr als einem Objekt

Eine Funktion kann immer nur einen Wert zurückgeben. In der Praxis benötigt man jedoch oft zwei, selten drei oder mehr Werte. Die Lösung ist, die Werte zu einem Objekt zusammen zufassen und dieses dann zurückzugeben.

Der Standardfall ist die Situation, dass man ein Ergebnis zurückliefern möchte, aber zusammen mit einer Information, ob dieses Ergebnis auch gültig ist.

Um einen klassischen String mit einer Gültigkeitsinformation zu erweitern, kann man z.B. folgende Struktur definieren:

```
struct ValidatedString
{
  string   str;
  bool     valid;
};
```

Folgendes Listing zeigt eine Funktion f, die einen solchen „String" als Ergebnis zurückliefert:

```
ValidatedString f()
{
  ValidatedString result;
  result.str      = "Müller";
  result.valid    = true;

  return result;
}
```

Der Aufrufer kann auf die Einzelteile ganz normal zugreifen:

```
ValidatedString str = f();
if ( !str.valid )
{
  cout << "Ergebnis ungültig!" << endl;
}
```

Übung 20-4:

Erweitern Sie die Struktur ValidatedString *um Konstruktoren, die ein einfaches Setzen des Strings und des Gültigkeitsflags erlauben. Notationen wie z.B.*

```
ValidatedString result( "Müller");    // Gültiger String
ValidatedString result( "" );         // Gültiger String
ValidatedString result;               // ungültiger String
```

sollen möglich sein. Insbesondere soll also das Gültigkeitsflag automatisch gesetzt werden.

Übung 20-5:

Generalisieren Sie den Ansatz auf andere Datentypen und mehr als zwei Werte.

Die Definition einer Struktur nur zum Zweck der Rückgabe zweier Werte ist natürlich schreibaufwändig, insbesondere wenn man komfortable Schreibweise wie in der Übungsaufgabe gefordert ermöglichen will. Für den weitaus häufigsten Fall der Paare von Werten bietet die Standardbibliothek eine vorgefertigte Lösung. Obige Funktion f kann man damit einfacher auch als

```
pair< string, bool > f()
{
  ...
  pair< string, bool > result( "Müller", true );
  return result;
}
```

schreiben. Der etwas fremdartig anmutende Datentyp pair<string, bool> ist eine *Instanziierung der Schablone* pair *für die Typen* string *und* bool. Was dies genau bedeutet, werden wir im Kapitel 35 bei der Behandlung der *Schablonen (templates)* sehen. An dieser Stelle reicht es aus zu wissen, dass dadurch automatisch ein Datentyp definiert wurde, der ein Objekt vom Typ string und ein weiteres vom Typ bool enthält.

Der Aufrufer kann nun ebenfalls auf die beiden Anteile zugreifen:

```
pair< string, bool > str = f();
if ( !str.second )
{
  cout << "Ergebnis ungültig!" << endl;
}
```

Beachten Sie bitte, dass die beiden Mitgliedsvariablen in pair grundsätzlich first und second heißen. Wir können zwar die Typen dieser beiden Mitgliedsvariablen frei bestimmen (hier haben wir uns auf string und bool festgelegt), die Namen sind jedoch fest.

Hier sehen wir einen sinnvollen Anwendungsfall für typedef. Wir definieren für die pair-Schablone einen eigenen Namen:

```
typedef pair< string, bool > ValidatedString;
```

und formulieren unser Programm dann nur noch mit diesem neuen Namen:

```
ValidatedString f()
{
  ...
  ValidatedString result( "Müller", true );
  return result;
}
```

bzw. dann zum Aufruf von f:

```
ValidatedString str = f();
if ( !str.second )
{
  cout << "Ergebnis ungültig!" << endl;
}
```

Der Kenner sieht an dem Mitgliedsnamen second natürlich sofort, dass es sich bei ValidatedString in Wirklichkeit um eine Instanz der pair-Schablone handelt.

In unserem Beispiel ist die Konstruktion des result-Objekts in der Funktion f eigentlich nicht erforderlich, da wir mit result nicht weiter arbeiten, sondern das Objekt nur an den Aufrufer zurückgeben wollen. In einem solchen Fall schreibt man in f einfacher

```
return pair< string, bool >( "Müller", true );
```

oder wieder unter Verwendung unseres eigenen Namens

```
return ValidatedString( "Müller", true );
```

Der Vorteil dieser Notation liegt – neben der vereinfachten Schreibweise – in der Tatsache, dass der Compiler nun die *return value optimization* (*RVO*, s.o.) anwenden kann.

Beachten Sie bitte, dass die pair-Schablone keinerlei Annahmen über Typen oder Werte ihrer beiden Mitgliedsvariablen macht. Es ist daher leider nicht ohne weiteres möglich, eine so bequemere Schreibweise wie mit einer eigenen Klasse zu erhalten. Die Konstruktion

```
return ValidatedString( "Müller" );        // automatisch auf true gesetzt
```

ist mit pair nicht möglich.

📖📖 Kopieren bei Veränderung

Ein radikal anderer Ansatz unter anderem zur Optimierung der Parameterübergabe bzw. Rückgabe verwendet die Technik, beim Kopieren eines Objekts zunächst einmal gar keine Kopie anzufertigen, sondern sich nur zu merken, dass eine solche erforderlich werden könnte. Erst wenn ein- oder mehrere solche „virtuellen" Kopien existieren *und* eine dieser Kopien durch eine Operation verändert werden soll, ist es erforderlich, die Kopie auch physikalisch durchzuführen. Solange nur lesend auf die Kopien zugegriffen wird oder alle Kopien bis auf eine wieder zerstört werden (und so ist es ja z.B. bei der Parameterrückgabe aus einer Funktion) ist es nicht erforderlich, tatsächlich zu kopieren.

Diese Technik wird wegen der Verzögerung des echten Kopiervorgangs bis zu dem Zeitpunkt, an dem man wirklich eine eigene Kopie benötigt, auch *copy on write* (*Kopieren bei Veränderung*) genannt. Sie gehört ohne Frage bereits zu den *Programmiertechniken* und wird aus diesem Grund zu einem späteren Zeitpunkt besprochen.

21 Statische Klassenmitglieder

Im Zusammenhang mit Klassen gibt es in C++ eine weitere Bedeutung des Schlüsselwortes static, *auf die wir in diesem Kapitel eingehen.*

⌫⌫ Eine weitere Bedeutung von static

Wir haben in Kapitel 6 (Variablen und Objekte, Deklaration und Definition, Funktionen) das Schlüsselwort static vorgestellt. Es kann für globale und lokale Variable sowie für Funktionen angewendet werden:

❑ Für globale Variable und Funktionen wird die Bindung von extern auf intern verringert. Statische globale Daten sowie statische Funktionen können daher nur in dem Programmmodul, in dem sie definiert werden, verwendet werden. Andere Module können auf globale, statische Variable und Funktionen nicht zugreifen.

❑ Für lokale Variable ist die Bedeutung anders: Die Variable wird bei der Definition normal initialisiert, behält dann jedoch ihren Wert bis zur Beendigung des Programms[127].

Im Zusammenhang mit Klassen kommt nun eine weitere Bedeutung des Schlüsselwortes static hinzu.

⌫⌫ Statische Datenmitglieder einer Klasse

Gewöhnliche, nicht-statische Datenmitglieder einer Klasse erhalten Speicherplatz zugewiesen, wenn ein Objekt der Klasse definiert wird. Sie werden außerdem zum Objekt-Definitionszeitpunkt durch einen Konstruktor initialisiert. Jedes Objekt einer Klasse hat damit einen eigenen Satz Variablen, der von den Datensätzen der anderen Objekte völlig unabhängig ist.

Anders bei *statischen Datenmitgliedern* einer Klasse. Sie erhalten während der Initialisierungsphase *des Programms* einmalig Speicher zugewiesen und können dabei auch gleich initialisiert werden. Sie sind insoweit mit globalen Variablen vergleichbar, ihr Sichtbarkeitsbe-

---

[127] Beispiele für diese Bedeutungen von static finden sich in Kapitel 7 (Gültigkeitsbereich und Bindung).

reich ist jedoch auf die Klasse beschränkt. Statische Variablen einer Klasse haben mit den Objekten der Klasse nichts zu tun. Während normale, nicht-statische Variablen zum Objekt gehören, sind statische Variablen eher der Klasse an sich zuzuordnen. Man bezeichnet die statischen Datenmitglieder einer Klasse daher auch als *Klassendaten (class data)*, während normale, nicht-statische Mitgliedsvariablen als *Objekt-* oder *Instanzdaten (instance data)* bezeichnet werden.

Das folgende Beispiel zeigt eine Klasse Double mit statischen und nicht-statischen Datenmitgliedern. Die Klasse soll Fließkommazahlen speichern, alle Werte unterhalb einer bestimmten Grenze jedoch als 0.0 interpretieren:

```
class Double
{
public:

   Double( double );

   //-- liefert den Wert des Objekts
   //
   double getValue() const;

private:

   //-- Der "Wert" des Objekts
   //
   double value;

   //-- Werte, die kleiner als lowLimit sind, werden als 0 betrachtet
   //
   static double lowLimit;
};
```

Für die Initialisierung der nicht-statischen Variablen ist der Konstruktor zuständig:

```
inline Double::Double( double d_in )
{
   value = d_in < lowLimit ? 0.0 : d_in;
}
```

Die folgende Anweisung *definiert* die statische Mitgliedsvariable, d.h. sie allokiert den benötigten Speicherplatz. Gleichzeitig wird lowLimit initialisiert:

```
//-- Definition der statischen Variablen
//
double Double::lowLimit = 1e-10;
```

Die Initialisierung erfolgt - analog zu gewöhnlichen global statischen Variablen automatisch beim Programmstart[128]. Die Definition eines statischen Datenmitglieds darf (wie jede andere Definition auch) im gesamten Programm nur ein Mal übersetzt werden. Die Definition gehört daher in den Implementierungsteil der Klasse. Am besten ordnet man sie in der gleichen Datei an, in der auch die Mitgliedsfunktionen definiert sind.

Die Funktion `getValue` liefert einfach den internen Wert des Objekts zurück:

```
inline double Double::getValue() const
{
  return value;
}
```

Auch sie ist – wie der Konstruktor – inline definiert, da sie nur aus einer einzigen Anweisung besteht.

Nun kann man z.B.

```
Double d( 1e-15 );
cout << d.getValue() << endl;
```

schreiben und erhält als Ausgabe wie erwartet den Wert 0.

Übung 21-1:

Die Klasse `Double` in ihrer jetzigen Form funktioniert nur bei positiven Werten korrekt. Ändern Sie die Klasse so ab, dass auch negative Werte verarbeitet werden können.

Für statische Variablen gelten die gleichen Zugriffsschutzmechanismen wie für normale Klassenmitglieder.

---

[128] genau genommen vor der ersten Anweisung in der Funktion *main*

Möchte man den externen Zugriff gestatten, müssen auch statische Datenmitglieder explizit als `public` definiert werden:

```
class Double
{
public:
    //-- statische Mitglieder sind dem Zugriffsschutz unterworfen.
    //   für externen Zugriff müssen sie public sein!
    //
    static double lowLimit;

    /* ... weitere Mitglieder von Double ... */
};
```

Nun kann `lowLimit` von außerhalb der Klasse gesetzt werden. Zum Zugriff reicht der Klassenname aus. Es ist also kein Objekt der Klasse erforderlich. Folgendes Beispiel zeigt, wie der voreingestellte Wert von `1e-10` in einer Funktion `f` auf `1e-20` geändert wird:

```
void f()
{
    //-- zum Zugriff auf ein statisches Datenelement wird kein
    //   Objekt benötigt
    //
    Double::lowLimit = 1e-20;
}
```

Dabei ist es unerheblich, ob bereits Objekte von `Double` definiert sind oder nicht. Alternativ kann ein Zugriff auch über ein `Double`-Objekt in der bekannten Schreibweise erfolgen:

```
void f()
{
    //-- alternativ kann auf ein statisches Datenelement auch
    //   über ein Objekt zugegriffen werden
    //
    Double d;
    d.lowLimit = 1e-30;
}
```

Diese Schreibweise legt allerdings nahe, dass `lowLimit` eine „normale" (nicht-statische) Mitgliedsvariable der Klasse ist und sollte deshalb zum Zugriff auf statische Mitglieder nicht verwendet werden.

📖 Konstante statische Mitglieder

Statische Mitglieder können Konstanten sein. Im Falle von integralen Typen sind diese Konstanten sogar Übersetzungszeitkonstanten, was z.B. bei Konstruktionen wie

```
class X
{
  static const int i = 10;        // Übersetzungszeitkonstante
  char str[ i ];                  // OK

  /* ... weitere Mitglieder von X ... */
};
```

wichtig ist.

Beachten Sie bitte, dass auch konstante statische Mitglieder explizit definiert werden müssen:

```
const int X::i;                   // Definition
```

Bei der Definition darf kein Wert mehr angegeben werden!

Unklar bleibt, warum C++ die explizite Definition in dieser Form für Übersetzungszeitkonstanten überhaupt fordert. Schließlich soll ja die Konstante direkt verwendet werden und bräuchte deshalb keinen Speicherplatz.

📖📖 Statische Mitgliedsfunktionen

Für statische Daten gilt genauso wie für „normale" (nicht-statische) Mitglieder der Grundsatz, dass sie von außen nicht direkt, sondern nur über Mitgliedsfunktionen verändert werden sollen. Normale Mitgliedsfunktionen einer Klasse können prinzipiell dazu verwendet werden, jedoch können diese nur mit Hilfe eines Objekts der Klasse aufgerufen werden. Statistische Daten einer Klasse haben aber gerade den Vorteil, dass sie *keine* Objekte benötigen.

Die Lösung bieten sogenannte *statische Mitgliedsfunktionen*. Sie wirken ausschließlich auf statische Mitgliedsdaten, benötigen dafür aber auch kein Objekt, um aufgerufen zu werden. Eine Anwendung für die Klasse Double könnte z.B. die Überprüfung eines sinnvollen Wertes für lowLimit sein, bevor der Wert wirklich übernommen wird. Dazu deklarieren wir lowLimit wieder privat und implementieren eine Funktion zum Setzen der Variablen, in der die notwendigen Überprüfungen angeordnet werden:

```
class Double
{
public:
    //-- setzt einen Wert für lowLimit und liefert true zurück.
    //   Falls der Wert nicht vernünftig ist wird der Originalwert
    //   nicht verändert, und die Funktion liefert false.
    //
    static bool setLowLimit( double );

private:
    //-- Werte, die kleiner als lowLimit sind, werden als 0 betrachtet
    //
    static double lowLimit;

    /* ... weitere Mitglieder von Double ... */
};


bool Double::setLowLimit( double lowLimit_in )
{
    if ( lowLimit_in < 1e-37 || lowLimit_in > 1e-10 )
        return false;

    lowLimit = lowLimit_in;
    return true;
}
```

Beachten Sie bitte, dass statische Mitgliedsfunktionen nur auf statische Daten einer Klasse zugreifen dürfen. Folgende Implementierung der Funktion `setLowLimit` ist daher falsch. Grundgedanke hätte sein sollen, dass bei einer Änderung des Grenzwertes eigentlich alle existierenden `Double`-Objekte untersucht werden müssen, ob sie von dem neuen Grenzwert betroffen sind. Wenn ja, muss ihr Wert auf `0.0` gesetzt werden:

```
bool Double::setLowLimit( double lowLimit_in )
{
    if ( lowLimit_in < 1e-37 || lowLimit_in > 1e-10 )
        return false;

    lowLimit = lowLimit_in;

    //-- falls Wert nun kleiner als die neue Grenze ist: auf 0 setzen
    //
    if ( value < lowLimit )                    // ??
        value = 0.0;

    return true;
}
```

Die Implementierung ist aus zwei Gründen nicht korrekt:

❑ Die Funktion `setLowLimit` ist eine statische Mitgliedsfunktion und hat deshalb kein Objekt, dessen `value`-Variable verändert werden könnte. Statische Mitgliedsfunktionen können nur auf statische Datenmitglieder zugreifen.

❑ Selbst wenn die Konstruktion zulässig wäre, würde nur ein einziges Objekt geändert. Es müssen jedoch alle existierenden Objekte des Klasse `Double` daraufhin untersucht werden, ob ihr Wert unterhalb des neuen Grenzwertes liegt.

Zur Lösung des Problems verlegen wir die Prüfung auf den Grenzwert vom Konstruktor in die `getValue`-Funktion. Dadurch wird die Prüfung jedes Mal vorgenommen, wenn der Wert des Objekts abgefragt wird. Es ist so sichergestellt, dass jedes Mal der aktuelle Wert für `lowLimit` berücksichtigt wird.

```
inline Double::Double( double d_in )
{
    value = d_in;
}

inline double Double::getValue() const
{
    return value < lowLimit ? 0.0 : value;
}


bool Double::setLowLimit( double lowLimit_in )
{
    if ( lowLimit_in < 1e-37 || lowLimit_in > 1e-10 )
        return false;

    lowLimit = lowLimit_in;
    return true;
}
```

Übung 21-2:

Welche Auswirkungen hat die Verlegung der Prüfung für einen Benutzer der Klasse?

Beachten Sie bitte, dass die Klassendefinition von der Verlegung der Prüfung vom Konstruktor in die `getValue`-Funktion nicht betroffen ist. Sie kann unverändert bleiben: wir haben lediglich die *Implementierung* der Klasse geändert. Für den Benutzer einer Klasse bleibt alles beim Alten: Code, der die Klasse verwendet, muss nicht angepasst werden. Dieser Effekt ist in großen Programmen höchst wünschenswert: Man kann Änderungen lokal halten und muss den Rest des Programms nicht beachten. Diese Trennung zwischen *Schnittstelle* (*interface*) und *Implementierung* (*implementation*) ist einer der Eckpfeiler der objektorientierten Programmierung. Die Kunst ist nun, bereits beim Entwurf von Klassen die möglichen Änderungen so zu berücksichtigen, dass sie – wenn sie in der Zukunft evtl. notwendig sind –

möglichst auf die Implementierung beschränkt bleiben können um so die Auswirkungen auf das Gesamtprogramm zu minimieren. Dazu braucht man viel Erfahrung, es gibt jedoch auch einige Regeln, mit denen wir uns in [Aupperle 2003] befassen werden.

Beachten Sie bitte weiterhin, dass Code, der die neue Klassenimplementierung verwendet, neu übersetzt werden muss. Dies liegt an der Verwendung von inline-Funktionen: hätten wir `getValue` nicht inline deklariert, hätte das Programm nicht einmal neu übersetzt werden müssen, wenn die Implementierung von `Double` geändert wird. Diese Tatsache erscheint zunächst wenig wichtig zu sein, in Programmen, die mehrere Stunden bis Tage übersetzen, kann dies jedoch zu der Entscheidung führen, Funktionen nicht inline zu deklarieren.

⊞⊞ Fallbeispiel: Codierung spezieller Werte

In der objektorientierten Programmierung werden statische Datenmitglieder oft verwendet, um Informationen, die für alle Objekte der Klasse gelten sollen, zu speichern. Ein Beispiel ist die Klasse `string` aus der Standardbibliothek, die einen speziellen Wert definiert, der von den Suchfunktionen im Falle eines Fehlschlages zurückgegeben wird.

Schreibt man

```
string str = "asdfghj";
string::size_type pos = str.find( "df" );
```

erhält `pos` die Position im String, an der das Suchmuster gefunden wurde (hier 2, die Positionen sind nullbasiert). Wurde das Muster nicht gefunden, liefert `find` einen (implementierungsabhängigen) Wert zurück, der in der Klasse `string` als (öffentliche) statische Variable definiert ist. Eine gängige Implementierung für `npos` ist

```
class string
{
public:
  typedef unsigned int size_type;    // kann prinzipiell auch int sein
  static const size_type npos;

  /* ... weitere Mitglieder von string ... */
};
```

Genau genommen handelt es sich hier um eine Konstante (und nicht um eine Variable im eigentlichen Sinne), der wichtige Punkt ist jedoch, dass weder Typ noch Wert von `npos` für den Benutzer eine Rolle spielen. Der Wert von `npos` muss vom Designer der Klasse `string` so gewählt werden, dass er von jedem gültigen Offset inner-halb eines `strings` unterschieden werden kann. Man könnte z.B. -1 verwenden, was für den Typ `size_type` dann `int` (und nicht un-signed `int`) bedeuten würde.

Übung 21-3:

Wie könnte der Wert von npos *aussehen, wenn* size_type *wie eher üblich als* unsigned int *implementiert ist?*

Folgendes Beispiel zeigt eine Funktion `f`, die prüft, ob ein übergebe-ner String die Zeichenkette `df` enthält und das Ergebnis ausdruckt:

```
void f( const string& str )
{
  string::size_type pos = str.find( "df" );
  if ( pos == string::npos )
    cout << "nicht gefunden" << endl;
  else
    cout << "gefunden an Position " << pos << endl;
}
```

▥▥ Fallbeispiel: Mitrechnen von Ressourcen

Da es pro Klasse nur einen Satz an statischen Variablen gibt, kann man dadurch erreichen, dass alle Objekte einer Klasse auf die glei-chen Variablen zugreifen können.

Im folgenden Beispiel machen wir von dieser Tatsache Gebrauch, um den insgesamt von `FixedArray`-Objekten allokierten Speicherplatz mitzuführen. Dazu rüsten wir die Klasse zusätzlich mit einer stati-schen Variablen `usedMem` sowie einer (statischen) Zugriffsfunktion `getUsedMem` aus:

```
class FixedArray
{
public:
  FixedArray( int dim_in );
  ~FixedArray();

  //-- liefert den insgesamt von FixedArray allokierten Speicherplatz
  //
  static int getUsedMem();

private:
  int  dim;        // Dimension des Feldes
  int* wert;       // Das Feld selber

  static int usedMem;

  /* ... weitere Mitglieder ... */
};
```

Dynamischer Speicherplatz für die `FixedArray`-Objekte wird in Konstruktor und Destruktor verwaltet. Diese Funktionen werden so geändert, dass sie den allokierten bzw. zurückgegebenen Speicher in usedMem mitrechnen:

```
FixedArray::FixedArray( int dim_in )
  : dim( dim_in )
{
  wert = new int[ dim ];
  usedMem += dim * sizeof(int);
}


FixedArray::~FixedArray()
{
  delete[] wert;
  usedMem -= dim * sizeof(int);
}
```

Die statische Mitgliedsfunktion `getUsedMem` wird in gewohnter Notation implementiert:

```
int FixedArray::getUsedMem()
{
  return usedMem;
}
```

Das statische Datenmitglied usedMem muss definiert werden und wird dabei gleich mit dem Wert 0 initialisiert:

```
int FixedArray::usedMem = 0;
```

Die folgende Funktion f zeigt die Anwendung:

```
void f()
{
  cout << "vor Allokation: " << FixedArray::getUsedMem() << endl;

  FixedArray feld1( 100 );              // Feld mit 100 Einträgen
  FixedArray feld2( 200 );              // mit 200 Einträgen

  cout << "nach Allokation: " << FixedArray::getUsedMem() << endl;
}
```

Als Ergebnis wird

```
vor Allokation: 0
nach Allokation: 1200
```

ausgegeben. Insgesamt benötigen also 300 int-Werte 1200 Byte Speicherplatz, was auf eine Breite von 4 Byte für int schließen lässt[129].

---

[129] ein normaler Wert für aktuelle Rechnerarchitekturen. Die Breite eines *int* wird jedoch vom Standard nicht explizit festgelegt.

Übung 21-4:

Wo und wann wird dieser Speicherplatz wieder freigegeben? Schreiben Sie ein Testprogramm, dass auch die korrekte Berechnung des zurück-gegebenen Speichers zeigt.

Übung 21-5:

Die Funktion `getUsedMem` *verändert keine Daten. Warum ist die Funktion dann nicht konstant deklariert?*

📖📖 Fallbeispiel: Anzahl erzeugbarer Objekte begrenzen

Im letzten Beispiel wurde ein statisches Datenmitglied verwendet, um den von allen Objekten einer Klasse allokierten dynamischen Speicher mitzuführen. Genauso kann natürlich die Anzahl der vorhandenen Objekte selber gezählt werden.

Das folgende Listing zeigt eine (unvollständige) Klasse `MouseInterface`, von der man in einem Programm nur eine Instanz erzeugen möchte[130], da normalerweise nur eine Maus an den Rechner angeschlossen ist:

```
class MouseInterface
{
public:
  MouseInterface();
  ~MouseInterface();

  /* ... weitere Mitglieder von MouseInterface ... */

private:
  static int instances; // Anzahl der existierenden Objekte
};
```

---

[130] Klassen, von denen nur ein einziges Objekt erzeugt werden darf, heißen auch *Singleton-Klassen*. Das Objekt selber wird einfach als *Singleton* bezeichnet.

Der Konstruktor führt eine Prüfung durch, wie viele Objekte bereits erzeugt sind und weist die Erzeugung eines neuen Objekt eventuell ab:

```
MouseInterface::MouseInterface()
{
  if ( instances > 0 )
  {
    cout << "Es gibt bereits ein Maus Interface Objekt." << endl;
    exit( 1 ); // Programm beenden
  }

  instances++;

  /* ... hier kommt die eigentliche Initialisierung des Objekts */
}
```

Wie im letzten Beispiel dekrementiert der Destruktor einfach den Zähler:

```
MouseInterface::~MouseInterface()
{
  /* ... hier steht eine evtl. notwendige Deinitialisierung des Objekts */

  instances--;
}
```

Nicht vergessen darf man die Definition der statischen Variablen:

```
int MouseInterface::instances = 0;
```

Schreibt man nun

```
int main()
{
  MouseInterface m1;
  MouseInterface m2; // Laufzeitfehler

  /* ... das eigentliche Programm steht hier */
  return 0;
}
```

kann dieser Fehler zwar nicht zur Übersetzungszeit, jedoch zur Laufzeit des Programms erkannt werden.

📖📖 Fallbeispiel: Rekursionszähler

Eine interessante Anwendung des Zählmechanismus aus dem letzten Abschnitt ist eine Klasse, die einen rekursiven Aufruf einer beliebigen Funktion erkennen kann. Dies kann man z.B. nutzen, um einen Warnhinweis auszugeben oder das Programm gleich abzubrechen. Dazu verwendet man ebenfalls eine Klasse, von der man nur eine Instanz bilden kann. Diese Klasse `SingleInstance` wird analog zu `MouseInterface` aus dem letzten Abschnitt implementiert.

Übung 21-6:

Schreiben Sie die Klasse `SingleInstance`.

Um eine Funktion vor rekursivem Aufruf zu schützen, definiert man einfach am Anfang der Funktion ein Objekt der Klasse:

```
void f()
{
  SingleInstance si;

  /* ... eigentliche Funktionsimplementierung von f */
}
```

Damit überhaupt Rekursion auftreten kann, wird f irgendwann sich selbst (oder eine andere Funktion, die dann wiederum f aufruft) aufrufen. Zu diesem Zeitpunkt existiert aber bereits ein `SingleInstance`-Objekt, so dass der erneute (rekursive) Aufruf von f zur Definition eines weiteren Objekts führen würde. Dies wird im Konstruktor erkannt und kann dort entsprechend verarbeitet werden.

Beachten Sie bitte, dass

❑ f durchaus mehrfach aufgerufen werden darf:

```
void g()
{
  f();
  f(); // OK
}
```

hier wird ja das am Anfang der Funktion erzeugte Objekt wieder zerstört, bevor die Funktion erneut aufgerufen wird.

❑ das Objekt `si` nicht weiter verwendet wird. Es muss nur während der Laufzeit von f bestehen und dann (über Destruktoraufruf) zerstört werden. Beides ist bereits durch die Sprache C++ sichergestellt, so dass der Programmierer hier nichts weiter tun muss.

Übung 21-7:

Verändern Sie die Klasse SingleInstance *so, dass eine Rekursion zwar erlaubt ist, jedoch eine endlose Rekursion erkannt wird. Legen Sie dazu eine maximale erlaubte Rekursionstiefe fest, die standardmäßig verwendet wird. Erweitern Sie* SingleInstance *um eine Funktion, um die erlaubte Rekursionstiefe zu setzen.*

Übung 21-8:

Verändern Sie SingleInstance *so, dass die gewünschte maximale Rekursionstiefe im Konstruktor angegeben werden kann. Es soll damit möglich sein, etwas wie*

```
void f()
{
    SingleInstance si( 10 ); // f darf bis 10 mal rekursiv aufgerufen werden
}
```

zu schreiben.

Übung 21-9:

In der jetzigen Version der Klasse SingleInstance *konnte der Programmierer nicht bestimmen, was bei Überschreiten des Grenzwertes passieren soll: dieses Verhalten wurde bereits vom Designer der Klasse festgelegt. Verändern Sie* SingleInstance *so, dass der Nutzer abfragen kann, ob er noch im erlaubten Bereich ist. Die dazu verwendete Funktion soll also ein Ergebnis vom Typ* bool *zurückliefern.*

Übung 21-10:

In Kapitel 7 (Gültigkeitsbereich und Bindung) haben wir einen Rekursionszähler mit Hilfe einer statischen Variablen implementiert, und damit die Aufruftiefe einer rekursiven Funktion zur Berechnung der Fakultät bestimmt[131]. Verbessern Sie das dort vorgestellte Programm durch die Verwendung der Klasse SingleInstance*. Vergleichen Sie beide Lösungen.*

---

[131] Seite 182

Übung 21-11:

Schreiben Sie eine Klasse SingleCall, *mit der man sicherstellen kann, dass eine Funktion nur ein einziges Mal während des gesamten Programmlaufes aufgerufen werden kann.*

Verändern Sie die Klasse so, dass eine vorgegebene Anzahl von Funktionsaufrufen erlaubt ist, bevor die Klasse „anschlägt"

Anmerkung: Die Fallbeispiele in diesem Kapitel machen von der Tatsache Gebrauch, dass für jedes Objekt im Laufe seines Lebens zwingend Konstruktoren und Destruktoren aufgerufen werden – z.B. wird beim Rekursionszähler im Konstruktor der Wert erhöht, der im Destruktor wieder entsprechend erniedrigt wird. In Sprachen ohne Destruktoren (wie z.B. Java) sind solche Techniken prinzipiell unmöglich.

22 Operatorfunktionen

Bereits für fundamentale Datentypen kann ein Operator unterschiedliche Aktionen durchführen, je nachdem, auf welche Datentypen er angewendet wird. So bewirkt z.B. der + Operator für doubles *den Aufruf der Additionsroutine aus der Fließkommabibliothek, während der gleiche Operator für* ints *mit wenigen Maschinenbefehlen direkt abgehandelt wird.*

C++ ermöglicht nun die Definition von Operatoren auch für benutzerdefinierte Typen (d.h. Klassen). Dadurch kann man mit Objekten von Klassen genauso „rechnen" wie mit fundamentalen Datentypen.

▭▭ Ausgangsposition

Wir stellen uns die Aufgabe, die Klasse Complex aus Kapitel 17 (Klassen) zu einem vollwertigen Datentyp zu machen, mit dem man wie gewohnt rechnen kann. Dazu werden die üblichen arithmetischen Operationen (Addition, Subtraktion etc.) benötigt. Damit Complex zu einem *Datentyp Erster Klasse* werden kann, sind darüber hinaus noch Vergleich und Zuweisung erforderlich.

Die Klasse Complex hatte bisher folgenden Aufbau:

```
class Complex
{
public:
  Complex( double re_in, double im_in );
  void set( double re_in, double im_in );

  /* ... weitere Mitglieder ... */

private:
  double re, im;
};
```

Die „klassische" Routine zur Addition zweier komplexer Zahlen sieht folgendermaßen aus:

```
//-- klassische Additionsroutine
//
Complex add( const Complex& arg1, const Complex& arg2 )
{
  Complex buffer( arg1.re + arg2.re, arg1.im + arg2.im );
  return buffer;
}
```

Beachten Sie bitte, dass bei der Rückgabe des Ergebnisses eine Kopie des `Complex`-Objekts `buffer` erstellt werden muss. Diese Kopie kann man in bestimmten Situationen einsparen, wenn man die Möglichkeit zur Rückgabeparameter-Optimierung (*return value optimization (RVO)*) nutzt. Die Funktion wird dazu als

```
Complex add( const Complex& arg1, const Complex& arg2 )
{
    return Complex( arg1.re + arg2.re, arg1.im + arg2.im ); // ermöglicht RVO
}
```

formuliert[132].

Postulieren wir eine analoge Funktion `mult` zur Multiplikation von komplexen Zahlen, kann man nun Anweisungen wie z.B.

```
Complex c1(1,2), c2(2,3), c3(3,4), c4(0,1);
...
Complex c9 = add( mult( c1, c2 ), mult( c3, c4 ) );
```

schreiben.

Übung 22-1:

Formulieren Sie die Funktion add *als Mitgliedsfunktion von* Complex. *Gibt es einen Unterschied beim Aufruf, d.h. bei der Addition zweier* Complex-*Objekte?*

Übung 22-2:

Rüsten Sie Complex *mit Ausgabeanweisungen aus, um den Aufbau und Abbau von temporären Objekten in der Berechnung von* c9 *in obigem Beispiel zu verfolgen.*

---

[132] Die RVO haben wir in Kapitel 20 (Objekte als Funktionsparameter:Der Kopierkonstruktor, Seite 460) besprochen. Sie funktioniert immer dann, wenn das zurückzugebende Objekt direkt in der *return*-Anweisung konstruiert wird.

Beachten Sie bitte, dass die Funktion `add` in `Complex` als `friend` deklariert werden muss, da sie auf interne Daten von `Complex` zugreift:

```
class Complex
{
    friend Complex add( const Complex&, const Complex& );

    /* ... Mitglieder von Complex ... */
};
```

⬚⬚ Formulierung als Operatorfunktion

Damit eine Formulierung wie

```
Complex c9 = c1*c2 + c3*c4;
```

möglich ist, müssen die Operatoren + und * *überladen* werden, d.h. sie müssen mit Argumenten vom Typ Complex umgehen können. Dies wird durch die Angabe einer *Operatorfunktion* erreicht:

```
//-- Addition mit Hilfe einer Operatorfunktion
//
Complex operator + ( const Complex& arg1, const Complex& arg2 )
{
    return Complex( arg1.re + arg2.re, arg1.im + arg2.im );
}
```

Auch hier ist natürlich eine `friend`-Deklaration erforderlich[133]:

```
class Complex
{
    friend Complex operator + ( const Complex&, const Complex& );

    /* ... Mitglieder von Complex ... */
};
```

Man sieht, dass der Additionsoperator eigentlich eine Funktion ist, die mit den beiden zu addierenden Objekten als Parameter aufgerufen wird. Der Funktionsname ist dabei das Wort `operator`, gefolgt vom jeweiligen Operatorzeichen. Im Gegensatz zu gewöhnlichen Funktionsnamen, die ja aus einem einzigen Wort bestehen müssen, dürfen hier Leerzeichen zwischen dem Wort `operator` und dem Operatorzeichen stehen.

---

[133] Hier gibt es einen eklatanten Compilerfehler von MSVC 6.0. Die Klasse *Complex* kann nur übersetzt werden, wenn das Programm nicht die Anweisung *using namespace std;* enthält. Dies ist in unserem Programmrahmen für die Beispielprogramme jedoch der Fall. Auf der Website zum Buch findet sich eine weitere Diskussion des Problems.

Man kann diese Operatorfunktion auch explizit aufrufen. Die Notation

```
Complex c3 = c1 + c2;              // Aufruf Operatorfunktion (Operatornotation)
```

ist gleichbedeutend mit

```
Complex c3 = operator + ( c1, c2 );// Aufruf Operatorfunktion (Funktionsnotation)
```

Hier wird die Ähnlichkeit des Operators mit einer Funktion besonders deutlich.

Ob die Addition zweier komplexer Zahlen im Quellcode wie eingangs gezeigt mit einer Funktion add oder mit einem Operator ausgedrückt wird, ist nur ein notationeller Unterschied. Der erzeugte Code ist in beiden Fällen identisch. Der Vorteil der Verwendung von Operatoren liegt in der klareren Ausdrucksweise im Quellcode, vor allem dann, wenn Kettenrechnungen erforderlich sind. Eine Anweisung wie

```
x3 = 2 * (x1 + x2) + 1;
```

ist sicherlich einfacher zu lesen (und damit zu verstehen) als die gleichwertige Anweisung

```
x3 = add( 1, mult( 2, add( x1, x2 ) ) );
```

Oft kommt man auch mit weniger Klammern aus, da Priorität und Bindung von Operatoren unverändert bleiben, auch wenn man die Operatoren für eigene Datentypen überlädt.

Übung 22-3:

Implementieren Sie den noch fehlenden Multiplikationsoperator analog. Verwenden Sie die Klasse Complex *mit den Ausgabeanweisungen in Konstruktor und Destruktor, um temporäre Objekte bei der Auswertung des Ausdrucks* a*b+c*d *zu beobachten.*

📖📖 Operatoren als Mitgliedsfunktionen einer Klasse

Eine Operatorfunktion kann eine Mitgliedsfunktion einer Klasse sein. Dabei gilt die Besonderheit, dass eine solche Mitglieds-Operatorfunktion implizit als erstes Argument einen Parameter vom Typ der Klasse hat.

Möchte man den Additionsoperator für komplexe Zahlen als Mitgliedsfunktion von `Complex` schreiben, muss man die Operatorfunktion daher mit nur einem Argument deklarieren:

```
class Complex
{
public:
    Complex operator + ( const Complex& );

    /* ... weitere Mitglieder ... */

};
```

Obwohl `operator +` in `Complex` mit nur einem Argument deklariert wurde, wird er im Hauptprogramm wie gewohnt mit zwei Argumenten aufgerufen: Die Anweisung

```
Complex c3 = c1 + c2;           // Aufruf Operatorfunktion
```

ist jetzt identisch mit der Anweisung

```
Complex c3 = c1.operator + (c2); // Aufruf Operatorfunktion, Funktionsnotation
```

Wie man sieht, wird die eigene Instanz grundsätzlich als zusätzlicher (erster) Parameter der Operatorfunktion interpretiert.

◫◫ Überladen

Operatorfunktionen können genauso wie „normale" Funktionen überladen werden. Man kann also neben

```
//-- Operatorfunktion für Complex
//
Complex operator + ( const Complex&, const Complex& );
```

durchaus

```
//-- Operatorfunktion für FractInt
//
FractInt operator + ( const FractInt&, const FractInt& );
```

deklarieren.

Insgesamt gelten für das Überladen von Operatorfunktionen die gleichen Regeln wie für das Überladen „normaler" Funktionen[134]. Die *Signatur* wird für Operatorfunktionen genau so wie für Funktionen gebildet. Auch hier bestimmen die Regeln des *name lookup*, welche Operatorfunktion ausgewählt wird.

---

[134] Kapitel 15 (Überladen von Funktionen)

Das Überladen von Operatoren wird häufig zur Performancesteigerung verwendet. Schreibt man z.B.

```
FractInt x( 1, 2 );
FractInt y = x + 1;    // ???
```

ist nicht sofort klar, wieso die Additionsanweisung syntaktisch korrekt ist, wenn doch nur der „normale" Additionsoperator

```
FractInt operator + ( const FractInt&, const FractInt& );
```

zur Verfügung steht. Schließlich benötigt dieser zwei Objekte vom Typ FractInt, er wird jedoch mit einem FractInt-Objekt und einem integer aufgerufen.

Die Lösung liegt in einer *impliziten Typwandlung,* die die Integerzahl in ein FractInt-Objekt wandelt, bevor der Operator aufgerufen wird. Dazu muss ein FractInt-Konstruktor vorhanden sein, der mit einem int aufgerufen werden kann. Da unsere Klasse FractInt einen solchen Konstruktor besitzt, kann die erforderliche Wandlung *implizit* (d.h. automatisch) ablaufen:

```
class FractInt
{
public:
    FractInt( int zaehler_in, int nenner_in = 1 );

    /** ... weitere Mitglieder von FractInt **/
};
```

Der Compiler versucht also, bei zwei inkompatiblen Typen einen Weg zu finden, wie der vorhandene Quelltyp (hier int) in den erforderlichen Zieltyp (hier FractInt) gewandelt werden kann. Ein Konstruktor des Zieltyps, der mit einem Argument des Quelltyps aufgerufen werden kann, ist *eine* Möglichkeit, diese Wandlung durchzuführen[135].

Der Preis dieser Flexibilität ist in der Regel Performanceeinbuße. Denn die Wandlung erfordert ein temporäres Objekt des Zieltyps, das nur zum Zweck der Übergabe an die Operatorfunktion erzeugt wird. Die Anweisung

```
FractInt y = x + 1;
```

---

[135] Das Thema *Typwandlungen* ist Gegenstand des Kapitels 24

wird durch den Compiler in die Folge

```
FractInt temp( 1 );
FractInt y = x + temp;
```

aufgelöst, jedoch mit dem Unterschied, dass das Objekt `temp` vom Compiler automatisch erzeugt (und wieder gelöscht) wird und nach außen hin nicht in Erscheinung tritt.

Während der zusätzliche Aufwand zur Erzeugung und Zerstörung eines temporären Objekts einer so einfachen Klasse wie `FractInt` im Normalfall sicherlich vernachlässigt werden kann, gibt es Situationen, in denen dies nicht so einfach ist. Folgende Liste zeigt zwei der wichtigsten Punkte:

❑ Programme, die im Wesentlichen aus mathematischen Operationen bestehen, leiden unter der Performanceeinbuße besonders stark. Dort ist der zusätzliche Aufwand oft inakzeptabel.

❑ Die Wandlung läuft implizit ab, d.h. es ist dem Quelltext nicht ohne weiteres anzusehen, dass hier temporäre Objekte im Spiel sind. Ein wesentlicher Grund für die manchmal gehörte Meinung, dass C++ langsam sei, rührt aus dem Ressourcenverbrauch dieser unsichtbaren temporären Objekte.

Glücklicherweise bietet C++ Möglichkeiten, solche unerwünschten Effekte zu vermeiden. Das Schlüsselwort `explicit` wird verwendet, um implizite Typwandlungen mit Konstruktoren zu vermeiden (wir kommen im Kapitel 24 bei der Besprechung der Typwandlungen darauf zurück).

Eine andere Möglichkeit ist die Vermeidung der Notwendigkeit von Typwandlungen durch die Angabe von Operatorfunktionen für alle vorkommenden Typen. Damit Anweisungen wie

```
FractInt y = x + 1;
```

möglich sind, muss eine Operatorfunktion der Form

```
FractInt operator + ( const FractInt&, int );
```

vorhanden sein. Diese kann nun ohne ein zusätzliches temporäres Objekt „direkt" implementiert werden.

📖📖 Operator als globale oder als Mitgliedsfunktion

Am Beispiel des Additionsoperators haben wir gesehen, dass die Formulierung der Operatorfunktion sowohl als globale Funktion (mit zwei Parametern) als auch als Mitgliedsfunktion (mit einem Parameter) möglich ist. Es stellt sich daher die Frage, welche Form geeigneter ist.

Folgende grundsätzliche Regeln gelten:

❑ Symmetrische Operatoren (d.h. Operatoren mit zwei Argumenten vom gleichen Typ) sollen grundsätzlich als globale Funktionen implementiert werden. Der Grund ist, dass damit *implizite Typwandlungen* bei beiden Parametern möglich sind[136]. Beispiele für symmetrische Operatoren sind die arithmetischen Operatoren +, -, / und *.

❑ Operatoren, die einen Parameter verändern, sollen als Mitgliedsfunktionen implementiert werden. Beispiele sind die erweiterten Zuweisungsoperatoren +=, -= etc sowie die Inkrement und Dekrementoperatoren ++ und --.

❑ Einige Operatoren (wie z.B. der Zuweisungsoperator = und der Feldindexoperator [ ]) müssen als Mitgliedsfunktionen implementiert werden.

Es ist syntaktisch zulässig, sowohl die globale Form als auch eine klassenspezifische Form eines Operators zu definieren. Dies entspricht den Gegebenheiten bei normalen Funktionen, bei denen ja auch problemlos zwei Funktionen gleichen Namens (nämlich als globale Funktion und als Mitgliedsfunktion) existieren können. Da die zwei Funktionen in unterschiedlichen Gültigkeitsbereichen definiert sind, wird die *one definition rule (odr)*[137] nicht verletzt.

Während bei Funktionen anhand der Notation beim Aufruf unterschieden werden kann, ob es sich um eine globale oder eine Mitgliedsfunktion handelt, ist dies bei Operatoren nicht möglich: die Auf-

---

[136] Typwandlungen besprechen wir in Kapitel 24

[137] Die ODR besagt, dass es zu einem Programmobjekt in einem Gültigkeitsbereich nur genau eine Definition geben darf. Vgl. Kapitel 6 (Variablen und Objekte, Deklaration und Definition, Funktionen, Seite 141)

rufsyntax ist in beiden Fällen gleich. Folgendes Beispiel verdeutlicht den Unterschied:

```
X x;
x.f();          // Aufruf einer Mitgliedsfunktion
f();            // Aufruf einer globalen Funktion
```

Hier ist anhand der Syntax klar, ob eine Mitgliedsfunktion oder eine globale Funktion aufgerufen werden soll.

Durch die etwas andere Aufrufnotation ist dieser Unterschied bei Operatoren nicht erkennbar. Die folgende Addition kann sowohl eine globale Operatorfunktion als auch eine Mitgliedsfunktion aufrufen:

```
x1 + x2;        // Operatorfunktion kann sowohl Mitglied als auch global sein
```

Für Operatoren, die sowohl als globale Funktion als auch als Mitgliedsfunktion implementiert werden können, sind beide Versionen parallel zulässig. Die Regeln des *name lookup* bestimmen, welche Version verwendet wird: dabei spielt nun jedoch zusätzlich der Gültigkeitsbereich eine Rolle: Beim name lookup für Operatorfunktionen werden die klassenspezifischen und die globalen Versionen eines Operators gleichzeitig betrachtet, aus dieser Gesamtmenge wird die am besten passende Funktion gewählt.

Beispiel: Im folgenden Listing sind zwei Operatorfunktionen für die Addition vorhanden, die sich anhand ihrer Parameter unterscheiden:

```
class A
{
public:
  A operator + ( int );

  /* ... weitere Mitglieder ... */
};

A operator + ( const A&, const A& );
```

Die beiden folgenden Aufrufe des Operators lassen sich daher zweifelsfrei zuordnen:

```
A a1, a2;

A a3 = a1 + a2;        // globale Version
a3 = a1 + 1;           // klassenspezifische Version
```

Ein Sonderfall liegt vor, wenn sowohl klassenspezifische als auch globale Version gleich gut passen, wie hier im Falle der Version für double, die in beiden Varianten vorhanden ist:

```
class A
{
public:
  A operator + ( int );
  A operator + ( double );

  /* ... weitere Mitglieder ... */

};

A operator + ( const A&, const A& );
A operator + ( const A&, double );

void f()
{
  A a1;
  A a2 = a1 + 1.0;               // klassenspezifische Version
}
```

In einem solchen Fall hat die klassenspezifische Version Vorrang. Es
ist daher grundsätzlich angeraten, immer nur eine Form zu implementieren. Zum Glück ergibt sich die Wahl der besten Form normalerweise immer aus den obigen drei Regeln.

Übung 22-4:

Implementieren Sie sowohl die globale Version als auch die Version als
Mitgliedsfunktion des Additionsoperators für die Klasse Complex. *Rüs-*
ten Sie beide Versionen mit Ausgabeanweisungen aus und stellen Sie
fest, welche Version bei der Addition zweier komplexer Zahlen ver-
wendet wird.

🕮🕮 Die Bedeutung des Rückgabetyps

Ein Problem bei der Verwendung von Operatoren kann die Wahl eines geeigneten Rückgabetyps sein. Eine Operatorfunktion gibt normalerweise ein Objekt (bzw. eine Referenz) zurück, damit
Kettenrechnungen möglich werden. Eine Anweisung wie z.B.

```
Complex c9 = c1 + c2 + c3 + c4;
```

ist nur möglich, weil die Operatorfunktion ein Complex-Objekt zurückgibt, das dann als Parameter für die jeweils nächste Addition
(und zuletzt für die Zuweisung) verwendet werden kann.

Diese Complex-Objekte müssen jedoch erzeugt und bei der Beendigung der Operatorfunktion über den Stack zurückgegeben werden.
Die nächste Operatorfunktion erhält dann eine Referenz auf ein sol-

ches temporäres Objekt, etc. Nach Auswertung des Gesamtausdrucks werden alle temporären Objekte automatisch gelöscht.

Für Funktionen, die Objekte zurückgeben, ist dieses Verhalten nicht zu vermeiden. Es kann jedoch gerade bei arithmetischen Rechnungen negative Auswirkungen auf die Performance haben. Handelt es sich z.B. bei den Objekten nicht um komplexe Zahlen, sondern um zweidimensionale 100x100-Matrizen mit dynamisch allokiertem Speicher, ergeben sich folgende Unterschiede zum Fall einer einfachen Klasse wie `Complex`:

❑ Der Aufwand zur Erzeugung der temporären Objekte ist relativ hoch, da dynamischer Speicher nicht unbeträchtlicher Größe allokiert und initialisiert werden muss.

❑ Der für die temporären Objekte benötigte Speicherplatz kann zu Problemen führen. Reicht der physikalische Speicher nicht aus, lagert das Betriebssystem Programmteile (hier die Daten) in die Auslagerungsdatei (*swapfile*) aus und bei Bedarf wieder ein. Dies kann z.B. bei Matrixoperationen dazu führen, dass der Rechner im Wesentlichen mit Ein-und Auslagerungsvorgängen beschäftigt ist, anstatt die Matrizen zu multiplizieren. Das Ergebnis ist in der Regel eine völlig unakzeptable Performance. Im Extremfall kann ein simpler Ausdruck wie `c=a*b` nicht mehr ausgewertet werden, da für das temporäre Objekt nicht ausreichend Speicher zur Verfügung steht.

❑ Für Klassen ohne dynamisch allokierte Resourcen ist der Overhead durch die temporären Objekte normalerweise vernachlässigbar, da der Speicherplatz dazu bereits bei der Übersetzung der C++ Anweisung statisch angelegt werden kann. Ein moderner, optimierender Compiler leistet hier einiges.

📖📖 Rückgabe des eigenen Objekts bei Mitgliedsfunktionen

Operatoren, die einen Parameter verändern, werden normalerweise als Mitgliedsfunktionen ausgeführt. Die Veränderung wirkt dann auf das eigene Objekt. Als Standardbeispiel kann der erweiterte Zuweisungsoperator `+=` dienen, der sein Argument zum eigenen Objekt dazuaddiert. Schreibt man z.B.

```
Complex c1(1,2), c2(3,4);
```

```
c1 += c2;
```

erhält dadurch c1 einen neuen Wert.

Auch mit solchen Operatoren sollen natürlich Kettenrechnungen möglich sein:

```
Complex c3 = c1 += c2;              // Addition in c1, dann Zuweisung
```

oder (für einen Datentyp, für den Inkrement definiert ist) z.B.

```
T t2 = ++t1;                        // Inkrement, dann Zuweisung
```

Zum Glück ist die Formulierung eines Rückgabetyps einfacher als bei Operatoren, die ihre Argumente nicht ändern: man gibt einfach das eigene Objekt (bzw. eine Referenz darauf) zurück.

Der Operator += kann also wie folgt implementiert werden:

```
class Complex
{
public:
  Complex& operator += ( const Complex& );

  /* ... weitere Mitglieder ... */
};

Complex& Complex::operator += ( const Complex& arg )
{
  re += arg.re;
  im += arg.im;

  return *this;                     // eigenes Objekt
}
```

Der Operator ist mit einem Rückgabetyp von `Complex&` (nicht `Complex`) deklariert. In Mitgliedsfunktionen von Klassen bezeichnet `this` ja einen Zeiger auf das eigene Objekt und `*this` steht damit für dieses Objekt. Der Operator gibt also eine Referenz auf das eigene Objekt zurück. In unserem Beispiel wird somit eine Referenz auf c1 an den Zuweisungsoperator für c3 übergeben.

Übung 22-5:

Implementieren Sie einen Additionsoperator für `Complex` *unter Verwendung des bestehenden Operators* += *.*

📖📖 Selbstdefinierbare Operatoren

Insgesamt können die folgenden Operatoren neu definiert werden:

Definierbare C-Operatoren				
[]	()	->	++	--
&	*	+	-	~
!	/	%	<<	>>
<	>	>=	>=	==
!=	^	|	&&	||
=	*=	/=	+=	-=
%=	<<=	>>=	&=	^=
|=	,	->*	new	
delete				

Die folgenden Operatoren lassen sich nicht neu definieren:

Nicht definierbare Operatoren				
.	.*	::	?:	sizeof

Allgemein gelten für die Neudefinition von Operatoren die folgenden Einschränkungen:

❏ Die Priorität eines Operators kann nicht geändert werden. Der *-Operator hat also immer eine höhere Priorität als der +-Operator.

❏ Die Stelligkeit kann nicht geändert werden. So kann der *-Operator z.B. immer nur mit zwei Argumenten definiert werden[138]. Eine Ausnahme bildet der Funktionsaufruf-Operator ( ), der mit einer

---

[138] wenn er als globale Operatorfunktion definiert wird. Als Mitgliedsfunktion werden die Operatoren immer mit einem Parameter weniger definiert. Beim Aufruf wird ja das eigene Objekt als impliziter erster Parameter übergeben.

beliebigen Zahl Argumente beliebigen Typs deklariert werden kann.

❑ Die folgenden Operatoren können nur als nicht-statische Mitgliedsfunktionen von Klassen definiert werden:

Nur als nicht-statische Operatoren definierbar

= Zuweisungsoperator
[] Indexoperator
() Funktionsaufruf-Operator
->Zeigeroperator

❑ Die folgenden Operatoren sind automatisch statische Mitgliedsfunktionen, wenn sie als Mitgliedsfunktionen von Klassen definiert werden:

Nur als statische Operatoren definierbar

new   Operatoren zur Speicherverwaltung
delete

Die Operatoren `new` und `delete` behandeln wir im nächsten Kapitel. Einige ausgewählte Beispiele zur Definition der anderen Operatoren folgen in den nächsten Abschnitten.

📖 Der Einfache Zuweisungsoperator =

Der *Einfache Zuweisungsoperator (simple assignment operator)* = ist wohl der in der Praxis für Klassen am meisten definierte Operator überhaupt. Dies liegt daran, dass bei einer Standard-Zuweisung die Klassenmitglieder einzeln kopiert werden, was für eine große Anzahl von Klassen in der Praxis nicht das gewünschte Verhalten ist. Für Klassen, die dynamisch allokierte Resourcen verwalten, ist ein eigener Zuweisungsoperator normalerweise immer erforderlich.

Deklaration des Operators

Ein Zuweisungsoperator für eine Klasse T muss immer als Mitglieds-operator definiert werden. Er hat normalerweise die Form

```
class T
{
public:
  T& operator = ( const T& );       // Zuweisungsoperator
};
```

Der Operator übernimmt eine Referenz auf ein Objekt von der eige-nen Klasse. Die Deklaration des Arguments als const bedeutet wie gewöhnlich, dass der Operator sein Argument nicht ändern kann. Bei einer Zuweisung wie in

```
T t1, t2;
...
t1 = t2;                            // Zuweisung
```

bedeutet dies, dass sichergestellt ist, dass das Quellobjekt $t2$ nach der Zuweisung unverändert bleibt.

Als Rückgabewert wird (wie üblich für Mitgliedsoperatoren) eine Re-ferenz auf das eigene Objekt geliefert, so dass Kettenanweisungen wie z.B.

```
t3 = t2 = t1;
```

möglich sind. Entsprechend ist der Rückgabetyp $T\&$.

Alternative Formen

Zuweisungsoperatoren können auch anders deklariert werden. Fol-gende Alternativen sind denkbar:

❑ *Anderer Parametertyp.* Ein Operator mit der Deklaration

```
T& operator = ( const X& );        // anderer Parametertyp
```

ist ebenfalls ein Zuweisungsoperator. Er ermöglicht die Zuweisung eines Objekts vom Typ X und ein Objekt vom Typ T:

```
X x;
T t;
t = x;                              // Zuweisung
```

❑ *Nicht konstanter Parameter.* Der Parameter des Zuweisungsopera-tors muss nicht unbedingt Referenz auf const sein. Eine nicht-kon-stante Referenz ermöglicht dem Operator, sein Argument zu ändern. Obwohl dies selten erforderlich ist, gibt es einen wichtigen Anwendungsfall: wenn nämlich die Zuweisung bedeutet, dass eine Ressource, die die Quelle besitzt, zum Ziel übertragen wird. Wir kommen auf diesen seltenen, aber wichtigen Fall des *transfer of ownership* an anderer Stelle zurück.

❑ *Weitere Parameter.* Der Zuweisungsoperator kann prinzipiell weitere Parameter deklarieren. Dies wird aber in der Praxis selten verwendet, da man sonst die bequeme Notation t1 = t2 verliert. Wo sollte hier ein weiterer Parameter angegeben werden?

❑ *Rückgabetyp Referenz auf const.* Die Deklaration

```
const T& operator = ( const T& );
```

besagt, dass auf das Ergebnis unveränderlich sein soll. Anweisungen wie z.B.

```
(t1=t2)++;          // Fragwürdig
```

sind somit nicht möglich. Unverändert möglich bleibt die Verwendung des Ergebnisses in Kontexten, die ein konstantes Objekt (oder eine Referenz darauf) erwarten. Konstruktionen wie

```
t3=t2=1;
(t1=t2).f();        // Annahme: f ist konstante Mitgliedsfunktion
```

bleiben erlaubt, weswegen der „Schutz" durch die Deklaration des Ergebnisses als konstant zu kurz greift und deshalb in der Praxis normalerweise nicht verwendet wird.

❑ *Nicht öffentliche Deklaration.* Der Zuweisungsoperator kann wie jede andere Funktion und wie jeder andere Operator als public, protected oder privat deklariert werden. Eine nicht-öffentliche Deklaration bewirkt, dass eine Zuweisung von Objekten durch einen Aufrufer außerhalb der Klasse effektiv unterbunden wird.

Beachten Sie bitte, dass das Fehlen eines eigenen Zuweisungsoperators dies nicht leistet, da der Compiler in diesem Fall einen (öffentlichen) Impliziten Standard-Zuweisungsoperator definiert.

Wert- und Referenzsemantik

Ein Zuweisungsoperator kann natürlich prinzipiell beliebig implementiert werden. Normalerweise kommt für jedes Datenmitglied einer Klasse jedoch nur einer der drei folgenden Fälle in Betracht:

❑ Es handelt sich um einen *Wert*, wie z.B. bei den Mitgliedern `re`
und `im` in der Klasse `Complex`. Diese können einfach kopiert werden. Man spricht bei solchen Variablen deshalb auch von *Wertsemantik* (*value semantics*).

❑ Es handelt sich um eine Variable, die eine Ressource repräsentiert,
wie z.B. einen Zeiger auf einen dynamisch allokierten Speicherbereich. Das Datenmitglied `wert` in der Klasse `FixedArray` ist z.B.
ein solche Variable. Beim Kopieren darf nicht der Wert an sich
kopiert werden, sondern es muss eine Kopie der Ressource erstellt
werden. Man spricht deshalb auch von *Referenzsemantik* (*reference semantics*).

❑ Es handelt sich wie im vorigen Fall um eine Variable, die eine Ressource repräsentiert, jedoch soll die Resource nicht kopiert, sondern übertragen werden. Bei diesem Modell geht man davon aus,
dass die Ressource immer genau einem Eigentümer „gehört". Der
Eigentümer hat unter anderem die Aufgabe, die Ressource wieder
frei zu geben, wenn sie nicht mehr benötigt wird. Beim Kopieren
wird nun die verwaltete Ressource vom Quellobjekt zum Zielobjekt „übertragen": Das Zielobjekt ist nun der Eigentümer, das
Quellobjekt verliert die Eigentümerschaft.

📖 Standard-Zuweisungsoperator

Ein Zuweisungsoperator, der einfach alle Datenmitglieder einer Klasse
kopiert, heißt *Standard-Zuweisungsoperator*. Unsere Klasse `Complex`
ist eine Klasse, für die ein solcher Zuweisungsoperator ausreichend
ist:

```
class Complex
{
public:
   Complex& operator = ( const Complex& );

   /* ... weitere Mitglieder ... */
};


Complex& Complex::operator = ( const Complex& arg )
{
   re = arg.re;
   im = arg.im;

   return *this;
}
```

Standard-Zuweisungsoperatoren sind normalerweise für Klassen ohne
Verwaltung eigener Resourcen ausreichend.

📖 Impliziter Standard-Zuweisungsoperator

Definiert der Programmierer für eine Klasse keinen Zuweisungsoperator, ergänzt der Compiler automatisch einen *Impliziten Standard-Zuweisungsoperator*, der die Datenelemente einzeln kopiert.

Für unsere Klasse `Complex` könnte man daher auf die explizite Implementierung eines Zuweisungsoperators verzichten, da der dann implizit generierte Standard-Zuweisungsoperator absolut identisch ist.

Man sollte allgemein für Klassen, für die das Standardverhalten bei der Zuweisung korrekt ist, keinen expliziten Zuweisungsoperator definieren. Der explizit definierte Operator ist immer eine Fehlerquelle: so können z.B. wenn später Datenmitglieder hinzukommen, diese beim Kopieren vergessen werden. Dies kann natürlich bei einem implizit erzeugten Operator nicht passieren[139]. Natürlich sollte man in einem Kommentar notieren, dass der Operator absichtlich nicht definiert, und nicht etwa vergessen wurde.

📖 Ein Zuweisungsoperator für die Klasse FixedArray

`FixedArray` ist der Prototyp einer Klasse, die Resourcen (hier: dynamisch allokierter Speicherplatz) verwaltet. Bei der Zuweisung muss dies explizit berücksichtigt werden. Die Situation ist ähnlich wie für den Kopierkonstruktor, der ja auch die Ressource aus dem Quellobjekt kopieren muss. In der Tat bestehen zwischen Kopierkonstruktor und Zuweisungsoperator enge Beziehungen, auf die wir im nächsten Abschnitt näher eingehen werden.

Bei einer Zuweisung ist das Zielobjekt bereits initialisiert und verwaltet eigene Resourcen. Diese müssen daher vor der Zuweisung erst freigegeben werden. Folgendes Listing zeigt die sich ergebende Implementierung für `FixedArray`:

---

[139] In vielen Firmen gibt es verbindliche Programmierrichtlinien, in denen z.B. gefordert wird „Jede Klasse muss einen Kopierkonstruktor und einen Zuweisungsoperator definieren". Dies ist eine zusätzliche Fehlerquelle und somit sogar kontraproduktiv!

```
class FixedArray
{
public:
  FixedArray& operator = ( const FixedArray& );

  /* ... weitere Mitglieder FixedArray ... */

private:
  int  dim;        // Dimension des Feldes
  int* wert;       // Das Feld selber
};
```

```
FixedArray& FixedArray::operator = ( const FixedArray& arg )
{
  delete [] wert;   // allokierte Resourcen freigeben

  dim = arg.dim;
  wert = new int[ dim ]; // neue Resourcen allokieren

  for ( int i=0; i<dim; i++ )
    wert[i] = arg.wert[i];

  return *this;
}
```

Alternativ kann man die Kopierschleife

```
for ( int i=0; i<dim; i++ )
  wert[i] = arg.wert[i];
```

wieder durch die Funktion copy der Standardbibliothek ersetzen:

```
copy( arg.wert, arg.wert + dim, wert );
```

📖 Zuweisungsoperator und Kopierkonstruktor

Bei näherer Betrachtung fällt auf, dass der Zuweisungsoperator große Ähnlichkeit mit dem Kopierkonstruktor hat. Dieser war ja für Fixed-Array folgendermaßen implementiert:

```
FixedArray::FixedArray( const FixedArray& obj_in )
{
  dim  = obj_in.dim;
  wert = new int[ dim ];

  for ( int i=0; i<dim; i++ )
    wert[i] = obj_in.wert[i];
}
```

Der Unterschied ist lediglich, dass der Zuweisungsoperator von einem bereits initialisierten Objekt ausgehen kann, während der Konstruktor noch keine Annahmen über die Werte der Variablen treffen darf. Daher muss der Zuweisungsoperator vor der Kopieroperation evtl. vorhandene Daten des Objekts löschen, während der Kopierkonstruktor vor der Kopieraktion einen Grundzustand der Mitgliedsvariablen herstellen muss. Die eigentliche Kopieroperation ist aber in beiden Fällen die gleiche.

Daraus ergibt sich die Frage, ob man die Kopierfunktionalität nicht zusammen fassen kann. Eine Möglichkeit dazu ist die Nutzung des Zuweisungsoperators im Konstruktor. Man muss lediglich im Konstruktor einen Initialzustand der Objekts herstellen, auf dem der Zuweisungsoperator dann arbeiten kann.

Dazu reicht es in unserem Falle aus, den Zeiger wert auf 0 zu setzen. Der Zuweisungsoperator führt zwar ein delete aus, aber dies ist explizit für Nullzeiger erlaubt.

Der Kopierkonstruktor kann also unter Zuhilfenahme des Zuweisungsoperators wie folgt implementiert werden:

```
//-- Implementieurng unter Verwendung Zuweisungsoperator
//
FixedArray::FixedArray( const FixedArray& obj_in )
{
  dim  = 0;
  wert = 0;

  *this = obj_in;                  // Zuweisung
}
```

Beachten Sie die Verwendung des this-Zeigers:

```
*this = obj_in;
```

this zeigt innerhalb von Mitgliedsfunktionen auf das eigene Objekt, *this repräsentiert daher das eigene Objekt. Darauf wird nun der Zuweisungsoperator angewendet, der somit die Daten des Arguments in das eigene Objekt kopiert.

OOP-Puristen werden nun einwerfen, dass Initialisierung und Zuweisung zwei völlig unterschiedliche Konzepte sind, die nicht in einer Funktion zusammen gefasst werden sollten. Dies ist korrekt, jedoch zeigt sich in der Praxis häufig, dass sich die Initialisierung oft aus den beiden Schritten „Grundinitialisierung herstellen" und „Zuweisen" zusammen setzen lässt. Dabei ist „Zuweisen" meist der weitaus kompliziertere Schritt, vor allem wenn Ressourcen wie z.B. dynamischer Speicher damit verbunden sind, wohingegen der Schritt „Grundinitialisierung herstellen" in der Regel aus Besetzen von Variablen mit Nullzeigern besteht. Es ist daher in der Praxis durchaus üblich und vom Overhead vertretbar, den Schritt „Zuweisen" nur einmal zu implementieren (im gleichnamigen Operator nämlich) und diesen auch zur Initialisierung wenn möglich zu verwenden. Entstehen Effizienzprobleme, kann man später den Kopierkonstruktor immer noch explizit implementieren.

📖 Die Großen Drei (*big three*)

Aus dem letzten Abschnitt wird deutlich, dass Klassen, die einen expliziten Kopierkonstruktor benötigen, in der Regel auch einen expliziten Zuweisungsoperator erfordern. Diese Klassen besitzen dann meist Zeiger oder andere Variablen mit Referenzsemantik, verwalten Resourcen etc.

Umgekehrt benötigen Klassen, die keinen expliziten Kopierkonstruktor benötigen, auch keinen expliziten Zuweisungsoperator. Oder einfacher gesagt: Kopierkonstruktor und Zuweisungsoperator treten meist zusammen auf.

Hinzu kommt die Funktion des Destruktors: Wenn Resourcen im Spiel sind, sind nicht nur explizites Initialisieren und Kopieren erforderlich, sondern die Resourcen müssen auch irgendwo wieder freigegeben werden. Daraus ergibt sich die sog. *Dreierregel*: Kopierkonstruktor, Zuweisungsoperator und Destruktor sind entweder alle drei zusammen erforderlich, oder keiner der drei wird benötigt. Aufgrund ihrer Zusammengehörigkeit und ihrer besonderen Aufgaben wird das Gespann aus Kopierkonstruktor, Zuweisungsoperator und Destruktor auch als die *Großen Drei* (*big three*) bezeichnet.

📖 Zuweisung auf sich selbst

Die Anweisung

```
t = t;          // Zuweisung auf sich selbst
```

für ein Objekt eines beliebigen Typs `T` ist syntaktisch zulässig und sollte außer unnötigem Rechenzeitverbrauch keine weiteren Folgen haben. Für unsere Klasse `FixedArray` in ihren jetzigen Zustand führt sie jedoch zu undefiniertem Verhalten. Betrachten wir dazu noch einmal den Zuweisungsoperator:

```
FixedArray& FixedArray::operator = ( const FixedArray& arg )
{
   delete [] wert;                    // allokierte Resourcen freigeben

   dim  = arg.dim;
   wert = new int[ dim ];             // neue Resourcen allokieren

   for ( int i=0; i<dim; i++ )
     wert[i] = obj_in.wert[i];

   // Alternativ mit Standardbibliothek
   //  copy( obj_in.wert, obj_in.wert+obj_in.dim, wert );

   return *this;
}
```

Was passiert bei der Zuweisung in

```
FixedArray f1( 10 );
f1 = f1;                             // Zuweisung auf sich selbst
```

mit dem Objekt f1?

Hier wird zuerst der Speicherbereich von f1 freigegeben, dann wird neuer Speicher allokiert. Schließlich wird der Inhalt des bereits freigegebenen Speichers in den neu allokierten Speicherbereich kopiert.

Das Problem liegt natürlich im Zugriff auf den bereits freigegebenen Speicherbereich. Dies führt grundsätzlich zu undefiniertem Verhalten und ist deshalb zu vermeiden: zurückgegebener Speicher ist für das Programm nicht mehr existent. Auch wenn in einem freigegebenen Speicherblock wahrscheinlich noch der alte Inhalt steht: garantieren kann das niemand, und sich darauf zu verlassen ist schlechter Stil.

Insbesondere ältere C-Programme greifen gerne auf bereits freigegebenen Speicher zu - und funktionieren trotzdem gut. Das folgende Beispiel zeigt, warum dies trotzdem unter allen Umständen zu vermeiden ist. Dazu betrachten wir eine andere, jedoch genauso gut mögliche Implementierung des Zuweisungsoperators. Der einzige Unterschied zur ersten Version ist die Korrektur der Variablen wert und dim nach Freigabe des Speichers. In dieser Version wird ihr Wert nach der Speicherfreigabe (eigentlich korrekt) auf 0 gesetzt. Wir haben das bis jetzt nur deshalb unterlassen, weil wert und dim sowieso neue Werte erhalten - warum deshalb explizit auf 0 setzen?

```
//-- Alternativer Zuweisungsoperator
//    Werte auf 0 gesetzt
//
FixedArray& FixedArray::operator = ( const FixedArray& arg )
{
  delete [] wert;        // allokierte Resourcen freigeben
  wert = 0;              // notieren, dass alles freigegeben ist
  dim = 0;

  dim = arg.dim;
  wert = new int[ dim ];  // neue Resourcen allokieren

  for ( int i=0; i<dim; i++ )
    wert[i] = arg.wert[i];

// Alternativ mit Standardbibliothek
//   copy( arg.wert, arg.wert + dim, wert );

  return *this;
}
```

Nun führt eine Zuweisung auf sich selbst zu einem leeren Objekt! Der Erfolg einer - völlig legalen - Änderung der Implementierung einer Mitgliedsfunktion ist eine globale Änderung im Programmverhalten!

Grundsätzlich sollte man natürlich solche unsicheren Zustände in den Daten eines Objekts vermeiden. Zum Glück ist die Lösung im Falle des Zuweisungsoperators einfach. Eine Zuweisung auf sich selber kann vollständig ignoriert werden. Es reicht also aus, auf diese Situation zu prüfen:

```
FixedArray& FixedArray::operator = ( const FixedArray& arg )
{
  //-- Prüfung auf Selbstzuweisung
  //
  if ( &arg == this )
    return *this;

  /* ... Rest der Implementierung ... */
}
```

Beachten Sie bitte die Verwendung von `this`: hier werden Adressen (nicht die Objekte selber) miteinander verglichen. Stimmen die Adressen des eigenen Objekts (`this`) und des übergebenen Objekts (`&arg`) überein, liegt eine Zuweisung auf sich selbst vor, die komplett ignoriert werden kann.

📖   Übungen

Wir sind nun unserem Ziel, aus Feldern richtige Datentypen zu machen, ein gutes Stück weiter gekommen. `FixedArray` erlaubt nun Parameterübergaben und Zuweisungen, was für C-Felder ja nicht möglich ist.

Wir können nun z.B.

```
FixedArray f1( 10 );
FixedArray f2( f1 );        // Kopierkonstruktor
f1 = f2;                    // Zuweisung
```

schreiben.

Einige Fragen bleiben jedoch noch offen.

Übung 22-6:

In der vorliegenden Implementierung des Zuweisungsoperators wird immer zuerst der Speicherbereich freigegeben und dann ein neuer Speicherbereich allokiert. Dies ist unnötig, wenn beide Felder die gleiche Dimension haben. Optimieren Sie den Zuweisungsoperator so, dass er diesen Fall erkennt und die unnötigen Operationen vermeidet.

Übung 22-7:

Es ist zu überlegen, ob eine Zuweisung von Feldern unterschiedlicher Dimension nicht besser überhaupt nicht zulässig sein soll. Schließlich erwartet ein Benutzer, der die Anweisungen

```
FixedArray f1(10);
f1 = f2;                    // f2 soll ein anderes FixedArray sein
```

geschrieben hat, dass sein Feld f1 nach der Zuweisung immer noch genau 10 Elemente hat. Ändern Sie also die Klasse so ab, dass eine Zuweisung mit einem Feld anderer Dimension nicht möglich ist.

📖📖 Die erweiterten Zuweisungsoperatoren

Die Operatoren

```
*=   /=   %=   +=   -=   >>=   <<=   &=   ^=   |=
```

werden als *Erweiterte* oder *Zusammen gesetzte* Zuweisungsoperatoren bezeichnet. Für sie gelten die gleichen Regeln wie für den Einfachen Zuweisungsoperator =, allerdings erzeugt der Compiler keine Implizite Standard-Version dieser Operatoren. Für eine beliebige Klasse A ist also z.B. der Operator += nicht automatisch definiert. Zu beachten ist außerdem, dass eine Klasse, die über die Operatoren = und + verfügt, nicht deshalb automatisch auch einen += Operator besitzt. Die zusammen gesetzten Zuweisungsoperatoren sind eigenständige Operatoren und müssen auch als solche implementiert werden.

Da die zusammen gesetzten Zuweisungsoperatoren eigenständige Operatoren sind, kann der Programmierer sie prinzipiell mit beliebiger Funktionalität versehen. Man sollte jedoch darauf achten, dass die bekannten Äquivalenzen erhalten bleiben. Hat man für eine beliebige Klasse T z.B. die Operatoren + und = definiert, sollte auch ein Operator += definiert werden, und zwar so, dass für zwei beliebige Objekte t1 und t2 von T die Anweisung

```
t1 = t1 + t2;
```

identisch ist zu

```
t1 += t2;
```

Die Operatoren *=, /=, %=, +=, und –= werden zusammen mit ihren Pendants *, /, %, + und – oft für Klassen definiert, die mathematische Operationen zulassen. Beispiele sind unsere Klassen Complex und FractInt sowie Klassen für Vektor- und Matrizenrechnung.

Für die Klasse Complex wird der Operator += folgendermaßen implementiert:

```
class Complex
{
public:
  Complex& operator += ( const Complex& );

  /* ... weitere Mitglieder ... */
};


Complex& Complex::operator += ( const Complex& arg )
{
  re += arg.re;
  im += arg.im;

  return *this;          // eigenes Objekt
}
```

Übung 22-8:

Implementieren Sie den Operator + mit Hilfe des Operators +=. Ist der umgekehrte Weg (d.h. die Implementierung des Operators += mit Hilfe von Operator +) ebenfalls möglich und sinnvoll?

Übung 22-9:

Sind die Operatoren + und += etc. auch für die Klasse FractInt *sinn-*
voll? Wie ist es mit der Klasse FixedArray*? Implementieren Sie die O-*
peratoren für diejenigen Klassen, für die Sie sie für sinnvoll erachten.

⌨⌨ Die Vergleichsoperatoren == und !=

Objekte von Klassen können in C++ nicht ohne weiteres miteinander
verglichen werden. Es ist also nicht so wie z.B. beim Zuweisungsoperator, dass der Compiler bei Bedarf einen Impliziten Vergleichsoperator definiert[140].

Folgende Vergleiche sind also nicht ohne weiteres möglich:

```
Complex c1(1,2), c2(2,3);

if ( c1 == c2 ) ...        // Fehler!
if ( c1 != c2 ) ...        // Fehler!
```

Damit dies funktioniert, sind explizite Operatoren == und != erforderlich. Da die Operatoren symmetrisch sind und außerdem ihre Argumente nicht ändern, werden sie mit Hilfe globaler Operatorfunktionen implementiert:

```
bool operator == ( const Complex&, const Complex& );
bool operator != ( const Complex&, const Complex& );
```

Da die Operatoren auf die privaten Datenmitglieder zugreifen sollen,
müssen sie in Complex als Freunde deklariert werden[141]:

```
class Complex
{
    friend bool operator == ( const Complex&, const Complex& );
    friend bool operator != ( const Complex&, const Complex& );

    /* ... weitere Mitglieder ... */

};
```

---

140 Der Grund ist, dass dies bei Unionen (die ja auch Klassen sind) nicht sinnvoll
     möglich wäre, da man nicht weiß, welches Mitglied der Union gerade aktiv ist
     und damit für den Vergleich verwendet werden müsste.

141 Wie bereits weiter oben erwähnt, hat MSVC 6 einen Fehler im Zusammenhang
     mit friend-Deklarationen und Namensbereichen, der zu Problemen führen kann.
     So übersetzt die Klasse nicht, wenn im Programm (so wie in unserem Test-
     Rahmenprogramm) *using namespace std* steht. Die Website zum Buch hat wei-
     tere Informationen.

Die Implementierung liegt auf der Hand:

```
bool operator == ( const Complex& lhs, const Complex& rhs )
{
    return lhs.im == rhs.im && lhs.re == rhs.re;
}


bool operator != ( const Complex& lhs, const Complex& rhs )
{
    return lhs.im != rhs.im || lhs.re != rhs.re;
}
```

Nun kann man z.B.

```
Complex c1(1,2), c2(2,3);

if ( c1 == c2 )
    cout << "gleich!" << endl;
```

schreiben[142].

Beachten Sie bitte, dass == und != zwei unterschiedliche Operatoren sind, die (wie hier für Complex gezeigt) auch separat implementiert werden müssen.

Übung 22-10:

In der Praxis implementiert man normalerweise nur Operator == ausführlich und verwendet diesen dann zur Implementierung von Operator !=. Ändern Sie die Implementierung von Operator != entsprechend.

Übung 22-11:

Es ist guter Stil, Operatoren nur als Schreibvereinfachung für ansonsten vorhandene Mitgliedsfunktionen zu verwenden. Realisieren Sie diesen Gedanken, indem Sie die Vergleichsfunktionalität in eine Funktion isEqual verlagern und die Operatoren == und != mit Hilfe von isEqual implementieren. Sollte isEqual eine normale Mitgliedsfunktion oder eine statische Mitgliedsfunktion sein?

---

[142] Wir lassen die Problematik des Vergleichs von Fließkommawerten auf Identität hier unberücksichtigt. Siehe dazu jedoch Kapitel 3 (Fundamentale Typen) auf Seite 48.

Ist für eine beliebige Klasse T ein Operator == vorgesehen, ist es meist günstig, den zugeordneten Operator != gleich mitzudefinieren. Dabei sollte man unbedingt darauf achten, dass für zwei Objekte t1 und t2 die Anweisung

```
!( t1 == t2 )
```

das gleiche Ergebnis wie

```
t1 != t2
```

liefert.

Übung 22-12:

Implementieren Sie die Vergleichsoperatoren == und != für die Klasse FixedArray. *Überlegen Sie vorher, wann zwei* FixedArray-*Objekte als gleich zu betrachten sind. Verwenden Sie zur Implementierung wieder eine Funktion* isEqual.

Der Negationsoperator !

Der Negationsoperator wird als Mitgliedsfunktion definiert. Die Operatorfunktion übernimmt kein Argument und liefert standardmäßig bool. Folgendes Listing zeigt die Deklaration und Definition für eine beliebige Klasse T:

```
class T
{
public:
   bool operator ! ();

   /* ... weitere Mitglieder ... */
};


bool T::operator ! ()
{
   ...
}
```

Für integrale Datentypen liefert der Operator true oder false, je nach dem ob sein Argument 0 (bzw. false) oder ungleich 0 (bzw. true) ist. Für eigene arithmetische Klassen (wie Complex oder FractInt) sollte man dieses Verhalten daher analog implementieren.

Für größere Klassen wird der Operator dagegen manchmal definiert, um die *Gültigkeit* von Objekten festzustellen. Bei komplexeren Klassen hat man oft Situationen, in denen die Mitgliedsvariablen einen Zustand haben können, der eine Arbeit mit einem Objekt der Klasse nicht erlaubt. Alltägliche Situationen sind z.B. das Fehlschlagen von Speicheranforderungen, Probleme beim Öffnen von Dateien etc.

Eine professionelle Implementierung unserer Klasse `FixedArray` muss z.B. davon ausgehen, dass eine Speicheranforderung fehlschlagen wird und `wert` in der Folge nicht korrekt besetzt werden kann. Mit einem solchen Objekt kann nicht mehr sinnvoll weitergearbeitet werden, trotzdem sollte das Programm nicht einfach „abstürzen". Es ist daher sinnvoll, einen solchen Zustand objektintern zu vermerken und über eine Mitgliedsfunktion dem Benutzer verfügbar zu machen. Genau hierzu eignet sich Operator ! :

```
class FixedArray
{
public:
    bool operator ! () const;        // liefert Gültigkeitsstatus

    /* ... weitere Mitglieder FixedArray ... */

};
```

Beachten Sie bitte, dass der Operator das eigene Objekt nicht ändert und deshalb als konstante Mitgliedsfunktion ausgeführt wird.

Da ein gültiges `FixedArray`-Objekt immer einen Heapspeicherbereich allokiert hat, benötigt man keine spezielle Variable, um den Gültigkeitszustand festzuhalten. Es reicht die Abfrage von `wert`:

```
bool FixedArray::operator ! () const
{
    return wert == 0;
}
```

Beachten Sie bitte, dass `wert` ein Zeiger ist, der hier mit der numerischen Konstanten 0 verglichen wird. Dies ist möglich, da eine numerische Konstante mit dem Wert 0 implizit zum Nullzeiger gewandelt werden kann. Die Anweisung prüft also, ob `wert` der Nullzeiger ist.

Folgendes Listing zeigt beispielhaft, wie sich der Programmierer einer Funktion `doSomething`, die von außen ein `FixedArray`-Objekt zur Bearbeitung erhält, über die Gültigkeit des Parameters versichert:

```
void doSomething( FixedArray& fa )
{

  if ( !fa )
  {
    cout << "FixedArray-Objekt ungültig!" << endl;
    exit( 1 );
  }

  /* ... hier kommt jetzt die eigentliche Verarbeitung des Objekts fa ... */
}
```

Diese Notation entspricht der häufig verwendeten Notation, um z.B. Zeiger auf Gültigkeit zu überprüfen:

```
void doSomething( int* p )
{
  if ( !p )
  {
    cout << "Nullzeiger!" << endl;
    exit( 1 );
  }

  /* ... hier kommt jetzt die eigentliche Verarbeitung des Objekts ... */
}
```

Durch die Ähnlichkeit der Notation erwartet der Leser auch für Objekte selber ein ähnliches Verhalten wie für Zeiger auf Objekte. Diese Forderung wird durch die Lieferung des Gültigkeitsstatus erreicht.

Beachten Sie jedoch, dass die für Zeiger mögliche Notation

```
if ( p ) ...
```

für `FixedArray`-Objekte so nicht funktioniert:

```
void doSomething( FixedArray& fa )
{
  if ( fa )                 // Fehler!
    ...
}
```

Diese Notation kann zwar auch erreicht werden, allerdings wird dazu ein *Wandlungsoperator* (konkret: `operator bool`) benötigt, der Thema des Kapitel 24 (Typwandlungen) ist.

Übung 22-13:

Implementieren Sie für die Prüfung der Gültigkeit eines Objekts eine (Mitglieds-)funktion `isValid` *und formulieren Sie* `operator !` *mit deren Hilfe.*

Damit `operator !` in der gewünschten Weise funktionieren kann, müssen Gültigkeitsfragen bereits beim Design berücksichtigt werden.

Betrachten wir hierzu noch einmal einen Konstruktor für `FixedArray` in seiner jetzigen Form:

```
FixedArray::FixedArray( int dim_in )
{
  dim = dim_in;
  wert = new int[ dim ];
}
```

Was passiert, wenn der Aufruf von `new` fehlschlägt? Die Variable `dim` ist dann bereits auf den Wert `dim_in` gesetzt, und `wert` hat einen zufälligen Wert. Nachfolgende Funktionen können daraus nicht erkennen, dass das Objekt eigentlich ungültig ist: `wert` ist ungleich 0, und `dim` hat einen vernünftigen Wert.

Solche Probleme führen zur Definition eines *Gültigkeitskonzepts* für eine Klasse. Für `FixedArray` können wir z.B. folgendes festlegen:

❏ Ein `FixedArray`-Objekt ist gültig, wenn `wert` auf einen dynamisch allokierten Speicherblock der Größe `dim*sizeof(int)` zeigt. `dim` muss größer 0 sein.

❏ Die Ungültigkeit eines `FixedArray`-Objekts wird durch den Wert 0 für `wert` signalisiert. Der Wert für `dim` ist unerheblich.

Nun können alle Funktionen aus `FixedArray` die Gültigkeit ihres Objekts eindeutig bestimmen bzw. im Falle von Problemen auch verändern. Wichtig ist vor allem, dass Gültigkeitsfragen bereits beim Design der Klasse mit berücksichtigt *und dokumentiert* werden. Wir werden uns an anderer Stelle noch detailliert mit Gültigkeitsfragen befassen und dafür einen generellen Rahmen entwickeln.

Für den `FixedArray`-Konstruktor bedeuten die obigen beiden Regeln, dass er sicherstellen muss, dass entweder `wert` und `dim` korrekte Werte haben oder `wert` der Nullzeiger ist. Eine mögliche Implementierung zeigt das folgende Listing:

```
FixedArray::FixedArray( int dim_in )
: dim(0),
  feld(0)
{
  wert = new int[ dim ];
  dim = dim_in;
}
```

Der Unterschied zur vorigen Implementierung ist, dass die Mitgliedsvariablen `wert` und `dim` zuerst initialisiert werden, dann erst wird die Speicherallokation versucht. Erst wenn diese korrekt ausgeführt wurde, wird `dim` besetzt.

Beachten Sie bitte, dass wir die Prüfung auf Gültigkeit des Parameters `dim_in` auf `operator new` abgewälzt haben: wir gehen implizit davon aus, dass z.B. negative Werte für `dim_in` zu einem Fehlschlag der Allokation führen werden.

Übung 22-14:

Implementieren Sie eine explizite Prüfung der gewünschten Dimension. Prüfen sie nicht nur auf negative Werte, sondern auch auf „zu große" Werte. Verwenden sie zur Repräsentation der erlaubten Obergrenze eine statische Variable. Implementieren Sie zusätzlich eine statische Mitgliedsfunktion, um diese zu setzen. Setzen Sie das Objekt auf ungültig, wenn der Parameter nicht im erlaubten Wertebereich ist („Plausiprüfung").

▯▯ Die Operatoren ++ und --

Bei der Definition eigener Inkrement- und Dekrementoperatoren ist ein Unterschied zu den eingebauten Operatoren für fundamentale Datentypen zu beachten. Schreibt man z.B.

```
int i = 5;
int j = i++;            // Postfix-Inkrementoperator
```

wird hier zuerst die Zuweisung ausgeführt, dann wird i inkrementiert. Die Variable j erhält also den Wert 5. Diese Form des Operators wird daher auch als *Postfix-Form* (*postfix form*) bezeichnet. Schreibt man dagegen

```
int i = 5;
int j = ++i;            // Präfix-Inkrementoperator
```

wird zuerst i inkrementiert, dann wird die Zuweisung ausgeführt. Entsprechend erhält j den Wert 6. Diese Form wird als *Präfix-Form* (*prefix form*) des Operators bezeichnet.

Bei selbstdefinierten Operatoren ist nun zu beachten, dass zwar zwischen Präfix- und Postfixform unterschieden wird, aber es wird immer *zuerst* der Operator angewendet, *dann* wird das Ergebnis weiterverarbeitet.

Daraus ergibt sich ein Problem beim Lesen und Verstehen von C++ Quellcode, denn die Bedeutung von Anweisungen wie

```
f( temp++ );
```

ist in C++ nicht mehr ohne weiteres klar. Ob zuerst die Parameterübergabe an die Funktion f und dann die Inkrementierung von temp
stattfindet oder umgekehrt, hängt davon ab, ob für die Klasse von
temp ein Inkrementoperator definiert wurde, oder nicht.

Der Programmierer kann unterschiedliche Operatorfunktionen für die
Post- und Präfixformen deklarieren. Zur Unterscheidung wird bei der
Deklaration der Postfix-Form ein zusätzlicher Parameter vom Typ int
verwendet, dessen Wert keine Bedeutung hat.

Das folgende Listing zeigt am Beispiel unserer Klasse FractInt die
Deklaration der beiden Formen des Inkrement-Operators:

```
class FractInt
{
public:
    FractInt &operator ++ ();        // Inkrement-Operator, Präfix-Form
    FractInt  operator ++ ( int );   // Inkrement-Operator, Postfix-Form

    /* ... weitere Mitglieder FractInt ... */

private:
    int zaehler, nenner;
};
```

Beachten Sie bitte, dass die Postfix-Form nicht den für Mitgliedsoperatoren typischen Rückgabetyp von FixedArray& hat. Wir werden
gleich sehen, warum dies so ist. Betrachten wir jedoch zunächst die
Präfix-Forn, deren Operatorfunktion die für Mitgliedsoperatoren erwartete Implementierung hat:

```
FractInt& FractInt::operator ++ ()        // Präfix-Form
{
    zaehler += nenner;
    return *this;
}
```

Die Implementierung der Postfix-Form ist nicht ganz so einfach. Es ist
zu beachten, dass ja als Rückgabewert der Originalwert *vor* der Inkrementierung zurückzuliefern ist. Die Implementierung muss also
den Originalwert zunächst speichern, dann die Inkrementierung
durchführen und schließlich den Originalwert zurückliefern. Folgende
Realisierung bietet sich an:

```
FractInt FractInt::operator ++ ( int )    // Postfix-Form
{
    FractInt buf( *this );    // Originalwert speichern
    zaehler += nenner;        // Inkrementieren
    return buf;               // Originalwert zurückliefern
}
```

Nun ist klar, warum die Rückgabe als Wert und nicht als Referenz erfolgen muss: Wäre der Rückgabetyp `FractInt&`, würde eine Referenz auf eine lokale Variable (hier `buf`) geliefert, was zu undefiniertem Verhalten führt.

Man sieht, dass die Postfix-Form des Operators für eigene Klassen deutlich aufwändiger als die Präfix-Form ist. Es sollte daher wenn möglich der Präfix-Form den Vorzug gegeben werden.

Übung 22-15:

Implementieren Sie die Postfix-Form des Inkrement-Operators mit Hilfe der Präfix-Form.

📖📖 Der Subscript-Operator []

Die eckigen Klammern werden in C und in C++ standardmäßig zur Indizierung von Feldern verwendet. Auch wenn es auf den ersten Blick ungewöhnlich erscheint, ist es nichts Besonderes, zur Indizierung von Feldern eine benutzerdefinierte Funktion zu verwenden.

Die wohl häufigste Anwendung für die Operatorfunktion [] ist wahrscheinlich die Implementierung des Feldzugriffs mit vorausgehender Bereichsprüfung. In C und C++ gibt es ja bekanntlich keine automatische Prüfung auf Zulässigkeit der Indizes.

Mit der Definition

```
int array[ 10 ];
```

kann man z.B. ohne Syntaxfehler auf das Feldelement mit dem Index 20 zugreifen:

```
//-- in C++ kann man problemlos auf
//   beliebige Speicherbereiche zugreifen
//
int array[ 10 ];
array[ 20 ] = 1;          // das gehört nicht mehr zum Feld !!!
```

Hier wäre eine Prüfung auf die Zulässigkeit des Feldzugriffs wünschenswert, bevor Schlimmeres passiert.

Es ist klar, dass vor allem unsere Klasse `FixedArray` einen solchen Operator benötigt. Er wird folgendermaßen deklariert:

```
class FixedArray
{
public:
    int& operator [] ( int );

    /* ... weitere Mitglieder FixedArray ... */
};
```

Die Operatorfunktion liefert eine Referenz auf eine Integervariable zurück. Die Referenz wird innerhalb der Operatorfunktion an das korrekte Feldelement gebunden. Dadurch können die Operatorfunktion (und damit der Operator selber) sowohl rechts als auch links einer Zuweisung stehen. Es sind also sowohl Anweisungen wie

```
FixedArray fa( 10 );

fa[ 3 ] = 27;               //-- Zuweisung an ein Feldelement
```

als auch

```
cout << "Feldelement 3 hat den Wert " << fa[ 3 ] << endl;
```

korrekt.

Die Implementierung prüft zunächst den Index. Ist dieser gültig, wird das Ergebnis zurückgeliefert, ansonsten das Programm über `exit` beendet.

```
int& FixedArray::operator [] ( int index )
{
    if ( index < 0 || index >= dim )
    {
        cout << "index " << index << " ungültig! " << endl;
        exit( 1 );
    }

    return wert[index];
}
```

Das folgende Programmsegment verwendet die Operatorfunktion, um ein Feld mit 10 Elementen mit Zahlen zu füllen. In der zweiten Schleife zum Lesen des Arrays wurde absichtlich ein Fehler eingebaut, der wohl allen Programmierern schon einmal unterlaufen ist: Obwohl das Feld 10 Elemente hat, darf der Index nur bis 9 laufen.

Die Abbruchbedingung `i<=10` ist deshalb falsch, richtig muss es
`i<10` heißen.

```
FixedArray fa( 10 );

//-- (korrekte) Schleife zum Besetzen des Feldes
//
for ( int i=0; i<10; i++ )
  fa[ i ] = i*i;

//-- (fehlerhafte) Schleife zum Lesen des Feldes
//
for ( i=0; i<=10; i++ )
  cout << "Feldwert an Index " << i << " : " << fa[ i ] << endl;
```

Die selbstdefinierte Operatorfunktion erkennt diesen Fehler und reagiert entsprechend:

```
Feldwert an Index 0 : 0
Feldwert an Index 1 : 1
Feldwert an Index 2 : 4
Feldwert an Index 3 : 9
Feldwert an Index 4 : 16
Feldwert an Index 5 : 25
Feldwert an Index 6 : 36
Feldwert an Index 7 : 49
Feldwert an Index 8 : 64
Feldwert an Index 9 : 81
Index 10 ungültig!
```

Das obige Beispiel ist ein sinnvolles Beispiel für eine Operatorfunktion, weil die Funktionalität des Operators eigentlich nicht verändert
wurde: Der Operator `[]` wird weiterhin verwendet, um auf Elemente
von Feldern zuzugreifen. Der Zugriff wurde lediglich (für die meisten
Anwendungen) sicherer und damit besser gestaltet.

Zum Schluss soll noch angemerkt werden, dass der Operator nicht
unbedingt mit einem numerischen Argument deklariert werden muss.
Häufig verwendet man z.B. auch einen String, über den ein Eintrag in
einem Feld gefunden werden soll. Definiert man z.B.

```
class Telefonbuch
{
public:

  //-- liefert Telefonnummer zu einem Namen
  string operator [] ( const char* );

  /* ... weitere Mitglieder Klasse Telefonbuch */
};
```

kann man z.B. Anweisungen wie

```
Telefonbuch t;
...
string telNr = t[ "Meier" ];
```

schreiben.

An diesem Beispiel wird schon eher deutlich, dass eigene Operatoren nicht immer zur Lesbarkeit beitragen. Man hätte den Operator genauso gut anders herum definieren können, also zum Liefern eines Namens aus einer Telefonnummer. Immer wenn solche Mehrdeutigkeiten bestehen, verwendet man besser keine Operatorfunktion, sondern explizite Funktionen:

```
class Telefonbuch
{
public:

    string nameToNumber( const char* );  //-- liefert Telefonnummer zu einem Namen
    string numberToName( const char* );  //-- liefert Name zu einer Nummer

    /* ... weitere Mitglieder Klasse Telefonbuch */
};
```

📖📖 Der Funktionsaufruf-Operator ()

Wird der Funktionsaufruf-Operator für eine Klasse definiert, kann man Objekte dieser Klasse wie Funktionen verwenden. Der Vorteil des ()-Operators liegt in der Tatsache, dass die Anzahl und Typ der Parameter (im Gegensatz zu allen anderen Operatoren) nicht festgeschrieben ist.

Dadurch eignet sich der Operator z.B. gut zum direkten Zugriff auf Feldelemente von Matrizen. Geht man von den häufig benötigten Matrizen der Ordnung 2 aus, benötigt man zwei Indizes zum Zugriff auf ein Feldelement, so dass der eigentlich dafür vorgesehene Operator [] nicht verwendet werden kann, da für diesen nur ein Argument möglich ist[143].

Im folgenden Listing wird die Klasse `Matrix` definiert, die eine zweidimensionale Matrix von ganzen Zahlen durch einen linearen Speicherbereich abbilden soll. Die Werte für die maximale Zeilen- und Spaltenzahl werden im Konstruktor übergeben, `operator ()` dient zum Zugriff auf ein Feldelement.

---

143 Man kann also nicht z.B. *m[a,b]* schreiben, es gibt jedoch einen Trick mit einer Hilfsklasse (z.B. in [Aupperle 2003]), der die Notation *m[a][b]* erlaubt. Die Verwendung des *Operator ()* ist jedoch generell einfacher.

```
class Matrix
{
public:
  Matrix( int dim1_in, int dim2_in );
  ~Matrix();

  int& operator () ( int index1, int index2 );

private:
  int* wert;                 // Zeiger auf Speicherbereich oder 0
  int dim1, dim2;            // Dimensionen
};
```

Konstruktor und Destruktor sind in der üblichen Weise zur Verwaltung des dynamischen Speichers implementiert:

```
Matrix::Matrix( int dim1_in, int dim2_in )
{
  dim1 = dim1_in;
  dim2 = dim2_in;

  wert = new int[ dim1*dim2 ];
}

Matrix::~Matrix()
{
  delete [] wert;
}
```

Wir haben hier der Einfachheit halber auf die Prüfung der Parameter sowie auf ein Gültigkeitskonzept verzichtet.

operator () berechnet aus den zwei Koordinaten die Stelle im Feld, an der das Matrixelement liegt, und liefert eine Referenz darauf zurück:

```
int& Matrix::operator () ( int index1, int index2 )
{
  return wert[ index1*dim2 + index2 ];
}
```

Auch hier fehlt für die Praxis natürlich noch die Prüfung der Parameter sowie die Prüfung auf Gültigkeit.

Folgendes Programmsegment zeigt Zuweisung und Abfrage:

```
Matrix m( 5, 3 );

m( 1, 1 ) = 30;        //-- Zuweisung an Feldelement
int j = m( 1, 1 );     //-- Abfrage Feldelement
```

Im folgenden Hauptprogramm definieren wir ein Feld der Größe 3x5 und verwenden den Operator () zum Besetzen des Feldes sowie zur nachfolgenden Ausgabe.

```
void g()
{
  Matrix m( 5, 3 );

  //-- Schleife zum Besetzen der Matrix
  //
  for ( int i=0; i<5; i++ )
  {
    m( i, 0 ) = i;
    m( i, 1 ) = i*i;
    m( i, 2 ) = i*i*i;
  }

  //-- Schleife zur Ausgabe der Matrix
  //
  for ( int zeile=0; zeile<5; zeile++ )
  {
    for ( int spalte=0; spalte<3; spalte++ )
      cout << setw(10) << m( zeile, spalte );
    cout << endl;
  }
}
```

Neu ist hier lediglich die Verwendung von setw im Zusammenhang mit dem Ausgabestrom. Dabei handelt es sich um einen *Manipulator*, d.h. es ist eine Funktion zur Veränderung von Einstellungen des Ausgabestroms. Hier wird die Breite der nächsten Ausgabe auf 10 Zeichen festgelegt (setw ist die Abkürzung für *set width*, auf Deutsch etwa: Setzen der Breite). Numerische Ausgaben erfolgen standardmäßig rechtsbündig, aber auch das kann man über Manipulatoren ändern[144].

Folgendes Listing zeigt das Ergebnis des Programms:

```
0          0          0
1          1          1
2          4          8
3          9         27
4         16         64
```

Auch die Klasse Matrix kann noch verbessert werden. Die aus der Mathematik bekannten Operatoren für Matrixaddition, -multiplikation etc. lassen sich elegant mit Operatorfunktionen implementieren. Schließlich kann die Klasse FixedArray auch als Klasse zur Repräsentation von Vektoren betrachtet werden, auf die man Matrixopera-

---

144 Ströme sind Teil der C++ Standardbibliothek, die z.B. in [Aupperle2003], [Josuttis1999] und auch in [Stroustrup1999] behandelt wird.

tionen anwenden kann. Nicht zuletzt kann man ein System linearer Gleichungen mit Hilfe von Matrixoperationen lösen.

Eine weitere Anwendung des Funktionsaufruf-Operators ist die Bildung von *Funktionsobjekten* (*functional objects*) oder einfacher *Funktoren*. Dies sind Objekte, die sich wie Funktionen verhalten und dadurch z.B. den Umgang mit Funktionszeigern vermeiden. In der Anweisung

```
int value = m( 1, 1 );
```

kann m von der Syntax her eine Funktion oder eben ein Objekt einer Klasse mit einem Funktionsaufruf-Operator sein.

Die Standardbibliothek macht ausgiebig Gebrauch von Funktoren, so müssen z.B. Kriterien, die beim Sortieren von Containern angewendet werden sollen, über einen Funktor beschrieben werden. Der Container enthält die Logik zum Sortieren, die Vergleichsfunktion wird vom Programmierer in Form eines Funktionsobjekts beim Aufruf der sort-Funktion übergeben. Wir kommen an anderer Stelle auf diese Anwendung des Funktionsaufruf-Operators zurück.

📖📖 Der Zeigerzugriff-Operator ->

Definiert man einen Zeigerzugriff-Operator für eine Klasse, kann man Objekte dieser Klasse wie Zeigervariablen verwenden. Folgendes Listing zeigt eine Klasse A mit einem Zeigerzugriffsoperator, der einen Zeiger auf ein B-Objekt liefert:

```
class   A
{
public:
  B* operator -> ();

  int value;

  /* ... weitere Daten und Funktionen von A ... */
};
```

B kann ein beliebiger Typ sein, wir gehen hier von folgender Definition aus:

```
class B
{
public:
  //-- beliebige Daten und Funktionen...
  //
  int     i;
  char*   str;
  double  limit;

  void f( int x, int y );
};
```

Nun kann man z.B. Anweisungen wie

```
A a;
int i = a-> i;            // wirkt auf B::i
a-> f( 5, 3 );            // wirkt auf B::f
a.value = 3;              // Normaler Zugriff auf Mitglied von A
```

schreiben. Obwohl A weder eine Variable i noch eine Funktion f besitzt, sind die Aufrufe möglich – sie werden über den überladenen
Zeigerzugriffsoperator an ein Objekt der Klasse B weitergeleitet.

Damit dies funktioniert, muss der Operator ein B-Objekt zurückliefern. Man kann z.B. ein solches Objekt im A-Konstruktor übergeben,
um es dann im Zeigerzugriffsoperator verwenden zu können:

```
class A
{
public:
  A( B* );                 // Konstruktor

  B* operator -> ();

  /* ... weitere Daten und Funktionen von A ... */

private:
  B* b;
};
```

Der Konstruktor übernimmt einen Zeiger auf ein B-Objekt und speichert diesen:

```
A::A( B* b_in )

  : b( b_in )

{}
```

Im einfachsten Fall liefert nun der Zeigerzugriffsoperator einfach den
B-Zeiger zurück:

```
B* A::operator -> ()
{
  return b;
}
```

Damit ist nun z.B. folgende Konstruktion möglich:

```
B b;
...
A a( &b );

int i = a-> i;
a-> f( 5, 3 );
```

Die Variable i hat nun den Wert von b.i, der Aufruf von f war im
Endeffekt b.f.

Wozu eine solche Weiterleitung von Datenzugriffen bzw. Funktionsaufrufen an ein anderes Objekt nützlich sein kann, wird klar, wenn
man das folgende Programmsegment betrachtet:

```
B b;
...
B* a( &b );        // a ist nun normaler Zeiger

int i = a-> i;
a-> f( 5, 3 );
```

Der einzige Unterschied zum letzten Listing besteht in der Definition
der Variablen a: es ist nun kein Objekt der Klasse A, sondern ein
normaler Zeiger auf ein B-Objekt.

Die Klasse A verhält sich also wie ein Zeigertyp. Objekte von A können als Zeiger eingesetzt werden mit dem Unterschied zu normalen
Zeigern, dass sowohl bei Initialisierung (Konstruktor) als auch bei der
Dereferenzierung (operator ->) weitere Funktionalität eingebaut
werden kann. Man bezeichnet Objekte von Klassen wie A deshalb
auch als *Intelligente Zeiger* (*smart pointer*).

Intelligente Zeiger können für eine Reihe interessanter Aufgaben eingesetzt werden. Ein Standardfall ist die automatische Mitführung der
Anzahl von Verweisen, die auf ein konkretes B-Objekt zeigen. Dadurch wird es möglich, festzustellen, wann der letzte Zeiger auf das
Objekt abgebaut wird, das Objekt kann dann automatisch zerstört
werden. Die gefürchteten Speicherlecks können so vermieden werden – man erhält eine einfache, aber sehr leistungsfähige *Speicherbereinigung* (*garbage collection*). In der Praxis braucht man sich – genau wie bei Java – um die Entsorgung von Objekten nicht mehr weiter zu kümmern. Ein Vorteil der Lösung über Intelligente Zeiger ist
jedoch, dass die Objektzerstörung zu einem definierten Zeitpunkt
stattfindet (nämlich dann, wenn der letzte Zeiger abgebaut ist), während in Java der Ausführungszeitpunkt der (eingebauten) Speicherbereinigung undefiniert ist.

▢▢▢ Der Komma-Operator

Der Komma-Operator gehört zu den exotischeren Operatoren, die in
„normalen" C++ Programmen aus der Praxis eher selten von einem
Programmierer definiert werden.

Im Standardfall wird eine durch Kommata getrennte Liste von Ausdrücken von links nach rechts ausgewertet, der Wert der gesamten

Liste ist der Wert des letzten Ausdrucks. Dabei hat das Komma keine weitere Funktion, es dient lediglich zur Trennung der Einzelausdrücke.

Um die Wirkung eines selbstdefinierten Komma-Operators zu demonstrieren, verwenden wir die folgende Klasse A:

```
struct A
{
  int i;
  A( int i_in );

  A& operator , ( const A& );

};
```

Die Klasse speichert eine im Konstruktor übergebene Zahl, an der wir später das Objekt wiedererkennen können.

Die Operatorfunktion für den Komma-Operator übernimmt eine Referenz auf ein A-Objekt und liefert eine ebensolche zurück. Im Operator geben wir den Datenwert sowohl des eigenen als auch des als Parameter erhaltenen Objekts aus, um so die Reihenfolge der Aufrufe verfolgen zu können.

```
A& A::operator , ( const A& arg )
{
  cout << "eigenes Objekt: " << i << " Parameter: " << arg.i << endl;
  return *this;
}
```

In der folgenden Anweisung werden fünf A-Objekte definiert und unterschiedlich initialisiert:

```
A a( 10 ), b( 11 ), c( 12 ), d( 13 ), e( 14 );
```

An der Ausgabe der Anweisung

```
a, b, c, d, e;
```

kann man die Wirkungsweise des Komma-Operators beobachten:

```
eigenes Objekt: 10  Parameter: 11
eigenes Objekt: 10  Parameter: 12
eigenes Objekt: 10  Parameter: 13
eigenes Objekt: 10  Parameter: 14
```

Es werden also zuerst a und b verknüpft, das Ergebnis ist (eine Referenz auf) a. Dann werden das Ergebnis und c verknüpft, etc.

Beachten Sie bitte, dass der Komma-Operator in Parameter- und Initialisiererlisten nicht aufgerufen wird. Dort dient das Komma als Tren-
ner zwischen den einzelnen Parametern bzw. Initialisierern:

```
//-- hier wird der Komma-Operator nicht aufgerufen
//
calculate( a, b );
```

Eine naheliegende Anwendung für einen überladenen Komma-Operator ist die Abarbeitung einer Liste von Datenwerten, z.B. um einen
Container wie `FixedArray` zu initialisieren. Statt wie gewohnt ein
Feld explizit (bzw. in einer Schleife) zu initialisieren, kann man dann
auch eine durch Kommata getrennte Liste verwenden. Folgendes Listing zeigt die Klasse `FixedArray` mit einem Komma-Operator:

```
class FixedArray
{
public:
   FixedArray& operator , ( int );

   /* ... weitere Mitglieder von FixedArray ... */
};
```

Beachten Sie bitte, dass der Komma-Operator nun mit einem Parameter vom Typ `int` deklariert wurde. Nun kann man etwa folgendes
schreiben:

```
FixedArray fa( 5 );
fa, 1, 2, 3;              // Aufruf des Komma-Operators
```

und der Komma-Operator für `FixedArray` wird drei mal aufgerufen.
Der Operator wird sinnvollerweise so implementiert, dass er sein Argument an das bestehende Feld hinten anhängt. Dazu benötigt man
in `FixedArray` noch eine zusätzliche Variable, die von 0 beginnend
die Elemente hochzählt.

Übung 22-16:

Erweitern Sie die Klasse `FixedArray` *entsprechend und implementieren Sie den Komma-Operator.*

Ob eine solche Notation zur Lesbarkeit von Programmen beiträgt, ist
zumindest fraglich. Dies ist auch der Grund, warum der Operator e-
her selten vom Programmierer definiert wird. Die Semantik des „An-
hängens" wird nach Ansicht des Autors besser durch den Linksschie-
beoperator << repräsentiert (s.u.).

📖📖 Die Operatoren << und >>

Die Operatoren << und >> werden in C++ standardmäßig zum Bit-schieben verwendet. Die Bedeutung des Begriffs „Schieben" lässt sich gut erweitern: Man versteht darunter nun auch das Schieben von Informationen in ein Objekt hinein (bzw. aus ihm heraus). Die Operatoren werden deshalb gerne verwendet, um Daten in ein Objekt einzufügen bzw. aus diesem zu extrahieren.

Unsere Feldklasse `FixedArray` ist ein Standardbeispiel für die Definition eines eigenen Linksschiebeoperators. Um z.B. Zahlen an das Feld anzuhängen, bietet sich die Notation

```
FixedArray fa(3);
fa << 1 << 2 << 3;        // Aufruf des Linksschiebe-Operators
```

an.

Hier wird auch optisch deutlich, dass die Zahlen 1, 2 und 3 in das Feld „hineinfließen". Der Operator << muss in der Klasse `Fixed-Array` folgendermaßen deklariert werden:

```
class FixedArray
{
public:
    FixedArray& operator << ( int );

    /* ... weitere Mitglieder von FixedArray ... */
};
```

Übung 22-17:

Ersetzen Sie in der Klasse `FixedArray` *den Komma-Operator durch den Linksschiebe-Operator.*

Eine Standardanwendung für die Operatoren << und >> ist die Ein/Ausgabe von Daten über *Ströme (streams)*. Wir haben bis jetzt alle Ausgaben mit Anweisungen der Form

```
cout << "Feldwert an Index " << i << " : " << fa[ i ] << endl;
```

vorgenommen. Hierbei fließen die Daten in den Strom cout hinein – optisch schön sichtbar durch den Operator <<. Wie man leicht vermuten kann, ist cout ein Objekt einer Klasse, für die operator << geeignet definiert wurde. In der Implementierung des Operators findet dann die eigentliche Ausgabe der Daten statt. Diese elegante

Verwendung der Schiebeoperatoren ist in der *IOStream-Library* implementiert, die Teil der Standardbibliothek ist.

📖📖 Einige Anmerkungen

Die Möglichkeit zur Definition eigener Operatoren ist ein wesentliches Sprachmittel, das z.B. Sprachen wie Java nicht besitzen. Auf der anderen Seite werden Operatoren in der Praxis oft zu häufig für nicht offensichtliche Operationen eingesetzt. Ein unbedarfter Leser des Quelltextes kann sich die dahinterliegende Operation dann oft nicht erschließen, da ja der (sonst hoffentlich aussagekräftige) Name der Funktion bei Operatoren nicht vorhanden ist.

Daraus ergeben sich einige Regeln, die bei der Definition eigener Operatoren möglichst berücksichtigt werden sollten:

❑ Handelt es sich um eine Klasse, die (numerische) Werte repräsentiert, sollten die arithmetischen Operatoren implementiert werden. Diese sollten darüber hinaus mit gleicher Semantik (Bedeutung) wie für fundamentale Typen implementiert werden[145]. Diese beiden Forderungen ermöglichen die Verwendung der Klasse genauso wie fundamentale Typen.

❑ Es gibt einige in der Praxis eingefahrene nicht-arithmetische Bedeutungen für eigene Operatoren. Die wichtigsten sind in der folgenden Tabelle aufgelistet. Für gleiche oder ähnliche Semantik für eigene Klassen sollte man die gleichen Operatoren verwenden, um den Leser nicht zu verwirren[146].

---

[145]   Im angloamerikanischen Sprachgebrauch hat sich dafür die Phrase *do it as the ints do* (etwa: mach' es so wie es auch für den Datentyp *int* implementiert ist) eingebürgert.

[146]   *Principle of least surprise:* Ein Programmelement (hier der Operator) soll die vom Leser erwartete Bedeutung haben.

Operator	Semantik
+	Verbinden. Z.B. für Strings Kombinieren. Z.B. für Listen (zwei Listen werden zu einer neuen zusammen gefügt)
+=	Wie +, jedoch wird die Operation *in place* durchgeführt (d.h. das Objekt auf der linken Seite des Ausdrucks wird modifiziert). Häufig zum Anhängen von Elementen oder ganzer Container an bestehenden Container etc. verwendet.
[ ]	Feldzugriff in Containern über Indizes. Beispiele: Zugriff auf Zeichen in einem String, auf Element in einem Container. Erweiterte Bedeutung für nicht-numerische Argumente: Suchvorgänge, wie z.B. in string telNr = dictionary["Meier"];
<<	Schieben von Daten in ein Objekt. Meist verwendet für Ausgaben irgendwelcher Art (auf Datei, Bildschirm, über Netzwerk, Internet etc).
>>	Extrahieren von Daten aus einem Objekt. Meist verwendet für Eingaben.
!	Gültigkeit von Objekten
( )	Funktionsobjekte. Definition mit beliebiger Anzahl Parameter beliebigen Typs

❏ Bei selbstdefinierten Inkrement- und Dekrementoperatoren ist zu beachten, dass immer zuerst der Operator aufgerufen wird, dann wird das Ergebnis des Operators verwendet. Dies ist nicht das Verhalten der Operatoren für fundamentale Typen: dort wird für den Postinkrement-Operator zuerst der Wert verwendet, dann wird das Inkrement durchgeführt. Implementierungen selbstdefinierter Operatoren sollten diese Semantik nachbilden.

❏ Für die selbstdefinierten logischen Operatoren || und && gilt die *Kurzschlussregel* nicht: es werden immer alle Argumente aller Operatoren ausgewertet. Dies ist ein nicht zu umgehender Unterschied zum Verhalten bei den fundamentalen Typen.

23 Allokations- und Deallokationsfunktionen

Die Operatoren new *und* delete *zur Speicherverwaltung können in C++ ebenfalls überladen werden. Allerdings stellt der Standard gewisse Mindestanforderungen auf, die eigene Implementierungen berücksichtigen müssen. Die Standardbibliothek stellt die am häufigsten benötigten Allokations- und Deallokationsfunktionen zur Verfügung.*

Die Definition eigener Routinen für die Speicherverwaltung ist normalerweise nicht erforderlich. Auf der anderen Seite bietet gerade die Speicherverwaltung bei einigen Anwendungen das Potential für erhebliche Performancegewinne, sodass wir das Thema hier behandeln.

📖📖 Eine unglückliche Terminologie

Eine der größten Verwirrungen bei Programmierern entsteht dadurch, dass das Schlüsselwort new in C++ zwei ganz unterschiedliche Bedeutungen haben kann:

❏ Zum einen handelt es sich um das new, das in Ausdrücken wie

```
Complex* c = new Complex( 1, 2 );
```

verwendet wird. Hierbei handelt es sich um einen *new-Ausdruck* (*new-expression*). Die Wirkungsweise eines solchen Ausdrucks ist immer gleich: Es wird zuerst eine Allokationsfunktion zur Bereitstellung des Speichers und dann ein Konstruktor der Klasse aufgerufen. Das Verhalten eines new-Ausdrucks ist vom Programmierer nicht änderbar.

❏ Zum andern handelt es sich um die Allokationsfunktion, die für die Bereitstellung des Speichers zuständig ist. Diese Funktion heißt *Allokationsfunktion Operator* new (*allocation function operator new*) und kann vom Programmierer in Form einer Operatorfunktion redefiniert werden.

Analoges gilt für Operator delete. Wenn man also von „Redefinieren von new/delete" spricht, meint man immer die Definition eigener Allokations- bzw. Deallokationsfunktionen.

📖📖 Allokations- und Deallokationsfunktionen

Über die Definition eigener Allokations- bzw. Deallokationsfunktionen hat der Programmierer die Möglichkeit, das Verhalten des Programms bei der Speicheranforderung in einem new-Ausdruck zu beeinflussen.

Allokations- und Deallokationsfunktionen können klassenspezifisch definiert werden. Bei der dynamischen Anlage von Objekten der Klasse wird dann die klassenspezifische Allokationsfunktion verwendet. Analog wird bei der Zerstörung eines dynamischen Objekts die klassenspezifische Deallokationsfunktion aufgerufen.

Allokations- und Deallokationsfunktionen können global definiert werden. Wurden für eine Klasse keine klassenspezifischen Versionen implementiert, werden die globalen Versionen verwendet, sofern der Programmierer diese definiert hat. Sind auch keine globalen Versionen definiert (der Standardfall), werden die Allokations- und Deallokationsfunktionen aus der Standardbibliothek verwendet.

Allokations- und Deallokationsfunktionen können unterschiedlich für Felder von Objekten und für Einzelobjekte definiert werden. Schreibt man z.B. für einen Typ T

```
T* tp = new T;          // Objekt vom Typ T
```

wird eine Allokationsfunktion für Einzelobjekte verwendet. Schreibt man dagegen

```
T* tp = new T[10];      // Feld mit 10 Elementen vom Typ T
```

wird eine Allokationsfunktion für Felder verwendet.

📖📖 Standard Allokations- und Deallokationsfunktionen

Die in der Standardbibliothek vorhandenen Allokations- und Deallokationsfunktionen sind für die normalen Speicheranforderungen eines Programms zuständig. Sie werden immer dann verwendet, wenn der Programmierer keine eigenen Funktionen angegeben hat.

Der Standard macht Aussagen darüber, wie groß ein angeforderter Speicherblock mindestens sein muss, den eine Allokationsfunktion im konkreten Fall zurückliefern muss. Alles andere ist implementierungsabhängig. Normalerweise werden diese Funktionen in der Standardbibliothek so implementiert, dass ein für den Normalfall effektives Speichermanagement bereitgestellt wird. Ein gängiges Verfahren ist z.B. die Anforderung relativ großer Speicherbereiche vom Betriebssystem und die Zuteilung der Programmanforderungen aus diesen größeren Bereichen. Gibt das Programm Speicher zurück, wird dieser nicht an das Betriebssystem zurückgegeben, sondern in einer Liste geführt. Neue Speicheranforderungen des Programms werden dann zunächst aus der Liste befriedigt, nur wenn dies nicht möglich ist, wird ein neuer Bereich vom Betriebssystem angefordert.

Dieses Vorgehen kann noch verfeinert werden, indem unterschiedliche Optimierungsmaßnahmen durchgeführt werden. Es stellt für den allgemeinen Fall einen brauchbaren Weg zwischen zusätzlichem Aufwand (z.B. zur Verwaltung der Freispeicherliste), Speicherverschnitt (ungenutztem Speicher) und Performanz dar.

▢▢ Eigene Allokations- und Deallokationsfunktionen

Eigene Allokations- und Deallokationsfunktionen können aus einer Reihe von Gründen sinnvoll sein. Die wichtigsten sind:

❑ Verbesserung der Performanz (oder Effizienz) in besonderen Situationen. Weiß man z.B., dass von einer Klasse T sehr viele Instanzen benötigt werden, die zudem schnell erzeugt und wieder zerstört werden müssen, kann eine spezielle Speicherverwaltung für T-Objekte sinnvoll sein, da wesentlich bessere Performanz und Reduktion des Speicherverschnitts möglich sind.

Man nutzt hier die Tatsache zur Optimierung, dass alle Objekte einer Klasse die gleiche Größe haben. Man arbeitet daher mit Speicherblöcken der Größe N*sizeof(T) für ein geeignet zu wählendes N. Ein solcher Block kann als Feld von T-Objekten aufgefasst werden, jeder Eintrag kann entweder besetzt oder leer sein.

❑ Allokationsfunktionen (und in eingeschränktem Maße auch Deallokationsfunktionen) können mit zusätzlichen Parametern ausgestattet werden, über die weitere Informationen vom Programm an die Speicherverwaltung übergeben werden können. Oft wird ein weiterer Parameter verwendet, um einen von mehreren privaten Heaps mit jeweils unterschiedlichen Eigenschaften auszuwählen. Eine andere Möglichkeit ist die Übergabe von Modulname und Zeilennummer, die von einem speziellen Speichermanager zu jedem allokierten Block mitgespeichert werden. Man kann so z.B. bei Speicherlecks feststellen, an welcher Programmzeile der Speicher allokiert wurde.

❑ Veränderung des Verhaltens bei Speichermangel. Die Standardallokationsfunktionen rufen einen *new-Handler*[147] (falls installiert), werfen eine Ausnahme bzw. liefern den Nullzeiger zurück, wenn eine Speicheranforderung nicht befriedigt werden kann. Normalerweise beeinflusst der Programmierer das Verhalten bei Speichermangel besser über einen geeigneten eigenen new-Handler, dieser ist jedoch global und wirkt auf alle Speicheranforderungen. Benötigt man unterschiedliches Verhalten für unterschiedliche Klassen, muss man die Logik in eigenen Allokationsfunktionen unterbringen.

📖📖 Anforderungen an Allokations- und Deallokationsfunktionen

Der Standard stellt keine besonderen Forderungen an Allokations- und Deallokationsfunktionen. Folgende Regeln gelten:

❑ Die Funktionen werden als Operatorfunktionen für die Operatoren new, new[], delete und delete[] formuliert.

❑ sie können als globale Funktionen oder als Mitgliedsfunktionen von Klassen formuliert werden. Sind beide Formen vorhanden, haben die klassenspezifischen Funktionen Vorrang.

❑ Eine Allokationsfunktion muss mindestens einen Parameter vom Typ size_t besitzen und als Ergebnis void* zurückliefern. Weitere Parameter sind möglich. Der erste Parameter bestimmt die Mindestgröße[148] des bereitzustellenden Speicherblocks.

❑ Jeder Aufruf muss einen unterschiedlichen Zeiger liefern[149].

❑ Kann eine Speicheranforderung nicht befriedigt werden, muss eine Allokationsfunktion entweder eine bad_alloc-Ausnahme werfen oder 0 zurückliefern.

---

[147] new-Handler haben wir in Kapitel 13 (Dynamische Speicherverwaltung) besprochen

[148] d.h. der Block kann auch größer sein

[149] Natürlich nur, wenn Speicherbereiche nicht zwischendurch wieder freigegeben worden sind.

❏ Eine Allokationsfunktion kann mit einer Größe von 0 aufgerufen werden. Sie muss dann trotzdem einen gültigen Zeiger zurückliefern. Auch hier müssen bei mehrfachen Aufrufen immer unterschiedliche Zeiger geliefert werden[150].

❏ Eine Deallokationsfunktion muss mindestens einen Parameter vom Typ void* besitzen und als Ergebnis void zurückliefern.

Die einfachsten Allokations- und Deallokationsfunktionen sind also

```
void* operator new  ( size_t );
void* operator new[]( size_t );

void operator delete  ( void* );
void operator delete[]( void* );
```

Weitere Formen sind möglich. Wir gehen auf die häufigsten Fälle in den folgenden Abschnitten ein.

📖📖 Implementierung als Mitgliedsfunktionen

Um die Wirkung dieser Funktionen zu studieren, formulieren wir eigene Versionen zunächst als Mitgliedsfunktionen der Klasse Complex:

```
class Complex
{
public:
   Complex();
   Complex( double re_in, double im_in );
   ~Complex();

   void* operator new  ( size_t );
   void* operator new[]( size_t );

   void operator delete  ( void* );
   void operator delete[]( void* );

   /* ... weitere Mitglieder ... */

};
```

Beachten Sie bitte, dass die Operatorfunktionen als öffentliche Mitglieder deklariert werden sollten – sonst können von ausserhalb der Klasse keine dynamischen Objekte der Klasse erzeugt werden.

---

150 Eine solche Anforderung kommt z.B. vor, wenn ein Feld der Größe 0 allokiert werden soll. Über den zurückgelieferten Zeiger darf jedoch nicht zugegriffen werden.

Übung 23-1:

Deklarieren Sie einzelne Operatorfunktionen privat und beobachten Sie, welche Fehlermeldungen beim dynamischen Erzeugen/Zerstören von Complex-*Objekten bzw. Feldern von* Complex-*Objekten ausgegeben werden.*

Die klassenspezifischen Allokations- und Deallokationsfunktionen sind grundsätzlich statische Mitgliedsfunktionen, auch wenn sie nicht explizit als static deklariert werden müssen. Der Grund ist, dass der Allokator vor dem Konstruktor der Klasse aufgerufen wird. Während der Ausführung des Allokators gibt es daher noch kein Objekt: Die Funktion stellt ja erst den Speicherplatz bereit, in dem im zweiten Schritt ein Objekt konstruiert werden kann. Analoges gilt für die Deallokatoren: Sie geben Speicherplatz frei, nachdem der Destruktor das Objekt darin zerstört hat.

Unsere Implementierung der Allokationsfunktionen gibt vor allem eine Meldung über Größe des angeforderten Speicherblocks sowie über die Adresse nach Zuteilung aus:

```
void* Complex::operator new  ( size_t amount )
{
  void* p = ::operator new( amount );
  cout << "Complex::operator new: " << amount << " Bytes. Adresse: " << p << endl;
  return p;
}

void* Complex::operator new[]( size_t amount )
{
  void* p = ::operator new( amount );
  cout << "Complex::operator new[]: " << amount << " Bytes. Adresse: " << p << endl;
  return p;
}

void Complex::operator delete  ( void* p )
{
  cout << "Complex::operator delete: Adresse: " << p << endl;
  ::operator delete( p );
}

void Complex::operator delete[]( void* p )
{
  cout << "Complex::operator delete[]: Adresse: " << p << endl;
  ::operator delete( p );
}
```

In dieser Implementierung sind die folgenden Punkte beachtenswert:

❑ Allokations- und Deallokationsfunktionen sind hier für Einzelobjekte und für Felder (bis auf die unterschiedlichen Ausgabeanweisungen) identisch implementiert. Dies ist in der Praxis nicht so häufig der Fall, weil man bei einem klassenspezifischen Allokator normalerweise die Tatsache ausnutzt, dass alle angeforderten Speicherblöcke gleich groß sind. In den Feldversionen kann diese Garantie nicht gegeben werden – schließlich hängt die Größe des benötigten Speichers von der Dimension des Feldes ab, und die kann prinzipiell beliebig sein. In unserem Beispiel geht es jedoch nicht um die Optimierung, sondern lediglich um die Protokollierung der Daten.

❑ Die klassenspezifischen Allokations- und Deallokationsfunktionen verwenden die (immer) vorhandenen globalen Funktionen. Der Standard schreibt vor, dass eine Reihe von globalen Allokations- und Deallokationsfunktionen automatisch vorhanden sein müssen (s.u.). Zum Zugriff auf die globalen Versionen aus den klassenspezifischen Versionen ist der Scope-Operator :: erforderlich.

❑ Wir verwenden auch in der Allokationsfunktion für Felder (opera-tor new []) die globale Allokationsfunktion für Einzelobjekte (::operator new). Diese Funktion kann als allgemein verwendbare Funktion zur Bereitstellung von Speicherbereichen genutzt werden.

Wir haben des weiteren die Konstruktoren und den Destruktor mit zusätzlichen Ausgabeanweisungen ausgerüstet, um die Reihenfolge der Aufrufe nachvollziehen zu können:

```
Complex::Complex()
{
   cout << "Complex::Standardkonstruktor" << endl;
}


Complex::Complex( double re_in, double im_in )
  : re( re_in )
  , im( im_in )
{
   cout << "Complex::Konstruktor" << endl;
}


Complex::~Complex()
{
   cout << "Complex::Destruktor" << endl;
}
```

Beachten Sie bitte, dass wir einen Standardkonstruktor benötigen, wenn wir Felder von `Complex`-Objekten anlegen wollen. Da die Klasse bereits einen anderen Konstruktor deklariert, ist ein expliziter Standardkonstruktor erforderlich. Er lässt hier die Datenmitglieder uninitialisiert.

Die folgende Anweisung erzeugt und zerstört ein `Complex`-Objekt:

```
Complex* c = new Complex( 1, 2 );
delete c;
```

Die Anweisungen bewirken folgende Ausgaben[151]:

```
Complex::operator new: 16 Bytes. Adresse: 00300240
Complex::Konstruktor
Complex::Destruktor
Complex::operator delete: Adresse: 00300240
```

Man sieht, dass zuerst der Speicher allokiert wird, dann wird der Konstruktor aufgerufen. Bei der Zerstörung ist die Reihenfolge umgekehrt: zuerst wird der Destruktor aufgerufen, dann wird der Speicher zurückgegeben.

Folgende Anweisungen erzeugen und zerstören ein Feld von zwei `Complex`-Objekten:

```
Complex* c = new Complex[ 2 ];
delete [] c;
```

Nun erhalten wir die Ausgabe

```
Complex::operator new[]: 36 Bytes. Adresse: 00300230
Complex::Standardkonstruktor
Complex::Standardkonstruktor
Complex::Destruktor
Complex::Destruktor
Complex::operator delete[]: Adresse: 00300230
```

Auch hier kann man erkennen, dass zunächst der Speicher angefordert wird und dann die Konstruktoren aufgerufen werden, bzw. analog umgekehrt bei der Zerstörung.

Beachten Sie bitte, dass insgesamt 36 Byte angefordert werden, obwohl im letzten Beispiel für ein einzelnes `Complex`-Objekt nur 16 Byte benötigt wurden. Der zusätzliche Speicherbereich von 4 Byte für ein Feld wird verwendet, um intern die Größe des Feldes zu speichern. In einem delete-Ausdruck der Form

---

[151] Die konkreten Adressen können von Fall zu Fall unterschiedlich sein.

```
delete [] c;
```

kann so bestimmt werden, wie viele Einträge das Feld hat, um die korrekte Anzahl Destruktoren aufrufen zu können.

Übung 23-2:

Prüfen Sie die Ausgabe bei der – falschen – Zerstörung des Feldes in folgender Anweisungsfolge:

```
Complex* c = new Complex[ 2 ];
delete c;
```

Da wir die Allokation- und Deallokationsfunktionen als Klassenmitglieder ausgeführt haben, werden sie nur bei der dynamischen Erzeugung und Zerstörung von Complex-Objekten verwendet. Für alle anderen Klassen wird weiterhin die Standardfunktionalität verwendet.

📖📖 Implementierung als globale Funktionen

Möchte man die Speicherzuteilung für dynamisch erzeugten Objekte generell beeinflussen, kann man die Allokations- und Deallokationsfunktionen auch als globale Funktionen implementieren. Das folgende Listing zeigt eine Möglichkeit:

```
void* operator new  ( size_t amount )
{
   void* p = malloc( amount );
   printf( "globaler Operator new: %i Bytes. Adresse %lx\n", amount, p );
   return p;
}

void* operator new[]( size_t amount )
{
   void* p = malloc( amount );
   printf( "globaler Operator new[]: %i Bytes. Adresse %lx\n", amount, p );
   return p;
}

void operator delete  ( void* p )
{
   printf( "globaler Operator delete: Adresse %lx\n", p );
   free( p );
}

void operator delete[]( void* p )
{
   printf( "globaler Operator delete[]: Adresse %lx\n", p );
   free( p );
}
```

Beachten Sie bitte, dass wir die Protokollierung hier nicht mit den bekannten `cout`-Anweisungen, sondern mit Hilfe der Funktion `printf` durchgeführt haben. Der Grund ist, dass die Initialisierung der Ströme (und dazu gehört auch `cout`)[152] selber dynamischen Speicher benötigt. Während der ersten Speicheranforderung ist `cout` daher noch nicht initialisiert und kann deshalb nicht verwendet werden. Die Bibliotheksfunktion `printf` ist zwar nicht so komfortabel, funktioniert dafür jedoch ohne eigene Speicheranforderung.

Nach der Entfernung der klassenspezifischen Versionen aus dem letzten Beispiel produzieren die Anweisungen

```
Complex* c = new Complex( 1, 2 );
delete c;
```

die folgende Ausgaben[153]:

```
globaler Operator new: 40 Bytes. Adresse 300170
globaler Operator new: 33 Bytes. Adresse 300120
globaler Operator new: 16 Bytes. Adresse 300240
Complex::Konstruktor
Complex::Destruktor
globaler Operator delete: Adresse 300240
globaler Operator new: 24 Bytes. Adresse 300230
globaler Operator new: 33 Bytes. Adresse 3001e0
globaler Operator new: 33 Bytes. Adresse 301fd0
globaler Operator delete: Adresse 301fd0
globaler Operator delete: Adresse 3001e0
```

Man kann hier gut die für die Initialisierung des Laufzeitsystems (u.a. eben die der Ströme) benötigten dynamischen Speicheranforderungen erkennen.

Klassenspezifische und globale Allokations- und Deallokationsfunktionen können parallel existieren. Ist eine klassenspezifische Funktion vorhanden, hat sie gegenüber der globalen Funktion Vorrang.

---

[152] Diese Initialisierung erfolgt automatisch vor dem eigentlichen Start des Programms (d.h. vor dem Eintritt in die Funktion *main*)

[153] Die Anzahl und Größe der Speicherblöcke, die für die Initialisierung der Laufzeitbibliothek verwendet werden, kann von Compiler zu Compiler unterschiedlich sein.

Übung 23-3:

Fügen Sie nun wieder die klassenspezifischen Allokations- und Deallo-kationsfunktionen für Complex *hinzu. Beachten Sie jedoch, dass diese nun nicht mehr die globalen Funktionen aufrufen sollen (da diese ja ebenfalls eine Protokollierung durchführen), sondern ihren Speicher-platz über* malloc/free *anfordern bzw. zurückgeben. Wie sieht dann die Ausgabe aus?*

📖 **Speicherüberlauf**

Der Standard schreibt vor, dass eine Allokationsfunktion im Falle eines Speicherüberlaufes nur zwei Möglichkeiten hat:

❏ sie liefert einen Nullzeiger zurück. Dies ist nur zulässig, wenn die Funktion eine leere *throw-Spezifikation*[154] definiert. Ein Beispiel ist

```
void* operator new( size_t ) throw();
```

❏ In allen anderen Fällen muss die Funktion eine Ausnahme vom Typ bad_alloc (bzw. eine Ableitung) werfen.

Die Standard-Allokationsfunktionen rufen einen new-Handler auf, bevor ein Fehlschlag gemeldet wird. Eigene Funktionen sollten dies aus Konsistenzgründen daher ebenfalls tun[155].

📖 **Allokations- und Deallokationsfunktionen mit weiteren Parametern**

Neben den vorgeschriebenen Parametern können Allokations- und Deallokationsfunktionen mit weiteren Parametern deklariert werden.

In einem new-Ausdruck werden zusätzliche Parameter hinter dem Schlüsselwort new als Parameterliste angegeben. Hat man z.B. eine Allokationsfunktion mit zwei zusätzlichen Parametern als Mitglieds-funktion deklariert:

---

[154] throw-Spezifikationen gehören zum Thema Ausnahmebehandlung und werden in Kapitel 37 (Ausnahmen) besprochen.

[155] *new-Handler* haben wir in Kapitel 13 (Dynamische Speicherverwaltung) besprochen

```
class Complex
{
public:                                          \
  void* operator new  ( size_t, int, char* );

  /* ... weitere Mitglieder ... */

};
```

kann man folgendes schreiben:

```
Complex* c = new( 2, "xyz" ) Complex( 1, 2 );
```

Hier werden die Werte 2 und xyz an die Allokationsfunktion (als zweiter und dritter Parameter) übergeben.

Beachten Sie bitte, dass die Anweisung

```
Complex* c = new Complex( 1, 2 );
```

weiterhin syntaktisch korrekt ist – es wird dann eben die globale Allokationsfunktion verwendet.

Interessant ist, dass Deallokationsfunktionen zwar auch mit zusätzlichen Parametern ausgestattet werden können, diese aber nicht in der offensichtlichen Weise wie bei den Allokationsfunktionen aufgerufen werden können.

Deklariert man z.B.

```
class Complex
{
public:
  /* ... weitere Mitglieder ... */

  void* operator new  ( size_t, int, char* );
  void operator delete( void*, int, char* );
};
```

kann man zwar

```
Complex* c = new( 2, "xyz" ) Complex( 1, 2 );
```

nicht aber

```
delete( 2, "asd" );                    // Fehler!
```

schreiben.

Ein Operator delete mit zusätzlichen Parametern wird nur in einer einzigen Situation aufgerufen: wenn im Konstruktor eines Objekts, das mit einem Operator new mit Parametern allokiert wurde, eine Ausnahme geworfen wird, wird implizit der *zugehörige* Operator delete aufgerufen, um den Speicherplatz wieder zu deallokieren. Zugehörig bedeutet in diesem Zusammenhang: mit den gleichen (zusätzlichen) Parametern deklariert.

Dieser etwas schwierige Zusammenhang erklärt, warum einige Compiler bei der Übersetzung der Anweisung

```
Complex* c = new( 2, "xyz" ) Complex( 1, 2 );
```

für eine Klasse ohne zugehörigen delete-Operator

```
class Complex
{
public:

    Complex( int, int );

    /* ... weitere Mitglieder ... */

    void* operator new  ( size_t, int, char* );
};
```

eine Warnung über einen fehlenden delete-Operator (d.h. eine fehlende Deallokationsfunktion) ausgeben. Schließlich könnte der Konstruktor eine Ausnahme werfen, und dann würde die passende Deallokationsfunktion benötigt.

📖📖 Platzierung von Objekten

Eine Standardanwendung für einen zusätzlichen Parameter ist die Platzierung von Objekten an bestimmten Speicherbereichen. Dazu übergibt man die Adresse, an der das Objekt platziert werden soll, als (einzigen) Parameter an die Allokationsfunktion. Diese fordert keinen neuen Speicher an, sondern liefert einfach die übergebene Adresse zurück:

```
inline void* operator new( size_t amount, void* p )
{
   return p;
}
```

Beachten Sie bitte, dass die Allokationsfunktion den Parameter amount gar nicht verwendet: sie geht davon aus, dass der Aufrufer einen ausreichend großen Speicherbereich bereitgestellt hat.

Nun ist es möglich, ein Objekt „manuell" an einer bestimmten Adresse zu platzieren. Dabei ist es nun Aufgabe des aufrufenden Programms, einen Speicherbereich bereitzustellen:

```
//-- Platz für 10 Complex-Objekte besorgen
//
void* arena = operator new( 10* sizeof(Complex) );  // Anlegen einer Speicherarena

//-- ein Objekt an den Anfang platzieren
//
Complex* c = new( arena ) Complex( 1, 2 );
```

Hier wird zunächst ausreichend Speicherplatz für zehn Objekte angelegt, dann wird an den Anfang des Blocks ein Complex-Objekt platziert. Der Speicherblock, in dem später Objekte angelegt werden sollen, wird auch *Speicherarena* oder einfach *Arena* (*arena*) bezeichnet.

Wir haben hier eine Standardallokationsfunktion explizit aufgerufen, um den Speicherplatz für die Arena zu allokieren. Eine andere Möglichkeit wäre ein „normaler" new-Ausdruck, bei dem ein ausreichend großes Feld von chars allokiert wird:

```
void* arena = new char[ 10* sizeof(Complex) ];  // Anlegen einer Speicherarena
```

Diese Technik ist z.B. dann interessant, wenn man die physikalische Anordnung von Objekten im Speicher kontrollieren möchte. So kann es z.B. sinnvoll sein, eine Reihe von Objekten (nicht unbedingt des gleichen Typs) in einem Speicherbereich nahe zusammen anzuordnen, wenn diese Objekte immer zusammen benötigt werden. Damit kann man erreichen, dass die Objekte bei nicht ausreichendem physikalischem Hauptspeicher immer zusammen vom Betriebssystem ausgelagert und bei Bedarf wieder eingelagert werden. Sind die Objekte weit verstreut (und befinden sich somit auf unterschiedlichen Speicherseiten), müssen wesentlich mehr Seiten aus- und wieder eingelagert werden. Insgesamt kann man z.B. bei Datenbankanwendungen durch diese Technik eine deutliche Performancesteigerung erreichen.

Bei der Platzierungstechnik muss man natürlich darauf achten, dass ein delete-Ausdruck nicht etwa Speicher zurückgibt – der new-Ausdruck hat ja auch nichts allokiert. Vielmehr soll zwar der Destruktor aufgerufen werden, nicht aber die Deallokationsfunktion (diese kann ja wie im letzten Abschnitt erläutert im Normalfall nicht mit zusätzlichen Parametern aufgerufen werden).

Als Lösung bleibt der explizite Aufruf des Destruktors ohne delete:

```
//-- Zerstört ein platziertes Objekt, gibt jedoch keinen Speicher frei
//
c-> Complex::~Complex();          // expliziter Aufruf des Destruktors
```

Beim Zerstören eines platzierten `Complex`-Objekts wird nun kein Speicher freigegeben: dies bleibt - wie die Allokation - in diesem Beispiel Aufgabe des Hauptprogramms:

```
operator delete( arena );          // Freigeben der arena
```

bzw. wieder über einen delete-Ausdruck:

```
delete arena;                      // Freigeben der arena
```

📖📖 Debug-Unterstützung

Eine weitere Standardanwendung eigener Allokatoren und Deallokatoren ist die Debug-Unterstützung durch Mitführen von Modulname und Zeilennummer bei der Erzeugung bzw. Zerstörung von Objekten.

Dazu rüstet man die Allokationsfunktionen mit zwei weiteren Parametern aus, die später mit Dateiname und Zeilennummer besetzt werden:

```
void* operator new( size_t amount, char* fileName, int lineNbr );
```

Beim Erzeugen eines Objekts verwendet man die LINE und FILE-Makros, die zur jeweiligen Quellcodezeile bzw. zum Namen der Quellcodedatei expandieren. Schreibt man also

```
Complex* c = new( __FILE__, __LINE__ ) Complex( 1, 2 );
```

erhält die Allokationsfunktion Dateinamen und Zeilennummer des new-Ausdrucks. Diese Daten werden gespeichert, um später eine genaue Zuordnung eines jeden Speicherblocks zu seinem Allokationskontext durchführen zu können. Dies kann z.B. dazu verwendet werden, um am Programmende nicht freigegebene Speicherblöcke zu ihrer Allokationsstelle im Programm zuordnen zu können.

In der Praxis ist die Notwendigkeit zur manuellen Angabe von Dateiname und Zeilennummer lästig. Hier ist eine der wenigen Fälle, in denen ein Makro nützlich sein kann. Definiert man

```
#define NEW new( __FILE__, __LINE__ )
```

kann man nun ganz bequem

```
Complex* c = NEW Complex( 1, 2 );
```

schreiben.

Einige Entwicklungsumgebungen (wie z.B. MSVC) stellen solche Allokations- und Deallokationsfunktionen zu Debug-Zwecken bereit. In [Aupperle2003] findet sich eine allgemeine Implementierung.

📖📖 Standardversionen der Allokations- und Deallokationsfunktionen

Bei der Übersetzung einer Anweisung wie z.B.

```
X* x = new X;
```

muss der Compiler zur Allokation des benötigten Speichers eine Allokationsfunktion aufrufen. Dies muss funktionieren, auch wenn der Programmierer keine eigene Allokationsfunktion (global oder für Klasse X) definiert hat.

📖 Vorgeschriebene Versionen

Der Compiler geht davon aus, dass zumindest die Allokationsfunktionen

```
void* operator new  ( size_t ) throw( bad_alloc );
void* operator new[]( size_t ) throw( bad_alloc );
```

vorhanden sind und ruft in unserem Fall die Version für Einzelobjekte auf. Dies bedeutet, dass die beiden Funktionen irgendwo definiert sein müssen – und zwar normalerweise in der Standardbibliothek. Dort also muss sich der Bibliotheksimplementierer Gedanken darüber machen, wie er Speicher vom Betriebssystem anfordern und dem C++ Programm zur Verfügung stellen will.

Analoges gilt für die Deallokationsfunktionen. Der Compiler geht davon aus, dass die Funktionen

```
void operator delete  ( void* ) throw();
void operator delete[]( void* ) throw();
```

vorhanden sind. Jede C++ Laufzeitbibliothek muss also diese vier Funktionen genau so implementieren. Die *throw-Spezifikationen* (*throw-specifications*) besagen, dass operator new nur Ausnahmen vom Typ bad_alloc (bzw. *Ableitungen* davon) werfen darf. operator delete darf überhaupt keine Ausnahmen werfen.

📖 Nothrow- und Platzierungsversionen

In der Standardbibliothek werden darüber hinaus weitere, häufig gebrauchte Versionen bereitgestellt. Der Standard fordert folgende Versionen:

```
//-- nothrow-Versionen
//
void* operator new    ( size_t, const nothrow_t& ) throw();
void* operator new[]  ( size_t, const nothrow_t& ) throw();
void operator delete  ( void*, const nothrow_t& ) throw();
void operator delete[]( void*, const nothrow_t& ) throw();

//-- placement-Versionen
//
void* operator new    ( size_t, void* ) throw();
void* operator new[]  ( size_t, void* ) throw();
void operator delete  ( void*, void* ) throw();
void operator delete[]( void*, void* ) throw();
```

Die *nothrow-Versionen* deklarieren einen zusätzlichen Parameter vom Typ `nothrow_t`. Dabei handelt es sich um eine (leere) Klasse der Standardbibliothek, von der genau ein (globales) Objekt vorhanden ist. Eine mögliche Implementierung ist z.B.:

```
struct nothrow_t {} nothrow;
```

Die Klasse dient lediglich zur Unterscheidung der Version der Allokationsfunktion. Schreibt man in einem Programm z.B.

```
X* x = new(nothrow) X;
```

wird eine der nothrow-Versionen der Allokationsfunktionen aufgerufen. Beachten Sie bitte, dass die throw-Spezifikation dieser Versionen besagt, dass keine Ausnahmen geworfen werden dürfen. Im Falle von Speichermangel liefern diese Versionen den Nullzeiger zurück.

Die *Platzierungsversionen* deklarieren einen zusätzlichen Parameter vom Typ `void*`, der als Adresse interpretiert wird, an der das Objekt platziert werden soll. Wir haben oben bereits ein Beispiel für einen solchen Platzierungsoperator gesehen. Beachten Sie bitte, dass auch diese Versionen keine Ausnahmen werfen dürfen.

📖 Ersetzbarkeit

Eine weitere Besonderheit der Standardversionen der Allokations- und Deallokationsfunktionen ist, dass sie *ersetzbar* sind. Der Programmierer kann also eine eigene Funktion mit identischer Signatur implementieren, ohne dass die *one definition rule* (*odr*) verletzt wird.

Dies ist mit „normalen" Funktionen nicht möglich. Schreibt man etwa

```
void f() {}        // Definition einer Funktion f
void f() {}        // Fehler!
```

erhält man bei der zweiten Definition einen Fehler, weil eben für ein Programmobjekt immer nur eine Definition vorhanden sein darf – genau das sagt die one definition rule.

Für die Standardversionen der Allokations- und Deallokationsfunktionen gilt dies ausdrücklich *nicht*. Obwohl in der Standardbibliothek eine Definition vorhanden ist, kann der Programmierer eine eigene Definition einer solchen Funktion implementieren, ohne dass die one definition rule verletzt wird. Man sagt, dass die Funktion *ersetzbar* (*replacable*) ist.

Der Standard macht genaue Vorschriften, wie sich die Standardversionen der Allokations- bzw. Deallokationsfunktionen verhalten müssen. Eigene Versionen dieser Funktionen müssen diese Vorschriften beachten, sonst ist das Verhalten des Programms undefiniert. Der Grund ist, dass sich andere Komponenten der Standardbibliothek auf das definierte Verhalten verlassen.

Eigene nothrow- oder Platzierungsversionen sollten in der Praxis eigentlich nie erforderlich sein. Beachten Sie bitte, dass der Programmierer frei ist, beliebige *weitere* Versionen der Allokations- und Deallokationsfunktionen zu definieren. Der Standard macht über deren Verhalten keine Vorschriften – schließlich kann es keine Komponenten geben, die sich auf solche Funktionen verlassen.

24 Typwandlungen

Wohl jede typorientierte Sprache bietet Möglichkeiten, Werte eines Typs in (identische) Werte eines anderen Typs umzuwandeln. In C++ können bestimmte Typwandlungen implizit (d.h. ohne Zutun des Programmierers) ablaufen, andere müssen explizit notiert werden. In C werden traditionell runde Klammern verwendet, um explizite Typwandlungen zu notieren. Der Sprachstandard definiert darüber hinaus zusätzlich Operatoren, um die verschiednen Arten von Typwandlungen zu unterscheiden und sicherer zu machen.

Für Klassen bietet C++ die Möglichkeit, durch Definition von geeigneten Konstruktoren bzw. Operatorfunktionen beliebige Wandlungen zu definieren. Dadurch sind mächtige Konstruktionen möglich, denn solche selbstdefinierten Wandlungen können ebenfalls implizit ablaufen.

▥▥ Einführung

Als Programmierer erwartet man intuitiv, dass eine Initialisierung wie die der Variablen d in den Zeilen

```
void f( int i_in )
{
    double d = i_in;        // OK!
    ...
}
```

ohne weiteres funktioniert. Dass dabei eine Typwandlung von int nach double erforderlich ist, soll den Programmierer nicht interessieren: der Compiler soll die erforderliche Wandlung selbständig einfügen. In der Regel ist eine Wandlung von int nach double problemlos, da sie normalerweise *werterhaltend (value-preserving)* durchgeführt werden kann. Den Fall, dass ein bestimmter integraler Wert nicht exakt als Flieskommazahl repräsentiert werden kann, muss jedoch prinzipiell bedacht werden (s.u.).

Nicht mehr ganz so einfach ist es im umgekehrten Fall: die Initialisierung eines int mit einem double wirft Fragen auf. Welchen Wert soll
i nach der Anweisung

```
int i = 2.999;
```

erhalten? In Frage kommen theoretisch die Werte 2 und 3. Sowohl
Auf- als auch Abrunden produziert ein falsches Ergebnis, d.h. die
Konvertierung kann nicht werterhaltend durchgeführt werden.

Eine weitere Variante liegt bei der Anweisungsfolge

```
void f( long  l_in )
{
  int i = l_in;          // ???
  ...
}
```

vor. Ist der Wert von l_in klein genug, kann er problemlos in ein
int gewandelt werden. Ist long jedoch ein breiterer Datentyp als
int, können entsprechend große long-Werte auftreten, die nicht
mehr in einem int repräsentiert werden können.

Ein ähnlicher Fall liegt bei einer Konvertierung von int nach char
vor:

```
void f( int i_in )
{
  char c = i_in;         // ???
  ...
}
```

Der Standard macht für alle diese Fälle Aussagen, wie die Konvertierungen ablaufen sollen. Die Vorschriften sind „erwartungsgemäß",
d.h. es sollte immer das Naheliegendste passieren. Wir behandeln
diese sog. *Standardkonvertierungen* daher nur kurz.

📖📖 Standardkonvertierungen

Standardkonvertierungen sind Typwandlungen, die in der Sprache für
Werte von fundamentalen Typen definiert sind. Standardkonvertierungen laufen grundsätzlich *implizit* ab, d.h. ohne Zutun des Programmierers. Wir behalten in der folgenden Aufzählung die englischen Beschreibungen bei, da sie sich nur schlecht ins Deutsche ü-
bersetzen lassen.

❑ *integral promotions*

Werte der Typen (signed/unsigned) char oder (signed/unsigned) short, bool sowie Bitfelder können in einen Wert des Typs int gewandelt werden. Kann ein int nicht alle Werte eines solchen Typs aufnehmen, kann eine Wandlung in unsigned int erfolgen. Werte des Typs bool werden in die Werte 0 bzw 1 gewandelt. Für Bitfelder ist eine Wandlung nur möglich, wenn das Bitfeld ausreichend klein ist, so dass alle Werte in einem (unsigned) int repräsentiert werden können.

❑ *floating point promotion*

float-Werte können in double-Werte gewandelt werden. Der Wert bleibt erhalten.

❑ *integral conversions*

Werte integraler Typen sowie Werte von Aufzählungen können in Werte anderer integraler Typen gewandelt werden. Beispiele sind: unsigned int nach int, int nach char, int nach unsigned int etc. Dabei gelten folgende Regeln:

- Kann der Zieltyp den Wert des Quelltyps repräsentieren, bleibt der Wert erhalten. Beispiele: Wandlung int nach unsigned int für Werte >=0. Wandlung von int nach char für Werte <=255[156].

- Kann der Zieltyp den Wert des Quelltyps nicht repräsentieren und der Zieltyp ist signed, macht der Standard keine Vorschriften, wie das Ergebnis auszusehen hat: das Ergebnis ist implementierungsabhängig (aber wohldefiniert): der Compilerbauer muss seine Lösung dokumentieren.

- Kann der Zieltyp den Wert des Quelltyps nicht repräsentieren und der Zieltyp ist unsigned, wird die *modulo-Arithmetik* angewendet. Wandelt man also einen Wert x in einen Typ T, ist das Ergebnis $x \bmod T_{max}+1$, wobei T_{max} der größte in T repräsentierbare Wert ist.

---

[156] Die übliche Breite von 8 Bit pro *char* vorausgesetzt.

Beispiel: In der Anweisung

```
unsigned char c = 259;
```

wird die int-Größe 259 in einen unsigned char-Wert
gewandelt. Unter der Annahme, dass ein char 8 Bit hat beträgt der Wertebereich 0..255. Die Variable c erhält also
den Wert 259 mod 256 = 3.

Beachten Sie bitte, dass aus dem letzten Punkt auch folgt, dass un-
signed-Typen niemals überlaufen können: Ein nicht repräsentier-
bares (weil zu großes) Ergebnis einer Rechnung wird in wohldefi-
nierter Weise (eben durch die modulo-Arithmetik) auf einen reprä-
sentierbaren Wert getrimmt. Schreibt man also z.B.

```
unsigned int i=0;
while ( true )
  i++;
```

durchläuft i zunächst alle Werte des Wertebereiches um dann wieder bei 0 zu beginnen. Das Verhalten dieser Endlosschleife ist vom
Standard also wohldefiniert.

❏ *floating-integral conversions*

Werte von Fließkommatypen können in Werte von integralen Typen konvertiert werden. Dabei findet immer ein Abschneiden der
Nachkommastellen statt. Ist der Wertebereich des Zieltyps zu klein
um das Ergebnis (nach dem Abschneiden) aufzunehmen, ist das
Verhalten undefiniert.

Beispiel: In den Anweisungen

```
int i = 2.1415;      // OK
int k = 1e99;        // ???
```

erhält i den Wert 2, der Wert von k ist undefiniert.

Umgekehrt können Werte von integralen Typen in Werte von
Flieskommatypen gewandelt werden. Wenn möglich wird dabei
der Wert erhalten. Es kann theoretisch allerdings auch der Fall auftreten, dass eine exakte Wandlung nicht möglich ist. In diesem Fall
ist das Ergebnis entweder immer die nächstgrößere oder nächst-
kleinere mögliche Fließkommazahl.

❑ *bool-conversion*

Ein Wert eines integralen Typs, einer Aufzählung oder eines Zeigers kann in einen Wert vom Typ bool gewandelt werden. Eine Größe mit dem Wert 0 (bzw. der Nullzeiger) wird in den Wert false gewandelt, alles andere in den Wert true.

📖📖 Zeiger und Referenzen

Erfahrene C-Programmierer sind immer wieder verwundert, dass Zeigertypen in C++ nicht implizit ineinander konvertiert werden können. Zeiger unterschiedlicher Typen wie z.B. pa und pb[157] mit den Definitionen

```
struct A { ... };        // Klasse A
struct B { ... };        // Klasse B

A* pa = 0;
B* pb = 0;
```

können in C, nicht aber in C++ beliebig zugewiesen werden. Die Anweisung

```
pa = pb;                 // OK in C, nicht jedoch in C++
```

ist in C++ syntaktisch falsch. Eine Ausnahme bildet lediglich der allgemeine Zeigertyp void*. Jeder Zeigertyp kann implizit zu void* gewandelt werden, nicht jedoch umgekehrt. Die Anweisung

```
void* pv = pa;           // OK
```

ist daher syntaktisch korrekt, nicht erlaubt ist dagegen

```
pa = pv;                 // Fehler!
```

Wäre dies erlaubt, müsste syntaktisch genauso

```
pb = pv;                 // Fehler!
```

erlaubt sein – da pv ein untypisierter Zeiger ist, weiß der Compiler nicht, ob pv gerade auf ein A, ein B- oder auf ein Objekt eines ganz anderen Typs zeigt. Die Wandlung wird daher aus Sicherheitsgründen abgelehnt. Dies ist eine Sicherheitsmaßnahme, die der Programmierer allerdings durch Angabe einer *expliziten Typwandlung* (s.u.) außer Kraft setzen kann.

---

[157] In Variablennamen bedeutet ein vorangestelltes p oft „Zeiger auf"

Zeigertypen können nicht implizit in numerische Typen gewandelt werden, die umgekehrte Wandlung ist ebenfalls nicht implizit möglich. Selbst wenn Zeigertypen („Adressen") und ein integraler Typ (meist `int`) die gleiche Größe haben sollten (was auf den meisten modernen Maschinen wohl der Fall sein dürfte), sind Anweisungen wie

```
int i = pa;          // Fehler
pa = i;              // Fehler
```

nicht möglich.

Eine Sonderstellung nimmt allerdings die numerische Konstante 0 ein. Sie ist kompatibel mit jedem Zeigertyp in dem Sinne, dass für jeden Typ T eine implizite Wandlung in den Nullzeiger des Typs T erfolgen kann. Man kann also z.B. Anweisungen wie

```
T* t = 0;            // OK
...
t = 0;               // OK
...
if ( t == 0 ) ...    // OK
```

schreiben. In allen Fällen erfolgt eine implizite (automatische) Wandlung der Konstanten 0 in einen Zeiger vom Typ T* mit einem wohldefinierten Wert, den so genannten *Nullzeiger vom Typ T*. Der Standard schreibt vor, dass der Nullzeiger unterschiedlich zu jedem Zeiger ist, der von einer erfolgreichen Objektallokation (mit `new` oder `malloc`) herrührt. Der Nullzeiger zeigt also niemals auf ein gültiges Objekt.

Beachten Sie bitte, dass die numerische Konstante 0 und der Nullzeiger für einen Typ T nicht unbedingt die gleiche Bitrepräsentation im Rechner besitzen müssen – es handelt sich bei beiden um ganz verschiedene Dinge. Ebenso ist nicht vorgeschrieben, dass die Nullzeiger unterschiedlicher Typen T1 und T2 auch die gleiche Repräsentation im Speicher haben müssen.

Für Referenzen gilt analog das Gleiche wie für Zeiger: Referenzen unterschiedlicher Typen können nicht implizit ineinander gewandelt werden. Dies funktioniert schon aus dem Grunde nicht, weil Referenzen keine eigenen Objekte sind.

In den Anweisungen

```
void f( A& a_in, B& b_in )
{
  b_in = a_in;              // Fehler!
  ...
}
```

erhält ja nicht die Referenz b_in einen anderen Wert, sondern es erfolgt eine Zuweisung des referenzierten Objekts selber. Dies funktioniert nur, wenn die Typen A und B *zuweisungskompatibel* sind – d.h. wenn auch folgende Anweisungen möglich sind:

```
A a;
B b;
b = a;              // OK wenn A zuweisungskompatibel zu B ist
```

Allerdings lässt sich diese Einschränkung auch bei Referenzen durch Verwendung einer expliziten Wandlung (s.u.) umgehen.

▥▥ Explizite Typwandlungen

Manchmal kann es sinnvoll sein, den Schutz, den das strenge Typsystem der Sprache mit sich bringt, außer Kraft zu setzen. Schreibt man z.B. (für einen beliebigen Typ T)

```
T* pt = new T;
...
void* pv = pt;
pt = pv;              // Fehler!
```

ist die Zuweisung an pt aus Sicherheitsgründen nicht erlaubt. Weiß man allerdings wie in unserem Beispiel hier, dass pv tatsächlich auf ein T-Objekt zeigt, kann die Wandlung gefahrlos durchgeführt werden: allerdings muss der Programmierer dies explizit notieren – denn nur der Programmierer kann wissen, ob eine solche Wandlung in einer bestimmten Situation gefahrlos möglich ist.

C++ stellt für solche und ähnliche Fälle eine Reihe von Typwandlungsoperatoren bereit, die jeweils spezielle Aufgaben haben. Darüber hinaus gibt es noch eine aus Kompatibilitätsgründen aus C übernommene Wandlungsmöglichkeit, die man allerdings in C++ nicht mehr verwenden sollte.

Folgende Tabelle zeigt eine Übersicht über die C++-Wandlungsope-
ratoren[158]:

Operator	Bedeutung
`static_cast`	„Gutmütige" (also prinzipiell gefahrlos mögliche) Wandlungen
`dynamic_cast`	Wandlungen zwischen Typen in Klassenhierarchien
`const_cast`	Entfernen oder Hinzufügen von `const` und/oder `volatile`
`reinterpret_cast`	Wandelt zwischen nahezu beliebigen Typen unter Beibehaltung des Bitmusters

Hinzu kommen die aus C übernommene Wandlungsmöglichkeiten,
für die es zwei Notationen gibt:

Operator	Bedeutung
`(T)x`	Wandelt Argument `x` in Typ `T` (*cast-Notation*)
`T(x)`	dito (*Funktionsnotation*)

Alle C++-Wandlungsoperatoren verwenden die Syntax

```
operator< T >( arg );
```

Dabei wird der Wert `arg` in den Typ `T` gewandelt, sofern der jeweilige Operator und die Situation dies zulassen. Die Wandlungen werden (mit Ausnahme des Operators `dynamic_cast`) statisch durchgeführt, d.h. eine unzulässige Wandlung wird bereits beim Übersetzen
erkannt und führt dann zu einem Syntaxfehler. Operator `dyna-
mic_cast` kann darüber hinaus eine dynamische Wandlung durch-
führen, d.h. hier kann zusätzlich ein Fehler zur Laufzeit auftreten.

---

[158] Wir bezeichnen die Operatoren als „C++-Wandlungsoperatoren" um sie von den
aus C geerbten Wandlungsoperatoren in Funktionsnotation zu unterscheiden.

Folgendes Beispiel zeigt die prinzipielle Anwendung der Operatoren am Beispiel von `static_cast`:

```
double d = 2.999;
int i    = static_cast<double>( d );
```

Die Wandlung gehört zu den Standardkonvertierungen und könnte deshalb auch implizit ablaufen.

Die Konstruktion

```
int i = const_cast<double>( d );          // Fehler
```

liefert hingegen einen Syntaxfehler, da Operator `const_cast` nur zum Entfernen (bzw. Hinzufügen) von `const` oder `volatile` verwendet werden kann.

In den folgenden Abschnitten betrachten wir die einzelnen Wandlungsmöglichkeiten genauer.

Operator static_cast<>

Der Operator ist für alle diejenigen Konvertierungsaufgaben vorgesehen, die „gutmütig" sind. Dazu gehören:

❏ Standardkonvertierungen (s.o.)

❏ Konvertierungen vom Typ `T*` (für einen beliebigen Typ `T`) nach `void*` und zurück. Dabei ist sichergestellt, dass der zurückgewandelte Zeiger den gleichen Wert hat. Nach der Ausführung der Anweisungen

```
A* pa = new A;
void* pv = pa;                    // implizite Wandlung
A* pa2 = static_cast<A*>( pv );   // explizite Wandlung notwendig
```

haben a und a2 den gleichen Wert, zeigen also auf das gleiche Objekt. Wird die Wandlung in einen anderen Zeigertyp durchgeführt, ist das Ergebnis undefiniert:

```
B* pb = static_cast<B*>( pv );    // undefiniertes Verhalten
```

❑ Konvertierung von einem integralen Typ zu einem Aufzählungstyp. Beispiel:

```
enum Colors { red, yellow, blue };

int i = 1;
Colors c = static_cast<Colors>( i );
```

c hat den Wert `yellow` erhalten[159]. Gehört der Quellwert nicht zu
den Konstanten der Aufzählung, ist das Verhalten undefiniert:

```
Colors c = static_cast<Colors>( 99 );   // undefiniertes Verhalten
```

❑ Konvertierungen in Klassenhierarchien, wenn diese statisch (also
ohne Kenntnis des dynamischen Typs eines Zeigers) durchgeführt
werden können[160].

Der wichtige Punkt bei den Konvertierungen mit static_cast ist also,
dass prinzipiell nicht alle Werte des Quelltyps auch gültige Werte des
Zieltyps sein müssen – aus diesem Grunde laufen die Konvertierungen ja auch nicht implizit ab. Der Programmierer muss also wissen,
was er tut. Tut er das Richtige, sind Wandlungen mit `static_cast`
wohldefiniert, ansonsten undefiniert. Welche der beiden Möglichkeiten vorliegt, hängt vom konkreten Wert ab, der gewandelt werden
soll.

Es stellt sich die Frage, warum Standardkonvertierungen in obiger Liste auftauchen. Standardkonvertierungen können ja implizit ablaufen
und brauchen keine explizite Wandlung. Anstelle von

```
void f( int i_in )
{
  double d = static_cast<double>( i_in );   // explizite Wandlung
  /* ... */
}
```

---

[159] Einige ältere Compiler lassen die Wandlung von einem integralen Typ zu einem
Aufzählungstyp implizit zu. Dies ist nach dem Standard nicht erlaubt und sollte
auch mit einem solchen Compiler vermieden werden, da künftige Compilerver-
sionen sicher einen Fehler melden werden.

[160] Klassenhierarchien, den dynamischen und statischen Typ von Zeigern behandeln wir ab Kapitel 31 (Virtuelle Funktionen).

kann man direkt

```
void f( int i_in )
{
  double d = i_in;                           // implizite Wandlung
  /* ... */
}
```

schreiben. Beachten Sie jedoch folgenden Fall:

```
void g( int );      // #1
void g( double );   // #2

void f( int i_in )
{
  g( static_cast<double>( i_in )); // ruft #2
}
```

Hier möchte der Programmierer die Version #2 der Funktion g für double aufrufen, der Aktualparameter ist jedoch vom Typ int. Da auch eine Variante der Funktion g für int existiert, ist eine explizite Typwandlung erforderlich.

Beachten Sie bitte, dass das Entfernen von const (*const-cast-away*) nicht als „gutmütige" Konvertierung gilt. Die Konvertierung in

```
void f( const A* pa )
{
  A* pa2 = static_cast<A*>( pa );                 // Fehler!
  /* ... */
}
```

resultiert in einem Syntaxfehler. Zum Entfernen von const ist ausschließlich Operator const_cast vorgesehen!

Gleiches gilt für die Konvertierung beliebiger Zeigertypen. Es ist ausdrücklich *nicht* erlaubt, etwas wie

```
struct A {};
struct B {};

A* pa = new A;
B* pb = static_cast<B*>( pa );              // Fehler!
```

zu schreiben! Eine solche Konstruktion ist nahezu *immer* ein Fehler. Es gibt keinen Grund, einen Zeiger vom Typ A* auf ein Objekt eines ganz anderen Typs B zeigen zu lassen.

Erlaubt ist allerdings die Wandlung von A* nach void* und *von dort aus* (mit Hilfe von static_cast) nach B*. Dies ist natürlich genauso ein Fehler wie direkt von A* nach B*. Die Konstruktion ist aber nicht zu verhindern, wenn man die manchmal sinnvollen Wandlungen von

A* nach `void`* *und wieder zurück* nach A* nicht gänzlich verbieten will.

Ganz allgemein lässt sich sagen, dass eine Konvertierung mit `static_cast` zwischen zwei Typen A und B genau dann möglich ist, wenn

❑ die Wandlung eine *Standardkonvertierung* ist (s.o.)

❑ die *umgekehrte Wandlung* eine Standardkonvertierung ist.

Ist also die Anweisungsfolge

```
A a;
B b;
b = a;                          // Annahme: Standardkonvertierung
```

möglich, ist auch

```
a = static_cast<A>( b );        // OK
```

korrekt. Die Typen A und B sollen hierbei fundamentale Typen sein, d.h. nicht etwa Klassen mit Konstruktoren oder Wandlungs-operatoren – diese Fälle besprechen wir später in diesem Kapitel.

Betrachten wir hierzu noch einmal die Wandlungsmöglichkeiten zwischen Aufzählungen und integralen Typen. Die Wandlung von einem Aufzählungstyp zu einem `int` ist eine Standardkonvertierung und läuft deshalb implizit ab:

```
enum Colors { red, yellow, blue };
Color c = yellow;

int i = c;                      // OK - implizite Wandlung
```

Daher lässt sich die umgekehrte Richtung mit Hilfe von `static_cast` durchführen:

```
c = static_cast<Colors>( i );   // OK - explizite Wandlung
```

Wie immer bei expliziten Typwandlungen ist es die Aufgabe des Programmierers, vernünftiges Verhalten sicherzustellen. Das folgende Programmsegment ist daher syntaktisch korrekt, liefert aber undefiniertes Verhalten:

```
int i = 299;
c = static_cast<Colors>( i );   // OK - aber undefiniertes Verhalten
```

Übung 24-1:

Schreiben Sie Code, der durch eine Abfrage des Wertes von i prüft, ob die Wandlung in den Typ Colors *zulässig ist.*

📖 · Operator dynamic_cast

Operator dynamic_cast wird ausschließlich in Klassenhierarchien verwendet. Polymorphismus erfordert manchmal bestimmte Konvertierungen, die aber auch gefährlich sein können. Operator dynamic_cast erlaubt eine Entscheidung *zur Laufzeit*, ob eine Konvertierung möglich ist oder nicht.

Da der Operator ausschließlich in polymorphen Programmen im Zusammenhang mit der Typidentifizierung zur Laufzeit (*run time type identification, RTTI*) verwendet wird, verschieben wir die Diskussion dieses Operators bis zum Kapitel 34 (Typinformationen zur Laufzeit).

📖 Operator const_cast

Operator const_cast kann ausschließlich dazu verwendet werden, die const- oder volatile-Eigenschaft zu einem Typ hinzuzufügen oder wegzunehmen. Beispiel:

```
void f( const A* pa )
{
  A* pa2 = const_cast<A*>( pa );          // OK
  /* ... */
}
```

Hier wird ein Objekt, das eigentlich innerhalb von f nicht verändert werden soll, über a2 doch veränderbar. Es ist klar, dass dieses „Wegcasten" von const (*const-cast-away*) auf Einzelfälle beschränkt bleiben soll. In modernem C++ kann man durch Deklaration von mutable oft auf den const-cast-away verzichten.

Beachten Sie bitte, dass

❑ das Entfernen von const nur dann korrekt ist, wenn das eigentliche Objekt selber nicht konstant ist (kein *first level const*), etwa wie in diesem Beispiel:

```
A a;
f( &a );             // OK
```

Das Verhalten dieses Programmsegments ist dagegen undefiniert:

```
const A a;          // a ist konstant
f( &a );            // syntaktisch OK, aber undefiniertes Verhalten
```

Hier ist das Objekt a tatsächlich konstant und kann deshalb nicht als nicht-konstantes Objekt behandelt werden.

❑ der Operator prinzipiell auch zum Zufügen von const verwendet werden kann:

```
void f( const A* pa )
{
  A* pa2          = const_cast<A*>( pa );
  const A* pa3    = const_cast<const A*>( pa2 ); // Zufügen von const
  /* ... */
}
```

Analoges gilt für das Hinzufügen bzw. Wegnehmen von volatile.

📖 Operator reinterpret_cast

Operator reinterpret_cast führt keine Wandlung im eigentlichen Sinne aus, sondern interpretiert den durch eine Variable gegebenen Speicherbereich mit einem anderen Typ. Für die Praxis wichtig ist, dass dabei das Bitmuster des Speicherbereiches unverändert bleibt.

Typische Anwendungsfälle sind „harte" Konvertierungen wie in

```
struct A { /*...*/ };
struct B { /*...*/ };

A* pa;
B* pb = reinterpret_cast<B*>( pa );  // syntaktisch OK. Bedeutung?
```

Das Ergebnis ist aus Sicht der Sprache undefiniert, es ist allein Sache des Programmierers, das Layout der Klassen A und B so zu gestalten, dass die Konvertierung ihren (zweifelhaften) Sinn macht[161].

---

[161] Dies kann z.B. der Fall sein, wenn _A_ und _B_ (zumindest am Anfang) die gleiche Anordnung von Mitgliedern haben. Dadurch ist das Speicherlayout der beiden Klassen soweit identisch, dass man mit _A_-Zeigern auf Teile von _B_-Objekten zugreifen kann. In reinen C++-Programmen ist dies _extrem_ schlechter Stil, ist aber manchmal beim Einbinden von C-Anteilen unvermeidlich.

Eine häufige Anwendung des Operators ist die Wandlung von Zeigertypen in numerische Typen und umgekehrt. Unter der Voraussetzung, dass Zeigertypen die gleiche Größe wie z.B. `ints` haben, kann man für einen beliebigen Typ `T` die Zeilen

```
T* pt = new T;
int val = reinterpret_cast<int>( pt );
...
T* pt2 = reinterpret_cast<T*>( val );
```

schreiben. Dadurch, dass `reinterpret_cast` das Bitmuster unverändert lässt, ist sichergestellt, dass `pt2` nach der Rückwandlung den gleichen Wert wie `pt` besitzt.

Beachten Sie bitte, dass über den Wert von `val` keine Annahmen getroffen werden können – ausschließlich die Rückwandlung in den Originaltyp ergibt definiertes Verhalten. Insbesondere ist nicht sichergestellt, dass der Nullzeiger das gleiche Bitmuster wie die Zahl 0 besitzt. Schreibt man also

```
pt = 0;
int val = reinterpret_cast<int>( pt );

if ( val == 0 ) ...              // OK - aber ergibt nicht unbedingt true
```

ist nicht unbedingt sichergestellt, dass `val` den Wert 0 hat.

Übung 24-2:

Schreiben Sie Code, der überprüft, ob Zeigertypen die gleiche Größe wie ints *haben. Schreiben Sie eine Funktion, die einen beliebigen Zeigertyp in ein* int *wandelt, vorher jedoch die Prüfung durchführt. Ist die umgekehrte Funktion (d.h. die Wandlung eines* int *in einen beliebigen Zeigertyp) ebenfalls möglich?*

Die Wirkung von `reinterpret_cast` ist immer implementierungsabhängig und damit nicht unbedingt portabel. Die Anwendung sollte auf Ausnahmefälle beschränkt bleiben.

Beachten Sie bitte, dass auch `reinterpret_cast` *nicht* zum Entfernen von `const` verwendet werden kann. Die folgenden Anweisungen führen zu einem Syntaxfehler:

```
void f( const A* pa )
{
  A* pa2 = reinterpret_cast<A*>( pa );          // Fehler!
  /* ... */
}
```

📖 C- Wandlungsoperator

Zusätzlich zu den neuen C++-Wandlungsoperatoren gibt es die aus C geerbten Wandlungsmöglichkeiten. Für den *C-Wandlungsoperator* gibt es zwei Notationen:

❑ die *Funktionsnotation* `T(x)`

❑ die *cast-Notation* `(T)x`

Beide Notationen sind funktional identisch: sie wandeln den Wert x in einen Wert vom Typ T, jedoch gibt es Unterschiede im Aufruf, die durch die Syntax bestimmt sind.

Die Wandlung in Funktionsnotation ist nur möglich, wenn T ein Typ ist, der sich in einem Wort schreiben lässt. Konstruktionen wie z.B. für eine Klasse A:

```
void f( void* p_in )
{
  A* ap = A*(p_in);          // Fehler!
}
```

sind nicht erlaubt. Hier muss die cast-Notation verwendet werden:

```
void f( void* p_in )
{
  A* ap = (A*)p_in;          // OK
}
```

Der Typ selber kann durchaus ein zusammen gesetzter Typ sein — dann muss allerdings ein `typedef` verwendet werden. Folgendes ist zulässig:

```
tyedef A* AP;
void f( void* p_in )
{
  A* ap = (AP)p_in;          // OK
}
```

Demgegenüber kann die Funktionsnotation auch mehr als einen Parameter wandeln. Notationen wie

```
A a;
a = A( 1, 2 );
```

sind möglich. Jedoch benötigt die Klasse A einen Konstruktor, der mit zwei ints aufgerufen werden kann. Hierbei handelt es sich um eine benutzerdefinierte Wandlung mit Klassen, die wir später in diesem Kapitel besprechen werden.

Der C-Wandlungsoperator führt je nach Kontext die Funktionalität von static_cast, dynamic_cast, const_cast oder reinterpret_cast durch.

Übung 24-3:

Welche Wandlung führt der C-Wandlungsoperator in obigen Beispielen durch? Schreiben Sie die Beispiele mit dem passenden C++-Wandlungsoperator.

Übung 24-4:

Welche Wandlung führt der C-Wandlungsoperator in diesem Beispiel durch? Schreiben Sie das Beispiel mit dem passenden C++-Wandlungsoperator.

```
enum Colors { red, yellow, blue };

f( int i_in )
{
  Colors c = Colors( i_in ); // Wandlung in Funktionsnotation
    ...
}
```

📖📖 Vergleich der C++- und C-Wandlungsoperatoren

Der C-Wandlungsoperator besitzt zwei große Nachteile:

❏ Die Notation erinnert zu stark an einen Funktionsaufruf. Beim Durchlesen von Code können Typwandlungen nicht sofort erkannt werden. In der Zeile

```
c = Colors( i_in );
```

kann `Colors` sowohl eine Funktion als auch ein Typ sein – im zweiten Fall wird einen Typwandlung durchgeführt.

❏ Es kann nicht unterschieden werden, welche Wandlung gemeint ist. Eine Wandlung, die vielleicht nicht im Sinne des Programmierers lag, wird trotzdem durchgeführt.

Typwandlungen sind prinzipiell gefährlich und sollten deshalb auf Ausnahmefälle beschränkt bleiben. Typwandlungen sind außerdem eine Fehlerquelle erster Ordnung. Es ist daher wichtig, in einem Programm Typwandlungen schnell erkennen zu können. Dies ist für Wandlungen in C-Notation schwierig, da nicht einfach zwischen Wandlung und Funktionsaufruf unterschieden werden kann.

Der zweite Nachteil wiegt fast noch schwerer: Der C-Wandlungsoperator wandelt alles, was irgendwie möglich ist. So kann es durchaus passieren, dass ein `reinterpret_cast` durchgeführt wird, obwohl der Programmierer nur einen (harmloseren) `static_cast` meinte. Werden die C++-Wandlungsoperatoren mit ihrer speziellen Funktionalität verwendet, können solche Fehler bereits bei der Übersetzung erkannt werden.

📖📖 Benutzerdefinierte Wandlungen

Die Funktionalität der C++-Wandlungsoperatoren ist festgelegt und kann vom Programmierer nicht verändert werden. Sie werden meist im Zusammenhang mit fundamentalen Typen sowie mit Zeiger- bzw. Referenztypen auf Klassen verwendet.

Ist der Quell- bzw. Zieltyp eine Klasse, kann der Programmierer die Vorgänge bei der Typwandlung selber definieren. Dazu stehen prinzipiell zwei Möglichkeiten bereit: *Konstruktoren* und *Wandlungsoperatoren*. In beiden Fällen läuft eine erforderlich Wandlung prinzipiell[162] implizit, d.h. automatisch ohne Zutun des Programmierers ab. Hinzu kommt natürlich die „klassische" Lösung durch Formulierung der Wandlung in einer normalen Funktion, die dann allerdings explizit aufgerufen werden muss.

Wir betrachten im folgenden die generelle Aufgabenstellung, ein Objekt eines Typs A implizit in ein Objekt eines anderen Typs B zu wandeln, damit Anweisungsfolgen wie in

```
void f( B& b );
A a;
f( a );              // nur OK, wenn implizite Wandlung A nach B möglich ist!
```

möglich sind. Funktion f benötigt ein B-Objekt, auf das eine Referenz übergeben werden kann, der Aufruf erfolgt jedoch mit einem Objekt vom Typ A. Der Aufruf ist zulässig, wenn eine implizite Wandlung von A nach B definiert ist.

Für die folgenden Abschnitte betrachten wir folgende beispielhafte Implementierungen der Klassen A und B:

```
struct A
{
  int    i;
  double d;
};

struct B
{
  string s;
};
```

Beide Klassen sind bewusst einfach gehalten (z.B. zunächst ohne Konstruktoren) um das Wesentliche zu demonstrieren.

📖 Die klassische Variante

Man kann für jede erforderliche Wandlung immer eine spezielle Funktion schreiben. Um A-Objekte in B-Objekte zu wandeln, deklariert man eine Wandlungsfunktion fromAToB als

```
B fromAToB( const A& );
```

---

[162] d.h. mit Ausnahmen, auf die wir gleich zu sprechen kommen.

In unserem Fall könnte man die Funktion wie folgt implementieren:

```
B fromAToB( const A& a_in )
{
  B result;

  char buf[ 32 ];
  sprintf( buf, "i: %i, d: %f", a_in.i, a_in.d );
  result.s = buf;

  return result;
}
```

Die Wandlung kann dann allerdings nicht implizit erfolgen, sondern muss explizit notiert werden. Das einführende Beispiel nimmt nun die Form

```
void f( B& b );

void g()
{
  A a;
  f( fromAToB( a ));        // OK, da expliziter Aufruf einer Wandlungsfunktion
}
```

an.

📖 Exkurs: Die printf-Funktionsfamilie

Die Funktion `sprintf` führt eine Ausgabe ihrer Argumente in einen Speicherbereich durch, der als erstes Argument zu übergeben ist. Der zweite String ist ein *Formatstring*, der eingestreute Sonderzeichen (hier %i und %f) enthalten kann. Für diese Platzhalter werden nachfolgende Parameter eingesetzt. Die Sonderzeichen bestimmen, welcher Typ erwartet wird. %i steht für `int`, %f für `double`. Im Endeffekt wird hier also eine Umwandlung der numerischen Werte in eine Stringrepräsentation durchgeführt und das Ergebnis mit zusätzlichem Text dekoriert.

Dies ist wohl auch eine der Hauptaufgaben von Funktionen der `printf`-Familie: sie können gut zur Umwandlung von numerischen Größen in eine Stringrepräsentation verwendet werden. Beachten Sie bitte, dass der Aufrufer einen Puffer bereitstellen muss, der groß genug für die Ausgabe ist. `sprintf` führt keine Überprüfungen durch.

Übung 24-5:

Was passiert, wenn der Puffer zu klein ist?

Eine weitere Problematik ist die Angabe der Platzhalter im Formatie-
rungsstring. Folgende Anweisung ist syntaktisch zulässig, produziert
jedoch undefiniertes Verhalten:

```
sprintf( buf, "i: %i, d: %f", a_in.d, a_in.i );
```

Der Fehler ist auf den ersten Blick schwer zu erkennen: hier wurde
versucht, die double-Größe a_in.d mit dem Formatierer %i auszugeben (und analog die int-Größe a_in.i mit dem Formatierer %f)
– was natürlich nicht funktioniert[163].

◫ Wandlung über Konstruktoren

Die Wandlung kann implizit erfolgen, wenn B mit einem geeigneten
Konstruktor ausgestattet wird. Schreibt man

```
struct B
{
  B( const A& );
  string s;
};
```

kann man wie erwartet B-Objekte mit A-Objekten initialisieren:

```
A a;
B b( a );                 // Initialisierung von b mit a
```

Das wesentlich Neue daran ist nun, dass der Konstruktor auch in Situationen wie

```
void f( const B& );

void g()
{
  A a;
  f( a );                 // OK
}
```

implizit verwendet wird.

Konkret erzeugt der Compiler hier ein temporäres B-Objekt, initialisiert es mit a und übergibt eine Referenz auf das temporäre Objekt an
f. Es ist Aufgabe des Compilers, das temporäre Objekt auch wieder
zu zerstören.

---

[163] Die Standardbibliothek bietet mit den *Strömen* einen Ersatz, der die Nachteile
vermeidet. Eine Diskussion findet sich z.B. in [Aupperle2003], [Josuttis1999] oder
[Stroustrup1999].

Beachten Sie bitte, dass der Parameter der Funktion f als const B&
ausgeführt ist. Die Deklaration als Referenz auf nicht-konstant funktioniert nicht, da temporäre Objekte nur an konstante Referenzen gebunden werden können.

```
void f( B&  );  '

void g()
{
  A a;
  f( a );            // Fehler
}
```

Der Grund ist, dass f das B-Objekt nun ändern könnte, diese Änderungen sich aber nirgendwo niederschlagen: das temporäre Objekt
verschwindet ja nach Ausführung von f wieder[164]. Die Änderung eines temporären Objekts wird daher als Fehler gewertet und abgelehnt.

In Analogie zu unsere Wandlungsfunktion fromAtoB implementieren
wir den Wandlungskonstruktor wie folgt:

```
B::B( const A& a_in )
{
  char buf[ 32 ];
  sprintf( buf, "i: %i, d: %f", a_in.i, a_in.d );
  s = buf;
}
```

Die Funktion g kann nun einfacher folgendermaßen geschrieben
werden:

```
void f( B& b );

void g()
{
  A a;
  f( a );            // OK: implizite Wandlung über Wandlungskonstruktor
}
```

---

[164] Eine ähnliche Situation haben wir bei der Einführung von Referenzen in Kapitel
11 (Zeiger und Referenzen) auf Seite 258 gesehen.

Übung 24-6:

Funktioniert die implizite Wandlung auch dann, wenn der Konstruktor mehrere Argumente hat, von denen alle bis auf eines mit Vorgabewerten versehen sind? Beispiel:

```
struct B
{
  B( const A&, int i = 0 );
  string s;
};
```

Übung 24-7:

Wird die Wandlung auch in anderen Situationen wie z.B. der Zuweisung implizit durchgeführt? Ist eine Zuweisung wie in

```
A a;
B b;
b = a; // ist dies zulässig?
```

zulässig, auch wenn kein Zuweisungsoperator für B definiert ist?

Übung 24-8:

Welche Auswirkungen hat es, wenn das Argument im B-Konstruktor nicht konstant ist?

```
struct B
{
  B( A& );    // nicht konstantes Argument
  string s;
};
```

Konstruktoren mit mehreren Parametern

Die Wandlung kann nur implizit ablaufen, wenn der Konstruktor des Zieltyps mit genau einem Argument des Quelltyps aufgerufen werden kann. Sind weitere Argumente erforderlich, ist ein impliziter Aufruf nicht mehr möglich.

Der Programmierer muss den Konstruktor explizit aufrufen und dabei die zusätzlichen Parameter spezifizieren:

```
struct B
{
  B( const A&, int i );
  string s;
};

void f( const B& );

void g()
{
  A a;
  f( B(a,1) );          // OK - explizite Angabe des Konstruktors
}
```

Die Vorgänge sind analog zum impliziten Fall mit einem Parameter wie im letzten Abschnitt. Insbesondere wird auch hier ein temporäres B-Objekt erzeugt. Der Unterschied ist lediglich, dass nun der Aufruf des Konstruktors explizit erfolgen muss. In diesem Sinne handelt es sich auch hier um eine Art „Typwandlung": Es wird das Tupel (a, 1) in ein Objekt vom Typ B gewandelt.

📖 Das Schlüsselwort explicit

Die implizite Wandlung über einen Konstruktor mit einem Argument ist nicht immer erwünscht, auch wenn man auf den Konstruktor selber nicht verzichten möchte. Die Anweisungen

```
void f( const B& );

void g()
{
  A a;
  f( a );          // unerwünscht
}
```

können auch schlicht ein Fehler sein – der Programmierer meinte eher

```
void f( const B& );

void g()
{
  B b;
  f( b );
}
```

In der Praxis sind die Fälle meist nicht so offensichtlich wie in diesem Beispiel. Oft übersetzen (komplexe) Funktionsaufrufe, Zuweisungen etc, obwohl sie eigentlich nicht sollten. Der Grund liegt oft in einem Konstruktor, der mit einem Parameter aufgerufen werden kann und damit zu einer (unerwünschten) automatischen Typwandlung verwendet wird.

Ein Standardfall für eine solche Situation kann an unserer Klasse Fi-xedArray studiert werden, die ja die Größe des Feldes als Parameter im Konstruktor erhält:

```
class FixedArray
{
public:
  FixedArray( int dim_in );

  /* ... weitere Mitglieder FixedArray */
};
```

Eine Funktion, die ein solches Feld übernehmen soll, wird z.B. als

```
void g( const FixedArray& );
```

deklariert. Nun sind neben erwünschten Aufrufen der Art

```
FixedArray fa( 3 );
g( fa );                    // Übergabe einer Referenz auf fa an g
```

auch unerwünschte Aufrufe wie

```
g( 5 );                     // OK, aber unerwünscht
```

möglich. In diesem Fall findet eine „Typwandlung" von int zu Fi-xedArray statt, da der Zieltyp FixedArray einen geeigneten Wandlungskonstruktor deklariert.

Was man also benötigt ist eine Möglichkeit, den Konstruktor zu behalten, ihn aber von automatischen Typwandlungen auszuschließen. Genau dies leistet die Deklaration als explicit:

```
class FixedArray
{
public:
  explicit FixedArray( int dim_in );   // keine impliziten Typwandlungen

  /* ... weitere Mitglieder FixedArray */
};
```

Nun funktioniert zwar

```
FixedArray fa( 3 );        // OK
```

nicht aber

```
g( 5 );                    // Fehler! keine implizite Wandlung mehr möglich
```

Beachten Sie bitte, dass die explizite Notation weiterhin möglich bleibt:

```
g( FixedArray( 5 ) );      // OK - explizite „Wandlung"
```

Übung 24-9:

Kann die Deklaration von Konstruktoren als explicit *auch für die Klassen* FractInt *und* Complex *sinnvoll sein?*

Weiterhin interessant ist, dass bei explicit deklarierten Konstruktoren einen Unterschied zwischen den Aufrufen

```
FixedArray fa1( 5 );               //#1 OK
FixedArray fa2 = 5;                //#2 Fehler!
FixedArray fa3 = FixedArray( 5 );  //#3 OK
```

besteht. Im ersten Fall ist eine implizite Konvertierung trotz explicit deklariertem Konstruktor möglich, im zweiten Fall dagegen nicht. Konstruktion #3 ist zulässig, da der Ausdruck FixedArray(5) wieder eine explizite Konvertierung darstellt.

Beachten Sie bitte, dass

❏ #2 erlaubt wäre, wenn der Konstruktor nicht explicit deklariert wäre

❏ weder im Fall #2 noch #3 eine Zuweisung stattfindet, sondern in allen drei Fällen der Wandlungskonstruktor für int verwendet wird.

📖 Wandlung über Operatoren

Die zweite Möglichkeit, benutzerdefinierte Wandlungen implizit ablaufen zu lassen, besteht in der Implementierung eines *Wandlungsoperators*. Während der Wandlungskonstruktor im Zieltyp angeordnet war (hier die Klasse B), wird der Wandlungsoperator im Quelltyp (hier die Klasse A) platziert.

```
class B;                 // Deklaration

struct A
{
  int    i;
  double d;

  operator B() const;    // Wandlungsoperator
};

struct B
{
  string s;
};
```

Beachten Sie bitte, dass der Zieltyp B zumindest deklariert sein muss, damit die Klassendefinition von A übersetzt werden kann: schließlich wird der Name B bei der Deklaration der Operatorfunktion benötigt. Alternativ kann man natürlich die Klassendefinition von B voranstellen:

```
struct B
{
  string s;
};

struct A
{
  int    i;
  double d;

  operator B() const;    // Wandlungsoperator
};
```

Nun kann unser Testprogramm ebenfalls ohne Syntaxfehler übersetzt werden:

```
void f( const B& );

void g()
{
  A a;
  f( a );                // OK - impliziter Aufruf des Wandlungsoperators
}
```

Auch in dieser Variante sind temporäre Objekte im Spiel: der Wandlungsoperator liefert ein B-Objekt über den Stack zurück, das der

Compiler irgendwo verwalten muss, um dann f eine Referenz darauf übergeben zu können.

Der Operator kann analog zur Version mit Konstruktor folgendermaßen implementiert werden:

```
A::operator B() const
{
    char buf[ 32 ];
    sprintf( buf, "i: %i, d: %f", i, d );

    B b;
    b.s = buf;
    return b;
}
```

Damit eine Operatorfunktion eine gültige Konvertierungsfunktion ist, sind einige Punkte zu beachten:

❑ Die Operatorfunktion ist als Mitgliedsfunktion der Klasse des Quelltyps deklariert.

❑ Die Operatorfunktion hat den gleichen Namen wie der Zieltyp.

❑ Die Operatorfunktion deklariert keine Parameter und keinen Rückgabetyp. Der Name der Operatorfunktion ist automatisch auch der Rückgabetyp.

Als Namen von Wandlungs-Operatorfunktionen sind alle gültigen Typen erlaubt, also z.B. auch Zeigertypen, Referenzen auf andere Typen oder konstante Typen. Da eine Operatorfunktion ihr Objekt normalerweise nicht ändert, wird sie in der Regel als konstante Mitgliedsfunktion deklariert.

📖📖 Wandlung über Konstruktor oder Operatorfunktion?

Wir haben gesehen, dass eine implizite Konvertierung von A nach B auf zwei Wegen erreicht werden kann:

❑ durch einen Konstruktor in B, der mit einem Argument aufgerufen werden kann, oder

❑ durch eine Operatorfunktion in A.

Daraus ergibt sich für die Praxis die Frage, in welcher Form eine gewünschte Konvertierungsmöglichkeit implementiert werden soll.

📖 Konvertierung über Konstruktor

Die Lösung über einen Konstruktor in B hat folgende Eigenschaften:

❑ Die Wandlungsfunktion ist ein Mitglied der Klasse B.

❑ Auf die A-Objekte wird nur lesend zugegriffen. Der entsprechende Konstruktor wird deshalb im allgemeinen als

```
B( const A& );
```

deklariert.

❑ Auf das B-Objekt wird schreibend zugegriffen. Der Konstruktor ist eine Mitgliedsfunktion von B und deshalb für diese Aufgabe das richtige Mittel.

❑ B muss eine Klasse sein und darüber hinaus durch den Programmierer verändert werden können. in der Praxis bedeutet das, dass der Quellcode verfügbar und die Klasse übersetzbar sein müssen.

❑ In bestimmten Situationen kommt die Wandlung ohne temporäres Objekt aus, wie z.B. bei einer Initialisierung:

```
A a;
B b1 = a;      // kein temporäres Objekt erforderlich
B b2( a );     // dito
```

Aus diesen Gründen ist die Konvertierung über einen Konstruktor im Zieldatentyp meist die erste Wahl.

📖 Konvertierung über Operatorfunktion

Die Lösung über eine Operatorfunktion in A hat folgende Eigenschaften:

❑ Die Wandlungsfunktion ist ein Mitglied der Klasse A.

❑ Der Operator muss ein B-Objekt oder eine Referenz auf ein B-Objekt zurückliefern.

❑ Das Quellobjekt bleibt unverändert. Der Operator wird deshalb normalerweise als konstante Mitgliedsfunktion deklariert:

```
B operator B() const;
```

❑ Der Typ A muss eine Klasse sein und darüber hinaus durch den Programmierer verändert werden können.

Die Konvertierung über eine Operatorfunktion im Quelldatentyp ist nur die zweite Wahl, vor allem weil meist *trotzdem* ein Konstruktor des Zieldatentyps verwendet werden muss. Sie muss jedoch dann angewendet werden, wenn die Konvertierung über einen Konstruktor nicht möglich ist. Dafür gibt es im Wesentlichen drei Gründe:

❏ Der Zieldatentyp ist keine Klasse. Eine Konvertierung zu einem einfachen Datentypen wie z.B. `int` oder `char*` ist nur über Operatorfunktion möglich, da die einfachen Datentypen nicht mit einem (zusätzlichen) Konstruktor ausgerüstet werden können.

❏ Der Zieldatentyp ist zwar eine Klasse, diese soll oder kann jedoch nicht verändert werden - z.B. weil bei einer zugekauften Bibliothek der Quellcode nicht verfügbar ist.

❏ Vom Programmdesign her ist es nicht sinnvoll, die Wandlung im Zieldatentyp vorzunehmen.

📖📖 Mehrstufige Wandlungen

Eine Konvertierung kann auch dann implizit durchgeführt werden, wenn der Weg über mehrere Stufen geht. Allerdings ist dabei nur *eine* benutzerdefinierte Konvertierung sowie *eine* Standardkonvertierung erlaubt, was die Anzahl der möglichen Stufen auf zwei begrenzt. Existieren mehrere Wege für eine Konvertierung, wird der kürzeste bevorzugt. Darüber hinaus hat eine Standardkonvertierung Vorrang gegenüber einer benutzerdefinierten Konvertierung[165]. Gibt es mehrere gleichwertige Wege, ist die Konvertierung mehrdeutig und damit syntaktisch falsch.

Zur Demonstration rüsten wir die Klassen A und B wie folgt auf:

```
struct A
{
  A( int );                       // Konstruktor #1 für A

  /* ... weitere Mitglieder von A */
};
```

---

[165] Die genauen Regeln sind komplizierter. Sie spielen jedoch in der Praxis eigentlich keine große Rolle.

```
struct B
{
  B( char* );                       // Konstruktor #1 für B
  B( const A& );                    // Konstruktor #2 für B

  operator char*() const;           // operator #1 für B

  /* ... weitere Mitglieder von B */
};
```

Nun sind in einem Schritt z.B. folgende Konvertierungen möglich:

```
void f( const A& );
void f( const B& );

f( 32 );              //-- Konvertierung int -> A mit Konstruktor #1 von A
f("Ein String" );     //-- Konvertierung char* -> B mit Konstruktor #1 von B
```

Folgendes Programmsegment zeigt eine Konvertierungen mit zwei Schritten:

```
void g( const A& );
g( 'a' );             // Konvertierung char -> int -> A
```

Bereits hier beginnt die Konstruktion unübersichtlich zu werden. Zunächst wird der Wert a (Typ char) in ein temporäres Objekt vom Typ int gewandelt, das dann wiederum als Argument an den Konstruktor #1 von A übergeben wird, um ein weiteres temporäres Objekt zu erzeugen, auf das dann schließlich eine Referenz an g übergeben wird. In diesem Beispiel werden also sogar zwei temporäre Objekte benötigt.

Beachten Sie bitte, dass diese mehrstufige Konvertierung implizit ablaufen kann, da nur eine Standardkonvertierung und eine benutzerdefinierte Konvertierung erforderlich sind.

Diese Konstruktion ist dagegen nicht möglich:

```
void g( const B& );
g( 5 );               // Fehler!
```

Es gibt zwar einen Konvertierungsweg von int nach B, dieser erfordert jedoch drei Schritte (int => A => B) und ist daher unzulässig.

📖📖 Typwandlung und symmetrische Operatoren

In Kapitel 22 (Operatorfunktionen) haben wir den Additionsoperator für `Complex`-Objekte versuchsweise als Mitgliedsfunktion von `Complex` deklariert[166]:

```
class Complex
{
public:
    Complex( double re_in, double im_in = 0.0 )
    Complex operator + ( const Complex& );

    /* ... weitere Mitglieder ... */

};
```

Schreibt man nun z.B.

```
Complex c2, c3;

c3 = c2 + 1.0;                      // implizite Konvertierung zu Complex
```

erfolgt wie erwartet eine implizite Konvertierung des `double`-Wertes `1.0` zu einem temporären `Complex`-Objekt, das dann als Argument für den Additionsoperator verwendet wird.

Übung 24-10:

Ist die Anweisung

```
c3 = c2 + 1;            // ???
```

ebenfalls zulässig?

Diese implizite Konvertierung funktioniert nur für die rechte Seite in der Anweisung. Schreibt man dagegen

```
c3 = 1.0 + c2;          // Fehler! keine implizite Konvertierung zu Complex
```

erhält man einen Syntaxfehler. Der Grund ist, dass die Notation

```
z = x + y;
```

der Notation

```
z = x.operator + ( y );
```

---

[166] Seite 489

entspricht, wenn die Operatorfunktion als Mitgliedsfunktion implementiert ist. Der Typ `double` ist jedoch keine Klasse und hat daher
auch keine Mitgliedsfunktionen.

Um implizite Konvertierungen auch für die linke Seite eines Opera-
torausdrucks möglich zu machen, muss der Operator mit Hilfe einer
globalen Operatorfunktion implementiert werden:

```
Complex operator + ( const Complex&, const Complex& );
```

Nun können implizite Konvertierungen für beide Parameter erfolgen,
die Anweisung

```
c3 = 1.0 + c2;    // nun auch hier implizite Konvertierung zu Complex
```

ist nun syntaktisch korrekt.

Es ist also günstiger, den Operator + über eine globale Operatorfunktion zu implementieren. Das gleiche gilt für alle symmetrischen Operatoren wie *, ==, != etc. Alle diese Operatoren ändern außerdem
keines der Argumente, sondern geben das Ergebnis in einem (neuen)
Objekt zurück.

Im Gegensatz dazu stehen die Operatoren, die auf ein Objekt wirken
und dieses verändern. Zu ihnen gehören z.B. die erweiterten Zuweisungsoperatoren (+=, -= etc), sowie Inkrement- und Dekrementope-
rator (++ bzw. --). Diese Operatoren werden deshalb grundsätzlich
als Klassenmitglieder implementiert.

📖📖 Einige häufige Typwandlungen

📖 Operator bool

In der Praxis kommt es vor, dass Objekte einen ungültigen Zustand
haben. Beispiele sind: benötigter Speicher kann nicht allokiert werde,
eine Datei kann nicht gefunden werden, etc. In einem guten Design
notiert man eine solche Situation im Objekt, um beim Aufruf einer
Mitgliedsfunktion entsprechend reagieren zu können[167].

---

[167] Die Definition von gültigen bzw. ungültigen Zuständen bezeichnet man auch als
Gültigkeitskonzept. Wir werden diese Idee später noch ausbauen.

Zusätzlich implementiert man eine Funktion, die den Gültigkeitszustand des Objekts einem Aufrufer zur Verfügung stellt. Diese Funktion heißt typischerweise isValid. Weiterhin implementiert man einen Operator bool, der den Aufruf der isValid-Funktion vereinfacht[168]:

```
class A
{
public:
    bool isValid() const;           // true wenn das Objekt gültig ist
    operator bool() const;

    /* ... weitere Mitglieder von A */
};

inline A::operator bool() const { return isValid(); }
```

Nun kann man Objekte z.B. in logischen Ausdrücken verwenden:

```
A a;
if ( a )
    cout << "a ist gültig" << endl;
```

Übung 24-11:

Implementieren Sie ein solches Gültigkeitskonzept für die Klassen FractInt und FixedArray.

📖 Operator char*

Wir haben bereits öfter von der Tatsache Gebrauch gemacht, dass Zeichenketten über cout ausgegeben werden können:

```
cout << "Dies ist ein String" << endl;
```

Wenn es nun gelingt, eine implizite Typwandlung von einer Klasse wie z.B. FractInt nach char* zu definieren, können FractInt-Objekte direkt in Ausgabeanweisungen verwendet werden:

```
FractInt fr( 1, 2 );
cout << "Der Wert von fr ist " << fr << endl;
```

---

[168] Im angloamerikanischen Sprachgebrauch bezeichnet man eine Funktion, die dem Aufrufer eine einfachere Syntax gestattet, aber sonst keine Aktionen durchführt, auch als *syntactic sugar* (etwa: *Zugabe zur Vereinfachung der Syntax*). Der *Operator bool* wäre ein typisches Beispiel dafür.

Dies wäre eine natürlichere Schreibweise als die bisher notwendige:

```
cout << "Der Wert von fr ist ";
fr.print();
cout  << endl;
```

Operator `char*` leistet im Prinzip das Gewünschte. Zur Implementierung benötigen wir einen Speicherbereich, in dem wir das Ergebnis bereitstellen und den wir durch operator `char*` an den Aufrufer liefern.

Folgendes Listing zeigt die Deklaration des Operators für `FractInt`:

```
class FractInt
{
public:
  operator char*() const;

  /* ... weitere Mitglieder FractInt */
};
```

Bei der Implementierung gibt es allerdings Schwierigkeiten. Wie soll der Speicherbereich allokiert werden? Es gibt prinzipiell mehrere Ansätze, die allerdings alle mangelhaft sind.

Ein trivialer Ansatz verwendet eine lokale Variable in der Operatorfunktion:

```
FractInt::operator char*() const
{
  char buf[ 32 ];
  sprintf( buf, "(%d,%d)", zaehler, nenner );
  return buf;
}
```

Wir verwenden zur Wandlung der beiden Integerwerte `zaehler` und `nenner` in Strings wieder die Funktion `printf`, die die Werte hier an Stelle der beiden Platzhalter `%d` in das Ergebnis einsetzt.

Das Problem dieses Ansatzes liegt natürlich in der Rückgabe eines Zeigers auf einen lokalen Speicherbereich. Die Variable `buf` existiert nach Beendigung der Operatorfunktion nicht mehr, der Aufrufer hält aber weiterhin einen Zeiger darauf: undefiniertes Verhalten ist die Folge.

Als nächstes könnte man versuchen, den Speicherbereich global zu machen. Eine statische Variable bietet sich an:

```
FractInt::operator char*() const
{
  static char buf[ 32 ];
  sprintf( buf, "(%d,%d)", zaehler, nenner );
  return buf;
}
```

Die Variable buf ist nun statisch, d.h. der ihr zugeordnete Speicherplatz bleibt während der gesamten Laufzeit des Programms allokiert – auch nach Beendigung der Operatorfunktion bleibt der zurückgegebene Zeiger gültig.

Dies behebt zwar den Fehler mit dem Zeiger auf einen nicht mehr existierenden Speicherbereich, nun gibt es jedoch andere Probleme. Diese werden deutlich, wenn wir einen Funktionsaufruf wie in

```
FractInt fr1( 1, 2 );
FractInt fr2( 3, 4 );
void f( const char*, const char* );

f( fr1, fr2 );
```

näher betrachten. Hier wird *zuerst* Operator char* für die beiden Parameter aufgerufen, *dann* werden beide Ergebnisse als Aktualparameter an f übergeben. Das Problem ist nun, dass es nur einen Speicherbereich buf gibt: Der zweite Aufruf der Operatorfunktion überschreibt das Ergebnis des ersten Aufrufs, bevor dieses weiterverwendet werden konnte. Im Endeffekt wird also f nur einen konvertierten Wert erhalten: entweder den von fr1 oder den von fr2 – aber dafür identisch in beiden Parametern.

Ob der Wert von fr1 oder der von fr2 geliefert wird, hängt von der Auswertungsreihenfolge der Parameter ab, die ja in C++ nicht vorgeschrieben ist.

Beachten Sie bitte, dass allerdings die Ausgabeanweisung

```
cout << fr1 << fr2 << endl;
```

korrekt funktioniert. Hier wird zuerst fr1 konvertiert, das Ergebnis wird an cout übergeben *und dort verarbeitet*. Im nächsten Schritt wird fr2 konvertiert und das Ergebnis wird analog übergeben. Die Anweisung funktioniert, weil das Ergebnis der ersten Konvertierung verwendet wird, bevor die zweite Konvertierung stattfindet.

Eine Lösung, die auch im Falle der Parameterübergabe an Funktionen funktioniert, muss also für jedes Objekt einen eigenen Speicherbereich bereitstellen. Eine Möglichkeit hierzu ist die Speicherung des Puffers im Objekt selber.

```
class FractInt
{
public:
    operator char*() const;

private:
    char buf[ 32 ];              // Puffer zur Aufnahme des Konvertierungsergebnisses

    /* ... weitere Mitglieder FractInt */
};
```

Der Preis dafür ist allerdings hoch: jedes Objekt ist nun auf ein Mehrfaches der eigentlich erforderlichen Größe angewachsen – jedes Objekt benötigt nun 32 Byte mehr Speicher. Darüber hinaus wird dieser zusätzliche Speicher nur bei der Konvertierung wirklich benötigt – alles in allem eine unbefriedigende Angelegenheit.

Operator string

Eine Möglichkeit, den zur Konvertierung benötigten Speicherplatz erst bei der Konvertierung (d.h. im Wandlungsoperator) allokieren und darüber hinaus automatisch deallokieren zu lassen bietet die Klasse string aus der Standardbibliothek. string-Objekte können genauso wie Zeichenketten über cout ausgegeben werden, so dass Operator string eine gangbare Alternative zu Operator char* darstellt.

Die Klasse FractInt nimmt nun folgende Form an:

```
class FractInt
{
public:
    operator string() const;

    /* ... weitere Mitglieder FractInt */
};
```

Folgendes Listing zeigt eine Implementierung

```
FractInt::operator string() const
{
    char buf[ 32 ];
    sprintf( buf, "(%d,%d)", zaehler, nenner );
    return buf;
}
```

Die Implementierung ist identisch zur ersten Implementierung bei Operator char*: der Unterschied liegt lediglich im Rückgabetyp. Auch hier spielen temporäre Objekte wieder die zentrale Rolle: Bei der Rückgabe an den Aufrufer wird ein temporäres `string`-Objekt erzeugt, das mit dem Wert von `buf` initialisiert wird. Der Punkt ist, dass für jeden Funktionsaufruf natürlich ein eigenes temporäres Objekt erzeugt wird, das außerdem so lange bestehen bleibt, wie Referenzen daran gebunden sind. Die Situation

```
FractInt fr1( 1, 2 );
FractInt fr2( 3, 4 );
void f( const string&, const string& );

f( fr1, fr2 );
```

funktioniert nun korrekt: es werden zwei (unterschiedliche) temporäre `string`-Objekte erzeugt, auf die Referenzen an `f` übergeben werden. Der Compiler ist dafür verantwortlich, dass die beiden temporären Objekte wieder abgebaut werden – und zwar *nach* Beendigung der Funktion `f`. Dieses Szenario zeigt also eine Situation, in der temporäre Objekte besonders nützlich sein können.

Leider funktioniert nun die Ausgabe nicht mehr. Die Anweisung

```
cout << fr1 << fr2 << endl;                    // Fehler
```

liefert einen Syntaxfehler, da in diesem Fall zwei benutzerdefinierte Wandlungen notwendig wären. Man kann allerdings

```
cout << fr1.c_str() << fr2.c_str() << endl;    // OK
```

schreiben. Hier ist nur noch die Wandlung von FractInt nach string implizit, die Funktion `c_str()` liefert ein `const char*`, das dann ausgegeben wird.

Eine Frage, die in diesem Zusammenhang oft gestellt wird, ist die Frage nach der Performanz solcher Lösungen. Schließlich ist es wesentlich aufwändiger, ganze Objekte zu erzeugen und zu kopieren als einfache Zeiger. Darauf gibt es zwei Antworten:

❑ für jedes Objekt wird ein eigener Speicherbereich benötigt, in dem das Ergebnis zur weiteren Verarbeitung abgelegt werden muss. Wenn man also eine bequeme Ausgabe wünscht, muss man den Aufwand zur Verwaltung dieses Speicherbereiches investieren. Die Klasse `string` erleichtert die Arbeit, in dem sie die Speicherverwaltung kapselt. Der Ressourcenverbrauch entsteht also nicht durch die Verwendung der Klasse `string`, sondern durch die Forderung nach Komfort.

❑ string ist in der Regel so implementiert, dass Kopieroperationen des Objekts selber nur unwesentlich mehr Resourcen benötigen als die Kopie einer Referenz[169]. Die Rückgabe von string-Objekten aus Funktionen ist daher relativ „billig". Hinzu kommt die Möglichkeit der *return value optimization,* die unnötige temporäre Objekte weitestgehend eliminieren kann.

Der Standardfall hierzu ist die Initialisierung eines Objekts:

```
FractInt fr( 1, 2 );
string s = fr;          // OK. kein temporäres Objekt erforderlich
```

Hier ist kein temporäres Objekt erforderlich.

Die syntaktische Erleichterung bei der Notation von Ausgabeanweisungen, die z.B. ein Operator string bringen kann, kann allerdings einfacher und besser auch über einen anderen Mechanismus erreicht werden. Bei der Besprechung der *Streams[170]* werden wir sog. *Inserter* vorstellen, deren Aufgabe es ist, ein Objekt in einen Stream einzufügen. Die Einfügeoperation selber ist natürlich wieder in einer C++-Funktion realisiert, in der der Programmierer bestimmen kann, wie die Repräsentation des Objekts aussehen soll. Zur korrekten Lösung des Problems wird also FractInt mit einem eigenen Inserter ausgestattet.

---

[169] Der Standard schreibt nicht vor, wie die Klasse *string* zu implementieren ist. Alle gängigen Implementierungen verwenden jedoch eine Optimierung, bei der das eigentliche *string*-Objekt im Wesentlichen nur einen Zeiger auf ein Implementierungsobjekt definiert, das den eigentlichen String repräsentiert. Beim Kopieren wird nur das äußere Objekt kopiert. Diese Technik ist z.B. in [Aupperle2003] genauer erläutert

[170] In [Aupperle2003], als Teil der Besprechung der Standardbibliothek.

25 Einige Sonderfälle mit Klassen

Während wir im letzten Kapitel diejenigen Sprachmittel abgehandelt haben, die für die tägliche Programmierung meist ausreichen werden, behandeln wir hier einige der exotischeren Konstruktionen.

📖📖 Deklaration und Definition bei Klassen

Es ist manchmal erstaunlich, wie viel Verwirrung über die Begriffe *Klassendeklaration* und *Klassendefinition* herrscht. Dabei ist die Terminologie ganz ähnlich wie für andere Programmelemente auch:

❏ Eine *Definition* allokiert Speicherplatz für ein Programmobjekt. Dies gilt für Daten wie auch für Funktionen:

```
int i;          // Definition einer Variablen i
void f()        // Definition einer Funktion f
{
  int i;        // Definition einer (anderen) Variablen i
  i++;
}
```

Hier benötigen die beiden Variablen i sowie die Funktion f konkret Speicherplatz: es handelt sich um *Definitionen*.

Für Definitionen gilt die *one definition rule*: Für jedes Programmobjekt darf es höchstens eine Definition geben. Die Definition darf allerdings fehlen, wenn das Programmobjekt niemals verwendet wird.

❏ Eine *Deklaration* führt einen Namen ein, ohne Speicherplatz für das Programmobjekt zu allokieren. Das Programmobjekt kann dann bereits in nachfolgendem Code verwendet werden, ohne dass eine Definition erforderlich wäre.

Deklarationen werden normalerweise durch das Schlüsselwort extern gekennzeichnet:

```
extern int i;     // Deklaration
extern void f();  // dito
```

Deklarationen des gleichen Programmobjekts können mehrfach auftreten, eine *one declaration rule* gibt es nicht.

Analoge Regeln gelten auch für Klassen. Man spricht von einer *Definition*, wenn das Speicherlayout (und damit z.B. die Größe) der Klasse festgelegt wird. Dies erfolgt immer durch Angabe der Mitglieder der Klasse:

```
class FractInt
{
  /* ... weitere Mitglieder FractInt */

  int zaehler, nenner;
};
```

Auch hier gilt die *one definition rule*: Eine Klasse darf nur ein mal definiert werden[171].

Eine *Deklaration* macht den Klassennamen für die nachfolgenden Programmteile bekannt. Alleine mit einer Klassendeklaration kann man z.B. bereits Verweise bilden oder Funktionen deklarieren, die die Klasse als Parameter oder Rückgabetyp verwenden. Allgemein sind alle Konstruktionen möglich, für die die Größe bzw. das Speicherlayout der Klasse nicht erforderlich sind.

Beispiel: Mit der Klassendeklaration

```
class A;                 // Deklaration einer Klasse A
```

ist bereits die Definition von Verweisen möglich:

```
void f( A& a_in )        // Referenz auf undefinierte Klasse A
{

  A* ap = 0;             // Zeiger auf undefinierte Klasse A
  A& ar( a_in );         // Referenz auf undefinierte Klasse A

  /* ... */
}
```

Weiterhin kann eine undefinierte, aber deklarierte Klasse bei Funktions*deklarationen* als Parameter bzw. Rückgabetyp verwendet werden:

```
A f( A );                // Funktionsdeklaration
```

---

[171] Wie immer gilt die Einschränkung nur innerhalb des gleichen Gültigkeitsbereiches.

Folgende Konstruktionen sind unzulässig, da immer eine Definition benötigt wird:

```
ap-> x;                 // Fehler! Mitglied x geht aus der Deklaration von A
                        // nicht hervor

A f( A )                // Fehler! Funktionsdefinition
{
  /* ... */
}

class B
{
  A a;                  // Fehler! Objektdefinition
}
```

Auch für Klassendeklarationen gilt, dass mehrere Deklarationen der gleichen Klasse möglich sind:

```
class A;                // Deklaration einer Klasse A  /
class A;                // OK. Erneute Deklaration der Klasse A
```

Beachten Sie bitte, dass es hier einen Unterschied macht, ob struct oder class verwendet wird:

```
class  A;               // Deklaration einer Klasse A
struct A;               // Fehler!
```

Ein Sonderfall bilden klassenbasierte Zeiger. Es ist möglich, einen klassenbasierten Zeiger auf eine noch undefinierte Klassen zu bilden. Im folgenden Programmsegment ist fap ein Zeiger, der auf eine Mitgliedsfunktion von A zeigen kann, die keinen Parameter übernimmt und nichts zurückliefert:

```
class A;

void (A::*fap)();       // Zeiger auf eine Mitgliedsfunktion von A vom
                        // Typ  void f()
```

Der Zeiger hat zwar noch keinen Wert, und auch der Name der Funktion, auf die er später einmal zeigen kann, ist noch nicht bekannt, trotzdem ist die Definition der Zeigervariablen fap gültig.

📖📖 Lokale Klassen

Klassen können lokal zu einer Funktion oder einer anderen Klasse definiert werden. Insbesondere für funktionslokale Klassen gelten besondere Bedingungen.

Funktionslokale Klassen

Eine Klasse kann innerhalb einer Funktion definiert werden. Dies ist ein Sonderfall, für den die folgenden Einschränkungen gelten:

- die Mitgliedsfunktionen müssen in der Klassendefinition definiert werden. Sie sind damit automatisch inline

- die Klasse darf keine statischen Mitglieder enthalten

- der Gültigkeitsbereich der Klasse ist lokal zur Funktion

- innerhalb der Klasse kann nicht auf lokale Variablen der Funktion zugegriffen werden.

Diese besonderen Verhältnisse veranschaulicht folgendes Programmsegment[172]:

```
int i;

void f()
{
  int i;
  extern void g();

  struct A
  {
    int  func1() { return i; }      // #1 Fehler!
    int  func2() { return ::i; }    // #2
    void func3() { g(); }           // #3
  };

  A a;                              // #4
}


A a2;                               // #5 Fehler
```

Hier wird innerhalb der Funktion f eine lokale Klasse A definiert. Die Klasse besteht hier nur aus den drei Mitgliedsfunktionen func1, func2 und func3.

Der Fall #1 ist ein Fehler, da i eine lokale Variable der Funktion f ist. Der Zugriff auf das globale i (Fall #2) sowie die globale Funktion g (Fall #3) sind dagegen erlaubt, ebenso wie die Definition von Objekten der Klasse (#4). Die Klasse ist lokal zu f definiert, daher ist die Verwendung ausserhalb der Funktion nicht möglich (#5).

---

[172] Nicht alle Compiler implementieren diese Regeln richtig. MSVC z.B. lässt z.B. Fall #1 zu, meldet aber bei #3 einen Fehler.

📖 Geschachtelte Klassen

Es ist möglich, innerhalb einer Klasse weitere Klassen zu definieren. Schreibt man etwa

```
struct A
{
  int ai;
  void af();

  struct B
  {
    int bi;
    void bf();
  };
};
```

ist B eine *lokale Klasse* zu A. Dies bedeutet nicht, dass die Mitglieder von B automatisch Mitglieder von A sind, sondern es handelt sich ausschließlich um eine Einbettung von B in den Gültigkeitsbereich von A.

Die Klasse A besitzt also lediglich das Datenmitglied ai sowie die Mitgliedsfunktion af. Wird ein Objekt von A erzeugt, ist es völlig unerheblich, dass in A eine lokale Klasse B eingebettet ist.

Da B im Gültigkeitsbereich von A definiert ist, muss B bei einem Zugriff entsprechend qualifiziert werden. Dazu wird der Klassenname der äußeren Klasse vorangestellt:

```
A::B b;              // Definition eines Objekts der Klasse A::B

void A::B::bf()      // Definition der Mitgliedsfunktion bf der Klasse A::B
{
  /* … */
}
```

Hat man einmal ein B-Objekt erzeugt, ist die vollständige Qualifizierung nicht mehr erforderlich:

```
b.bi = 3;
b.bf();
```

Geschachtelte Klassen berücksichtigen den Zugriffsschutz, dem auch normale Klassenmitglieder unterliegen. Schreibt man z.B.

```
struct A
{
private:
  struct B
  {
    /* ... */
  };

  /* ... */
};
```

ist B privat, d.h. von außerhalb der Klasse A nicht zugreifbar. Die Anweisung

```
A::B b;          // Fehler! B ist privat
```

ist nun nicht mehr zulässig.

Wie man bereits aus den (einfachen) Klassen A und B der letzten Beispiele sieht, wird die Definition von Klassen mit lokalen Klassen schnell unübersichtlich. Es empfiehlt sich deshalb, geschachtelte Klassen in der umgebenden Klasse lediglich zu deklarieren, aber außerhalb zu definieren:

```
struct A
{
  int ai;
  void af();

  struct B;        // Deklaration der geschachtelten Klasse B
};
```

Die Klasse B wird nun (außerhalb von A) definiert als

```
struct A::B        // Definition der geschachtelten Klasse
{
  int bi;
  void bf();
};
```

Dadurch wird die Übersichtlichkeit des Quelltextes wesentlich gesteigert.

📖📖 Spezielle Mitglieder: Referenzen und Konstanten

Klassen können Referenzen sowie Konstante als Datenmitglieder definieren. Für beide gilt: sie müssen initialisiert werden. Für Konstante ist darüber hinaus eine Änderung des Wertes nicht möglich.

Folgendes Beispiel zeigt eine Klasse mit einer Referenz und einer Konstanten:

```
struct A
{
  A( string& wert_in, int index_in  );

  string&   wert;             // Referenz als Datenmitglied
  const int index;           // Konstante als Datenmitglied
};
```

Die Mitglieder werden wie üblich im Konstruktor initialisiert:

```
A::A( string& wert_in, int index_in  )

  : wert( wert_in )
  , index( index_in )
{}
```

Beachten Sie bitte den Unterschied zwischen *Initialisierung* und *Zuweisung*. Folgende Form des Konstruktors ist falsch:

```
A::A( string& wert_in, int index_in  )
{
  wert = wert_in;            // Fehler!
  index = index_in;          // Fehler!
}
```

Hierbei handelt es sich um Zuweisungen, nicht um Initialisierungen.

Übung 25-1:

Was ist von dieser Form des Konstruktors zu halten:

```
struct A
{
  A( string wert_in, int index_in  );

  string&    wert;
  const int  index;
};

A::A( string wert_in, int index_in  )

  : wert( wert_in )
  , index( index_in )
{}
```

Das Mitglied `index` ist eine Laufzeitkonstante, d.h. sie benötigt Speicherplatz zur Laufzeit des Programms. Dies ergibt sich aus der Initialisierung der Konstanten, die ja nicht bereits bei der Übersetzung des Programms einen Wert erhalten kann, sondern erst beim Aufruf des Konstruktors, also zur Laufzeit.

Benötigt man Übersetzungszeitkonstante, muss man das Mitglied als `static` deklarieren und sofort initialisieren:

```
struct A
{
  A( string wert_in  );

  string&          wert;
  static const int index = 10;        // Übersetzungszeit-Konstante
};
```

Beachten Sie bitte, dass

❑ index nun nicht mehr über den Konstruktor initialisiert werden kann – entsprechend haben wir ein Argument weniger

❑ index nun (wie alle statischen Datenmitglieder) zusätzlich definiert werden muss:

```
const int A::index;  // Definition
```

Dabei ist keine Wertangabe möglich.

Konstanten können nach ihrer Initialisierung nicht mehr geändert werden. Dies macht Objekte mit Laufzeitkonstanten praktisch unkopierbar. Betrachten wir dazu noch einmal die ursprüngliche Definition von A:

```
struct A
{
  A( string& wert_in, int index_in  );

  string&   wert;
  const int  index;
};


A::A( string& wert_in, int index_in  )
  : wert( wert_in )
  , index( index_in )
{ }
```

Nun kann man z.B.

```
A a1( "Objekt1", 10 );
A a2( "Objekt2", 20 );
```

schreiben. Nach der Zuweisung

```
a1 = a2;        // ???
```

erwartet man intuitiv, dass a1.index den Wert 10 hat – der Normalfall beim Kopieren von Objekten ist schließlich, dass die Werte einzeln kopiert werden.

Dies ist jedoch nicht möglich, da index eine Konstante ist, und somit keinen neuen Wert erhalten kann.

Übung 25-2:

Würde hier die Definition eines Zuweisungsoperators für A etwas nützen?

Bei Übersetzungszeitkonstanten ist das Problem dagegen entschärft. Diese können zwar auch nicht kopiert werden, haben aber – da sie ja statisch sein müssen – für alle Objekte den gleichen Wert, und müssen deshalb gar nicht erst kopiert werden.

Übung 25-3:

Betrachten Sie die Anweisung

```
A a1( "Objekt1", 10 );
```

aus obigem Beispiel genauer. Welchen Wert erhält das Mitglied wert
hier? (Hinweis: Da es sich um eine Referenz handelt, muss es ein
`string`*-Objekt geben, an das sie gebunden werden kann.*

⬜⬜ *plain old data structures* (PODs)

Die in C vorhandenen zusammen gesetzten Datenstrukturen sind i-
dentisch und mit gleicher Semantik in C++ möglich. C-structs und C-
unions haben auch in C++ die gleiche Bedeutung und vor allem das
gleiche Speicherlayout. Dies bedeutet, dass eine solche Datenstruktur
sowohl von einem C- als auch einem C++ Modul im gleichen Programm bearbeitet werden kann, ohne dass Überraschungen zu befürchten sind.

Diese Kompatibilität gilt jedoch nur unter bestimmten Voraussetzungen:

❑ enthält die Struktur bzw. die Union Zeiger, müssen dies die von C
her bekannten Zeiger sein. Insbesondere sind keine Zeiger auf
nicht-POD erlaubt (also z.B. Zeiger auf „richtige" Klassen. Genaue
Definition von POD s.u.).

❑ die Struktur bzw. die Union darf keine Datenmitglieder vom Typ
„Zeiger auf Mitglieder" besitzen

❑ die Struktur bzw. die Union darf keine *virtuellen Funktionen*[173],
keinen Destruktor und keinen benutzerdefinierten Zuweisungsoperator besitzen

❑ die Struktur bzw. die Union darf nicht *abgeleitet*[174] sein.

---

[173] siehe Kapitel 31 (Virtuelle Funktionen)

[174] Ableitungen sind Thema des Kapitel 26 (Vererbung)

Erfüllt eine Struktur bzw. Union diese Anforderungen, wird sie in C++ als *POD-Struct* bzw. *POD-Union* bezeichnet. Das Kürzel „POD" steht hierbei für *plain old data structure,* zu deutsch etwa „Einfache, alte Datenstruktur". POD-Structs und POD-Unions werden mit dem Begriff *POD-Klassen (POD-classes)* zusammen gefasst. Zusammen mit den fundamentalen Datentypen bilden die POD-Klassen die PODs, die *plain old data structures.*

Bei den POD handelt es sich also vereinfacht gesagt um diejenigen Datentypen, die auch in der Programmiersprache C vorhanden sind. Für sie gelten einige Sonderregeln: so können sie z.B. mit Hilfe einer Initialisiererliste initialisiert werden.

Beispiel: Hat man eine POD-Struct `Person1` definiert als

```
struct Person1
{
  char* name;
  char* vorname;
  int  alter;
};
```

ist die aus C bekannte Initialisierung der Form

```
Person1 prs = { "Fritz", "Müller", 35 };
```

möglich. Die Unterscheidung nach PODs und „vollwertigen" Typen ist also vor allem für die Kompatibilität zu C erforderlich: die Definition des Objekts `prs` kann sowohl mit C als auch mit C++ übersetzt werden.

In C++ verwendet man jedoch zur Initialisierung besser Konstruktoren, da sie unter anderem folgende Vorteile bieten:

❑ Eine Gültigkeitsprüfung der übergebenen Argumente kann durchgeführt werden.

❑ Dynamisch (mit `new`) erzeugte Objekte können ebenfalls initialisiert werden.

Folgendes Listing zeigt eine Klasse `Person2`, mit einem ausführlich programmierten Konstruktor, der die Vorteile des C++ Initialisierungskonzeptes nutzt:

```
struct Person2
{
  Person2( const char* n_name,
           const char* n_vorname,
           int         n_alter );

  char* name;
  char* vorname;
  int  alter;
};


Person2::Person2( const char* n_name,
                  const char* n_vorname,
                  int         n_alter )
{

  //-- Eigener dynamischer Speicher für die Mitgliedsvariablen
  //    und Gültigkeitsprüfung der Parameter
  //
  if ( !n_name || !n_vorname )
  {
    cout << "Parameter für name/vorname ist Nullzeiger! << endl";
    exit( 1 );
  }

  if ( n_alter < 0 || n_alter > 100 )
  {
    cout <<  "Parameter für Alter nicht plausibel : " << n_alter << endl;
    exit( 1 );
  }

  //-- jetzt erst Besetzen der Datenmitglieder
  //
  name    = strdup( n_name );
  vorname = strdup( n_vorname );
  alter   = n_alter;

  //-- Speicherplatzmangel ?
  //
  if ( !name || !vorname )
  {
    cout << "nicht mehr ausreichend Speicher !" << endl;
    exit( 1 );
  }
}
```

Übung 25-4:

Im Konstruktor wird implizit Speicher allokiert, der auch wieder frei-gegeben werden muss. Schlagen Sie die Definition der Funktion strdup *in Ihrer Hilfe nach und schreiben Sie einen Destruktor, der den Speicher wieder freigibt.*

Ein oft vergessener Vorteil der Initialisierung über Konstruktoren ist die Möglichkeit der Initialisierung dynamisch erzeugter Objekte. Während mit der Klasse Person2 eine Anweisung wie

```
Person2* prsp = new Person2( "Hans", "Meier", 24 );
```

möglich ist, muss eine traditionell erzeugte dynamische Struktur ma-nuell mit Werten versorgt werden:

```
//-- die Initialisierung einer dynamischen Struktur muß manuell erfolgen
//
Person1* prsp = (Person1*)malloc( sizeof( Person1 ) );

prsp-> alter = 30;

/* ... hier weitere Wertzuweisungen an Person1-Datenmitglieder ... */
```

Beachten Sie bitte, dass es sich bei der „Initialisierung" des Datenmit-glieds alter formal nicht um eine Initialisierung, sondern um eine Zuweisung handelt. Eine Initialisierung kann nur bei der Definition eines Objekts erfolgen:

```
int i = 10;        // Definition mit Initialisierung
```

Bei den folgenden Zeilen erhält i seinen Wert erst über eine Zuwei-sung:

```
int i;             // Definition einer uninitialisierten Variablen
i = 3;             // Zuweisung
```

📖📖 Einige Anmerkungen

Zum Schluss dieses Kapitels sind noch einige Dinge zu den `Person`-Klassen anzumerken:

❑ wir haben die Klasse `Person2` hier absichtlich in C-Stil programmiert, um die Vorteile eines Konstruktors zu zeigen, wenn Zeiger im Spiel sind. Mit C++-Mitteln würde man die Klasse einfacher so schreiben:

```
struct Person3
{
   Person3( string n_name, string n_vorname, int n_alter );

   string name;
   string vorname;
   int    alter;
};

Person3::Person3( string n_name,
                  string n_vorname,
                  int    n_alter )

   : name( n_name ), vorname( n_vorname ), alter( n_alter )

{}
```

Wie man sieht, konnte durch die Verwendung des Datentyps `string` der gesamte Code im Konstruktor eingespart werden. Der Konstruktor reduziert sich auf die direkte Initialisierung der Datenmitglieder der Klasse. Zusätzlich kann der Destruktor komplett entfallen.

❑ Für die Argumente im Konstruktor haben wir hier absichtlich eine andere Namenskonvention als in den letzten Kapiteln verwendet: nämlich ein vorangestelltes „n_", im Gegensatz zu einem nachgestellten „in" aus dem letzten Kapitel. Durch solche wechselnden Konventionen innerhalb eines Programms wird Code unnötig schwer zu lesen. Man sollte sich in der Praxis daher auf einen Stil einigen und diesen durchgehend verwenden.

❑ Der Konstruktor der Klasse `Person2` führt Prüfungen der Parameter durch. Dies ist sicher für alle Funktionen (nicht nur für Konstruktoren) eine gute Idee, es entsteht daraus allerdings die generelle Frage, was beim Fehlschlagen einer solchen Überprüfung passieren soll. Im Beispiel wird eine Ausgabe auf dem Bildschirm erzeugt und danach wird das Programm beendet.

Dies ist für Demonstrationsprogramme wie in einem Buch oder Kurs angemessen, nicht jedoch für industrielle Anwendungen. Was soll z.B. unter Windows passieren: dort gibt es keine Konsole, auf der die Ausgabe erscheint. Der Anwender erwartet eine Box mit Fehlermeldung. Außerdem ist das Beenden der Anwendung im Fehlerfall nicht immer angemessen: Zumindest sollte man dem Anwender eine Möglichkeit geben, ungesicherte Daten vorher noch zu speichern[175].

Hier spielen zwei Aspekte eine Rolle: Erstens die Erkennung, dass überhaupt ein Problem vorliegt. Dazu müssen die potentiellen Fehlermöglichkeiten beim Design bereits analysiert und beim Programmieren dann in entsprechende Abfragen umgesetzt werden. Zum Zweiten muss man sich überlegen, was bei einem Fehler passieren soll. Meist kann die Reaktion nicht dort erfolgen, wo der Fehler auftritt – Code zur Ausgabe einer Dialogbox sollte sicherlich nicht im Konstruktor einer so allgemeinen Klasse wie `Person` auftreten. Der Fehler muss also „nach oben" (d.h. zum Aufrufer der Routine) kommuniziert werden, wo die endgültige Behandlung stattfinden kann.

Die Beantwortung dieser Fragen führt zu einem Gesamtkonzept zur Fehlerbehandlung in C++, in dem *Ausnahmen* (*exceptions*) eine große Rolle spielen. Das Sprachmittel der Ausnahmen behandeln wir in Kapitel 37, während wir uns mit dem Thema „Fehler in Software" allgemein sowie ihrer Behandlung bzw. Vermeidung in [Aupperle2003] näher befassen.

---

175 Nichts ist ärgerlicher, als nach dem Eingeben mehrerer Seiten Text eines Buches einen Absturz der Textverarbeitung beim Drucken zu erleben (sic!). Warum kann man vor Beendigung des Programms nicht den Benutzer fragen, ob er noch speichern will? Insbesondere wenn der Fehler in einem Bereich auftritt, der das Dokument und die Funktionen zum Speichern noch intakt lässt. Professionelle Software sollte ein solches Verhalten vermeiden.

26 Vererbung

Das Sprachmittel der Vererbung ermöglicht die Wiederverwendung vorhandener Klassen zur Definition von neuen Klassen – dies ist eine Möglichkeit, das vielgepriesene Ziel der Softwarewiederverwendung zu implementieren. Die zweite wichtige Funktion von Vererbung ist die Ermöglichung von Polymorphismus, wodurch schwierige und ansonsten fehlerträchtige Konstruktionen elegant implementiert werden können.

📖📖 Die Grundlagen

Wir befassen uns im folgenden mit der Aufgabenstellung, eine vorhandene Klasse mit Hilfe der Vererbungstechnik zur Definition einer neuen Klasse zu verwenden. Die Klasse, die zur Definition verwendet wird, heißt *Basisklasse*, die neue Klasse wird *abgeleitete Klasse* oder einfach *Ableitung* genannt. Manchmal findet man auch die Begriffe *Superklasse* für Basisklasse und *Subklasse* für die Ableitung.

📖📖 Ein Beispiel

Im folgenden Beispiel ist B eine Ableitung der Klasse A.

```
//------------------------------------------------------------
//          A
//
struct A
{
    int i, j, k;

    void doIt();
    int doSomething();
};

//------------------------------------------------------------
//          B
//
struct B : public A
{
    double x, y;

    void calculate( double arg1, double arg2 );
};
```

Bei der Definition der Ableitung B wird die Basisklasse A nach einem Doppelpunkt vor der öffnenden Klammer der Klassendefinition notiert. Auf die Bedeutung des Schlüsselwortes `public` kommen wir später zu sprechen.

Die Ableitung B besitzt automatisch alle Mitglieder (mit Ausnahme von Konstruktor(en), Destruktor und Zuweisungsoperator(en), s.u.) der Basisklasse A. Es ist deshalb z.B. korrekt, in einem Programm die Anweisungen

```
B b;

//-- Obwohl i und doIt in B nicht deklariert sind,
//    kann von B aus zugegriffen werden, da von A geerbt
//
b.i = 4;
b.doIt();
```

zu schreiben.

📖📖 Neue Mitglieder

Eine abgeleitete Klasse kann zusätzlich zu den geerbten Mitgliedern weitere, eigene Mitglieder definieren. Im letzten Beispiel hat B zusätzlich zu den geerbten Mitgliedern i, j, k und doIt eigene Mitglieder x, y und calculate definiert.

Beim Zugriff auf Objekte von B macht es keinen Unterschied, ob man geerbte oder neu deklarierte Mitglieder anspricht:

```
B b;

b.i = 4;        // i aus A
b.doIt();       // doIt aus A
b.y = b.k;      // y aus B, k aus A
```

Beim Zugriff macht es also keinen Unterschied, aus welchem Anteil (A oder B) die Mitglieder stammen. Technisch gesehen enthält ein Objekt der Klasse B ein vollständiges Objekt der Klasse A, sowie in unserem Fall zusätzliche eigene Mitglieder. Man bezeichnet den A-Anteil in b auch als *Teilobjekt*, während b selber als *vollständiges Objekt* bezeichnet wird.

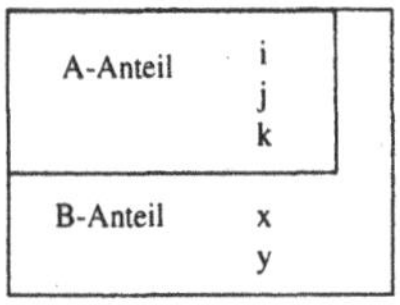

Bild 26.1: **Teilobjekt und vollständiges Objekt**

Der Standard macht keine Angaben darüber, wie Teilobjekte innerhalb des vollständigen Objektes anzuordnen sind. Es ist jedoch gängige Praxis, die Basisklasse an den Anfang zu platzieren und Datenmitglieder der Ableitung hinten anzuhängen. Wichtig ist, dass das Teilobjekt ein korrekt aufgebautes A-Objekt ist – nur eben in eine größere Struktur eingebettet. Wir werden später sehen, wie man das Teilobjekt A als eigenständiges Objekt innerhalb von B ansprechen kann.

Redefinierte Mitglieder

Ein Mitglied in B kann den gleichen Namen wie ein geerbtes Mitglied aus der Basisklasse A haben. Dadurch wird das geerbte Mitglied *verdeckt*. Obwohl dies theoretisch für Daten und Funktionen gilt, macht man in der Praxis im allgemeinen nur bei Funktionen davon Gebrauch.

Im folgenden Programm werden das Datenelement i und die Funktion doIt aus A durch die Definition gleichnamiger Mitglieder in B verdeckt.

```
//-------------------------------------------------------------
//        A
//
struct A
{
    int i, j, k;

    void doIt();
    int doSomething();
};
```

```
//-----------------------------------------------------------------
//        B
//
struct B : public A
{
    double x, y;
    int i;

    void calculate( double, int );
    void doIt( char* );
};
```

Die verdeckten Daten und Funktionen sind zwar in der Ableitung weiterhin vorhanden, stehen nun nicht mehr ohne weiteres zur Verfügung:

```
B b;

b.i = 4;          // i aus B, da B ein eigenes i definiert
b.doIt( "abc" );  // ebenso doIt
```

Beachten Sie an diesem Beispiel, dass die neu definierten Mitglieder gleichen Namens nicht unbedingt identisch definiert werden müssen: so hat z.B. doIt in B eine andere Parameterliste als doIt in A.

📖📖 Überladen und Verdecken

Im letzten Beispiel enthält die Klasse B zwei doIt-Funktionen und zwei Datenmitglieder mit dem Namen i. Die beiden doIt-Funktionen haben unterschiedliche Signatur. Sie überladen sich aber nicht, da sie in unterschiedlichen Gültigkeitsbereichen definiert sind.

```
B b;
b.doIt();         // #1 Fehler!
b.doIt( "abc" );  // #2 OK
```

Anweisung #1 ist ein Fehler, da B eine eigene doIt-Funktion definiert, die die gleichnamige Funktion aus A verdeckt. A::doIt steht damit nicht mehr zur Verfügung.

Die Regeln zum *name lookup* bei Ableitungen bestimmen, dass der Compiler zunächst in der Ableitung (hier B) nach dem Namen sucht. Wird dort ein passender Name gefunden, wird die Basisklasse nicht weiter betrachtet. Erst wenn ein passender Name gefunden wurde, wird in einem zweiten Schritt die Signatur (d.h. also die Liste der Parameter) betrachtet.

Bei dieser Vorgehensweise kann natürlich der Fall auftreten, dass die Parameter nicht passen: Dies ist die Situation #1 aus obigem Beispiel.

In der Praxis tritt diese Situation überraschend häufig auf. Betrachten wir dazu eine Klasse A, die einige print-Funktionen definiert:

```
//------------------------------------------------------------
//         A
//
struct A
{
  void print();
  void print( int );
  void print( double );

  /* ... weitere Mitglieder */
};
```

Ein Programmierer benötigt nun weitere Funktionalität (z.B. eine print-Funktion für Strings), möchte aber den Quellcode der Klasse A nicht ändern. Er bildet also eine Ableitung B in der er die benötigte Funktionalität hinzufügt und arbeitet in seinem Programm mit B- anstatt mit A-Objekten. Die Klasse B formuliert er folgendermaßen:

```
//------------------------------------------------------------
//         B
//
struct B : public A
{
  void print( const char* );

  /* ... weitere Mitglieder */
};
```

Da B eine Funktion mit dem Namen print definiert, sind leider alle Funktionen gleichen Namens aus A verdeckt. Der Aufruf von print in

```
B b;
b.print( 33 );    // Fehler!
```

ist daher ein Fehler.

▱▱ Explizite Qualifizierung

Es gibt mehrere Möglichkeiten, dieses Problem zu lösen. Grundsätzlich immer möglich ist der Zugriff auf verdeckte Mitglieder in Basisklassen durch Verwendung des *Scope-Operators* ::. Über diesen Operator kann explizit die Klasse angegeben werden, in der das Mitglied gesucht werden soll.
Schreibt man also

```
B b;
b.A::print( 33 );           // OK
```

wird durch die Notation A::print explizit nur der Gültigkeitsbereich von A betrachtet.

Diese explizite Qualifizierung ist außerdem immer dann erforderlich, wenn aus einer Ableitung auf ein Mitglied gleichen Namens der Basisklasse zugegriffen werden soll:

```
//----------------------------------------------------------------
//         A
//
struct A
{
  void f();

  /* ... weitere Mitglieder */
};


//----------------------------------------------------------------
//         B
//
struct B : public A
{
  void f();

  /* ... weitere Mitglieder */
};
```

Hier definiert die Ableitung B eine Funktion f, die auch noch die gleiche Signatur wie die Funktion aus der Basisklasse besitzt. Ein häufiger Fall ist nun, dass B::f mit Hilfe von A::f implementiert werden soll (z.B. weil A::f geringfügig erweitert werden soll).

Eine Implementierung von B::f könnte folgendermaßen aussehen:

```
//-----------------------------------------------------------------
//       B::f
//
void B::f()
{
  A::f();        // Aufruf der Funktion der Basisklasse

  /* ... */      // danach zusätzliche Anweisungen
}
```

Anmerkung: Der Scope-Operator kann auch ohne Klassennamen verwendet werden. Er bezeichnet dann eine globale Variable oder Funktion (d.h. ein Programmobjekt, das im globalen Namensbereich (*global scope*) definiert ist):

```
//-----------------------------------------------------------------
//       B::f
//
void B::f()
{
  ::f();         // Aufruf einer globalen Funktion f
}
```

Übung 26-1:

Was passiert bei folgender Implementierung:

```
void B::f()
{
  f();           // ???

  /* ... */      // danach zusätzliche Anweisungen
}
```

Aus diesem Ansatz ergibt sich eine weitere, für die Praxis aber ungeeignete Lösung des Überladen/Verdecken-Problems. Mit der Basisklasse

```
//-----------------------------------------------------------------
//       A
//
struct A
{
  void print();
  void print( int );
  void print( double );

  /* ... weitere Mitglieder */
};
```

könnte man in der Ableitung

```
//----------------------------------------------------------------------
//        B
//
struct B : public A
{

  //-- identische Redefinition
  void print()                  { A::print(); }
  void print( int aArg )        { A::print( aArg ); }
  void print( double aArg )     { A::print( aArg ); }

  //-- neue Funktionalität
  void print( const char* );

  /* ... weitere Mitglieder */
};
```

schreiben und die in B identisch redeklarierten Funktionen einfach
auf ihre Pendants in A zurückführen.

Beachten Sie bitte, dass wir die Implementierung der redeklarierten
Funktionen gleich in der Klassendefinition notiert haben. Dies sollte
normalerweise nicht so sein, da die Implementierung einer Funktion
den Benutzer einer Klasse in der Regel nicht interessieren soll. Durch
die gewählte Notation in der Klassendefinition drücken wir hier aus,
dass die Funktionen keine eigene Implementierung besitzen, sondern
lediglich den Aufruf *unverändert* an ihre Basisklassenversionen weiterleiten.

Im Endeffekt haben wir erreicht, dass die im Gültigkeitsbereich von A
verfügbaren print-Funktionen auch im Gültigkeitsbereich B vorhanden sind.

📖📖 Namensinjektion

Der gleiche Effekt kann durch eine *Namensinjektion* (*name injection*)
erreicht werden. Dazu wird eine *using-Deklaration* verwendet:

```
//----------------------------------------------------------------------
//        B
//
struct B : public A
{
  using A::print;

  //-- neue Funktionalität
  void print( const char* );

  /* ... weitere Mitglieder */
};
```

Die using-Deklaration bewirkt, dass alle `print`-Funktionen aus A nun auch im Gültigkeitsbereich von B zur Verfügung stehen. Dort nehmen sie nun am Überladen teil, genau so als wenn sie direkt in B deklariert wären.

Auch hier ist nun die `print`-Anweisung in

```
B b;
b.print( 3 );            // OK - ruft A::print
```

erlaubt.

Beachten Sie bitte, dass

❑ *alle* `print`-Funktionen in den Gültigkeitsbereich von B übernommen werden. Sind in der Basisklasse mehrere `print`-Funktionen vorhanden, ist die Auswahl einer speziellen Version nicht möglich

❑ die Funktion in der using-Deklaration *ohne Klammern* notiert wird.

Die using-Deklaration ist ein Sprachmittel aus dem Umfeld der *Namensbereiche (name spaces)*. Namensbereiche kamen erst relativ spät im Entwicklungsprozess der Sprache hinzu, so dass es zusätzlich noch eine Ersatzkonstruktion gibt:

```
//----------------------------------------------------------------
//      B
//
struct B : public A
{
  A::print;               // old-style Namensinjektion

 /* ... weitere Mitglieder */
};
```

Hier fehlt einfach das Schlüsselwort `using`. Diese sog. *old-style Notation (Schreibweise alten Stils)* soll in modernem C++ nicht mehr verwendet werden.

▭▭ Klassenhierarchien

Von einer Klasse können mehrere andere Klassen abgeleitet werden. Eine Ableitung kann außerdem wiederum für mehrere weitere Ableitungen verwendet werden. Zeichnet man diese Abhängigkeiten graphisch auf, erhält man Bäume, deren Äste sich immer weiter verzweigen. Die Blätter eines solchen Baumes bilden diejenigen Klassen, von denen keine weiteren Ableitungen gebildet werden.

Die folgende Klasse C ist von B abgeleitet und kann daher auf alle Daten und Funktionen von B (auch auf die von A geerbten) zugreifen. Mit der Definition

```
//------------------------------------------------------------------
//       C
//
struct C : public B
{
  int z;
  double doIt( int, int, int );
};
```

von C sind daher z.B. folgende Zugriffe möglich:

```
C c;
```

```
c.doIt( 1, 2, 3 );        // C::doIt()
c.B::doIt( "String" );    // B::doIt()
c.calculate( 2.0, 1.7 );  // B::calculate()
c.doSomething();          // A::doSomething()
```

Beachten Sie bitte, dass C natürlich auch Funktionen von A redefinieren kann, die B selber noch nicht redefiniert hat.

In größeren Klassenbibliotheken sind manchmal Ableitungen über fünf Stufen und mehr zu finden, allerdings geht der Trend heute eher wieder zu „flachen" Hierarchien, da die Übersichtlichkeit einfach besser ist. Eine wesentliche Aufgabe in der Entwurfsphase eines großen objektorientierten Programms ist deshalb die Entwicklung eines „geeigneten" Klassenbaumes. Dies führt direkt zu der Frage, wann Ableitungen sinnvoll sind. Wir werden einige Hinweise dazu am Ende dieses Kapitels geben.

Mehrfachvererbung

Eine Klasse kann mehrere Basisklassen haben, d.h. eine Klasse kann von mehreren Basisklassen gleichzeitig abgeleitet sein. Man spricht dann von *Mehrfachvererbung (multiple inheritance)*. Die Mehrfachvererbung ist eine logische Erweiterung der einfachen Vererbung: Die Ableitung erbt nun eben die Mitglieder von mehr als einer Basisklasse.

📖   Ein Beispiel

Im folgenden Beispiel ist die Klasse C direkt von A und B abgeleitet:

```
//-----------------------------------------------------------------
//        A
//
struct A
{
  int i;
};

//-----------------------------------------------------------------
//        B
//
struct B
{
  double f;
};

//-----------------------------------------------------------------
//        C
//
struct C : public A, public B
{
  char* str;
};
```

C besitzt nun alle Mitglieder von A und B. Damit sind z.B. folgende Aufrufe möglich:

```
C c;
c.i   = 1;
c.f   = 0.0;
c.str = "alpha";
```

Ein Objekt der Klasse C besitzt nun zwei Unterobjekte: eines vom Typ A und ein weiteres vom Typ B. Wie diese innerhalb von C angeordnet sind, wird vom Standard nicht bestimmt.

Folgendes Bild zeigt eine Möglichkeit des Speicherlayouts:

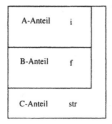

A-Anteil	i
B-Anteil	f
C-Anteil	str

Bild 26.2: **Teilobjekt und vollständiges Objekt bei Mehrfachvererbung**

📖   **Namenskonflikte**

Bei Mehrfachvererbung kann es zu Namenskonflikten kommen, wenn mehrere Basisklassen Mitglieder gleichen Namens haben. Zur Demonstration ergänzen wir B um ein Mitglied mit dem Namen i:

```
//-----------------------------------------------------------------
//        B
//
struct B
{
  double f;
  double i;      // hinzugekommen
};
```

Der folgende Zugriff auf i ist nun mehrdeutig:

```
C c;
c.i = 1;        // Fehler! (mehrdeutig)
```

Dabei spielt der Typ wiederum keine Rolle: auch wenn das i aus A vom Typ int ist und somit (im Gegensatz zu dem i aus B) genau passen würde, ist der Zugriff mehrdeutig.

Das Gleiche gilt für Funktionen. Im folgenden besitzen die beiden Basisklasse A und B jeweils eine Funktion f, hier mit unterschiedlichen Signaturen:

```
//-----------------------------------------------------------
//         A
//
struct A
{
  void f( int );
};

//-----------------------------------------------------------
//         B
//
struct B
{
  void f( const char* );
};

//-----------------------------------------------------------
//         C
//
struct C : public A, public B
{
};
```

Die Ableitung C erbt beide Versionen. Schreibt man nun

```
C c;
c.f( 1 );          // Fehler! Mehrdeutig
```

ist der Aufruf von f nicht zulässig, obwohl die Version aus A genau passen würde.

Die aus unterschiedlichen Basisklassen geerbten Funktionen überladen sich also nicht, sondern schließen sich gegenseitig aus. Wie immer kann man durch explizite Qualifizierung die Mehrdeutigkeit beseitigen:

```
c.A::f( 1 );       // OK - explizite Qualifizierung: f aus A ist gemeint
```

Dies funktioniert gleichermaßen auch für Datenmitglieder.

Beachten Sie bitte, dass es durchaus erlaubt ist, C von A und B abzuleiten, C besitzt dann zwei Mitglieder mit dem Namen f. Das Problem tritt erst beim Zugriff auf f auf.

Bei Funktionen kann man den Compiler anhand der Signatur selber die passende Funktion suchen lassen, dazu müssen die Funktionen jedoch im Gültigkeitsbereich von C vorhanden sein. Um Funktionen aus A bzw. B in den Gültigkeitsbereich von C zu injizieren, verwenden wir wieder die using-Deklaration[176]:

```
struct C : public A, public B
{
  using A::f;
  using B::f;
};
```

Nun sind Anweisungen wie

```
C c;
c.f( 1 );          // OK - findet A::f
c.f( "abc" );      // OK - findet B::f
```

möglich. Die explizite Qualifizierung ist selbstverständlich weiterhin möglich:

```
c.A::f( 1 );       // weiterhin OK - explizite Qualifizierung: f aus A ist gemeint
```

Beachten Sie bitte, dass bei der Injektion von Funktionen die Signaturen unterschiedlich sein müssen. In folgender Hierarchie definieren beide Basisklassen eine Funktion f mit der gleichen Signatur:

```
//-----------------------------------------------------------
//        A
//
struct A
{
  void f( int );
};

//-----------------------------------------------------------
//        B
//
struct B
{
  void f( int );
};

//-----------------------------------------------------------
//        C
//
struct C : public A, public B
{
  using A::f;
  using B::f;
};
```

Während die Definition der Klasse C noch erlaubt ist, ist der Zugriff auf f mehrdeutig.

```
C c;
c.f();             // Fehler!
```

---

[176] Diese Konstruktion wird – obwohl gültiger Code – von MSVC 6.0 nicht übersetzt.

📖 Mehrfach vorhandene Basisklassen

Im letzten Abschnitt haben wir ein Mehrdeutigkeitsproblem provoziert, indem wir gleiche Namen in unterschiedlichen Basisklassen verwendet haben. Es gibt eine weitere Situation, in der das Mehrdeutigkeitsproblem grundsätzlich *immer* auftritt: nämlich dann, wenn eine gemeinsame Basisklasse in einer Ableitung mehrfach vorhanden ist, wie etwa in dieser Klassenhierarchie:

```
//--------------------------------------------------------------
//        A
//
struct A
{
  int i;
  void f();
};

//--------------------------------------------------------------
//        B1
//
struct B1 : public A
{
  double a, b, c;
};

//--------------------------------------------------------------
//        B2
//
struct B2 : public A
{
  double b, c, d;
};

//--------------------------------------------------------------
//        C
//
struct C : public B1, public B2
{
  int x, y;
};
```

Folgendes Bild zeigt graphisch die Ableitungsstruktur:

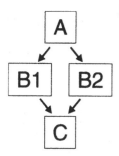

Bild 26.3 :   **C enthält A doppelt**

Ein mögliches Speicherlayout für C-Objekte zeigt folgendes Bild:

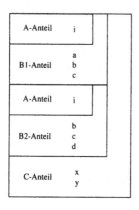

Bild 26.4:   **Mögliches Speicherlayout für C**

Hier enthält die Klasse C den Datensatz von A in doppelter Ausfertigung – einmal über die Basisklasse B1 und ein zweites Mal über B2. Wie zu erwarten ist ein unqualifizierter Zugriff auf i nicht möglich:

```
C c;
c.i = 0;          // Fehler! Mehrdeutig.
```

Jedoch funktioniert die explizite Auflösung der Mehrdeutigkeit auch hier:

```
c.B1::i = 1;      // OK: das über B1 aus A geerbte i
c.B2::i = 2;      // OK: das über B2 aus A geerbte i
```

Auf den ersten Blick unverständlich ist, dass die Mehrdeutigkeit auch mit Funktionen auftritt. Die Anweisung

```
c.f();            // Fehler!
```

ist nämlich ebenfalls nicht erlaubt, obwohl die Funktion f natürlich nur einmal im Codesegment vorhanden ist. Der Bezeichner f ist daher auch innerhalb von C eindeutig, nicht jedoch das Objekt, auf das er wirkt. Betrachten wir dazu eine mögliche Implementierung von f:

```
void A::f()
{
  i = 99;
}
```

Die Funktion greift auf eine Mitgliedsvariable von A zu. Schreibt man nun

```
c.f();            // Fehler! (welches i ist hier gemeint?)
```

ist (analog zum direkten Zugriff auf i im letzten Beispiel) wiederum nicht klar, welcher der beiden A-Datensätze (d.h. welches i) gemeint ist. Die Auflösung der Mehrdeutigkeit muss wieder wie oben gezeigt durch vollständige Qualifizierung erfolgen.

Virtuelle Basisklassen

In den meisten Fällen ist die mehrfache Aufnahme einer Basisklasse nicht erwünscht. Man kann dies vermeiden, indem man sogenannte *virtuelle Ableitungen* bildet. Dazu wird das Schlüsselwort virtual verwendet:

```
//-------------------------------------------------------------
//        A
//
struct A
{
  int i;
  void f();
};
```

```
//-----------------------------------------------------------------
//        B1
//
struct B1 : virtual public A      // virtuelle Ableitung
{
  double a, b, c;
};

//-----------------------------------------------------------------
//        B2
//
struct B2 : virtual public A      // virtuelle Ableitung
{
  double b, c, d;
};

//-----------------------------------------------------------------
//        C
//
struct C : public B1, public B2
{
  int x, y;
};
```

Man bezeichnet A auch als *virtuelle Basisklasse*. Dieser Begriff hat sich durchgesetzt, obwohl der Effekt nicht so sehr mit der Basisklasse, sondern vielmehr mit dem Vorgang des Ableitens zu tun hat. Konkret wird durch eine virtuelle Ableitung erreicht, dass die Basisklasse auch bei allen weiteren Ableitungen nur ein mal im endgültigen Objekt vorhanden ist. Im Falle der Klasse C enthält ein C-Objekt genau ein B1-, B2- und A- Objekt.

Da ein C-Objekt auch bei Mehrfachvererbung nur ein Teilobjekt vom Typ A hat, kann man nun problemlos

```
C c;
c.i = 5;          // OK
c.f();            // OK
```

schreiben – die Auflösung kann eindeutig erfolgen.

Diese für den praktischen Einsatz äußerst nützliche Eigenschaft ist gleichzeitig diejenige, die den Compilerbauer vor die größten Probleme stellt. Wir wollen die mit virtuellen Basisklassen verbundenen technischen Probleme hier nicht weiter analysieren (sie gehören eher zu den technischen Details einer konkreten Sprachimplementierung) sondern nur bemerken, dass die korrekte Implementierung zu den schwierigsten Aufgaben eines Compilerentwicklers für die Sprache C++ gehört.

📖 Speicherlayout

Einige Aspekte virtueller Basisklassen sind jedoch für das Verständnis z.B. der Funktionsweise von Konstruktoren und Destruktoren bei Mehrfachvererbung von Interesse, so dass wir hier einmal das Speicherlayout im Falle von virtueller Ableitung betrachten wollen.

Definiert man mit obiger Klassenhierarchie ein Objekt der Klasse B1, erhält man normalerweise[177] folgendes Speicherlayout:

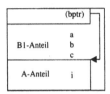

Bild 26.5 : **Mögliches Speicherlayout für B**

Der Unterschied zum nicht-virtuellen Fall ist der Zeiger `bptr`, der hier zu Anfang des Objekts platziert wird. Er wird benötigt, um den Basisklassenanteil zu adressieren, denn dieser ist nun nicht mehr fest, sondern kann an unterschiedlichen Stellen in einer späteren Ableitung angeordnet sein.

Eine Folge dieses Layouts ist, dass Zugriffe auf den Basisklassenanteil nun nicht mehr direkt auf das Mitglied erfolgen können, sondern über eine weitere Indirektionsstufe (eben den Zeiger `bptr`) laufen müssen. Schreibt man z.B.

```
B1 b1;
b1.i = 5;
```

wird in der Zuweisung das Mitglied `i` über den Wert von `bptr` adressiert. Besitzt die Basisklasse selber wiederum eine virtuelle Basisklasse, ist zum Zugriff auf deren Mitglieder eine weitere Indirektionsstufe erforderlich, etc. Obwohl man den dadurch erforderlichen

---

[177] Normalerweise deshalb, weil der Standard das Speicherlayout von Klassen nicht festlegt. Jeder Compilerbauer ist frei, ein anderes Layout zu wählen. In der Praxis verwenden jedoch alle Compiler vergleichbare Speicheranordnungen.

Mehraufwand in der Praxis normalerweise vernachlässigen kann, gibt es einige andere Effekte, die dadurch verursacht sind (s.u.)

Warum muss bei virtuellen Basisklassen der Basisklassenanteil verschieblich sein? Die Notwendigkeit dazu wird klar, wenn wir das Speicherlayout einer Ableitung wie C betrachten:

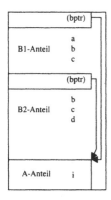

Bild 26.6:   **Mögliches Speicherlayout für C**

Hier verweisen sowohl der bptr des B1-Anteiles als auch der des B2-Anteiles auf den gleichen A-Anteil. Sowohl B1 als auch B2 können als korrekte Klassen (d.h. incl. ihren Basisklassen) angesprochen werden, und trotzdem ist im Gesamtobjekt nur ein A-Anteil vorhanden.

ΩΩ Zugriffsschutz

Wir haben bis jetzt immer nur öffentliche Klassenmitglieder betrachtet. Der Zugriffsschutz mit Hilfe der Schlüsselwörter public, protected und private gilt aber auch für Klassenhierarchien. Während in den letzten Kapiteln nur public und private-Mitglieder von Interesse waren, erhält das Schlüsselwort protected im Zusammenhang mit Ableitungen eine Bedeutung.

Folgendes Listing zeigt die bereits bekannten Klassen A und B (hier jedoch nicht mit Hilfe von `struct`, sondern mit `class` gebildet) mit einigen privaten Datenelementen:

```
//-------------------------------------------------------------------
//        A
//
class A
{
public:
    void doIt();
    int doSomething();

private:
    int i, j, k;

};

//-------------------------------------------------------------------
//        B
//
class B : public A
{
public:
    void calculate( double, int );
    void doIt( char* );

private:
    double x, y;
    int i;

};
```

Dies ist die „normale" Form von Klassen: die Datenmitglieder sind privat, während die (meisten) Funktionen öffentlich sind.

Die Mitglieder i, j und k sind in A privat, d.h. auf sie darf nicht außerhalb der Klasse A zugegriffen werden. Dies gilt auch für die Ableitung B. Die folgende Implementierung von B::doIt ist aus diesem Grunde falsch:

```
//-------------------------------------------------------------------
//        B::doIt
//
void B::doIt( char* str )
{
    i = 1;          // zulässig, da B::i gemeint ist
    k = 2;          // Fehler! A::k ist gemeint und dieses ist in A privat
    doSomething();  // zulässig, da doSomething in A public ist
    A::doIt();      // explizit qualifiziert: doIt aus A
}
```

B erbt zwar auch die privaten Mitglieder von A, darf aber nicht darauf zugreifen. Die Zuweisung an k ist daher ein Fehler.

📖   **Das Schlüsselwort protected**

Im Falle von privaten Mitgliedern gibt es also keinen Unterschied, ob von einer Ableitung aus oder von ganz außerhalb der Klasse zuge- griffen wird: Der Zugriff auf private Mitglieder ist nur der Klasse sel- ber erlaubt. Eine Ableitung steht aber zur Basisklasse in einem nähe- ren Verhältnis als das restliche Programm. Oft möchte man deshalb einer Ableitung den Zugriff auf Klassenmitglieder erlauben, dem rest- lichen Programm jedoch verbieten.

Genau dies ist durch die protected-Deklaration möglich. Mitglieder einer Klasse, die geschützt deklariert sind, sind in Ableitungen der Klasse, nicht aber außerhalb der Klassenhierarchie sichtbar.

Im folgenden Listing sind k und doIt in A geschützt:

```
//-----------------------------------------------------------------
//        A
//
class A
{
public:
  int doSomething();

protected:
  void doIt();
  int k;

private:
  int i, j;

};

//-----------------------------------------------------------------
//        B
//
class B : public A
{
public:
  void calculate( double, int );
  void doIt( char* );

private:
  double x, y;
  int i;

};
```

Die beiden geschützten A-Mitglieder können nun innerhalb einer Mitgliedsfunktion von B verwendet werden:

```
//------------------------------------------------------------
//       B::doIt
//
void B::doIt( char* str )
{
  k = 2;                    // OK
  A::doIt();                // OK
}
```

Weiterhin nicht möglich bleibt jedoch der Zugriff außerhalb des Gültigkeitsbereiches von B, wie z.B. aus einer globalen Funktion heraus:

```
void f()
{
  A a;
  a.k = 3;                  // Fehler!
  a.doIt();                 // Fehler!
}
```

Übung 26-2:

Was passiert, wenn im letzten Beispiel nicht über ein Objekt der Basisklasse, sondern über ein Objekt der Ableitung zugegriffen wird? Folgendes Beispiel zeigt die Situation:

```
void f()
{
  B b;
  b.k = 3;                  // ???
  b.doIt();                 // ???
}
```

📖 Wann sind geschützte Mitglieder sinnvoll?

Die Deklaration von Mitgliedern als geschützt (Schlüsselwort `protected`) ist meist dann sinnvoll, wenn die Klasse eine Basisklasse ist, von der man von vornherein mit Ableitungen rechnet oder diese sogar fordert. Solche Basisklassen sind weniger zur Bildung von Objekten geeignet, sondern dienen vielmehr zur Bildung von Ableitungen, von denen dann erst sinnvoll Objekte instanziiert werden können. Ein solcher Fall kann z.B. dann vorliegen, wenn die Funktionalität einer Klasse nicht vollständig implementiert werden kann, da man die Klasse möglichst allgemein halten will. Der Anwender bildet dann eine Ableitung und ergänzt die spezifischen Teile für seine Anwendung. Dabei ist es dann oft erforderlich, auf die ansonsten privaten Teile der Basisklasse zuzugreifen, die dann als geschützt deklariert werden. Diese Technik wird insbesondere im Zusammenhang mit *virtuellen Funktionen* verwendet, die wir in den nächsten Kapiteln vorstellen werden.

Klassen, von denen keinen Objekte erzeugt werden sollen, erhalten oft einen nicht-öffentlichen Konstruktor. Wird der Konstruktor geschützt deklariert, kann er nur aus einer Ableitung heraus aufgerufen werden. Die Ableitung selber wird ihre Konstruktoren öffentlich deklarieren und somit die Bildung von Objekten ermöglichen.

Übung 26-3:

Kann es auch sinnvoll sein, einen Destruktor privat zu deklarieren? Hat dies Auswirkungen auf die Erzeugung von Objekten?

Übung 26-4:

Was passiert, wenn Funktionen wie z.B. Destruktor, Zuweisungsoperator etc. als nicht-öffentlich deklariert werden? Betrachten Sie jeweils die Fälle „geschützt" und „privat".

📖📖 Freunde bei der Vererbung

Die Freund-Eigenschaft wird nicht vererbt. Deklariert eine Klasse A eine Funktion f als Freund, ist f nicht automatisch auch ein Freund der Ableitungen von A.
Im folgenden Beispiel haben wir die Klasse A mit einer Freund-Deklaration ausgerüstet:

```
//----------------------------------------------------------------
//          A
//
struct A
{
private:
  int i;

  friend void f( int );
};
```

```
//------------------------------------------------------------
//        B
//
struct B : public A
{
private:
  double x;

};
```

Die globale Funktion f kann nun auf die privaten Mitglieder von A zugreifen, nicht aber auf die von B:

```
void f( int value )
{
  A a;
  a.i = value;          // OK

  B b;
  b.x = 2.5;            // Fehler!
}
```

Möchte B den Zugriff auf seine privaten Mitglieder gestatten, muss B eine eigene Freund-Deklaration erhalten:

```
//------------------------------------------------------------
//        B
//
struct B : public A
{
private:
  double x;

  friend void f( int );

};
```

Übung 26-5:

Überlegen Sie, was es für den Programmierer einer Ableitung für Konsequenzen hätte, wenn Freund-Deklarationen vererbt würden.

📖📖 Öffentliche und nicht-öffentliche Ableitungen

Wir haben bis jetzt immer öffentliche Ableitungen, erkennbar am Schlüsselwort `public` bei der Definition der Ableitung, gebildet:

```
struct B : public A { ... };
```

Dies ist in der Praxis auch der Normalfall. Darüber hinaus sind jedoch auch nicht-öffentliche Ableitungen möglich, für die strengere Regeln für die Vererbung von Zugriffsberechtigungen der Mitglieder gelten. Konkret gibt es neben öffentlichen noch private sowie geschützte Ableitungen:

```
struct B : private A { ... };      // private Ableitung
struct B : protected A { ... };    // geschützte Ableitung
```

Für die Art der Ableitung gibt es Standardeinstellungen. Für Ableitungen, die mit dem Schlüsselwort `struct` gebildet werden, werden standardmäßig öffentliche Ableitungen gebildet. Die Standardeinstellung für `class` ist dagegen privat.

Die Definition

```
struct B : public A { ... };
```

entspricht daher

```
struct B : A { ... };
```

während

```
class B : private A { ... };
```

zu

```
class B : A { ... };
```

abgekürzt werden kann. Beachten Sie bitte, dass es dabei nicht darauf ankommt, ob die Basisklasse mit Hilfe von `struct` oder `class` gebildet wird.

📖 Öffentliche Ableitungen

Bei einer *öffentlichen Ableitung* werden mit den Mitgliedern einer Basisklasse auch deren Zugriffsberechtigungen vererbt: Ist ein Datenelement oder eine Funktion in der Basisklasse privat, geschützt oder öffentlich, ist es auch in der abgeleiteten Klasse privat, geschützt bzw. öffentlich.

Die folgende Tabelle zeigt die Verhältnisse im Zusammenhang:

Basisklasse	*Öffentliche Ableitung*
privat	privat
geschützt	geschützt
öffentlich	öffentlich

📖 Private Ableitungen

In einer privaten Ableitung erhalten alle geerbten Klassenmitglieder den Status privat. Außerhalb der Klasse (z.B. im Hauptprogramm) können nur noch Freunde auf diese Mitglieder zugreifen.

Beispiel:

```
//------------------------------------------------------------
//        A
//
struct A
{
  int doSomething();
};

//------------------------------------------------------------
//        B
//
struct B : private A
{
  void calculate( double, int );
  void doIt( char* );
};
```

In dieser Konstruktion werden alle von A geerbten Mitglieder (hier also nur doSomething) in B privat.

Dies bedeutet wie üblich, dass ausserhalb der Klasse B nicht darauf zugegriffen werden kann:

```
void f()
{
  A a;
  a.doSomething();        // OK: ist in A public

  B b;
  b.doIt( "test" );       // OK: ist in B public

  b.doSomething();        // Fehler! ist privat vererbt
}
```

Beachten Sie bitte, dass der Zugriff auf die Funktion *an sich* nicht verboten ist: doSomething ist in A ja öffentlich deklariert. Lediglich der Zugriff über ein B-Objekt ist nicht erlaubt. Man sagt dazu auch, dass der *Zugriff im Kontext einer Klasse* nicht möglich ist. Dies schließt nicht aus, dass der Zugriff in einem anderen Kontext evtl. erlaubt sein kann.

Innerhalb der Klasse B (sowie in Freunden von B) ist ein Zugriff möglich:

```
void B::doIt( char* str )
{
  doSomething();          // OK
}
```

Folgende Tabelle zeigt die Verhältnisse noch einmal im Zusammenhang:

Basisklasse	Private Ableitung
privat	privat
geschützt	privat
öffentlich	privat

◻ Geschützte Ableitungen

In einer geschützten Ableitung vererben die privaten und geschützten Mitglieder der Basisklasse ihre Zugriffsberechtigung auch an die Ableitung. Öffentliche Mitglieder der Basisklasse dagegen sind in der Ableitung geschützt:

Basisklasse	*Geschützte Ableitung*
privat	privat
geschützt	geschützt
öffentlich	geschützt

Private und geschützte Ableitungen verhalten sich identisch, was die Zugriffsmöglichkeiten für Basisklasse, Ableitung und externes Programm betrifft. Ein Unterschied tritt erst auf, wenn man von der Ableitung eine weitere Ableitung bildet. Schreibt man etwa

```
//--------------------------------------------------------------
//          A
//
class A
{
protected:
    int doIt();
};

//--------------------------------------------------------------
//          B
//
class B : private A
{
    /* A::doIt ist innerhalb B privat */
};

//--------------------------------------------------------------
//          C
//
class C : public B
{
    /* auf A::doIt kann innerhalb C nicht zugegriffen werden */
};
```

ist doIt in B privat, und selbst eine öffentliche Ableitung wie C kann nicht auf private Mitglieder der Basisklasse zugreifen. Schreibt man dagegen

```
class B : protected A { /* ... */ };
```

ist doIt in B geschützt und wird auch als geschützt an C vererbt.

Geschützte Ableitungen kommen relativ selten vor. Sie sind vor allem der Vollständigkeit halber mit in die Sprache aufgenommen worden.

📖 Ein Spezialfall

Mit etwas Übung sind die Regeln zur Zugriffssteuerung durch die Schlüsselworte `private`, `protected` und `public` leicht verständlich. Erstaunlich und Quelle vieler Fragen ist jedoch die Tatsache, dass z.B. in der Klassenhierarchie

```
//-------------------------------------------------------------
//          A
//
class A
{
protected:
  void doIt();
};
```

```
//-------------------------------------------------------------
//          B
//
class B : public A
{
  void f();
};
```

die folgende Implementierung von f nicht möglich ist, obwohl doIt in B geschützt deklariert ist und somit in einer Mitgliedsfunktion von B eigentlich verfügbar sein müsste:

```
//-------------------------------------------------------------
//          B::f
//
void B::f()
{
  A a;
  a.doIt();              // Fehler!
}
```

Vergleichen wir hierzu eine andere Implementierung von f:

```
//-------------------------------------------------------------
//          B::f
//
void B::f()
{
  doIt();                // OK
}
```

Nun wird die Sache klarer: Die in den letzten Abschnitten erläuterten Regeln zur Zugreifbarkeit von Klassenmitgliedern in Klassenhierarchien beziehen sich ausschließlich auf geerbte Mitglieder. Für Objekte, die in Mitgliedsfunktionen definiert (oder z.B. auch als Parameter erhalten werden) gilt dies nicht, auch wenn es sich um Objekte von Klassen aus der eigenen Klassenhierarchie handelt.

📖📖 Redeklaration von Zugriffsberechtigungen

Bei der Verwendung von privaten oder geschützten Ableitungen kann die Sichtbarkeit von Mitgliedern der Basisklasse(n) reduziert werden: öffentliche Mitglieder können geschützt oder privat werden, geschützte Mitglieder der Basisklasse(n) können privat werden.

Diese Standardeinstellung kann selektiv für einzelne Mitglieder wieder aufgehoben werden. Dazu wird die schon bekannte using-Deklaration verwendet:

```
//------------------------------------------------------------------
//          A
//
struct A
{
  void doIt();
};

//------------------------------------------------------------------
//          B
//
struct B : private A
{
  using A::doIt;
};
```

In diesem Beispiel wäre doIt in B normalerweise privat, da B von A privat ableitet. Die using-Deklaration sorgt jedoch dafür, dass die Funktion auch in B wieder öffentlich ist.

Auf welche Berechtigung ein geerbtes Mitglied zurückgestellt wird, hängt von der Platzierung der using-Deklaration ab. Im letzten Beispiel war es public, da dies die Standardeinstellung in Klassen ist, die mit struct definiert werden.

Prinzipiell sind auch andere Berechtigungen möglich, wie dieses Beispiel zeigt:

```
//------------------------------------------------------------------
//          B
//
struct B : private A
{
protected:
  using A::doIt;
};
```

Hier wird die Berechtigung auf protected zurückgestellt.

Die Berechtigung kann jedoch nicht auf einen höheren Wert als ursprünglich vorhanden eingestellt werden. Ist ein Mitglied in der Basisklasse z.B. als geschützt deklariert, kann es nicht in der Ableitung auf `public` gestellt werden.

Beachten Sie bitte, dass die using-Deklaration nicht nur zur Redeklaration von Berechtigungen dient, sondern auch einen Namen aus der Basisklasse in den Gültigkeitsbereich der Ableitung injiziert (s.o[178]). Dadurch wird ermöglicht, dass sich gleichnamige Funktionen nicht überdecken, sondern überladen.

Wie üblich ist die old-style Version der using-Deklaration derzeit noch erlaubt. Sie sollte jedoch in modernem C++ nicht mehr verwendet werden:

```
//-------------------------------------------------------------
//        B
//
struct B : private A
{
protected:
  A::doIt;                // old-style: ohne Schlüsselwort using
};
```

🕮🕮 Implizite Wandlung von Ableitung zu Basisklasse

Eine der interessantesten und wichtigsten Eigenschaften von Klassenhierarchien ist, dass eine implizite Wandlung von einer Ableitung zu einer Basisklasse existiert. Dadurch kann man bequem und problemlos auf die Teilobjekte eines Objekts einer Ableitung zugreifen. Nicht ganz so offensichtlich, aber noch wichtiger ist der Effekt, dass dadurch Ableitungen anstelle von Basisklassen verwendet werden können. Hat man z.B. eine Routine, die mit Objekten vom Typ A arbeitet, kann diese Routine problemlos mit Objekten arbeiten, die vom Typ B sind – *wenn* B *eine (öffentliche) Ableitung von* A *ist*. Dieser Effekt ermöglicht Programmiertechniken, die bis dahin unmöglich waren. So kann ein Programmierer z.B. Funktionen mit eigenen Objekten benutzen, von denen der Ersteller der Funktion noch gar nichts wusste und auch nicht zu wissen brauchte.

---

[178] Seite 614

📖 Zugriff auf Teilobjekte

Für eine öffentliche Ableitung B einer Klasse A ist eine implizite Wandlung von B nach A definiert. Das folgende Programmsegment zeigt eine Klassenhierarchie mit einer öffentlichen Ableitung:

```
//------------------------------------------------------------
//        A
//
struct A
{
    int i, j, k;
    void doIt();
};

//------------------------------------------------------------
//        B
//
struct B : public A
{
   string name;
   void doIt();
};
```

Hier hat der Programmierer die Basisklasse um einen Namen sowie eine eigene doIt-Funktion erweitert. Nun kann man z.B.

```
B b;
A a = b;          // Kopierkonstruktor
a = b;            // Zuweisung
```

schreiben. In beiden Anweisungen wird das B-Objekt implizit in ein A-Objekt gewandelt, bevor die Initialisierung bzw. Zuweisung stattfindet. Da bei den beiden Operationen nur ein Teil des Ausgangsobjekts verwendet wird, spricht man auch von *slicing* (etwa: *in Scheiben schneiden*). Man drückt damit bildlich aus, dass für eine Operation ein Teilobjekt „herausgeschnitten" wird.

Übung 26-6:

Warum wird hier in A kein Kopierkonstruktor oder Zuweisungsoperator gebraucht, damit die Beispiele funktionieren?

Aus diesen Beispielen wird bereits deutlich, dass die Unterobjekte eines Objekts einer Ableitung korrekte und ihrerseits vollständige Objekte sind, mit denen alle Operationen möglich sind.

📖 Zeiger und Referenzen

Die implizite Wandlung von einer Ableitung zur einer Basisklasse funktioniert auch für Verweise (Zeiger und Referenzen). Man kann mit obigem Beispiel problemlos

```
B b;
A* ap = &b;              // ap zeigt auf ein B-Objekt
```

schreiben. Der Zeiger ap zeigt nun auf ein B-Objekt, oder genauer: auf den A-Anteil in einem B-Objekt.

Im Falle von Einfachvererbung macht dies normalerweise[179] keinen Unterschied, wie das folgende Bild zeigt:

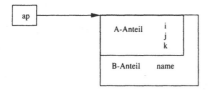

Bild 26.7:   **Speicherlayout bei Einfachvererbung**

Über a können nun die Mitglieder von A im B-Objekt angesprochen werden:

```
ap-> doIt();
ap-> i = 5;
```

Beachten Sie bitte, dass hier kein slicing auftritt: ap zeigt auf ein vollständiges B-Objekt, aber es sind natürlich über ap nur die A-Anteile zugreifbar. Wir werden gleich sehen, wie man trotzdem wieder auf das Gesamtobjekt schließen kann.

Übung 26-7:

Formulieren Sie das Beispiel mit Hilfe einer Referenz anstelle des Zeigers.

---

[179] wie gesagt, der Standard macht keine Vorschriften über die Lage von Teilobjekten in Ableitungen. In der Praxis wird jedoch immer die Basisklasse an den Anfang der Ableitung platziert (zumindest bei Einfachvererbung).

📖 Explizite Wandlung von Basisklasse zu Ableitung

Wenn man – wie im letzten Beispiel – weiß, dass ap eigentlich auf ein Objekt einer Ableitung zeigt, ist eine Wandlung des Zeigers zurück zum Typ der Ableitung möglich. Eine solche Wandlung muss explizit notiert werden, da sie nicht in allen Fällen möglich ist.

```
B* bp = static_cast<B*>( ap );     // OK, wenn ap auf ein B-Objekt zeigt
```

Hier ist sichergestellt, dass bp wieder auf das Originalobjekt zeigt. Diese Aussage erscheint zunächst trivial, wir werden aber im Falle der Mehrfachvererbung sehen, dass es nicht immer ganz so einfach ist.

Wie immer bei expliziten Wandlungen muss der Programmierer sicherstellen, dass die Wandlung in der konkreten Situation Sinn macht. Im folgenden Codesegment ist dies z.B. nicht der Fall, das Verhalten ist undefiniert:

```
A* ap = new A;
B* bp = static_cast<B*>( ap );     // syntaktisch OK, aber undefiniertes Verhalten!
```

Bei einem Zugriff wie z.B. bei

```
bp-> name = "abc";
```

wird in diesem Fall auf einen Speicherbereich zugegriffen, der nicht mehr zum Objekt gehört.

Übung 26-8:

Formulieren Sie die letzten Beispiele mit Hilfe von Referenzen anstelle der Zeiger.

📖 Mehrfachvererbung

Die Wandlungen zwischen Ableitungen und Basisklasse(n) funktionieren auch bei Mehrfachvererbung. Betrachten wir hierzu die folgende Klassenhierarchie:

```
struct A                  { int i; };
struct B                  { int j; };
struct C : public A, public B { int k; };
```

Hier ist C sowohl von A als auch von B abgeleitet. Durch die implizite Wandlung von Ableitung zu Basisklasse können sowohl A- als auch B-Zeiger auf C-Objekte zeigen:

```
C c;
C* cp = &c;
B* bp = &c;
A* ap = &c;
```

Betrachten wir die Situation etwas genauer. Klar ist, dass cp „ganz normal" auf den Anfang des Gesamtobjekts zeigt:

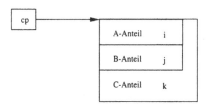

Bild 26.8:   **Zeiger auf Objekt bei Mehrfachvererbung (I)**

Ebenso klar ist, dass ap ebenfalls auf den Anfang des Gesamtobjekts zeigt:

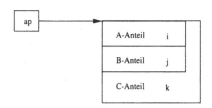

Bild 26.9:   **Zeiger auf Objekt bei Mehrfachvererbung (II)**

Der interessante Fall ist das B-Subobjekt. Da ja über bp ganz normal auf den B-Anteil zugegriffen werden kann, *muss* bp auf den Anfang des B-Anteils zeigen:

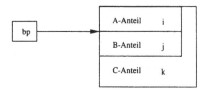

Bild 26.10: **Zeiger auf Objekt bei Mehrfachvererbung (III)**

Daraus ergibt sich die Folgerung, dass bp einen anderen Wert als cp (bzw. ap) haben muss.

Übung 26-9:

Prüfen Sie dies nach, indem Sie die Adressen der drei Zeiger mit einer Ausgabeanweisung ausgeben.

Bei der Anweisung

```
B* bp = &c;
```

findet also eine Anpassung der Adresse statt. Hier haben wir einen Fall, in dem eine Typwandlung mit Zeigern Rechenzeit kostet: allerdings handelt es sich nur um eine Addition mit einem festen Offset (nämlich `sizeof(A)`), der dadurch verursachte Mehraufwand ist in der Praxis irrelevant.

Man sollte sich daher allerdings in der Praxis niemals auf *konkrete* Werte von Zeigern verlassen. Ein häufiger Fehler ist z.B. die Annahme, dass zwei Zeiger mit unterschiedlichen Werten auch auf unterschiedliche Objekte zeigen. Wie wir am Beispiel von bp und cp gesehen haben, muss dies nicht unbedingt der Fall sein.

Glücklicherweise macht C++ solche Fehler nicht gerade leicht, da Vergleiche wie z.B.

```
cp == bp
```

true ergeben, obwohl die Werte unterschiedlich sind. Da es sich bei den Operanden um Werte unterschiedlicher Typen handelt, ist zunächst die Frage, warum der Vergleich überhaupt syntaktisch zulässig ist. Der Vergleich ist möglich, da C eine öffentliche Ableitung von B ist und somit eine implizite Wandlung von C nach B (sowie von C* nach B*) erfolgen kann. Vor dem Vergleich wird cp also in einen Zeiger vom Typ B* gewandelt – und in dieser Wandlung wird die Adresskorrektur durchgeführt: der Vergleich ergibt true.

Problematisch ist allerdings folgender Code:

```
(void*)cp == (void*)bp
```

Hier wird vor dem Vergleich eine explizite Wandlung beider Argumente nach void* durchgeführt. Bei den Wandlungen bleibt der jeweilige Wert erhalten, so dass der Vergleich dann false ergibt.

Beachten Sie bitte, dass der Vergleich

```
ap == bp                          // Fehler!
```

jedoch nicht möglich ist, da es sich bei A und B um unabhängige Klassen handelt, die in keiner Ableitungsbeziehung zueinander stehen. Daran ändert auch die Tatsache nichts, dass ap und bp derzeit gerade auf das gleiche Objekt zeigen – dies muss natürlich nicht so sein, und deshalb ist keine implizite Wandlung möglich.

Weiterhin interessant ist, dass auch im Falle Mehrfachvererbung eine explizite Wandlung von einer Basisklasse zur Ableitung hin möglich ist. Mit obiger Klassenhierarchie kann man z.B.

```
cp = static_cast<C*>( ap );       // OK  (#1)
cp = static_cast<C*>( bp );       // OK  (#2)
```

schreiben. Das Verhalten ist wohldefiniert, wenn ap bzw. bp tatsächlich auf ein C-Objekt (bzw. genau genommen auf ein A- bzw. B-Subobjekt in C) zeigen. Im Fall #2 muss wieder eine Adresskorrektur durchgeführt werden.

📖 Nicht-öffentliche Ableitungen

Die Konvertierung von einer Ableitung zu einer Basisklasse ist normalerweise nur dann zulässig, wenn es sich um eine öffentliche Ableitung handelt. Ansonsten könnte man über eine solche Konvertierung auf Mitglieder zugreifen, die in der Ableitung privat sind, wie folgendes Beispiel zeigt.

In der Klassenhierarchie

```
//--------------------------------------------------------------
//        A
//
struct A
{
    int i, j, k;
    void doIt();

protected:
  A();

};


//--------------------------------------------------------------
//        B
//
struct B : private A
{
    string name;
    void doIt();
};
```

hat der Programmierer die Ableitung B privat von A abgeleitet. Dadurch sind die Mitglieder von A in B privat. Gleichzeitig hat er A mit einem geschützten Konstruktor ausgerüstet, so dass der Anwender keine Objekte vom Typ A erzeugen kann. Dadurch wird ein Zugriff von außen auf die Mitglieder von A effektiv verhindert.

Von B können jedoch Objekte erzeugt werden. Wäre die Anweisungsfolge

```
B* bp = new B;
A* ap = bp;                      // Fehler!
```

gültig, könnte man über den Umweg über ap doch noch auf die Mitglieder von A zugreifen:

```
ap-> i = 5;                      // OK
```

Die Konvertierung wird also in diesem Fall verhindert.

Übung 26-10:

Kann man den gewünschten Effekt, nämlich das Verbieten von Zugriffen von außen auf die Mitglieder von A, jedoch Ermöglichen des Zugriffs für eine Ableitung, auch einfacher erreichen?

Auf der anderen Seite gibt es Konstruktionen, in denen die Wandlung aus Sicherheitsaspekten ungefährlich ist. Dazu gehören Freunde von B sowie Mitgliedesfunktionen von B. Folgende Implementierung von doIt ist daher erlaubt:

```
//-----------------------------------------------------------------
//         B::doIt
//
void B::doIt()
{
  B* bp = new B;
  A* ap = bp;                    // OK
}
```

Virtuelle Basisklassen

Bei einer virtuellen Ableitung ist zwar eine Wandlung hin zur Basisklasse möglich, nicht jedoch wieder zurück. Der Grund ist, dass der Basisklassenanteil nicht an fester Stelle in einem Objekt liegt, sondern je nach Ableitungshierarchie an unterschiedliche Stellen platziert wird. Eine Rückrechnung auf das Gesamtobjekt ist dann nicht mehr möglich.

Mit den beiden Klassen

```
struct A                 { int i; };
struct B1 : virtual A    { int j; };
```

kann man z.B.

```
B1* b1 = new B1;
A* a   = b1;                 // implizite Wandlung zur Basisklasse
```

nicht aber

```
b1 = static_cast<B1*>( a );     // Fehler!
```

schreiben.

Arbeit mit Basisklassenverweisen

Wir haben gesehen, dass ein Zeiger bzw. eine Referenz vom Typ einer Basisklasse auf ein Objekt einer Ableitung zeigen kann. Zusammen mit der Tatsache, dass zwischen Verweisen vom Typ der Ableitung und der Basisklasse(n) Typwandlungen möglich sind, ergeben sich interessante Möglichkeiten. So kann z.B. eine Funktions- oder Klassenbibliothek formuliert werden, die mit Objekten eines Typs A arbeitet. Ein Programmierer möchte diese Bibliothek nutzen, hat jedoch zusätzliche Anforderungen an die zu bearbeitenden Objekte.

Objektorientierte Sprachen bieten nun die Möglichkeit, diese zusätzlichen Anforderungen in einer Ableitung B von A zu formulieren, und die Bibliothek mit B-Objekten zu verwenden. Dieser Effekt bildet den Grundstein für eine Reihe von positiven Eigenschaften, die dadurch erreicht werden können:

❑ Wiederverwendbarkeit. Die Bibliothek kann mit Objekten verwendet werden, von deren Existenz der Bibliotheksentwickler nichts wusste und auch nichts zu wissen brauchte.

❑ Flexibilität. Die Bibliothek wird für einen größeren Kreis von Problemgruppen anwendbar. Eventuell gelingt es, die Bibliothek als Standard zu etablieren, was die Akzeptanz für Design und Implementierung neuer Projekte erhöht.

❑ Polymorphismus. Mit Hilfe von *virtuellen Funktionen*[180] ist es möglich, dass der Bibliotheksentwickler Funktionen aufruft, die erst in der Ableitung definiert sind. Ein Beispiel ist z.B. die Sortierfunktionalität: die Bibliothek implementiert den eigentlichen Sortieralgorithmus, die Ableitung dagegen lediglich das Sortierkriterium.

Wir werden im nächsten Kapitel im Rahmen einer Fallstudie sehen, was diese Punkte konkret bedeuten.

📖📖 Nicht vererbbare Funktionen

Konstruktoren, Destruktoren und Zuweisungsoperatoren werden *nicht* vererbt. Dies sind genau die Funktionen, für die der Compiler bei Bedarf implizite Standardversionen generiert. Diese impliziten Versionen der Funktionen rufen ihre Basisklassenversionen auf, so dass der Eindruck entstehen kann, dass diese Funktionen *doch* vererbt würden. Dieser Effekt kann zu Missverständnissen führen, daher betrachten wir Konstruktoren, Destruktoren und Zuweisungsoperatoren in den folgenden Abschnitten etwas genauer.

---

[180] Virtuelle Funktionen und Polymorphismus sind Themen der nächsten Kapitel.

📖📖 Konstruktoren

Im folgenden Beispiel ist B eine Ableitung von A:

```
//-----------------------------------------------------------------
//        A
//
struct A
{
  A( int );

  /* ... weitere Mitglieder von A ... */
};

//-----------------------------------------------------------------
//        B
//
struct B : public A
{
  B( int );
  B( double );

  /* ... weitere Mitglieder von B ... */
};
```

Der Konstruktor aus A wird nicht an B vererbt. B muss daher eigene Konstruktoren definieren. Konstruktoren der Ableitung rufen immer einen Konstruktor der Basisklasse auf. Dies kann *implizit* oder *explizit* erfolgen.

Beim expliziten Aufruf wird die bereits bekannte Doppelpunktnotation verwendet. In unserem Falle sollen die Parameter der Konstruktoren einfach an die Konstruktoren der Basisklasse weitergegeben werden:

```
//-----------------------------------------------------------------
//        B::B
//
B::B( int aValue )

  : A( aValue )

{}

//-----------------------------------------------------------------
//        B::B
//
B::B( double aValue )

  : A( aValue )

{}
```

Beachten Sie bitte, dass

❑ der Funktionskörper der Implementierung leer ist

❑ im zweiten Konstruktor eine implizite Typwandlung des `double` nach `int` stattfindet.

Übung 26-11:

Die Doppelpunktnotation kann auch zur Initialisierung von Daten-mitgliedern verwendet werden. Ergänzen Sie B um einige Daten und erweitern Sie die Konstruktoren, um Basisklasse und Datenmitglieder zu initialisieren.

📖 **Initialisierung mit Standardkonstruktor der Basisklasse**

Soll die Basisklasse mit dem Standardkonstruktor initialisiert werden, kann die explizite Angabe in der Ableitung entfallen. Schreibt man z.B.

```
//-------------------------------------------------------------
//          B::B
//
B::B( int aValue )
{}
```

wird der Standardkonstruktor von A aufgerufen[181].

Selbstverständlich ist die explizite Angabe trotzdem möglich:

```
//-------------------------------------------------------------
//          B::B
//
B::B( int aValue )

    : A()    // explizite Angabe Standardkonstruktor der Basisklasse

{}
```

Da A keinen Standardkonstruktor besitzt, ergibt die Übersetzung des B-Konstruktors eine Fehlermeldung.

---

181 Wir lassen hier außer acht, dass das Argument gar nicht verwendet wird. Das Beispiel dient nur zur Demonstration.

Eine Möglichkeit ist, A mit einem eigenen Standardkonstruktor auszurüsten:

```
//-----------------------------------------------------------------
//        A
//
struct A
{
  A();
  A( int );

  /* ... weitere Mitglieder von A ... */
};
```

Beachten Sie bitte, dass ein impliziter Standardkonstruktor ergänzt
wird, wenn eine Klasse keinen eigenen Konstruktor definiert. Es ist
daher auch möglich, A als

```
//-----------------------------------------------------------------
//        A
//
struct A
{
  /* ... weitere Mitglieder von A ... */
};
```

zu formulieren.

📖 Impliziter Standardkonstruktor in der Ableitung

Selbstverständlich kann auch eine Ableitung einen impliziten Standardkonstruktor erhalten. Definiert man z.B.

```
//-----------------------------------------------------------------
//        B
//
struct B : public A
{
  /* ... weitere Mitglieder von B ... */
};
```

besitzt B keinen expliziten Konstruktor, der Compiler ergänzt deshalb
einen impliziten Standardkonstruktor. Dieser ruft den Standardkonstruktor der Basisklasse auf. Damit obige Definition der Klasse B
korrekt übersetzt werden kann, muss A einen Standardkonstruktor
besitzen – entweder explizit definiert oder ebenfalls die implizite Version.

📖 Kompatibilität zu C

Die verschiedenen möglichen Situationen mit implizit generierten Versionen in Basisklasse bzw. Ableitung erscheinen auf den ersten Blick schwierig, sind jedoch mit etwas Übung leicht zu beherrschen. Die Verhaltensweise lässt sich vereinfacht auf den folgenden Punkt bringen:

❑ Wird eine Basisklasse nicht explizit initialisiert, wird automatisch (implizit) der Standardkonstruktor verwendet.

Dabei muss natürlich ein Standardkonstruktor existieren. Ein zweiter, damit zusammen hängender Punkt ist also:

❑ Besitzt eine Klasse keinen explizit deklarierten Konstruktor, erzeugt der Compiler bei Bedarf einen impliziten Standardkonstruktor.

Die automatische Generierung von Konstruktoren bzw. deren Aufruf ermöglicht eine weitgehende Kompatibilität von C++ -structs zu C-Strukturen. Nur durch den automatisch generierten Standardkonstruktor ist eine C-Struktur wie z.B.

```
struct Point
{
  int x, y ;
};
```

gültiges C++. Gleiches gilt für die Ableitung

```
struct NamedPoint : public Point
{
  string name;
};
```

Übung 26-12:

Was passiert bei der Definition eines Objekts der Klasse NamedPoint:

```
NamedPoint np;
```

Beachten Sie dabei, dass string *selber eine Klasse ist. Welche Anforderungen sind an die Konstruktoren der Klasse* string *zu stellen? Welchen Wert soll* name *nach obiger Definition von* np *besitzen?*

Übung 26-13:

Rüsten Sie Point *mit dem „erwarteten" Konstruktor (mit zwei Argumenten) aus. Was passiert nun bei der Definition von* np *aus der letzten Übung?*

Rüsten Sie Point *mit einem Standardkonstruktor aus, der die beiden Mitglieder mit 0 initialisiert.*

Kann man beide Konstruktoren zusammen fassen?

Mehrfachvererbung

Ein Konstruktor einer Ableitung muss alle Basisklassen initialisieren. Bei Mehrfachableitung sind deshalb mehrere Basisklassen-Konstruktoraufrufe notwendig:

```
//------------------------------------------------------------------
//          A
//
struct A
{
  A();
  A( int );
  int i;
};

//------------------------------------------------------------------
//          B
//
struct B
{
  B( double );
  double d;
};

//------------------------------------------------------------------
//          C
//
struct C : public A, public B
{
  C( int, double, char* );
  string str;
};
```

Die Implementierung des C-Konstruktors zeigt, wie die beiden Basisklassen initialisiert werden:

```
C::C( int aI, double aD, char* aStr )
  : A( aI ), B( aD ), str( aStr )
{}
```

Auch hier kann wie üblich ein expliziter Konstruktoraufruf weggelassen werden, wenn der Standardkonstruktor gemeint ist:

```
C::C( int aI, double aD, char* aStr )
  : B( aD ), str( aStr )  // impliziter Aufruf Standardkonstruktor A
{}
```

Die implizite Notation kann wie immer zur Schreibvereinfachung eingesetzt werden. Sie kann jedoch auch zu Fehlern führen. Ebenso möglich ist z.B.

```
C::C( int aI, double aD, char* aStr )
  : A( aI ), B( aD )  // impliziter Aufruf Standardkonstruktor str
{}
```

Hier wird das Datenmitglied str mit dem Standardkonstruktor initialisiert – sicher nicht das, was der Programmierer wollte. Dieser Effekt kann z.B. zu der Vorschrift führen, dass Standardkonstruktoren bei der Definition von Klassen grundsätzlich zu vermeiden sind.

📖 Virtuelle Basisklassen

Virtuelle Basisklassen stellen – wie immer – einen Sonderfall dar. Durch die Deklaration einer Basisklasse als virtuell wird ja sichergestellt, dass Ableitungen in jedem Falle nur eine Kopie der Basisklasse enthalten. Im Zusammenhang mit Konstruktoren ergibt sich daraus ein Problem. Betrachten wir dazu die folgende Klassenhierarchie:

```
//------------------------------------------------------------
//          A
//
struct A
{
  A( int );

  /* ... weitere Mitglieder von A */
};

//------------------------------------------------------------
//          B1
//
struct B1 : virtual public A    // virtuelle Ableitung
{
  B1( int );

  /* ... weitere Mitglieder von A */
};

//------------------------------------------------------------
//          B2
//
struct B2 : virtual public A    // virtuelle Ableitung
{
  B2( int );

  /* ... weitere Mitglieder von A */
};
```

```
//-----------------------------------------------------------------
//          C
//
struct C : public B1, public B2
{
  C( int );

  /* ... weitere Mitglieder von A */
};
```

Die Konstruktoren sollen dabei in der naheliegenden Weise wie folgt implementiert sein:

```
//-----------------------------------------------------------------
//          A::A
//
A::A( int aI )
{
  cout << aI << endl;
};

//-----------------------------------------------------------------
//          B1::B1
//
B1::B1( int aI )

  : A( aI )

{}

//-----------------------------------------------------------------
//          B2::B2
//
B2::B2( int aI )

  : A( aI )

{}

//-----------------------------------------------------------------
//          C::C
//
C::C( int aI )

  : B1( aI ), B2( aI )

{}
```

Auch hier muss eine Ableitung jeweils alle ihre Basisklassen initialisieren.

Mit dieser Konstruktion würde die Anweisung

```
C c( 2 );                    // Fehler!
```

jedoch zur zweimaligen Initialisierung der Basisklasse A führen: einmal über den Weg C=>B1=>A und ein zweites mal über den Weg C=>B2=>A. Dies ist natürlich falsch und nicht erlaubt – die Übersetzung der Anweisung ergibt einen Syntaxfehler.

Für Ableitungshierarchien mit virtuellen Basisklassen gilt deshalb die Sonderregelung, dass alle virtuellen Basisklassen vom Konstruktor der *letzten Ableitung* zu initialisieren sind. In unserem Falle ist es also Aufgabe des C-Konstruktors, zusätzlich die Initialisierung von A durchzuführen:

```
C::C( int aI )

  : B1( aI ), B2( aI ), A( aI+1 )

{}
```

Die Initialisierungen, die B1 bzw. B2 für A durchführen, werden *ohne Warnung ignoriert.* In unserem Falle wird A also genau ein mal mit dem Wert 3 initialisiert.

Dieses Verhalten kann im Zusammenhang mit der Möglichkeit, den impliziten Aufruf von Standardkonstruktoren zu nutzen, eine Fehlerquelle ersten Ranges sein. Um dies zu demonstrieren, rüsten wir A mit einem zusätzlichen Standardkonstruktor aus:

```
struct A
{
  A();
  A( int );

  /* ... weitere Mitglieder von A */
};
```

Die auf den ersten Blick korrekt aussehende Implementierung des C-Konstruktors

```
C::C( int aI )

  : B1( aI ), B2( aI )

{}
```

funktioniert nun einwandfrei – jedoch wahrscheinlich nicht so, wie der Programmierer es sich gedacht hatte.

📖 Aufrufreihenfolge von Konstruktoren

Die Reihenfolge des Aufrufs von Konstruktoren bei Mehrfachvererbung richtet sich nach der Reihenfolge in der Klassendefinition. Schreibt man etwa

```
struct C : public B1, public B2 { ... }
```

wird zuerst der Konstruktor von B1, dann der von B2 aufgerufen –
auch wenn in der Initialisiererliste im C-Konstruktor eine andere Reihenfolge angegeben ist:

```
C::C( int aI )

  : B2( aI ), B1( aI )   // trotzdem zuerst Aufruf von B1-Konstruktor, dann B2
{}
```

Eine Ausnahme gilt wiederum bei virtuellen Basisklassen: deren Konstruktoren werden als allererstes aufgerufen:

```
C::C( int aI )

  : B1( aI ), B2( aI ), A( aI+1 )
{}
```

Unter der Annahme, dass A wie im letzten Beispiel eine virtuelle Basisklasse von B1 und B2 ist, wird hier zuerst der A-Konstruktor aufgerufen, dann folgen B1 und B2.

Enthält die Klasse Datenmitglieder mit eigenen Konstruktoren, werden diese zuletzt aufgerufen, und zwar in der Reihenfolge der Definition in der Klasse.

📖📖 Destruktoren

Für Destruktoren gilt Analoges wie für Konstruktoren: sie werden
nicht vererbt, jedoch bildet der Compiler bei Bedarf eine implizite
Standardversion. Vereinfacht wird die Sache allerdings dadurch, dass
Destruktoren nicht überladen werden können.

Ein Destruktor ruft grundsätzlich die Destruktoren der Basisklassen
auf. Dies erfolgt implizit, d.h. ohne Zutun des Programmierers. Die
Notation eines Destruktors der Basisklasse nach einem Doppelpunkt
(ähnlich wie bei Konstruktoren) ist nicht erforderlich.

Beispiel: In der Klassenhierarchie

```
//------------------------------------------------------------
//        A
//
struct A
{
  ~A();                    // explizit deklarierter Destruktor

  /* ... weitere Mitglieder von A ...*/
};

//------------------------------------------------------------
//        B
//
struct B : public A
{
  /* ... Mitglieder von B ... */
};
```

ist für B kein Destruktor deklariert. Wird einer benötigt, generiert der Compiler einen Impliziten Standarddestruktor, der automatisch die Destruktoren der Basisklasse(n) sowie der Datenmitglieder, sofern vorhanden, aufruft:

```
void f
{
  B b;
}       // <- hier wird Destruktor von B implizit generiert. Dieser ruft
        //    Destruktor von A auf.
```

Im Endeffekt reicht es also aus, dass der Programmierer bei Bedarf einen Destruktor für seine Klasse implementiert, ohne sich um Existenz oder Aufruf der Destruktoren für die Basisklassen kümmern zu müssen.

Dies gilt (ausnahmsweise) auch für virtuelle Basisklassen: Es ist Aufgabe des Compilers, dafür Sorge zu tragen, dass Destruktoren evtl. vorhandener virtueller Basisklassen nur einmal aufgerufen werden.

📖 Aufrufreihenfolge von Destruktoren

In einer Klassenhierarchie werden die Destruktoren immer in umgekehrter Reihenfolge wie die Konstruktoren aufgerufen. Es wird also *zuerst* der Destruktor der eigenen Instanz aufgerufen, *dann* die Destruktoren der Mitgliedsobjekte (falls vorhanden) und *dann* die Destruktoren der Basisklasse(n). Destruktoren virtueller Basisklassen werden zuletzt aufgerufen.

⊞⊞ Zuweisungsoperatoren

Zuweisungsoperatoren sind (neben Konstruktoren und Destruktoren) der dritte Typ von Funktionen, die nicht vererbt werden, für den jedoch automatisch implizite Standardversionen generiert werden können.

Im folgenden Beispiel ist B eine Ableitung von A:

```
//-----------------------------------------------------------------
//        A
//
struct A
{
  A& operator = ( const A& );

  int i;

  /* ... weitere Mitglieder von A ... */
};
//-----------------------------------------------------------------
//        B
//
struct B : public A
{
  B& operator = ( const B& );

  double d;

  /* ... weitere Mitglieder von B ... */
};
```

Für beide Klassen ist ein Zuweisungsoperator deklariert. Die Implementierung für die Ableitung liegt auf der Hand: sie kopiert die Basisklassenanteile und dann die eigenen Datenmitglieder:

```
B& B::operator = ( const B& aObj )
{
  A::operator = ( aObj );        // Kopieren Basisklassenanteile
  d = aObj.d;                    // Kopieren eigene Anteile

  return *this;
}
```

Die Basisklassenanteile werden grundsätzlich über den Zuweisungsoperator der Basisklasse kopiert, der dazu mit dem Klassennamen qualifiziert werden muss:

```
A::operator = ( aObj );
```

Beachten Sie bitte, dass das Argument aObj vom Typ const B& ist, der Operator jedoch mit einem Typ von const A& deklariert ist. Da B eine öffentliche Ableitung von A ist, kann die notwendige Wandlung implizit ablaufen.

Die folgende, syntaktisch korrekte Version des Zuweisungsoperators ist ungeschickt formuliert:

```
B& B::operator = ( const B& aObj )
{
  i = aObj.i;                      // schlecht
  d = aObj.d;

  return *this;
}
```

Es ist also (z.B. im Gegensatz zu Konstruktoren oder Destruktoren) syntaktisch nicht erforderlich, die Basisklassenversionen des Zuweisungsoperators aufzurufen – es ist prinzipiell möglich, die Basisklassenmitglieder „von Hand" zu kopieren. Darüber hinaus erfolgt auch kein impliziter Aufruf: in dieser Implementierung wird der Zuweisungsoperator aus A nicht aufgerufen.

Das direkte Kopieren der Basisklassenmitglieder hat jedoch konzeptionelle Nachteile: Bei späteren Änderungen in der Basisklasse (z.B. wenn Mitglieder dazukommen) müssen alle Ableitungen inspiziert und evtl. geändert werden, damit das Programm korrekt bleibt. Aus diesem Grunde soll die Kopierfunktionalität dort untergebracht werden, wo auch die Daten stehen: in der Basisklasse.

Der Aufruf des Operators der Basisklasse ist auch dann möglich, wenn die Basisklasse keinen explizit deklarierten Operator besitzt:

```
//-----------------------------------------------------------------
//       A
//
struct A
{
  /* ... weitere Mitglieder von A ... */
};

//-----------------------------------------------------------------
//       B
//
struct B : public A
{
  B& operator = ( const B& );

  /* ... weitere Mitglieder von B ... */
};
```

Auch hier ist die normale Implementierung des Zuweisungsoperators einer Ableitung möglich:

```
B& B::operator = ( const B& aObj )
{
  A::operator = ( aObj );

  /* ... weitere Aktionen */

  return *this;
}
```

Der Grund ist, dass der Compiler einen Impliziten Zuweisungsoperator für eine Klasse generiert, wenn (wie im Falle der Klasse A) kein Zuweisungsoperator explizit deklariert ist. Dieser ruft die Zuweisungsoperatoren der Mitglieder und der Basisklassen (jeweils sofern vorhanden) auf.

Dies gilt natürlich auch für den Fall, dass in der *Ableitung* kein expliziter Zuweisungsoperator deklariert wird:

```
struct B : public A
{
  /* ... weitere Mitglieder von B ... */
};
```

Schreibt man nun z.B.

```
B b1, b2;

b2 = b1;
```

generiert der Compiler für B einen impliziten Standard-Zuweisungsoperator, der zuerst die Zuweisungsoperatoren der Basisklasse(n) und dann die Zuweisungsoperatoren der Datenmitglieder aufruft.

Beachten Sie bitte, dass

❑ es auch dabei keine Rolle spielt, ob die Basisklasse einen Zuweisungsoperator besitzt, oder nicht: Im Bedarfsfalle wird ein impliziter Standard-Zuweisungsoperator definiert.

❑ ein impliziter Zuweisungsoperator nur dann generiert wird, wenn er auch wirklich benötigt wird: Im letzten Beispiel wird z.B. erst bei der Übersetzung der Zuweisung b2 = b1 ein Operator für B (und daraus folgend hier auch für A) erzeugt.

Übung 26-14:

Schreiben Sie einen Zuweisungsoperator für den Fall der Mehrfachvererbung, z.B. für die folgende Klasse C:

```
struct C : public A, public B { ... };
```

📖 Virtuelle Basisklassen

Auch bei Zuweisungsoperatoren bieten virtuelle Basisklassen einige Spezialitäten, auf die man achten muss. Betrachten wir dazu die nun schon bekannte Klassenhierarchie, ergänzt um Zuweisungsoperatoren in jeder Klasse:

```
//-----------------------------------------------------------
//        A
//
struct A
{
  A& operator = ( const A& );

  /* ... weitere Mitglieder von A ... */
};

//-----------------------------------------------------------
//        B1
//
struct B1 : virtual public A
{
  B1& operator = ( const B1& );

  /* ... weitere Mitglieder von B1 ... */
};

//-----------------------------------------------------------
//        B2
//
struct B2 : virtual public A
{
  B2& operator = ( const B2& );

  /* ... weitere Mitglieder von B2 ... */
};

//-----------------------------------------------------------
//        C
//
struct C : public B1, public B2
{
  C& operator = ( const C& );

  /* ... weitere Mitglieder von C ... */
};
```

Die Zuweisungsoperatoren sollen in der üblichen Form implementiert sein, insbesondere soll ein Zuweisungsoperator die Zuweisungsoperatoren der jeweiligen Basisklassen aufrufen. Eine Zuweisung wie in

```
C c1, c2;
c2 = c1;                 // ???
```

führt nun zum zweifachen Aufruf des Zuweisungsoperators für den A-Anteil: einmal über den Weg `C=>B1=>A` und dann ein zweites Mal über `C=>B2=>A`.

Dieses Problem besteht grundsätzlich für alle Funktionsaufrufe in Klassenhierarchien, die sich auf verschiedenen Wegen bis zu einer virtuellen Basisklasse „fortpflanzen". Für Zuweisungsoperatoren gelten dabei zusätzlich die beiden folgenden Eigenschaften:

❑ Das Problem ist nahezu unvermeidlich, da Zuweisungsoperatoren ja normalerweise die Zuweisungsoperatoren *aller* Basisklassen aufrufen.

❑ Die Auswirkungen einer doppelten Ausführung eines Zuweisungsoperators sind meist vernachlässigbar: außer Performanceeinbuße sollte nichts weiter passieren, denn eine Mehrfachzuweisung der Art

```
x = x1;
x = x1;                  // identische, zweite Zuweisung
```

sollte keine Probleme für die Korrektheit des Programms verursachen.

Die Sprache bietet – im Gegensatz zum vergleichbaren Fall bei Konstruktoren bzw. Destruktoren – keinen eingebauten Schutz vor diesem Effekt.

Für Fälle, in denen ein solcher Mehrfachaufruf nicht akzeptabel ist, muss der Programmierer selber Vorkehrungen treffen. Eine Möglichkeit dazu ist die Einführung einer speziellen Kopierfunktion, die nur die eigenen Mitglieder, nicht aber die Basisklasse(n) kopiert:

```
struct B1 : virtual public A
{
  B1&  operator = ( const B1& );
  void assignOwn ( const B1& );            // nur eigene Mitglieder

  /* ... weitere Mitglieder von B1 ... */
};
```

Als Nebenprodukt kann nun auch der eigene Zuweisungsoperator die Funktion `assignOwn` nutzen:

```
B1& B1::operator = ( const B1& aObj )
{
  A::operator = ( aObj );              // Kopieren der Basisklassenanteile
  assignOwn( aObj );                   // Kopieren der eigenen Anteile

  return *this;
}
```

Der Zuweisungsoperator in C wird nun folgendermaßen notiert:

```
C& C::operator = ( const C& aObj )
{
  B1::operator = ( aObj );
  B2::assignOwn ( aObj );

  /* weitere Aktionen ... */

  return *this;
}
```

Dadurch wird sichergestellt, dass der A-Anteil nur ein mal (in diesem Fall über die Klasse B1) kopiert wird.

Übung 26-15:

Formulieren Sie die Kopierfunktionalität einer Klasse nicht im Zuweisungsoperator, sondern in einer gewöhnlichen Mitgliedsfunktion. Ein zusätzlicher Parameter soll entscheiden, ob die Basisklasse(n) ebenfalls kopiert werden sollen, oder nicht. Beispiel:

```
void assignFrom( const X&, bool aAssignBase = true );
```

Formulieren Sie den Zuweisungsoperator als (inline-) Funktion unter Verwendung von assignFrom.

Sollte assignFrom public, private *oder* protected *sein? Überlegen Sie dazu, wer die Funktion aufrufen können soll.*

📖📖 Wann sind Ableitungen sinnvoll?

In der Praxis wird die Ableitungstechnik (vor allem von C++-Neulingen) viel zu häufig verwendet. Das Sprachmittel der Vererbung ist - vor allem für Programmierer, die von C her kommen - so neu und verlockend, dass man es unbedingt einsetzen möchte - auch wenn sich das zu Grunde liegende Problem vielleicht gar nicht dazu eignet. Um die Frage „Ableitung oder nicht" richtig entscheiden zu können, braucht man viel Erfahrung und Praxis. Nur so bekommt man das notwendige Gefühl, wann welche Konstruktion einzusetzen ist. Für den Anfang hilft jedoch eine ganz einfache Daumenregel, mit der man grob bestimmen kann, ob eine Ableitung sinnvoll sein könnte.

📖 Die is-a - Beziehung

Das Wort „is-a" kommt vom amerikanischen *is a*, zu deutsch etwa „ist ein". Die Regel besagt nun, dass B genau dann eine öffentliche Ableitung von A sein soll, wenn man sagen kann: „B ist ein A". Nur dann nämlich sind die öffentlichen Funktionen von A auch für einen Benutzer von B interessant.

Betrachten wir dazu ein Beispiel. Gegeben sei eine Klasse Fahrzeug, die Daten und Funktionen enthält, die für alle in Frage kommenden Fahrzeuge wichtig sind. Darunter fallen z.B. Mitgliedsvariablen für Gewicht, Preis oder auch Anzahl der Räder. Benötigt man nun eine Klasse zur Beschreibung eines LKW, sollte man diese von Fahrzeug ableiten, denn „ein LKW ist ein Fahrzeug". Alle Daten und Funktionen, die die Klasse Fahrzeug bereitstellt, können auch für LKWs verwendet werden. Die Betonung liegt auf *alle*: Würde es z.B. einige Funktionen von Fahrzeug geben, die für einen LKW nicht sinnvoll wären, sollte man LKW nicht öffentlich von Fahrzeug ableiten.

Analog kann man weitere Ableitungen bilden, wie z.B. Fahrrad, PKW etc.

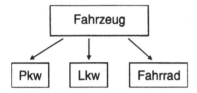

Bild 26.11: **Is-a-Beziehungen in einer Klassenhierarchie**

📖 Die has-a - Beziehung

Das Wort „has-a" kommt vom amerikanischen *has a*, zu deutsch etwa „hat ein". Kann man von zwei Klassen A und B sagen „B hat ein A", sollte B nicht als öffentliche Ableitung von A formuliert werden. Vielmehr sollte B ein Datenmitglied vom Typ A erhalten[182]. Statt

```
class B : public A
{
  /* ... Mitglieder von B ... */
};
```

schreibt man dann besser

```
class B
{
  A a;
  /* ... Mitglieder von B ... */
};
```

📖 Beispiel 1: Klassen Fahrzeug und Rad

Wir verdeutlichen den Sachverhalt wiederum an einem Beispiel. Hat man etwa eine Klasse Rad definiert, sollte man z.B. Fahrzeug nicht von Rad ableiten. Zumindest einige der Mitgliedsdaten von Rad (wie vielleicht durchmesser) sind für Fahrzeuge nicht anwendbar. Sie sollten deshalb auch einem Benutzer von Fahrzeug nicht allgemein zugänglich sein, denn ein Fahrzeug hat keinen Durchmesser. Genau dies wäre aber bei einer öffentlichen Ableitung der Fall: Alle von Rad

---

[182] D.h. es sollte Komposition anstelle von Ableitung verwendet werden.

geerbten Daten und Funktionen wären ja für die Ableitung ebenfalls vorhanden.

Das Beispiel ist zugegebenermaßen trivial. Es ist schon deshalb falsch, weil ein Fahrzeug mehrere Räder haben kann und deshalb die Realisierung als Ableitung sowieso nicht in Frage kommt. Hier muss eindeutig Komposition verwendet werden.

📖 Beispiel 2: Klassen Point und Circle

Schwieriger ist bereits folgender Fall: In der Literatur werden als Beispiel für die Anwendung der Vererbungstechnik gerne Klassen wie `Point` und `Circle` verwendet. Die Klasse `Point` soll einen Punkt in der Ebene beschreiben, die Klasse `Circle` einen Kreis. Nun hat ein Kreis natürlich einen Mittelpunkt, für den man ein `Point`-Objekt verwenden kann. Daraus wird dann gefolgert, dass `Circle` als Ableitung von `Point` zu formulieren sei:

```
//-------------------------------------------------------------------
//        class Point
//
class Point
{
public:
  Point( int aX, int aY );

private:
  int mX, mY;
};

//-------------------------------------------------------------------
//        class Circle
//
class Circle : public Point
{
public:
  Circle( int aX, int aY, int aRadius );

private:
  int mRadius;
};
```

Der Konstruktor von `Circle` ruft den `Point`-Konstruktor zur Initialisierung der Koordinaten auf:

```
//-------------------------------------------------------------------
//        Circle::Circle
//
Circle::Circle( int aX, int aY, int aRadius )

  : Point( aX, aY ), mRadius( aRadius )

{}
```

Die Formulierung von `Circle` als Ableitung von `Point` sieht auf den ersten Blick elegant aus und scheint auf der Hand zu liegen. Sie ist aber aus objektorientierter Sicht trotzdem *falsch*. Ein Kreis ist kein Punkt, sondern ein Kreis *hat einen* (Mittel-)punkt (und einen Radius). Das Datenelement für den Mittelpunkt steht also *gleichberechtigt* neben dem für den Durchmesser und neben vielleicht noch weiteren Variablen für andere Eigenschaften eines Kreises.

Es liegt also keine *is-a*, sondern eine *has-a* Beziehung zwischen den beiden Klassen vor. Die Datenstrukturen für den Mittelpunkt und den Radius sind daher als Mitgliedsvariablen auszuführen:

```
//-------------------------------------------------------------
//        class Circle
//
class Circle
{
public:
    Circle( int aX, int aY, int aRadius );

private:
    Point   mCenter;              // Mittelpunkt
    int     mRadius;              // Radius
};
```

Beachten Sie bitte, dass der Konstruktor für `Circle` dadurch im Wesentlichen unverändert bleibt: Die Mitgliedsvariable `center` wird ebenfalls über die Doppelpunkt-Notation initialisiert:

```
//-------------------------------------------------------------
//        Circle::Circle
//
Circle::Circle( int aX, int aY, int aRadius )

    : mCenter( aX, aY ), mRadius( aRadius )

{}
```

Übung 26-16:

Ein möglicher Konstruktor für `Circle` *ist auch*

```
Circle( Point aCenter, int aRadius );
```

Wie steht dieser Konstruktor zur Originalversion? Welche Form ist geeigneter für die Praxis? Versetzen Sie sich dazu in die Lage des Entwicklers der Klasse `Circle` *und überlegen, wie ein Benutzer voraussichtlich mit ihrer Klasse arbeiten wird.*

Der Unterschied zwischen der Lösung als Ableitung und der Kompositionslösung (d.h. mit einem Datenmitglied) wird besonders deutlich, wenn man noch ein weiteres Attribut eines Kreises hinzunimmt: Ein Kreis kann z.B. mit einem Muster ausgefüllt sein. Für Füllmuster würde man vielleicht eine allgemeine Klasse `Brush` wie folgt implementieren:

```
//--------------------------------------------------------------------
//        class Brush
//
class Brush
{
public:
  enum Type
  {
    nothing,             // kein Muster
    solid,               // vollständig ausgefülltes Objekt
    hatched              // schraffiert
  };

  Brush( Type );

private:
  Type mType;

  /* ... weitere Mitglieder von Brush ...*/
};
```

Nun hat man schon zwei „Basisklassen", von denen `Circle` abzuleiten wäre: Mit der gleichen Begründung, mit der man `Circle` von `Point` ableiten wollte, müsste man dann `Circle` auch von `Brush` ableiten:

```
//--------------------------------------------------------------------
//        class Circle
//
class Circle : public Point, public Brush
{
public:
  Circle( int aX, int aY, int aRadius, Type aType );

private:
  int mRadius;
};
```

Spätestens hier wird klar, dass am Design etwas nicht stimmen kann. Ganz eindeutig ist die Aussage „Ein Kreis ist ein Muster" genauso falsch wie „ein Kreis ist ein Punkt". Dagegen kann man sicher sagen „Ein Kreis hat ein Muster" und „Ein Kreis hat einen (Mittel-)punkt". Korrekt wäre also die Formulierung des Musters (und analog des Mittelpunktes) als Mitgliedsobjekte („Komponenten") von `Circle`:

```
//--------------------------------------------------------------------
//        class Circle
//
class Circle
{
public:
  Circle( int aX, int aY, int aRadius, Type aType );

private:
  Point   mCenter;        // Mittelpunkt
  Brush   mBrush;         // Füllmuster
  int     mRadius;        // Radius
};
```

Warum ist der Unterschied zwischen Ableitung und Komposition so wichtig? Der Grund liegt in der besseren Abbildung der realen Welt in einer Programmstruktur. Die *has-a* Beziehung trifft das Verhältnis zwischen einem Kreis und einem Punkt bzw. einem Muster einfach besser als die *is-a* Beziehung.

Der Unterschied wird vor allem in größeren Klassenhierarchien im Laufe der Zeit deutlich. Hat man keine reine *is-a* Beziehung zwischen den Klassen der Hierarchie, tritt gerne der Fall auf, dass man die Basisklasse um eine Funktion erweitern möchte, die jedoch für einige der Ableitungen nicht anwendbar ist. Eine solche Situation war vielleicht zum Zeitpunkt des Designs der Klassenhierarchie noch nicht absehbar. Nun sind die Strukturen bereits zementiert und nicht mehr ohne größeren finanziellen Aufwand (Redesign) änderbar. Es ist deshalb eigentlich nicht sinnvoll, die neue Funktion in die Basisklasse mit aufzunehmen. In der Praxis wird es oft trotzdem gemacht, die Ableitungen enthalten dann manchmal Kommentare, dass bestimmte Funktionen nicht aufgerufen werden dürfen. Dies führt natürlich zu einem erhöhten Fehlerrisiko bei der Benutzung der Klassenhierarchie, insbesondere wenn neue Mitarbeiter zum Projekt hinzukommen.

📖 Beispiel 3: Fallstudie Klassen *Square* und *Rectangle*

Gegenstand endloser Diskussionen z.B. in den Newsgruppen zu objektorientierter Programmierung ist die Frage, ob eine Klasse `Square` (Quadrat) von einer Klasse `Rectangle` (Rechteck) abzuleiten ist, oder umgekehrt.

Die beiden Ansätze werden mit den folgenden Argumenten begründet:

❑ ein Rechteck ist ein Quadrat mit der zusätzlichen Eigenschaft, dass ein weiteres Datenelement (die Breite als Unterschied zur Länge) hinzukommt.

❑ Ein Quadrat ist ein Rechteck, für das die besondere Einschränkung gilt, dass die Seiten gleich groß sind.

In beiden Fällen erscheint auf den ersten Blick die is-a Beziehung erfüllt zu sein, bei näherer Analyse ergeben sich jedoch Probleme.

Beginnen wir mit dem ersten Ansatz: „Ein Rechteck ist ein Quadrat".
Die Klasse `Rectangle` sollte dann von einer Klasse `Square` abgeleitet
werden können:

```
//-----------------------------------------------------------------
//          Square
//
class Square
{
public:
  Square( int aLength );

private:
  int mLength;               // Seitenlänge des Quadrats
};


//-----------------------------------------------------------------
//          Rectangle
//
class Rectangle : public Square
{
public:
  Rectangle( int aLength, int aWidth );

private:
  int mWidth;                // Breite des Rechtecks
};
```

Hier wurde zur Ableitung die Tatsache ausgenutzt, dass die Basisklasse `Square` bereits ein Datenelement vom Typ `int` definiert, und
dieses wurde zur Speicherung der Länge des Rechtecks „wiederverwendet". Entsprechend ist der Konstruktor von `Rectangle` implementiert:

```
Rectangle::Rectangle( int aLength, int aWidth )

  : Square( aLength ), mWidth( aWidth )

{}
```

Solche und ähnliche Fälle von „Wiederverwendung" findet man in
der Praxis überraschend häufig, wenn auch nicht so offensichtlich
falsch wie in diesem einfachen Beispiel.

Wo liegt also der Fehler? Obwohl die Konstruktion für den Augen-
blick funktioniert, wurde die Tatsache außer acht gelassen, dass Programme weiterentwickelt bzw. gewartet werden. Was passiert z.B.,
wenn im Zuge der Weiterentwicklung die Klasse `Square` mit einer
Funktion zur Berechnung der Fläche ausgerüstet wird?

```
//------------------------------------------------------------------
//        Square
//
class Square
{
public:
  Square( int aLength );

  int calcArea() const;            // liefert die Fläche des Quadrats

  /* ... weitere Mitglieder von Square */
};
```

Die Implementierung liegt auf der Hand:

```
int Square::calcArea() const
{
  return mLength*mLength;
}
```

Wir erhalten die Situation, dass durch das Hinzufügen einer Funktion zur Basisklasse die Ableitung (semantisch) ungültig wird: der Aufruf von calcArea ist syntaktisch auch für die Ableitung Rectangle möglich, liefert jedoch ein falsches Ergebnis:

```
Rectangle r( 3, 4 );
int area = r.calcArea();          // ??? Ergebnis 9!
```

Der umgekehrte Fall, nämlich die Ableitung von Square von Rectangle, führt zu ähnlichen Problemen. Wir erhalten in diesem Fall das Gesamtergebnis, dass keine der beiden Klassen von der jeweils anderen abgeleitet werden sollte.

📖   Nicht-öffentliche Ableitungen

Die Probleme, die die drei Beispiele des letzten Abschnitts offenbart haben, hängen direkt mit der impliziten Konvertierung von der Ableitung zur Basisklasse zusammen. Schreibt man also im letzten Beispiel

```
Rectangle r( 3, 4 );
int area = r.calcArea();          // ??? Ergebnis 9!
```

liegt das Problem darin, dass calcArea zwar in der Basisklasse definiert ist, jedoch im Kontext der Ableitung aufgerufen wird.

Man kann eine solche Situation durch Bildung einer nicht-öffentlichen Ableitung vermeiden. Leitet man z.B. Rectangle privat von Square ab:

```
class Rectangle : private Square { ... };
```

ist obige Anweisung syntaktisch falsch:

```
Rectangle r( 3, 4 );
int area = r.calcArea();   // Fehler!
```

da bei einer privaten Ableitung die Basisklassenmitglieder private vererbt werden und einem externen Aufrufer somit nicht zur Verfügung stehen.

Durch eine private Ableitung kann also eine Klasse die Leistungen einer Basisklasse nutzen, ohne diese direkt einem Aufrufer ebenfalls zur Verfügung stellen zu müssen. Möchte also `Rectangle` unbedingt die Implementierung von `Square` nutzen[183], ist die private Ableitung von `Square` angezeigt. Man spricht im Falle nicht-öffentlicher Ableitungen deshalb auch von *Vererbung der Implementierung (implementation inheritance)*, während die öffentliche Ableitung als *Vererbung der Schnittstelle (interface inheritance)* bezeichnet wird.

---

[183] Hier zwar nicht der Fall, aber das Beispiel `Square/Rectange` dient nur zur Demonstration. In der Praxis gibt es durchaus Fälle, in denen so etwas sinnvoll ist.

27 Projekt FixedArray – Teil II

In den letzten Kapiteln haben wir eine Reihe von Sprachmitteln vorgestellt, die auch für unsere Klasse FixedArray sinnvoll eingesetzt werden können. In diesem Kapitel stellen wir die Einzelteile noch einmal zu einem Ganzen zusammen.

📖📖 Fehlerkonzept

Zum professionellen Design einer Klasse gehört die Überlegung, was bei Auftreten von Fehlern passieren soll. Dieses sog. *Fehlerkonzept* wird leider zu oft vernachlässigt: Design, Implementierung und Test erfolgen nur mit definierten Daten – es wird dann gezeigt, dass das Programm (und damit jede einzelne Klasse) ihre Aufgaben erfüllt.

Berücksichtigt man die Möglichkeit von Fehlern von vorn herein, kann man mit vergleichbar geringem Aufwand die Sicherheit des Programms ganz wesentlich erhöhen. Wir betrachten hier zunächst die beiden folgenden Elemente des Fehlerkonzepts:

❏ Auch nach Auftreten eines Fehlers muss der Zustand des Programms (und damit aller seiner Objekte) definiert bleiben.

❏ Wir rechnen damit, dass „von außen" falsche Werte an ein Objekt übergeben werden können.

Für FixedArray bedeutet dies, dass wir – neben falschen Parametern für Funktionen - z.B. damit rechnen müssen, dass notwendiger Speicher nicht allokiert werden kann. Man muss nun überlegen, was in solchen Fällen zu tun ist. Die korrekte C++-Lösung wirft eine *Ausnahme*, um den Aufrufer der Funktion von dem Problem zu informieren. Ausnahmen sind Thema des Kapitel 37, wir verschieben diese eigentlich korrekte Lösung daher auf ein späteres Kapitel. Wir müssen uns hier auf die Erkennung des Fehlers beschränken. Im Fehlerfall geben wir noch eine Meldung aus und beenden dann das Programm mit Hilfe der Funktion exit. Zur Ausgabe verwenden wir nicht den Stream cout, sondern cerr, der speziell für Fehlermeldungen vorgesehen ist. cerr verhält sich von der Bedienung her identisch zu cout, die Ausgabe landet jedoch im Fehlerkanal und nicht im „normalen" Ausgabekanal. Normalerweise sind beide Kanäle mit der Konsole verbunden, es ist jedoch bei den meisten Betriebssystemen möglich, die Kanäle getrennt voneinander z.B. auf Dateien umzuleiten.

Ein Nebeneffekt dieses vereinfachten Ansatzes ist, dass ein ungültiges Objekt nicht auftreten kann: jede Situation, die dazu führen würde, wird hier ja mit einem Programmabbruch beantwortet. Bei der Behandlung der Ausnahmen in Kapitel 37 werden wir ein korrektes Gültigkeitskonzept für `FixedArray` implementieren.

Besonderer Beachtung bedarf Operator new. Er wirft ja standardmäßig bei Speichermangel die Ausnahme `bad_alloc`. Dieses Verhalten kann jedoch durch das Argument `nothrow` verhindert werden: der operator liefert bei Speichermangel dann den Nullzeiger, der im Programm dann entsprechend abgefragt werden kann.

◫◫ Stil und Form

Professionelle Software berücksichtigt bestimmte optische Regeln. „Optisch" bedeutet hier, dass es nicht um die Syntax des Programms geht, sondern um Fragen der Anordnung, der Dokumentation oder der Namensgebung.

Viele Firmen versuchen, ein einheitliches Aussehen der Programme zu erreichen, in dem sie solche Fragen in einem *Styleguide* festlegen, der für alle Programmierer verbindlich ist. Wir verwenden für unsere Projekte die folgenden Regeln:

❑ Klassen, Funktionen etc. erhalten einen optisch gut sichtbaren Kommentarblock, der das Auffinden im Quelltext erleichtert.

❑ Namen von Datenmitgliedern beginnen mit dem Buchstaben m (für Mitglied), die von Parametern mit a (für Argument).

❑ In der Klassendefinition stehen die öffentlichen Teile am Anfang, da diese für einen Klassennutzer am interessantesten sind.

❑ Argumentnamen werden weggelassen, wenn ihre Bedeutung aus dem Kontext heraus klar ist.

Diese Regeln sind Teil eines praxiserprobten Styleguide, der von der Webseite des Buches heruntergeladen werden kaann..

📖📖 Die großen Drei

Die Großen Drei (*big three*) sind ja Kopierkonstruktor, Zuweisungs-operator und Destruktor. Wie wir gesehen haben, sind diese drei Funktionen für Klassen, die Resourcen verwalten, nahezu immer er-forderlich. Ihre Deklarationen sollten daher auch immer örtlich zu-sammen hängend in der Klassendefinition notiert werden:

```
//--------------------------------------------------------------
//      FixedArray
//
class FixedArray
{
public:

   //--Management ------------------------------------------------
   //
   explicit FixedArray( int aDim );
   FixedArray( const FixedArray& );

   //-- Zuweisung nur mit Feld gleicher Dimension erlaubt!
   //
   FixedArray& operator = ( const FixedArray& );
   ~FixedArray();

   /* ... weitere Mitglieder FixedArray ... */

private:
   int  mDim;        // Dimension des Feldes
   int* mWert;       // Das Feld selber

}; // FixedArray
```

Dieses Listing zeigt, wie die Deklarationen optisch ansprechend in der Klasse notiert werden.

Die Implementierung wurde in früheren Kapiteln bereits vorgestellt. Wir zeigen hier eine Implementierung, die auch die beiden Forde-rungen aus dem Fehlerkonzept berücksichtigt. Dazu betrachten wir bei den einzelnen Funktionen, was alles passieren kann.

Beginnen wir mit dem Konstruktor. Er ist als `explicit` deklariert, um unerwünschte Konvertierungen zu vermeiden. Eine mögliche Imple-mentierung zeigt folgendes Listing:

```
//--------------------------------------------------------------
//      ctor
//
FixedArray::FixedArray( int aDim )
  : mDim( aDim )
{
  mWert = new( nothrow ) int[ mDim ];
  if ( mWert == 0 )
  {
    cerr << "konnte " << mDim << " Elemente nicht allokieren!" << endl;
    exit( 1 );
  }
} // ctor
```

Hier kann aDim einen unzulässigen Wert haben (z.B. kleiner 0). Zur Fehlerprüfung verlassen wir uns auf operator new: er sollte die gewünschte Menge Speicher allokieren oder den Nullzeiger liefern. Wir gehen also davon aus, dass new auch für ungültige Werte seines Arguments den Nullzeiger liefert. Anhand der Ausgabe kann man dann entscheiden, ob es sich um einen „vernünftigen" Wert gehandelt hat (dann liegt wahrscheinlich tatsächlich ein Speicherproblem vor), oder ob die Dimension falsch ist.

Übung 27-1:

Die jetzige Implementierung lässt die Konstruktion eines Feldes mit z.B. 2 Milliarden Einträgen zumindest prinzipiell zu[184]. Die Anforderung einer solchen Menge an Daten stellt mit an Sicherheit grenzender Wahrscheinlichkeit einen Fehler dar.

Implementieren Sie eine „vernünftige" Obergrenze für die Anzahl der Elemente, die ein FixedArray-Objekt speichern können soll. Größere Werte sollen eine Fehlermeldung und den Programmabbruch bewirken. Implementieren Sie eine Funktion, um die Obergrenze setzen zu können.

Analog wird der Kopierkonstruktor implementiert:

```
//------------------------------------------------------------
//        cctor
//
FixedArray::FixedArray( const FixedArray& aObj )
  : mDim( aObj.mDim )
{
  mWert = new int[ mDim ];
  if ( mWert == 0 )
  {
    cerr << "konnte " << mDim << " Elemente nicht allokieren!" << endl;
    exit( 1 );
  }

  copy( aObj.mWert, aObj.mWert + aObj.mDim, mWert );
} // cctor
```

---

184   Die größte in einem *int* repräsentierbare Zahl auf 32-Bit Systemen ist 2147483647.

Der Zuweisungsoperator ist ähnlich wie der Kopierkonstruktor aufgebaut. Da wir nur die Zuweisung eines Feldes gleicher Dimension erlauben, ist eine erneute Speicherallokation nicht erforderlich:

```
//-------------------------------------------------------------
//          op =
//
FixedArray& FixedArray::operator = ( const FixedArray& aObj )
{
  if ( mDim != aObj.mDim )
  {
    cerr << "Dimension stimmt nicht! Erwartet: " << mDim
         << " gefunden: " << aObj.mDim << endl;
    exit( 1 );
  }

  if ( &aObj == this )
    //-- Zuweisung auf sich selbst kann ignoriert werden
    return *this;

  copy( aObj.mWert, aObj.mWert + aObj.mDim, mWert );
  return *this;
} // op =
```

Beachten Sie bitte, dass wir auch hier bei der Prüfung des Arguments im Fehlerfalle sowohl den erwarteten als auch den gefundenen Wert ausgeben. Sollte dieser Fehler auftreten, erleichtern die konkreten Werte, die dazu geführt haben, die Fehlersuche erheblich.

Der Destruktor ist klar und bedarf keiner weiteren Erläuterung:

```
//-------------------------------------------------------------
//          dtor
//
FixedArray::~FixedArray()
{
  delete[] mWert;
}
```

📖📖 Zugriff auf die Elemente

Zum Zugriff auf Feldelemente verwenden wir operator []. Folgendes Listing zeigt die Deklarationen:

```
//-------------------------------------------------------------
//          FixedArray
//
class FixedArray
{
public:

  //--Zugriff ------------------------------------------------
  //
        int& operator [] ( int );           // #1
  const int& operator [] ( int ) const;     // #2

  /* ... weitere Mitglieder FixedArray ... */
}; // FixedArray
```

Beachten Sie bitte, dass wir hier zwei Operatorfunktionen deklariert haben: die eine ist eine konstante Mitgliedsfunktion, die andere nicht[185]. Variante #1 wird für nicht-konstante Objekte aufgerufen, Variante #2 für konstante Objekte:

```
        FixedArray fa1( 5 );
const FixedArray fa2( 5 );

int i1 = fa1[ 0 ];              // Aufruf #1
int i2 = fa2[ 0 ];              // Aufruf #2
```

Durch die Deklaration des Rückgabetyps von Variante #2 als Referenz auf const wird sichergestellt, dass die Elemente von konstanten FixedArray-Objekten nicht geändert werden können:

```
fa1[ 0 ] = 1;                   // OK        (Aufruf #1)
fa2[ 0 ] = 1;                   // Fehler!   (Aufruf #2)
```

Der wesentliche Unterschied der beiden Varianten ist also der Rückgabetyp: die konstante Mitgliedsfunktion liefert eine Referenz auf const, damit wird die *const-correctness* sichergestellt.

Die Implementierung der beiden Varianten ist dagegen identisch:

```
//-----------------------------------------------------------------
//        op []
//
int& FixedArray::operator [] ( int aIndex )
{
  if ( aIndex < 0 || aIndex >= mDim )
  {
    cerr << "index " << aIndex << " ungültig! " << endl;
    exit( 1 );
  }

  return mWert[ aIndex ];
} // op =
//-----------------------------------------------------------------
//        op []
//
const int& FixedArray::operator [] ( int aIndex ) const
{
  if ( aIndex < 0 || aIndex >= mDim )
  {
    cerr << "index " << aIndex << " ungültig! " << endl;
    exit( 1 );
  }

  return mWert[ aIndex ];
} // op =
```

---

[185] Das *Überladen aufgrund von const* haben wir in Kapitel 15 (Überladen von Funktionen) besprochen.

Übung 27-2:

Die beiden Operatorfunktionen sind absolut identisch implementiert. Gibt es eine Möglichkeit, eine einzelne (Mitglieds-)funktion zu implementieren und die beiden Operatorfunktionen mit ihrer Hilfe als „Einzeiler" zu formulieren?

📖📖 Vergleich

Zum Vergleichen von `FixedArray`-Objekten implementieren wir eine Funktion `isEqual` sowie die zugehörigen Operatoren `==` und `!=`:

```
//------------------------------------------------------------
//         FixedArray
//
class FixedArray
{
public:

    //--Vergleich -----------------------------------------------
    //
    friend bool isEqual( const FixedArray&, const FixedArray& );
    friend bool operator == ( const FixedArray&, const FixedArray& );
    friend bool operator != ( const FixedArray&, const FixedArray& );

    /* ... weitere Mitglieder FixedArray ... */
}; // FixedArray
```

Die Funktionen sind nicht als Mitgliedsfunktionen, sondern global ausgeführt, da es sich um symmetrische Operatoren handelt. Dies ermöglicht bei Bedarf die implizite Typwandlung auch des ersten Parameters – allerdings ist diese Typwandlung für `FixedArray` nicht erwünscht und durch die Deklaration des Konstruktors als `explicit` auch nicht möglich. Trotzdem behalten wir aus Konsistenzgründen zu anderen Klassen, bei denen die implizite Konvertierung des ersten Parameters evtl. mehr Sinn macht, die Formulierung als globale Funktion bei.

Übung 27-3:

Formulieren Sie die Funktionen übungshalber auch als Mitgliedsfunktionen. Gibt es einen Unterschied im Aufruf?

Die Implementierung vergleicht wie erwartet die Feldelemente miteinander:

```
//------------------------------------------------------------------
//        isEqual
//
bool isEqual( const FixedArray& lhs, const FixedArray& rhs )
{
   if ( lhs.mDim != rhs.mDim )
     return false;           // Felder ungleicher Dimension sind nie gleich

   for ( int i=0; i<lhs.mDim; i++ )
     if ( lhs.mWert[i] != rhs.mWert[i] )
       return false;

   return true;
} // isEqual
//------------------------------------------------------------------
//        op==, !=
//
inline bool operator == ( const FixedArray& lhs, const FixedArray& rhs )
{
   return isEqual( lhs, rhs );
}

inline bool operator != ( const FixedArray& lhs, const FixedArray& rhs )
{
   return !isEqual( lhs, rhs );
}
```

Beachten Sie bitte, dass wir hier für die Namensgebung der Argument eine Ausnahme gemacht haben: Die Namen beginnen nicht mit a, heißen also nicht aLhs und aRhs, sondern lhs und rhs. Der Grund ist, dass für symmetrische Operatoren (und im erweiterten Sinne auch für Funktionen wie isEqual) die Kürzel lhs und rhs feste Bedeutungen haben, nämlich *left hand side* bzw. *right hand side (of the expression)* – zu deutsch etwa: *linke Seite* bzw. *rechte Seite* des Ausdrucks.

📖📖 Gleichheit und Identität

Die Funktion isEqual sowie die Operatoren == und != vergleichen zwei Objekte auf Gleichheit. Gleichheit haben wir für FixedArray definiert als: „Gleiche Anzahl von Elementen und alle Elemente sind gleich". In diesem Sinne sind die beiden folgenden Objekte feld1 und feld2 *gleich*:

```
FixedArray feld1( 5 );
FixedArray feld2( feld1 );
```

feld1 und feld2 sind jedoch nicht *identisch* – denn es handelt sich um zwei verschiedene Objekte. Identitätsbetrachtungen sind daher nur im Zusammenhang mit Verweisen sinnvoll.

In einer Funktion f mit der Deklaration

```
void f( FixedArray& lhs, FixedArray& rhs );
```

können lhs und rhs zwei unterschiedliche oder das gleiche Objekt referenzieren. Dies kann anhand der Adressen festgestellt werden:

```
if ( &lhs == &rhs ) ...          // Vergleich auch Identität
```

Sind die Adressen gleich, referenzieren beide Verweise ein- und dasselbe Objekt: dann handelt es sich um *Identität*. Identische Objekte sind immer auch gleich[186]: Aus

```
&lhs == &rhs                     // Test auf Identität
```

folgt

```
lhs == rhs                       // Test auf Gleichheit
```

Umgekehrt gilt dies natürlich nicht: Gleiche Objekte müssen nicht unbedingt identisch sein.

Übung 27-4:

Im Zuweisungsoperator wird geprüft, ob eine Zuweisung auf sich selbst erfolgen soll. Dazu wird eine Identitätsprüfung durchgeführt – bei Objektidentität wird die Zuweisung ignoriert.

Untersuchen Sie, ob es Sinn macht, vor der eigentlichen Zuweisung auch auf Gleichheit zu prüfen, denn auch dann kann die Zuweisung ja auch ignoriert werden.

---

[186] Dies gilt für alle fundamentalen Typen. Für eigene Klassen sollte ein explizit programmierter Vergleichsoperator bei einem Vergleich mit dem eigenen Objekt ebenfalls *true* ergeben – alles andere wäre höchst merkwürdig.

📖📖 Sonstige Funktionen

Um Ausgabeanweisungen bequem formulieren zu können, implementieren wir die Wandlungsfunktion `toString`, die eine lesbare Repräsentation eines `FixedArray`-Objekts erzeugt:

```
//-------------------------------------------------------------------
//          FixedArray
//
class FixedArray
{
public:

  //--Konvertierungen ------------------------------------------------
  //
  string toString() const;

  /* ... weitere Mitglieder FixedArray ... */
}; // FixedArray


//-------------------------------------------------------------------
//          toString
//
string FixedArray::toString() const
{
  string result = "( ";
  for ( int i=0; i<mDim; i++ )
  {
    char buf[ 16 ];
    sprintf( buf, "%d ", mWert[i] );
    result.append( buf );
  }
  result.append( " )" );

  return result;
} // toString
```

Prinzipiell wäre es möglich, Wandlungsoperatoren zur Schreibvereinfachung zu definieren, die beiden hier in Frage kommenden Wandlungen bringen jedoch nicht den gewünschten Erfolg:

❏ `operator const char*` benötigt einen Speicherbereich, auf den er einen Zeiger zurückliefern kann. Wir haben in Kapitel 28 (Typwandlungen[187]) festgestellt, dass dies schwierig bzw. zu ressourcenaufwändig ist und den Aufwand nicht rechtfertigt.

---

[187] Seite 584

❑ operator string hat das Speicherproblem nicht, in Anweisungen wie

```
FixedArray fa( 5 );
cout << fa << endl;          // Fehler!
```

wird die Konvertierung zu string jedoch trotzdem nicht implizit aufgerufen. Ein operator string wäre daher nutzlos. Möglich bleibt also die Notation

```
cout << fa.toString() << endl;  // OK
```

Die C++ - Streams sind erweiterbar angelegt. Dies bedeutet auch, dass Ausgabeoperatoren für eigene Klassen definiert werden können. Mit einem entsprechend überladenen Operator << für FixedArray ist die Notation

```
cout << fa << endl;          // OK mit überlademnem Operator <<
```

möglich[188].

📖📖 Testkonzept und Beispiele

Wie immer bei der Entwicklung neuer Software sollte man immer gleich parallel einige Testroutinen entwerfen, um die Funktionalität verifizieren zu können. Folgendes Listing zeigt einige einfache Tests:

```
//------------------------------------------------------------------
//       testFixedArray
//
void testFixedArray()
{
  FixedArray fa( 5 );

  {
    //-- Besetzung des Feldes
    //
    for ( int i=0; i<5; i++ )
      fa[i] = i*i;
  }
```

---

[188] Streams als Teil der Standardbibliothek werden z.B. in [Aupperle2003], [Josuttis1999] oder [Stroustrup1999] behandelt.

```
{
  //-- Ausgabe mit expliziter Schleife
  //
  for ( int i=0; i<5; i++ )
    cout << fa[i] << " ";
  cout << endl;
}

{
  //-- Ausgabe über Konvertierungsfunktion
  //
  cout << fa.toString() << endl;
}

} // testFixedArray
```

Die Ausführung zeigt das erwartete Ergebnis:

```
0 1 4 9 16
( 0 1 4 9 16 )
```

Dieser (einfache) Test hat zwei wesentliche Eigenschaften:

❑ es wird eine genau definierte Teilfunktionalität der Klasse durch Aufruf getestet (hier der Konstruktor sowie `operator []` und die Funktion `toString`).

❑ die Verifikation erfolgt durch manuelle Kontrolle der Ausgabe.

Die Tests können durch Hinzufügen weiterer Testfälle komplettiert werden, bis alle Leistungen der Klasse evtl. mit unterschiedlichen Wertekombinationen berücksichtigt worden sind.

Übung 27-5:

Welche Funktionalität bietet `FixedArray` *darüber hinaus? Entwerfen Sie entsprechende Testfälle. Können die Sicherheitsmechanismen der Klasse (z.B. Prüfung auf korrekten Index) ebenfalls getestet werden?*

Der zweite Punkt aus obiger Liste ist unangenehm: verhindert er doch den *automatischen* Test der Klasse. Eine solche Automatik wäre z.B. nützlich, wenn im Zuge der Wartung Eigenschaften der Klasse verändert werden. Der Aufruf einer (evtl. längeren) Testfunktion kostet nicht viel, und zeigt im Ergebnis, ob die vom Benutzer erwartete Funktionalität unverändert korrekt geblieben ist.

Ein Ansatz zur Erreichung dieses Zieles ist der Vergleich des gelieferten Ergebnisses mit dem erwarteten Wert. Folgendes Listing skizziert diesen Weg:

```
//-------------------------------------------------------------
//       autoTestFixedArray
//
void autoTestFixedArray()
{
  FixedArray fa( 5 );

  {
    //-- Besetzung des Feldes
    //
    for ( int i=0; i<5; i++ )
      fa[i] = i*i;
  }

  if ( fa[0] != 0 )
    cout << "Feldelement #0 hat falschen Wert!" << endl;

  if ( fa[1] != 1 )
    cout << "Feldelement #1 hat falschen Wert!" << endl;

  /* ... weitere Tests */

} // autoTestFixedArray
```

Niemand wird in der Praxis wirklich solche Tests schreiben. Oft drängt der Abgabetermin, und Probleme der Korrektheit interessieren zunächst eher weniger. Man lässt lieber das Produkt mit Live-Daten laufen und korrigiert evtl. auftretende Fehler.

Die Formulierung der Tests ist zugegebenermaßen auch nicht besonders interessant. Man kann sich allerdings durch Formulierung geeigneter Hilfen das Leben erleichtern. Ein Rahmenprogramm, dass die Teste ausführt und die Ergebnisse grafisch (oder farblich) anzeigt, gehört ebenfalls dazu. Wir kommen in [Aupperle 2003]noch einmal auf die Korrektheitsproblematik und die damit zusammen hängende Testproblematik zurück. Wir stellen dann auch ein einfaches Tool vor, das die Formulierung solcher Tests vereinfacht und die Steuerung der Testfälle übernimmt.

28 Fallstudie Wiederverwendung I: Klasse NamedFractInt

Das Sprachmittel der Vererbung ermöglicht die Wiederverwendung vorhandener Klassen zur Definition von neuen Klassen – dies ist eine Möglichkeit, das vielgepriesene Ziel der Softwarewiederverwendung zu implementieren. Wir zeigen die Anwendung hier an einem Fallbeispiel.

Die Aufgabenstellung

Für ein konkretes Projekt benötigen wir die Möglichkeit, mit Brüchen rechnen zu können. Die Klasse FractInt bietet sich an, jedoch stellt sich die vorhandene Funktionalität als nicht ausreichend heraus. Konkret benötigen wir eine Möglichkeit, Objekte mit Namen versehen zu können. Der Name eines Objekts soll dabei in einem einfachen Datenmitglied vom Typ string gehalten werden.

Wir gehen im folgenden davon aus, dass die Klasse FractInt vollständig implementiert ist, also z.B. mit allen arithmetischen Operatoren, Ausgabefunktionen etc. Evtl. ist die Klasse Bestandteil einer Bibliothek zur numerischen Datenverarbeitung, die wir zu unserem Projekt hinzugenommen haben. Es bleibt also die Aufgabe, FractInt um die Möglichkeit zur Führung eines Namens zu erweitern.

Der Entwickler der Numerikbibliothek hat eine solche Anforderung nicht vorhersehen können und deshalb auch keine Vorkehrungen zur Implementierung von namenbehafteten Objekten treffen können. Trotzdem gelingt es uns, in unserem Programm mit unseren eigenen, entsprechend erweiterten FractInt-Objekten zu arbeiten und gleichzeitig die Funktionalität der Bibliothek zu nutzen.

Wir beschränken uns der Einfachheit halber auf eine einzige Funktionalität der Klasse FractInt, nämlich den Operator +=, der eine ganze Zahl zu einem Bruch addieren soll. Die Überlegungen zur Software-Wiederverwendung in diesem Kapitel gelten natürlich für alle anderen Mitgliedsfunktionen der Klasse analog.

⌨⌨ Die vorhandene Klasse FractInt

Der Bibliotheksimplementierer hat die Klasse `FractInt` folgendermaßen definiert:

```
//--------------------------------------------------------------------
//        FractInt
//
class FractInt
{
public:
  FractInt( int aZaehler, int aNenner = 1 );

  //-- Arithmetische Operationen
  //
  FractInt& operator += ( int );

  friend FractInt operator + ( const FractInt&, const FractInt& );


  //-- liefert den Wert den Objekts als double
  //
  operator double() const;

  /* ... weitere Mitglieder von FractInt */

private:
  int mZaehler, mNenner;
};
```

Beachten Sie bitte, dass `FractInt` weder Kopierkonstruktor, Zuweisungsoperator noch Destruktor benötigt, da die implizit generierten Versionen dieser Funktionen das Richtige tun.

Mit `FractInt` kann man nun z.B. die folgenden Anweisungen schreiben:

```
FractInt fr( 3, 5 );
fr += 2;
```

⌨⌨ Die Ableitung NamedFractInt

Um unseren Brüchen Namen geben zu können, bilden wir eine Ableitung von `FractInt`:

```
//--------------------------------------------------------------------
//        NamedFractInt
//
class NamedFractInt : public FractInt
{
public:
  NamedFractInt( string aName, int aZaehler, int aNenner = 1 );

  operator string() const;  //-- liefert den Namen des Objekts

  /* ... weitere Mitglieder von NamedFractInt */

private:
  string mName;
};
```

Übung 28-1:

Implementieren Sie den Konstruktor der Klasse sowie den Operator `string`.

Nun kann man analog zu obigem Beispiel

```
NamedFractInt fr( "Objekt Nr. 1", 3, 5 );
fr += 2;
```

schreiben.

Dies ist möglich, da die Mitglieder der Basisklasse `FractInt` (und dazu gehören auch die Operatorfunktionen) an die Ableitung `NamedFractInt` vererbt werden. Zusätzlich ist nun auch z.B.

```
string name = fr;
```

möglich.

Wir haben also auf einfache Weise unser Ziel erreicht: Durch eine öffentliche Ableitung können wir mit unserer eigenen Klasse `NamedFractInt` arbeiten und trotzdem die Funktionalität der Basisklasse `FractInt` nutzen. Dies zeigt deutlich den Aspekt der Wiederverwendung, der durch die Ableitungstechnik möglich gemacht wird[189].

◫◫ Einige Probleme

Es sei allerdings nicht verschwiegen, dass die vorgestellte Lösung auch einige Probleme beinhaltet. Die Schwierigkeiten treten prinzipiell bei jeder Erweiterung einer vorhandenen Klasse durch eine Ableitung auf. Glücklicherweise gibt es für die meisten Probleme eine Standardlösung.

◫ Basisklassentyp vs. Ableitungstyp

Das Hauptproblem ist, dass der Ergebnistyp der Funktionen und Operatoren aus `FractInt` natürlich immer `FractInt` ist. In unserem Programm benötigen wir jedoch `NamedFractInt`-Objekte. Aus die-

---

[189] Ein weiterer Aspekt ist die Möglichkeit zum Polymorphismus. Wir kommen in den nächsten Kapiteln auf diese Verwendung der Ableitungstechnik zurück.

sem Grund funktionieren Anweisungen wie z.B. in einer (neu zu erstellenden) Funktion

```
NamedFractInt addTwo( NamedFractInt aObj )
{
   return aObj += 2;                    // Fehler!
}
```

nicht – der Additionsoperator liefert ein Ergebnis vom Typ `FractInt&`, benötigt wird jedoch für die Funktionsrückgabe ein Objekt vom Typ `NamedFractInt`.

In diesem (speziellen) Fall ist eine Typwandlung möglich – aObj ist ja vom Typ `NamedFractInt` und kann deshalb wieder dorthin zurückgewandelt werden. Die Funktion kann daher als

```
NamedFractInt addTwo( NamedFractInt aObj )
{
   return static_cast<NamedFractInt&>( aObj += 2 );
}
```

implementiert werden.

Die Wandlung erfolgt zum Typ `NamedFractInt&` und nicht zu `NamedFractInt`, wie es der Rückgabetyp eigentlich verlangt. Eine Wandlung von der Basisklasse zur Ableitung kann nur mit Hilfe von Verweisen (Zeigern oder Referenzen) erfolgen – nie mit Objekten selber. Allerdings kann die Initialisierung eines Typs T mit einem Typ T& erfolgen – und genau dies passiert hier bei der Rückgabe des Ergebnisses.

📖 Delegationsfunktionen

Benötigt man solche Konstruktionen öfter, kann die Bereitstellung eines eigenen Additionsoperators mit dem „richtigen" Ergebnistyp in der Ableitung die Lösung sein:

```
//-------------------------------------------------------------------
//       NamedFractInt
//
class NamedFractInt : public FractInt
{
public:
   //-- Reimplementierte Funktionalität aus der Basisklasse
   //
   NamedFractInt& operator += ( int );

   /* ... weitere Mitglieder NamedFractInt */
};
```

Die Implementierung delegiert selbstverständlich die eigentliche Rechnung an die Basisklasse. Sie wandelt lediglich den Ergebnistyp:

```
inline NamedFractInt& NamedFractInt::operator += ( int aValue )
{
  return static_cast<NamedFractInt&>( FractInt::operator += ( aValue ));
}
```

Beachten Sie bitte, dass die Typwandlung von einem Typ A& zu einer Ableitung B& keinerlei Resourcen (Rechenzeit oder Speicher) benötigt[190]. Die Hinzunahme eines eigenen Additionsoperators dient daher nur der Schreibvereinfachung für Arbeiten mit der Ableitung – denn nun kann man tatsächlich

```
NamedFractInt addTwo( NamedFractInt aObj )
{
  return aObj += 2;      // OK
}
```

schreiben.

Da die Funktion in der Ableitung keine eigene zusätzliche Funktionalität implementiert, sondern sich für die eigentliche Arbeit auf die Basisklassenversion verlässt, spricht man auch von einer *Delegationsfunktion*.

Übung 28-2:

Eine weitere gängige Lösung verwendet einen speziellen Konstruktor in der Ableitung:

```
class NamedFractInt : public FractInt
{
public:
  NamedFractInt( string aName, int aZaehler, int aNenner = 1 );
  NamedFractInt( const FractInt& );

  /* ... weitere Mitglieder von NamedFractInt */
};
```

Dieser Wandlungskonstruktor wandelt vom Typ FractInt *zum Typ* NamedFractInt. *Implementieren Sie den Konstruktor und formulieren Sie die Funktion* addTwo *unter Berücksichtigung der neuen Wandlungsmöglichkeit. Vergleichen Sie die beiden Lösungsansätze.*

---

[190] genau genommen sofern es sich nicht um Mehrfachvererbung handelt, selbst dann ist der Aufwand jedoch vernachlässigbar.

📖 Slicing

Ein weiteres Problem der Ableitung `NamedFractInt` ist, dass Kopier-operationen, die Bibliotheksfunktionen durchführen, natürlich nur den Basisklassenanteil berücksichtigen (*slicing*). Als Beispiel betrachten wir operator +, der ja ein neues Objekt aus seinen Argumenten konstruiert:

```
//-----------------------------------------------------------------
//        FractInt
//
class FractInt
{
   friend FractInt operator + ( const FractInt&, const FractInt& );

   /* ... weitere Mitglieder von FractInt */
};
```

Die Implementierung verwendet das aus der Schulmathematik bekannte „kreuzweise multiplizieren" zur Addition von Brüchen:

```
FractInt operator + ( const FractInt& lhs, const FractInt& rhs )
{
   return FractInt( lhs.mZaehler*rhs.mNenner, lhs.mNenner*rhs.mZaehler );
}
```

Die Problematik tritt nun wieder in Anweisungen wie z.B. in

```
NamedFractInt fr1( "Objekt Nr. 1", 3, 5 );
NamedFractInt fr2( "Objekt Nr. 2", 2, 1 );

NamedFractInt fr3 = fr1 + fr2;                    // Fehler!
```

zu Tage: die Addition liefert ein Objekt vom Typ `FractInt`, benötigt wird aber `NamedFractInt`. Besitzt `NamedFractInt` einen Wandlungskonstruktor (so wie in der letzten Übung implementiert), kann die Wandlung implizit ablaufen, allerdings bleibt das Mitglied `mName` dann unbesetzt.

Die bessere Lösung verwendet wiederum eine eigene Funktion in der Ableitung:

```
//-----------------------------------------------------------------
//        NamedFractInt
//
class NamedFractInt : public FractInt
{
public:
   //-- Reimplementierte Funktionalität aus der Basisklasse
   //
   friend NamedFractInt operator + ( const NamedFractInt&, const NamedFractInt& );

   /* ... weitere Mitglieder von NamedFractInt */
};
```

Die Implementierung delegiert wieder die eigentliche Addition an die Basisklasse und konvertiert dann das Ergebnis:

```
NamedFractInt operator + ( const NamedFractInt& lhs, const NamedFractInt& rhs )
{
   FractInt result = static_cast<const FractInt&>(lhs)
                   + static_cast<const FractInt&>(rhs);

   return NamedFractInt( lhs.mName + rhs.mName, result.mZaehler, result.mNenner );
}
```

Hier wird also zunächst die eigentliche Addition mit Hilfe der Basisklassenfunktionalität durchgeführt: result ist vom Typ `FractInt`, die Addition erfolgt mit `FractInt`-Objekten. Dazu ist eine explizite Wandlung erforderlich, denn die Argumente sind ja vom Typ `NamedFractInt`.

Übung 28-3:

Was passiert, wenn auf den expliziten cast verzichtet wird?

```
NamedFractInt operator + ( const NamedFractInt& lhs, const NamedFractInt& rhs )
{
   FractInt result = lhs + rhs;           // ohne explizite Typwandlung

   /* ... weitere Funktionalität ... */
}
```

In einem zweiten Schritt konstruieren wir ein Ergebnisobjekt vom richtigen Typ, das aus der Funktion zurückgegeben werden kann. Eine einfache Wandlung von `result` hin zum Typ `NamedFractInt` ist nicht erlaubt: die Wandlung von der Basisklasse zur Ableitung ist nur für Verweise (Zeiger bzw. Referenzen) möglich. Es ist daher erforderlich, ein eigenes Objekt zu definieren und dies mit den Elementen des Basisklassenobjekts zu initialisieren. Dabei geben wir auch gleich einen geeigneten Namen an:

```
NamedFractInt( lhs.mName + rhs.mName, result.mZaehler, result.mNenner )
```

Das Datenmitglied `mName` ist vom Typ `string`, für den ein eigener Additionsoperator definiert ist. Er verbindet einfach seine Argumente zu einem neuen String.

Hier handelt es sich nicht mehr um eine reine Delegationsfunktion, da die Anforderungen der Ableitung (nämlich die Führung von Namen zu Objekten) explizit berücksichtigt werden müssen. Operator + ist dafür ein Beispiel für eine typische Implementierung einer abgeleiteten Funktion: zur Bearbeitung der Basisklassenanteile wird die Basisklassenversion der Funktion aufgerufen, in einem zweiten Schritt werden die eigenen Daten bearbeitet.

Übung 28-4:

Die Lösung benötigt den Zugriff auf die Mitglieder mZaehler *und* mNenner *des* result-*Objekts. Diese müssen daher öffentlich deklariert sein.*

Ergänzen Sie FractInt *um entsprechende* get-*Funktionen, so dass die Datenmitglieder privat bleiben können. Ändern Sie die Implementierung des Operators +* für NamedFractInt *entsprechend ab.*

Übung 28-5:

Als Alternative kann NamedFractInt *mit einem weiteren Konstruktor der Form*

```
NamedFractInt( string aName, const FractInt& );
```

ausgerüstet werden. Implementieren Sie diesen Konstruktor und formulieren Sie Operator + für NamedFractInt *mit Hilfe des neuen Konstruktors.*

📖📖 Einige weitere Überlegungen

Unsere Klasse `NamedFractInt` ist nur eine einfache Ableitung der Klasse `FractInt`. Wir haben keine weiteren Anforderungen an die zusätzliche Funktionalität der Ableitung gestellt: lediglich ein weiteres Datenmitglied ist hinzugekommen.

In der Praxis treten jedoch meist kompliziertere Fälle auf. Oft ist die neu hinzuzunehmende Funktionalität stark projektspezifisch und damit wenig allgemeingültig. Als Beispiel könnte man z.B. annehmen, dass die Namen für Objekte speziellen Regeln gehorchen müssen, und das diese Regeln natürlich beim Setzen von Namen überprüft werden müssen. Eine weitere Forderung könnte sein, dass alle Objekte an einer zentralen Stelle angemeldet werden müssen. Es wäre dann z.B. möglich, jederzeit eine Liste mit Namen aller existierenden Objekte auszugeben. Eine solche Liste könnte z.B. bei der Suche nach Speicherlecks eine wertvolle Hilfe sein.

Natürlich wäre es möglich, jede Ableitung einzeln mit der erforderlichen Funktionalität auszustatten. Normalerweise werden solche Dinge jedoch in einer Klasse gekapselt, die von allen Programmierern im Team zu verwenden ist. Aus solchen Anforderungen folgt schnell die Notwendigkeit zur Mehrfachvererbung – im nächsten Kapitel werden wir genau diese Situation etwas genauer untersuchen.

29 Fallstudie Wiederverwendung II: Mehrfachableitung

Oft besteht die Aufgabe in der Praxis darin, die Funktionalität einer Basisklasse zu erweitern, allerdings ist die neue Funktionalität ihrerseits bereits in Form einer Klasse vorhanden. Mehrfachvererbung ermöglicht genau dies: die Konstruktion von Ableitungen aus mehreren Basisklassen.

Die Aufgabenstellung

Wir befassen uns hier erneut mit der Aufgabenstellung aus dem letzten Kapitel, nämlich der Erweiterung unserer existierenden Klasse `FractInt` um zusätzliche Funktionen, die in einem fiktiven Projekt benötigt werden. Im Gegensatz zum letzten Kapitel soll hier allerdings die Funktionalität bereits in Form einer weiteren Klasse bereitstehen. Wir betrachten zuerst die Klasse `NamedObjectBase` und untersuchen dann, wie wir `FractInt` und `NamedObjectBase` zu `NamedFractInt` kombinieren können.

Objekte mit Namen

Eine immer wiederkehrende Aufgabenstellung ist es, Objekte mit Namen versehen zu können. Im letzten Kapitel haben wir eine einfache Lösung dazu vorgestellt: Wir haben eine Ableitung gebildet und diese mit einem `string`-Datenmitglied ausgerüstet, das den Objektnamen enthält.

Eine weitere Anforderung ist oft, alle (größeren) Objekte in einem Programm zu „kennen". Praktisch implementiert man dies, indem man Zeiger auf diese Objekte in einem Container (z.B. einem Feld) führt. Man kann so alle Objekte eines Programms von einer Stelle aus erreichen. Eine Anwendung eines solchen zentralen Speichers könnte sein, eine Liste mit Namen aller Objekte auszugeben.

Eine solche Anforderung wird in der Praxis um so einfacher durchzusetzen sein, je weniger Arbeit die Programmierer des Projektteams mit der Implementierung haben. Am besten wäre es natürlich, wenn sie überhaupt keine eigenen Aktionen durchführen müssten, um die Objekte ihrer Klassen mit der neuen Funktionalität auszustatten. Wir werden sehen, dass dies im Wesentlichen gelingen kann – eine Ausnahme bildet evtl. das Erzeugen von Objekten: hier können zusätzliche Parameter (also z.B. der Objektname) erforderlich sein.

▭▭ Die Klasse NamedObjectBase

Wir haben also zwei Aufgaben, die jedes größere Objekt unseres Anwendungsprogramms durchführen muss:

❑ Die Führung eines Namens

❑ Die Registrierung bzw. Deregistrierung an einer zentralen Stelle.

Wir lösen das Problem, indem wir die erforderlich Funktionalität in eine eigene Klasse kapseln und die Klassen des eigentlichen Programms davon ableiten lassen.

```
//-----------------------------------------------------------------
//        NamedObjectBase
//
class NamedObjectBase
{
protected:
   //-- Name eines Objekts.
   //   1. Muss systemweit eindeutig sein
   //   2. Muss mindestens 3, höchtens 128 Zeichen haben
   //
   NamedObjectBase( string aName );
   ~NamedObjectBase();

public:
   //-- liefert den Objektnamen
   //
   string getObjectName() const;

protected:
   string mName;

}; // NamedObjectBase
```

▭ Die Führung des Namens

NamedObjectBase besitzt das Datenmitglied mName vom Typ string, das den Objektnamen aufnehmen wird. Das Datenmitglied ist geschützt deklariert, damit eine Ableitung auf ihren eigenen Namen zugreifen kann, nicht jedoch Code von außerhalb des Objekts. Zum Lesen des Namens steht die Funktion getObjectName zur Verfügung.

Beachten Sie bitte, dass wir die Klasse NamedObjectBase zum Zwecke der Ableitung definieren, nicht um Objekte davon zu bilden. Die Funktion zum Lesen des Objektnamens sollte daher nicht einfach z.B. getName heißen: die Wahrscheinlichkeit, dass eine Ableitung eine Funktion dieses Namens selber deklarieren möchte, ist hoch (z.B. eine Klasse zur Repräsentation von Personen). Die daraus entstehenden Namenskonflikte müssen manuell (d.h. durch explizite Qualifizierung) gelöst werden. Es ist daher sinnvoll, in der Basisklasse möglichst „seltene" Namen zu verwenden: getObjectName ist zwar etwas länger, dafür jedoch (hoffentlich) immer eindeutig. Grundsätzlich sollten Basisklassen *keine* Einschränkungen für die Namensgebung in Ableitungen verursachen.

Registrierung und Deregistrierung

Objekte unseres Anwendungsprogramms sollen sich bei ihrer Erzeugung automatisch bei einer zentralen Stelle anmelden und bei ihrer Zerstörung von dort wieder abmelden. Den entsprechenden Code dazu platzieren wir im Konstruktor bzw. Destruktor unserer Basisklasse.

Wir machen hier davon Gebrauch, dass Konstruktoren und Destruktoren von Basisklassen immer aufgerufen werden – die Ableitung braucht dies nicht einmal explizit codieren. Im Falle des Konstruktors gilt dies allerdings nur, wenn der Konstruktor der Standardkonstruktor ist – hier wollen wir jedoch einen zusätzlichen Parameter übergeben, so dass ein Standardkonstruktor nicht in Frage kommt.

Die zentrale Stelle, bei der sich die Objekte registrieren, wird durch ein Feld von Zeigern implementiert. Da wir die Anzahl der Objekte nicht von vornherein kennen, kommt ein Feld mit fester Größe nicht in Betracht. Wir verwenden deshalb ein Feld, das seine Größe automatisch anpassen kann, einen sogenannten *Vektor*. Die Standardbibliothek bietet dazu die Schablone vector, die genau dies leistet. Die folgende Anweisung definiert ein globales Objekt gObjects als Feld variabler Größe zur Aufnahme von Zeigern des Typs NamedObject-Base*:

```
vector<NamedObjectBase*> gObjects;
```

Die spitzen Klammern bestimmen den Typ der Elemente des Vektors. Wir kommen auf die Syntax in Kapitel 35 bei der Besprechung der Schablonen zurück.

Der Konstruktor führt die geforderten Prüfungen durch und trägt einen Verweis auf das eigene Objekt in den Vektor ein:

```
//-------------------------------------------------------------------
//         ctor
//
NamedObjectBase::NamedObjectBase( string aName )

    : mName( aName )
{

  //-- Prüfung auf Namenskonvention
  //
  int l = aName.length();
  if ( l<3 || l>128 )
  {
     cout << "{" << mName << "}: Objektname muss mindestens 3 und darf höchstens"
                    " 128 Zeichen lang sein!" << endl;
     exit( 1 );
  }

  //-- Prüfung auf Eindeutigkeit
  //
  for ( int i=0; i<gObjects.size(); i++ )
  {
     NamedObjectBase* p = gObjects[i];
     if ( p-> mName == mName )
     {
        cout << "{" << mName << "}: Objektname ist bereits registriert" << endl;
        exit( 1 );
     }
  }

  //-- OK - Objektname ist gültig. Eintragen in den vector
  //
  gObjects.push_back( this );
} // ctor
```

Angenehm ist, dass man auf die Elemente eines Vektors in der gewohnten Feldnotation zugreifen kann:

```
NamedObjectBase* p = gObjects[i]; // Zugriff auf Feldelement mit Index i
```

Die Schablone `vector` hat dazu den Operator `[]` überladen. Etwas gewöhnungsbedürftig ist allerdings der Funktionsname für das Anhängen von Elementen:

```
gObjects.push_back( this ); // Anhängen hinter das letzte Element des Vektors
```

Die Funktion `push_back` fügt das übergebene Element (hier also einen Zeiger auf das eigene Objekt) hinter dem letzten Element des Vektors ein. Reicht der allokierte Speicherplatz nicht aus, führt `vector` automatisch eine Reallokation durch, d.h. die Schablone fordert einen größeren Speicherblock an und kopiert die bestehenden Elemente aus dem alten Block in den neuen. Der neue Speicherblock wird „ausreichend groß" gewählt[191], so dass weitere Einfügeoperationen zunächst ohne Reallokation auskommen.

Analog entfernt der Destruktor den registrierten Zeiger wieder, er trägt also das Objekt aus dem Vektor aus:

```
//------------------------------------------------------------------
//        dtor
//
NamedObjectBase::~NamedObjectBase()
{

  //-- Suchen des Objekts
  //
  for ( int i=0; i<gObjects.size(); i++ )
  {
    NamedObjectBase* p = gObjects[i];
    if ( p == this )
    {
      gObjects.erase( gObjects.begin()+i );
      break;
    }
  }
} // dtor
```

Zum Entfernen eines Elements stellt vector die Funktion erase zur Verfügung. Die Funktion schiebt nachfolgende Elemente nach vorne, so dass keine Lücken entstehen. Eine Reallokation wird nicht durchgeführt.

Leider arbeitet erase nicht mit einem Index, sondern benötigt einen sog. *Iterator.* Iteratoren sind eng verbunden mit den Containern der Standardbibliothek und werden hier nicht näher erläutert. Für Vektoren gibt es jedoch die Möglichkeit, aus einem Index einen geeigneten Iterator zu bilden. Diese Möglichkeit nutzen wir beim Löschen eines Elementes aus:

```
gObjects.erase( gObjects.begin()+i );
```

Die Funktion begin liefert einen Iterator, der auf das erste Element des Vektors zeigt. Glücklicherweise unterstützen die Vektor-Iteratoren Arithmetik, so dass man einfach den Index addieren kann.

Die obige Schleife zum Auffinden eines Elementes in einem Vektor ist explizit programmiert: wir betrachten nacheinander jedes Element, bis eine Übereinstimmung gefunden oder das Feld vollständig durchlaufen wurde. Die Suche in Containern nach Objekten, die bestimmte Bedingungen erfüllen ist eine Standardaufgabe in der Programmie-

---

191 Normalerweise wird ein neuer Block doppelt so groß wie der bestehende Block angefordert.

rung, so dass die Standardbibliothek hier vorgefertigte Routinen bereitstellt.

In modernem C++ schreibt man den Destruktor besser folgendermaßen:

```
//------------------------------------------------------------------
//        dtor
//
NamedObjectBase::~NamedObjectBase()
{
  vector<NamedObjectBase*>::iterator it =
    find( gObjects.begin(), gObjects.end(), this );

  gObjects.erase( it );

} // dtor
```

Die Schablone find sucht im angegebenen Bereich (hier im gesamten Feld gObjects) nach einem passenden Element (hier mit dem Wert this). Als Ergebnis liefert find nicht einen Index, sondern einen Iterator – diesen können wir in der nächsten Anweisung sofort für den Aufruf von erase verwenden.

Beachten Sie bitte, dass wir hier der Einfachheit halber keine Prüfungen auf Fehler durchführen. In einem professionellen Programm muss man natürlich z.B. damit rechnen, dass die Suche fehlschlägt, obwohl das theoretisch nicht passieren dürfte – dies ist aber gerade die Besonderheit von Fehlern: sie dürften eigentlich in einem korrekten Programm nicht auftreten.

Übung 29-1:

Schreiben Sie eine Funktion, die die Namen aller registrierten Objekte ausgibt. Hinweis: Der NamedObjectBase-*Konstruktor enthält Code, den Sie als Ausgangspunkt verwenden können.*

📖📖 Die Ableitung NamedFractInt

Im konkreten Anwendungsprogramm verwenden wir die Funktionalität von `NamedObjectBase`, indem wir eine Ableitung bilden:

```
//----------------------------------------------------------------
//       NamedFractInt
//
class NamedFractInt : public FractInt, public NamedObjectBase
{
public:
   NamedFractInt( string aName, int aZaehler, int aNenner = 1 );

   //-- Reimplementierte Funktionalität aus der Basisklasse
   //
   NamedFractInt& operator += ( int );

   friend NamedFractInt operator + ( const NamedFractInt&, const NamedFractInt& );

   /* ... weitere Mitglieder von NamedFractInt */
};
```

Auch hier bleibt natürlich die Problematik zwischen dem Typ der Ableitung und dem Typ der Basisklasse bestehen[192], so dass `NamedObjectBase` weiterhin Delegationsfunktionen benötigt. Im Vergleich zur Version im letzten Kapitel kann allerdings das Datenmitglied `mName` wegfallen – dazu verwenden wir ja die Basisklasse `NamedObjectBase`.

Die Mitgliedsfunktionen sind identisch zur Version aus dem letzten Kapitel implementiert, lediglich der Konstruktor ist evtl. einer Erwähnung wert:

```
NamedFractInt::NamedFractInt( std::string aName, int aZaehler, int aNenner )
   : NamedObjectBase( aName )
   , FractInt( aZaehler, aNenner )
{}
```

Der Konstruktor ruft wie üblich die Konstruktoren seiner Basisklassen auf.

---

[192] Dies haben wir im letzten Kapitel erläutert.

📖📖 Ein Beispiel

Wir gehen davon aus, dass eine Funktion `printObjects` zur Ausgabe aller registrierten Objekte bereitsteht (siehe Übung weiter oben). Die Anweisungen

```
NamedFractInt fr1( "Objekt Nr. 1", 3, 5 );
NamedFractInt fr2( "Objekt Nr. 2", 2, 1 );
NamedFractInt fr3 = fr1 + fr2;
printObjects();
```

führen dann zur Ausgabe

```
Objekt mit Name: {Objekt Nr. 1}
Objekt mit Name: {Objekt Nr. 2}
```

Hier fehlt offensichtlich die Ausgabe des Ergebnisobjekts `fr3`!

Die Frage ist also, warum die Konstruktion von `fr3` nicht korrekt notiert wird, schließlich steht der Aufruf des Konstruktors

```
NamedFractInt operator + ( const NamedFractInt& lhs, const NamedFractInt& rhs )
{
  FractInt result =
    static_cast<const FractInt&>(lhs) +
    static_cast<const FractInt&>(rhs);

return NamedFractInt( lhs.mName + rhs.mName, result.getZaehler(), result.getNenner() );
}
```

explizit im Code der Implementierung von Operator +. Wie man sich z.B. mit einem Debugger überzeugen kann, wird der Konstruktor in der `return`-Anweisung auch korrekt aufgerufen.

📖📖 Reprise: Implizite Versionen von Funktionen

Die Lösung des Rätsels liegt – wie häufig in solchen Fällen – in implizit generiertem und damit für den Programmierer unsichtbaren Code. Konkret handelt es sich hier um den Kopierkonstruktor, der bei der Initialisierung von `fr3` in der Anweisung

```
NamedFractInt fr3 = fr1 + fr2;
```

verwendet wird. Da `NamedFractInt` keinen Kopierkonstruktor definiert, hat der Compiler hier einen impliziten Default-Kopierkonstruktor generiert, der wie üblich die Kopierkonstruktoren der Basisklassen aufruft. Keine der Basisklassen besitzt ihrerseits einen Kopierkonstruktor, so dass der Compiler auch hier implizite Standardversionen ergänzt.

Während eine Standard-Kopierkonstruktor für `FractInt` das richtige Verhalten zeigt (er initialisiert alle Datenmitglieder mit deren Kopierkonstruktoren – hier die beiden `int`s `mZaehler` und `mNenner`), ist das Standardverhalten für `NamedObjectBase` nicht korrekt: `mName` wird zwar ebenfalls mit dem Kopierkonstruktor von `string` initialisiert (und hat somit den korrekten Wert), es fehlt jedoch die Registrierung in `gObjects`.

Zur Lösung des Problems ist es daher erforderlich, `NamedObjectBase` zusätzlich mit einem Kopierkonstruktor auszurüsten.

```
//-------------------------------------------------------------------
//        NamedObjectBase
//
class NamedObjectBase
{
protected:
    NamedObjectBase( string aName );
    NamedObjectBase( const NamedObjectBase& );
    ~NamedObjectBase();

    /* ... weitere Mitglieder ... */

}; // NamedObjectBase
```

Die Implementierung führt einfach die fehlende Registrierung durch:

```
//-------------------------------------------------------------------
//        cctor
//
NamedObjectBase::NamedObjectBase( const NamedObjectBase& aObj )
    : mName( aObj.mName )
{
    gObjects.push_back( this );
}
```

Übung 29-2:

Warum sind hier keine Überprüfungen wie bei dem anderen Konstruktor erforderlich?

Übung 29-3:

In der o.a. return-Anweisung

```
return NamedFractInt(lhs.mName + rhs.mName, result.getZaehler(), result.getNenner());
```

wird explizit ein `NamedFractInt`-Objekt erzeugt. Warum erscheint dies nicht in der Ausgabe?

📖📖 **Ergebnisse**

Was haben wir erreicht? Zuerst einmal die Erkenntnis, dass automatisch generierter Code nicht immer nur Schreibvereinfachung bringt. Besonderes Augenmerk ist daher auf diejenigen Funktionen zu legen, für die im Bedarfsfall implizite Standardversionen erzeugt werden: Kopierkonstruktor, Zuweisungsoperator, Destruktor und – falls überhaupt kein Konstruktor vorhanden ist – Standardkonstruktor. Dies sind auch gleichzeitig diejenigen Funktionen, die nicht vererbt werden.

Die Kernaussage dieser Fallstudie handelt jedoch von Mehrfachvererbung. Die Kombination von Basisklasse `FractInt` und Hilfsklasse `NamedObjectBase` zu einer neuen Klasse `NamedFractInt` wäre ohne Mehrfachvererbung nicht so ohne weiteres möglich. Darüber hinaus ist die Lösung mit Hilfe der Mehrfachvererbung einfach und elegant. Sie ermöglicht es, die Funktionalität zweier unabhängigen Klassen zu einer neuen Klasse zu verschmelzen. So lange keine Namenskollisionen etc. auftreten gibt es überhaupt keine Probleme: Mehrfachvererbung ist insofern eine logische und natürliche Erweiterung der Einfachvererbung.

Beachten Sie bitte, dass die Lösung die Tatsache ausnutzt, dass Konstruktor(en) und Destruktor einer Klasse die jeweiligen Funktionen der Basisklasse aufrufen – im Falle des Destruktors erfolgt dies sogar automatisch. Registrierung und Deregistrierung von Objekten als Funktionalität der Basisklasse `NamedObjectBase` wird so auch ohne Zutun des Programmierers automatisch für jede Ableitung verfügbar – was könnte einfacher sein?

Übung 29-4:

NamedFractInt ist sowohl von FractInt als auch von NamedObjectBase abgeleitet. Die Ableitung von FractInt muss natürlich öffentlich sein, da wir die implizite Konvertierung zur Basisklasse benötigen. Untersuchen Sie, ob die Ableitung von NamedObjectBase ebenfalls öffentlich bleiben soll, oder ob eine geschützte oder gar private Ableitung angemessener erscheint.

Übung 29-5:

Untersuchen Sie, ob es möglich ist, ohne Mehrfachvererbung auszu-kommen. Da wir die implizite Konvertierung von NamedFractInt *zu* FractInt *benötigen, muss* NamedFractInt *als öffentliche Ableitung von* FractInt *formuliert werden. Aber* NamedObjectBase *könnte evtl. als Datenmitglied ausgeführt werden.*

30 Fallstudie Wiederverwendung III: Factoring

In den letzten beiden Fallstudien haben wir gesehen, wie man Klassen durch Ableitung mit neuer Funktionalität erweitert bzw. die Funktionalität mehrerer Klassen durch Mehrfachableitung zu neuen Klassen kombiniert. In dieser Fallstudie betrachten wir den umgekehrten Fall, nämlich dass eine bestehende Klasse in möglichst unabhängige Teile aufgespalten werden soll.

📖📖 Die Aufgabenstellung

Wir gehen in dieser Fallstudie davon aus, dass während eines Softwareprojekts eine Reihe Klassen entworfen wurden. Bei einem Review stellt sich heraus, dass einige Klassen identische oder zumindest sehr ähnliche Teilfunktionen ausführen sollen. Es stellt sich dann natürlich die Frage, inwiefern man diese identischen oder ähnlichen Teile „herausziehen" kann, um identische Mehrfachentwicklung zu vermeiden.

Ein ähnlicher Fall liegt vor, wenn man während des Entwurfes erkennt, dass eine Klasse allgemein verwendbare Anteile enthalten wird. Auch dann ist es evtl. sinnvoll, diese Anteile abzutrennen, um sie für spätere Entwicklungen wiederverwendbar machen zu können.

Ein weiteres Argument ist die Verständlichkeit: Kleinere Einheiten, die jeweils eine einzige, klar definierte Funktionalität implementieren sind leichter zu verstehen als eine einzige große Klasse.

📖📖 Faktorisieren von Eigenschaften

In allen drei Fällen liegt die Lösung im *Faktorisieren* von Eigenschaften. Dabei versucht man, die einzelnen Leistungen einer Klasse in möglichst unabhängige Gruppen einzuteilen. Für jede solche Gruppe überlegt man, ob die Formulierung als eigene Einheit (d.h. hier Klasse) angebracht ist – dies kann wie gesagt aus Wiederverwendbarkeitsgesichtspunkten oder auch einfach aus Übersichtlichkeitsüberlegungen heraus angebracht sein.

Die endgültige Klasse wird dann aus den Einzelteilen zusammen gesetzt, und zwar entweder durch Komposition oder durch Ableitung:

❏ Öffentliche Ableitung ist dann angebracht, wenn eine is-a-Beziehung vorliegt. Meist ist dann auch eine implizite Wandlung von der Ableitung zur Basisklasse erforderlich. Unsere Klassen NamedFractInt und FractInt aus dem letzten Kapitel stehen in einer solchen Beziehung zueinander.

❏ Komposition bzw. nicht-öffentliche Ableitung ist angebracht, wenn die Funktionalität einer Klasse wiederverwendet werden soll, ohne dass die Benutzer der Klasse damit etwas zu tun haben sollen.

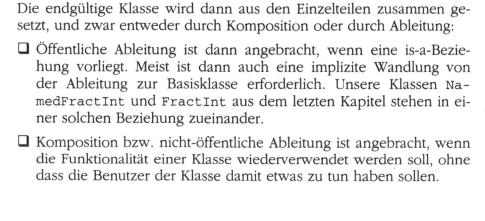 Klasse FixedArray

Als konkreten Fall betrachten wir unsere bestehende Klasse FixedArray und überlegen, ob man ihre Funktionalität faktorisieren kann. Wir versuchen also, innerhalb der Klasse unabhängige Funktionen bzw. Funktionsgruppen zu finden.

In einem so einfachen Beispiel wie FixedArray wird man wahrscheinlich keinen großen Erfolg haben. Zur Demonstration der Vorgehensweise verwenden wir hier jedoch einmal die folgende (künstliche) Faktorisierung:

❏ FixedArray stellt dem Benutzer eine Syntax zum Zugriff bereit, die sich möglichst weitgehend an der Syntax für gewöhnliche C-Felder orientiert. Der Benutzer soll FixedArray genauso wie Felder verwenden können. Dazu gehört z.B. die Zugriffsmöglichkeit auf Feldelemente über die eckigen Klammern (operator []).

❏ FixedArray stellt gegenüber C-Feldern zusätzliche Funktionalität bereit. Dazu gehört z.B. die Überprüfung der Feldindizes vor einem Zugriff.

❏ FixedArray benötigt eine dynamische Speicherverwaltung, da die Dimension eines Feldes zur Laufzeit angegeben werden können muss.

Derzeit sind alle drei Funktionalitäten in einer Klasse konzentriert. Was könnte hier auch für andere Aufgabenstellungen interessant sein? Wahrscheinlich am ehesten die Verwaltung des dynamischen Speichers. Dies ist sicher eine Funktionalität, die auch in anderen, derzeit noch unbekannten Klassen benötigt werden wird.

📖📖 Klasse MemoryBlock

Wir entscheiden uns also, die Funktionalität zur Verwaltung des dynamischen Speichers aus `FixedArray` herauszunehmen in eine eigene Klasse zu verlagern.

📖 Erster Versuch

Das Design liegt auf der Hand: der Konstruktor allokiert einen Speicherbereich der gewünschten Größe, der Destruktor gibt ihn wieder frei:

```
//------------------------------------------------------------
//        MemoryBlock
//
class MemoryBlock
{
public:

    //--Management ----------------------------------------------
    //
    explicit MemoryBlock( int aSize );
    ~MemoryBlock();

private:
    int    mSize;        // Größe des Speicherbereiches
    char*  mWert;        // Zeiger auf Speicherbereich

}; // MemoryBlock
```

Aus der vorhandenen Implementierung von `FixedArray` als Vorlage lassen sich Konstruktor bzw. Destruktor problemlos implementieren:

```
//------------------------------------------------------------
//        ctor
//
MemoryBlock::MemoryBlock( int aSize )
  : mSize( aSize )
{
    mWert = new(nothrow) char[ aSize ];
    if ( !mWert )
    {
        cerr << "konnte " << aSize << " Bytes nicht allokieren!" << endl;
        exit( 1 );
    }
} // ctor

//------------------------------------------------------------
//        dtor
//
MemoryBlock::~MemoryBlock()
{
    delete[] mWert;
}
```

📖 Zweiter Versuch

Obwohl `MemoryBlock` in dieser Form bereits für `FixedArray` verwendet werden kann, müssen wir – wenn wir möglichst weitgehende

Wiederverwendbarkeit anstreben – weiterhin fragen, ob die Klasse *vollständig* ist. Welche Funktionalität wird ein potenzieller Nutzer von MemoryBlock erwarten, damit die Klasse sinnvoll in allen Kontexten eingesetzt werden kann, in denen Speicherbereiche zu verwalten sind?

Etwas Überlegung zeigt, dass zu der einfachen Führung des Speicherbereiches auch noch Vergleichsoperationen sowie eine Kopierfunktionalität kommen muss. Weiterhin benötigen wir ein Fehlerkonzept, das im Falle von Problemen (Speicherüberlauf, negativer Wert für Größe etc.) ein sinnvolles Verhalten sicherstellt. Eine Routine zur Ausgabe eines Speicherblocks in hexadezimaler Notation rundet die Funktionalität ab.

Beachten Sie bitte, dass diese Forderungen nicht direkt mit dem Faktorisieren aus FixedArray zu tun haben, sondern vielmehr die Allgemeinverwendbarkeit der Funktionen zum Ziel haben. Im Ergebnis wird MemoryBlock wahrscheinlich Funktionen besitzen, die von FixedArray nicht benötigt werden.

Aus dieser Anforderungsliste ergibt sich folgende Klassendefinition:

```
//-----------------------------------------------------------------
//        MemoryBlock
//
class MemoryBlock
{
public:

    //--Management ------------------------------------------------
    //
    explicit MemoryBlock( int aSize );
    MemoryBlock( const MemoryBlock& );
    MemoryBlock& operator = ( const MemoryBlock& );
    ~MemoryBlock();

    //--Operationen -----------------------------------------------
    //
          char* getData();
    const char* getData() const;
    int         getSize() const;

    string toHex() const; // Bereitstellung in hexadezimaler Notation

    //--Vergleich -------------------------------------------------
    //
    friend bool isEqual( const MemoryBlock&, const MemoryBlock& );
    friend bool operator == ( const MemoryBlock&, const MemoryBlock& );
    friend bool operator != ( const MemoryBlock&, const MemoryBlock& );

private:
    int   mSize;        // Größe des Speicherbereiches
    char* mWert;        // Zeiger auf Speicherbereich

}; // MemoryBlock
```

📖 Repräsentation des Speicherblocks

In `MemoryBlock` zeigt die Variable `mWert` auf einen allokierten Speicherbereich. Da wir in später in (vielfachen von) char rechnen wollen, verwenden wir den Typ `char` zur Repräsentation[193].

Dies ist ein Unterschied zu `FixedArray`, dort wurde ja der Speicher als Feld von `int`-Werten geführt:

```
//------------------------------------------------------------
//       FixedArray
//
class FixedArray
{
  /* ... weitere Mitglieder FixedArray ... */

private:
  int  mDim;         // Dimension des Feldes
  int* mWert;        // Das Feld selber

}; // FixedArray
```

Entsprechend enthielt `mDim` die Anzahl der Elemente im Feld – dies ist nicht identisch zur Größe des Speicherbereiches.

📖 Fehlerkonzept

Die korrekte Behandlung von Problemen wie Speicherüberlauf, falsche Parameter etc. setzt Ausnahmen voraus. Diese behandeln wir erst in Kapitel 37, sodass wir uns hier mit einer vereinfachten Behandlung begnügen und im Fehlerfalle eine Meldung ausgeben und dann das Programm einfach mit `exit` beenden.

📖 Konstruktor

Der Konstruktor übernimmt die gewünschte Größe des zu allokierenden Speicherbereiches und führt die Allokation durch:

```
//------------------------------------------------------------
//       ctor
//
MemoryBlock::MemoryBlock( int aSize )
  : mSize( aSize )
{
  mWert = new(nothrow) char[ aSize ];
  if ( !mWert )
  {
    cerr << "Nicht mehr ausreichend Speicher für " << aSize << " Bytes" << endl;
    exit( 1 );
  }
} // ctor
```

---

[193] Beachten Sie bitte, dass ein *char* nicht unbedingt einem Byte entspricht. Der Standard rechnet grundsätzlich alle Größen von Typen als Vielfache der Größe eines *char*. Ein *char* benötigt *mindestens* ein Byte.

Wir verwenden hier die `nothrow`-Variante des Operator new, d.h. der Operator liefert den Nullzeiger, wenn die Speicherallokation fehlschlägt[194]. Tritt diese Situation aus, wird das Programm gem. unserem Fehlerkonzept sofort beendet.

Beachten Sie bitte, dass wir die Größe des angeforderten Speicherbereiches mit ausgeben. Dies kann später eine wertvolle Hilfe bei der Analyse des Fehlers sein. Evtl. wurde ja ein ungültiger (z.B. negativer) Wert verwendet.

Übung 30-1:

Erweitern Sie den Konstruktor um zusätzliche Prüfungen des Parameters auf Gültigkeit. Denken Sie auch an den Fall, dass ein unrealistisch großer Wert übergeben wird.

Hinweis: Wenn Sie nicht sicher sind, ab welcher Größe ein Wert als „unrealistisch" angesehen werden soll, lassen Sie die konkrete Größe unbestimmt. Verwenden Sie ein statisches Datenmitglied zur Repräsentation sowie eine statische Funktion zum Setzen dieser Grenze. Verwenden Sie einen „vernünftigen" Standardwert..

📖 Die Großen Drei (*big three*)

Wie nahezu jede Klasse, die Resourcen verwaltet, benötigt auch `MemoryBlock` die drei Funktionen Kopierkonstruktor, Zuweisungsoperator und Destruktor. Folgendes Listing zeigt eine mögliche Implementierung:

```
//--------------------------------------------------------------
//          ctor
//
MemoryBlock::MemoryBlock( const MemoryBlock& aObj )
  : mSize( aObj.mSize )
{
  //-- Speicher allokieren
  //
  mWert = new(nothrow) char[ aObj.mSize ];
  if ( !mWert )
  {
    cerr << "Nicht mehr ausreichend Speicher für " << aObj.mSize << " Bytes" << endl;
    exit( 1 );
  }
```

---

[194] Das normale Verhalten ist, dass *Operator new* eine Ausnahme wirft. Ausnahmebehandlung ist Thema des Kapitel 37.

```
   //-- Speicherbereich kopieren
   //
   memcpy( mWert, aObj.mWert, mSize );
} // ctor


//-------------------------------------------------------------------
//        op =
//
MemoryBlock& MemoryBlock::operator = ( const MemoryBlock& aObj )
{
  if ( &aObj == this )
     //-- Zuweisung auf sich selbst kann ignoriert werden
     return *this;

  //-- vorhandenen Speicherbereich löschen
  //
  delete[] mWert;

  //-- neuen Speicher allokieren
  //
  mWert = new(nothrow) char[ aObj.mSize ];
  if ( !mWert )
  {
    cerr << "Nicht mehr ausreichend Speicher für " << aObj.mSize << " Bytes" << endl;
    exit( 1 );
  }

  mSize = aObj.mSize;

  //-- Speicherbereich kopieren
  //
  memcpy( mWert, aObj.mWert, mSize );

  return *this;
} // operator =


//-------------------------------------------------------------------
//        dtor
//
MemoryBlock::~MemoryBlock()
{
  delete[] mWert;
}
```

📖 Alternative Implementierung der Großen Drei

Ein erfahrener Entwickler wird hier sofort weiteres Verbesserungspotential sehen. So ist z.B. der Code zur Allokation eines neuen Speicherbereiches sowohl im Kopierkonstruktor als auch im Zuweisungsoperator vorhanden. Code zur Freigabe des Speicherbereiches findet sich im Zuweisungsoperator und im Destruktor (in diesem Einfachen Beispiel der Klasse MemoryBlock allerdings nur eine Anweisung).

In der Praxis sieht man daher oft folgende Implementierung der Großen Drei:

```
//------------------------------------------------------------------
//        ctor
//
MemoryBlock::MemoryBlock( const MemoryBlock& aObj )
  : mWert(0)
{
  operator = ( aObj );
} // ctor


//------------------------------------------------------------------
//        op =
//
MemoryBlock& MemoryBlock::operator = ( const MemoryBlock& aObj )
{
  if ( &aObj == this )
    //-- Zuweisung auf sich selbst kann ignoriert werden
    return *this;

  //-- vorhandenen Speicherbereich löschen
  //
  this-> ~MemoryBlock();

  //-- neuen Speicher allokieren
  //
  mWert = new(nothrow) char[ aObj.mSize ];
  if ( !mWert )
  {
    cerr << "Nicht mehr ausreichend Speicher für " << aObj.mSize << " Bytes" << endl;
    exit( 1 );
  }

  mSize = aObj.mSize;

  //-- Speicherbereich kopieren
  //
  memcpy( mWert, aObj.mWert, mSize );

  return *this;
} // operator =
//------------------------------------------------------------------
//        dtor
//
MemoryBlock::~MemoryBlock()
{
  delete[] mWert;
}
```

Der Kopierkonstruktor nutzt hier die Tatsache aus, dass Kopierkonstruktor und Zuweisungsoperator im Wesentlichen gleich implementiert sind. Der Unterschied besteht lediglich darin, dass der Kopierkonstruktor von einem uninitialisierten Objekt ausgeht, während der Zuweisungsoperator ein bereits initialisiertes Objekt überschreibt – und daher erst einmal die allokierten Ressourcen frei geben muss.

Durch das Setzen von mWert auf 0 schadet das Freigeben der Resourcen durch den Zuweisungsoperator nicht: die Anwendung von de-

`lete` auf den Nullzeiger ist wohldefiniert (die Operation wird einfach ignoriert).

Beachten Sie bitte, dass der Zuweisungsoperator zur Freigabe der Ressource (also des Speicherbereiches) nicht selber `delete` aufruft, sondern dazu den Destruktor bemüht:

```
this-> ~MemoryBlock(); // expliziter Aufruf des Destruktors
```

Diesen Ansatz sieht man häufig, wenn die Freigabe von Resourcen umfangreicher ist (z.B. wenn mehrere Resourcen allokiert wurden).

☐ Professionelle Implementierung der Großen Drei

Obige Implementierung löst zwar einen Teil der Probleme, die wesentliche Eigenschaft der Lösung ist jedoch ihre einfache Implementierbarkeit: im Wesentlichen spart man Schreibarbeit, indem man Funktionalität einer Funktion wiederverwendet. Durch das Setzen einer speziellen Bedingung vor Aufruf nutzt man einen Sonderfall in der Implementierung des Zuweisungsoperators aus, nämlich dass die Freigabe eines Nullzeigers mit `delete` ignoriert wird.

Das Problem wird deutlich, wenn jemand auf die Idee kommt, die Aufgabe des Zuweisungsoperators wörtlich zu nehmen: die Freigabe der allokierten Resourcen, dann Neuallokation und Kopieren. Der Zuweisungsoperator kann also immer nur für ein korrekt initialisiertes Objekt aufgerufen werden. Es ist also *völlig legal* (und zeugt von gutem Stil), etwas wie

```
//-------------------------------------------------------------------
//      op =
//
MemoryBlock& MemoryBlock::operator = ( const MemoryBlock& aObj )
{
  if ( !mWert )
  {
    cerr << "Fehler! eigenes Objekt ist ungültig!" << endl;
    exit( 1 );
  }

  /* ... Rest der Implementierung */
} // op =
```

zu schreiben. Der Programmierer hat hier nachgedacht und eine Sicherheitsüberprüfung eingebaut für den Fall, dass sein eigenes Objekt ungültig (geworden) ist[195].

---

[195] Wir wollen hier nicht näher untersuchen, wie es zu einer solchen Situation kommen kann. In der Praxis sind Klassen komplizierter und es ist nicht auszuschließen, dass durch Programmierfehler ein ungültiger Zustand entstehen kann.

Die Prüfung von solchen sog. *Vorbedingungen* (*preconditions*) vor
Ausführung einer Funktion erhöht die Sicherheit von Software in der
Praxis ganz erheblich. Meist beziehen sich die Prüfungen neben der
Verifikation des internen Objektzustandes auf die Prüfung der Gültig-
keit von Parametern.

Eine Folge der Prüfung der Vorbedingung wie in obigem Beispiel ist
natürlich, dass der Kopierkonstruktor nicht mehr so einfach implementiert werden kann.

Die im Sinne guten Designs korrekte Lösung verwendet einen weiteren Faktorisierungsschritt, um die Mehrfachimplementierungen zu
vermeiden. Man erhält folgende voneinander unabhängige „Faktoren"
(d.h. Einzelfunktionalitäten):

❑ Allokation der Ressource

❑ Deallokation der Ressource

❑ Kopieren der Ressource.

Die „herausgezogene" Funktionalität wird hier jedoch nicht in einer
neuen Klasse untergebracht, sondern in (neuen) Mitgliedsfunktionen:

```
//-------------------------------------------------------------
//        MemoryBlock
//
class MemoryBlock
{
public:

    //--Management --------------------------------------------
    //
    MemoryBlock( const MemoryBlock& );
    MemoryBlock& operator = ( const MemoryBlock& );
    ~MemoryBlock();

private:

    //--Implementierung ---------------------------------------
    //
    void allocate( int );
    void deallocate();
    void copyFrom( const void* );

    /* ... weitere Mitglieder von MemoryBlock */

}; // MemoryBlock
```

Die Funktionen sind wie folgt implementiert:

```cpp
//-------------------------------------------------------------------
//       allocate
//
void MemoryBlock::allocate( int aSize )
{
  mWert = new(nothrow) char[ aSize ];
  if ( !mWert )
  {
    cerr << "Nicht mehr ausreichend Speicher für " << aSize << " Bytes" << endl;
    exit( 1 );
  }

  mSize = aSize;
} // allocate


//-------------------------------------------------------------------
//       deallocate
//
inline void MemoryBlock::deallocate()
{
  delete[] mWert;
} // deallocate


//-------------------------------------------------------------------
//       copyFrom
//
inline void MemoryBlock::copyFrom( const char* aWert )
{
  memcpy( mWert, aWert, mSize );
} // copyFrom
```

Die Implementierung der Großen Drei ergibt sich nun ganz natürlich:

```cpp
//-------------------------------------------------------------------
//       ctor
//
MemoryBlock::MemoryBlock( const MemoryBlock& aObj )
{
  allocate( aObj.mSize );
  copyFrom( aObj.mWert );
} // ctor


//-------------------------------------------------------------------
//       op =
//
MemoryBlock& MemoryBlock::operator = ( const MemoryBlock& aObj )
{
  if ( &aObj == this )
    return *this;

  deallocate();
  allocate( aObj.mSize );
  copyFrom( aObj.mWert );
  return *this;
} // operator =
```

```
//-------------------------------------------------------------------
//          dtor
//
inline MemoryBlock::~MemoryBlock()
{
  deallocate();
} // dtor
```

Als Nebeneffekt kann auch der „normale" Konstruktor profitieren:

```
//-------------------------------------------------------------------
//          ctor
//
inline MemoryBlock::MemoryBlock( int aSize )
{
  allocate( aSize );
} // ctor
```

Er reduziert sich auf einen Einzeiler und wird deshalb inline implementiert.

📖 Noch einmal: Kontraktorientiertes Programmieren

Beachten Sie bitte, dass die drei neuen Funktionen keine Prüfungen
ihrer Parameter bzw. des Objektzustandes durchführen. So ist es z.B.
möglich, allocate problemlos mehrfach aufzurufen: ein Speicherleck ist die Folge, da allokierter Speicherplatz nicht korrekt freigegeben wird. In der Praxis ist es oft schwierig, einen solchen *logischen
Fehler* zu finden, da die dadurch verursachten Probleme oft nicht an
der auslösenden Stelle festgestellt werden können.

Hier hilft die Technik des Kontraktorientierten Programmierens: Wir
überlegen uns, welche Vorbedingungen erfüllt sein müssen, damit
allocate sinnvoll aufgerufen werden kann. Die Antwort ist klar: Es
darf noch nichts allokiert sein. Wie kann man den Unterschied „nichts
allokiert" zu „allokiert" notieren? Auch hier ist die Antwort (in unserem Fall) einfach: die Mitgliedsvariable mWert kann direkt dazu verwendet werden. Wir müssen allerdings sicherstellen, dass nach Freigabe der Ressource sowie in den Konstruktoren der Zeiger korrekt
auf 0 gesetzt wird:

```
//-------------------------------------------------------------------
//          deallocate
//
inline void MemoryBlock::deallocate()
{
  delete[] mWert;
  mWert = 0;
  mSize = 0;
} // deallocate
```

```
//----------------------------------------------------------------
//        ctor
//
inline MemoryBlock::MemoryBlock( int aSize )
  : mSize(0)
  , mWert(0)
{
  allocate( aSize );
} // ctor


//----------------------------------------------------------------
//        ctor
//
MemoryBlock::MemoryBlock( const MemoryBlock& aObj )
  : mSize(0)
  , mWert(0)
{
  allocate( aObj.mSize );
  copyFrom( aObj.mWert );
} // ctor
```

Nun kann die Vorbedingung in `allocate` überprüft werden:

```
//----------------------------------------------------------------
//        allocate
//
void MemoryBlock::allocate( int aSize )
{
  //-- preconditions
  //
  if ( mWert )
  {
    cerr << "Precondition verletzt: mWert ist nicht 0! " << endl;
    exit( 1 );
  }

  /* ... eigentliche Implementierung */

} // allocate
```

Übung 30-2:

Man kann noch einen Schritt weiter gehen, und auch die Initialisierung der Mitgliedsvariablen zu einem definierten Zustand (hier 0) in eine (weitere) Mitgliedsfunktion auslagern.

Implementieren Sie eine solche Funktion init *und ändern Sie die Konstruktoren entsprechend.*

Übung 30-3:

Welche weiteren Vorbedingungen lassen sich finden? Betrachten Sie auch die Funktionen deallocate *und* copyFrom *sowie die Funktionsparameter!*

📖 Zugriff auf den Speicherblock

Nutzer der Klasse `MemoryBlock` möchten natürlich auf den verwalteten Speicherbereich zugreifen können. Man könnte dazu z.B. einfach die Datenmitglieder `mWert` und evtl. `mSize` öffentlich machen. Dadurch entstünde jedoch die Möglichkeit zur unerlaubten Veränderung der Daten:

```
MemoryBlock mb( 100 );
...
mb.size = 0;              // OK, ???
```

Schon nicht mehr ganz so einfach zu erkennen ist der Fehler in

```
MemoryBlock mb( 100 );
...
mb.mWert = realloc( mb.Wert, 1024 );
mb.mSize = 1024;
```

Hier hat der Programmierer versucht, den verwalteten Speicherbereich auf 1024 Bytes zu vergrößern. Er musste dies „manuell" durchführen, da die Klasse `MemoryBlock` keine entsprechende Mitgliedsfunktion bereitstellt.

Auf den ersten Blick ist kein Fehler zu erkennen. Das Problem ist jedoch die Verwendung der Bibliotheksfunktion `realloc`: sie darf nur auf Speicherbereiche angewendet werden, die mit `malloc` allokiert wurden. `MemoryBlock` verwendet jedoch `operator new`. so dass der Programmierer hier undefiniertes Verhalten produziert[196].

Die direkte Manipulation der Mitgliedsvariablen muss also verhindert werden. Konkret möchten wir ausschließlich folgende Zugriffe erlauben:

❑ lesenden Zugriff auf die Größe

❑ lesenden Zugriff auf den Zeiger auf den Speicherbereich

❑ lesenden und schreibenden Zugriff auf den Speicherbereich selber.

---

[196] Das Fatale ist hier, dass die Lösung in der Praxis oftmals funktionieren wird. Eine Garantie gibt es jedoch nicht. Bedenken Sie auch den Fall, dass der globale *Operator new* überladen wurde.

Diese Forderungen werden einfach durch Mitgliedsfunktionen erreicht, die Werte zurückliefern (sog. *getter*):

```
//------------------------------------------------------------------
//       getSize
//
inline int MemoryBlock::getSize() const
{
  return mSize;
}

//------------------------------------------------------------------
//       getData
//
inline char* MemoryBlock::getData()
{
  return mWert;
}

//------------------------------------------------------------------
//       getData
//
inline const char* MemoryBlock::getData() const
{
  return mWert;
}
```

Da getter ihr Objekt nicht verändern, werden sie grundsätzlich als konstante Mitgliedsfunktionen deklariert. Eine Ausnahme bildet get-Data: hier machen wir vom Überladen auf Grund von const Gebrauch und implementieren sowohl eine konstante als auch eine nicht-konstante Version.

Damit ist es nun möglich, eine Anweisungsfolge wie in

```
MemoryBlock mb( 100 );
memset( mb.getData(), 0, mb.getSize() );        // OK
```

zu erlauben, während

```
const MemoryBlock mb( 100 );
memset( mb.getData(), 0, mb.getSize() );        // Fehler!
```

nicht möglich ist. Im zweiten Fall ist mb ein konstantes Objekt, für das bevorzugt die konstante Variante der Mitgliedsfunktion aufgerufen wird. Für diesen Fall ist der Rückgabetyp von getData so deklariert (const char*), dass der Speicherbereich als konstant anzusehen ist: eine Veränderung wie über die Bibliotheksfunktion memset ist nicht möglich.

Übung 30-4:

Implementieren Sie die Funktionalität von memset *als Mitgliedsfunktion von* MemoryBlock.

📖   Die Wandlung in hexadezimale Notation

Es ist oft sinnvoll, die Werte der einzelnen Bytes eines Speicherblocks auszugeben. Dazu wird normalerweise die hexadezimale Notation verwendet. Glücklicherweise bieten die Streamklassen bereits eine Möglichkeit, die Ausgabe in hexadezimale Form zu wandeln:

```
//------------------------------------------------------------------
//       toHex
//
string MemoryBlock::toHex() const
{
  ostringstream ostr;
  ostr << hex;
  for ( int i=0; i<mSize; i++ )
    ostr << static_cast<int>(mWert[i]) << " ";

  string result = ostr.str();
  return result;

} // toHex
```

Wir verwenden hier einen sog. stringstream, der als Ausgabeort nicht die Konsole, sondern ein string-Objekt verwendet. stringstream verwaltet den benötigten Speicherplatz vollständig intern, der Benutzer braucht das Ergebnis nur noch über die Mitgliedsfunktion str() abzuholen.

Beachten Sie bitte, dass

❏ der Stream über den Manipulator hex vom dezimalen System auf das hexadezimale System umgeschaltet wird

❏ eine explizite Konvertierung zum Datentyp int erfolgen muss. Andernfalls würden einzelne Zeichen (chars) ausgegeben

❏ Die hexadezimalen Zahlen durch ein Leerzeichen getrennt werden.

Schreibt man nun z.B.

```
MemoryBlock mb( 100 );
char* p = mb.getData();

for ( int i=0; i<100; i++ )
  p[i] = i;

cout << mb.toHex() << endl;
```

erhält man als Ausgabe

```
0 1 2 3 4 5 6 7 8 9 a b c d e f 10 11 12 13 14 15 16 17 18 19 1a 1b 1c 1d 1e 1f
20 21 22 23 24 25 26 27 28 29 2a 2b 2c 2d 2e 2f 30 31 32 33 34 35 36 37 38 39 3a
 3b 3c 3d 3e 3f 40 41 42 43 44 45 46 47 48 49 4a 4b 4c 4d 4e 4f 50 51 52 53 54 5
 5 56 57 58 59 5a 5b 5c 5d 5e 5f 60 61 62 63
```

Für die Praxis ist dies nicht besonders lesbar. Übersichtlicher ist ein
Format, dass immer 16 Werte in einer Zeile anordnet und zusätzlich
die Repräsentation als Zeichen vorneweg stellt, sofern es sich um
druckbare Zeichen handelt:

```
................ 0  1  2  3  4  5  6  7  8  9  a  b  c  d  e  f
................ 10 11 12 13 14 15 16 17 18 19 1a 1b 1c 1d 1e 1f
!"#$%&'()*+,-./  20 21 22 23 24 25 26 27 28 29 2a 2b 2c 2d 2e 2f
0123456789:;<=>? 30 31 32 33 34 35 36 37 38 39 3a 3b 3c 3d 3e 3f
@ABCDEFGHIJKLMNO 40 41 42 43 44 45 46 47 48 49 4a 4b 4c 4d 4e 4f
PQRSTUVWXYZ[\]^_ 50 51 52 53 54 55 56 57 58 59 5a 5b 5c 5d 5e 5f
`abc             60 61 62 63
```

Auch eine solche Formatierung lässt sich mit Hilfe der Streamklassen
aus der Standardbibliothek leicht erreichen. Die entsprechende Implementierung kann von der Internetseite des Buches herunter geladen
werden.

📖 Vergleichskonzept

Natürlich können Speicherbereiche miteinander verglichen werden.
Zwei Speicherbereiche sollen dann gleich sein, wenn sie gleich groß
sind und alle Bytes übereinstimmen.
Daraus ergibt sich folgende Implementierung der Funktion isEqual:

```
//-------------------------------------------------------------
//      isEqual
//
bool isEqual( const MemoryBlock& lhs, const MemoryBlock& rhs )
{
  if ( lhs.mSize != rhs.mSize )
    return false;

  return memcmp( lhs.mWert, rhs.mWert, lhs.mSize ) == 0;
} // isEqual
```

Die Vergleichsoperatoren sind wie immer implementiert:

```
//-------------------------------------------------------------------
//        op ==, !=
//
inline bool operator == ( const MemoryBlock& lhs, const MemoryBlock& rhs )
{
   return isEqual( lhs, rhs );
}

inline bool operator != ( const MemoryBlock& lhs, const MemoryBlock& rhs )
{
   return !isEqual( lhs, rhs );
}
```

▥▥ Bytes vs. Objekte

Die Klassen `MemoryBlock` und `FixedArray` unterscheiden sich in der Art, wie die verwalteten Daten interpretiert werden: beide Klassen verwalten einen Speicherblock, während `FixedArray` dort jedoch Objekte vom Typ `int` speichert, betrachtet `MemoryBlock` den Speicher lediglich als typlose Folge von Bytes.

Dieser Unterschied ist für fundamentale Daten (wie `int`) nicht wichtig, sondern derzeit lediglich prinzipieller Natur. Wir werden jedoch später die Klasse `FixedArray` so erweitern, dass sie Objekte beliebiger Typen speichern kann. Damit dies korrekt funktioniert, ist der Unterschied zwischen einem Objekt und einem einfachen Speicherbereich durchaus wichtig.

▥   Vergleichen

Die Vergleichskonzepte der Klassen `FixedArray` und `MemoryBlock` unterscheiden sich in der Art, wie der Vergleich durchgeführt wird. Hier noch einmal die Implementierungen für `MemoryBlock` und für `FixedArray`:

```
//-------------------------------------------------------------------
//        isEqual
//
bool isEqual( const MemoryBlock& lhs, const MemoryBlock& rhs )
{
   if ( lhs.mSize != rhs.mSize )
     return false;

   return memcmp( lhs.mWert, rhs.mWert, lhs.mSize ) == 0;
} // isEqual
//-------------------------------------------------------------------
//        isEqual
//
bool isEqual( const FixedArray& lhs, const FixedArray& rhs )
{
   if ( lhs.mDim != rhs.mDim )
     return false; // Felder ungleicher Dimension sind nie gleich
```

```
for ( int i=0; i<lhs.mDim; i++ )
  if ( lhs.mWert[i] != rhs.mWert[i] )
    return false;

  return true;
} // isEqual
```

Der Unterschied ist, dass `FixedArray` alle Feldelemente einzeln und nacheinander miteinander vergleicht, während `MemoryBlock` die Identität auf Grund eines Bitmustervergleichs von Speicherbereichen bestimmt.

Der Unterschied ist für fundamentale Daten nicht wichtig, da zwei Werte eines fundamentalen Typs dann gleich sind, wenn ihre Bitmuster übereinstimmen. Für Klassen gilt dies nicht mehr ohne weiteres: Hier ist Gleichheit über den `operator ==` definiert, d.h. wenn dieser `true` ergibt, sind die beiden zu vergleichenden Objekte „gleich". Je nach Implementierung des Operators kann „Gleichheit" unterschiedlich definiert sein – der Programmierer kann prinzipiell beliebiges Verhalten implementieren. Insbesondere könnte der Operator `true` liefern, auch wenn die Bitrepräsentationen beider Objekte nicht identisch sind. Zur Bestimmung, ob zwei Vektoren gleich sind, muss also auf jeden Fall `operator ==` zum Vergleich der Elemente verwendet werden – so wie `isEqual` für `FixedArray` auch implementiert ist.

Übung 30-5:

Die obige Implementierung von `isEqual` *verwendet nicht* `operator` `==`, *sondern* `operator` `!=`. *Ändern Sie* `isEqual` *so ab, dass* `operator` `==` *verwendet wird.*

⊞ Kopieren

Analoges gilt für Kopieroperationen. Während für Speicherbereiche einfach die Bytes kopiert werden können, gilt dies für Objekte nicht: dort sind Kopierkonstruktor bzw. Zuweisungsoperator für diese Aufgabe zuständig. Diese Unterscheidung zeigt sich auch in der Implementierung der Funktionen, die Kopieraufgaben implementieren, wie hier am Beispiel der Kopierkonstruktoren für `FractInt` bzw. `MemoryBlock` gezeigt:

```
//-----------------------------------------------------------------
//         cctor
//
FixedArray::FixedArray( const FixedArray& aObj )
  : mDim( aObj.mDim )
{
  mWert = new(nothrow) int[ mDim ];
  if ( mWert == 0 )
  {
    cout << "konnte " << mDim << " Elemente nicht allokieren!" << endl;
    exit( 1 );
  }

  //-- Elemente kopieren
  //
  copy( aObj.mWert, aObj.mWert + aObj.mDim, mWert );
} // cctor
//-----------------------------------------------------------------
//         cctor
//
MemoryBlock::MemoryBlock( const MemoryBlock& aObj )
  : mSize( aObj.mSize )
{

  //-- Speicher allokieren
  //
  mWert = new(nothrow) char[ aObj.mSize ];
  if ( !mWert )
  {
    cerr << "konnte " << aObj.mSize << " Bytes nicht allokieren!" << endl;
    exit( 1 );
  }

  //-- Speicherbereich kopieren
  //
  memcpy( mWert, aObj.mWert, mSize );

} // ctor
```

Der Unterschied liegt lediglich in der Verwendung der Bibliotheksfunktion copy anstelle von memcpy. copy kopiert (in einer Schleife) einzelne Objekte mit Hilfe des Zuweisungsoperators, während memcpy lediglich eine Anzahl Bytes kopiert. Durch die Verwendung von copy wird sichergestellt, dass beim Kopieren jedes einzelnen Feldelementes der korrekte Zuweisungsoperator verwendet wird.

▭▭ Formulierung von FixedArray mit Hilfe von MemoryBlock

Das ursprüngliche Ziel für die Formulierung der Klasse MemoryBlock war ja die Erkenntnis, dass die Speicherverwaltung aus FixedArray herausfaktorisiert werden sollte. Auf Grund von Vollständigkeits- und Wiederverwendbarkeitsüberlegungen ist dann MemoryBlock doch etwas größer geworden – nun haben wir eine solche allgemeinverwendbare Klasse und wollen sie verwenden, um FixedArray von der Speicherverwaltung zu entlasten.

Prinzipiell gibt es wie immer drei Möglichkeiten:

❑ Formulierung als öffentliche Ableitung

❑ Formulierung als nicht-öffentliche Ableitung

❑ Formulierung als Mitgliedsobjekt (Komposition)

Eine öffentliche Ableitung kommt nur in Frage, wenn eine *is-a* Beziehung vorliegt. Dies ist hier sicher nicht der Fall: ein Feld (von `int`s) ist sicher kein Speicherblock. Ein wesentlicher Unterschied ist z.B., dass `FixedArray` *Objekte* (hier `int`s) verwaltet, während `MemoryBlock` nur *Speicherbereiche* kennt. Eine is-a Beziehung zwischen den beiden Klassen liegt also nicht vor.

Die beiden anderen Alternativen sind vergleichbar – es handelt sich in beiden Fällen um Techniken zur *Vererbung der Implementierung* (*implementation inheritance*). Dies trifft genau den Punkt: wir wollen `MemoryObject` verwenden, um (eine bestimmte Teilfunktionalität von) `FixedArray` zu *implementieren*.

📖 **Komposition**

Die Lösung, die im allgemeinen für die Implementierungsvererbung bevorzugt wird, ist die *Komposition*. Dabei wird das zu verwendende Objekt als Mitgliedsvariable ausgeführt. Diese Notation macht besonders deutlich, dass es sich bei der Implementierungsvererbung meist um eine *has-a Beziehung* handelt: `FixedArray` *hat einen* (i.e. *besitzt einen*) Speicherblock.

Daraus ergibt sich die Klassendefinition für `FixedArray` wie folgt:

```
//-------------------------------------------------------------
//      FixedArray
//
class FixedArray
{
public:

    //--Management -------------------------------------------
    //
    explicit FixedArray( int aDim );

    FixedArray( const FixedArray& );

    //-- Zuweisung nur mit Feld gleicher Dimension erlaubt!
    //
    FixedArray& operator = ( const FixedArray& );

    //--Zugriff ----------------------------------------------
    //
        int& operator [] ( int );
    const int& operator [] ( int ) const;
```

```
//--Vergleich -------------------------------------------------
//
friend bool isEqual( const FixedArray&, const FixedArray& );
friend bool operator == ( const FixedArray&, const FixedArray& );
friend bool operator != ( const FixedArray&, const FixedArray& );

//--Konvertierungen --------------------------------------------
//
string toString() const;


/* ... weitere Mitglieder FixedArray ... */
private:
  MemoryBlock mData;

}; // FixedArray
```

Hier ist eigentlich alles soweit beim Alten geblieben, lediglich die
beiden Datenelemente mWert und mSize wurden durch ein Memo-
ryBlock-Objekt ersetzt. Des weiteren wird kein (expliziter) Destruktor mehr benötigt: FixedArray erhält einen impliziten Destruktor,
der automatisch den MemoryBlock-Destruktor aufruft, wenn ein FixedArray-Objekt zerstört wird.

Die FixedArray-Mitgliedsfunktionen delegieren im Wesentlichen die
jeweilige Aufgabe an MemoryBlock. Dabei muss jedoch immer eine
Wandlung zwischen dem Feldelement (einem int) und dem zugeordneten, von MemoryBlock verwalteten Speicherbereich erfolgen.
Im Endeffekt läuft dies auf eine Wandlung zwischen int* und char*
hinaus: dazu ist immer ein reinterpret_cast erforderlich, wie hier
am Beispiel des operator [] gezeigt:

```
//-------------------------------------------------------------
//         op []
//
int& FixedArray::operator [] ( int aIndex )
{
  if ( aIndex < 0 || aIndex >= mData.getSize()/sizeof(int) )
  {
    cerr << "index " << aIndex << " ungültig! " << endl;
    exit( 1 );
  }

  return reinterpret_cast<int*>(mData.getData())[ aIndex ];
} // op =
```

mData.getData() liefert einen Zeiger auf den Beginn des verwalteten Speicherbereiches, und zwar vom Typ char*. FixedArray hat
dort jedoch ints gespeichert und muss daher einen „harten" cast
durchführen, damit der Feldzugriff richtig funktioniert.

Gleiches gilt z.B. auch für das Kopieren von Objekten, wie hier am Beispiel des Kopierkonstruktors gezeigt:

```
//-------------------------------------------------------------
//        cctor
//
FixedArray::FixedArray( const FixedArray& aObj )
  : mData( aObj.mData.getSize()*sizeof(int) )
{
  copy(
    reinterpret_cast<const int*>(aObj.mData.getData()),
    reinterpret_cast<const int*>(aObj.mData.getData())+ aObj.mData.getSize(),
    reinterpret_cast<int*>(mData.getData())
    );
} // cctor
```

Die Bibliotheksfunktion `copy` kopiert zwar die Objekte einzeln, um welchen Typ es sich dabei handelt, entnimmt die Funktion ihren Parametern[197]. Da unsere Objekte vom Typ `int` sind, müssen wir eine explizite Wandlung durchführen.

Die Notwendigkeit zur Typwandlung mit `reinterpret_cast` macht die Lösung schon fragwürdig, da dieser cast die strenge Typprüfung des Compilers außer Kraft setzt und deshalb eine Fehlerquelle ersten Ranges ist. `reinterpret_cast` sollte in einem Anwendungsprogramm bis auf wohl dokumentierte Ausnahmefälle niemals vorkommen. In unserer Lösung ist `reinterpret_cast` jedoch in nahezu jeder Mitgliedsfunktion von `FixedArray` erforderlich!

Beachten Sie bitte, dass `FixedArray` nicht in jedem Fall einfach an `MemoryBlock` delegieren kann. Insbesondere beim Kopieren und beim Vergleichen muss ja sichergestellt werden, dass Kopierkonstruktor (oder Zuweisungsoperator) bzw. zum Vergleich operator `==` aufgerufen werden. Dies ist wichtig, wenn wir `FixedArray` später für beliebige Typen erweitern.

Der Vergleichsoperator für `FixedArray` kann also nicht einfach den Vergleichsoperator für `MemoryBlock` aufrufen, sondern muss die Feldelemente einzeln vergleichen.

---

[197] Genau genommen ist *copy* keine Funktion, sondern eine *Funktionsschablone*. Was es damit auf sich hat, sehen wir in Kapitel 35, in dem wir Schablonen besprechen.

Folgendes Listing zeigt eine Implementierungsmöglichkeit:

```
//---------------------------------------------------------------
//        isEqual
//
bool isEqual( const FixedArray& lhs, const FixedArray& rhs )
{
  if ( lhs.mData.getSize() != rhs.mData.getSize() )
    return false;          // Felder ungleicher Dimension sind nie gleich

  for ( int i=0; i<lhs.mData.getSize()/sizeof(int); i++ )
    if ( reinterpret_cast<const int*>(lhs.mData.getData())[i] !=
         reinterpret_cast<const int*>(rhs.mData.getData())[i] )
      return false;

  return true;
} // isEqual
```

📖   Private Ableitung

Die andere Möglichkeit, Implementierungsvererbung in C++ auszudrücken, besteht in der Verwendung einer privaten Ableitung. Folgendes Listing zeigt die sich ergebende Implementierung der Klasse
FixedArray:

```
//---------------------------------------------------------------
//        FixedArray
//
class FixedArray : private MemoryBlock
{
public:

  //--Management --------------------------------------------------
  //
  explicit FixedArray( int aDim );

  FixedArray( const FixedArray& );

  //-- Zuweisung nur mit Feld gleicher Dimension erlaubt!
  //
  FixedArray& operator = ( const FixedArray& );

  //~FixedArray();

  //--Zugriff -----------------------------------------------------
  //
        int& operator [] ( int );
  const int& operator [] ( int ) const;

  //--Vergleich ---------------------------------------------------
  //
  friend bool isEqual( const FixedArray&, const FixedArray& );
  friend bool operator == ( const FixedArray&, const FixedArray& );
  friend bool operator != ( const FixedArray&, const FixedArray& );

  //--Konvertierungen ---------------------------------------------
  //
  string toString() const;

  /* ... weitere Mitglieder FixedArray ... */

}; // FixedArray
```

Gegenüber der letzten Version ist lediglich das Datenmitglied weggefallen, dafür ist `FixedArray` nun von `MemoryBlock` abgeleitet.

Die Implementierung der Mitgliedsfunktionen ist bis auf notationelle Änderungen identisch. Konkret können `getData` und `getSize` direkt aufgerufen werden, ohne Qualifizierung über das Datenmitglied. Anstelle von

```
//-------------------------------------------------------------
//        op []
//
int& FixedArray::operator [] ( int aIndex )
{
   /* ... Prüfung Preconditions */

   return reinterpret_cast<int*>(mData.getData())[ aIndex ];
} // op =
```

schreibt man nun etwas kürzer

```
//-------------------------------------------------------------
//        op []
//
int& FixedArray::operator [] ( int aIndex )
{
   /* ... Prüfung Preconditions */

   return reinterpret_cast<int*>(getData())[ aIndex ];
} // op =
```

Die Einsparung der Qualifizierung ist jedoch nicht immer von Vorteil. Ein neuer Mitarbeiter wird nicht sofort wissen, in welcher Klasse `getData()` deklariert ist – prinzipiell kommen ja `FixedArray` selber sowie alle Basisklassen in Frage. Bei größeren Klassenhierarchien kann das zu unnötigen Schwierigkeiten beim Lesen von Quellcode führen. Auch dies ist ein Grund, weswegen in der Praxis Komposition oft der Vererbung vorgezogen wird.

Die Vererbung hat jedoch gegenüber der Komposition einen Vorteil, der – je nach Situation – entscheidend sein kann: bei der Komposition hat die aufnehmende Klasse keinen anderen Status als das restliche Programm: sie kann nur auf öffentliche Mitglieder zugreifen.

Bei der Vererbung dagegen kann der Zugriffsschutz differenzierter ausgeführt werden: eine Basisklasse kann einer Ableitung den Zugriff auf Mitglieder gewähren, ihn aber dem restlichen Programm verwehren – genau zu diesem Zweck dient das Schlüsselwort `protected`. Wir werden gleich einen Fall sehen, in dem dieses Argument ausschlaggebend für die Verwendung von Vererbung an Stelle von Komposition ist.

Noch einmal: Faktorisierung

Die Herausfaktorisierung von `MemoryBlock` aus `FixedArray` hat noch nicht zum gewünschten Erfolg geführt. Auch wenn `MemoryBlock` eine vollständige Klasse zur Verwaltung von Speicherbereichen ist – sie kann nicht gut zur Implementierung von Klassen wie `FixedArray` verwendet werden.

Der Grund liegt in der ständig notwendigen Transformation zwischen Objektzeigern (hier `int*`) und einfachen Speicherbereichen (repräsentiert durch `char*`), die in unserem ersten Faktorisierungsansatz nicht berücksichtigt wurde. Zur Behebung des Mangels muss man einfach eine weitere Komponente herausfaktorisieren: nämlich eben die Transformation zwischen den beiden Repräsentationen.

Konkret wird diese neue Komponente im Wesentlichen also die `reinterpret_cast` Ausdrücke enthalten. Nach „unten" wird sie mit Speicherbereichen vom Typ `char*` arbeiten, nach „oben" jedoch Objekte vom Typ `int` bereitstellen.

Wie sollte die Transformationskomponente formuliert werden? Folgende Möglichkeiten bieten sich an:

❑ in `MemoryBlock`

❑ in `FixedArray`

❑ als eigenständige Klasse

Die Klasse TypedMemoryBlock

Da die Transformation unabhängig von `MemoryBlock` und `Fixed-Array` ist, empfiehlt sich eine Formulierung als eigenständige Klasse.

```
//-------------------------------------------------------------
//      TypedMemoryBlock
//
class TypedMemoryBlock : private MemoryBlock
{
public:

   //--Management ----------------------------------------------
   //
   explicit TypedMemoryBlock( int aSize );
   TypedMemoryBlock( const TypedMemoryBlock& );
   TypedMemoryBlock& operator = ( const TypedMemoryBlock& );

   //~TypedMemoryBlock();
```

```
//--Operationen -----------------------------------------------
//
      int* getData();
const int* getData() const;
int        getSize() const;

string toHex() const; // Bereitstellung in hexadezimaler Notation

//--Vergleich --------------------------------------------------
//
friend bool isEqual( const TypedMemoryBlock&, const TypedMemoryBlock& );
friend bool operator == ( const TypedMemoryBlock&, const TypedMemoryBlock& );
friend bool operator != ( const TypedMemoryBlock&, const TypedMemoryBlock& );
private:
//--Implementierung --------------------------------------------
//
void allocate( int );
void deallocate();
void copyFrom( const int* );

}; // TypedMemoryBlock
```

In diesem Fall haben wir `TypedMemoryBlock` (privat) von `Memo-ryBlock` abgeleitet, da wir in der Implementierung Zugriff auf einige eigentlich interne Funktionen von `MemoryBlock` benötigen.

Konkret handelt es sich um die Funktionen `allocate`, `deallocate` und `copyFrom`, die aus diesem Grunde in `MemoryBlock` als geschützt deklariert werden:

```
//-------------------------------------------------------------
//      MemoryBlock
//
class MemoryBlock
{
   /* ... weitere Mitglieder MemoryBlock */

protected:
//--für die Ableitung ------------------------------------------
//
MemoryBlock();
void allocate( int );
void deallocate();
void copyFrom( const char* );

}; // MemoryBlock
```

Auf die Funktion des Standardkonstruktors kommen wir gleich zu sprechen. Da diese Funktionen nun von Code außerhalb der Klasse `MemoryBlock` verwendet werden können, ist die Prüfung der Vorbedingungen besonders wichtig. So sollte z.B. ein mehrfacher Aufruf von `allocate` erkannt und gemeldet werden.

In der neuen Klasse `TypedMemoryBlock` verlagern wir wieder die eigentliche Funktionalität der Großen Drei (hier sind es allerdings nur zwei, da der Destruktor nicht benötigt wird) in die Funktionen `allo-cate`, `deallocate` und `copyFrom`. Die Großen Drei sind also „ganz normal" wie folgt implementiert:

```
//-------------------------------------------------------------------
//        ctor
//
TypedMemoryBlock::TypedMemoryBlock( const TypedMemoryBlock& aObj )
{
  allocate( aObj.getSize() );
  copyFrom( aObj.getData() );
} // ctor

//-------------------------------------------------------------------
//        op =
//
TypedMemoryBlock& TypedMemoryBlock::operator = ( const TypedMemoryBlock& aObj )
{
  if ( &aObj == this )
    return *this;

  deallocate();
  allocate( aObj.getSize());
  copyFrom( aObj.getData());
  return *this;
} // operator =
```

Beachten Sie bitte, dass

❏ in den Konstruktoren die Initialisierung der Basisklasse erfolgen muss. Wir verwenden jedoch unsere Implementierung mit Hilfe von `allocate` etc, daher muss die Basisklasse über einen Standardkonstruktor verfügen.

❏ kein Destruktor benötigt wird: der Destruktor der Basisklasse wird ja auf jeden Fall implizit aufgerufen und gibt den Speicherebereich wieder frei.

Die Hilfsfunktionen sind eigentlich reine Delegationsfunktionen:

```
//-------------------------------------------------------------------
//        allocate
//
inline void TypedMemoryBlock::allocate( int aSize )
{
  MemoryBlock::allocate( aSize*sizeof(int) );
} // allocate

//-------------------------------------------------------------------
//        deallocate
//
inline void TypedMemoryBlock::deallocate()
{
  MemoryBlock::deallocate();
} // deallocate

//-------------------------------------------------------------------
//        copyFrom
//
inline void TypedMemoryBlock::copyFrom( const int* aWert )
{
  copy( aWert, aWert + getSize(), getData() );
} // copyFrom
```

Hier ist es nun wichtig, dass wir auf z.B. `MemoryBlock::allocate` etc. zugreifen können. Ein Benutzer von `TypedMemoryBlock` soll dies natürlich nicht dürfen – er soll lediglich mit den öffentlichen Mitgliedern von `TypedMemoryBlock` arbeiten dürfen. Hier sehen wir nun einen konkreten Grund, warum Ableitung manchmal der Komposition vorzuziehen ist.

Die Transformation zwischen Speicherdarstellung und Objektdarstellung erfolgt in einer einzigen Routine:

```
//-------------------------------------------------------------
//        getData
//
inline int* TypedMemoryBlock::getData()
{
   return reinterpret_cast<int*>( MemoryBlock::getData() );
}

//-------------------------------------------------------------
//        getData
//
inline const int* TypedMemoryBlock::getData() const
{
   return reinterpret_cast<const int*>( MemoryBlock::getData() );
}
```

Wir haben nun die zur Transformation unvermeidlichen harten casts an einer einzigen Stelle konzentriert.

Eine weitere Stelle, an der sich `TypedMemoryBlock` von `MemoryBlock` unterscheidet, ist der Vergleich. `TypedMemoryBlock` muss einen feldweisen Vergleich implementieren, während `MemoryBlock` Speicherbereiche direkt vergleichen kann. `TypedMemoryBlock` benötigt daher eine eigene Implementierung:

```
//-------------------------------------------------------------
//        isEqual
//
bool isEqual( const TypedMemoryBlock& lhs, const TypedMemoryBlock& rhs )
{
   if ( lhs.getSize() != rhs.getSize() )
     return false;

   for ( int i=0; i<lhs.getSize(); i++ )
     if ( lhs.getData()[i] != rhs.getData()[i] )
       return false;

   return true;

} // isEqual
```

Die Implementierung der Vergleichsoperatoren ist wie immer unverändert:

```
//-----------------------------------------------------------------
//      op == , !=
//
inline bool operator == ( const TypedMemoryBlock& lhs, const TypedMemoryBlock& rhs
)
{
  return isEqual( lhs, rhs );
}

inline bool operator != ( const TypedMemoryBlock& lhs, const TypedMemoryBlock& rhs
)
{
  return !isEqual( lhs, rhs );
}
```

Die Vergleichsoperatoren können so identisch für jede Klasse implementiert werden, die eine `isEqual`-Funktion bereitstellt. Obwohl der Code jedes Mal gleich ist, muss er immer wieder hingeschrieben werden – sonst kann der Aufruf bzw. das Überladen an Hand des Typs nicht funktionieren. Wir werden in Kapitel 35 mit den Schablonen ein Sprachmittel kennenlernen, mit dem man identischen Code für unterschiedliche Typen formulieren kann und so den Quellcode nur ein Mal notieren muss.

📖 Formulierung von FixedArray mit Hilfe von TypedMemoryBlock

`TypedMemoryBlock` stellt bereits den richtigen Typ (nämlich `int*`) sowie die richtige Interpretation des Speichers (nämlich Objektinterpretation) bereit, so das sich die Implementierung einfach gestaltet.

Auch für `FixedArray` stellt sich wieder die Frage, ob die Klasse öffentlich von `TypedMemoryBlock` abgeleitet werden soll, oder ob private Ableitung bzw. Komposition geeigneter ist.

In diesem Fall ist die Entscheidung nicht ganz einfach. Die Komposition betrachten wir nicht weiter, da der Zugriffsschutz nicht differenziert genug festgelegt werden kann. Ob man jedoch öffentliche oder private Ableitung verwenden möchte, ist hier eher Geschmacksache. Prinzipiell kann der typisierte Speicherbereich, den `TypedMemoryBlock` bereitstellt, konzeptionell bereits als „Feld von ints" gesehen werden und `FixedArray` fügt lediglich den Feldzugriffsoperator `[]` (mit Indexprüfung hinzu). In diesem Fall wäre eine öffentliche Ableitung gerechtfertigt.

Weitere Gründe für das Vorliegen einer *is-a* Beziehung werden klar, wenn man zunächst mit einer nicht-öffentlichen Ableitung beginnt. Betrachten wir dazu beispielhaft den Kopierkonstruktor:

```
//-------------------------------------------------------------------
//        FixedArray
//
class FixedArray : private TypedMemoryBlock
{
  //--Management -----------------------------------------------------
  //
  FixedArray( const FixedArray& );

  /* ... weitere Mitglieder FixedArray ... */

}; // FixedArray
```

Eine mögliche Implementierung zeigt folgendes Listing:

```
//-------------------------------------------------------------------
//        cctor
//
inline FixedArray::FixedArray( const FixedArray& aObj )
  : TypedMemoryBlock( static_cast<const TypedMemoryBlock&>( aObj ))
{} // cctor
```

Auch hier ist wieder eine explizite Typwandlung erforderlich, da von einer Ableitung zu einer nicht-öffentlichen Basisklasse keine implizite Wandlung möglich ist. Allerdings ist hier kein harter reinterpret_cast erforderlich, sondern ein gutmütiger static_cast reicht aus.

Die gleiche Wandlung ist noch an vielen anderen Stellen erforderlich, insbesondere auch z.B. im Zuweisungsoperator:

```
//-------------------------------------------------------------------
//        op =
//
FixedArray& FixedArray::operator = ( const FixedArray& aObj )
{
  TypedMemoryBlock::operator = ( static_cast<const TypedMemoryBlock&>( aObj ));
  return *this;
} // op =
```

oder in der Vergleichsfunktion:

```
//-------------------------------------------------------------------
//        isEqual
//
inline bool isEqual( const FixedArray& lhs, const FixedArray& rhs )
{
  return isEqual(
    static_cast<const TypedMemoryBlock&>( lhs ),
    static_cast<const TypedMemoryBlock&>( rhs ));
} // isEqual
```

Alle drei Beispiele implementieren keine eigene Funktionalität, sondern delegieren ihre Aufgaben vollständig an die Basisklasse – nur der Typ stimmt nicht.

Die Notwendigkeit zur expliziten Typwandlung verschwindet, wenn wir eine öffentliche Ableitung wählen. Folgendes Listing zeigt die sich dann ergebende Klassendefinition:

```
//-----------------------------------------------------------------
//        FixedArray
//
class FixedArray : public TypedMemoryBlock
{
public:

    //--Management ------------------------------------------------
    //
    explicit FixedArray( int aDim );

    //--Zugriff ---------------------------------------------------
    //
          int& operator [] ( int );
    const int& operator [] ( int ) const;


    //--Konvertierungen -------------------------------------------
    //
    string toString() const;


    /* ... weitere Mitglieder FixedArray ... */

}; // FixedArray
```

Der Vorteil ist nun, dass z.B. Kopierkonstruktor und Zuweisungsoperator nicht mehr benötigt werden. Der Compiler generiert bei Bedarf implizite Versionen, die ihre Basisklassenpendants aufrufen – genau das gleiche, was wir in der Version aus dem letzten Abschnitt (wg. den notwendigen Typwandlungen) explizit durchgeführt haben.

Gleiches gilt für das Vergleichskonzept: FixedArray benötigt keine eigene isEqual-Funktion, da die Version aus der Basisklasse das richtige Verhalten implementiert.

Schreibt man z.B.

```
FixedArray fa1( 5 ), fa2( 5 );
...
if ( fa1 == fa2 ) ...
```

wird die Funktion

```
bool isEqual( const TypedMemoryBlock&, const TypedMemoryBlock& );
```

verwendet, da für beide Parameter eine implizite Konvertierung von `FixedArray` nach `TypedMemoryBlock` erfolgen kann.

⊞⊞ Zusammenfassung

Nach längeren Analysen und mehreren Versuchen haben wir nun eine vollständig faktorisierte Lösung. Ob dies in der Praxis so sinnvoll ist, soll dahingestellt bleiben, der Aufwand zum Herausfaktorisieren der einzelnen Komponenten ist ja doch relativ hoch. Nun haben wir jedoch Klassen mit genau abgegrenzter Funktionalität:

- ❏ `MemoryBlock` verwaltet untypisierten Speicher: Allokation, Deallokation, Zugriff und Vergleich arbeiten mit Bytes bzw. Folgen von Bytes.

- ❏ `TypedMemoryBlock` bringt die Interpretation des Speicherbereiches als Folge von Objekten (`ints`) hinzu.

- ❏ `FixedArray` schließlich ergänzt die Möglichkeit zum Zugriff über den Feldzugriffsoperator `[]` sowie die Ausgabe des Feldes in Stringform.

Alle drei Klassen sind wiederverwendbar und aufgrund ihrer klar definierten, einfachen Funktionalität leicht zu verstehen und zu pflegen.

Inwieweit eine so weit gehende Faktorisierung in einem realen Projekt wirklich sinnvoll ist, muss an Hand verschiedener Kriterien beurteilt werden. Anhaltspunkte können sein:

- ❏ Wiederverwendbarkeit

- ❏ Verständlichkeit (durch Kapselung unterschiedlicher Funktionalität in unterschiedliche Komponenten)

- ❏ Aufwand zur Implementierung

Übung 30-6:

Formulieren Sie die Großen Drei in `FixedArray` *wieder in der gewohnten Art mit* `allocate`, `deallocate` *und* `copyFrom`. *Wie können die drei Funktionen sinnvoll mit Hilfe von* `TypedMemoryBlock`-*Funktionalität implementiert werden?*

Übung 30-7:

`MemoryBlock` *besitzt eine Funktion zur Ausgabe des Speicherblocks in hexadezimaler Form. Implementieren Sie eine analoge Funktion für* `TypedMemoryBlock`. *Verlagern Sie dazu die bereits vorhandene Funktionalität aus der Ableitung* `FixedArray` *in die Basisklasse.*

Übung 30-8:

Machen Sie die Leistungen von `NamedObjectBase` *auch für* `FixedArray` *verfügbar, in dem Sie eine Ableitung* `NamedFixedArray` *bilden.*

📖📖 Anmerkung

In der Praxis sind Klassen wie `MemoryBlock` bzw. `TypedMemoryBlock` eigentlich überflüssig, da die Standardbibliothek bereits Funktionalität für typisierte Speicherbereiche bereitstellt. Das Mittel der Wahl ist hier ein Vektor, der für beliebige Typen (also auch für `int`) verwendet werden kann. Ein Vektor kann außerdem die Klasse `FixedArray` in ihrer jetzigen Form ersetzen, da er z.B. ebenfalls operator `[]` bereitstellt. Vektoren der Standardbibliothek arbeiten jedoch *immer* mit dynamischem Speicher, und dies ist z.B. bei Feldern fester Größe nicht erforderlich. In Kapitel 35 über Schablonen werden wir `FixedArray` ohne dynamischen Speicher formulieren und damit dann einen wirklichen Unterschied zu Vektoren implementieren.

Eine weiterer Aspekt soll hier nicht unerwähnt bleiben. Die eigentliche Problematik dieses Kapitels lässt sich ja in den beiden folgenden Kernaussagen zusammen fassen:

❏ Es gibt Funktionalität, die sich zur Wiederverwendung eignet (hier die Verwaltung von Speicherbereichen)

❏ Bei der Wiederverwendung stimmt der Typ der Daten nicht – deshalb sind unangenehme Typwandlungen erforderlich.

Wir haben durch das „Einziehen" einer Zwischenklasse diese Typwandlungen an einer Stelle konzentriert. Sie sind zwar nicht mehr überall erforderlich, aber trotzdem unvermeidbar.

C++ bietet zur Lösung dieser Problematik noch einen anderen Ansatz, nämlich den unter Verwendung von *Schablonen (templates)*. Mit ihrere Hilfe kann man Funktionalität wie z.B. das Kopieren eines Feldes mit Objekten etc. zunächst typunabhängig formulieren. Erst der Benutzer der Funktionalität (d.h. der Anwendungsprogrammierer) spezifiziert den Typ, für den er die Funktionalität benötigt – un der Compiler erledigt den Rest.

Mit Hilfe von Schablonen kann man die lästigen Typwandlungen in unserer Fallstudie *vollständig vermeiden*. Schablonen gehören aber auch zu den fortgeschritteneren Sprachmitteln, sie werden daher in diesem Buch auch (fast) als letztes besprochen.

▭▭ Praktische Erwägungen

Die Überlegung, welche Teilfunktionalitäten einer Klasse wiederverwendbar sein können und die entsprechende Formulierung dieser Teile als eigenständige Einheiten kosten Zeit und Mühe. Es ist einfacher, die geforderte Funktionalität eines Programms ohne solche Überlegungen zu implementieren. Das Problem ist nun, dass der zusätzliche Aufwand, der in eine Faktorisierung investiert wird, von außen nicht sichtbar ist: den Kunden interessieren Fertigstellungszeitpunkt und Kosten, nicht so sehr der innere Aufbau. Zeiten und Kosten sind messbare und damit überprüfbare Kriterien. Ob bei der Entwicklung Wiederverwendbarkeitsgesichtspunkte berücksichtigt wurden, bleibt verborgen.

Es ist klar, dass in einem solchen Umfeld wenig Interesse besteht, die Faktorisierung korrekt durchzuführen – schließlich ist es eine Investition in die Zukunft, die nicht bezahlt wird. Wer weiß, ob man im nächsten Projekt überhaupt noch mit im Boot ist?

Eine tragfähige Lösung muss eine Belohnung für höhere Softwarequalität beinhalten. Ein Maß könnte z.B. sein, wie oft eine Klasse von anderen Projekten wiederverwendet wird. Je höher eine solche Wiederverwendungsrate ist, um so mehr sollte der Programmierer bzw. das Team belohnt werden – leider eine heute noch selten anzutreffende Einstellung.

31 Virtuelle Funktionen

Im letzten Kapitel haben wir gesehen, wie man die Ableitungs-technik einsetzen kann, um die Implementierung von Klassen wiederzuverwenden. Klassenhierarchien können jedoch noch zu weit mächtigeren Programmiertechniken verwendet werden. So ist es z.B. möglich, Funktionen erst zur Laufzeit des Programms auswählen zu lassen. Diese virtuellen Funktionen ermöglichen u.a. die Technik des programming by exception[198] *mit der es möglich ist, das Verhalten von Klassen zu ändern, ohne den Quellcode der Klasse zu modifizieren. Die zweite, wichtigere Technik der virtuellen Funktionen ist die Implementierung von* Polymorphismus. *Damit ist es möglich, generische Abläufe zu implementieren, die später mit Objekten von unterschiedlichen Klassen arbeiten können.*

📖📖 Ein Beispiel

In diesem Kapitel befassen wir uns zunächst mit dem C++-Sprach-mittel der *virtuellen Funktionen*, das *programming by exception* so-wie Polymorphismus erst ermöglicht. In den folgenden Kapiteln zei-gen wir die beiden Programmiertechniken an Hand von konkreten Fallstudien.

Betrachten wir zur Einführung ein einfaches Beispiel. Im folgenden Listing wird eine Klassenhierarchie aus den Klassen A und B gebil-det:

```
struct A
{
  void f();
};

struct B : public A
{
  void f();
};
```

---

198 Dieser Begriff lässt sich nicht griffig ins Deutsche übertragen, so dass wir ihn hier unübersetzt lassen.

Die beiden Mitgliedsfunktionen geben nur eine Meldung über ihren
Aufruf aus:

```
void A::f()
{
  cout << "A::f aufgerufen" << endl;
}

void B::f()
{
  cout << "B::f aufgerufen" << endl;
}
```

Schreibt man nun z.B.

```
B* bp = new B;

A* ap = bp;          // a zeigt nun auf B-Objekt
ap-> f();
```

wird wie erwartet

```
A::f aufgerufen
```

ausgegeben: bei der Zuweisung erfolgt eine Wandlung von der Ableitung zur Basisklasse, so dass a auf den A-Anteil in einem B-Objekt
zeigt.

Anders sieht die Sache aus, wenn f als *virtuelle Funktion* deklariert
wird:

```
//------------------------------------------------------------
//        A
//
struct A
{
  virtual void f();
};


//------------------------------------------------------------
//        B
//
struct B : public A
{
  virtual void f();
};
```

Implementierung und Aufruf der Funktionen bleiben identisch. Nun
wird statt dessen

```
B::f aufgerufen
```

ausgegeben! Offensichtlich wurde bei der Ausgabeanweisung B::f
aufgerufen, obwohl die Variable ap vom Typ „Zeiger auf A" ist.

Der Schlüssel zu diesem Verhalten liegt in der vorausgegangenen Zuweisung. Salopp gesprochen wurde nicht nur der Wert, sondern auch der Typ kopiert.

Vergleichen wir die beiden Beispiele:

❑ Im ersten Beispiel bestimmt der *Typ der Zeigervariablen*, welche Funktion aufgerufen wird. Da `ap` vom Typ „Zeiger auf A" ist, bewirkt die Anweisung `ap-> f();` also immer den Aufruf von `A::f`. Es spielt keine Rolle, ob `ap` zur Laufzeit auch tatsächlich auf eine Instanz von `A` zeigt.

❑ Im zweiten Beispiel bestimmt der *Typ des Objekts, auf das* `ap` *zeigt*, welche Funktion aufgerufen wird. Der Typ von `ap` selber spielt eine untergeordnete Rolle. Zeigt `ap` während der Laufzeit des Programms auf eine Instanz von `A`, wird `A::f` aufgerufen; zeigt `ap` gerade auf eine Instanz von `B`, wird `B::f` aufgerufen.

📖📖 Statischer und dynamischer Typ

Hier geht es offensichtlich um zwei verschiedene Arten von Typen:

❑ *Der Typ des Zeigers* `ap`. Dieser wird in der Deklaration der Zeigervariablen festgelegt und kann während der Lebenszeit der Variablen nicht geändert werden. Man spricht daher auch vom *statischen Typ* von `ap`.

❑ *Der Typ des Objekts, auf das* `ap` *zeigt*. Dieser Typ kann während der Laufzeit wechseln, da `ap` zur Laufzeit auf Objekte unterschiedlicher Klassen zeigen kann. In unserem Fall kann `ap` auf Objekte vom Typ `A` oder `B` zeigen. Man spricht deshalb vom *dynamischen Typ* von `ap`, wenn man den Typ des Objekts, auf das `ap` gerade zeigt, meint.

📖📖 Frühe und späte Bindung

Bei näherer Betrachtung stellt sich die Frage, welche Adresse der Compiler bei der Übersetzung eines Ausdrucks wie `ap-> f()` für die Funktion `f` einsetzt. Zum Zeitpunkt der Übersetzung ist nicht bekannt, welche Funktion im Endeffekt tatsächlich aufgerufen werden muss. Diese Entscheidung kann erst zur Laufzeit des Programms getroffen werden – sie hängt ja vom dynamischen Typ von `ap` ab, d.h. es kommt auf den Typ des Objekts an, auf das `ap` gerade zeigt. Man spricht daher auch von *dynamischer* (manchmal auch von *später*) *Bindung* (*late binding* oder *dynamic binding*). Im Gegensatz dazu bedeutet *statische* (oder *frühe*) *Bindung* (*early* bzw. *static binding*), dass die Zuordnung bereits zur Übersetzungszeit fest vorgenommen wird.

Technisch gesehen bedeutet statische Bindung, dass der Compiler bei der Übersetzung eines Funktionsaufrufs sofort einen Sprung zum Eintrittspunkt der Funktion codiert. Dies ist das „gewöhnliche" Verfahren, das normalerweise bei einem Funktionsaufruf verwendet wird. Es spielt dabei keine Rolle, ob die Funktion evtl. überladen ist: es ist Aufgabe des Compilers, bei der Namensauflösung eine passende Funktion zu finden, und einen sofortigen Sprung zu dieser Funktion zu codieren.

Bei dynamischer Bindung dagegen wird ein Sprung zu einer speziellen Verteilerfunktion codiert, die als Parameter eine Tabelle mit Adressen aller in Frage kommender Funktionen erhält (in unserem Beispiel wären es A::f und B::f). Die Verteilerfunktion bestimmt zur Laufzeit einen Index in der Tabelle und verzweigt dann erst zur eigentlichen Funktion.

Dynamische Bindung kostet etwas mehr Rechenzeit[199] bei der Ausführung des Programms als statische Bindung, ermöglicht aber ungleich flexiblere Programmierung. Im Gegensatz zu anderen objektorientierten Programmiersprachen ist es bei C++ dem Programmierer überlassen, welche Bindungsart er verwenden möchte: Deklariert er eine Funktion virtuell, wird dynamische Bindung verwendet, ansonsten statische Bindung.

▦▦ Voraussetzungen

Damit die dynamische Bindung funktionieren kann, sind einige Regeln zu beachten.

▦ Klassenhierarchien

Dynamische Bindung funktioniert nur in Klassenhierarchien, da es wesentlich darauf ankommt, dass Zeiger vom statischen Typ einer Basisklasse konkret auf Objekte von Ableitungen zeigen. Dabei ist immer eine Typwandlung von der Ableitung in Richtung Basisklasse

---

[199] Durchschnittlich handelt es sich um 3-5 Maschinenanweisungen pro Funktionsaufruf, ein Wert also, den man wohl in allen Anwendungen vernachlässigen kann.

im Spiel: nur so ist es möglich, dass ein Zeiger vom statischen Typ A*
auf ein B-Objekt zeigt.

Mit obiger Klassenhierarchie aus A und B zeigt das folgende Listing
die typische Konstruktion:

```
B* bp = new B;
A* ap = bp;              // implizite Typwandlung
ap-> f();               // ruft B::f
```

ap zeigt konkret auf ein B-Objekt, es wird B::f aufgerufen.

Das Beispiel kann auch ohne den Zeiger bp formuliert werden:

```
A* ap = new B;
ap-> f();               // ruft B::f
```

Hier findet die Wandlung bereits in der ersten Anweisung statt.

Oft sieht man Konstruktionen wie z.B.

```
void g( A* ap )
{
  ap-> f();
}
```

Hier kommt es auf den Aufruf der Funktion an, z.B.:

```
g( new A );             // ruft A::f
g( new B );             // ruft B::f
```

Etwas Hintergrund

Die Tatsache, dass dynamische Bindung nur in Klassenhierarchien
funktioniert, stellt immer wohldefiniertes Verhalten sicher. Betrachten
wir dazu den Aufruf

```
ap-> f();
```

Hier muss sichergestellt sein, dass alle Objekte, auf die ap korrekterweise zeigen kann, eine Funktion f besitzen. Dies ist aber genau A
sowie die Ableitungen von A: entweder definieren diese eine eigene
Funktion f, oder die vorhandene Funktion wird vererbt. Obige Anweisung ist also genau dann sicher, wenn der *statische Typ* von ap
eine passende Funktion f besitzt – und dies kann der Compiler bereits bei der Übersetzung kontrollieren.

📖 Gleiche Signatur

Soll dynamische Bindung funktionieren, muss die virtuelle Funktion in der Ableitung mit exakt den gleichen Parametern[200] wie in der Basisklasse deklariert werden. Dies leuchtet ein, denn bei der Übersetzung einer Anweisung wie

```
ap-> f();
```

ist ja noch nicht klar, welche f-Funktion welcher Klasse zur Laufzeit aufgerufen werden wird. Daher müssen *alle* in Frage kommenden f-Funktionen identisch deklariert werden, sonst könnte es zur Laufzeit Probleme (z.B. mit unterschiedlichen Parameterlisten auf dem Stack) geben.

Dies heißt aber nicht, dass eine Ableitung nicht eine f-Funktion mit anderer Parameterliste deklarieren könnte. Dies ist erlaubt, jedoch kommt eine solche Funktion nicht für dynamische Bindung in Frage. Diese Tatsache bildet eine ewige Fehlerquelle, wir kommen darauf im Abschnitt „Fallstricke" weiter unten in diesem Kapitel zurück.

📖 Gleicher Rückgabetyp

Die Forderung nach gleicher Signatur bezieht sich auch auf den Rückgabetyp: dieser muss prinzipiell für alle Funktionen, die für die dynamische Bindung in Frage kommen, identisch sein.
Folgendes ist daher z.B. nicht erlaubt und führt zu einer Fehlermeldung:

```
//------------------------------------------------------------
//        A
//
struct A
{
  virtual int f();
};


//------------------------------------------------------------
//        B
//
struct B : public A
{
  virtual double f();          // Fehler!
};
```

---

[200] Der Name der Funktion bildet zusammen mit den Typen der Parameter die *Signatur* einer Funktion, vgl. Kapitel 15 (Überladen von Funktionen).

📖 **Kovariante Rückgabetypen**

Es gibt jedoch eine Ausnahme, unter der ein anderer Rückgabetyp erlaubt ist. Konkret gilt: die Konstruktion

```
//-----------------------------------------------------------
//       A
//
struct A
{
  virtual X* f();
};

//-----------------------------------------------------------
//       B
//
struct B : public A
{
  virtual Y* f();
};
```

ist genau dann erlaubt, wenn Y eine öffentliche Ableitung von X ist, etwa wie in diesem Codesegment gezeigt[201]:

```
struct X {}:
struct Y : public X {};
```

Mit diesen beiden Klassen bezeichnet man Verweise (Zeiger bzw. Referenzen) auf X und Y als *kovariante Typen* (*covariant types*).

Anstelle der Zeiger in obigem Beispiel können auch Referenzen verwendet werden:

```
//-----------------------------------------------------------
//       A
//
struct A
{
  virtual X& f();
};

//-----------------------------------------------------------
//       B
//
struct B : public A
{
  virtual Y& f();
};
```

Für die Kovarianz ist wichtig, dass Y eine direkte oder indirekte, öffentliche Ableitung von X ist. Zusätzlich darf der Rückgabetyp der Basisklassenfunktion höher cv-qualifiziert sein als der Rückgabetyp der Funktion in der Ableitung.

---

[201] MSVC kennt zumindest in der Version 6.0 keine kovarianten Rückgabetypen und meldet hier grundsätzlich einen Fehler.

Die Konstruktion

```
//-----------------------------------------------------------------
//          A
//
struct A
{
  virtual const X* f();
};


//-----------------------------------------------------------------
//          B
//
struct B : public A
{
  virtual Y* f();                        // OK
};
```

ist daher erlaubt, während

```
//-----------------------------------------------------------------
//          A .
//
struct A
{
  virtual X* f();
};


//-----------------------------------------------------------------
//          B
//
struct B : public A
{
  virtual const Y* f();  // Fehler!
};
```

einen Fehler bei der Übersetzung produziert.

Die Standardanwendung für kovariante Rückgabetypen sind *virtuelle Konstruktoren*, die – da die Sprache sie nicht zulässt – damit simuliert werden können. Als Rückgabetyp wird dabei ein Zeiger auf die eigene Klasse verwendet:

```
//-----------------------------------------------------------------
//          A
//
struct A
{
  virtual A* f();
};


//-----------------------------------------------------------------
//          B
//
struct B : public A
{
  virtual B* f();
};
```

Wir kommen in der Fallstudie zu Polymorphismus (Kapitel 33) noch einmal auf virtuelle Konstruktoren zurück.

📕📕 Einige Unterschiede zu nicht-virtuellen Funktionen

Virtuelle Funktionen verhalten sich – wenn man von der Möglichkeit zur dynamischen Bindung einmal absieht – im Wesentlichen wie „normale" (nicht-virtuelle) Funktionen. Es gibt jedoch einige Unterschiede, auf die wir im folgenden eingehen.

📕 Einmal virtuell - immer virtuell

Wird in einer Ableitung eine virtuelle Funktion redeklariert, kann das Schlüsselwort `virtual` weggelassen werden. Die redeklarierte Funktion ist automatisch virtuell:

```
//-------------------------------------------------------------
//        A
//
struct A
{
  virtual int f();
};

//-------------------------------------------------------------
//        B
//
struct B : public A
{
  int f();                // f ist implizit virtuell
};
```

Hier ist f implizit virtuell, da die virtuelle Funktion f aus der Basisklasse redeklariert wird.

📕 Virtuelle Funktionen müssen definiert werden

Bei dynamischer Bindung findet die Zuordnung von Funktionsaufruf zu aufgerufener Funktion erst zur Laufzeit des Programms statt. Prinzipiell kommen also alle redeklarierten Funktionen in einer Ableitungshierarchie für einen Aufruf in Frage. Da die konkrete Version zur Übersetzungszeit nicht bestimmt werden kann, müssen alle virtuellen Funktionen definiert werden – auch wenn sie evtl. im konkreten Fall nie aufgerufen werden.

Auch hier gibt es allerdings eine Ausnahme: Eine virtuelle Funktion kann *abstrakt* deklariert werden (s.u.), dann braucht sie nicht definiert zu werden.

📖   **Virtuelle Funktionen dürfen nicht statisch sein**

Zur Auswahl der Funktion bei dynamischer Bindung wird der dynamische Typ des Objekts verwendet. Ohne ein Objekt kann dynamische Bindung also nicht funktionieren. Daraus folgt, dass eine virtuelle Funktion immer ein (nicht-statisches) Mitglied einer Klasse sein muss.

📖   **Virtuelle Funktion können inline sein**

Da dynamische Bindung die Auswahl einer Funktion zur Laufzeit bedeutet, kann der Compiler die entsprechende Funktion nicht inline einsetzen. Eine virtuelle Funktion kann jedoch durchaus inline deklariert werden:

```
//-------------------------------------------------------------
//        A
//
struct A
{
  inline virtual int f();   // virtuell und inline
};

//-------------------------------------------------------------
//        B
//
struct B : public A
{
  inline virtual int f();
};
```

Die inline-Deklaration wird für die Zwecke der dynamischen Bindung ignoriert. Code wie

```
A* ap = new B;
ap-> f();                 // ruft B::f
```

ist möglich, es wird korrekt B::f gerufen. Der Compiler hat hier „normale" (d.h. nicht-inline-) Versionen der beiden f-Funktionen erzeugt.

In Situationen, in denen dynamische Bindung nicht verwendet wird, kann die Funktion vom Compiler durchaus inline eingesetzt werden. In folgendem Beispiel ist es sehr wahrscheinlich[202], dass der Compiler B::f inline einsetzt:

---

[202]   wahrscheinlich, aber nicht sicher. Der Compiler ist frei, Funktionen inline oder nicht-inline einzusetzen, sofern sich das Verhalten des Programms dadurch nicht ändert.

```
B b;
b.f();                  // keine dynamische Bindung
```

▢ Dynamische vs. statische Bindung

Dynamische Bindung funktioniert nur, wenn die virtuelle Funktion über einen Verweis (Zeiger oder Referenz) aufgerufen wird. Bei einem direkten Aufruf über ein Objekt wird immer direkt die Funktion der zugehörigen Klasse aufgerufen (statische Bindung):

```
A a;
a.f();                  // Hier wird A::f aufgerufen
```

Manchmal ist es erforderlich, bei einem Aufruf einer virtuellen Funktion über einen Verweis eine statische Bindung zu erzwingen. Dies kann durch die vollständige Qualifizierung des Funktionsnamens erreicht werden:

```
A* a = new B;
a-> f();                // B::f  späte Bindung
a-> A::f();             // A::f  frühe Bindung, da vollständig qualifizierter
           //       Aufruf
```

▢ Zugriffssteuerung bei virtuellen Funktionen

Im Falle dynamischer Bindung bestimmt der Zugriffsschutz in der Basisklasse auch den Zugriff auf die Ableitungen. Ein evtl. abweichender Zugriffsschutz in der Ableitung wird in diesem Fall ignoriert. Schreibt man etwa

```
//----------------------------------------------------------------
//        A
//
struct A
{
  virtual int f();
};
//----------------------------------------------------------------
//        B
//
struct B : public A
{
private:
  virtual int f();          // privat
};
```

ist das Codesegment

```
A* a = new B;
a-> f();                  // OK: B::f wird gerufen
```

legal, obwohl f in B privat deklariert ist.

Der Compiler prüft bei der Übersetzung der Anweisung

```
a-> f();
```

(wie immer) nur den statischen Typ des Zeigers, d.h. er prüft, of f in
A öffentlich ist.

B::f ist aber trotzdem privat. Ein direkter Aufruf der Funktion von
außen ist nicht möglich:

```
B b;
b.f();                              // Fehler! f ist in B privat
```

📖 Nicht-öffentliche Ableitungen

Dynamische Bindung funktioniert auch im Falle geschützter oder privater Ableitungen. Schreibt man z.B.

```
//-----------------------------------------------------------------
//        A
//
struct A
{
  virtual int f();
};

//-----------------------------------------------------------------
//        B
//
struct B : private A
{
  virtual int f();
};
```

ist f virtuell und wird für dynamische Bindung verwendet. Allerdings ist nun eine implizite Konvertierung von der Ableitung zur Basisklasse nicht mehr möglich, so dass man eine explizite Konvertierung vornehmen muss:

```
B* bp = new B;
A* ap = reinterpret_cast<A*>(bp);

ap-> f();                           // OK:  B::f
```

📖📖 Abstrakte Funktionen

Eine virtuelle Funktion kann *abstrakt* deklariert werden. Damit drückt
man aus, dass diese Funktion für die betreffende Klasse nicht implementiert werden soll. Eine virtuelle Funktion ohne Funktionalität
nennt man auch *abstrakte Funktion* (*abstract function* oder *pure
function*). Eine Klasse mit einer oder mehreren abstrakten Funktionen
heißt auch *abstrakte Klasse* (*abstract class*). Im Gegensatz dazu bezeichnet man „normale" Klassen (ohne abstrakte Funktionen) auch als

konkrete Klassen (*concrete classes*). In C++ notiert man eine abstrakte Funktion durch den Zusatz =0 in der Funktionsdeklaration.

Im folgenden Beispiel ist f eine abstrakte Funktion und A eine abstrakte Klasse:

```
struct A
{
  virtual void f() = 0;          // abstrakte Funktion
};
```

Von abstrakten Klassen können keine Objekte gebildet werden, da Konstruktionen wie z.B.

```
A a;                           // Fehler! A ist abstakt
a.f();
```

wegen der fehlenden Implementierung für f nicht möglich sind.

Abstrakte Funktionen werden ganz normal vererbt. Wird eine abstrakte Funktion in einer Ableitung nicht redeklariert, bleibt sie auch in der Ableitung abstrakt mit der Folge, dass von der Ableitung ebenfalls keine Objekte gebildet werden können.

Im folgenden Listing erbt B die abstrakte Funktion f aus A:

```
struct B : public A
{
  void f();                    // f ist implizit virtuell und abstakt
};
```

Nun ist B ebenfalls eine abstrakte Klasse. Von B können deshalb ebenfalls keine Objekte gebildet werden:

```
B b;                           // Fehler! B ist ebenfalls abstrakt
```

Aus diesem Beispiel wird bereits der Sinn abstrakter Funktionen deutlich: Sie können verwendet werden, um den Programmierer von Ableitungen dazu zu zwingen, bestimmte Funktionen zu implementieren, bevor Objekte erzeugt werden können.

Ein weiterer wichtiger Punkt ist, dass Zeiger und Referenzen auf abstrakte Klassen erlaubt und in Programmen, die Polymorphismus nutzen, sogar die Regel sind. Mit obiger Definition der abstrakten Klasse A ist es durchaus erlaubt, etwa

```
A* ap;

/* ... hier erhält a einen Wert ... *\

ap-> f();
```

zu schreiben. Kann hier nicht die gar nicht existierende Funktion
`A::f` aufgerufen werden? Dies ist nicht möglich, da man dazu ein
Objekt der Klasse `A` benötigt, und ein solches kann ja nicht erzeugt
werden, da `A` abstrakt ist.

Der Sinn dieser Konstruktion liegt vielmehr darin, dass ein Programmierer eine Klasse `C` von `A` ableitet, `f` dort korrekt implementiert und
im obigen Programm `ap` auf eine Instanz von `C` zeigen lässt. Da für `f`
dynamische Bindung verwendet wird, wird dann `C::f` aufgerufen.
Somit wurde erreicht, dass das Programm syntaktisch bereits Funktionen aufrufen kann, die erst später implementiert werden.

```
struct C : public A
{
  virtual void f();    // nicht mehr abstrakt
};


C c;                                  // OK
A* a = &c;

a-> f();                              // OK: C::f
```

Mit dieser Konstruktion sind interessante Programmiertechniken möglich, die wir in unserer Fallstudie „Polymorphismus" in Kapitel 33 detailliert erläutern und anwenden werden.

Weithin unbekannt ist, dass abstrakte Funktionen durchaus implementiert werden können. Mit obiger Klassendefinition von `A` kann
man z.B.

```
void A::f()
{
  cout << "abstrakte Funktion" << endl;
}
```

schreiben.

Die Implementierung einer abstrakten Funktion ist in gewisser Weise
ein Sonderfall, denn wir haben zu Anfang dieses Abschnittes „abstrakt" so definiert, dass die betreffende Funktion eben nicht implementiert werden soll.

Dies bleibt auch richtig, denn die Implementierung einer abstrakten
Funktion kann über die normalen Aufrufmechanismen virtueller
Funktionen (Zeiger bzw. Referenzen) nicht angesprochen werden.
Auch gilt weiterhin, dass die Klasse abstrakt und die Bildung von Ob-
jekten nicht möglich ist: die Anweisungen

```
A a;                        // Fehler! A ist abstakt
a.f();
```

bleiben verboten, obwohl nun f durchaus definiert ist.

Die Implementierung einer abstrakten Funktion kann nur über vollständige Qualifizierung angesprochen werden. Da es keine Objekte der Basisklasse geben kann, wird dies meist aus Ableitungen heraus durchgeführt. Hat man z.B. eine konkrete Klasse C wie oben als Ableitung von A definiert, könnte man deren Funktion f wie folgt implementieren:

```
void C::f()
{
  A::f();                    // expliziter Aufruf abstrakte Funktion
}
```

schreiben. Ebenso möglich wäre

```
C c;
c.A::f();                    // expliziter Aufruf abstrakte Funktion
```

📖📖 Die virtual function pointer table

Bestimmt man die Größe eines Objekts mit virtuellen Funktionen mit sizeof, erhält man einen größeren Wert als ohne virtuelle Funktionen. Für die Klasse A

```
struct A
{
  int i, j, k;

  void f();
};
```

liefert der sizeof-Operator in

```
A a;
int i = sizeof( a );
```

als Größe von a den Wert 12 Byte (3 ints zu je 4 Bytes)[203]. Macht man f virtuell, erhält man dagegen den Wert 16.

Der Unterschied rührt von einer zusätzlichen Zeigervariablen her, die der Compiler intern zum Management der virtuellen Funktionen der Klasse anlegt. Dieser Zeiger zeigt auf die sogenannte *virtual function pointer table (vtbl)*, die u.a. die für die späte Bindung erforderlichen Funktionsadressen enthält. Der Programmierer muss sich um dieses zusätzliche Datenmitglied normalerweise nicht kümmern. Er kann -

---

[203] Dies gilt für die gängigen 32-bit-Architekturen mit einer Größe von 4 Bytes für int.

im Gegensatz zum `this`-Zeiger - mit normalen Mitteln auch gar nicht darauf zugreifen, da es keinen expliziten Variablennamen dafür gibt.

Für jede Klasse mit virtuellen Funktionen wird zur Laufzeit eine solche vtbl geführt. Sie enthält für jede virtuelle Funktion der Klasse die korrekte Einsprungadresse.

Betrachten wir hierzu folgende Klassenhierarchie:

```
//------------------------------------------------------------------
//          A
//
struct A
{
  int i;

  virtual void f1();
  virtual void f2();
};
//------------------------------------------------------------------
//          B
//
struct B : public A
{
  float f;

  virtual void f1();
};
//------------------------------------------------------------------
//          C
//
struct C : public B
{
  double d;

  virtual void f1();
  virtual void f2();
};
```

Die zugehörigen vtbls haben etwa folgendes Aussehen:

Bild 31.1:   **vtbls der Klassen A, B und C**

Beachten Sie bitte, dass B die Funktion `f2` von A erbt. Im entsprechenden Feld der vtbl von B steht daher die gleiche Adresse wie bei A, nämlich `A::f2`.

Erzeugt man nun ein Objekt von B, erhält man folgendes Speicher-layout:

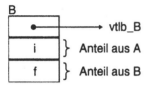

Bild 31.2:   **Speicherlayout für ein Objekt der Klasse B**

Es ist in der Sprachdefinition nicht vorgeschrieben, an welcher Stelle in einem Objekt der Zeiger auf die vtbl untergebracht werden muss. Wir haben ihn hier am Anfang des Objekts platziert. Andere Layouts sind ebenso möglich.

Bleiben wir bei obigem Schema, erhält ein Objekt der Klasse C fol-gendes Layout:

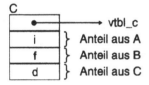

Bild 31.3:   **Speicherlayout für ein Objekt der Klasse C**

Nun ist klar, wie dynamische Bindung technisch funktioniert. In der Anweisung

```
p-> f1();
```

spielt der Typ des Zeigers p keine Rolle mehr für den Aufruf von f1: Jedes Objekt, auf das p zeigen kann, besitzt einen vtbl-Zeiger *an der gleichen relativen Stelle* im Objekt (bei uns an Offset 0). Es ist daher unabhängig vom Typ des Objekts möglich, immer die zugehörige vtbl zu finden. Aus der zugehörigen vtbl wird die Adresse von f1 ermittelt und dann die Funktion aufgerufen.

Obwohl der Standard keinen Mechanismus für die Implementierung der dynamische Bindung vorgibt, verwenden alle bekannten Compiler eine *virtual function pointer table* für die Klasse und einen zusätzlichen Zeiger in jedem Objekt. Man kann Klassen an Hand des Vorhandenseins einer vtbl in zwei Gruppen einteilen: Klassen mit vtbl (auch polymorphe Klassen genannt) und „normale" Klassen ohne vtbl (auch nicht-polymorphe Klassen genannt).

📖📖 Fallstricke

Späte Bindung über virtuelle Funktionen ermöglicht einige interessante Programmiertechniken, die wir in Kürze vorstellen werden. Es gibt jedoch auch Fallstricke, die selbst erfahreneren C++ Programmierern manchmal noch Aha-Erlebnisse bescheren können. Einige werden in den nächsten Abschnitten vorgestellt.

📖   Direkter Zugriff auf Objektdaten

Es kommt manchmal vor, dass ein gesamtes Objekt mit einer Operation kopiert werden soll. Typischer Fall ist das Speichern eines Objekts in einer Datei. Folgendes Listing zeigt den ersten Ansatz einer Routine zum Speichern eines A-Objekts:

```
//------------------------------------------------------------
//        A
//
struct A
{
  int i;
  double d;
  virtual void f();

  //-- schreibt das Objekt in die Datei aName.
  //
  void writeToDisk( const char* aName ) const;

  /* ... weitere Mitglieder von A ... */
};
```

Eine mögliche Implementierung für das Betriebssystem Windows[204] zeigt die folgende Routine:

```
//------------------------------------------------------------
//        writeToDisk
//
void A::writeToDisk( const char* aName ) const
{
  int handle = open( aName, O_BINARY | O_WRONLY | O_CREAT | O_TRUNC );
  write( handle, this, sizeof(A) );
}
```

---

[204] Die Headerdateien *io.h* und *fcntl.h* müssen includiert werden.

Die Anweisung

```
write( handle, this, sizeof(A) );
```

in writeToDisk speichert jedoch nicht nur die Variablen i und d, sondern auch den Zeiger auf die vtbl in der Datei. Liest man das Objekt in einer ähnlichen Routine mit der gleichen Technik wieder ein, wird auch der vtbl-Zeiger mit eingelesen:

```
read( handle, this, sizeof(A) );
```

vtbls werden jedoch dynamisch erzeugt, und es ist keineswegs sichergestellt, dass in jedem Programm, das die Klasse A verwendet, die vtbl von A die gleiche Adresse hat (sonst bräuchte man den Zeiger im Objekt nicht). Beim Einlesen von der Platte wird daher der vtbl-Zeiger mit an Sicherheit grenzender Wahrscheinlichkeit einen falschen Wert haben - beim ersten Aufruf einer virtuellen Funktion stürzt das Programm ab. Fatalerweise funktioniert der Ansatz jedoch, wenn man ein A-Objekt im gleichen Programm schreibt und dann wieder liest, da sich während der Programmlaufzeit die Adresse der vtbl nicht ändert.

Der versteckte vtbl-Zeiger kann also eine Quelle schwer zu findender Fehler sein. Man sollte sich daher zum Grundsatz machen, keine Annahmen über den internen Aufbau eines Objekts zu machen[205]. Für die Praxis bedeutet das, dass man die Variablen einzeln speichern und wieder einlesen muss.

📖 Zeigerarithmetik und Indexzugriff

Zeiger können zwar auf Objekte unterschiedlicher Klassen einer Hierarchie zeigen, jedoch wird für Zeigerarithmetik immer der statische Typ des Zeigers und nicht (wie man vielleicht vermuten würde) der dynamische Typ (d.h. der Typ des Objekts, auf den der Zeiger zeigt) verwendet.

---

[205] Zu dieser Regel gibt es natürlich Ausnahmen. So wird z.B. ein Datenbanksystem allein aus Effizienzgründen Objekte als Ganzes und ohne Kenntnis der Mitglieder speichern und wieder einlesen wollen. Der Programmierer solcher Routinen muss sich dann konkret mit dem internen Aufbau von Objekten bei einem bestimmten Compiler (es gibt dafür keinen Standard) auseinandersetzen.

Wir gehen von der folgenden Klassenhierarchie aus:

```
//-----------------------------------------------------------------
//          A
//
struct A
{
  int i;
  virtual void f();
};


//-----------------------------------------------------------------
//          B
//
struct B : public A
{
  double d;
  virtual void f();
};
```

Im folgenden Programm wird ein Feld von B-Objekten erzeugt und über Zeigerarithmetik bearbeitet.

```
B bFeld[ 10 ];
B* bp = bFeld;                     // bp zeigt auf erstes Element

for ( int i=0; i<10; i++, bp++ )
  cout << bp-> i << " ";
```

Die Zeigerarithmetik funktioniert korrekt, da der Ausdruck bp++ den Zeiger bp jedes Mal um `sizeof(B)` Bytes weiterschaltet. Wie üblich kann man B-Objekte auch über A-Zeiger ansprechen:

```
for ( int i=0; i<10; i++, bp++ )
{
    bp-> f();

    A* ap = bp;
    ap-> f();                     // OK:  B::f
}
```

Hier wird wie üblich f spät gebunden, beide Aufrufe von f binden also an B::f.

Zeigerarithmetik mit ap funktioniert jedoch nicht wie gewünscht, das folgende Programm führt zu undefiniertem Verhalten:

```
A* ap = bFeld;                    // OK: Wndlung B* => A*

for ( int i=0; i<10; i++, ap++ ) // undefiniertes Verhalten
  ap->f();
```

Der Grund ist, dass der Ausdruck ap++ den Zeiger ap um `sizeof(A)` Bytes weiterschaltet, und nicht wie erforderlich um `sizeof(B)` Bytes. Auch wenn A virtuelle Funktionen enthält, funktioniert Zeigerarithmetik mit A-Zeigern immer mit den statischen Typ von A.

📖 Virtuelle Destruktoren

Eine gängige Programmiertechnik verwendet Zeiger vom Typ einer Basisklasse, um Objekte von Ableitungen zu manipulieren. Sollen über den Basisklassenzeiger Objekte auch zerstört werden, muss der Destruktor virtuell sein.

```
//-----------------------------------------------------------------
//        A
//
struct A
{
  virtual void f();
};

//-----------------------------------------------------------------
//        B
//
struct B : public A
{
  virtual void f();
};
```

Nun kann man z.B. wie üblich

```
A* ap = new B;
...
ap-> f();                 // OK;   B::f
```

schreiben. Die Anweisung

```
delete ap;                // undefiniertes Verhalten
```

bewirkt jedoch undefiniertes Verhalten, da A keinen virtuellen Destruktor hat. Korrekt muss es also

```
//-----------------------------------------------------------------
//        A
//
struct A
{
  virtual ~A();
  virtual void f();
};

//-----------------------------------------------------------------
//        B
//
struct B : public A
{
  virtual void f();
};
```

heißen.

Dies ist auch dann erforderlich, wenn eigentlich gar kein Destruktor notwendig wäre. In unserem Beispiel ist der A-Destruktor deshalb leer:

```
//--------------------------------------------------------------
//          A::~A
//
A::~A() {}
```

Hier kommt es nicht so sehr auf die Anweisungen im Destruktor an, sondern darauf, dass der Destruktor virtuell ist.

Beachten Sie bitte, dass B nicht unbedingt mit einem Destruktor ausgerüstet werden muss. Destruktoren werden zwar nicht vererbt, jedoch sind Destruktoren von Ableitungen automatisch virtuell, wenn der Basisklassendestruktor virtuell ist. In unserem Beispiel erhält B daher einen impliziten (automatisch generierten) virtuellen Standarddestruktor.

Ein weiterer Punkt, der oft zu Problemen führt, ist die Tatsache, dass auch in Klassenhierarchien ohne virtuellen Funktionen ein virtueller Destruktor vorhanden sein muss, wenn über Basisklassenzeiger gelöscht werden soll:

```
//--------------------------------------------------------------
//          A
//
struct A
{
   int i;
};
```

```
//--------------------------------------------------------------
//          B
//
struct B : public A
{
   double d;
};
```

Obwohl weder A noch B virtuelle Funktionen enthalten, bewirken die Anweisungen

```
A* ap = new B;
...
delete ap;                // undefiniertes Verhalten!
```

undefiniertes Verhalten.

Aus den gezeigten Beispielen wird klar, dass Klassen immer dann mit einem virtuellen Destruktor ausgestattet werden sollen, wenn die Möglichkeit zur Ableitung besteht. Da es in C++ keine Möglichkeit gibt, eine Ableitung zu verhindern, bedeutet das, dass eigentlich jede Klasse einen virtuellen Destruktor besitzen sollte.

Dies ist prinzipiell richtig, hat aber Konsequenzen. Oft wäre der virtuelle Destruktor die einzige virtuelle Funktion, wegen ihm müsste dann eine vtbl angelegt werden, in jedem Objekt müsste ein Zeiger darauf geführt werden – und alles nur, weil *eventuell* eine Ableitung gebildet werden *könnte*.

Der zusätzliche Aufwand der vtbl und des zugehörigen Zeigers ist in manchen Situationen definitiv zu hoch. Von vielen Klassen wird praktisch nicht abgeleitet, obwohl es natürlich syntaktisch möglich wäre. Klassen wie `string` (aus der Standardbibliothek) oder z.B. eine Klasse `Point` gehören zu dieser Gruppe:

```
struct Point
{
  int x,y;
};
```

Würde `Point` einen virtuellen Destruktor erhalten, würde sich jedes Objekt um ein Drittel vergrößern!

In solchen Fällen muss man dokumentieren, dass sich die Klasse nicht zur Ableitung eignet. Genau genommen könnte man schon ableiten, jedoch wäre keine dynamische Bindung möglich, und damit auch nicht das Löschen über Basisklassenzeiger.

📖 Redeklarieren und Überladen

Dynamische Bindung kann nur funktionieren, wenn die in Frage kommenden Funktionen in der Basisklasse und in den Ableitungen absolut identisch deklariert sind[206]. Dies wird jedoch von C++ nicht erzwungen, d.h. die Syntax erlaubt ohne weiteres die Deklaration einer virtuellen Funktion in einer Ableitung mit anderen Parametern:

```
//-------------------------------------------------------------
//      A
//
struct A
{
  virtual void f();
};


//-------------------------------------------------------------
//      B
//
struct B : public A
{
  virtual void f( int );          // syntaktisch korrekt, aber wahrscheinlich
                                  // so nicht gemeint
};
```

---

[206] evtl. mit der Ausnahme der kovarianten Rückgabetypen, s.o.

Hier wird jedoch nicht die virtuelle Funktion der Basisklasse redeklariert, sondern diese wird – genau wie im nicht virtuellen Fall – durch die Funktion in der Ableitung verdeckt.

Die üblichen Anweisungen

```
A* a = new B;
a-> f();                        // OK:  A::f !
```

sind zulässig, bewirken jedoch den Aufruf von A::f. B::f kommt nicht in Frage, da die Signatur nicht stimmt.

Wie im nicht-virtuellen Fall wird die Basisklassenversion verdeckt:

```
B* b = new B;
b-> f();                        // Fehler!
```

Interessant ist die Tatsache, dass beide Versionen von f in späteren Ableitungen redeklariert werden können und normal für dynamische Bindung zur Verfügung stehen:

```
//-----------------------------------------------------------------
//          C
//
struct C: public B
{
    virtual void f();
    virtual void f( int );
};


A* ap = new C;
ap-> f();                       //   C::f

B* bp = new C;
bp-> f( 3 );                    //   C::f
```

In den allermeisten Fällen handelt es sich um einen Fehler, wenn in einer Ableitung eine virtuelle Funktion gleichen Namens, aber mit anderer Parameterliste als in der Basisklasse deklariert wird. Der Programmierer ist deshalb gut beraten, peinlich genau auf die Deklarationen der virtuellen Funktionen in den verschiedenen Klassen zu achten. Dies gilt insbesondere bei „kleineren" Änderung in der Signatur einer solchen Funktion. Ändert man z.B.

```
virtual void f();
```

in einer großen Klassenhierarchie mit mehreren hundert Klassen etwa in

```
virtual void f() const;
```

und vergisst dabei nur eine einzige Klasse, kann man Stunden mit der Fehlerbehebung verbringen. Glücklicherweise geben viele Compiler eine Warnung aus, wenn eine virtuelle Funktion mit anderer Signatur als in der Basisklasse deklariert wird. Dies ist einer der Gründe, warum Warnungen in der Regel ernst zu nehmen sind: es handelt sich zwar nicht um Syntaxfehler, die meisten C++-Warnungen deuten aber mit an Sicherheit grenzender Wahrscheinlichkeit auf einen Fehler hin.

📖 Der Operator sizeof

Dynamische Bindung funktioniert nur mit virtuellen Funktionen eines Objekts. Für nicht-virtuelle Funktionen wird die normale, statische Bindung verwendet. Dies wird gerade mit dem `sizeof`-Operator gerne übersehen:

```
A* ap = new B;
int size = sizeof( *ap );          // OK: sizeof(A)
```

Obwohl `ap` auf ein B-Objekt zeigt, erhält `size` die Größe von A. Der Ausdruck

```
sizeof( *ap )
```

wird zur Übersetzungszeit berechnet und hat einen festen Wert, nämlich die Größe eines A-Objekts.

Um die Größe des Objekts zu erhalten, auf das `ap` tatsächlich zeigt, muss man dynamische Bindung verwenden. Dies erreicht man wie immer durch eine virtuelle Funktion:

```
//-------------------------------------------------------------------
//        A
//
struct A
{
  virtual int getSize() const;

  /* ... weitere Mitglieder von A ... */
};
//-------------------------------------------------------------------
//        B
//
struct B : public A
{
  virtual int getSize() const;

  /* ... weitere Mitglieder von B ... */
};
```

```
//-----------------------------------------------------------------------
//        getSize-Funktionen
//
int A::getSize() const
{
  return sizeof( A );
}

int B::getSize() const
{
  return sizeof( B );
}
```

Schreibt man nun

```
A* ap = new B;
int size = ap-> sizeof();
```

erhält man die Größe des Objekts, auf das ap gerade zeigt (Hier si-
zeof(B)).

📖 Virtuelle Funktionen in Konstruktoren und Destruktoren

Konstruktoren und Destruktor einer Klasse können virtuelle Funktionen aufrufen. Man muss jedoch beachten, dass beim Aufruf aus Konstruktoren bzw. Destruktoren *immer* die virtuellen Funktionen der eigenen Klasse verwendet werden, auch wenn es sich um ein Objekt
einer Ableitung handelt.

Folgendes Beispiel verdeutlicht diesen Sachverhalt. Wir gehen von
der Klassenhierarchie

```
//-----------------------------------------------------------------------
//        A
//
struct A
{
  A();

  virtual void f();
};

//-----------------------------------------------------------------------
//        B
//
struct B : public A
{
  virtual void f();
};
```

aus.

Die virtuellen Mitgliedsfunktionen f sollen wieder eine Nachricht ü-
ber ihren Aufruf auf dem Bildschirm ausgeben:

```
//--------------------------------------------------------------
//        f
//
void A::f()
{
  cout << "A::f gerufen" << endl;
}

void B::f()
{
  cout << "B::f gerufen" << endl;
}
```

Interessant ist nun der A-Konstruktor, der die virtuelle Funktion f aufrufen soll:

```
//--------------------------------------------------------------
//        A::A
//
A::A()
{
  f();
}
```

Schreibt man nun

```
A a;
```

wird ganz normal A::f aufgerufen, das Programm gibt daher

```
A::f gerufen
```

aus. Erzeugt man ein B-Objekt, etwa wie in

```
B b;
```

wird zuerst der (automatisch generierte) Standardkonstruktor von B
gerufen, der selbständig den A-Standardkonstruktor und dieser wiederum f ruft. Man könnte daher annehmen, dass B::f verwendet
wird, da es sich ja um ein B-Objekt handelt und für f dynamische
Bindung verwendet werden sollte.

Dies ist aber nicht der Fall, sondern es wird

```
A::f gerufen
```

ausgegeben. Der Grund ist, dass der A-Konstruktor natürlich ein korrektes und vollständiges A-Objekt konstruiert. Dazu gehört auch, dass
der vtbl-Zeiger im Objekt auf die vtbl der Klasse A zeigt. Dort steht
als Adresse von f aber A::f.

Der Aufruf von `f` aus dem `A`-Konstruktor bewirkt also die Verwendung von `A::f`. Der Konstruktor weiß nicht, dass das `A`-Objekt, das er konstruieren soll, nur ein Teil eines weiteren Objekts ist. Nachdem der `A`-Konstruktor beendet ist und das `A`-Objekt konstruiert wurde, korrigiert der `B`-Konstruktor den vtbl-Zeiger. Von diesem Zeitpunkt an wird die vtbl der Klasse `B` verwendet. Ein Aufruf von `f` würde nun `B::f` verwenden.

Für ein Objekt einer Klasse `X` liegt der Zeitpunkt der Korrektur also *nach* Beendigung der Konstruktoren aller Basisklassen von `X`, jedoch *vor* dem Eintritt in den Anweisungsteil des eigenen `X`-Konstruktors. Im Anweisungsteil eines Konstruktors kann man folgerichtig davon ausgehen, dass alle Basisklassen initialisiert und der vtbl-Zeiger bereits auf die vtbl der eigenen Klasse zeigt. Man kann *nicht* wissen, ob das eigene Objekt nur ein Teil eines größeren Objekts ist und daher der vtbl-Zeiger später noch einmal umgesetzt werden wird.

Der gleiche Mechanismus gilt für Destruktoren. Ruft man im Destruktor der Basisklasse eine virtuelle Funktion auf, wird wieder die vtbl der eigenen Klasse verwendet.

Wir ergänzen `A` um einen Destruktor[207]:

```
//-----------------------------------------------------------------
//          A
//
struct A
{
  ~A();
  /* ... weitere Mitglieder von A ... */
};
//-----------------------------------------------------------------
//          A::~A
//
A::~A()
{
  f();
}
```

Wird ein `B`-Objekt zerstört, wird zunächst der (hier automatisch generierte) Destruktor von `B` und dann der von `A` aufgerufen. Der `B`-Destruktor hat jedoch vorher den vtbl-Zeiger von `b` wieder auf die vtbl von `A` zurückgesetzt, so dass der `A`-Destruktor wieder ein korrektes `A`-Objekt vorfindet. Innerhalb des `A`-Destruktors wird für den Aufruf von `f` nun wieder `A::f` verwendet.

---

[207] Hier spielt es keine Rolle, ob der Destruktor virtuell oder nicht-virtuell ist.

Das Verhalten beim Aufruf von virtuellen Funktionen in Konstruktoren und Destruktoren ist also wohldefiniert. Es ist auch einsichtig, wenn man bedenkt, dass z.B. ein Konstruktor das eigene Objekt vollständig und korrekt erzeugt, inklusive des zugehörigen vtbl-Zeigers etc. Im Konstruktor hat man keinerlei Kenntnis darüber, dass das Objekt evtl. nur ein Teilobjekt eines größeren Objekts ist. Es ist Aufgabe des Konstruktors des umschließenden Objekts, eventuelle Korrekturen für die Teilobjekte durchzuführen. Analoges gilt für den Destruktor.

Im Zusammenhang mit abstrakten Funktionen können weitere Probleme auftreten. Im folgenden Beispiel deklariert die Basisklasse A eine abstrakte Funktion f:

```
//-----------------------------------------------------------------
//        A
//
struct A
{
  A();
  virtual void f() = 0;                // abstrakt
};
```

Es ist zwar syntaktisch erlaubt, im Konstruktor die abstrakte Funktion aufzurufen, das Ergebnis ist jedoch undefiniertes Verhalten:

```
//-----------------------------------------------------------------
//        A::A
//
A::A()
{
  f();                                 // undefiniertes Verhalten
}
```

Unterschiedliche Compiler reagieren auf diese Situation ganz verschieden. Das Spektrum reicht von einer Meldung zur Laufzeit (etwa: „pure virtual function called", unter Windows sogar in einer Dialogbox (!)) bis zu einer Fehlermeldung beim Binden des Programms.

32 Fallstudie Programming By Exception

Klassen aus der Praxis haben oft eine große Funktionalität und definieren eine entsprechend große Anzahl an Mitgliedsfunktionen. Oft muss die Funktionalität einzelner Funktionen an die eigenen Bedürfnisse angepasst werden. Man geht dabei davon aus, dass der Großteil der Funktionalität ohne Änderungen verwendet werden kann, ein geringer Teil jedoch anwendungsspezifisch implementiert werden muss (daher der Name „programming by exception")

📖📖 Das Problem

Als Beispiel betrachten wir die Aufgabe, die Behandlung von Fehlersituationen in einer Klassenbibliothek flexibel zu gestalten. Der Klassendesigner kann nicht wissen, wie der Benutzer seiner Bibliothek auf Fehler reagieren möchte. Die einfache Ausgabe einer Meldung auf dem Bildschirm ist z.B. dann unangebracht, wenn das Programm unter einer graphischen Benutzeroberfläche wie z.B. Windows läuft. Evtl. muss der Text dort in einer Meldungsbox ausgegeben werden. Wieder eine andere Anwendung verlangt, dass zusätzlich ein Protokoll in einer Systemfehlerdatei auf der Festplatte erzeugt wird. Wir gehen für diese Fallstudie einmal davon aus, dass der Klassendesigner die gewünschte Reaktion auf Fehler nicht vorhersehen kann und dies daher dem Anwender der Bibliothek überlassen muss.

Das dargestellte Problem ist natürlich nicht auf die Fehlerbehandlung beschränkt, sondern ein ganz allgemeines Problem der Programmierung. Nicht erst in C++ stellen sich Programmierer der Frage, wie sie Funktionalität verwenden können, die erst zu einem späteren Zeitpunkt applikationsspezifisch bereitgestellt wird.

In dieser Fallstudie beschränken wir uns auf die Behandlung der Fehlersituation, dass eine Mitgliedsfunktion `doIt` einer Klasse `A` mit dem Wert 0 aufgerufen wird, aber nur Werte ungleich 0 erlaubt sind. Dabei gehen wir von folgender Klasse aus:

```
//-------------------------------------------------------------------
//         A
//
class A
{
public:

  //-- Argument darf nicht 0 sein!
  //
  void doIt( int );

  /*  ... weitere Mitglieder von A ... */
};
```

📖📖 Die Lösung mit virtuellen Funktionen

Wird ein Fehler erkannt, soll eine Funktion aufgerufen werden, die aber in `A` nicht implementiert werden kann – dies soll Aufgabe einer Ableitung sein. Wir deklarieren deshalb in `A` eine abstrakte Funktion, die später in der Ableitung die Fehlerbehandlung durchführen soll:

```
//-------------------------------------------------------------------
//         A
//
class A
{
  /*  ... weitere Mitglieder von A ... */

private:
  virtual void handleError( string aReason ) = 0;
};
```

Die Funktion `handleError` ist privat, d.h. sie kann nur innerhalb von `A` heraus aufgerufen werden – sicher eine sinnvolle Einstellung für eine Funktion, die zur Fehlerbehandlung in `A` verwendet werden soll.

Tritt in `doIt` ein Fehler auf, wird die Behandlungsfunktion gerufen und das Programm beendet:

```
//-------------------------------------------------------------------
//         A::doIt
//
void A::doIt( int arg )
{
  if ( arg == 0 )
  {
    //-- Fehler! Argument darf nicht 0 sein.
    //
    handleError( "doIt wurde mit Argument 0 aufgerufen" );
    exit( 1 );
  }

  /* ... hier beginnt die eigentliche Funktion doIt ... */
}
```

Damit kann die Klasse A bereits übersetzt werden.

Ein Benutzer der Klassenbibliothek „installiert" seine eigene Fehler-behandlungsfunktion, indem er eine Ableitung von A bildet und dort die Funktion handleError implementiert:

```
//-------------------------------------------------------------
//      MyA
//
class MyA : public A
{
  void handleError( string aReason );
};
```

```
//-------------------------------------------------------------
//      MyA::handleError
//
void MyA::handleError( string aReason )
{
  cerr << aReason << endl;
}
```

Die Fehlerbehandlung beschränkt sich hier auf die einfache Ausgabe des Fehlertextes auf dem Fehlerstrom (*error stream*) cerr, es sind na-türlich beliebig andere Lösungen denkbar.

Statt A verwendet der Benutzer die Klasse MyA in seinem Programm:

```
MyA a;
a.doIt( 0 );              // Argument 0 ergibt einen Fehler
```

In diesem Beispiel wird aus doIt die Funktion MyA::handleError aufgerufen, die wie gewünscht den Text "doIt wurde mit Argu-ment 0 aufgerufen" ausgibt.

📖📖 Eigenschaften der Lösung

Die beiden wichtigsten Eigenschaften der Lösung sind, dass

❑ der *Bibliotheksimplementierer* keine Annahmen über die Imple-mentierung der Fehlerbehandlungsfunktion treffen muss. Er ruft im Fehlerfalle einfach die Funktion handleError auf.

❑ der *Bibliotheksbenutzer* seine eigene Fehlerbehandlungsfunktion definieren kann, in dem er eine Ableitung bildet. Die Ableitung enthält im Normalfall außer der Implementierung der abstrakten Funktion(en) *keine weitere Funktionalität*.

Die Deklaration von handleError in A legt nur die Signatur fest, d.h. in der Basisklasse wird bestimmt, mit welchen Parametern die Behandlungsfunktion aufzurufen ist. Die Funktion ist abstrakt, d.h. es gibt in A keine Implementierung. Im Gegensatz dazu hat man in der Ableitung MyA keine Möglichkeit mehr, die Signatur von handleError zu verändern: Damit die dynamische Bindung funktionieren kann, muss die Funktion in MyA identisch wie in der Basisklasse A deklariert werden. Man hat jedoch die Möglichkeit, die Funktion beliebig zu implementieren.

Beachten Sie bitte, dass A nun eine abstrakte Klasse ist. Ein Benutzer der Bibliothek kann von A keine Objekte erzeugen. Dies ist auch konzeptionell verständlich, da in A ja noch die Funktionalität zur Fehlerbehandlung fehlt. Erst wenn in einer Ableitung alle abstrakten Funktionen definiert sind (d.h. erst wenn die gesamte noch fehlende Funktionalität implementiert ist) kann ein Objekt gebildet werden.

Standard-Fehlerbehandlungsroutine

In unserem Beispiel hatte der Bibliotheksentwickler die Fehlerbehandlungsroutine abstrakt implementiert, d.h. er hatte keine Implementierung für handleError angegeben. Dadurch war der Bibliotheksbenutzer gezwungen, eine Ableitung zum Zwecke des Hinzufügens der Funktion zu bilden.

Oft gibt es jedoch eine Standardfunktionalität, die bereits der Bibliotheksentwickler implementieren kann. Er möchte aber trotzdem dem Bibliotheksbenutzer die Möglichkeit geben, im Bedarfsfall eine andere Fehlerbehandlungsmöglichkeit zu implementieren.

Um dies zu erreichen, deklariert der Bibliotheksentwickler die Behandlungsfunktion zwar virtuell, nicht aber abstrakt:

```
//-----------------------------------------------------------
//        A
//
class A
{
   /*  ... weitere Mitglieder von A ... */

private:
   virtual void handleError( string aReason );

};
```

In der Implementierung codiert er die Standardfunktionalität, die in unserem Beispiel wieder die einfache Ausgabe über `cerr` sein soll:

```
//-------------------------------------------------------------
//      A::handleError
//
void A::handleError( string aReason )
{
  cerr << aReason << endl;
}
```

Ist der Bibliotheksentwickler mit der Standardfunktionalität zufrieden, kann er direkt mit A-Objekten arbeiten:

```
A a;
a.doIt( 0 );              // ruft A::handleError
```

Die Möglichkeit, eine eigene Fehlerbehandlung zu definieren besteht weiterhin. Dazu ist es wieder erforderlich, eine Ableitung zu bilden und die Funktion `handleError` geeignet zu implementieren:

```
//-------------------------------------------------------------
//      MyA
//
class MyA : public A
{
  void handleError( string aReason );
};

//-------------------------------------------------------------
//      MyA::handleError
//
void MyA::handleError( string aReason )
{
  generalErrorHandler( "A", aReason );
}
```

Die Fehlerbehandlung soll hier durch eine generelle (globale) Funktion erfolgen, die für alle Klassen und alle Fehlersituationen aufzurufen ist. Neben dem Fehlertext wird hier auch noch der Name der Klasse, in der der Fehler aufgetreten ist, übergeben.

▥▥ Kritik

Die Verwendung von virtuellen (bzw. abstrakten) Funktionen zur „Verschiebung" der Implementierung einer Teilfunktionalität auf einen späteren Benutzer einer Klasse ist elegant und besitzt sicherlich einige nicht zu unterschätzenden Vorteile:

❑ Die Lösung ist sicher. Kann A eine Funktionalität nicht implementieren und verwendet deshalb eine abstrakte Funktion, können von A keine Objekte gebildet werden. Bereits der Compiler erkennt also die Situation, dass die Funktionalität noch unvollständig ist. Erst wenn in einer Ableitung alle abstrakten Funktionen implementiert sind, können Objekte gebildet werden.

❑ Die Lösung besitzt eine große Lokalität. Außer der Basisklasse mit ihrer Abstrakten Funktion und der Ableitung mit ihrer Implementierung der Funktion sind keine weiteren Programmteile beteiligt. Dies erhöht z.B. die Übersichtlichkeit und Verständlichkeit z.B. gegenüber einer Lösung mit Funktionszeigern, wie wir sie gleich vorstellen werden.

Auf der anderen Seite besitzt die Lösung auch einige Eigenschaften, die für programming by exception nicht so günstig sind:

❑ Die Lösung funktioniert nicht für Funktionen, die aus Konstruktoren bzw. Destruktoren heraus aufgerufen werden müssen. In diesen Fällen wird immer die Implementierung in der eigenen Klasse aufgerufen, niemals die einer Ableitung. Gibt es – wie im Falle abstrakter Funktionen – keine Implementierung, ist das Verhalten undefiniert.

❑ Da Konstruktoren nicht vererbt werden, muss die Ableitung nicht nur die abstrakten Funktionen, die sie eigentlich implementieren möchte deklarieren, sondern auch alle Konstruktoren[208]. Bei Klassen mit vielen Konstruktoren kann dies erheblichen Schreibaufwand bedeuten. Da die Konstruktoren nur „durchgeschoben" werden, ruft die Implementierung nur die Basisklassenversion, ist aber ansonsten leer definiert.

Hat z.B. die Klasse A einen Konstruktor der Form

```
//------------------------------------------------------------
//        A
//
class A
{
public:
  A( const char* );

  /*  ... weitere Mitglieder von A ... */
};
```

---

[208] Genau genommen muss sie nicht alle Konstruktoren deklarieren, sondern nur diejenigen, die für die konkrete Anwendung notwendig sind. Da man jedoch normalerweise nicht ein Teil der Funktionalität der Basisklasse verlieren möchte, nur weil man eine virtuelle Funktion implementiert hat, muss man normalerweise alle Konstruktoren der Basisklasse auch in der Ableitung deklarieren und implementieren.

muss man diesen auch in der Ableitung `MyA` deklarieren:

```
//-----------------------------------------------------------------
//      Klasse MyA mit benutzerdefinierte Behandlungsfunktion
//
class MyA : public A
{
public:
  MyA( const char* );

  /*  ... weitere Mitglieder von MyA ... */
};
```

und implementieren:

```
//-----------------------------------------------------------------
//      MyA::MyA
//
inline MyA::MyA( const char* arg ) : A( arg ) {}
```

❑ Daraus folgt ein weiterer Nachteil: Wird im Laufe der Programmentwicklung ein neuer Konstruktor zu A hinzugefügt, müssen alle Ableitungen ebenfalls geändert werden, wenn sie den neuen Konstruktor nutzen wollen. Bei „normalen" Mitgliedsfunktionen ist dies nicht der Fall: Diese werden automatisch an alle Ableitungen vererbt.

❑ Die Klasse ist nun auf jeden Fall polymorph (d.h. sie enthält mindestens eine virtuelle Funktion). Handelt es sich um eine Klasse, die klein ist und ansonsten keine virtuellen Funktionen enthält, kann der nun erforderliche Verwaltungsaufwand[209] ins Gewicht fallen.

Die genannten Nachteile machen es schwer, für die Praxis eine generelle Empfehlung für programming by exception mit Hilfe von virtuellen Funktionen auszusprechen. Insbesondere für Funktionalität, die – wie ein Fehlerbehandlungskonzept – für viele Klassen wahrscheinlich identisch implementiert werden wird, erscheint die Notwendigkeit zur Bildung einer eigenen Ableitung jeder Klasse überzogen. Hier ist man wahrscheinlich besser mit Funktionszeigern bzw. moderner *Rückruffunktionen (callbacks)* besser bedient. Ist die betreffende Funktionalität jedoch lokal auf eine einzige Klasse beschränkt, ist die Verwendung virtueller Funktionen das Mittel der Wahl.

---

209 Dieser ist zwar nur intern, kann sich jedoch bemerkbar machen. Für jede Klasse muss eine *virtual function pointer table* (*vtbl*) angelegt und in jedem Objekt ein Zeiger darauf geführt werden.

📖📖 Alternative: Funktionszeiger

Eine Alternative zu obiger Technik mit virtuellen Funktionen können Funktionszeiger bieten. Der Bibliotheksentwickler kann in A eine (statische) Mitgliedsvariable vom Typ „Zeiger auf Funktion, die eine string-Objekt übernimmt" vorsehen und die Funktion, auf die der Zeiger zeigt, im Fehlerfalle aufrufen.

Der Bibliotheksbenutzer installiert eine Fehlerbehandlungsroutine, in dem er der Variablen die Adresse einer eigenen Funktion zuweist. Damit sieht die Klasse A folgendermaßen aus:

```
//------------------------------------------------------------------
//          A
//
class A
{
public:

  //-- Argument darf nicht 0 sein!
  //
  void doIt( int );

  static void (*handleError)( string aReason );

  /* ... weitere Mitglieder von A ... */
};
```

Die Variable ist statisch, da die Fehlerbehandlung für alle A-Objekte und nicht nur ein spezielles Objekt gelten soll. Statische Variablen müssen definiert werden, dabei wird der Wert auf 0 gesetzt:

```
void (*A::handleError)( string aReason ) = 0;
```

In doIt wird die Funktion aufgerufen, auf die handleError zeigt:

```
//------------------------------------------------------------------
//          A::doIt
//
void A::doIt( int arg )
{
  if ( arg == 0 )
  {
    //-- Fehler! Argument darf nicht 0 sein.
    //
    if ( handleError )
      handleError( "doIt wurde mit Argument 0 aufgerufen" );
    exit( 1 );
  }

  /* ... hier beginnt die eigentliche Funktion doIt ... */
}
```

Der Bibliotheksimplementierer hat hier die Situation vorausgesehen, dass ein Benutzer keine eigene Fehlerbehandlungsroutine installiert hat und `handleError` deshalb der Nullzeiger ist. Es wird daher vor Aufruf geprüft, ob der Zeiger einen von 0 verschiedenen Wert besitzt.

Ein Benutzer der Bibliothek schreibt nun eine eigene Behandlungsfunktion als globale Funktion:

```
//---------------------------------------------------------------
//      myErrorHandler
//
void myErrorHandler( string aReason )
{
  cerr << aReason << endl;
}
```

Damit die Funktion aufgerufen werden kann, muss die Adresse in A registriert werden:

```
A::handleError = myErrorHandler;

A a;
a.doIt( 0 );                    // ruft myErrorHandler
```

Beachten Sie bitte, dass bei Funktionszeigern die Adressbildung implizit ablaufen kann. Die Anweisung

```
A::handleError = myErrorHandler;    // implizite Adressbildung
```

entspricht daher

```
A::handleError = &myErrorHandler;   // explizite Adressbildung
```

Übung 32-1:

Erweitern Sie die Bibliothek so, dass auch hier eine Standardfehlerbehandlungsroutine vorhanden ist.

▢▢ Kritik

Der Hauptvorteil der Lösung über Funktionszeiger ist, dass nicht jedes Mal eine Ableitung einer Klasse erforderlich ist, um eine eigene Version einer Funktion zu implementieren. Gerade für Klassen mit vielen Konstruktoren kann dies ein Vorteil sein. In Situationen, in denen *eine* Funktion für mehrere Klassen verwendet werden soll, hat die Funktionszeigermethode Vorteile: `handleError` wird dann nicht als statische Mitgliedsvariable, sondern als globale Variable der Bibliothek ausgeführt.

Nachteilig ist, dass nun der Compiler keine Hilfestellungen mehr geben kann: wird vergessen, dem Funktionszeiger einen Wert zuzuweisen, kann dies höchstens noch zur Laufzeit des Programms ermittelt werden. Demgegenüber stellt bei Verwendung von abstrakten Funktionen der Compiler sicher, dass die Funktion implementiert ist, bevor überhaupt Objekte gebildet werden können.

Die Lokalität ist bei Verwendung von Funktionszeigern prinzipiell schlechter als mit virtuellen Funktionen. Ein Funktionszeiger kann überallhin zeigen, zwischen Aufrufstelle und aufgerufener Funktion besteht kein direkt (im Quellcode) sichtbarer Zusammenhang. Demgegenüber lässt sich ein solcher Zusammenhang für virtuelle Funktionen leicht herstellen: Es kommen nur Ableitungen in Betracht, außerdem muss die Funktion in der Ableitung genau so wie in der Basisklasse heißen. Programme mit Funktionszeigern können deshalb schwer zu warten sein.

Beide Ansätze haben also ihre Vor- und Nachteile. Welche Lösung man bevorzugt, hängt deshalb stark von der konkreten Problemstellung sowie auch von eigenen Präferenzen ab. In Entwicklungsteams, die Zeiger grundsätzlich ablehnen[210], wird man die zweite Lösung schwerlich durchsetzen können.

Übung 32-2:

Implementieren Sie ein Fehlerbehandlungskonzept für die Bibliothek, das beide Welten vereinigt: Im Fehlerfalle soll zuerst eine virtuelle Funktion aufgerufen werden, dann (falls installiert) ein Funktion über den Funktionszeiger.

Überlegen Sie, was passieren soll, wenn der Benutzer sowohl die virtuelle Funktion redeklariert als auch einen Handlerfunktion über den Funktionszeiger registriert hat.

---

[210] So vertreten z.B. viele Entwickler, die Java gelernt haben, diese Meinung.

▥▥ Funktionszeiger und Rückruffunktionen (callbacks)

Im letzen Abschnitt haben wir einen Funktionszeiger verwendet, um eine Funktion, die bei der Erstellung der Bibliothek noch unspezifiziert war, aufzurufen. Ein solcher Mechanismus kann gut für allgemeine Benachrichtigungsaufgaben zwischen ansonsten unverbundenen Programmteilen eingesetzt werden.

Eine *Rückruffunktion* (*callback*) ist eine Funktion, die ein Benutzer (einer Bibliothek) installiert, um über bestimmte Ereignisse benachrichtigt zu werden oder spezielle Aufgaben auszuführen. Unsere Fehlerbehandlungsroutine, die wir im letzten Abschnitt mit Hilfe eines Funktionszeigers in einer Bibliothek installiert haben, ist ein typisches Beispiel einer Rückruffunktion. Ein anderes Beispiel – hier aus der GUI-Programmierung – ist eine Funktion, die periodisch in bestimmten Zeitabständen aufgerufen werden soll. Die Adresse einer solchen *timer-Funktion* wird über einen Funktionsaufruf an das Betriebssystem übergeben und dann von dort aus aufgerufen.

Die einfachste Form, Rückruffunktionen zu implementieren, ist die oben gezeigte Verwendung eines Funktionszeigers. Man kann die Technik noch ausbauen, in dem man z.B. die Registrierung mehrerer Interessenten an einem Ereignis zulässt. Selbstverständlich sollen sich die Interessenten auch wieder austragen können. Weiterhin wünscht man oft, dass zwischen Quelle und Ziel Informationen in Form von Objekten ausgetauscht werden können. Da ein Interessent oft mehrere unterschiedliche Ereignisse mit der gleichen Rückruffunktion bearbeiten möchte, muss die Rückruffunktion eine Unterscheidungsmöglichkeit erhalten. Eine gängige Methode dazu ist die Verwendung einer eindeutigen Kennung, die bei der Registrierung der Rückruffunktion erzeugt wird und vom Empfänger zur Identifizierung des Senders verwendet werden kann.

▥▥ Ausblick

Das in diesem Kapitel behandelte Problem der Behandlung eines einzelnen Fehlers in einer Bibliothek ist zugegebenermaßen trivial, außerdem ist das Beispiel einer Fehlerbehandlungsfunktion insofern nicht ganz optimal, da zur Signalisierung und Behandlung von Fehlern in C++ *Ausnahmen* (*exceptions*) vorgesehen sind. Betrachten wir zum Abschluss jedoch einmal die Programmierung für eine graphische Benutzeroberfläche wie z.B. Windows mit Hilfe einer Klassenbibliothek[211]. In einer solchen Bibliothek wird es Klassen für die verschiedenen Fenstertypen geben. Um ein Fenster auf dem Bildschirm darzustellen, erzeugt man einfach ein Objekt einer dieser Klassen. Eine solche Fensterklasse behandelt alle Ereignisse, die für das Fenster wichtig sind, unter anderem z.B. Größenänderungen mit der Maus, Verschieben auf dem Bildschirm, Ikonisieren, Schließen und vieles mehr. Oft sind virtuelle Funktionen für alle diese Aktionen vorhanden. Aber auch Tastendrucke, Klicken oder Bewegen der Maus im Fenster bewirken den Aufruf virtueller Funktionen der Fensterklasse.

Viele dieser virtuellen Funktionen sind leer implementiert, d.h. sie enthalten keine Anweisungen. So kann z.B. ein normales Fenster nicht ohne weiteres auf Tastendrucke reagieren. Dies wird erst möglich, wenn der Programmierer eine Ableitung bildet und dort einige der virtuellen Funktionen redeklariert (und natürlich implementiert). Dabei wird wiederum der Charakter des programming by exception deutlich: Normalerweise kann der größte Teil der Funktionalität der vorhandenen Fensterklasse verwendet werden (normalerweise ist es z.B. unnötig, auf die Verschiebung eines Fensters auf dem Bildschirm zu reagieren), nur die neue oder geänderte Funktionalität (z.B. die Reaktion auf Tastendrucke) muss implementiert werden. Spätestens hier wird nun klar, dass die Lösung mit virtuellen Funktionen bei weitem sicherer ist als die manuelle Installation von „Handler"-Funktionen für die verschiedenen Ereignisse.

---

[211] Z.B. Borlands Objectwindows, Microsofts Foundation Classes oder käufliche Bibliotheken anderer Firmen.

33 Fallstudie Polymorphismus

Kein Begriff wird wohl mehr mit objektorientierter Programmierung in Verbindung gebracht wie Polymorphismus. Was man allerdings genau darunter zu verstehen hat, bleibt meist im dunkeln. Der Begriff an sich ist einfach zu definieren, die sich daraus ergebenden Möglichkeiten für die Programmierung sind jedoch sehr umfangreich. Programme, die Polymorphismus nutzen, unterscheiden sich in Aufbau und Ablauf von „normalen" Programmen. Um die mit Polymorphismus möglichen Vorteile nutzen zu können, muss bereits der Programmentwurf im Hinblick auf diese Technik durchgeführt werden. Polymorphismus eignet sich außerdem nicht für alle Problemstellungen. Wann und wie man Polymorphismus in der Praxis kontrolliert einsetzt, ist eine Sache, die große Erfahrung in der objektorientierten Denkweise erfordert. Diese Erfahrung erwirbt man sich am besten, wenn man konkrete Fallstudien zum Thema durchführt.

📖📖 Die Grundlagen

In diesem Kapitel zeigen wir an Hand einiger isolierter Problemstellungen die Möglichkeiten, die der Programmierer mit Polymorphismus in C++ hat.

In vielen Anwendungen hat man es mit Objekten unterschiedlicher Klassen zu tun, die jedoch einige Funktionen gleich deklarieren. So könnte man sich z.B. vorstellen, dass jede Klasse eine Funktion `print` implementiert, die die Aufgabe hat, Objekte der Klasse auf dem Bildschirm auszugeben. Eine solche `print`-Funktion erweist sich z.B. beim Testen eines Programms als sehr hilfreich.

In jeder Klasse wird die Funktion identisch deklariert, aber sicherlich
unterschiedlich implementiert werden. Folgendes Listing zeigt zwei
Klassen A und B mit einer solchen print-Funktion:

```
//-----------------------------------------------------------------
//          class A
//
struct A
{
  A( int );

  void print() const;

  int i;
};

//-----------------------------------------------------------------
//          class B
//
struct B
{
  B( string, int );

  void print() const;

  string name;
  int    alter;
};
```

Polymorphismus ist griechisch und bedeutet *vielschichtig* oder vielleicht besser *vielgesichtig*. Man bezeichnet damit die Tatsache, dass
eine Funktion unterschiedliches Verhalten zeigt, je nach Kontext, in
der sie aufgerufen wird. Eine Anweisung

```
p-> print();
```

könnte entweder die Funktion aus A aufrufen oder die Funktion aus
B. Im übertragenen Sinne besitzt der Name print also mehrere Ge-
sichter, die je nach Umfeld zum Vorschein kommen.

Polymorphismus ist ein konzeptioneller Begriff, der zunächst einmal
nichts mit einer Programmiersprache zu tun hat. Im nächsten Schritt
muss man also fragen, wie man dieses Konzept in C++ implementieren kann. Dazu verwendet man selbstverständlich wieder virtuelle
Funktionen. In C++ ist obiger Aufruf von print syntaktisch nur möglich, wenn der statische Typ des Zeigers p eine print-Funktion deklariert. Dies liegt an der Tatsache, dass C++ eine streng typisierte
Sprache ist – nicht oder wenig typisierte Sprachen (wie z.B. Smalltalk)
besitzen diese Einschränkung nicht. Hier gibt es dann eine Fehlermeldung *zur Laufzeit*, wenn das aktuelle Objekt, auf das p zeigt, keine print-Funktion besitzt.

Oft deklariert eine Klasse nicht nur eine solche Funktion, sondern gleich mehrere. In Frage kommt prinzipiell all diejenige Funktionalität, die für mehrere Klassen möglich, jedoch in jeder Klasse unterschiedlich auszuführen ist. Beispiele sind – neben der schon genannten print-Funktionalität – das Ausgeben bzw. Wiedereinlesen von Datei, oder für graphische Objekte wie Fenster, Knöpfe oder Edit-Felder das Zeichnen auf dem Bildschirm.

Eine weitere Eigenschaft polymorpher Programme ist, dass oft Container vorhanden sind, die eine Anzahl polymorpher Objekte speichern. Eine bestimmte Operation wird dann auf alle Objekte des Containers angewendet. Folgende Liste zeigt einige Beispiele:

❑ In einem Zeichenprogramm gibt es Klassen für Linie, Kreis, Rechteck etc. (entspricht wieder unseren Klassen A, B etc). Jede dieser Klassen hat eine eigene show-Routine, die ein Objekt der Klasse auf dem Bildschirm darstellen kann. Die zu einer Zeichnung gehörenden Objekte werden in einem Container gespeichert. Um die gesamte Zeichnung anzuzeigen, wird die Routine showAll gerufen, die ihrerseits in einer Schleife die show-Routinen aller gespeicherten Objekte aufruft.

❑ In einem Textverarbeitungssystem kann man z.B. eine Klasse für Textzeilen (entspricht A) und eine andere für Kopf/Fußzeilen (entspricht B) definieren. Beide Klassen haben eine show-Funktion, die eine Textzeile bzw. eine Kopf/Fußzeile auf dem Bildschirm darstellt. Der gesamte Text eines Dokuments ist als Container von Textzeilen- und Kopf/Fußzeilenobjekten implementiert. Es gibt wieder eine Funktion showAll, die das gesamte Feld (d.h. hier den zu bearbeitenden Text) auf dem Bildschirm darstellen soll, indem sie die show-Funktionen der gespeicherten Objekte aufruft. Details wie Bildschirmgröße, Cursor, Einfügepunkt etc. betrachten wir in diesem Zusammenhang erst einmal nicht.

❑ In einem System für graphische Benutzeroberflächen (wie z.B. Windows) gibt es unterschiedliche Arten von Oberflächenobjekten, z.B. Knöpfe, Listen oder Texteingabefelder. Alle diese Objekte haben eine draw-Funktion, die das Objekt auf dem Bildschirm anzeigt. Darüber hinaus ist jedes Oberflächenobjekt Teil eines Fensters. Hat man für Fenster eine Klasse definiert, möchte man über eine Mitgliedsfunktion draw des Fensters alle von diesem Fenster verwalteten Oberflächenobjekte anzeigen, indem man einfach deren draw-Routinen aufruft.

Alle drei Beispiele haben zwei Dinge gemeinsam:

❑ Es gibt einen Container, die eine Anzahl anderer Objekte verwaltet. Dabei ist wesentlich, dass die verwalteten Objekte unterschiedlichen Klassen angehören können. Kann die Containerklasse Objekte unterschiedlicher Typen verwalten, spricht man von einem *heterogenen Container*.

❑ Es besteht die Notwendigkeit, eine Funktion auf alle Objekte des Containers anzuwenden. Dabei soll jedoch der Programmierer nicht die verwalteten Objekte einzeln ansprechen, sondern er soll dazu nur eine einzige Funktion der Containerklasse aufrufen müssen, die ihrerseits die gleiche Funktion für die verwalteten Objekte aufruft. In unserem ersten Beispiel war dies die Funktion `print-All`, die ihrerseits die `print`-Funktionen aller Mitglieder des Containers aufrufen sollte.

Oft nennt man die Funktion der Containerklasse genauso wie die Funktion in den verwalteten Objekten. Man möchte z.B.

```
Container cnt();        // ein Objekt einer Containerklasse

/* ... Hinzufügen von Objekten zum Container ... */

forEach( cnt, f );      // soll f für alle verwalteten Objekte rufen
```

schreiben können, `forEach` soll dann die Funktion `f` für alle von diesem Container verwalteten Objekte aufrufen.

📖📖 Ein Beispiel

Um das Beispiel übersichtlich zu halten, beschränken wir uns auf die eingangs erwähnten Klassen A und B mit ihrer gemeinsamen `print`-Funktion.

Damit Polymorphismus in C++ funktionieren kann, ist immer eine Basisklasse mit zumindest einer virtuellen (bzw. sogar abstrakten) Funktion erforderlich. Zeiger vom statischen Typ „Zeiger auf Basisklasse" können dann in einem Container gespeichert werden.

📖 Abstrakte Basisklasse Base

Als ersten Schritt definieren wir also eine solche Basisklasse und deklarieren dort unsere Funktionen, die wir polymorphisch aufrufen wollen. Wir lassen Zugriffsbeschränkungen zunächst unberücksichtigt und verwenden structs, da dort alle Mitglieder standardmäßig öffentlich sind:

```
//-------------------------------------------------------------------
//          class Base
//
struct Base
{
    virtual void print() const = 0;
};
```

📖 Klassen A und B als Ableitungen

Die Klassen A und B werden als Ableitungen von Base formuliert:

```
//-------------------------------------------------------------------
//          class A
//
struct A : public Base
{
    A( int );

    virtual void print() const;

    int i;
};
//-------------------------------------------------------------------
//          class B
//
struct B : public Base
{
    B( string, int );

    virtual void print() const;

    string name;
    int     alter;
};
```

Beachten Sie bitte, dass die ansonsten unabhängigen Klassen A und B nun beide von Base abgeleitet sind und die dort vorhandene print-Funktion redeklarieren. Man könnte die notwendigen textuellen Änderungen in A und B weiter reduzieren, da man das Schlüsselwort virtuell weglassen kann – print ist implizit virtuell, wenn die Funktion die Basisklassenversion redeklariert.

Von `Base` können nun keine Objekte gebildet werden, sehr wohl a-
ber sind Verweise zulässig:

```
Base* bp = 0;              // OK
```

📖 Container von Objekten

Es ist möglich, ein Feld von Zeigern vom Typ `Base*` zu definieren.
Wir verwenden hierzu einen Vektor aus der Standardbibliothek:

```
vector<Base*> cnt;
```

Nun können wir A- oder B-Objekte in den Container einfügen:

```
cnt.push_back( new A(1) );
cnt.push_back( new A(7) );
cnt.push_back( new B("Müller",32) );
```

Die Funktion `push_back` ist eine Mitgliedsfunktion der Klasse `vec-
tor`. Sie fügt ein Objekt an das Ende des Feldes an und vergrößert
bei Bedarf den allokierten Speicher.

Beachten Sie bitte, dass die new-Ausdrücke ein Ergebnis vom Typ `A*`
bzw `B*` haben. Der Container speichert jedoch Elemente vom Typ
`Base*`. Die notwendige Konvertierung kann implizit ablaufen, da `Ba-
se` eine öffentliche Basisklasse von A und B ist.

📖 Ausdruck aller Objekte

Als nächsten Schritt benötigen wir eine Funktion, die alle Elemente
im Container ausdruckt:

```
void printAll( const vector<Base*>& cnt )
{
  for ( int i=0; i<cnt.size(); i++ )
    cnt[i]-> print();
}
```

Die Funktion übernimmt den auszugebenden Container und ruft für
alle Objekte die `print`-Funktion auf. Da für `print` dynamische Bindung verwendet wird, wird die jeweilige Funktion in A oder B aufgerufen, je nachdem, ob es sich um ein A- oder B-Objekt handelt.

Folgendes Listing zeigt eine mögliche Implementierung der print-Funktionen:

```
//----------------------------------------------------------------
//        A::print
//
void A::print() const
{
  cout << "<A: i= " << i << ">" << endl;
}

//----------------------------------------------------------------
//        B::print
//
void B::print() const
{
  cout << "<B: Name: " << name << " Alter: " << alter << ">" << endl;
}
```

Mit diesen Implementierungen produziert `printAll` die folgende Ausgabe:

```
<A: i= 1>
<A: i= 7>
<B: Name: Müller Alter: 32>
```

📖 **Verwendung von typedef zur Schreibvereinfachung**

Die Parameterdeklaration von `printAll` ist nicht für jeden einfach zu lesen. Man verwendet daher in der Praxis oft typedefs, um einfachere Namen für komplizierte Typen einzuführen. In unserem Beispiel bietet sich folgender „typedef" an:

```
typedef vector<Base*> Container;
```

Damit reduziert sich die Deklaration

```
void printAll( const vector<Base*>& );
```

zu

```
void printAll( const Container& );
```

Übung 33-1:

Verwenden Sie den Typnamen `Container` *auch zur Definition der Variablen* `cnt`.

Übung 33-2:

Implementieren Sie die noch fehlenden Funktionen der beiden Klassen.

Übung 33-3:

Implementieren Sie analog zu printAll *eine Funktion* destroyAll, *die alle Objekte im Container zerstört.*

Übung 33-4:

Nach einiger Zeit stellt sich heraus, dass die Objekte der Klassen A *und* B *Namen besitzen sollen. Führen Sie die notwendigen Änderungen durch und verwenden Sie dazu die Klasse* NamedObjectBase *aus Kapitel 29*[212].

📖 Anmerkungen zur Funktionalität von printAll

Die wesentliche Aufgabe von printAll ist der Aufruf einer Funktion für alle im Container gespeicherten Objekte. Diese Funktionalität ist so allgemein, dass die Standardbibliothek dazu einen vergefertigten Mechanismus bereitstellt.

Die Funktion[213] for_each aus der Standardbibliothek wendet eine Funktion auf eine Anzahl Elemente in einem Container an. Handelt es sich bei der anzuwendenden Funktion um eine globale Funktion, ist die Notation einfach:

```
//-------------------------------------------------------------------
//      printAll
//
void printAll( const Container& cnt )
{
  for_each( cnt.begin(), cnt.end(), doThePrint );
}
```

---

[212] Seite 698

[213] Genau genommen handelt es sich um eine Schablone, die erst durch Angabe eines Typs zu einer Funktion instanziiert wird. Der Programmierer muss sich darum allerdings nicht kümmern, da sowohl die Feststellung des Typs als auch die Instanziierung implizit ablaufen. Details zu Schablonen besprechen wir in Kapitel 35.

Die ersten beiden Parameter für `for_each` bestimmen den Bereich von Elementen, auf die die Funktion angewendet werden soll. `begin()` und `end()` spezifizieren hier den gesamten Container. Das dritte Argument ist die Funktion selber. Sie erhält bei jedem Aufruf das nächste Element des Containers übergeben.

Eine naheliegende Implementierung für `doThePrint` ist also

```
//------------------------------------------------------------
//       doThePrint
//
void doThePrint( const Base* bp )
{
  bp-> print();
}
```

Die zusätzliche Indirektionsstufe über die globale Funktion `doThePrint` ist lästig. Die Funktion delegiert nur den Aufruf an eine Mitgliedsfunktion unserer Objekte. Aber auch hier bietet die Standardbibliothek eine Lösung: Über sog. *Adapter* kann man direkt die aufzurufende Mitgliedsfunktion der verwalteten Objekte spezifizieren. `printAll` nimmt nun folgende Form an[214]:

```
//------------------------------------------------------------
//       printAll
//
void printAll( const Container& cnt )
{
  for_each( cnt.begin(), cnt.end(), mem_fun( &Base::print ));
}
```

Der Adapter `mem_fun` kapselt genau das, was wir oben mit unserer Funktion `doThePrint` explizit notiert haben: den Aufruf einer Mitgliedsfunktion des Objekts. `mem_fun` hat jedoch z.B. die Einschränkung, dass die aufzurufende Mitgliedsfunktion konstant sein muss.

Auch wenn man `for_each` nicht verwenden möchte und seine Schleifen lieber manuell codiert, sollte man die ursprüngliche Version von `printAll` nicht unbedingt wie oben angegeben schreiben. Das Problem ist, dass nicht jeder Container einen Feldzugriffsoperator definiert: dies gilt zwar für Vektoren, aber bereits nicht mehr für lineare Listen. Man verwendet daher zum manuellen Durchlaufen (*Iterieren*) von Containern besser die dafür vorgesehenen *Iteratoren*.

---

214 Dies funktioniert leider mit MSVC zumindest in der Version 6.0 nicht, da der Compiler noch nicht auf der Höhe der Zeit ist.

`printAll` kann dann folgendermaßen geschrieben werden:

```
//------------------------------------------------------------------
//      printAll
//
void printAll( const Container& cnt )
{
  for ( Container::const_iterator it = cnt.begin(); it != cnt.end(); ++it )
    (*it)-> print();
}
```

Die Stelle der Schleifenvariable übernimmt ein *Iterator auf const,* der mit dem ersten Element initialisiert und so lange inkrementiert wird, bis er das Ende des Containers erreicht hat. Zur Inkrementierung von Iteratoren soll immer das Pre-Inkrement (und nicht Post-Inkrement) verwendet werden, da dies effizienter ist.

Iteratoren können in gewisser Weise wie Zeiger verwendet werden und werden deshalb konzeptionell auch manchmal als *Generalisierung* von Zeigern bezeichnet. Iteratoren sind eines der wesentlichen Konzepte der *Standard Template Library (STL)*, dem Teil der Standardbibliothek, der sich mit Containern und Algorithmen auf Container beschäftigt.

⊞⊞ Einige Bemerkungen

Das Beispiel im letzten Abschnitt mit einer einzigen polymorphen Funktion zeigt das Prinzip des Polymorphismus bereits recht gut. Das Potenzial des Ansatzes wird deutlich, wenn wir die zentrale Eigenschaft der Technik näher betrachten:

❑ Die abstrakte Basisklasse `Base` stellt das Bindeglied zwischen den konkreten Klassen `A` und `B` und einem Algorithmus wie `printAll` dar. `printAll` weiß nichts von den konkreten Klassen `A` oder `B`, die Klassen `A` und `B` müssen nichts von einer Funktionalität wie `printAll` wissen.

Ein Algorithmus wie `printAll` erfordert von seinen Objekten lediglich, dass sie eine `print`-Funktion besitzen, alles andere spielt keine Rolle. Welche konkreten Objekte später verwendet werden, ist unerheblich – Hauptsache, sie unterstützen die print-Funktionalität. Die Klasse `Base` legt also fest, welche Funktionalität Objekte mindestens besitzen müssen, um mit `printAll` bearbeitet werden zu können.

📖 Schnittstelle und Implementierung

Eine andere Formulierung dieses Gedankens ist, dass `Base` die *Schnittstelle* zwischen Objekten und einem Algorithmus definiert. Objekte, die mit `printAll` bearbeitet werden sollen, müssen diese Schnittstelle implementieren. In C++ bedeutet dies, dass eine Ableitung zu bilden ist, in der die abstrakten Funktionen redeklariert (und implementiert) werden.

Beachten Sie bitte, dass die Begriffe *Schnittstelle* und *Implementierung* aus konzeptioneller Sicht etwas anderes bedeuten als bei einer Programmiersprache wie z.B. C++:

❏ Aus konzeptioneller Sicht ist eine Schnittstelle die Beschreibung von Funktionalität, die für einen Algorithmus wichtig ist. Die Implementierung ist dann die konkrete Bereitstellung der Funktionalität.

Eine solche Schnittstelle wird in C++ durch eine abstrakte Klasse notiert. Eine abstrakte Klasse besitzt abstrakte Funktionen, d.h. es handelt sich um Funktionsdeklarationen ohne Implementierung. Die Deklarationen legen fest, wie die Funktionalität aufzurufen ist.

Eine Implementierung wird in C++ durch eine konkrete Klasse notiert, die von einer abstrakten Klasse ableitet.

Beachten Sie bitte, dass von einer abstrakten Klasse keine Objekte gebildet werden können. Dies ist auch nicht ihre Aufgabe, denn sie soll ja als Basisklasse für Ableitungen fungieren. Die Basisklasse bestimmt, welche Funktionen mit welchen Parametern die Ableitung implementieren muss, damit Objekte gebildet werden können. C++ stellt auf diesem Wege ein maximales Maß an Sicherheit bereit, in dem unvollständige oder falsche Implementierungen bereits vom Compiler erkannt werden können. In nicht streng typisierten Sprachen wie z.B. Smalltalk ist dies nicht der Fall.

❏ Aus C++-Sicht umfasst die Schnittstelle die öffentlich deklarierten Teile einer Klasse. Sie sind es, die ein Benutzer (*client*) von außen verwenden kann. Die Schnittstelle ist also das „Gesicht" einer Klasse. Wie die angebotenen Leistungen realisiert werden, ist Sache der Implementierung. Die Implementierung besteht also aus den Funktionsdefinitionen der Klassenfunktionen. Hilfsfunktionen etc.

sowie alle nicht-öffentlichen Teile der Klasse gehören ebenfalls zur Implementierung.

Algorithmus und Schnittstelle

In polymorphen Programmen arbeitet ein Algorithmus formal grundsätzlich mit der Schnittstelle, nie mit den konkreten Klassen. In unserem Beispiel wird dies an der Deklaration der Funktion `printAll` deutlich:

```
typedef vector<Base*> Container;
void printAll( const Container& cnt );
```

Die Funktion verwendet einen Vektor mit Zeigern vom Typ `Base*`. Da `Base` alle Funktionen deklariert, die `printAll` benötigt, muss `printAll` die konkreten Klassen nicht kennen.

Ein besserer Name für `Base` wäre in unserem Falle wahrscheinlich `Printable`, da dieser Name die Intention besser ausdrückt: alle Klassen, die mit `printAll` ausdruckbar sein sollen, müssen von `Printable` ableiten. Oder aus konzeptioneller Sicht: alle druckbaren Klassen müssen das *Interface* `Printable` *implementieren*[215].

Schnittstellenorientierte Programmierung

Entwirft man ein Programm so, dass Algorithmen um Schnittstellen herum aufgebaut werden, spricht man von *schnittstellenorientierter Programmierung* (*interface oriented programming*). Diese Technik nutzt Polymorphismus über virtuelle Funktionen um die gewünschte Trennung zwischen dem Algorithmus und den zu bearbeitenden Objekten zu erreichen.

---

[215] Wenn Sie nun an Java denken, ist dies beabsichtigt. In einigen Java-Bibliotheken wird diese Technik stark forciert und hat sich deshalb auch in der Java-Anwendungsprogrammierung durchgesetzt. Java bietet im Gegensatz zu C++ ein eigenes Sprachmittel für Interfaces, das allerdings im Wesentlichen einer *rein abstrakten* C++ - Basisklasse (d.h. ohne Konstruktoren, Destruktor, keine oder höchstens statischen Datenmitglieder) entspricht.

📖📖 Beispiel Sortieralgorithmus

Ein weiteres Beispiel für schnittstellenorientierte Programmierung ist ein Sortieralgorithmus, der Objekte an Hand frei zu definierender Kriterien sortiert. Da das Sortierkriterium natürlich flexibel sein muss, definieren wir eine Schnittstelle `Sortable` und überlassen es den Implementierungen, eine geeignete Sortierfolge zu bestimmen.

📖 Interface Sortable

`Sortable` könnte z.B. wie folgt definiert sein:

```
struct Sortable
{
    bool isSmallerThan( const Sortable& ) const = 0;
};
```

Die Mitgliedsfunktion `isSmallerThan` soll genau dann `true` liefern, wenn das eigene Objekt kleiner als das übergebene Objekt ist. Ein Container mit Objekten ist dann sortiert, wenn für alle Paare aufeinander folgender Objekte die Funktion `true` ergibt.

Ein bekannter Sortieralgorithmus tauscht so lange zwei Elemente im Container wenn ihre Reihenfolge nicht stimmt, bis oben genannte Bedingung zutrifft. Folgendes Listing zeigt eine mögliche Implementierung:

```
//-----------------------------------------------------------------
//      sortAll
//
void sortAll( Container& cnt )
{
    for ( int i=1; i< cnt.size(); i++ )
        for ( int j= cnt.size()-1; i<=j; j-- )
            if (cnt[j]-> isSmallerThan( *cnt[j-1] ))
            {
                Sortable* temp = cnt[j];
                cnt[j] = cnt[j-1];
                cnt[j-1] = temp;
            }
}
```

Übung 33-5:

Implementieren Sie die Funktion `sortAll` *wieder allgemein mit Hilfe von Iteratoren*

📖 Konkrete Klassen

Um Objekte unserer Klassen A und B sortierbar zu machen, müssen diese „das Interface Sortable implementieren", d.h. von Sortable ableiten und die Funktion isSmallerThan redeklarieren:

```
//------------------------------------------------------------------
//        class A
//
struct A : public Sortable
{
  A( int );

  virtual bool isSmallerThan( const Sortable& ) const;

  int i;
};
//------------------------------------------------------------------
//        class B
//
struct B : public Sortable
{
  B( string, int );

  virtual bool isSmallerThan( const Sortable& ) const;

  string name;
  int    alter;
};
```

Die Implementierung für A liegt auf der Hand:

```
//------------------------------------------------------------------
//        A::isSmallerThan
//
bool A::isSmallerThan( const Sortable& arg ) const
{
  const A& a = static_cast<const A&>( arg );
  return i < a.i;
}
```

Beachten Sie bitte, dass hier ein Zurückwandeln des Arguments von Sortable nach A erfolgen muss – ansonsten kann auf die Mitgliedsvariable i nicht zugegriffen werden. Diese Wandlung ist wohldefiniert, wenn das Argument arg tatsächlich ein A-Objekt bezeichnet. In jedem anderen Falle ist das Verhalten undefiniert.

Schreibt man also z.B.

```
typedef vector<Sortable*> Container;
Container cnt;

cnt.push_back( new A(7) );
cnt.push_back( new A(1) );
cnt.push_back( new B("Müller",32) );
cnt.push_back( new B("Schulze",27) );

sortAll( cnt );          // OK, aber undefiniertes Verhalten
```

übersetzt das Programm ohne Warnung oder Fehlermeldung, stürzt aber wahrscheinlich bei Ausführung der Funktion `sortAll` ab. Der Grund ist, dass im Zuge der Vertauschungsoperationen beim Sortieren auch einmal ein B-Objekt als Parameter an `A::isSmallerThan` übergeben wird. Der Operator `static_cast` kann nicht erkennen, ob der dynamische Typ seines Arguments tatsächlich A ist – mit den genannten Folgen, wenn es sich um ein B-Objekt handelt.

Hier haben wir also einen Fall, in dem Objekten unterschiedlicher Typen – wie normalerweise bei Polymorphismus üblich – keinen Sinn machen.

📖 Operator dynamic_cast

Glücklicherweise gibt es eine Lösung dieses Problems. Operator `dynamic_cast` kann die erforderlich Unterscheidung treffen. Konkret führt `dynamic_cast` die gewünschte Wandlung nur dann aus, wenn es sich um ein passendes Objekt handelt, andernfalls wird die Ausnahme `bad_cast` geworfen.

Formuliert man `isSmallerThan` also als

```
//----------------------------------------------------------------
//       A::isSmallerThan
//
bool A::isSmallerThan( const Sortable& arg ) const
{
    const A& a = dynamic_cast<const A&>( arg );
    return i < a.i;
}
```

bewirkt ein nicht passender Objekttyp (hier alles, was nicht A ist) das Werfen einer Ausnahme – und da wir die Ausnahme im Programm nicht weiter behandeln – zum Abbruch des Programms.

Analog wird `isSmallerThan` für B implementiert:

```
//------------------------------------------------------------------
//        B::isSmallerThan
//
bool B::isSmallerThan( const Sortable& arg ) const
{
  const B& b = dynamic_cast<const B>( arg );
  return name < b.name;
}
```

Nun wird ein unsinniger Sortierversuch zumindest zur Laufzeit zu-
verlässig erkannt. Im Kapitel 37 über Ausnahmen werden wir Wege
kennenlernen, solche Situationen abzufangen und so die zwangs-
weise Beendigung des Programms zu vermeiden.

Operator `dynamic_cast` ist der einzige Wandlungsoperator, der den
dynamischen Typ eines Verweises (Zeiger oder Referenz) berücksichtigt, um eine Wandlung durchzuführen. Der Operator greift dabei
auf Informationen zurück, die der Compiler zur Realisierung von polymorphen Klassen (d.h. Klassen mit virtuellen Funktionen) sowieso
führen muss. Wir zeigen im nächsten Kapitel, welche zusätzlichen Informationen für polymorphe Klasse zur Verfügung stehen und wie
der Programmierer diese gezielt einsetzen kann.

📖 Das klassische Beispiel

Natürlich darf bei der Vorstellung des Polymorphismus auch das berühmteste Beispiel nicht fehlen. In der Literatur wird normalerweise
das anfangs erwähnte Zeichenprogramm, in dem eine Reihe von Objekten unterschiedlicher Typen (Kreis, Rechteck etc.) zu verwalten
sind, als Beispiel verwendet. Dort wird eine Klasse `Shape` definiert,
von der die konkreten Klassen für die grafischen Objekte abgeleitet
sind:

```
//------------------------------------------------------------------
//        class Shape
//
struct Shape
{

  //-- zeichnet das Objekt auf dem Bildschirm an seinen Koordinaten
  //
  virtual void draw() const = 0;
};
```

```
//-----------------------------------------------------------------
//          class Rectangle
//
class Rectangle : public Shape
{
public:
  Rectangle( Point aTopLeft, Point aBottomRight );

  virtual void draw() const;

private:
  Point mTopLeft, mBottomRight;
};


//-----------------------------------------------------------------
//          class Circle
//
class Circle: public Shape
{
public:
  Circle( Point aCenter, int aRadius );

  virtual void draw() const;

private:
  Point mCenter;
  int   mRadius;
};
```

Die (Hilfs-)klasse `Point` ist in naheliegender Weise z.B. als

```
//-----------------------------------------------------------------
//          class Point
//
struct Point
{
  Point( int, int );
  int x, y;
};
```

definiert.

In jeder konkreten Klasse ist `draw` anders zu implementieren: Kreise müssen anders als Rechtecke gezeichnet werden.

Natürlich gibt es auch einen Container, der graphische Objekte speichern kann:

```
typedef vector<Shape*> Container;
```

Wie zu erwarten werden wieder Basisklassenzeiger gespeichert.

Auch die Routine zum Zeichnen aller Objekt hat nun die bereits bekannte Form:

```
//-------------------------------------------------------------
//      drawAll
//
void drawAll( const Container& cnt )
{
  for_each( cnt.begin(), cnt.end(), mem_fun( &Shape::draw ));
}
```

Nun kann man Kreise und Rechtecke erzeugen und alles zusammen zeichnen lassen:

```
Container cnt;
cnt.push_back( new Rectangle( Point( 10, 10 ), Point( 20, 20 )));
cnt.push_back( new Circle( Point( 10, 10 ), 100 ));

drawAll( cnt );
```

Im Gegensatz zum Beispiel im letzten Abschnitt kommt es hier darauf an, dass gerade Objekte unterschiedlicher Klassen bearbeitet werden können.

Bewertung

Die Beispiele der letzten Abschnitte zeigen das Potenzial, dass Polymorphismus für die Programmierung bietet. Die Mächtigkeit entsteht aus der Entkopplung des Algorithmus von den konkreten Objekten, zwischen denen das Interface die Verbindung herstellt.

❑ Algorithmen können generisch formuliert werden, ohne die tatsächlichen Klassen zu kennen. Beispiele dieser Anwendung sind unsere generische Sortierroutine sortAll sowie die generische Ausgabe mit printAll. Ein Benutzer kann einen vorgefertigten (und in der Praxis natürlich wesentlich komplexeren) Sortieralgorithmus verwenden, ohne die genaue Funktionsweise zu kennen. Er muss lediglich in seinen Ableitungen die Schnittstelle implementieren. Der Algorithmus kann ohne Neuübersetzung auf Objekte von beliebigen Klassen angewendet werden, solange sie das Interface korrekt implementieren. Algorithmen können deshalb auch in Bibliotheken untergebracht sein und unverändert für eigene Objekt angewendet werden.

Ein Merkmal dieser Gruppe von Problemstellungen ist, dass der Algorithmus der wesentliche Bestandteil ist. Der Algorithmus ist oft kompliziert und wird auf einen homogenen Container (d.h. einen Container mit Objekten gleichen Typs) angewendet.

❏ Algorithmen können auf Objekte unterschiedlicher Klassen in einem heterogenen Container angewendet werden. Ein Beispiel für diese Anwendung sind die grafischen Objekte `Circle` und `Rectangle` mit dem Algorithmus `drawAll`. Ein Benutzer kann weitere Grafikklassen hinzufügen (z.B. `Polygon`), ohne sich um den Rest des Systems zu kümmern. Alles wird funktionieren, solange die neue Klasse `Polygon` das Interface korrekt implementiert.

Ein Merkmal dieser Gruppe von Problemstellungen ist, dass die unterschiedlichen konkreten Klassen der wesentliche Bestandteil ist. Der Algorithmus ist meist einfach und wird auf einen heterogenen Container(d.h. einen Container mit Objekten unterschiedlicher Typen) angewendet.

Eine positive Eigenschaft beider Gruppen ist, dass Softwareänderungen auf einen möglichst abgeschlossenen Teil eines Programms beschränkt bleiben. Konkret können d die Algorithmen und Interface-Klassen unverändert bleiben, die Änderungen beschränken sich auf die konkreten Klassen (d.h. auf die Ableitungen). Das Hinzufügen von Klassen bzw. Ändern von Eigenschaften betrifft nur die Klassen selber, nicht mehr den Rest des Programms.

Polymorphismus besitzt jedoch auch einige Eigenschaften, die die Technik zur allgemeinen Implementierung generischer Algorithmen nicht in jedem Fall geeignet machen.

❏ Polymorphismus benötigt virtuelle Funktionen. Es ist nicht immer akzeptabel, für die Vorteile der Technik den Preis einer vtbl in jeder Klasse sowie eines zusätzlichen Zeigers in jedem Objekt zu bezahlen.

❏ Die schnittstellenorientierte Programmierung an sich ist ein gutes Konzept. Die Probleme beginnen allerdings dann, wenn eine Klasse mehrere Schnittstellen implementieren will. Selbstverständlich ist es möglich und oft sehr sinnvoll, eine Klasse `A` sowohl von `Sortable` als auch z.B. von `Printable` abzuleiten und sowohl `isSmallerThan` als auch `print` zu implementieren. Kein Problem, genau zu diesem Zweck gibt es die Mehrfachvererbung. Schwierig wird lediglich die Wahl des Containertyps: Der Algorithmus `printAll` erwartet ein Argument vom Typ `vector<Printable*>`, während `sortAll` einen Typ `vector<Sortable*>` verlangt.

Welchen Typ soll man verwenden? Die Antwort ist: keinen von
beiden. Die korrekte Lösung ist `vector<A*>`, jedoch kann man
damit weder `sortAll` noch `printAll` in ihrer jetzigen Form aufrufen. Dieses Problem kann erst gelöst werden, wenn wir über
Schablonen verfügen, die wir in Kapitel 35 besprechen werden.

📖📖 Virtuelle Konstruktoren

Ein Begriff, der im Zusammenhang mit Polymorphismus immer wieder auftritt, ist *Virtueller Konstruktor.* Von der Sprache her dürfen
Konstruktoren nicht virtuell sein – die vtbl ist erst nach abgeschlosse-
ner Initialisierung eines Objekts korrekt eingerichtet, erst ab diesem
Zeitpunkt ist Polymorphismus möglich.

Was bedeutet also Virtualität im Zusammenhang mit Konstruktoren?
Es handelt sich dabei um die Ermöglichung von dynamischer Bindung auch für Konstruktoren – ein Merkmal, das die Sprache an sich
nicht besitzt.

Die Notwendigkeit für virtuelle Konstruktoren wird klar, wenn man
einen Kopieroperation für einen heterogenen Container implementieren möchte. Eine solche Duplizierung kann sowohl bei der Zuweisung als auch bei der Initialisierung eines Containers vorkommen.
Folgendes Listing zeigt zwei Beispiele:

```
Container cnt;
/* ... Besetzen von cnt ... */

Container cnt2 = cnt;            // Kopie des Containers cnt herstellen
                                // (Kopierkonstruktor)
/* ... Arbeit mit cnt2 ...*/

Container cnt3;
cnt3 = cnt2;                     // dito (Zuweisungsoperator)
```

Zuweisungsoperator und Kopierkonstruktor sind daher wie üblich die
beiden Funktionen, in denen die Kopieroperation implementiert werden muss. Beim Kopieren eines Containers müssen selbstverständlich
die im Originalcontainer verwalteten Objekte mitkopiert werden können, um den Alias-Effekt zu vermeiden. Wie soll jedoch ein Container
eine Kopie der von ihm verwalteten Objekte herstellen können, wenn
die Klassen der zu verwaltenden Objekte bei der Implementierung
der Kopierfunktion noch gar nicht bekannt sind?

📖   Tiefe und flache Kopie

Im Zusammenhang mit Containern treten oft die Begriffe *tiefe Kopie* und *flache Kopie* auf.

❑ Eine *tiefe Kopie* (*deep copy*) eines Containers ist eine Kopie, bei der die verwalteten Objekte mitkopiert werden. Der neue Container erhält dadurch seine eigenen Objekte.

❑ Bei einer *flachen Kopie* (*shallow copy*) eines Containers wird ein neuer Container erzeugt, die verwalteten Objekte werden jedoch nicht kopiert. Die Zeiger im neuen Container zeigen ebenfalls auf die Originalobjekte.

Folgende Bilder zeigen die Verhältnisse nach einer tiefen bzw. flachen Kopie:

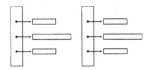

Bild 33.1:   **Tiefe Kopie eines Containers**

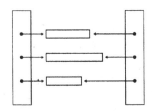

Bild 33.2:   **Flache Kopie eines Containers**

Die Container der Standardbibliothek führen standardmäßig eine flache Kopie durch, d.h. sie kopieren den gespeicherten Inhalt. Sind dies Zeiger, werden eben die Zeiger kopiert.

```
typedef vector<int> Container;

Container cnt1;
cnt1.push_back( 1 );
cnt1.push_back( 2 );

Container cnt2 = cnt1;          // Kopierkonstruktor
```

In diesem Beispiel wird ein Container von `ints` definiert und mit den Werten 1 und 2 gefüllt. Bei der Initialisierung von `cnt2` kopiert der Kopierkonstruktor die Werte aus `cnt1` ins eigene Objekt. `cnt2` erhält also einen eigenen Satz Werte.

Gleiches gilt, wenn die zu speichernden Objekte Zeiger sind:

```
typedef vector<Shape*> Container;

Container cnt1;
cnt1.push_back( new Rectangle( Point( 10, 10 ), Point( 20, 20 ) ));
cnt1.push_back( new Circle( Point( 10, 10 ), 100 ) );

Container cnt2 = cnt1;            // Kopierkonstruktor: Flache Kopie
```

Hier erhält `cnt2` zwar einen eigenen Satz Zeiger, diese zeigen jedoch auf die gleichen Objekte. Standardmäßig erhält man also eine flache Kopie.

📖   Wertsemantik und Referenzsemantik

Allgemein spricht man von *Wertsemantik* (*value based semantics* oder einfach *value semantics*), wenn man die Werte in einem Algorithmus oder einem Container direkt bearbeitet. Arbeitet man mit Objekten, die über Verweise (Zeiger oder Referenzen) repräsentiert werden, spricht man von *Referenzsemantik* (*reference based semantics* bzw. einfach *reference semantics*).

Polymorphismus verwendet also immer Referenzsemantik: es werden Objekte bearbeitet, jedoch über Zeiger bzw. Referenzen - nur so lässt sich dynamische Bindung in C++ realisieren.

Die Container der Standardbibliothek dagegen verwenden Wertsemantik, d.h. sie bearbeiten (kopieren) immer ihre Elemente an sich, auch wenn dies Zeiger sind.

📖   Tiefe Kopie für Standard-Container

Die Standardbibliothek verwendet grundsätzlich immer Wertsemantik, d.h. es gibt keinen eingebauten Mechanismus, um Referenzsemantik oder tiefe Kopien zu erhalten. Dies muss man bei Bedarf selber implementieren.

Eine Möglichkeit zur Lösung besteht in der Bildung von Ableitungen der Containerklassen. In den Ableitungen kann man die betreffenden Funktionen (hier also z.B. Kopierkonstruktor und Zuweisungsoperator) überladen und so implementieren, dass anstelle der flachen eine tiefe Kopie hergestellt wird.

Es ist jedoch aus mehreren Gründen nicht angebracht, von Standardcontainern abzuleiten. So haben diese Klassen keinen virtuellen Destruktor, so dass es evtl. beim Zerstören von Ableitungen zu Problemen kommen kann. Ein weiterer Grund ist, dass die Standardbibliothek eine Reihe von Algorithmen zur Verfügung stellt, die nicht als Mitgliedsfunktionen, sondern als globale Funktionen implementiert sind. Hier kann es auf Grund von unterschiedlichen Typen von Basisklasse und Ableitung zu Problemen kommen.

Die einfachste Lösung ist die Erstellung einer globalen Funktion, die die Kopie durchführt. Schreibt man

```
deepCopy( cnt1, cnt2 );    // Tiefe Kopie der Elemente von cnt1 nach cnt2
```

sollen alle Objekte von cnt1 nach cnt2 kopiert werden. Dabei ist es erforderlich, von jedem Objekt eine Kopie herzustellen. Das Problem ist nun, dass wir die Klassen der Objekte nicht kennen – der Container speichert ja Zeiger vom statischen Typ Base*.

Im Prinzip ist dies genau der Typ Aufgabenstellung, zu dessen Lösung man virtuelle Funktionen und dynamische Bindung verwendet. Konstruktoren können jedoch selber nicht virtuell sein. Man kann aber dynamische Bindung für den Kopierkonstruktor (und um den geht es hier ausschließlich) über eine Zwischenfunktion erreichen.

Traditionell heißt diese Zwischenfunktion clone und hat die Aufgabe, eine Kopie des eigenen Objekts auf dem Heap zu erzeugen und einen Zeiger darauf zurückzuliefern.

Für eine beliebige Klasse X könnte clone als

```
//----------------------------------------------------------------
//        class X
//
class X
{
public:

  X* clone() const;

  /* ... weitere Mitglieder von X ... */

};
```

deklariert und als

```
inline X* X::clone() const
{
  return new X( *this );
}
```

implementiert werden. Möchte man Polymorphismus nutzen, macht
man `clone` wieder virtuell und deklariert eine abstrakte Funktion in
der Basisklasse:

```
//--------------------------------------------------------------
//        class Shape
//
struct Shape
{
  //-- erstellt eine Kopie des eigenen Objekts
  //
  virtual Shape* clone() const = 0;

  /* ... weitere Mitglieder Shape */
};
//--------------------------------------------------------------
//        class Rectangle
//
class Rectangle : public Shape
{
public:
  virtual Rectangle* clone() const;

  /* ... weitere Mitglieder Rectangle */
};
//--------------------------------------------------------------
//        class Circle
//
class Circle: public Shape
{
public:
  virtual Circle* clone() const;

  /* ... weitere Mitglieder Circle */
};
```

Beachten Sie bitte, dass wir hier kovariante Rückgabetypen verwenden[216]: alle drei `clone`-Funktionen sind mit einem Rückgabetyp „Zeiger auf eigene Klasse" deklariert.

Die Funktionen sind immer gleich implementiert:

```
//--------------------------------------------------------------
//        Rectangle::clone
//
inline Rectangle* Rectangle::clone() const
{
  return new Rectangle( *this );
}
//--------------------------------------------------------------
//        Circle::clone
//
inline Circle* Circle::clone() const
{
  return new Circle( *this );
}
```

---

[216] Diese werden noch nicht von allen Compilern unterstützt.

Nun kann man z.B.

```
Rectangle* r1 = new Rectangle( Point(0,0), Point(100,100) );
Rectangle* r2 = r1-> clone();
```

schreiben. r2 zeigt nun auf ein eigenes Rectangle-Objekt. Wichtiger ist, dass man auch

```
Shape* shape1 = new Rectangle( Point(0,0), Point(100,100) );
Shape* shape2 = shape-> clone();
```

schreiben kann, auch hier zeigt shape2 auf ein eigenes Objekt vom Typ Rectangle.

Übung 33-6:

Welche Schritte sind notwendig, damit man die Objekte auch über die Basisklassenzeiger wieder löschen kann, i.e. dass man

```
delete shape1;
delete shape2;
```

schreiben kann?

Nun kann man komplett polymorphisch (d.h. ausschließlich mit Basisklassenzeigern) arbeiten – inklusive Kopieren, das dank der virtuellen Konstruktoren möglich geworden ist.

Mit Hilfe der virtuellen Konstruktoren kann man die Funktion deep-Copy ganz einfach implementieren:

```
//-----------------------------------------------------------------
//      deepCopy
//
void deepCopy( const Container& srcCnt, Container& tgtCnt )
{
  for( int i=0; i<srcCnt.size(); i++ )
    tgtCnt[i] = srcCnt[i]-> clone();
}
```

Diese Notation funktioniert nur, wenn es sich bei Container um einen Vektor handelt, da nur Vektoren den Feldzugriffsoperator [ ] überladen. Möchte man die Funktionalität allgemeingültig für alle Container notieren, verwendet man besser Iteratoren:

```
//------------------------------------------------------------------
//          deepCopy
//
void deepCopy( const Container& srcCnt, Container& tgtCnt )
{
  Container::const_iterator srcIt = srcCnt.begin(); // Source Iterator
  Container::iterator       tgtIt = tgtCnt.begin(); // Target Iterator

  while( srcIt != srcCnt.end() )
  {
    (*tgtIt) = (*srcIt)-> clone();

    srcIt++;
    tgtIt++;
  }
}
```

bzw. kürzer

```
//------------------------------------------------------------------
//          deepCopy
//
void deepCopy( const Container& srcCnt, Container& tgtCnt )
{
  Container::const_iterator srcIt = srcCnt.begin(); // Source Iterator
  Container::iterator       tgtIt = tgtCnt.begin(); // Target Iterator

  while( srcIt != srcCnt.end() )
    (*tgtIt++) = (*srcIt++)-> clone();

}
```

Einige Anmerkungen

Durch die Bereitstellung einer Möglichkeit zur tiefen Kopie haben wir nun erreicht, dass die eigentlich wertbasierten Container der Standardbibliothek auch in Situationen, in denen Referenzsemantik vorliegt, verwendet werden können.

Dies ist elegant und ermöglicht einen klaren und übersichtlichen Programmierstil. Betrachten wir als Beispiel einmal ein Arbeitsblatt in einem Zeichenprogramm, in dem der Benutzer mehrere Objekte markiert hat und diese nun kopieren möchte, um sie in einem anderen Arbeitsblatt einzufügen. Wenn man davon ausgeht, dass das Arbeitsblatt einen Container von Shape-Zeigern führt, kann man die Kopieraktion relativ einfach mit Hilfe der virtuellen Konstruktoren bewerkstelligen. Man darf dann eben nicht alle Objekte eines Containers kopieren sondern lediglich diejenigen, die bestimmte Bedingungen erfüllen (z.B. die gerade markiert sind).

Die gezeigte Implementierung hat jedoch auch einen kleinen Nachteil: selbst wenn man weiß, dass in einem Programm niemals deep-Copy aufgerufen werden wird, muss man die clone-Funktionen trotzdem für alle Ableitungen von Shape implementieren. Ähnliches gilt für unser früheres Beispiel mit printAll: selbst wenn printAll niemals aufgerufen wird, muss trotzdem jede Ableitung eine print-Funktion implementieren.

Der Grund liegt natürlich in den Eigenschaften virtueller Funktionen. Da bei dynamischer Bindung die Auswahl der konkreten Funktion erst zur Laufzeit erfolgt, müssen alle in Frage kommenden Funktionen immer implementiert werden – selbst wenn sie niemals aufgerufen werden. Dies ist ein Unterschied zu nicht-virtuellen Funktionen, deren Definition nicht erforderlich ist, wenn sie nicht verwendet werden.

Kann man nun die Flexibilität der virtuellen Funktionen erhalten, aber trotzdem eine Implementierung nur dann erzwingen, wenn die Funktion tatsächlich aufgerufen wird? Mit virtuellen Funktionen nicht, aber mit Schablonen. Damit ist es möglich, erst beim konkreten Aufruf einer Funktion wie z.B. deepCopy an eine benötigte Funktion (wie hier clone) zu „binden": Objekte müssen keine clone-Funktion besitzen, wenn deepCopy nicht aufgerufen wird.

📖 Die Eigentümerfrage

Die Arbeit mit Zeigern auf Objekte wirft noch einige Fragen auf, die (spätestens) bei der Verwendung von deepCopy beantwortet werden müssen.

Grundsätzlich sollte jedes dynamische Objekt einen (und genau einen) Eigentümer haben. Dieser „Besitzer" ist dafür verantwortlich, das Objekt irgendwann wieder zu löschen. Zwar können viele Zeiger auf ein Objekt zeigen, aber ein Objekt darf nur ein Mal gelöscht werden.

Gibt es potentiell mehrere Zeiger, die auf ein Objekt zeigen können, kann die Buchführung schwierig werden. Es muss sichergestellt werden, dass jedes Objekt irgendwann genau ein Mal gelöscht wird. Während in Sprachen mit *automatischer Speicherbereinigung* (*automatic garbage collection*) wie z.B. Java die Buchführung automatisch erfolgt, muss sich der Programmierer in C++ selber darum kümmern[217]. Glücklicherweise stellt die Sprache einige Hilfsmittel bereit, um diese Aufgabe zu vereinfachen.

---

217 Allerdings gibt es auch für C++ Zusatzsoftware, die eine automatische Speicherbereinigung durchführen kann. Java hat den (zweifelhaften) Vorteil, dass der Code (und damit der Overhead) zur automatischen Speicherbereinigung schon mit dabei ist.

Betrachten wir als Beispiel für die möglichen Probleme einmal die folgende Funktion f:

```
void f( Container& cnt )
{
  cnt[2] = new Circle( ... );

  /* ... */
}
```

Wenn wir davon ausgehen, dass der Index 2 gültig ist (der Container also mindestens 3 Elemente besitzt), wird hier das Feldelement mit dem Index 2 mit einem Zeiger auf ein neu erzeugtes Objekt überschrieben.

Ist dies so korrekt? Die Antwort lässt sich allein durch Betrachtung der Funktion f nicht finden.

Hat man etwa

```
Container cnt;
cnt.push_back( new Rectangle( ... ));   // #1
cnt.push_back( new Rectangle( ... ));   // #2
cnt.push_back( new Rectangle( ... ));   // #3

f( cnt );
```

geschrieben, erhält man eine Speicherleck (memory leak), da das in Anweisung #3 erzeugte Objekt nicht mehr erreichbar ist und somit nicht mehr gelöscht werden kann.

Sollte man f dann besser als

```
void f( Container& cnt )
{
  delete cnt[2];
  cnt[2] = new Circle( ... );
  /* ... */
}
```

schreiben? Nun gibt es in obiger Konstellation kein Speicherleck mehr, jedoch könnte cnt evtl. ja ein „Schattencontainer" sein, der aus einer flachen Kopie hervorgegangen ist:

```
Container cnt;
cnt.push_back( new Rectangle( ... ));   // #1
cnt.push_back( new Rectangle( ... ));   // #2
cnt.push_back( new Rectangle( ... ));   // #3

Container cnt1 = cnt;                    // flache Kopie

f( cnt1 );                               // ???
```

Nun ist die Lage komplett unübersichtlich geworden. Das in Anweisung #3 erzeugte Objekt ist nun gelöscht, und in cnt1 ist an dieser

Stelle ein neues Objekt eingetragen. Aber der entsprechende Zeiger in cnt ist noch unverändert. Er zeigt auf ein nicht mehr existierendes Objekt.

Naheliegender Code wie z.B.

```
delete cnt[1];
delete cnt[2];
delete cnt[3];
```

führt nun zu undefiniertem Verhalten. Wie soll nun f implementiert werden? Jede Implementierung führt in einem großen Programm unweigerlich irgendwann zu Problemen. Dies ist einer der Gründe, warum Java hier als überlegen angesehen wird: durch die automatische Speicherbereinigung können die genannten Probleme vermieden werden, ein delete ist grundsätzlich nirgendwo mehr erforderlich[218], und für f gibt es demzufolge nur eine mögliche Implementierung.

auto_ptr und andere Intelligente Zeiger

Die einfachste Methode, hier Sicherheit zu gewinnen, ist die strikte Berücksichtigung eines Eigentümerkonzepts. Immer nur *ein* Zeiger ist verantwortlich für die Löschung des Objekts, alle andern Zeiger sind Aliaszeiger, über die nur ein Zugriff, aber kein Löschen möglich ist. Die Standardbibliothek stellt mit der Klasse auto_ptr einen Mechanismus zur Verfügung, der den Programmierer bei der korrekten Implementierung unterstützen kann.

Erhält ein auto_ptr Objekt einen Wert, wird der auto_ptr nun Eigentümer und ist für die Zerstörung verantwortlich. Code wie

```
void f()
{
  X* x = new( X );
} // Speicherleck
```

führt für einen beliebigen Typ X zu einem Speicherleck, da nach Beendigung von f kein Zeiger mehr auf das neue Objekt zeigt und ein Löschen damit nicht mehr möglich ist.

---

218 Es soll jedoch auch nicht verschwiegen werden, dass Java Speicherprobleme ganz anderer Art besitzt. Wird z.B. irgendwo unbeabsichtigt noch eine (statische) Objektreferenz gehalten, kann die Speicherbereinigung nicht aktiv werden, und man hat ebenfalls eine Art memory leak. Diese Probleme sind in Java extrem schwer in den Griff zu bekommen.

Schreibt man dagegen

```
void f()
{
  auto_ptr<X> x( new( X ));
} // x wird zerstört: kein Speicherleck
```

wird das neu erzeugte Objekt bei Verlassen der Funktion automatisch zerstört. x ist ein lokales Objekt des Typs `auto_ptr<X>`, demzufolge wird der `auto_ptr`-Destruktor am Ende der Funktion aufgerufen. Dort wird das verwaltete Objekt mit `delete` zerstört.

`auto_ptr` ist eine Minimalimplementierung eines *intelligenten Zeigers* (*smart pointer*), auf die sich alle Beteiligten im C++ -Standardisierungsprozess einigen konnten. Man kann jedoch für die meisten Anwendungsfälle noch wesentlich mehr tun, entsprechend gibt es alternative Implementierungen solcher Zeiger mit Intelligenz. Auf der Internetseite des Buches gibt es einige Hinweise auf einige (frei verfügbare) Bibliotheken.

📖📖 Alternative Implementierungen

Polymorphismus ist nicht auf C++ oder allgemein auf objektorientierte Programmiersprachen beschränkt. Polymorphismus kann auch ohne virtuelle Funktionen z.B. in C implementiert werden. Die dynamische Bindung der „virtuellen" Funktionen muss dann eben von Hand codiert werden.

Die Standardmethode dazu verwendet einen *Marker* (*tag*), der den dynamischen Typ eines Objekt codiert. Im Beispiel mit den grafischen Objekten würde man `Circle` und `Rectangle` dann wie folgt definieren:

```
//-------------------------------------------------------------------
//        class Rectangle
//
class Rectangle
{
public:
  int mTag;
  Rectangle( Point aTopLeft, Point aBottomRight );

  void draw() const;

private:
  Point mTopLeft, mBottomRight;
};
```

```
//-------------------------------------------------------------------
//         class Circle
//
class Circle
{
public:
    int mTag;
    Circle( Point aCenter, int aRadius );

    void draw() const;

private:
    Point mCenter;
    int    mRadius;
};
```

Wir verwenden hier mit Ausnahme der virtuellen Funktionen weiterhin C++-Konstruktionen (z.B. die Konstruktoren), um das Beispiel einfach zu halten.

Beide Klassen definieren als erstes Datenmitglied ein `int`. Weiterhin wird eine Klasse `Shape` als

```
//-------------------------------------------------------------------
//         class Shape
//
struct Shape
{
    int mTag;
};
```

definiert. Auch hier wird als erstes (und einziges) Datenelement ein `int` definiert. Durch diese Anordnung von `mTag` wird erreicht, dass sich das Datenmitglied in allen drei Klassen an der selben Stelle relativ zum Objektbeginn im Speicher befindet. C++ stellt dies sicher, so lange die Klassen *plain old data structures* (*PODs*) sind[219].

Schreibt man also z.B.

```
Circle* circle = new Circle( Point( 10, 10 ), 100 );
circle-> mTag = 1;

Shape* shape = reinterpret_cast<Shape*>( circle );
cout << shape -> mTag << endl;
```

ist durch die Sprache sichergestellt, dass als Ergebnis 1 ausgegeben wird. Konkret wurde in diesem Beispiel ein `Circle`-Objekt erzeugt und später als `Shape`-Objekt interpretiert. Dies funktioniert für diejenigen Mitglieder, für die gleiche Offsets in beiden Klassen garantiert sind, wie hier für das Mitglied `mTag`. Dies ist eine der wenigen Situa-

---

[219] d.h. so lange es sich nicht um Ableitungen handelt und die Klassen z.B. keine virtuellen Funktionen definieren. Eine genauere Definition wann eine Klasse ein POD ist, findet sich in Kapitel 25 (Einige Sonderfälle mit Klassen).

tionen, in denen die Sprache eine Garantie über das Verhalten gibt, wenn `reinterpret_cast` im Spiel ist.

Beachten Sie bitte, dass für die Wandlung von `Circle*` nach `Shape*` ein „harter" cast erforderlich ist, da die beiden Klassen syntaktisch in keiner Beziehung zueinander stehen.

Bei der Erzeugung von Objekten besetzt man nun `mTag` für jede Klasse unterschiedlich. Später kann man dann an Hand des Wertes die Klasse eines Objekts bestimmen:

```
//-----------------------------------------------------------------
//        Rectangle::ctor
//
Rectangle::Rectangle( Point aTopLeft, Point aBottomRight )
  : mTopLeft( aTopLeft )
  , mBottomRight( aBottomRight )
  , mTag( 1 )
{}

//-----------------------------------------------------------------
//        Circle::ctor
//
Circle::Circle( Point aCenter, int aRadius )
  : mCenter( aCenter )
  , mRadius( aRadius )
  , mTag( 2 )
{}
```

Der Container speichert syntaktisch weiterhin Zeiger auf `Shape`:

```
typedef vector<Shape*> Container;
```

Bei der Erzeugung von `Circle`- bzw. `Rectangle`-Objekten ist nun ebenfalls ein harter cast erforderlich, da ja eine implizite Wandlung von `Circle` (bzw. `Rectangle`) nach `Shape` nicht möglich ist:

```
Container cnt;
cnt.push_back( reinterpret_cast<Shape*>(new Rectangle(Point(10,10), Point(20,20))));
cnt.push_back( reinterpret_cast<Shape*>(new Circle(Point(10,10), 100)));
```

Im Algorithmus schließlich nutzen wir die Tatsache aus, dass wir auf das tag-Feld über `Shape` zugreifen können. Anhand dieses Wertes ist eine korrekte Rückwandlung in den originalen Typ (natürlich wieder mit `reinterpret_cast`) möglich.

Mit dem korrekten Originaltyp ist dann auch der Aufruf von draw möglich:

```
//--------------------------------------------------------------
//        doTheDraw
//
void doTheDraw( Shape* shape )
{
  switch ( shape-> mTag )
    {
      case 1: reinterpret_cast<Circle*>    ( shape )-> draw();    break;
      case 2: reinterpret_cast<Rectangle*> ( shape )-> draw();    break;
    }
}


//--------------------------------------------------------------
//        class Rectangle
//
void drawAll( const Container& cnt )
{
  for_each( cnt.begin(), cnt.end(), &doTheDraw );
}
```

Obwohl obige Implementierung der Klassen Shape, Circle und Rectangle sowie der Funktionen doTheDraw und drawAll problemlos und ohne jede Meldung übersetzt, stürzt ein entsprechendes Testprogramm sofort ab. Der Fehler ist – insbesondere in größeren Programmen – kaum zu finden: wir haben als tag-Wert für Rectangle 1 und für Circle 2 verwendet, aber in der Routine doTheDraw genau umgekehrt abgefragt: ein klassischer Verwechsler. So etwas passiert in der Praxis, es zeigt aber auch die Grenzen des traditionellen Ansatzes bzw. die Überlegenheit der Lösung mit virtuellen Funktionen. Durch Verwendung von reinterpret_cast wird *jede Überprüfungsmöglichkeit* des Compilers *ausgeschaltet*, die Korrektheit liegt nun ausschließlich in den Händen des Programmierers. Sie ist dort – wie man sieht – nicht immer optimal aufgehoben.

Übung 33-7:

Machen Sie die Konstruktion etwas sicherer, in dem Sie an Stelle der Konstanten 1 und 2 symbolische Konstanten einführen.

Übung 33-8:

Überlegen Sie systematisch, welche Probleme beim Hinzufügen einer neuen Klasse wie z.B. Polygon *auftreten können und was dies für die Softwareentwicklung in einem großen Team bedeutet. Vergleichen Sie ihre Ergebnisse mit den Ergebnissen bei Verwendung von Polymorphismus über virtuelle Funktionen.*

34 Typinformationen zur Laufzeit

Zu jedem Typ – unabhängig ob fundamental oder benutzerdefiniert – stellt C++ bestimmte Informationen bereit, die zur Laufzeit des Programms abgefragt werden können.

📖📖 Die Klasse type_info

Typinformationen, die ein Programm zur Laufzeit abfragen kann, werden durch Objekte des Typs `type_info` repräsentiert.

In der Standardbibliothek ist die Klasse `type_info` wie folgt definiert:

```
class type_info
{
public:
    virtual ~type_info();
    bool operator==(const type_info& ) const;
    bool operator!=(const type_info& ) const;
    bool before(const type_info& ) const;
    const char* name() const;
private:
    type_info(const type_info& );
    type_info& operator=(const type_info& );
};
```

📖📖 type_info-Objekte

Für jeden Typ führt der Compiler genau ein solches `type_info`-Objekt. Es ist Aufgabe des Compilers, die `type_info`-Objekte zu erzeugen und bei Bedarf (d.h. bei Programmende) wieder zu zerstören.

📖📖 Operator typeid

Aus einem Programm heraus erhält man Zugriff auf ein `type_info`-Objekt über den Operator `typeid`:

```
double d = 1.0;
const type_info& ti = typeid( d );
```

Beachten Sie bitte, dass `typeid` eine Referenz auf ein konstantes Objekt liefert. `type_info`-Objekte können durch den Programmierer grundsätzlich nicht verändert werden.

In obigem Beispiel referenziert `ti` also das `type_id`-Objekt, das der Compiler für den Typ `double` angelegt hat. Die Mitgliedsfunktion `name` liefert eine lesbare Repräsentation dieses Namens.

Schreibt man

```
cout << ti.name() << endl;
```

erhält man als Ergebnis wahrscheinlich[220] `double`.

📖 typeid für Ausdrücke

Operator `typeid` kann sowohl auf Typen als auch auf Ausdrücke angewendet werden. Im Falle eines Ausdrucks wird dieser nicht ausgewertet:

```
const type_info& ti2 = typeid( 2*3.4 );
```

Hier referenziert `ti2` ebenfalls ein `type_info`-Objekt für den Typ `double`.

Der Standard fordert nicht, dass `ti` und `ti2` das gleiche `type_info` Objekt referenzieren, sondern lediglich, dass beide Objekte gleich sind[221]. In obigem Beispiel muss also

```
ti == ti2            // true
```

gelten, nicht aber unbedingt

```
&ti == &ti2          // unbestimmt
```

Höchstwahrscheinlich wird ein Compiler möglichst das gleiche `type-info`-Objekt verwenden, dies ist jedoch z.B. dann nicht mehr so einfach, wenn sich die beiden `typeid()`-Aufrufe in unterschiedlichen Übersetzungseinheiten befinden.

---

[220] Wie ein Name zu einem Typ zu bilden ist, wird vom Standard nicht genau festgelegt (s.u.).

[221] Zwei Objekte sind gleich, wenn der *Operator* == für diese Objekte *true* ergibt. Wenn ein *Operator* == vorhanden ist, kann dort prinzipiell beliebiges Verhalten implementiert werden.

Übung 34-1:

Welchen Wert besitzt d *nach den folgenden beiden Anweisungen:*

```
double d = 1.0;
const type_info& ti = typeid( d+1 );
```

Welches Ergebnis bringt die typeid-*Anweisung?*

📖 typeid mit polymorphen Klassen

Eine wichtige Eigenschaft des Operator typeid ist, dass er (im Gegensatz z.B. zu Operator sizeof) polymorphisch ist. Für Verweise (Zeiger und Referenzen) liefert er also den dynamischen Typ.

Im folgenden Codesegment werden zwei Klassen A und B als Ableitung einer gemeinsamen Basisklasse Base definiert:

```
//-------------------------------------------------------------------
//        class Base
//
struct Base
{
  /*  Mitglieder von Base */

  virtual ~Base();
};

//-------------------------------------------------------------------
//        class A
//
struct A : public Base
{
  /* Mitglieder von A */
};


//-------------------------------------------------------------------
//        class B
//
struct B : public Base
{
  /* Mitglieder von B */
};
```

In der folgenden Funktion f wird der dynamische Typ des Arguments bestimmt und mit den (bekannten) Typen A bzw. B verglichen:

```
//-----------------------------------------------------------
//        f
//
void f( const Base* bp )
{
  if ( typeid( *bp ) == typeid( A ) )
    cout << "bp zeigt auf ein A-Objekt!" << endl;

  else if ( typeid( *bp ) == typeid( B ) )
    cout << "bp zeigt auf ein B-Objekt!" << endl;
}
```

Nun kann man f „polymorphisch" aufrufen, etwa wie in diesen Anweisungen gezeigt:

```
f( new A );
f( new B );
```

Hier findet die übliche Konvertierung eines Zeigers einer Ableitung A (bzw. B) in einen Basisklassenzeiger statt. Trotzdem zeigt natürlich bp in f weiterhin auf ein A- (bzw. B-)Objekt. Genau diese Information (nämlich der dynamische Typ des Zeigers bp) kann über den typeid-Operator wiedergewonnen werden,

---

Übung 34-2:

Formulieren Sie die Funktion f nicht mit Hilfe eines Zeigers, sondern mit einem Referenztyp.

Beachten Sie bitte, dass typeid nur dann den dynamischen Typ eines Verweises liefern kann, wenn die Klassenhierarchie polymorphisch ist. Aus diesem Grund haben wir Base mit einem virtuellen Destruktor ausgestattet: Selbst wenn der Destruktor leer ist, bewirkt er, dass Base eine polymorphe Klasse ist (d.h. eine vtbl besitzt):

```
//-----------------------------------------------------------
//        Base::~Base
//
Base::~Base() {}
```

Hier kommt es also nicht auf die Anweisungen an, die der Destruktor beinhaltet, sondern lediglich darauf, dass es sich um eine virtuelle Funktion handelt.

Prinzipiell könnte man auf einen leeren Destruktor verzichten, wenn die Basisklasse andere virtuelle Funktionen deklariert. Dies ist sogar sehr wahrscheinlich, andernfalls machen Ableitungen wenig Sinn. Da man jedoch auch gerne Objekte polymorphisch zerstört (oder dies zumindest nicht ausschließen kann), ist ein virtueller Destruktor normalerweise immer angezeigt.

Möchte man z.B. in f etwas wie

```
//-------------------------------------------------------------------
//        f
//
void f( const Base* bp )
{
    /* ... */

    delete bp;
}
```

schreiben, ist ein virtueller Destruktor unbedingt erforderlich, auch wenn er in Base leer ist.

Beachten Sie bitte, dass das Löschen des Objekts mit delete möglich ist, obwohl bp ein Zeiger auf const ist („Löschen" wird nicht als „Änderung" im Sinne der *const-correctness* verstanden).

typeid mit nicht-polymorphen Klassen

Operator typeid kann auch auf „normale" (nicht polymorphe) Klassen angewendet werden. Er liefert dann jedoch immer den statischen Typ zurück. Schreibt man etwa

```
//-------------------------------------------------------------------
//        class Base
//
struct Base
{
    /* Mitglieder von Base */
};

//-------------------------------------------------------------------
//        class A
//
struct A : public Base
{
    /* Mitglieder von A */
};

//-------------------------------------------------------------------
//        class B
//
struct B : public Base
{
    /* Mitglieder von B */
};
```

sind Base, A und B nicht-polymorphe Klassen. Der Aufruf von z.B.

```
f( new A );
```

produziert nun überhaupt keine Ausgabe: Der Ausdruck `typeid(*bp)` in `f` liefert den Typ `Base`, und nicht `A`.

Die Verwendung von `typeid` in nicht-polymorphen Klassenhierarchien ist mit großer Wahrscheinlichkeit ein Fehler. Die Verwendung von `typeid` wie in der Funktion `f` gezeigt ist nahezu ausschließlich mit polymorphen Klassen sinnvoll – den statischen Typ von `bp` kennt man sowieso, dazu benötigt man keine `typeid`-Abfrage.

Übung 34-3:

Wie könnte man f sicherer formulieren? Betrachten Sie vor allem die beiden folgenden, häufigen Situationen:

❑ *Die Klassenhierarchie ist irrtümlich nicht polymorph, sollte es aber sein.*

❑ *Während der Weiterentwicklung kommen weitere Ableitungen von* Base *hinzu, und* f *wurde nicht angepasst.*

Übung 34-4:

Lassen sich aus dem Ergebnis der letzten Übung generelle Regeln zur Formulierung von if-else-*Kaskaden,* switch-*Anweisungen etc. formulieren?*

Übung 34-5:

Gegeben sei die Funktion

```
void f( T1* aT1, T2* aT2 )
{
  bool b1 = aT1 == aT2;
  bool b2 = *aT1 == *aT2;
  bool b3 = typeid( aT1 ) == typeid( aT2 );
  bool b4 = typeid( *aT1 ) == typeid( *aT2 );
}
```

Dabei sollen T1 *und* T2 *unterschiedliche Typen sein.*

Betrachten Sie jede der Anweisungen einzeln.

❑ *welche Anforderungen sind an* T1 *bzw.* T2 *jeweils zu stellen, damit die Anweisung syntaktisch korrekt ist?*

❑ *für eine korrekte Anweisung: wie ist dann die Bedeutung (Semantik) des Vergleichs?*

📖📖 Manuelle Typabfrage vs. virtuelle Funktionen

📖 Manuelle Typabfrage

Die obige Implementierung der Funktion f beinhaltet eine if-else-Kaskade zur Abfrage des dynamischen Typs eines Objekts. Normalerweise verwendet man den so festgestellten Typ weniger zur Ausgabe, als zum Aufruf einer Mitgliedsfunktion. Folgendes Codesegment zeigt eine typische Formulierung:

```
//------------------------------------------------------------------
//         f
//
void f( const Base* obj )
{
  if ( typeid( *obj ) == typeid( A ) )
  {
    const A* ap = static_cast<const A*>( obj );
    ap-> store();
  }

  else if ( typeid( *obj ) == typeid( B ) )
  {
    const B* bp = static_cast<const B*>( obj );
    bp-> store();
  }
}
```

Hier wird davon ausgegangen, dass sowohl A als auch B eine Funktion store deklarieren. Der Programmierer weiß nicht, ob der übergebene Zeiger obj auf ein A- oder B-Objekt zeigt. Damit er die korrekte Funktion aufrufen kann, stellt er den Typ mit Hilfe von typeid fest und führt eine entsprechende Wandlung durch. Innerhalb der if-Abfrage ist der Typ einwandfrei festgestellt, daher ist ein static_cast angemessen.

Beachten Sie bitte, dass

❑ die const-Eigenschaft durch die Wandlung nicht verloren gehen kann. Eine Wandlung wie z.B.

```
A* ap = static_cast<A*>( obj );        // Fehler
```

ist nicht möglich. Die const-Eigenschaft kann nur durch den Operator const_cast entfernt werden.

Als Folge können in A (bzw. B) nur konstante Mitgliedsfunktionen aufgerufen werden. store muss daher konstant deklariert sein.

❏ die Basisklasse keine (abstrakte) Funktion store deklarieren muss. In diesem Beispiel wird keine späte Bindung verwendet, sondern der Programmierer hat die Auswahl der korrekten Funktion zur Laufzeit selber codiert.

❏ Die Klassenhierarchie trotzdem polymorph sein muss, da sonst Operator typeid nicht den dynamischen Typ des Basisklassenzeigers ermitteln kann.

Die Klassenhierarchie aus Base, A und B könnte also z.B. folgendermaßen aussehen:

```
//-------------------------------------------------------------
//        class Base
//
struct Base
{
  virtual ~Base();
};

//-------------------------------------------------------------
//        class A
//
struct A : public Base
{
  void store() const;
};

//-------------------------------------------------------------
//        class B
//
struct B : public Base
{
  void store() const;
};
```

📖 Virtuelle Funktionen

if-else-Kaskaden zur manuellen Typabfrage wie in der Funktion f gezeigt sind schlechter Stil. Das Programm funktioniert zwar wie gewünscht, aber was passiert z.B. wenn im Laufe einer Programmerweiterung eine weitere Ableitung von Base hinzukommt? In einem großen Programm kann man dann leicht einige Stellen vergessen, in denen ein weiterer if-else-Zweig hinzukommen muss. Da der

Compiler hier keine Hilfestellung geben kann, erhält man eine Fehlerquelle ersten Ranges.

Die Aufgabenstellung wird besser mit Hilfe virtueller Funktionen gelöst. Die manuelle Abfrage des Typs kann vollständig entfallen, die gleiche Leistung wird nun durch den Mechanismus des dynamischen Bindens erreicht.

Wir erweitern die Klassenhierarchie also um eine abstrakte Funktion in Base:

```
//---------------------------------------------------------------
//        class Base
//
struct Base
{
  virtual void store() const = 0;

  virtual ~Base();
};
//---------------------------------------------------------------
//        class A
//
struct A : public Base
{
  virtual void store() const;
};
//---------------------------------------------------------------
//        class B
//
struct B : public Base
{
  virtual void store() const;
};
```

Die Funktion f kann nun einfach als

```
//---------------------------------------------------------------
//        f
//
void f( const Base* obj )
{
  obj-> store();
}
```

notiert werden.

Es ist offensichtlich, dass bei Hinzukommen einer weiteren Ableitung von Base keine Änderungen an f durchgeführt werden müssen, damit das Programm korrekt bleibt. Da man normalerweise sehr viele Funktionen in der Art von f in einem Programm hat, liegt der Vorteil auf der Hand.

Operator dynamic_cast

Es gibt allerdings trotzdem einige Situationen, in denen eine (manuelle) Abfrage des dynamischen Typs sinnvoll ist:

❑ die Funktionen heißen in jeder Ableitung anders oder haben andere Parameter oder Rückgabewerte

❑ die Funktion ist in der Basisklasse nicht vorhanden

❑ für die Aufgabenstellung lohnt sich eine virtuelle Funktion nicht.

Wir werden für diese Situationen gleich einige Beispiele angeben.

Für solche (und *nur* solche) Fälle ist die manuelle Typwandlung ausdrücklich angezeigt. Mit den genannten Nachteilen muss man dann allerdings leben. In vielen Fällen aus der Praxis, in denen eine manuelle Abfrage des Typs verwendet wird, wäre ein korrektes Design mit virtuellen Funktionen die bessere Lösung.

Ungleiche Signatur

Virtuelle Funktionen müssen überall gleich deklariert sein, damit dynamische Bindung funktionieren kann. In gewachsenen Systemen, die über viele Jahre gepflegt werden, gibt es manchmal die Situation, dass Polymorphismus benötigt wird, die Funktionen jedoch nicht die passenden Signaturen haben.

Heißt die Funktion zum Zeichnen eines Objekts z.B. nicht draw, sondern zeichne, kann folgende Konstruktion angezeigt sein:

```
//-----------------------------------------------------------
//        f
//
void f( const Base* obj )
{
  if ( typeid( *obj ) == typeid( A ) )
  {
    const A* ap = static_cast<const A*>( obj );
    ap-> draw();
  }

  else if ( typeid( *obj ) == typeid( B ) )
  {
    const B* bp = static_cast<const B*>( obj );
    bp-> zeichne();
  }
}
```

Kann man den Quellcode der Klasse B modifizieren, wäre natürlich die Formulierung als Ableitung von Base sowie das Hinzufügen einer korrekten draw-Funktion die bessere Lösung:

```
//-------------------------------------------------------------
//       class B
//
struct B : public Base
{
  void draw() const;   // neu hinzugefügt

  /* ... weitere Mitglieder ... */
};
```

Beachten Sie bitte, dass es keine Rolle spielt, ob B bereits selber eine Ableitung einer anderen Klasse ist. C++ unterstützt Mehrfachvererbung, so dass man jederzeit (wie in unserem Fall) eine weitere Basisklasse hinzufügen kann[222].

Als Folge der Ableitung von Base muss B nun mit einer draw-Funktion ausgerüstet werden. Da sich draw von zeichne nur durch den Namen unterscheidet, ist die Implementierung trivial:

```
//-------------------------------------------------------------
//       B::draw
//
void B::draw() const
{
  zeichne();
}
```

Nun kann auf die manuelle Typabfrage verzichtet werden.

📖 Information ist in der Basisklasse nicht vorhanden

Ableitungen enthalten oft zusätzliche Mitglieder, die in der Basisklasse nicht vorhanden sind. Eine Klasse Rectangle besitzt vier Eckpunkte, eine Klasse Circle dagegen besitzt einen Mittelpunkt und einen Durchmesser. Diese Daten sind so unterschiedlich, dass man sie nicht in der gemeinsamen Basisklasse Shape anordnen kann.

```
//-------------------------------------------------------------
//       class Shape
//
struct Shape
{
  virtual void draw() const = 0;
};
```

---

222 Dies ist ein weiterer, wesentlicher Grund *für* Mehrfachvererbung. In Java ist z.B. eine solche Konstruktion nicht möglich. Auf der Webseite zum Buch gibt es ein kleines ausgearbeitetes Java-Beispiel, wo diese Tatsache die naheliegende Lösung eines Problems unmöglich macht.

```
//-------------------------------------------------------------------
//        class Rectangle
//
struct Rectangle : public Shape
{
  virtual void draw() const;

  Point mTopLeft, mBottomRight;
};


//-------------------------------------------------------------------
//        class Circle
//
struct Circle: public Shape
{
  virtual void draw() const;

  Point mCenter;
  int   mRadius;
};
```

Die Klasse `Point` ist naheliegend als

```
//-------------------------------------------------------------------
//        class Point
//
struct Point
{
  int x, y;
};
```

definiert. Wie in polymorphen Programmen üblich werden die Objekte in einem Container vom Typ der Basisklassenzeiger gespeichert:

```
Vector<Shape*> picture;   // Kreise und Rechtecke einer Zeichnung
```

Möchte man nun z.B. wissen, welche Rechtecke in der Zeichnung gleiche Seitenlängen haben (also Quadrate sind), kann man Code dieser Art verwenden:

```
//-------------------------------------------------------------------
//        count
//
int count( const vector<Shape*> aContainer )
{
  int result = 0;

  for ( int i=0; i<aContainer.size(); i++ )
  {
    const Shape* shape = aContainer[i];
    if ( typeid( *shape ) != typeid( Rectangle )
      //-- Objekt ist kein Rechteck
      continue;

    const Rectangle* rectangle = static_cast<const Rectangle*>( shape );
    if ( rectangle-> mBottomRight.x - rectangle-> mTopLeft.x
      != rectangle-> mBottomRight.y - rectangle-> mTopLeft.y )
      //-- Seiten sind nicht gleich lang
      continue;

    //-- OK- alle Bedingungen erfüllt
    //
    result++;
  }

  return result;
}
```

Hier werden alle Objekte des Containers daraufhin untersucht, ob sie vom Typ Rectangle sind. Wenn ja, werden ihre Seitenlängen verglichen. Dazu ist eine Typwandlung von der Basisklasse zur Ableitung erforderlich.

Auch in diesem Fall wäre prinzipiell eine Lösung mit Hilfe von virtuellen Funktionen möglich. Man würde dazu Shape mit einer abstrakten Funktion isQuadrat ausrüsten und diese in Rectangle entsprechend implementieren. Der Nachteil ist natürlich, dass diese Funktion auch in Circle (sowie in allen weiteren Ableitungen von Shape) irgendwie implementiert werden müsste, selbst wenn sie dort keine sinnvolle Bedeutung besitzt. Hier überwiegen offensichtlich die Nachteile einer Lösung mit virtuellen Funktionen.

Übung 34-6:

Die Funktion count *enthält eine* for-*Schleife, in der mehrere Bedingungen nacheinander geprüft werden. Die Bedingungen sind „abweisend" formuliert, d.h. wenn eine* if-*Anweisung zutrifft, ist die eigentlich gewünschte Bedingung nicht erreicht.*

Formulieren Sie die Schleife mit „annehmenden" Bedingungen. Welche Form ist besser lesbar? Denken Sie auch an den allgemeinen Fall mit weiteren Bedingungen oder komplizierteren Abfragen.

Übung 34-7:

Die Funktion count *benötigt Zugriff auf die Datenmitglieder von* Rectangle, *die aus diesem Grunde öffentlich deklariert sind. Formulieren Sie* Rectangle *als „korrekte" Klasse, indem Sie die Datenmitglieder privat deklarieren und entsprechende Zugriffsfunktionen zum Lesen der Werte hinzufügen.*

Übung 34-8:

Die Berechnung der Aussage, ob ein Rechteck auch ein Quadrat ist, sollte eine Leistung der Klasse Rectangle *sein (und nicht in der globalen Funktion* count *durchgeführt werden).*

Erweitern Sie Rectangle um eine entsprechende Mitgliedsfunktion is-Quadrat *und formulieren Sie* count *entsprechend um.*

Übung 34-9:

Schreiben Sie eine Funktion count2, *die die Anzahl der Rechtecke und die Anzahl der Kreise feststellt und beide Werte über* cout *ausgibt.*

Operator dynamic_cast

Die letzten Abschnitte haben gezeigt, dass es in einigen Situationen durchaus sinnvoll sein kann, den dynamischen Typ eines Verweises (d.h. Zeiger oder Referenz) zu bestimmen, um Fallunterscheidungen anhand des Typs durchführen zu können. Dabei ist meist auch eine Wandlung von einem Verweis auf die Basisklasse zu einem Verweis der Ableitung erforderlich.

Folgendes Codesegment ist typisch:

```
if ( typeid( *obj ) == typeid( A ) )
{
  const A* ap = static_cast<const A*>( obj );
  ap-> store();
}
```

Die Wandlung mit static_cast ist sicher, da vorher verifiziert wurde, dass das Objekt tatsächlich vom Typ A ist.

Für solche Wandlungen stellt C++ den Operator `dynamic_cast` zur Verfügung. Dieser Operator prüft den dynamischen Typ eines Verweises und führt die Wandlung nur dann aus, wenn sie erlaubt ist. Obiges Codesegment schreibt man daher besser als

```
const A* ap = dynamic_cast<const A*>( obj );
if ( ap )
  ap-> store();
```

Der Wandlungsoperator führt die Wandlung von `Base*` nach `A*` durch, wenn `obj` auf ein `A`-Objekt zeigt, ansonsten liefert er den Nullzeiger[223].

Operator `dynamic_cast` kann auch mit Referenzen verwendet werden. Kann die Wandlung nicht durchgeführt werden, wird eine Ausnahme vom Typ `bad_cast` geworfen[224].

Folgender Code ist typisch:

```
void f( Base& obj )
{
  A& a = dynamic_cast<A&>( obj );
  a.store();
}
```

Hier ist eine Prüfung des Ergebnisses der Wandlung nicht erforderlich, da `dynamic_cast` im Falle des Fehlschlagens eine Ausnahme wirft, und die nächste Anweisung dann nicht ausgeführt wird.

Im Gegensatz zu `typeid` kann `dynamic_cast` nur in polymorphen Situationen angewendet werden. Schreibt man z.B.

```
//-------------------------------------------------------------------
//        class Base
//
struct Base
{
};


//-------------------------------------------------------------------
//        class A
//
struct A : public Base
{
};
```

---

[223] Genau genommen wird eine Wandlung von *const Base** nach *const A** durchgeführt.

[224] Ausnahmebehandlung ist Thema des Kapitels 37.

```
//-------------------------------------------------------------
//        f
//
void f( const Base* obj )
{
   const A* ap = dynamic_cast<const A*>( obj );      // Fehler
}
```

erhält man einen Fehler bei der Übersetzung. Syntaktisch möglich
wäre static_cast:

```
//-------------------------------------------------------------
//        f
//
void f( const Base* obj )
{
   const A* ap = static_cast<const A*>( obj );       // OK
}
```

Allerdings muss nun der Programmierer selber dafür Sorge tragen,
dass obj auch tatsächlich auf ein A-Objekt zeigt. Im Gegensatz zum
polymorphen Fall kann der Compiler hier keine Prüfung durchführen.

Übung 34-10:

Formulieren Sie obige Funktion count *mit Hilfe von* dynamic_cast.

Einige Details zur Klasse type_info

Die wichtigste Mitgliedsfunktion der Klasse type_id ist sicherlich der
Vergleichsoperator. Damit wird der Vergleich dynamischer Typen
möglich. Die anderen Mitgliedsfunktionen sollen hier kurz erwähnt
werden.

Konstruktoren und Zuweisungsoperator

type_info deklariert einen privaten Kopierkonstruktor sowie einen
privaten Zuweisungsoperator. Damit wird das Kopieren eines type_info-Objekts durch den Programmierer effektiv verhindert. Dies
ist so gewünscht, denn Typinformationen sollen nur abgefragt, nicht
aber manipuliert werden können. Anweisungen wie z.B.

```
type_info ti = typeid( double );        // Fehler!
```

sind aus diesem Grunde nicht möglich.

Die Funktion name

Die Funktion name liefert eine lesbare Repräsentation des Typs der zum aktuellen type_info-Objekt gehörenden Klasse. Schreibt man etwa

```
const A a( 2 );
cout << typeid( a ).name() << endl;
```

erhält man als Ergebnis wahrscheinlich const A.

Das Format der Ausgabe wird vom Standard nicht definiert. Unterschiedliche Compiler können für den gleichen Typ unterschiedliche Namen verwenden.

Die Funktion before

Der Compiler definiert eine bestimmte Reihenfolge aller type_info-Objekte in einem Programm. Diese Reihenfolge ist implementierungsabhängig und steht in keinerlei Zusammenhang mit den Eigenschaften der zugehörigen Typen. Insbesondere hängt die Reihenfolge nicht von den Klassennamen oder der Reihenfolge des Aufrufs des typeid-Operators ab.

Die Tatsache, dass die type_info-Objekte geordnet sind, hat trotzdem einige Bedeutung. So können z.B. Suchvorgänge auf geordneten Mengen schneller als auf ungeordneten ablaufen. Über die Mitgliedsfunktion before können nun zwei type_info-Objekte hinsichtlich dieser Ordnung verglichen werden. Die Funktion liefert true, wenn das Argument bezüglich der Ordnung „höher" steht. Die Funktion wird gewöhnlich von Anwendungsprogrammierern selten verwendet.

35 Schablonen

Eine weitere Möglichkeit, Bestehendes wiederzuverwenden bieten Schablonen. Während bei Ableitung bzw. Komposition bereits übersetzter Code wiederverwendet wird, handelt es sich bei Schablonen um die Wiederverwendung von Quellcode.

⊞⊞ Das Problem

Nehmen wir an, wir wollten in einem Programm eine Funktion definieren, die feststellt, ob ein gegebener Wert innerhalb eines vorgegebenen Bereiches liegt. Eine Möglichkeit für ints zeigt folgendes Listing:

```
bool isInRange( int aValue, int aMin, int aMax )
{
  return aValue >= aMin && aValue < aMax;
}
```

Anmerkung: die obere Grenze soll nicht mehr zum gültigen Bereich gehören. Dies entspricht der Art, wie Bereiche in der Standardbibliothek definiert sind.

Prinzipiell kann man diese Funktion auch für Fließkomazahlen aufrufen, allerdings findet dabei dann eine Wandlung der Argument statt. Der Aufruf von

```
isInRange( 2.5, 2.1, 2.7 )
```

führt deshalb zum Ergebnis false und nicht wie vielleicht erwartet zu true.

Als Lösung könnte man die Funktion zusätzlich für doubles überladen:

```
bool isInRange( double aValue, double aMin, double aMax )
{
  return aValue >= aMin && aValue < aMax;
}
```

Nun liefert der Aufruf das korrekte Ergebnis true. Für andere Typen kann jedoch isInRange immer noch nicht aufgerufen werden:

```
FixedArray fr1, fr2, fr3;
bool result = isInRange( fr1, fr2, fr3 );          // Fehler!
```

Die Anweisung führt zu einem Fehler, obwohl für `FixedArray` durchaus die benötigten Vergleichsoperatoren >= und < definiert sind.

Im Endeffekt benötigt man eine eigene Funktion für alle Typen, die als Parameter auftreten können – und dies können viele sein, denn damit `isInRange` korrekt arbeiten kann, ist an den Typ ja nur die Anforderung zu stellen, dass die Operatoren >= und < vorhanden sind.

Ein wichtiger Punkt ist, dass alle diese Funktionen absolut identisch implementiert sind. Der gleiche Quellcode wird in jeder Version der Funktion wiederholt – bei einer Änderung der Implementierung müssen alle Funktionen identisch geändert werden.

Das Konzept hinter den Schablonen ist nun, den Quellcode nur genau ein Mal anzugeben und den Compiler die jeweils benötigten Versionen einer Funktion automatisch generieren zu lassen.

Anders formuliert bieten Schablonen eine Möglichkeit, einen Algorithmus (in der Programmierung: eine Funktion) formulieren zu können, ohne sich bereits auf einen Datentyp festlegen zu müssen. Für eine konkrete Anwendung wird dann ein geeigneter Datentyp hinzugefügt, und man erhält eine lauffähige Version der Funktion, die mit diesem Datentyp arbeitet.

Neben diesen sog. *Funktionsschablonen* (*function templates*) gibt es auch noch *Klassenschablonen* (*class templates*). Sie lösen das gleiche Problem, jedoch für Klassen.

📖📖 Funktionsschablonen

📖 Definition

Wir haben gesehen, dass es sinnvoll ist, Funktionalität wie `isInRange` *generisch* (d.h. typunabhängig) zu formulieren. In C++ definiert man dazu eine *Funktionsschablone* `isInRange` als

```
//-------------------------------------------------------------
//      isInRange<>
//
template<typename T> bool isInRange( T aValue, T aMin, T aMax )
{
    return aValue >= aMin && aValue < aMax;
}
```

Das es sich um eine Schablone und nicht um eine konkrete Funktion handelt, erkennt man an dem vorangestellten Schlüsselwort `templa-te`, gefolgt von den *Schablonenparametern* in spitzen Klammern:

```
template<typename T>
```

Im Kommentarblock überhalb der Definition notieren wir den Unterschied Template/Funktion durch die nachgestellten spitzen Klammern.

Der Schablonenparameter (hier `T`) wird durch das Schlüsselwort `typename` eingeleitet und kann in der nachfolgenden Definition wie ein beliebiger Typ verwendet werden. Hier werden z.B. die Funktionsparameter mit Hilfe von `T` deklariert:

```
bool isInRange( T aValue, T aMin, T aMax )
{
  /* ... */
}
```

Es sind beliebig viele Schablonenparameter möglich. Für die Namen gelten die üblichen Namenskonventionen der Sprache. Folgendes Beispiel zeigt eine Schablone mit zwei Parametern:

```
//-------------------------------------------------------------
//       doIt<>
//
template<typename T1, typename T2> bool doIt( T1 argument1, T2 argument2 )
{
  /* ... */
}
```

Um die Übersichtlichkeit zu erhöhen, trennen wir den template-Teil mit seinen Typparametern vom eigentlichen Funktionsteil ab und schreiben ihn in eine eigene Zeile:

```
//-------------------------------------------------------------
//       doIt<>
//
template<typename T1, typename T2>
void doIt( T1 argument1, T2 argument2 )
{
  /* ... */
}
```

Schablonenparameter können innerhalb der Funktion überall dort verwendet werden, wo konkrete Typen stehen können:

```
//--------------------------------------------------------------------
//          add<>
//
template<typename T>
T add( T lhs, T rhs )
{
  T result = lhs;
  result += rhs;
  return result;
}
```

In diesem Beispiel wird in add eine lokale Variable vom Typ T definiert.

Instanziierung

Durch den obigen Code werden noch keine Funktionen definiert, sondern es wird lediglich dem Compiler eine Vorlage an die Hand gegeben, um eine oder mehrere Funktionen des angegebenen Namens zu generieren.

Der Compiler speichert solche Schablonendefinitionen zunächst intern. Erst wenn im Programm ein Funktionsaufruf übersetzt wird, generiert der Compiler aus der Schablonendefinition eine Funktionsdefinition und übersetzt die resultierende Funktion sofort.

Schreibt man also nun

```
bool b1 = isInRange( 3, 2, 4 );
bool b2 = isInRange( 1.3, 1.2, 1.4 );
bool b3 = isInRange( 2.0, 3.5, 5.0 );
```

erkennt der Compiler, dass als Typ beim ersten Aufruf int und beim zweiten und dritten Aufruf double zu verwenden ist. Er generiert also die Funktionen

```
bool isInRange( int aValue, int aMin, int aMax )
{
  return aValue >= aMin && aValue < aMax;
}

bool isInRange( double aValue, double aMin, double aMax )
{
  return aValue >= aMin && aValue < aMax;
}
```

übersetzt sie sofort und verwendet diese zur Auflösung der Funktionsaufrufe.

Man bezeichnet diesen Prozess der Erzeugung einer geeigneten Funktionsdefinition aus einer Schablonendefinition auch als *Instanziierung der Schablone*. Eine konkrete Funktion, die aus einer Schablone hervorgegangen ist, wird auch als *Instanz der Schablone* bezeichnet[225]. Möchte man den Gegensatz zu „normalen" (expliziten) Funktionen betonen, bezeichnet man aus Funktionsschablonen erzeugte Funktionen auch als *Schablonenfunktionen (template functions)*[226].

Für die Instanziierung gelten bestimmte Regeln, auf die wir später in diesem Kapitel noch zu sprechen kommen. Ganz allgemein gilt jedoch:

❑ Die Instanziierung läuft ab, wenn ein Funktionsaufruf erkannt wird und (noch) keine passende Funktion vorhanden ist.

❑ Für jeden Typ wird die Schablone nur (maximal) ein mal instanziiert. Weitere Aufrufe verwenden eine bereits vorhandene Funktionsinstanz.

❑ Die instanziierten Funktionen überladen sich und haben alle die gleiche Implementierung.

📖 Automatische Erschließung der Schablonenparameter

Der Compiler kann unter bestimmten Umständen die Typen für die Schablonenparameter aus den Aktualparametern beim Funktionsaufruf erschließen.

Mit der Schablone

```
//-------------------------------------------------------------
//      doIt<>
//
template<typename T1, typename T2>
void doIt( T1 argument1, T2 argument2 )
{
   /* ... */
}
```

---

225 Dieser Instanzbegriff darf nicht mit der Instanziierung von Objekten verwechselt werden. Instanziierung bezeichnet ganz allgemein den Vorgang der Erzeugung „einer Instanz" aus einer Vorgabe. Dabei kann es sich um ein Objekt handeln (dann ist die Vorgabe eine Klasse) oder um eine Funktion (dann ist die Vorgabe eine Schablone).

226 Die Begriffe *Funktionsschablone (function template)* und *Schablonenfunktion (template function)* werden in der Praxis häufig verwechselt.

und dem Aufruf

```
doIt( 1, 1.0 );
```

schließt der Compiler auf den Typ `int` für `T1` und `double` für `T2`.
Beim Funktionsaufruf müssen die Typen für `T1` und `T2` deshalb nicht
extra angegeben werden. Dieser Vorgang heißt auch *Automatische
Erschließung von Schablonenparametern* (*automatic template type
deduction*).

Die automatische Erschließung erfordert, dass alle Schablonenparameter auch in der Argumentliste der Funktion verwendet werden.
Schablonenparameter, die nicht als Argumente vorkommen sind zwar
möglich (s.u.), können jedoch nicht automatisch erschlossen werden:

```
template<typename T1, typename T2>
void f( T1 argument1 )
{
  T1 val1;
  T2 val2;

  /* ... */
}
```

Der Aufruf

```
f( 1.0 );                    // Fehler !
```

ist nun fehlerhaft, da der Compiler keinen Typ für `T2` erschließen
kann.

Dies gilt auch dann, wenn `T2` nirgendwo verwendet wird, wie etwa
in dieser Schablone:

```
template<typename T1, typename T2>
bool f( T1 argument1 )
{
  return argument1 > 0 ;
}
```

Die automatische Erschließung von Schablonenparametern ist der
Normalfall für Funktionsschablonen in der Praxis. Für Schablonen wie
z.B. `isInRange` wird der Aufruf dadurch identisch zu einem normalen Funktionsaufruf. Dass der Compiler im Hintergrund mehr tun
muss, als nur einen Sprung zu einem Funktionseintrittspunkt zu codieren, bleibt dem Benutzer der Funktion verborgen.

Der erschlossene Typ eines Schablonenparameters ist nicht unbedingt
iddentisch mit dem Typ, der beim Aufruf verwendet wird. In den o-
bigen Beispielen war dies so - schreibt man jedoch z.B.

```
template<typename T>
void f( T* arg )
{
  /* ... */
}
```

kann die Funktion nur mit Zeigertypen aufgerufen werden. In den Anweisungen

```
void g( A* ap )
{
  f( ap );
}
```

wird f für den Typ A instanziiert, und nicht für A*, wie es der Parameter für die Funktion eigentlich erwarten ließe. Anweisungen wie z.B.

```
f( 5 );          // Fehler!
```

sind daher auch nicht zulässig.

Über die Art der Verwendung des Schablonenparameters kann man also festlegen, für welche Gruppen von Typen eine Schablone instanziierbar sein soll. Im letzten Fall haben wir so erreicht, dass nur Zeigertypen für eine Instanziierung in Frage kommen. Genauso könnte man z.B. eine Schablone schreiben, die nur mit konstanten Typen aufgerufen werden kann.

Explizite Angabe der Schablonenparameter

Möchte man Typen verwenden, die nicht in der Argumentliste vorkommen, muss man die Schablonenparameter explizit angeben. Ein häufiger Fall, wo dies nötig ist, ist die Angabe eines Rückgabetyps einer Funktion. Schreibt man z.B.

```
//-----------------------------------------------------------
//        f<>
//
template<typename T1, typename T2>
T1 f( T2 val )
{
  /* ... */
}
```

kommt Typ T1 nicht in der Parameterliste vor und kann deshalb bei einem Aufruf nicht automatisch erschlossen werden. Für T2 ist dies allerdings möglich. Bei einem Aufruf

```
double d = f<double>( 1 );
```

erhält `T1` explizit den Typ `double` während der Typ für `T2` automatisch als `int` bestimmt wird. Die instanziierte Funktion hat also die Form

```
double f( int val )
{
  /* ... */
}
```

Das Beispiel zeigt, dass Schablonenparameter teilweise explizit angegeben und teilweise automatisch erschlossen werden können. Dabei ist zu beachten, dass die explizite Angabe von links nach rechts fortschreitet, während die automatische Erschließung von rechts nach links arbeitet.

In der folgenden Schablonendefinition wurde die Reihenfolge der Parameter umgedreht:

```
//-------------------------------------------------------------------
//          f<>
//
template<typename T1, typename T2> .
T2 g( T1 val )
{
  /* ... */
}
```

Die Zeile

```
double d = g<double>( 1 );        // Fehler !
```

ergibt nun eine Fehlermeldung bei der Übersetzung. Der erste Schablonenparameter (`T1`) wird explizit auf `double` gesetzt, der zweite (`T2`) kann aber nicht erschlossen werden, weil er nicht in der Parameterliste vorkommt.

Ist für einen Schablonenparameter eine automatische Erschließung möglich, kann trotzdem ein Typ explizit angegeben werden.

Mit obiger Schablone `isInRange` kann man z.B.

```
bool b1 = isInRange( 1, 2, 3 );          // Automatische Erschließung: int
bool b2 = isInRange<double>( 1, 2, 3 );  // Explizite Angabe: double
```

schreiben. Im zweiten Fall wird eine Funktion

```
bool isInRange( double, double, double ) ...
```

instanziiert, obwohl der Aktualparameter beim Funktionsaufruf vom Typ `int` ist. Der Funktionsaufruf kann trotzdem korrekt übersetzt werden, da eine implizite Wandlung von `int` nach `double` möglich ist.

Selbstverständlich ist dies auch bei mehreren Schablonenparametern möglich. Mit obigen Definitionen von `f` und `g` kann man z.B.

```
f<double,int>( 1 );
g<double,int>( 1 );
```

schreiben.

📖 Deklaration und Definition

Bei Funktionsschablonen kann man genauso von Deklaration und Definition sprechen wie bei normalen Funktionen, auch die Syntax ist analog:

```
void f( int );          // Deklaration einer Funktion

template<typename T>
void g( T );            // Deklaration einer Funktionsschablone
```

Wie üblich kann bereits mit der Deklaration ein Aufruf erfolgen:

```
f( 2 );                 // OK
g( 3 );                 // OK
```

Für Schablonen gilt die *one definition rule* nicht. In einem Programm kann es mehrere Definitionen einer Schablone geben. Soll die Schablone in mehreren Übersetzungseinheiten verwendet werden, ist dies sogar erforderlich: die vollständige Definition der Schablone muss in jeder Übersetzungseinheit vorhanden sein. Die Sprache definiert zwar das Schlüsselwort `export`, mit dem das einmal nicht mehr erforderlich sein wird, mit heutigem Stand unterstützt jedoch noch kein Compiler dieses Schlüsselwort. Wir kommen weiter unten noch einmal auf das Thema zurück.

📖 Spezialisierung

Die vom Compiler aus einer Schablone instanziierten Funktionen haben alle die gleiche Implementierung, lediglich die verwendeten Typen in dieser „Funktionsfamilie" sind anders. Es gibt jedoch manchmal die Notwendigkeit, für ganz bestimmte Typen eine andere Implementierung zu wählen.

Betrachten wir dazu noch einmal die Schablone `isInRange`:

```
//------------------------------------------------------------------
//        isInRange<>
//
template<typename T>
bool isInRange( T aValue, T aMin, T aMax )
{
  return aValue >= aMin && aValue < aMax;
}
```

Zur Bestimmung des Ergebnisses werden die Operatoren >= und <
verwendet. Aufrufe für numerische Typen sind damit wohldefiniert
und liefern das erwartete Ergebnis:

```
bool b1 = isInRange( 3, 2, 4 );                     // true
bool b2 = isInRange( 1.3, 1.2, 1.4 );               // true
```

Dagegen liefert die Anweisung

```
bool b3 = isInRange( "aaa", "bbb", "ccc" );         // ???
```

nicht unbedingt das gewünschte Ergebnis. Ein Anwender würde auch
hier `true` erwarten, da bbb lexikografisch zwischen aaa und ccc
liegt.

Der Compiler erschließt auch hier die Schablonenparameter: die Zei-
chenkettenliterale haben den Typ `const char*`[227], die generierte
Funktion hat daher die Form

```
bool isInRange( const char* aValue, const char* aMin, const char* aMax );
```

Dadurch werden aber die Adressen der Zeichenketten verglichen,
nicht die Zeichenketten selber.

Um dies zu vermeiden geben wir eine Implementierung für den Typ
`const char*` explizit an:

```
template<>
bool isInRange( const char* aValue, const char* aMin, const char* aMax )
{
  return strcmp( aValue, aMin ) >= 0 && strcmp( aValue, aMax ) < 0;
}
```

---

[227] Dies wurde erst relativ spät im Standardisierungsprozess so festgelegt. In C ist
der Typ dagegen *char**, und so implementieren es auch heute noch einige
Compiler (z.B. MSVC). Hier muss die Spezialisierung daher für *char** und nicht
für *const char** erfolgen (sic!)

Die Implementierung verwendet die Bibliotheksfunktion `strcmp`, die zwei Zeichenketten lexikografisch vergleicht. Je nach Ergebnis liefert die Funktion einen Wert kleiner, gleich oder größer 0.

Schreibt man nun

```
bool b3 = isInRange( "aaa", "bbb", "ccc" );              // true
```

erkennt der Compiler, dass für den erforderlichen Typ eine Spezialisierung vorhanden ist und instanziiert deshalb keine neue Funktion aus der (generellen) Schablone, sondern aus der Spezialisierung.

Bei dieser Art der Spezialisierung wird eine (andere) Implementierung der Schablone für *einen speziellen* Typ angegeben. Da die Implementierung für einen genau spezifizierten Typ erfolgt, spricht man auch von einer *Expliziten Spezialisierung (explicit specialization)*. Darüber hinaus gibt es auch noch eine *Partielle Spezialisierung (partial specialization)*, die jedoch nicht für Funktionsschablonen (sondern nur für Klasseschablonen, s.u.) möglich ist. Im Zusammenhang mit Funktionen bedeutet „Spezialisierung" daher formal immer „Explizite Spezialisierung".

Beachten Sie bitte, dass eine Spezialisierung zumindest deklariert sein muss, bevor die erste Instanziierung einer Schablone für den betreffenden Typ stattfindet. Ist dies nicht der Fall, wird die Instanziierung „ganz normal" mit der generellen Schablone durchgeführt, die Definition der Spezialisierung führt dann zu einem Fehler bei der Übersetzung.

Beispiel: Schreibt man

```
//-------------------------------------------------------------
//        isInRange<>
//
template<typename T>
bool isInRange( T aValue, T aMin, T aMax )
{
   return aValue >= aMin && aValue < aMax;
}


//-------------------------------------------------------------
//        f
//
void f()
{
   bool b = isInRange( "aaa", "bbb", "ccc" ); // ???
}
```

```
//-------------------------------------------------------------------
//        isInRange<const char*>
//
template<>
bool isInRange( const char* aValue, const char* aMin, const char* aMax )
{
  return strcmp( aValue, aMin ) >= 0 && strcmp( aValue, aMax ) < 0;
}
```

verwendet der Aufruf von `isInRange` in `f` nicht die Spezialisierung, sondern die generelle Schablone. Die im Quelltext nachfolgende Spezialisierung bleibt unberücksichtigt.

📖 Überladen

Schablonen können genau wie Funktionen überladen werden. Kommen mehrere Schablonen in Betracht, wird genau wie bei Funktionen über die Parameterliste bestimmt, welche Schablone in Frage kommt.

Im folgenden Codesegment werden zwei Schablonen mit dem Namen `f` deklariert, die sich überladen:

```
template<typename T>
void f( T );                            // #1

template<typename T>
void f( T, int );                       // #2
```

Schreibt man nun

```
f( 5 );                                 // instanziiert f(int)
```

wird Schablone #1 verwendet, bei der Anweisung

```
f( 3, 5 );                              // instanziiert f(int, int)
```

dagegen Version #2.

Beachten Sie bitte, dass bei den Schablonenparametern keine Typkonvertierung stattfindet, bei fest angegebenen Parametertypen jedoch schon. Die Anweisung

```
f( 3.0, 5 );                            // instanziiert f(double, int)
```

verwendet Variante #2, hier wird `T` zu double instanziiert. Im Falle

```
f( 3.0, 5.0 );                          // instanziiert f(double, int)
```

wird die gleiche Instanz verwendet und der zweite Parameter wird implizit von `double` nach `int` konvertiert.

Übung 35-1:

Was passiert bei der Anweisung

```
f( "text1", "text2" );
```

📖 Partielle Ordnung von Schablonenvarianten

Die Auflösung von überladenen Schablonen ist nicht immer so eindeutig wie in dem Beispiel aus dem letzten Abschnitt. Schreibt man z.B.

```
template<typename T>
void f( T );                          // #1

template<typename T>
void f( T* );                         // #2
```

kommen in dem Codesegment

```
void g( A* p )
{
  f( p );                             // ???
}
```

prinzipiell beide Varianten in Frage:

❑ für Variante #1 würde eine Funktion f(A*) instanziiert. Dies wäre der Standardfall, T entspricht hier dem Typ des Arguments, also A*.

❑ für Variante #2 würde ebenfalls eine Funktion f(A*) instanziiert. Da das Argument ein Zeigertyp ist, kommt diese Variante ebenfalls in Frage, T entspricht hier dem Typ A.

Übung 35-2:

Wie sieht diese Überlegung im Falle der Anweisung

```
f( 5 );
```

aus?

Die beiden in Frage kommenden Schablonen können (und werden in der Praxis auch) natürlich unterschiedliche Implementierungen besitzen.

Die Situation ist jedoch trotzdem nicht mehrdeutig, da für Schablonen eine besondere Regel gilt: die sog. *Meist Spezifizierte Variante* (*most specified version*) gewinnt. In unserem Fall ist dies Variante #2, da der Ausdruck T* „höher spezifiziert" als das T aus Variante #1 ist. Für obige Anweisung wird also Schablone #2 verwendet.

Die Auflösung der Mehrdeutigkeit beruht also auf der Tatsache, dass es allgemeinere und speziellere Gruppen von Typen gibt. Die Gruppe aller möglichen Zeigertypen ist sicher kleiner als die Gruppe aller insgesamt möglichen Typen – Zeigertypen sind deshalb speziellere Typen (*more specialized types*) als allgemeine Typen.

Insgesamt lassen sich auf Grund dieser Regel die in Frage kommenden Schablonen gewichten: die Kandidaten stehen nicht wie beim Überladen von Funktionen alle gleichwertig nebeneinander, sondern bilden eine Reihenfolge oder *Ordnung*. Die Ordnung ist jedoch nur partiell, da es durchaus auch Situationen geben kann, in denen mehrere Varianten gleich hoch spezialisiert sind. In einem solchen Fall gibt der Compiler eine Fehlermeldung aus, da die Auswahl einer Variante auf Grund der Gewichtung dann natürlich nicht möglich ist.

Insgesamt bilden also alle Schablonen, die sich überladen, eine (partielle) Ordnung an Hand der Höhe ihrer Spezialisierung. Man spricht daher umgangssprachlich auch davon, dass eine Variante „mehr spezialisiert" als eine andere Variante ist, obwohl dies formal nicht korrekt ist. Es handelt sich ja nicht um Spezialisierungen der gleichen Schablone (s.o.) sondern um unabhängige Schablonen, die sich überladen.

Die genauen Regeln, wie der Grad der Spezialisierung festzustellen ist, sind komplex und sollen hier nicht weiter erörtert werden. In der Praxis sollte man wenn möglich auf solche schwierigen Konstruktionen verzichten – der Nachfolger im Projekt wird es danken. Auf der anderen Seite gibt es Anwendungsfälle (z.B. bestimmte Bibliotheken), in denen die partielle Ordnung von Schablonen eine große Rolle spielt. An diesem Beispiel wird wieder der Unterschied zwischen einer *Anwendungsentwicklung* und einer *Bibliotheksentwicklung* deutlich: Während in einem Anwendungsprojekt meist eine (größere) Anzahl durchschnittlicher Programmierer arbeiten, wird eine Bibliothek in der Regel von einer Handvoll Spezialisten entwickelt. Wichtig ist, dass die Sprache für beide Szenarien die angemessenen Sprachmittel bereitstellt. Wer jedoch nach einem zweiwöchigen Kurs glaubt, eine korrekte Schablonenhierarchie in seinem Projekt zu benötigen und managen zu können, wird wahrscheinlich Schiffbruch erleiden.

Ein in der Praxis häufiger (und relativ einfacher) Fall ist, dass man eine Schablone für Zeiger anders implementieren muss als für nicht-Zeigertypen. Ein Beispiel für diese Notwendigkeit bietet wieder unsere Schablone isInRange. Für „normale" (nicht-Zeigertypen) haben wir sie ja als

```
template<typename T>
bool isInRange( T aValue, T aMin, T aMax )
{
   return aValue >= aMin && aValue < aMax;
}
```

implementiert. Soll die Schablone auch für Zeigertypen verwendet werden können, wäre das Ergebnis wahrscheinlich unerwartet: Es würden die Werte der Zeiger miteinander verglichen, nicht die Objekte selber.

Um im Falle von Zeigern eine korrekte Funktionsweise zu garantieren, geben wir eine weitere Schablone an, die die erste überlädt:

```
template<typename T>
bool isInRange( T* aValue, T* aMin, T* aMax )
{
   return *aValue >= *aMin && *aValue < *aMax;
}
```

Durch die Wahl der Argumente als `T*` ist sichergestellt, dass diese Schablone nur für Zeigertypen in Frage kommt. In der Implementierung werden daher die Zeiger dereferenziert, bevor der Vergleich durchgeführt wird.

Schreibt man nun z.B.

```
struct A {};
...
bool g( A* p1, A* p2, A* p3 )
{
   return isInRange( p1, p2, p3 );
}
```

wird die zweite Schablonenvariante verwendet.

In dieser Form wird man allerdings einen Übersetzungsfehler erhalten, da für die Klasse A die relationalen Operatoren `>=` und `<` nicht definiert sind. Diese werden in der Schablonendefinition gebraucht und müssen spätestens bei der Instanziierung für einen konkreten Typ vorhanden sein.

Übung 35-3:

Erweitern Sie den Code mit den benötigten Vergleichsoperatoren >= und < für A. *Sollen diese Operatoren als Mitgliedsfunktionen oder als globale Funktionen ausgeführt werden?*

Eine weitere (analoge) Unterscheidung ist manchmal für konstante und nicht-konstante Typen sinnvoll – nämlich dann, wenn für konstante Typen ein anderer (effizienterer) Algorithmus möglich ist. Viele Abläufe können einfacher formuliert werden, wenn man weiß, dass sich die Daten während des Verfahrens (z.B. durch einen anderen Thread) nicht ändern können. Die Möglichkeit zur Angabe einer speziellen Schablone für konstante Typen ermöglicht dies, wenn es erforderlich sein sollte.

Übung 35-4:

Erstellen Sie die Ordnung anhand des Grades der Spezialisierung der folgenden drei Varianten der Schablone f, *wenn der Aufruf*

- *mit einem Typ* double

- *mit einem Zeiger des Typs* const int*

erfolgt:

```
template<typename T>
void ( T );

template<typename T>
void ( T* );

template<typename T>
void ( const T* );
```

Explizite Funktionen

Parallel zu Schablonen (inclusive ihren Spezialisierungen) können auch noch „normale" (explizite) Funktionen gleichen Namens existieren. Neben der Schablone

```
template<typename T>
void f( T );                          // #1
```

kann es z.B. noch Funktionen der Art

```
void f( int );                      // #2
int f( double );                    // #3
void f( int, boolean );             // #4
```

geben. Bevor der Compiler die Schablone instanziiert, prüft er zunächst, ob es eine genau passende explizite Funktion gibt. Wenn ja, wird diese verwendet und die Schablone wird nicht instanziiert.

Schreibt man also

```
f( 5 );                             // verwendet #2
```

wird nicht die Schablone #1 instanziiert, sondern es wird die explizite Funktion #2 verwendet.

Ein wichtiger Punkt ist, dass die Funktion „genau passen" muss, d.h. es sind keinerlei Typwandlungen der Parameter erlaubt. Dies wird z.B. bei der Anweisung

```
f( 5l );                            // instanziiert #1
```

deutlich: Das Argument ist vom Typ `long`, und obwohl eine implizite Wandlung von `long` nach `int` möglich ist, wird nicht die explizite Funktion #2 verwendet, sondern der Compiler instanziiert Schablone #1 für den Typ `long`.

📖 Namensauflösung

In einer Anweisung der Art

```
f( 5 );
```

muss der Compiler die letztendlich aufzurufenden Funktion aus einer Reihe von Möglichkeiten bestimmen. Insgesamt müssen die folgenden Möglichkeiten berücksichtigt werden:

❑ Schablonen. Es kann eine oder mehrere Schablonen mit dem Namen `f` geben, die sich überladen.

❑ Explizite Spezialisierungen der in Frage kommenden Schablone(n).

❑ Explizit vorhanden Funktionen. Es kann ein- oder mehrere Funktionen mit dem Namen `f` geben, die sich wie üblich überladen.

Ganz allgemein verwendet der Compiler folgende Regeln, um bei einem Funktionsaufruf eine passende Funktion zu finden:

❑ Falls eine explizite Funktion vorhanden ist, die genau passt (d.h. ohne dass eine Wandlung von Parametern notwendig ist), wird diese verwendet.

❑ Andernfalls: Falls eine explizite Spezialisierung einer Schablone vorhanden ist, die genau passt, wird diese verwendet.

❑ Andernfalls: Falls es genau eine Schablone gibt, die instanziiert werden kann, so dass die instanziierte Funktion genau passt, wird die Schablone instanziiert (sofern noch nicht geschehen) und die daraus generierte Funktion verwendet.

❑ Andernfalls: Falls es mehrere überladene Schablonen gibt, wird eine Ordnung der Varianten berechnet. Führt dies zu einer Schablone, die mehr spezialisiert als alle anderen Varianten ist, wird diese Schablone instanziiert (sofern noch nicht geschehen) und die daraus generierte Funktion verwendet.

Ist keine der überladenen Schablonenvarianten mehr spezialisiert als alle anderen, ist die Anweisung mehrdeutig und führt zu einem Syntaxfehler.

❑ Andernfalls: Es wird noch einmal die Menge der expliziten Funktionen betrachtet. Der Compiler versucht, diejenige Funktion zu finden, die mit den wenigsten Typwandlungen auskommt. Auch hier wird also wieder eine Ordnung gebildet, diesmal jedoch nach dem Kriterium, wie „gut" die Parameter passen[228]. Führt dies zu einer Funktion, die besser passt, als alle anderen, wird diese verwendet.

Passt keine der Varianten besser als alle anderen, ist die Anweisung mehrdeutig und führt zu einem Syntaxfehler.

Beachten Sie bitte, dass dieser letzte Schritt nur dann ausgeführt wird, wenn keine Schablonen (und somit auch keine Spezialisierungen) vorhanden sind.

---

[228] Die genauen Regeln sind deutlich komplizierter, insbesondere auch deshalb, weil nicht alle Typwandlungen gleichberechtigt sind und deshalb verschieden zur „Passform" einer Funktion beitragen. Die Regeln sind aber immer so, dass „das Offensichtliche" passiert. Dies folgt aus dem *principle of least surprise* (zu deutsch etwa: *Prinzip der kleinsten Überraschung*), das besagt, dass im Zweifelsfall immer das Erwartete passieren soll.

Diese Regeln erweitern die bereits für (überladene) Funktionen bekannten Regeln für den Fall, dass Schablonen oder Spezialisierungen von Schablonen vorhanden sind. Die Regeln erscheinen auf den ersten Blick kompliziert, sind jedoch logisch und werden nach etwas Übung schnell verständlich.

Beachten Sie bitte die Analogie zwischen *überladenen Funktionsschablonen* und *überladenen Funktionen*:

❏ *Schablonen* überladen sich, wenn mehrere Schablonen mit dem gleichen Namen, jedoch unterschiedlichen Parameterlisten vorhanden sind.

Anhand des gegebenen Typs (bzw. Typen, wenn es mehrere sind) bei der Instanziierung versucht der Compiler, die verschiedenen Varianten nach dem Grad ihrer Spezialisierung zu ordnen. Der Compiler wählt diejenige Variante mit der größten Spezialisierung aus. Das Kriterium ist hier also der Grad der Spezialisierung.

❏ *Funktionen* überladen sich, wenn mehrere Funktionen mit dem gleichen Namen, jedoch unterschiedlichen Parameterlisten vorhanden sind – dies ist soweit identisch zu den Schablonen.

Anhand des gegebenen Typs (bzw. Typen, wenn es mehrere sind) beim Aufruf bestimmt der Compiler diejenige Variante, die mit den wenigsten Typwandlungen auskommt. Das Kriterium ist hier (vereinfacht gesagt) also der Grad der Übereinstimmung der Parameter.

📖 Statische Variable

Funktionsschablonen können statische Variablen definieren. Man kann z.B. ohne weiteres

```
template<typename T>
void f( T arg1, T arg2 )
{
  static int i;
  static T t;

  /* ... */
}
```

schreiben. Nun erhält jede Instanziierung von f einen eigenen Satz statische Variablen – genau so, als wenn man die Funktionen für unterschiedliche Typen manuell notiert hätte, wie hier am Beispiel für die Typen int und double gezeigt:

```
void f( int arg1, int arg2 )
{
  static int i;
  static int t;

  /* ... */
}


void f( double arg1, double arg2 )
{
  static int i;
  static double t;

  /* ... */
}
```

Beachten Sie bitte, dass statische Variable, die (wie in unserem Beispiel) nicht explizit initialisiert werden, implizit mit 0 (für fundamentale Typen) bzw. mit dem Standardkonstruktor (im Falle von Klassen)
initialisiert werden. Wenn T also eine Klasse ist, muss diese einen
Standardkonstruktor besitzen.

📖 Mitgliedsschablonen

Funktionsschablonen können auch als Mitglieder von Klassen formuliert werden. Sie werden dann als *Mitglieds-Funktionsschablonen*
(*member function templates*) oder einfach als *Mitgliedsschablonen*
(*member templates*) bezeichnet.
In der folgenden Klassendefinition sind zwei Schablonen definiert:

```
//---------------------------------------------------------------
//          A
//
struct A
{
  template<typename T>
  void f( T );

  template<typename T>
  void g( T );
};
```

Die Funktionen können wie üblich instanziiert werden:

```
A a;
a.f( 5 );                  // Instanziierung von f für int
a.f( 5.0 );                // Instanziierung von f für double
a.g( "asdf" );             // Instanziierung von g für const char*
```

Die Schablone f wird zwei mal instanziiert: die Klasse A besitzt nun
zwei Mitgliedsfunktionen f, die sich überladen.

Die Schablonen f und g sind völlig unabhängig. Der Parameter hat zwar für beide den gleichen Namen (T), der Gültigkeitsbereich des Parameters ist jedoch auf die jeweilige Funktion beschränkt.

Die Syntax für die Funktionsdefinition ist identisch wie für nicht-Mitgliedsfunktionen, im Falle von Klassen kommt lediglich der Klassenspezifizierer dazu:

```
template<typename T>
void A::f( T )
{
    /* ... */
}
```

Mitgliedsschablonen können nicht virtuell sein. Dies wird klar, wenn man sich überlegt, wie die vtbl für A aussehen müsste: Zur Übersetzungszeit der Klasse A (und eventueller Ableitungen oder Basisklassen) könnte diese noch gar nicht angelegt werden, da es noch keine Mitgliedsfunktionen gibt. Diese entstehen ja erst, wenn die Funktionsschablonen f bzw. g instanziiert werden. Für jede dieser potentiellen Instanziierungen müsste ein Eintrag in der vtbl reserviert werden, was natürlich für beliebige Instanziierungstypen unmöglich ist.

Hinzu kommt das Problem der Signatur: In unserem Beispiel würde die Signatur der virtuellen Funktion vom Instanziierungstyp abhängen. Es wäre (zur Übersetzungszeit der Klasse) unmöglich zu bestimmen, ob z.B. die Schablone f aus A eine Funktion f(int) aus einer Basisklasse überlädt, oder nicht.

📖 Funktionsschablonen und Makros

Nach dem bisher Gesagten ist klar, dass zwischen Funktionsschablonen und Präprozessor-Makros ein gewisser Zusammenhang besteht. In beiden Fällen wird Information zunächst compilerintern gespeichert und dann ein- oder mehrfach (manchmal evtl. auch gar nicht) in ein Programm eingesetzt. In der Tat gibt es eine Standardmethode aus der Zeit, als C++ noch keine Schablonen hatte, um die Funktionalität, die einfache Schablonen bieten, mit Makros zu simulieren.

Funktionsmakros werden auch heute noch manchmal zur generischen (d.h. typunabhängigen) Formulierung von Funktionalität verwendet. Es ist z.B. nicht ungewöhnlich, in aktuellem Code Makros der Form

```
#define isInRange( aValue, aMin, aMax )  (aValue) >= (aMin) && (aValue) < (aMax)
```

zu finden.

Die Verwendung scheint auf den ersten Blick identisch zu der der Schablonenversion zu sein:

```
bool result = isInRange( 5, 3, 8 );          // Makro isInRange
```

Es gibt jedoch einige gravierende Unterschiede zwischen Makros und Schablonen. Der wichtigste Unterschied, aus dem die anderen Implikationen folgen ist, dass Makros durch den Präprozessor ohne Beachtung irgendeines Kontextes durch ihren zugeordneten Text ersetzt werden. Erst das Ergebnis wird in einem zweiten Schritt durch den Compiler übersetzt.

Die folgende Aufzählung zeigt eine Zusammenfassung:

❑ Die Parameter eines Makros können evtl. mehrfach ausgewertet werden. Welchen Wert hat z.B. i nach den Anweisungen

```
int i=0;
bool result = isInRange( i++, 5, 7 );        // ???
```

bzw. nach den Anweisungen

```
int i=0;
bool result = isInRange( i++, -1, 1 );       // ???
```

Das Ergebnis ist für jemanden, der einen Funktionsaufruf erwartet, zumindest unerwartet.

❑ Die Ersetzung von Makros findet (mit Ausnahme von Kommentaren) überall statt. Gültigkeitsbereiche, Bindung, Blöcke etc. werden nicht berücksichtigt.

❑ Die Anweisungen

```
bool g( A* p1, A* p2, A* p3 )
{
   return isInRange( p1, p2, p3 );
}
```

übersetzen mit der Makroversion genauso falsch wie mit der Schablonenversion. Bei Schablonen kann der Programmierer allerdings eine weitere Variante (z.B. in Form einer Spezialisierung) angeben, die das richtige Verhalten implementiert (bzw. zumindest eine Meldung ausgibt o.ä. wenn ein solcher falscher Aufruf durchgeführt wird). Mit Makros hat man hier keine Chance.

Selbstverständlich ist mit Makros auch kein Überladen möglich.

❑ Makros werden grundsätzlich „inline" eingesetzt. Dies wird manchmal als Vorteil gesehen, da keine Parameterübergabe an eine Funktion erfolgen muss. In C++ kann die gleiche Effizienz durch die Deklaration als inline erreicht werden, die selbstverständlich auch für Schablonen möglich ist.

In der Tat würde man einen Einzeiler wie isInRange immer inline deklarieren:

```
template<typename T>
inline bool isInRange( T aValue, T aMin, T aMax )
{
   return aValue >= aMin && aValue < aMax;
}
```

❑ Makros können nicht mit Typen arbeiten. In einer Schablone können die Schablonenparameter überall dort verwendet werden, an denen ein Typbezeichner stehen kann. In folgendem Codesegment wird z.B. eine Variable definiert:

```
template<typename T>
void f( T val1, T val2 )
{
   T summe = val1 + val2;
   /* ... */
}
```

Auch dies ist mit Makros nicht möglich.

❑ Bei Makros kann bei Bedarf eine Typwandlung der Parameter stattfinden. So ist z.B. die Anweisung

```
bool result = isInRange( 1, 2, 3.5 );          // Mit Makrovesion OK
```

mit der Makroversion möglich, da das Makro zum Ausdruck

```
(1) >= (2) && (1) < (3.5)
```

führt. Der Vergleich eines int mit einem double ist erlaubt: das int wird dazu zunächst in ein double gewandelt.

Mit der Schablonenversion ist die Anweisung ein Fehler, da keine Konvertierung der Parameter stattfinden kann: bei der Deklaration

```
template<typename T>
bool isInRange( T, T, T );          // Aufruf mit gleichen Typen
```

müssen beim Aufruf alle drei Parameter vom exakt gleichen Typ sein.

Es sind Situationen denkbar, in denen der Designer einer Funktion sicherstellen möchte, dass der Aufruf nur mit gleichen Typen erfolgen kann. Trotzdem ist natürlich auch mit Schablonen die Flexibilität von Makros möglich: man muss lediglich für jeden Funktionsparameter jeweils einen eigenen Schablonenparameter vorsehen:

```
template<typename T1, typename T2, typename T3>
bool isInRange( T1, T2, T3 );                    // Aufruf mit beliebigen Typen
```

Übung 35-5:

In vielen Bibliotheken finden sich die Makros min *und* max, *die wie folgt implementiert sind:*

```
#define max(a,b)    (((a) > (b)) ? (a) : (b))
#define min(a,b)    (((a) < (b)) ? (a) : (b))
```

Was bedeutet dies für folgendes Codesegment in Ihrem Anwendungsprogramm:

```
void calcAllWeights()
{
  int max = 0;   // erhält das höchste vorkommende Gewicht
  int min = 0;   // erhält das kleinste vorkommende Gewicht

  /* ... Berechnung von min und max ... */
}
```

📖📖 Klassenschablonen

Neben Funktionen bilden Klassen die zweite große Gruppe von Konstruktionen, die mit Hilfe von Schablonen parametrisiert werden können. Für Klassen gelten prinzipiell die gleichen Regeln wie für Funktionen, allerdings gibt es einige Unterschiede. So gibt es für Klassenschablonen z.B. keine automatische Erschließung der Schablonenparameter, da Klassen im Gegensatz zu Funktionen keine Parameter besitzen, aus denen eine Erschließung möglich wäre. Ein weiterer Unterschied ist, dass Klassen nicht wie Funktionen überladen werden können, analog gibt es auch kein Überladen für Klassenschablonen. Allerdings gibt es zum Ausgleich die sog. partielle Spezialisierung, mit der man die gleichen Ergebnisse auch für Klassenschablonen erreichen kann.

📖 Ein Beispiel

Schreibt man z.B.

```
//--------------------------------------------------------------
//        A<>
//
template<typename T>
struct A
{
  A();
  A( T, T );

  T mValue1, mValue2;
  bool isAllZero() const;
};
```

ist `A` eine *Klassenschablone*. In der Dokumentation (hier also z.B. im Kommentarblock überhalb der Klassendefinition) notieren wir dies durch die beiden spitzen Klammern.

📖 Instanziierung

Analog wie bei Funktionsschablonen hat man damit jedoch noch keine Klasse, sondern nur eine Vorlage definiert, aus der durch Angabe eines Typs für `T` eine Klasse instanziiert werden kann. Im Gegensatz zu Funktionen muss bei Klassenschablonen jedoch der Typ zur Instanziierung immer explizit angegeben werden. Die generiert Klasse heißt *Instanz der (Klassen-)Schablone*, auch hier spricht man – wenn man den Unterschied zu explizit definierten Klassen betonen möchte – von *Schablonenklassen (template classes)*[229].

Die folgende Anweisung instanziiert `A` für die Typen `int` und `double` und definiert auch gleich zwei Objekte der instanziierten Klassen:

```
A<int>      ai;  // Instanziierung für int
A<double>   ad;  // Instanziierung für double
```

Folgendes Listing zeigt (theoretisch) die Instanziierung für `int`:

```
struct A           // Instanziierung für Typ int (Beispiel)
{
  A();
  A( int, int );

  int mValue1, mValue2;
  bool isAllZero() const;
};
```

---

229 Analog wie im Fall bei Funktionen sind auch hier die Begriffe schwierig: *Klassenschablonen* (*class templates*) sind von *Schablonenklassen* (*template classes*) zu unterscheiden.

Analog sieht die Instanziierung für den Typ `double` aus:

```
struct A          // Instanziierung für Typ double (Beispiel)
{
  A();
  A( double, double );

  double mValue1, mValue2;
  bool isAllZero() const;
};
```

Da Klassen nicht wie Funktionen überladen werden können, sind diese beiden Instanziierungen vom Namen her so nicht möglich: es würde zwei Klassen mit dem Namen A geben, und dies ist nach der *one definition rule* nicht erlaubt.

Bei der Instanziierung muss der Compiler also dafür Sorge tragen, dass die unterschiedlichen Instanziierungen unterschiedliche Namen erhalten. Dazu wird der Compiler den Typ, der für die Instanziierung verwendet wird, mit im Namen der generierten Klasse codieren. Die Wahl geeigneter Namen sowie die Buchführung darüber ist Aufgabe des Compilers und läuft vollständig transparent ab, so dass wir hier nicht näher darauf eingehen.

📖 Mitgliedsfunktionen

Mitgliedsfunktionen einer Klassenschablone sind automatisch Funktionsschablonen. Die Klassenschablone

```
//-------------------------------------------------------------------
//        A<>
//
template<typename T>
struct A
{
  A();
  A( T, T );

  T mValue1, mValue2;
  bool isAllZero() const;
};
```

deklariert drei Mitgliedsfunktionen: die beiden Konstruktoren und die Funktion `isAllZero`. Alle drei sind nun bereits als Funktionsschablonen deklariert und müssen noch definiert werden:

```
//-------------------------------------------------------------
//        ctor
//
template<typename T>
A<T>::A()
{}
```

```
//---------------------------------------------------------------
//        ctor
//
template<typename T>
A<T>::A( T aValue1, T aValue2 )
  : mValue1( aValue1 )
  , mValue2( aValue2 )
{}

//---------------------------------------------------------------
//        isAllZero
//
template<typename T>
inline bool A<T>::isAllZero() const
{
  return mValue1 == 0 && mValue2 == 0;
}
```

Die zugegebenermaßen langen Funktionsköpfe lassen sich leicht aufschlüsseln:

❑ Jede Funktionsschablone beginnt mit dem Schlüsselwort `template`, gefolgt von den Schablonenparametern in spitzen Klammern. Die Schablonenparameter für eine Mitgliedsfunktion sind natürlich die gleichen wie die der zugehörigen Klassenschablone. Die Definition aller Mitgliedsfunktionen unserer Schablone `A` beginnt daher mit `template<typename T>`.

❑ Danach folgt der (gewöhnliche) Funktionskopf der Mitgliedsfunktion. Dabei ist jedoch zu beachten, dass der Klassenname mit den Schablonentypen anzugeben ist. Für unsere Klasse ist dies also `A<T>`. Damit ergibt sich für den Funktionsnamen eines Konstruktors z.B.

```
A<T>::A
```

und für die Mitgliedsfunktion `isAllZero`

```
A<T>::isAllZero
```

❑ Rückgabetyp, Funktionsparameter und sonstige Modifizierer (`inline`, `const`) stehen an ihren gewohnten Stellen.

Übung 35-6:

*Was folgt aus der obigen Implementierung der drei Mitgliedsfunktio-
nen für die Typen, mit denen die Schablone instanziiert werden kann?
Überlegen Sie dazu, wie die Instanziierung für gegebene Typen konkret aussieht und entscheiden daraus, unter welchen Bedingungen die
generierten Anweisungen gültiger C++ Code ist.*

Instanziierung – Teil II

Bei der Instanziierung einer Klassenschablone ist es *nicht* erforderlich, dass auch sofort alle Mitgliedsfunktionen generiert werden.
Schreibt man also

```
A<int> ai( 1, 2 );
```

sollten nur die Klassendefinition mit den zwei Datenmitgliedern sowie der passende Konstruktor instanziiert werden. Die anderen beiden Mitgliedsfunktionen werden in dieser Anweisung (noch) nicht
benötigt und deshalb (noch) nicht instanziiert. Es gibt also derzeit
z.B. noch keine Funktion A<int>::isAllZero.

Es reicht natürlich aus, wenn eine Mitgliedsfunktion dann instanziiert
wird, wenn sie auch benötigt wird. Wird eine Funktion im Programm
überhaupt nicht aufgerufen, wird auch kein Code generiert. Daraus
folgt, dass nicht unbedingt alle Mitgliedsfunktionen einer Klasse auch
im Objektmodul zu finden sind, wenn die Klasse aus einer Schablone
erzeugt wurde.

Diese Eigenschaft des Instanziierungsvorganges bei Klassen ist auf
den ersten Blick nicht unbedingt einsichtig – sie scheint lediglich die
Buchführung des Compilers über bereits angelegte Instanzen zu
komplizieren. Auf den zweiten Blick ergibt sich daraus jedoch ein un-
schätzbarer Vorteil.

Betrachten wir dazu noch einmal den Standardkonstruktor der Klassenschablone A:

```
//-------------------------------------------------------
//      ctor
//
template<typename T>
A<T>::A()
{}
```

Der Konstruktor ist leer, deshalb werden implizit die Standardkonstruktoren der beiden Datenmitglieder zur Initialisierung aufgerufen. Dies setzt voraus, dass T ein Typ ist, für den ein Standardkonstruktor vorhanden ist.

Dies gilt z.B. für alle fundamentalen Typen: diese besitzen immer einen impliziten Standardkonstruktor, der leer implementiert ist. Eine
Instanziierung von A für fundamentale Typen ist daher immer zulässig:

```
A<int> ai;                 // OK
```

Das gleiche gilt auch für die folgende Klasse B:

```
//-----------------------------------------------------------------
//      B
//
struct B {};
```

Die Klasse definiert keine expliziten Konstruktoren, deshalb wird vom
Compiler bei Bedarf ein Standardkonstruktor ergänzt. Die Anweisung

```
A<B> ab;                   // OK
```

ist deshalb ebenfalls zulässig.

Die Schablone A besitzt jedoch noch weitere Funktionen. Betrachten
wir einmal isAllZero:

```
//-----------------------------------------------------------------
//      isAllZero
//
template<typename T>
inline bool A<T>::isAllZero() const
{
    return mValue1 == 0 && mValue2 == 0;
}
```

Damit diese Funktion aufgerufen werden kann, muss T ein Typ sein,
der einen Vergleich mit numerischen Werten zulässt.

Dies ist für alle fundamentalen Typen der Fall, eine Anweisung wie in

```
A<int> ai;
bool result = ai.isAllZero();      // OK
```

ist daher erlaubt.

Dies gilt allerdings nicht für die Klasse B: Die Anweisungen

```
A<B> ab;                   // #1
ab.isAllZero();            // #2 Fehler!
```

führen daher zu einem Syntaxfehler bei der Übersetzung.

Der wichtige Punkt dabei ist nun, dass die Anweisung #1 syntaktisch korrekt ist, obwohl die Schablone A eine Mitgliedsfunktion enthält, die für den aktuellen Typ nicht instanziiert werden kann. B ist durchaus ein zulässiger Typ zur Instanziierung von A – *solange man sich auf eine Teilfunktionalität der Schablone beschränkt.* Konkret dürfte man in unserem Beispiel nur den Konstruktor aufrufen.

Übung 35-7:

Erweitern Sie die Klasse B so, dass die Anweisung

```
ab.isAllZero();
```

übersetzt werden kann.

In der Praxis können Schablonenklassen recht kompliziert werden, und es kann durchaus sinnvoll sein, für bestimmte Typen nur eine Teilfunktionalität nutzen zu wollen. Ein Beispiel ist eine Containerklasse, die eine beliebige Anzahl Objekte verwalten kann. Zusätzlich bietet die Klasse auch noch eine Sortierfunktionalität an. Zum Sortieren müssen die gespeicherten Objekte natürlich die Größer-Relation unterstützen. Wichtig ist nun, dass die Containerklasse auch für Objekte verwendet werden kann, für die ein Vergleich nicht möglich ist – so lange die Sortierfunktion nicht aufgerufen wird.

Die Anforderungen an eine Klasse, die zur Instanziierung einer Klassenschablone verwendet werden soll, hängen also nicht von der Schablone in ihrer Gesamtheit ab, sondern von den einzelnen Mitgliedsfunktionen.

Erfüllt eine Klasse die erforderlichen Voraussetzungen nicht, ergibt die Übersetzung der betreffenden Anweisung einen Syntaxfehler:

```
ab.isAllZero();                    // Fehler!
```

Die Anweisung *an sich* ist syntaktisch völlig korrekt. Sind Schablonen im Spiel, muss man daher neben der eigentlichen Anweisung auch immer die Implementierung der Mitgliedsfunktion (hier `isAllZero`) für die konkrete Klasse (hier B) betrachten.

📖 Statische Mitglieder

Klassenschablonen können selbstverständlich statische Mitglieder deklarieren:

```
//-----------------------------------------------------------------
//        A<>
//
template<typename T>
struct A
{
  /* ... weitere Mitglieder A<> */

  static int  msCount230;
  static T*   msFirst;

};
```

Wie für explizite Klassen auch müssen statische Datenmitglieder zusätzlich definiert werden:

```
template<typename T>
int A<T>::msCount;

template<typename T>
T* A<T>::msFirst;
```

Jede instanziierte Klasse erhält nun einen eigenen Satz statische Mitglieder. Für zwei Instanziierungen mit beliebigen (unterschiedlichen)
Typen B1 und B2 bezeichnen daher die Ausdrücke

```
A<B1>::msCount
A<B2>::msCount
```

unterschiedliche Variablen.

Beachten Sie bitte, dass statische Variablen implizit mit 0 (im Falle
fundamentaler Typen) bzw. mit dem Standardkonstruktor (im Falle
von Klassen) initialisiert werden, wenn keine explizite Initialisierung
vorliegt.

---

[230] Die beiden vorangestellten Buchstaben *m* und *s* im Variablennamen sollen „Mitglied" und „statisch" bedeuten. Diese Prefixe sind Teil einer allgemeineren Vorschrift zur Bildung von Namen, die wiederum Teil eines Stilhandbuches (*styleguide*) für C++ Programme ist. Eine praxiserprobtes Stilhandbuch steht auf der
Internetseite des Buches zur Verfügung. Eine Disdussion über Stil & Form bei
der Programmerstellung findet sich z.B. bei [Aupperle 2003].

📖 Mitgliedsschablonen

Wie normale Klassen können auch Klassenschablonen ihrerseits Mitgliedsschablonen (*member templates*) besitzen. In der folgenden Definition der Schablone A sind f und g als Mitgliedsschablonen definiert:

```
//-----------------------------------------------------------------
//        A<>
//
template<typename T>
struct A
{
  template<typename V>
  void f( V );

  template<typename V>
  void g( V );

  /* ... weitere Mitglieder */
};
```

Nun kann man z.B.

```
A<int> ai;            // Instanziierung A für int
ai.f( 5.0 );          // Instanziierung von f für double
```

schreiben.

Hier findet eine zweifache Instanziierung statt: zunächst wird die Klassenschablone A für den Typ int instanziiert. Bei Aufruf von f wird dann die Mitgliedsschablone für den Typ double instanziiert.

Die Syntax für die Definition von Mitgliedsschablonen ist eine Mischung aus der Syntax für Klassen- und Funktionsschablonen:

```
template<typename T> template<typename V>
void A<T>::f( V arg )
{
  /* ... */
}
```

Auch hier gilt: Funktionsschablonen als Mitglieder von Klassen dürfen nicht virtuell sein.

📖 Schablonenparameter, die keine Typen sind

Für Klassenschablonen können neben den bisher vorgestellten Typparametern auch Konstanten, Referenzen oder Funktionen verwendet werden. Der häufigste Anwendungsfall ist die Verwendung von Konstanten, um die Schablone für bestimmte Werte zu instanziieren.

Beispiel:

```
//------------------------------------------------------------
//          A<>
//
template<int max>
struct A
{
    int value[ max ];
};
```

Schreibt man nun

```
A<3> a3;
```

wird A mit dem Wert 3 instanziiert, die Mitgliedsvariable `value` im Objekt a3 wird somit ein Feld mit drei Elementen.

Beachten Sie bitte, dass die zur Instanziierung verwendete Größe eine Konstante sein muss. Eine Instanziierung wie z.B.

```
int i = 3;
A<i> a3;                 // Fehler
```

ist nicht zulässig, sehr wohl aber z.B.

```
const int i = 2;
A<i+1> a3;               // OK
```

Übung 35-8:

Erweitern Sie die Schablone A *so, dass neben der Größe des Feldes auch der Typ als Schablonenparameter angegeben werden kann.*

Die Angabe eines Wertes als Schablonenparameter ermöglicht also die bequeme Formulierung von Feldern, Puffern etc, ohne auf dynamischen angeforderten Speicher zurückgreifen zu müssen – vorausgesetzt, die Größe des Feldes ist unveränderlich und kann bereits zur Übersetzungszeit angegeben werden. Im nächsten Kapitel werden wir unsere Klasse `FixedArray` mit Hilfe solcher Schablonen von der Notwendigkeit zur Führung eines dynamischen Speicherbereiches befreien.

📖   Vorgabewerte für Schablonenparameter

Eine weitere Besonderheit für Klassenschablonen ist die Möglichkeit zur Angabe von Vorgabewerten für Schablonenparameter. Schreibt man z.B.

```
//-------------------------------------------------------------------
//          A<>
//
template<int max=100>
struct A
{
  int value[ max ];
};
```

kann der Schablonenparameter bei der Instanziierung der Schablone weggelassen werden:

```
A<> ai;                  // entspricht A<100> ai
```

Beachten Sie bitte, dass die spitzen Klammern nicht weggelassen werden können, auch wenn die Argumentliste leer ist. Auch dies entspricht den Gegebenheiten bei Vorgabewerten für Funktionsparameter: Die Funktion

```
void f( int i = 0 );
```

kann als

```
f();                     // entspricht f(0)
```

aufgerufen werden.

Die Notation

```
f;                       // ???
```

ist falsch. In diesem Fall kann die Anweisung trotzdem übersetzt werden: es wird die Adresse von f bestimmt, die dann verworfen wird. Es findet jedoch kein Funktionsaufruf statt.

Übung 35-9:

Erweitern Sie die Schablone A *so, dass neben der Größe des Feldes auch wieder der Typ als Schablonenparameter angegeben werden kann. Die Größe soll weggelassen werden können und dann einen Standardwert von 1024 erhalten. Notieren Sie Anweisungen, um die verschiedenen Instanziierungsmöglichkeiten der Schablone zu testen.*

Ein wichtiger Anwendungsfall für Vorgabewerte für Schablonenparametern ist die Berechnung eines Vorgabewertes aus einem vorhergehenden Parameter. Schreibt man z.B.

```
template<int min, int max=2*min>
struct Buffer1
{
    /* ... */
};
```

kann die Instanziierung sowohl mit einem als auch mit zwei Parametern erfolgen:

```
Buffer1<0,1024> b1;
Buffer1<512>     b2;      // entspricht Buffer<512,1024>
```

Die obere Grenze (max) wird im zweiten Fall doppelt so groß wie die untere Grenze (min) gewählt.

In einem weiteren Schritt könnte man z.B. auch noch den Datentyp variabel gestalten:

```
template<typename T,  T min, T max=2*min>
struct Buffer2
{
};
```

Nun sind Aufrufe wie z.B.

```
Buffer2<unsigned int, 512>      b3;
Buffer2<short, 0, 1024>         b4;
```

möglich.

Eine Konstruktion, die man in der Praxis häufig findet, zeigt folgende
Definition einer Klasse A:

```
template <typename T1, typename T2 = vector<T1> >
struct A
{
  T2 mValues;
  T1 getMaxValue() const;

  /* ... weitere Mitglieder A */
};
```

Objekte der Klasse A sollen offensichtlich eine variable Anzahl T1-
Objekte speichern können, dazu dient die Mitgliedsvariable values.
Als Container wird standardmäßig ein vector verwendet. Der wichtige Punkt ist nun, dass der Benutzer für Spezialfälle auch einen anderen Container (z.B. eine lineare Liste) verwenden kann, wenn die
Struktur seines Problems dies als sinnvoll erscheinen lässt. Diese Flexibilität wird erreicht, ohne dass der normale Anwendungsfall für A
dadurch komplizierter wird:

```
A<int>          ai1; // Normalfall: Als Container wird vector verwendet
A<int, list<int> > ai2; // Spezialfall: Der Benutzer wünscht eine Liste
```

Dieses Beispiel zeigt bereits, wie man Flexibilität durch die Verwendung von Schablonen im Zusammenhang mit Vorgabeparametern erreichen kann[231].

📖 Explizite Spezialisierung

Genau so wie bei Funktionsschablonen kann es auch bei Klassenschablonen vorkommen, dass für einen bestimmten Typ eine andere
Implementierung der Schablone erforderlich ist. Eine solche Vorgabe
für einen bestimmten Typ wird als *Explizite Spezialisierung* (*explicit
specialization*) bezeichnet.

---

[231] Eine Weiterführung dieser Idee sind die sog. *traits*, die z.B. in [Aupperle2003]
detaillierter behandelt werden.

Für eine Schablone der Form

```
//------------------------------------------------------------
//        A<>
//
template<typename T>
struct A
{
  A();
  A( T, T );

  T mValue1, mValue2;
  bool isAllZero() const;
};
```

wird eine (explizite) Spezialisierung für den Typ `double` folgendermaßen notiert:

```
//------------------------------------------------------------
//        A<double>
//
template<>
struct A<double>
{
  /* ... */
}
```

Die Definition der Schablone kann für eine Spezialisierung völlig anders als für den generellen Fall aussehen. Für `double` könnte man
z.B. folgendes notieren:

```
//------------------------------------------------------------
//        A<double>
//
template<>
struct A<double>
{
  A();
  A( const T&, const T& );

  T mValue1, mValue2;
};
```

Beachten Sie bitte, dass wir hier den Schablonenparameter T verwendet haben. Der Compiler weiß, dass A eine Klassenschablone ist und
kennt daher die Bedeutung von T.

Genau so gut könnte man natürlich

```
//------------------------------------------------------------
//        A<double>
//
template<>
struct A<double>
{
  A();
  A( const double&, const double& );

  double mValue1, mValue2;
};
```

schreiben.

In dieser Spezialisierung hat der Konstruktor mit zwei Argumenten eine andere Parameterliste, zusätzlich wurde die Funktion `isAllZero` entfernt. Entsprechend kann man z.B.

```
A<int> ai;
bool result = ai.isAllZero();              // OK
```

nicht aber

```
A<double> ad;
bool result = ad.isAllZero();              // Fehler
```

schreiben – die für `double` instanziierte Klasse enthält keine Funktion `isAllZero`.

Die Implementierung einer Mitgliedsfunktion einer expliziten Spezialisierung besitzt folgende Form (hier am Beispiel des Konstruktors gezeigt):

```
//-------------------------------------------------------------- \
//         A<double> ctor
//
template<>
A<double>::A()
{
   /* ... */
}
```

📖 Partielle Spezialisierung

Möchte man eine Schablone nicht für einen bestimmten Typ, sondern für eine Gruppe von Typen spezialisieren, spricht man von *Partieller Spezialisierung (partial specialization)*. Um z.B. für alle Zeigertypen eine andere Implementierung der Schablone A zu verwenden, schreibt man

```
//--------------------------------------------------------------
//         A<T*>
//
template<typename T>
struct A<T*>
{
   /* ... */
};
```

Auch hier kann bei Bedarf eine andere Implementierung als für den generellen Fall gewählt werden. Schreibt man z.B.

```
A<int>   ai;        // #1
A<int*>  aip;       // #2
A<B*>    aBp;       // #3
```

wird im Fall #1 die generelle Schablone für int instanziiert, in den Fällen #2 und #3 wird jedoch die (partielle) Spezialisierung für Zeigertypen verwendet.

Die Implementierung einer Mitgliedsfunktion für eine partielle Spezialisierung besitzt folgende Form (hier wieder am Beispiel des Konstruktors gezeigt):

```
//--------------------------------------------------------------
//       A<T*> ctor
//
template<typename T>
A<T*>::A()
{
   /* ... */
}
```

Eine Klassenschablone kann mehrfach partiell spezialisiert werden. Auch hier bildet der Compiler wie im Fall der Funktionsschablonen eine (partielle) Ordnung, die am meisten spezialisierte Version wird verwendet. Sind mehrere Spezialisierungen gleich weit spezialisiert, ist die Instanziierung mehrdeutig und ergibt einen Syntaxfehler bei der Übersetzung.

Ein Anwendungsfall für eine solche partielle Spezialisierung ist die Unterscheidung von Containern, die Zeiger auf Objekte speichern (*Referenzsemantik, reference semantics*) und solchen, die die Objekte selber speichern (*Wertsemantik, value semantics*). Wir kommen später in diesem Kapitel noch einmal auf das Thema „Wert- vs. Referenzsemantik" zurück.

Spezialitäten bei der Namensauflösung

Bei Klassenschablonen kann der Fall auftreten, dass die Bedeutung eines Ausdrucks von den Eigenschaften der später zur Instanziierung verwendeten Typen abhängt.

Beispiel:

```
//----------------------------------------------------------------
//        A<>
//
template<typename T>
struct A
{
  /* ... weitere Mitglieder */

  T::B * x;
};
```

Die Bedeutung der Anweisung

```
T::B * x;
```

ist nicht von vorn herein klar.

❑ Ist B ein Typ in T, wird durch die Anweisung eine Zeigervariable x definiert, die uninitialisiert bleibt.

❑ Ist B dagegen eine (numerische) Variable, findet eine Multiplikation statt, deren Ergebnis verworfen wird.

Der Standard legt fest, dass in solchen Zweifelsfällen der abhängige (Teil-) Ausdruck (hier T::B) standardmäßig *nicht* als Typ zu interpretieren ist. In unserem Falle würde der Compiler also eine Multiplikation annehmen. Erst in einem zweiten Schritt würde er feststellen, dass x undefiniert ist, und eine entsprechende Fehlermeldung ausgeben.

Wahrscheinlicher ist, dass der Programmierer eine Zeigervariable vom Typ B* definieren wollte. Dazu ist es erforderlich, B explizit als Typ zu deklarieren:

```
//----------------------------------------------------------------
//        A<>
//
template<typename T>
struct A
{
  /* ... weitere Mitglieder */

  typename T::B * x;
};
```

Dazu wird das Schlüsselwort typename vorangestellt. Nun kann die Klassenschablone ohne Fehler übersetzt werden.

Eine andere Sache ist, dass ein zur Instanziierung geeigneter Typ ein Mitglied B definieren muss, dass einen Typ darstellt. Folgendes Listing zeigt ein Beispiel:

```
struct X
{
    typedef int B;
};
```

Schreibt man also z.B.

```
A<X> ax;
```

erhält das Mitglied x in der generierten Instanz den Typ int*.

Beachten Sie bitte, dass die explizite Bezeichnung eines Symbols als Typ auch dann erforderlich ist, wenn eine andere Bedeutung im Kontext praktisch unmöglich ist:

```
//------------------------------------------------------------
//        A<>
//
template<typename T>
struct A
{
    /* ... weitere Mitglieder */

    T::B x;                  // kann eigentlich nur Variablendefinition sein?
};
```

Korrekt muss es deshalb auch hier

```
typename T::B x;            // OK
```

heißen, wenn x eine Variable des Typs B aus T werden soll.

📖   Notationelles

Eine Instanziierung einer Klassenschablone ist eine ganz normale Klasse – sie hat nur einen etwas anderen Namen. Wir haben bereits gesehen, wie von einer solchen *Schablonenklasse (template class)* Objekte gebildet werden:

```
A<int>     ai;
A<double>  ad;
```

Schablonenklassen können genauso wie jede andere Klasse z.B. als Parameter für Funktionen verwendet werden:

```
void f( A<int>& );
```

Diese Funktion übernimmt eine Referenz auf ein Objekt vom Typ
A<int>. Da eine Instanziierung von A für unterschiedliche Typen
auch in unterschiedlichen Klassen resultiert, sind die beiden Deklarationen

```
void f( A<int>& );
void f( A<double>& );
```

zulässig und deklarieren zwei unterschiedliche Funktionen, die sich
überladen.

Oftmals haben solche Funktionen die gleiche Implementierung. Es
bietet sich dann an, f ebenfalls als Schablone auszuführen:

```
template<typename T>
void f( A<T>& );
```

Zur Schreibvereinfachung komplizierter Typen kann man wie immer
typedef-Ausdrücke verwenden:

```
typedef A<int> AInt;
AInt ai;                    // entspricht A<int> ai;
```

Insbesondere bei komplexeren Schablonenkonstruktionen mit mehreren Schablonenparametern sind typedefs immer anzuraten.

📖 typename und class

In den Beispielen dieses Kapitels haben wir für Schablonenparameter,
die Typen spezifizieren, das Schlüsselwort typename verwendet. Alternativ zulässig ist auch das Schlüsselwort class (nicht jedoch
struct). Anstelle von

```
template<typename T>
struct VectorTrait
{
};
```

kann man daher genauso gut

```
template<class T>
struct VectorTrait
{
};
```

schreiben. Die Notation mit typename ist jedoch besser, da es sich
bei den Typen ja nicht unbedingt um Klassen handeln muss.

📖📖 Typische Anwendungen für Schablonen

Schablonenfunktionen und –klassen ermöglichen eine Reihe von Techniken, die Programme einfacher, sicherer und leichter wartbar machen. Sie ermöglichen die Wiederverwendung von Code auf der Quellcodeebene und bilden somit (nach der Vererbung) den zweiten Bereich von Sprachmitteln, die der Softwarewiederverwendung dienen. Darüber hinaus sind mit Schablonen einige zukunftsweisende Techniken möglich, die bisher erst rudimentär erforscht wurden, jedoch eine große Zukunft haben werden. Wir stellen einige einfachere Anwendungsfälle für Schablonen in den folgenden Abschnitten vor.

📖 Generalisierung von Abläufen

Funktionalität, die für mehrere Datentypen Gleichermaßen geeignet ist, wird typischerweise als Funktionsschablone implementiert. Funktionsschablonen können praktisch vollständig die in C++ nicht gern gesehenen Funktionsmakros ersetzen. Funktionalität wie „Minimum/Maximum zweier Zahlen finden" oder unser Beispiel isIn-Range sind typische Vertreter dieser Gruppe.

Kompliziertere Beispiele sind das Sortieren eines Containers für beliebige Typen oder Operationen für mathematische Vektoren bzw. Matrizen (sofern nicht als Mitgliedsfunktionen der entsprechenden Klassen formuliert).

📖 Wertepaare, Tripel etc.

In der Programmierung benötigt man häufig Paare von Werte unterschiedlichster Typen. Beispiele sind

❑ Funktionen, die mehr als einen Wert zurückgeben möchten

❑ Schlüssel/Wertpaare für assoziative Container (*maps*).

Möchte eine Funktion f z.B. ein double und einen Wahrheitswert zurückgeben, definiert man traditionell eine Struktur wie z.B. Result als

```
struct Result
{
  double d;
  bool   valid;   // true wenn d gültig ist
};
```

und deklariert f mit einem Rückgabetyp dieser Struktur:

```
Result f( /* ... */ );
```

Innerhalb von f muss man nun etwas wie

```
Result f()
{
   /* ... */
  Result result;
  result.d = 2.5;
  result.valid = true;

  return result;
}
```

schreiben. Durch zusätzliche Schreibarbeit kann man `Result` mit einem Konstruktor für `double` und `bool` ausrüsten, so dass sich die Wertrückgabe vereinfachen lässt:

```
Result f()
{
   /* ... */
  return Result( 2.5, true );
}
```

Solche Paare können mit den verschiedensten Typen vorkommen. Für jede Kombination muss man eine eigene Klasse definieren sowie Konstruktor etc. implementieren.

Mit Hilfe von Schablonen kann man dies vereinfachen. Ein Tupel von Werten beliebiger Typen kann man generisch als

```
//-------------------------------------------------------------------
//        Tupel<>
//
template<typename T1, typename T2>
struct Tupel
{
  Tupel( const T1& arg1, const T2& arg2 );

  T1 first;
  T2 second;
};
```

formulieren. Hier wurde auch gleich ein Konstruktor deklariert, um die Mitglieder `first` und `second` bequem setzen zu können.

Übung 35-10:

Implementieren Sie den Konstruktor.

Zur Implementierung der Funktion f benötigen wir eine Instanziierung der Schablone für `double` und `bool`:

```
Tupel<double,bool> f()
{
  /* ... */

  return Tupel<double,bool>( 2.5, true );
}
```

Beachten Sie bitte, dass der Ausdruck `Tupel<double,bool>` eine ganz normale Klasse darstellt, entsprechend unserer Klasse `Result` im ersten Ansatz der Funktion `f`.

Ein Aufrufer von `f` könnte etwa folgendes schreiben:

```
Tupel<double,bool> result = f();
if ( result.second )
{
  cout << "Wert ist gültig!" << endl;
}
```

Übung 35-11:

Was passiert, wenn der Programmierer einen Fehler macht und statt dessen

```
Tupel<int,bool> result = f();
```

schreibt?

Die Angabe der kompletten Instanziierung an mehreren Stellen ist schreibaufwändig und fehleranfällig. In der Praxis verwendet man daher gerne eine `typedef`-Anweisung:

```
typedef Tupel<double,bool>  Result;
```

Damit schreibt man die Funktionen `f` und `g` einfacher wie folgt:

```
Result f()
{
  /* ... */

  return Result( 2.5, true );
}

void g()
{
  Result result = f();
  if ( result.second )
  {
    cout << "Wert ist gültig!" << endl;
  }
}
```

Übung 35-12:

Schreiben Sie eine Klassenschablone Tripel, *die drei Werte beliebiger Typen verwaltet. Welche Auswirkungen hat die Einführung von Tripel in Programme, die überhaupt keine Tripel benötigen?*

📖 Generische Container

Eine der wichtigsten Anwendungen von Schablonenklassen sind sicherlich generische Container. Durch die Verwendung einer Schablone kann man einen Container unabhängig vom Datentyp der zu speichernden Objekte formulieren.

Ein allgemein verwendbarer Container hat die Eigenschaft, dass er eine beliebige, erst zur Laufzeit festzulegende Menge an Objekten eines bestimmten Typs speichern kann. Die Anzahl der Objekte kann zur Laufzeit prinzipiell beliebig groß werden, d.h. es ist auf jeden Fall eine dynamische Verwaltung des Speicherplatzes erforderlich.

Typunabhängigkeit als zentrale Eigenschaft

Die für dieses Kapitel wichtige Eigenschaft ist jedoch die Typunabhängigkeit. Die Aufgaben der Speicherverwaltung, der dynamischen Vergrößerung/Verkleinerung des Containers, Funktionalitäten wie Zuweisung, Vergleich etc. können unabhängig vom Typ der zu speichernden Objekte formuliert werden. Es liegt also nahe, Container als Klassenschablonen zu notieren. Alle Containertypen der Standardbibliothek (Vektoren, Listen und Maps) sind als Schablonen ausgeführt und so völlig typunabhängig.

Beispiel Vektor

Als Beispiel für diesen wichtigen Anwendungsfall von Schablonen betrachten wir im Folgenden einen einfachen Vektor. Container aus der Gruppe der Vektoren speichern ihre Objekte in einem zusammenhängenden Speicherbereich und erlauben so den Zugriff über einen Index[232].

---

[232] In der Tat unterscheiden genau diese beiden Eigenschaften einen Vektor sowohl von einer Liste als auch von einer Map.

Folgendes Listing skizziert eine solche Vektor-Schablone:

```
//------------------------------------------------------------------
//        Vector<>
//
template<typename T>
class Vector
{
public:
  Vector( int aInitialSize );
  T& operator [] ( int aIndex );
private:
  T*   mValues;
  int mSize;
};
```

Der Konstruktor allokiert ausreichend Speicher für aInitialSize E-
lemente vom Typ T:

```
//------------------------------------------------------------------
//        ctor
//
template<typename T>
Vector<T>::Vector( int aInitialSize )
{
  mValues = new T[ aInitialSize ];
  mSize = aInitialSize;
}
```

Operator [] liefert eine Referenz auf das Element mit dem Index
aIndex:

```
//------------------------------------------------------------------
//        op []
//
template<typename T>
T& Vector<T>::operator [] ( int aIndex )
{
  return mValues[ aIndex ];
}
```

Nun kann man z.B. bereits Vektor-Objekte erzeugen, mit Daten füllen sowie wieder lesen:

```
Vector<int> vi( 10 );

//-- Besetzen des Vektors
//
for ( int i=0; i<10; i++ )
  vi[i] = i*i;

//-- Lesen der Werte
//
for ( int i=0; i<10; i++ )
  cout << vi[i] << " ";
```

Als Ergebnis erhält man wie erwartet

```
0 1 4 9 16 25 36 49 64 81
```

Der große Vorteil der Formulierung von `Vektor` als Schablone ist die
Typsicherheit. Gefährliche Konstruktionen wie z.B.

```
Vektor<A> va( 10 );
B b;

va[0] = b;              // Fehler!
```

sind (für beliebige Type A und B) nicht mehr möglich – va kann ausschließlich Objekte vom Typ A speichern. Der Versuch, ein B-Objekt
einzutragen kann bereits vom Compiler als Fehler erkannt werden[233].

Übung 35-13:

*Was passiert wenn eine implizite Typwandlung von B nach A möglich
ist, wie z.B. im Falle* double *und* int*?*

Übung 35-14:

*Wenn der Container zerstört wird, müssen die Destruktoren für die ge-
speicherten Objekte aufgerufen werden. Ergänzen Sie die Vector-
Schablone um den noch fehlenden Destruktor.*

Verhältnis zwischen Containern und den Klassen zu speichernder Objekte

Das Beispiel unserer einfachen Schablone `Vektor<>` zeigt bereits,
dass es Zusammenhänge zwischen der Schablone und dem zur Instanziierung verwendeten Datentyp gibt. Schreibt man z.B.

```
Vector<A> va( 10 );
```

muss A zumindest einen Standardkonstruktor besitzen. Ist dies nicht
der Fall, führt die Anweisung zu einem Syntaxfehler.

Andere Mitgliedsfunktionen der Schablone können weitere Anforderungen an A stellen. Funktionen, die häufig gebraucht werden, sind –
neben dem Standardkonstruktor – auch Kopierkonstruktor, Zuweisungsoperator und Destruktor. Glücklicherweise gibt es z.B. für Kopierkonstruktor und Destruktor implizit generierte Versionen.

---

[233] In Sprachen ohne generische Sprachmittel (wie z.B. Java) ist dies nicht möglich.
Entsprechender Code übersetzt ohne Fehler – daraus entstehende Probleme
können erst zur Laufzeit erkannt werden.

Was kann man aus diesen Erkenntnissen für den Entwurf von Klassen folgern? Ein wichtiger Punkt ist sicherlich, dass die implizit generierten Versionen von Mitgliedsfunktionen das Richtige tun – ansonsten muss man sie explizit implementieren, evtl. nur weil man Objekte der Klasse in Containern speichern möchte.

Andererseits folgt für den Entwurf von Containern, dass wenn möglich nur Standardfunktionalität (wie z.B. Kopierkonstruktor) von Klassen zu verlangen ist. Nur dadurch ist auch zu erreichen, dass Container problemlos mit fundamentalen Typen umgehen können. Auch hier ist es so, dass die Container der Standardbibliothek diese Vorgaben erfüllen – sie können deshalb sowohl Objekte komplexer Klassen als auch Werte fundamentaler Typen speichern.

Container mit Zeigern

Ein Container des Typs `Vector<A>` speichert Objekte vom Typ `A`. Dies hat unter anderem folgende Konsequenzen:

❑ Der Container ist monomorph, d.h. er kann nur Objekte eines Typs (hier `A`) speichern.

❑ Der Container speichert eigene Kopien der übergebenen Objekte. Beim Speichern (und meist auch bei der Rückgabe) von Objekten ist daher eine Kopie erforderlich. Für viele Klassen ist das Kopieren von Objekten jedoch eine „teure" (d.h. resourcenintensive) Operation, die man daher vermeiden möchte.

Beide Argumente führen zu dem Wunsch, nicht die Objekte selber, sondern nur Zeiger darauf zu speichern. Die Objekte bleiben im Verantwortungsbereich des Programmierers, der Container speichert nur einen (weiteren) Verweis auf ein Objekt.

Eine typische Konstruktion zeigt folgendes Beispiel:

```
Vector<int*> vi( 10 );

//-- Besetzen des Vektors
//
for ( int i=0; i<10; i++ )
  vi[i] = new int(i*i);

//-- Lesen der Werte
//
for ( int i=0; i<10; i++ )
  cout << *vi[i] << " ";
```

Da der Vektor hier nur Zeiger speichert, spricht man auch von einem *referenzbasierten* (im Gegensatz zu einem *wertbasierten*) Container.

Beachten Sie bitte, dass die Objekte im Verantwortungsbereich des Programmierers bleiben. In obigem Beispiel muss der Programmierer dafür Sorge tragen, dass die 10 `int`-Objekte auch wieder zerstört werden.

Übung 35-15:

Ergänzen Sie den noch fehlenden Code zur Zerstörung der Objekte.

Referenzbasierte Container bieten die Möglichkeit, Objekte unterschiedlicher Typen zu speichern[234]. Dies ist für Polymorphismus unerlässlich. Typischer Code ist z.B.

```
Vector<Base*> vb( 10 );

//-- Besetzen des Vektors
//
vb[0] = new A;
vb[1] = new B;
```

Dies funktioniert, wenn Zeiger auf A (bzw. B) implizit zu Zeiger auf Base konvertiert werden können – also genau dann, wenn A und B öffentliche Ableitungen von Base sind.

Übung 35-16:

Was passiert nach obigem Code bei der Anweisung

```
vb[0] = new B;
```

Denken Sie dabei an den vorher an Index 0 gespeicherten Wert.

📖 **Schablonen-Metaprogrammierung**

Ein noch relativ neues Gebiet der C++ - Programmierung befasst sich mit der Frage, wie man möglichst viel Rechenarbeiten eines Programms bereits zur Übersetzungszeit durchführen kann. Einen einfachen Fall zeigt folgendes Codesegment:

```
int i = 3;
int j = 5*i;
```

---

[234] Genau genommen speichern sie nicht die Objekte selber, sondern eben nur Zeiger. Umgangssprachlich meint man damit das Gleiche.

Der Wert von j kann prinzipiell vollständig zur Übersetzungszeit des Programms berechnet werden. Man schreibt daher besser:

```
const int i = 3;
const int j = 5*i;
```

Mit Hilfe von Schablonen können nun auch Berechnungen mit Schleifen etc. bereits zur Übersetzungszeit durchgeführt werden. Der Punkt dabei ist, dass die Iteration in eine Rekursion umgewandelt wird. Jeder Rekursionsschritt ist dabei eine Instanziierung einer Schablone. Folgendes Beispiel zeigt, wie die Technik funktioniert:

```
//------------------------------------------------------------
//          A<>
//
template<int n>
struct A
{
    enum { value = n*A<n-1>::value };
};
```

Bei einer Instanziierung der Schablone A für eine Konstante n muss der Compiler einen Initialisierungswert für value berechnen. Er stellt fest, dass dazu eine weitere Instanziierung der Klasse, diesmal aber für die Konstante n-1 erforderlich ist. Der Compiler versucht nun, A für n-1 zu instanziieren – und so weiter. Schließlich würde eine compilerinterne Grenze für die Anzahl der Instanziierungen erreicht werden und die Übersetzung würde mit einer Fehlermeldung abgebrochen.

Wie in jeder Rekursion benötigt man daher ein Abbruchkriterium. In unserem Falle ist dies eine explizite Spezialisierung für den Wert 0:

```
//------------------------------------------------------------
//          A<0>
//
struct A<0>
{
    enum { value = 1 };
};
```

Die explizite Spezialisierung bewirkt, dass keine automatische Instanziierung für n==0 erzeugt wird, sondern die vorhandene verwendet wird. Diese enthält keine weiteren Aufrufe, und die Rekursion bricht ab.

Die Schablonenklasse berechnet also die Fakultät für eine Zahl, *und zwar zur Übersetzungszeit.* Folgende Zeile zeigt die Anwendung, z.B. zur Berechnung der Fakultät von 5:

```
cout << A<5>::value << endl;
```

Als Ergebnis erhält man wie erwartet den Wert 120. Der für diese Anweisung vom Compiler erzeugte Objektcode ist nicht größer als wenn man gleich

```
cout << 120 << endl;
```

geschrieben hätte.

Beachten Sie bitte, dass das Ergebnis eine Übersetzungszeitkonstante ist. Es kann daher überall verwendet werden, wo Konstanten vorgeschrieben sind – hier z.B. zur Definition eines Feldes:

```
int feld[ A<5>::value ];
```

Wozu man die Fakultät einer Zahl zur Übersetzungszeit benötigen könnte soll hier einmal dahingestellt bleiben. Das Beispiel dient lediglich zur Demonstration der zu Grunde liegenden Technik.

Diese sog. *Metaprogrammierung mit Schablonen* oder einfacher *Schablonen-Metaprogrammierung* (*template metaprogramming*) besitzt folgende Eigenschaften:

❑ Es können Abläufe, die ansonsten in Programmcode formuliert werden müssen, bereits zur Übersetzungszeit, d.h. durch den Compiler durchgeführt werden.

❑ Es können nur Konstanten als Eingabewerte verwendet werden. Der Grund ist, dass die Eingabewerte grundsätzlich als Schablonenparameter verwendet werden, und an dieser Stelle sind nur Konstanten zulässig.

❑ Da die gesamte Berechnung zur Übersetzungszeit durchgeführt wird, ist das Ergebnis wiederum eine Konstante.

Die Berechnung von bestimmten numerischen Konstanten (wie hier die Fakultät einer Zahl) ist nur ein Anwendungsgebiet der Schablonen-Metaprogrammierung. Interessanter ist die Technik z.B. um komplexe Ausdrücke so abzuarbeiten, dass Effizienzgewinne zu erwarten sind. Schreibt man z.B.

```
e = a * ( b + c )
```

und sind a, b und c Matrizen, lässt sich das Ergebnis e berechnen, ohne dass ein Zwischenergebnis der Addition (temporäres Objekt) verwaltet werden muss. Für jedes Matrixelement des Ergebnisses e kann eine Formel gefunden werden, die das Element direkt aus Elementen von a, b und c berechnet, ohne dass Zwischenschritte notwenig sind. Die Kunst liegt dabei natürlich in der Berechnung der Formeln für die Elemente von e. Genau hier kommt die Metaprogrammierung ins Spiel: Es ist möglich, geeignete Schablonen so zu definieren, dass als Ergebnis der Rekursionsberechnung die gewünschten Formeln stehen. Da diese Berechnung zur Übersetzungszeit abläuft, erhält man als eigentliches Programm nur noch die optimierten Formeln, die den Matrixausdruck berechnen.

Insgesamt lassen sich durch die Technik der Schablonen-Metaprogrammierung erhebliche Effizienzgewinne für numerische Anwendungen wie z.B. Simulationsprogramme erreichen. C++ ist damit durchaus in der Lage, mit Sprachen, die spezielle für numerische Anwendungen optimiert sind (z.B. Fortran) mitzuhalten. Es soll allerdings auch nicht verschwiegen werden, dass die bei der Schablonen-Metaprogrammierung auftretenden Schablonen extrem komplex sind und die heutigen Compiler an die Grenze ihrer Leistungsfähigkeit bringen. Das Gebiet ist insgesamt noch wenig erforscht, es wird aber mit Hochdruck daran gearbeitet[235].

Übung 35-17:

Schreiben Sie eine Schablone Exp2 um den Exponent zur Basis 2 einer beliebigen Zahl zur Übersetzungszeit zu berechnen.

Beispiel: `Exp2<5>::value` *soll den Wert 32 liefern, da $2^5 == 32$ ist.*

Übung 35-18:

Generalisieren Sie die Schablone, so dass beliebige Exponenten zu beliebigen Basen berechnet werden können.

📖📖 Instanziierung - auf den zweiten Blick

Die Instanziierung von Schablonen ist komplizierter, als es auf den ersten Blick erscheinen mag. Obwohl es hauptsächlich ein Problem der Compilerbauer ist, sollen die mit der Instanziierung zusammen hängenden Vorgänge hier etwas genauer untersucht werden, da teil-

---

[235] Wer an der Schablonen-Metaprogrammierung Interesse hat, findet auf der Internet Seite des Buches einige Verweise.

weise auch der Anwendungsprogrammierer (als „Nutzer" des Compilers) davon betroffen ist.

📖 Buchführung

Wird eine Schablone mehrfach für den gleichen Typ instanziiert, darf im endgültigen Programm trotzdem nur eine einzige Kopie der generierten Funktion oder Klasse vorhanden sein. Es ist Aufgabe des Compilers (bzw. Binders), dies sicherzustellen.

Während dies innerhalb einer Übersetzungseinheit noch durch eine geeignete Buchführung durch den Compiler erreicht werden kann, ist die Sachlage bei Programmen, die aus mehreren Übersetzungseinheiten zusammen gebunden werden, nicht mehr so einfach. Da der Compiler jede Übersetzungseinheit ohne Kenntnis evtl. vorhandener anderer Übersetzungseinheiten bearbeitet, ist die Aufgabe der Buchführung erheblich schwieriger.

Insgesamt gibt es die folgenden Lösungsmöglichkeiten

❏ Eliminierung von Mehrfachinstanziierungen durch den Binder

❏ Instanziierung als eigenständigen Schritt

❏ Explizite Buchführung

📖 Eliminierung von Mehrfachinstanzen durch den Binder

Bei dieser Methode instanziiert der Compiler alle Schablonen innerhalb einer Übersetzungseinheit nur ein mal. Es ist daher sichergestellt, dass nach der Übersetzung der Anweisungsfolge

```
X<int> xi1;
...
X<int> xi2;
```

nur eine Instanz der Schablone X für den Typ int existiert. Der Compiler generiert die Instanz bei Übersetzung der Definition für xi1. Bei der Übersetzung der Definition für xi2 wird dann die bereits erzeugte Instanz verwendet.

Befinden sich die beiden Definitionen jedoch in unterschiedlichen Übersetzungseinheiten, werden zunächst auch zwei Instanzen generiert und verwendet. Beim Bindevorgang erkennt der Binder die mehrfach vorhandenen Instanzen und eliminiert alle bis auf eine.

Das Verfahren erfordert daher spezielle Vorkehrungen im Binder. Da z.B. unter UNIX traditionell der vorhandene Binder der dort allgegenwärtigen C-Entwicklungsumgebung verwendet werden soll, ist es für solche Systeme keine Lösung. Unter Windows ist es jedoch das Verfahren der Wahl: alle Entwicklungssysteme bringen dort ihre eigenen Binder mit. Eine Folge daraus ist, dass Module, die mit unterschiedlichen Compilern übersetzt wurden, normalerweise nicht zusammen gebunden werden können.

📖 Instanziierung als eigenständigen Schritt

Das andere Extrem sind Systeme, die zunächst überhaupt keine Instanziierungen durchführen - der Binder bemängelt dann die fehlenden Funktionen bzw. Klassen. Ein nachfolgendes, weiteres Programm analysiert den Fehlerbericht des Binders und extrahiert daraus Informationen über die zu instanziierenden Schablonen. Damit wird nun erneut der Compiler aufgerufen, der die noch fehlenden Schablonen nachinstanziiert und gleich übersetzt. Ein zweiter Bindelauf bindet schließlich die noch fehlenden Symbole aus den Schablonen dazu.

Das Verfahren erfordert keine Änderung des Binders – dieser meldet die zunächst fehlenden Symbole in Form normaler Fehlermeldungen. Es muss jedoch ein zusätzliches Programm geschrieben werden, das diese Fehlermeldungen auswertet. Der Compiler muss natürlich mit einem speziellen Modus ausgerüstet werden, der nur die angeforderten Schablonen instanziiert.

Einige Compiler der Gründerzeit haben dieses Verfahren verwendet. Es ist jedoch heute (u.a. wegen der langen Übersetzungszeiten) durch das Verfahren der Expliziten Buchführung ersetzt worden.

📖 Explizite Buchführung

Bei diesem Verfahren führt der Compiler in speziellen Dateien in einem eigenen Verzeichnis Buch über alle Instanziierungen aller Schablonen des gesamten Programms. Es ist daher möglich, Mehrfachinstanziierungen nicht nur lokal in der aktuellen Übersetzungseinheit, sondern direkt programmweit zu erkennen.

Dieses Verfahren führt zu den kürzesten Übersetzungszeiten, da der Compiler für jede Übersetzungseinheit nur ein mal aufgerufen werden muss. Außerdem wird Code nicht mehrfach erzeugt, der später aus dem Programm wieder entfernt werden muss.

Der Nachteil des Verfahrens liegt in der Notwendigkeit weiterer Dateien, die bei jedem Übersetzungslauf entstehen. Bei einer Neuübersetzung von Teilen des Programms kommt es bisweilen vor, dass Änderungen im Quellcode von Schablonen nicht erkannt werden, dass etwas fehlt oder mehrfach instanziiert wird[236]. Dann hilft nur noch eine komplette Neuübersetzung.

📖 Platzierung von Quellcode für Schablonen

Damit der Compiler eine Instanz einer Schablone erzeugen kann, muss der Quellcode der Schablone bereits vom Compiler „gesehen" worden sein. Dies bedeutet, dass der gesamte Quellcode einer Schablone in jeder Übersetzungseinheit übersetzt werden muss. Dies ist ein Unterschied zu Funktionen oder Klassen, die ja nur in einer Übersetzungseinheit definiert werden müssen – alle anderen Übersetzungseinheiten benötigen lediglich Deklarationen.

Möchte man etwa eine Funktion `isInRange` programmweit verwenden, wird sie in einer Übersetzungseinheit (`file1.cpp`) definiert:

```
// Datei file1.cpp
//
bool isInRange( int aValue, int aMin, int aMax )    // Definition der Funktion
{
   return aValue >= aMin && aValue < aMax;
}

void g()
{
   bool result = isInRange( 1, 2, 3 );
   /* ... */
}
```

Alle anderen Übersetzungseinheiten können `isInRange` aufrufen, wenn die Funktion vorher deklariert wird:

```
// Datei file2.cpp
//
bool isInRange( int aValue, int aMin, int aMax );    // Deklaration der Funktion

void h()
{
   bool result = isInRange( 5, 6, 7 );
   /* ... */
}
```

---

[236] Dies sind Schwächen einiger Compiler, die jedoch (hoffentlich) in naher Zukunft überwunden sein werden. Man darf jedoch nicht vergessen, dass die Führung von Information an zwei unterschiedlichen Stellen (nämlich in den Objektdateien als auch in den Buchführungsdateien) grundsätzlich fehleranfälliger ist.

Dies ermöglicht ein besseres Management des Quellcodes. Ändert sich z.B. die Implementierung der Funktion, muss nur die Datei `file1.cpp` neu übersetzt werden – alle anderen Übersetzungseinheiten müssen nicht neu compiliert werden. Die Implementierung der Funktion bleibt den verwendenden Modulen (hier also `file2.cpp`) verborgen, sie sehen nur die Deklaration der Funktion.

In etwas eingeschränkter Weise ist die gleiche Vorgehensweise auch für Schablonen anwendbar. Schreibt man etwa

```
// Datei file1.cpp
//
template<typename T>
bool isInRange( T aValue, T aMin, T aMax )   // Definition der Schablone
{
   return aValue >= aMin && aValue < aMax;
}

void g()
{
   bool result = isInRange( 1, 2, 3 );
   /* ... */
}
```

wird in Übersetzungeinheit `file1.cpp` eine Instanz der Schablone für `int` erzeugt. Diese steht natürlich auch in anderen Übersetzungseinheiten zur Verfügung:

```
// Datei file2.cpp
//
template<typename T>
bool isInRange( T aValue, T aMin, T aMax ); // Deklaration der Schablone

void h()
{
   bool result = isInRange( 5, 6, 7 );
   /* ... */
}
```

Hier wird in `file2.cpp` keine Instanz erzeugt, da die Schablone nur deklariert, nicht jedoch definiert wird. Der Funktionsaufruf benötigt eine Instanz für `int`, diese ist in `file1.cpp` vorhanden, damit kann der Binder ein korrektes Programm erzeugen.

Schreibt man jedoch z.B.

```
// Datei file3.cpp
//
template<typename T>
bool isInRange( T aValue, T aMin, T aMax ); // Deklaration der Schablone

void x()
{
   bool result = isInRange( 5.0, 6.0, 7.0 );
   /* ... */
}
```

kann auch dieses Modul korrekt übersetzt werden: Der Funktionsaufruf benötigt eine Instanz der Schablone `isInRange` für `double`. Da die Schablone hier deklariert ist, nimmt der Compiler an, dass sich eine Instanz in einer anderen Übersetzungseinheit befindet, und meldet keinen Fehler. Erst beim Binden wird festgestellt, dass die Instanz für `double` fehlt und man erhält Fehlermeldungen über unaufgelöste Symbole, wie hier am Beispiel MSVC gezeigt:

```
file3.obj : error LNK2001: unresolved external symbol "bool __cdecl isIn-
Range(double,double,double)" (?isInRange@@YA_NNNN@Z)
```

In der Praxis stellt man daher die komplette Schablonendefinition in allen Modulen bereit, in denen Instanzen benötigt werden könnten. Es ist Aufgabe des Compilers, dabei evtl. entstehende Doppelinstanziierungen zu vermeiden bzw. wieder zu entfernen. Modul `file3.cpp` nimmt nun folgende Form an:

```
// Datei file3.cpp
//
template<typename T>
bool isInRange( T aValue, T aMin, T aMax )  // Definition der Schablone
{
  return aValue >= aMin && aValue < aMax;
}

void x()
{
  bool result = isInRange( 5.0, 6.0, 7.0 );
  /* ... */
}
```

Es ist praktisch, den in jedem Modul identischen Code in eine eigene Datei auszulagern:

```
// Datei utilities.h
//
template<typename T>
bool isInRange( T aValue, T aMin, T aMax )  // Definition der Schablone
{
  return aValue >= aMin && aValue < aMax;
}
```

Hier wurde die Schablonendefinition in einer Datei `utilities.h` platziert, die nun von den Modulen `file1`, `file2` und `file3` includiert wird:

```
// Datei file1.cpp
//
#include "utilities.h"

void g()
{
  bool result = isInRange( 1, 2, 3 );
  /* ... */
}
```

```
// Datei file2.cpp
//
#include "utilities.h"

void h()
{
  bool result = isInRange( 5, 6, 7 );
  /* ... */
}
```

```
// Datei file3.cpp
//
#include "utilities.h"

void x()
{
  bool result = isInRange( 5.0, 6.0, 7.0 );
  /* ... */
}
```

In dieser Anordnung muss die gesamte Schablonendefinition für jedes Modul erneut übersetzt[237] werden. Bei Programmen mit vielen oder umfangreichen Schablonen kann dadurch die Übersetzungszeit erheblich ansteigen. Außerdem ist jedes Modul von der Schablone *abhängig*, d.h. bei einer Änderung auch der Implementierung der Schablone müssen alle Module erneut übersetzt werden. Auch dies kann in großen Programmen einen nicht zu unterschätzenden Zeitaufwand bedeuten. Die Verwendung vorübersetzter Header (*precompiler headers*) entschärft das Problem jedoch wieder.

Auf der anderen Seite werden meist solche Funktionen bzw. Klassen als Schablonen ausgeführt, die sehr allgemeingültigen, grundlegenden Charakter haben und deshalb im Zuge einer normalen Programmentwicklung kaum geändert werden müssen. Ein typisches Beispiel sind die Containerklassen der Standardbibliothek, die generell als Klassenschablonen ausgeführt sind.

📖 Schlüsselwort export

Die Notwendigkeit, die gesamte Schablonendefinition in jeder Übersetzungseinheit mit übersetzen zu müssen, ist natürlich unschön. Besser wäre es, wenn man für Schablonen das gleiche Verfahren wie für andere Programmobjekte (d.h. hier Funktionen bzw. Klassen) anwenden könnte: Nur eine Definition in einer (beliebigen) Übersetzungseinheit, und ansonsten nur Deklarationen. Natürlich müsste

---

[237] Genau genommen wird die Schablone allerdings (noch) nicht übersetzt, sondern nur für spätere Instanziierungen gemerkt. Auch dieser Vorgang braucht jedoch eine gewisse Zeit.

dann auch eine Instanziierung für einen weiteren Typ nur mit Hilfe der Deklaration möglich sein.

Der Standard ermöglicht einen solche Vorgehensweise auch für Schablonen mit Hilfe des Schlüsselwortes `export`. Es kann sowohl für Funktionsschablonen als auch für Klassenschablonen bzw. für einzelne Mitglieder von Klassenschablonen verwendet werden. Funktionen dürfen allerdings nicht inline deklariert sein.

Schreibt man z.B. in einem Modul `file1.cpp`

```
// Datei file1.cpp
//
export template<typename T>
bool isInRange( T aValue, T aMin, T aMax )   // Definition der Schablone
{
   return aValue >= aMin && aValue < aMax;
}
```

so kann man in einem anderen Modul `file2.cpp` etwa

```
// Datei file2.cpp
//
template<typename T>
bool isInRange( T aValue, T aMin, T aMax ); // Deklaration der Schablone

void h()
{
   bool result1 = isInRange( 5, 6, 7 );
   bool result2 = isInRange( 5.0, 6.0, 7.0 );
   /* ... */
}
```

schreiben. Es ist nun Aufgabe des Compilers, in `file2.cpp` die notwendigen Instanziierungen durchzuführen, auch wenn in diesem Modul nur eine *Deklaration* der Schablone vorhanden ist.

Ein Compilerbauer kann fordern, dass zuerst dasjenige Modul übersetzt werden muss, das eine exportierte Schablonendefinition beinhaltet (dies lässt der Standard explizit zu). Damit wird der Compiler in die Lage versetzt, sich intern Informationen über den Definitionsort der Schablone zu speichern, um bei späteren Instanziierungsforderungen darauf zugreifen zu können.

Die Verwendung des Schlüsselwortes `export` wird leider derzeit noch von keinem der aktuellen Compiler unterstützt[238].

---

238 Die neuesten Entwicklungen können auf der Internetseite des Buches eingesehen werden.

Syntaxfehler in Schablonen

Bei der „Übersetzung" einer Schablonendefinition erzeugt der Compiler noch keinen Code, sondern merkt sich den Quelltext lediglich für spätere Instanziierungen. Die Frage ist nun, wie mit Syntaxfehlern im Quelltext verfahren werden soll.

Schreibt man etwa

```
template<typename T>
bool isInRange( T aValue, T aMin, T aMax )
{
   return aValue >>= aMin && aValue < aMax;  // Tippfehler
}
```

ist die `return`-Anweisung sicherlich fehlerhaft, da ein Operator `>>=` nicht existiert. Offensichtlich handelt es sich um einen Tippfehler.

Wenn die Schablone im Programm überhaupt nicht instanziiert wird, würde dieser Fehler auch nicht schaden: es wird ja aus der Schablone kein Quellcode erzeugt und somit wird auch nichts übersetzt.

Ein solches Vorgehen hätte allerdings zur Folge, dass Fehler in Schablonendefinitionen erst bei der konkreten Verwendung der Schablone bemerkt würden. Dies ist insbesondere bei Klassenschablonen ein Problem, da hier ja die Mitgliedsfunktionen einzeln und nur bei Bedarf instanziiert werden. Ein Syntaxfehler in einer selten benötigten Funktion wird dann erst spät im Entwicklungsprozess (wenn überhaupt) bemerkt werden.

Der Standard fordert daher, dass auch bei Schablonen eine möglichst weitgehende Syntaxprüfung durchgeführt werden muss, um so offensichtliche Fehler wie oben dargestellt auch ohne konkrete Instanziierung zu finden. Der Compiler kann obige Schablonendefinition bereits als fehlerhaft markieren, da für *keinen möglichen Typ* T der Code richtig ist – es gibt eben keinen Operator `>>=` in C++.

Ein anderer Fall liegt vor, wenn es Typen geben kann, für die der Code richtig ist, der konkret zur Instanziierung verwendete Typ die Operation jedoch nicht unterstützt. Ein typischer Fall ist die korrekt implementierte Schablone `isInRange`:

```
template<typename T>
bool isInRange( T aValue, T aMin, T aMax )
{
   return aValue >= aMin && aValue < aMax;  // OK
}
```

Hier wird der Compiler noch keine Entscheidung über syntaktische Korrektheit treffen können, da es (prinzipiell) Typen geben kann, für die Operatoren >= bzw. < definiert sind:

```
bool result1 = isInRange( 5, 6, 7 );          // OK
bool result2 = isInRange( 5.0, 6.0, 7.0 );    // OK
```

Schreibt man jedoch z.B.

```
struct A {};
A a1, a2, a3

bool result3 = isInRange( a1, a2, a3 );        // Fehler!
```

erhält man einen Fehler bei der Übersetzung, da die Klasse A die geforderten Operationen nicht unterstützt. Dieser Fehler ist jedoch nicht ein Fehler der Schablone, sondern des Typs, der zur Instanziierung verwendet wird. Entsprechend wird der Fehler auch erst bei der Instanziierung gemeldet.

Übung 35-19:

Erweitern Sie die Klasse A so, dass der Aufruf von isInRange *korrekt ist.*

Übung 35-20:

Wie ist die Situation bei folgender Schablonendefinition:

```
template<typename T>
void f( const T& value )
{
  value = 0;
}
```

📖   **Bindung von Namen**

Grundsätzlich gibt es zwei Möglichkeiten, Namen in Schablonen zu binden:

❑ Zur *Definitionszeit*, d.h. es gilt der Gültigkeitsbereich, in dem die Schablone definiert ist.

❑ Zur *Instanziierungszeit*, d.h. es gilt der Gültigkeitsbereich, in dem die Schablone instanziiert wird.

Betrachten wir zur Demonstration des Unterschiedes das folgende Programmsegment:

```
//----------------------------------------------------------------
//        g
//
void g( int );              // #1

//----------------------------------------------------------------
//        f
//
template<typename T>
void f( T arg )
{
  g( 1.0 );
}

//----------------------------------------------------------------
//        g
//
void g( double );           // #2
```

Hier wurden zwei globale Funktionen mit dem Namen g deklariert, die sich auf Grund der unterschiedlichen Parameterlisten überladen. Dazwischen befindet sich die Definition der Funktionsschablone f.

Die Frage ist nun, welche der beiden g-Funktionen in folgender Anweisung aufgerufen wird:

```
f( 0 );
```

Die Anweisung bewirkt zunächst die Instanziierung der Schablone[239], nun muss der Compiler eine Entscheidung zwischen den beiden Varianten treffen:

❑ Bei einer Bindung zur Definitionszeit würde Variante #1 verwendet, denn bei der Definition der Schablone war nur diese Variante vorhanden. Der Aufruf wäre auch möglich, da das Argument implizit von double nach int konvertiert werden kann.

❑ Bei einer Bindung zur Instanziierungszeit würde Variante #2 verwendet, da diese auf Grund der Parameter besser passt (normales Überladen von Funktionen).

---

[239] Der zur Instanziierung verwendete Typ (*int*) ist hier unwichtig.

Beide Ansätze haben gewisse Probleme, so dass das Standardisierungskommitee einen Mittelweg gewählt hat:

❏ Namen, die nicht von Schablonenargumenten abhängig sind, müssen zum Definitionszeitpunkt gebunden werden.

❏ Namen, die von Schablonenargumenten abhängig sind, müssen zum Instanziierungszeitpunkt gebunden werden.

Für unser Beispiel bedeutet das, dass Variante #1 zu verwenden ist: Der Aufruf von g in f hängt nicht vom Schablonenparameter T ab und ist daher zum Definitionszeitpunkt zu binden.

Übung 35-21:

Prüfen Sie dies für Ihren Compiler nach, indem Sie die beiden g-Funktionen mit Ausgabeanweisungen ausrüsten und in ein Testprogramm einbetten.

Übung 35-22:

Wie ist die Situation bei folgender Anordnung der Funktionen:

```
//----------------------------------------------------------------
//          g
//
void g( int ); // #1

//----------------------------------------------------------------
//          f
//
template<typename T>
void f( T arg )
{
  g( 1.0 );
}

//----------------------------------------------------------------
//          test
//
void test()
{
  f<char>( 0 );
}

//----------------------------------------------------------------
//          g
//
void g( double );  // #2
```

Im folgenden Beispiel ändern wir die Schablone f so ab, dass der Aufruf von g vom Schablonenparameter T abhängig wird:

```
//------------------------------------------------------------------
//         f
//
template<typename T>
void f( T arg )
{
  g( arg );
}
```

Nun darf g nicht zum Definitionszeitpunkt der Schablone gebunden werden. Schreibt man

```
f( 1 );          // verwendet #1
f( 1.0 );        // verwendet #2
```

stehen die beiden überladenen Varianten von g zur Verfügung: im ersten Fall wird #1, im zweiten #2 verwendet.

Übung 35-23:

Was passiert in folgenden Fällen:

```
f( 'x' );
f<int>( 'x' );
```

📖 **Explizite Instanziierung**

Es ist normalerweise Aufgabe des Compilers, zu erkennen, wann die Instanziierung von Schablonen durchzuführen ist, und diese Instanziierung automatisch und ohne Zutun des Programmierers auszuführen. Darüber hinaus gibt es die Möglichkeit, den Instanziierungszeitpunkt explizit zu bestimmen.

Schreibt man etwa

```
template< typename T > class String
{
    /* ... Klassenmitglieder ...*/
};
```

wird mit folgender Anweisung die Schablone für den Typ char instanziiert:

```
//-- Explizite Instanziierung von String für char
//
template String<char>;
```

Dabei werden alle Mitgliedsfunktionen der Klasse instanziiert.

Eine solche *Explizite Instanziierung (explicit instantiation)* kann z.B.
sinnvoll sein, wenn man bestimmte Instanziierungen von Schablonen
in Bibliotheken ablegen möchte. Es wäre z.B. denkbar, dass eine
Schablone nur für eine bestimmte, eng begrenzte Anzahl von Datentypen überhaupt sinnvoll ist. Ein Beispiel wäre die altbekannte
Stringklasse, die man eigentlich nur für „normale" und evtl. für *wide-
character* Strings benötigt. Um dem normalen Anwender die Einbindung der gesamten Stringschablone in jedes seiner Module zu erspa-
ren, könnte ein Bibliotheksentwickler die beiden häufigsten Instanziierungen (nämlich für char und wchar_t) bereits „vorinstanziieren"
und dann als Objektdatei zur Verfügung stellen. Dazu reichen die
beiden Anweisungen

```
template String<char>;      // Explizite Instanziierung für Typ char
template String<wchar_t>;   // Explizite Instanziierung für Typ wchar_t
```

aus. Verwendet ein Anwendungsprogramm eine dieser beiden Instanziierungen, kann der Compiler auf den bereits übersetzten Objektcode zurückgreifen. Durch die eingesparte Zeit für eine erneute
Instanziierung, gefolgt von der Übersetzung der Instanz wird der Ü-
bersetzuingsprozess insgesamt deutlich schneller. Ein weiterer Punkt
ist, dass Mehrfachinstanziierungen nicht mehr auftreten – die Objektdateien werden kleiner, und der Bindevorgang wird schneller.

36 Projekt FixedArray – Teil III

In diesem Kapitel verwenden wir Schablonen, um unsere Klasse FixedArray weiter in Richtung professionelle Lösung zu erweitern.

📖📖 Erhöhung der Flexibilität

In Teil II des Projekts `FixedArray` (Kapitel 27) haben wir uns auf die Funktionalität konzentriert, die eine Klasse, die zum Speichern von Objekten dienen kann, benötigt. Wichtige Konzepte waren dabei Initialisierung, Zuweisung, Vergleich, Fehlerkonzept sowie Verwaltung des Speichers.

In diesem Kapitel wollen wir die in Teil II erarbeitete Funktionalität nicht erweitern, sondern die Klasse flexibler für den praktischen Einsatz machen. Dazu gehört vor allem die Aufhebung der Beschränkung auf einen (konkreten) Datentyp: Eine Feldklasse soll Objekte beliebiger Typen speichern können. Es liegt also nahe, die Klasse als Schablone auszuführen und den Typ der zu speichernden Objekte als Schablonenparameter anzugeben.

📖📖 Statische vs. dynamische Aspekte

Eine weitere Verbesserung kann erreicht werden, wenn die Anzahl der Objekte im Feld nicht dynamisch, sondern statisch zur Übersetzungszeit angegeben werden kann.

Dies erscheint auf den ersten Blick kein Vorteil, sondern eher ein Nachteil zu sein. Die dynamische Angabe der Feldgröße ermöglicht doch einen größeren Einsatzbereich der Klasse, da Konstruktionen wie z.B.

```
void f( int size )
{
    FixedArray fa( size ); // Feld der Größe size
    /* ... */
}
```

möglich sind. Hinzu kommt der Vorteil, dass die Größe des Feldes zur Laufzeit geändert werden kann. Diese Funktionalität haben wir zwar nicht implementiert, sie kann jedoch durch Allokation eines neuen Speicherbereiches für die Feldelemente gefolgt von einer Kopieraktion leicht erreicht werden.

Demgegenüber hat der dynamische Ansatz die folgenden Nachteile:

❑ Es wird eine dynamische Speicherverwaltung benötigt. `Fixed-Array` muss dynamischen Speicher verwalten, da die Größe des Feldes erst zur Laufzeit bekannt ist. Dabei kann eine Reihe von Fehlern auftreten, die zur Laufzeit abgeprüft werden müssen: Der im Konstruktor für die Größe des Feldes übergebene Wert kann ungültig sein (z.B. negativ), oder es kann evtl. nicht ausreichend Speicher allokiert werden.

❑ Es gibt bereits eine Klasse, die diesen dynamischen Ansatz implementiert: Die Standardbibliothek stellt die Schablone `vector<>` bereit, die im Wesentlichen ein Feld mit dynamischer, zur Laufzeit wählbarer und auch änderbarer Größe darstellt. Es ist prinzipiell keine gute Idee, bereits vorhandene Standardfunktionalität erneut zu implementieren. `vector<>` ist in der Praxis einer eigenen Implementierung in wohl jedem denkbaren Fall überlegen.

Wir gehen in den folgenden Abschnitten auf die Unterschiede des dynamischen zum statischen Ansatz noch genauer ein.

📖📖 Die Schablonendefinition

Nach dem bisher Gesagten sollte die Generalisierung der Klasse `Fi-xedArray` mit Hilfe einer Schablone kein Problem mehr darstellen. Folgendes Listing zeigt die Schablonendefinition:

```
//-----------------------------------------------------------
//      FixedArray
//
template<typename T, int N>
class FixedArray
{
public:

  //--Management ---------------------------------------------
  //
  explicit FixedArray();
  FixedArray( const FixedArray<T,N>& );
  FixedArray<T,N>& operator = ( const FixedArray<T,N>& );
  ~FixedArray();

  //--Zugriff ------------------------------------------------
  //
      T& operator [] ( int );
  const T& operator [] ( int ) const;
```

```
//--Vergleich -------------------------------------------------
//
friend bool isEqual( const FixedArray<T,N>&, const FixedArray<T,N>& );
friend bool operator == ( const FixedArray<T,N>&, const FixedArray<T,N>& );
friend bool operator != ( const FixedArray<T,N>&, const FixedArray<T,N>& );

//--Konvertierungen --------------------------------------------
//
string toString() const;

private:

  T mWert[N];          // Das Feld selber

}; // FixedArray
```

📖📖 Speicherplatz vom Stack

Der wesentliche Punkt ist hier, dass der Speicherbereich zur Aufnahme der Feldelemente nun statisch ist, d.h. der Speicherplatz wird ganz normal auf dem Stack allokiert.

Schreibt man also z.B.

```
void f()
{
  FixedArray<int,10> fa;
  /* ... */
}
```

benötigt das Objekt `fa` `10*sizeof(int)` Bytes auf dem Stack – genau so, als wenn man

```
void f()
{
  int x[10];
  /* ... */
}
```

schreiben würde.

Selbstverständlich können auch bei einer solchen statischen Allokation Speicherplatzprobleme auftreten – z.B. wenn die Elementgröße bzw. die Dimension des Feldes so groß sind, dass nicht ausreichend Stackspeicher zur Verfügung steht. Der Unterschied zur dynamischen Allokation (also zur Laufzeit des Programms) besteht aber darin, dass das Problem bereits zur Übersetzungszeit auffällt und in einem Syntaxfehler resultiert. Schreibt man z.B[240]

```
FixedArray<double, 2147483647> fa; // Wahrscheinlich Fehler
```

---

[240] Der Wert 2147483647 ist der größte auf 32-Bit Architekturen darstellbare int-Wert.

so wird man auf „normalen" Rechnern einen Syntaxfehler bei der Übersetzung erhalten, da nicht `2147483647*sizeof(double)` Bytes Speicher vorhanden sind.

📖📖 Konstruktoren

📖 Standardkonstruktor

Die Allokation des Speichers für die Feldelemente zur Übersetzungszeit bewirkt, dass der Konstruktor keinen Speicher mehr allokieren muss, und entsprechend auch keinen Parameter mit der Feldgröße mehr benötigt.

Eine grundsätzliche Frage ist, ob und ggf. wie die Elemente des Feldes zu initialisieren sind. Die Anweisung

```
T mWert[N];
```

definiert ein Feld mit N Einträgen vom Typ T, die alle mit dem Standardkonstruktor initialisiert werden. Der zur Instanziierung verwendete Typ muss daher einen Standardkonstruktor besitzen.

Beachten Sie bitte, dass alle fundamentalen Typen einen impliziten Standardkonstruktor besitzen, der leer implementiert ist. Wird `Fixed-Array` daher für einen fundamentalen Typ instanziiert, bleibt das Feld effektiv uninitialisiert, d.h. die Feldelemente haben undefinierte Werte.

Im Prinzip bräuchte man also überhaupt keinen Standardkonstruktor, da die implizit generierte Version die Feldelemente ihrerseits korrekt mit dem Standardkonstruktor initialisiert. Der Compiler generiert jedoch nur dann eine implizite Version, wenn kein anderer Konstruktor vorhanden ist.

Da wir jedoch z.B. noch einen Kopierkonstruktor benötigen, muss auch der Standardkonstruktor explizit implementiert werden.

```
//----------------------------------------------------------------
//          ctor
//
template<typename T, int N>
inline FixedArray<T,N>::FixedArray()
{} // ctor
```

Übung 36-1:

Der Konstruktor ist leer implementiert. Hat die Ausführung des Konstruktors irgendeine Wirkung?

Vergleichen Sie dies mit der Originalversion, in der die Allokation des Speichers, die Parameterprüfung etc. zur Laufzeit erfolgen musste:

```
//----------------------------------------------------------
//        ctor  (Originalversion)
//
FixedArray::FixedArray( int aDim )
  : mDim( aDim )
{
  mWert = new( nothrow ) int[ mDim ];
  if ( mWert == 0 )
  {
    cerr << "konnte " << mDim << " Elemente nicht allokieren!" << endl;
    exit( 1 );
  }
} // ctor
```

📖 Kopierkonstruktor

Gleiches gilt für den Kopierkonstruktor: Da keine Speicherallokation mehr erforderlich ist, reicht das Kopieren der Feldelemente aus:

```
//----------------------------------------------------------
//        cctor
//
template<typename T, int N>
inline FixedArray<T,N>::FixedArray( const FixedArray<T,N>& aObj )
{
  copy( aObj.mWert, aObj.mWert + N, mWert );
} // cctor
```

Beachten Sie bitte, dass das Argument aObj ein Feld mit der gleichen Dimension (N) wie das eigene Objekt ist.

Instanzen einer Schablone, die aus unterschiedlichen Schablonenparametern hervorgegangen sind, sind unterschiedliche Typen. Konstruktionen wie z.B.

```
FixedArray<int,10> fa1;
FixedArray<int,20> fa2( fa1 ); // Fehler!
```

ergeben einen Syntaxfehler bei der Übersetzung, da Fixed-Array<int,10> nicht implizit zu FixedArray<int,20> gewandelt werden kann. Dies ist normalerweise sicher auch in Ordnung, da Felder unterschiedlicher Größe nicht zuweisungskompatibel sein sol-

len. Wir werden jedoch später in diesem Kapitel sehen, wie man diese Einschränkung aufheben kann, sofern man dies wünscht.

Weiterhin ist zu beachten, dass zum Kopieren der Objekte aus der
Quelle zum Ziel selbstverständlich der Zuweisungsoperator des jeweiligen Typs zu verwenden ist. Für fundamentale Daten ist dies trivial, hier könnte auch einfach der gesamte Speicherplatz des Feldes
kopiert werden. Wird `FixedArray` jedoch für eine Klasse instanziiert,
für die ein Zuweisungsoperator definiert ist, muss dieser auch verwendet werden.

Aus diesem Grunde verwenden wir hier in der Implementierung die
Funktion `copy` aus der Standardbibliothek, die eine Anzahl (hier `N`)
aufeinander folgende Objekte ab einer Adresse (hier `aObj.mWert`) an
eine andere Adresse (hier `mWert`) kopiert.

Übung 36-2:

*Ergeben sich daraus Anforderungen an die zur Instanziierung ver-
wendeten Typen?*

⊞⊞ Zuweisungsoperator

In der Originalversion der Klasse wird die Größe des Feldes als Mitgliedsvariable geführt:

```
//-------------------------------------------------------------
//      FixedArray (Originalversion)
//
class FixedArray
{
    /* ... weitere Mitglieder FixedArray ... */

private:
    int  mDim;          // Dimension des Feldes
    int* mWert;         // Das Feld selber
}; // FixedArray
```

Dies hatte u.a. zur Folge, dass Felder unterschiedlicher Größe vom
gleichen Typ (nämlich `FixedArray`) waren. Im Zuweisungsoperator
musste daher eine Überprüfung der korrekten Dimension *zur Laufzeit* erfolgen:

```
//-----------------------------------------------------------------
//        op = (Originalversion)
//
FixedArray& FixedArray::operator = ( const FixedArray& aObj )
{
  if ( mDim != aObj.mDim )
  {
    cerr << "Dimension stimmt nicht! Erwartet: " << mDim
         << " gefunden: " << aObj.mDim << endl;
    exit( 1 );
  }

  if ( &aObj == this )
    //-- Zuweisung auf sich selbst kann ignoriert werden
    return *this;

  copy( aObj.mWert, aObj.mWert + aObj.mDim, mWert );
  return *this;
} // op =
```

Auch diese Prüfung kann nun entfallen, denn die mit der Deklaration

```
//-----------------------------------------------------------------
//        FixedArray
//
template<typename T, int N>
class FixedArray
{
public:
  FixedArray<T,N>& operator = ( const FixedArray<T,N>& );

  /* ... weitere Mitglieder */

}; // FixedArray
```

des Zuweisungsoperators möglichen Argumente haben alle die korrekte Dimension N. Da bereits der Compiler sicherstellt, dass das Argument des Kopierkonstruktors vom richtigen Typ (und damit auch der richtigen Dimension) ist, kann der Zuweisungsoperator einfach als

```
//-----------------------------------------------------------------
//        op =
//
template<typename T, int N>
FixedArray<T,N>& FixedArray<T,N>::operator = ( const FixedArray<T,N>& aObj )
{
  if ( &aObj == this )
    //-- Zuweisung auf sich selbst kann ignoriert werden
    return *this;

  copy( aObj.mWert, aObj.mWert + N, mWert );
  return *this;
} // op =
```

implementiert werden.

📖📖 Destruktor

Für Mitgliedsvariablen einer Klasse wird der Destruktor automatisch aufgerufen, wenn ein Objekt der Klasse zerstört wird. In unserem Fall bedeutet dies, dass die Destruktoren der Feldelemente automatisch aufgerufen werden, ohne dass die explizit notiert werden muss - der Destruktor der Schablone FixedArray könnte daher leer bleiben. Da der Compiler einen impliziten (leeren) Destruktor ergänzt, können wir auf den Destruktor komplett verzichten.

📖📖 Vergleichskonzept

Für den Vergleich zweier Felder ergibt sich gegenüber der letzten Version des Projekts wenig Änderung. Lediglich die Prüfung auf gleiche Dimension kann wieder entfallen. Die Funktion isEqual vereinfacht sich damit zu folgendem Einzeiler:

```
//-------------------------------------------------------------
//       isEqual
//
template<typename T, int N>
inline bool isEqual( const FixedArray<T,N>& lhs, const FixedArray<T,N>& rhs )
{
  return equal( lhs.mWert, lhs.mWert + N, rhs.mWert );
} // isEqual
```

Die eigentliche Vergleichsoperation wird unverändert durch die Funktion equal[241] der Standardbibliothek durchgeführt.

Die Vergleichsoperatoren bleiben unverändert, lediglich die Notation wird an die Schablonensyntax angepasst:

```
//-------------------------------------------------------------
//       op==, !=
//
template<typename T, int N>
inline bool operator == ( const FixedArray<T,N>& lhs, const FixedArray<T,N>& rhs )
{
  return isEqual( lhs, rhs );
}

template<typename T, int N>
inline bool operator != ( const FixedArray<T,N>& lhs, const FixedArray<T,N>& rhs )
{
  return !isEqual( lhs, rhs );
}
```

---

[241] Genau genommen handelt es sich um eine Funktionsschablone. Die Schablonen *equal<>*, *copy<>* sowie die anderen Algorithmen der Standardbibliothek werden z.B. in [Aupperle 2003] besprochen.

📖📖 Zugriff auf die Feldelemente

Die Routinen zum Zugriff auf die Feldelemente bleiben gegenüber der Ausgangversion unverändert. Lediglich die Notation wird an die Schablonensyntax angepasst:

```
//------------------------------------------------------------------
//        op []
//
template<typename T, int N>
T& FixedArray<T,N>::operator [] ( int aIndex )
{
  if ( aIndex < 0 || aIndex >= N )
  {
    cerr << "index " << aIndex << " ungültig! " << endl;
    exit( 1 );
  }

  return mWert[ aIndex ];
} // op []


//------------------------------------------------------------------
//        op []
//
template<typename T, int N>
const T& FixedArray<T,N>::operator [] ( int aIndex ) const
{
  if ( aIndex < 0 || aIndex >= N )
  {
    cerr << "index " << aIndex << " ungültig! " << endl;
    exit( 1 );
  }

  return mWert[ aIndex ];
} // op []
```

📖📖 Ausgabekonzept

Die Originalversion der Klasse `FixedArray` konnte ausschließlich Zahlen speichern. Es war daher einfach, mit Hilfe der Funktion `sprintf` aus der Standardbibliothek einen string zusammen zu bauen:

```
//------------------------------------------------------------------
//        toString  (Originalversion)
//
string FixedArray::toString() const
{
  string result = "( ";
  for ( int i=0; i<mDim; i++ )
  {
    char buf[ 16 ];
    sprintf( buf, "%d ", mWert[i] );
    result.append( buf );
  }
  result.append( " )" );

  return result;
} // toString
```

Diese Implementierung verwendet einen Puffer von 16 Zeichen, um die Stringrepräsentation einer Zahl aufzunehmen. Die Funktion `sprintf` erhält als Formatierer den String `%d`, worauf die Funktion den nächsten Parameter als Wert vom Typ `int` interpretiert.

Für allgemeine Typen (insbesondere Klassen) funktioniert dies nicht: `sprintf` kennt nur eine begrenzte Menge an fundamentalen Typen. Die Ausgabe der Daten einer beliebigen Klasse kann deshalb nicht mit `printf` bewerkstelligt werden.

Die beste Lösung des Problems ist, die Aufgabe der Bereitstellung eines lesbaren Strings mit den Daten eines Objekts einer Klasse dem Klassendesigner zu übertragen: er weiß am besten, wie Objekte seiner Klasse lesbar präsentiert werden können.

Diese Lösung delegiert die Aufgabe also an die zur Instanziierung verwendete Klasse. `FixedArray` fügt die gelieferten Strings nur noch zu einem Ganzen zusammen, und liefert das Ergebnis zurück. Eine Implementierung der Funktion `toString` könnte dann folgendermaßen aussehen:

```
//-------------------------------------------------------------------
//          toString
//
template<typename T, int N>
string FixedArray<T,N>::toString() const
{
  string result = "( ";
  for ( int i=0; i<N; i++ )
  {
    string buf = mWert[i].toString();
    result.append( buf );
  }
  result.append( " )" );

  return result;
} // toString
```

Ein zur Instanziierung verwendeter Typ `T` muss nun eine `toString`-Methode besitzen, ansonsten erhält man einen Syntaxfehler. Folgendes Listing zeigt eine Klasse `A`, für die diese Voraussetzung erfüllt ist:

```
//-------------------------------------------------------------------
//          A
//
struct A
{
  string toString() const;
};
```

Die Funktion sollte eine lesbare Repräsentation eines Objekts der Klasse `A` ausgeben. Wie diese aussehen kann, muss der Klassendesigner entscheiden. Normalerweise wird man zumindest die Datenmitglieder ausgeben, in polymorphen Klassenhierarchien evtl. zusätzlich noch den Typ der eigenen Klasse. Nun kann man z.B. ·

```
FixedArray<A,10> fa;
string s = fa.toString();
```

schreiben.

Ein Nachteil dieser Methode ist natürlich die Tatsache, dass Klassen, die zur Instanziierung von FixedArray verwendet werden sollen, nun eine toString-Methode benötigen. Dies ist z.B. für fundamentale Typen nicht der Fall: diese sind keine Klassen und können deshalb keine Mitgliedsfunktionen enthalten.

Aus dieser Feststellung ergibt sich auch bereits die Lösung: die toString-Funktion des Instanziierungstyps darf nicht als Mitgliedsfunktion ausgeführt werden, sondern muss eine globale Funktion sein. Implementiert man toString für FixedArray z.B. als

```
//-------------------------------------------------------------
//        toString
//
template<typename T, int N>
string FixedArray<T,N>::toString() const
{
  string result = "( ";
  for ( int i=0; i<N; i++ )
  {
    string buf = ::toString( mWert[i] );
    result.append( buf );
  }
  result.append( " )" );

  return result;
} // toString
```

wird bei den Zeilen

```
FixedArray<A,10> fa;
string s = fa.toString();
```

eine globale Funktion toString mit der Signatur

```
string toString( const A& );
```

erwartet.

Beachten Sie bitte, dass in FixedArray::toString eine konstante Mitgliedsfunktion ist. Die Funktion darf daher keine Mitgliedsvariablen ändern, was bei einer Deklaration der globalen Funktion als

```
string toString( A& ); // Fehler!
```

jedoch möglich wäre.

Übung 36-3:

Könnte die globale Funktion auch als

```
string toString( A );
```

implementiert werden?

Übung 36-4:

Implementieren Sie die globale Funktion toString *für die Klasse* Point. *Betrachten Sie insbesondere den Fall nicht-öffentlicher Mitgliedsvariablen in* A.

Übung 36-5:

Implementieren Sie die globale Funktion toString *für die fundamentalen Datentypen* int *und* double.

Die Lösung über eine globale Funktion funktioniert, da sich alle Versionen der toString-Funktion überladen. Sie erfüllt die Forderung, dass die Funktion klassenspezifisch (d.h. für jede Klasse anders) formuliert werden kann. Zusätzlich funktioniert die Lösung auch für Typen, die keine Klassen sind, oder deren Quellcode man nicht verändern kann.

Beachten Sie bitte, dass wir hier die Situation haben, dass eine bestimmte Funktionalität ganz klar klassenspezifisch ist, aber trotzdem nicht als Mitgliedsfunktion der Klasse implementiert werden sollte. Diese Beobachtung widerspricht ein wenig einem bekannten Dogma der Objektorientierung, nach dem alle klassenspezifischen Funktionalitäten auch als Mitglieder zu formulieren sind.

In der Praxis wird eine etwas erweiterte Version dieser Technik mit globalen Funktionen eingesetzt. Anstelle einer Funktion toString verwendet man den Operator <<, den man analog zu toString klassenspezifisch implementiert. Da die zu Grunde liegenden Ströme (*streams*) nicht nur auf der Konsole (wie bisher mit cout immer verwendet) ausgeben können, sondern auch in eine Datei oder eben auch in einen string, ist die Lösung mit den C++ E/A-Streams der

Standardbibliothek die flexibelste Lösung. Wir kommen auf dieses Thema bei der Besprechung der Standardbibliothek ausführlich zurück.

📖📖 Einige Anmerkungen

Die Schablone `FixedArray` in ihrer derzeitigen Form kommt unserem Ziel, einen Ersatz für die fehleranfälligen Felder der Sprache zu finden, bereits recht nahe. `FixedArray` ist im Wesentlichen nichts anderes als eine dünne Schale um ein normales Feld, die die Benutzung des eigentlichen Feldes sicherer und komfortabler macht. Folgende Eigenschaften sind nun vorhanden:

❑ Speicherplatz wird wie bei normalen Feldern zur Übersetzungszeit auf dem Stack allokiert. Dazu muss die Feldgröße zur Übersetzungszeit bekannt sein.

❑ Im Gegensatz zu normalen Feldern wird die Gültigkeit des Index beim Zugriff auf die Feldelemente geprüft.

❑ Zusätzlich zu normalen Feldern besitzt `FixedArray` Eigenschaften, die Felder wie Objekte vollwertige Klassen (*first class objects*) verwendbar machen. Dazu gehören Typsicherheit, Kopierbarkeit und die Vergleichbarkeit. Wir haben dies durch spezielle Mitgliedsfunktionen (Kopierkonstruktor, Zuweisungsoperator, Vergleichsoperator) erreicht.

📖 Effizienzfragen

`FixedArray` kann nun nahezu überall dort eingesetzt werden, wo bisher Standard-C-Felder verwendet wurden. Im Normalfall reicht es aus, Anweisungen der Art

```
double feld[ 256 ];
```

durch

```
FixedArray<double,256> feld;
```

zu ersetzen. Bevor man eine generelle Empfehlung geben kann, sämtliche traditionellen Felder durch `FixedArray` zu ersetzen, müssen die Auswirkungen eines solchen Schrittes für ein Programm klar sein. Die Akzeptanz bei Programmierern wird z.B. dann gering sein, wenn die Effizienz leidet oder das Programm wesentlich größer wird.

Prinzipiell müsste man daher jede einzelne Mitgliedsfunktion von `Fi-xedArray` daraufhin untersuchen, wie sie gegenüber einer traditionellen Lösung abschneidet. Für professionelle Bibliotheken wie z.B. die Standardbibliothek wird dies auch gemacht, wir beschränken uns hier für `FixedArray` auf einige ausgewählte Punkte.

📖   **Objekterzeugung und Zerstörung**

Anweisungen wie z.B.

```
double feld[ 256 ];
```

benötigen keine Laufzeit, da keine Initialisierung der Feldelemente stattfindet. Es wird lediglich Speicherplatz für 256 `double`-Werte auf dem Stack reserviert. Bei der Zerstörung des Feldes gilt das Gleiche: es wird kein Code ausgeführt.

`FixedArray` zeigt exakt das gleiche Verhalten. Durch die leere Implementierung des Standardkonstruktors sowie die Deklaration als inline wird ebenfalls kein Code erzeugt. Da `FixedArray` keinen expliziten Destruktor besitzt, wird ein impliziter Standard-Destruktor erzeugt, der ebenfalls leer ist und wegoptimiert wird.

Für fundamentale Datentypen ist also keine Performance- oder Speicherplatzeinbuße festzustellen.

Übung 36-6:

Analysieren Sie den Fall, wenn zur Instanziierung eine Klasse mit Konstruktoren und Destruktoren verwendet wird.

📖   **Zugriff auf Feldelemente**

Ein Zugriff auf ein Element eines traditionellen Feldes findet ohne Prüfung des Index statt. Code wie z.B.

```
double feld[ 256 ];
feld[ 1000 ] = 2.5;   // OK
```

ist legal und führt bei der Ausführung zu undefiniertem Verhalten.

`FixedArray` führt hier eine zusätzliche Prüfung des Index ein, die im Normalfall zwei Vergleichsoperationen mehr kostet als ein „nackter" Feldzugriff:

```
//----------------------------------------------------------------
//          op []
//
template<typename T, int N>
T& FixedArray<T,N>::operator [] ( int aIndex )
{
   if ( aIndex < 0 || aIndex >= N )
   {
      cerr << "index " << aIndex << " ungültig! " << endl;
      exit( 1 );
   }

   return mWert[ aIndex ];
} // op []
```

Der dadurch zusätzlich auszuführende Code erhöht den Aufwand zum Feldzugriff *auf mehr als das Doppelte.*

Dies klingt zunächst dramatisch. Welcher Programmierer ersetzt ein Verfahren durch ein anderes, wenn das neue Verfahren weniger als halb so schnell wie das Bewährte läuft? In der Praxis fallen die beiden zusätzlichen Vergleichsoperationen jedoch kaum ins Gewicht, da Felder normalerweise relativ klein und beim Zugriff unkritisch sind. Die bei Feldzugriffen verbrauchte Zeit tritt bei normalen Anwendungen weit zurück hinter den anderen Vorgängen, die im Programm ablaufen.

Es gibt jedoch Sonderfälle, in denen die Performance von Feldzugriffen eine wesentliche Rolle spielt. Dazu gehören z.B. Programme aus der Numerik, Simulationsprogramme etc. Dort kommen regelmäßig große Felder bzw. Matrizen vor, und ein wesentlicher Teil des Codes besteht aus Feldzugriffen.

Für diese Anwendungsfälle wünscht man sich eine Möglichkeit, die Prüfung des Index auszuschalten. Dazu gibt es prinzipiell zwei Ansätze:

❑ Verwendung von Präprozessor-Direktiven

❑ Bereitstellung zusätzlicher Zugriffsfunktionen

Lösung mit Präprozessor-Direktiven

Über den C++-Präprozessor können Codeteile in Abhängigkeit eines
Präprozessorsymbols in die Übersetzung eingeschlossen oder von ihr
ausgeschlossen werden. Folgendes Listing zeigt diesen Ansatz:

```
//------------------------------------------------------------------
//        op []
//
template<typename T, int N>
T& FixedArray<T,N>::operator [] ( int aIndex )
{

#ifdef CHECKINDEX
  if ( aIndex < 0 || aIndex >= N )
  {
    cerr << "index " << aIndex << " ungültig! " << endl;
    exit( 1 );
  }
#endif

  return mWert[ aIndex ];
} // op []
```

Hier wird die Prüfung des Index nur durchgeführt, wenn das Präpro-
zessorsymbol CHECKINDEX definiert ist. Der Normalfall wäre also *keine* Prüfung des Index.

Übung 36-7:

*Formulieren Sie das Beispiel so um, dass die Prüfung standardmäßig
eingeschaltet ist und durch die Definition eines Symbols (z.B. NOCH-
ECKINDEX) ausgeschaltet wird.*

Übung 36-8:

*Bei ausgeschalteter Prüfung besteht der Operator nur noch aus einer
einzigen Anweisung. Ändern Sie den Code so ab, dass der Operator
dann (aber nur dann) inline ist.*

*Beachten Sie dabei, dass inline-Funktionen in jeder Übersetzungsein-
heit mit übersetzt werden müssen, „normale" (nicht-inline) Funktionen hingegen nur ein mal übersetzt werden dürfen.*

Lösung über zusätzliche Zugriffsfunktionen

Dieser Ansatz belässt die Operatoren unverändert (d.h. mit der Prüfung), stellt jedoch für spezielle Zwecke weitere Funktionen ohne Prüfung bereit:

```
//------------------------------------------------------------
//        FixedArray
//
template<typename T, int N>
class FixedArray
{
public:

  //--Zugriff ------------------------------------------------
  //

          T& operator [] ( int );              // mit Prüfung des Index
    const T& operator [] ( int ) const;

        T& at( int );                          // ohne Prüfung des Index
    const T& at( int ) const;

    /* ... weitere Mitglieder */
}; // FixedArray


//------------------------------------------------------------
//        at
//
template<typename T, int N>
inline T& FixedArray<T,N>::at( int aIndex )
{
    return mWert[ aIndex ];
} // at
//------------------------------------------------------------
//        at
//
template<typename T, int N>
inline const T& FixedArray<T,N>::at( int aIndex ) const
{
    return mWert[ aIndex ];
} // at
```

Die neuen Funktionen sind selbstverständlich inline deklariert.

Ein Anwender der Schablone FixedArray kann nun wählen, ob ihm der Effizienzgewinn wichtiger als die zusätzliche Sicherheit beim Feldzugriff ist. Normalerweise wird man *immer* die Sicherheit in den Vordergrund stellen, bei „ungefährlichen" Codeteilen wie z.B. in der Schleife

```
FixedArray<double,255> feld;
for ( int i=0; i<255; i++ )
   feld.at(i) = 0.01;
```

kann man dagegen durchaus auf die Prüfung verzichten.

Auf den zweiten Blick sieht die Sache jedoch wieder anders aus. Wer hat sich nicht schon einmal über einen leicht zu übersehenden „Schleifenfehler" wie z.B. in

```
FixedArray<double,255> feld;
for ( int i=0; i<=255; i++ )
  feld,at(i) = 0.01;
```

geärgert? Der Effizienzgewinn macht den Sicherheitsverlust praktisch *niemals* wett[242].

⌨⌨ Kompatibilitätsfragen

Obwohl `FixedArray` in den meisten Fällen die traditionellen Felder direkt ersetzen kann, bleiben einige Fragen offen. So kann ein traditionelles Feld z.B. über Indexnotation[243] als auch über Zeigernotation bearbeitet werden. Folgendes Beispiel zeigt beide Möglichkeiten:

```
int f[10];              // Feld mit 10 int-Werten

int i1 = f[3];          // Feldelement mit Index 3 („Feldnotation")
int i2 = *(f+3);        // dito („Zeigernotation")
```

FixedArray unterstützt bisher nur die Feldnotation:

```
FixedArray<int,10> f;   // Feld mit 10 int-Werten

int i1 = f[3];          // Feldelement mit Index 3 („Feldnotation")
```

Um die Zeigernotation zu unterstützen, wird zusätzlich noch ein `Operator +` benötigt, der einen Wert vom Typ `int*` zurückliefert, damit Ausdrücke wie

```
f+3                     // Zeiger vom Typ int*, auf drittes Feldelement
```

bzw. nach Dereferenzierung wie im Beispiel oben

```
int i2 = *(f+3);        // Wert des dritten Feldelementes
```

möglich sind.

---

242   Hier wäre also die Variante mit der Präprozessordirektive günstiger: Während der Entwicklungs- und Testphasen akzeptiert man den Performanceverlust zu Gunsten erhöhter Sicherheit und hofft, so alle Fehler bei Feldzugriffen zu finden. Für die Auslieferungsversion dagegen schaltet man die Tests mit einem Handgriff ab..

243   Index- und Zeigernotation bei Feldern haben wir in Kapitel 11 (Zeiger und Referenzen) ab Seite 241 besprochen.

Folgendes Listing zeigt Definition und Implementierung:

```
//------------------------------------------------------------
//        FixedArray
//
template<typename T, int N>
class FixedArray
{
public:

  //--Zugriff ------------------------------------------------
  //

  T* operator + ( int );

  /* ... weitere Mitglieder */
}; // FixedArray


//------------------------------------------------------------
//        op +
//
template<typename T, int N>
T* FixedArray<T,N>::operator + ( int aOffset )
{
  if ( aOffset < 0 || aOffset >= N )
  {
    cerr << "offset " << aOffset << " ungültig! " << endl;
    exit( 1 );
  }

  return mWert+aOffset;
} // op +
```

Auch hier wird – analog zum `Operator []` – der Zugriff nach der Prüfung einfach auf das interne Feld `mWert` weitergeleitet.

Übung 36-9:

Im Fall des `Operator []` haben wir eine konstante und eine nicht konstante Variante des Operators benötigt. Ist dies für `Operator +` ebenfalls erforderlich? Wie würde die Implementierung aussehen?

Übung 36-10:

Wird zusätzlich auch ein `Operator -` benötigt? Wie würde die Implementierung aussehen?

Übung 36-11:

Ergänzen Sie die Implementierung der neuen Operatoren um Präprozessor-Direktiven, um die Prüfung des Index abzuschalten. Denken Sie auch daran, dass die Operatoren dann inline sein sollten.

Eine weitere Kleinigkeit muss noch bedacht werden. Mit traditionellen Feldern kann man z.B.

```
int f[10];              // Feld mit 10 int-Werten

int i1 = *f;            // Feldelement mit Index 0 („Zeigernotation")
```

schreiben. Dabei ist der Ausdruck *f eine Kurzform für *(f+0), es handelt sich also um einen Zugriff über Zeigernotation. FixedArray benötigt also zusätzlich noch einen Operator *, dessen Implementierung nun keine Schwierigkeiten mehr bereiten dürfte.

Übung 36-12:

Implementieren Sie den noch fehlenden Operator * *für* FixedArray. *Benötigen wir auch hier eine konstante und eine nicht-konstante Variante? Können auch hier die Präprozessor-Direktiven wie bei den anderen Operatoren sinnvoll eingesetzt werden?*

📖📖 Zusammenfassung

Durch den Einsatz von Schablonen haben wir unser Projekt Fixed-Array einen · wesentlichen Schritt weitergebracht. Der wichtigste Punkt dabei war die Vermeidung der dynamischen Speicherallokation und den damit evtl. zur Laufzeit möglichen Fehlersituationen. Die Schablone FixedArray allokiert den benötigten Speicher auf dem Stack, genauso wie die traditionellen Felder, die die Schablone ja ersetzen soll.

Bei genauerer Betrachtung *besteht* FixedArray aus einem traditionellen Feld, die Schablone kapselt jedoch die Zugriffe von außen in Mitgliedsfunktionen und kann so vor jedem Zugriff Sicherheitsprüfungen durchführen. FixedArray enthält außer dieser *Weiterleitung* von Zugriffen keine weitere Funktionalität (wenn man von Zusatzfunktionen wie Vergleich oder toString einmal absieht), entsprechend sind die Mitgliedsfunktionen inline deklariert.

Schablonen wie FixedArray sind für die Praxis von großer Bedeutung. Sie schließen eine Lücke, die die Sprache C++ (aus Kompatibilitätsgründen zur Sprache C) im Bereich der Felder besitzt. Das Projekt FixedArray zeigt aber auch, wie die Sprachmittel von C++ eingesetzt werden können, um solche fehlenden Funktionalitäten bereitzustellen. Ein wichtiger Punkt dabei ist, dass dies ohne Effizienzeinbuße möglich ist.

📖📖 Weitere Entwicklung

Damit ist das Projekt FixedArray im Wesentlichen abgeschlossen. Es fehlt noch eine professionelle Fehlerbehandlung z.B. bei der Überprüfung des Index in den Zugriffsoperatoren. In der derzeitigen Fassung wird das Programm über die Funktion exit einfach mit einer Fehlermeldung beendet. Von einem professionellen Fehlermechanismus wird erwartet, dass ein Fehler an den Aufrufer weitergeleitet wird, der dann über das weitere Vorgehen entscheiden muss. Die Philosophie ist so, dass der Aufruf einer Funktion immer etwas zurückliefern muss – dies kann auch eine Mitteilung über einen Fehler sein, wenn das gewünschte Ergebnis nicht berechnet werden kann. C++ bietet dies mit dem Sprachmittel der *Ausnahmen* (*exceptions*) die wir im nächsten Kapitel vorstellen werden.

37 Ausnahmen

C++ verfügt mit dem Konzept der Ausnahmen (exceptions) über ein Sprachmittel, um Fehlersituationen elegant behandeln zu können. Dadurch kann ein Programm mit Fehlern umgehen, ohne die klassischen Fehler-Rückgabewerte mit den obligatorischen Abfragen in der aufrufenden Funktion verwenden zu müssen.

▢▢ Das Problem

Nehmen wir an, wir benötigten eine Funktion, die die Quadratwurzel aus einer Zahl berechnet und das Ergebnis zurückliefert. Eine erste Implementierung könnte etwa folgendermaßen aussehen:

```
double squareRoot( double value )
{
  return sqrt( value );
}
```

Die Implementierung verwendet hier einfach die Funktion sqrt aus der Standardbibliothek, die die Quadratwurzel aus einer Fließkommazahl berechnet.

Diese Implementierung der Funktion squareRoot lässt jedoch einige Aspekte des Problems unberücksichtigt. Der Programmierer ist hier z.B. ganz automatisch davon ausgegangen, dass die Funktion ausschließlich mit nicht-negativen Werten aufgerufen wird. Dieses Erkenntnis zeigt bereits die gesamte Problematik der Fehlerbehandlung: Man konzentriert sich ausschließlich auf den sog. *Gutfall*, d.h. man betrachtet ausschließlich die eigentliche Funktionalität, die es zu implementieren gilt. Dies wird auch bereits aus der Aufgabenstellung deutlich: „Die Funktion soll die Quadratwurzel ziehen". *Für welche Werte* dies überhaupt möglich ist, wird in der Aufgabenstellung nicht erwähnt. In der Praxis führt dies dann regelmäßig zu obiger Implementierung der Funktion und die Probleme sind vorprogrammiert.

📖 Fehlerbehandlung in der Funktion selber

Die Funktion `sqareRoot` ist schnell mit einer Prüfung des Parameters ausgerüstet. Die schwierigere Frage ist, was man im Problemfall (*Schlechtfall*) tun soll. Eine Möglichkeit ist die sofortige Beendigung des Programms, evtl. nach einer erklärenden Meldung:

```
double squareRoot( double value )
{
  if ( value < 0.0 )
  {
    cerr << "Wert ist kleiner 0!" << endl;
    exit( 1 );
  }

  return sqrt( value );
}
```

Diese Technik haben wir im Buch bisher immer verwendet. Sie hat jedoch zwei gravierende Nachteile:

❏ Die „harte" Beendigung des Programms ist nicht immer erwünscht. Besser wäre eine geeignete Behandlung des Fehlers (z.B. durch Anzeige einer Fehlermeldung) und die Fortsetzung des Programms.

❏ Die Ausgabe über `cerr` ist nicht immer möglich. Im Falle von Windows-Programmen zum Beispiel benötigt man eine Dialogbox, in der eine Fehlermeldung angezeigt wird.

📖 Rückmeldung eines Fehlercodes

Es ist also klar, dass die Funktion `squareRoot` eventuelle Fehler nicht selber behandeln, sondern lediglich erkennen und ihren Aufrufer darüber informieren sollte.

Eine traditionelle Methode dazu verwendet spezielle Werte aus dem Ergebnis, um solche Fehlersituationen zu codieren. Für unsere Funktion `squareRoot` bietet sich ein negativer Wert an, da negative Werte als Ergebnis nicht vorkommen können:

```
const double squareRootInvalidArgument = -1.0;

double squareRoot( double value )
{
  if ( value < 0.0 )
    return squareRootInvalidArgument;

  return sqrt( value );
}
```

Wird die Funktion nun mit einem ungültigen Wert aufgerufen, liefert sie ein definiertes Ergebnis zurück.

In dieser Lösung ist es die Aufgabe des Aufrufers der Funktion, den Rückgabewert auf Fehlercodes zu prüfen. Wird dies allerdings vergessen, können unerwünschte Ergebnisse die Folge sein. Einen typischen Fall zeigt folgendes Listing einer Funktion f:

```
double f( double val1, double val2 )
{
  return squareRoot( val1 ) + squareRoot( val2 );
}
```

Was kann man über den Rückgabewert von f sagen, wenn einer der Parameter negativ ist?

Die Problematik dieses Ansatzes liegt in folgenden beiden Punkten:

❑ Die Codierung von Fehlersituationen muss sowohl in der Funktion selber als auch im aufrufenden Programm in gleicher Weise erfolgen. Im aufrufenden Programm müssen *sämtliche* Fehlercodes speziell geprüft werden, die die Funktion zurückliefern kann. Wenn z.B. die Funktion in einer anderen Abteilung der Firma entwickelt wurde (und auch dort weiterentwickelt wird), kann man leicht neu hinzugefügte Codes vergessen. Tritt dann einmal genau einer dieser Fehler auf, ist der Effekt dann der gleiche wie im obigen Beispiel. Man kann das Problem etwas entschärfen, in dem man einen Wertebereich definiert, in dem alle derzeitigen und zukünftigen Fehlercodes liegen müssen. In unserem Beispiel bieten sich negative Zahlen an, da diese nicht vorkommen können.

❑ Die Wahl der Werte für Fehlercodes kann schwierig sein. Nicht immer ist es möglich, einen Wertebereich zu finden, der nicht auch im Gutfall möglich wäre. Was soll man z.B. zurückgeben, wenn die Parameterprüfung in `Operator []` unserer Schablone `Fixed-Array` einen Fehler feststellt?

```
//---------------------------------------------------------------
//        op []
//
template<typename T, int N>
T& FixedArray<T,N>::operator [] ( int aIndex )
{
  if ( aIndex < 0 || aIndex >= N )
    return ?????

  return mWert[ aIndex ];
} // op []
```

Jeder mögliche Wert ist problematisch, da er ja auch als „normaler" Wert, den ein Benutzer im Feld speichern möchte, vorkommen könnte.

📖📖 Anforderungen an ein bessere Lösung

Man benötigt also eine Möglichkeit, eine Fehlersituation so von einer Funktion an den Aufrufer zu melden, dass die normale Übergabe und Rückgabe von Werten über die Parameter davon völlig unabhängig ist.

Als zweite Forderung wäre zu nennen, dass die Meldung einer Fehlersituation vom Aufrufer nicht ignoriert werden kann. Ist ein Fehler einmal festgestellt, darf es nicht möglich sein, ihn zu ignorieren. Es muss eine Stelle geben, die den Fehler behandelt – und dort kann man den Fehler dann ignorieren, sofern dies sinnvoll ist. Dazu notwendiger Code sollte jedoch explizit formuliert werden müssen, so dass ein Leser des Codes sieht, dass der Fehler bewusst ignoriert wurde.

📖📖 Ausnahmen

Das Sprachmittel der *Ausnahmen* (*exceptions*) erfüllt beide Forderungen und eröffnet darüber hinaus sogar noch weiter gehende Möglichkeiten. Das Prinzip dabei ist, dass neben der „normalen", standardmäßigen Funktionsbeendigung mit `return` ein paralleler, weiterer Weg möglich ist, der nur im Fehlerfalle verwendet ist. Auch dabei ist es möglich, Werte von der Funktion zum Aufrufer zu übertragen, allerdings sind die Modalitäten dabei etwas anders als bei der Rückgabe von Werten über `return`.

Das Konzept geht von der Überlegung aus, dass nach dem Feststellen eines Fehlers eine „normale" Fortsetzung des Programms nicht mehr möglich ist. Statt dessen wird die Kontrolle an einen sog. *Behandler* (*handler*) übergeben, der dann für die Behandlung der Fehlersituation zuständig ist. Das Konzept enthält keine implizite Wiederholmöglichkeit oder Fortsetzungsmöglichkeit für die fehlgeschlagene Funktion, obwohl dies natürlich durch den Programmierer z.B. durch eine Schleifenkonstruktion immer möglich ist.

Eine weitere wichtige Eigenschaft des Konzepts ist, dass sich der Behandler nicht in der gleichen Funktion befinden muss, in der der Fehler festgestellt wurde. Dadurch ist es z.B. möglich, einen gemeinsamen Behandler für Fehlersituationen, die an unterschiedlichen Stellen auftreten können, zu definieren. Für das Auffinden des in Frage kommenden Behandlers gibt es Regeln, die je nach Situation einen aus potentiell vielen möglichen Behandlern auswählen. Diese Regeln sind es, die die Ausnahmebehandlung in C++ zu einem extrem starken Sprachmittel für die Behandlung von Fehlersituationen machen.

⨆⨆ Beispiel

Folgendes Listing zeigt unsere Funktion squareRoot, die unter bestimmten Bedingungen eine *Ausnahme wirft*:

```
double squareRoot( double value )
{
  if ( value < 0.0 )
  {
    throw "Wert ist kleiner 0!";
  }

  return sqrt( value );
}
```

Die sprachliche Form *eine Ausnahme werfen* (*to throw an exception*) erscheint beim ersten Lesen etwas ungewöhnlich, trifft den Sachverhalt jedoch genau. Die throw-Anweisung beendet nämlich die aktuelle Funktion sofort und springt zu einem Behandler. Sie „wirft" ihr Argument (hier eine Zeichenkette) quasi unter Umgehung des normalen Programmflusses direkt zu diesem Behandler.

In der folgenden Funktion g ist ein solcher Behandler angeordnet:

```
void g()
{
  try
  {
    squareRoot( 1.0 );      // #1
    squareRoot( -1.0 );     // #2
    squareRoot( 3.5 );      // #3
  }
  catch( const char* excp )
  {
    cerr << excp << endl;
    exit( 1 );
  }
}
```

Die Funktion g soll die Wurzeln aus drei Zahlen berechnen, entsprechend wird die Funktion squareRoot drei mal aufgerufen. Neu ist, dass sich die Aufrufe in einem *try-Block* befinden, an den sich ein *catch-Block* anschließt.

Der *catch-Block* repräsentiert den Behandler. Dabei handelt es sich also nicht um eine Behandlungs*funktion*, sondern um einen (normalen) Codeblock, der allerdings durch das Schlüsselwort `catch` eingeleitet wird.

Der *try-Block* schließt Code ein, dessen Ausnahmen durch den nachfolgenden catch-Block *gefangen* werden sollen. `try` und `catch` gehören immer zusammen: beide Blöcke müssen direkt aufeinander folgen.

Wird nun g ausgeführt, wird als erstes `squareRoot` #1 aufgerufen. Da das Argument größer 0 ist, wird die `throw`-Anweisung in der Funktion nicht ausgeführt und die Funktion kehrt zum Aufrufer zurück. Als nächstes wird `squareRoot` #2 aufgerufen: hier ist das Argument ungültig, und die `throw`-Anweisung wird ausgeführt. Sie bewirkt, dass die Funktion `squareRoot` abgebrochen und zu einem Behandler verzweigt wird. Dabei wird das Argument der `throw`-Anweisung (hier die Zeichenkette `Wert ist kleiner 0`) als Argument an den catch-Block übergeben. In unserem Beispiel drucken wir die Meldung aus und beenden das Programm wie gehabt.

Beachten Sie bitte, dass `squareRoot` #3 nicht mehr ausgeführt wird.

📖📖 Einige Anmerkungen

Das kleine Beispiel aus dem letzten Abschnitt zeigt bereits einige interessante Dinge, die für das Design eines Programms, das aktiv auf Fehler reagieren möchte, von einiger Bedeutung sind:

❑ Bei der Implementierung einer Funktion muss man sich über mögliche Behandler noch keine Gedanken machen, sondern kann sich auf das Erkennen von Fehlern konzentrieren. In jeder Fehlersituation wird einfach eine Ausnahme geworfen.

Die Funktion `squareRoot` z.B. kann entwickelt und übersetzt werden, ohne dass die endgültige Behandlung von Fehlern in einem Anwendungsprogramm bekannt sein muss:

```
double squareRoot( double value )
{
  if ( value < 0.0 )
  {
    throw "Wert ist kleiner 0!";  // hier noch kein Behandler erforderlich
  }

  return sqrt( value );
}
```

❑ Kehrt eine Funktion „normal" zurück, kann man sicher sein, dass kein Fehler aufgetreten ist. Man kann daher z.B. problemlos die Anweisungsfolge

```
squareRoot( 1.0 );      // #1
squareRoot( -1.0 );     // #2
squareRoot( 3.5 );      // #3
```

schreiben und sicher sein, dass bei Aufruf von `squareRoot` #3 die beiden vorigen Aufrufe fehlerlos ausgeführt wurden – ansonsten würde das Programm gar nicht bis zu dieser Stelle kommen. Man kann also auf die ständigen Fehlerabfragen bei Funktionsaufrufen verzichten und sich auf die Codierung des eigentlichen Problems konzentrieren. Der (sicherlich notwendige) Code zur Fehlerbehandlung steht an anderer Stelle.

❑ Man kann nicht mehr sicher sein, dass „normale" Anweisungsfolgen auch ganz ausgeführt werden. Dem Codestück

```
f1();
f2();
f3();
```

sieht man nicht direkt an, dass die drei Funktionen evtl. nicht alle drei hintereinander ausgeführt werden. Ein Design, dass sich z.B. darauf verlässt, dass `f3` immer ausgeführt wird, wenn `f1` durchgelaufen ist, ist problematisch.

Übung 37-1:

Was bedeutet diese Erkenntnis z.B. für folgende Funktion g?

```
void g()
{
  A* ap = new A;
  f( ap );
  delete ap;
}
```

A *soll dabei eine beliebige Klasse sein.*

Auffinden des Behandlers

Wird eine Ausnahme geworfen, muss ein passender Behandler gefunden werden. Dazu gibt es einige Regeln, die wir in den folgenden
Abschnitten erläutern.

try und catch

Damit eine Ausnahme von einem Behandler gefangen werden kann,
muss sie innerhalb des zugehörigen try-Blockes geworfen werden.

Im folgenden Codesegment wird eine Ausnahme vom Typ int geworfen. Der Behandler (catch-Block) kommt zum Fangen dieser
Ausnahme in Betracht, da die Ausnahme im zugehörigen try-Block
geworfen wird:

```
try
{
  throw 21;
}
catch( int )
{
  exit( 1 );
}
```

Beachten Sie bitte, dass es nicht unbedingt erforderlich ist, dass die
Ausnahme *direkt* im try-Block geworfen wird. Es ist durchaus mög-
lich, dass eine Hierarchie von Funktionsaufrufen dazwischen liegt.
Schreibt man z.B.

```
try
{
  f();
}
catch( int )
{
  exit( 1 );
}
```

können Ausnahmen, die in f geworfen werden, ebenfalls vom Behandler gefangen werden. Die Funktion f kann ihrerseits wieder weitere Funktionen aufrufen etc: auch alle Ausnahmen dort können durch den Behandler gefangen werden.

Damit dieser Mechanismus über Funktionsaufrufgrenzen hinweg funktioniert, sind keine besonderen Maßnahmen bei der Implementierung von f erforderlich. Insbesondere benötigt f keinen eigenen try-Block o.ä.

Im folgenden Codesegment ruft f eine weitere Funktion g auf, die letztendlich die Ausnahme wirft:

```
//-------------------------------------------------------------
//        g
//
void g()
{
  throw 21;
}

//-------------------------------------------------------------
//        f
//
void f()
{
  g();
}

//-------------------------------------------------------------
//        h
//
void h()
{
  try
  {
    f();
  }
  catch( int )
  {
    exit( 1 );
  }
}
```

Wird Code innerhalb eines try-Blocks ausgeführt, bezeichnet man diesen try-Block auch als *aktiv*. Allgemein gilt, dass Ausnahmen immer von einem Behandler eines aktiven try-Blocks gefangen werden können.

📖 Die Suche verläuft von innen nach außen

Die Suche eines Behandlers beim Werfen einer Ausnahme erfolgt also von „innen" nach „außen". Befindet sich der Code, der die Ausnahme wirft, in der aktuellen Funktion nicht in einem try-Block, wird die

aufrufende Funktion untersucht, etc. Wird irgendwann ein umschließender `try`-Block gefunden, kommt dessen Behandler zum Fangen
in Frage. Befindet sich der Code überhaupt nicht in einem `try`-Block,
wird das Programm beendet.

Try-Blöcke (und damit zugehörige Behandler) können geschachtelt
werden. Folgendes Codesegment zeigt ein einfaches Beispiel:

```
try
{
  try
  {
    throw 21;
  }
  catch( int ) // #1
  {
    cerr << "catch #1" << endl;
    exit( 1 );
  }
}
catch( int )  // #2
{
  cerr << "catch #2" << endl;
  exit( 1 );
}
```

Da die Suche von innen nach außen verläuft, wird Behandler #1 aufgerufen.

Weitaus häufiger ist der Fall, dass die Schachtelung in einer Funkti-
onsaufrufhierarchie versteckt ist, wie hier wieder an den Funktionen
`f`, `g` und `h` gezeigt:

```
//------------------------------------------------------------------
//          g
//
void g()
{
  throw 21;
}

//------------------------------------------------------------------
//          f
//
void f()
{
  try
  {
    g();
  }
  catch( int )
  {
    cerr << "Fehler beim Aufruf von g!" << endl;
    exit( 1 );
  }
}
```

```
//------------------------------------------------------------------
//        h
//
void h()
{
  try
  {
    f();
  }
  catch( int )
  {
    cerr << "Fehler beim Aufruf von f!" << endl;
    exit( 1 );
  }
}
```

Der Programmierer der Funktion f rechnet hier mit eventuellen Problemen in der Funktion g und klammert den Aufruf von g daher in einen try-Block, gefolgt von einem entsprechenden Behandler, der Ausnahmen aus g abfangen soll. Da die Funktion h ihrerseits f aufruft, erhält man auch hier eine Schachtelung von try-Blöcken.

Ruft man h auf, wird als Ergebnis wie erwartet Fehler beim Aufruf von g! ausgegeben.

📖 Die Ausnahmebehandlung ist typisiert

Eine throw-Anweisung wirft immer ein Objekt eines bestimmten Typs. Dieser Typ des Ausnahmeobjekts ist ein Kriterium zur Auswahl des Behandlers.

Ein Behandler ist genau dann qualifiziert, wenn der Typ des Parameters im catch-Block der Typ des Ausnahmeobjekts ist bzw. eine implizite Konvertierung möglich ist. Schreibt man z.B.

```
try
{
  throw 21;
}
catch( int )
{
  exit( 1 );
}
```

ist klar, dass der Behandler qualifiziert ist, denn der Typ des Ausnahmeobjekts (hier int) stimmt mit dem Typ des Parameters des catch-Blockes überein[244].

---

244 Genau so wie bei Funktionsaufrufen ist es nicht unbedingt erforderlich, auch einen Parameter zu definieren. Da wir das Programm einfach beenden sind wir an der konkreten Ausnahme nicht interessiert und deklarieren deshalb auch keinen Aktualparameter.

In diesem Fall ist der Handler ebenfalls qualifiziert, da eine implizite
Konvertierung von int nach long möglich ist:

```
try
{
  throw 21;
}
catch( long value )
{
  cerr << "Der Wert ist " << value << endl;
  exit( 1 );
}
```

Kann keine implizite Konvertierung durchgeführt werden, kommt der
Behandler nicht in Frage:

```
try
{
  throw 21;
}
catch( const char* ) // fängt die Ausnahme nicht
{
  exit( 1 );
}
```

In einem solchen Fall wird der catch-Block einfach ignoriert, d.h. die
Suche nach einem geeigneten Behandler geht weiter – das Verfahren
schreitet zum nächsten umschließenden try-Block fort, und untersucht den Typ des zugeordneten Behandlers – bis schließlich ein passender Behandler gefunden oder das Programm beendet wird.

Folgendes Programmsegment zeigt eine Beispiel mit geschachtelten
try-Blöcken:

```
//------------------------------------------------------------
//        g
//
void g()
{
  throw 21;
}


//------------------------------------------------------------
//        f
//
void f()
{
  try
  {
    g();
  }
  catch( const char*  )                    // #1
  {
    cerr << "Fehler beim Aufruf von g!" << endl;
    exit( 1 );
  }
}
```

```
//------------------------------------------------------------------
//          h
//
void h()
{
  try
  {
    f();
  }
  catch( int )                            // #2
  {
    cerr << "Fehler beim Aufruf von f!" << endl;
    exit( 1 );
  }
}
```

Wird die Funktion h aufgerufen, resultiert dies im Werfen einer Ausnahme vom Typ int. Zu diesem Zeitpunkt sind zwei try-Blöcke aktiv, jedoch der Behandler des inneren Blocks (#1) kommt auf Grund des Typs nicht in Frage. Die Suche schreitet fort und findet Behandler #2, dessen Typ passt. Der Aufruf von h resultiert daher in der Ausgabe Fehler beim Aufruf von f! gefolgt von der Beendigung des Programms.

Beachten Sie bitte, dass es nicht wie bei überladenen Funktionen eine Auswahl des am besten passenden Behandlers gibt. Die Behandler der aktiven try-Blöcke werden streng sequentiell von innen nach außen untersucht: wird ein passender Behandler gefunden, bricht die Suche ab. Dies bedeutet z.B. in folgendem Fall, dass Behandler #1 aufgerufen wird, obwohl Behandler #2 besser passen würde:

```
try
{
  try
  {
    throw 21;
  }
  catch( long ) // #1
  {
    cerr << "catch #1" << endl;
    exit( 1 );
  }
}
catch( int )  // #2
{
  cerr << "catch #2" << endl;
  exit( 1 );
}
```

📖   **Behandler können „hintereinander geschaltet" werden**

Ein try-Block kann mehrere zugeordnete Behandler besitzen.
Schreibt man z.B.

```
try
{
  throw 21;
}
catch( int exp )
{
  ...
}
catch( const char* exp )
{
  ...
}
```

wird im Falle einer Ausnahme zuerst der erste Behandler auf Qualifikation geprüft. Ist dieser nicht qualifiziert, wird der nächste folgende
Behandler geprüft etc. Die obige Konstruktion von zwei hintereinander geschalteten Behandlern kann also alle Ausnahmen fangen, die
zu int bzw. const char* gewandelt werden können.

Auch hier läuft die Prüfung streng sequentiell ab: nur wenn ein Behandler nicht passt, wird der jeweils nächste untersucht. Daraus ergeben sich Konsequenzen für sinnvolle Kombinationen von Behandlern. Schreibt man z.B.

```
catch( int  )            // #1
{
  ...
}
catch( long )            // #2
{
  ...
}
```

wird Behandler #2 niemals aufgerufen, da auch Ausnahmen vom Typ
long auf Grund der möglichen impliziten Konvertierung zu int von
Behandler #1 gefangen werden. Im Zusammenhang mit Klassenhierarchien für Ausnahmeobjekte ergeben sich weitere Konsequenzen
z.B. für die Reihenfolge von Behandlern, auf die wir weiter unten
noch genauer eingehen.

📖 Namensauflösung bei Funktionen und Auffinden eines Behandlers

Die Suche nach einem geeigneten Behandler zeigt einige Gemeinsamkeiten zum Verfahren der Auswahl einer Funktion aus einer Reihe von überladenen Funktionen.

Zunächst einmal ist der Mechanismus der Übergabe eines Ausnahmeobjekts an einen Behandler identisch zu einem Funktionsaufruf. In beiden Fällen wird eine Kopie des Objekts auf dem Stack erzeugt, mit dem die Funktion (bzw. der Code im `catch`-Block) arbeitet. Der Parameter der Funktion bzw. des `catch`-Blocks ist eine gewöhnlich lokale Variable innerhalb der Funktion bzw. innerhalb des `catch`-Blocks. Beim Aufruf sind in beiden Fällen die gleichen (impliziten) Konvertierungen möglich.

Unterschiede gibt es jedoch zwischen der Auswahl einer Funktion anhand ihrer Parameter und der Auswahl eines Behandlers:

❑ Im Falle von überladenen Funktionen müssen die in Frage kommenden Funktionen im gleichen Gültigkeitsbereich deklariert sein. Funktionen anderer (umschließender) Gültigkeitsbereiche werden grundsätzlich nicht betrachtet. Das Auswahlverfahren versucht, die anhand der Parameterlisten am besten passende Funktion zu finden. Dies wird durch die Möglichkeit mehrerer Parameter sowie von Parametern mit Vorgabewerten kompliziert.
Im Gegensatz dazu können Behandler aus unterschiedlichen Gültigkeitsbereichen in Frage kommen. Konkret sind prinzipiell alle Behandler aus allen gerade aktiven `try`-Blöcken möglich.

❑ Die Auswahl aus einer Reihe überladener Funktionen erfolgt nach einem Verfahren, dass die am besten passende Funktion zu ermitteln versucht. Behandler werden dahingegen streng sequentiell von innen nach außen überprüft. Der erste Behandler, der passt, wird verwendet – unabhängig davon, ob es noch weitere, evtl. besser passende Behandler geben könnte.

📖📖 **Fortsetzung des Programms**

Bisher wurden unsere Programme beim Auftreten einer Ausnahme sofort beendet – jeder Behandler enthielt einen Aufruf der Funktion exit.

Dies muss jedoch nicht so sein: auch nach dem Werfen und Fangen einer Ausnahme kann das Programm ganz normal fortgesetzt werden. Betrachten wir dazu folgende Implementierung der Funktion h:

```
//--------------------------------------------------------------
//        h
//
void h()
{
  cout << "Vor try-Block" << endl;

  try
  {
    cout << "Vor Aufruf f" << endl;
    f();
    cout << "Nach Aufruf f" << endl;
  }
  catch( int )
  {
    cout << "Im catch-Block" << endl;
  }

  cout << "nach catch-Block" << endl;
}
```

Insgesamt sind drei unterschiedliche Fälle möglich:

❑ Innerhalb von f wird keine Ausnahme geworfen. Das Programm wird „normal" ausgeführt, d.h. die Anweisungen werden nacheinander durchlaufen. Da keine Ausnahme gefangen wird, wird der Code im Behandler nicht ausgeführt – als Ergebnis erhält man

```
Vor try-Block
Vor Aufruf f
Nach Aufruf f
nach catch-Block
```

❑ In f wird eine Ausnahme geworfen, die vom Behandler gefangen werden kann. In diesem Fall erhält man folgende Ausgabe:

```
Vor try-Block
Vor Aufruf f
Im catch-Block
nach catch-Block
```

Nichts neues mehr ist, dass von der throw-Anweisung direkt in den Behandler verzweigt wird. Das Programm wird jedoch – genau wie im Gutfall – mit der nächsten Anweisung nach dem Behandler fortgesetzt.

❏ In f wird eine Ausnahme geworfen, die der Behandler nicht fangen kann. Man erhält dann folgende Ausgabe:

```
Vor try-Block
Vor Aufruf f
```

Die weitere Programmausführung hängt nun davon ab, ob es außerhalb der Funktion h noch weitere aktive try-Blöcke gibt, die die Ausnahme fangen können.

Untypisierte Behandler

Definiert man einen Behandler mit einer Ellipse[245], kann er Ausnahmen beliebiger Typen fangen. Ein solcher *untypisierter Behandler* wird daher oft als letzter Behandler in hintereinandergeschalteten Behandlern eines try-Blocks verwendet, um bis dahin nicht abgefangene Ausnahmen fangen zu können.

Ein Programmierer kann einen solchen Behandler z.B. verwenden, um sicherzustellen, dass aus „seiner" Funktion keine Ausnahmen nach oben propagiert werden können, selbst wenn er nicht genau weiß, welche Ausnahmen die von ihm gerufenen Funktionen evtl. werfen können. Schreibt man z.B.

```
//------------------------------------------------------------
//          f
//
void f()
{
  try
  {
    g1();
    g2();
    g3();
  }
  catch( int excp )
  {
    /* ... */
  }
  catch( const char* excp )
  {
    /* ... */
  }
  catch( ... )
  {
    /* ... */
  }
}
```

---

[245] Die *Ellipse* haben wir bei Funktionen mit variablen Parameterlisten in Kapitel 6 ab Seite 147 besprochen.

kann man sicher sein, dass keine Ausnahme aus der Funktion f nach oben propagiert werden kann, ganz unabhängig davon, welche Ausnahmen die g-Funktionen eventuell werfen.

▭▭ Propagieren von Ausnahmen

Wir haben weiter oben das Verfahren zum Auffinden eines geeigneten Behandlers zu einer Ausnahme als Prozess beschrieben, der von der throw-Anweisung von innen nach außen fortschreitet bis ein geeigneter Behandler gefunden ist – bzw. wenn kein Behandler gefunden werden kann – das Programm beendet.

Der Code, der dazu notwendig ist, wird vom Compiler automatisch eingefügt, wenn try- bzw. catch-Blöcke übersetzt werden. Aus der Sicht einer Funktion kann man auch sagen, dass dieser Code eine Ausnahme „nach oben durchschiebt", wenn sie nicht lokal behandelt werden kann. Dieses „Durchschieben" von Ausnahmen „durch eine Funktion" nach oben wird auch als *Propagieren von Ausnahmen* (*exception propagation*) bezeichnet.

▭ Implizites Propagieren

In einem Codesegment wie z.B.

```
void f()
{
  g();
}
```

ist kein Code zur Behandlung von Ausnahmen vorhanden. Alle aus g kommenden Ausnahmen müssen daher direkt an den Aufrufer von f weitergeleitet (*propagiert*) werden. Da dies ohne Zutun des Programmierers erfolgt, spricht man auch von *implizitem Propagieren* von Ausnahmen.

Beachten Sie bitte, dass der Compiler bei der Übersetzung der Funktion f nicht weiß, ob und ggf. welche Ausnahmen g werfen kann. Trotzdem müssen alle Ausnahmen korrekt propagiert werden. Eine andere Forderung an moderne Compiler ist, dass die „normale" Abarbeitung von Code (d.h. ohne das Auftreten von Ausnahmen) nicht langsamer werden darf – eine Zwickmühle, der Compilerbauer nur mit einigen Tricks entkommen können.

📖 Explizites Propagieren

Manchmal kann es sinnvoll sein, noch eigenen Code auszuführen, bevor eine Ausnahme propagiert wird. Der Standardfall dazu ist die Freigabe von lokal allokierten Resourcen. Schreibt man z.B.

```
//-----------------------------------------------------------------
//          f
//
void f()
{
  A* ap = new A;
  g();
  delete ap;
}
```

erhält man ein Speicherleck, wenn g eine Ausnahme wirft. Um dies zu vermeiden, muss man das allokierte Objekt nicht nur im Normalfall, sondern auch im Falle einer Ausnahme wieder freigeben.

Folgendes Listing zeigt eine Möglichkeit:

```
//-----------------------------------------------------------------
//          f
//
void f()
{
  A* ap = new A;
  try
  {
    g();
  }
  catch( ... )
  {
    delete ap;
    throw;
  }

  delete ap;
}
```

Die Lösung verwendet das Schlüsselwort `throw` ohne Argument. Dadurch wird die gerade aktuelle Ausnahme erneut geworfen (und damit effektiv nach oben propagiert) – allerdings erst, nachdem wir den allokierten Speicherbereich (manuell) wieder freigegeben haben.

Obwohl diese Lösung immer möglich ist, besitzt sie den Nachteil, dass Code doppelt vorhanden sein muss: das Freigeben der Ressource muss sowohl für den Gutfall als auch für den Schlechtfall getrennt notiert werden[246]. Es gibt allerdings eine Lösung, die dieses

---

246 Java-Kenner werden hier sofort an die *finaly-clause* denken, die dort sowohl im Gutfall wie auch bei Auftreten einer Ausnahme ausgeführt wird. C++ besitzt kein *finaly*, wir werden jedoch gleich sehen, wie sich der Effekt auch in C++ erreichen lässt.

Problem vermeidet, in dem sie eine weitere Eigenschaft der C++ Ausnahmebehandlung nutzt: das *Stack unwinding*.

📖📖 Aufräumen des Stack (stack unwinding)

Eine der wichtigsten Eigenschaften der C++ Ausnahmebehandlung ist das automatische Aufräumen des Stack, wenn eine Ausnahme propagiert wird.

Konkret bedeutet dies, dass nicht nur im Gutfall die Destruktoren lokaler Objekte aufgerufen werden, sondern auch dann, wenn die Funktion durch das Werfen oder Propagieren einer Ausnahme beendet wird.

Schreibt man also z.B.

```
void f()
{
  A a;
  g();
}
```

so erwartet man, dass für die lokale Variable a der Destruktor aufgerufen wird, wenn die Funktion f verlassen wird[247]. Dies ist bei einer normalen Beendigung von g (und damit f) selbstverständlich, es ist jedoch nicht sofort einsichtig, wenn Ausnahmen im Spiel sind.

📖 Ein einfaches Beispiel

Betrachten wir dazu eine etwas erweiterte Funktion f, die mit geeigneten Ausgabeanweisungen ausgerüstet ist:

```
//-------------------------------------------------------------
//          f
//
void f()
{
  cout << "Beginn f" << endl;
  g();
  cout << "Ende f" << endl;
}
```

Wirft g keine Ausnahme, erhält man erwartungsgemäß die Ausgabe

```
Beginn f
Ende f
```

Genauso wenig überraschend ist es, dass im Falle einer Ausnahme in g die zweite Ausgabeanweisung nicht ausgeführt wird – schließlich

---

247 Der Typ *A* soll hier also eine Klasse mit Destruktor sein.

wird direkt von der throw-Anweisung zu einem geeigneten Behandler verzweigt, der hier ausserhalb von f liegt:

```
Beginn f
```

Stack unwinding bedeutet nun, dass auch im zweiten Fall eine korrekter Abbau des Stacks der Funktion f und dabei insbesondere der Aufruf der Destruktoren der lokalen Variablen erfolgt.

Zur Demonstration definieren wir eine Klasse A mit geeignetem Konstruktor und Destruktor:

```
//------------------------------------------------------------
//         A
//
struct A
{
   A() { cout << "ctor A" << endl; }
   ~A() { cout << "dtor A" << endl; }
};
```

In f definieren wir ein lokales Objekt der Klasse A:

```
//------------------------------------------------------------
//         f
//
void f()
{
   cout << "Beginn f" << endl;
   A a;
   g();
   cout << "Ende f" << endl;
}
```

Wenn g keine Ausnahme wirft, erhält man die erwartete Ausgabe:

```
Beginn f
ctor A
Ende f
dtor A
```

Dies bedeutet, dass der Destruktor des lokalen Objekts als letzte, unsichtbare Anweisung ausgeführt wurde.

Wirft g eine Ausnahme, erhält man

```
Beginn f
ctor A
dtor A
```

Man erkennt, dass die letzte Ausgabeanweisung in f fehlt – *trotzdem wird der Destruktor des lokalen Objekts korrekt aufgerufen.*

📖 *Resource aquisition is initialisation*

Das Aufräumen des Stack funktioniert also in jeder Situation – egal wie die Funktion verlassen wird. Konkret läuft es darauf hinaus, dass die Destruktoren lokaler Variablen aufgerufen werden, auch wenn die Funktion auf Grund einer Ausnahme verlassen wird.

Die Phrase *Resource aquisition is initialisation* beschreibt nun eine Technik, die es erlaubt, auch die Freigabe dynamisch allokierter Resourcen in jeder Situation sicherzustellen. Zu deutsch bedeutet die Phrase wörtlich übersetzt „Die Allokation einer Ressource ist eine Initialisierung". Gemeint ist damit, dass man ein lokales Objekt einer Klasse verwendet, um eine globale Ressource zu verwalten. Dabei allokiert man die Ressource im Konstruktor und gibt sie im Destruktor wieder frei.

Folgendes Listing zeigt eine Klasse `AHolder`, die ein dynamisch allokiertes A-Objekt verwaltet:

```
//------------------------------------------------------------
//         AHolder
//
struct AHolder
{
  AHolder( A* );
  ~AHolder();

  A* mAp;
}; // AHolder
```

Der Konstruktor übernimmt einen Zeiger auf ein dynamisch allokiertes A-Objekt, der Destruktor zerstört ebendieses Objekt:

```
//------------------------------------------------------------
//         ctor
//
AHolder::AHolder( A* aAp )
  : mAp( aAp )
{}

//------------------------------------------------------------
//         dtor
//
AHolder::~AHolder()
{
  delete mAp;
}
```

Die Holder-Klasse können wir nun einsetzen, um Speicherlecks zu vermeiden. Weiter oben in diesem Kapitel haben wir festgestellt, dass die Konstruktion

```
//-------------------------------------------------------------
//          f
//
void f()
{
  A* ap = new A;
  g();
  delete ap;
}
```

zu einem Speicherleck führt, wenn g eine Ausnahme wirft. Schreiben wir aber statt dessen

```
//-------------------------------------------------------------
//          f
//
void f()
{
  AHolder ah = new A;
  g();
}
```

wird das Speicherleck vermieden: da ah ein lokales Objekt in f ist, wird der Destruktor der Klasse AHolder in jedem Fall aufgerufen – und das A-Objekt wird sicher wieder freigegeben.

Als weiteren Unterschied zur ersten Lösung kann man feststellen, dass nun überhaupt keine Freigabe des allokierten A-Objekts mehr erforderlich ist – auch nicht im Normalfall (ohne Ausnahmen)! Die Verwendung der Holder-Klasse macht also hier die manuelle Buchführung von Speicherallokationen durch den Programierer überflüssig[248].

---

[248] Das von Java-Befürwortern so oft geäußerte Fehlen einer automatischen Speicherbereinigung in C++ ist daher kein Mangel der Sprache C++, sondern eher ein Mangel an Kenntnissen dieser Personen über die zur Verfügung stehenden C++ - Sprachmittel.

In der Tat können solche Holder-Klassen das Management nicht nur von dynamischem Speicher, sondern von sämtlichen dynamisch allokierten Resourcen übernehmen (was in Java auf Grund der fehlenden Destruktoren nicht möglich ist). Das Management dynamischer Resourcen mit Hilfe von Holder-Klassen ist ein wichtiges Thema, das z.B. in [Aupperle 2003] behandelt wird.

⌂ Statische Variable

Für statische Variablen werden im Zuge des Aufräumens des Stack grundsätzlich keine Destruktoren aufgerufen. Schreibt man obiges Beispiel als

```
void f()
{
  static A a;
  g();
}
```

wird in g der Destruktor für a nicht aufgerufen, auch wenn g einen Ausnahme wirft. Statische Objekte werden (wie globale Objekte) immer erst nach Beendigung der Funktion main (automatisch) zerstört.

⌂⌂ Funktions-try-Blöcke

Ein Spezialfall eines try-Blocks ist der *Funktions-try-Block* (*function try block*). Diese Erweiterung der „normalen" try-Blöcke ist erforderlich, um Ausnahmen in der Initialisiererliste eines Konstruktors behandeln zu können.

Definiert man etwa eine Klasse X als

```
//-----------------------------------------------------------
//          X
//
struct X
{
  X( const A& );

  A mA;
};
```

und den Konstruktor in naheliegender Weise als

```
//-----------------------------------------------------------
//          ctor
//
X::X( const A& aA )
  : mA( aA )
{}
```

wird das Mitgliedsobjekt mA mit dem Parameter des Konstruktors initialisiert.

Ist A nun eine Klasse mit einem Kopierkonstruktor, wird dieser zur Initialisierung von mA verwendet. Wirft der Kopierkonstruktor eine Ausnahme, könnte dieser innerhalb des Konstruktors von X nicht gefangen werden.

📖 Funktions-try-Blöcke für Konstruktoren

Dieses Problem wird durch einen `try`-Block in Funktionsnotation gelöst. Schreibt man den Konstruktor als

```
//-----------------------------------------------------------------
//        ctor
//
X::X( const A& aA )
try
   : mA( aA )
{}
catch( int )
{
   /* ... */
}
```

werden nun auch Ausnahmen aus der Initialisiererliste im Behandler gefangen.

Eine Besonderheit der Funktions-try-Blöcke im Zusammenhang mit Konstruktoren ist die Tatsache, dass das „normale" Verlassen eines Behandlers trotzdem das Propagieren der Ausnahme bewirkt. Die Funktionsweise ist also so, also ob als letzte Anweisung des Behandlers eine `throw`-Anweisung ist:

```
//-----------------------------------------------------------------
//        ctor
//
X::X( const A& aA )
try
   : mA( aA )
{}
catch( int )
{
   /* ... */
   throw;              // <- dies erfolgt implizit!
}
```

Dadurch wird effektiv erreicht, dass eine Ausnahme eines Funktions-try-Blocks eines Kontruktors nicht abschließend behandelt werden kann. Die einzige Möglichkeit, die Propagierung durch das implizite `throw` zu umgehen, ist die Beendigung des Programms im Handler.

Der Grund für diese auf den ersten Blick unnötige Einschränkung hängt mit den Vorgängen bei der Konstruktion zusammen gesetzter Objekte zusammen, auf die wir weiter unten noch genauer eingehen werden.

📖 **Funktions-try-Blöcke für Funktionen**

Die gezeigte Notation lässt sich auch für normale Funktionen anwenden. An Stelle von

```
void f()
{
  /* ... Implementierung */
}
```

schreibt man dann

```
void f()
try
{
  /* ... Implementierung */
}
catch( int )
{
  /* ... */
}
```

Diese Notation ist eine Kurzform für

```
void f()
{

  try
  {
    /* ... Implementierung */
  }
  catch( int )
  {
    /* ... */
  }

}
```

Im Falle von Funktionen wird also lediglich eine Schreibvereinfachung erzielt, während für Konstruktoren mit Initialisiererlisten ein echtes Defizit behoben wird.

Auch bei Verwendung mit „normalen" Funktionen besitzen Funktions-try-Blöcke eine Besonderheit, die nicht unerwähnt bleiben soll. Definiert die Funktion nämlich einen Rückgabetyp, muss innerhalb des catch-Blockes auch ein entsprechender Wert zurückgegeben werden. Die Besonderheit ist nun, dass es kein Syntaxfehler ist, wenn dies vergessen wird – das Verhalten des Programms ist dann einfach undefiniert.

Folgende Funktion liefert bei der Übersetzung einen Syntaxfehler, da keine `return`-Anweisung vorhanden ist:

```
double f()
{
}
```

Diese Formulierung ist dagegen syntaktisch korrekt:

```
double f()
{

  try
  {
    g();
    return 1.5;
  }
  catch( int )
  {
  }

}
```

Wird im `try`-Block eine Ausnahme geworfen, wird diese im `catch`-Block gefangen. Der Behandler gibt jedoch keinen Wert zurück – eine Anweisung wie

```
double d = f();
```

bewirkt dann ein undefiniertes Verhalten.

Es ist also in diesem Fall Aufgabe des Programmierers, dafür zu sorgen, dass der `catch`-Block einen Wert des korrekten Typs zurückliefert – oder seinerseits eine Ausnahme wirft bzw. die aktuelle Ausnahme propagiert.

Übung 37-2:

Nehmen wir an, dass es im Falle einer Ausnahme in g *nicht möglich ist, einen geeigneten Rückgabewert für* f *zu finden. Wir entschließen uns also, die Originalausnahme aus* g *an den Aufrufen von* f *weiterzuleiten.*

Erweitern Sie das Programmsegment entsprechend.

Ausnahmen in Konstruktoren und Destruktoren

Konstruktoren und Destruktoren von Klassen können Ausnahmen werfen. Da weder Konstruktoren noch Destruktoren Werte zurückliefern, bilden Ausnahmen oft die einzige Möglichkeit, Fehlersituationen zu melden.

Die Sache wird jedoch durch die Tatsache kompliziert, dass Konstruktoren bzw. Destruktoren einer Klasse implizit während der Abarbeitung einer Ausnahme aufgerufen werden können. Schreibt man z.B.

```
throw new A;            // #1
throw A( b );           // #2
catch( const C& ) …     // #3
```

wird in den Fällen #1 und #2 ein Konstruktor der Klasse A aufgerufen, obwohl bereits der Ausnahmemechanismus begonnen hat (dieser beginnt mit Beginn der Abarbeitung der throw-Anweisung). Gleiches kann für Fall #3 gelten: Klasse C könnte z.B. einen Wandlungskonstruktor für Typ A besitzen. Fängt dieser catch-Block eine Ausnahme vom Typ A, wird dieser Wandlungskonstruktor aufgerufen.

In allen drei Fällen würde während der Abarbeitung eines Ausnahme eine weitere Ausnahme geworfen werden. Die Schachtelung von Ausnahmen ist jedoch nur unter bestimmten Bedingungen zulässig, auf die wir weiter unten noch näher eingehen werden.

Analoges gilt für Destruktoren. Wird eine Funktion auf Grund einer Ausnahme verlassen, werden die Destruktoren lokaler Objekte aufgerufen. Diese können prinzipiell natürlich ihrerseits Ausnahmen werfen – mit der Folge, dass man auch hier geschachtelte Ausnahmen hätte.

Konstruktoren

Gerade für Konstruktoren ist die Möglichkeit zum Werfen von Ausnahmen wichtig. Konstruktoren initialisieren Objekte und müssen in diesem Zusammenhang oft Speicher oder andere Resourcen allokieren. Schlägt eine solche Initialisierung fehl, kann dies nur über eine Ausnahme an den Aufrufer gemeldet werden.

Dabei sollte der Programmierer dafür sorgen, dass das Objekt nach Verlassen des Konstruktors – auch über eine Ausnahme – immer in einem definierten Zustand bleibt. Folgendes Listing skizziert eine

Klasse `MemBlock`, die einen dynamischen Speicherbereich verwalten soll:

```
//------------------------------------------------------------
//        MemBlock
//
class MemBlock
{
public:
  MemBlock( int aSize );

private:
  void* mData;
};
```

Der Programmierer hat den Konstruktor als

```
//------------------------------------------------------------
//        ctor
//
MemBlock::MemBlock( int aSize )
{
  mData = new char[ aSize ];
}
```

implementiert. Was passiert jedoch, wenn operator new eine Ausnahme wirft, weil nicht ausreichend Speicher allokiert werden konnte? Das umgebende Programm, das ein `MemBlock`-Objekt erzeugen wollte, erhält eine Ausnahme vom Typ `bad_alloc` und kann entsprechend reagieren. Dies ist jedoch noch keine Garantie dafür, dass das – nun uninitialisierte – `MemBlock`-Objekt nicht später doch noch irgendwo verwendet wird. Die Mitgliedsvariable `mData` hätte dann einen undefinierten Wert.

Übung 37-3:

Verändern Sie den Konstruktor so, dass `mData` immer einen definierten Wert hat.

Wirft ein Konstruktor eine Ausnahme, gilt das betreffende Objekt als noch nicht korrekt initialisiert. Dies bedeutet z.B. auch, dass bei einer Stackbereinigung der Destruktor eines solchen Objekts nicht aufgerufen wird. Schreibt man z.B.

```
void f()
{
  A a;
  /*  ... */
}
```

und wird innerhalb des Konstruktors von A eine Ausnahme geworfen, wird die Ausnahme ganz normal an den Aufrufer von f propagiert. Dabei wird der Stack von f bereinigt, d.h. die Destruktoren lokaler Objekte werden aufgerufen – allerdings nur derjenigen lokalen Objekte, die bereits *vollständig konstruiert* sind. Dies gilt nicht für a, da der Konstruktor für a nicht vollständig durchgelaufen ist, sondern über eine Ausnahme abgebrochen wurde. Entsprechend wird im Zuge der Bereinigung des Stack *kein* Destruktor für a aufgerufen.

Diese einfache Regel wird allerdings dadurch kompliziert, dass A aus mehreren Teilobjekten bestehen kann. Generell gilt, dass für die vollständig initialisierten Teilobjekte die Destruktoren aufgerufen werden, für die nicht vollständigen dagegen nicht. Wir kommen auf diesen auf den ersten Blick komplizierten Sachverhalt gleich noch einmal zurück.

Destruktoren

Für Destruktoren gilt sinngemäß das Gleiche wie für Konstruktoren. Für Destruktoren werden jedoch seltener Ausnahmen erforderlich sein, da die Freigabe von Resourcen normalerweise ohne Probleme ablaufen kann.

Globale Objekte

Der Standard fordert, dass globale Objekte vor ihrer ersten Benutzung initialisiert werden. Der genaue Zeitpunkt wird dort nicht vorgeschrieben, meist erfolgt dies jedoch vor Eintritt in die Funktion main. Der Aufruf der Konstruktoren globaler Objekte erfolgt also *implizit* (d.h. vom Laufzeitsystem und nicht vom Programm aus). Eine Ausnahme aus einem Konstruktor eines globalen Objekts kann daher nicht gefangen werden – sie führt zum sofortigen Aufruf der Funktion terminate (s.u.), deren Standardimplementierung das Programm sofort beendet.

Gleiches gilt für Destruktoren globaler Objekte. Diese werden implizit nach Verlassen der Funktion main aufgerufen. Wirft ein solcher Destruktor eine Ausnahme, wird ebenfalls sofort terminate aufgerufen.

Statische Objekte

Ein statisches Objekt wird initialisiert, wenn die Objektdefinition zum ersten mal ausgeführt wird. Wird während der Initialisierung eine

Ausnahme ausgelöst, findet eine ganz normale Ausnahmebehandlung statt.

Schreibt man z.B.

```
void f()
{
  static A a;
  /* ... */
}

void g()
{
  try
  {
    f();
  }
  catch( ... )
  {
    cout << "Ausnahme!" << endl;
    exit( 1 );
  }
}
```

Wirft der Standardkonstrukt der Klasse A eine Ausnahme, wird diese ganz normal im Handler gefangen.

Beachten Sie bitte, dass im Zuge der Stackbereinigung grundsätzlich keine Destruktoren für statische Objekte aufgerufen werden. Statische Objekte werden – wie globale Objekte – implizit erst nach Beendigung der Funktion main zerstört. In obigem Beispiel würde allerdings der Destruktor für a auch aus einem anderen Grunde nicht aufgerufen: a wurde nicht vollständig initialisiert, da ja der Konstruktor für a über eine Ausnahme verlassen wurde.

📖📖 Initialisierung und Zerstörung zusammen gesetzter Objekte

Besteht ein Objekt aus mehreren Teilobjekten, gelten für die Initialisierung sowie für die Zerstörung eines solchen Objekts einige besondere Regeln, wenn die Initialisierung auf Grund einer Ausnahme abgebrochen wird.

📖 Beispiel eines zusammen gesetzten Objekts

Bereits eine einfache Klasse mit einigen Datenmitgliedern ist eine zusammen gesetzte Klasse:

```
struct A
{
  B b;
  C c;
};
```

Objekte von A bestehen aus einem B- und einem C-Anteil (B und C sollen weitere, beliebige Klassen sein). Der wichtige Punkt ist nun, dass bei der Konstruktion eines A-Objekts die beiden Anteile unabhängig voneinander konstruiert werden. Entsprechend rufen Konstruktoren von A die Konstruktoren ihrer Mitglieder auf. Schreibt man z.B.

```
A a;
```

wird ein impliziter Standardkonstruktor für A generiert, der die Standardkonstruktoren für die Datenmitglieder b und c aufruft. Der Standard legt fest, dass der Aufruf in der Reihenfolge der Deklaration in der Klasse erfolgen muss – hier also zunächst b, dann c.

📖 Vollständig und teilweise konstruierte Objekte

Die Teilobjekte eines Objekts werden unabhängig voneinander konstruiert. Laufen alle Konstruktoren der Teilobjekte ohne Fehler durch, folgt schließlich noch der Funktionskörper des Konstruktors des zusammen gesetzten Objekts selber (sofern vorhanden), dann ist die Initialisierung abgeschlossen.

In allen diesen Schritten können nun Situationen auftreten, die zum Werfen von Ausnahmen führen. Nehmen wir z.B. an, dass der Konstruktor von C eine Ausnahme wirft.

Bei der Ausführung der Definition von a in

```
try
{
   A a;
}
catch( … )
{
   /* ... */
}
```

laufen bis zum Werfen der Ausnahme in einer throw-Anweisung folgende Schritte ab:

❑ Der Konstruktor von A wird begonnen.

❑ Der Konstruktor von B wird begonnen und beendet.

❑ Der Konstruktor von C wird begonnen.

Insgesamt ist nur der Konstruktor für das Teilobjekt b komplett durchgelaufen. Man bezeichnet b in diesem Falle daher als *vollständig konstruiertes (Teil-) objekt (completely constructed (sub-)object)*.

Die Konstruktoren für Teilobjekt c sowie der Konstruktor für das Gesamtobjekt a sind dagegen nicht vollständig durchgelaufen. b und c sind daher *teilweise konstruierte Objekte* (*partly constructed objects*).

Bevor nun der Behandler für die Ausnahme aufgerufen wird, werden die bereits vollständig konstruierten Teilobjekte wieder zerstört. In unserem Fall bedeutet das, dass der Destruktor für b aufgerufen wird. Die Destruktoren für c und a selber werden jedoch *nicht* aufgerufen.

Analoges gilt für die Destruktoren. Der Standard legt fest, dass Destruktoren in der umgekehrten Reihenfolge wie die Konstruktoren aufgerufen werden. Auch hier gilt: wird ein Destruktor über eine Ausnahme verlassen, werden die zu diesem Zeitpunkt noch vollständig vorhandenen Objekte implizit zerstört.

📖 Konsequenzen

Der Programmierer muss sich vor allem vergegenwärtigen, dass für Konstruktoren, die über Ausnahmen verlassen werden, kein Destruktor aufgerufen wird – denn dadurch wird ja gerade die Konstruktion abgebrochen, das Objekt ist nicht vollständig konstruiert.

Den Standardfall, bei dem dies zu Problemen führen wird, zeigt folgendes Listing:

```
//-------------------------------------------------------------
//        MemBlock
//
class MemBlock
{
public:
  MemBlock( int aSize );
  ~MemBlock();

private:
  void* mData;
};


//-------------------------------------------------------------
//        ctor
//
MemBlock::MemBlock( int aSize )
{
  mData = new char[ aSize ];
  f(); // beliebige Funktion, die Ausnahme werfen kann
}

//-------------------------------------------------------------
//        dtor
//
MemBlock::~MemBlock()
{
  delete mData;
}
```

Auf den ersten Blick sieht hier alles normal aus: Im Konstruktor wird eine Ressource (hier ein Speicherbereich) allokiert, die im Destruktor wieder freigegeben wird – dies ist die Konstellation, die wir bisher immer verwendet haben, und die bisher auch immer vor Ressourcenlecks geschützt hatte.

Was passiert jedoch, wenn in f eine Ausnahme geworfen wird? Der Konstruktor wird über eine Ausnahme verlassen, d.h. das MemBlock-Objekt ist nicht vollständig konstruiert. Als Folge wird der Destruktor nicht aufgerufen, und wir erhalten ein Speicherleck.

Um dies zu vermeiden, muss man im Falle einer Ausnahme im Konstruktor die bis dahin allokierten dynamischen Resourcen selber freigeben. Man erreicht dies z.B. durch folgende Notation:

```
//----------------------------------------------------------------
//        ctor
//
MemBlock::MemBlock( int aSize )
{
  mData = new char[ aSize ];
  try
  {
    f(); // beliebige Funktion, die Ausnahme werfen kann
  }
  catch( ... )
  {
    delete mData;
    throw;
  }

}
```

Übung 37-4:

Die new-Anweisung steht außerhalb des try-Blocks. Wirft Operator new eine Ausnahme auf Grund unzureichenden Speichers, wird diese also nicht im Behandler innerhalb des Konstruktors gefangen.

Welche Konsequenzen hat dies? Ist die Konstruktion daher korrekt, oder nicht?

In obigem Beispiel steht der Aufruf der Funktion f ganz allgemein für eine Codesequenz, die nach der Allokation einer Ressource steht und eine Ausnahme werfen kann.

Ein weiteres typisches Beispiel dieser Kategorie zeigt folgendes Listing:

```
//-----------------------------------------------------------
//        A
//
class A
{
public:
  A();
  ~A();

private:
  void* mData1;
  void* mData2;
  void* mData3;
};


//-----------------------------------------------------------
//        ctor
//
A::A()
{
  mData1 = new char[ 128 ];
  mData2 = new char[ 128 ];
  mData3 = new char[ 128 ];
}
//-----------------------------------------------------------
//        dtor
//
A::~A()
{
  delete mData1;
  delete mData2;
  delete mData3;
}
```

In dieser Klasse werden mehrere Speicherblöcke allokiert. Jede Allokation kann prinzipiell schief gehen, die davor bereits erfolgreich allokierten Speicherbereiche müssen dann wieder deallokiert werden. Folgendes Listing zeigt eine Implementierung des Konstruktors, die dies leistet:

```
//-----------------------------------------------------------
//        ctor
//
A::A()
{
  mData1 = new char[ 128 ];

  try
  {
    mData2 = new char[ 128 ];
  }
  catch( ... )
  {
    delete mData1;
    throw;
  }
```

```
try
{
  mData3 = new char[ 128 ];
}
catch( ... )
{
  delete mData1;
  delete mData2;
  throw;
}

}
```

Hier wird nach jeder Allokation geprüft, ob der Speicherbereich korrekt allokiert wurde. Falls nicht, werden die bis dahin erfolgreich allokierten Blöcke wieder freigegeben.

Beachten Sie bitte, dass die erste new-Anweisung nicht in einem try-Block steht. Falls diese Allokation schief geht, gibt es nichts aufzuräumen – die Ausnahme kann gleich propagiert werden.

Die gezeigte Implementierung des Konstruktors prüft nach jeder Anweisung auf Fehler in genau dieser Anweisung. Diese Technik entspricht eher der klassischen Fehlerbehandlung durch Rückgabewerte, die ja auch nach jedem Funktionsaufruf abzuprüfen sind.

Übung 37-5:

Implementieren Sie die Fehlerprüfung „klassisch", d.h. durch Abfragen des Rückgabewertes des Operator new. *Verwenden Sie dazu die* nothrow-*Variante des Operators. Ist die Fehlerbehandlung über Rückgabewerte oder über Ausnahmen lesbarer?*

Der Konstruktor kann noch erheblich verbessert werden. Ein Vorteil bei der Verwendung von Ausnahmen ist, dass normalerweise *eben nicht* nach jeder Anweisung auf Fehler geprüft werden muss. Folgende Implementierung zeigt dies:

```
//-------------------------------------------------------------
//       ctor
//
A::A()
  : mData1(0), mData2(0), mData3(0)
{
  try
  {
    mData1 = new char[ 128 ];
    mData2 = new char[ 128 ];
    mData3 = new char[ 128 ];
  }
```

```
catch(...)
{
  delete mData1;
  delete mData2;
  delete mData3;
  throw;
}
}
```

Hier stehen die drei Allokationen nacheinander, ohne durch Fehlerbehandlungscode gestört zu werden. Dies funktioniert, da die Zeiger zuerst mit dem Nullzeiger initialisiert werden. Die Anwendung von delete auf den Nullzeiger ist explizit erlaubt.

Diese Separierung von „normalem" Code und Code zur Fehlerbehandlung ist ein weiterer Vorteil bei der Verwendung von Ausnahmen. Durch die Trennung wird Code leichter lesbar, da man entweder den „eigentlichen" Code (der das gewünschte Verfahren implementiert) oder den Fehlerbehandlungscode vor sich hat.

Übung 37-6:

Im Behandler steht nun der gleiche Code wie im Destruktor. Kann man diese Codeduplizierung vermeiden, in dem man den Destruktor aus dem Behandler heraus aufruft?

📖 Ableitungen

Ein Objekt einer abgeleiteten Klasse besteht ebenfalls aus mehreren Teilen: jeder Basisklassenanteil sowie die Ableitung selber werden als unabhängige Teilobjekte betrachtet und auch unabhängig voneinander nacheinander initialisiert. Tritt während der Initialisierung eines dieser Teilobjekte eine Ausnahme auf, werden wieder die bereits vollständig konstruierten Teilobjekte (durch Destruktoraufruf) zerstört.

Folgendes Listing zeigt eine Klasse C als Ableitung zweier (hier nicht gezeigter) Klassen A und B:

```
//--------------------------------------------------------------
//          C
//
struct C : A, B
{
};
```

Erzeugt man ein Objekt von C, werden zuerst die Basisklassenanteile initialisiert, dann läuft der Konstruktor von C. Tritt nun z.B. im Konstruktor von B eine Ausnahme auf, wird der zu diesem Zeitpunkt bereits vollständig konstruierte A-Basisklassenanteil wieder (durch impliziten Destruktoraufruf) zerstört. Die Destruktoren für B bzw. C werden wie zu erwarten nicht aufgerufen.

Auch hier kann natürlich die Reihenfolge der Initialisierung der Basisklassen eine Rolle spielen. Der Standard bestimmt, dass die Basisklassen in der Reihenfolge ihrer Deklaration bei der Ableitung initialisiert werden, virtuelle Ableitungen werden jedoch als erstes initialisiert.

Übung 37-7:

Wie ist die Reihenfolge der Initialisierungen, wenn eine Klasse sowohl Datenmitglieder als auch Basisklassen besitzt? Schreiben Sie ein Programm, dass durch geeigente Ausgabeanweisungen die Reihenfolge der Initialisierungen dokumentiert.

📖 Felder

Felder bestehen aus Feldelementen und sind daher ebenfalls zusammen gesetzte Objekte. Schreibt man z.B.

```
A af[10];
```

wird hier ein Feld von 10 A-Objekten erzeugt, die alle mit dem Standardkonstruktor der Klasse A initialisiert werden. Wird nun z.B. bei der Initialisierung des achten Elements eine Ausnahme geworfen, werden automatisch die Destruktoren der ersten sieben Elemente aufgerufen – diese sind ja bereits vollständig konstruiert worden.

Übung 37-8:

Schreiben Sie eine Klasse A, mit der Sie dieses Verhalten für Ihren Compiler verifizieren. Rüsten Sie Konstruktor und Destruktor von A mit Ausgabeanweisungen aus, um das Verhalten zu dokumentieren.

▣▣ Einige Details zur Ausnahmebearbeitung

▣ Abläufe beim Werfen, Propagieren bzw. Fangen einer Ausnahme

Beim Werfen, Weiterleiten bzw. Fangen einer Ausnahme können verschiedene Phasen unterschieden werden.

❏ Schritt 1: Als erstes wird das Ausnahmeobjekt erzeugt. Dies erfolgt während der Ausführung der `throw`-Anweisung:

```
throw A;   // wirft ein Objekt eines Typs A
```

Das Ausnahmeobjekt wird wie bei einer Objektdefinition üblich, mit einem passenden Konstruktor initialisiert.

❏ Schritt 2: Nachdem das Ausnahmeobjekt existiert, beginnt die Propagierung, bis ein passender Behandler gefunden wurde[249]. Wird während der Propagierung zum umschließenden Block gewechselt, werden die Destruktoren lokaler Objekte des verlassenen Blockes aufgerufen.

❏ Schritt 3: Das Argument des Behandlers wird mit dem Ausnahmeobjekt initialisiert:

```
catch( const A& a ) ...
```

Die Vorgänge sind vergleichbar mit denen bei der Parameterübergabe an eine Funktion: das Funktionsargument wird mit dem Kopierkonstruktor initialisiert.

❏ Schritt 4: Der Behandler wird ausgeführt. Evtl. wird die Ausnahme (erneut) propagiert und der Prozess setzt wieder mit Schritt 2 fort.

❏ Schritt 5: Der Behandler wird beendet und das in Schritt 1 konstruierte Ausnahmeobjekt wird automatisch zerstört.

Die Unterscheidung dieser Phasen ist insofern wichtig, da in allen Phasen wiederum selber Ausnahmen geworfen werden können. Mögliche Stellen sind die Konstruktion des Ausnahmeobjekts, Destruktoraufrufe während des Aufräumen des Stacks sowie der Kopierkonstruktor bei der Übergabe des Ausnahmeobjekts in einen Behandler.

---

[249] Den Fall, dass überhaupt kein Handler gefunden wird, betrachten wir später.

📖 Wann ist eine „Ausnahme aktiv"?

Die Ausnahmebehandlung beginnt formal mit dem Eintritt in den Konstruktor des Ausnahmeobjekts in der `throw`-Anweisung (Beginn Schritt 1) und endet mit dem Ende des Konstruktors für das lokale Objekt im Behandler (Ende Schritt 3). Während dieser Zeit ist die Ausnahmebehandlung *aktiv*.

Beachten Sie bitte, dass bereits mit dem Eintritt in einen Behandler die Ausnahmebehandlung nicht mehr aktiv ist.

📖 Weitere Ausnahmen während der aktiven Ausnahmebehandlung

Es ist möglich, dass während der aktiven Ausnahmebehandlung weitere Ausnahmen geworfen werden, jedoch dürfen diese den entsprechende Funktion nicht verlassen. Passiert dies trotzdem, wird sofort die Funktion `terminate` (s.u.) gerufen.

Für Klassen, von denen Ausnahmeobjekte gebildet werden sollen, ist dies normalerweise kein Problem: ihre Konstruktoren bzw. Destruktoren sind meist sehr einfach. Der für die Praxis relevante Fall sind jedoch Destruktoren lokaler Objekte. Da ein solcher Destruktor ja auch im Zuge der Stackbereinigung bei aktiver Ausnahmebehandlung aufgerufen werden kann, ist es grundsätzlich sinnvoll, keine Ausnahmen herauszulassen, sondern diese – wenn sie schon unvermeidlich sind – lokal zu behandeln. Eine Alternative bietet die Funktion `uncaught_exception` (s.u.), mit der man feststellen kann, ob die Ausnahmebehandlung gerade aktiv ist, oder nicht. Bei nicht aktiver Ausnahmebehandlung kann man die Ausnahme aus dem Destruktor heraus propagieren, ansonsten muss man sich eine lokale Behandlungsmöglichkeit überlegen, oder man akzeptiert, dass die Funktion `terminate` (s.u.) aufgerufen wird.

📖📖 Objekte von Klassen als Ausnahmeobjekte

Das Argument einer `throw`-Anweisung kann jeder beliebige Typ sein. In der Praxis verwendet man häufig Klassen, da sie u.a. folgende Vorteile bieten:

❏ Die Klasse kann Datenmitglieder enthalten. Damit ist es möglich, zusätzliche Informationen vom Auslösepunkt der Ausnahme zum Behandler zu übertragen.

❏ Ist die Klasse eine Ableitung, sind auch Behandler vom Typ der Basisklasse qualifiziert. Dadurch ist es z.B. möglich, nur einen Behandler vorzusehen, der unterschiedliche Typen von Ausnahmen behandeln kann.

Übertragung von zusätzlichen Informationen

Oft möchte ein Aufrufer einer Funktion nicht nur über ein Problem informiert werden, sondern möchte zusätzliche Informationen über die Situation, die zu dem Fehler geführt hat.

Als Beispiel betrachten wir eine Funktion zur Berechnung der Quadratwurzel. Wird sie mit einem negativen Wert aufgerufen, soll eine Ausnahme ausgelöst werden, gleichzeitig soll der falsche Wert an den Aufrufer übermittelt werden. Eine Klasse zur Repräsentation einer solchen Ausnahme wird naheliegend als

```
//------------------------------------------------------------------
//       class SquareRootError
//
struct SquareRootError
{
  SquareRootError( double aArg ) : mArg(aArg) {}

  double mArg; // Wert des ungültigen Arguments
}; // SquareRootError
```

formuliert.

In einer Funktion schreibt man nun

```
//------------------------------------------------------------------
//       squareRoot
//
double squareRoot( double arg )
{
  if ( arg < 0.0 )
    throw SquareRootError( arg );

  return sqrt( arg );
} // squareRoot
```

Ein Behandler kann nun die übertragenen Daten auswerten oder wie hier einfach eine Meldung ausgeben:

```
try
{
  double d = squareRoot( -10 );
  cout << "Ergebnis: " << d << endl;
}

catch( const SquareRootError& e )
{
  cout << "Falscher Aufruf squareRoot mit Argument " << e.arg << endl;
  exit( 1 );
}
```

📖   Hierarchien von Ausnahmeklassen

Wendet man das Ausnahmekonzept konsequent an, erhält man schnell eine größere Anzahl von Fehlerarten, für die man natürlich jeweils eine Klasse sowie die entsprechenden Behandler schreiben kann. Neben `SquareRootError` gibt es dann z.B. noch die Klassen `DivisionByZeroError`, `UnderflowError` etc.

Oftmals benötigt man jedoch nicht diese Detaillierungstiefe, sondern es reicht aus, wenn man weiß, dass ein Fehler bei einer Rechenoperation aufgetreten ist. Es empfiehlt sich dann, die Ausnahmeklassen in einer Hierarchie anzuordnen:

```
//-------------------------------------------------------------
//        MathError
//
struct MathError
{
};


//-------------------------------------------------------------
//        class SquareRootError
//
struct SquareRootError : public MathError
{
   SquareRootError( double aArg ) : mArg(aArg) {}

   double mArg; // Wert des ungültigen Arguments
}; // SquareRootError


//-------------------------------------------------------------
//        DivisionByZeroError
//
struct DivisionByZeroError: public MathError
{
   DivisionByZeroError();
};
```

Ein Behandler vom Typ `MathError` kann nun sowohl Ausnahmeobjekte vom Typ `SquareRootError` als auch vom Typ `DivisionByZeroError` fangen:

```
try
{
   double d = squareRoot( -10 );
   cout << "Ergebnis: " << d << endl;
}

catch( const MathError& )
{
   cout << " Fehler bei einer numerischen Berechnung!" << endl;
   exit( 1 );
}
```

📖 Organisieren von Behandlern

Sind mehrere catch-Blöcke hintereinander geschaltet, werden diese streng sequentiell untersucht, ob sie in Frage kommen. Im Falle einer Klassenhierarchie von Ausnahmeklassen müssen daher Behandler mit spezielleren Typen zuerst notiert werden:

```
catch( const SquareRootError& e )
{
  /* ... */
}
catch( const MathError& )
{
  /* ... */
}
```

Notiert man die Reihenfolge umgekehrt, werden Objekte vom Typ SquareRootError bereits vom Behandler für MathError gefangen, und der spezielle Behandler für SquareRootError würde niemals aufgerufen:

```
catch( const MathError& )
{
  /* ... */
}
catch( const SquareRootError& e ) // wird niemals aufgerufen
{
  /* ... */
}
```

Aus dem gleichen Grund muss ein untypisierter Behandler immer als letztes stehen:

```
catch( const SquareRootError& e )
{
  /* ... */
}
catch( const MathError& )
{
  /* ... */
}
catch( ... )
{
  cout << "Nicht behandelte Ausnahme!" << endl;
  exit( 1 );
}
```

Dieses Codesegment zeigt auch gleichzeitig einen wichtigen Anwendungsfall für untypisierte Behandler: er wird oft als letzter Behandler notiert, um Ausnahmen finden zu können, für die ein konkreter Behandler vergessen wurde.

📖📖 Ausnahmespezifikationen

📖 Vereinbarung der möglichen Ausnahmen

Für eine Funktion kann bei der Deklaration angegeben werden, welche Ausnahmen sie werfen darf. Dies ermöglicht einem Nutzer, entsprechende Vorkehrungen zum Fangen dieser Ausnahmen zu treffen.

Beispiel: Die Deklaration

```
double squareRoot( double arg ) throw( SquareRootError );
```

vereinbart, dass die Funktion `squareRoot` Ausnahmen vom Typ `SquareRootError` und davon abgeleiteten Klassen werfen kann, jedoch keine anderen.

Die Spezifikation

```
void f() throw();   // wirft keine Ausnahmen
```

besagt, dass f keine Ausnahmen wirft. Eine fehlende Spezifikation hingegen bedeutet, dass die Funktion beliebige Ausnahmen werfen kann:

```
void f();         // kann beliebige Ausnahmen werfen
```

Die Spezifikation der möglichen Ausnahmen gehört *nicht* zur Signatur der Funktion. Schreibt man etwa:

```
//-- Ausnahmespecs sind für das Überladen nicht relevant
//
void g() throw();
void g();         // FEHLER!
```

erhält man einen Syntaxfehler. Zum Überladen wird ausschließlich die Signatur der Funktion verwendet, und die besteht im Wesentlichen aus Namen und Argumentliste.

Da die Ausnahmespezifikation nicht zum Typ gehört, kann sie nicht mit `typedef` verwendet werden:

```
typedef int (*pf)() throw(); // FEHLER!
```

Die Ausnahmespezifikation muss in der Funktionsdefinition mit dem gleichen Satz an Typen[250] wiederholt werden:

```
//-----------------------------------------------------------------
//        squareRoot
//
double squareRoot( double arg ) throw( SquareRootError )
{
  if ( arg < 0.0 )
    throw SquareRootError( arg );

  return sqrt( arg );
  } // squareRoot
```

Beachten Sie bitte, dass man die Funktion auch als

```
double squareRoot( double arg ) throw( MathError );
```

schreiben könnte. Die Spezifikation throw(MathError) besagt, dass die Funktion Objekte vom Typ MathError oder davon abgeleiteter Klassen werfen kann.

Selbstverständlich kann eine Funktion auch Objekte unterschiedlicher Typen werfen:

```
void f() throw( int, MathError );
```

Bei der Deklaration von Funktionszeigern können Ausnahmespezifikationen angegeben werden.

```
void (*pf1)();
void (*pf2) throw( int );
```

Eine Initialisierung bzw. Zuweisung dieser Zeiger ist nur mit Funktionen/Funktionszeigern möglich, die eine weniger restriktive throw-Spezifikation haben:

```
pf2 = pf1;     // FEHLER! pf2 ist restriktiver
pf1 = pf2;     // OK!
```

---

[250] Für die Theoretiker: Die gleiche Reihenfolge ist nicht erforderlich. Ebenso dürfen Typen mehrfach vorkommen.

Wird eine virtuelle Funktion in einer Ableitung redeklariert, muss sie mit identischer oder restriktiverer Ausnahmespezifikation vereinbart werden:

```
struct A
{
  virtual void f() throw( int, double );
  virtual void g();
};

struct B : A
{
  void f();                // FEHLER! A::f ist restriktiver!
  void g() throw( int );   // OK!
};
```

Für nicht-virtuelle Funktionen gilt diese Einschränkung nicht.

📖 Nicht vereinbarte Ausnahmen

Was passiert, wenn eine Funktion eine Ausnahme wirft, die in der Spezifikation nicht vereinbart ist? In einem solchen Fall wird die Ausnahmebearbeitung sofort abgebrochen und die Funktion unexpected (s.u.) aufgerufen. Beispiel:

```
class Error {};

void f() throw( Error )
{
  throw 10;       // sofortiger Aufruf von unexpected
} // f
```

Hier wird vereinbart, dass f nur Ausnahmen vom Typ Error (und davon abgeleiteten Klassen) werfen darf. Die throw-Anweisung wirft jedoch ein int. Ein Aufrufer von f kann die Ausnahme nicht fangen, da direkt zur Funktion unexpected verzweigt wird.

Entsprechend führt der Code

```
try
{
  f();
}
catch( const Error& )
{
  cout << "Error" << endl;
}
catch( int )
{
  cout << "int" << endl;
}
catch( ... )
{
  cout << "unspezifiziert" << endl;
}
```

nicht zum Aufruf eines der Behandler.

Beachten Sie bitte, dass das Aufräumen des Stack trotzdem durchgeführt wird:

```
void f() throw( Error )
{
  A a;
  throw 10;
} // f
```

Nach dem Werfen der Ausnahme wird zuerst der Destruktor des lokalen A-Objekts aufgerufen, bevor die Funktion unexpected gerufen wird.

📖📖 Einige Sonderfunktionen ·

📖 Die Funktion uncaught_exception

Die Funktion uncaught_exception liefert true, wenn die Ausnahmebehandlung aktiv ist, ansonsten false. Dies kann z.B. dazu verwendet werden, um während einer aktiven Ausnahme keine weiteren Ausnahmen zu generieren oder wenigstens keine Ausnahmen aus Konstruktoren bzw. Destruktoren zu propagieren.

Folgendes Programmsegment skizziert diesen Ansatz am Beispiel eines Destruktors:

```
//-----------------------------------------------------------
//        A
//
struct A
{
  ~A();

  /* ... */
};

//-----------------------------------------------------------
//        dtor
//
A::~A()
{
  try
  {
    f();
    g();
    h();
  }
  catch( ... )
  {
    if ( uncaught_exception() )
    {
      cout << "Ausnahme während aktiver Ausnahmebehandlung!" << endl;
      exit( 1 );
    }
    else
      throw;       // Propagieren der Ausnahme
  }
} // dtor
```

Die Funktionen f, g, und h, die im Destruktor aufgerufen werden, sollen den eigentlichen Code des Destruktors symbolisieren. Wirft dieser Code eine Ausnahme, kann diese nur dann gefahrlos propagiert werden, wenn die Ausnahmebehandlung nicht aktiv ist.

📖 Die Funktion terminate

Die Funktion terminate wird in den folgenden Situationen aufgerufen:

❑ Für eine Ausnahme konnte kein passender Behandler gefunden werden.

❑ Eine throw-Anweisung ohne Argumente wird aufgerufen, ohne dass die Ausnahmebehandlung aktiv ist. In einem solchen Fall gibt es kein aktives Ausnahmeobjekt, das propagiert werden könnte. Wird throw ohne Argument nur in Behandlern verwendet, kann diese Situation nicht auftreten – dort gibt es immer ein aktives Ausnahmeobjekt[251].

❑ Während die Ausnahmebehandlung aktiv ist, wird eine (weitere) Ausnahme aus einem Konstruktor des Ausnahmeobjekts bzw. aus einem Destruktor eines lokalen Objekts während der Bereinigung des Stack propagiert.

Beachten Sie bitte, dass innerhalb eines Behandlers die Ausnahmebehandlung bereits nicht mehr aktiv ist. Es ist daher problemlos möglich, aus einem Behandler die aktuelle Ausnahme zu propagieren (throw ohne Argumente) bzw. eine andere Ausnahme zu werfen (throw mit Argumenten).

Die Standardimplementierung der Funktion terminate ruft abort auf, d.h. das Programm wird ohne Umwege sofort beendet.

📖 Eigene terminate-Funktionen

Der Programmierer kann das Verhalten jedoch ändern, indem er eine eigene terminate-Funktion registriert. In den oben genannten Situationen wird dann die eigene terminate-Funktion aufgerufen.

---

[251] Das aktuelle Ausnahmeobjekt bleibt bis zur Beendigung des (letzten) Behandlers bestehen und wird dann automatisch zerstört. Beachten Sie bitte, dass die Ausnahme jedoch bereits mit Eintritt in den Behandler als „behandelt" gilt, entsprechend gilt die Ausnahmebehandlung als „nicht aktiv" und die Funktion *uncaught_exception* liefert *false*.

Eigene `terminate`-Funktionen müssen die Signatur

```
//-- eigene terminate-Funktion
//
void myTerminate();
```

haben.

Zur Registrierung wird die Funktion `set_terminate` verwendet:

```
//-- Registrierung einer eigenen terminate-Funktion
//
set_terminate( myTerminate );
```

`set_terminate` liefert die Adresse der aktuell registrierten terminate-Funktion zurück. Diese kann man zwischenspeichern, um die Originalfunktion später wieder registrieren zu können:

```
//-- Zeiger auf terminate-Funktionen vom Typ void f();
//
typedef void (*TerminatePointer)();

//-- Neue terminate-Funktion
//
void myTerminate();

void f()
{
    //-- Speichern des aktuellen terminate-Handlers und Registrieren
    //   des lokalen
    //
    TerminatePointer save = set_terminate( myTerminate );

    /* ... Implementierung f ... */

    //-- Installieren des Originalhandlers
    //
    set_terminate( save );
} // f
```

Eine eigene `terminate`-Funktion muss bestimmte Bedingungen erfüllen:

❑ Sie muss das Programm beenden. Eine Rückkehr zum Aufrufer ist nicht erlaubt.

❑ Sie darf keine Ausnahmen werfen.

Ist eine der Bedingungen nicht erfüllt, ist das weitere Programmverhalten undefiniert.

Eine typische Aufgabe einer eigenen `terminate`-Funktion wird in der Regel eine Meldung auf dem Bildschirm oder ein Eintrag in eine Logdatei sein, bevor das Programm beendet wird.

📖   Die Funktion unexpected

Die Funktion unexpected wird gerufen, wenn eine Funktion eine Ausnahme wirft oder propagiert, ohne dass deren Ausnahmespezifikation dies zulässt.

Beispiel: Die throw-Anweisung in

```
void f() throw( string )
{
  throw 10;
} // f
```

führt nicht zum Aufruf eines Behandlers, sondern zum sofortigen Aufruf von unexpected. Das Standardverhalten der Funktion unexpected ist der Aufruf von terminate.

📖   Eigene unexpected-Funktionen

Analog zur Registrierung einer eigenen terminate-Funktion kann der Programmierer auch eine eigene unexpected-Funktion registrieren. Eigene unexpected-Funktionen müssen die Signatur

```
//-- eigene unexpected-Funktion
//
void myUnexpected();
```

haben. Sie können mit der Funktion set_unexpected registriert werden:

```
//-- Registration einer eigenen unexpected-Funktion
//
set_unexpected( myUnexpected );
```

set_unexpected liefert die Adresse der aktuell registrierten unexpected-Funktion zurück.

Eine eigene unexpected-Funktion darf nicht zum Aufrufer zurückkehren, ansonsten ist das Verhalten undefiniert. Im Gegensatz zu terminate darf eine unexpected-Funktion jedoch Ausnahmen werfen.

Der Standard schreibt das folgende Verfahren vor:

❑ Wirft eine unexpected-Funktion eine Ausnahme, die mit der ursprünglichen Ausnahmespezifikation kompatibel ist[252], wird die

---

[252] Dies kann nur dann der Fall sein, wenn der *unexpected-Handler* eine andere Ausnahme wirft. Denn *unexpected* wird ja gerade dann aufgerufen, wenn die Interface-Spezifikation einer Funktion die aktuelle Ausnahme *nicht* zuläßt.

Suche nach einem Behandler fortgesetzt, und die Ausnahmebehandlung geht „normal" weiter.

❏ Wirft eine unexpected-Funktion eine Ausnahme, die *nicht* mit der ursprünglichen Ausnahmespezifikation kompatibel ist, passiert folgendes:

- Enthält die ursprüngliche Spezifikation die Ausnahme bad_exception, wird eine bad_exception Ausnahme erzeugt[253] und die Suche nach einem Behandler wird fortgesetzt.

- Ist bad_exception nicht enthalten, wird terminate aufgerufen.

📖📖 Die Standard-Ausnahmeklassen

Der Standard definiert bereits einige Ausnahmeklassen, die hierarchisch organisiert sind. Folgende Klassen sind vorhanden:

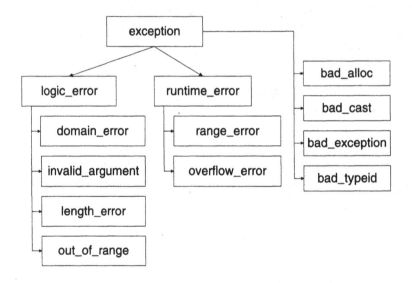

Bild 37.1: **Hierarchie der Standard-Ausnahmeklassen**

---

[253] Die von *unexpected* eigentlich erzeugte Ausnahme wird ignoriert.

Die Ausnahmeklassen sind alle von der gemeinsamen Basisklasse
exception abgeleitet. Im Klassendiagramm lassen sich drei Gruppen
unterscheiden: .

❑ Klassen für logische Fehler

❑ Klassen für Laufzeitfehler

❑ Spezielle Klassen für die C++-Standardbibliothek.

Die ersten beiden Gruppen bilden Ausnahmeklassen, die von einem
Programmierer eines Anwendungsprogramms verwendet werden sollen. Durch die vorgegebene Aufteilung erhält man Hinweise, wie die
in einem Programm möglichen Fehlerarten klassifiziert werden können. C++ erfordert jedoch in keiner Weise die Verwendung dieser
Klassen, der Programmierer ist prinzipiell frei, eine eigene Hierarchie
komplett selber zu definieren. Wie die bisherigen Abschnitte dieses
Kapitels zeigen, ist für die erfolgreiche Verwendung der C++-Aus-
nahmebehandlung noch nicht einmal die Ableitung von der Basisklasse exception erforderlich.

Die dritte Gruppe von Ausnahmeklassen wird ausschließlich von der
C++-Standardbibliothek verwendet. So wirft z.B. der Operator new ein
Ausnahmeobjekt der Klasse bad_alloc, wenn der geforderte Speicher nicht allokiert werden konnte. Objekte dieser Klassen können
prinzipiell auch vom Programm selber geworfen werden. Dies ist jedoch unüblich, in der Regel wird ein Programm diese Ausnahmen jedoch behandeln (müssen).

📖 **Die Basisklasse exception**

Der Standard definiert die Klasse exception als

```
class exception
{
public:
  exception() throw();
  exception( const exception& ) throw();
  exception& operator=( const exception& ) throw();
  virtual ~exception() throw();
  virtual const char* what() const throw();
};
```

Beachtenswert sind die folgenden Punkte:

❑ Die Klasse definiert keine Datenmitglieder.

❑ Um so erstaunlicher ist die explizite Deklaration von Standardkonstruktor, Kopierkonstruktor und Zuweisungsoperator, da es
   nichts zu initialisieren oder zu kopieren gibt. Hier geht es aus-

schließlich um die Ausnahmespezifikation: Alle drei Funktionen dürfen keine Ausnahmen werfen.

❑ Der Destruktor ist virtuell. Dies ist sicher sinnvoll, da von exception weitere Ableitungen gebildet werden sollen.

❑ Die Funktion what liefert eine Zeichenkette zurück, die von den diversen Ableitungen gesetzt werden kann. Normalerweise verlangen die Ableitungen, dass im Konstruktor ein String übergeben wird, der dann von what zurückgeliefert wird. Der String kann z.B. nähere Informationen zu einer konkreten Ausnahme beinhalten.

📖 Logische Fehler

Ein logischer Fehler ist ein Fehler, der prinzipiell vor dem Ablauf des Programms festgestellt werden kann. Ein solcher Fehler kann theoretisch durch statische Analyse des Programms erkannt werden. Wenn auch der Compiler bereits einen Großteil der logischen Fehler finden kann (und durch Syntaxfehler meldet), können aus Komplexitätsgründen[254] immer noch einige dieser Fehler unbemerkt bleiben.

Der Standard schreibt für logic_error mindestens die folgende Definition vor:

```
class logic_error : public exception
{
public:
  logic_error( const string& what_arg );
};
```

Im Konstruktor muss ein String übergeben werden, der später mit der Funktion what (hier von exception geerbt) wieder zurückgeliefert wird.

📖 Laufzeitfehler

Ein Laufzeitfehler ist ein Fehler, der erst beim tatsächlichen Ablauf des Programms erkannt werden kann. Hierunter fallen temporäre Situationen wie Speichermangel, Datei nicht gefunden, Verbindungsabbruch etc.

---

[254] D.h. die statische Analyse des Programms wäre viel zu aufwändig – theoretisch möglich wäre sie allerdings.

📖 Spezielle Ausnahmen der Standardbibliothek

Die C++-Standardbibliothek definiert einige Situationen, für die besondere Ausnahmeklassen vorgesehen wurden. Prinzipiell könnte man die Ausnahmen dieser Gruppe auch unter der Kategorie Laufzeitfehler anordnen, das Standardisierungskommitee hat sich jedoch für eine direkte Ableitung von der Basisklasse exception entschieden. Folgende Tabelle zeigt einen Überblick über die Ausnahmen dieser Gruppe:

Klasse	*Bedeutung*
bad_alloc	Die Standardallokatoren new (bzw. new[]) konnten den geforderten Speicher nicht allokieren
bad_exception	Die Funktion unexpected wirft eine Ausnahme, die nicht mit Ausnahmespezifikation der ursprünglichen Funktion vereinbar ist
bad_cast bad_typeid	Diese Ausnahmen werden im Zusammenhang mit der Typidentifizierung zur Laufzeit (*run time type identification, RTTI*) geworfen.

Auch diese Klassen sind alle gleich aufgebaut. Das folgende Listing zeigt das Muster:

```
class bad_XYZ : public exception
{
public:
   bad_XYZ() throw();
   bad_XYZ( const bad_XYZ& ) throw();
   bad_XYZ& operator = ( const bad_XYZ& ) throw();
   virtual ~bad_XYZ() throw();
   virtual const char* what() const throw();
};
```

Die Funktion what liefert hier einen implementierungsabhängigen String.

📖📖 Anwendung auf die Schablone FixedArray

Eine der letzten Schwachstellen der Schablone FixedArray ist sicherlich die Fehlerbehandlung. Durch den Einsatz von Schablonen konnten wir zwar auf die Verwendung von dynamischem Speicher verzichten und die damit verbundenen Probleme vermeiden, es bleibt jedoch noch das Problem der Zugriffsprüfung. Schreibt man etwa mit der Version aus dem letzten Kapitel

```
FixedArray<int,10> feld;

feld[10] = 0;
```

erhält man eine Meldung auf der Konsole und das Programm wird beendet. Dies ist natürlich nicht für alle Situationen angemessen: unter Windows gibt es z.B. keine Konsole, außerdem ist die „harte" Beendigung eines Programms auf Grund eines Programmierfehlers nicht unbedingt jedermanns Sache.

Während also die *Erkennung* des Fehlers innerhalb von `FixedArray` bleiben muss, möchten wir die *Behandlung* des Fehlers in den aufrufenden Code verlagern – nur dort wissen wir, wie in einem konkreten Programm korrekt damit umzugehen ist. Zur Kommunikation zwischen Fehlererkennung und Fehlerbehandlung verwenden wir nun eine Ausnahme.

Die Ausnahmeklasse

Wir verwenden den Ausnahmemechanismus nicht nur, um die Fehlersituation an sich nach außen zu kommunizieren, sondern auch, um Informationen über das Fehlerumfeld bereitzustellen. Im Falle eines falschen Index bieten sich dazu der falsche Wert des Index sowie der zulässige Maximalwert an.

Eine dazu geeignete Fehlerklasse sieht etwa folgendermaßen aus:

```
//-----------------------------------------------------------
//          FixedArrayIndexError
//
struct FixedArrayIndexError
{
  int mAktIndex;          // der aktuell verwendete Index
  int mMaxIndex;          // der maximal zulässige Index
};
```

Die Prüfung auf zulässigen Index erfolgt in Operator `[]`. Anstelle von

```
//-----------------------------------------------------------
//          op []
//
template<typename T, int N>
T& FixedArray<T,N>::operator [] ( int aIndex )
{
  if ( aIndex < 0 || aIndex >= N )
  {
    cerr << "index " << aIndex << " ungültig! " << endl;
    exit( 1 );
  }
  return mWert[ aIndex ];
} // op []
```

schreiben wir nun

```
//-------------------------------------------------------------------
//        op []
//
template<typename T, int N>
T& FixedArray<T,N>::operator [] ( int aIndex )
{
  if ( aIndex < 0 || aIndex >= N )
    {
      FixedArrayIndexError e;
      e.mAktIndex = aIndex;
      e.mMaxIndex = N;
      throw e;
    }
  return mWert[ aIndex ];
} // op []
```

Übung 37-9:

Schreiben Sie Code, der ein Feld der Größe 10 mit double*-Zahlen füllt. Schreiben Sie einen Behandler für* FixedArray*-Fehler und geben dort die interessanten Werte in lesbarer Form aus.*

Übung 37-10:

Zum Werfen der Ausnahme werden vier Codezeilen benötigt. Rüsten Sie FixedArrayIndexError *mit einem geeigneten Konstruktor aus, so dass man*

```
throw FixedArrayIndexError( aIndex, N );
```

schreiben kann.

Übung 37-11:

Formulieren Sie FixedArrayIndexError *als Ableitung einer der Standard-Fehlerklassen. Welche kommt als Basisklasse in Frage?*

📖📖 Andere Ausnahmekonzepte

Das Thema *Strukturierte Ausnahmebehandlung (structured exception handling, SEH)* taucht oft im Zusammenhang mit der C++-Ausnahmebehandlung auf. Dabei handelt es sich jedoch um unterschiedliche Konzepte:

❑ SEH ist ein Ausnahmekonzept, dass auf den Windows-Plattformen zur Verfügung steht. Strukturierte Ausnahmen können daher mit allen geeigneten Programmiersprachen verwendet werden, die Code für die Windows-Plattform erzeugen können.

In diesem Konzept können Ausnahmen von der Hardware ausgelöst werden. Wenn z.B. ein Zugriff auf eine nicht zum Programm gehörige Speicherstelle erfolgt, erhält man eine *Zugriffsverletzung (access violation)*. Wird diese nicht im Programm behandelt, führt sie – nach einer entsprechenden Fehlermeldung – zum Abbruch des Programms. Weitere Ausnahmesituationen sind z.B. Division durch 0 oder Fließkommaüberlauf bzw. –unterlauf. SEH ermöglicht die Behandlung dieser Fehler innerhalb des Programms.

❑ C++-Ausnahmebehandlung ist ein Konzept, das nichts mit der Hardware oder dem Betriebssystem zu tun hat. C++ Ausnahmen werden ausschließlich im Programm selber geworfen. C++ Ausnahmen sind eine Eigenschaft der Sprache, d.h. sie stehen unabhängig von Betriebssystem bzw. Hardware mit jedem C++-Compiler zur Verfügung.

38 Namensbereiche

Je größer ein Programm ist, je mehr externe Bibliotheken verwendet werden, um so größer wird die Wahrscheinlichkeit für einen Namenskonflikt. Es ist nicht auszuschließen, dass z.B. Namen wie String, Liste, Element in mehreren Bibliotheken unterschiedlich definiert sind. Da es in einem Programm jedoch immer nur eine Definition eines Namens geben darf, können solche Bibliotheken nicht zusammen im gleichen Programm verwendet werden.

📖📖 Das klassische Problem

Nehmen wir an, wir wollen in einem Programm zwei (fiktive) Bibliotheken verwenden: eine für die grafische Oberfläche (UI, *User Interface*) der Firma *Star Grafics* und eine für den Datenbankzugriff (DB, *Database*) der Firma *Database Experience*.

Folgendes Listing zeigt Ausschnitte aus den Headerdateien der beiden Bibliotheken:

Headerdatei `ui.h`:

```
#ifndef UI_H
#define UI_H

//-- Bibliothek UI für eine graphische Benutzeroberfläche
//

class String
{
   /* ... Mitglieder der Klasse String ... */
};

void f( const String& );

/* ... weitere Deklarationen/Definitionen ... */

#endif
```

Headerdatei db.h:

```
#ifndef DB_H
#define DB_H

//-- Bibliothek DB für Datenbank
//

typedef char* String;

void f( String );

/* ... weitere Deklarationen/Definitionen ... */

#endif
```

Offensichtlich haben die beiden Bibliotheksentwickler nichts voneinander gewusst – sonst hätten sie vielleicht unterschiedliche Namen für ihre Programmobjekte gewählt. Nun haben wir die Situation, dass in beiden Bibliotheken (neben unzähligen anderen Definitionen) ein Typ String und eine Funktion f definiert werden.

Um die beiden Bibliotheken in einem eigenen Programm nutzen zu können, bindet man die Headerdateien mit #include ein:

```
#include "ui.h"
#include "db.h"

/* ... */
```

Bei der Übersetzung erhält man nun einen Syntaxfehler, da String mehrfach definiert wurde.

📖📖 Die traditionelle Lösung

Die klassische Lösung dieses Dilemmas verwendet ein bibliotheksspezifisches Prefix vor jedem Namen. Dazu verwendet man gerne ein Kürzel aus Hersteller- und Bibliotheksname, also z.B. SGUIL (für *Star Grafics – User Interface Library*) oder DEDBL (für *Database Experience – Database Library*). Die beiden Headerdateien sehen nun folgendermaßen aus:

Headerdatei `ui.h`:

```
#ifndef SGUIL_UI_H
#define SGUIL_UI_H

//-- Bibliothek UI für eine graphische Benutzeroberfläche
//

class SGUIL_String
{
  /* ... Mitglieder der Klasse SGUIL_String ... */
};

void SGUIL_f( const SGUIL_String& );

/* ... weitere Deklarationen/Definitionen ... */

#endif
```

Headerdatei `db.h`:

```
#ifndef DEDBL_DB_H
#define DEDBL_DB_H

//-- Bibliothek DB für Datenbank
//

typedef char* DEDBL_String;

void DEDBL_f( DEDBL_String );

/* ... weitere Deklarationen/Definitionen ... */

#endif
```

Nun können beide Bibliotheken problemlos im gleichen Programm verwendet werden.

📖📖 Eigenschaften der traditionellen Lösung

Die Prefix-Technik wird von vielen der heute auf dem Markt verfügbaren Bibliotheken verwendet. Obwohl sie das Kompatibilitätsproblem löst, ist die Anwendung unschön: bei jeder Funktion muss das entsprechende Kürzel vorangestellt werden. Code wie z.B.

```
SGUIL_Window* window =
    new SGUIL_Window( parent, SGUIL_wndShow, SGUIL_Rect( 0, 0, 100, 100 ) );
```

ist bei weitem schwieriger zu lesen als

```
Window* window = new Window( parent, wndShow, Rect( 0, 0, 100, 100 ) );
```

Der Programmierer sollte eigentlich nicht damit belastet werden, dass aus Eindeutigkeitsgründen grundsätzlich nichtssagende[255] Prefixe verwendet werden müssen. Dies ist insbesondere dann lästig, wenn in einem Programm keine weitere Bibliothek verwendet wird und deshalb überhaupt keine Eindeutigkeitsprobleme auftreten können.

Namensbereiche

Die Nachteile des klassischen Ansatzes können durch die Verwendung von *Namensbereichen (name spaces)* elegant vermieden werden.

Ein Namensbereich ist ein vom Programmierer definierbarer Bereich, in dem die üblichen Eindeutigkeitsregeln für Namen gelten[256]. Definiert man mehrere parallele Namensbereiche, kann in jedem der gleiche Name definiert werden, ohne dass sich die Namen stören.

Definition eines Namensbereiches

Zur Definition eines Namensbereiches wird das Schlüsselwort namespace verwendet:

```
namespace N1
{
        /* ... Code in Namensbereich N1  */
}

namespace N2
{
        /* ... Code in Namensbereich N2  */
}
```

Beachten Sie bitte, dass nach der schließenden Klammer eines Namensbereiches kein Semikolon steht.

---

[255] Nichtssagend deshalb, weil der Name *Window* bereits alles sagt: die Klasse zur Repräsentation eines Fensters aus der verwendeten Oberflächenbibliothek. Aus Programmierersicht ist *SGUIL_Window* absolut unnötig.

[256] also im Wesentlichen die *one definition rule* (*odr*). Sie besagt, dass es nur eine Definition eines Namens geben darf.

In diesem Codesegment werden zwei unterschiedliche Namensbereiche N1 und N2 definiert. In diesen kann nun Code platziert werden:

```
namespace N1
{
  char* value;
}

namespace N2
{
  int value;
}
```

Die beiden Definitionen des Namens value sind zulässig, da sie sich in unterschiedlichen Gültigkeitsbereichen befinden.

Namensbereiche werden immer global bzw. innerhalb anderer Namensbereiche definiert. Namensbereiche innerhalb von Klassen, Funktionen oder sonstigen Blöcken sind nicht erlaubt:

```
void f()
{
  namespace N1   // Fehler!
  {
    /* … */
  }
}
```

Zugriff auf Mitglieder eines Namensbereiches

Zum Zugriff auf die Mitglieder eines Namensbereiches gibt es unterschiedliche Möglichkeiten, die sich in ihrer Notation unterscheiden.

Vollständige Qualifikation

Analog zu Klassen gibt es auch bei Namensbereichen die Doppelpunkt-Notation, über die die Mitglieder vollständig qualifiziert werden können:

```
namespace N1
{
  char* value;
}

namespace N2
{
  int value;
}
void f()
{
  N1::value = "Ein String";
  N2::value = 0;
}
```

Die Funktion f wird ausserhalb der Namensbereiche definiert. Zum Zugriff auf Mitglieder der Namensbereiche verwendet sie die vollständig qualifizierten Namen.

📖 Zugriff innerhalb des Namensbereiches

Die vollständige Qualifikation kann entfallen, wenn man sich innerhalb des gleichen Namensbereiches bewegt. Im folgenden Beispiel ist die Funktion f Mitglied des Namensbereiches N2:

```
namespace N1
{
  char* value;
}

namespace N2
{
  int value;

  void f()
  {
    N1::value = "Ein String";
    value     = 0;              // keine vollständige Qualifizierung erforderlich
  }

}
```

Der Zugriff auf N2::value muss daher nicht qualifiziert werden.

Beachten Sie bitte, dass es dadurch möglich ist, auch größere bestehende Mengen von Code einfach in einen Namensbereich zu verlegen: es reicht normalerweise aus, das betreffende Codesegment einfach mit dem Schlüsselwort namespace „zu klammern".

Innerhalb des eigenen Namensbereiches ist die vollständige Qualifikation zwar unnötig, aber trotzdem erlaubt:

```
namespace N2
{
  int value;

  void f()
  {
    N1::value = "Ein String";
    N2::value = 0;              // OK
  }

}
```

▢ Using-Deklaration

Benötigt man bestimmte Bezeichner aus einem (anderen) Namensbereich häufig, ist die Notwendigkeit zur expliziten Qualifikation lästig:

```
namespace N1
{
  char* value;
}


void f()
{
  N1::value = "Ein String";

  /* ... */

  N1::value = "Ein anderer String";
}
```

Man kann dies durch die Verwendung einer *using-Deklaration* vermeiden:

```
void f()
{
  using N1::value;

  value = "Ein String";

  /* ... */

  value = "Ein anderer String";
}
```

Die using-Deklaration ist eine korrekte Deklaration, d.h. sie führt den angegebenen Namen in den aktuellen Block ein. Wie bei Deklarationen üblich, sind identische Mehrfachdeklarationen erlaubt:

```
void f()
{
  using N1::value;
  using N1::value;         // OK: identische Redeklaration

  /* ... */

}
```

Beachten Sie bitte, dass eine Deklaration nicht unbedingt im aktuellen Block angeordnet sein muss. Im folgenden Codesegment ist die Deklaration global, d.h. sie gilt bis zum Ende der Übersetzungseinheit:

```
using N1::value;

void f()
{
  value = "Ein String";

  /* ... */

  value = "Ein anderer String";
}
```

Die using-Deklaration ermöglicht die Einführung von Namen auch
aus unterschiedlichen Namensbereichen, wie in diesem Beispiel gezeigt:

```
namespace N1
{
  char* value;
}

namespace N2
{
  int x, y;
}

void f()
{
  using N1::value;
  using N2::x;

  value = "Ein String";    // verwendet value aus N1
  x = 2;                    // verwendet x aus N2
  y = 3;                    // Fehler

}
```

Wird die using-Deklaration für eine Funktion notiert, von der es mehrere überladene Varianten gibt, gilt die Deklaration für alle Varianten
(d.h. nur der Name, nicht die Signatur spielt eine Rolle). Schreibt man
z.B.

```
namespace N1
{
  void g( int );
  void g( double );
}

void f()
{
  using N1::g;

  g( 3 );                  // N1::g( int )
  g( 3.0 );                // N1::g( double )
}
```

werden durch die using-Deklaration beide gFunktionen ohne Qualifikation zugreifbar.

Übung 38-1:

*Implementieren Sie die beiden g-Funktionen. Sie sollen jeweils ihr Ar-
gument auf dem Bildschirm ausgeben.*

📖 Using-Direktive

Von using-Deklarationen sind die using-Direktiven zu unterscheiden. Eine *using-Direktive* macht sämtliche Namen eines Namensbereiches im aktuellen Block sichtbar. Eine using-Direktive bewirkt sozusagen eine Voreinstellung für alle Mitglieder des Namensbereiches:

```
namespace N2
{
  int x, y;
}


void f()
{
  using namespace N2;

  x = 2;                   // verwendet x aus N2
  y = 3;                   // verwendet y aus N2
}
```

Auch hier sind natürlich wieder mehrere using-Direktiven möglich:

```
namespace N2
{
  int x, y;
}

namespace N3
{
  void g( int );
}

void f()
{
  using namespace N2;
  using namespace N3;

  g( x );                 // entspricht N3::g( N2::x );
}
```

Using-Direktiven können global notiert werden:

```
namespace N2
{
  int x, y;
}

namespace N3
{
  void g( int );
}

using namespace N2;

void f()
{
  using namespace N3;

  g( x );                 // entspricht N3::g( N2::x );
}
```

Hier sind die Mitglieder des Namensbereiches N2 bis zum Ende der Übersetzungseinheit ohne Qualifikation verfügbar, während die Mitglieder von N3 nur innerhalb der Funktion f verfügbar sind.

▥▥ Mehrdeutigkeiten

Sowohl using-Deklaration als auch using-Direktive deklarieren Namen aus fremden Namensbereichen im eigenen Block. Dabei muss jedoch die Eindeutigkeit immer gewahrt bleiben. In folgendem Codesegment ist dies nicht der Fall:

```
namespace N1
{
  void g();
  void h();
}

namespace N2
{
  void g();
}


void f()
{
  using namespace N1;
  using namespace N2;

  g();                 // Fehler !

}
```

Beim Aufruf von g in f ist nicht klar, welche der beiden möglichen Funktionen verwendet werden soll – der Aufruf ist mehrdeutig und somit unzulässig.

Beachten Sie bitte, dass der Fehler erst beim Aufruf von g auftritt und nicht etwa bereits bei der zweiten using-Direktive. Folgendes ist korrekt:

```
void f()
{
  using namespace N1;
  using namespace N2;

  h();                 // OK - eindeutige Zuordnung zu N1::h möglich
}
```

Bei der Namensauflösung[257] gelten auch bei Verwendung von Namensbereichen die üblichen Regeln, z.B. zum Überladen von Funktionen.

---

[257] *name lookup,* d.h. der Zuordnung eines Namens zu einem Programmobjekt

Schreibt man z.B.

```
namespace N1
{
  void g( int );
}

namespace N2
{
  void g( const char* );
}


void f()
{
  using namespace N1;
  using namespace N2;

  g( 1 );                 // OK: N1::g ist gemeint
  g( "Ein String" );      // OK: N2::g ist gemeint
}
```

ist eine eindeutige Zuordnung möglich: das Programmsegment kann ohne Fehler übersetzt werden.

▭▭ Namensbereiche sind erweiterbar

Eine wesentliche Eigenschaft der Namensbereiche ist ihre Erweiterbarkeit. Schreibt man z.B.

```
namespace N1
{
  void g( int );
}
```

kann man den Namensbereich später wieder „öffnen" um weiteren Code (wie hier die Funktionsdefinition) darin zu platzieren:

```
namespace N1
{
  void g( int aValue )
  {
    cout << "Der Wert ist " << aValue << endl;
  }
}
```

Beachten Sie bitte, dass man ebenso gut auch

```
namespace N1
{
  void g( int );
}

void N1::g( int aValue )       // OK
{
  cout << "Der Wert ist " << aValue << endl;
}
```

schreiben könnte.

Dieses Beispiel zeigt bereits das Hauptanwendungsgebiet für solche Erweiterungen von Namensbereichen: Im ersten Teil werden die Deklarationen abgelegt, die in Form einer Headerdatei anderen Programmteilen zur Verfügung gestellt werden. Diese greifen dann über explizite Qualifikation, über using-Direktiven bzw. –Deklarationen darauf zu. In den Implementierungsdateien wird dann der Namensbereich erneut geöffnet um die Funktionsdefinitionen etc. zu notieren.

Beachten Sie bitte, dass es sich bei Anweisungen wie z.B.

```
namespace N1
{
  /* … */
}
```

zwar um eine Definition handelt, das Codesegment

```
namespace N1
{
  /* … */
}

namespace N1
{
  /* … */
}
```

jedoch trotzdem erlaubt ist. Im Falle von Namensbereichen handelt es sich hierbei nicht um eine weitere Definition (die ja nach der *one definition rule* verboten wäre), sondern um eine Erweiterung der bestehenden Definition.

Bei der Erweiterung eines Namensbereiches wird nahtlos so fortgesetzt, als wenn der erste Teil überhaupt nicht geschlossen worden wäre. Grundsätzlich sind daher die Codesegmente

```
namespace N1
{
  /* Codestück 1 */
}

namespace N1
{
  /* Codestück 2 */
}
```

und

```
namespace N1
{
  /* Codestück 1 */
  /* Codestück 2 */
}
```

identisch.

📖📖 Alias-Namen

Der Name eines Namensbereiches soll aussagekräftig sein. Da Namensbereiche immer global sind, sollte der Name auch nicht zu kurz sein, um Konflikte mit anderen globalen Namen (andere Namensbereiche, Klassen, globale Variable etc.) zu vermeiden. Andererseits ist es schreibaufwändig, ständig Namen wie etwa `StarGraficsUserInterfaceLibrary` oder `DatabaseExperienceDatabaseLibrary` zur Qualifikation zu verwenden.

C++ bietet deshalb die Möglichkeit, *Alias-Namen* für Namensbereiche zu vergeben:

```
namespace N1
{
  void f();

  /* ... */
}

void doIt()
{
  namespace A = N1;
  A::f();                 // bedeutet N1::f

  /* ... */
}
```

In diesem Beispiel ist der Bezeichner `A` ein Alias für den Namensbereichs-Bezeichner `N1`.

Neben der Vermeidung langer Bezeichner können Alias-Namen auch zur Verwaltung von Versionen von Bibliotheken etc. eingesetzt werden. Im generellen Fall wird ein Namensbereich überhaupt nicht mehr direkt verwendet, sondern grundsätzlich nur noch über Alias-Namen. Schreibt man z.B. als Modulimplementierer in einem Codestück

```
void doIt()
{
  using namespace A;
  f();

  /* ... */
}
```

ohne dass `A` ein existierender Namensbereich ist, gibt man dem Benutzer des Moduls die Möglichkeit, `A` an unterschiedliche Namensbereiche zu binden. Dieser könnte z.B. am Anfang der Datei etwas wie

```
namespace A = StandardDatabaseLibrary;
```

schreiben und damit für das Modul die Symbole aus dem Namensbereich `StandardDatabaseLibrary` verfügbar machen. Später, wenn
der Hersteller der Datenbankbibliothek eine erweiterte Version seiner
Bibliothek liefert, wird diese Zeile in

```
namespace A = ExtendedDatabaseLibrary;
```

geändert – das Modul verwendet nun automatisch die Symbole aus
der neuen Bibliothek.

Der Vorteil dieser Vorgehendweise liegt darin, dass man nicht auf einen Schlag alles umstellen muss, sondern man kann beide Versionen
der Datenbankbibliothek parallel im gleichen Programm verwenden
und die Teile einzeln umstellen[258].

📖📖 Schachtelung von Namensbereichen

Es ist möglich, innerhalb eines Namensbereiches weitere Namensbereiche zu definieren. Beispiel:

```
namespace A
{
  void f();

  //-- Namensbereich B ist lokal zu A
  //
  namespace B
  {
    void g();
  }
}
```

Hier wurde innerhalb von A ein weiterer Namensbereich B definiert.

---

[258] Allerdings benötigt diese Technik auch die Unterstützung der Bibliothekshersteller. So sollte z.B. jede neue Version einer Bibliothek in einen neuen Namensbereich platziert werden. Derzeit ist der Trend noch umgekehrt: Jeder neue Version wird möglichst kompatibel zur alten gehalten, um dem Anwender keine Arbeit mit der Umstellung zu machen. Dadurch ist es jedoch z.B. nahezu unmöglich, Fehler in den Schnittstellen einer alten Bibliotheksversion in einer neuen Version zu korrigieren – bestehender Code des Anwenders würde nicht mehr funktionieren. So zieht man eben die Altlasten immer weiter mit, nur um kompatibel mit der Vorgängerversion zu sein. Einigen „modernen" Bibliotheken sieht man diesen Alterungseffekt deutlich an.

Beachten Sie bitte, dass auch bei geschachtelten Namensbereichen die Doppelpunkt-Notation möglich ist, wie hier bei der Definition der Funktion g gezeigt:

```
void A::B::g()          // OK
{
  /* ... */
}
```

📖📖 Namenlose Namensbereiche

Es Im folgenden Codesegment wird ein *Namenloser Namensbereich (unnamed namespace)* definiert:

```
namespace
{
  float value;
  void f();
}
```

Die in einem solchen Namenlosen Namensbereich deklarierten Namen sind nur in der aktuellen Übersetzungseinheit, nicht aber in anderen Modulen sichtbar. Eine Deklaration im Namenlosen Namensbereich hat daher eine ähnliche Wirkung wie eine Deklaration als static:

```
//-- gleiche Bedeutung wie oben
//
static float value;
static void f();
```

Ein Unterschied zu den „normalen" Namensbereichen ist, dass auf die Mitglieder des Namenlosen Namensbereiches ohne weitere Qualifikation zugegriffen werden kann:

```
void g()
{
  f();        // Zugriff ohne weitere Qualifikation
}
```

Jede Übersetzungseinheit besitzt einen eigenen, speziellen Namensbereich. Da der Namen dieses Bereiches nur technische Bedeutung hat und dem Programmierer unbekannt ist, erhält man als Ergebnis die Situation, dass man von einer anderen Übersetzungseinheit aus nicht auf diesen speziellen Namensbereich eines Moduls zugreifen kann – die im Namenlosen Namensbereich eines Moduls angeordneten Definitionen sind lokal zum Modul.

📖 Einige Details

Technisch gesehen ist der Namenslose Namensbereich ein normaler Namensbereich, jedoch mit einem vom Compiler automatisch generierten, für jede Übersetzungseinheit anderen Namen. Das Codesegment

```
namespace
{
  float value;
  void f();
};
```

entspricht technisch gesehen der Formulierung

```
namespace __As6754fTT56          // compilergenerierter, interner Name
{}

using namespace __As6754fTT56;

namespace __As6754fTT56
{
  float value;
  void f();
};
```

Beachten Sie bitte die using-Direktive: Sie stellt sicher, dass auf die Mitglieder des Namensbereiches aus dem eigenen Modul heraus ohne weitere Qualifikation zugegriffen werden kann.

📖 Namenloser Namensbereich und static

Auf den ersten Blick scheint es nicht erforderlich zu sein, eine zusätzliche Konstruktion wie den Namenlosen Namensbereich einzuführen, kann doch derselbe Effekt durch eine Deklaration als static erreicht werden, zumal sich Namelose Namensbereiche geringfügig von ihren namensbehafteten Pendants unterscheiden: Auf Mitglieder eines Namenlosen Namensbereiches kann ja ohne weitere Qualifikation zugegriffen werden:

```
namespace
{
  float value;
  void f();
};

void g()
{
  f();        // Zugriff ohne weitere Qualifikation
}
```

Als Grund für die Einführung Namenloser Namensbereiche als Ersatz für static wird normalerweise angeführt, dass das Schlüsselwort static bereits mehrere Bedeutungen besitzt und dass durch die Vermeidung von static deshalb die Klarheit des Programms steige. Die Verwendung von static zur Definition von modul-lokalen globalen Programmobjekten wird aus diesem Grund als *deprecated* (deutsch etwa *unerwünscht, missbilligt*) bezeichnet und sollte in modernem C++ nicht mehr verwendet werden.

Bei etwas näherer Betrachtung zeigt sich jedoch ein weiterer, viel wichtiger Unterschied zwischen den beiden Ansätzen – nämlich der Unterschied der *Bindung*:

❑ Globale Definitionen, die statisch deklariert sind, haben *interne Bindung*[259], d.h. sie sind von außerhalb der Übersetzungseinheit nicht sichtbar.

❑ Alle anderen globalen Programmobjekte haben *externe Bindung*, d.h. auf sie kann man von anderen Übersetzungseinheiten aus zugreifen.

Alle Mitglieder eines Namenlosen Namensbereiches haben also externe Bindung. Trotzdem können sie von anderen Übersetzungseinheiten aus nicht angesprochen werden, da ja der compilererzeugte, interne Name des Namensbereiches nicht bekannt ist. Was die Zugreifbarkeit von außen angeht, haben eine Deklaration als static bzw. die Platzierung im Namenlosen Namensbereich die gleiche Wirkung.

Ein Unterschied ergibt sich jedoch, wenn man Schablonen betrachtet. Parameter für Schablonen dürfen ja nur Symbole mit externer Bindung sein. Folgendes Programmsegment aus dem Kapitel über Schablonen zeigt das Problem:

```
template<typename T>
void f( const T& )
{}

void g()
{
  struct A {};    // A ist ein lokaler Typ und hat deshalb interne Bindung
  A a;
  f( a );         // Fehler
}
```

---

[259] Die Bindung von Programmobjekten haben wir in Kapitel 7 (Gültigkeitsbereich und Bindung) besprochen.

Hier ist A ein lokaler Typ, der zur Instanziierung der Funktionsschablone f verwendet werden soll – dies ist nicht erlaubt. Machen
wir A global, tritt der Fehler nicht mehr auf:

```
template<typename T>
void f( const T& )
{}

struct A {};      // A ist ein globaler Typ und hat deshalb externe Bindung

void g()
{
  A a;
  f( a );         // OK
}
```

Allerdings hat A nun externe Bindung, d.h. die Klasse ist im gesamten
Programm sichtbar. Ohne Namenlose Namensbereiche hätte man also
nur die Wahl, den Typ global und damit programmweit sichtbar zu
machen oder auf Schabloneninstanziierungen zu verzichten.

Die Platzierung von A im Namenlosen Namensbereich vermeidet das
Problem:

```
template<typename T>
void f( const T& )
{}

namespace
{
  struct A {};    // A ist globaler Typ und hat deshalb externe Bindung
}

void g()
{
  A a;
  f( a );         // OK
}
```

Nun kann A zur Instanziierung der Schablone verwendet werden, ist
aber trotzdem für andere Module unsichtbar.

📖📖 Der Namensbereich std

Die Funktionalität der C++-Standardbibliothek befindet sich zum größten Teil im Namensbereich `std`. Technisch gesehen ist `std` ein Namensbereich wie jeder andere auch. Der Standard bestimmt jedoch, dass ein Anwendungsprogramm dort keine eigenen Programmobjekte anordnen darf – Der Namensbereich std ist ausschließlich für die Standardbibliothek vorgesehen[260].

Zum Zugriff auf die Funktionalität der Standardbibliothek ist also normalerweise eine vollständige Qualifikation oder die Verwendung von using-Deklarationen bzw- Direktiven erforderlich. Mit vollständig qualifizierten Namen schreibt man z.B:

```
#include <iostream>

void f()
{
    std::cout << "Dies ist ein String" << std::endl;
}
```

Die Namen `cout` und `endl` befinden sich im Namensbereich `std`.

Weniger Schreibarbeit hat man bei Verwendung einer using-Direktive:

```
using namespace std;
void f()
{
    cout << "Dies ist ein String" << endl;
}
```

Besteht die Gefahr der Mehrdeutigkeit nicht (der Normalfall in der Praxis), verwendet man also die using-Direktive. Dies haben wir in diesem Buch bei allen Beispielen so gehalten[261].

---

[260] Der Vollständigkeit halber soll eine Ausnahme dieser Regel nicht unerwähnt bleiben: Explizite Spezialisierungen von Schablonen aus der Standardbibliothek sind möglich und erlaubt und müssen natürlich im gleichen Namensbereich angeordnet werden wie die Schablone selber.

[261] Allerdings sollte nicht unerwähnt bleiben, dass einige Autoren dies anders sehen: Sie empfehlen, grundsätzlich *keine* using Direktiven/Deklarationen zu verwenden, sondern die Namen immer voll zu qualifizieren. Dies erscheint jedoch des Guten zu viel zu sein – Code kann dadurch sogar an Lesbarkeit einbüßen.

Beachten Sie bitte den Dateinamen der include-Datei `iostream`: Die
Datei besitzt keine Dateinamenerweiterung (wie z.B. das übliche `.h`).
Dies ist eine Eigenschaft aller C++-Headerdateien der Standardbiblio-
thek.

Die C++-Standardbibliothek beinhaltet die gesamte C-Standardbiblio-
thek. Die Symbole der C-Standardbibliothek befinden sich nicht im
Namensbereich `std` und stehen so ohne weitere Qualifizierung zur
Verfügung:

```
#include <cstdlib>

void f()
{
  exit(1);        // ohne Qualifizierung mit std verfügbar
}
```

Die Headerdateien für die C-Anteile der C++-Standardbibliothek beginnen mit dem Buchstaben c und entsprechen ansonsten den aus C
bekannten Include-Dateien: `cstdlib` entspricht also der wohl jedem
C-Programmierer bekannten `stdlib.h`. Die Versionen mit der Dateinamenerweiterung `.h` gehören offiziell nicht zum C++Standard, werden jedoch von einigen Compilern aus Gründen der Rückwärtskom-
patibilität mit älterem Code noch bereitgestellt. Diese „Kompatibili-
tätsheader" entsprechen vollständig den neuen Headern.

📖 iostream und iostream.h

Die C++-Ströme werden durch die Headerdatei `iostream` bereitgestellt. Wie für C++-Funktionalität üblich, befinden sich die Symbole
im Namensbereich `std`. Eine Vor-Implementierung der heutigen
Ströme war bereits schon in früheren C++-Laufzeitbibliotheken vorhanden. Diese war so erfolgreich, dass sie einen eigenen quasi-Standard bildete. Viele Programmierer kennen diese *Pre-Standard-
Streams* besser als die heutige Implementierung im Standard, entsprechend gibt es viel bestehenden Code, der die alten Streams nutzt.

Um diese Codebasis nicht umschreiben zu müssen, werden die Pre-
Standard-Streams ebenfalls noch von allen heutigen Compilern bereitgestellt, und zwar (analog zu den Kompatibilitätsheadern der C-
Anteile der Standardbibliothek) in der Datei *iostreams.h*. Da es damals noch keine Namensbereiche gab, sind die Symbole nicht in einem Namensbereich angeordnet.

Die Standard- und die Pre-Standard-Streams sind weitestgehend kompatibel, Unterschiede gibt es lediglich bei einigen fortgeschrittenen Funktionalitäten sowie in der Implementierung. Man kann also sowohl

```
//-- Standard-Streams
//
#include <iostream>

using namespace std;
void f()
{
   cout << "Dies ist ein String" << endl;
}
```

als auch mit gleichem Ergebnis

```
//-- Pre-Standard-Streams
//
#include <iostream.h>

void f()
{
   cout << "Dies ist ein String" << endl;
}
```

schreiben. Für modernes C++ sind die Standard-Streams natürlich vorzuziehen.

📖📖 Koenig-Lookup

Folgendes Programmsegment ist korrekt und kann fehlerlos übersetzt werden:

```
#include <iostream>

void f()
{
   std::cout << "Dies ist ein String" << std::endl;
}
```

Dies ist intuitiv einsichtig, wurden doch die beiden Symbole cout und endl aus der Standardbibliothek entsprechend vollständig qualifiziert. Auf den zweiten Blick sind die Dinge jedoch komplizierter. Es gibt ja zusätzlich den Operator <<, der hier zwei Mal aufgerufen wird, und der für Streams überladen wurde, um die eigentliche Ausgabefunktionalität zu implementieren. Die Implementierung der überladenen <<-Operatoren befindet sich selbstverständlich ebenfalls im Namensbereich std – mit dem Ergebnis, dass in obiger Ausgabeanweisung der Compiler eine Fehlermeldung produzieren müsste, denn der dort geforderte Operator << ist für Streams nicht definiert.

Korrekt wäre etwas wie

```
std::cout std::<< "Dies ist ein String" std::<< std::endl;   // falsche Syntax
```

Die vollständige Qualifikation ist jedoch für Operatoren nicht möglich, die Anweisung ist daher syntaktisch falsch. Man könnte höchstens die Operatorfunktion über eine using Deklaration verfügbar machen, etwa wie hier gezeigt:

```
void f()
{
  using std::operator <<;
  std::cout << "Dies ist ein String" << std::endl;
}
```

Die using Deklaration ist jedoch überflüssig, es geht auch ohne. Der Grund ist eine Besonderheit bei der Namensauflösung (*name lookup*) für Funktionen: Kann eine passende Funktion nicht gefunden werden, wird zusätzlich der Namensbereich der Operanden nach einer passenden Funktion durchsucht, sofern der Typ des Operanden eine Klasse ist. Für den ersten Aufruf des Operators im Teilausdruck

```
std::cout << "Dies ist ein String"      // Teilausdruck
```

sind die Operanden `std::cout` sowie das Zeichenkettenliteral `Dies ist ein String`, so dass hier auch der Namensbereich `std` nach einer passenden Operatorfunktion durchsucht wird.

Diese spezielle Regel wird auch als *Koenig-Lookup* bezeichnet, da sie von Andrew Koenig zur Vermeidung genau dieses Problems mit dem Ausgabeoperator << vorgeschlagen wurde. Für Operatoren ist die Regel sicher sinnvoll, aber sie gilt genauso für normale Nicht-Operatorfunktionen.

Schreibt man z.B.

```
namespace N1
{
  class A {};
  void f( const A& );
}


void g()
{
  N1::A a;
  f( a );                 // OK

}
```

sucht der Compiler nach einer passenden Funktion f nicht nur im globalen Namensbereich, sondern eben auch im Namensbereich N1, da das Argument von f ein Klassentyp und in diesem Namensbereich definiert ist.

Beachten Sie bitte, dass die Namensbereiche der Argumente immer berücksichtigt werden – z.B. auch dann, wenn bereits im aktuellen Block eine passende Funktion vorhanden wäre. Folgendes Listing demonstriert diese Situation:

```
namespace N1
{
  class A {};
  void f( const A& );
}

int f( const A&, int = 0 );

void g()
{
  N1::A a;
  f( a );         // Fehler
}
```

Dieses Programmsegment ergibt eine Fehlermeldung bei der Übersetzung, da beide Versionen der Funktion f in Frage kommen.

Übung 38-2:

Wie ist es mit folgendem Aufruf von f:

```
f( a, 3 );
```

📖📖 Namensbereiche und C-Funktionen

C-Funktionen können nicht überladen werden, d.h. es ist nicht möglich, mehr als eine C-Funktion mit dem gleichen Namen in einem Programm zu verwenden. Diese Einschränkung kann auch durch Namensbereiche nicht umgangen werden.

Schreibt man also z.B.

```
namespace N1
{
  extern "C" void f( int );
}

namespace N2
{
  extern "C" void f( double );          // Fehler
}
```

erhält man einen Syntaxfehler bei der Übersetzung.

📖📖 Using-Deklarationen in Klassenhierarchien

Ähnlich wie ein Namensbereich bildet auch eine Klassen einen eigenen Gültigkeitsbereich. Im Unterschied zu Namensbereichen können Klassen jedoch nicht erweitert werden, dafür ist jedoch die Ableitung möglich.

Bei Ableitungen gilt grundsätzlich, dass ein Überladen von Namen aus Ableitung und Basisklasse(n) nicht stattfindet: Namen der Ableitung *verdecken* gleichlautende Namen der Basisklasse(n).

Schreibt man z.B.

```
struct A
{
  void f( char );
};

struct B : public A
{
  void f( int );
};
```

wird in den Anweisungen

```
B b;
b.f( 'a' );              // B::f
```

die Funktion $B::f$ aufgerufen, obwohl $A::f$ eigentlich besser passen würde. In Klassenhierarchien wird immer die Funktion aus dem aktuellen Gültigkeitsbereich verwendet.

📖 Ermöglichen von Überladen von Namen aus der Basisklasse

Dies kann man durch Verwendung einer using-Deklaration ändern. Schreibt man

```
struct B : public A
{
  using A::f;
  void f( int );
};
```

wird das f aus A zum aktuellen Gültigkeitsbereich (hier also zur Klasse B) hinzugefügt. Im Endeffekt befinden sich im Gültigkeitsbereich von B nun sowohl B::f als auch A::f mit dem Effekt, dass sich beide Funktionen überladen:

```
B b;
b.f( 'a' );          // A::f
b.f( 3 );            // B::f
```

📖 Vermeiden von Mehrdeutigkeiten bei Mehrfachableitungen

Bei Mehrfachableitungen können Mehrdeutigkeiten entstehen. Hat man etwa

```
struct A
{
  void f( char );
};

struct B
{
  void f( int );
};

struct C : public A, public B
{};
```

definiert, kann in C auf f nicht ohne weiteres zugegriffen werden:

```
C c;
c.f( 'a' );       // Fehler!
```

Obwohl A::f genau passen würde, ist der Aufruf mehrdeutig und damit unzulässig. Auch hier gilt die Regel, dass ein Überladen von Funktionen in Klassenhierarchien nicht stattfindet.

Allerdings kann man das Überladen wieder durch eine using-Deklaration erreichen:

```
struct C : public A, public B
{
  using A::f;
  using B::f;

  /* ... wetere Mitglieder von C ... */
};


C c;
c.f( 'a' );       // OK - verwendet A::f
```

📖 Redeklaration von Zugriffsberechtigungen

C++ ermöglicht die Änderung der Zugriffsberechtigung von Basisklassenmitgliedern in nicht-öffentlichen Ableitungen. Schreibt man

```
struct A
{
  void f();
};


struct B : private A
{};
```

ist f in B zwar sichtbar, aber privat:

```
B b;
b.f();            // Fehler!
```

Möchte man prinzipiell privat vererben, jedoch einzelne Mitglieder der Basisklasse öffentlich halten, verwendet man eine using-Deklaration:

```
struct B : private A
{
  using A::f;
};

B b;
b.f();            // OK
```

Die Syntax der using-Deklaration ist identisch zu den beiden vorigen Beispielen. Man sieht, dass durch die Deklaration nicht nur einfach der Name in den aktuellen Gültigkeitsbereich eingeführt wird, sondern dass auch die Zugriffsberechtigung „mitgenommen" wird. Genau dies haben wir im letzten Beispiel ausgenutzt.

Beachten Sie bitte, dass für die Redeklaration von Zugriffsberechtigungen auch noch die alte Syntax zulässig ist:

```
struct B : private A
{
  A::f;            // old style
};
```

Die traditionelle Syntax soll nicht mehr verwendet werden und wird in einer zukünftigen Version der Sprache wahrscheinlich nicht mehr erlaubt sein.

📖 Using-Deklarationen beziehen sich auf alle überladenen Varianten einer Funktion

Deklariert die Basisklasse mehrere überladene Varianten einer Funktion, bezieht sich eine using-Deklaration auf alle Funktionen.

Schreibt man z.B.

```
struct A
{
  void f( char );
  void f( int );
};
```

```
struct B : public A
{
  using A::f;
  void f( double );
};
```

befinden sich im Gültigkeitsbereich von B nun alle drei Varianten von f.

📖 Using-Direktiven sind nicht erlaubt

In Klassendefinitionen sind zwar *using-Deklarationen*, nicht aber *using-Direktiven* erlaubt[262]. Die folgende Konstruktion ist daher falsch:

```
namespace N1
{
  /* ... */
}
```

```
struct A
{
  void f( char );
};
```

---

[262] Dies hängt mit subtilen Mehrdeutigkeiten zusammen, die dadurch entstehen könnten.

```
struct B : public A
{
  using namespace A;              // Fehler! using-Direktive nicht erlaubt
  using namespace N1;             // Fehler! dito

  /* ... Mitglieder von B ... */
};
```

Anwendung von Namensbereichen

Partitionierung des globalen Namensraumes einer Anwendung

Der Hauptanwendungsbereich von Namensbereichen ist die Partitionierung des Namenraumes einer Anwendung. Strukturen, Klassen, Funktionen und Konstanten sind Beispiele für Programmkonstruktionen, die meist global definiert werden. Oft haben diese globalen Konstrukte auch noch relativ allgemeine Namen wie z.B. String, Max, Elem etc.

Je größer ein Programm wird, desto größer wird die Wahrscheinlichkeit, dass zwei Entwickler den gleichen Namen für eine globale Definition verwenden wollen. Die klassische Alternative, nämlich die Vereinbarung von Präfixen für jedes Modul bzw. für jedes Team, führt schnell zu unhandlich langen Namen. Während man bei einer vollständigen Neuentwicklung die Präfixe noch selber mit allen beteiligten Teams vereinbaren kann, ist dies bei zugekauften Bibliotheken normalerweise[263] nicht möglich. Bei der rasant steigenden Zahl von fertigen Software-Bausteinen ist es eine Frage der Kombinatorik, wann zwei Bibliotheken nicht miteinander im gleichen Programm verwendet werden können.

---

[263] Es gibt Lösungen mit Makros. Der Entwickler definiert eine Compilervariable, die als Prefix zur Bildung von globalen Namen der Bibliothek verwendet wird. Diese Lösung bedingt allerdings, dass der vollständige Sourcecode der Bibliothek mit ausgeliefert werden muß.

Das Fallbeispiel zu Beginn dieses Kapitels zeigt ein solches Problem. Zur Lösung schafft man getrennte Namensbereiche, in denen man die unterschiedlichen Bibliotheken platziert, wie hier für die Bibliothek von *Star Grafics* gezeigt:

```
//-- Bibliothek UI für eine graphische Benutzeroberfläche
//
namespace StarGraficsUI
{
  class String
  {
    /* ... Mitglieder der Klasse String ... */
  };

  void f( const String& );

  /* ... weitere Deklarationen/Definitionen ... */

}
```

Analog dazu platziert man die nächste Bibliothek in einem anderen Namensbereich:

```
//-- Bibliothek DB für Datenbank
//
namespace DatabaseExperienceDatabaseLibrary
{
  typedef char* String;

  void f( String );

  /* ... weitere Deklarationen/Definitionen ... */
}
```

Diese Verwendung von Namensbereichen resultiert in relativ wenigen, großen Namensbereichen in einem Programm. Jede größere Einheit (wie z.B. eben eine Bibliothek) wird in ihren eigenen Namensbereich platziert.

📖 Kapselung von zusammen gehörigen Konstrukten

Ein weiteres Anwendungsgebiet für Namensbereiche liegt in der Kapselung von logisch zusammen gehörigen Programmkonstruktionen. So wird z.B. eine Klasse für eine lineare Liste auch eine Klasse zur Repräsentation der Knoten benötigen. Eine solche Klasse würde man gerne z.B. Node nennen, da sie ja nur im Zusammenhang mit Listen gebraucht wird und der Zusammenhang dann klar ist. Die Wahrscheinlichkeit ist jedoch groß, dass es in anderen Teilen des Programms eine weitere Klasse Node mit anderer Bedeutung geben wird. Als Bibliotheksentwickler sieht die Sache sogar noch schlimmer aus, denn durch die Verwendung der Bibliothek würde dem Anwender

die Möglichkeit genommen, eine eigene Klasse Node zu definieren –
eine solche Bibliothek würde in der Praxis sicher nicht akzeptiert
werden.

Die traditionelle Lösung verwendet längere Namen (wie z.B. ListNo-
deIntern__) um solche Überschneidungen möglichst auszuschließen. Die anhängenden Unterstriche[264] machen es noch wahrscheinlicher, dass ein Anwendungsprogramm diesen Namen nicht für sich
beanspruchen wird.

Durch solche langen Namen wird jedoch die Lesbarkeit von Quellcode deutlich verringert, insbesondere auch, weil die zusätzliche Information im Namen („List") redundant ist: Node wird ausschließlich
im Zusammenhang mit List verwendet.

Wie bereits zu erwarten verwendet die Lösung einen Namensbereich
um die zusammen hängenden Klassen zu gruppieren:

```
namespace Container
{
  template<typename T>
  class Node
  {
    /* ... */
  };

  template<typename T>
  class List
  {
    /* ... */
  };

  template<typename T>
  class DoubleLnkedList
  {
    /* ... */
  };
}
```

Wir haben hier den Bezeichner Container für den Namensbereich
gewählt. Möchte man auch den Namen Container nicht belegen,
kann man die Abstraktion noch weiter treiben.

---

264 Beachten Sie bitte, dass der Standard Namen des Anwendungsprogramms mit
     führenden Unterstrichen nicht erlaubt. Diese sind zur internen Verwendung re-
     serviert.

Zwei Methoden bieten sich an:

❑ Man verwendet den eigenen Firmennamen als obersten Namensbereich:

```
namespace StarSoft
{

    namespace Container
    {
      /* ... */
    }

}
```

❑ Man verwendet einen kryptischen Bezeichner:

```
namespace Sk776dgh_
{
   /* ... */
}
```

und überlässt es dem Anwender, einen (besseren) Bezeichner für den Namensbereich zu vergeben:

```
namespace MyContainer = Sk776dgh_;
MyContainer<int> list;
```

39 Wie geht es weiter

Mit der Vorstellung der Namensbereiche im letzten Kapitel ist die Besprechung der C++-Sprachmittel abgeschlossen. Damit besitzt der Leser ein Sortiment aus Bausteinen, die – richtig kombiniert – zu einem lauffähigen Programm führen. Um bei der Bau-Metapher zu bleiben: auch dort müssen zunächst die Ziegel vorhanden sein, um ein Haus bauen zu können. Die Qualität des zu erstellenden Bauwerks hängt von der Qualität der Materialien ab, aber auch in besonderem Maße von der Kunstfertigkeit der Bauarbeiter, die die Bausteine zu einem Ganzen fügen sollen. Ein Laie wird sicherlich auch ein Haus zustande bringen, ob dies jedoch den Anforderungen der Praxis stand halten wird, sei dahin gestellt.

Analog verhält es sich mit Software. Der Unterschied ist jedoch, dass man Software nicht so einfach wie ein Haus in Augenschein nehmen kann. Lediglich an der Verhaltensweise des Programms kann man eine Beurteilung vornehmen. Hinzu kommt, dass man während der Entwicklung eines Softwareprodukts wenig prüfen kann – die Probleme zeigen sich erst nach Fertigstellung. Bei einem Haus dagegen wird man den Baufortschritt genauestens in Augenschein nehmen, denn jeder weiß, dass man Mängel am fertigen Objekt nur noch schwer korrigieren kann. Schlecht ausgeführte Software erfüllt vielleicht ihre Aufgabe (manchmal eher schlecht als recht), die Probleme zeigen sich dann später bei der Wartung (d.h. Pflege bzw. Änderung). Da man in ein Programm eben nicht so einfach hineinschauen kann wie z.B. in ein Bauwerk, gibt es so viel qualitativ schlechte Software auf dem Markt.

Es kommt also beim Bau von Software genau so wie bei Häusern auf die handwerklichen Fähigkeiten der Ausführenden an. Während es im Baugewerbe jedoch genaue Vorschriften z.B. über Statik, Sicherheit oder Elektrische Installation gibt, ist so etwas bei der Softwareentwicklung noch weitestgehend unbekannt. Jedes Programm ist ein Kunstwerk, ein handwerklich gefertigtes Einzelstück, dem man eher die Handschrift des Künstlers ansieht als die ingenieurmäßigen Erkenntnisse seiner Zunft.

Dabei sind die Probleme eigentlich seit langem bekannt, und es gibt auch Lösungen. Gerade die Sprache C++ bietet ausgezeichnete Möglichkeiten, um Softwareentwicklung von einer künstlerischen zu einer ingenieurmäßigen Tätigkeit zu verändern. Damit soll nicht gesagt sein, dass dies in anderen Sprachen nicht auch möglich wäre. Gerade auch bei Java spielt ein ingenieurmäßiges Vorgehen bei der Softwareentwicklung ebenfalls eine große Rolle.

Der Vorstellung der Sprachmittel muss sich also notwendig eine Diskussion über Programmiertechniken anschließen. Diese Techniken sind Thema des Buches *Die Fortgeschrittene Kunst der Programmierung mit C++,* das Anfang 2003 ebenfalls im Vieweg Verlag erscheinen wird.

Anhang 1: Priorität und Assoziativität von Operatoren

Für die Auswertung von Ausdrücken mit Operatoren gibt es eine Reihenfolge, die sich aus den Eigenschaften Priorität *und* Assoziativität *der Operatoren ergibt..*

❑ *Priorität*: Unterausdrücke mit höherer Priorität werden zuerst ausgewertet, dann folgen die Unterausdrücke mit niedriger Priorität. Diese Reihenfolge kann jedoch durch die Verwendung von Klammern verändert werden.

❑ *Assoziativität*: Bestimmt, ob zuerst der linke und dann der rechte Operand ausgewertet werden („links nach rechts", in der Tabelle mit „L" bezeichnet) oder umgekehrt („rechts nach links", in der Tabelle mit „R" bezeichnet)

Operator	Bezeichnung	Prio	Ass.
::	Globaler Scope-Operator	1	R
::	Scope-Operator in Klassen	1	L
->	Mitgliedsauswahl in Klassen (über Zeiger)	2	L
.	Mitgliedsauswahl in Klassen (über Objekte bzw. Referenzen)	2	L
[]	Feldauswahl	2	L
()	Funktionsaufruf	2	L
T(x)	Typwandlung (Funktionsnotation)	2	L
++ --	Inkrement/Dekrement (Postfix-Notation)	2	L
typeid()	Typfeststellung	2	L
static_cast const_cast dynamic_cast reinterpret_cast	Typwandlung	2	L
sizeof	Größenfeststellung	3	R
++ --	Inkrement/Dekrement (Präfix-Notation)	3	R
~	bitweise Negation	3	R
!	logische Negation	3	R
+ -	unäres Plus, unäres Minus	3	R
* &	Dereferenzierung, Adressbildung	3	R
(T)x	Typwandlung	3	R
new, delete	Speicherverwaltung	3	R
->* .*	Mitgliedsauswahl in Klassen (über klassenbasierte Zeiger)	4	L
* / %	Multiplikative Operatoren (Multiplikation, Division, Modulusbildung)	5	L
+ -	Additive Operatoren (Addition, Subtraktion)	6	L
>> <<	bitweises Schieben	7	L
< <= > >=	relationaler Vergleich	8	L
== !=	identischer Vergleich	9	L
&	bitweises und	10	L
∧	bitweises xor	11	L
|	bitweises oder	12	L
&&	logisches und	13	L
||	logisches oder	14	L
?:	Auswahl	15	R
=	einfache Zuweisung	16	R
+= etc.	zusammengesetzte Zuweisung	16	R
throw	Werfen einer Ausnahme	17	R
,	Sequentielle Ausführung	18	L

Anmerkungen:

❑ Der Auswahl-Operator `?:` wertet entweder nur das zweite oder nur das dritte Argument aus (aber niemals beide) - je nach dem, ob das erste Argument `true` oder `false` ergibt

❑ Die logischen Operatoren `&&` und `||` werten nur dann ihr rechtes Argument aus, wenn sich dadurch das Ergebnis noch ändern könnte. Sind die Operatoren jedoch überladen, wird das rechte Argument immer ausgewertet.

Anhang 2: Schlüsselwörter, Alternative Symbole, Di- und Trigraphs

C++ definiert einige Schlüsselwörter, die z.B. nicht als Namen eigener Variablen oder Funktionen verwendet werden können. Die folgende Liste zeigt diese reservierten Namen:

Reservierte Namen (Schlüsselwörter)			
asm	else	new	this
auto	enum	operator	throw
bool	explicit	private	true
break	export	protected	try
case	extern	public	typedef
catch	false	register	typeid
char	float	reinterpret_cast	typename
class	for	return	union
const	friend	short	unsigned
const_cast	goto	signed	using
continue	if	sizeof	virtual
default	inline	static	void
delete	int	static_cast	volatile
do	long	struct	wchar_t
double	mutable	switch	while
dynamic_cast	namespace	template	

Anmerkungen:

❏ Das Schlüsselwort `wchar_t` ist bei einigen Compilern derzeit noch nicht als Schlüsselwort, sondern als `typedef` implementiert.

Zusätzlich gibt es noch die Alternativen Symbole, die ebenfalls reserviert sind und daher nicht für eigene Programmobjekte verwendet werden können:

Alternative Symbole			
and	xor	and_eq	not
bitor	compl	or_eq	not_eq
or	bitand	xor_eq	

Die Di- und Trigraphs können als Ersatz einzelner Zeichen verwendet werden und haben somit ebenfalls eine besondere Bedeutung:

Digraphs		
<%	<:	%:
%>	:>	%:%:

Trigraphs		
??=	??<	??-
??(	??>	??!
??)	??/	??'

Anmerkungen:

❑ Der Standard bestimmt, dass die Di- und Trigraphs Schlüsselwörter der Sprache sind. Bei einigen Compilern sind sie jedoch als Präprozessor-Direktiven (`#define`) implementiert (meist in der Datei `iso646.h`), die dann bei Bedarf eingebunden werden muss.

Sachwortverzeichnis

-G-

-S-

-T-

Weitere Titel aus dem Programm

Dietmar Abts
Grundkurs JAVA
Von den Grundlagen bis zu Datenbank- und Netzanwendungen
3., überarb. u. erw. Aufl. 2002. X, 388 S. Br. ca. € 24,90
ISBN 3-528-25711-3

Inhalt: Grundlagen der Sprache: Klassen, Objekte, Interfaces und
Pakete - Ein- und Ausgabe - Thread-Programmierung - Grafische Ober-
flächen (Swing) - Applets - Datenbankzugriffe mit JDBC - Kommunikation im Netzwerk mit TCP/IP und HTTP

Peter P. Bothner/Wolf-Michael Kähler
Ohne C zu C++
Eine aktuelle Einführung für Einsteiger ohne C-Vorkenntnisse
in die objekt-orientierte Programmierung mit C++
2001. XII, 337 S. mit 102 Abb. Br. € 19,90   ISBN 3-528-05780-7
Klassen-Konzept, Polymorphie, Einfach- und Mehrfachvererbung -
überladene und virtuelle Funktionen - Klassen-Funktionen und Klas-
sen-Variablen - friend- und template-Funktionen - Ausnahmebehandlung - Erzeugung grafischer Benutzeroberflächen mittels Visual C++ -
ereignis-gesteuerte Kommunikation und Document/View-Konzept

Roland Schneider
Prozedurale Programmierung
Grundlagen der Programmkonstruktion
2002. XII, 210 S. mit 121 Abb. Br. € 19,90   ISBN 3-528-05653-3
Inhalt: Die vier Programm-Modelle - Einphasenprogramme und Mehrphasenprogramme - Stapelverarbeitungsprogramme - Dialogprogram-
me als Mehrphasenprogramme

vieweg
Abraham-Lincoln-Straße 46
65189 Wiesbaden
Fax 0611.7878-400
www.vieweg.de

Stand 15.3.2002. Änderungen vorbehalten.
Erhältlich im Buchhandel oder im Verlag.

Das Netzwerk der Profis

WIRTSCHAFTS
INFORMATIK

Die führende Fachzeitschrift zum Thema Wirtschaftsinformatik.

Das hohe redaktionelle Niveau und der große praktische Nutzen für den Leser wird von über 30 Herausgebern - profilierte Persönlichkeiten aus Wissenschaft und Praxis - garantiert.

Profitieren Sie von der umfassenden Website unter

www.wirtschaftsinformatik.de

- ◻ Stöbern Sie im größten **Online-archiv** zum Thema Wirtschaftsinformatik!
- ◻ Verpassen Sie mit dem **Newsletter** keine Neuigkeiten mehr!
- ◻ Diskutieren Sie im **Forum** und nutzen Sie das Wissen der gesamten Community!

- ◻ Sichern Sie sich weitere Fachinhalte durch die **Buchempfehlungen** und Veranstaltungshinweise!
- ◻ Binden Sie über **Content Syndication** die Inhalte der Wirtschaftsinformatik in Ihre Homepage ein!
- ◻ ... und das alles mit nur **einem Click** erreichbar.

vieweg

Printed in the United States
By Bookmasters